中国煤炭工业协会重大研究项目

中国煤炭工业安全高效矿井建设年度报告(2022)

（下　册）

中国煤炭工业协会　编

应 急 管 理 出 版 社

·北　京·

目　　录

上　　册

下　　册

山西煤炭运销集团石碣峪煤业有限公司

一、矿井概况

2009年经省国资委批准，原山西煤炭运销集团收购原石碣峪煤业有限公司95%股权，成为控股股东。矿井开采煤层为4号、9号、11号煤层，矿井核定产能为90万t/a，井田面积为6.3089 km^2。截至2021年保有资源储量9689.8万t，可采储量4844.9万t，可采服务年限38 a，三区划分可采剩余储量2217万t，服务年限20.7 a。矿井为低瓦斯矿井。4号煤层煤尘具有爆炸性，且属自燃煤层。

二、主要技术经济指标

2021年矿井完成产量76.53万t，掘进进尺2512 m；2021年实现利润689万元；2021年员工年收入人均81342元。全年原煤工效为10.8 t/工；采煤机械化程度达100%，掘进装载机械化程度达100%，综采程度达100%，综掘机械化程度达100%；安全上，2021年无重伤以上事故，实现了百万吨死亡率为零的奋斗目标。

三、安全高效矿井建设的主要做法

石碣峪煤矿在安全高效矿井建设中，坚持“一矿一井一面”的生产格局，依托矿井“十大生产系统”简单合理的优势，坚持走“人员少，产量大，效益高”的新型集约化路子，充分发挥地质和装备优势，对矿井生产环节和制约生产发展的“瓶颈”进行大幅度的技术更新改造，取得显著的经济效益和社会效益，原煤产量、全员工效、采煤工效等主要经济技术指标逐年上升。主要采取的措施如下：

（1）充分利用矿井煤层赋存条件的优势，开拓系统布置简单，增大采区及工作面可采储量，为“一矿一井一面”建设提供基础保证。石碣峪煤矿井田构造中等，目前开采的煤层构造影响较小。现矿井开采煤层倾角7°~15°，赋存稳定，埋藏浅，受地应力影响小，全井田共有3层可采煤层，分别为：4号、9号、11号煤层，目前开采的4号煤层，平均可采厚度为

6.54 m。矿井井巷布置充分利用了煤层赋存稳定、开采条件好的优势，开拓方式为斜井开拓，巷道均沿煤层布置，大大提高了矿井单进水平，缩短了采区、工作面的准备周期。

（2）提高开掘队组单进水平，保证采、掘衔接正常，“三量”符合规定要求，该矿坚持以矿井的“采、掘”衔接平衡为基础，严格执行正规循环作业，制定作业计划，分解到每一班，按计划按循环量组织生产。实践证明，只有按正规循环作业、保证均衡稳产才能实现高产，坚持正规循环作业、均衡生产也为机电、运输、通风等辅助环节配合掘进生产提高便利，消除影响，更好地为掘进生产服务。

（3）强化装备升级，推广先进技术，保证运输系统简单、连续化，提高工作面生产能力。2021 年，该矿致力于建设自动化综采工作面，主要设备配置有 MG930/400-WD 型电牵引双滚筒采煤机、ZF6400/17/34 型放顶煤液压支架、ZFG6400/17/35D 型过渡液压支架、SZZ－764/400 型转载机、PCM160 型破碎机等，从工作面通信系统和高效的开采工艺等多个方面逐步向自动化靠拢，为实现工作面高效自动化连续开采奠定基础。

（4）强化成本管理，狠抓过程监管，确保经营成果。通过《石碣峪煤矿材料管理考核办法》等一系列管理制度，确保预算目标的层层传递。一是业务部门管费用指标和管使用过程结合，深入各区队施工现场，对材料的使用、回收、复用进行跟踪管理。二是强化刚性考核，狠抓回收复用、修旧利废，实现全年盈利水平和经营质量双提升。

（5）加强职工培训教育，提高职工业务素质，打造专业化队伍。建设夯实队组三基管理工作，为打造出一流的综采专业队伍，采用业余培训相结合、课堂培训和现场实践操作训练相结合，通过师带徒把好职工现场操作关、故障排除关、安全思想关。一直以来综采队注重职工素质提升工作，增加丰富的现场工作经验。综采队将设备保养检修工作作为组队日常管理工作的重中之重，为此该矿在实际工作中加强了对新分配入职的大学生及新工人现场操作培训，为打造一支现代化的采煤队伍提供了人才保障，逐步培养出了一支有活力、有文化底蕴深、整体素质高的采煤接班人。

山西煤炭运销集团首阳煤业有限公司

一、矿井概况

山西煤炭运销集团首阳煤业有限公司是由原高平福布煤业、原高平永丰煤业、原高平苇池沟煤业三座年产 30 万 t 技改矿井及原高平故关煤业、原高平长胜煤业两座“十关闭”矿井整合而成。2016 年 11 月，该矿批复正式转入生产矿井。井田面积 14.8074 km^2，批准开采 3～15 号煤层，主采 15 号煤层，平均厚度为 4.25 m，保有地质储量 7062.1 万 t，设计可采资源储量为 2792.61 万 t，设计生产能力 90 万 t/a，服务年限 22.2 a，水文地质类型中等，属低瓦斯矿井，15 号煤层为Ⅱ级自燃煤层，煤尘无爆炸性，属一级标准化矿井。

二、主要技术经济指标

2021 年实际原煤产量 87.26 万 t（其中回采煤量 769977 t，掘进煤量 102624 t）；计划进尺 3500 m，实际进尺 3918 m，矿井综采程度 100%，实现综掘程度 100%。矿井采区采出率达到 78.3%，原煤工效为 8.7 t/工。2022 年实际原煤产量 87.94 万 t（其中回采煤量 737162 t，掘进煤量 142287 t）；计划进尺 3500 m，实际进尺 5225 m，矿井综采程度 100%，实现综掘程度 100%。矿井采区采出率达到 78.3%，原煤工效为 8.5 t/工。矿井全年百万吨死亡率为零，实现安全生产。

三、安全高效矿井建设的主要做法

（一）提升安全管理

始终将思想上、行为上的隐患作为最大隐患，围绕新《煤矿安全规程》《安全生产标准化管理体系》《安全生产法》等，深入开展各类专题培训及活动，进一步提升全员敬畏安全的思想意识，并纳入绩效考核；持续坚持“抓现场、现场抓”“关键时刻干部就是措施”等措施和原则，持续强化安全技术措施投入力度：2021 年及 2022 年，以每周的“安全活动日”为契机，组织各类安全检查、专项检查近两百余次，查处并整改隐患 1850 余条，实现隐患排查闭环管理；强化现场管理与“三违”查处，将指标分解，确保“人人有指标”；狠抓新工人安全技能培训，严格执行“以老带新”制度，规范现场作业行为，提高自我防护能力；创新安全文化，开展现身说教、安全生产演讲比赛、“亲情助安进一线”等安全宣传教育活动，形成了齐抓共管的良好氛围。

（二）生产销售均衡有序

（1）持续坚持“抓生产重在抓准备”的要求，积极为正常生产创造有利条件，减少综采工作面的搬家倒面影响生产时间，尤其是2022年采用两套设备使影响时间降低至9 d，有力地实现了有序衔接，均衡生产，下一步将实现“热备用”工作面无缝对接。地测科负责每月做好地质预测预报工作，要全面、详细、科学地反映采掘工作面的地质情况；生产技术科负责依据地测科提供的地质资料，按照相关规范要求优化设计工作面，对于受地质构造影响较大的工作面要采取相应的措施，并予以现场技术指导；综采队不断改良采煤工艺，并通过提高采煤机牵引速度，降低滚筒转速，调整采煤机截割滚筒吃刀量等措施，提高块碳率。

（2）继续落实“班评估、班考核”制度，充分发挥班组长的主观能动性，着力推行正规循环作业，强化工时利用，确保生产组织有序推进。在井下交接班方面，一定要秉着“手拉手交接班”“你不来我不走”的原则，真正做到衔接紧凑，无缝交接。

（3）严格执行采掘队组内部奖惩制度，提高单产单进水平，有效缓解生产衔接紧张。一是每月对各专业进行一次考核评分，并按照考评结果进行排名，奖优惩劣；二是每旬进行一次井下全面验收，井下一线各采掘队组必须严格落实质量标准化相关要求，对验收不达标的工程，必须及时整改，否则不予验收，并给予处罚。实现井下安全生产标准化的动态达标。

（4）选煤厂按期投入运行，丰富了煤炭品种，提升了煤质指标，增加了利润来源。从灰分、水分、粒度、除杂等方面入手加强洗选管理，制定出完善的考核机制，并加强领导跟班，监督筛选和日常协调管理，保证筛选系统出现问题及时得到解决。

（5）销售工作立足实际打造“销售示范一条线”，多管齐下科学分析预判价格走向，完善煤炭定价机制，实现煤矿与用户“双赢”。

（三）鼓励技术创新

2021年，首阳矿成立技术研发中心，组织并完成研发项目4项，五小创新项目2项，研发项目费用入统率达100%（225.7万元）。

2022 年，组织并完成研发项目 4 项，五小创新项目 1 项，研发项目费用入统 100%（537.32 万元）。

（四）推进煤矿智能化建设及绿色煤矿建设

拟建设智能化掘进工作面 1 个，现已完成设备配置及相关手续等所有准备工作。坚持绿色发展理念，地面采取“严格控制危废、固废”“降尘洒水”等环保措施，井下目前拟采用绿色矸石充填开采技术，有效提升矸石处理率，降低成本，实现绿色开采，现两项工作均在有序推进中。

山西煤炭运销集团寿阳亨元煤业有限公司

一、矿井概况

亨元煤业有限公司位于山西省晋中市寿阳县解愁乡陈家河村，行政区域划属解愁乡管辖。所属主体企业为山西煤炭运销集团晋中公司。

矿井核定生产能力为 60 万 t/a，井田面积为 6.2366 km^2，批准开采 3～$15_{下}$ 号煤层，现采煤层为 3 号、6 号、8 号煤层，截至 2021 年底，全井田保有资源储量 9530 万 t，累计探明资源储量 10626.6 万 t，剩余可采储量 3771.98 万 t，剩余服务年限为 44.9 a。

矿井采用斜井开拓，主斜井、副斜井和进风立井进风，回风立井回风的三进一回中央并列式通风，通风方法为抽出式通风。单水平分层开采，倾向（走向）长壁后退式综合机械化采煤法，综合掘进机掘进，为高瓦斯矿井，矿井正常涌水量 35.4 m^3/h，最大涌水量 46.3 m^3/h，水文地质类型为中等。

二、主要技术经济指标

认真贯彻落实上级政府及集团公司各项工作部署，深化内部改革，创新工作机制，全年完成原煤产量 59.3 万 t，完成掘进进尺 4700 m，矿井综合单产 5.1097 万 t/(个·月)，原煤工效 7.2 t/工，综采机械化程度 100%，掘进机械化程度 95%，采区采出率 84%。

三、安全高效矿井建设的主要做法

（一）加强组织领导，落实主体责任

成立了以矿长为组长，各专业副矿长为副组长，各科室区队负责人为组员的安全高效矿井领导小组，严格按照领导小组职责明确分工，确保安全高效矿井建设工作顺利开展。矿井各系统布置合理，运行可靠，有完善的规章制度，严格执行跟值班制度，能够有效及时发现并处理问题。严格执行周安全活动日全覆盖隐患排查制度，对发现隐患问题，严格按照“五定”要求整改落实。

（二）提高原煤生产效率

1. 生产组织方面

综采区每班组织召开班前会，针对上一班存在问题提前进行针对性安排工作，对本班做详细作业计划，并每班安排一名跟班干部监督施工情况，对突发情况及时、有效地进行处理，保证工作面的正常生产。

2. 设备维修、检查

重点加强对采煤机等设备的检查和维修工作，提高采煤机开机率，抓好维修人员培训学习工作，提高维修人员的操作水平及专业技能。减少了因机械故障原因影响工作面正常生产的次数。综采区每班作业前安排专人对工作面带式输送机等设备进行巡查，发现问题及时解决，保证带式输送机等设备正常使用而不影响正常生产。

3. 强化队伍管理，建立奖惩制度

通过强化队伍管理，建立激励奖惩制度，提高员工积极性，进一步完善工资分配与高效奖惩机制，树立“优秀班组”标杆。一切围绕生产提效开展工作，让先进班组人员从经济上得到实惠，形成良好的竞争机制。

（三）开展科技创新

通过在Ⅱ采区 6 号、8 号煤层沿空留巷施工经验基础上，该矿 2021 年与北京天地科技公司合作在Ⅲ采区 030301 工作面、030302 工作面采用强立支柱施工沿空留巷工程。该项技术的应用不仅提高了资源回收率，增加了矿井的安全效益，实现了工作面 Y 型通风，有效解决了上隅角瓦斯积聚问题，而且降低了巷道掘进率，减少了掘进成本，缓解了该矿采掘衔接紧张问题。

（四）安全生产标准化

（1）成立了以董事长、总经理为组长，各分管矿长为副组长的标准化管理体系工作领导组，重新修订了安全生产责任制 320 项，管理制度 506 项，修订岗位流程标准指导手册 87 项内容。坚持每月 2 次专业性自检，每月 1 次矿长组织开展的月度标准化自检，自检发现的问题与上级公司、监管部门检查提出的问题和隐患全部建立了隐患问题台账，落实整改。

（2）在井下重点岗位制作并挂设了岗位标准作业流程图，印制了岗位标准作业流程、岗位安全风险、岗位安全生产责任制告知卡，进一步强化了安全生产责任落实，明确了各级管理人员及岗位人员的职责，规范了安全管理体系的工作流程。

（3）现场管理方面，提升运输实现了可视化管理；增加了提升绞车闸瓦间隙超限报警和故障保护功能；无轨胶轮车实现了跟踪定位、监控；无轨胶轮车井下检修硐室、加油硐室建成并投入使用；地面 3 台空压机实现了远程监控、远程启停、故障报警等功能；主要通风机配电室安装了电源快速切换装置等，标准化水平逐步提升。

山西煤炭运销集团四明山煤业有限公司

一、矿井概况

四明山煤业有限公司位于晋城市高平市北诗镇境内，矿井井田面积 18.6628 km^2，地质保有储量 14972 万 t，可采储量 7498.73 万 t，批采煤层 3~15 号，设计生产能力 120 万 t/a，服务年限 48 a。

现开采 9 号煤层，井田地质结构简单，水文地质类型为中等，属低瓦斯矿井，9 号煤层为不易自燃煤层，煤尘无爆炸性。矿井采用斜井开拓。采用中央分列式通风方式，通风方法为机械抽出式。主斜井、副斜井进风，回风立井回风。

二、主要技术经济指标

2021 年矿井原煤产量 103.9 万 t。掘进总进尺 5339 m。原煤生产成本计划 240 元/t，实际为 224 元/t。采煤机械化程度为 100%，掘进机械化程度为 100%。原煤工效为 11.1 t/工。矿井综合单产为 103186 t/(个·月)。采区采出率为 86.5%。百万吨死亡率为零。

三、安全高效矿井建设的主要做法

（一）强管理、严考核，顺利实现“季度红”“半年红”“全年红”

（1）沉心一线抓文明生产，系统安排卓有成效。2021 年，四明山煤矿历经两次工作面搬家、辅助运输系统升级（架空行人装置安装）、技术升级改造（密闭改造和加固）、新技术推广应用（110 工法持续升级）等重大工作任务，矿领导班子严格执行“十七亲自”、区队长严格执行“五必须、五亲自”，全矿上下精诚合作，在执行力、凝聚力、战斗力、创新力上都明显加强，通过一年内长时间的坚持和不断提升，四明山煤矿的现场管理，持续保持国家一级安全生产标准化水平，并成为系统内的标杆矿井和明星矿井。

（2）契约管理明确任务，定期考核严格兑现。完成了契约的制定和补充完善，并在职代会上全部完成了签订，明确了任务、责任人、完成时限和考核标准。自签订之日起，每个月都对契约约定任务完成情况进行统计、汇总和分析总结，并对下个月任务进度进行明确和安排部署。2021 年 12 月底，全矿共完成重点项目 6 项，重点工作 25 项，全部足额甚至超额完成了任务指标。同时完成了风井道路工程、矸石场排水渠工程、生产区西南侧排水渠工程、销售区锅炉房工程等工作以及各项技术报告的编制工作。

（二）把关键、抓重点，“针灸点脉”时刻紧绷安全弦

（1）通过综采工作面动态达标百日大会战的顺利开展，当前矿井综采工作面已彻底消除红线隐患，实现了全面动态达标。

（2）完成了通风设施专项整治（包含新修筑防水密闭 1 道；加固密闭 14 道）、井下爆破管理专项整治、粉尘治理专项整治。

（3）从 7 月开始“一月一重点”陆续开展了顶板控制、公共设施领域、机电、辅助运输、供配电、信息化、地面消防、“一通三防”等多项专项整治活动，并全部取得了预期的效果。

（三）文明示范带动全局，现场生产有条不紊

开展了文明示范区建设，通过示范区建设去带动一片甚至全矿逐渐全面走向示范，上级公司为我们指出了一条很好的道路，从《规程》编制、审核、培训、实施、改进、完善，就是一个完整的过程，只有工作有条不紊，才会实现真正的文明生产。2021 年矿井通过优化劳动组织，较 2020 年多生产原煤 20 万吨，单产水平提升超过 16%。综掘一队在 9109 半煤岩巷掘进工作面 3 月完成掘进进尺 307 m、4 月完成掘进进尺 323 m、5 月完成掘进进尺 359 m，完全符合煤业集团快速掘进作业线的要求。

（四）紧盯特殊时期安全工作，提高防灾减灾能力

（1）雨季三防工作。2021 年度晋城区域遭遇的持续降雨天气给矿井防治水、顶板等各项管理带来了前所未有的挑战，在雨季期间矿成立了专项领导组，组建了专门的兼职应急救援队伍，同时井下采取了加固密闭、加设防水密闭等手段，安全通过了主汛期和后汛期。

（2）冬季三防工作。该矿地处山区，气温较其他矿区更低，环境更加恶劣。在 9 月底该矿就对冬季三防工作进行了系统研究、安排部署，针对存在的风险进行辨识，对管控重点进行分类安排，通过每周定期排查和日常巡查管控，当前冬季三防工作正在有序开展。

（3）节假日的安全管理工作。2021 年度该矿全体干部职工付出了前所未有的努力和艰辛，包括春节在内的所有节假日该矿全部没有放假，在这期间该矿采取了井上下全覆盖的安全大检查等手段，严格按照安全技术措施组织了各项工作，确保了节假日的安全稳定。

（五）技术手段不断完善，安全保障持续升级

（1）2021 年运用坑透和瞬变电两种物探方式对 9106、9107、9108 掘进工作面进行了双物探相互印证，并形成物探报告，针对报告中的异常区，编制专项设计进行了验证。9106 和 9107 工作面已钻探完成，9108 工作面正在进行钻探作业。

（2）针对汛期采空区密闭涌水量增大，制定专项密闭改造加固设计，采用水泥砂浆对其进行加固，密闭加固后总厚度达到 3 m，每班安排专人对密闭进行巡查，并记录台账。

（3）二采区地面物探完成 2.4 km^2，矿地质测量部门全程跟踪监督，全力保证了资料的真实性和实际指导效能。

（4）2021 年完成钻探进尺 29892 m，完成全年指标（17200 m）的 173%；物探次数 135 次，完成全年指标（50 次）的 270%。

（5）9106 实施无煤柱开采技术 1095 m;9107 实施无煤柱开采技术 370 m。

（6）完成了主斜井带式输送机巡检机器人的安装。

山西煤炭运销集团泰安煤业有限公司

一、矿井概况

山西煤炭运销集团泰安煤业有限公司位于保德县孙家沟乡，井田面积 6.098 km^2，截至 2022 年底剩余可采储量 2578 Mt，可布面储量 1138.6 Mt，剩余服务年限 4.5 a。矿井核定生产能力 180 万 t/a，矿井于 2011 年 5 月开工建设，2012 年 11 月通过竣工验收，正式投产。批准开采 8 号、11 号、12 号、13 号煤层，12 号煤层厚度 1.6~4.5 m，平均煤厚 2.9 m，煤层倾角 3°~14°，地质结构简单，煤层自燃倾向性为Ⅰ级，属于易自燃煤层，煤尘具有爆炸性。矿井属于低瓦斯矿井，水文地质类型为中等。

二、主要技术经济指标

2021 年原煤产量 180 万 t，累计完成掘进进尺 9200 m。全年实际经营利润为 1.23 亿元。2021 年实际原煤工效 17.9 t/工。矿井综合单产 141941 t/(个·月)，安全事故死亡人数为零，百万吨死亡率为零。

2022 年原煤产量 183.2 万 t，累计完成掘进进尺 8300 m。2022 年全年完成利润 3.1395 亿元。原煤工效 10.2 t/工。矿井综合单产 142857 t/(个·月)，安全事故死亡人数为零，百万吨死亡率为零。

三、安全高效矿井建设的主要做法

（一）安全发展方面

1. 强化“双预控”工作

开展风险辨识起底活动。按要求开展专项安全风险辨识和年度安全风险辨识工作，全面彻底掌握生产作业过程中存在的安全风险，识别安全风险辨识结果及管控措施是否存在漏洞、盲区；补充完善重大安全风险清单并制定相应的管控措施。认真落实周五安全检查，强化隐患的闭合管理，做好隐患清零活动。

2. 强化应急值守，提升应急能力

严格落实现场带班人员、班组长、安全员、瓦检员和调度人员在遇到险

情时第一时间下达撤人命令的决策权和指挥权，严防因处置不当造成伤亡事故。19 名兼职救护队员进入“战备”状态，24 小时待命，一旦发生险情，确保快速响应。

3. 持续开展反“三违”活动，提高反“三违”质量

进一步夯实煤矿安全生产基础，规范现场作业人员安全行为，有效管控易诱发事故的人为细节和管理设施不被重视的因素，实现真抓“三违”，抓真“三违”，杜绝走过场和流于形式，进一步提高反“三违”质量，加大反“三违”力度。通过被动安全指标量化逐步实现主动安全转变，切实严控人的不安全行为，杜绝遏制人为因素引起的安全事故。结合矿实际，特修订了《反“三违”管理制度》，明确了各级管理人员反“三违”指标。

4. 强化非正常作业管理

加强《煤矿非正常作业管理规定》的落实，严格执行非正常作业管理“六到位”的管理制度，切实解决零星工程、零散作业人员、条件变化和处理问题方面存在的标准、制度、流程、安全技术措施、施工组织方案、工程质量验收、干部现场跟班等问题，确保矿井非正常作业期间做到标准规范、职责明确、监管到位，有效防止煤矿井下零敲碎打事故发生，确保矿井良好的安全生产秩序。

5. 精准整治涉事故隐患，精细管控变化作业风险

通过建立常态化排查全系统涉事故隐患和变化作业专题会机制，有效排查并解决各系统涉事故隐患。针对排查出的主要安全涉险隐患、涉事故隐患推行“挂牌督办”机制，由主要负责人亲自组织排查、召开专题治理分析会议，调度指挥中心挂牌公示、分管领导亲自督办整治，直至闭合销号。

6. 实行“网格式”安全包保管理

以井下各采掘作业点及地面重点区域为对象，建立“网格式”安全包保网络，在“一张网”内，进一步完善“点、格、网、系”四级大系统安全管理体系，层层压实责任，层层源头防控，形成各司其职、上下联动、关联包保的安全格局，真正做到风险管控无盲点、隐患排查无遗漏、安全管理无缝隙。

（二）技术创新方面

坚持强化效益导向，以科技创新和优化产品结构提质增效，泰安煤矿矿区针对浅埋小间距煤层群开采巷道围岩控制技术研究，提升矿区锚杆支护技术水平，实现了矿井的安全掘进和回采作业，为矿区生产实践提供技术指导，并创造了巨大的经济效益，在该矿所进行的研究和实践中，共计产生经

济效益达 2371.5 万元。荣获了国家科学技术委员会颁发的科学技术成果鉴定书。

（三）环境保护方面

以来在省市县环保部门监督督促下，该公司坚持环保与安全同等地位的原则，有序实施环保升级改造，在环保治理和环境保护方面做了不少工作，收到了明显的成效。委托有资质的第三方检测机构对该矿进行日常环境监测，并定期上报监测数据。对矿井水进行提标改造，对矿井污水及生活污水严格达标排放。对办公生活服务区进行了绿化改造，为绿色矿山建设奠定了基础。按照生态环境恢复治理方案的要求进行绿化和地质环境恢复治理工程，对部分边坡、采煤塌陷区、矸石场进行填埋绿化治理。2023 年全面完成绿色矿山创建工作。

（四）文化建设方面

坚持发挥企业文化凝心聚力的重要作用，将党的优秀文化、传统文化和现代企业管理文化三者有机融合、相互补充，方能彰显文化兴企的成效。始终坚持“五年企业靠制度、十年企业成习惯、百年企业看文化”的原则创建泰安特色企业文化，树立“制度管人、流程管事、文化管企”文化理念，构建“不忘初心、牢记使命”和“时不我待、只争朝夕”的文化氛围。坚持不懈办好泰安周报、新闻网站、微信平台、OA 系统和文化宣传栏等学习宣传媒体，以此为窗口，加强企业文化建设。在习近平新时代中国特色社会主义思想的引领下，着力创建处处都反映企业精神、理念、价值观，处处都体现出企业文化氛围，每项活动都融入企业文化建设中，使职工时时处处感受到企业文化气息，在潜移默化中受到企业文化的熏陶，增强对企业的认同感、归属感和光荣感。

山西煤炭运销集团泰山隆安煤业有限公司

一、矿井概况

泰山隆安煤业有限公司位于山西省保德县城东南部即桥头镇北部，井田南北长约 8.0 km，东西宽约 3.5 km，面积 20.3196 km^2。截至 2022 年 9 月底，保有地质储量 2.2 亿 t，剩余可采储量 1.13 亿 t，服务年限 33.6 a。矿井核定生产能力为 240 万 t/a，建有配套选煤厂，主要煤种为弱黏煤，少量中黏煤、气煤。矿井为斜井开拓，批准开采 8 号、11 号、13 号煤层（其中 11 号煤层分为上、下两组煤），批采标高+1180～+680 m。现开采 11 号煤层，煤层倾角 2°～8°，地质及水文地质类型划分为中等。属低瓦斯矿井，煤层自燃倾向性等级为Ⅱ级，属自燃煤层，煤尘具有爆炸性。

二、主要技术经济指标

2021 年矿井原煤产量 235.1 万 t，掘进总进尺 8617 m，实现利润 2653.3 万元，成本 244.33 元/t，职工人均年收入 9.46 万元；人工成本利润率完成 96.82%，营业收入利润率完成 17.44%，成本费用利润率完成 17.8%，采煤机械化程度 100%，掘进机械化程度 100%，综采程度 100%，综掘程度 100%。矿井开采 8 号、11 号煤层，采区采出率分别为中厚煤层 88.7%，厚煤层 84.9%。矿井综合单产 201666 t/(个·月)，原煤工效 20.7 t/工。安全事故死亡人数为零，百万吨死亡率为零。

三、安全高效矿井建设的主要做法

（一）深化改革、科学管理

（1）加强企业规范化管理。针对企业之前较为粗放的管理模式，公司科学制定了战略规划、规范了决策程序、完善了规章制度、明确了业务流程、细化了管控措施、加强了监督问责，重点对安全生产、物资采购、工程建设、公务接待等方面进行全面规范化管理，企业常规事件纳入制度化、流程化、标准化管理，初步形成了“流程管人、制度管事”的管理体系，员工工作质量和工作效率进一步提升，违规违纪现象大幅减少，企业管理不断迈向规范化。

（2）加强劳动用工及薪资管理。不断完善各项劳动用工及人事管理制度，全面加强工资总额管控，坚决杜绝“吃空饷、滥发工资”现象，鼓励合理进行二次分配，充分调动广大职工的工作积极性；按照上级公司要求稳步推进“六定”改革工作；根据集团要求和部署，完成了掘进队伍整顿，所有人员均已签订劳动合同并进行了劳动用工备案，按要求缴纳各项社会保险，实现了工资统一打卡发放。

（3）强化物资采供管理，提高供应效率。公司重新修订了物资采购计划、采购流程、材料采购建议价管理等一系列物资供应管理制度，突出计划先行，严格按需采购，通过对材料计划认真汇总、审核、对库，避免重报、漏报、错报，根据生产所需物资缓急，合理组织到货时间，减少采购周期。改革办公用品采购，实现了办公用品100%电商化采购，对大宗、通用物资集中采购，与中标厂家再进行商务谈判，进一步降低了采购成本。

（二）强化安全管理基础建设，提升安全保障能力

（1）持续推进安全生产专项整治，切实提高本质安全水平。按照安全生产专项整治2个专题方案、8个专项方案，深化源头治理、系统治理和综合治理，落实“从根本上消除事故隐患”的责任链条、制度成果、管理办法、重点工程和工作机制，为维护生命财产安全提供有力保障。

（2）继续加强安全生产标准化管理水平。深入推进一级安全生产标准化矿井立标、对标和达标工作，持续保持安全生产标准化动态达标。

（3）精准整治涉事故隐患，强化风险管控。不断深入开展岗位风险辨识活动，根据现场作业环境、设备运转情况、人员操作行为等进行现场辨识，重点落实好煤矿矿长执行安全生产“30条”所涉及的高风险作业、特殊作业、变化作业等情形，做好现场管控。

（三）超前布局，推动升级改造，全力保障可持续高质量发展

对生产衔接超前谋划、科学规划、合理优化，确保生产接替正常有序。坚持技术与管理、人才与投入、装备与应用相结合，狠抓技术攻关，完善技术方案和管理措施，用科学的方法和新装备、新工艺、新技术解决生产过程中的重点和难点问题，确保矿井生产的安全高效。

（四）扎实开展对标一流矿井工作，加强精细化管理，推进标准化体系动态达标

自建矿以来，始终把标准化达标创建工作视为企业的生命工程、基础工程、形象工程，积极培育“让标准成为习惯，让习惯符合标准”的工作理

念，不断提升标准化动态达标创建水平，以上级公司“对标挖潜、突破两线”为指导，以提质增效、提高管理水平为目标，以加强企业管理体系和管理能力建设为主线，同集团内、外优秀企业，先进指标，管理要素全面对标，通过对标补短板、强弱项，全面提升管理水平和运行效率，提高体系运行质量。

（五）引进新技术、新工艺、新装备，优化采掘工艺

（1）为查明矿井水文地质条件，防止水害事故发生，在 11 号煤层三采区东部开展勘探工程，对原有小窑采空区进行钻探验证，购置一台千米定向钻机，一方面控制了小窑采空区范围、查明了勘探区域水文地质条件情况，保障了采掘安全生产；另一方面重新开展防治水管理“三区”划分工作，扩大了安全可采范围，探明新增可采储量 75 万 t，创造了可观的经济效益。

（2）为解决设备老旧，开机率低，尽可能缩短检修时间，提高半煤岩巷单进水平，该矿购置了 3 台三一重工 EBZ-200 机组，解决了原有机组割岩困难的现状，为提高单班掘进进尺提供了装备保障。

（3）粉尘防治方面，按规定采取隔绝煤尘爆炸措施，制定并严格落实清除巷道浮尘、清扫冲洗积尘、运煤系统喷雾降尘等综合防尘措施。针对 11 号煤层半煤岩巷掘进工作面掘进期间粉尘较大的情况，践行“以人为本、生命至上”理念，制定了合理可行的治理方案，安装了履带式除尘风机，通过反复试验，取得了良好的效果，为井下作业人员提供一个安全舒适的作业环境。

（4）综采工作面两巷受采动影响严重，为保证巷道超前支护强度，降低支护工作业强度，缩短受巷道超前支护影响停机时间，该矿购置了 6 组 3×ZQL2×3400/17/30 型迈步式巷道超前液压支架，具有操作简单，支护强度高，接顶严实等特点，有效提升了安全生产效率，降低了劳动强度。

山西煤炭运销集团炭窑峪煤业有限公司

一、矿井概况

炭窑峪煤业有限公司位于大同市市区 SW45°，垂直距离 28 km，行政区划属大同市南郊区口泉乡管辖。2019 年 8 月 6 日，炭窑峪煤业有限公司生产能力由 60 万 t/a 核增为 120 万 t/a。公司于 2020 年 9 月 30 日经山西省化解产能办公室批准与七峰山煤业进行减量重组，减量重组后炭窑峪煤业井田面积 3. 4185 km^2。井田内保有地质储量 9480 万 t，可采储量 4752 万 t，服务年限 28. 2 a。

矿井地质构造类型属简单类型，水文地质类型属于中等类型。矿井瓦斯等级鉴定为低瓦斯矿井，煤尘具有爆炸性，煤层自燃倾向性为自燃煤层，自燃倾向等级为Ⅱ级。矿井开拓方式为平硐-斜井综合开拓，共布置 3 个井筒。

矿井现有在册职工 485 人，井下涵盖 1 个综采放顶煤工作面、2 个综掘工作面，其中 1 个采煤工作面是 22803 工作面。2 个综掘工作面分别为二采区 2201 运输巷、二采区 5201 回风巷，采掘配备合理。采煤工作面采用单一走向长壁后退式综合机械化低位放顶煤开采的采煤方法，采高为 3 m，放煤高度 9. 9 m，采放比为 1 ∶ 3. 3，按一刀一放的正规循环作业，循环进度放煤步距都为 0. 8 m，采用自然垮落法控制采空区顶板，22803 工作面面长 180 m，推进长度 622 m，采煤机械化程度达到 100%。

二、主要技术经济指标

2021 年原煤产量完成 119. 7 万 t，原煤工效最高为 14. 8 t/工，最高月产达到 109450 t，最高日产达到 3648 t。2021 年完成掘进总进尺 4270 m，最高单进为 307 m。

三、安全高效矿井建设的主要做法

该矿从优化完善矿井各大系统、提高矿井机械化开采水平、建设本质安全型矿井出发，对矿井配套生产各系统进行了合理调整、优化完善，提高了矿井安全生产装备水平，夯实了矿井安全基础，有力地推动了“安全高效矿井”的建设工作，主要做法有以下几点：

（1）优化采掘布局，合理集中生产。该矿坚持走人员少、产量大、效益高的新型集约化道路，实施一人多能，增产不增人，不断提高单产单进水平，通过合理优化开拓布局，极大缩短开拓准备时间。

（2）预防顶板事故。通过进一步完善矿压监测系统，实现全矿井下无死角防控，并严格矿压观测、敲帮问顶和前探支护等措施，加大了过地质构造、巷道贯通等特殊时段的现场顶板控制，尤其针对受临近采煤工作面动压影响的采掘工作面，科学地选择支护方式、参数，防止了巷道围岩变形、顶板垮落。

（3）确保辅助运输安全。针对运输任务重，车辆使用频繁的情况，抓住了驾驶员的思想教育工作，避免了开快车、情绪车、疲劳车现象；确保了车辆的正常使用和维护，避免了因车辆故障影响安全，保障了矿井安全生产所需的人员、物资输送。

（4）严格执行下井带班制度。矿领导和所有管理干部全部参与井下带班、值班，加大了作业现场巡视力度，并对安全监管重点和生产关键环节，进行现场盯防，取得了较好成效。

（5）严格规范个人行为。通过制定各岗位操作红线和严格的监管制度，各岗位员工作业流程得到了有效的规范，降低了“三违”发生率。开展以“查隐患为手段、促整改为重点、防事故为目标”的隐患排查治理活动，推广应用隐患排查治理闭合预警系统，实现了隐患自动提醒、动态跟踪、闭环管理，将隐患排查治理工作常态化、制度化、科学化和规范化。

（6）降低设备故障率。建立信息化设备管理系统加强维护，定期更换易磨损的零部件，提高机电维修人员的素质。

山西煤炭运销集团阳城惠阳煤业有限公司

一、矿井概况

山西煤炭运销集团阳城惠阳煤业有限公司位于晋城市阳城县凤城镇南底村，是2009年经山西省煤矿企业兼并重组整合工作领导组以晋煤重组办发〔2009〕42号文批准的单独保留矿井。

矿井位于山西省阳城县城南约7 km处，行政区划隶属阳城县凤城镇管辖。矿区整合面积为8.3064 km^2，矿井批准开采2~15号煤层，矿井保有资源储量860万t，可采储量为535万t，生产规模为60万t/a，剩余服务年限为8.9 a。现采15号煤层，煤层平均厚度为2.34 m。水文地质类型中等，属低瓦斯矿井，15号煤层自燃倾向性等级为Ⅲ级，自燃倾向性性质为不易自燃，煤尘无爆炸性。

二、主要技术经济指标

2021年全年实际生产原煤59.5万吨。2022年实际完成进尺2800 m。2022年全年完成利润239万元。矿井综合单产62500 t/(个·月)，原煤工效7.16 t/工，安全事故死亡人数为零，百万吨死亡率为零。

三、安全高效矿井建设的主要做法

（1）深入开展各类专题培训及活动，持续坚持“抓现场、现场抓”“关键时刻干部就是措施”“领导班子下区队”等措施和原则，持续强化安全技术措施投入力度；强化现场管理与“三违”查处，加大隐患排查治理力度；狠抓新工人安全技能培训；创新安全文化，开展现身说教、安全生产演讲比赛、“亲情助安进一线”等安全宣传教育活动，形成了齐抓共管的良好氛围。

（2）结合安全生产实际，修订、完善矿级领导、各职能科室和各岗位《安全生产责任制》、《岗位责任制》、各工种操作规程等相关制度，一是对不适应管理要求的规章制度重新进行修改、补充、完善，并严格落实执行；二是层层签订安全管理责任状，做到责任到科队、责任到人。

（3）后勤管理进一步强化，分管矿长、科长、舍长以身作则，勤检查、勤通报，全矿消灭了“三乱”现象，地面环境管理已然成为同行业的一张亮丽名片，获得了社会各界的广泛赞誉。

（4）2021 年矿井生产情况：该矿期末原煤生产人数 376 人，其中特种作业人员数为 109 人，科队人员配备齐全。矿井全年生产天数 353 天，其中采煤工作面实际生产 261 天。其中设备影响和节假日休息共计 92 天。

（5）坚定向智能化、绿色开采迈进。坚持实践“自主创新、节约投资、促进安全发展”的思路，通过研发适用于本矿科技项目，整体提升了本矿科技进步与自主创新水平。惠阳煤矿出台了全面创新管理办法，各科室按照要求，积极围绕“采掘机运通”、地测防治水、洗选、经营等方面为增产提效、节能降耗、降低成本而进行的小文明、小革新、小改造、小设计、小建议。共完成七项创新成果，分别为《采煤机截齿改造防甩技术》《空压机断油保护系统》《EBZ-132 综掘机 PCL 编程优化》《主井皮带机头加设煤矸分运系统》《边坡导水槽废旧油桶利用》《升降式自动风门连锁装置》《矿井水酸碱度调节》。由于 15 号煤层巷道围岩条件差异性较大，为了摸清矿井地质条件，研究巷道围岩稳定性，合理优化支护设计方案，防止顶板事故的发生，惠阳矿与山西煤炭运销集团科学技术研究有限公司合作对工作面巷道支护设计方案进行了优化研究，通过围岩应力、围岩强度、巷道支护和矿压规律方面研究确定工作面在稳定围岩、中等稳定围岩、不稳定围岩时采用的支护方案与参数，为该矿巷道支护安全提出了一整套严谨的理论，为矿井节约了支护材料，降低了巷道维护费用，具有明显的经济效益，对矿井的可持续发展提供了良好保障。

（6）2021 年生产销售均衡有序。①持续坚持“抓生产重在抓准备”的要求，积极为正常生产创造有利条件，实现了有序衔接、均衡生产；②继续落实“班评估、班考核”制度，充分发挥班组长的主观能动性，着力推行正规循环作业，强化工时利用，确保生产组织有序推进；③通过“旬质量验收”、“专业月评”等举措，严格执行采掘队组内部奖惩制度，提高单产单进水平；④通过选煤厂实现原煤全部入选，丰富了煤炭品种，提升了煤质指标，增加了利润来源；⑤通过与市公司各部门的及时汇报、敢于担当，未发生因机制变革、环节不顺而影响生产的正常运行；⑥销售工作立足实际打造“销售示范一条线”，多管齐下科学分析预判价格走向，完善煤炭定价机制，实现煤矿与用户“双赢”。

山西煤炭运销集团阳城四侯煤业有限公司

一、矿井概况

山西煤炭运销集团阳城四侯煤业有限公司由原阳城四侯煤业、伏岩煤业、鑫营煤业和府底煤业兼并重组而成，重组后井田面积 11.8301 km^2，批准开采 3~15 号煤层，批准建设规模为 90 万 t/a，矿井地质资源储量为 6235 万 t，设计可采储量为 2387.3 万 t，服务年限 19 a。矿井属低瓦斯矿井；井田地质构造简单，矿井水文地质类型中等；3 号、15 号煤层均无煤尘爆炸危险性；现开采的 3 号煤层属不易自燃煤层。

矿井采用斜井开拓，综合机械化一次采全高采煤方法，矿井通风方式为中央分列式，主要通风机工作方法采用机械抽出式，通风系统为两进一回，双回路 10 kV 高压入井供电，主斜井采用带式输送机运输，副斜井采用串车提升，并安装有架空乘人装置用于提升人员，井下辅助运输采用单轨无极绳；一井一面两掘，达 90 万 t/a 生产规模。

二、主要技术经济指标

原煤产量完成 89.6 万 t。全年总进尺完成 4200 m，采区采出率 87%。2021 年职工人均收入 8.32 万元，原煤工效 7.20 t/工。全年无人身事故和二级以上非伤亡事故，矿井百万吨死亡率为零，安全生产标准化达一级标准。

2021 年 3 月综掘单月掘进进尺 378 m，创该矿掘进单月进尺最高纪录。7 月矿井最高月产量达到 89578 t，创造了四侯煤业产量纪录。7 月 3201 工作面最高月毛煤产量达到 86580 t，创造了四侯煤业采煤工作面纪录。

三、安全高效矿井建设的主要做法

（一）紧抓“一落实、双建设、双达标”工作不放手，逐步夯实安全基础

1. 严格落实安全生产责任制

一是结合安全生产实际，修订、完善矿级领导、各职能科室和各岗位《安全生产责任制》、《岗位责任制》、各工种操作规程等相关制度，对不适应管理要求的规章制度重新进行修改、补充、完善，并严格落实执行；二是

层层签订安全管理责任状，做到责任到科队、责任到人。

2. 不断完善安全风险预控和应急救援体系建设

一是完善风险预控体系建设，收集各岗位危险源进行辨识整理形成《风险管理表》下发各专业科队；二是制定完成《反“三违”实施细则》，在公司范围内严格执行；三是编制完成《安全生产事故灾难应急预案》《应急救援培训计划》及《应急救援演练计划》，并按照要求进行雨季三防演练、机电触电事故演练、瓦斯燃烧事故演练，同时，针对演练中存在的问题，对相应的应急预案、措施等资料进行修订、完善，对演练进行总结，做到了应急救援有序开展。

3. 强化双达标管理

一是严格按照《山西省煤矿安全生产标准化标准》和验收办法进行检查、考核、评比，执行周检、月查、季总结的检查模式，实行“谁检查、谁签字、谁负责”的原则，严格考核、奖惩，持续保持一级安全生产标准化矿井。二是制定《岗位标准操作流程》，并按要求对各岗位员工进行考核。三是组织职工进行“员工岗位操作动态达标”“岗位危险源辨识”“五型班组建设”等专项培训，坚持执行“干部上讲台、培训到现场”，坚持每日一题，每月一考、坚持培训成绩与安全绩效考核挂钩、坚持考试不合格不允许上岗等强有力制度，从源头上培训教育职工“上标准岗、干标准活”，不断提高广大职工的整体素质。

（二）全方位入手，狠抓基础管理，全面提升全员综合素质

1. 强化基层工作

一是通过抓班组建设，健全完善班组管理制度，通过班前 3 个 10 分钟、班中安全确认、巡查汇报、现场质量验收、师徒结对帮教、带班长走动式管理等有效手段，有效提升班组管理水平；二是从采、掘、机、运、通、地测防治水等专业入手，加强专业、技术队伍的操作水平和防范技能；三是加大安监队伍监督检查力度，对“三违”人员严格教育、培训、惩处；四是不断提高应急救援队伍整体素质及业务水平，为安全生产提供有力保障。

2. 紧抓基础管理

一是强化现场管理，认真开展对标、贯标、达标管理。以抓文明建设为突破口，从规范人的操作行为着手，强化现场动态管理；二是坚持周隐患排查治理，结合周四安全生产活动日活动，对矿井上下各类设施、主要场所进行严格细致的排查，排查的隐患严格按“五定”落实；三是积极进行风险源辨识，细化管控措施，将风险源辨识的各类标准落实在现场；四是积极组

织开展应急管理工作，修订、完善应急预案、现场处置措施等资料，做到应急体系的有效建立；五是以抓好隐蔽致灾因素的排查工作为重点，定期对井田内井上、下各类危险因素进行全面仔细的排查，确实把各种隐患消灭在萌芽状态；六是开展安全专项整治活动，从顶板控制、瓦斯治理、水害防治、大斜坡运输、供电安全设备安全等重点环节入手，将安全工作抓紧、抓好、抓细、抓实。

3. 提高基本技能

一是要求各级管理人员加强学习，不断进行自我业务素质的提升，让大家在工作中形成了“干中学，学中改、改则稳、稳则定”的良好氛围；二是从安全知识、专业技能以及手指口述、岗位操作模块等方面入手，加大从业人员的培训力度；三是做好专业技术人员职称申报和从业人员的职业技能鉴定工作，不断提升员工队伍的整体素质。

（三）加强企业文明建设，打造平安和谐矿区

1. 加强班子建设，促进经济发展

2021 年以来，矿党政领导班子以开展“深度融合，提高执行力”大讨论活动为载体，坚持民主集中制原则，以提高领导班子和领导干部素质、改进工作作风、突出重点工作为目标，以解决群众关心的热点、难点问题为重点，切实有效地开展了创建活动，不断加强领导班子建设，增强班子凝聚力、战斗力和创新能力。完善重大决策的规则和程序，促进决策科学化、民主化。规范集体领导和个人分工负责制度，坚持重大决策、干部任免、重大项目安排、大额度资金使用的集体研究制度。领导班子建设的加强，从政治、思想、组织、作风上为搞好安全生产提供了保证。

2. 加大“两堂一舍”管理，为职工创造和谐舒适的生活环境

通过改善公寓的居住环境、食堂的就餐环境和办公楼的办公环境，为职工创造良好的休息工作环境，使职工有充沛的精力投入安全生产中，有力地促进了企业和谐稳定发展。

山西煤炭运销集团阳泉二景和谐煤业有限公司

一、矿井概况

阳泉二景和谐煤业有限公司井田位于阳泉市盂县南娄镇南上社村西，行政区划大部属南娄镇管辖，西部小部分跨入寿阳县温家庄乡境内。

矿井生产能力 90 万 t/a，井田面积 3.2119 km^2，开采煤种为贫煤，批采煤层为 6~15 号煤层。矿井瓦斯等级为高瓦斯矿井，煤层均为不易自燃煤层，煤尘具有爆炸性，地质构造简单，水文地质类型中等。矿井安全生产标准化等级为二级。

二、主要技术经济指标

2021 年公司实际完成产量 89.8 万 t，矿井百万吨死亡率为零；实现利润 15832.64 万元，职工人均收入 9.5 万元；原煤工效达到 7.5 t/工，综合单产 7.2 万 t/(个・月)；采区采出率 83%；采煤机械化程度为 100%，综掘机械化程度为 80%。

2022 年公司实际完成产量 89.3 万 t，矿井百万吨死亡率为零；实现利润 15832.64 万元，职工人均收入 9.5 万元；原煤工效达到 7.43 t/工，综合单产 7.12 万 t/(个・月)；采区采出率 83%；采煤机械化程度为 100%，综掘机械化程度为 80%。

2021 年、2022 年度所有技术经济指标均达到了特级安全高效矿井标准。

三、安全高效矿井建设的主要做法

（一）生产组织方面

坚持以矿井的“抽、掘、采”衔接平衡为基础，在正常生产过程中至少提前半年有 1 个形成系统的预备用工作面，为采煤工作面持续稳产提供可靠保证。

2021 年底矿井四量情况为：开拓煤量 677.04 万 t，可采期达到 7.5 a；

准备煤量 500.44 万 t，可采期达到 5.6 a；抽采煤量 57.26 万 t，可采期达到 0.7 a；回采煤量 57.26 万 t，可采期达到 8 个月，矿井“四量”可采期符合规定要求。

2022 年底矿井四量情况为：开拓煤量 607.23 万 t，可采期达到 6.7 a；准备煤量 430.63 万 t，可采期达到 57.4 个月；抽采煤量 125.4 万 t，可采期达到 17.9 个月；回采煤量 125.4 万 t，可采期达到 17.9 个月，矿井“四量”可采期符合规定要求。

（二）安全发展方面

（1）各级单位坚持认真落实安全生产责任制以及进行《安全生产责任制》的学习和安全责任教育，明确安全生产责任制的内容，做到“谁主管，谁负责；谁生产，谁负责；谁操作，谁负责”，使全体职工充分认识到“安全生产，人人有责”。各级领导分片包干，切实做好分管范围内的安全工作；基层管理人员靠前指挥，时刻盯在作业现场，对关键作业环节严格把关，正确处理安全与生产的关系，坚决做到“不安全不生产”。各级安全监察人员每天深入现场进行安全检查；群监员及时报告安全隐患，形成了人人管安全的良好氛围。

（2）加强安全检查和隐患排查力度，进一步加大现场安全检查力度。管理人员深入现场，及时发现并解决现场中存在的问题。主要进行了采掘现场施工作业安全检查，油品及设备的防火检查，火工品及爆破作业检查等工作，对发现的问题均按“五定原则”及时进行了处理。加大了反“三违”力度，对于习惯性违章作业和违反劳动纪律的职工严厉查处。

（三）技术创新方面

通过利用井下千环网、集控平台的信息系统架构，以大数据思维引领企业改革，以大数据手段促进企业转型，系统兼容性强，全域布局，高效灵敏、实时传送，实现矿井数字化管理，影像化展示，彰显新时代企业管理特征。该矿井已建设电力自动化、水泵自动化、带式输送机集中控制系统等，逐步完成精准人员定位系统，为安全高效矿井建设提供坚实的信息管理保障。矿井网上办公使用致远 A8+协同管理软件，办公方便、快捷、高效。

（四）智能绿色开采方面

一是在掘进工作面全面推行快速联网机具，降低职工作业强度和时间，提高联网作业效率；二是在全岩巷道和半煤岩巷道，推广应用履带式挖斗装载机提高循环进度，降低生产成本；三是在综掘面推广使用掘锚支一体机，缩短临时支护时间，提高工作效率；四是合理选取支护断面，在满足通风、运输、安装的前提下，努力降低巷道断面，实现经济合理；五是优化巷道支护设计，全面推行“三高一低”支护技术，合理选取巷道支护参数和支护材料，防止支护过剩，在科学测算的基础上，有效降低支护密度；六是利用施工反井立眼的方式取代传统的后高抽布置方式，在降低施工作业时间的同时，大幅降低掘进成本。

（五）科学管理方面

一是以制度作为完成经营目标的保障。通过《和谐煤业全面预算目标考核办法》《和谐煤业材料管理考核办法》《和谐煤业各类物资台账管理办法》等一系列管理制度，确保预算目标的层层传递。二是以全面预算管理为基础，进一步落实责任，紧抓采掘设计、系统构建、生产工艺、装备配置、物料领用等环节成本管控。三是业务部门管费用指标和管使用过程相结合，深入各区队施工现场，对材料的使用、回收、复用进行跟踪管理。四是全面推行契约化管理，加强预算指标控制与过程精细管理，规范物资采购行为。五是强化刚性考核，狠抓回收复用、修旧利废，实现全年盈利水平和经营质量双提升。

严格按照《作业规程》规定，坚持正规循环作业，加强工作面支护质量与顶板动态监测，确保了综放工作面的安全生产。一是掘进工作根据地质变化调整优化支护参数，保证了锚网支护的工程质量和掘进面的安全施工。二是提高机电运输管理标准，加强无极绳绞车、电气设备、机电运输、日常检查等管理工作，进一步加强了机电运输基础性工作。三是以全面构建“通风可靠、抽采达标、监控有效、管理到位”的瓦斯综合治理体系为目标，坚持“瓦斯抽采、监测监控、以风定产”原则，完善制度、强化落实，不断加强通风系统管理、瓦斯抽采管理、严格防尘管理和防灭火管理，确保了“一通三防”工作的安全管理。四是各部门按照矿统一安排部署，结合百日安全、质量标准化、会战活动等工作，不断加强基础管理，认真开展了“一通三防”、顶板控制、机电运输、地测防治水等基础工作，推进了矿井安全高效平稳发展。

山西煤炭运销集团野川煤业有限公司

一、矿井概况

山西煤炭运销集团野川煤业有限公司位于高平市西北 15 km 处的野川镇境内，行政区划隶属高平市野川镇管辖。井田面积 10.5853 km^2，批准开采 3～15 号煤层，开采深度标高+970～+610 m，地质储量 11745 万 t，设计可采储量 4560.2 万 t，核定生产能力 90 万 t/a，设计服务年限 36 a，现采 3 号煤层，煤层平均厚度 5.39 m，倾角 2°～6°。矿井绝对瓦斯涌出量为 24.29 m^3/min，矿井相对瓦斯涌出量为 16.67 m^3/t，属高瓦斯矿井，自燃倾向性等级为Ⅲ级，煤层不易自燃，煤尘无爆炸性，水文地质类型划分为中等，无冲击地压。

二、主要技术经济指标

2021 年完成生产原煤 89.9 万 t，掘进进尺 2300 m，原煤工效为 7 t/工，采区采出率为 83%，矿井综合单产为 78611 t/(个·月)，实现利润 33158 万元，采煤机械化程达到 100%，掘进机械化程度达到 100%。

2022 年完成生产原煤 89.7 万 t，掘进进尺 2500 m，原煤工效为 7.3 t/工，采区采出率为 83%，矿井综合单产为 70469 t/(个·月)，实现利润 60780 万元。

三、安全高效矿井建设的主要做法

（一）技术创新方面

（1）二采区 3203、3202 工作面推广实施沿空留巷工艺、Y 型通风系统，不仅解决了上隅角瓦斯管理问题，还延长了矿井服务年限，缓解了采掘接续紧张，提高了资源回收率，2021 年多回收煤炭资源约 11 万 t，2022 年多回收煤炭资源约 14 万 t。

（2）3202 综放工作面采用千米定向钻机向综放面后方施工顶板走向长钻孔至采空区上部的裂隙带，瓦斯抽采成效显著。同时采取在 3202 带式输送机运输巷钻场内布置高位孔、采空区埋管抽放等综合抽采方式来治理瓦斯，有效降低了工作面瓦斯浓度，使瓦斯浓度始终保持在 0.4% 以下，保障了矿井安全生产。

（3）在积极推广新技术、新设备、新工艺方面不断应用实施，3202 工作面继续应用实施走向长钻孔水力压裂技术，该技术的应用有效解决了沿空留巷超前预裂爆破切顶卸压成本高、安全系数低、爆破效果不可控的弊端，从 3202 综放工作面沿空留巷成型效果来看，较预裂爆破切顶卸压留巷效果显著提高。

（二）生产组织方面

采用无轨胶轮车进行综放工作面搬家倒面工作，在生产组织过程中，紧密围绕生产布局，扎实做好生产组织协调工作。从工作面末采到回撤通道形成、从规程制定到现场实施，从安装调试到上级公司验收，每一个环节都重点管控，排查不放心的人、不放心的事，跟班矿长、科长采用“重点抓、抓重点”、双带班等方式，顺利完成搬家工作，提升了搬家倒面效率和安全系数。

始终坚持开发与保护并重的原则，合理确定开采顺序，不断优化采区设计，科学合理开发煤炭资源；坚持集约高效的原则，按“一井一面，一采两掘”布置。

（三）安全发展方面

在矿井安全保障方面，健全了安全管理机构，修订了安全管理制度，优先保障安全生产的投入，并严格落实安全费用、维简费的使用。开展文明生产整顿，不断强化矿井安全文化建设，潜移默化引导自主安全作业、标准作业，积极实行准军事化管理，开展班组示范建设等工作，着力提升企业管理水平。

在瓦斯防治、水害治理、顶板控制工作方面，积极与科研院校和专职机构合作，严格落实“先抽后采、监测监控、以风定产”的瓦斯治理方针，建立“通风可靠、抽采达标、监控有效、管理到位”的瓦斯治理工作体系；健全了防治水管理机构，配足管理和技术人员，坚持“预测预报、有掘必探、先探后掘、先治后采”的原则；高度重视顶板控制工作，加强井巷维修管理工作，严格执行顶板巡查管理制度。

根据工作需要，积极开展“每日一题，每周一课、每月一考”，全面提升职工专业素质。严格执行执业资格准入制度，“七长”均具备煤炭相关专业大专以上学历、煤炭主体专业中级以上技术职称，B 类安全管理人员、班组长、特殊工种人员全部经过煤炭培训机构培训合格，持证上岗。

山西煤炭运销集团盂县恒泰常顺煤业有限公司

一、矿井概况

盂县恒泰常顺煤业有限公司井田位于山西省盂县县城西南约 12 km 处，南娄镇东南关—艾坪村一带，行政区划隶属盂县南娄镇管辖。其地理坐标为东经 113°15′12″—113°17′43″，北纬 38°01′08″—38°02′40″。井田距阳泉市约 47 km，距寿阳铁路货站运距约 20 km，直距约 18 km。距盂-寿公路不足 1 km，交通条件便利。井田面积为 7.0698 km^2，批准开采 8~15 号煤层，生产规模为 0.90 Mt/a，矿井剩余储量 2568 万 t，包括 9 号煤层、二水平（12 号、15 号煤层），剩余服务年限 20.8 a。矿井瓦斯等级属高瓦斯，矿井水文地质类型属中等。

二、主要技术经济指标

2021 年完成原煤产量 89.9 万 t，商品煤量 72.74 万 t，开掘进尺 4197 m。完全成本 310 元/t，销售收入 29552 万元，原煤工效 7.2 t/人。实现了安全生产长周期，消灭了轻伤以上人身事故，百万吨死亡率为零。

三、安全高效矿井建设的主要做法

2021 年，以安全高效为目标，以“基础管理精细化，技术装备现代化，人员培训制度化”为要求，做到管理无漏洞、设备无故障、系统无缺陷、人员无“三违”、安全无事故，同时深入开展岗位达标、专业达标、企业达标的活动，重点抓安全，进一步加强安全生产标准化矿井建设，实现了安全高效。

（一）加大安全投入，夯实安全基础

（1）加大安全投入。本年度重点完成了单体液压支柱、液压支架的补充、更换和维修；更换了探放水设备；更新了井上下各种安全警示标志和牌板；足额配备了职工劳动保护用品；加强安全培训教育，变招工为招生。

（2）注意安全文化宣传，提高职工自主保安意识。完善了井上下安全文化长廊，既美观大方，又内容丰富，不但有安全警言警句，而且有安全小常识，伴有优美的轻音乐，使职工在上下班途中，随时都能感受到安全教育的氛围，使广大职工既消除了疲劳，又受到了教育。

（3）加大安全培训力度，规范职工操作行为。坚持“管理、装备、培训”并重的原则，积极推行全员安全培训，利用矿四级培训中心，按照培训大纲制定培训计划，落实培训责任，重点做好新工人和转岗职工的培训工作。在全矿各个岗位和工种推行“手指口述”和“人人都是通风员”活动，使职工通过眼看、手指、心想、口述等程序化的作业方式，熟练掌握本岗位的操作要领，进一步规范了职工操作行为。

（二）狠抓安全生产标准化建设，巩固企业发展基础

（1）建立安全生产标准化奖惩机制，在各单位开展达标竞赛活动，每月对各单位的工程质量进行评比，把安全生产标准化作为《安全奖罚办法》《安全风险个人抵押办法》的重要考核指标，直接与安全奖惩挂钩，实行重奖重罚。通过这些机制，增强了职工的安全生产标准化意识，提高了广大干部职工搞好安全生产标准化的积极性。

（2）为增强安全生产标准化责任意识，制定了各工种岗位责任制，对各施工巷道每根锚杆、锚索贴标签管理，使每根锚杆、锚索都能明确地找到责任人，并根据标准严格考核，落实到每个责任人，与其负责的工程质量挂钩，用经济手段促进安全生产标准化达标竞争意识的增强。“以质量保安全，以达标保生产”已成为基层管理人员的共识。

（三）加强技术管理工作，增强装备技术新内涵

建立以总工程师为首的技术管理体系，在巷道布置、采掘部署、生产系统调整和技术规范标准措施的制定以及新技术、新工艺、新设备的推广应用等重大技术问题必须由总工程师负责解决。

大力推进生产工业和技术装备的自动化、智能化，大大减少用人数量，降低人员劳动强度，大幅减少各类事故，同时提高工艺运转和技术装备运行故障检测的准确性和实时性，增强对设备故障的预控能力，实现生产过程的安全自动化控制，从而高效推进安全生产。同时，树立安全生产也是效益的思想，加大技术改造力度，提高安全生产保障能力。努力提高管理人员的专业技能和管理水平。

（四）推进“三化”管理，不断提高经济效益

按照公司推行的“制度化、规范化、市场化”的管理要求，坚持以内

部市场化为导向，不断通过流程再造和规范运作，夯实基础管理，优化资源配置，使企业内部各项管理不断加强，经济效益逐年提高。一年来，市场化管理深入人心，并不断得到深化、细化和延伸，形成较为全面系统的管理网络，涵盖了各项管理和过程控制，成为各项工作的主要抓手。

（五）加强企业文明建设，打造平安和谐矿区

在企业经济效益不断提高，文明创建不断升级的同时，我们本着“和谐共赢”的原则，不断推进企业文明建设，加大生活福利设施投入，努力打造和谐文明矿区。

2021年以来，坚持民主集中制原则，以提高领导班子和领导干部素质、改进工作作风、突出重点工作为目标，以解决群众关心的热点、难点问题为重点，切实有效地开展了创建活动，不断加强领导班子建设，增强班子凝聚力、战斗力和创新能力。完善重大决策的规则和程序，促进决策科学化、民主化。规范集体领导和个人分工负责制度，坚持重大决策、干部任免、重大项目安排、大额度资金使用的集体研究制度。领导班子建设的加强，从政治、思想、组织、作风上为搞好安全生产提供了保证。

山西煤炭运销集团盂县恒泰皇后煤业有限公司

一、矿井概况

山西煤炭运销集团盂县恒泰皇后煤业有限公司（以下简称皇后煤业）位于山西省盂县县城南刘家村，井田面积 3.0284 km^2，资源储量 4457 万吨，设计可采储量 1345 万 t，批准开采 8～15 号煤层，矿井生产规模 90 万 t/a。矿井为高瓦斯矿井，煤层自燃倾向性为Ⅱ级，属自燃煤层，煤尘有爆炸危险性，矿井水文地质类型属中等，矿井正常涌水量 16.36 m^3/h，最大涌水量 40.76 m^3/h；矿井主要充水因素为工作面开采形成的顶板岩层裂隙渗水及正常生产工业用水。现开采煤层为 15 号煤层。

二、主要技术经济指标

2021 年矿井实际产量 87.9 万 t/a。平均工作面个数 0.89 个，采煤机械化程度 100%、掘进机械化程度 91%，采区采出率为 76.5%。全年实现安全生产，百万吨死亡率为零。原煤生产期末人数 456 人，原煤工效 7.6 t/工。全年完成利润 12299.8 万元，职工年人均收入 9.9 万元。

三、安全高效矿井建设的主要做法

（一）生产组织方面

（1）加强非正常作业管理，由调度室牵头严格落实各项非正常作业的安全技术，监督现场跟班到位，现场必须有科室人员和正职队干跟班，否则不许施工。

（2）加强年度、月度生产计划安排的科学性、合理性、统一性、超前性和固定性，减少计划安排的随意性、孤立性，加强计划的落实。

（3）队组必须熟悉掌握各自年度、月度生产部署，要在出勤上加大考核，鼓励多出勤，保证有充足的生产、检修人员，保证完成安排的各项生产任务。

（二）重点工程方面

始终把综采工作面的回撤与安装、顶板控制、机电运输、火工品、地面交通安全管理作为重点，加强采掘工作面上隅角、迎头等重点区域的有害气体管理，优化和完善矿井通风系统，切实做好防尘工作，确保矿井安全和顺利实现“一通三防”和安全生产更长的周期。

（三）安全管理方面

（1）强化现场管理，从认真开展对标、贯标、达标管理。

（2）坚持周隐患排查治理，结合周四安全生产大检查活动，对矿井上下各类设施、主要场所进行严格细致的排查，排查的隐患严格按“五定”落实。

（3）积极进行危险源辨识，细化管控措施，将危险源辨识的各类标准落实到现场。

（4）积极组织开展应急管理工作，修订、完善应急预案、现场处置措施等资料，做到应急体系的有效建立。

（5）以抓好隐蔽致灾因素的排查作为工作重点，定期对井田内的井上、下各类危险因素进行全面仔细的排查，确定把各种隐患消灭在萌芽状态。

（6）开展安全专项整治活动，从顶板控制、瓦斯治理、水害防治、供电安全设备安全等重点环节入手，将安全工作抓紧、抓好、抓细、抓实。

（四）安全质量标准化建设

从地面到井下，从后勤到生产严格标准化建设，现场达到整齐、整洁、规范，形成了“要安全，先达标，向标准化要效益，向标准化要安全”的理念，通过人、机、环、管的和谐统一，最终实现管理无漏洞、设备无故障、系统无缺陷、人员无违章和安全零事故的本质安全型矿井。

（五）安全培训教育

加强专项培训工作：紧紧围绕“人本安全、培训教育、素质提升”工作，为加强职工的专业水平和安全素养，同时对采掘、机电运输、通风、防治水、职业卫生、应急救援、矿山救护等专业开展了专项培训。开展多样化培训形式：通过观看《事故案例警示教育片》，“干部上讲台、培训到现场”、班前班后教育等活动，从精神层面、理论水平、实践操作等方面全面提升了广大干部职工的整体安全观念和技能水平。

（六）鼓励技术创新和设计创新

为了提高生产效率，降低生产成本，公司鼓励全体职工进行技术创新和设计创新，并制定奖励办法。对技术创新或设计创新的集体和个人，在直接物质奖励之外还会在工资、福利待遇方面进行适当的奖励。

山西煤炭运销集团榆次巍山煤业有限公司

一、矿井概况

山西煤炭运销集团榆次巍山煤业有限公司位于晋中市榆次区乌金山镇黄土坡至西沙沟村一带，行政隶属于乌金山镇管辖。井田面积3.7925 km^2。在工业广场建有一座以跳汰机洗选为主、入选能力为120万t/a的选煤厂。

矿井是由山西巍山煤业有限公司和山西榆次云景山煤业有限公司及部分空白区重组而成，2011年6月正式开工建设，2016年3月完成竣工验收，批复能力90万t/a，2020年10月划入晋能控股集团。矿井采用主斜副立综合开拓方式，现单水平开采15号煤层，平均煤厚5.97 m，煤种为贫煤。矿井属低瓦斯矿井，煤层自燃倾向性等级为Ⅱ类，属自燃煤层，煤尘具有爆炸危险性；矿井地质构造复杂程度划分为中等，水文地质类型划分为中等，属于局部奥灰水带压开采。

二、主要技术经济指标

2021年完成原煤产量59.38万t，实现利润1898.5万元，原煤工效为7.10 t/工，2021年职工人均收入8.55万元，消灭了人身事故和二级以上非伤亡事故，矿井百万吨死亡率为零，安全生产标准化达省二级标准。

三、安全高效矿井建设的主要做法

（一）认真传达学习各级会议精神，增强安全意识

深入学习贯彻落实习近平总书记关于安全生产工作的重要指示批示精神，汲取事故教训，保持警钟长鸣，压实责任链条，以时时放心不下的责任感，全面排查整治各类风险隐患。落实落细省、市、区及公司的各项安全生产指示，利用早调会、部门碰头会、班前会等形式进行文件的贯彻学习，让每位职工都能够清楚地认识到安全生产的严峻性、艰巨性、紧迫性。牢固树立“两个至上”的安全理念，将安全意识贯穿到工作中。

（二）严格执行矿领导现场带班制度，提高带班质量

严格遵照集团公司下发的《煤矿安全生产管理人员下井检查安全工作

管理办法》《煤矿领导带班下井及安全监督检查实施细则》《区队长安全管理“五亲自”“五必须”规定》等一系列管理规定开展工作，坚决落实“两同时”“三不放过”“三必到、三走到”工作制度，做到真实掌握井下的安全生产状况，针对井下现场的实际情况，加强对井下重点部位、关键环节的检查巡视、指挥协调。发现事故隐患和险情及时组织消除，及时制止违章违纪行为，严格查处超能力、超强度、超定员组织生产现象。检查规程、安全技术措施的现场落实情况。指导、协调解决井下现场存在的安全问题。

（三）加强风险管控、隐患排查治理及安全监察

矿井结合“周安全活动日”和《煤矿安全生产标准化管理体系》中对事故隐患排查的规定，以及各级行管部门、上级主体公司对隐患排查工作的特别要求，开展相应的风险管控和事故隐患排查治理活动，坚持源头管控、风险预控、关口前移，努力将风险控制在隐患形成之前，把隐患消除在事故发生之前。同时将《关于实行煤矿安全监察专员制度的通知》的制度严格实施下去，保障安全生产工作落实到位。

（四）强化工作面生产组织，确保完成任务

按劳动定员编制配齐采掘队伍人员，保证人员出勤率，做好工作面交接班，通过优化劳动组织，抓好现场管理，做到生产任务层层落实到班组和岗位，要做到人人头上有责任、有担当。加强现场管理，每班必须要为下班生产作业打下良好基础，实现正规循环作业，确保完成生产任务。

（五）严格井下设备管理，提高设备开机率

利用检修班时间逐步对所有设备进行全面排查和隐患处理，备足备品备件管理，保证出现问题及时解决，提高设备开机率，最大限度缩短机械事故影响时间。井下机电设备保持完好，杜绝电气设备失爆；提升运输设备保护装置和安全防护设施齐全、有效。

（六）发挥生产调度协调指挥功能，保证有序生产

加强生产调度管理，严格执行井下“一班三汇报”制度，对于影响、制约生产的一切问题，做到调度统一协调，实现速办快结，坚决做到令行禁止，形成齐抓共管的良好氛围。矿各业务部室积极做好业务指导和服务工作，及时采取针对性措施，帮助综采队解决实际难题，为队组安全有序生产创造条件。

（七）开展岗位作业流程标准化培训，落实各项工作

立足于采掘队伍不同的岗位，着眼于加强管理和素质提升，以辨识管控岗位作业风险为前提，使之熟练掌握设备性能及操作流程，及时排除各类故

障，为正常生产提供保障。利用班前会或者其他时间，结合实际情况对照岗位流程标准逐条逐项向从业人员详细讲解，同时利用信息化手段在微信工作群中定时分享各岗位作业流程标准，使采掘队伍井下作业人员可以自由学习。带班队长在下井过程中也要根据实际情况给从业人员现场讲解作业流程标准，使井下作业人员由学习、掌握、运用操作标准到“应知、应会、应用”的跨越和提升，并不断改进工作方法，强化执行力，从思想上提高认识，转变观念，不断提升工作能力，切实把各项工作落到实处。

（八）从源头抓煤质，提高煤炭回收率

工作面严格控制采高，杜绝割顶、减少拉底，工作面生产过程中移架、割煤要密切配合，应尽量避免伪顶的冒落和架间、架前漏矸，减少矸石混入量。选煤厂要严格按照设计工艺流程及参数进行操作，加强选煤厂工艺管理，稳定精煤质量，通过科学的管理手段不断降低选煤损耗，提高选煤厂的经济效益。强化选煤厂标准化管理工作，完善生产技术检查设施，认真组织开展各项生产技术检查工作，确定合理的分选密度，确保产品灰分、水分，最大限度地提高精煤回收率，确保脱水设备运转正常，有效降低产品水分。

（九）全面加强成本管控，提升企业精细化管理水平

加快推进降本增效、减员增效、提质增效工作落实，发挥大集团规模采购优势，对材料配件、大宗、通用物资进行集中采购，与预中标厂家商务谈判，降低采购费用；加强对修复物资的管理，通过扩大回收复用、修旧利废物资范围和品种，降低成本费用；按照“三变”和“四减少”（利率“高变低”、期限“短变长”、授信额度“小变大”、减少刚性兑付、减少债务、减少融资租赁、减少票据融资）要求，调整优化融资结构、降低融资规模，降低财务费用。通过自然减员，到龄人员及时办理退休手续，降低人工成本，减少企业负担。

山西煤炭运销集团掌石沟煤业有限公司

一、矿井概况

掌石沟煤业有限公司位于高平市东南约 17 km 的石末乡王庄村，行政区划隶属高平市石末乡管辖，矿井于 2011 年 6 月开工建设，2018 年 1 月批复转入生产矿井，矿井生产能力 90 万 t/a。批准开采 9~15 号煤层，开采深度标高+960~+800 m。矿区范围由 8 个拐点圈定，矿区形状呈不规则多边形，东西长 4.20 km，南北宽 1.80 km，井田面积 5.4767 km^2。地质保有储量 2526 万 t，可采储量 1169 万 t，设计服务年限 10 a，截至 2021 年 12 月底剩余可采储量 647 万 t，剩余服务年限 5.4 a。矿井开拓方式为斜井单水平开拓，瓦斯等级为低瓦斯，15 号煤层自燃倾向等级为Ⅱ类属自燃煤层，煤尘无爆炸性，矿井地质类型为中等。

二、主要技术经济指标

2021 年完成生产原煤 0.78 Mt，掘进进尺 2860 m，原煤生产成本 310 元/t，百万吨死亡率为零，原煤工效为 7.1 t/工，采区采出率 80%，矿井综合单产为 78288 t/(个·月)，吨煤开采综合能耗为 17.08 kW·h，全年实现利润 1825.19 万元。

2022 年完成生产原煤 0.76 Mt，掘进进尺 3958 m，原煤生产成本 338 元/t，百万吨死亡率为零，原煤工效为 7.2 t/工，采区采出率 80%，矿井综合单产为 76832 t/(个·月)，吨煤开采综合能耗为 16.88 kW·h，全年实现利润 1905 万元。

三、安全高效矿井建设的主要做法

1. 紧抓“一落实、双建设、双达标”工作不放手，逐步夯实安全基础

（1）严格落实安全生产责任制。一是结合安全生产实际，修订、完善矿级领导、各职能科室和各岗位《安全生产责任制》、《岗位责任制》、各工种操作规程等相关制度，对不适应管理要求的规章制度重新进行修改、补充、完善，并严格落实执行；二是层层签订安全管理责任状，做到责任到科

队、责任到人。

（2）不断完善安全风险预控和应急救援体系建设。一是完善风险预控体系建设，收集各岗位危险源进行辨识整理形成《年度辨识报告》下发各专业科队；二是编制完成了《安全生产事故灾难应急预案》《应急救援培训计划》及《应急救援演练计划》，并按照要求进行了雨季三防演练、机电触电事故演练、瓦斯事故演练，同时，针对演练中存在的问题，对相应的应急预案、措施等资料进行修订、完善，对演练进行总结，做到了应急救援有序开展。

（3）强化双达标管理。一是严格按照《山西煤矿安全生产标准化标准》和验收办法进行检查、考核、评比，执行周检、月查、季度总结的检查模式，实行“谁检查、谁签字、谁负责”的原则，严格考核、奖惩，并于2021年达到了国家一级安全生产标准化矿井。二是新增了《采掘连队文明生产考核细则》《矿井节支降耗考核细则》以及准军事化活动，并按要求对各科、连队进行了考核。三是组织职工进行“岗位危险辨识”“优秀班组建设”等专项培训，坚持执行“干部上讲台、培训到现场”，坚持每日一题、每月一考，坚持培训成绩与安全绩效考核挂钩，坚持考试不合格不允许上岗等强有力制度，从源头上培训教育职工“上标准岗，干标准活，做标准矿井人”，不断提高广大职工的整体素质。

2. 全方位入手，狠抓基础管理，全面提升全员综合素质

（1）强化基层工种。一是通过抓班组建设，健全完善班组管理制度，通过班前3个10分钟，班中安全确认、巡查汇报、现场质量验收、师徒结对帮教、带班组走动式管理等有效手段，有效提升班组管理水平；二是从采、掘、机、运、通、地测防治水等专业入手，加强专业、技术队伍的操作水平和防范技能；三是加大安监队伍监督检查力度，对三违人员严格教育、培训、惩处；四是不断提高应急救援队伍整体素质及业务水平，为安全生产提供有力保障。

（2）紧抓基础管理。一是强化现场管理，从认真开展对标、贯标、达标管理。以抓文明建设为突破口，从规范人的操作行为着手，强化现场动态管理；二是坚持周隐患排查治理，结合周四安全生产大检查活动，对矿井上下各类设施、主要场所进行严格细致的排查，排查的隐患严格按“五定”落实；三是积极进行危险源辨识，细化管控措施，将危险源辨识的各类标准落实现场；四是积极组织开展应急管理工作，修订、完善应急预案、现场处置措施等资料，做到应急体系的有效建立；五是以抓好隐蔽致灾因素的排查

为工作重点，定期对井田内的井上、下各类危险因素进行全面仔细的排查，确定把各种隐患消灭在萌芽状态；六是开展安全专项整治活动，从顶板控制、瓦斯治理、水害防治、供电安全、设备安全等重点环节入手，将安全工作抓紧、抓好、抓细、抓实。

（3）提高基本技能。一是要求各级管理人员加强学习，不断进行自我业务素质的提升，让大家在工作中形成了“干中学，学中改、改则稳、稳则安”的良好氛围；二是从安全知识、专业技能以及手指口述、岗位操作模块等方面入手，加大从业人员的培训力度；三是做好专业技术人员职称申报和从业人员的职业技能鉴定工作，不断提升员工队伍的整体素质。

3. 加强企业文明建设，打造平安和谐矿区

在企业经济效益不断提高，文明创建不断升级的同时，本着“和谐共赢”的原则，不断推进企业文明建设，加大生活福利设施投入，努力打造和谐文明矿区。

（1）加强班子建设，促进经济发展。2021 年以来，矿党政领导班子以开展“强化落实，践行两个维护”大讨论活动为载体，坚持深化治理，贯彻落实党的重大决策部署，教育引导广大党员干部和各级领导人员牢固树立“既要忠诚干净又要担当落实”理念，在推进公司创新发展关键时刻，把工作重心放在狠抓落实上，坚守岗位靠前指挥，深入一线攻城拔寨，担当尽责守土负责，让“马上就办”成为习惯，不忘初心、牢记使命，只争朝夕、不负韶华。

（2）加大“两堂一舍”管理，为职工创造和谐舒适的生活环境。为给职工提供舒适便捷的休息和就餐条件，职工公寓、职工食堂和职工浴室都投入运行和优化。通过改善办公环境、为职工创造良好的休息环境，使职工有充沛的精力投入到安全生产中，有力地促进了企业和谐稳定发展。

山西蒲县华胜煤业有限公司

一、煤矿概况

山西蒲县华胜煤业有限公司（以下简称“华胜煤业”）位于蒲县乔家湾乡棚子底村，华胜煤业隶属主体企业晋能控股集团太原煤气化（集团）有限责任公司，井田面积 8.9611 km^2，批准开采 2～11 号煤层，生产能力为 120 万 t/a，目前 3 号煤层已回采完毕，仅留设供电、排水、通风系统，下水平 11 号煤层准备进入联合试运转。矿井地质构造简单，水文地质类型中等，3 号、11 号煤层煤尘有爆炸危险性，自燃倾向为Ⅱ类，属自燃煤层。矿井瓦斯绝对涌出量 1.70 m^3/min，相对涌出量 0.59 m^3/t，属低瓦斯矿井。现井下生产系统为一采两掘，一采为 11106 智能化综采工作面，两掘分别为 11102 回风巷掘进和 11102 运输巷掘进。

二、主要技术经济指标

2021 年累计生产原煤 86.4 万 t；百万吨死亡率为零；原煤工效 7.5 t/工；综合单产达到 81021 t/月；采区回收率达到 83%；采煤机械化程度达到 100%，掘进装载机械化程度达到 100%；掘进进尺 6249 m；实现利润 2363 万元；职工年人均收入 8.9 万元；为国家一级安全生产标准化矿井。

2022 年累计生产原煤 120 万 t；百万吨死亡率为零；原煤工效 10.8 t/工；综合单产达到 110465 t/月；采区回收率达到 83%；采煤机械化程度达到 100%，掘进装载机械化程度达到 100%；掘进进尺 4587 m；实现利润 9880 万元；职工年人均收入 9 万元；为国家一级安全生产标准化矿井。

三、安全高效矿井建设的主要做法

（1）认真落实晋能控股集团及煤气化集团公司单产水平提升工作，提高采煤工作面采煤效率，结合公司实际情况，制定了 2022 年单产水平提升方案，明确了各部室、队组职责与工作要求，制定了考核方案，组织认真落实。

（2）强化生产组织，严格落实安全生产责任制。领导干部值带班做到与职工同上同下，并做到“三个三分之一”，根据年度采掘衔接计划合理组织安排各生产采掘队组安全生产任务。

（3）加强井下现场安全管理，保障作业现场标准化动态达标。严格交接班和工程质量验收制度，做到现场交接班，质检员全过程进行施工作业检查验收，保障现场作业工程质量及标准化工作不断提升。

（4）合理优化设计，用客观事实指导生产，提高作业工效。从设计上科学合理优化巷道布置，提高巷道利用率，减少废巷施工。狠抓采掘衔接管理，制定年度、月度衔接计划，组织队伍认真落实。积极推广应用新技术、新工艺，从请进来到走出去，抓好政策落实，减少煤炭资源浪费，有效提高采掘生产活动的工效。

（5）加强经营管理、严格成本管控。严格落实成本管控的要求，根据年度采掘计划任务进行测算，加强成本管控，分解指标，加强预算管理，并组织申报各项“五小成果”“科技项目”等能够增加资源利用率、减少资源浪费的节能减排项目，做好开源节流工作。

（6）认真落实各项规章制度，不断强化安全管理。建立健全各项规章制度，做到各项工作有章可循、有法可依，明确安全生产第一责任人，工作做到清单化管理，对重点区域、重要地点、特殊人员重点管控，杜绝制度缺失、管控不细、落实不严的情况出现，确保责任落实，生产安全。

（7）推广绿色开采、注重环境保护。公司认真落实晋能控股集团“创新绿色卓越高效”的理念，加强土地塌陷管理，塌陷土地治理率 100%，矿井水利用率 100%，矿井水全部进行处理，用于井上绿化、井下静压水和职工洗澡用水。加强职工作业环境保护，推行了自动降尘捕尘新措施，既保证了水的有效利用，又增加了粉尘治理效率。

山西三元煤业股份有限公司

一、煤矿概况

山西三元煤业股份有限公司隶属于晋能控股集团长治公司，井田位于沁水煤田长治矿区东北部，地质构造简单。井田面积为 19.8354 km^2，现矿井核定生产能力为 260 万 t/a。可采煤层为 3 号、9 号、15 号煤层，赋存条件好，煤层倾角 0°~10°。现开采 3 号煤层、平均厚度 7.2 m，煤种为低灰、低硫、低磷、高发热量的瘦煤。公司自 2004 年起连续多年获得全国特级安全高效矿井，连续多年荣获全国煤炭工业百强、全国煤炭工业优秀企业、全国“双十佳煤矿”、中国最美矿山、全国安全文化建设示范企业、全国煤炭工业节能减排先进企业、山西省煤炭科技创新百强企业等荣誉。

矿井为立井开拓，建有 5 个立井井筒，分别为主井、副井、材料副井、中央回风井和南翼回风井。井下主要大巷为三条布置，分别为胶轮车大巷、带式输送机运输大巷和回风大巷。井下布置综采工作面 1 个、综掘工作面 2 个。其中采煤工作面采用综采放顶煤工艺开采，掘进面为综掘机掘进，机械化水平达 100%。

二、主要技术经济指标

2021 年实现原煤产量 258.7 万 t；完成掘进总进尺为 5206 m；企业利润实际完成 16.1 亿元；原煤工效达到 12.5 t/工；全年无重伤及重伤以上事故，实现安全生产

三、安全高效矿井建设的主要做法

（一）生产组织方面

（1）科学规划生产布局。按照矿井实际，从衔接、成本、设备等多方面进行考虑，制定科学、合理的开采方案，不断优化生产布局，完善生产系统，确保采掘部署高效合理。

（2）优化矿井生产系统。简化生产系统，集中采区组织生产作业，随着矿井一、二、三采区回采完成后，集中至四采区进行采掘作业，减少矿井

需风量，降低矿井管理难度，集中生产节约生产成本，有利于矿井安全高效发展。

（3）坚持“采掘并举”原则，做好采掘部署工作。①科学安排全年采掘接续，强化搬家倒面和采掘工程质量、进度管理工作；②夯实生产准备落实工作，加强工作面搬家倒面管理，抓好工作面安装调试工作，尽快形成生产条件，确保搬家倒面不减产；③不断优化采掘队组施工方案，加强施工队伍和工时利用率管理，组织快速掘进技术攻关，着力提升单产单进水平；④严抓工程质量管理，严格按照作业规程、措施作业；⑤及时协调解决生产过程中的各种问题，为生产创造良好条件。

（二）安全发展方面

（1）狠抓安全生产标准化建设，巩固企业发展基础。狠抓工程质量，做到“精细化管理、标准化作业、规范化操作”，使矿井的安全生产标准化水平不断提高。

（2）加大安全投入，强化矿井安全基础。完成了综采工作面电气设备更新、单体液压支柱、液压支架的更换和维修，对井下大巷进行了亮化，更新了井上下各种安全警示标志和牌板，足额配备了职工劳动保护用品，加强安全培训教育等。

（3）严格落实瓦斯治理。坚持“一面一策”的瓦斯治本策略，不掘不达标头，不采不达标面，促进瓦斯治理观念由“措施型”向“工程型”转变、由“管理型”向“治理型”转变、由“同步型”向“超前型”转变。与科研院所长期技术合作，通过对技术人员的培训，现场实际考察与研究，制定科学合理的治理方案。

（4）加大防治水管理力度，杜绝水害发生。由地测防治水科对探水队的工作进行全面指导，遵循“物探先行、钻探验证、化探跟进”的综合探测程序，真正做到了“有掘必探、有采必探、先探后掘、先探后采”，同时完成了矿区范围内水文地质补充勘探和矿井水文地质类型划分工作，建立了各种水文地质观察台账。

（5）加大顶板管控力度，杜绝顶板事故发生。完善顶板管理制度，加强与科研院所合作，井下巷道掘进时提前进行支护设计编制，巷道掘进过程中严格执行支护质量抽检与工程质量验收制度，按期对回采、掘进巷道矿压显现情况进行观测及分析，建立了各类矿压管理台账，杜绝了顶板事故的发生。

（三）技术创新方面

（1）加强技术管理工作，增强装备技术新内涵。建立以总工程师为首的技术管理体系，加强矿井巷道布置、采掘部署、生产系统调整和技术规范标准措施的制定以及新技术、新工艺、新设备的推广应用。

（2）加大科技创新力度。充分发挥科技优势，完成了综采工作面采煤机自动清煤装置、顶板二氧化碳致裂、带式输送机机尾防堆煤装置、副井口集中供热、余热再利用等多项科技创新项目；建立、更新了生产调度系统、人员定位系统、职工考勤管理、经费管理等管理系统。

（四）绿色智能方面

（1）积极推进智能化矿井建设。在按照建设“全国中型示范矿井”的定位推进智能化矿山建设。建设内容包括信息基础设施、地质保障、采掘系统、主运输、辅助运输、综合保障、安全管控、智能洗选、经营管理、创新应用等十大系统，共 37 个子系统。其中，创新项目有 5G 700M 网络应用、综采面全景视频拼接、数据治理服务、主运 AI 视频分析、煤矿鸿蒙操作系统、现场作业管理平台、5G 单兵装备、多场景协同调度指挥平台、电子围栏等 11 项内容。现智能化矿山建设处于调试阶段。

（2）坚持工艺探索，实现绿色开采。组织实施了建（构）筑物下充填开采项目。本着“安全高效、稳定可靠、节俭和谐”的设计理念，以建设绿色生态和谐矿区为目标，选用安全可靠的设备，简化充填系统，灵活布置地面设施，使矿井投资少、效率高、生产接续稳定可靠，实现了资源利用率高、环境污染少、综合效益好等，真正做到了“技术上可行，经济上合理，安全上有保障”。

（五）科学管理方面

（1）加大安全培训力度，规范职工操作行为，提高职工自主保安意识。以教育培训为龙头，抓干部职工的素质提升，继续深化全员培训、持证上岗、大师工作室、干部上讲台等工作，切实把安全学习教育抓在手上，记在心里，提高岗位员工的安全素质和岗位操作水平，努力营造人才发展的良好环境。

（2）加强安全基础管理。坚持把强化基层基础管理作为提升煤矿科学管理的重要工作来抓。树立安全执法“零容忍”理念，采取普查、夜查、突查和重点检查等多种形式，继续保持“治违、纠违”的姿态，杜绝各类非法违法行为的发生。

山西神州煤业有限责任公司

一、矿井概况

山西神州煤业有限责任公司原为离石县县营白家庄煤矿，始建于1972年，1973年投产，原设计能力21万t/a。1995年被山西通宝能源股份有限公司收购，设计生产能力30万t/a，由于各种原因一直停建。2003年9月，太原煤炭气化（集团）有限责任公司开始复工扩建，2004年10月建成投产，并开始组织生产。先后完成了首套综采支架引进、充填开采技术和智能化工作面的建设、投入等工程。

矿井采用斜井开拓方式，地面工业场地布置有主斜井、副斜井、行人斜井、回风立井4个井筒。现有生产水平2个，上水平为+750 m，下水平为+680 m。上水平共划分5个采区，其中一、二、三、五采区已经采完封闭，现生产采区为六采区，现布置有4602（2）运输巷掘进面和4604（1）充填面，其中充填面采用长壁式采煤法，一次采全高，充填法控制顶板；下水平为+680 m，开采8号、10号煤层，布置有8103综采工作面，采用长壁式采煤法，一次采全高，全部垮落法控制顶板。矿井为高瓦斯矿井，水文地质类型为中等，煤层为自燃煤层，具有爆炸性。

2021年4月21日取得了山西省自然资源厅换发的采矿许可证，生产规模为120万t/a。2021年5月14日对生产要素进行公告，公告号【2021】第149号。2021年4月28日换发了“安全生产许可证”，编号（晋）MK安许证字〔2021〕GA074Y4B6，证载能力120万t/a，许可范围：开采4号、8号、10号煤层。证件齐全有效。二级标准化矿井。

二、主要技术经济指标

2021年矿井安全生产情况正常，无重大伤亡事故，无重伤事故，无重大安全生产事故隐患。

2021年完成原煤产量109.895万t，完成掘进进尺5832 m，采煤工作面原煤生产872910 t，采煤机械化程度100%，掘进机械化程度100%，综合单产符合80394.69 t/(个·月)，平均工作面个数0.91个，原煤工效10.3 t/

工，完成利润 45577. 29 万元，完成成本 312. 4 元/t。

矿井为高瓦斯矿井，根据《煤炭工业安全高效煤矿标准及评审办法》中“综合单产”提出高瓦斯矿井综合单产（10 万 t）×0. 8 系数≥8 万 t/个月，该公司矿井综合单产 8. 0394 万 t/个月，符合特级安全高效标准。

三、安全高效矿井建设的主要做法

（一）安全生产

矿井自 2004 年开工建设至今，未发生较大以上安全事故，生产过程中严格执行煤炭行业标准，精细管理，规范作业，安全生产形势平稳健康。根据《煤矿安全生产标准化管理体系基本要求及评分办法》的规定，2021 年 1 月，通过了山西省应急厅二级安全生产标准化管理体系验收。

（二）采掘机械化程度

矿井 8103 采煤工作面长 210 m，4604（1）工作面面长 90 m，2 个采煤工作面均采用采煤机割煤装煤，刮板输送机、带式输送机运输，实现了综合机械化采煤，采煤机械化程度达 100%，8103 面采用智能化工作面进行配置，4604（1）面为充填开采工作面。掘进面所开口、正常掘进均采用掘进机割煤装煤，带式输送机运输，人工清理浮煤，均实现了机械化掘进，掘进机械化程度达 100%。

（三）生产系统

（1）矿井设 2 个水平开采全井田。下水平为+680 m 水平开采 8 号、10 号煤层。一采区布置 1 个 8103 综采工作面，工作面长度为 210 m，采高 1. 6 m，采用一次采全高走向长壁式采煤，全部垮落法控制顶板；上水平+750 m 水平开采 4 号煤。布置 4604（1）工作面，工作面长度为 83 m，采高 1. 8 m，采用充填工艺进行开采

（2）矿井 4 号、8 号煤层均为中厚煤层，采区采出率均为 86. 6%。矿井采掘接续正常，开拓、准备、回采采煤量符合规定，各生产系统安排合理，。

（四）矿井综合单产和经济效益

矿井自正式投产后，安全生产设施执行“三同步”原则，验收后各系统运行平稳正常，无安全生产机械事故，矿井综合单产 80825. 00 t/(个·月)，原煤工效为 10. 30 t/工。2021 年度实现利润 45577. 29 万元，矿井人均年收入为 90334 元。

（五）信息化管理与自动化

矿井建设有安全生产信息调度平台，全矿井安全生产信息实现集中调

度、监控、传输，对主要生产环节设备进行远程监控，实现了主要生产环节自动化运行。煤矿办公实现了 OA 电脑网上自动化。

（六）矿井劳动定员管理

目前该矿在册职工 1052 人，原煤生产人员 445 人。设置部门机构 7 个：党委工作部（团委）、纪委、工会、综合办公室、财务管理部、人力资源部、计划企管部；设置事务性机构 10 个：生产技术部、机电管理部、通风区、地测防治水部、信息管理部、安全管理部、调度室、营销供应部、后勤管理部、保卫部；基层机构 14 个：综采一队、综采二队、掘进队、机电队、运输队、通风队、瓦斯队、瓦斯抽采队、探水队、安全检查队、水电队、机修车间、监测监控队、选煤厂。主要领导牵头组织相关部门，按照“党政同责、一岗双责、齐抓共管、失职追责”“谁主管、谁负责”“管行业必须管安全、管业务必须管安全、管生产经营必须管安全”的原则，重新对公司各级领导、职能部门、工程技术人员、岗位操作人员、班组等的安全生产责任制进行了修订。建立健全了与管理体系要求吻合、横向到边、纵向到底的各层级的安全生产责任制，实现了安全生产责任制全覆盖。

（七）环境保护和生态文明建设

矿井在建设生产过程中，严格执行国家环境保护的相关法律法规，进行了矿区绿化建设和环保设施的建设工作，现矿区绿化率达 35% 以上。

在地面建设有 600 m^3/d 生活污水处理站 1 座，实现生活水处理后的循环使用，零排放，回水用于矿区选煤补给用水、矿区绿化和矸石山绿化灌溉；建设有 80 m^3/h 雨污水处理站一座；建设有 150 m^3/h 矿井水处理站一座和一座 400 m^3/h 深度水处理站，实现井下排水和生活水的处理、利用，同时在下组煤建设了一座处理能力 400 m^3/h 的矿井水处理站等环保设施，实现废水的深度处理和循环利用。

矿井生产中持有合法有效的排污许可证。日常矿山治理时，严格按设计进行对采煤沉陷区、裂缝的生态恢复治理。矿井配套建设有一座 120 万 t/a 的选煤厂一座，实现了原煤精选。矿井充填开采采用浓度为 60% 的浆料，生产中需使用大量的矿井水，实现矿井水的重复使用。充填开采的实施从根本上控制了煤矿开采沉陷，提高了矿井采出率，达到了节约资源、保护环境的目的，也消耗了工业废弃物及其他固体垃圾，减少煤炭开采对地表的影响，使矿区生态环境明显改善，同时使地表变形和次生地质灾害得到有效控制，地下水系和地面生态环境破坏程度大幅度降低。实现环境保护和生态文明。

（八）矿井科技创新

通过开展科技创新活动，充分调动广大专业技术人员的创新积极性，发挥广大职工的聪明才智，使企业更好地依靠技术进步，提高企业经济运行质量。通过不断创新和先进工艺的引进、优化创新，实现矿区的可持续健康发展。

2019 年，公司根据山西省绿色开采规划和纳入绿色试点建设单位的机遇，加快绿色开采项目的施工和实施工作，2020 年 12 月通过山西省充填开采的省级验收。2021 年开始首采面的试采工作，通过不断摸索、试验，依照地面数据监测分析，先后完成支架尾梁改造、充填工艺的适应性调整和材料配比优化等工作，通过优化、改造，提高了生产效率，节约了材料，产能由每月 10000 t，提升至 16000 t，同时在 2021 年顺利完成 4604（1）试采面的开采、回收和接替面的安装、准备工作。完成 8103 智能化工作面的安装、调试、运行等工作，通过系统运行优化，智能化系统平稳运行，已连续完成 2 个工作面的开采。同时 2021 年根据上级单位要求，开始对“小（无）煤柱技术”进行研究，计划在 2022 年开始进行试验，后期逐步进行推广，实现矿井的全面推广。

山西省阳泉固庄煤业有限责任公司

一、矿井概况

山西阳泉固庄煤业有限责任公司位于阳泉市区西北和盂县县城东南两地中段，地跨阳泉市郊区和盂县两个行政区划单位，为阳泉市郊区河底镇管辖。矿井井田面积 13. 7523 km^2，批准开采为 3 号、8^{-1} 号、8^{-2} 号、9^{-1} 号、9^{-2} 号、12 号、15 号煤层，截至 2021 年 9 月底，剩余可采储量 593. 9 万 t，剩余服务年限 2. 8 a。矿井属高瓦斯矿井，煤层煤尘无爆炸性，煤层自然发火倾向为Ⅲ类不易自燃，矿井水文地质类型中等。

二、主要技术经济指标

2021 年矿井安全生产情况正常，无重大伤亡事故，无重伤事故，无重大安全生产事故隐患。2021 年完成原煤产量 148 万 t，完成掘进进尺 5011 m，采煤、掘进机械化程度均为 100%，综合单产符合 138577 t/(个・月)，平均工作面个数 0. 89 个，原煤工效 11. 06 t/工，完成利润 16267 万元，完成成本 858. 3 元/t。

三、安全高效矿井建设的主要内容

（一）统一思想，提高认识

近几年来，该矿的安全生产虽然实现了逐年好转，但在装备、技术和管理上与国内同类矿井先进水平相比较，仍存在较大差距，面临更新、更高的要求，必须进一步提高认识，统一思想，转变观念，把“创建安全高效矿井，实现跨越式发展”作为当前及今后工作的头等大事来抓。

（二）加强领导，精心组织

为确实抓好此项工作，矿已下发固矿办发〔2005〕26 号文，成立了专门的领导组和办公室。各相关责任单位和人员要明确责任和目标，制定出切实可行的相关保障措施，确保发展规划的可靠实施。根据发展规划的要求，要确保资金投入到位和合理使用，优先在安措费和更新改造资金中安排发展规划中的项目，做到专款专用。

（三）不断夯实安全基础

（1）严格执行晋能控股董事长一号令、集团公司“一把手”安全工作“11 条”、煤矿领导带班“三必到、三必走”、“安全生产网格化”包保管理、管理人员入井检查规定等要求，扎实构建双重预防机制，对查出的隐患问题全部制定了整改方案，确保隐患整改做到责任、措施、资金、时限、预案和考核“六落实”。

（2）认真贯彻落实上级关于加强安全生产工作的一系列决策部署，严格落实安全生产主体责任，积极开展周五安全大检查、隐患排查治理集中整治、“安全警示教育月”、“安康杯”安全竞赛、“安全生产月”等一系列活动，全矿杜绝了重伤以上事故，安全生产形势保持持续稳定，实现了 8 个月无轻伤事故。

（3）强化“三节、两会”“中秋、国庆”等特殊时期的安全管理工作。及时召开专题会议进行安排部署，要求各单位牢固树立治本安全观和安全发展理念，弘扬“生命至上、安全第一”的思想，下发了确保中秋、国庆期间安全稳定的实施方案。要求各部室区队结合实际深入分析安全生产的规律特点，超前研判可能出现的各种安全风险，制定采取针对性的管控措施，全力抓好各项防控措施落实。

（四）提升经营管理成效

逐步建立和完善了产、供、销运行体系，进一步促进责、权、利相统一，在制定岗位规范的同时，提出了工作任务、工作标准和经济技术指标协调推进的工作方针，将核算延伸到了最基层。同时大力提倡修旧利废、节支降耗，有效地控制了成本费用。

（五）持续深入改革攻坚

（1）按照晋能控股集团总体要求，统筹推进了公司“六定”改革工作，改革后，进一步规范了机构设置和定岗定员，实行双向选择、动态管理，夯实了管理基础，加强了队伍建设。

（2）对工资和劳动定额管理进一步规范，推行了岗位工资制度，活化了分配机制，同时对部分生产一线的劳动定额作了修订，提高了工作效率，使工资管理不断适应矿井生产经营的需要。

（3）严格执行财务制度，加强资金管理和使用，使得财务管理进一步加强。坚持量入为出，合理安排资金流向，提高核算质量，加强资金管理，集中保证了正常生产资金。

山西省阳泉荫营煤业有限责任公司

一、矿井概况

山西省阳泉荫营煤业有限责任公司行政区划属阳泉市郊区荫营镇管辖。煤矿距离市中心约 13 km，矿区东西宽约 8. 2 km，南北长约 6. 5 km，井田范围由 63 个拐点圈定，井田面积 21. 623 km^2，矿井属于高瓦斯矿井，中等水文地质条件，二级标准化矿井。井田内可采煤层自下而上有：太原组的 8 号、12 号、15 号煤层；山西组的 3 号煤层；其中 15 号煤层为全区可采的稳定煤层，8 号、12 号煤层为全区大部可采的稳定煤层，3 号煤层为大部可采的较稳定煤层，其中，3 号煤层资源已枯竭，截至 2021 年 12 月底，地质保有储量 12693. 2 万 t，可采储量 5505. 3 万 t，服务年限 16. 4 a，设计生产能力 240 万 t/a，核定生产能力 240 万 t。

二、2021 年主要经济指标

2021 年商品煤产量完成 235. 09 万 t，实现商品煤销售 234. 34 万 t，同比增加 4. 17 万 t。2021 年完成掘进进尺 9009 m，同比增加 293 m，全年完成瓦斯抽采量 2788. 77 万 m^3，瓦斯利用量 1872. 08 万 m^3，发电量 2.1×10^7 kW · h，年创收 840 万元。

三、安全高效矿井建设的主要做法

（一）对标一流补短板

按照集团公司对标一流管理提升行动实施方案的工作要求，以基础管理、安全生产为前提，以提高效率、效益为核心，以增强企业盈利能力为目标，进一步提升了企业经营管理水平和管理效率。先后对华苑煤业公司、东河煤矿、大同塔山煤矿、固庄煤业等兄弟单位进行对标，结合自身实际深入查找薄弱环节，聚焦关键因素，补短板、强弱势，不断优化，持续改进，保证了对标工作高质量、高效率开展，通过学习先进经验提升了公司自身不足和缺陷，从而为公司长远发展树立目标。

（二）优化系统提效率

（1）持续做好单进水平提升工作。2021 年初，公司井下掘进头面有 13 个，通过生产系统优化，截至 2021 年底，掘进头面缩减至 8 个稳定掘进头面，在减少掘进头面的同时提高了单进水平。

（2）加快 12 号煤层无煤柱应用。公司计划开采 12 号煤层，煤层底板等高线基本呈背斜构造，背斜轴向南倾斜，轴部两侧煤层倾角较大，约 3°~12°。12 号煤层平均厚度为 1. 3 m 左右，中间有一层夹矸，巷道设计高度为 2. 5 m，为了提高煤炭采出率，12 号煤层开采计划采用沿空留巷无煤柱开采技术，通过无煤柱开采 12 号煤层，可以有效提高荫营煤业煤炭产出率，提高直接经济效益，降低巷道掘进进尺以及支护和维护成本，解决采掘接续困难的问题。

（3）优化采煤工作面终采线。150314 工作面在 12 月进入终采阶段，原工作面终采线距 1503 盘区南专用回风巷 95 m，且工作面进风巷有一 65 m 向斜构造，经过钻探核实构造深入工作面 20 m，同时进风巷终采线距 311 斜井绕道 30 m，生产技术部组织相关部室及技术部骨干成立 150314 工作面终采线合理布置工作小组，对工作面进行多次调查和研究，在原终采线基础上，机头向前多推进了 16 m，机尾向前多推进 29 m，从采用柔性网到施工出架巷共 8 天，回收设备电缆及机组共 20 天，回撤支架及封闭共 14 天，回撤时间共计 42 天。在保供期间多产原煤 3. 6 万 t。

（三）节能降耗增效益

（1）加强水资源的重复利用。充分利用污水处理，对消防洒水、巷道冲洗、选煤厂用水、地面绿化、路面洒水降尘、消防系统用水和监内厕所用水的使用率。

（2）充分发挥瓦斯电厂余热供应。一是继续抓好监内澡堂夏季停炉后利用瓦斯电厂余热供应热水的利用率；二是充分利用选煤厂汽暖系统冷凝水的余热对铁路宿舍、选煤厂厂部、小二楼、四食堂、磅房等进行供暖，有效降低外网负荷，提高供热效率。

（3）加强生产工序、耗能设备的节能管理。一是继续加强能源现场检查力度，杜绝车间电焊机和电动机等用电设备的长期空载运行，做到人走电断；二是提高机电设备开机率，合理安排大型设备运行时间，严控大型设备和带式输送机空运转时间，实现目标管控，根据峰、谷、平阶梯电价政策合理调整矿井水排放、生产时间，减少机电设备空载运转时间，降低电力消耗。

（4）加强采掘管控，提高回收复用率。合理设计采掘及支护工艺，提高掘进效率和采出率，合理调整支护方式，提高支护效率，降低支护材料消耗。加强修旧利废、节能降耗，继续做好废旧物资和设备回收修理再利用，切实提高重复利用率。

（四）绿色发展促和谐

（1）组织宣传活动，提高职工环保意识。2021 年利用网络、媒体、条幅等多种形式大力宣传环保理念，宣传覆盖率达 100%。“六・五”世界环境日期间，组织各职能部门及区队参加“六・五”世界环境日主题宣传、展览活动，同时在矿平安楼前举办了以“人与自然和谐共生”为主题的世界环境日宣传活动，进一步激发了职工群众对环境保护工作的热情，收到了预期效果。

（2）加大矸石山治理力度。积极同太原理工大学展开研发合作，创新采取温度控制法对矸石山局部高温区域进行治理，治理面积约 2100 m^2，治理区域内地下温度平均下降 110 ℃，有害气体释放呈明显下降趋势，地表植被得到有效保护，治理效果显著，为日后矸石山治理打下了坚实基础。

（3）大力开展植树造林工程。荫营煤业总占地面积 1409000 m^2，绿地总面积 655611 m^2。其中：矿区三区（家属区、生产区、办公区）绿化面积 166638 m^2；矸石山绿化面积 204587 m^2；荒山绿化面积 279010 m^2；西南异联办林场 2900 余亩。绿地率 46%，绿地覆盖率 47%。

（4）建设绿色生态园区。为进一步改善治理环境，为民办实事，公司投资 1267 万元，建成旭日广场园区。整个园区宁静、典雅、舒适、祥和。园区水天一色，空气清新，令人心旷神怡，是矿区调节生态平衡的“绿肺”。草坪、灯饰、喷泉、健身小径、休闲座椅、健身场所等设施和完美的园林绿化，成为职工休闲的好去处。现在园区已成为该矿生态治理的标志性成果，是荫营煤业人与自然和谐标志性景观之一。

山西世德孙家沟煤矿有限公司

一、矿井概况

山西世德孙家沟煤矿有限公司位于山西省忻州市保德县孙家沟乡孙家沟村，现有井田面积 8.8438 km^2，剩余煤炭地质储量约 15670.8 万 t，剩余可采储量约 6198.2 万 t。可采煤层为 11 号煤、13 号煤，目前开采 13 号煤，矿井证载 120 万 t/a。

矿井现在主采煤层是 13 号。井田总体为走向近南北、倾向西的单斜构造，区内大部分为黄土覆盖，地层倾角 3°~9°，本井田地质构造复杂程度属简单类型。矿井水文地质类型为中等，属低瓦斯矿井。13 号煤层煤自燃倾向性等级为Ⅱ类，自燃倾向性性质为自燃。

二、主要技术经济指标

2021 年原煤产量实际完成 119.6 万 t；2019 年利润完成 32305.42 万元，人均工资达到 12.5408 万元。2021 年实际掘进总进尺完成 4441 m。采煤工作面单产实际完成 9.9667 万 t。13 号煤综采工作面采出率实际完成 87.6%。

三、安全高效矿井建设的主要做法

一是持续推进科技创新、科技兴矿的方针，力争打造本质安全型矿井。

（1）13310 综放工作面实现远距离自动配液。

（2）13310 综放自动化工作面实现自动化，每班只需 8 人。

（3）使用“顶板在线监测系统”指导生产。采煤工作面采用天玛电液控系统，自带顶板监测系统，数据实时上传，对采煤工作面的顶板控制有指导作用。

（4）巷道采用高预应力锚网支护技术，大大提高巷道的支护强度和围岩控制，实现了矿井安全高效的重要保障。

二是科学决策、精心组织，突出重点，树立“多出煤、出好煤”理念，组织好生产，力争将提高生产效率始终贯彻于生产组织全过程。

（1）合理安排生产衔接。

（2）提高单产、单进水平。通过优化班前会流程、交接班程序和机电设备检修流程等，提高设备的开机率和负荷率，达到高产高效的目的。

（3）实施生产目标制管理，提高生产组织效率。针对工作面的生产地质条件确定巷道施工单价和生产吨煤单价，充分调动职工的劳动积极性，提高生产组织效率和掘进效率。

（4）机电设备实行“包保”制，强化机电设备的日常维护保养，坚持谁使用、谁维护、谁管理。

三是狠抓对标一流，强化安全生产标准化建设，抓好亮点和细节，强化精细化管理，安全生产标准化建设不仅是矿井建立安全生产长效机制的根本途径，也关系到公司下一步的增产和永续发展。

（1）以“源头达标，动态达标”为重点，推行对标管理，深入开展了“学标、对标、赶标、达标”活动，各系统对照新标准要求，制定本系统年度和月度达标规划目标。

（2）专业达标与矿分管领导、职能部门、基层队组工资挂钩考核。

（3）加强现场工程质量监管、考核力度，保证工程质量合格、现场作业行为规范，文明生产达标。

（4）认真履行标准化建设工作“检查、建账、整改、销号”闭环管理程序。

（5）固化隐患排查和风险预控工作，有效确保各生产环节安全无死角。

四是加大科技“五小”创新，充分发挥职工的科技创新积极性，深挖职工的聪明才智，降低劳动强度，提高劳动效率，推动企业科技创新增收效益。

五是全力推进综采工作面自动化、智能化，建设智能化矿井，最终实现矿井“四化”水平，2022 年公司 13314 工作面顺利通过实现两级主管部门的初级智能化综采工作面的验收，工作面月产水平大幅度提高，工作面生产用人 8 人，大大提高了劳动效率和工效，为矿井实现安全高效奠定基础。

山西寿阳潞阳昌泰煤业有限公司

一、矿井概况

山西寿阳潞阳昌泰煤业有限公司（以下简称昌泰煤业）投资主体为山西寿阳潞阳煤炭投资经营管理有限公司，2011 年 1 月 25 日进行矿井兼并重组技改项目建设，2013 年 11 月 28 日竣工投产。昌泰煤业位于寿阳县解愁乡荣家沟—红花堙村之间，行政区划隶属寿阳县解愁乡管辖。

矿井井田面积为 3.7221 km^2，采矿证批准开采 8～$15_{下}$ 号煤层，生产能力 100 万 t/a。矿井可采资源储量为 1640.7 万 t，剩余可采储量为 1200 万 t，剩余服务年限 12 a。瓦斯相对涌出量为 1.68 m^3/t，绝对瓦斯涌出量为 3.5 m^3/min，矿井为低瓦斯矿井；煤层自然倾向性为Ⅲ级，属于不易自燃煤层；煤尘具有爆炸危险性；矿井正常涌水量为 10.8 m^3/h，矿井水文地质类型为中等；无煤（岩）与瓦斯（二氧化碳）突出、无冲击地压、无高温热害等。

昌泰煤业于 2018 年评级为“安全生产标准化一级矿井”、“2018 年度全国百强矿井”、2020 年山西省应急管理厅认定为“A 类矿井”、晋中市首批“安全生产放心煤矿”，2014—2015 年、2016—2017 年、2018—2019 年度被中国煤炭工业协会评为“特级安全高效矿井”。矿井证照及公告齐全有效。

二、主要技术经济指标

2021 年原煤产量完成 99.84 万 t，综采产量完成 95.96 万 t，综采单产达到 8.95 万 t/(个·月)。掘进进尺计划 3816 m，实际完成 3898 m，完成快速掘进线一个。实际完成利润 10922 万元，职工年收入实现 10.74 万元，同比增加 23%。原煤工效 8.53 t/工。采煤、掘进机械化程度达到 100%，矿井全年百万吨死亡率为零，且无重伤及二级以上非伤亡事故发生。建设成一级安全生产标准化矿井。

2021 年 12 月矿井最高月产量 97906 t，创造 2021 年本矿原煤月产量最高纪录。1506 轨道运输巷掘进工作面四季度完成 920 m 且连续三个月月度进尺超过 300 m，刷新本矿掘进工作面连续多月进尺和季度进尺纪录。

三、安全高效矿井建设的主要做法

（一）加强组织领导，落实安全主体责任，为建设安全高效矿井提供组织保障

（1）切实加强组织领导。高度重视安全高效矿井建设工作，积极进行科学规划，按照“高境界、高起点、高标准”的要求，坚持领导重视、目标引领、正向激励、措施保障等工作策略，促进了安全高效矿井建设工作的全面开展。

（2）坚持安全发展理念。始终坚持“安全第一、预防为主”的方针，严格做到“四个必须”，即：不管经济如何发展，安全理念必须坚持；不管企业如何改革，安全工作必须加强；不管效益如何波动，安全投入必须保证；不管体制如何变化，安全制度必须落实。

（3）完善安全责任体系。突出公司各管理人员主体地位和安全责任主体地位。构建“矿长—分管矿长—部长—队长—工人”五级安全管理体系，建立以总工程师为首的技术保障机制，有效保证了安全责任的落实。

（4）强化安全基础管理。坚持“查大系统、治大隐患、防大事故”，突出“一通三防”、防治水、顶板控制、机电运输等安全管理重点，强化了安全工作的基础。

（5）创新安全管理机制。坚持用市场经济的手段抓安全，实行安全风险抵押金、工资月结算等制度，深入开展了“手指口述”“一岗双责”等管理创新，有力地调动了抓好安全工作的主动性和自觉性。

（二）加大资金投入，提高装备技术水平，为建设安全高效矿井创造前提条件

（1）不断提高采掘装备水平，不断加大装备投入和自主技术创新，大大提高了生产效率及安全保障程度。

（2）大力推进矿井辅助运输系统升级。积极推进矿井辅助系统全面升级，优化单轨吊机车运输线路，有效提升了矿井机电设备运输能力。

（3）扎实推进信息化矿山建设。按照“创建一流信息化矿井”的目标，制订了建设规划。先后建成了井下及矿井综合自动化平台，完善了煤炭生产、设备运行、安全监测监控等网络体系，实现了全方位的监测监控。

（三）明确管控重点，突出重大灾害治理，为建设安全高效矿井奠定坚实基础

（1）在“一通三防”方面。紧紧抓住采掘布局、通风系统、瓦斯治理、

安全监控等重点环节。高度重视瓦斯治理，杜绝了瓦斯事故。实施精细化管理无尘化作业，粉尘等职业危害得到有效控制。

（2）在防治水方面。积极依靠科技手段做好防治水工作，健全完善水文动态监测系统和地表沉陷观测，采用瞬变电磁仪、直流电法等技术手段对矿井水文情况进行探测，保障了安全生产。

（3）顶板控制方面。依靠矿压观测设备做好顶板控制工作，实现了自动存储、自动分析，为矿压预测预报提高科学可靠的依据，为实现顶板控制安全提高了有效的保障。

（四）实施科技兴安战略，优化开采工艺，为建设安全高效矿井提供技术支撑

（1）改进工艺提高生产效率。以系统安全、设计优化、工艺创新、支护改革为重点，优化开拓布局和生产系统。在大力实施综掘作业的同时，积极发展炮掘连续化运输，极大提高了生产效率。

（2）创新驱动支撑优势明显。注重创新的层次与针对性，全员创新创效活动蓬勃开展。先后召开顶板控制、防治水技术、瓦斯管理、监测监控等专项会议 30 多次，取得显著效果。

（3）保障安全强化设备管理。推行设备生命周期管理和设备点检制，建立了设备管理系统和机电设备计划检修系统，对设备实现采购、检验、入库、维护、租赁、报废等全过程管理，极大地提高了设备使用效率。

（4）坚持资源节约，优化采区设计，减少煤柱损失。大力推广小（无）煤柱技术应用，完成沿空留巷工艺设计。积极采用终采线优化工艺，通过切顶卸压减少终采煤柱，减少煤柱损失。

山西寿阳潞阳麦捷煤业有限公司

一、矿井概况

山西寿阳潞阳麦捷煤业有限公司核定生产能力150万t/a，矿井采用斜井、立井混合开拓，井田面积8.0236 km^2，分主、辅两个水平开采，批准开采8号、9号、15号煤层，地质储量为12331.8万t，可采储量为4311万t。矿井属高瓦斯矿井，水文地质类型中等，地温、地压正常，矿井8号、9号、15号煤层自燃倾向性等级为Ⅲ级，属不易自燃煤层，3个煤层煤尘均具有爆炸危险性。

2016年10月，被中国煤炭工业协会评为特级安全高效矿井，在去产能的形势下，作为先进产能并被国家确立为首批释放产能矿井。2016年12月，通过省厅安全质量标准化一级矿井验收。2017年6月26日通过省厅现代化矿井验收。2017年11月，在全省整合矿井中首批通过国家一级安全生产标准化矿井验收。

二、主要技术经济指标

2021年累计生产原煤149.53万t，同比增加29.16万t，增幅为24.23%。完成掘进进尺4967 m，同比减少1921 m。全年累计销售150.32万t，煤炭综合售价为471.19元/t（含税价为532.45元/t），完成营业收入70829.28万元，同比增加49640.98万元，增幅为234.28%，实现利润19299.75万元。

三、安全高效矿井建设的主要做法

（一）劳动定员方面

2021年对全矿井上下各岗位重新进行了深入细致的摸排工作，科学核定了各基层区队以及部室管理人员的定岗定员基础表，确定了各部门定员人数和职数。将劳动定员同绩效工资牢牢挂钩，工资分配坚持“增人不增资，减人不减资”“多配少得、少配多得”的思路一以贯之，公司各单位所有人员的绩效工资执行标准均按规定绩效标准乘以定员人数和实配人数的比值执行，计件单位定额单价测算按岗位定员人数执行，促使公司各单位主动减员，避免出现人浮于事的现象发生。

（二）“一通三防”方面

（1）防灭火方面，为了有效抑制采煤工作面回撤收尾期间采空区遗煤自燃、做好采空区防灭火工作，结合矿井实际，购置了一台 DTJY800/0.8 型井下注氮设备，并于 7 月稳装于 150506 皮回联巷，用于 150506 工作面回撤及收尾期间预防 150506 采空区遗煤自燃，在 150506 工作面回撤及收尾期间，采取向采空区注氮气方法防治遗煤氧化自燃，从使用效果看，注氮气防灭火技术有效防治了采空区自然发火的发生，使用氮气防灭火技术工艺简单，灭火迅速，节约材料及能源，经济可靠，具有良好的经济效益和社会效益。

（2）井下气体检测分析方面，为及时、准确掌握井下可能发生火灾区域内标志性气体变化情况，确保快速、有效、针对性地做出防灭火措施，将火灾事故的发生率降至最低水平，保证煤矿生产安全。矿井于 2021 年 5 月建立了地面气体分析实验室，并引进一台 GC-7981A 型气相色谱仪，用于对 150503 高抽巷、150503 采空区等井下可能发生火灾区域内 CO、CH_4、CO_2、O_2、C_2H_2、C_2H_4、C_2H_6、N_2 气体成分检测分析，每周进行一次采样化验，通过分析区域内标志性气体变化规律，早期预测预报煤层自然发火程度，同时在判断密闭火区的发展情况和火区熄灭程度方面，也为启封火区提供了科学数据，在采用惰化气体防灭火作业中，跟踪了解了作业区惰化情况，为防灭火提供了保障，有效遏制了井下火灾的发生。

（3）井下封闭新工艺方面，主动引进粉煤灰充填新工艺对井下采空区及废弃巷道进行封闭，在 150506 工作面回撤收尾期间，采用粉煤灰充填新工艺对工作面进行封闭，彻底解决了以往黄泥浆、水泥浆充填不严密的问题，并增强了闭帮的支护强度，此外粉煤灰充填物还具有卓越的防水、防火、抗风化和防腐蚀性能，既实现了矿井的安全生产，又提高了矿井的抗灾能力。

（三）采煤方面

通过优化放煤工艺、严格支架管理、加强顶板控制、强化日常放煤管理等方面极大地提升了工作面现场管理水平，煤炭资源回收率大幅提升。150503 综放工作面优化前工作面平均循环产量 2023 t，工作面回收率 92.8%，顶煤回收率 85.6%，2021 年 7—10 月，150503 综放工作面优化放煤工艺后平均循环产量 2210 t，回收率达到 95.1%，顶煤回收率 88.95%，优化放煤工艺后 150503 工作面回收率平均提高 2.3%，顶煤回收率平均提高

3.6%。

（四）掘进方面

掘进工作面采用锚网梁索支护，锚杆（索）的间排距和拉拔力98%达到标准化要求，同时加强文明生产整治，因工作面地质构造条件情况，个别地点淤泥积水较多的，在低洼点建立水仓及时抽排，对现场材料挂牌加强管理，并根据集团要求在井下掘进工作面每班配备一名专职质检员，主要负责掘进工作面的工程质量验收工作，进一步保证了掘进工作面工程质量达标。

（五）机电方面

（1）新压风机房安装投运。2021年3月完成了井下主压风管路的安装改造，5月完成了压风机的搬迁和控制部分的接线，6月进行了调试运行，并完成了储气罐等的手续办理，目前系统运行平稳。

（2）15号南皮主运输系统改造，2021年5月制定了在15号南皮增加一部带式输送机的方案，5月完成了新增带式输送机的安装和调试工作，目前系统运行平稳。

（3）主斜井带式输送机方面。主斜井带式输送机原配置的逆止器为楔块式，在生产中发现检修不到位时易出现楔块卡死的情况，5月将楔块式逆止器更换为滚珠式逆止器，提升了可靠性。

（六）安全培训方面

“六长”及安全管理人员均参加并通过了省煤炭工业厅组织的全省煤矿企业主要负责人和A类、B类安全生产管理人员安全培训，取得了相应的任职资格。日常安全培训工作由安全副矿长负责，对职工进行岗前和转岗安全技术培训，全矿在岗的瓦斯检查员、安监员、爆破员、采煤机司机、掘进机司机、绞车司机、电钳工等特殊作业人员均取得操作资格证书持证上岗，持证上岗率100%。

（七）职业病防治和地面公共设施改造方面

2021年，对公司职工进行了全面健康体检、职业病防治培训等工作。始终坚持“以人为本，预防为主，防治结合”的职业病防治方针，大大减少了公司职工患职业病的数量，提高了职工对职业病防治的认识。

地面公共设施根据阳泉事业部统一安排，完成了每月一次交叉互检以及内部自检，并对检查隐患按照“三定、五落实”进行全面整改。在互检过程中学习借鉴被检单位工作亮点，对公司两堂一舍、职工活动中心、矿区美化亮化、地面基础设施等方面进行了改造完善，提升了公司整体形象，给员工创造了良好的工作生活环境。

山西寿阳潞阳瑞龙煤业有限公司

一、矿井概况

山西寿阳潞阳瑞龙煤业有限公司是由原寿阳县瑞龙煤业有限公司和裕民煤业有限公司整合而成，设计生产能力 60 万 t/a，设计服务年限 21.06 a。2015 年 1 月正式投产，生产能力为60 万 t/a。井田面积 3.9825 km^2，批准开采 6~$15_{下}$ 号煤层，设计可采储量 1642.6 万 t，剩余可采储量 1240 万 t。矿井开拓方式为斜井、立井混合开拓，共有 4 个井筒，通风方式为“三进一回”。矿井采掘格局为“一采两掘”。

二、主要技术经济指标

矿井全年未发生安全生产事故，百万吨死亡率为零。全年生产原煤 59.9 万 t，完成掘进进尺 1740 m，完成年计划的 102%。矿井采采掘机械化程度为 100%，全年累计完成原煤产量 59.9 万 t，原煤工效为 7.7 t/工，综合单产为 60606 t/(个·月)。全年实现利润 1214 万元。全年职工年人均收入为 9.7 万元。

三、安全高效矿井建设的主要做法

（一）矿井安全管理直插现场

（1）创新安全管理工作，实现全年安全奋斗目标。牢固树立“以人为本、生命至上，关爱员工、齐抓共管，不断创新、追求卓越，创建绿色高效矿井”安全理念，坚持“系统思维、把握大局、严肃认真、注重细节”的安全工作要求，以健全完善安全管理制度为主线，以安全生产作风建设为抓手，严格落实企业主体责任，全面提升安全管理水平。

（2）推动安全生产标准化向纵深发展。持续进行“标准到现场”活动。各级领导干部职工都必须带头“学标准、懂标准、用标准”，以风险隐患排查治理为抓手，利用各种检查，层层包保、层层治理，预判重大风险、杜绝重大隐患、严格现场考核，推动现场治理。

（二）坚持集约高效、降本增效

（1）物资采购由集团公司统一采购，减少中间环节的费用；木材仅购买原木，钢筋托梁方面仅购买圆钢，到矿后自行加工；分专业制定了物资使用和回收管理办法，明确了物资的使用标准、消耗率和回收标准，建立了物资领用和回收台账，对超标使用和未达回收标准的责任单位于月底进行考核，减少使用浪费。

（2）加强工作面材料回收管理和回收材料复用率。回收上井的工器具、单体柱、工字钢、Π型梁等材料，自行修复后重新投入使用；未能修复的进行拆解使用，如：回收的高压胶管使用其接头、锚杆使用其螺母、锚索使用其锁具。

（3）扩充设备修理、加工制作、修复种类，节省外委修理费。原计划委外代加工的部分带式输送机配件、刮板输送机配件，全部自行加工制作，另外，还组织对带式输送机机头、机尾、采煤机行走部等大型设备进行修理及改造；对开关、综保、各类保护、软启动等小型电气设备全部实现了内部修理。

（4）井下掘进工作面超前物探由潞阳公司统一招标单位施工，有效降低了施工单价，累计进行物探60次，全年节约资金42万元。对掘进超前钻探设计进行了优化，由探70 m掘40 m，优化为探90 m掘60 m，一定程度上减少了打钻影响时间，提高了掘进效率。

（5）提高矿井水和煤矸石利用率。对处理后的矿井水加强利用，在矿区洒水、绿化、井下生产等增加排矸车间洗选加工用水。为减少矸石外排，生产产生的煤矸石全部拉运至工业场地南侧0.7 km荒沟内用于填沟造地，矸石利用率达100%。

（三）科技创新，引进新材料、新工艺和新设备

（1）井下封闭新工艺方面，主动引进粉煤灰充填新工艺对井下采空区及废弃巷道进行封闭，在150109带式输送机运输巷废巷治理中，采用粉煤灰充填新工艺对工作面进行封闭，密闭质量坚固可靠，同时增强了闭帮的支护强度。此外，粉煤灰充填物还具有卓越的防水、防火、抗风化和防腐蚀性能，既实现了矿井的安全生产，又提高了矿井的抗灾能力。

（2）采掘工作面引进新设备。采煤工作面转载机为了确保行人安全，转载机机尾处加装了转载机全封闭系统、红外线监测系统，有效保障人员通过安全。综采工作面轨道巷压力大，经反复研究，在轨道巷安装7组超前支护支架，有效控制顶板。掘进工作面增设机载临时支护，大大减少职工的劳动强度，保障顶板安全。

山西寿阳潞阳祥升煤业有限公司

一、矿井概况

山西寿阳潞阳祥升煤业有限公司，隶属于晋能控股集团有限公司，证照齐全有效。采矿证批准开采 3~$15_{下}$ 号煤层，安全生产许可证载明生产能力 90 万 t/a。井田面积 10.4065 km^2，资源保有储量 7554 万 t，设计可采储量为 3053 万 t，设计服务年限 26.1 a，鉴定为高瓦斯矿井。3 号、6 号、8 号、$15_{下}$ 号煤层均有爆炸性，自然发火等级为Ⅲ类，属不易自燃煤层。目前矿井正常涌水量为 110 m^3/h，最大为 160 m^3/h，矿井水文地质类型为中等。

矿井采用混合开拓方式，在工业场地布置有主斜井、副立井和回风立井三个井筒，利用三个井筒开发全井田。矿井开采分为两个水平，目前在上组煤三采区共布置两个掘进工作面（6301 带式输送机巷、6301 轨道巷），一个综采工作面（3303 综采工作面）；下组煤布置两个开拓工作面，下组煤集中回风巷及下组煤集中运输巷，两个掘进工作面均已停掘。

二、主要技术经济指标

矿井已通过国家局安全生产标准化二级矿井验收；矿井未发生安全生产事故，百万吨死亡率为零。实际生产原煤 7.9 万 t，其中回采产量为 77.8 万 t，平均工作面个数为 0.94，采煤工作面累计平均月产量为 68971 t/(个·月)，综合单产为 68971 t/(个·月)，原煤工效为 7.6 t/工。全年完成掘进进尺 5400 m。矿井采掘机械化程度为 100%，2021 年实现利润 5600 万元，职工全年人均收入 8.2 万元。

三、安全高效矿井建设的主要做法

（一）加大安全投入，夯实安全基础

（1）加大安全投入，强化矿井安全基础。2021 年度重点完成了单体液压支柱、液压支架的补充、更换和维修；综采工作面安装使用了矿压在线监测系统；购置了履带式钻机等探放水设备；瓦斯抽采方面进行了一钻一视频；为了增加普掘效率，采购一台侧卸式装岩机供岩巷掘进使用；掘进机完

成了机载临时支护的配套使用；采购一台 DX80 型单轨吊人车用于上组煤集中轨道巷及采区人员运输；更新了井上下各种安全警示标志和牌板；足额配备了职工劳动保护用品；加强安全培训教育。

（2）注意安全文化宣传，提高职工自主保安意识。为提高职工的安全意识，营造良好的安全氛围，使职工在平时工作中潜移默化，受到安全教育。该矿先后投入资金，完善井上下安全文化宣传栏，内容丰富，不但有安全警言警句，而且有职工安全绘画、毛笔字及诗词等，使职工深刻感受到安全教育的氛围，使广大职工真正地受到了安全教育。

（3）加大瓦斯和水的治理力度，杜绝自燃灾害。认真落实“先抽后采、监测监控、以风定产”的十二字方针，坚持“风量足、断面够、系统顺、设施牢”的原则，严格执行瓦斯检查和巡回检测制度，严格执行矿井测风和风量调配制度，确保各个工作面、各用风地点风量供给满足规定要求，加强了对局部通风机的管理，每天对双风机进行自动切换试验，同时强化了对安全监控系统的管理，做到了所有传感器调校及时、感应灵敏。

（4）加大安全培训力度，规范职工操作行为。严格按照国家和集团公司要求，坚持“管理、装备、培训”并重的原则，积极推行全员安全培训，矿培训中心按照培训大纲制定培训计划，落实培训责任，重点做好新工人和转岗职工的培训工作。分批次对全矿在岗职工尤其是各级管理人员、特殊工种人员进行安全强化培训。坚持把安全文化、亲情教育、氛围教育等融入日常的安全管理工作中去，要求职工熟练掌握本岗位的操作要领，进一步规范了职工操作行为，为该矿的安全生产打下了良好的软件基础。

（二）推行施工新工艺，提升经济效益管理

积极推广使用小（无）煤柱开采工艺。2021 年，15506 综采工作面采用小煤柱开采工艺，工作面煤柱宽 12 m，原大煤柱宽度 20 m，工作面设计长度 695 m，多回收煤炭资源 2.4 万 t。3303 综采工作面采用切顶留巷无煤柱开采工艺，煤柱宽 0 m，原大煤柱宽度 20 m，工作面设计长度 910 m，预计多回收煤炭资源 3.8 万 t。小无煤柱开采工艺的使用，有效地降低了巷道掘进率，提高煤炭采出率，解决工作面上隅角瓦斯积聚，实现 Y 型通风等优点。无煤柱开采，每两个工作面减少一条掘进巷道，相关施工人员、辅助运输系统也相对减少，节省工作面准备时间；小（无）煤柱的推广应用，延长了矿井的服务年限。

（三）狠抓安全生产标准化建设，巩固企业发展基础

（1）强化奖惩机制。建立健全安全生产标准化奖惩机制，在各单位开

展达标竞赛活动，每月对各单位的标准化工作进行评比，把安全生产标准化作为《安全奖罚办法》《安全风险个人抵押办法》的重要考核指标，直接与安全奖项挂钩，实行重奖重罚。通过这些机制，增强了职工的安全生产标准化意识，提高了广大干部职工搞好安全生产标准化的积极性。

（2）落实责任追究制度。为增强安全生产标准化责任意识，制定了各工种岗位安全生产标准化责任制，对各施工巷道都实行了挂牌管理，每根锚杆、每组支架都能明确到责任人，并根据标准化的标准严格进行考核，用经济手段促进安全生产标准化达标竞争意识的增强。

（四）加强技术管理工作，增强装备技术新内涵

大力推广生产和技术装备的自动化、智能化，大大减少用人数量，降低人员劳动强度，大幅减少各类事故，同时提高工艺运转和技术设备运行故障检测准确性和实时性，增强对设备故障的预控能力，实现生产过程的安全自动化控制，从而高效推进安全生产。同时，树立安全生产也是效益的思想，加大技术改造力度，提高安全生产保障能力。

努力提高管理人员的专业技能和管理水平。为提高该矿管理人员的技能水平，积极按照集团公司要求，对管理人员进行培训考试，并组织管理人员多次到其他矿井进行交流对标学习。

（五）推进“三化”管理，不断提高经济效益

按照公司推行的“制度化、规范化、市场化”的管理要求，坚持以内部市场化为向导，不断通过流程再造和规范运作，夯实基础管理，优化资源配置，使企业内部各项管理不断加强，经济效益逐年提高。一年来，市场化管理深入人心，并不断得到深化、细化和延伸，形成较为全面系统的管理网络，涵盖了各项管理和过程控制，成为各项工作的主要抓手。

山西寿阳潞阳长榆河煤业有限公司

一、矿井概况

山西寿阳潞阳长榆河煤业有限公司是由原寿阳县正泰煤业有限责任公司和原寿阳县长榆河煤业有限公司整合而成，2013 年 12 月 30 日由技改矿井转型为生产矿井。整合后井田面积为 6.557 km^2，设计开采储量为 2926.1 万 t，批准开采 $15\sim15_{下}$ 号煤层，设计生产能力为 90 万 t/a，服务年限 25.01 a。矿井属低瓦斯矿井，煤层自然发火等级为Ⅲ级，不易自燃，煤尘具有爆炸性，水文地质类型为中等。

二、主要技术经济指标

2021 年全年原煤产量 89.80 万 t，掘进进尺 3861 m。全年销售商品煤炭 74.84 万 t，商品煤综合售价 450.35 元/t。全年营业收入 33706.07 万元，完成利润 2800 万元。全年实现了安全生产。

三、安全高效矿井建设的主要做法

（一）安全高效方面

（1）强化“三种理念”：不断巩固“从零开始，向零奋斗”理念；全面深化“赢在标准，胜在执行”安全理念；全面拓展“超越安全抓安全”安全理念。

（2）坚持标本兼治、综合治理。一是狠抓“一通三防”，夯实安全基础，坚决杜绝重特大事故。积极探索新工艺、新技术，强化上隅角瓦斯治理，创新管理体制。二是狠抓变化安全，构建科学有效的变化管理体系，实行网络化、标准化、程序化、规范化的变化管理工作模式。三是狠抓关键安全，构建科学的安全短板管理长效机制，制定立体化、规范化、流程化的短板认定、改进、提升、验收的标准。四是狠抓源头安全，完善安全集约高效新模式。加大技术管理体系建设力度，确保技术管理源头安全。五是狠抓动态安全，夯实安全生产标准化管理基础，不断提高员工操作技能，实现岗位操作标准化，作业现场标准化。六是狠抓主动安全，建设高度自律的主动安全管理体系。建立安全诚信评价标准，定期考核评估。

（3）依靠改革创新、科技兴安。大力开展小改小革活动，全面营造“万众创新”的浓厚氛围，抓好岗位创新、管理创新、全员创新，通过各种方式鼓励创新，充分调动广大干部职工技术创新的积极性，以最低的成本、最好的创意、最合理的方案完善矿井安全生产各系统、各环节，确保各系统安全正常运行。

（4）实施“两减三精一对标”，精益化管理实现新提升。进一步优化时空工序、优化生产程序，实行精益化生产；全面推行“零隐患、零事故”作业，严格执行精细化操作的手指口述程序，提高员工操作技能，实现精细化操作；进一步健全完善精准化管控体系，对关键程序、关键制度、关键环节实行精准化管控。

（二）节能环保方面

（1）自主创新风水联动喷雾装置。普通的井下喷雾降尘装置一般采用静压水连接喷雾管（头）的形式，雾化效果不是很好，不能覆盖巷道全断面，防尘、降尘效果差。为能达到更好的降尘效果，该矿对喷雾装置进行了改进，制作了风水联动喷雾装置。该装置制作、安装简便，防尘效果佳，雾化效果更好，覆盖面积更大，更有利于采掘巷道、运输大巷降尘；通过风水联动，能有效解决喷头堵塞问题，延长喷雾头使用寿命；风水联动喷雾装置较单独静压水降尘更加节水。

（2）空压机改造项目。对空压机房三台空压机均进行了改造，由单螺杆机头改为了双螺杆机头，通过改造后，空压机使用电流下降了 5 A，空压机运行电压为 10 kV，每天将节省电量 1200 kW · h，累计每年节省电量 438000 kW · h，按照每千瓦时电价 0.51 元计算，累计每年节省电费 22.34 万元。同时，经过改造后，空压机运行声音大幅度降低，空压机的压力也较以前明显稳定，为井下的正常生产作业提供了有力的保障。

（3）应用地面锅炉房电极式承压蒸汽锅炉新设备。在淘汰原燃煤蒸汽锅炉后，为进一步节约成本，减员提效，新安装了电极式承压蒸汽锅炉；该设备的投入冬季可为办公区、生活区及井下巷道供暖；该设备的投运，减小了现场环境污染，和原有的燃煤锅炉相比，作业人员岗位上可减少 6 人，年均可减少人员工资及保险费用约 36 万元，实现了减人提效。

山西王家岭煤业有限公司

一、矿井概况

王家岭煤业有限公司井田位于山西省保德县南部，北界距保德县东关镇约6 km，处于河东煤田北部，属河保偏矿区的一部分。井田面积34.4471 km^2，地质储量为7.8亿t，可采资源量4.1亿t。矿井地质条件简单，水文类型中等，煤层节理裂隙较发育，属高瓦斯矿井，Ⅱ类自燃，煤尘具有爆炸性。矿井设计年生产能力500万t，服务年限58 a，按“一矿一井一面”组织生产。配套同等规模选煤厂，原煤全部入选。

二、主要技术经济指标

2021年完成原煤产量399.61万t，原煤工效28.6 t/工。矿井掘进总进尺：13534 m。百万吨死亡率为零。全年完成利润104700万元。人均年收入14.74万元。矿井综合单产341667 t/(个·月)。矿井掘进队平均单进353.7 m/(月·队)。采煤、掘进工作面机械化程度100%。

三、安全高效矿井建设的主要做法

（一）加强安全管理，增强安全意识

1. 加强班组建设

突出抓好现场动态管理，首先要加强班组长队伍建设，严格落实班组长任用制度，把“能管理、懂业务、技术精”的职工选拔到班组长岗位上来，充分发挥班组长骨干带头作用，同时要加强安监员、瓦检员队伍建设，建立综合测评奖惩制度，实行综合考核测评和末位淘汰。

2. 全面推动安全生产标准化动态达标

坚持思想引领，以“安全第一、质量为本、突出重点”为原则，对照“标准”进行统筹规划，全面推动安全生产标准化动态达标工作。强化责任落实，健全完善制度和方案，层层落实安全生产责任制。坚持目标导向，分阶段稳步推进安全生产标准化动态达标工作。加强考核激励，分专业制定考核细则，有效推进安全生产动态达标工作。

（二）聚焦重点精准发力，助推矿井高效发展

1. 顶板方面

加强采掘工作面生产技术管理，做好采掘工作面优化设计，重点对受二次动压影响巷道支护参数及巷道维护方面进行优化。加强掘进工作面过中石油抽气井预裂范围及地质构造带期间的顶板控制，针对特殊顶板情况采取专项整治措施，保证顶板安全。

2. 通风系统方面

着力构建合理、可靠、稳定的大系统，既要封闭井下无用巷道，减少通风设施和无效配风，也要改进通风设施，实现构筑标准化、风门自动化、联锁机械化，更要优化巷道布置，从设计源头解决目前采掘工作面存在的通风系统问题，消除不合理的串联通风、长距离通风、有争议的通风系统。

3. 综合防尘方面

树立防尘工作与瓦斯治理同等重要的理念，全面推行防尘体系建设，在“理念领先、源头预防、过程控制、局部隔离、科技支撑、管控严格”六个方面发力，着力解决巷道积尘、源头产尘、过程扬尘的问题，在防尘工作上做到“五个一样”：即在思想上与瓦斯治理一样对待，在工作上与瓦斯治理一样安排，在资金设备上与瓦斯治理一样投入，在防治技术上与瓦斯治理一样攻关，在粉尘超限处置上与瓦斯超限一样追查处理。

4. 地测与防治水方面

以水害防治和地质灾害预防为重点，狠抓基础工作和现场管理，建立健全了各项工作制度和工作流程，通过制度管人、流程管事，实现了“基础建设达标、致灾普查彻底、分区划分管理、探放措施有效、应急处置及时”的工作格局，并建立健全了地测空间信息系统、水文动态观测系统以及北斗边坡动态监测系统，提高地测标准化自动化水平。对二采区进行了冲击地压鉴定，编制了二采区冲击地压鉴定报告，编制了二采区地质说明书，指导二采区的安全生产。为提高地质灾害巡查效率引进了无人机，配备了皮卡车，实现了机动联合巡查。

（三）强化环境保护，坚守环保底线

将污染物全面动态达标排放作为环保工作的目标，以矿井水提标改造及清洁取暖为主要工作任务，健全完善相关设施，加强无组织排放治理工作，进一步规范污染物排放自行监测工作，及时发现问题，快速有效整改。

（四）强化成本管控，实现降本增效

（1）建立集中统一的成本控制管理体系。扩大材料费考核范围，凡是

有费用的单位全部纳入考核。

（2）抓好技术节约。严格落实材料定额管理，根据现场条件选用合适的支护方式，加强支护材料的监督检查，厉行节约，杜绝浪费。

（3）进一步降低采购成本。坚持公开招标采购、厂家直购和市场直接采购方式，减少中间环节，把采购成本降到最低。

（4）加大修旧利废力度。建立完善的修旧利废管理制度和奖惩办法，提高全体干部职工修旧利废的积极性、主动性和创造性。

（五）开展技术创新，实现安全高效

（1）优化采煤工作面布置。一是由单翼布置变为两翼布置；二是工作面长度由 200 m 增加至 300 m。此举不仅减少了搬家次数，增加了工作面的可采储量，实现了两翼跳采不停产搬家倒面，为装备先进设备、提升生产能力创造了条件。

（2）创新搬家工艺。工作面搬家期间用综放设备施工出搬家通道来代替提前施工回撤通道，且工作面采用高强柔性网配合锚（杆）索支护，减少了掘进量，提高了支护强度，此举不仅降低了搬家费用，提高了安全系数，为设备快速回撤奠定基础。

（3）持续推行“以孔代巷”技术，构建王家岭瓦斯治理技术体系。为了解决“高抽巷、顶抽巷”施工过程存在的岩巷工程多、施工周期长、安全风险高等诸多问题，王家岭提出“以孔代巷”的瓦斯治理思路，采用陕西太合 ZYL-17000D 型定向钻机施工 ϕ203 mm 的高位定向长钻孔，试验成功，取缔了高抽巷，并通过专家评审，具备矿井全面推广使用条件。王家岭形成了“地面煤层气井超前排采，井下掘进工作面定向钻孔掩护，采煤工作面区域递进抽采、普钻本煤层强化预抽，采煤过程中高位定向长钻孔为主、ϕ325 mm 埋管辅助”的井上下立体综合抽采模式，从根本上解决了瓦斯问题，为矿井生产提供坚实的安全保障。

太原煤气化股份有限公司炉峪口煤矿

一、矿井概况

炉峪口煤矿地处西山煤田边缘，井田面积为 5.8456 km^2。矿井于 1983 年 9 月开工建设，1986 年 11 月建成投产，原设计生产能力为 45 万 t/a，经过对矿井提升、运输、通风等系统进行技术改造，2012 年 3 月 15 日经国家发改委核定矿井生产能力为 90 万 t/a。

矿井井田内有可采煤层 5 层，分别为 3 号、2+3 号、4 号、8 号、9 号煤层，可采煤层总厚共计 9.89 m，现采 8 号、9 号煤层，8 号煤层平均厚度 3.28 m，9 号煤层平均厚度 1.48 m，可采储量 450.53 万 t，为优质焦煤。矿井采用单水平斜井开拓方式，现生产采区为首采区及 8 号煤层边角煤，综合机械化开采，主要采煤方法为走向长壁综采法，巷道掘进主要采用 EBZ200 综掘机，支护方式以锚杆锚索支护为主，辅以其他支护方式。

二、主要技术经济指标

2021 年度原煤产量 77.8 万 t；掘进进尺 4920 m；矿井综合单产 66070 t（个/月）；实现利润 2750 万元；人均收入 91070 元；原煤工效 7.2 t/工；原煤百万吨死亡率为零，各项指标均达到特级安全高效矿井标准。

三、安全高效矿井建设的主要做法

（一）加强组织领导，落实安全主体责任，为建设安全高效矿井提供组织保障

（1）切实加强组织领导。高度重视安全高效矿井建设工作，积极进行科学规划，按照“高境界、高起点、高标准”的要求，坚持领导重视、目标引领、正向激励、措施保障等工作策略，促进了安全高效矿井建设工作的全面开展。

（2）坚持安全发展理念。始终坚持“安全第一、预防为主”的方针，严格做到“四个必须”，即：不管经济如何发展，安全理念必须坚持；不管企业如何改革，安全工作必须加强；不管效益如何波动，安全投入必须保

证；不管体制如何变化，安全制度必须落实。

（3）完善安全责任体系。强化各级管理人员安全生产责任制落实，建立以总工程师为首的技术保障机制，在矿井的生产过程中，不断推动双重预防机制建设，通过加强矿领导带班，安监员跟踪作业现场管理，对重点环节、关键部位设专人盯守，在生产作业过程中查出的隐患实行跟踪销号，从而实现安全管理不留死角，作业现场动态安全达标。

（4）强化安全基础管理。坚持“查大系统、治大隐患、防大事故”，突出“一通三防”、防治水、顶板控制、机电运输等安全管理重点，强化了安全工作的基础。

（5）创新安全管理机制。坚持用市场经济的手段抓安全，实行安全风险抵押金、工资月结算等制度，深入开展了“手指口述”“一岗双责”等管理创新，有力地调动了抓好安全工作的主动性和自觉性。

（6）加强安全生产标准化建设。日常工作中坚持以《煤矿安全生产标准化基本要求及评分办法》为引领，以高标准现场管控理念为指导，把安全生产标准化作为推进安全高效发展第一抓手，持续推进井下现场“动态”达标管理，着力改善井下作业环境，不断夯实安全生产基础，努力实现“文明施工、规范作业、创优环境、岗位达标”

（二）加大资金投入，提高装备技术水平，为建设安全高效矿井创造前提条件

（1）不断提高采煤装备水平，不断加大装备投入和自主技术创新。采煤工作面安设了矿压在线观测系统，大大提高了生产效率及安全保障程度，创造本年度本矿月产原煤最高纪录。

（2）积极抓好掘进机械化工作。推广应用了大功率综掘机等先进的综掘装备，生产区队配备的 EBZ-200 型掘进机月进尺 397 m，达到了先进水平。

（3）扎实推进数字化矿山建设。按照“创建一流信息化矿井”的目标，制订了建设规划。建立健全了安全生产相关的煤矿安全监控系统、井下人员位置监测、产量远程监测、供电监控、排水监控、水文动态监测、双预控系统等 20 个信息系统，完成了井下环网、工业视频、应急广播等系统的全面升级改造。

（三）明确管控重点，突出重大灾害治理，为建设安全高效矿井奠定坚实基础

（1）在“一通三防”方面。紧紧抓住采掘布局、通风系统、瓦斯治理、

安全监控等重点环节。高度重视瓦斯治理，杜绝了瓦斯事故。实施精细化管理无尘化作业，粉尘等职业危害得到有效控制。

（2）在防治水方面。积极依靠科技手段做好防治水工作，健全完善水文动态监测系统和降雨量观测，采用瞬变电磁仪、全方位探测仪、无线电波透视仪等技术手段对矿井水文情况进行探测，保障了安全生产。

（四）实施科技兴安战略，优化开采工艺，为建设安全高效矿井提供技术支撑

（1）改进工艺提高生产效率。从设计上优化生产布局，狠抓采掘衔接管理，积极推广应用新技术、新工艺，在综采设备回收加大机械化施工，锚网、索支护形成安全通道，按计划倒排工期，增加平行作业，加快了设备回收进度。在掘进方面，研究“掘、探关系”，推进集约化生产，优化布局。严格按照要求进行生产性资金需求预算申报，加强成本费用管理，分解指标，严格预算管理。节能降耗，修旧利废，小改小革等方面降低成本。

（2）创新驱动支撑优势明显。注重创新的层次与针对性，全员创新创效活动蓬勃开展。2021 年，先后召开防治水、技术、通风防尘、监测监控等专项会议 30 多次，取得显著效果。

（3）保障安全强化设备管理。推行设备生命周期管理和设备点检制，建立了设备管理系统和机电设备计划检修系统，对设备实现采购、检验、入库、维护、租赁、报废等全过程管理，极大提高了设备使用效率。

（4）坚持资源节约，优化采区设计，较少煤柱损失。积极探测井下断层参数，留设合理的防隔水煤柱，对地面采空区收集回采过程中的岩移数据，计算塌陷角，为地面建筑留设合理的保护煤柱，减少资源浪费提供了可靠保障。

（5）建立“窦成忠创新工作室”。炉峪口煤矿以发展为重任，坚持节能降耗，提高效率，特以党员窦成忠职工名字命名“窦成忠创新工作室”，在他的带领下，团队每年参加省、市的技术“比武”、“五小六化”竞赛、“QC”项目比赛，并把这些获奖项目转化到工作当中解决实际困难，自 2012 年以来，五小项目共 57 项，科技项目 6 项，QC 项目 8 项，累计创效 2470 万元，极大提升了干部、职工技术素质。

太原煤气化龙泉能源发展有限公司

一、矿井概况

龙泉能源发展有限公司位于山西省中部的娄烦县境内，成立于2006年9月，2009年7月1日正式开工建设，2016年10月27日竣工投产。矿井井田面积35.23 km^2，批准开采石炭系上统太原组4号、7号、9号煤层，可采储量320 Mt，地质储量780 Mt，设计生产能力500万t/a，核定生产能力400万t/a。井田煤层赋存稳定，结构简单。地面建有入选能力为500万t的选煤厂，原煤出井后，送入原煤仓，经筛分破碎后进入洗选系统，洗选后，产品装仓外运。

矿井地质类型为中等，水文地质类型中等，井田主采煤层4号煤层为全井田带压开采。矿井属高瓦斯矿井。目前开采的4号煤层，煤尘具有爆炸性，自燃倾向性等级为Ⅱ级，自然发火期88天。火焰长度250 mm，爆炸指数为65%。

二、主要技术经济指标

2021年全年实现安全生产，百万吨死亡率为零。全年完成原煤产量3.99 Mt，掘进进尺10400 m。采煤机械化程度达到100%，掘进机械化程度达到98%。矿井综合单产达到326861 t/(个·月)；原煤工效13.4 t/工；工作面最高月产达到332578 t；掘进工作面最高月进尺260 m。全年利润34301万元，职工人均年收入9.05万元。

三、安全高效矿井建设的主要做法

（一）科学组织，坚持正规循环作业，实现高产高效

龙泉能源发展有限公司主要从以下方面入手：一是抓衔接，保“四量”。矿井“四量”平衡，衔接合理，各项生产工作稳步进行，为矿井以后的发展奠定了坚实基础。二是抓现场，保效率。及时调整了生产单位劳动定额分配办法，完善激励机制，保证了关键时期、困难时期的一线工人出勤。通过加强设备检修，开展机电设备包机考核，降低事故率，确保了生产有序

进行。三是抓销售，保生产。积极协调选煤厂、煤销公司等单位，努力采取应对措施，最大限度地促进矿井煤炭销售，增大矿井原煤产量。

（二）积极推进矿井“一优三减”工作

（1）优化生产布局。采煤工作面全部采用U形布置，工作面长度255 m以上，一采区东翼巷道长度全部在2500 m以上，减少了工作面搬家次数，同时减少了采煤工作面巷道数量，减少巷道工程量，保证采掘衔接正常。

（2）优化巷道设计。根据巷道用途、岩性、埋深、服务年限，合理确定巷道层位和支护方式、支护参数，在满足安全的条件下，优化巷道设计、防止支护过剩。一是优化工作面巷道支护方式，减少支护强度及材料浪费。二是优化工作面终采线位置，提高煤炭资源采出率。

（3）优化井下各系统。一是井下全部采用无轨胶轮车运输，运输巷道全部铺底硬化，确保材料运输，减少人工劳动强度。二是持续开展主要机房硐室、主运输系统、地面瓦斯抽放泵站、制氮站和井下移动瓦斯泵站等无人值守，取消岗位操作工。

（4）减少采（盘）区数量。原则上应在一个水平组织生产，尽可能减少生产水平采区数量，减少生产环节，减少作业人员。

（5）减少采掘头面数量。大力推行“一矿（井）一面”生产模式，采煤工作面控制在1个，掘进工作面控制在2个。

（6）优化劳动组织，减少作业人员。一是坚持正规循环作业，采掘工作面实行劳动定岗、定员、定额，零星工程实行定额、定量。二是实施“一人多岗、一岗多能”，严格控制采掘工作面人员数量，避免在同一作业区域安排多个单位、多头指挥混岗作业。

（三）智能化矿山建设

按照《山西省能源革命综合改革试点行动方案》及市、县上级部门、集团公司的相关要求，以“绿色、创新、卓越、高效”企业理念为出发点，以机械化、自动化、信息化和智能化为抓手，紧紧围绕“机械化换人、自动化减人、智能化作业”工作的大思路，在全矿范围内，大力推进新技术、新工艺、新系统、新设备的应用，不断提升龙泉能源发展有限公司安全生产科技装备水平，实现安全、高效、智能开采，促进全矿高质量发展。公司相继完成井下变电所电力监控系统、主排水自动化系统、压风机监控系统、智能化采掘工作面建设。

（四）绿色开采

通过太原煤气化集团公司和龙泉能源发展有限公司充分考察、调研，最终委托中国矿业大学编制《保水开采方案》，通过首创保水采煤“三等效”理论，将矿井上部的浅表水、顶板水及底板水进行整体统筹考虑，形成“浅表水保质保量、顶板水煤水共采、底板水原位保护”的保水开采技术体系，形成了一套适合龙泉能源发展有限公司的“安全、高效、经济、与生态环境相协调”的保水开采技术体系，实现矿井安全开采和保水开采双重目标。保水开采项目地面布置2个井场：共施工1个垂直探查孔、5个水平分支孔，累计钻探进尺6412.4 m，累计注水泥干料24341.6 t，累计注黏土干料2801.2 t，累计注干料27142.8 t。4301采空区涌水量从保水开采实施前的140 m^3/h减少至目前的50 m^3/h，水量减少了90 m^3/h，采空区水质明显向“三低两高”，即低钙、低镁、低硫酸根和高钠、高重碳酸根的动力环境微弱顶板静水环境演化。实现了4301试点工作面底板奥灰承压水原位保护，同时也为下组7号、9号煤层保水开采奠定了前期基础。

龙泉能源发展有限公司煤矸石产量大，矸石主要处理方案为沟谷堆放、压实、覆土。由于客观环境、环保形势、地矿协调困难和国家政策等方面影响，龙泉能源发展有限公司2020年开始实施煤矸石注浆充填技术，对煤矸石实施注浆充填，取之予之，回归本位，不仅科学合理地利用煤矿地下空间来解决矿井固废处理难题。同时保护了环境，实现了绿色开采，解决了煤矸石长期堆存，占用大量土地，污染水质、土壤等对生态和环境的损害难题。

（五）积极推进技术创新，推广新技术、新工艺

为解决工作面开采对相邻下一区段采煤工作面的采动影响及消除在工作面开采过程中的侧向支撑压力造成的端头悬顶问题，公司在采煤工作面两巷采用水力压裂切顶卸压，切断顶板深部岩层，减少顶板应力传递，减少工作面巷道围岩应力集中，减小超前支承压力、侧向支承压力和顶板悬顶面积，消除采动影响，减小矿山压力显现；确保工作面安全顺利地进行开采作业。

矿井井田内断层较多，对工作面开采影响较大，为减小断层对采煤工作面的影响，公司采用深孔聚能预裂爆破方法超前工作面对断层地质构造进行预裂松动爆破，减小构造段岩体强度，增加采煤机切割断层地质构造岩体时的自由面，增加工作面生产推进速度，减小采煤机过断层时的影响，保证工作面顺利生产。

太原煤炭气化（集团）有限责任公司东河煤矿

一、矿井概况

东河煤矿为太原煤炭气化（集团）有限责任公司分公司，位于临汾市蒲县县城东北方向的太林乡碾沟村，2004 年 8 月建成投产。生产能力为 90 万 t/a。矿井井田面积为 13.3206 km^2，批准开采煤层为 2 号煤层，最厚厚度为 1.9 m，平均厚度 1.85 m；煤层自燃等级为Ⅱ类，煤尘具有爆炸性，矿井瓦斯绝对涌出量 4.08 m^3/min，瓦斯相对涌出量为 2.14 m^3/t，属低瓦斯矿井。煤种为低灰、低硫、低磷、高挥发分的 1/3 焦煤。水文地质类型划分为中等型，无高温热害。

二、主要技术经济指标

2021 年 1—12 月累计生产原煤 61.9 万 t；2021 年 1—12 月综合单产达到 64954 t/(个·月)；1—12 月累计销售精煤 42.6 万 t；1—12 月累计掘进进尺 3059 m。2021 年 1—12 月实现主营业务收入 69969 万元，实现成本 601.78 万元，实现利润 35503.86 万元，职工年人均收入 9 万元。

三、安全高效矿井建设的主要做法

（一）生产组织方面

东河煤矿 2220、2222、2229、2231 工作面实施了无煤柱开采工艺，有效提高了资源回收率，延长了矿井服务年限，为最大限度挖潜增量奠定坚实基础；实施了千米定向钻探技术，累计施工 13 个钻孔，探明多处构造，有效提升了探放水安全性，进一步掌握了井田边界边角煤破坏情况。

（二）安全管理方面

深入开展安全生产风险隐患大排查大整治“百日攻坚”集中行动。由矿长亲自组织，认真制定检查方案，明确责任分工，开展覆盖井上下各生产系统、所有生产作业地点的风险隐患大排查大整治活动，不留死角、不留盲区，有效夯实了矿井安全生产基础管理工作，坚决遏制生产安全事故发生。

深入推进安全专项整治三年行动集中攻坚任务。全矿认真贯彻落实上级领导关于安全专项整治三年行动的重要讲话精神，严格按照时间节点，分专业、分系统推进各项整治工作。针对排查出的问题，逐条纳入清单、动态管理，切实整治各类安全隐患、有效管控重大安全风险，确保各项目标任务高质量圆满完成。

深入开展“一月一重点”整治活动。为全面消除安全隐患，全力夯实安全基础，该矿以保障2222、2229工作面大型设备运输安全和做好井下排水工作为重点，相继组织开展了辅助运输、排水系统专项排查整治活动。

深入开展“冬季三防”工作。矿高度警惕季节变化对安全生产造成的不利影响，以“安全第一、预防为主、防重于抢、有备无患”的方针，成立了“冬季三防”指挥部和3支应急抢险队伍，提前对供暖设备进行了调试维护，严格落实水、电、气、暖各项管理措施，定期对井口加热机、供电线路、供排水管道、原煤场、火药库等重点部位、设施进行安全巡查，及时消除隐患问题，切实做到超前防范。

（三）技术创新方面

2020年东河煤矿在2206工作面率先实验实施“切顶卸压自动成巷”无煤柱开采技术并成功实施。

2021年东河煤矿积极推进“切顶卸压自动成巷”无煤柱开采技术在本矿的应用，2220工作面与2222工作面继续实施无煤柱开采技术、少掘一条330 m巷道，多回收资源1.8万t原煤产量，大大提高了煤炭的采出率，减少了资源浪费，降低了掘巷成本，提高了资源回收率，缓解采掘紧张，全年预计可实现创效2000余万元。

2021年东河煤矿为充分发挥矿井2号稀缺煤种效益优势，以实施矿井边角煤精采细采来最大限度挖潜创效，尽力延长矿井服务寿命，根据东河煤矿矿井采掘规划，采用千米定向钻机钻探小窑破坏区可采储量工程，成功圈出了2222、2229、2231工作面，预计产量68万t，提高煤炭采出率，缓解采掘紧张局面。

2022年受火工品影响，该矿2229、2231工作面无煤柱开采采用“密集切缝孔预裂技术”代替“爆破预裂切顶技术”，成功留巷400 m，预计可多回收煤炭资源2.3万t，增加利润2874万元。这是该矿继2206、2220工作面之后的第三个成功采用无煤柱技术开采的工作面，标志着无煤柱开采技术在该矿已落地生根。继而体现了东河人开拓创新、积极进取、吃苦耐劳的精神。

（四）智能绿色和科学管理方面

科学组织生产、提高生产效率。从设计上优化生产布局，狠抓采掘衔接管理，积极推广应用新技术、新工艺。在综采设备回收方面，加大机械化施工，锚网、索支护形成安全通道，按计划倒排工期，增加平行作业，加快了设备回收进度。在掘进方面，研究“掘、探关系”，推进集约化生产，优化布局，两个掘面交替进行，大大缩短了探水影响掘进的时间。

加强经营管理、严格成本管控。严格落实《东河煤矿预算管理及成本费用管理流程》要求，进行生产性资金需求预算申报，加强成本费用管理，分解指标，严格预算管理。切实在节能降耗，严格修旧利废，小改小革等方面降低成本。

推行双控机制、加强安全管控。建立了以矿长为第一责任人的安全风险分级管控工作责任体系和事故隐患排查治理工作体系。矿长全面负责，重点对瓦斯、水、火、煤尘、顶板、机电、提升运输等开展了安全风险辨识，并制定了相应的管控措施。在巷道开口、贯通、过地质变化带、采面上隅角瓦斯、工作面安装及回收等安全薄弱环节和重点区域加强监管，安排生产管理人员盯点，确保责任落实，施工安全。

推广绿色开采、注重环境保护。矿致力于绿色开采理念，加强土地塌陷管理，塌陷土地治理率 100%，矿井水利用率 100%，矿井水全部进行处理，用于井下静压水和职工洗澡用水。加强职工作业环境保护，推行了自动降尘捕尘新措施，既保证了水的利用，又增加了粉尘治理功效；副立井绞车房安装了隔音玻璃，降低了噪声污染，全矿职工全部进行了职业卫生健康检查。

昔阳县坪上煤业有限责任公司

一、矿井概况

昔阳县坪上煤业有限责任公司位于昔阳县城西 4 km 处，是由原昔阳县坪上煤矿、西南沟煤矿于 2006 年合并而成，批准开采 8 号、9 号、15 号煤层；通风方式为中央并列式，属高瓦斯矿井。整合后将原坪上煤矿关闭，利用原西南沟煤矿的生产系统进行开采。现采 15 号煤层，水文地质类型中等，无高温热害，核定生产能力 150 万 t/a。

二、主要技术经济指标

2021 年生产原煤 130.1 万 t，掘进总进尺为 5025 m，矿井综合单产达到 111201 t/(个·月)。实现利润 9030 万元，职工年平均收入 10.2 万元；采煤机械化程度达到 100%，综掘机械化程度达到 92%。采区采出率达到 75%。百万吨死亡率为零，职业健康检查率 100%，危害因素检测达标率 100%，吨煤开采综合能耗 8.31 kW·h/t，塌陷土地治理率 100%，煤矸石综合利用 100%，矿井水利用率 100%，抽采瓦斯利用率 81.9%。

三、安全高效矿井建设的主要做法

（一）健全制度，加大投入，全面构建科学管理保障体系

对全矿管理制度进行修订完善，逐步建立了与矿井安全生产相配套的管理机制，通过安排部署、学习自查、整改提高、检查总结四个阶段，狠抓制度整理、内部机制调整、岗位责任制落实，构建起了纵向专业管理、横向协调管理、基层基础管理的矿井保障体系。通过强化制度落实，形成了职责明确、按制度办事、靠制度管人、用制度规范行为的良好机制，构建出了科学化、规范化和制度化的管理格局。

（二）落实责任，充分发挥职能部室管理职责

一是管理人员和专业技术人员充分发挥管理职责，在管理现场能够发现问题、提出问题、分析问题、解决问题，及时消除管理中的缺陷、堵塞漏洞、减少失误，使安全管理真正具有预防性和针对性。二是安监部门不断健

全安全监督检查体系，落实安全工作目标，层层落实安全检查监督职责，严格追究不落实行为，对事故和责任人严格追究责任，做到不安全不生产，积极维护了安全生产的正常秩序。三是严格执行安全预想机制，特别突出对重特大事故的预想预防，突出抓好影响安全生产的薄弱环节、薄弱时间、薄弱地点、薄弱人员、薄弱专业、薄弱单位等“六个薄弱”环节的安全管理，确保了矿井的安全生产。四是加强对生产过程中人员不安全行为的发展和控制、设备安全性能的检测维修、生产环境安全化的控制、生产工艺过程安全性的动态评价等，对矿井安全生产起到了重要作用。五是落实日常检查制度，加强日常井下、地面生产的安全监督检查，积极维护正常的安全生产秩序，职能部室和管理人员全年狠反“三违”。六是完善了安全生产事故应急救援预案，建立健全了机构、队伍，配备了应急救援物资，有效提高了矿井防灾、抗灾能力。

（三）优化采区布置，提高安全生产效率

优化开拓布局是煤矿安全生产管理的重要基础工作，能有效解决系统复杂、生产环节多、用人多的问题，提高安全保障水平和生产正常接续水平。该矿矿井开拓布局以及采区和采煤工作面布置贯彻系统简化、合理集中的原则，在地质条件适合和有安全保障的条件下，进一步简化采区巷道系统，从原先的单翼采区布置改为双翼布置，减少了采区准备巷道布置以及采区煤柱的留设，增加了采区采出率，减少了人力物力的投入等。

（四）超前地质预测，为设计提供依据

采区设计以前采用地面三维地震勘探进行超前探测，以查明采区内存在的断层、陷落柱、冲刷变薄区等，并进一步掌握煤层起伏形态，给设计部门提供可靠的地质依据。工作面形成以后，对所有工作面均进行了坑透，然后利用钻探手段进行验证，必要时采用巷探查明。充分应用坑透、槽波探测成果，对地质构造影响区域早做谋划、早做打算，做到“一构造一措施”，提高通过速度。加强采掘系统和地质部门的联动机制，过构造期间，地质部门必须逐日到采掘一线进行过构造指导，工作面每两天或每推进 5 m 要绘制实测图，为生产组织提供决策依据，有力地保障了矿井高产高效的实现。

（五）加强生产变化环节管控，及时制定合理有效措施

面对矿井工作面地质构造发育复杂、巷道动压显现严重等问题，一是进一步加强生产变化环节管控，根据实际生产情况，做到“超前编制措施，及时修订措施”，实现“一段一策”管控，确保安全技术措施的针对性、及时性、有效性。二是根据采掘需要，进一步优化劳动组织，合理排布作业人

员，保障每班有足够的作业人员。三是精细化制定激励政策，通过“一事一契，一面一契”等激励措施全面调动相关部门、队组的生产积极性，形成责任倒逼，确保高效完成过构造、拆安等重点工程。四是严格落实工作面写实工作，领导干部深入现场，清晰掌握各生产环节的状况，及时分析研究解决影响生产的各类问题，挖掘潜力，缩短影响时间，最大限度保障生产作业时间。

（六）狠抓职工业务素质培训，提高采掘专业化水平

该矿进一步加强了对采掘作业人员技术素质的培训工作，尤其是对岗位工、维修工、支护工等关键紧缺工种的培训工作。针对性制定培训计划，将理论和实操相结合，使职工真正全面了解本岗位所操作设备的构成情况，提高设备操作水平和提前预判设备故障的能力，做到“早发现，早计划，早维修”，为正常生产组织提供坚实保障。

阳泉煤业集团安泽登茂通煤业有限公司

一、矿井概况

阳泉煤业集团安泽登茂通煤业有限公司现隶属于晋能控股集团，位于临汾市安泽县唐城镇上庄村，为沙钢公司占股51%、个人占股49%的国有控股煤矿。井田面积10.7468 km^2，批准开采2~10号煤层，许可开采2号、3号煤层，生产能力90万t/a。矿井为高瓦斯矿井，水文地质类型为中等，煤层自燃倾向性均为不易自燃，煤尘具有爆炸性。2020年11月24日，被授予“一级安全生产标准化矿井”。

二、主要技术经济指标

登茂通煤业公司2021年全年未发生死亡事故，截至2021年12月底矿井连续3773天实现安全生产，实现了安全生产“零”目标。全年完成产量88.86万t，掘进进尺2400 m，实现利润98846万元，吨煤成本295元/t。2021年综合单产达到了77536 t/(个·月)，原煤工效达7.2 t/工。2021年共开采了3个综采面（2号煤层两个、3号煤层一个）、两个综掘面（均在2号煤层），采煤机械化程度达100%，掘进机械化程度达80%，工作面最高月产达73556 t；掘进工作面最高月进度235 m。全年人均收入14.2万元，实现了矿井安全高效生产。

三、安全高效矿井建设的主要做法

（一）提产增效实现了生产组织新突破

（1）采掘布局合理，生产能力不断攀升。结合实际完成了采掘衔接优化调整，优化设计部署，完成了两个采区的合理接替，不仅采掘工作面布局合理，而且生产衔接有序，生产能力稳中有升。

（2）强化机运管理，保障生产能力。强化机电设备检修，确保主通风、主提升、主供电等大系统安全可靠。进一步加强了井下供电系统和防爆电气设备的日常维护管理工作。严格落实对主通风机、主绞车、主要带式输送机等大型固定设备和特种设备的检测校验工作。

（3）狠抓“一通三防”及地质防治水工作，夯实生产基础。坚持“瓦斯超限就是事故”的理念，以构建“通风可靠、抽采达标、监控有效、管理到位”瓦斯治理体系为目标，大力实施沿空留巷技术，按照 Y 型通风，合理优化通风、抽采系统，升级改造安全监控系统。加强地测防治水工作，按要求编制了防治水中长期规划及年度计划，建立健全防治水机构，坚持“预防为主，防治结合”的基本方针和“预测预报，有疑必探，先探后掘，先治后采”的基本原则，进一步强化防治水规范标准。

（4）加强成本管控，提高盈利水平。以全面预算管理为主要手段，在成本管理上，紧紧围绕降本增效，简化成本管控项目，把精力充分放在可控成本的管控上，瞄准利润、狠抓可控成本的分项管理，为适应市场需求，提高原煤洗选率，优化了公司产品结构，同时拓宽销售渠道，提高了公司销售收入及盈利水平，促进了公司利润指标的完成。

（5）推广新技术新工艺，减员提效。一是通过在 2202 工作面沿空留巷试验高水材料巷旁充填技术，留巷 160 m，效果显著，减少了向采空区漏风，提高了采空区瓦斯抽放效率，避免了工作面瓦斯超限，确保矿井安全高效开采、提高了经济效益。

二是通过与中国矿业大学合作，以现场调研、方案设计、矿压观测、数值计算、理论分析等综合手段研究 2202 工作面开采过程中矿压显现规律，为本煤层工作面巷道支护优化和近距离下伏 3 号煤层巷道布置提供依据。

三是积极开展了智能化工作面建设，2202 智能化工作面完成了设备安装、调试工作，具备验收条件。

四是通过对采区大巷实施矿压在线监测后，降低了观测人员的劳动强度、减少了人员在轨道巷内观测的危险性，实现真施工、真观测、真分析，矿压数据实时上传后，实现矿压分析精准预报，实时指导、优化支护设计，确保顶板管控到位，不发生顶板事故。

（二）安全标准化新进展

（1）建立“安全风险分级管控、事故隐患排查治理”双重预控体系，提升安全生产预防预控能力。

对辨识出的安全风险进行分类梳理和等级确定，从组织、制度、技术、应急等方面对安全风险进行了有效管控。突出抓好重大隐患、重复隐患、红线隐患、涉险隐患、易诱事故隐患“五类隐患”，不放过一般隐患。

（2）推进标准化建设，提升动态达标。围绕打造一级安全生产标准化矿井的要求，深入推进标准化建设，狠抓工程质量、支护质量和员工操作规范，突出过程管控和质量提升，采取创新项目推广、基础设施整治、文明现场推进和考核奖罚并重等方法，推进动态达标。强化标准化考核，对照新的煤矿安全质量标准化标准，开展了达标创建活动，从工程质量、安全、进尺等方面严格考核，通过月检查、月验收、月考核，促进标准化提升。

（三）绿色开采

（1）废水污染防治。为有效治理日常产生的废水，矿井建有矿井水处理站及生活污水处理站。矿井水处理站处理能力为 1200 m^3/d，处理后的井下水全部回用于井下洒水降尘。矿井水处理率、回用率达到 100%。生活污水处理站处理能力为 960 m^3/d，处理后的生活污水用于本矿选煤车间补水、厂区绿化洒水、煤库洒水、洗车平台补水。生活污水处理率、回用率达到 100%。

（2）固体废物污染防治。为保障煤矸石等固体废物的处理，在主井工业厂区外 0.8 km 处建有一座矸石场，日常生产过程中产出的矸石，全部运至矸石场进行规范化填埋处置。

（3）噪声污染防治。为降低主要通风机房、空压机房、机修车间等场所产生的噪声对公司环境的影响，公司将高噪声设备布置在离生活办公区较远的地方，并采用绿化带、修建降噪房等措施进一步降低噪声影响。

（4）废气污染防治。为降低废气污染物对周边环境的影响，在筛分车间、选煤车间安装了布袋除尘器，有效收集原煤转运、破碎、筛分过程中产生的煤尘。为降低扬尘危害，矿井修建了封闭物料库，实现了所有物料封闭存储，在原煤库、精煤库内安装了喷雾炮，用于降低落煤、装车时产生的扬尘。为降低道路扬尘危害，使用 2 台吸尘车、3 台洒水车每天对场区内外道路进行吸尘、洒水，有效减少道路扬尘。同时，要求运煤、运矸车辆限速行驶、苫盖篷布、通过洗车平台清洗等措施降低车辆行驶带起的扬尘。

（5）采空沉陷治理。提升矿山环境保护与恢复治理工作，在采空塌陷区周边路口设置警示牌，对工业场地不稳定边坡、岭底沟、西家沟和邓家沟潜在泥石流地质灾害、采空区地面塌陷、地裂缝地质灾害对工业场地和村庄的影响进行监测，发现险情及时组织人员避险；采空塌陷区地裂缝采取填埋措施，耕地恢复耕种，林草地补种草、补栽树，恢复植被。

（6）绿化工作。为做好矿区环境绿化美化工作，每年定期对场区内的花池、绿化带进行修复，在黄土裸露区域、护坡播撒草籽，对枯死的花草进行更换。主井工业场地绿化面积已达到 1.76 hm^2，绿化系数达到 20%；副井工业场地绿化面积达到 0.55 hm^2，绿化系数达到 20%。

阳泉煤业集团和顺新大地煤业有限公司

一、矿井概况

阳泉煤业集团和顺新大地煤业有限公司位于和顺县义兴镇后沟村，矿井井田面积6.5266 km^2。截至2021年底，剩余可采储量2351万t，核定生产能力150万t/a。现批准开采8号、15号煤层，主采15号煤层，水平标高+1070 m，煤层平均厚度5.74 m；8号煤层为配采煤层，水平标高+1065 m，煤层平均厚度1.31 m，两煤层层间距74.5 m，属于煤与瓦斯突出矿井。煤层自燃倾向性为Ⅲ级不易自燃煤层，煤尘具有爆炸性。水文地质类型为中等类型。

二、主要技术经济指标

2022年末原煤生产总人数为898人，采掘机械化程度为100%，全年完成产量1407256 Mt，完成掘进进尺5981.3 m，综合单产为11727.33 t/(个·月)，原煤工效为5.93 t/工，职工人均工资收入10.68万元，比2021年人均工资10.42万元增加0.26万元。

三、安全高效矿井建设的主要做法

（一）强势推进安全精细化管理，实现了“零事故”安全奋斗目标

1. 着力强化“人”的不安全行为控制

把岗位练兵、技术比武等活动作为重要培训内容，达到了培训计划下移、任务下移、资金下移的目的。充分利用员工教育培训实训基地，采取“自愿实训”与“强制实训”相结合的办法，广泛开展“岗位练兵、技术比武、技能竞赛”活动和“师带徒”活动，做到了理论与实践的紧密结合。为了切实增强全员安全执行力，对井上、井下员工日常安全行为进行督察，重点监督检查各级管理人员跟带班、值班情况，操作人员在现场进行“手指口述”、岗位风险预知、工序危险源辨识的执行力。在作业现场，按照“突出重点，以点带面，分步实施，总体推进”的思路，进一步修订、完善、细化井下各工种操作规范、质量标准化、员工行为规定。以“岗位操

作程序化、物料码放定置化，执行工作规范化”为目标，强力推行了定置化管理，从专业管理、包片负责、安全监察、干部督查4个层面强化抓手，对各岗位人员站立位置、作业范围、行走路线等细微处严格约束和监管，做到有迹象就查、露苗头就敲、见倾向就纠、出问题就追，坚决抵制违章指挥、违章作业和凭“经验”干事行为，杜绝在正常工序、物料搬运、单岗作业、设备检修等环节的碰手碰脚事故。

2. 着力强化“机”的安全管理

公司依据集团公司“机电运输安全专项整治”工作要求，讨论研究制定了年度机电运输专项整治方案，明确了整治目标，落实了整治责任人，强化了工作措施。按照“月月有主题，周周有活动”的工作思路，逐月开展了矿井运输系统、预防性矿井停电事故等12个主题的专项整治，每周开展轨道专项治理、继电保护专项治理等专项活动，逐项、逐级、逐部位对机电、运输各个环节进行规范整改，确保设备安全可靠运行。

3. 力打造良好的生产环境

持续加大安全质量标准化“精品工程”创建力度。把质量标准化要求“一化变十化”，即：工程质量精品化、机电设备正常化、运输大巷规范化、安全管理数字化、安全装备系列化、管线吊挂艺术化、作业牌板统一化、安全监控即时化、作业环境整洁化、现场管理人本化。对全矿井各类物料器材、线缆悬挂、地面硬化、淋水处置、墙体粉刷、牌板样式、安全防护设施等形成统一标准，定置、定性管理。坚持“谁检查、谁承包、谁负责”的责任机制，从掘进施工到工作面安装，从工作面开采到收尾搬家，所有关联工序都逐级实行联保责任制，出现质量问题实行逆向逐级追溯，层层分析，追究责任，从而使精品意识、优质工程在员工心中牢牢扎根。

4. 着力强化安全管理

进一步完善安全责任体系，细化各级安全生产责任制的落实工作。通过每天的生产会集中平衡解决各类安全生产问题，将生产中出现的各类问题逐一落实到人。对管理层从入井、抓“三违”、隐患排查、业务保安、技术管理、培训等16个方面进行月度考核。同时，严格落实矿领导入井带班制度和干部24小时现场跟班制度。在每一项重点工程管理上，都成立了现场跟班领导小组，实行干部24小时现场跟班监督管理，严格按照“十不准”切实做到措施落实到作业面、生产线，指挥生产靠前到现场，安全隐患整改不过班。充分发挥群众安全监督员、青年安全监督岗、安全生产效能监察、党员安全责任区、群众安全教育、企业安全文化建设、女工家属协管会的作用，使党政工团组织真正融入安全生产中。形成全员、全方位、全过程、全天候抓安全生产的工作格局。

（二）强力推进生产技术精细化管理，切实做到高产稳产

通过狠抓采掘衔接管理，积极推广应用新技术、新工艺、新设备，科学优化矿井开拓生产布局和每项工程设计方案，加快重点科技项目攻关，通过加强支护材料质量跟踪、规范生产单位顶板矿压观测、严格执行“敲帮问顶”工序、对压力显现段补打锚杆锚索等积极措施，杜绝了顶板事故。特别是在矿井防治水安全管理方面，通过广泛投入使用监控预警设备、强化瓦检员责任落实、完善各转载点喷雾设施、优化通风系统等措施，强化了“一通三防”安全管理，通过组织全员进行《煤矿防治水规定》学习考试，牢固树立起全员“防大水”意识，严格落实了“预测预报，有疑必探，先探后掘，先治后采”原则，建立健全矿井综合水文地质图、矿井地质报告等防治水基础地质资料。全面分析水害隐患，提出水害分析预测表及水害预测图，落实“防、排、疏”综合治理措施，灵活运用监测、监管、监控等各种手段，采取多钻孔、多方位、多管路探放水的方法，杜绝了透水和水害事故。

（三）强力推进经营精细化管理，努力提升发展质量，进一步细化、量化目标责任，完善了班组建设制度，推行了班组核算

年初将经营指标分解落实到各队组，由班组长对员工每天的工作业绩进行“日清”量化考核，本人签字认可，将考核结果与工资、奖金直接挂钩。实行月度班组建设领导小组定期考核、班班动态检查达标的管理考核机制，达到了任务、指标明确，考核、奖罚明确，责任、权利明确的“三明确”目的，确保安全高效矿井建设各项规划措施有力落实。以此为前提，从降低材料消耗、减少修理费用支出、降低电力消耗、节约用水等方面入手，健全成本管理责任制，实施了全员、全过程、全要素成本费用控制，变单纯核算型管理为综合控制型管理。

阳泉煤业集团翼城东沟煤业有限公司

一、矿井概况

阳泉煤业集团翼城东沟煤业有限公司（以下简称“东沟煤业公司”）隶属于晋能控股煤业集团，位于临汾市翼城县桥上镇庄里村。井田面积 5.2507 km^2，批准开采 2~10 号煤层，设计开采 2 号、9+10 号煤层，生产能力 90 万 t/a。矿井属低瓦斯矿井，水文地质类型为中等，2 号煤层自燃倾向性为不易自燃，煤尘具有爆炸性；9+10 号煤层自燃倾向性为自燃，煤尘无爆炸性。

二、主要技术经济指标

2021 年各项技术经济指标均完成较好，原煤产量际完成 89.4 万 t，掘进完成 5500 m。综合单产达到了 75549t/(个・月)，原煤工效达 7.2 t/工。采煤机械化程度达 100%，掘进机械化程度达 98%，工作面最高月产达 71000 t；掘进工作面最高月进尺 610 m。企业利润实际完成 13425 万元，全年人均收入 10.08 万元。

三、安全高效矿井建设的主要做法

（一）安全生产管理方面

（1）以建设一级标准化矿井为目标，东沟煤业公司各级管理人员上下一心，对标对表，提升矿井各硬件系统，制定各部门达标目标，完善基础资料，夯实现场管理，细化达标项目，于 2021 年 12 月通过临汾市二级标准化矿井验收。

（2）以契约化方式对采掘队的生产任务、成本、质量、工期、工资进行契约，超利分红，不达规定目标工资抵补，强化了队组的生产积极性和成本管控意识，实现了矿井整体管理水平的大幅提升。

（3）加强现场管理，管理人员到现场跟班解决安全生产中的突出问题，对采煤工作面进行现场写实，通过写实重点解决影响生产的关键环节，通过工艺工序优化提高效率，增加产量。

（4）加强生产组织协调，把握重点工作、关键环节、关键部位，针对采煤队过断层期间爆破影响割煤时间的问题，安排打眼工和爆破工上交叉班，提前到岗利用交接班时间打眼爆破，既有效利用了交接班时间和作业空间，提高工时利用率，增加了产量，又降低了割煤和打眼爆破时间和空间上的相互干扰，降低了安全风险。

（二）技术管理方面

（1）东沟煤业公司原掘进工作面采用内注式液压单体柱配柱鞋、柱帽作为临时支护，劳动强度大、效率低、支护效果不理想，严重影响着掘进效率。随后积极引进掘机机载式临时支护，机载式临时支护作为一种主动支护形式，支护面积和初撑力大，减少了支护时间，有效地降低了工人的劳动强度，提高了单进水平。

（2）采用地面三维地震物探手段，探明 201 采区北翼的断层要素，控制断层落差、产状及其在走向和倾向上的变化，查明煤层底板的起伏形态及褶曲构造的发育形态。利用坑透技术对采煤工作面断层进行勘测，利用槽波技术对 20101 工作面断层进行勘测。利用地面电法、井下瞬变电磁法等先进电磁法物探手段，对 201 采区北翼进行综合水文物探工作，确定断层、含（导〕水性及含（导）水深度和范围，查明采掘区域内主要含水层、采空区及导水裂隙、通道发育范围，并对异常区进行钻探验证。利用一钻一视频，狠抓防治水现场管理，提高钻探数据的真实性与可靠性，切实提高防治水现场管理水平。

（3）煤矿综采设备 70% 的液压系统故障是由传动液体污染造成的，针对矿井水的实际情况，在综采工作面安装了一台自动型井下在线自清洗综合供水净化装置，通过水的净化和乳化液在线自清过滤，保护了设备液压系统，降低了支架事故，提高了支架立柱、阀组、千斤的使用寿命，取得了较好的使用效果。

（4）努力提高管理人员的专业技能和管理水平。为提高管理人员的技能水平，该矿每周四利用下班时间组织学习上级文件以及新装备新工艺。

（三）成本管控方面

1. 强化队组现场成本管理

杜绝丢失浪费，确保资产保值增值；实施材料跟踪交接制，建立井下现场各使用地点的设备、大型材料、专用工具等台账；加强回收复用、修旧利废工作；加强计划管理，提高采购计划的准确性，杜绝积压浪费。

2. 严格控制电力成本

加强固定设备用电管理。严格控制大型设备的运行时间，减少不必要的设备损耗和电能消耗。职工宿舍和办公室的用电设备，人不在或者白天天气好时要及时关闭。

（四）技术创新方面

由于两巷道落山顶板垮落相对较为困难，为了避免初次来压和周期来压步距过大，造成工作面压力显现剧烈引发事故，由总工程师组织深入现场，就两巷道顶板垮落困难情况进行现场研究，结合东沟煤业公司顶板柱状图，最终制定采用在退锚的基础上打密集孔的方式破坏坚硬顶板的完整性，降低顶板承载能力，具体方式如下：在落山密集切顶柱 0.5 m 外施工预裂孔，孔深 9 m、孔间距 0.2 m，排距 0.6 m（一个循环）。两巷道煤柱帮侧：距煤柱 0.2 m 外沿巷道方向施工一排预裂孔，孔深 9 m、间距 0.2 m，施工范围超前支护段，通过此种方式对顶板进行切顶卸压管理，较好地解决了巷道落山悬顶面积的情况。

（五）科学管理方面

1. 齐心协力保稳产

一是合理排布生产衔接，不随意调整施工计划，加强现场管理，严格落实作业计划，完不成计划严格考核，确保全年计划的落实。二是采掘工作面过构造时加强顶板控制，严格执行超前预测预报地质构造，揭露构造先停工停产，组织有关人员深入现场评判地质构造，采取针对性的措施后方可复工复产。三是加强工作面顶板控制。编制“一面一策”支护设计杜绝设计源头隐患。采煤工作面重点做好上下端头及两巷的超前维护，对遇断层地点的顶板，破碎带要及时加强支护，从根本上杜绝塌顶事故发生；掘进工作面要做好顶板岩性探测，及时掌握围岩的变化情况，针对性制定、完善支护措施。四是强化岗位技能提升，挖掘内部人力资源潜力。开展实施岗位拓展培训，开展一专多能、一人多证的素质提升工作，努力培养一支高技能的人才队伍。

2. 优化队伍结构

做好定编定员工作，坚持“增人不增资、减人不减资”原则，通过素质提升，技术培训，进一步优化岗位设置，持续推进“一人多岗、一岗多责”。

3. 党建引领促发展

一是继续加强政治理论学习教育。抓好每月不少于两次的中心组集体理论学习，重点抓好中央、省市、集团各项会议精神的贯彻，同时加强全体党员的学习教育培训。二是持续加强舆情防控和疫情防控工作。严格按照“网格化”管理要求，引导舆论导向，不发生负面舆情；严格落实疫情防控措施，强化人员管控和场所消杀，疫情防控到位。

阳泉煤业集团翼城山凹煤业有限公司

一、矿井概况

翼城山凹煤业有限公司（以下简称“山凹煤业公司”）隶属于晋能控股集团太原煤气化集团公司，位于临汾市翼城县桥上镇刘王沟村，井田面积4.3417 km^2，批准开采2号、9+10号煤层，现仅许可开采9+10号煤层，生产能力60万t/a。矿井水文地质类型为中等，不存在带压开采现象；矿井属低瓦斯矿井；开采9+10号煤层，自燃倾向性等级为Ⅱ级，属自燃煤层；煤尘无爆炸危险性。

二、主要技术经济指标

2021年山凹煤业有限公司全年未发生较大及以上安全生产事故，实现了安全生产“零”目标。安全生产标准化评定为二级。全年完成产量59.46万t，掘进进尺4800 m，实现利润8676.58万元。采煤机械化程度达100%，掘进机械化程度达到85%，原煤工效为9.1 t/工，工作面最高月产达47149 t，掘进工作面最高月进度为460 m，全年人均收入9.5万元。

三、安全高效矿井建设的主要做法

（一）安全生产管理方面

（1）重点推行各项工程审批管理制度，通过跟工程并根据工程量确定工数和工期，工程完工后组织验收，严格按工程质量进行考核，有效遏止了零星工程管控难、工期拖沓等不良现象。

（2）加强队伍建设方面，对采煤、掘进工作面进行每班定产量、定进尺管理，实行奖惩政策，激发采煤掘进队组的工作热情，并按时对队组人员进行现场标准化检查培训学习。实行现场跟班写实，通过写实重点解决影响生产的关键环节，对采煤工作面端头支护方式和综采工作面过构造进行重点督查，掘进工作面支护工艺进行优化，通过工艺工序优化、提高工时利用。

（3）加强生产组织协调，把握重点工作、关键环节、关键部位，针对采煤队过断层期间爆破影响割煤时间的问题，安排打眼工和爆破工上交叉班，提前到岗利用交接班时间打眼爆破，既有效利用了交接班时间和作业空间，提高了割煤刀数，增加了产量，提高了劳动效率，又降低了割煤和打眼爆破时间和空间上的相互干扰，降低了安全风险。

（4）制定了生产事故管理考核办法，明确了生产事故的范围、事故汇报要求和事故责任追究标准，规范了生产事故的考核尺度，加强了各级管理人员的责任心，理顺了生产管理秩序，通过生产误时分析和班计划的落实考核，保证了生产作业计划的顺利完成。

（二）科技创新方面

1. 废水污染防治

生活污水处理站采用“调节+地埋一体化污水处理装置（A/O+沉淀池）+石英砂过滤+活性炭过滤+超滤+反渗透+次氯酸钠消毒”工艺，处理达标后全部用于地面绿化、洒水降尘等，不外排。矿井水处理站采用 2 套 GT-20 型高效能全自动净水装置，单台处理能力为 20 m^3/h，一套 40 m^3/h 曝气生物活性炭沸石滤池和超滤装置，处理工艺为“调节+混凝沉淀+过滤+超滤+消毒+清水池”。处理后全部用于井下洒水，矿井水不外排。

2. 固体废物污染防治

建设了一处临时排矸场，占地面积 2.2 hm^2，能满足矿井矸石排放，并按水土保持与环保要求建有拦矸坝、集排水沟、涵洞等设施，堆放过程采用分层堆放、层层碾压、覆盖黄土层的方法，待达到设计标高时再进行表面绿化。矸石运往排矸场堆放并按要求处置。

3. 环境空气治理

建成量子能供热机组房，安装 7 组 NWS 量子能供热机组为职工采暖和井口加温，通过电能驱动，没有燃烧加热的过程，因此不会产生 PM2.5 以及燃烧废气的排放。由于 NWS 量子能供热机组效率高，自动化控制较强，可实现手机 APP 远程操作、自动恒温，根据不同末端实现自己需要的温度，无论从机组负荷配备还是从运行功率对比，较传统电采暖综合节能 40% 以上。

4. 首次采用气凝胶喷白施工

首次采用气凝胶对运人斜井进行喷白施工。从整效果上看，与过去使用的涂料喷白相比效果比较明显。①有效克服了淋水（受潮）后脱落的情况；②喷白效果明显，满足巷道喷白的相关要求；③一次喷白永久使用，清洁方式随意，可直接用水冲洗，颠覆了传统定期喷白的人财物的重复投入。

5. 综采工作面安装施工首次使用防爆柴油机履带运输车

9116 综采工作面安装期间首次使用防爆柴油机履带运输车。运输效果明显。①机动性强，随机应变；②大大降低了小件设备的运输效率；③避免了绞车运输的区域警戒和仅允许单一工作开展的情况，节省了人员投入，提升了出勤人员工效；④有效保证了综采工作面的拆除、安装工期。

6. 综采工作面超前支护采用硬连接装置和自制防坠梁装置

9105 综采工作面超前支护首次采用硬连接装置和自制防坠梁装置，配合超前单体液压支柱加强支护工作面超前。①强制规范了超前支柱支护间距，有效杜绝了单体柱卸液倾倒伤人，为工作面端头、超前支护标化提升工作奠定了良好的基础；②提升支护安全系数，从整体使用效果上看，效果比较明显，利大于弊。

（三）技术管理方面

（1）严格执行规程、措施编制审批和“一工程一措施”制度，并对工人进行贯彻学习、考试及月度复查制度等。2021 年完成对 138 份规程措施的编制审批并组织落实。

（2）加强拆除安装、过构造、贯通、过空巷等特殊条件下的技术管理工作，根据现场及时制定安全技术措施，确保施工安全，9113、9116 和 9105 工作面根据实际现场条件进行了合理优化设计，努力克服“刀把”形工作面审批困难的因素，并取得布置“刀把”形工作面的批复，9113 和 9105 合理布置为“刀把”形工作面，确保最大可能地不损失煤量，提高了煤炭资源利用率。

阳泉煤业集团翼城石丘煤业有限公司

一、矿井概况

阳泉煤业集团翼城石丘煤业有限公司现隶属于晋能控股煤业集团，位于临汾市翼城县东南约26.9 km，井田面积2.7383 km^2，许可开采2号、9+10号煤层，生产能力60万t/a。矿井为低瓦斯矿井，水文地质类型为中等，矿井正常涌水量为5.21 m^3/h，最大涌水量为10.92 m^3/h；自燃倾向性为自燃，自燃倾向等级为Ⅱ，煤尘无爆炸性。截至2021年底，查明矿井剩余地质储量502.5万t，可采储量280.5万t，可采服务年限4.6 a。

二、主要技术经济指标

公司2021年各项经济技术指标均完成较好，其中原煤产量58.8万t，完成进尺2382 m，综合单产达到了61667 t/(个·月)，原煤工效达7.1 t/工。采煤机械化程度达100%，掘进机械化程度达80%，工作面最高月产达48265 t；掘进工作面最高月进度247 m。截至2021年12月底，矿井连续1825天实现安全生产。

三、安全高效矿井建设的主要做法

（一）安全标准化新进展

1. 建立双重预控体系，提升安全生产预防预控能力

对辨识出的安全风险进行分类梳理和等级确定，从组织、制度、技术、应急等方面对安全风险进行有效管控。突出抓好重大隐患、重复隐患、红线隐患、涉险隐患、易诱事故隐患“五类隐患”，不放过一般隐患。

2. 推进标准化建设，提升动态达标

围绕打造一级安全生产标准化矿井的要求，深入推进标准化建设，狠抓工程质量、支护质量和员工操作规范，突出过程管控和质量提升，采取创新项目推广、基础设施整治、文明现场推进和考核奖罚并重等方法，推进动态达标。

（二）提产增效实现了新突破

1. 采掘布局合理，生产能力不断攀升

结合实际完成了采掘衔接优化调整，优化设计部署，完成了两个采区的合理接替，不仅采掘工作面布局合理，而且生产衔接有序，生产能力稳中有升。

2. 强化机运管理，保障生产能力

强化机电设备检修，确保主通风、主提升、主供电等大系统安全可靠。进一步加强了井下供电系统和防爆电气设备的日常维护管理工作。严格落实对主通风机、主绞车、主带式输送机等大型固定设备和特种设备的检测校验工作。

3. 加强成本管控，提高盈利水平

以全面预算管理为主要手段，在成本管理上，紧紧围绕降本增效，简化成本管控项目，把精力充分放在可控成本的管控上，瞄准利润、狠抓可控成本的分项管理，为适应市场需求，提高原煤洗选率，优化公司产品结构，同时拓宽销售渠道，提高了公司销售收入及盈利水平，促进了公司利润指标的完成。

（三）员工素质得到了新提高

1. 加强职工业务培训力度，提升职工业务素质

根据煤矿安全培训规定，副队级以上安全管理人员全部完成取证工作，根据岗位优化及岗位人员情况对公司部分操作人员予以安全培训，充分利用“干部上讲台，培训到现场”和“二·五安全活动”为基本学习形式，通过举办培训班、“一周三培”、安全活动日、现场包保等多种形式，对员工进行宣讲培训。

2. 加大职工安全知识培训，提升职工安全意识

深入开展典型事故案例教育，通过班前班后会、安全活动日等方式，使每个员工都接受典型案例的教育；在开展安全宣传教育“12法”的基础上，开展了安全漫画教育活动；以学习型、安全型、高效型、创新型、和谐型“五型班组”建设为载体，全面强化班组安全建设，并认真开展岗位手指口述、岗位描述、安全环境描述、应急避险描述的“四述”工作法的培训工作；制定完善了各岗位手指口述、安全风险卡、应急处置卡；开展了“反习惯性违章”培训，印发“反习惯性违章”学习资料。

3. 坚持应急救援演训日常化，提升职工应急处置能力

细化、完善了安全事故应急救援预案，制订演练规划和演练方案，适时开展应急演练，提高应急响应能力；强化应急救援专业化管理，每月组织兼

职救护队进行一次日常学习、训练并按要求进行了岗前培训；开展了安全避险“六大系统”培训学习，切实提高了职工的应急处置能力。

（四）党建引领迈上了新台阶

1. 加强思想政治建设

组织党史专题集中学习、中心组集体理论学习，班子成员撰写研讨交流材料 66 份、心得体会 21 份。组织全体党员进行了 1 次红色文化基地教育、党史知识竞赛；组织党员开展集体办实事活动 3 次。

2. 疫情防控到位

坚持“非必要不出省”的原则，不前往中高风险地区和病例轨迹关联地；对身体情况允许的全体员工进行疫苗接种；坚持在岗员工每天测温两次，生产生活区，每日消杀两次。目前，未出现疑似以上病例。

3. 积极开展党群共建

在春节、中秋节为员工发放节日福利，夏季为员工发放消暑物品；员工生日当天在电子大屏播放生日祝福歌，并发放生日餐券和慰问金；举办了五一、国庆员工文体活动；女工协管开展了井口送温暖 12 次、安全宣讲 12 次、家企联谊活动 3 次；增设了一座 600 m^3 的生活用水高位水池；为地面特工人员配备防静电工作服夏装、冬装各 60 套。

阳泉煤业集团长沟煤矿有限责任公司

一、矿井概况

长沟煤矿有限责任公司位于和顺县城北约 17 km 的李阳镇北李阳村附近、昔阳县与和顺县的交界处，行政区属和顺县李阳镇管辖。井田南北长 3.8 km，东西宽 3.4 km，井田面积 9.1 km^2，采矿证批准开采 3 号、8 号、15 号，现开采 15 号煤，煤层平均厚度 5.1 m，核定产能 100 万 t/a。属于煤与瓦斯突出矿井，15 号煤煤尘具有爆炸危险性，自然发火等级为Ⅲ类不易自燃，水文地质类型中等，矿井正产涌水量约 19 m^3/h，最大涌水量 21 m^3/h。

二、主要技术经济指标

2021 年原煤产量完成 95.8 万 t，总进尺完成 4200 m，矿井百万吨死亡率为零，实现利润 20223 万元，职工收入为 8.5 万元。矿井原煤工效到达 7.41 t/工，综合单产为 8 万 t/(个·月)，采区采出率厚煤层为 87%，采煤机械化程度为 100%，掘进装载机械化程度为 100%，综掘机械化程度为 100%。

三、安全高效矿井建设的主要做法

（一）优化生产组织，提高单产单进

（1）健全和细化以岗位责任制为中心的各项管理制度，使施工技术措施、施工设备和施工组织得以顺利实施，加快施工速度、降低生产成本、保证施工质量和生产安全。

（2）通过优化设计，在确保安全的前提下，减少了巷道两帮支护，缩小了巷道断面，节省了支护时间，降低了材料成本。

（3）统筹兼顾，合理采掘衔接部署，针对公司实际生产状况，合理准确地编制生产衔接计划，对衔接中存在的问题进行重点分析，优化巷道设计与布置，合理配采，调整衔接部署，确保采掘平衡。

（二）加强技术创新，积极应用新技术、新装备

（1）成立了长沟公司技术创新管理机构并设立了以总经理为组长、总

工程师为副组长的技术创新领导组，坚持一把手参与管理科技工作，分管科技工作的总工程师具体负责组织公司的中长期科技发展规划、年度重大技术攻关、技术创新和成果转化工作的实施，同时制定了《长沟公司关于健全科技创新相关体系的通知》，使技术创新工作规范化、常态化，有效推进了各项技术创新工作的开展，提高自主创新能力。

（2）矿井以往使用单体柱临时支护，内注式单体液压支柱重量较重，支设和回撤劳动强度较大，经领导研究决定，引用 ZLJ-18 液压机载临时支护维护顶板，相比单体液压支柱临时支护，机载临时支护降低了工人施工劳动强度，避免了临时支护时因移动单体柱而造成的擦碰事故；使用机载临时支护后临时支护工序的时间大大减少，提高了掘进效率；掘二锚二时，避免了施工人员在第一排未永久支护情况下进入第二排进行临时支护，工人的安全得到了保障。机载式临时支护替代原有的内注式单体液压支柱临时支护，适应井下现场环境，能有效保证安全施工，该机载超前支护装置装配在掘进机的截割部，利用升降油缸的前后销轴固定，选位合理，配套简便，对掘进机的改造量很小，不干扰掘进机的运动和截割作业功能，实现机械化支护作业，降低工人劳动强度，提高了掘进效率，使支护工人的安全得有效的保障。

（3）矿井的机房二次控制均由所变一次 6 kV 变成 220 V，给风机在线监测室内所有照明、变频开关，以及部分二次操作系统供电。原来的设计 ups 容量均为 1 K，由于运行时间达到 13 年，且所带负荷较大，在后来的几次全矿停电事故当中，ups 供电的时间仅能维持几分钟，而几次大停电的时间长达二十多分钟，由于无法供电，所有的故障记录在无电的情况下均不能显示，小容量的 ups 已经严重影响了事故的处理进度，基于这种极端情况下，必须对 ups 进行升级。即二次系统由原来的单回路供电变为双回路供电，即一路由逆变器直接供电，在逆变器有故障的情况下，直接切换成蓄电池直接供电，而且供电电压由原来的交流供电变为更稳定的直流供电，这样不仅极大地提高了供电的可靠性，而且供电时间也能长达 24 小时，保证了二次操作的可靠性和稳定性。

（4）采煤工作面安装了支架矿压在线监测系统，配备了高效拆安工具，小巷运输使用连续牵引绞车，取消了对拉车，减少了运输环节，提高了运输效率和安全系数；推广使用了湿式喷浆机，改善了作业环节，提高了喷浆效率；各配电室采用了防越级跳闸保护装置，保证了供电可靠性；中央水仓、压风机房、采区带式输送机安装使用了在线监测系统，提高了人员效率。

阳泉市上社二景煤炭有限责任公司

一、矿井概况

阳泉市上社二景煤炭有限责任公司，位于阳泉市盂县南楼镇南上社村。公司设计生产能力为120万t/a，现证载能力为90万t/a。采矿许可证、安全生产许可证、营业执照“三证”齐全，合法有效。井田面积为3.3865 km^2，可采煤层为6号、9号、12号、15号；现开采15号煤层，可采储量为599.78万t，服务年限6 a；矿井属煤与瓦斯突出矿井，水文地质类型中等，15号煤层有爆炸危险性，自燃倾向性等级为Ⅱ级自燃煤层，矿井开采方式采用综合机械化，走向长壁后退式放顶煤采煤工艺。

二、主要技术经济指标

2021年，矿井原煤产量89.7万t，掘进进尺实际完成3702 m；采煤机械化程度达到100%，掘进机械化程度达到78%，综掘机械化程度达到78%；矿井采掘抽衔接正常，“三量”符合规定要求，开采程序符合规定，年实际采区回收率为82%；矿井全年百万吨死亡率为零，且无重伤及二级以上非伤亡事故发生；全年实现利润8862.06万元；

2022年，矿井原煤产量87.5万t，掘进进尺实际完成3408 m；采煤机械化程度达到100%，综掘机械化程度达到75%；矿井采掘抽衔接正常，“三量”符合规定要求，开采程序符合规定，年实际采区回收率为82%；矿井全年百万吨死亡率为零，且无重伤及二级以上非伤亡事故发生；全年实现利润7500万元。

三、安全高效矿井建设的主要做法

（一）优化开拓方式，合理集中生产

坚持走人员少、产量大、效益高的新型集约化路子，实施一人多能，增产不增人，不断提高单产单进水平。矿井开拓方式为斜井开拓，采区大巷设带式输送机、轨道、回风三条巷道，大大提高了矿井单进水平，缩短了采区、工作面准备周期。采区内沿集中上山两侧布置走向长壁采煤工作面，采

煤方法为走向长壁后退式放顶煤综合机械化采煤，全部垮落法控制顶板。

（二）积极推广新技术、新工艺、新装备，为矿井安全高效发展提供有力保障

（1）成功推广切顶卸压技术。公司与河南理工大学（河南创睿能源科技有限公司）合作在15205回风巷开展切顶卸压关键技术研究，有效控制采动压力影响，为相邻工作面围岩应力控制及小煤柱开采创造了条件。

（2）在阳泉公司范围内首次推广应用两项新技术、新工艺。公司在15205低位抽放巷闭墙施工时首次采用粉煤灰封闭永久闭墙技术获得成功，并于2021年9月14日牵头举办了阳泉煤炭事业部所属矿井粉煤灰封闭技术现场会。公司在15202进风巷采用千米钻机探放水新工艺同样取得了成功。根据《关于首次推广应用新技术新工艺激励办法（试行）》（晋控煤业阳泉经发〔2021〕185号）文件精神，阳泉公司先后奖励该公司60万元。

（3）区域瓦斯治理取得突破。公司在15202进风巷综合使用定向钻机和水力掏煤粉增透技术抽放瓦斯大获成功，抽放量效果比普钻提高了4倍。

（4）首次开展了槽波地震勘探。公司与北京中矿大地地球探测工程有限公司合作在15205回风巷进行槽波地震勘探，查明了地质情况，为安全生产提供了技术支撑。

（5）首次注册了实用新型专利。2021年公司注册了一种长距离定向钻孔捞杆器、一种突出矿井风门风窗逆流装置、一种自移式设备列车等3个实用新型专利，在公司历史上实现了新的突破，且多次在上级公司组织的“五小创新”活动中获奖。

（三）向零进军，安全管理能力大幅提升

（1）不断提升标准化管理体系建设。以创建一级标准化管理体系为目标，不断提升安全生产标准化管理体系水平。为完成全年各项任务指标奠定了安全基础。

（2）实施煤矿“网格式”安全包保。制定了《煤矿“网格式”安全包保管理办法》，科学合理布局“点（生产队组）、格（职能部室）、网（安全监察专员）、系（专业委员会）”，全面推动安全工作关口前移、管理延伸、内涵扩大、外延拓展，形成了各司其职、上下联动、关联包保的安全格局。

（四）持续发力，重点工作常抓不懈

（1）2021年安全顺利完成两次搬家倒面。2021年矿井面临有史以来最大挑战，相继完成了15108、15107（外）两个工作面拆除和15107（外）、

15205 两个工作面的安装。公司生产线干部职工迎难而上、耐霜熬寒，充分发挥干劲、韧劲和拼劲，经受住了历史性的考验。

（2）如期完成瓦斯抽放系统升级改造项目。项目包括 193.5 m 的立眼、712.4 m^2 的瓦斯抽放泵站扩建工程、两台 2BEC100 型水环式真空泵、1671 m 瓦斯管路铺设工程（其中场上 587 m，井下 1084 m）。瓦斯抽放系统升级改造项目于 2021 年 10 月 1 日投入运行，为 15 号二采区煤与瓦斯突出区域的安全生产奠定基础。

（五）全面推进，环保治理迈上新台阶

（1）在环保工作方面抓住节能、减排两条主线，坚持“污染防治与生态保护并重”和“预防为主、防治结合”原则。尤其 2021 年 4 月中央第一生态环境保护督查组对山西省开展了第二轮生态环境保护督查，反馈的某些共性问题得到我们充分重视，并举一反三，认真整改，获得了可观的成效。

（2）矸石山治理持续推进。2021 年公司进一步规范化矸石山治理，在满足企业生产的同时，及时伸出援手，帮助和谐煤业解决了雨季山坡塌方导致省道中断期间 3 万 t 矸石的排矸问题，并于 2021 年投资 37.75 万元，分两批在矸石山种植 8400 棵苗木。

阳泉市上社煤炭有限责任公司

一、矿井概况

阳泉市上社煤炭有限责任公司始建于1991年7月，2000年9月竣工投产，隶属于山西煤炭运销集团阳泉有限公司。矿井井田位于阳泉市盂县南娄镇南许家沟村至杨家沟村一带，西南部少部分跨入寿阳县温家庄乡和尹灵芝镇境内，行政区划大部属南娄镇管辖，井田面积12.3768 km^2，核定生产能力210万t/a，批准开采5~15号煤层。矿井瓦斯等级为煤与瓦斯突出矿井，煤尘具有爆炸性，自燃倾向性均为Ⅲ类，属于不易自燃煤层，水文地质类型划分为中等。

矿井开拓方式为斜井开拓，共有井筒五支，四支进风井一支回风井。矿井井田按照开采煤层划分为2个水平，一水平标高+970 m，开采9号煤层，二水平标高+880 m，开采15号煤层。9号煤层、15号煤层均整体划分为一个采区，两采区各布置3条开拓大巷，均已掘进至井田边界。

二、主要技术经济指标

2021年公司完成产量203.1万t，矿井百万吨死亡率为零；实现利润30364.86万元，职工人均收入8.1万元；原煤工效达到6.7 t/工，综合单产8.0041万t/(个·月)；采区采出率中厚煤层80%，厚煤层75%；采煤机械化程度为100%，综掘机械化程度为85%，所有技术经济指标均达到了特级安全高效矿井标准。

三、安全高效矿井建设的主要工作

（一）生产组织

1. 采取措施，实现劳动组织定岗定员

在安全生产人员组织方面，实行“三八”工作制。采取定岗定员和机构改革的方式，科学整合生产、辅助和服务机构，构建以精干的采掘队伍为核心，服务性部门、辅助队组为补充的组织机构体系。结合公司规划目标，在物业公司、大棚蔬菜、养猪场等多种经营子公司运作的同时，通过选煤厂、管带机运输等稳步推进人员平稳分流，实现劳动组织定岗定员。

2. 优化生产系统，加快技术改造步伐

（1）在运输系统优化方面。为优化井下掘进巷道辅助运输系统，减少运输环节，提高辅助运输效率，掘进工作面采用无极绳梭车替代原调度绞车运输，提高物料运输效率。

（2）在生产技术改造方面。在采煤工作面推广使用超前支架，能够快速推进工作面进度、解决了回采期间端头丢三角煤的问题，提高了原煤回收率。综采工作面采用远距离供液系统，乳化液泵站安装在巷道口，通过高压无缝钢管将乳化液供至工作面，减少了以往乳化液泵站列车随工作面推进挪移环节。

（3）在地面生产系统方面。选煤厂生产能力 3.0 Mt/a，总占地面积 73.76 亩，所有矿井原煤全部入选。选煤工艺：重介浅槽对 80～13 mm 块原煤进行分选，三产品重介旋流器对 13～1 mm 末原煤进行分选，旋流器组对 1～0.25 mm 粗煤泥进行分级浓缩，小于 0.25 mm 的煤泥经过压滤机压滤处理，从而大大提高了矿井的生产效益。

（二）科学管理方面

按照高起点规划、高效能管理的集团化管理模式，一是增补了大量年轻的管理人员充实到公司安全管理层，强化对机电、运输、机械修理、通风、采掘、地测及调度等各专业标准化的统领力度。二是强化安监队伍建设，充实安全管理人员。出台了《队组安全员管理办法》，充实了专职安全员到井下各面各点进行蹲守监管；在此基础上，成立了各部门骨干力量组成的安全督查组，针对井下各面、各点、运输线路薄弱环节、监管盲点等进行全方位巡查、排查和治理各类隐患。三是成立事故调查室，完善事故调查程序，规范事故报告管理，严格“四不放过”事故处理原则，实现了“一事故一档案”。建立信息档案室，分别实现了各类违章人员培训、积分等档案管理；中层管理人员跟班、带班期间查隐患、抓违章、入井次数的“一人一档”以及各部门安全隐患排查、管理的“一队一档”，及时掌握井上、下各类安全管理动态。

（三）技术创新方面

（1）落实“科学、投入、管理、培训”并重，保障抽采“时间和空间”，积极引进瓦斯治理前沿技术，一是本煤层钻孔实行“两堵一注、带压封孔”工艺，施工完毕后下入筛管，提高瓦斯抽采浓度；二是引进定向钻机施工定向长钻孔进行大面积消突、大区域抽采，提高了瓦斯抽采量和瓦斯抽采率，保障了矿井的“抽、掘、采”平衡；三是加大信息化投入，投入钻孔轨迹仪、定点取芯钻杆的使用，保证检验预测钻孔取样准确无误。同时，开展三项瓦斯治理科技创新研究：定向钻孔增透提浓提量技术研究、水力造穴割缝技术研究、综采工作面“以孔带巷”回风隅角瓦斯治理技术研究。

（2）综采工作面使用电液控支架，电液控支架使用，实现支架的邻架操作、支架成组操作等控制，提高了移架速度，改善了工人的工作环境，降低了劳动强度。综采工作面设备稳装、回撤推广使用液压安装、回撤平台；巷道带式输送机使用输送带卷带装置，提高了带式输送机回收效率。

（四）绿色发展方面

矿井采用盘区式布置方式，工作面直接布置在开拓大巷两侧，巷道均沿煤层布置，提高了资源回收率，减少了矸石的排放量，提高了选煤厂的原煤入选率，对排放的矸石全部采用黄土覆盖。矿井瓦斯治理采用先抽后采，通过瓦斯抽放泵站将抽出的瓦斯集中利用，2018 年 9 月盂县力宇上社瓦斯发电厂正式投入使用，交易电量 660 万 kW · h，大大提高了瓦斯的利用率。地面建有一座污水处理站，井上、下排放的污水通过污水处理站处理后全部重新利用。

晋能控股煤业集团太原煤气化荣康矿

一、矿井概况

晋能控股煤业集团太原煤气化荣康矿，位于山西省洪洞县堤村乡上张端村。井田面积约 6.1188 km^2，批准开采 10 号、11 号煤层，许可开采 10 号、11 号煤层，生产能力 90 万 t/a，安全生产许可证有效期至 2025 年 5 月 8 日，为证照齐全生产矿井。

矿井为低瓦斯矿井，井田构造复杂程度为中等类型。矿井水文地质类型为复杂型，属带压开采矿井。目前矿井正常涌水量为 220 m^3/h，最大涌水量为 280 m^3/h。煤尘都具有爆炸性。煤层自燃倾向性等级都为Ⅱ类，自燃倾向性性质均为自燃。截至 2021 年底矿井地质储量 2310.5 万 t，剩余可采储量 882 万 t，服务年限 12 a。

二、主要技术经济指标

荣康矿 2021 年通过合理采掘生产布局，有效组织好煤炭生产，安全高效矿井得到了进一步巩固发展，2021 年各项经济技术指标均完成较好，其中综合单产达到了 74582 t/(个·月)，原煤工效达 7.5 t/工。2021 年共开采了 1 个综采面（10 号煤层）、两个综掘面（10 号煤层），采煤机械化程度达 100%，掘进机械化程度达 93%，工作面最高月产达 78992 t；掘进工作面最高月进度 242 m。2021 年全年未发生死亡事故，全年计划产量 22.4 万 t，实际完成产量 23.28 万 t。全年计划进尺 600 m，实际完成 612 m，超计划 12 m。全年完成利润 22413 万元，职工年人均收入达到 8.6 万元。

三、安全高效矿井建设的主要工作

（一）安全生产管理方面

（1）加强现场管理，管理人员到现场跟班解决安全生产中的突出问题，加强采掘工作面过构造管理，对采掘工作面进行现场写实，通过写实重点解决影响生产的关键环节，通过工艺工序优化提高效率增加产量。

（2）强化采煤队伍技能和素质提升培训，杜绝违章作业，实现采煤作业标准化，各岗位人员操作流程标准化，有效降低设备故障率，有效保障生产班开机率。

（3）严格落实作业规程相关要求，严禁随意割顶割底，严禁随意丢弃顶煤和底煤，过构造期间编制专项过构造安全技术措施和提高煤质措施，有效降低矸石产出量，从源头提高原煤质量。

（二）科技创新方面

（1）积极推进无煤柱开采技术，避免形成孤岛工作面，提高矿井回采安全系数。有效降低万吨掘进率，缓解矿井采掘衔接紧张。取消区段煤柱，减少巷道掘进，提高矿井资源回收率，增加经济效益。

（2）积极推进保水开采区域治理工程，研究采煤工作面不同注浆改造层位、不同浆液类型对底板承压水的阻挡效果，确定合理的注浆改造层位、厚度、注浆参数及合理的浆液类型，优化注浆改造技术。针对采煤工作面底板受奥灰承压水影响，实施保水开采区域治理工程，以切实降低水害事故的发生，并通过保水开采区域治理方法总结防治水经验。

（三）成本管控方面

（1）加强材料回收，最大限度地做好成本管控：①工作面材料回收包括两巷的锚索托盘、锁具，锚杆托盘、调心球、螺母，Π型梁等支护材料以及两巷道、切巷的轨道、钢管、道木、道夹板、螺栓、道钉、电缆、皮带、皮带H架、杆、皮带上下托辊等材料；②支护材料中坑代坑木、锚索托盘及调心球、锁具、锚杆托盘及调心球、螺母、按两巷使用量的70%进行回收；Π型梁、单体柱两巷按100%进行回收；③两巷的轨道、道夹板、钢管按两巷使用量的95%进行回收；道木、螺栓、道钉回收率不低于使用量的80%；④皮带回收包括胶带、托辊、皮带H架，回收率不低于使用量的95%；⑤工作面所有电缆、信号线及五小电气回收率不低于使用量的95%。

（2）对材料执行以旧换新，加强井下材料集中管理，杜绝材料乱堆乱放，材料挂牌管理，杜绝丢失浪费。

（四）技术管理方面

（1）严格执行规程、措施编制审批和“一工程一措施”制度及月度复审制度。

（2）加强设计和技术管理，通过矿压监测数据，分析现场顶板情况，选择合理支护参数，效正支护设计，修改规程，科学合理指导现场支护工作。从设计阶段入手，详细分析论证工艺、技术、安全、经济指标等方面的优缺点，确立最佳方案，树立设计上的浪费就是最大的浪费理念。加强技术管理，充分发挥各级技术管理人员的聪明才智，大力弘扬技术创新。

山西汾西矿业（集团）有限责任公司高阳煤矿

一、矿井概况

高阳煤矿位于孝义市城西 14 km 的高阳镇。1965 年 12 月建井，1973 年 5 月投产。矿井井田东西宽 9 km，南北长 7.5 km，井田面积 53.2851 km^2。矿井剩余可采储量 1.4 亿 t，剩余服务年限 31 a。矿井核定生产能力 450 万 t/a，配套有洗选能力 600 万 t/a 的选煤厂。矿井属低瓦斯矿井，无冲击地压。煤层自燃倾向性等级均为Ⅱ类，属于自燃煤层。矿井水文地质类型为中等。

二、主要技术经济指标

2021 年原煤完成 450.2 万 t；掘进进尺完成 14226 m，其中开拓进尺 3699 m。综合单产为 189672 t/(个・月)；综合单进 300 m/(个・月)；百万吨死亡率为零。

2022 年原煤完成 451.2 万 t；掘进进尺完成 15415 m，其中开拓进尺 3710 m。综合单产为 195215 t/(个・月)；综合单进 302 m/(个・月)；百万吨死亡率为零。

三、安全高效矿井建设的主要做法

（一）精细技术管理、加快安全高效煤矿建设

（1）优化工作面设计。根据井上下水文地质现状、采区边界和现有系统构成考虑，布置大采长、大走向采煤工作面的高效生产模式，以减少工作面布置个数和搬家倒面次数。

（2）采煤工作面布置进行科学设计、掘进和生产组织，联巷设计进行优化、掘进工作面做好掘进层位控制，尽量减少岩石开拓和无效进尺，提高单产单进水平和原煤采出率。依据水文地质资料和实际生产组织情况做好“三类工作面”变化管理，及时对采掘衔接进行修正，对工作面设计进行优化，确保矿井安全高效、均衡稳定生产。

（二）优化生产系统，促进稳产高效

（1）优化主运输系统，在31120巷带式输送机机头安装处安装分级破碎机，杜绝带式输送机因大块矸石划伤输送带事故，保障运输系统安全运行。

（2）优化通风系统，合理分配矿井风量。按照矿采掘衔接安排，完成了矿井二采区、五采区通风系统调整，实现了二采区、五采区分区通风。

（3）加强防灭火管理。对21108、31120两个采煤工作面阻化剂防灭火系统进行了改造，由压注变为喷洒，进一步提升了防灭火成效。开展“KJ428矿用分布式激光火情监测系统”安装工作，并对三采区束管监测系统进行改造。

（4）优化矿井供电系统，为满足三、四采区变电所的采掘供电负荷需求，新增四采一号变电所供电系统，保证工作面的供电可靠性和稳定性。

（三）积极推动智慧化矿山建设

（1）高阳煤矿完成31115运输巷、21106材料巷、31118材料巷三个智能化掘进工作面的建设任务，并顺利通过吕梁市能源局的智能化工作面验收。

（2）完成了地面网络与井下环网分别布设，井下主干网络传输速度为10000 Mbps，地面网络为千兆环网、千兆到桌面，且无线覆盖；完成数据中心机房建设，有基于虚拟化等技术的应用平台，应用软件在虚拟化平台中各自独立部署运行，并可以通过应用平台进行互联互通；完成高阳煤矿4G综合无线通信系统建设，实现井下主要巷道4G信号覆盖。

（四）持续推广应用新工艺、新技术

（1）“三高一低”高强度锚杆、锚索支护技术。在所有开掘工作面推广使用高强锚杆、锚索及配套支护产品，开掘工作面施工过程中如揭露断层、陷落柱等地质构造段时采用高强度锚杆（索）配合注浆锚索加强支护。

（2）注浆锚索支护技术。注浆锚索布置在巷道每两排锚杆中间，将端部锚固变为全长锚固，提高了支护系统的刚度和围岩的抗剪切能力，全长锚固安全可靠，不易卸载。通过现场的应用，注浆锚索在回采超前支护段和掘进变化段补强支护效果明显，为下一步的全面推广做好基础。

（3）应用水力切顶卸压技术。在21107材料巷采用水力压裂切顶卸压技术，该技术是为减小21107工作面开采引起的采动应力对相邻21108运输巷掘进的影响，巷道的保护煤柱宽度由30 m缩小至15 m，实现经济效益7353.2万元。

（4）持续推广深孔爆破技术。在采煤工作面过陷落柱，在回风巷、掘进工作面过地质构造期间采取深孔预裂爆破技术。通过对无法施工绕巷避开的陷落柱、断层等地质构造段采用深孔预裂爆破技术，单产单进水平得到了进一步的提升。

（5）引进高强聚酯纤维网，取代传统的金属网。在31113工作面终采期间使用高强聚酯纤维矿用网，该柔性网面积大，柔韧轻盈，抗拉强度大，挡矸石效果好，安全性能高。不仅解决了职工频繁运网和连网的劳动强度，同时还避免往返工作面出现的片帮伤人事故，确保了职工的人身安全。在末采过程中铺网、割煤、推刮板输送机、移架协调作业，循环速度加快，提高了生产工效。

（五）推进精益化管理

（1）精益安全管理。创新推出《班组安全专业流程精益化管控卡》《工作面安全评估等级管理视图》《工作面"五严格"精益回收管理措施》等举措，实现由重点管结果向重点管过程的精益转型，提高了安全管控绩效。

（2）精益生产组织。创新落实《调度指挥中心精益化督导落实考核运行管理办法》《回采工作面精采细采实施方案》等制度，开展了工作面安装回收、单项非常规作业、辅助运输特殊管理等专题论证，将论证成果固化应用于精益化生产组织，打造开一队、安一队等精益管理样板，以点带面，促进生产组织提质增效。

（3）精益成本管控。作为焦煤作业成本法推广试点单位，积极创新探索，创建经营管控"习惯性三违"台账，完善成本指标超支红线预警机制，更新材料物资管理系统模块，实现全程网络办结，提高了管理精准度和效率，吨煤原材料费用同比下降2.0%，产量同比增长5.3%。

山西汾西矿业（集团）有限责任公司贺西煤矿

一、矿井概况

山西汾西矿业（集团）有限责任公司贺西煤矿位于山西省河东煤田中段，离柳矿区西南部，距柳林县城东南 15 km 左右，行政区划属柳林县陈家湾乡管辖。井田面积 18.908 km^2。矿井设计生产能力 300 万 t/a，核定生产能力为 280 万 t/a，开拓方式为主斜副立。矿井为煤与瓦斯突出矿井，共设计两个水平开采，山西组即第一水平，主斜井井底车场标高+770 m，副立井井底车场标高+800 m 正在开采；太原组即第二水平，标高计划设在+660 m 未开采。矿井目前开采山西组，已划分 4 个采区。目前矿井一采区已经回采结束，并进行永久封闭。二采区、三采区为生产采区，四采区为建设采区接替二采区。

二、主要技术经济指标

2021 年末原煤生产总人数为 1280 人，采掘机械化程度为 100%，全年完成产量 278.2 万 t，完成掘进进尺 12999 m，综合单产为 103809 t/(个·月)，原煤工效为 8.82 t/工，实现利润 20112 万元，职工人均工资收入 10.37 万元。

2022 年末原煤生产总人数为 1194 人，采掘机械化程度为 100%，全年完成产量 284.79 t，完成掘进进尺 13120 m，综合单产为 115897 t/(个·月)，原煤工效为 9.13 t/工，实现利润 21021 万元，职工人均工资收入 11.62 万元。

三、安全高效矿井建设的主要工作

（一）安全发展方面

（1）2020 年初贺西煤矿成立以矿长为组长的“安全高效型矿井”建设领导小组，加强对“安全高效型矿井”建设的现场管理和激励考核工作。

（2）贺西煤矿调度指挥中心成立生产事故追查组，由专人负责调查每天影响生产的各种事故，将设备检修不到位、无故拖延检修时间、科区队管理人员责任落实不到位等影响生产的按事故进行追查处理；减少了辅助队组消极怠工、专业科室服务生产不到位的弊病。

（3）贺西煤矿成立由各专业科区领导组成的包队领导小组，即将所有生产队组分包到人，充分发挥业务科室专业技术技能特长，及时协调解决生产队组在实际工作中的挡手问题；落实各级人员岗位责任制和包机责任制，提高辅助队组检修效率和质量，减少设备事故影响。

（二）技术创新方面

（1）推广布置大采面：2417 工作面巷道设计长度 1367 m，工作面长度 180 m；3318 工作面巷道设计长度 1971 m，工作面长度 242 m，同时采煤机滚筒截深由 0.6 m 升级到 0.8 m。减少了搬家倒面次数，节省了时间，提高了效率。

（2）采区集中带式输送机升级改造：三采区集中运输带式输送机由原来的 7 部带式输送机运行，整合成 3 部带式输送机运行，从而实现了从采区集中运输巷开始向外的原煤主运系统实行集中控制，实现“有人巡视、无人值守、自动运行”，具备在线工况监测、远程集中控制及故障诊断等功能。

（3）从井底车场至工作面巷道全部实现无极绳绞车连续运行，完善了覆盖井下各环节的物流连续运输系统。

（4）在四采区施工一条岩石巷道，既可用作四采区 3 号、4 号煤的集中运输，又可以利用其优先为四采区瓦斯治理开展消突工作。

（三）生产组织

（1）为适应矿井建设需要，2021 年 8 月新成立掘开和回采两个专业化准备队，至此贺西煤矿专业化队伍增加至三支，即综采专职准备队、开掘专职准备队，另外还有一支专业巷道维修队伍，实现了专业的人干专业的事，专业化队伍又向前迈出坚实一大步，专业化水平进一步提升。同时还实现了综采、综掘工作面搬家倒面不停产的目标。

（2）每年年初做到重新核定矿井劳动定员，零星工程根据工程量，实行定额承包，使劳动定员更加科学合理，极大地提高了职工们的劳动积极性，确保了劳动效率的提高。

（3）充分利用矿井综合调度科学管理机制，合理安排抽、掘、采工作面探放水、风机切换等工序，精心组织协调好辅助单位的服务工作，为采掘一线队伍的连续施工创造有利条件。

（4）矿积极开展水文地质精细勘察，强化采掘工作面探放水及采空区积水排放工作，做到了提前预报为采掘队组提高单产单进奠定基础条件。

（5）认真落实“先抽后采，监测监控，以风定产”十二字方针，全力推进“通风可靠、抽采达标、监控有效、管理到位”的瓦斯综合治理工作体系建设，采用多种方式开展瓦斯治理，积极为采掘开队组提高单产单进创造条件。

（四）智能绿色

（1）提升设备装机水平。3318 智能化综采工作面，设备在地面集控室远程集控一键启停自动割煤；井下变电所、架空乘人装置、水泵房、地面压风机房全部实现无人值守。

（2）装备关键设备。在双回路供电、主副风机等关键部位设置了快速切换装置。在外部供电出现故障时能立即启动备用设备；建设完成矿井数据集控中心，实现矿井大型设备和关键设备远程集控。

（3）从 2019 年 4 月全矿所有工作面实现矿压在线实时监测，综采工作面和掘进工作面在线监测覆盖率均达到 100%。

（4）为“打赢蓝天保卫战”第一，2017 年 9 月将主斜井和副斜井的燃煤热风炉升级改造为远红外线电热风炉，主斜井安装 7 台，副斜井安装 3 台，并且全部正常投入运行，2021 年底热风炉系统全部实现根据温度自动投切，减少能耗。第二，将原锅炉房安装的三台燃煤蒸汽锅炉改造成两台 WNS20-1.2S-Y.Q 燃气锅炉，2018 年 11 月 12 日投入运行。

（5）贺西煤矿根据相关要求建成接入 13 个集成综合自动化子系统，并根据相关要求将实时视频信号传输至上级各级管理部门。实现集中控制的有：井下排水集控系统、压风机集控系统、局部通风机集控系统、架空乘人装置集控系统、电力监控系统、主煤流集控系统、主通风机集控系统、瓦抽站集控系统、热风炉集控系统、智能化综采工作面、智能化掘进工作面、4 号皮带巷智能巡检机器人、动筛集控系统、选煤集控系统。

（6）矿井在工业广场建设有原煤仓 2 个，精煤仓 2 个，中煤仓 1 个，煤泥仓 1 个，矸石仓 1 个，有效保证了矿井原煤、精煤、中煤及矸石不落地，且对煤仓场地进行硬化，场地最低处修建了雨水收集池，原煤入选率达到 100%。选煤厂入选规模为 300 万 t/a，工艺流程采用“不脱泥、不分级无压给料三产品重介+煤泥重介+煤泥浮选”联合工艺。浮选精煤采用卧式沉降过滤离心机和压滤机联合脱水回收，浮选尾煤单段浓缩后，采用快开压滤机脱水回收，洗水一级闭路循环，环保节能。生活用水和矿井水通过矿井水处理站处理后全部回用。非采暖期使用瓦斯发电站瓦斯发电预热热水供职工洗浴。

（五）科学管理方面

充分利用全面预算管理机制，进行成本限额管理，做到应投尽投的同时，严惩浪费。为充分调动各单位对标先进、增产提效的积极性，贺西煤矿进一步健全、完善了工资分配制度和安全高效奖惩机制，一切围绕对标先进、生产提效开展工作，奖优罚劣，让先进从经济上得到实惠，落后者从经济上受到损失，形成良好的竞争机制。

山西汾西矿业（集团）有限责任公司柳湾煤矿

一、矿井概况

柳湾煤矿位于山西省孝义市阳泉曲镇柳湾村境内，隶属于山西焦煤汾西矿业（集团）公司，井田面积 75.3332 km^2，现开采 10 号、11 号煤层，瓦斯等级为低瓦斯矿井，矿井地质构造为简单型，矿井正常涌水量为 200 m^3/h，最大涌水量为 300 m^3/h，于 1958 年 7 月建矿，1962 年 12 月投产，原设计能力为 30 万 t/a，后经矿井技改扩建，目前矿井生产能力 300 万 t/a。矿井为斜井开拓方式，属单水平开采，标高为+880 m，全矿有五进两回七个井筒。

矿井先后被中国煤炭工业协会评为“双十佳煤矿”“山西省属企业文明单位标兵”“全国煤炭工业省属高产高效矿井”“一级标准化矿井”等称号，被中国煤炭工业协会授予“行业特级安全高效矿井”等荣誉称号，并于 2018 年 3 月通过国家一级标准化矿井验收。

二、主要技术经济指标

2021 年矿井原煤产量 300 万 t，掘进进尺完成 12666 m；原煤工效达到 13.63 t/工；综合单产达到 15.32 万 t/(个・月)；矿井平均月进尺达到 527 m/(个・月)；原煤完全成本实际为 295 元/t，实现利润 31251 万元；矿井全年百万吨死亡率为零，且无重伤及二级以上非伤亡事故发生。

2022 年矿井原煤产量 318 万 t，掘进进尺完成 14792 m；原煤人员生产效率达到 13.63 吨/工；综合单产达到 13.7 万 t/(个・月)；矿井平均月进尺达到 530 m/个・月；原煤完全成本实际为 393 元/t，实现利润 6195.11 万元；矿井全年百万吨死亡率为零。智能化放顶煤回采工作面顺利通过市一级专家验收。

三、安全高效矿井建设的主要做法

（一）安全发展方面

（1）狠抓重大灾害治理。突出“查大系统、控大风险、除大隐患、防大事故”，深入分析研判短板弱项，针对存在的安全生产突出问题和风险隐患，明确专项整治重点工作，持续开展安全生产风险隐患排查，全面整治各类重大风险隐患，加强组织领导，彻底整改问题隐患。

（2）强力推进行为治理工作。一是提高认识、高度重视。充分认识行为治理是安全管理的核心，是一项长期坚持的工作，是消灭零星事故的重要抓手，更是减少工伤、实现“零伤亡”的根本举措。二是顶层设计、稳步推进。安全管理部持续优化治理方案，合理确定目标任务，多措并举，齐抓共建，打好行为治理攻坚战。三是突出重点、抓出实效。要树牢“红线”意识，聚焦典型违章，严查触犯十六条安全操作“红线”行为。全面落实好行为治理“十项制度”，为安全管理“加码”，形成全员抓行为治理的合力。四是抓住过程、管好结果。对照“十项制度”规定，通过专题分析讨论，发现问题，找准症结，制定措施，弱化矛盾，提升职工思想认同+行为自觉的意识，促进职工行为习惯的良好养成。

（3）稳步推进标准化动态达标建设。充分认识安全生产标准化动态达标的重要性。高度重视动态达标建设及保持工作，持续开展以规范化、线性化、明亮化、清洁化“四化”。

（二）技术创新方面

（1）继续加大科技投入，不断提升采掘装备水平。2022 年完成科技资金投入 3600 万元，通过机械化减人、自动化换人，矿井单班入井人数稳定在 324 人以下。布置的 61022、31029 工作面开切眼长度都在 200 m 以上，努力建设“装备长开切眼+大截深+大功率设备”大型化智能化综采工作面，提高综采工作面生产效率。

（2）加强防灾减灾技术难题科技攻关。发挥好以总工程师为首的技术团队作用，深入开展矿压规律研究、水害防治、软岩和采动影响范围的巷道支护优化、地面供电网节能和无功补偿等基础应用、关键技术研究，深化“五小”技术创新活动，并抓好成果转化与推广应用。强化“四新”应用，大力推进高强度支护材料的使用，彻底解决巷道变形严重的问题。

（3）积极推进智能化建设。坚持“无人则安、少人则安”理念，总结智能化建设经验，开展“机械化换人、自动化减人”科技强安专项行动，深入推进综采、综掘智能化工作面建设，实现安全、高效、智能开采。机房硐室实现“无人值守、有人巡检、智能集控”。

（三）生产组织方面

一是把矿井生产衔接作为生产组织的第一要务，持续做好“三量”指标向好发展；二是认真编制年度采掘衔接。对衔接滚动计划，积极组织动态修编。三是努力提高单产、单进、人均效率等指标，以“人少则安，无人则安”为指导思想，严格控制井下作业头、面数量，开展“机械化换人，自动化减人”工作，组织好减人减面攻坚、老矿瘦身工作，严控单班入井人数，提高生产效率，降低生产成本，提升矿井核心竞争力。

（四）绿色发展方面

采用采煤新方法，对近距离煤层采用分层开采，既提高了煤炭资源回收率，又有效地减少了11号煤顶板矸石混入量，减少了因采煤对地面沉陷造成的影响和采出的矸石对地面造成的环境污染。

山西汾西矿业（集团）有限责任公司曙光煤矿

一、矿井概况

曙光煤矿位于山西省孝义市下栅乡道陆庄一带，北距吕梁孝义市 14 km，东距晋中介休市 16 km，南距灵石县 18 km，跨越吕梁孝义市、晋中介休市、灵石县，井田中心位置在孝义市西铺头、道陆庄一带。曙光煤矿于 2013 年 7 月 8 日通过山西省煤炭工业厅组织的改扩建竣工验收，正式转为生产矿井，2019 年 4 月通过二级安全质量标准化验收。矿井井田面积为 58. 7296 km^2，地质储量 10772. 5 万 t，可采储量 8187. 1 万 t，现批采山西组 2 号、3 号煤层，生产能力核定为 90 万 t/a。属单水平开采，标高为+585 m。

二、主要技术经济指标

安全生产稳定发展，消灭了轻伤以上人身事故，质量标准化通过了省厅一级标准化验收，各项指标全面完成。矿井原煤产量 89. 9 万 t，掘进总进尺 7036 m，原煤工效 7. 08 t/工，矿井采区采出率为 88%。采煤机械化程度达到 100%，掘进装载机械化程度达到 100%，原煤入选 100%，矿井水利用率 93%。

三、安全高效矿井建设的主要做法

（一）优化劳动组织、加强劳动用工管理，提高生产工效

（1）加强劳动力市场管理，调整生产组织，从严从紧控制职工人数总量。依据国家和集团公司人力资源管理的规定和要求，按照“井下一线满员、井下辅助精干、地面单位精简”的原则。重新核定矿属各单位定员，放开出口，严把进口，切实提高人力资源利用率。

（2）加强班组合理用工，定员、定岗；合理安排出勤及工时利用，现场作业工时利用率高。

（3）加大瓦斯治理及地质构造探测力度，确保生产安全、高效，根据

工作面生产期间的瓦斯涌出特点，矿采取了本煤层抽放、裂隙带抽采钻孔抽采、上隅角抽采等综合治理瓦斯手段治理瓦斯，现矿采煤面、上隅角的瓦斯浓度控制 0.3%~0.5%，回风流瓦斯浓度控制在 0.3%~0.4%，确保了采煤工作面的安全生产。为实现矿井的稳产、高产，矿地测科提前对井下回采、备采以及形成系统的预抽工作面，采用“物探”（坑透、瞬变）“钻探”“槽波探测”等勘察手段，探明工作面隐伏地质构造及异常区域，因采煤工作面在遇地质构造过变化时，瓦斯涌出异常期间对回采产量有影响，故在遇构造之前就增加钻孔密度，提高工作面抽采效果，尽最大能力做到不影响回采产量，并及时召集相关部门根据探明的地质资料进行认真分析，提前制定工作面推进至地质构造及异常区域时的实施方案，掌握好工作面遇到地质变化的时间、产量影响、过变化需用时间，根据现场生产条件超前考虑主采、备采面交替生产作业，使矿综采队伍始终保证一个回采面正常生产，确保矿井产量稳定。

（二）优化工作面布置，合理集约化生产

中国矿业大学（北京）合作开发曙光煤矿沿空成巷无煤柱开采技术研究在 1226 工作面已经取得成功，并在 1228 工作面、1230 工作面推广使用。通过该项目的开展优化矿井系统，减少了矿井掘进工作量（每个采煤工作面减少一条巷道的掘进量），减少支护材料投入和人工投入，采掘比降低 50%；优化了采煤工作面通风系统，根据 1226 综采工作面采用优化后“Y”型通风系统的成功经验，1228、1230 采煤工作面继续采用“Y”型通风系统，优化采煤工作面通风系统设计，在抽采系统上取消上隅角抽放，减少材料和人工投入，消除了上隅角、瓦斯超限现象，减少了材料和人工投入；取消了煤柱的留设，提高了采出率，减少了资源浪费。

（三）加快科技创新成果转化步伐，走科技兴矿之路

（1）积极开展采掘现场矿压观测工作，实现了顶板在线监测，通过数据分析，及时修改完善支护方案，采用错索（梁）支护技术，有效地解决了大断面巷道的顶板控制问题实现了掘进巷道顶板安全。

（2）推广应用单轨吊。回采巷道、掘进巷道已全部实现了单轨吊车的辅助运输系统，该机车的成功应用，使巷道断面空间利用率高，运送载荷不受底板条件限制，可在各种竖曲线、平曲线及复杂曲线运行，可完成不经转载的辅助运输、运行灵活，一台可多岔道多支线直达运输，运行阻力小，效率高，用人少，能直接进入工作面，装卸方便、劳动强度低、爬坡能力强，进一步提高了矿井辅助运输系统的本质安全能力，人员效率、运输效率得到

了大大提高。

（3）推广应用远程喷浆机。在井下开拓大巷使用远程喷浆机，实现井下远距离喷浆作业，优化喷浆材料的现场运输调度；回弹率降低；喷浆料可以集中运输在固定地点，避免了喷浆料堆放混乱；有效降低喷浆作业时出现的大量粉尘，改善作业环境，提高了喷浆作业的工作效率。

（4）注浆锚索取代超前支护技术。在井下采掘巷道全面使用注浆锚索，通过围岩破碎区域过程中，采取超前固化及稳固顶板、两帮的方式进行围岩控制，同时起到超前支护作用，防止顶板垮落；跟进支护过程中，使破碎顶板实现黏结、加固，充分利用围岩自身承载能力的同时保证了巷道原支护的有效性及强度。提前采用注浆技术进行顶板、两帮注浆稳固，在快速通过破碎区域的同时起到了超前支护作用。

山西汾西矿业（集团）有限责任公司双柳煤矿

一、矿井概况

双柳煤矿位于山西省柳林县西北部的孟门镇，井田面积29.6072 km^2，批准开采3号、4号、8号、9号煤层，目前主采4（3+4）号煤合并层。全矿累计探明储量为380.453 Mt，2021年末保有储量为307.325 Mt，可采储量为163.764 Mt。矿井设计（公告）生产能力3.00 Mt/a，核定生产能力为3.00 Mt/a，为煤与瓦斯突出矿井，水文地质类型为中等，无冲击地压危险。

二、主要技术经济指标

2021年末原煤生产总人数为1039人，采掘机械化程度为100%，全年完成原煤产量2.998 Mt，完成掘进进尺10364 m，综合单产为237888 t/(个·月)，原煤工效为12.82 t/工，实现利润120067.4万元，职工人均工资收入11.96万元，矿井全年百万吨死亡率为零，且无重伤及二级以上非伤亡事故发生。

三、安全高效矿井建设的主要做法

（一）坚持“一矿一井一面”的生产格局，走新型集约化道路

矿井井巷布置充分利用了煤层赋存稳定，开采条件好的优势，开拓方式为斜井-立井混合开拓，工作面由采区集中大巷两翼通过风桥构筑系统工程连接，条带式布置，此种工作面布置方式减少了通风、运输、供排水、供电等系统工程，布置简单，采区及工作面的几何尺寸、可采储量大，工作面走向长度1900~2200 m，倾斜长度201 m，可采储量160~220万t。大储量工作面的合理设计，大大增加回采的正规循环率，减少工作面搬家次数，为实现矿井高效提供了基本保障条件。

（二）加大瓦斯治理力度，确保生产安全、高效

为确保采煤工作面在低瓦斯状态下生产，工作面在掘进期间开始施工本

煤层钻孔进行预抽，降低了煤层中的瓦斯含量。按照采煤面安装前必须具备不低于六个月的预抽时间的原则，编排了“十四五”发展规划，根据工作面生产期间的瓦斯涌出特点，矿采取了本煤层抽采、回风巷钻场顶板走向长钻孔抽采为主、抽采巷顶板裂隙带短钻孔抽采为辅等综合治理手段治理瓦斯，现双柳煤矿采煤面上隅角的瓦斯浓度控制 0.3%～0.5%，回风流瓦斯浓度控制在 0.2%左右，其中回风巷钻场顶板走向长钻孔、抽采巷顶板裂隙带短钻孔抽采浓度为 40%～80%，抽采纯量达到 8～18 m^3/min，使采煤工作面瓦斯抽采率从 60%提高到 70%以上，彻底解决了以往上隅角瓦斯偏高对采煤生产作业的影响，攻克了采煤工作面瓦斯治理一大难题，保证了工作面持续均衡安全生产。

（三）提高单进水平，保证抽、掘、采衔接正常，“四量”符合规定要求

坚持以矿井的“抽、掘、采”衔接平衡为基础，克服采、掘活动进入+430 m 水平以下，煤与瓦斯突出区域对掘进工作面单进水平的影响，在严格执行“两个四位一体”综合防突措施的前提下，以“区域防突措施为前提，局部防突措施为补充”的原则，采取底抽巷穿层钻孔抽采先行、区域递进式抽采、密集超前钻孔和顺层钻孔预抽等区域防突措施，提前进行大面积区域预抽，落实“可保必保、应抽尽抽”瓦斯治本战略，切实提高防突工作效率，提高开掘效率及单进水平。目前，在正常生产过程当中至少保证有 2～3 个形成系统的预抽备用工作面，这样可保证工作面在回采前至少有 1.5 年到两年的预抽时间，为采煤工作面在高瓦斯区域下低瓦斯状态生产及持续稳产提供可靠保证。

（四）加大资金投入，强化装备升级，推广先进技术，提高工作面生产能力

（1）2020 年，双柳煤矿首次建成 33（4）18 自动化综采工作面，主要设备配置有 MG400/920-WD 采煤机、ZZ7600-21/44D 液压支架、MZL-25/245 迈步自移设备列车、S（GZP）D800/1050（200）型德国进口工转破一体机等，从工作面通信系统、液压支架自动控制、采煤机自动控制、综采设备协同运行方式和高效的开采工艺等多个方面全部实现自动化，实现工作面高效自动化连续开采。

（2）加快自动化掘进工作面建设进度，33（4）17 抽采巷采用了掘锚护一体机+永磁电机驱动 160 皮带，配备了使用降尘剂的高效除尘系统，实现了掘支平行作业、临时支护机械化；岩巷机掘工作面使用 EBZ-260 硬岩综掘机，提高了综掘机械化水平；切实保障了工作人员的职业健康，改善了

作业人员的施工环境。综采工作面过变化采用中深孔预裂爆破技术，大大提高了生产效率。

（五）进一步夯实“四新”保障，实施科技兴矿战略，为安全高效矿井建设提供技术保障

（1）推广应用联控联动、远程集中控制和无人值守技术，目前井下主要变电所、排水泵房、强力皮带、架空乘人装置、局部通风机等全部实现有人巡视、无人值守、自动运行，实现井下无人值守率达到100%。

（2）在运输系统集中控制升级方面，主斜井带式输送已完成激光技术图像识别纵撕保护安装，使用效果良好，主斜井运行安全性能大幅提升，实现了“无人值守、有人巡检”的管理目标。

（3）在井下变电所集控建设方面，不断优化现有电力监控，对新建下组煤采区变电所继续完成无人值守建设，同时通过郭家山中央变电所的智能化抗违章系统的建设，实现了“想违章违不成，即使违章也造不成事故”的安全目标，同时该系统具备远方漏试功能，通过该功能的定期试验，实现对馈电开关保护性能的预判断，提高变电所供电系统可靠性。

（六）大力推行作业成本法，提升精益化管理水平，实现降本增效

2021年双柳煤矿开始推行作业成本法，矿井经营管理由粗放型管理向精细化管理转变，“事后管理”变为“事前计划+事中管理”，经营管控能力持续提升。实现以作业数据分析成本增减情况，基层成本管控能力不断增强，成本管控做到了事前精计划、事中精监督、事后精考评，成本管控工作日趋科学有效，作业成本法的优点日趋显现。

山西汾西矿业集团水峪煤业有限责任公司

一、矿井概况

山西汾西矿业集团水峪煤业有限责任公司（以下简称水峪煤业）是山焦汾西主焦煤和优质动力煤的主力生产矿井。公司位于吕梁山腹地的孝义市境内西南 20 km，于 1959 年开始兴建，1966 年 1 月建成投产，设计生产能力 90 万 t/a。1982 年矿井改扩建，于 1989 年 12 月扩建投产，设计生产能力 270 万 t/a。2017 年核定生产能力 400 万 t/a。矿井现有储量 50453.4 万 t，可采储量 25863.6 万 t，按现在的生产规模矿井服务年限约 46.1 a。矿井采用斜井开拓，现生产水平为+700 m，采面走向长壁布置，采用全部垮落法控制顶板。

二、主要技术经济指标

2021 年实际生产原煤 399.2 万 t，原煤生产期末平均人数为 1108 人，原煤工效 13.82 t/工。2021 年实际完成掘进进尺 10985 m。2021 年销售利润 91077.72 万元，职工年均收入 9.9178 万元。

三、安全高效矿井建设的主要做法

水峪煤业紧紧围绕“装备优、用人少、效率高、效益好、安全有保障”的战略目标，坚持数字化、网络化、智能化“三化”牵引，多措并举，绘制以标准化、精益化为基础，以信息化、自动化为支撑，以数字化、智慧化为方向的“六化引领”蓝图，继续打造“安全高效型、本质安全型”矿井。主要做法如下：

（一）加快推进智能化建设

（1）2020 年建成了首个自动化工作面 81104 工作面，2021 年再建成 81106 智能化工作面。实现了工作面视频监控、主要设备一键启停、支架自动跟机、采煤机记忆截割等功能。工作面自动化率可达 90% 以上。生产班人数从原来的 24 人减至 14 人，再减至现在的 12 人，单产水平由 18 万 t/(月·个) 提升至 25 万 t/(月·个)，采煤工效由 116 t/工提升至 253 t/工。

（2）2021 年建成首个智能化综掘工作面 81102 工作面。工作面采用机械化临时支护、锚杆台车作业、机载超前探测和疏放钻机等技术，实现了掘锚同步、超前探放、操控智能化、智能监控化，大大提高了安全系数和掘进效率，队组人数由原先的 114 人减少至 37 人（原双头作业，现单头作业），单班最高进尺 7 m，单日最高进尺 17.2 m。

（二）积极采用新工艺、新技术、新材料

在巷道修复、拉底中推广使用挖底机，大幅降低了采煤工作面人工拉底的劳动强度，原 5 人工作量可由 2 人完成；率先推广“高强度、低密度”支护，并将巷道断面由 4.5 m 宽、3 m 高扩大到 5.4 m 宽、3.5 m 高，为大工作面使用新装备提供有力保障；采煤工作面地质变化地带或应力集中区域注高分子加固材料，提高围岩稳定性、控制巷道围岩变形，巷道帮鼓量减少 0.3~0.5 m，顶板下沉量减少 0.3~0.7 m。推广使用喷浆巷道推广远程喷浆机，喷浆距离由原来的 60~80 m 增加到 350 m 以上；掘进工作面临时支护采用滑移式支护装置，配液压钻机打锚杆，单进水平提升至 517 m/(个·月)；开掘工作面在顶板破碎地段推广注浆锚索，提高支护强度。十采带式输送机巷维修采用钢管混凝土支护技术，提高支护强度，解决主要大巷反复维修的成本投入。推广使用“捆绑平板车紧绳器”装置，紧固效果良好，有效降低了运输过程中震动和冲撞影响，现已投入使用 60 台。

（三）加大系统升级改造力度

1. 机电运输系统方面

井下变电所、架空乘人装置、水泵房、主要通风机、压风机房、生产区锅炉、地面乳化液泵站已全部实现远程监控及无人值守。建成 5 个无人值守变电所超温预警系统，提升了防火抗灾能力。主斜井运输及原煤车间筛选系统已实现远程数据监测与集中控制，减少岗位人员 85 人，实现了“减人保安，减人提效”。主运系统、架空乘人装置逐步推广使用变频器、永磁电机，实现采区及巷道辅助运输连续高效运行。将矿井主要运输大巷斜坡使用的挡车栏全部更换为风动开关式，操作简易，有效解决了挡车栏使用后不关或关闭不严的问题。

2. 通风系统方面

封闭六采区五段、七段变电所及六采区第二架空乘人装置皮带联巷、六采区移动注氮泵站联巷，减少矿井用风量。六、八采区回风巷刷扩断面 800 m，主要风门闭锁装置全部改造为气动闭锁控制，实现风门闭锁可靠。闭墙充填采用了 TB 防灭火堵漏材料和推广使用了闭墙堆喷技术，杜绝了闭墙压裂漏风，提升矿井综合抗灾能力。在 81106、61123 工作面安装应用了气动风门，效果良好，计划全面推广。

（四）加强工程技术人员培养

全年完成各类培训 4169 人次，组织开展实操培训 386 人次，新型学徒制培训和中专学历提升培训 488 人次，煤矿智能开采、煤矿智能化装备培训 210 人次，成功承办了汾西矿业集团公司 7 个工种的技术比武及焦煤集团“创伤急救员”技术比武，为企业转型升级提供了有力的人才支撑。

（五）加快绿色矿山建设步伐

完成了北矸石山改造、工业广场 17 座筒仓粉刷工程、生态区域、办公及工业厂区植树 4800 余株，养护面积 8.8 万 m^2，被山西省评为“2020 年度绿色矿山”。其中北矸石山改造，把昔日烟尘蔽日、煤灰满天，污染环境的矸石山建成了鸟语花香、环境优美、空气清新的生态山、观光山、民生山。矿井水提标改造，使矿井水达到三类地表水排放标准。储装运系统改造，彻底实现三煤“封闭式”管理。对生活区、工业区实施完善煤改气工程，实现经济效益、生态效益和社会效益的共赢。

山西汾西矿业集团正新煤焦有限责任公司和善煤矿

一、矿井概况

和善煤矿是山西省煤矿企业兼并重组整合工作领导组办公室以晋煤重组办发〔2009〕82号文核准的兼并重组整合矿井，由山西沁源和达煤业有限公司、山西沁源善朴煤炭有限公司、山西沁源花坡煤业有限公司三座矿井整合而成，井田南北长1.10~1.54 km，东西宽10.405 km，面积12.6482 km^2。设计生产能力180万t/a，矿井保有资源储量9057.1万t，设计可采储量4903.0万t，服务年限20.9 a，批准开采1~11号煤层，可采煤层共5层，分别为1号、6号、9+10号、$10_{下}$号和11号煤层。水文地质类型划分为中等。矿井为低瓦斯矿井。

二、主要技术经济指标

2021年末原煤生产总人数为553人，采掘机械化程度为100%，全年完成产量1596 Mt，完成掘进进尺7200 m，综合单产为132517 t/(个·月)，原煤工效为11.02 t/工，实现利润222.32万元，职工人均工资收入10.94万元。

2022年末原煤生产总人数为542人，采掘机械化程度为100%，全年完成产量1620 Mt，完成掘进进尺7800 m，综合单产为135000 t/(个·月)，原煤工效为11.48 t/工，实现利润1320万元，职工人均工资收入11.5万元。

三、安全高效矿井建设的主要做法

（一）安全发展方面

（1）成立以矿长为组长的“安全高效型矿井”建设领导小组，加强现场管理和激励考核工作。调度指挥中心成立生产事故追查组，由专人负责调查每天影响生产的各种事故，将设备检修不到位、无故拖延检修时间、科区队管理人员责任落实不到位等影响生产的按事故进行追查处理；解决了辅助队组消极怠工、专业科室服务生产不到位的弊病。充分发挥业务科室专业技术技能特长，及时协调解决生产队组在实际工作中的棘手问题；落实各级人员岗位责任制，提高辅助队组检修效率和质量，减少设备事故影响。

（2）加强生产现场管理和生产过程控制，把安全生产规章制度和安全技术措施落到基层和岗位；严格执行关键岗位24小时值班制度和事故信息报告制度，确保通信联络和信息渠道畅通，按规定及时妥善应对和处置突发情况。

（3）充分利用好早调会和下午生产平衡会时间，对衔接重点工程进行倒排工期，每天对采掘任务完成情况进行精准分析，矿领导要积极主动，协调解决影响采掘衔接的重大事项和重大问题。

（二）生产组织方面

（1）进一步加强劳动组织管理，制定相应的考核激励机制，细化各项考核，强化考核力度，制定完善矿井人员管理考核机制，坚持按劳分配，工资结算按劳计取。加大基层队组工资分配及验收管理考核制度，坚持公开、公正、公平、透明的原则，提高职工积极性。适当调整矿井采掘一线人员数量，提高采掘一线员工素质，收入待遇向一线队组倾斜。确保出勤率，保证采、掘、开工作面的正规循环作业，形成了良好的安全生产秩序。

（2）进一步加强设备管理，保证设备正常运行，提高开机率，确保矿井的均衡生产。优化综采工作面的设备选型，逐步更新采掘设备，避免因设备老化带来的影响；加强检修人员培训，机电设备集中检修与动态检修相结合，严格落实设备包保管理责任制，严格考核，提高机电设备的检修质量和运行效率。变检修为保养，提升检修质量、提高检修效率。

（三）技术创新及推广方面

为防止综采工作面回采期间顶板大面积垮落造成设备损坏、瓦斯报警超限等问题发生，提前对工作面回采范围内顶板岩层进行中深孔爆破切顶预裂，期间顶板垮落充分，未出现大面积悬顶。

（四）智能化建设方面

建成1个智能化综采工作面，综采工作面支架、主运输均实现远程集中控制和采区乳化液泵站集中供液，实现前后邻架操作，工作面减人，增加了操作安全性，提高了工作面采煤效率，在采煤工作面应用效果良好。目前已完成架空乘人装置、压风机房、水泵房、井下变电所、主斜井运输、集中运输、采区运输带式输送机集中控制无人值守，局部通风机实现了远程控制。辅助运输取消了小绞车接力运输，大巷及顺槽全部采用无极绳运输，实现了连续化。其结构简单、可靠性高，提高了运输效率，保证了安全高效。

（五）科学管理方面

（1）依据水文地质资料和实际生产组织情况做好掘开变化管理，及时对采掘衔接进行修正，对工作面设计进行优化，确保矿井安全高效、均衡稳定生产。根据工作面地质条件，优化生产系统，甩掉不可采部分，做到精采细采。

（2）优化系统巷道设计，提前做好掘进层位及巷道坡度控制，尽量减少岩石和无效进尺，提高单产单进水平和原煤采出率。

（3）为提高矿井采出率，合理布置矿井的采区巷道及采区范围，对井田采区范围及采区巷道布置进行调整，完成了和善煤矿采区划分优化报告。优化生产系统，甩掉不可采部分，做到精采细采。

（六）加强精益化成本管理

一是合理布置采掘衔接，在保证完成年初产量计划目标的基础上，努力实现产量奋斗目标，积极推进矿井采掘生产自动化建设，提高单产单进水平；二是杜绝无效进尺，加强工作面管理，提升掘进、回采、运输、安拆等现场生产环节管控，节约各类材料消耗，在保证安全生产的前提下减少不必要投入；三是加强材料配件回收复用，开展交旧领新和修旧利废工作，让材料配件使用价值实现最大化；四是队组间开展对标工作，树立各项成本费用标杆，查补差距，促进管理。

山西汾西香源煤业有限责任公司

一、矿井概况

山西汾西香源煤业有限责任公司是 2005 年 8 月 30 日由山西汾西矿业（集团）有限责任公司与原山西华鑫煤焦化实业集团有限公司作为股东签署合作协议组建而成的股份制企业。2018 年 12 月 27 日通过竣工验收后投产。矿井位于山西省吕梁市交城县岭底乡窑底村。井田面积 8.6567 km^2，批准开采煤层为 2 号、3 号、4 号、8 号、9 号煤层，剩余可采储量 4712.3 万 t，设计生产能力 90 万 t/a，剩余服务年限 37.4a。矿井开拓方式为斜井开拓，设两个水平开拓全井田。矿井为高瓦斯矿井。

二、主要技术经济指标

2021 年末原煤生产总人数为 438 人，采掘机械化程度为 100%，全年完成产量 850.32 Mt，完成掘进进尺 3730 m，综合单产为 78461 t/(个·月)，原煤工效为 7.865 t/工，实现利润 4324 万元，职工人均工资收入 11.1 万元。

2022 年末原煤生产总人数为 434 人，采掘机械化程度为 100%，全年完成产量 880.24 Mt，完成掘进进尺 3947 m，综合单产为 78798 t/(个·月)，原煤工效为 8.1341 t/工，实现利润 5417 万元，职工人均工资收入 13.6 万元。

三、安全高效矿井建设的主要做法

（一）技术创新及应用方面

1. 围岩加固

在 1304 沿空留巷使用高水速凝充填材料配合恒阻锚索，确保支护强度的同时降低了职工劳动强度，高水充填每班可减少上料工 6 人；在南集中运输大巷、1212 运输巷、1304 沿空留巷均注射凯密安Ⅰ号，保证采掘过程中顶板安全，经计算，降低二次巷道维护费用约 11 万元。

2. 中深孔爆破

为解决 1301 材料巷、1304 采煤工作面、1212 备用采煤工作面遇到坚硬岩石需要强行推进时，由于介质的强度和硬度改变，采煤机、掘进机截割时截齿消耗非常严重，推进速度缓慢等问题，推广使用中深孔预裂爆破技术，加快了采掘工作面的推进速度，提高生产效率及设备故障率，降低生产成本。1301 材料巷单日掘进水平提高 33%，产生直接经济效益 17.7 万元；1304 采煤工作面回采速度每循环提高 30 min，产生直接经济效益 8.5 万元。

3. 水力预裂

为防止 1304 工作面初采期间顶板大面积垮落造成设备损坏、瓦斯报警超限等问题发生，提前对工作面初采范围内顶板岩层进行水力切顶预裂，初采期间顶板垮落充分，未出现大面积悬顶。1304 材料巷作为沿空留巷按照 8 m 间距施工 93 个预裂孔，可破坏柔模墙体采空侧上方顶板岩层完整性，转移上覆高应力，降低柔模墙体的载荷，使留巷处于低应力区域，有效控制巷道变形，达到卸压护巷的效果，经矿压观测，底鼓量及变形量由原经验数值 1 m 降低至预期的 0.4 m，机掘维修一条巷道每延米可降低 1000 元，预计 1304 工作面回采完毕可产生直接经济效益 85 万。

4. 恒阻锚索

为了保证 1304 沿空留巷巷道围岩稳定性，1304 工作面沿空留巷施工恒阻锚索进行补强加固，控制顶板下沉，使所留巷道围岩能够最大限度地发挥自身承载作用，减少巷道变形，保证留巷效果。目前已施工 300 m，根据矿压数据分析，施工恒阻锚索留巷位置矿压稳定，较未施工前围岩变形量明显减小。

（二）智能绿色方面

（1）建成 1 个智能化掘进工作面，通过对 EBZ-160 型综掘机进行智能化改造后，做到以设备姿态监测系统、安全监测监控系统和工作面视频系统为保障，以工业总线网络为通道，以大数据分析和处理为依据，以高端集控设备为平台目标。实现井下集控，地面远控，具有主动感知、自动分析、智能处理的安全、高效、节能、少人化的智能掘进工作面。

（2）采煤工作面安设支架电液控装置，实现前后邻架操作，增加了操作安全性，减少了拉架工数量，提高了工作面拉架效率在采煤工作面应用效果良好。

（3）矿井中央、采区变电所实现了无人值守，局部通风机实现了单双日自动切换，实现了减人增效。辅助运输取消了小绞车接力运输，大巷及工作面运输巷全部采用无极绳运输，实现了连续化，其结构简单、可靠性高，提高了运输效率，保证了安全高效。

（4）优化工作面设计、巷道布置，减少系统巷道工程，攻坚采掘衔接，实现四量平衡。继续实行“110 工法”沿空留巷，推广切顶卸压技术，降低巷道万吨掘进率，降低综采工作面的成本投入。坚定不移地使用沿空留巷柔模充填无煤柱开采技术，最大限度地提高煤炭回收，提高采区采出率，并根据工作面地质采条件，优化生产系统，甩掉不可采部分，做到精采细采。

（三）科学管理方面

（1）掘开巷道全部推广应用“高强度、低密度”支护，大力推进“一优三减”，按照“一井一面”格局和采掘比控制为 1∶2 的要求，进一步优化抽掘采衔接。依据水文地质资料和实际生产组织情况做好变化管理，及时对采掘衔接进行修正，对工作面设计进行优化，确保矿井安全高效、均衡稳定生产。

（2）不断加大综采工作面配套回采装备投入，综采工作面三机配套合理、高效，强化装备升级，推广先进技术，保证运输系统简单、连续化，提高工作面生产能力，优化综采工作面的设备选型，逐步更新采掘设备，避免因设备老化带来的影响；加强机电设备管理，机电设备的检修、维护保养，提高综采设备的开机率。

（3）采煤巷道尽量使用旧系统，优化系统巷道设计，提前做好掘进层位及巷道坡度控制，尽量减少岩石和无效进尺，提高单产单进水平和原煤采出率。

山西汾西宜兴煤业有限责任公司

一、矿井概况

山西汾西宜兴煤业有限责任公司隶属山西焦煤集团汾西矿业公司，矿井位于山西省中部，吕梁山东麓，行政区划上隶属于吕梁市孝义市和晋中市灵石县管辖。本井田呈长方形，南北长约4.0 km，东西宽约3.2 km，批准井田面积12.43 km^2，批准开采2号煤层。矿井生产能力核定为180万t/a。

矿井开拓方式为斜井开拓，中央分列式通风。根据矿井地质条件及煤层赋存特征，布置1个水平开采2号煤层，标高+560 m。瓦斯等级为低瓦斯，2号煤层有煤尘爆炸性，自燃倾向性等级为Ⅱ类，属自燃煤层，最短自然发火期为87天。矿井整体水文地质类型为中等类型。

二、主要技术经济指标

2021年原煤产量计划180万t，实际完成189.9万t；精煤产量计划75万t，实际完成75.8万t；掘进进尺计划6620 m，实际完成7185 m。2022年原煤产量计划180万t，实际完成187.1万t；精煤产量计划65万t，实际完成68万t；掘进进尺计划6527 m，实际完成7956 m。

三、安全高效矿井建设的主要做法

（一）坚持“一优三减”，提高生产效率

根据矿井地质及开采条件，开拓巷道均沿煤层布置，沿大巷直接布置条带工作面，省去了准备巷道，开拓方式简单，工程量少，成本低、见效快，同时减少了采区煤柱，提高了煤炭资源回收率。坚持“一矿一井一面”生产格局及“一采两掘”采掘部署，实现人员少、效率高的集约化生产，有力保障了矿井安全高效生产。

单班入井人数控制在227人以下；采煤工作面作业人数：检修班控制在30人以下，生产班控制在20人以下；掘进工作面作业人数控制在16人以下。

（二）优化工作面设计，提高单产单进

优化采煤工作面设计，增大工作面开切眼长度和可采走向长度，增加工作面可采储量、开采时间及循环产量，减少了头面，提高了单产，并减少了区段保护煤柱丢煤及工作面搬家次数。采煤工作面采用顺采布置，避免跳采布置形成孤岛工作面而造成回采期间巷道维护困难，将运输巷布置在实体煤中，材料运输巷与相邻工作面采空区留 5~7 m 小煤柱布置，且复用上一工作面运输巷的联巷及溜煤眼，减少了巷道掘进工程量，提高了利用率。

优化掘进巷道支护设计，推广应用“高强度、低密度”支护，采用高强度锚杆（索）、六边形金属网、W 钢带联合支护，提高支护强度，增大锚杆（索）间排距，保证巷道支护效果的同时有效减少了支护工程量，降低了职工劳动强度，提高了巷道单进，实现了巷道高效快速掘进。

（三）优化劳动组织，提高生产工效

不断完善定员管理制度，科学合理地确定岗位劳动定员，对现有劳动组织进行优化，补强一线人员、精减辅助人员；规范干部职工用工工数，根据生产需要合理安排出勤，避免无效用工，保证工时利用率，有效提高生产工效。

（四）加强“四新”应用，推动科技兴安

（1）推广应用远程喷浆机。在井下开拓大巷使用远程喷浆机，实现井下远距离喷浆作业，优化喷浆材料的现场运输调度；回弹率降低；喷浆料可以集中运输在固定地点，避免了喷浆料堆放混乱；有效降低喷浆作业时出现的大量粉尘，改善作业环境，提高了喷浆作业的工作效率。

（2）应用注浆锚索。在井下采掘巷道全面使用注浆锚索，通过围岩破碎区域过程中，采取超前固化及稳固顶板、两帮的方式进行围岩控制，同时起到超前支护作用防止顶板垮落；跟进支护过程中，使破碎顶板实现黏结、加固，充分利用围岩自身承载能力的同时保证了巷道原支护的有效性及强度。提前采用注浆技术进行顶板、两帮注浆稳固能够在快速通过破碎区域的同时起到超前支护作用。

（3）积极提升各生产系统主要设备的信息化和自动化水平。井下变电所、水泵房、架空乘人装置及大巷带式输送机、大巷溜煤嘴实现地面集中控制，井上压风机房、液压液配比站、深井供水系统、安全监控系统等均实现实时监测、集中控制和自动化管理，井下轨道大巷无极绳绞车安装视频监控系统，实现实时监控，综采工作面机械化程度达到 100%，且刮板输送机、转载机、破碎机由设备列车处集中控制，通过提升装备水平，大幅减少了岗位人员数量，提高了生产效率。

（4）开展智能化工作面建设。成功推进两个工作面1207、1209智能综采工作面，通过液压支架自动跟机、采煤机记忆割煤、三角煤自动截割、两巷端头自动化、泵站联动控制技术，结合设备姿态反馈、工作面视频监控，实现工作面“自动运行为主、人工干预为辅、远程监控指挥”的智能化生产模式，达到减人提效的目的。此项技术的实施，将工作面作业人数由原来的20人，减少到了8人，加上地面2人操作控制台即可完成割煤任务，实现了减人提效目标，降低了生产中的安全系数。在管理方面，减少了冗余人员，降低了员工直接接触粉尘的可能性，对安全通风、职业病防治，都起到了不可替代的作用。减少了设备故障率，比如，在传统作业过程中拉架时，采煤机高温报警，如果人为干预屏蔽，就可能造成采煤机截割电机烧坏，一定程度会影响矿井安全高效生产。但在智能化开采中，采用联锁作业，操作人员只是起到了干预作用，不直接操作设备，对设备及时保养、修复起到了关键作用。

山西汾西正佳煤业有限责任公司

一、矿井概况

山西汾西正佳煤业有限责任公司位于山西省隰县东北 30 km 处梁家河村，行政隶属隰县下李乡管辖，是晋煤重组办发〔2010〕21 号核准批复的兼并重组整合矿井，于 2018 年 3 月通过山西省煤炭工业厅总体验收，核定生产能力 90 万 t/a。

矿井井田面积 5.3188 km^2，批准开采 2～11 号煤层，2 号和 3 号煤层为肥煤或 1/3 焦煤，10 号和 11 号煤层为焦煤和肥煤。矿井瓦斯鉴定等级为低瓦斯矿井，2 号、3 号煤层自燃倾向等级为Ⅱ类，2 号、3 号煤尘均具有爆炸性，2 号煤层最短自燃发火期为 65 天，3 号煤层最短自燃发火期为 67 天。井田构造复杂程度属简单偏中等类型，矿井水文地质类型属中等，矿井正常涌水量为 100 m^3/d，最大为 250 m^3/d。

二、主要技术经济指标

矿井全年百万吨死亡率为零，且无重伤及二级以上的非伤亡事故发生，全年完成原煤产量 68.94 万 t，全年完成掘进进尺 4357 m，采煤机械化程度达到了 100%，综掘机械化程度达到了 79%，采区采出率达到 88%。

三、安全高效矿井建设的主要做法

（一）落实安全生产责任制，狠抓安全管理

以推行层次管理，健全责任体系为重点，明确各级管理人员职责。在原来基础上进一步完善安全管理机构，明确了安全责任主体，科室、队组两级责任明确，各负其责。通过完善安全管理机构，强化两个责任主体，实现安全长治久安。从标准、目标、责任、措施、考核等环节入手，逐步建立完善了安全检查工作体系，制定了《安全生产管理办法》，并结合现场实际，不断进行补充完善。此外，建立完善了与之相配套的各级领导安全生产责任制、职能部门安全生产责任制、安全生产检查制度、职工安全培训制度等 15 项制度，明确了全矿所有岗位的安全责任，依法规范了安全生产行为，

各岗位的安全质量行为都纳入了法制化、制度化的管理轨道。

（二）提高集约化生产经营水平，努力实现稳产高效狠抓生产管理，产量新增上台阶

合理组织劳动，提高劳动工效，优化生产布局，简化生产系统，走集约化路。强化经营管理、推进成本精细化管理，进一步完善经济责任考核办法，切实做好提升煤质工作，牢固树立“以质量求生存”的理念，不断提高煤炭产品质量，通过各项经营管理措施的实施，提升了企业的核心竞争力。

（三）深化内部改革，增强企业活力

加强用工制度改革，认真做好劳动用工测评工作，对不称职人员予以调工和解聘，完善后备人才建设，把优秀班队长、技术尖子纳入科区级后备干部队伍,坚持区别激励的原则,加大收入分配制度改革,进一步提高职工收入。

（四）加强精神文明建设和企业文化建设，构建和谐矿区

深入开展五好文明家庭、五好职工、优秀党员、好人好事等争先创优活动，不断增强企业核心竞争力；加强“两堂一舍”管理，食堂 24 小时开放，职工无论什么时候都能吃上自己想吃的饭菜；职工浴池硬件投入和内部管理达到一流水平，职工下井工作服实现了公管，并实现了定期换洗；职工宿舍全部实现公寓式管理。同进加大环境整治力度，切实做到矿区绿化、硬化、美化、亮化，建设环境友好型矿区。

（五）建设数字化矿山，提高煤矿安全管理水平

煤矿安全监控系统使用 KJ95X 监控系统，对井下生产环境以及各主要生产设备运行状态进行实时数据监测，使有关人员能够及时、准确、全面了解井下环境状况，达到对各类灾害的早期预测，监控系统与矿调度信息中心以及矿井的信息网络兼容共享。矿压在线监测使用山东尤洛卡 KH216 矿用监测系统，现井下巷道实现全覆盖，进一步强化了监测手段，掌握工作面来压规律。利用在线监测系统，及时分析工作面来压程度、来压步距、来压预兆等，以达到精准预测预警的目的，真正做到矿压一张图。

（六）机械化保量、智能化减人提效

回采采用综采一次采全高，顶板控制采用全部垮落法，实现采煤机械化程度 100%，减少了工人的劳动强度，提高了回采效率。在现采煤工作面安设支架电液控装置，实现前后邻架操作，增加了操作安全性，减少了拉架工数量，提高了工作面拉架效率，并自主研发了正推液压支架抬底装置，在采煤工作面应用效果良好。

山西汾西中兴煤业有限责任公司

一、矿井概况

山西汾西中兴煤业有限责任公司位于山西省交城县天宁镇境内，井田东西长约5.5 km，南北宽约4 km，面积18.8179 km^2，地质储量2.7亿t，可采储量为1.7亿t，可采煤层为2号、4号、5号、6号、8号、9号煤层，现开采2号煤层。矿井证照齐全有效，设计能力300万t/a，核定能力150万t/a，并配有400万t/a的选煤厂。

矿井采用斜井开拓方式（中兴行人斜井、中兴材料斜井、峁上主斜井，峁上回风斜井、马庄回风立井），划分为+760 m、+680 m两个开采水平，现开采+760 m水平的2号煤层，分一、三采区两个生产采区和四采区一个准备采区。

二、主要技术经济指标

2021年矿井原煤产量实际完成149.96万t，掘进进尺实际完成13914 m，原煤工效为11.471 t/工，综采机械化程度达到100%，综掘机械化程度达到98.6%，矿井人均工资101056元/a，实际利润7318万元，矿井全年百万吨死亡率为零，且无重伤及二级以上非伤亡事故发生。

三、安全高效矿井建设的主要做法

（一）生产组织方面

1. 科学布局，着力均衡生产保任务

中兴煤业因地制宜，持续保持“一主采+一保护层”生产大格局，根据矿井“三区联动”规划，结合实际每季度对矿井“抽、掘、采”衔接计划进行修订，通过科学的编排和谋划，不断优化生产布局，最大限度地确保均衡生产，全年瓦斯管控达到了预期的“零突出、零超限、零发火”目标，原煤和精煤生产均能超额完成年度目标。

2. 找准痛点，着力补强“短板”保生产

矿井不断强化瓦斯治理手段的“五个转变”，严格落实两个“四位一

体”综合防突措施和“一采一保”大面积剥离保护层、底抽巷穿层钻孔、顺层定向长钻孔预抽区段煤层瓦斯等综合式、立体式瓦斯治理模式。扎实推进“三区联动”规划，大力推广“以孔代巷”抽采技术，引进了ZYWL-4000Y和ZYWL-6000Y型全自动钻机、随钻测量装置和瓦斯抽采钻孔可视化监控系统，依托大数据分析推行了“管理精益化、项目工程化、效果指标化”的精准管控模式，实现了瓦斯抽采的精细化管理。

3. 优化工艺，着力洗选质量保效益

选煤厂顺利通过了省能源局“煤炭洗选标准化管理规范一级达标企业”的定级验收，并取得了《IOS14001环境管理体系认证》和《IOS45001职业健康安全管理体系认证》。从优化洗选工艺入手，积极开展各项工作，浮选尾矿灰分达到70%以上，煤泥灰分控制在65%以上，洗选质量得到了显著提升，全年杜绝了产品质量纠纷事件的发生。

（二）安全发展方面

1. 借鉴学习杜邦理念，全面落实安全责任

按照“对标一流，安全理念变革、管理变革、安全精益化管理”要求，重新对机构改革后确定的47个部室、区、中心、队组、550个岗位的安全生产责任制进行修订完善，健全完善了各类安全管理制度体系、考核办法等共计95项，坚持开展流动红黄旗竞赛、最美班组长评选、安全风险工资等考核。

2. 以标准化建设为主线，不断强化现场管理

主动寻标对标，借鉴标杆矿井好的经验做法，把安全生产标准化的着力点放在现场管理和专业对标提升上；同时，狠抓风险管控和隐患排查治理，全年开展年度辨识评估和专项辨识评估25次，排查各类隐患1万余条，召开事故隐患治理会议51次，对所有风险、隐患均实现闭环管理。

（三）技术创新方面

1. 加强行业交流，加大科研专项攻关

与知名院校、科研机构进行产学研的合作，开展薄煤层工作面采煤工艺的选择及优化、井筒淋水注浆堵水治理技术研究、入选多层煤重介分选精煤灰分自动控制研究与应用等多项科技项目，积极探索采煤工作面“110”“N00”工法及掘进工作面TBM快速掘进工艺的推广使用。

2. 大力推进“四新”应用，智能建矿迈出坚实步伐

引导和发挥好员工的积极性和创造性，实现创新驱动、内生增长。积极汲取3205智能化工作面建设经验，建设井下万兆环网建设和生产调度数据

中心大屏升级改造，修建了井上下信息通讯的高速路，加速推进矿井智能化建设。

（四）绿色发展方面

1. 继续践行“两山”理念，坚决守住生态环保红线

扎实抓好能耗“双控”和“三废”治理工作，从根本上杜绝一般环保事件或者其他突发性事件的发生。重点完成中兴厂区生活污水处理站提标改造、缠方沟矸石场覆土绿化治理、磁窑河窑底段河道治理的扫尾工程。

2. 扎实开展多项重点工作，推动本质安全企业建设

扎实开展职业病防治工作，职业卫生管理档案及职业健康监护档案施行“一人一档”管理，全年职业病防治经费投入 450 万元，为在岗职工体检 1667 人，为离岗职工体检 52 人，体检率全部达到了 100%。

（五）科学管理方面

1. 强化预算管理，量化目标考核

以契约化管理为手段，建立了以目标导向为主的全面预算管控体系，细化分解全年预算目标，把基层区队、班组全部纳入预算管理中来，将预算编制、执行、控制与成本效益、工资紧密挂钩纳入量化考核，真正实现了经营管控全过程覆盖。

2. 加大修旧利废，鼓励双增双节

大力实施“双增双节”项目，开展节能降耗工作，强化供电、供水环节管理，通过采取多种精益化管控措施，达到原煤成本较计划和同期实现双下降。全年生产、机电、供应、后勤等系统 46 项“双增双节”项目增收节支金额 3341 万元。

山西焦煤集团介休正益煤业有限公司

一、矿井概况

山西焦煤集团介休正益煤业有限公司位于介休市连福镇甘草岭村，井田面积 1.9823 km^2，截至 2022 年末矿井可采储量 79 万 t，矿井核定生产能力为 60 万 t/a，矿井在册人数为 486 人。矿井为低瓦斯矿井，绝对瓦斯涌出量为 2.34 m^3/min，矿井相对瓦斯涌出量为 2.48 m^3/t。11 号煤层具有爆炸危险性，等级为Ⅱ类，属于自燃煤层，自然发火期 86 天，水文地质类型为中等，井田奥灰水位标高+921 m，井田 11 号煤层最低煤层底板标高为+806 m，最大突水系数值为 0.03 MPa/m，属带压安全区。

二、主要技术经济指标

2021 年掘进进尺完成 2400 m，产量完成 45.34 万 t，原煤工效 7.5 t/工，利润 101 万元。2022 年掘进进尺完成 1894 m，产量完成 37.2 万 t，原煤工效 7.2 t/工，利润 95 万元。

三、安全高效矿井建设的主要做法

（一）加强生产组织

（1）狠抓采掘队伍建设，提高采掘人员准入条件，配齐配全采掘主要工种人员，强化队伍管理，保证队伍的稳定性。加强采掘队伍生产组织管理，从工作面设备管理入手，充实检修维护力量，严格落实包机制，提高开机率和正规循环率，保证正常生产。

（2）以采掘工作面动态达标建设为抓手，规范生产工序和作业行为，促进正常生产。一是强化采掘工作面过地质构造期间的生产组织管理，突出抓好变化地段裸露爆破的管理。优化爆破工艺，提高爆破效果，缩短循环时间，保障工作面单产单进水平。二是加强采掘工作面的搬家倒面管理，优化劳动组织，生产辅助性工作尽量安排辅助队组完成，尽可能减少采掘队伍的停产停工时间，保障生产任务的完成。

（二）注重安全教育

加大安全文化宣传，提高职工自主保安意识，为提高职工的安全意识，营造良好的安全氛围使职工在平时工作中潜移默化受到安全教育。完善了井上下安全文化长廊，既美观大方，又内容丰富，不但有安全警言警句，而且有安全小常识，伴有优美的轻音乐，使职工在上下班途中，随时都能感受到安全教育的氛围，使广大职工既消除了疲劳又受到了教育。

（三）开展技术创新

采用现场调研、理论分析、现场试验等方法进行研究，针对矿井实际情况，根据目前涌水量实际情况，通过排水论证情况对管路以及水泵进行新增，从而实现供水系统的升级改造，从管路的采购、安装、铺设，到水泵选型计算、采购、安装、运行，进行一一论证，保证测定涌水量的情况下将顶板淋水通过水仓过滤至东翼采区水泵房，由东翼采区水泵房排至二水仓进行中转，由二水仓将水排至中央水泵房。

通过对东翼排水系统的改造升级，减少东翼采区水泵房以及东翼二水仓离心泵的工作压力及缩短运行时间，同时增大水泵的使用寿命，减少因超负荷运转造成水泵损坏的维修费用，从而节约成本。减少了水泵房离心泵及底吸泵因超负荷运转造成水泵损坏的维修费用，节约了人工、设备、材料等，最终提高本矿经济效益。

（四）加强技术管理

建立以总工程师为首的技术管理体系，对于矿井开拓、巷道布置、采掘部署、生产系统调整和技术规范标准措施的制定以及新技术、新工艺、新设备的推广应用等重大技术问题必须由总工程师负责解决。

大力推进生产工业和技术装备的自动化、智能化，大大减少用人数量，降低人员劳动强度，大幅减少各类事故。同时提高工艺运转和技术装备运行故障检测准确性和实时性，增强对设备故障的预控能力，实现生产过程的安全自动化控制，从而高效推进安全生产。同时树立安全生产也是效益的思想，加大技术改造力度，提高安全生产保障能力。

（五）推进“三化”管理

推行“制度化、规范化、市场化”管理，坚持以内部市场化为导向，不断通过流程再造和规范运作，夯实基础管理，优化资源配置，使企业内部各项管理不断加强，经济效益逐年提高。

一是降低了成本费用。各部门把生产经营过程中所发生的各类费用变为自己的收入进行管理，超支就要减少收入，节约则增加收入，如材料费用支出减少，工资就会按一定比例增加。有了这种激励机制，每个单位、每个职工“成本就是工资，工资就是成本”的意识增强了，人人为成本而算，人人为效益而干，促进了成本的连年下降。

二是提高了劳动效率。过去每个单位都说人不够用，但通过科学合理确定岗位定员，实行“增人不增资减人不减薪”，促使各单位、岗位自发地合理安排工作，优化劳动力资源配置。

三是强化了管理。各单位自主权扩大后，管理从传统的以生产为中心转变为以效益为中心，干部职工的收入靠自我管理，势必提高单位、班组的自主、自理能力。基层管理意识和能力提高后，不仅改变了等、靠、要的思想，还反过来监督矿里分配制度落实和材料配件供应质量。

四是转变了观念。员工观念由过去的“向领导要工资”转变为“向市场要工资”。通过市场机制的引入，把干部职工的经济利益和本单位经营效益紧密地联系在一起，干部职工都学会了算大账、算细账，自觉节支降耗降成本。效益观念、市场观念得到了进一步巩固，团队意识得到进一步提升。

山西煤炭运销集团古县东瑞煤业有限公司

一、矿井概况

古县东瑞煤业有限公司位于山西省临汾市古县北平镇贾寨村，井田面积4.8713 km^2，批准开采2~9号煤层，可采2号、3号、9号煤层；保有地质储量2740万t，可采储量1678万t，设计生产能力60万t/a，批复产能60万t/a，矿井服务年限20 a，现开采2号煤层。井田地质构造属简单类，水文地质类型为中等，为高瓦斯矿井，煤尘具有爆炸性，自然倾向性为Ⅱ级自燃。地温、地压属正常区。

二、主要技术经济指标

2021年原煤计效产量46.70万t，原煤工效5.47 t/工，综采工作面原煤产量41.31万t，综合单产37016 t/(个·月)，采煤机械化程度100%。矿井掘进进尺2430 m，其中综掘进尺2430 m，掘进机械化程度100%。全年盈利1393.4万元，职工人均收入10.8万元。2021年矿井实现安全生产，为二级安全生产标准化矿井。

三、安全高效矿井建设的主要做法

（一）夯实安全基础，落实安全主体责任

（1）开展安全生产风险隐患大排查大整治行动。通过召开专题会议，成立了由主要负责人担任组长的专项活动领导组，通过认真研究、周密部署，制定了具体工作目标和实施方案，对排查整治的主要内容进行了职责分工。通过悬挂横幅、制作专题版面和集中宣贯等形式对活动进行了广泛的宣传，提高了全矿人员的思想认识，强化了责任意识。

（2）从基础、基层及基本素质方面巩固和发展安全生产稳定局面，提升现场安全生产标准化水平。把安全生产标准化作为实现安全生产的一项重要基础工作来抓，着重在提高标准、提高内涵、抓好细节上做工作，避免安全生产标准化“表面华丽，实质糟粕”的弊病，切实提升安全生产标准化的内在水平。坚持动态检查和静态检查相结合，定期组织动态安全检查验

收，要求通风、生产技术、机电、地测、调度等部门全程参与，检查覆盖率达到了100%。

（3）开展“行为规范、操作达标”专项整治。以班组建设和岗位作业流程标准化为抓手，规范“班前会、入井、开工、班中、交班、出井、班后会、周例会”八项工作流程，制定采煤、掘进、安全监察、“一通三防”、供电管理、机电运输、探放水、单轨吊等岗位的作业流程标准，并整装成册，同时结合标准化达标建设、准军事化、“一看两想、手指口述”安全确认、反“三违”治理、安全培训、安全文化、党建工作七个安全举措，全面促进员工规范操作，构建员工“行为规范、操作达标”工作常态化机制。

（二）推进智能化建设

（1）矿井建成一个薄煤层智能化综采工作面，即2101工作面。2101工作面为2号煤层采区第一个采煤工作面，工作面设计可采走向长度1232 m，开切眼长度200 m。智能化设备可实现“一键启停”集中控制、采煤机记忆割煤、液压支架自动跟机移架推刮板输送机、视频自动跟机、综采设备云监测、工作面自动调直等功能。工作面生产班人数由传统的每班17人，减至不超9人，取消了工作面直接操作人员，仅安排巡视人员，提高了生产功效，实现了“无人操作、有人巡视”，降低了安全风险。2021年9月28日通过综采智能化建设工作评定，评定为中级。

（2）针对矿井实际情况制定了智能化矿山建设方案和规划，计划继续完善综合自动化信息平台，将井下供电监控兼防越级跳闸系统、主煤流运输集中控制系统、生活给水系统改造、矿井污水处理系统、水文动态监测系统、安全管控平台建设并接入平台。实现全矿井的数据采集、生产调度、决策指挥的信息化，为矿井预防和处理各类突发事故和自然灾害提供有效手段，达到监、管、控一体化及减员增效的目的。

（三）推广应用新技术新工艺

目前该矿已实现2101工作面切顶卸压沿空留巷无煤柱开采：该矿首采工作面即推广应用了切顶卸压沿空留巷技术，自2021年1月开始留巷，2101综采工作面成功留巷，留巷效果达到预期水平，能满足安全使用。

（四）减员增效，提高原煤生产效率

合理控制非生产人员数量，降低人工成本，实现增收节支的有效措施。一是推广智能化建设，实现了综采工作面智能化开采，达到了减人提效的目的；二是进行精益化管理，对矿井各专业划分了十一个精益化管理小组，进一步提升矿井管理水平、降低生产成本、提高运营效益；三是严格管控，调控工资分配比例，工资收入向生产一线倾斜，向“苦、重、险”岗位倾斜，有效发挥薪酬分配激励作用。四是坚持开展劳动定员工作，促进作业人员向一专多能复合型人才方向发展，做到合理减员。

（五）坚持绿色发展

矿井采煤工艺、废水均采用的鼓励类技术。原煤入选率、矿井废水回用率均达到了100%，采区采出率达到了88%。坚持绿色可持续发展的要求，从源头控制污染物的产生，实现综合利用、节能降耗、循环经济、绿色环保。

山西煤炭运销集团蒲县昊兴塬煤业有限公司

一、矿井概况

山西煤炭运销集团蒲县昊兴塬煤业有限公司位于山西省临汾市蒲县乔家湾镇南峪村，属于股份制企业。2016年3月30日矿井核定生产能力为120万t/a。矿井井田面积9.3392 km^2，批准开采2～11号煤层，剩余可采储量为3608.6万t，剩余服务年限21.5 a。矿井为低瓦斯矿井，绝对涌出量3.59 m^3/min，相对涌出量1.21 m^3/t；矿井正常涌水量19 m^3/min，最大涌水量35 m^3/h；水文地质类型划分为中等，地质构造类型属简单类型；煤层自燃倾向性等级为Ⅱ级，属于自燃煤层；矿井开拓方式为斜井开拓，通风方式为中央分列式，采用“三进一回”方式布置。井田范围内地质构造简单、煤层赋存稳定。矿井于2017年12月通过国家局一级安全生产标准化考核验收。

二、主要技术经济指标

2021年原煤产量119.24万t，完成掘进总进尺7884 m。吨煤成本329.36元/t，完成利润84416.8万元。职工人均收入12.8万元/人。2021年原煤产量119.86万t，完成掘进总进尺11230 m。吨煤成本373.61元/吨，完成利润94877.8万元。职工人均收入13.4万元/人。

三、安全高效矿井建设的主要做法

（一）优化生产组织，科学合理地定岗定员

通过班组人员进行科学测定，为了使员工身体和精神都得到充足的休息，矿井实行“三八制”，一班检修，两班生产，职工休假每人每月8天假期，同时执行年休假，从而使劳动效率得到提高。通过不断地进行组织结构改革，优化生产组织，科学合理地定岗定员，使人力资源得到了有效利用，为高效生产打下了坚实的基础。

（二）积极开展安全生产各项工作，确保矿井安全生产

2021—2022 年度公司积极开展岗位风险预控和安全风险预控工作，使职工明确了所在岗位存在的风险、注意事项、预防措施和应急措施；通过积极开展安全生产责任落实工作，使全体职工明确了所在岗位的安全生产责任，提高了工作的责任心；通过每月一次的安全大课，提高了职工的安全意识，减少了职工的“三违”行为；通过安全生产标准化建设工作，提高了工程施工质量，规范了职工的安全行为，夯实了安全生产基础，健全了安全风险分级管控机制；通过积极开展隐患排查治理工作，完善了矿井隐患排查体系，有效地防范和遏制了矿井事故的发生。

（三）推进市场化管理，不断提高经济效益

按照公司推行的“制度化、规范化、市场化”的管理要求，不断通过流程再造和规范运作，夯实基础管理，优化资源配置，使经济效益逐步提高。各单位自觉地把生产经营各类费用变为自己的收入，超支就要减少收入，节约则增加收入，如材料费用支出减少，工资就会按一定比例增加。有了这种激励机制，每个单位、每个职工“成本就是工资，工资就是成本”的意识增强了，人人为成本而算，人人为效益而干，促进了成本的连年下降。

（四）鼓励全员创新，点燃发展引擎

为了提高生产效率，降低生产成本，公司鼓励全体职工进行技术创新和设计创新，并制定奖励办法。成立“刘正刚创新工作室”，对在技术创新或设计创新的集体和个人除了直接物质奖励以外还在工资、福利待遇方面进行适当的奖励，同时对于在技术创新或设计创新上有突出贡献个人的家属安排工作，提高了广大员工的积极性。

（五）坚持绿色开采，着力建设新型生态化矿区

公司建有配套同等能力的选煤厂，达到原煤入选率 100%，并在矿区原煤筒仓与选煤厂间打设一条运煤通道，安设带式输送机运输，避免了原煤拉运对周围环境的影响，建立健全生态恢复治理的各项责任机制，煤矿地质灾害防治、矸石山治理、植被恢复和生态综合整治纳入矿井总体规划。在工业区、生活区铺设草坪、种植灌木及树苗，绿化覆盖率达到可绿化区域的 90% 以上；矿建立了矿井水及生活污水处理站，矿井水经处理站净化处理后，循环用于井下生产，回用率达 100%。

（六）积极推进智能化建设

对主运输、供电、通风、排水、压风等进行智能化改造，实现“无人

值守、有人巡检、智能集控”。具体如下：

（1）主压风机、制氮机房无人值守具体包括排气压力、排气温度、排气流量、电机电流、电机电压、功率、电机前后轴温度等模拟量数据；烟雾报警，排污阀报警，温度报警，压力报警，启动、停止报警等报警数据；压风机通信状态、就地模式、远程模式、检修模式、集控方式、单控方式、轮巡方式、运行状态、排污阀状态、加载/卸载状态等开关量数据；启停控制、参数设置、报表打印、故障报警、事件查询、远程通信功能，同时配备视频监控系统、主压风机房门禁系统、主压风机房消防系统。

（2）井下一水平中央水泵房、采区水泵房，二水平中央水泵房、采区水泵房安装后实现自动化排水、通信功能、监视功能，同时配备视频监控和门禁系统。

（3）井下变电所无人值守及防越级跳闸系统除具备遥测、遥信、遥控、遥调的基本远动功能外，还可实现报表管理、信息查询、远程维护、故障分析等高级管理功能。具备短路防越级跳闸功能，同时实现了对变电所环境、安防、消防等信息的一体化监视。

（4）主通风机房无人值守系统预计 2023 年 4 月改造结束，改造完后具备集中控制、一键倒机、自动故障倒机、远程反风操作、在线风量调节、远程检测功能、维修保养提醒功能，同时配备视频、消防、门禁系统。

山西煤炭运销集团四通煤业有限公司

一、矿井概况

四通煤业有限公司位于山西省临汾市尧都区枕头乡三交村，井田面积22.6723 km^2，批准开采煤层为1~10号煤层，全井田保有储量17040.7万t，可采储量12859.3万t。矿井核定生产能力为1.50 Mt/a。服务年限为61.2 a。现开采2号煤层，自燃等级为Ⅱ级。矿井配套1.80 Mt/a坑口选煤厂一座。矿井地质构造属简单类型，水文地质类型为中等，瓦斯等级为低瓦斯矿井。目前开采2号煤层，煤尘具有爆炸性，自燃倾向为自燃，自燃等级为Ⅱ级。

二、主要技术经济指标

2021年原煤产量140.41万t，采煤和掘进装载机械化程度均达到100%，采区采出率达到88%。原煤工效11.963 t/工，矿井综合单产达到113378 t/(个·月)。百万吨死亡率为零。全年完成利润51125万元。全年掘进总进尺完成5302 m。全年实现安全生产，为国家一级安全生产标准化矿井。

三、安全高效矿井建设的主要做法

（一）生产组织方面

（1）加强年度、月度生产计划安排的科学性、合理性、统一性、超前性和固定性，减少计划安排的随意性、孤立性，加强计划的落实。

（2）加强矿井调度值班、领导带班、现场跟班和生产组织考核；加强业务科室指导、服务意识，加强队组班子建设的考核，与年度、月度生产组织考核挂钩。充分发挥矿井各级领导的现场指挥协调作用。

（3）队组必须熟悉掌握各自年度、月度生产部署，要在出勤上加大考核，鼓励多出勤，保证有充足的生产、检修人员，保证完成安排的各项生产任务。

（4）加强非正常作业管理，由调度室牵头严格落实各项非正常作业的安全技术，监督现场跟班到位，现场必须有科室人员和正职队干跟班，否则不许施工。

（二）科学管理方面

（1）施行“查大风险、除大隐患、防大事故”，扎实推进“零事故”单位创建工作，建立煤矿企业“大风险”和“大隐患”认定清单，实行指标化管理，强化风险、隐患的超前管控，有效防范化解各类生产安全事故的发生。

（2）加强班组建设管理，夯实矿井安全生产基础。建立健全班组管理制度，制定班组建设实施方案，采用多种形式，督促队组规范各项班组建设工作。开展“班组长‘学思践悟’谈体会”活动，推广“白国周班组管理法”的应用，提升班组长素质。

（3）抓实安全培训教育，提升职工整体素质。严格落实“先培训后上岗”组织开展全员安全培训，做到全员持证上岗；按照“干什么学什么、缺什么补什么”的原则，实施厂队“一日一题、一周一讲、一月一考”培训，投入使用安全培训电教室，并全面推广使用手机 APP，强化安全培训实效，切实提升员工的应知能力，有效增强职工危险源辨识能力、自保互保能力、应急处置能力。

（4）每月组织开展风险预判，通过风险预判的开展，进一步推进了安全管理由事后处理向超前预防、事中控制转变，由被动管理向自主管理转变，实现了“人、机、物、环、管”的最佳匹配和安全管理模式的根本转变，全面建立安全生产长效机制，实现了矿井安全生产长治久安。

（三）科技创新方面

（1）在地面各要害场所、筛分生产系统和井下各采掘作业点、主要机电设备硐室实现了集中监控，所有界面可视化。采煤工作面上隅角采用束管监测系统、工作面支架实现了压力在线监测。井下煤炭运输和运料均实现了集中运输，中央水泵房、矿井主要通风机和空压机实现了无人值守远程控制。

（2）矿压监测设备。实现主要大巷、综采工作面及掘进工作面巷道内压力实时在线监测，保障生产安全，实现数据显示、检测、储存、分析一体化。

（3）优化矿井相关生产资源综合管理调控能力，建立矿井监测、控制、管理一体化的、基于网络的信息化系统集成，以实现全矿井各生产环节的过程远控控制、安全生产综合调度指挥和业务运转网络化。

（4）利用新工艺、新技术。该矿 2504、4204 深埋藏孤岛采煤工作面支护采用“全锚索”支护工艺，有效地控制了巷道围岩变形，为下一步开采创造了有利的条件；针对采煤工作面两巷使用了水力压裂技术，削弱岩层的整体性和稳定性，并定向切割顶板岩层，通过人为的方法削弱煤岩体承载的高应力，使巷道或工作面处于低应力区域，有效地解决了上下隅角悬顶问题。

（四）减员增效，提高原煤生产效率

合理控制非生产人员数量，降低人工成本，实现增收节支的有效措施。一是严格管控，调控工资分配比例，工资收入向生产一线倾斜，向“苦、重、险”岗位倾斜，有效发挥薪酬分配激励作用。二是坚持开展劳动定员工作，促进作业人员向一专多能复合型人才方向发展，做到合理减员。

（五）环保及循环经济

矿井采煤工艺、分选技术、废水均采用的鼓励类技术。原煤入选率、矿井废水回用率均达到了100%，采区采出率达到了87%。煤矸石进行回填修路，综合利用率为50%。坚持可持续发展的要求，从源头控制污染物的产生，实现综合利用、节能降耗、循环经济、绿色环保。配套建设完成1座容量10000 m^3 的原煤仓、1座容量3500 m^3 的中煤仓，2座容量10000 m^3 的精煤仓，2座容量2500 m^3 的矸石仓，保证煤不露天，不落地，降低了对大气环境的污染。矿井水由井下排至地面矿井水处理站。经处理后又返回井下使用，不外排。

山西煤炭运销集团同富新煤业有限公司

一、矿井概况

同富新煤业有限公司位于山西省临汾市乡宁县管头镇上善村一带。井田面积 11.8938 km^2，批准开采 1～10 号煤层，设计开采 10 号煤层，批复产能 60 万 t/a。10 号煤为瘦煤，井田地质构造属简单类，水文地质类型为中等，为低瓦斯矿井，煤尘具有爆炸性，自然倾向性为Ⅱ级自燃。地温、地压属正常区。

二、主要技术经济指标

2021 年度矿井实现安全生产，百万吨死亡率为零。2021 年矿井原煤产量 59.57 万 t，采煤机械化程度 100%。矿井掘进进尺 3873 m，其中综掘进尺 3873 m，掘进机械化程度 100%。综采工作面原煤产量 55.16 万 t，平均工作面个数 0.71 个，综合单产 64747 t/(个·月)，原煤工效 7.17 t/工。全年实际盈利 7497.3 万元，职工人均收入 10.26 万元，同比增长 19.85%。

三、安全高效矿井建设的主要做法

（一）落实安全生产责任制，狠抓安全管理

（1）在原来基础上进一步完善安全管理机构，明确了安全责任主体，公司、科室、队组三级责任明确，各负其责。因检查疏忽，没有查出隐患，出现问题的，追究公司分管领导的责任。查出问题，未及时落实，出现问题的，追究科室人员的责任。

（2）从标准、目标、责任、措施、考核等环节入手，逐步建立完善安全检查工作体系，制定了《安全生产管理办法》，并结合现场实际，不断进行补充完善。同时，对照新标准逐条逐项进行自查自纠，对查出的与新标准不符的，制定措施，落实人员，全面整改。此外，建立完善了与之相配套的各级领导安全生产责任制、职能部门安全生产责任制、安全生产检查制度、职工安全培训制度等 15 项制度，明确了全矿所有岗位的安全责任，形成了一级抓一级、层层抓落实的安全目标责任保证体系。

（3）强化隐患排查与治理，杜绝了各类重大事故的发生。根据上级一系列文件精神，及时制定和完善了隐患排查责任追究制度，并加大安全监督检查力度，及时排查分析管理范围内的重大隐患和薄弱环节，并对排查出的各类隐患实行分级管理。对上级检查发现的重大问题，从生产班子逐级追究责任；公司领导在现场发现的重大问题向下逐级追究责任，生产科室管理人员在现场发现的重大问题，追究队组、安监人员的责任。

（二）坚持安全生产标准化建设，提高现场管理水平

（1）稳固基础，不断提升矿井的安全生产标准化水平。首先不断加大安全投入，弥补历史遗留的安全欠账，对照标准进行集中整治；另一方面，对安全生产标准化规定的新内容，始终坚持高起点，高标准，平时抓、抓平时，常抓不懈。工作中，从装备、从质量、从面貌，大到一个工作面，一条巷道，小到一台开关、一个螺丝都按标准来施工。

（2）坚持以人为本，强化教育培训，不断提高广大职工自主保安意识和依法操作的能力。始终把提高职工业务技术素质作为安全的基础工作来抓，坚持环境育人，努力创建安全文化，建立了“五个一”的教育阵地，使职工的自主保安意识和正规操作能力不断提高，进一步夯实了安全基础。

（三）加快矿井“四化”建设，提高科技保安水平

公司采、掘、开工作面、主运输系统、辅助运输系统等已经全部实现机械化作业，完成了“机械化换人”的目标。根据公司中长期规划及“自动化、信息化、智能化”建设工作计划，2021 年完成了矿井自动化信息平台、主压风机房、主运输系统、主排水泵房、产量监控、视频监控等系统的“四化”建设工作，各个固定要害场所均已实现无人值守，达到“无人则安，少人保安、信息动态监测”的目的，提高了矿井的安全保障能力。

（四）提高集约化生产经营水平，努力实现稳产高效

（1）狠抓生产管理，产量新增上台阶。合理组织劳动，打破以往的作业方式，实行正规循环作业，劳动工效不断提高；优化生产布局，简化生产系统，走集约化道路。强化经营管理，推进成本精细化管理，进一步完善经营责任考核办法，切实做好煤炭销售工作，牢固树立“以质量求生存”的理念，不断提高煤炭产品质量，通过各项经营管理措施的实施，提升了企业的核心竞争力。

（2）精减一线生产管理人员，以工作面定岗，整合井下部分工作区域重叠、内容不同的辅助生产岗位；工作面安装、物料运输等生产服务专业化施工，提高效率，减少生产辅助人员。共减少岗位 8 个，人员工效提高了

0.422 t/工。

（五）深化内部改革，增强企业活力

加强用工制度改革，认真做好劳动用工测评工作，对不称职人员予以调工和解聘，完善后备人才建设，把优秀班队长、技术尖子纳入科区级后备干部队伍。坚持区别激励的原则，加大收入分配制度改革，进一步提高职工收入。

（六）加强精神文明建设和企业文化建设，构建和谐矿区

全面树立“以奋斗者为本，长期艰苦奋斗”的集团核心价值观，加深文化认知，增强文化认同，树立文化根源。发挥党员带头作用，发挥工会、团委等群团组织作用，建立党建带群建，党建带团建制度机制，全面强化党建工作。把职工生活保障放在首要位置，做到工资及时发放，保障福利；帮困扶贫，及时解决好职工困难；开展全员竞赛，技术比武，丰富职工业余文化生活，形成积极向上、团结和谐的良好氛围。

山西古交西山义城煤业有限责任公司

一、矿井概况

山西古交西山义城煤业有限责任公司是由原古交镇义煤矿有限公司、古交义金煤业有限公司、古交市镇城底佛罗汉煤矿（整合前已关闭）三座煤矿进行兼并重组整合而成，企业主体为西山煤电股份有限公司。矿井于2015年12月22日通过竣工验收，现为证照齐全的生产矿井。矿井位于古交市镇城底镇台盘村、义里村一带，距古交市西约13 km，行政区划隶属古交市镇城底镇。

矿井开拓采用斜井开拓方式，主斜井、副斜井担负进风任务，回风立井担负回风任务；矿井开采水平为+1040 m。现布置一个采煤工作面19201综采工作面，工作面采用倾斜长壁后退式采煤方法，采煤工艺是采用双滚筒采煤机自开缺口，工作面端头斜切进刀，单向割煤，刮板输送机运煤，支撑掩护式液压支架支护顶板，一次采全高，全部垮落法处理采空区。备用工作面为19203综采工作面。

二、主要技术经济指标

2021年回采两个工作面为18201综采工作面和19201综采工作面，全年完成原煤产量45.23万t，原煤工效达到14.088 t/(工·日)，实现利润2886.59万元。全年完成开掘进尺1866 m，其中掘进进尺1500 m，开拓进尺366 m。矿井全年安全无事故，瓦斯“零超限、零突出”，监控系统“零误报、零中断”。

三、安全高效矿井建设的主要做法

（一）科学组织，坚持正规循环作业，实现安全高效

一是抓生产衔接，坚持采掘工作面正规循环作业。各岗位操作人员能上标准岗、干标准活，抓好正规循环作业，既能保证采掘工作量，又能做到安全生产标准化动态达标。二是抓现场，保效率。及时调整了生产单位劳动定额分配办法，完善激励机制，保证了关键时期、困难时期的一线工人出勤。

通过加强设备检修，开展机电设备包机考核，降低事故率，确保了生产的有序进行。三是抓改革，促发展。按照山西焦煤集团公司三个三年三步走战略规划，该矿严格落实到安全生产工作中，加强成本管控，提高管理效率，充分调动职工工作积极性，安全生产工作平稳有序。

（二）依靠科技进步，优化生产环节配置，提高采掘机械化程度

（1）在综采工作面推广应用远距离集中供配液系统，在综采工作面轨道巷口处安装设备系列车，远距离集中供乳化液、清水等，减少了随回采随移动固定设备系列车的工作量，大大提高了工作效率。

（2）过断层、破碎带等构造时采用注浆加固顶板支护技术，节约了成本，加强了支护强度，确保了顶板安全，也提高了支护效率；

（3）采煤工作面采用采煤机割煤装煤，刮板输送机、带式输送机运输，实现了综合机械化采煤，采煤机械化程度达 100%；所有煤巷及半煤岩巷掘进工作面采用掘进机割煤装煤，刮板输送机、带式输送机运输，人工清理浮煤，实现了机械化掘进，掘进机械化程度达 100%，岩巷及煤巷过大断层采用钻爆法掘进，符合安全生产高效矿井评审条件。

（三）大力推进信息化管理与自动化建设

矿井建设有安全生产信息调度平台，全矿井安全生产信息实现集中调度、监控、传输，对主要生产环节设备进行远程监控，实现了主要生产环节自动化运行和可视化，煤矿办公实现了 OA 电脑网上自动化。

（四）推广绿色开采，建设生态文明

矿井在建设生产过程中严格执行国家环境保护的相关法律法规，矿区绿化达可绿化区域面积的 75%；建设有一座 360 m^3/d 生活污水处理站，一座 1200 m^3/d 矿井水处理站等环保设施，持有合法有效的排污许可证；对采煤沉陷区、裂缝进行生态恢复治理；矿井配套建设有一座坑口选矸楼，对筛选选出的煤矸运到矸石山进行黄土覆盖，达到环保标准。

（五）提升科学管理水平

坚持向安全生产标准化要效率，以工序质量促工程质量，严格要求各队组按标准化作业，提出“高、严、细、实、狠”的管理原则，即执行标准要“高”、检查尺度要“严”、检查内容要“细”、问题整改要“实”、隐患处罚要“狠”，形成了抓细节、严过程、控动态的发展管理格局。

山西古县西山登福康煤业有限公司

一、公司概况

山西古县西山登福康煤业有限公司位于临汾市古县古阳镇相力村，为晋煤重组办发〔2009〕111号文件批复的整合矿井，整合主体为山西焦煤西山煤电集团有限责任公司。批准开采2~9号煤层，现开采2号、5号煤层，生产能力60万t/a，井田面积为7.415 km^2。截至2021年底，矿井保有煤量3586.1万t，可采储量2001.1万t，服务年限为23.8 a。

矿井水文地质类型为中等，正常涌水量25 m^3/h，最大涌水量78 m^3/h。矿井为低瓦斯矿井，瓦斯相对涌出量为2.34 m^3/t，绝对涌出量2.63 m^3/min。煤层自燃倾向性为Ⅱ类自燃，2号、5号煤层最短自然发火期分别为89天、83天，各煤层均具有煤尘爆炸性。

二、主要技术经济指标

2021年原煤产量67.31万t，掘进进尺6016 m。2021年企业工业总产值28165万元，动用煤量67.7万t，采出煤量60万t，采区采出率88.6%。

2022年原煤产量62.29万t，掘进进尺4238 m。2022年企业工业总产值35265万元。动用煤量63万t，采出煤量56万t，损失煤量21万t，采区采出率88.3%。

三、安全高效矿井建设的主要做法

（一）抓牢安全生产

矿井自建矿以来一直秉承“安全第一，预防为主，综合治理”安全方针和“管理、装备、素质、系统”四并重原则，未发生较大以上安全事故。坚守安全“红线”，严格按照安全生产标准化要求，积极开展了风险分级管控工作，完善了矿井隐患排查体系，提升全面提升安全管理水平，通过开展隐患排查治理工作有效防范和遏制了矿井事故的发生。建立了安全生产资金专用账户，做到安全资金专款专用，保障了安全投入，坚决实现安全生产。

矿井制定了完善的全员安全生产岗位责任制和各项安全管理制度。通过开展岗位风险辨识、评估、培训，使全体职工明确了所在岗位存在的风险和应对措施。

2021 年矿井完成了安全监控系统升级改造。2022 年矿井完成了调度通信系统升级改造，实现了中央水泵房无人值守系统、矿井水灾在线监测预警系统、顶板在线监测系统等的安装和投用。

（二）着力降本提效

公司坚持“一矿一井一面”的生产格局，积极推进“一优三减”，通过逐步减少运输环节，改善辅助运输条件，降低职工劳动强度和用工数量，提高单产单进水平。2021 年开始公司成立了精益化管理机构，推行了作业成本管理法，从各个作业中心开始对成本发生和变化原因进行分析，有效杜绝了各种浪费。

（三）优化组织结构

2022 年底矿井进行了“六定”改革，对公司机构进行了重新设置，由原来的 12 个科室变为目前的 11 个部室，部室管理人员进行了重新调整部署。严格执行劳动定员管理限员规定，2022 年在井口安装了入井人员管理系统，对井下各队组进行了定岗定员优化管理，压缩了井下作业人员数量。目前单班入井人员控制在 99 人以内。

（四）鼓励技术创新和设计创新

为了提高生产效率，降低生产成本，登福康煤业公司鼓励全体职工进行技术创新和研发，开展科技研发项目和“小改小革”申报奖励制度，并制定奖励办法，对做出贡献的人员进行奖励。2022 年全年共计完成科技研发项目 4 项，投入 367 万元。

（五）推广绿色开采，保护生态环境

（1）治理废渣，填沟造田。首先对煤矸石采取了集中堆放，定期覆盖黄土，煤矸石综合利用处置率达到了 100%，对矸石山进行了绿化和复耕达 100%。

（2）升级污水处理系统，矿井水处理后达到三类标准，矿井完善了中水复用系统，将地面厕所用水全部改成中水，其余中水全部复用至井下地面洒水降尘，生活污水全部用于浇灌矿区绿化带，矿井水处理率达到了 100%。

（3）处理废气、扬尘。矿井取暖全部采用空气源，采用集中供热取缔小火炉等形式杜绝了废气排量，2020 年矿井对矸石场进行了全封闭管理。

（4）美化环境，改善职工生活条件。地面除工业场地外全部进行了栽花种草绿化，矿区绿化面积达到了 70%，2021 年对职工公寓进行了重新装修，职工公寓、办公楼进行了网络全覆盖。2022 年建立了乒乓球活动室，对废旧的原锅炉房改造成了职工食堂，目前正在装修。

山西洪洞西山光道煤业有限公司

一、矿井概况

山西洪洞西山光道煤业有限公司是由原山西洪洞鸿利煤业有限公司煤矿、山西天利光道煤业有限公司煤矿重组而成，主体企业为山西焦煤西山煤电集团有限责任公司。公司注册资本2亿元，其中，山西临汾西山能源有限责任公司占股51%，洪洞平安恒利建材有限公司占股49%。

矿井位于洪洞县城北50 km西龙门村处，行政区划隶属洪洞县山头乡。批准开采2~11号煤层，现采煤层为10号煤层，生产规模120万t/a，批采标高为+1380~+1110 m，井田面积15.7015 km^2。截至2021年底剩余可采储量为2832万t，剩余服务年限11.7 a。矿井采用斜井开拓，布置主斜井、副斜井和回风斜井3个井筒，地质构造为简单，水文地质类型为中等，不带压开采，属低瓦斯矿井，煤层自燃倾向等级Ⅱ类，属易自燃煤层，煤尘具有爆炸性，属地温正常区。

二、主要技术经济指标

2021年原煤产量119.11万t，掘进进尺5640 m。工业总产值102762.4万元。动用煤量148.31万t，采出煤量119.11万t，损失煤量29.2万t，采区采出率80.3%。2022年原煤产量119.6万t，掘进进尺5636 m。2022年企业工业总产值105852.6万元。动用煤量148.1万t，采出煤量119.6万t，损失煤量28.5万t，采区采出率80.7%。

三、安全高效矿井建设的主要做法

（一）牢固树立安全第一的理念，确保矿井长治久安

强势推进安全精细化管理，严格做到“四个必须”，即不管经济如何发展，安全理念必须坚持；不管企业如何改革，安全工作必须加强；不管效益如何波动，安全投入必须保证；不管体制如何变化，安全制度必须落实。在完善安全责任体系的基础上，强化安全基础管理，坚持“查大系统、治大隐患、防大事故”，突出“一通三防”、地测防治水、顶板控制、机电运输

等安全管理重点，强化了安全工作的基础。同时创新安全管理机制，实行安全抵押、月度安全考核兑现等制度，深入开展干部上讲台、培训到现场、手指口述、岗位作业流程标准化等活动，有力地提高了全体干部职工的安全意识，有效地防范安全生产事故的发生。

（二）加大资金投入，提升装备水平

不断提高采掘工作面装备水平。针对一井一面的生产格局以及采煤工作面的煤层变化情况，在采煤工作面积极引进适用的成套综采设备，提高生产效率，同时加快备用工作面的形成及安装进度，积极购置备用综采设备，推行搬家倒面不停产，保证生产的连续性。在掘进工作面推广应用大功率综掘机及配套的皮带设备，有效提高了单进水平。扎实推进数字化矿山建设，按照创建一流信息化矿井的目标，先后建成了井下以太环网、矿井综合自动化平台，完善了煤炭生产、设备运行、安全监测监控系统等网络体系，实现了矿井全方位的监测监控。

（三）优化开采工艺，优化采区设计，实现降本增效

（1）以系统安全、设计优化、工艺创新、支护改革为重点，优化开拓布局和生产系统。在大力实施综掘作业的同时，积极发展炮掘连续化运输，极大地提高了生产效率。

（2）在设备管理方面，推行设备生命周期管理和设备点检制，建立了设备管理系统和机电设备计划检修系统，对设备实现采购、检验、入库、维护、租赁、报废等全过程管理，大大提高了设备的使用寿命，降低了设备成本投入。

（3）在设计方面，坚持资源节约，合理优化采区和工作面设计，近年来，对 9 号煤层一采区西翼进行了可采论证，对 10 号煤层一采区、二采区进行了优化设计，减少无效巷道掘进成本，提高巷道重复利用率，在综采工作面推行机轨合一巷和 100 工法，缩短了工作面的形成时间，减少了保护煤柱的浪费，提高了采区采出率，增加了矿井的经济效益。

（四）坚持绿色开采，建设美丽矿山

针对矿井出煤过程或者岩巷施工过程中矸石较多的情况，充分利用生产出的煤矸石进行筑路，在副斜井工业场地进行填埋，在填埋区域进行了绿化，矿区绿化面积达 80% 以上。加大节能技术改造，加大资源的循环利用，矿井水处理站新增了环保设备，全部处理后复用，不外排，矿井水利用率达到 100%。储煤棚内设有防风抑尘和喷水降尘设施，对运输车辆进行喷雾降尘和封闭式管理。矿井遵循“在保护中开发，在开发中保护”的原则，在

开采过程中对地表产生的沉陷区进行复垦，对受影响的供电线路、道路、河堤等进行了修复和加固。

（五）强化科学管理，提升技能本领

（1）通过创新理念，凝聚企业精神、培养良好作风、完善管理机制、营造学习气氛、建设过硬队伍、树立良好形象，构筑起“严谨、务实、创新、奉献”的企业文化氛围，形成独具特色的企业文化，与改革发展同步，做到学习与实践相结合，坚持循序渐进，逐步渗透、逐步实施、逐步推进。以文体活动为手段，开展丰富多样的文化活动，提升企业的精神风貌，凝聚全体干部职工的力量，努力构建安全高效矿井。

（2）面对矿井生产过程中出现的专职教师缺、外出培训难等现状，领导班子细心探究特殊时期人员培训问题的解决方案，征求干部职工的意见和建议，经过多次商讨，决定采取外聘内培的方式，搭建周三大讲堂培训平台，从培训人员、培训时间和培训效果上保证了安全培训工作有序、高效开展，从而提升了管理人员的管理水平和操作人员的操作技能，为创建安全高效矿井奠定了坚实的基础。

山西临汾西山生辉煤业有限公司

一、矿井概况

山西临汾西山生辉煤业有限公司（以下简称生辉公司）生辉公司井田位于临汾市尧都区—平垣乡境内。生辉公司隶属于山西临汾西山能源有限责任公司，为国有控股企业。井田面积为 9.8449 km^2，批准开采煤层为 9～11 号煤层，证载能力及核定生产能力为 90 万 t/a，截至 2021 年底保有资源储量为 5255 万 t，剩余可采储量为 1093 万 t，剩余服务年限 8.7 a。

井田位于霍西煤田西南部，井田构造总体是以宽缓的褶曲为主，地层倾角 3°～15°，井田中部地表区域存在地面滑坡。矿井水文地质条件为中等，不带压开采，属低瓦斯矿井，煤层自燃倾向等级Ⅱ类，结论自燃，煤尘具有爆炸性，属地温正常区。

二、主要技术经济指标

2021 年原煤产量 89.8 万 t，掘进进尺 3604 m。2021 年工业总产值 76550.3 万元。动用煤量 112.2 万 t，采出煤量 89.8 万 t，损失煤量 22.4 万 t，采区采出率 80%。

2022 年原煤产量 89.6 万 t，掘进进尺 3039 m。2022 年企业工业总产值 85092.05 万元。动用煤量 110.6 万 t，采出煤量 89.6 万 t，损失煤量 21 万 t，采区采出率 81%。

三、安全高效矿井建设的主要做法

（一）加强安全管理，确保安全生产

2021 年坚持“安全第一，预防为主，综合治理”方针和“管理、装备、素质、系统”并重的原则，牢固树立安全发展理念，以人为本，依法治矿，坚持目标引领，强化“双预控”机制，引伸“三基”工作，织密扎牢安全网络，坚守安全“底线”，保障安全投入，提升防灾抗灾能力，抓关键，抓环节，抓落实，全面提升安全管理水平，坚决实现全年安全生产。严格按照安全生产标准化要求，积极开展了风险分级管控，通过开展岗位分险辨识、

评估、培训，使职工明确了所在岗位存在的风险和应对措施。完善了矿井隐患排查体系，通过开展隐患排查治理工作有效防范和遏制了矿井事故的发生。

（二）优化生产系统，降低生产成本

生辉公司坚持“一矿一井一面”的生产格局，坚持走人员少、产量大、效益高的新型集约化路子，实施一人多能，增产不增人，不断提高单产单进水平。矿井开拓方式为斜井开拓，井田呈一大单翼下山开拓格局，采区集中巷设运输、回风两条巷道，巷道均为煤巷，大大提高了矿井单进水平，缩短了采区、工作面的准备周期。采区内单翼布置走向长壁采煤工作面，运输巷及回风巷分别垂直于采区巷沿煤层走向布置。回采方式为采区前进式、工作面后退式，采煤方法为综采放顶煤，全部垮落法控制顶板。

（三）优化组织结构，合理定岗定员

（1）合理确定井下劳动定员。对矿井近期、中期、远期的劳动组织及劳动定员进行合理规划，每年修订一次本企业的劳动定员标准，确定不同作业地点的劳动定员；当生产工艺装备发生较大变化时，应按照“能减则减”原则，及时修订定员标准。

（2）完善人员位置监测系统功能。在人员定位系统增设超员报警模块，依据作业地点的劳动定员数量设定相应区域同时作业人数的上限，当区域人数超过上限时自动报警。所有入井人员必须携带识别卡或具备定位功能的相关装置，实现对入井人数及其分布情况实时监控。

（3）控制入井人数。将减少井下作业人数纳入安全生产工作目标和计划，积极创造条件减少井下作业人数。生产班单班入井人数控制在 180 人以内。

（四）鼓励技术创新和设计创新

为了提高生产效率，降低生产成本，生辉公司鼓励全体职工进行技术创新和设计创新，并制定奖励办法。在对技术创新或设计创新的集体和个人除了直接物质奖励外还在工资、福利待遇方面进行适当奖励。

创新是推动人类社会进步的生产力，创新是民族进步的灵魂，是国家兴旺发达的不竭动力，是企业做大做强的根本。生辉公司在 2020—2021 年期间，始终坚持实施“两调整、两提高”和“两创新、两带动”战略，切实把加快自主创新作为转变发展方式的重要战略举措，以确保实现安全生产经营各项工作目标为中心，以深化内部市场化运作、建立“六精”管理体系为主线，以“企业文化示范矿”创建和“四步五型”新班组建设落地为两翼，以管理创新和技术创新为双驱，着力打造创新型企业。严格贯彻“规范化、制度化、市场化”的管理要求，鼓励广大职工积极参与科技创新活动，促进科技成果快速转化为生产力，提高企业的核心竞争能力。

（五）推广绿色开采，保护生态环境

以“创建绿色矿山”为目标，坚持环境建设和生产建设同步发展。一是治理废渣，填沟造田。首先对煤矸石采取了集中堆放，定期覆盖黄土，煤矸石综合利用处置率达到了100%。二是硬化地面，净化环境。公司对各个重要场所的路面进行了硬化，购买了专用车辆，对矿区地面每天进行清扫，有效地控制了煤尘二次飞扬。三是洒水降尘，消除煤尘。在每个原煤转载点安装静压洒水喷头和净化水幕，有效降低煤尘。建设完成了污水处理厂，使生活废水再次得到利用，矿井水处理率达到了100%。四是处理废气，净化空气。采用集中供热，取缔小火炉等形式减少废气排量，净化了空气。五是采取措施，降低噪声。对污染源进行消声处理，使厂区噪声达到了Ⅰ类标准。六是栽花种草，美化环境。全公司栽花种草30余亩，植树1000余株，矿区环境得到了美化，矿区绿化面积达到了90%。

山西煤炭运销集团古交福昌煤业有限公司

一、矿井概况

福昌煤业有限公司是由原古交市马兰镇办煤矿和原古交昌盛煤矿兼并重组整合而成，2021 年 3 月 23 日由山西煤炭运销集团有限公司划转至山西焦煤集团。矿井位于古交市马兰镇下石沟村东北，距古交市约 15 km，古交—岔口公路从井田北部经过，向东与太宁公路相连，距国营马兰矿铁路专线约 2 km，古交—太原有铁路专线，交通较为便利。

矿井批准开采 02 号、2 号、4 号、6 号、8 号、9 号煤层，井田面积 1.8006 km^2，现开采煤层为 8 号煤层。矿井保有资源/储量 1335 万 t，设计可采储量 639.794 万 t，生产能力为 60 万 t/a，服务年限 7.58 a。8 号煤层自燃倾向性等级为Ⅱ类，属自燃煤层；煤尘具有爆炸性；瓦斯绝对涌出量为 1.96 m^3/min，瓦斯相对涌出量为 1.51 m^3/t，低瓦斯矿井。矿井正常涌水量 34 m^3/h，水文地质类型为中等，局部带压开采。

二、主要技术经济指标

2021 年原煤产量 58.08 万 t，掘进进尺 1822 m，动用煤量 61.53 万 t，采出煤量 53.53 万 t，采区采出率 86.8%。

2022 年原煤产量 45.03 万 t，掘进进尺 4238 m。2022 年企业工业总产值 27648 万元。动用煤量 44 万 t，采出煤量 38.81 万 t，损失煤量 5.2 万 t，采区采出率 88.2%。

三、安全高效矿井建设的主要做法

（一）加强组织领导，落实安全主体责任，为建设安全高效矿井提供组织保障

1. 切实加强组织领导

高度重视安全高效矿井建设工作，积极进行科学规划，按照“高境界、高起点、高标准”的要求，坚持领导重视、目标引领、正向激励、措施保障等工作策略，促进了安全高效矿井建设工作的全面开展。

2. 坚持安全发展理念

始终坚持“安全第一、预防为主”的方针，严格做到不管企业如何发展，安全工作必须加强；不管效益如何波动，安全投入必须保证；不管体制如何变化，安全制度必须落实。

3. 完善安全责任体系

突出矿各级管理人员安全责任主体地位，建立以总工程师为首的技术保障机制，确保安全责任的落实。

4. 强化安全基础管理

坚持“查大系统、治大隐患、防大事故”，突出“一通三防”、防治水、顶板控制、机电运输等安全管理重点，强化了安全工作的基础。

5. 创新安全管理机制

坚持用市场经济的手段抓安全，实行安全风险抵押金、工资月结算等制度，深入开展“手指口述”、“一岗双责”等活动，有力地调动了抓好安全工作的主动性和自觉性。

（二）明确管控重点，突出重大灾害治理，为建设安全高效矿井奠定坚实基础

1. 在“一通三防”方面

紧紧抓住采掘布局、通风系统、瓦斯治理、安全监控等重点环节。高度重视瓦斯治理，杜绝了瓦斯事故。实施精细化管理。

2. 在防治水方面

积极依靠科技手段做好防治水工作，严格落实了“物探先行、化探跟进、钻探验证”的防治水规定，采用瞬变电磁仪、直流电法等技术手段对矿井水文情况进行探测，保障了安全生产。

3. 在顶板控制方面

明确顶板控制分管负责人和机构，配备专业技术人员，采掘工作面支护方式、支护参数通过分析研究合理确定，并不断验证、修改、优化支护设计，运用矿压在线监测系统，实时监控顶板动态情况，分析矿井压力分布，指导现场支护和防范措施。

（三）实施科技兴安战略，优化开采工艺，为建设安全高效矿井提供技术支撑

1. 改进工艺提高生产效率

以系统安全、设计优化、工艺创新、支护改革为重点，优化开拓布局和生产系统。根据衔接计划，调整劳动组织，实现掘进搬家零影响。

2. 创新驱动支撑优势明显

注重创新的层次与针对性，全员创新创效活动蓬勃开展。2021 年，先后召开采掘、防治水技术、通风防尘、监测监控等专项会议 20 多次，完成创新项目 58 项，取得显著效果。

3. 保障安全强化设备管理

推行设备生命周期管理和设备点检制，建立了设备管理系统和机电设备计划检修系统，对设备实现采购、检验、入库、维护、租赁、报废等全过程管理，极大地提高了设备的使用效率。

4. 坚持资源节约，优化采区设计，减少煤柱损失

积极探测井下断层参数，留设合理的防隔水煤柱，在地面采空区收集回采过程中的岩移数据，计算塌陷角，为地面建筑留设合理的保护煤柱，减少资源浪费提供了可靠保障。

（四）深化智能化和绿色矿山建设，改善矿井整体面貌，为建设安全高效矿井搭建

（1）福昌煤业目前完成了井下瓦斯监控系统、人员定位系统、通信系统、顶板在线监控、视频监控等系统，已经全部长传联网至山西焦煤，井下安装完成了无人值守的变电所、水泵房。计划在 2023 年 4 月前完成 9101 智能化掘进工作面的建设。

（2）福昌煤业从矿区环境、资源开发方式、资源综合利用、节能减排、科技创新与智能矿山、企业管理与企业形象等多方面入手，重点从推广开采新技术、智能矿山建设、矿山生产自动化改造、资源储量管理系统、地测管理信息系统、三维地理信息系统等多方面提升绿色矿山建设水平，打造绿色、安全、高效的新矿山，2022 年 11 月通过绿色矿山验收。

山西煤炭运销集团三聚盛煤业有限公司

一、矿井概况

山西煤炭运销集团三聚盛煤业有限公司是由原山西三聚盛煤业和原山西顺昌煤业整合而成，井田位于娄烦县城北 10 km 处的岩头村，行政区域隶属静游镇，井田面积 3.4456 km^2，矿井设计能力 90 万 t/a。主采 9 号煤层，为 1/3 焦煤、可作炼焦配煤，矿井采用四个斜井单水平开拓，综采放顶煤采煤方法，全部垮落法控制顶板。

矿井瓦斯等级为低瓦斯，绝对瓦斯涌出量为 1.47 m^3/min，相对瓦斯涌出量为 0.76 m^3/t；煤尘爆炸指数为 26.99%，煤火焰长度 130 mm；自然发火等级为Ⅱ级自燃煤层，最短发火期 88 天；水文地质类型中等，正常涌水量 22 m^3/h，最大涌水量 28 m^3/h。

二、主要技术经济指标

2021 年原煤产量完成 75.39 万 t，开掘进尺实际完成 0.28 万 m。2021 年工业总产值 62291.15 万元。动用煤量 56.9 万 t，采出煤量 54.3 万 t，损失煤量 2.6 万 t，采区采出率 92%。

2022 年原煤产量完成 90.3 万 t，开掘进尺实际完成 0.396 万 m。2022 年企业工业总产值 63582.03 万元。动用煤量 77.6 万 t，采出煤量 60.1 万 t，损失煤量 17.5 万 t，采区采出率 75%。

三、安全高效矿井建设的主要做法

（一）生产组织方面

严格执行“一矿一井一面”，坚持走人员少、产量高、效益好的新型高效矿井，矿井从科室到队组实施一人多才、一人多能、一人多效。做到增产增效不增人，并通过学习兄弟矿井的先进经验做到不断提高单产单进水平，使本矿达到高产高效矿井先锋之列。本矿开拓方式为斜井开拓，井下布置 3 条主巷道，轨道大巷、带式输送机大巷和总回风巷。在二采区设计时该矿根据实际情况，和设计院一起分析、讨论决定将二采区轨道巷和二采区带式输送机巷合二为一定为二采区机轨运输巷，此举大大缩短了掘进进尺，提高了掘进效率，缩短了采区衔接时间和综采工作面准备周期。间接地提高了矿井单进水平。将一采区 9105 进风巷材料运输巷和 9105 回风巷材料运输巷合并为 9105 巷材料绕道实现集中运输，使运输路线简单化、功能集中化。采煤工作面沿煤层走向布置。回采方式为后退式。采煤方法为综采放顶煤，全部垮落法控制顶板。

（二）安全发展方面

1. 认真落实全员安全生产责任制

组织召开安全生产工作会议，部署全年安全生产工作，内部层层签订安全目标责任书。强化现场安全管理、工作纪律和现场管理。在矿井内形成“安全生产，人人有责”的安全生产责任管理体系。同时，严格安全生产履职绩效考核和失职责任追究，实行安全生产“一票否决”。

2. 加强风险分级管控和隐患排查治理两大体系建设

完善了“双预控”体系建设方案。该矿使用山西焦煤能源云安全信息管理平台进行了“双预控”信息管理，目前系统运行稳定可靠，信息上报及时有效，双预控管理工作效果明显提升。

3. 深入开展周四安全生产活动

制定了《周四安全生产活动日制度》，把每周四作为安全活动日。由矿长、党支部书记分别带队并分组对井下、地面现场不留死角、全方位组织安全检查。各专业分管领导，科室、队组负责人或副职及相关技术人员、科员参加。下午组织召开专题会议，对检查出的问题及时组织“三定”处理。各班组利用班前、班后会组织员工开展事故案例学习、安全知识培训、操作技能教育等活动。

（三）技术创新方面

为了提高生产效率，降低生产成本，本矿鼓励全体职工积极进行技术创新，依托于科技创新奖励办法，对有技术创新的团体和个人进行资金方面的支持，加快推进技术创新成果转化。对小改小革直接按照奖励办法，给予职工相应奖励，并发放奖状，优异者向山西焦煤西山煤电集团进行报送，参与上级单位组织的评比活动，积极鼓励推动技术创新活动。

在 2021 年、2022 年，积极跟随集团公司“三个三步走”政策，始终坚持科技创新带动技术革新的总方略，以切实加快技术创新作为发展方式的重要战略举措。鼓励广大职工积极参与科技创新活动，充分带动工程技术人员的积极性，促进科技成果快速转化为生产力，提高本单位的核心竞争能力。

（四）智能绿色矿山建设方面

按照山西焦煤集团公司生态环保工作总体部署，积极创建一流生态环保企业，着力提升环保精益化水平。为了更好地推动企业高质量绿色发展，本矿将环保工作纳入安全生产标准化考核，并健全机制，在推动责任落实上持续发力，筑牢思想防线。完善顶层设计，将生态环保当作“一把手”工程，成立了环境保护管理委员会，矿主要领导任组长，生产副矿长任副组长，初步构建“主要领导带头抓、分管领导亲自抓、职能科室直接抓、责任单位具体抓”的环保工作管理体系。同时，加大投入，在改善环境上持续发力。先后对矿井水处理站进行了除铁锰升级改造，新建了 2000 m^3 调节沉淀池，根据排矸场排矸情况持续覆土绿化，新建污染源在线监测系统等，实现了源头有效控制，重点区域显著好转，空气质量明显改善。

（五）科学管理方面

（1）运用人员定位监测系统功能和下井人卡合一刷脸系统，保证井下作业人员小于井下劳动定员人数。制定矿井中长期劳动组织及劳动定员规划，严格按照劳动定员标准，确定不同作业地点的劳动定员；当生产工艺装备发生较大变化时，应按照“能减则减”原则，及时修订定员标准。

（2）控制入井人数。将减少井下作业人数纳入安全生产工作目标和计划，积极创造条件减少井下作业人数。生产班单班入井人数控制在 120 人以内。

山西西山晋兴能源有限责任公司斜沟煤矿

一、矿井概况

斜沟煤矿成立于2003年10月21日，是国家“十一五”规划重点建设的十个千万吨级矿井之一。井田属于河东煤田离柳矿区，位于山西省兴县县城以北50 km处岚漪河两侧，行政区划隶属于兴魏家滩镇和保德县南河沟镇。矿井井田面积为82.64 km^2，设计可采储量1.477×10^{13} t，公告生产能力1500万t/a，服务年限75.7 a。

井田内构造简单，总体上为一走向近南北、倾向西的单斜构造。煤层倾角为9°~12°。井田内没有岩浆岩侵入，地表和钻探过程中也未发现断裂构造和陷落柱，仅在井田东南部发现有宽缓状小褶曲。矿井主采煤层为8号、13号煤，其中8号煤平均厚度为4.87 m，13号煤平均厚度为13.88 m。

二、主要技术经济指标

2021年矿井原煤产量完成1499.76万t；综合单产43.53万t/(个·月)，综合单进461 m/(个·月)；原煤工效为43.83 t/工，全员效率为6609.27 t/人。2022年矿井原煤产量完成1569.87万t；综合单产40.34万t/(个·月)，综合单进451 m/(个·月)；原煤工效为48.84 t/工，全员效率为6519.37 t/人。

三、安全高效矿井建设的主要做法

（一）生产组织方面

（1）每年编制矿井中长期采掘衔接计划，对采掘衔接部署进一步优化。紧紧围绕“一优三减”开展工作，合理安排生产工序，更好发挥装备效能。要求各采掘队组严格按正规循环作业，加强劳动组织管理，针对现场可能产生的问题进行超前考虑、超前准备。加强设备运行管理，开展预防性和强制性检修，提高设备开机率，减少设备故障影响时间。2022年斜沟煤矿设备影响时间较2021年降低613.7 h，同比下降33.41%。在筒仓检修、原煤仓满、铁路检修期间，积极组织设备检修和全员脱产培训，降低对采煤工作面的影响。

（2）为强化过程控制，要求各队组每月分析生产过程中的每个环节和细节，不断优化工艺流程，针对生产过程中的突出问题，特别是特殊条件下的施工难题，必须进行专题分析研究，制定针对性措施，不断提高队伍在复杂条件下的整体应变能力。

（3）以重点队组建设为抓手，为实现安全高效目标，依托先进的进口综采设备和放顶煤工艺，科学合理地对指标任务进行逐月分解，加强生产组织和设备检修，采取多种措施为综采一队安全生产提供一切便利条件，全力将综采一队打造为年产千万吨的采煤队。综采一队历史最高日产 36750 t、最高月产 102 万 t，均创造了山西焦煤最高日产、月产纪录。

（二）安全发展方面

牢固树立底线思维和红线意识，狠抓“三基”和“双预控”管理，严格执行岗位安全确认和集体安全确认制度，在现场分班组设立党员先锋岗、青监岗、群监岗，认真落实跟班、带班下井制度和“若干个必须”到场到位规定，把主要精力放在一线、放在现场、深入基层、发现问题、解决问题，确保工作面正规循环和现场作业安全。

（三）技术创新方面

（1）综放工作面采用水力预裂切顶卸压技术，提高放顶煤工作面的采出率，并有效解决了工作面两端头悬顶面积大的问题；同时将原有“一刀一放”放煤方式更改为“两刀一放”，提高了生产效率，降低了含矸率。

（2）推广工作面预掘回撤通道收尾回撤工艺，引进 ZDD18000/26/55 型垛式支架提前迈步式安装于回撤通道，提高了支护质量，缩短了回撤时间，23111 综放工作面应用该工艺后，用时 22 天结束回撤，刷新了斜沟煤矿最短回撤时间。

（3）综采工作面全部实现乳化液地面远距离集中供液，提高了乳化液配比质量，延长了泵站和液压支护设备的使用寿命，同时减少了设备维护和乳化液运输成本，提高了生产效率。

（4）与中国矿业大学合作研究新型锚杆，放大支护间排距。在 8 号煤层掘进巷道 50 m 范围内试验了新型锚杆，后期监测矿压正常，在保证巷道支护强度的基础上，有效降低了巷道支护密度，提高了掘进效率。

（5）为降低掘巷成本，回收煤柱资源，在 8 号煤层巷道组织开展了“无煤柱自成巷 110 工法”，目前共计留巷长度 1078 m，留巷效果良好，将来可作为正常已掘巷道使用。

（四）智能开采方面

（1）智能化综采（放）工作面实现了可编程自动化全工艺割煤。采煤机速度由以往的4～5 m/min，提高到7～9 m/min，自动化率稳定在85%以上。单班出勤可由13人减少为5人，降低了工人的劳动强度，出煤刀数在原有基础上增加了1刀。

（2）智能化综掘工作面实现了掘进与支护的平行作业，实现了大断面月进尺500 m的突破，试用成功了4000 m长距离带式输送机，代替了以往每掘进1000 m，就要加输送带搭接的局面，真正实现了减人提效。单班出勤可由9人减少为6人，单月进尺最高可达528 m。

（3）坚决贯彻“边开采、边治理、边恢复”的原则，及时治理恢复矿山地质环境，复垦矿山压占和损毁土地，矿山符合绿色开采和绿色生产要求。

山西西山煤电股份有限公司西曲矿

一、矿井概况

山西西山煤电股份有限公司西曲矿井田位于山西省太原市古交市北约0.5 km处，汾河北岸、西山煤田北部边缘地区。矿井于1984年12月1日建成投产，设计生产能力为3.00 Mt/a，核定能力为4.00 Mt/a。并同时建有一座与之相匹配的大型现代化选煤厂。矿井井田南北长6.5 km，东西宽6 km，面积30.6857 km^2。矿井累计查明资源储量4.35亿t，可采储量1.27亿t，主采煤层有太原群和山西组的2.3号、4号、8号、9号煤，现产品有焦煤、瘦煤和肥煤。

矿井开拓方式为主斜井、副平硐综合开拓。矿井分南、北两翼生产，南北翼均以+983 m水平开采，在北翼另设+1072 m辅助水平。采用长壁后退式全部垮落法综合机械化采煤方法。矿井开采煤层为Ⅱ类自燃煤层。水文地质条件复杂，无带压开采区域。矿井为低瓦斯矿井。

二、主要技术经济指标

2021年全年实现安全生产，原煤总产量完成331.54万t。掘进总进尺完成16556 m，其中开拓进尺完成2318 m。2021年矿井综合单产为141826 t/(个·月)，全矿原煤工效达到了14.76 t/工。全年采区采出率中厚煤层达到了85.4%，厚煤层达到了83.5%。全矿利润实现22963万元，完全成本386元/t，人均工资10.55万元。

2022年全年实现安全生产，原煤总产量完成330.12万t。掘进总进尺完成17326 m，其中开拓进尺完成2216 m。2022年矿井综合单产为137865 t/(个·月)，全矿原煤工效达到了13.28 t/工。采区采出率中厚煤层达到了85.2%，厚煤层达到了83.3%。全矿利润实现23658万元，完全成本387元/t。人均工资10.88万元。

三、安全高效矿井建设的主要做法

（一）科学组织生产，持续推进“一优三减”，实现安全高效

（1）科学组织生产。一是抓衔接，保“四量”。保证矿井“四量”平衡，衔接合理，各项生产工作稳步进行。二是抓现场，保效率。及时调整生产单位劳动定额分配办法，完善激励机制，保证了关键时期、困难时期的一线工人出勤。通过加强设备检修，开展机电设备包机考核，降低事故率，确保了生产的有序进行。三是抓改革，促发展。部分队组已实现二级管理，取消采区建制，将采区部分职能划归相关对口部门管理，将生产队组从繁杂的协调性事务中解放出来，全力以赴抓生产；同时，通过二级管理改革，减少了管理层级，缩短了管理半径，提高了管理效率。

（2）推进矿井“一优三减”工作，落实科技减人，提高生产效率和经济效益，安全稳步发展。实现了“一井两面”生产，优化采盘区布置，调节减少采区数量。完成集中带式输送机巷集控系统、井下所有变电所无人值守系统、南四泄水巷集控系统及两部架空乘人车无人值守系统。

（二）依靠科技进步，优化生产环节配置，提高矿井安全高效建设

（1）使用长距离临时支护快掘系统。为提高矿井单进水平，矿井按照公司要求，积极推广使用长距离临时支护快掘系统，掘进进尺明显提高。

（2）采用注浆加固顶板支护技术。矿井在工作面过煤层变薄带、陷落柱和断层期间推广使用注浆孔注浆、注浆锚索支护技术，加固顶板与煤帮，对破碎的围岩加固取得了良好的效果，提高了顶板支护质量，确保了顶板安全。

（3）采用水力压裂技术。为解决 8 号煤层采空区上隅角悬顶大的问题，在 8 号煤层综采工作面开切眼及两巷端头推广使用水力压裂顶板控制技术，有效减少了悬顶面积，保证了安全生产。

（4）根据工作面实际情况和巷道地质变化特点，及时调整各段巷道支护方式，采用“一段一策”支护理念，确保了各段支护科学合理、掘进高效、安全可靠。

（三）立足降本增效，不断加大改革力度

（1）在提升精细化管理水平的基础上，着重开展精益化管理、后勤系统市场化改革、内部经营承包、转岗分流等工作。为集团缩减成本、优化资源、提质增效做出了积极的贡献。实行精益化管理以来，通过人员选聘、机构调整合并等自主经营手段，达到了成本管控、提质增效的初衷。

（2）按照“人员能进能退，干部能上能下，薪酬能高能低”的理念，突出问题导向，优化人员结构，全面推进“三项制度”改革。合理定编定岗定员，精减人员，精干主业。在矿井人数不断下降的情况下，通过内部挖

潜，保障井下一线队伍的稳定。对辅助队组和部门进行机构合并、人力资源调整、业务职能整合等，进一步理顺了层级关系，提高了人力资源高效化。

（四）推广绿色开采，建设生态文明

（1）严格按照矿山地质环境治理恢复方案和土地复垦方案进行“边开采、边治理、边恢复”，本着宜农则农、宜林则林的原则累计复垦土地52480亩，复垦率100%。对采掘活动造成的地表裂缝、塌陷、废弃井筒及时进行填埋、封堵。已绿化了龙王沟、南坪山两处矸石山，矸石山总绿化面积达到530600 m^2，已风化的矸石山绿化率达到100%。

（2）在水资源保护方面，矿井对晋祠泉域重点保护区采取了避让措施，同时为了不带压开采，开采煤层底板标高均高于奥灰水水位，确保了煤矿开采不会对水资源造成破坏。矿井水、疏干水利用方面，矿井建设有两处污水处理厂，处理排放标准为地表三类水的能力达到10000 m^3/d，工业废水经矿井污水处理站处理后，实现污水再生回用，无外排。

山西西山煤电股份有限公司镇城底矿

一、矿井概况

镇城底矿是西山煤电古交矿区五对矿井之一，是国家“六五”重点建设项目。矿井原设计生产能力 150 万 t/a，服务年限 117 a。矿井于 1983 年元月开工建设，1986 年 11 月与同等能力的选煤厂同时投产。2008 年核定生产能力为 190 万 t/a。

矿区总面积 23. 1526 km^2，井田含煤层地层为二叠系山西组及石炭系太原组，可采煤层 8 层，煤层总厚度为 16. 79 m，含煤系数为 10. 42%，主采煤层为 2 号、3 号和 8 号，煤质以肥煤、焦煤为主。矿井地质构造复杂，全区以断裂构造为主，部分区域陷落柱较发育；水文地质条件复杂，属带压开采，奥灰水静止水位标高+900 m。

二、主要技术经济指标

2021 年原煤总产量 166. 4 万 t，掘进总进尺 14037 m，原煤工效 8. 719 t/工，全年完成利润 8904 万元，职工人均年收入达到 11. 6 万元。矿井综采机械化程度 100%，掘进机械化程度 85. 63%，综合单产为 8. 35 万 t/(个・月)；2022 年原煤总产量 145. 8 万 t，掘进总进尺 14222 m。原煤工效 8. 646 t/工。全年完成利润 6843. 7 万元，职工人均年收入达到 13. 42 万元。矿井综采机械化程度 100%，掘进机械化程度 89. 06%，综合单产为 8. 53 万 t/(个・月)。

三、安全高效矿井建设的主要做法

（一）迎难而上，基础管理逐步夯实

守红线、补短板、破难题，着力变治标为治本、变被动为主动。严格干部管理，整顿劳动纪律。强化行为整治，规范职工行为。加大了对严重“三违”、习惯性违章的查处力度，重点突出特殊工种、“三员两长”等关键岗位、重点人员的行为整治，通过曝光、参加学习班、陪侍工伤职工写感想、警示问责谈话及个人安全技能账户工资清零等方式，对严重违章人员进行惩戒教育，促进了职工自觉消除“三违”行为。坚持“一月一面一线一

点”的工作思路，狠抓了现场安全生产标准化整治，严格上尺上线，打分定级，以示范点线面带动全矿标准化整体水平提升。

（二）克服困难，调整部署，拼搏完成生产任务

积极推进南三上组、南二下组采区建设，确保了2号、3号煤层采区顺利接替，同时积极谋划8号煤层工作面早日生产，达到配采配洗，保证了生产衔接的顺利接续；通过持续组织开掘会战、加强设备检修，提高巷道有效掘进率，保证了矿井“四量”平衡；不断优化劳动组织，在正规循环作业基础上，抓好工时利用，提高循环进度，优化探放水、抽采打钻等工程对生产的影响。面对采煤工作面构造多、设备差等不利局面，矿采取了针对性的措施，狠抓工作面动态达标、正规循环，通过班班调架、刀刀调架，加强设备管理和现场管理，保持了生产正常有序，通过全矿干部职工的共同努力，完成了公司下达的原煤生产计划。

（三）科技引领，更新装备，强力推行“一优三减”

坚持科技是第一生产力的原则，积极投入先进生产装备，推动矿井减人提效。完成了主斜井胶带更换，解决了胶带使用时间过长产生的严重隐患；更换了西翼回风井主通风机，消除了主通风机无煤安标志的重大隐患。积极推广应用使用卡轨车、无极绳绞车、气动履带平板车等辅运装备，减少矿井运输环节，提高了运输效率。井下所有采掘工作面均安装了顶板在线监测系统，引进了巷修机、液压锚杆钻车、履带式坑道钻机、坑道定向钻机、滑移式临时支护装置，提高矿井装备水平。在南三上组采区变电所安装了地面远程监控系统，在南翼上组行人斜巷安装了智能化架空乘人装置，实现无人值守。通过优化人员配置、科学定编定员、整顿劳动纪律、落实转岗分流政策、安排富余人员对外创收等工作措施，减少在职人数和工资支出。

（四）成本管控，对标对表，经营管理持续提升

着眼提质增效，强化对标意识，做优成本管控、材料考核等管理环节，提高了矿井经济运行质量。大力修旧利废。陆续开展了井下原木回收加工再利用、LED照明灯回收置换、电缆维修等专项修旧利废工作。加强成本工程管理。优先保障涉及矿安全生产及环保改造工程，其余项目一律暂缓实施。加强材料管理。建立材料消耗数据信息库，实现材料指标的预算、领用、消耗、考核全部通过网络平台办理，及时准确地反应矿经营指标情况，提升经营管理水平。通过规范仓储管理大大减少了材料流转过程中的浪费，加快了流动资金的运转；严控其他费用支出。严格控制差旅费、办公费、业务招待费、活动经费及各种会议费用支出。从严审批各类费用，各类可控费

用必须控制在年度预算以内，最大限度降低非生产支出。

（五）加强组织，落实责任，重点工作稳步推进

加快推进各项重点工作，积蓄了企业发展潜力，增强了企业内生动力。其中，南六采区已经完成证照办理，正在有序恢复生产。歇马村进风井已取得初步设计批复，完成了环评、水保、地质灾害评估，制定了规划调整方案和红线图，完成了井筒设计和厂区工程设计，目前进风石门已施工完毕。绿色矿山建设上，在企业自评、第三方评估、省级推荐基础上，经国家现场核查、验收，已经纳入国家绿色矿山名录。标准化建设上，2021 年 3 月 24 日通过国家一级标准化矿井验收。

山西孝义西山德顺煤业有限公司

一、矿井概况

山西孝义西山德顺煤业有限公司为国有控股企业，其中山焦西山持股51%、华润深国投信托有限公司持股49%。井田位于孝义市西南方向约35 km处，行政区划属孝义市驿马乡管辖。矿井核定生产能力60万t/a，煤炭产品为肥煤、主焦煤，主要供应炼焦企业。井田北邻山焦汾西柳湾煤业，东南部与山焦华晋金达煤业相邻，西南部与山焦汾西正帮煤业相邻。井田面积4.3601 km^2，批准开采4号、5号、9号、10号、11号煤层，现采10号、11号煤层。矿井剩余可采储量1254.8万t，剩余服务年限14.9a。

矿井瓦斯等级鉴定为低瓦斯矿井，瓦斯绝对涌出量为1.75 m^3/min；相对涌出量为1.51 m^3/t。经山西省煤炭工业厅综合测试中心鉴定该矿9号、10号、11号煤层煤尘具有爆炸性，煤层自燃倾向性属于Ⅱ类，为自燃煤层。井田水文地质类型为中等，矿井正常涌水量为16 m^3/h，最大涌水量为66 m^3/h，开采煤层均为不带压开采。

二、主要技术经济指标

2021年原煤产量60万t，掘进进尺3604 m。2021年工业总产值值22028.8万元。动用煤量70万t，采出煤量60万t，损失煤量15万t，采区采出率85.7%。

2022年原煤产量63.9万t，掘进进尺4046 m。2022年企业工业总产值59380.64万元。动用煤量78.9万t，采出煤量63.9万t，损失煤量15万t，采区采出率81%。

三、安全高效矿井建设的主要做法

（一）加强安全管理，确保安全生产

坚持“安全第一，预防为主，综合治理”方针和“管理、装备、素质、系统”并重的原则，牢固树立安全发展理念，以人为本，依法治矿，坚持目标引领，强化“双预控”机制，引伸“三基”工作，织密扎牢安全网络，

坚守安全“底线”，保障安全投入，提升防灾抗灾能力，抓关键，抓环节，抓落实，全面提升安全管理水平，坚决实现全年安全生产。严格按照安全生产标准化要求，积极开展了风险分级管控，通过开展岗位风险辨识、评估、培训，使职工明确了所在岗位存在的风险和应对措施。完善了矿井隐患排查体系，通过开展隐患排查治理工作有效防范和遏制了矿井事故的发生。

（二）优化生产系统，降低生产成本

坚持“一矿一井一面”的生产格局，坚持走人员少、产量大、效益高的新型集约化路子，实施一人多能，增产不增人，不断提高单产单进水平。矿井开拓方式为斜井开拓，井田呈一大单翼下山开拓格局，采区集中巷设运输、回风两条巷道，巷道均为煤巷，大大提高了矿井单进水平，缩短了采区、工作面准备周期。采区内单翼布置走向长壁采煤工作面，运输巷及回风巷分别垂直于采区巷沿煤层走向布置。回采方式为采区前进式、工作面后退式。采煤方法为综采一次采全高、全部垮落法控制顶板。掘进运输采用气动履带式平板车。

（三）优化组织结构，合理定岗定员

（1）合理确定井下劳动定员。对矿井近期、中期、远期的劳动组织及劳动定员进行合理规划，每年修订一次本企业的劳动定员标准，确定不同作业地点的劳动定员；当生产工艺装备发生较大变化时，应按照“能减则减”原则，及时修订定员标准。

（2）完善人员位置监测系统功能。在人员定位系统增设超员报警模块，依据作业地点的劳动定员数量设定相应区域同时作业人数的上限，当区域人数超过上限时自动报警。所有入井人员必须携带识别卡或具备定位功能的相关装置，实现对入井人数及其分布情况实时监控。

（3）控制入井人数。将减少井下作业人数纳入安全生产工作目标和计划，积极创造条件减少井下作业人数。生产班单班入井人数控制在 99 人以内。

（四）鼓励技术创新和设计创新

为了提高生产效率，降低生产成本，鼓励全体职工进行技术创新和设计创新，并制定奖励办法。对技术创新或设计创新的集体和个人除了直接物质奖励外还在工资、福利待遇等方面进行适当奖励。掘进工作面使用气动式履带平板车，节省了人工运输，工作面使用高强度锚杆放大锚杆间排距，大大提高了人员工作效率。

山西阳煤集团南岭煤业有限公司

一、矿井概况

南岭煤业有限公司位于太原市清徐县东于镇西北方向，地势总体呈现东、西高，中间低的态势，最高点位于矿井西部，最低点位于矿井南部（沟谷），最大相对高差为579.4 m。属剥蚀侵蚀中山地貌。南北长约4100 m，东西宽约3500 m。井田面积为9.0177 km^2，井田内可采煤层为2号、4号、5号、8号、9号煤层，矿井设计生产能力为90万t/a。水文地质条件为中等，不带压开采。矿井为高瓦斯矿井。煤尘有爆炸性，自燃倾向性等级为Ⅲ类，属于不易自燃煤层。

二、主要技术经济指标

2021年原煤产量89.7万t，开掘进尺实际完成0.54万m。企业工业总产值4.48亿元，人均工资达到10.89万元。矿井综合单产为72186 t/(个·月)。综采工作面采出率实际完成97%，动用煤量101.6万t，采出煤量89.7万t，采区采出率87%。

2022年原煤产量98.8万t，开掘进尺实际完成0.9007万m。年企业工业总产值7.46亿元，人均工资达到12.58万元。矿井综合单产为74268 t/(个·月)。综采工作面采出率实际完成97%，动用煤量110.8万t，采出煤量98.8万t，采区采出率88%。

三、安全高效矿井建设的主要做法

（一）强化生产组织，实现效能提升

1. 提高单产、单进水平，实现效能提升

牢固树立抓住机电就是煤的理念，保证设备的开机率，加大正规循环作业，增加机械化设备的投入。采煤工作面实现远距离供电、远距离供液，引进使用矿用液压自移列车组；掘进工作面引进机载临时支护、加快智能化改造，提高工作效率、降低劳动强度、改善作业环境，提高单产、单进水平，实现效能提升目标。

2. 全面实施精煤制胜战略，提高经济效益

深入贯彻落实焦煤集团“精煤战略”，加快原煤入选进度；加快推进筛分车间TDS干选改造项目，解决原煤灰分偏高的问题，提高产出率。

（二）坚持安全发展方针，提升安全管理水平

牢固树立安全生产理念，同时借鉴杜邦理念，充分发挥理念引领，文化示范作用，把安全作为南岭公司生存发展的基础。坚持以“查大系统、控大风险、治大隐患、防大事故”为手段，压实各级安全生产责任，严格落实各项安全管理规章制度，坚决杜绝瓦斯、煤尘、水害事故。进一步强化行为治理工作，多措并举开展反“三违”和心理疏导，有效防范零打碎敲事故。依托“互联网+”、电教室等智能化培训平台分专业分工种开展煤矿专业知识培训，学考结合，以考促学，提升全员安全管理及技能素质，实现培训方式的创新。

（三）加快创新步伐，形成创新合力

1. 加强小改小革力度，推广五小创新成果

在采煤工作面采用DY90/25型矿用单轨液压移动装置进行拖缆，采用QSM-3型煤矿用水切装置，实现了工作面两端头退锚率100%，工作面安设SQ-100/132B型连续牵引梭车；掘进工作面安装顶板在线观测系统优化支护设计参数，利用注浆锚杆+注浆锚索对动压巷道高应力环境下的破碎煤岩体进行高预应力注浆加固提高巷道稳定性；对皮轨联巷加装风动过桥等创新基础上，加大五小创新支持力度，尤其是对地质构造探测、采空区水害防治、上隅角瓦斯治理等创新项目进行攻关，真正让创新成果应用到生产。

2. 加强工艺创新，超前谋划治理

针对目前现有采掘、抽采工艺，在二水平二期工程开工前，沿8号煤层采用长距离定向钻孔进行条带预抽治理，同时利用定向钻孔，提前探清条带地质状况、水害情况，做到工艺超前设计、设计超前施工。

（四）完善智能平台建设，创建智能绿色矿山

（1）加快智能化建设，推动智能化由硬件为主向软硬兼顾转变，完善智能平台建设，建立数据共享中心，发挥智能效力。完成智能化集中控制室的建设。完成筛分车间5部运输设备集中控制改造，实现无人值守运行；完成灯房改造，实现无人值守；完成地面8个排水点自动化供排水改造，数据上传集控中心，实现自动供排水；完成人员定位系统精确定位升级改造；对主要通风机在线监测、瓦斯泵在线监测等数据进行汇总分析，完成故障报警、设备开机运行分析、电量及负荷统计、钢丝绳在线监测分析等功能，为

决策提供数据支撑；建立数据共享中心，提前对风险隐患进行预警。加大对自动配液管理，实现对乳化液配比、使用等数据的收集和分析，作为智能降本的主要抓手。加大对中央水泵房、空压机房等室的无人值守、主运系统集控的管理，实现智能减员提效。

（2）秉持绿色发展理念，注入绿色矿山发展新动力。高度重视发展循环经济，注重清洁化生产，注重与周边环境的协调发展，注重安全管理、循环高效、区域协调、安全文明发展，为全面构建安全和谐型煤炭企业进行了卓有成效的探索。积极对开采过程中出现的影响环境因素如矸石排放、土地塌陷问题进行治理，并积极与有关单位进行协商，截至 2022 年底，已建成库容 32 万 m^3 矸石场，矸石规范填埋。对旧工业广场进行生态恢复建设。矿山生态绿化率达到了可绿化区域面积的 70%，实现了“边开采，边复垦”的生态治理规划。

山西华阳集团新能股份有限公司一矿

一、矿井概况

新能股份有限公司一矿是华阳集团下属的特大型骨干矿井，位于山西省阳泉市西北部和盂县东南部，面积 83.6 km^2。截至 2021 年底，矿井保有资源储量 548 Mt，期末可采储量 317 Mt，年核定生产能力 850 万 t，剩余服务年限 26 a。矿井井田位于沁水煤田东北边缘，现开采+669 m 水平，开采深度为 275~700 m。矿井水文地质类型为中等，瓦斯等级为高瓦斯矿井。矿井采用主斜井-副立井-副平硐综合开拓方式，划分为南北两个条带生产，盘区式开采。工作面采用走向长壁采煤法，后退式开采，全部垮落法控制顶板。

二、主要技术经济指标

2021 年生产原煤 849.88 万 t，矿井掘进总进尺为 24000 m，实现利润 102769 万元，采煤机械化程度达到 100%，掘进机械化程度达到 99.9%，矿井综合单产达到 2921535 t/(个・月)，原煤工效达到 17.557 t/工，资源回收率达到 78.82%，全年未发生人员伤亡事故。

三、安全高效矿井建设的主要做法

（一）全面优化矿井系统，助力矿井产能提升

1. 优化开拓方式，合理集中生产

（1）矿井开拓布局以及采区和采煤工作面布置贯彻系统简化、合理集中的原则，简化采区巷道系统，从原先的单翼采区布置改为双翼布置，减少了采区准备巷道布置以及采区煤柱的留设，增加了采区的采出率，减少了人力物力的投入等。

（2）积极推广大采长、大走向工作面开采，简化生产环节，提高生产效率，实现集约化生产，对原南条带四采区进行了设计优化，修改后采区东部走向长增加了 1100 m，工作面最大走向长度由 2167 m 增加到 2529 m。

2. 优化机电系统，提升装备水平

（1）矿井主运输系统、通风系统、排水系统、供电系统远程集控建设和智能化改造有序实施，当前井下各采区配电室、五个中央配电室，地面五个压风机房，矿井主排水系统完成升级，具备了无人值守条件。

（2）立井提升系统驱动装置和电控系统完成了全面升级，提升绞车在启动、加速、减速、爬行方面更加稳定，调速性能得到了持续优化。

（3）矿井地面五个主通风机房全部完成变频控制装置功能扩展，主通风机全部具备“瞬间失电跨越”和“飞车启动”功能。

（4）本部建立降压站集控电力调度中心。远程监测监控设备运行状况、采集数据信息及“四遥”操作，实现了在调度中心对降压站设备运行进行在线监测，准确下达停送电命令。

3. 改造矿井通风、抽放、监测监控、防尘系统，提升矿井“一通三防”能力

（1）对主要通风机进行大力改造，最大供风能力由 8000 m^3/min 提升至 9700 m^3/min。完成后八二区南整体封闭节省风量 1700 m^3/min。

（2）将六号瓦斯抽采泵站两台流量为 600 m^3/min 的水环真空泵更换为两台流量为 1200 m^3/min 的水环真空泵；在五采区、南条带正前、北条带正前各新建一座低位瓦斯抽采泵站及泵站硐室，进一步提升矿井抽采能力。

4. 改造洗选系统，提升矿井洗选能力

（1）块煤重介系统密度自动控制系统升级。有效地改善了重介块煤系统的洗选比重的稳定，增强处理能力，降低人工成本，介质成本。

（2）主运输皮带提能。101 号带式输送机运输能力由 1900 t/h 提高到 2200 t/h；51 号带式输送机运输能力由 1140/h 提高到 1600 t/h；改造后，整体提升选煤厂原煤入选量。

（二）全面升级技术装备，提升矿井单产单进水平

（1）工作面配套使用德国艾柯夫 SL-750、创立 MG-400/930-WD 和 MG-650/1510-WD 型多种型号的采煤机，SGZ-1000/1400 型刮板输送机，带式输送机统一安装 KTC101 集中控制装置。液压支架全部配备了 SAC 和 ZE07 型电液控系统，同步实现了液压支架单架控制、邻架控制、隔架控制及成组控制，机械化作业率达到 100%。

（2）15304 东工作面引进德国卡特彼勒大功率后部刮板输送机。机体配备智能型检测系统和多级保护装置，对设备电机、减速器运行状态的各项技术参数实施在线监测，切实提升了设备安全运行能力。

（3）151404 工作面配套使用的 MG-650/1510-WD 采煤机和

TYJYFT450S4-6 刮板输送机变频一体机，在充分保障设备高效运行的同时，对优化开采工艺、提升生产效率、降低设备投入、促进减员增效起到了积极作用。

（4）掘进工作面综合运用 EBZ-160/260 智能型掘进机、EBZ220M-2 掘锚一体机、迈步自移式带式输送机、锚杆液压钻机，凭借新技术新装备的优势，从根本上提升了矿井单进水平。

（三）大力推广智能化技术装备，提升矿井智能化水平

（1）151404 综采工作面通过引入成套智能化技术装备，实现了支架电液控制系统、综采设备集中控制系统、远程视频监测监控系统、智能集成供液系统协同作业，工作面现场作业减少 6 人，煤炭产量从人工作业的月均 22 万 t 提高到自动化作业的 30 万 t，生产能力提高了 36.3%。

（2）151405 高抽巷投运全国首台 EQS-3000 小断面岩巷盾构机，凭借破、装、运、支一体循环作业优势，月进尺完成 608 m，单日最高进尺完成 51 m，单日最高进尺刷新了全国纪录。

（3）北头嘴降压站投用变电站智能巡检系统，是集团公司第一家使用智能机器人巡检系统的变电站，该系统充分运用室外智能化巡检机器人对地面 35 kV 变电站设备进行每日 2~3 次巡检，每次巡检 2 h，完成高压设备及周边塔基设备 483 个测量点的数据监测回传，有效降低了职工的劳动强度，降低了变电站的运维成本，提高了精准巡检作业能力。

（4）矿井主提升系统 2 号强力带式输送机投运智能型巡检机器人，通过综合运用甲烷、烟雾，声音、视频等传感监测装置，可代替巡检人员进行在线带式输送机自行巡检，同时具备数据采集上传的功能，巩固提升了矿井智能化水平。

山西新景矿煤业有限责任公司

一、矿井概况

山西新景矿煤业有限责任公司位于山西省阳泉市西部，隶属于华阳新材料科技集团有限公司。矿井井田面积 54.7221 km^2，批准开采 3～15 号煤层，主要可采煤层为 3 号、8 号、9 号、15 号煤层。矿井正常涌水量为 88 m^3/h，最大涌水量为 175.9 m^3/h，水文地质类型为中等，为煤与瓦斯突出矿井，3 号、8 号、9 号、15 号煤层均无煤尘爆炸危险性，3 号、8 号、9 号煤层属不易自燃煤层，15 号煤层属 II 类自燃煤层。

矿井采用主斜副立开拓方式，现有+525 m 和+420 m 两个开采水平，采用采区前进式，工作面后退式，倾斜长壁采煤方法，其中，3 号、8 号、9 号煤层为中厚煤层，布置综采工作面进行开采，15 号煤层为厚煤层，布置综放工作面进行开采。

二、主要技术经济指标

2021 年完成煤炭产量 449.17 万 t，掘进进尺 18684 m，实现利润 75273 万元，原煤工效 10.053 t/工，矿井综合单产 128219 t/(个·月)，采煤机械化程度达 100%，掘进机械化程度达 98%，百万吨死亡率为零，职工年人均收入达 12.5345 万元。

三、安全高效矿井建设的主要做法

（一）夯实基础、强化管理，为安全高效建设提供安全保障

（1）逐级落实安全责任。按照“党政同责、一岗双责、齐抓共管、失职追责”的要求，引深“知责履责、失职追责”活动，完善安全生产责任体系，建立健全各级安全生产责任制，将安全生产控制指标层层分解落实，层层签订责任状，形成一级抓一级，逐级抓落实的格局。

（2）创新提升“166”安全管理体系，深入开展“三大、六反”、安全警示教育月、新《安全生产法》宣贯等系列活动；抓关键事、盯关键人，完善分级监管制度，积极构建日常检查、综合检查、专业检查、突击检查

“四位一体”的监督检查方式，坚持重奖重罚，安全生产专项整治三年行动取得阶段性成果，重大事故防控能力持续增强。

（3）强化安全生产标准化建设。巩固提升安全生产标准化示范矿井建设成果，高标准打造 6 条示范轨道巷和 10 个示范工作面，成功承办了集团公司安全生产标准化现场推进会，促进了标准化工作的提升。

（4）不断完善风险管控和隐患排查治理“双预控”机制，荣获了“山西省煤矿安全双重预防机制建设示范矿井”称号。

（二）创新措施、一面一策，提升瓦斯治理水平

细化强化“8+3”瓦斯治理模式，积极试验下向穿层钻孔机械造穴、定向长钻孔水力加砂分段压裂，不断探索实践煤层增透新技术。严格落实“一个钻孔就是一项工程”理念，狠抓抽采标准化建设，全年瓦斯抽采量完成 1.3 亿 m^3，瓦斯抽采量创历史最好水平。

（三）加大设备投入、狠抓技术创新，为安全高效建设奠定坚实基础

积极践行“机械化换人、自动化减人”措施，推广应用掘锚护一体机、盾构机、智能化掘进机等一大批新设备，首次采用 WCJ10E（D）型无轨胶轮车进行设备运输，全年建成 2 个智能化采煤工作面、7 个智能化掘进工作面。3215 工作面实现 4G、5G 信号全覆盖，顺利通过山西省能源局评定验收，成为全省首座完成建设及评定工作的矿井，为智能化开采开辟了一条科技新路。

单一煤层大力推广使用综采自动化开采，实现了电液控支架自动跟机、智能远程集中自动供液。大力推广应用大功率岩巷掘进机、岩巷用钻装机组、液压锚杆钻车、盾构机等新装备，加快推进煤巷“掘支运”三位一体高效快速掘进，提高掘进效率。井下配电室、主排水泵房、地面压风机全部实现了无人值守；井下带式输送机实现集中控制，推行岗位巡检制。

（四）加强人才培养、推行减人提效，提升原煤生产效率

（1）强化劳动定员管理，优化人力资源结构和配比。在人员总量控制的基础上，结合生产经营和衔接布局，进一步优化岗位配备和劳动作业形式。

（2）推进人员的融通使用，减少内部人力资源的浪费。通过内部劳动力市场和“三个中心”专业化服务平台，调节、引导劳动力资源合理流动，盘活劳动力存量，将缺员单位的用工需求和超员单位的富余劳动力分流联系起来，实现人员的融通使用和劳动力资源的有效配置，缓解当前人员队伍的结构性矛盾。

（3）搭建技术人才培养平台。创建了行业级的“温文文技能大师工作室”“李志坚技能大师工作室”；建立了“瓦斯治理科研项目工作站”，在高校生中开展“项目+人才”培养工作，为破解生产技术难题提供更多人才支撑。

（4）开展“五型”班组建设。以创建“学习型”“安全型”“高效型”“创新型”和“和谐型”五型班组为目标，强化班组基础管理水平。

（5）实施针对性培训。根据队组需求，针对性开展“订单式”培训；实行全员月度安全技能电脑考试制度，提高培训效果；充分利用井下培训基地，开展实操培训，提高操作水平。

（五）狠抓环保治理，实现矿井绿色开采

（1）坚持绿色发展理念，完善“公司、部门、落办人”三级责任体系建设，严格执行“排查、整改、考核、反馈”等闭合管理机制，相关污染物指标均达到国家及地方核准排放标准。

（2）废水全部回收复用。公司建有阳泉市最为先进的污水处理厂，生活污水、矿井水在处理后全部复用到井下洒水消尘和洗煤，水质分别达到《城镇污水处理厂污染物排放标准》中的一级 A 标准及《煤炭工业污染物排放标准》中相关排放限值要求，实现了废水零排放。

（3）环保工程有序推进。采取“自下而上，分层排放，黄土覆盖，恢复植被”的排矸工艺，累计完成矸石山治理 475.76 亩。淘汰燃煤热风炉，二氧化硫、氮氧化物、烟尘分别实现减排 38.53 t、27.25 t、15.74 t。采取煤台全封闭措施，全力减少扬尘，维护生态环境。

阳煤集团寿阳开元矿业有限责任公司

一、矿井概况

阳煤集团寿阳开元矿业有限责任公司位于寿阳县城西北约14 km，井田面积27.903 km^2，地质储量2.9亿t，设计可采储量1.2亿t，煤层整体呈北高南低单斜走势，平均倾角为6°，主采煤层为3号、9号、15号、$15_{下}$号，煤种为贫煤、瘦煤、贫瘦煤，商品煤主要用于电力用煤。矿井通风方式采用“五进两回”中央并列式，通风方法为抽出式机械通风。矿井为斜井开拓，主提升系统为胶带输送机，运人方式采用架空乘人装置。采煤方法为长壁后退式综采，全部垮落法控制顶板。掘进工作面采用综掘和锚网联合支护。

二、主要技术经济指标

2021年矿井百万吨死亡率为零，安全生产标准化达国家一级。2021年度完成产量247.23万t，总进尺完成13443 m，采煤机械化程度100%，掘进机械化程度95%。原煤工效8.292 t/工，综合单产为102371 t/(个·月)，2021年实现利润8645.48万元，吨煤成本为433.49元/t，职工年人均收入10.66万元。

三、安全高效矿井建设的主要做法

（一）提高装备技术水平，实现采掘面的高产高进

加大装备投入和自主技术创新，积极抓好采掘机械化工作。9号煤配备一次采全高支架，配套电液控自动化系统，实现了井下集控室及地面调度室对工作面运输机、转载机、破碎机、皮带、采煤机等的远程控制；实现了工作面视频跟机显示、随机调向等功能。正常掘进巷道全部实现机械化，岩巷掘进全部使用EBZ-260型掘进机，煤巷掘进使用EBZ-220、EBZ-160、EBZ200M-2掘锚一体机，极大地提升了巷道掘进单进水平，采煤机械化程度达到95%。

（二）实现系统集控化，推进智能化建设

（1）通过对井下采区皮带、给煤机进行集中控制改造，实现391皮带、

971 皮带、931 皮带和 9 号煤、1 号煤仓、2 号煤仓、3 号煤仓给煤机的远程集控操作，并在关键点增加视频监控。将皮带运行数据上传至地面调度，设置电流超限语音报警提示。具备无人值守条件。

（2）井下电网监控系统。对中央一配、中央二配、9 号煤一配进行技术改造，已经铺设配电室到地面集控中心 3 km 光纤，实现井下变电硐室控制采用防越级跳闸保护系统完全独立于高压系统的直流电源，解决长期以来井下供电系统没有可靠的控制和保护电源的种种弊端，提高煤矿井下供电的安全性和可靠性。同时，为煤矿井下供电实现网络化智能化，最终实现无人值守打下基础，目前已初步具备配电室无人值守的基本条件。

（3）KJ90X 瓦斯监控系统，可以实现模拟量传感器数字化传输，具备抗干扰能力，系统性能全面提升，运行更加稳定可靠。安全监控系统环网交换机在用 7 台，在线设备一共 965 台。分站 56 台，模拟量 494 台，环网采用专用光缆连接，分别从主井与副斜井进入井下，入井口采取防雷措施，显示和控制终端设置在矿调度室，全面反映监控信息。

（4）公司将地面降压站、井下配电室、大动力设备、井下排水、主运输设备、辅助运输设备监测监控系统数据进行融合，实现机电运输智能化综合管控平台具备智能分析、数据共享、协同管控与智能联动控制等功能。使各系统的生产效率、设备使用、能耗等达到最优状态。

（5）通过对 15 号煤采区皮带加装防爆控制箱、保护采集分站、沿线通话、报警装置、摄像头及各类传感器，完成 15 号煤采区皮带的数据集成、上传，实现 15 号煤采区皮带具备远程启停及保护、通话、报警、故障诊断等功能，具备无人值守的条件。

（6）健全运输实施保护装置，提升操作安全性。安装 ZDC30-2.2 常闭式跑车防护装置 10 套、ZDC30-2.5 常闭式跑车防护装置 1 套，代替了原先的自制打杆捞车器，同步在绞车上安装 KXJ127 矿用隔爆兼本安型控制器，具有绞车操作人员身份识别的功能，同时还具有输出控制作用，实现了绞车启停与跑车防护装置的闭锁功能，有力地保障了小巷运输安全。

（7）对 15401 进、回风掘进工作面的集控改造，实现了掘进机、风机及其开关的数据监控，以及风机配电点和掘进机处的视频监视，规范了视频范围内操作，同时在掘进工作面推广使用履带式液压锚杆钻车，降低了工人的劳动强度，提高了锚杆支护效率，保障现场作业安全，提升了掘进头面的单进水平。

（三）积极推进新工艺新技术应用

针对矿井 8+9 号合并煤层的煤体破碎严重，煤体酥软，大部分煤体为碎煤组成，复合顶板多为泥岩，较为破碎，抗压能力差，工作面末采难度大，拆架危险性较高等问题，公司为提高末采质量，实现安全高效拆安，在工作面末采区域试验全范围预注水泥浆加固工艺。采用分段式注浆加固办法，在停采线附近 20 m 范围内进行预注浆加固，通过注浆填充裂隙，提高煤体和顶板抗压强度，对破碎围岩进行重组，实现顶板区域性改善。

（四）持续推进生态治理，落实绿色开采政策

大力推广绿色开采技术工艺，采取了储煤场全封闭、生活污水处理系统改造、锅炉及热风炉脱硫除尘改造、厂区道路硬化、新矸山二期生态恢复治理等措施，高山深度处理站建成投用，原煤入选率达到 100%，抽采瓦斯利用率达 90.4%，矿井水利用率达 100%。矿井原煤运输全部采用封闭式带式输送机走廊，高山污水深度处理站投入使用，处理后的水质达到直接饮用的标准，使外排达到环保要求，同时缓解了厂区用水紧张的问题；矿井绿化覆盖率达绿化区域面积的 68.15%，矿区环境更加优美。

山西宁武榆树坡煤业有限公司

一、矿井概况

山西宁武榆树坡煤业有限公司位于山西省忻州市宁武县境内，隶属于华阳新材料科技集团有限公司。现为一级标准化矿井，证照齐全。矿井井田南北长约 7.5 km，东西宽约 0.3~2.7 km，面积 15.0247 km^2。矿井采用斜井开拓方式，批准开采 2~5 号煤层，批准开采标高+1480~+600 m，地质储量约 3.89 亿 t，可采储量 1.43 亿 t，矿井初步设计生产能力 1.20 Mt/a，现核定生产能力 5 Mt/a，为低瓦斯矿井。

二、主要技术经济指标

2021 年末原煤生产总人数为 393 人，采掘机械化程度为 100%，全年完成产量 1.19 Mt，完成掘进进尺 4160 m，综合单产为 100216 t/(个·月)，原煤工效为 10.821 t/工，实现利润 4.19 亿元，职工年人均工资收入 13.06 万元，超过 2020—2021 年度华阳集团平均水平 11.3 万元。

三、安全高效矿井建设的主要做法

（一）安全管理方面

榆树坡公司本着“吃苦、务实、谋事、创业”的企业精神始终把“人的不安全行为”和“物的不安全状态”作为安全工作的抓手，通过建设“双预控”系统，不断完善制度流程，做到制度管人，流程管事，最终实现管理上无漏洞、设备无故障、系统无缺陷、人员无违章和安全零事故的本质安全型矿井。不断建设安监“铁军”。通过在全矿选拔优秀一线工人进入安监队伍，不断强化培训，增加福利待遇，完善晋升机制，使安监队伍强而有力，保障矿井安全生产。

（二）科技创新方面

不断加大科研投入，激发全矿人员创新活力，发挥个人聪明才智。公司成立以董事长为组长的科技创新领导小组，制定了《榆树坡公司科技创新管理制度》及奖励政策，充分调动了广大职工的积极性。2021 年，榆树坡公司获科技创新奖（项目成果）7 项，科技创新奖（业绩成果）1 项，获得“五小”成果奖励 7 项，创造效益 3500 多万元。

公司加大与科研院校合作，解决当前煤矿生产挡手问题。与中国矿业大学合作完成了《榆树坡煤业特厚煤层综放开采围岩变形及矿压规律研究》科研项目，解决了特厚煤层综放工作面回采期间矿压应力集中和围岩变形特征问题。

（三）生产组织方面

（1）通过制定队组考勤制度，合理调整员工轮休，实行员工轮岗作业，达到一员能够担任多岗的要求。

（2）打破原有组织生产模式，改进班次安排，合理调整生产和检修班任务，八点班检修工作控制在 4 小时内，高质高效的检修确保开机率，为实现高产高效奠定基础。

（3）采用“清单化”和“设备包机制”管理模式，狠抓设备检修，做到队干、工长包机、分片，设备责任到人，按照任务清单安排检修工作，充分发挥检修班的能动性，严格现场交接，将设备运行过程中存在的各类隐患及注意事项准确移交给下一班。检修人员根据设备运行状况，细化检修环节，精准检修，确保现场备品备件齐全，保障生产班设备正常运转。

（4）狠抓设备开机率、正规循环率和工时利用率，制定工序管理标准和循环作业图表，明确每道工序的先后顺序、标准用时及方法，各环节做到有机协调、无缝衔接。

（四）安全生产标准化建设方面

（1）通过推行“动态验收、定期评价、严格考核”办法，将标准化水平与工资挂钩，并对部门、队组标准化达标情况进行奖惩，努力实现岗位达标、专业达标、企业达标，不断提升煤矿安全基础保障能力。

（2）开展岗位作业流程标准化工作，通过制定作业流程标准、组织培训学习、不定期现场抽查、严格奖惩政策来推动工作开展；加强现场工程质量监管、考核力度，保证工程质量合格、现场作业行为规范，文明生产达标；固化隐患排查和风险预控工作，有效确保各生产环节安全无死角。

（五）信息化、自动化、智能化建设方面

（1）在调度指挥中心建有综合自动化监控平台，实现了自动化子系统信息数据的自动采集、可视化集中监控。已接入的子系统包括供电、提升、运输、通风、排水、压风、恒压供水、供热与余热利用等子系统。

（2）企业管理采用信息化系统（一站式信息管理平台、OMS 安全生产运营管理平台、EPR 管理系统），提升了管理水平。通过一站式信息管理平台，外部收文和公司内部发文实现了网络化办公，可以方便快捷的阅文、发文、归档、查询。通过 OMS 安全生产运营管理平台，综合调度、生产技术、地测防治水、一通三防、机电运输、综合监测、安全管理、煤质管理等日常生产业务，实现了信息共享、业务协同。通过 ERP 管理系统，实现了企业人、财、物、产、供、销的统一管理，达到资源效益最大化。

（3）完成 2 个回采工作面和 5 个掘进工作面智能化建设和验收，大大减轻工人的劳动强度，显著提升煤矿开采效率，提高掘进单产单进水平，减少工人对有害气体、噪音、粉尘等不利环境的接触。

（六）生态文明建设方面

（1）采用热泵技术，将矿井乏风与矿井涌水余热作为矿区供热的基峰热源，燃气锅炉供热作为尖峰调峰的补充热源，实现“绿色能源供热”。该供热系统高效节能无污染，维护费用低，使用寿命长，提高了矿井生产经济效益与市场竞争能力。

（2）配套建设的矿井选煤厂最大处理能力为 946.96 t/h，可实现块煤入洗、末煤不入洗到无极调量入洗。现矿井所有原煤全部入洗，排出矸石目前按煤矸石综合利用项目处理，通过矸石沟壑充填复垦土地，同时供给宁武华润电厂使用。

阳泉煤业（集团）平定东升兴裕煤业有限公司

一、矿井概况

阳泉煤业（集团）平定东升兴裕煤业有限公司位于阳泉市平定县冶西镇苏村一带，行政区划隶属阳泉市平定县冶西镇。公司是原山西东升兴裕煤业有限公司、山西东升华兴煤业有限公司、平定县永兴煤矿、山西泰兴煤业有限公司、山西泰鑫煤业有限公司共5座煤矿重组整合而成。整合后设计生产能力由69万t/a增加到90万t/a，批准开采6、8、12、15号煤，15号煤层井田面积7.9035 km^2。矿井为高瓦斯矿井。

二、主要生产技术经济指标

矿井全年生产原煤89.02万t，掘进总进尺为6050 m，矿井综合单产达74137 t/(个·月)；原煤工效达到7.969 t/工，实现利润798万元；职工年人均收入9.07万元；采区回收率达到79.23%；百万吨死亡率为零。

三、安全高效矿井建设的主要做法

（一）安全管理方面

（1）全面推行并使用煤矿本质安全管理信息系统，利用本安管理体系，进行矿井生产安全管理，同时建立和完善了“人、机、物、环”一体的危险源辨识体系，员工随身携带辨识卡片，过程管控现场安全，安全生产水平得到了显著提升。

（2）加强专业化管理，通过整章建制，认真落实安全生产责任制，做到“横向到边、竖向到底”，每个岗位都有责任，主动工作，最大限度地消除管理上的缺陷，杜绝了人的不安全因素，进而改善物的不安全状态，实现了“人、机、环、管”全方位的管控，达到安全、生产、高效的目的。

（3）深入解析先进煤矿企业的管理亮点，并结合本矿实际进行了借鉴和应用。一年来，上榆泉煤矿推行了“班组建设”“岗位标准作业流程”

“手指口述”等专项活动，加大了对职工的培训力度，通过强化培训提高了职工队伍的整体素质，为现代化矿井的建设奠定了坚实的基础。

（二）绿色环保方面

平定兴裕矿井工业场地建有生活污水处理站、矿井水处理站，现已经投入使用，运行情况良好，瓦斯锅炉等环保设施都已完善、运行。废水主要为矿井水、生活污水，矿井水经矿井水处理站处理后返回井下回用，生活污水经生活污水处理站处理后回用；噪声来自各风机房、主扇和瓦斯泵房，治理设施为隔音房和消音器，治理设备完好率、运行率均达到100%。

（三）科技创新方面

（1）在工作面原有的全锚索支护的基础上，在回采期间使用加强锚索进行超前支护。通过使用“锚索+钢带”及“锚索+槽钢”的支护，替代原“木梁+单体柱”的超前支护，在顶板支护强度不降反增的情况下，极大地减少了回风木梁和单体柱的使用量，工人的劳动强度大大降低，同时给回风运输物料和大型设备创造了条件。

（2）在15109工作面推广使用ZFT25000/20/38H型端头架，通过使用端头支架大大减少了工作面过机头时间，加大进风端头维护的安全性，并减少了端头维护的物料及工时投入。

（3）在15102低位抽采巷、走向高抽巷选用EBZ-260H型岩巷综掘机，首先综掘机设有内外喷雾，可有效抑制截割产生的粉尘，提高工作环境的安全性；其次通过直接割岩石的方式，减小其被周围的岩石壁造成的影响，进而让整体围岩的稳定性得以提升，同时也让巷道变形的数量和修护工程的数量减小；采用综掘施工不仅能使施工的工艺较为简便，提升施工现场的可操作性，同时还能通过机械化的程度让其相关的操作得以顺利进行，使整体工作人员的工作量被极大地减轻，并提升了其劳动效率，加强了掘进效率。

（4）因地制宜试验推广“卸+支+注”、长距离水平孔区域水力切顶、爆破切顶卸压、全长锚固等动压巷道综合治理技术，合理衔接部署，规范动压区巷道布置、煤柱尺寸及支护设计，避免应力叠加，原则上采空侧动压巷道掘进要在相邻工作面回采结束1年后进行，动压巷道顶板必须采用全锚索支护，加强锚索或特殊条件顶板必须使用1×19丝Φ21.8 mm高延伸率锚索，无法避免动压期间掘进的，必须制定加强支护措施，有效控制巷道变形，最大限度消除回采动压影响，降低动压巷道起底维护强度，提高端头作业效率。

（四）生产组织和科学管理方面

（1）加强职工安全宣传教育，强化职工安全意识，特别是单人岗位，加强正规操作教育和岗位操作技术培训，严格执行规程措施的贯彻学习，强化职工正规操作，抓好各级人员的安全岗位责任制落实。

（2）要求领导干部在日常的走动管理中要仔细观察，对队组存在的问题及时安排处理解决，加强监管，超前做好预防。队组要加强队干管理，摆正观念，严把工程质量关、安全关，及时向队长或领导反映生产中存在问题，常分析、总结，找出不足，及时改进。

（3）将煤矿安全生产标准化及推行现代化矿井运用到矿井安全高效的建设中，提升矿井的标准化水平，达到标准化全员参与、全过程控制、全方位实施动态保持的精益管理目的。加强监督检查，每月对各工作面的标准化检查落到实处，责任到人，严格执行“不标准不生产，不标准就停产整顿”，促进安全生产标准化和现代化矿井建设工作再上新台阶。

（4）严格管控成本，最大限度的降低成本消耗，为全公司的经营管理多创造条件、多创造利润。同时，加强对修旧配件的利用，加强工作面支护材料（托板、锚杆、木材及金属棚等材料）的回收。

山西平舒煤业有限公司温家庄矿

一、矿井概况

山西平舒煤业有限公司（以下简称平舒公司）位于晋中市寿阳县温家庄乡大兴庄村，于2004年6月成立，起初由八家股东组建，2007年初阳煤集团重组并控股经营。矿井井田位于沁水煤田的北部，井田面积为27.8205 km^2，累计探明煤炭资源储量34008.3万t。矿井设计生产能力90万t/a，核定生产能力90万t/a，服务年限104.8 a，属于煤与瓦斯突出矿井。批准开采8号、15号煤层，生产能力要素公告批准开采15号煤，现开采的15号煤层为全井田稳定可采煤层，厚度1.35~7.15 m，平均3.9 m；煤层倾角2°~10°，平均6°。煤层自燃倾向性为Ⅲ级，属不易自燃煤层。矿井水文地质条件中等。

二、主要技术经济指标

2021年完成产量878868 t，进尺完成3525 m，采煤机械化程度为100%，掘进机械化程度为99%；综合单产为74600 t/(个·月)；原煤工效为7.780 t/工；2021年利润计划6250万元，实际完成18325万元；吨煤成本计划336.06元，实际完成了330.04元；职工年均收入达到了11.10万元。全年未发生较大及以上安全生产事故，百万吨死亡率为零。

三、安全高效矿井建设的主要做法

（一）积极推动智能化采煤工作面建设

（1）2021年12月15206工作面通过智能化工作面验收。工作面首次试用ZY6800/11/24D型液压支架及配套设备，同比原ZY6400/17/31型液压支架及配套设备最小采高由2.2 m降至1.8 m，能更好地适应煤层厚度变化情况，减少割底量，全年减少排矸量4.5万t。另外该液压支架立柱初撑力大，在维护顶板方面效果显著，遇顶板周期来压时不会出现切顶现象，有效避免了顶板事故发生；液压支架的操作由原来手动控制阀操作变化为电液控制，相比以前支架操作手动阀组更快捷安全，且该系统具有自动补压功能，有效避免了支架初撑力不达标问题，进一步强化了顶板管理效果。

（2）在15213、15206工作面进风动压巷道试用WPZ-55/900型巷道修复机用于起底，和传统的人工起底出矸方式相比，人员效率由原来的7~8人作业缩减到3~4人，大幅提高起底效率，降低人员劳动强度。工作面安装使用了TYA300液压支架安装平台，自从开始使用液压支架安装平台安装支架，现场写实安装一架的时间相比传统安架工艺节约60 min。人员效率方面由传统安架工艺的5人缩减到3人。15204、15213工作面拆除使用TYH380液压支架调移装置（以下简称“机械手”），和传统的拆架工艺对比，原拆除工艺平均每天拆架6架，机械手工艺拆架每班平均可以拆架6~7架。人员效率由原来的7人缩减到现在的5人。

（3）工作面乳化液使用了远距离供液，实现了远距离供液，且配置了单轨吊装置，乳化液从进风口泵站直接到转载机位置更换高压管，途中电缆、管路清晰，明确，避免了频繁移动设备列车带来的安全隐患，同时解决了作业现场脏、乱、差的问题。

（二）提高岩巷单进水平

在岩巷持续推广采用“岩巷作业线”的方式施工，即采用“EBZ260岩巷掘进机+皮带机”的方式掘进，单进提升效果明显，平均月进达230 m以上，其中15206高抽巷2021年5月份完成进尺283 m，创公司最好水平。

（三）进一步加强综掘工作面顶板管理

（1）推广使用ZLJ-18型机载临时支护。减少了空顶时间，提高了支护强度，降低了工人施工劳动强度，避免了临时支护时因移动单体柱而造成的擦碰事故。使用机载临时支护后临时支护工序的时间大大减少，提高了掘进效率。另外在掘二锚二时，避免了施工人员在第一排未永久支护情况下进入第二排进行临时支护的情况，安全保障得到了提高。

（2）降低锚喷巷道的劳动强度、提高喷浆效率，我公司使用PS6I-J型湿式混凝土喷射机作业。降尘效果好，现场作业环境明显改善。

（3）为提高运料效率、降低员工劳动强度，我公司使用WCL5Y煤矿用防爆型柴油履带式平板车。该履带式平板车运料效率高，节省人力。

（4）为提高准备巷矸岩装载设备长时间使用的耐磨性，我公司引进使用SGZ730-400型岩石刮板输送机，节约人力，取得了较好的生产效果。正常开机率显著提高，故障率明显下降。

（5）高预应力锚网支护技术的全面推广使用，规范了我公司巷道支护产品及构件配合标准，科学合理优化巷道支护设计，提高了巷道支护强度和安全质量标准化水平。

（四）加强生产组织管理

（1）矿井采区和工作面严格按照瓦斯地质资料和规程规范进行设计，生产布局合理。矿井回采工作面和掘进工作面能正常接替、衔接，回采工作面采用倾向长壁采煤方法。

（2）生产、地质部门配备了专业的技术人员，每天对井下现场实行轮回检查制度，杜绝出现丢煤、淹煤现象，采区回采率达到了83%以上。

（3）信息与自动化实现了信息的集中监控、自动采集、集中传输及运用，供电、提升、运输、通风、排水、压风、瓦斯抽采等生产系统主要设备实现了安全监控、自动化运行和可视化，公司建立了网络化办公系统。

阳煤集团寿阳景福煤业有限公司

一、矿井概况

阳煤集团寿阳景福煤业有限公司（以下简称景福公司）隶属华阳新材料科技集团有限公司，属正常生产矿井；华阳集团以70%股份控股并负责矿井生产经营，河北旭阳焦化有限公司占30%。井田面积9.5605 km^2，可采煤层为6号、15号煤，煤层厚度分别为1.88 m、3.6 m，矿井保有资源储量为6529万t，设计可采储量为3200万t，剩余服务年限为25 a。矿井证照齐全有效，设计生产能力90万t/a，为高瓦斯矿井。

二、主要技术经济指标

2021年度公司实际完成产量83.86万t，掘进进尺完成3234 m，矿井百万吨死亡率为零，矿井原煤工效为7.0 t/工，工作面回采率为95%，采煤机械化程度为100%，掘进机械化程度均为95%，综合单产为69172 t/(个·月)，原煤工效达到7.02 t/工。

三、安全高效矿井建设的主要做法

（一）加强组织领导，落实安全主体责任，为建设安全高效矿井提供组织保障

公司高度重视安全高效矿井建设工作，积极进行科学规划，按照“高境界、高起点、高标准”的要求，坚持目标引领、正向激励、措施保障等工作策略，促进了安全高效矿井建设工作的全面开展。矿井各系统布置合理，运行稳定可靠，有着完善的规章制度，干部职工都自觉遵守、严格执行。目前矿井实行双带值班制度，由1名副总以上领导与1名科级干部共同带班下井，全面有效地发现问题并及时解决。另外矿井每月三旬都组织各专业对井上下的隐患及标准化建设全方位覆盖检查，对存在的问题及时下达“五定”整改落实表并监督、执行、复查闭合，每月定期召开安全例会，将近期检查存在的问题进行汇总通报，并认真总结经验，避免再次发生。

（二）装备水平提升助力煤炭产业高效升级

（1）综采工作面采用一次采全高采煤工艺，具有巷道布置系统简单，生产易于管理，工作面生产能力容易保证，资源采出率高等特点。在设备选型方面本着“先进工艺、先进设备、机械化、自动化”的原则进行规划，为减人提效提供有利条件。工作面配置 MG650/1510-WD 型电牵引采煤机，ZY6800/24/50D 型液压支架，SGZ1000/1400Q 型工作溜，SZZ-800/250 型转载机，回采装备增加了 ZTZ1000/25/45 型工作面进风端头支架、ZT2×4000/23/50 型回风顺槽超前支架，新增了自动配液及反冲洗过滤装置。该装备具有全自动控制系统，可实现工作面自动配液供液以及远程供液。新增了无轨自移设备列车，减少设备列车迁移铺道及拆道人力成本投入。矿压监测采用 KJ385-G 矿用本安型压力传感器，用于检测记录综采支架的压力值，并可对高低压力进行限定，报警指示。同时该仪表支持 CAN 总线通讯功能，可与 KJ385-F2 矿用本安型压力监测分站进行联网通讯，将监测数据上传。

（2）综掘机选型为 EBZ-160 型及 EBH-260 型两种，功率及截割范围都大大提高。通过设备的升级投用，减轻了工人劳动强度，减少了用工人员，掘进单进水平提升明显。高预应力锚网支护技术的全面推广使用，规范了巷道支护产品及构件配合标准，科学合理优化巷道支护设计，提高了巷道支护强度和安全质量标准化水平。

（三）大力实施信息化、自动化、智能化建设

（1）规划建成地面千兆办公网、核心机房、调度大屏幕指挥中心、井下工业环网、3G 无线通信、有线通信系统、井下广播系统等基础系统，建成人员定位系统、产量监控系统、工业视频等监测系统。

（2）井下广播系统采用 KT208 型广播系统，具有选播、组播、紧急广播和与地面广播进行对讲等功能。人员定位系统采用 KJ69J 系统，通过计算机终端显示上下井人员的信息，具备双机热备功能。各井口和井下重点区域以及巷道口都安装识别天线。具备相关报表的统计和打印功能，上级单位可通过局域网远程查询相关信息。

（3）工业视频对地面及井下重要生产岗位进行实时监测，实现了信息的集中监控、自动采集、集中传输及运用，对供电、提升、运输、通风、排水、压风、瓦斯抽采等生产系统主要设备实现了全面安全监控、自动化运行和管理可视化。

（四）持续推进生态治理，响应国家绿色开采政策

（1）废水污染防治。公司主要污水为矿井水、生活污水和煤泥水，矿井污水处理站采用全自动净水器处理工艺把矿井水处理后，可供井下消防洒

水、设备冷却用水、地面防尘洒水等用水环节。生活污水通过处理用于洗选车间补充用水、地面绿化用水，煤泥水实现洗选车间闭路循环，剩余水达到排放标准后，再进行排放。

（2）矸石污染防治。公司设有 1 个排放场地，占地 3.4 hm^2，并按水土保持与环保要求建有拦矸坝，堆放过程采用分层堆放、层层碾压、覆盖黄土层的方法。待达到设计标高时再进行表面绿化。

（3）煤尘污染防治。在洗煤厂每部皮带的机头，安装了自动喷雾装置，降低了粉尘对车间和周围环境的污染。另外在筛分车间安装了除尘器，减少煤尘对周围环境的污染，改善了职工的工作条件和周围村庄的居住环境。

（4）噪声污染防治。在压风机房、筛分车间、主井皮带等场所内，采取对噪声源进行消声、减震及加装高效隔音墙等措施进行噪声污染防治。

山西朔州山阴金海洋台东山煤业有限公司

一、矿井概况

山西朔州山阴金海洋台东山煤业有限公司位于山阴县城西北 35 km 玉井镇北祖村东，行政区划属玉井镇管辖。矿井 2011 年 5 月开工建设，2014 年 3 月转为生产矿井，隶属于中煤集团山西华昱能源有限公司。井田面积为 11.679 km^2，批准开采 3~11 号煤层，矿井地质构造简单，截至 2021 年底，矿井资源量 26785 万 t，矿井保有储量 19965.1 万 t，可采储量 8174.56 万 t。矿井核定能力为 300 万 t/a。矿井采用斜井单水平分区式开拓，采用综合机械化放顶煤自然垮落法工艺采煤。

二、主要技术经济指标

2021 年原煤实际产量 229.17 万 t，完成掘进进尺 3394 m，采煤机械化程度 100%，掘进机械化程度 100%，人员原煤工效 21.52 t/工，实现利润 26415.05 万元，生产成本 192.42 元/t，职工年人均收入 9.73 万元。

三、安全高效矿井建设的主要做法

（一）注重安全生产管理，杜绝灾害发生

（1）矿井防治水管理。一是采取加强井上下探测手段，对地面相关未知区域布置钻孔及采取物探手段补勘。二是井下采取长、短探和井下物探相结合方式，加强勘探，对钻、物探有疑惑的，坚决先停下来，做到“查全、探清、放净、验准”后，方可恢复生产。三是密切注意周边邻近矿井的采掘动向，了解邻矿对矿井可能造成危害的区域分布情况，做到防范在先，治理在先。四是每日对揭露老巷积水水位进行了动态观测，并分析积水面积、补给源、积水特征，为建立科学合理的防排水系统工程提供设计依据，提前消除了采掘区域水患威胁，确保了矿井安全生产。

（2）“一通三防”管理。一是树牢“瓦斯超限就是事故”“防超限就是防事故”理念，抓实瓦斯“零超限”“零自燃”目标管理，全面掌握矿井周边老空积气情况，对矿井隐蔽致灾因素做到心中有数，实现了超前防控。二

是建立长效机制，由总工程师定期组织召开“一通三防”工作例会和工作面采空区、老窑采场、老空巷道有害气体和防灭火等方面的安全隐患排查治理，分析总结存在隐患，及时发现问题，解决问题，做到预防在先，防范在先。三是监管创新，将传统办法和现代手段相结合，加大监测监控系统建设投入，加强事前安全把关，确保监控系统稳定运行，把“一通三防”安全风险化解在源头。

（3）顶板管理。一是采取措施加强地质构造带顶板支护。采掘工作面揭露的断层、陷落柱等地质构造和顶板松散破碎段，除对采掘巷道加强矿压监测、顶板观测外，将以往单纯的锚网支护，改为“锚网索+架棚”支护。二是采用地面压注粉煤灰对老窑采场进行超前充填。按一定的比例调和水、粉煤灰、水泥、水玻璃，使其在短时间内凝固形成具有一定抗压强度的再生承载体，支撑老窑采空区顶板。三是采用高固水材料充填加固。对无法从地面压注粉煤灰充填的局部老窑采场，在井下将高固水材料和水按照一定比例搅拌均匀，输送到老窑采场内充填加固，实现了采掘安全。

（二）多措并举，提高资源回收率

一是采取“刀把”式合理布置大走向工作面，避免煤炭资源损失。二是工作面大倾角开采，受地质构造影响，煤层变化大，工作面倾角 25~42°，通过采取支架防倒、防滑措施，调整割煤工序，顺利回采了局部不稳定煤层，增加工作面可采储量。三是综合地质分析、判断，优化工作面设计，根据生产采区已揭露的地质资料，结合钻孔及钻探、巷探、物探资料进行矿井综合地质分析，更正区内地质构造及煤层底板等高线，为优化采区工作面布置提供必要的地质保障。四是优化巷道锚网索支护参数，缩小工作面之间阶段煤柱，采取加强支护方式，将两工作面之间的煤柱控制在 10 m 之间，加大资源回收率。

（三）加强技术管理，突出装备新内涵

建立了以总工程师为首的技术管理体系，巷道布置、采掘部署、生产系统调整和技术规范标准措施的制定以及新技术、新工艺、新设备的推广应用等重大技术问题都由总工程师负责解决。努力提高管理人员的专业技能和管理水平，所有工程技术人员必须达到大专以上学历。

大力推进生产工业和技术装备的自动化、智能化，同时提高工艺优化和技术装备运行故障检测准确性和实时性，增强对设备故障的预控能力，实现生产过程的安全自动化控制，从而高效推进安全生产。

（四）推进精细化管理，不断提高经济效益

坚持“五精”（精细管理、精准管理、精确管理、精益管理和精美管理）、“五细”（细在流程、细在环节、细在考核、细在监督、细在规范）、“二距离”（与目标零距离，与标准零距离）、“四零”（零误差，零偏差，零不足，零缺陷）管理理念，夯实基础管理，优化资源配置，使各项管理不断加强，经济效益逐年提高。

（五）打造特色企业文化，树立新气象

建立文化建设资金投入长效机制，建立了职工文化活动室、阅览室、篮球场等。在矿山文化特色活动方面，积极组织职工开展了形式多样、参与性强的文化活动，活跃了职工业余文化生活，展示了广大职工的风采和精神风貌，并通过活动发现和挖掘员工的才艺和技能。用文化激励员工，凝聚力量，振奋精神；营造良好文化氛围。围绕“忠厚吃苦、敬业奉献、开拓创新、卓越至上”的山西煤炭精神和现场岗位中涌现出的职工优秀事迹，大力宣传、弘扬践行山西煤炭精神。

山西忻州神达梁家碛煤业有限公司

一、矿井概况

山西忻州神达梁家碛煤业有限公司（简称“公司”）是根据晋煤重组办发〔2009〕41号文件批准，由山西忻州神达能源集团有限公司作为整合主体的一座产能为300万t/a的兼并重组整合的露天煤矿。矿区位于河东煤田北段，河曲县东北15 km处，矿田面积16.7829 km^2，批准开采煤层8～14号，采用单斗—卡车间断式开采工艺进行剥离和采煤。

二、主要技术经济指标

2021年末原煤生产总人数为439人，采煤机械化程度和装载机械化程度均为100%，全年完成产量297.95万t，完成剥离量2252.5万m^3，生产原煤共计260天，折合为8.67个月，综合单产达24.83万t/(个·月)，包机组月平均产量314293 t/(个·月)，实现利润62778.47万元，职工人均工资收入7.8万元。

三、安全高效矿井建设的主要做法

（一）加强组织领导，落实安全主体责任

高度重视安全高效矿井建设工作，积极进行科学规划，按照“高境界、高起点、高标准”的要求，坚持领导重视、目标引领、正向激励、措施保障等工作策略，促进安全高效矿井建设工作的全面开展。

各系统运行稳定可靠，有着完善的规章制度，干部职工都自觉遵守、严格执行。目前公司实行双带值班制度，由1名副总以上领导与1名中层管理人员共同带班入坑，能够全面有效地发现问题并及时解决。另外由分管领导组织每月进行两次隐患排查，对存在的问题及时下达“五定”整改落实表，并监督、执行、复查闭合，每月定期召开安全例会，将近期检查存在的问题进行汇总通报，并认真总结经验，避免类似问题再次发生。

（二）强化考核定级，完善管理机制

一是制定完善了《一级安全生产标准化管理体系提升、创建管理制

度》，为推进标准化工作提供有力支撑；二是建立严格的考评工作机制，对标管理，着力解决因“为达标而达标”造成的现场管理与制度建设不符的问题；三是做好专业服务指导，公司各级安全管理人员通过深入现场，及时研究解决安全生产中的新情况，为现场提供有效指导服务；四是加强达标日常监管，每月定期或不定期对各专业达标情况进行督查、通报，对不符合要求、不符合标准的及时进行处理。

（三）强化现场安全管理，依法合规组织生产

一是强化班前安全宣誓和开工前安全确认，坚决做到不安全不生产、事故隐患不排除不生产；二是加强钻、爆、采、运、排等各环节安全监督检查，落实各项安全技术措施，保障作业安全；三是依法合规组织均衡生产，坚决杜绝超能力、超定员、超强度“三超”行为的发生；四是持续开展现场反“三违”活动，消除生产过程中人的不安全行为。

（四）强化安全教育培训，夯实安全生产基础

开展从业人员上岗前、在岗期间和转岗时的安全培训工作，制定专门的培训计划，针对不同岗位和工种进行“差异化”培训；扎实开展“学规程抓落实强管理”专项活动，强化“一规程四细则”等安全法规制度学习，积极组织各类培训；组织主要负责人、安全生产管理人员、特种作业人员等“三项岗位人员”参加培训，通过工作微信群，随时推送相关的安全法律法规、岗位安全知识等学习内容，将日常安全培训工作落到实处，有效夯实了安全管理工作基础。

（五）强化应急管理工作，提高风险处置能力

一是严格执行《矿领导值班制度》《矿领导带班制度》，在带班期间，对生产重点环节、关键部位进行安全巡查和安全生产指导，并做好相关记录，保障现场安全生产，在值班期间，值班人员24小时值守，及时掌握公司安全生产状况，解决安全生产存在的问题；二是组织内、外部专家评审，完成了《安全生产事故应急预案》编制，并在忻州市应急管理局进行了备案，通过定期开展应急预案演练，检验预案的可操作性；三是公司成立了矿山兼职救护队，设立专门应急物资库，按照要求配备了自救器、氧气呼吸器、救生衣等应急物资；四是赋予现场带（跟）班人员、班组长、安监员、调度员、气体检测员在遇到险情时，第一时间下达停产撤人命令的应急处置和紧急避险权。

（六）建设信息化矿山、助力企业快速成长

公司信息网络系统由办公网络系统与煤炭专网等系统组成，办公互联网

采用百兆互联网专线，实现手机、固话、工业视频上传、宽带业务等覆盖整个矿区。煤炭专网系统主要用于煤炭产量上传、调度视频、语音上传、生产视频上传、通过专网专线实现与上级管理部门的视频会议通信。

在综合调度室内设置了一部 JSY2000-06D 型数字程控调度系统，具有强拆、强插、呼叫转移等功能的有线调度通信系统，负责露天矿区内部的通信联络；在综合调度室设有总基站并配有不间断电源，分别对各矿级领导、业务科室、队组等配备无线对讲机 48 部，可以覆盖整个开采范围的无线对讲通信系统。目前智能卡车调度系统正在积极推进过程中，为科学合理的做好现场指挥调度创造条件。

山西忻州神达朝凯煤业有限公司

一、矿井概况

山西忻州神达朝凯煤业有限公司是根据山西省煤矿企业兼并重组整合工作领导组办公室文件（晋煤重组办发〔2009〕83号）《关于忻州市宁武县煤矿企业兼并重组整合方案（部分）的批复》批准，山西忻州神达能源集团有限公司作为主体兼并重组原山西宁武朝凯煤业有限公司等6处煤矿。批准开采2~5号煤层，矿田面积为8.2639 km^2，开采方式为露天开采，设计生产能力为120万t/a。

二、主要技术经济指标

我公司建矿至今取得连续12年零伤亡的好成绩，机械化程度100%，2021年原煤产量完成118.79万t，生产原煤共计299天，折合9.97个月，工作面0.82个，综合单产达14.53万t/(个·月)，计效工数共56302个工，原煤工效为21.10 t/工，全年实现利润22228.24万元，吨煤成本147.45元。

三、安全高效矿井建设的主要做法

（一）科学规划设计、规范生产管理

在设计规划与生产组织方面，我公司严格按照露天煤矿设计规范与安全生产标准化进行设计与生产组织。根据矿区地质条件与开采工艺。按照“一矿一坑”的规定，我公司从首采区开始进行开采作业，排土作业保持循环有序，减少外排土场的土地使用面积，降低对矿区周边环境与生态的影响，同时有效减小了在生产区间的剥离运距，使企业效益达到最大化。

现场生产管理主要涵盖穿、爆、采、运、排五大环节，五个环节协调发展保证了生产的均衡发展。我公司制定了年、月生产计划，严格按照生产计划组织施工，各作业区队的作业位置、运输道路、排弃位置均由生产建设规划科统一安排，矿坑运输系统按推进要求统一设计，统一施工，以确保各台阶协调推进，安全生产标准化动态达标。

（二）狠抓环保工作、建设绿色矿山

为了深入贯彻落实习近平总书记有关生态文明建设与环境保护的新理念、新思想、新战略，我公司始终高度重视环境保护管理工作，经过近年来的不懈努力，矿区环保管理及绿化复垦工作取得阶段性成果。2020 年 10 月 18 日获得“忻州市绿色矿山”称号。

（三）强化基础管理、消除安全隐患

（1）夯实基础，严格管理，努力实现基础管理制度化。以抓基础、抓基层为着力点，以抓环节、抓程序、抓标准为突破口，不断加强“双基工作”。制定了《安全管理制度》《安全生产责任制》《事故应急救援预案》《部门职责》《岗位职责》《露天开采“三大”规程》和《露天煤矿“三违”处罚条例》等系列制度，为强化基础管理提供了有力的制度保障。

（2）加强培训，全员参与，努力提高职工专业素质。实行三级安全教育模式。即：矿级、部门级和班组级。培训采取内外相结合，请进来与送出去协同的模式，各级培训均按制度要求严格执行，培训内容详尽、丰富，学时满足要求。三项岗位人员均按国家和有关部门的要求进行外部培训，取得证件后方可上岗作业，并定期参加年审复审。

（3）加强考核，处罚有度，有效约束员工行为。根据实际情况，制定了《安全绩效考核办法》《“三违”处罚规定》和《现场安全生产事故责任追究制度》，通过考核促进了上下级沟通和各业务系统间的相互协作，提升员工业务保安能力，“三违”行为得到有效控制，从而提升了整体安全管理水平。

（4）突出重点，闭环管理，认真开展隐患排查治理工作。在切实做好隐患排查治理工作中，我公司结合实际，建立了各级隐患排查治理体系，即：科室级和矿级。按照所排查隐患进行级别鉴定，分为一般隐患和重大隐患两级。一般隐患由科室制定整改措施，按措施组织整改，整改完毕后，相关部门组织验收，报安全监督督查科验收销号。重大隐患由矿领导组制定整改方案，各科室按方案分工组织整改，整改完毕后，报上级部门验收销号。

（5）高度重视边坡安全管理。采场和排土场严格按照设计确定的台阶个数、平盘宽度等各项参数进行施工，确保采场与排土场各部位的帮坡角均满足设计要求，保证边坡稳定安全，同时对边坡定期巡视和定期监测，建立边坡管理台账。

（四）建设信息化矿山、助力企业快速成长

（1）二级等保机房建设。为改善公司综合调度监控信息中心的办公环境，打造节能环保“绿色数据中心”，于 2020 年 12 月开始二级等保机房建设，2021 年 8 月通过集团公司验收。

（2）视频监控系统。2021 年 8 月，公司采用风、光互补太阳能供电和无线网络传输相结合的模式对现场工业视频进行了改造。工业视频采用风能和太阳能供电无线信号进行传输，既节省了使用维修费用，摆脱线缆束缚，还消除了以往架杆搭线生产过程中造成的不安全隐患。

（3）智能卡车调度系统建设。为进一步提高公司车辆运输效率，满足更高的生产和管理要求，公司 2022 年初与忻州神达安全技术服务有限公司签订《智能卡车调度系统设备采购合同》，并已逐项开展智能卡车调度系统建设工作。该系统建成后可及时下发传达调度指令，进行分组配车，同时使整个采区内变得可视化，简单易懂，方便调度室详细观察到采区内设备实时运行作业情况。

山西忻州神达望田煤业有限公司

一、矿井概况

望田煤业矿井隶属于山西忻州神达能源集团有限公司，矿井位于山西省忻州市保德县境内，井田东西长度 3.94 km，南北宽度 2.43 km，面积为 7.9564 km^2。矿井设计能力 120 万 t/a。矿井开拓方式为斜井开拓，共布置主斜井、副斜井、回风斜井三个斜井井筒。

二、主要经济技术指标

2021 年原煤产量完成 147.1259 万 t。原煤工效为 11.521 t/工。实际完成利润 31737.45 万元。人均年收入达到 14.45 万元，矿井综合单产达到 121205 t/(个·月)。采煤、掘进机械化程度达到 100%。矿井掘进总进尺 7510 m。

三、安全高效矿井建设的主要做法

（一）强化安全生产主体责任落实，为建设安全高效矿井提供安全保障

（1）深化安全绩效考核，从严落实安全生产责任。充分发挥安全考核作用。将安全责任履职不到位、安全管理突出问题纳入了安全考核范围，奖优罚劣，拉开考核档次，全年共发放“安全联保”“标准化考核”等奖励 100 余万元，共奖励基层一线员工和安全管理人员共计 5205 人次。通过强有力的安全考核，促使全员抓安全的自觉性得到了进一步提升。

（2）深化安全攻坚行动，三年整治取得明显成效。通过开展安全生产专项整治攻坚行动，进一步建立健全了“党政同责、一岗双责、齐抓共管、失职追责”的安全生产责任体系，全面排查了矿井存在的突出问题和隐患，及时调整、动态更新问题隐患、制度措施及整改责任“三个清单”，全年共开展攻坚行动安全隐患大排查 47 次，安全生产管理人员和副总师及以上矿领导 611 人次参加，对排查出的 1637 条问题隐患，全部按照“五落实”的原则进行了整改落实。

（二）持续推进我矿自动化和信息化建设，促进矿井“提质、提速、提效”，打造智能高效生产矿井

一是启动井下胶带输送机自动化装备提升项目，全面实现对井下所有皮带、给煤机的在线监测和集中控制；二是启动综合信息化平台项目，将中央泵房、中央变电所、皮带、矿井水处理子系统接入信息化平台，实现集中控制；三是使用主斜井皮带机巡检机器人，实现主斜井提升斜巷的智能化巡检，巡检装置含视频、烟雾、温度、音频、热成像、扬声播放、对讲、超声波避障等功能传感器。可实现巷道内局部空间异常温度变化和巷道内突发异响、输送机输送物料异常识别、输送机输送带跑偏和横纵向撕裂、输送机滚筒、托辊等构件是否损坏等异常情况的自动检测。四是以自动化、信息化、智能化为载体，加快智能化工作面建设，建成了薄煤层智能化回采面，工作面作业人员减至 8 人。

（三）坚持创新管理，突出关键技术、推广前沿工艺，促进矿井安全高效发展

（1）开展科技攻关，成立了“沿空留巷”“近距离煤层开采”和“综放面资源回收技术研究”3 个课题攻关小组，实施了沿空留巷技术、近距离煤层联合开采技术、综放面资源回收技术研究、智能化项目、信息化项目等重大科技项目共计 85 项，累计创效 2409.4 万元。

（2）开展沿空留巷技术的研究与实践，实现了自动成巷和无煤柱开采，为望田 11 号煤层回采工作面推广沿空留巷积累了成功经验，望田 11 号煤层未来可采用沿空留巷巷道约 9600 m，预期效益 5490 万元，同时爆破预裂切缝技术的实践与应用，为解决坚硬顶板工作面回采期间大面积悬顶提供了技术支撑。

（3）13215 面与 11213 面实施近距离煤层联合开采技术，充分释放了二采区 13215 综放工作面的产能，为全年生产经营指标的完成创造了有利条件，为安全生产、效益提升提供了有力保障。

（4）优化区域布局，简化系统节支降耗。充分利用现有系统，优化 8201 面、8203 面、8205 面设计，利用现有 11205 运输顺槽、11205 回风顺槽布置 8201 面、8203 面、8205 面，一巷多用，节省了巷道工程量约 2500 m。

（5）实施注水切顶，攻克现场安全难题，研究长臂采煤工作面高压注水切顶技术，进一步减少工作面的初次来压步距及初次放煤步距，提高顶煤的冒放性，增加工作面放煤量，在 8203 面切眼采取定向注水预裂技术，进一步缩短了该工作面顶板初次垮落步距，消除了顶板大面积悬顶的隐患。

（四）强化内部经营管控，增强经营创效能力，扎实推进矿井高质量发展

进一步细化了成本管控流程和相关工作要点，为内部市场化经营管控工

作的顺畅运行提供了制度支撑，全员利益和风险链接效应得到了很好的体现。一是通过回收使用旧材料，节约新材料投入236.71万元。同时对废旧设备、配件进行鉴定，能够维修复用的坚决不投入新的，实现修旧利废141.2万元。二是以精益化管控促内涵提升，优化材料管控过程，严抓库存材料利库，计划审核把关，大大降低了安撤面和日常生产费用投入。三是抓采掘一体化找准协同点。根据8201、8203工作面的安装及回采需要，在掘进期间一并完成相关工程，对支护材料和轨道等可回收材料，实施“井下周转和收旧利废”，降低井上下反复运输成本，实现节支降耗约200万元。

（五）科学优化劳动组织，发挥人力资源效能，提高矿井生产效率

科学合理岗位劳动定员，牢固树立“精用工”理念，多角度、多渠道、多手段提高全员创效价值。一是坚定不移抓好“两优三减”工作，加大智能化装备和先进工艺推广应用，真正达到“减人提效”的目的。二是用好薪酬杠杆作用，建立和完善薪酬评价体系和薪酬差异化管理体系，真正实现多劳多得、收入与贡献挂钩的管控机制。三是优化人力资源配置，立足实际，因势利导，全面盘活现有人力资源。

山西忻州神达金山煤业有限公司

一、矿井概况

山西忻州神达金山煤业有限公司隶属山西忻州神达能源集团有限公司，位于保德县城东南37 km，孙家沟镇土门村南附近，行政区划隶属保德县孙家沟镇。矿井兼并重组整合项目于2010年12月正式建设开工，2015年11月通过总体竣工验收，井田面积2.5358 km^2，批准开采8～13号煤层，生产规模90万t/a，批准开采深度+1100～+720 m标高。2018年4月22日矿井12号、13号煤层接替开采通过竣工大验收，2018年7月18日通过山西省煤炭厅二级安全生产标准化矿井验收，2020年11月30日通过国家一级安全生产标准化管理体系矿井验收。

二、主要技术经济指标

金山煤业认真贯彻落实各级政府及集团公司各项工作部署，全面实施精细化管理，深化内部改革，创新工作机制，全年完成原煤产量89.8万t，采区回收率达到78.7%，采掘机械化程度达到100%，原煤工效13 t/工，人均年收入达到了9.5万元，全年实现利润32167万元。

三、安全高效矿井建设的主要做法

（一）强化安全管理工作，安全形势持续稳定

2021年，公司以集团安全工作会议精神为指导，圆满完成了年初制定的各项安全工作目标。一是全年完成上级下达生产目标任务。二是基础建设得到全面巩固，筑牢了安全管理基础。三是隐患治理得到全面加强，矿内全年共组织旬检24次、各类专项检查22次，查出各类隐患共850条并已全部整改到位。四是安全理念得到深入宣贯，通过开展全矿安全知识竞赛活动、安全大检查活动、专项治理活动、“每日一题、每周一课、每季一考”等活动，积极进行安全宣传教育，营造了浓厚的安全文化氛围，提高了全员安全意识。

（二）加强日常生产组织，提升创新创效水平

采掘接续均衡有序。2021 年节后按照年度采掘计划，全年在 13 号煤层 131 采区 13101 综放工作面进行回采作业。新掘进了 13102 回风顺槽、13102 工作面切眼，现正在掘进 13102 运输顺槽，制定了《13102 回风顺槽掘进作业规程》《13102 工作面切眼掘进作业规程》《13102 运输顺槽掘进作业规程》和相关安全技术措施。同时，结合矿井系统运行实际情况，对掘进系统及设备进行了优化，既提高了掘进水平，又实现降本增效。

（三）强化经营管理，降本增效取得成效

2021 年，本煤业公司树立“抓安全一样抓成本”的理念，强化经营管理，降本增效取得显著成效。如每天对巷道、工作面支架进行冲洗，利用架间喷雾、捕尘网对工作面实现降尘；对工作面端头、超前支护、架间距、安全出口距离等严格要求，保证工作面安全；严格控制采高及架间浮煤，既能防止煤的丢失，又能增加产量提高效益。此外，对各科室的人员进行了调整，不仅有效解决了矿里不适宜入井人员的工作安置问题，还为其他科室分担了冗余人员，切实做到了减员增效。

（四）建设智能化矿井，实现智能化管理，推动矿井安全，实现高质量发展

2021 年度完成了 13102 运输顺槽掘进智能化工作面安装，具备自动化控制、智能化掘进、远程可视化操控、地面可视化集控，能够实现一键启停及智能化操控；井下集控室和地面集控台具备掘进机和皮带机的集成控制、视频监控、语音通讯、运行参数实时监控、一键启动等功能；运输系统实现自动化控制同时和智能化综掘系统无缝对接，实现集成控制。

采区水泵房自动排水系统，该系统具有水仓水位、流量、压力、设备温度、电机和水泵振动监测、电流、电压、功率等模拟量采集、显示、故障诊断及报警功能，具有故障记录，支持历史数据查询；具有水泵、阀门状态等开关量采集、显示及报警功能；具有排水量、有功电量、水泵运行时间等累计量采集、显示及报警功能；具有远程控制、自动控制、就地控制、检修等功能设置，并可设定优先级，且各控制方式之间有互锁功能；具备视频传输及存储功能。

（五）全面提升“一通三防”管理，确保系统安全可靠

根据矿生产任务和进尺情况，组织通风技术员对矿井通风系统进行了全面调查并根据生产对矿井通风系统进行优化调整。通防科根据生产实际情况，对全矿巷道贯通，在贯通前，对受贯通影响区域的通风系统进行全面的调查，对巷道的风量进行测定，然后对通风系统进行分析、优化、改造，确

保各区域风量分配合理、可靠，以满足安全生产需要。同时，对可能受贯通影响的区域提前安设通风设施。

监测监控方面，完善监测监控系统，监测系统运行状况良好，能够满足矿井安全生产需要；井下监测数据变化情况能及时反映到地面调度中心；对井下所有工作面都实行了瓦斯监测监控；为加强对瓦斯监测监控系统的管理，每天派专人对井下各区域瓦斯监测断电装置进行校对，保证灵敏可靠；监测监控系统的运行从技术上保证了矿井的安全生产。

山西忻州神达栖凤煤业有限公司

一、矿井概况

山西忻州神达栖凤煤业有限公司（以下简称栖凤煤业）为1957年建矿，2009年兼并重组整合矿井，隶属于山西忻州神达能源集团有限公司，经济类型为国有独资有限责任公司。本矿于2015年2月6日通过总体竣工验收，开采方式为井工开采，目前为合法生产矿井。栖凤煤业现持有山西省国土资源厅于2012年10月10日换发的采矿证，批采2、5号煤层，开采标高+1780～800 m，生产规模为0.90 Mt/a，煤矿面积7.2336 km^2，有效期2012年10月10日—2032年10月10日。

二、主要技术经济指标

2021年计划吨煤成本为190元，实际成本为160元，计划全年利润为1835万元，实际完成利润18509万元。2022年全年处于建设阶段，预计吨煤成本为180元，实际成本为145元，预计全年利润为2090万元，实际完成利润5919.2万元，圆满地完成了全年各项经济指标。2021年全公司人均收入为10.69万元，2022年全公司人均收入为12万元。

三、安全高效矿井建设的主要做法

（一）通过创新管理，安全实现低控目标

以建立企业安全文化为中心，以推行就近管理、班组全程管理、安全作业程序化管理三项管理为手段，以职业健康安全管理体系为主线，以“八个零”为目标，理念渗透、强化管理，狠抓落实，严格问责，实现了安全工作的稳步推进。

一是始终把隐患的排查治理和提出的风险管控作为矿井安全的重点，强化对重点部位、重点环节的管理，对分管系统内存在的隐患问题进行了拉网式巡查。几年以来，围绕“一通三防”、顶板治理、机电安全、地测防治水等工作，各系统不间断进行隐患排查，按照“五定”要求全部整改验收。严格落实“一通三防”管理制度，优化矿井通风系统，每年对地面裂隙进

行充填治理。

二是进一步加大安全问责和反“三违”力度，实施“三铁”管理。加强干部的现场指挥和持证上岗，坚持矿领导值班下井制度，各职能部门加大了对矿井各个作业场所的安全监督检查力度。在日常生产中实行双带班制度，矿级领导带一名科级人员进行井下现场带班；在特殊时期实行三人带班制度，两名矿级领导带一名科级人员进行井下现场带班更全面的保证带班现场检查及管理。

（二）人才兴矿　科技强矿　创新能力得到加强

坚持把“科技兴矿、人才强企”作为建设安全高效矿井的第一生产力和第一资源，从方方面面为人才创造条件、搭建平台。2018—2022 年，由集团公司到各大煤炭集团进行招聘，引进专业技术人才，共计分配到栖凤煤业 7 人，其中研究生学历 2 人；本科学历 5 人。现公司研究生学历 2 人，本科学历 43 人，大专学历 71 人，其余人员全部为中专以上学历。在技术队伍建设方面，积极组织专业技术培训，发动广大员工参加函授、自考等继续教育学历的学习，增添技术储备力量。另外，通过实行实习技术人员轮岗制度，让实习技术员按期到不同的单位进行岗位锻炼，用以提高他们的实践经验与技术水平。

（三）强化技术创新，实现矿井持续发展

坚持以科技进步推动煤炭生产，积极推广和应用新技术、新工艺、新设备、新材料，开展了技术创新和技术改造，实现矿井可持续发展。

（1）矿压观测技术。引进全新的矿压在线监测系统，并在每架支架上安装了在线监测压力表，便于支架工观察及时掌握支架工况，保证支架的初撑力；通过综合分析采集的数据，得出观测结论，超前预测预报指导工作面的安全生产。

（2）加快矿井信息化、自动化建设进程，全力打造数字化矿山。实现了大型设备监测监控系统、井下电网安全监控系统、井下人员定位通信系统数字化；并在井下实行了 4G 网络覆盖及矿内局域网的建立，同时进行了二级网络安全等级保护升级改造，为信息交流搭建了良好的平台。

（3）为适应现代办公的需要，在全矿范围内建立起技术资料数据库计算机管理体系，将每个采掘工作面从开工到结束的整个过程的所有技术资料，由技术部门归档整理输入计算机内进行统一管理，达到技术管理规范化、数字化，实现资源共享。

（四）心系民生、提高员工生活质量

始终把听民意、顺民心、解民忧作为与员工共谋发展、共享成果的切入点，使员工群众在衣、食、住、行、收上得到了看得见、摸得到的实惠，真正实现了共享成果由简单的外延增长向丰富的内涵增长转变。对全矿考入本科、大专的员工子女、困难家庭发放助学金。在春节和中秋节为在岗员工每人发放慰问品，为离退休员工、工病亡家属发放慰问金。在改善环境方面，对办公大楼广场、居民生活区、调度指挥中心广场及厂区进行了整体设计绿化，对外运公路进行了重新规划并修建完成，对矿区各处护坡及墙体进行了翻修，基本建成了“人在绿中，楼在林中，矿在园中”的生态文明矿区。

（五）开展学习实践科学发展观　党群工作彰显活力

创先争优活动深入开展。紧紧围绕“推动科学发展、促进企业和谐、服务员工群众、加强基层组织”的总体要求，在基层党组织中深入开展了创建党员示范岗、党员先锋岗、共产党员精品工程和党员服务站（点）活动，在全矿营造了创先争优的良好氛围。群众工作效果显著。工会积极拓宽民主管理渠道，突出维权职能，利用矿务公开、职工代表巡视等形式扩大民主监督范围，充分发挥了员工的主人翁作用。

山西高平科兴龙顶山煤业有限公司

一、矿井概况

山西高平科兴龙顶山煤业有限公司位于山西省高平市米山镇石咀头村，隶属于山西科兴能源发展有限公司，井田面积 8.2045 km^2，生产能力 120 万 t/a，批准开采 3～15 号煤层，可采资源储量 1685.45 万 t，服务年限 11 a，现开采 9 号、15 号煤层，煤层结构简单—中等，为全井田稳定可采煤层。矿井水文地质类型为中等，9 号煤层自燃倾向性等级为Ⅲ级不易自燃煤层，15 号煤层自燃倾向性等级为Ⅱ级自燃煤层，9 号、15 号煤层煤尘均无爆炸危险性，属低瓦斯矿井。

二、主要技术经济指标

2021 年原煤产量 112.8 万 t；全年掘进总进尺 6688 m；原煤工效 10.454 t/工；员工年人均工资 7.84 万元；矿井综采机械化程度 100%，掘进机械化程度 98%；全年安全生产实现了“零事故”目标，百万吨死亡率为零，为省二级安全生产标准化管理体系矿井。

2022 年原煤产量 114.2 万 t；全年掘进总进尺 6807 m；原煤生产人员效率 10.612 t/工；员工年人均工资 8.28 万元；矿井综采机械化程度 100%，掘进机械化程度 98%；全年安全生产实现了“零事故”目标，百万吨死亡率为零，为省二级安全生产标准化管理体系矿井。

三、安全高效矿井建设的主要做法

（一）安全发展方面

（1）强化安全责任落实。明确划分了各级安全生产责任，出台了《关于实行安全风险抵押和严格落实安全责任追究的有关规定》，明确了事故处罚标准，为知责、明责、履责、尽责提供了依据。

（2）强化现场安全监管。严格执行班中汇报、跟班巡检等制度，凡出现拆建密闭、系统调整、井下煤仓作业等高风险作业、特殊作业、变化作业时，均由分管领导现场带队组织实施。

（3）强化安全教育培训。依托“矿灯学院”学习平台，采取手机闭卷考试，2022年组织全员考试1384人次，及格率94.7%。完成节后复产培训622人次，新工人岗前培训75人次，重点工种专题培训294人次，组织特种作业及其他培训411人次，学历提升4人次，技能等级鉴定41人次。

（4）强化安全生产标准化管理体系建设。修订完善了《管理制度》《安全生产责任制》和《岗位操作规程》，推行安全生产标准化管理体系、岗位作业流程标准化与新安法的常态化学习，开展全覆盖、常态化、动态化“清单式”标准化检查，做到了工程质量精品化、机电设备规范化、管线吊挂整齐化、作业牌板统一化、物料码放定置化。

（5）强化应急管理。编制了《生产安全事故应急预案》并通过评审备案，其中综合预案1个、专项预案11个、现场处置方案11个。定期组织开展救护队培训，先后完成了矿井火灾、井下水灾、提升运输三项应急演练，矿救护队荣获市矿山救护专业技能比武优秀团体奖及“创伤急救”项目三等奖，提升了应急救援实战水平。

（二）技术创新方面

通过优化生产布局、淘汰落后工艺、强化质量监督、引进先进设备等举措，为安全发展添动力。综采搬家采用铲板式搬运车代替以往的调度绞车运输，节省了大量铺轨钉道时间，运输效率提高了30%，搬家成本降低了40%，参与搬家人员减少了2/3，掘进效率随之提高，有效保证了矿井有序采掘衔接。同时，大力提倡五小创新，15号煤东采区排水系统优化、顶锚杆钻机支撑架、15210回风顺槽压带装置、主斜井管路运输装置、CMM2-15型煤矿用液压锚杆钻车水路系统改造等“五小创新项目”，提高了安全管理，提升了工作效率，增加了经济效益。

（三）智能绿色方面

（1）编制完成《矿井智能化建设规划设计》和《智能化掘进工作面专项设计》，并顺利通过评审。完成了井下万兆环网的设备安装及线路铺设，为智能化提供了网络基础。完成了智能化机房建设，满足了智能化集中控制需求。

（2）主要硐室及主运输系统智能化建设完成。主要完成了西翼水泵房无人值守系统，主通风机、空压机自动化控制系统，主运皮带集控系统建设工作，以及井下三个变电所和地面10 kV配电室电力监控系统的改造安装工作。井下主要硐室基本实现无人值守。

（3）智能掘进工作面达到初级标准。井下15210运输巷、15210回风巷两个智能掘进工作面全部建设完成，分别于 2022 年 5 月份和 6 月份通过晋城市能源局验收，达到了初级智能化标准。目前正积极推进智能化回采工作面的建设。

（四）科学管理方面

（1）规范管理，降本提效。对照集团公司下达的经营目标，制定了《综合目标考核方案》，将经济指标细化量化，落实到岗位一线，实现了指标到岗、责任到人。

（2）研判市场，营销保效。坚持量体裁衣，精准营销，内强管理，外抢市场，销售工作实现了新跨越。我们抢抓市场机遇，优化产品结构，拓宽销售渠道，组织市场调查 29 次，根据调查结果及时调整价格。面对严峻的疫情形势和艰巨的保供任务，公司通过煤炭销售数字化，“非接触式”新方式，全程闭环管控，确保了煤炭保供销售有序进行。

（3）绩效考核，活力聚效。修订了《关于实行绩效工资分配的暂行办法》，提高了绩效奖励标准，安全、产量、利润、个人考核指标与工资挂钩更加紧密，既促进了安全生产经营目标完成，又让全员共享到了企业发展成果。

山西柳林大庄煤矿有限责任公司

一、矿井概况

山西柳林大庄煤矿有限责任公司是由原山西柳林大庄煤矿有限责任公司、原柳林县骆驼局煤矿、原山西柳林文安煤业有限责任公司兼并重组整合而成，主体企业为山西柳林大庄煤矿有限责任公司，井田面积 6. 0058 km^2，批准开采 4~9 号煤层，批准生产能力 1. 20 Mt/a。

二、主要技术经济指标

矿井自兼并重组至今未发生人身死亡事故；2021 年生产原煤 113. 37 万 t，利润 41003 万元，原煤工效为 13. 22 t/工；全年综采工作面推进 1406 m，掘进 4237 m，综采工作面采煤机械化程度为 100%，掘进机械化程度为 95%。2022 年生产原煤 115. 2 万 t，利润 68360 万元，原煤生产工效为 13. 44 t/工；全年综采工作面推进 1449 m，掘进 4258 m，综采工作面采煤机械化程度为 100%，掘进机械化程度为 95%。

三、安全高效矿井建设的主要做法

（一）优化劳动组织

采用“三八”制作业方式，早班检修班负责全面检修，中、夜班生产班进行正常生产作业，同时严格控制入井人数，执行非现场交接班模式，禁止同一工作地点平行或交叉作业，禁止同一作业区域多头指挥混岗作业，劳动用工实现了“五个百分之百”岗位人员全部持证上岗，建立了完善的劳动定员管理制度，进行了科学合理组织生产，劳动效率明显提高。

（二）优化开拓布局，坚持合理集中生产

煤矿开拓布局均利用原有，新建副立井井口位置选择在有利全井田开拓和工业场地的布置，坚持少占土地、少压资源、出入井便捷、保护生态环境的原则，充分利用原有生产系统，8 号、9 号煤层配采项目设计要求，坚持“一井一面”的生产布局，始终保持“一采两掘”的生产模式，采用综合机械化开采，提高设备机械化程度，保证煤矿单产单进水平，把优化生产布

局、提高系统贯穿于煤矿设计、建设、技改、生产的全过程，为实现安全高效矿井奠定基础。

（三）搞好安全生产标准化矿井建设

制定煤矿安全生产标准化实施资金投入计划，实行专款专用，从地面到井下，从后勤到生产严格标准化建设，现场达到整齐、整洁、规范，形成了“要安全，先达标，向标准化要效益，向标准化要安全”的理念，通过人、机、环、管的和谐统一，最终实现管理上无漏洞、设备无故障、系统无缺陷、人员无违章和安全零事故的本质安全型矿井。

（四）安全管理严抓不懈

为了实现矿井安全理念目标，矿井建立健全了安全风险分级管控和事故隐患排查治理双重预防机制，同时利用双控安全管理系统矿端平台，将矿井辨识出的安全风险及管控情况和排查出的各类事故隐患及治理情况，通过互联网及时传达到各个管理机构及上级安全监察部门，有效实现了安全风险管控和事故隐患排查治理信息化管理，确保作业现场动态安全达标。

（五）推进智能化系统建设

通过智能化改造实现“一优三减”，加大矿井主运输、固定硐室、提升设备等远程集中控制和无人值守改造力度，减少固定岗位值守人员，如在调度指挥中心安设有主风机在线监测系统、空压机房在线控制系统、35 kV 在线控制监测系统等等。

（六）提高监控调度能力，加强系统可靠性

产量监控和人员定位系统、视频监控系统的正常运行，井下综采工作面、掘进工作面安装视频监控系统各两组，提高了采掘面矿井监测监控调度能力。通过对配套生产系统的优化技术改造，使矿井安全生产系统更为合理完善，安全高效可靠。

（七）强化水文地质勘测工作管理

严格按照《煤矿防治水细则》和《煤矿安全生产标准管理体系》相关要求，安设了 KJ402 矿井水文动态监测系统，实时了解矿井水害变化情况，及时处埋相应的突发事件，采掘期间顶板每隔 100 m 打设一组岩性孔，每隔 300 m 打设一组窥视孔，加强顶板岩性分析，确保实时掌握顶板岩性变化，根据探测分析结果及时补强支护。

（八）抓职工培训、完善职工培训教育体系，提高职工素质

广泛吸纳专业技术人员来矿从事技术工作，现场帮带提高全员素质。招收了涉煤专业中专及以上待业青年及现有职工外出在专业学校实地培训，培

养了一支有知识、有技术、素质高的职工队伍。同时利用聘用专家、矿内工人技师采取现场帮带培训，现场手把手培训了一批技术岗位能手，为全年安全生产工作水平上档升级发挥重要作用。

（九）着力强化安全文化氛围营造

大力实施了安全文化理念引领工程，本着适用、管用、耐用的原则，在煤矿“安全理念”的基础上，矿井上下利用温馨的祝福语、全家福、宣传牌板、展板等内容的亲情文化辐射工程，通过创新安全文化，形成用先进的理念统领员工的思想、规范员工的操作行为，提升安全管理的水平。

中国神华能源股份有限公司上湾煤矿

一、矿井概况

上湾煤矿是神东煤炭集团的骨干矿井之一，位于内蒙古自治区鄂尔多斯市伊金霍洛旗境内。煤质具有低灰、低硫、低磷和中高发热量特点，属高挥发分长焰煤和不黏结煤，是优质动力、化工和冶金用煤。

二、主要技术经济指标

2021 年原煤产量完成 1596.67 Mt；总进尺完成 16088 m。采面综合单产 103.1 万 t/(个・月)；掘进综合单进 1340 m/(个・月)；全员工效达 119.2 t/工；回采工效达 527.0 t/工。

三、安全高效矿井建设的主要做法

（一）坚持安全绿色发展，安全环保形势整体平稳

（1）全面夯实安全管理基础。一是修订《安全生产责任奖惩办法》《员工不安全行为管理办法》等 26 项制度，加大对轻伤事故、不安全行为等情形的责任追究力度，层层压实了安全生产责任。二是持续优化生产系统，将“U”型均压通风调整为“Y”型负压通风，解决了均压系统管理难度大等问题。三是全面梳理流程库，新增流程 90 条，目前在用流程 1035 条，并搭建流程学习平台，建立流程抽查机制，全面推动流程落地落细，助力安全生产。

（2）清洁节能技术深入应用。全力打造电动车示范矿井，已应用 9 类 126 台，电动车占比 80%。应用超级快充、快换技术，有效解决了电动车续航能力低、充电时间长的难题。建成地面光伏充电站，所有电动车均使用绿电，实现绿色低碳零消耗。采用单因素恒定调节模式，实现胶带机、重型刮板机、局扇、乳化液泵站等变频设备智能降速，电机平均转速降低 7%，每年可节约用电 1.195×10^{7} kW・h。

（二）坚持创新引领，智能信息化水平稳步提升破

建成井下全覆盖“5G+UWB”网络，进行 AI 高清视频传输、三维数字

孪生等 18 项 5G 应用。攻克精准定位导航、车路协同、自动避障等技术难题，构建“路径规划+无人驾驶”智能模式，目前已安全行驶 13000 km。应用掏槽、喷浆、清仓、管路抓举、搬运、钻探、巡检等 8 大类 13 台机器人，大大减轻了工人劳动强度。加快矿鸿适配应用，实现 245 台设备无屏变有屏、342 台设备固定按键操作变手机移动操作，成功打破系统之间数据不能互通、业务之间不能实现系统级智能联动和协同的壁垒。

（三）科学组织生产，产源保供成绩突出

（1）不断优化生产组织模式。一是及时调整生产接续，22104 综采工作面优质贯通，12403 综采工作面顺利投产，实现稳产高产。二是创新运用“三精”配煤管理模式，有效克服了主井皮带洒煤、重载停机压死皮带等问题。制定《均衡生产管理办法》，层层压实生产责任，全面提升单产单进水平。9—12 月累计完成产量 547. 25 万 t，有力保障了能源供应。三是掘进效率大幅提升，全年超计划 4571 m，为员工增效发挥了重要作用。

（2）全面加强生产保障作用。坚持设备“零缺陷”管理，扎实开展“三旬检查”“区队互查”，倒逼责任单位提升检修质量，切实提高了机电业务保安水平。全年各大系统连续 154 天未发生 4 小时以上故障，机电考核公司第一。

（四）细化经营管控，矿井效益全面提升

（1）推动成本管控智慧化。建成“智能库房”成本管控平台，形成了覆盖 92. 61 万件材料、87 项成本项目的全业务链条，对材料库存、可控成本、采购预警、考核得分等关键数据实时监控，日均分析数据达 7000 余条，有效提升了物资利用率和周转率，全年累计节约成本约 3138 万元。

（2）推动绩效考核精准化。做精做细定额量化管理，形成了薪酬待遇向生产一线、向苦脏累险岗位倾斜的价值导向。以此为基础，建成绩效考核量化结算系统，将原来 18 个子系统合并归类为 5 大类、151 个子单元，实现了工作量闭环验收、结算标准自动计入、工资总额自动汇总的精准化、透明化管理。全年绩效考核始终位居公司前列，人均奖励金额达 2 万元左右。

（五）坚持创新引领，智能信息化水平稳步提升

科技创新硕果累累。自移列车+单轨吊落地、6000 m 远程供电供液等重大创新项目顺利实施。累计发表科技论文 73 篇，获得授权专利 13 项，完成创新创效成果 151 项，年度科技创新考核公司第一。先后荣获“绿色矿山科学技术奖”“全国煤炭工业优质论文奖”“中国能源研究会能源创新奖三等奖”等省部级科技奖项 8 项，并作为唯一煤炭企业，被中国科协认定为

首批“科创中国”创新基地，“8.8 m 超大采高综采工作面关键技术与装备”被列入自然资源部《矿产资源节约和综合利用先进适用技术目录》。

（六）加强人才培养，着力培养高素质人才队伍

（1）全方位培育人才。邀请内外部专家开展专业培训 47 期 575 学时、管理人员月度考试 8 次、科技创新对标 13 次、论文征集 4 次、调度小讲堂 86 期、区队小讲堂 284 期，述职述能提升训练 2 期，全面打造“善干能写会说”人才队伍。

（2）深层次使用人才。构建党建、安全、质量、廉洁、能力、学历、资历、业绩多维度能力素质评价模型，以此为依据，大力选用优秀年轻干部。全年累计提拔科级干部 16 人，轮岗交流科级干部 53 人，大龄科级干部转岗 21 人，科级干部平均年龄 41.25 岁，较 2021 年减小 1.96 岁。通过选拔、竞聘等方式，任用技术员 27 人、机关科员 18 人。

中国神华能源股份有限公司寸草塔煤矿

一、矿井概况

寸草塔煤矿位于内蒙古自治区鄂尔多斯市伊金霍洛旗境内，井田面积 8.78 km^2，截至 2021 年底，矿井剩余保有储量 5901.7 万 t，可采储量 2774.6 万 t，煤种为不粘煤。井田内可采煤层 9 层，共分三个水平开采（主采煤层 2—2、3—1、4—2 和 5—1 煤层），目前主采 22 煤层，煤层倾角 1°~5°，设计服务年限 25.4 a，剩余服务年限 6.5 a。矿井地质条件简单，顶底板稳定；矿井水文地质类型中等；煤层自然发火期为 1~3 个月，煤尘具有爆炸性，属瓦斯矿井。

二、主要技术经济指标

2021 年寸草塔煤矿按“一井一面”组织生产，采掘接替正常，采煤机械化率达 100%，掘进机械化程度 100%。全年生产原煤 238.5 万 t，最高月单产 21.8 万 t，综合平均单产 21.1 万 t/(个·月)。原煤生产期末人数 418 人，全年无死亡事故。

三、安全高效矿井建设的主要做法

（一）狠抓安全基础管理，确保安全生产

（1）强化安全管理体系运行和制度建设。对安全管理制度进行了重新修订，明确了各级管理人员、各岗位人员的职责，完善了“横向到边、纵向到底”的各级人员安全责任制。通过层层传递，将责任落实到了安全生产的各个环节和每一名员工，形成了“人人负责、齐抓共管”的安全管理责任体系。

（2）狠抓隐患排查，提高现场生产标准化水平。每月围绕最新事故案例、未遂事件、典型不安全行为、上级部门查处和通报问题、重复问题持续开展举一反三，消除麻痹思想。每月初由矿长牵头、分管领导和全体机关人员参加，开展井上下全覆盖步行检查；每半月由分管领导组织，对井下和地面网格化责任区域开展一次全覆盖检查，并将检查问题全部录入安全信息系统，由业务科室复查确认整改情况，安监办按照20%比例进行抽查考核。凡是出现隐患不整改或整改不及时的，一律进行追溯，形成了完善的闭环式管理，落实了整改。

（3）持续推进风险预控管理体系落地。重新修订了《寸草塔煤矿风险预控管理体系运行考核管理办法》，组织全矿员工用时14天，经3次修改，梳理建立了67种高风险作业管控库，制定了高风险作业管控清单，明确了区队现场指挥人员、安全专人，矿级盯防人员；实行“三思五问”安全询问法，作业前由跟班队干组织作业人员从个人技能、工器具、现场危险源辨识等8方面进行安全分析并录制视频进行评比。

（二）科学组织，提高生产效率

不断优化劳动组织方案，深挖生产组织潜力，在保证设备检修到位情况下，不断缩短检修时间，为生产赢得时间，保证产量提升。同时矿井各生产区队根据核定任务，制定生产组织方案；生产办、调度指挥中心根据工作面及设备状况不断优化生产组织，将生产任务分解到每班，每天对生产任务完成情况进行通报考核，兑现奖罚，保证任务完成。按时开机，保证足够的有效生产时间，调度指挥中心每天对区队的开停机及设备进行检修，做到生产效率最大化，减少系统运输不饱和或空运行造成的浪费。

（三）精益管理，提质增效

优化设计，降低施工成本。根据矿井地质条件及巷道压力分布情况，合理优化支护参数，节约支护费用；对掘进队顺槽调车硐室的间距进行优化，由150 m优化为300 m，与回风大巷之间原则上除必要的行车联巷外，不设计联巷，同时在掘进过程中尽量将调车硐与联巷复合布置，以减少巷道无效进尺；充分发挥瓦斯抽放方式由上隅角半封闭埋管抽放改为骨架风筒替换瓦斯抽放管抽放，再到上隅角浅部插管抽放，实现材料节约。

（四）智能化建设有序推进

开展智能矿山建设线上、线下技术交流116次，完成了46项智能化项目方案编审，提前完成年度智能化建设指标。经过2年的前期准备，克服设备配套安装，队伍频繁转型等困难，完成三个中级智能化采掘工作面布局，22118首个智能综采工作面提前35天投产，智能化矿井验收顺利通过，标志着我矿向“井下百人”高级智能化示范煤矿迈出了坚实一步。

（五）着手细微之处，打好经营管控攻坚战

降本增效成果明显。落实开源节流，狠抓非生产性费用控制，全年完全成本节约 25.37 元/t。加强修旧利废管理，累计修复设备及配件 542 项，节约成本 887 万元。根据生产接续及地质变化情况动态抓煤质管控，强化全过程管控，全年商品煤发热量区域完成 5241 大卡，超年计划 21 大卡。

中国神华能源股份有限公司金烽寸草塔煤矿

一、矿井概况

金烽寸草塔煤矿位于内蒙古自治区鄂尔多斯市伊金霍洛旗境内，井田东西宽 5. 15 km，南北长 4. 55 km，面积 16. 5 km^2。截至 2022 年末保有资源储量 24071. 49 万 t，剩余可采储量 14002. 84 万 t。矿井采用斜井多水平开拓方式，原设计生产能力 60 万 t/a，2007 年 10 月升级改造后设计生产能力达到 270 万 t/a，2018 年 1 月生产能力核增为 450 万 t/a，为低瓦斯矿井。

二、主要技术经济指标

2021 年完成煤量 448 万 t，完成进尺 18034 m，2022 年完成煤量 391 万 t，完成进尺 15182 m，综采机械化程度达 100%，掘进机械化程度达 100%，采区采出率达到 80% 以上。

三、安全高效矿井建设的主要做法

（一）生产组织方面

（1）综采产量稳中有进。通过强化生产组织、提高工程质量、细化设备检修等保障工作面安全推采；积极推广综采挂网新工艺，改进超前支护成组自移单体，消除安全隐患，降低劳动强度，提高作业效率。

（2）掘进效率不断提升。根据巷道类型和使用要求，不断优化掘支工艺，巷道宽度由 6 m 优化为 5. 4 m，顶板采用“锚索同排+替换锚杆”设计，将不受采动影响的巷帮网片更换为更轻便的冷拔丝网片，调整帮锚杆间距便于掘锚机一次性施工到位，减少人工支护量，大大提升了掘进效率。

（3）矿务工程有序实施。根据队伍人员结构及施工能力，精心排定矿务工程施工计划，确保矿务工程人工利用更加高效；根据矿井接续情况合理安排掘进队伍施工矿务工程，有力保障了矿井的安全生产；应用了柔模砼墙施工新工艺、开创了预制免拆模板砼底板施工法，大大提高了施工效率；提前规划实施安装回撤矿务工程，为搬家倒面创造优质条件。

（二）安全发展方面

（1）狠抓责任考核及追究，确保安全生产责任有效落实。从“明确责任、责任培训、责任考核、责任追究”四个方面推动安全生产责任制的落实。细化各岗位的责任范围，重新梳理了各岗位的安全生产责任清单。以责任追究作为重要抓手，对安全管理不到位、制度执行不到位、岗位职责不落实等产生不良后果的情形进行了责任追究。

（2）推进职业健康治理。开展职业健康宣传周活动，组织职业健康培训和有奖知识问答，提高了员工职业健康意识；成立了“职工健康工作室”，切实让员工感到安全感和幸福感；开展“健康企业”创建和“健康达人”评选活动，2022 年荣获“鄂尔多斯市健康企业”。

（三）技术创新方面

（1）科技创新成果丰硕。2022 年上报群众创新创效项目获公司二季度三等奖 2 项，授权专利 17 项，公司科研项目立项 1 项；矿内自评亮点工程与管理提升项目 289 项（获奖 134 项）；发表科技论文 25 篇。

（2）采掘接续平衡合理。抓好采掘接续管理，精准编制采掘接续计划，保证全年产量任务完成。统筹考虑生产系统现状、煤层赋存条件、采掘布局、设备配套，进一步简化、优化生产系统。积极推广使用新设备新工艺，采用无基础胶带机和远程供电供液，最大化缩短机头段煤柱尺寸，符合条件的工作面采用沿空留巷工艺回采，减少巷道掘进量，提高资源回收率。

（3）业务保安及时有效。紧盯综采矿压显现情况，及时采取补强支护、注玛丽散等措施确保综采顺利通过高应力区；克服了柔性网寄售到期影响采购的困难，提前编制采购标书，保证了所需柔性网按期到货；规范了过构造、扩帮、“十字”和“丁字”交叉口补强支护形式，统一了支护标准；优化了主回撤通道支护方案，形成了适应掘锚机施工的支护形式。

（四）智能化建设方面

（1）建成智能采掘工作面。建成了 22122 智能综采工作面，实现“采煤机记忆割煤+支架跟机拉架+工作面巷道集控”的采煤模式，作业人员由 12 人减至 9 人。公司自主研发的掘锚机电控系统首次在掘锚二队调试成功，实现远程控制、自动截割功能，掘进工作面局部通风机实现远程切换、各类设备实现远程集中控制与移动端远程监控，掘进面单班作业人数由每班 9 人减至每班 6 人。

（2）智能化项目有序实施。在神东公司第一家上线运行“生产管控平台”，依托该平台及智能除铁、AI 视频系统、轨道巡检机器人等智能装备，实现了固定岗位无人值守。已建成的智能通风管控平台具备了通风系统、通风网络、监控测点展示、数据采集等功能。建成的井下智能交通管理系统，实现了对车辆的精准定位、车速实时监控、车辆数据上传。

（五）科学管理方面

（1）持续提升班组建设水平。定期开展“安康杯”十个一活动，加强班组建设宣传力度，举行矿内技术比武，提升班组成员个人技能水平。健全班前会、班后会学习制度。加强班组长培训，积极组织班组长走出去，到公司外部班组建设先进单位对标学习。

（2）标准作业流程落地落实。各区队根据岗位设置情况，分专业、岗位梳理完善流程目录表单，确保所有岗位均有与其相适应的流程，实现了人员—岗位—流程匹配。根据梳理的流程目录表单，结合危险源辨识、不安全行为管控、事故案例等，对流程库所有流程进行修订、完善，更新了本单位的执行流程库。

（3）全面定额量化管理改革工作稳中求进。坚持定额精准、定编精确、结算精细的原则，以提高员工绩效、促使组织绩效提升为目标，持续完善定额体系、精细调整薪酬结算；建立全员绩效积分制评价体系，统一平台化管理；打破管理人员系数、形成基于能效的非操岗位宽带薪酬管理；搭建经营管控平台，使数据统计分析更加准确便捷。

中国神华能源股份有限公司柳塔矿

一、矿井概况

柳塔煤矿位于鄂尔多斯市伊金霍洛旗乌兰木伦镇境内。井田范围（南北长 4.51 km，东西宽 2.95 km，倾角 1°~3°）、井田面积 13.6185 km^2。2021 年地质类型划分为中等类型。可采煤层 8 层，属特低灰、特低硫、特低磷，中高发热量的不粘煤。水文地质类型为中等型，正常涌水量 270 m^3/h，最大涌水量 330 m^3/h；现回采 22 号煤层，自燃倾向性均为 I 类容易自燃煤层，自然发火期为 42 天；矿井绝对瓦斯涌出量 5.31 m^3/min，相对瓦斯涌出量 1.19 m^3/t，为低瓦斯矿井。无冲击地压危害。

二、主要技术经济指标

2021 年完成煤炭产量 285.61 万 t，掘进进尺 14175 m。2021 年月单进水平最高达 664 m，全员工效 24.7 t/工。矿井杜绝了重伤及以上安全事故，成本计划 322.19 元/t，实际 342.03 元/t，比年初预算增加 19.84 元/t，利润计划 2.14 亿元，实际 3.71 亿元，超预算 1.57 亿元。

三、安全高效矿井建设的主要做法

（一）落实本安管理，强化安全考核

始终以加强本安体系应用为安全管理切入点，建立完善人、机、环、管安全管理机制，扎实抓好现场监督监管工作，持续加强安全生产管理制度建设，严格落实安全生产责任制，认真完善安全生产责任体系，安全工作取得较好成效。

矿井每月组织三次步行检查，确保井下安全管理无漏洞。定期召开不安全行为座谈会，纠正员工不安全意识与思想。同时坚持开展危险源辨识，进行风险预控，实行全员、全方位、全过程排查隐患，有效提高了现场安全管理水平，保障了安全生产。矿井还通过实施不安全行为整治、班组建设管理等项目使员工安全意识明显提高。

（二）优化生产接续，实现降本增效

矿井队伍配置为“一综两掘锚”，全年使用一套综采设备进行生产。调整综连采接续，尽量保证井下设备直搬，减少掘锚队搬家倒面次数。优化通风、运输系统，降低能耗。

（三）加强成本管控

坚持材料管理“有旧不领新，领新需交旧，能修不报废”原则，按月兑现修旧利废奖励。奖金分配体现贡献值、体现岗位价值、体现劳动强度，充分调动了员工修旧利废、降本增效的积极性。

加大自营工程的范围，主要有密闭工程、锚索支护工程、防腐工程、自主维修、管路、电缆拆除和安装工程等。制定厉行节约、杜绝浪费管理办法，从设计上、执行中和管理上控制浪费，不断提高员工节约意识、面对煤矿生产经营“新常态”，实现柳塔矿可持续发展。

（四）井下设备标准化检修

制定了综、连采主要设备、主扇等通风主要设备、供电、供排水等主要设备的日常维护保养标准和周期性检修标准，要求检修工每天将检修标准带到现场，按照标准中规定的内容进行设备日常维护保养和定期检修，并将每天检修、检查过程中发现的问题在表中记录，由技术人员汇总、分析解决存在的问题。规范检修标准，及时发现设备隐患，消除因人员更新或检修人员疏忽遗漏检修项目的隐患，保证了设备维修检修的及时性，提高了设备开机率，有效保障生产。

（五）强基固本，全面提升人员素质

矿井按照国家要求，配齐主要负责人、安全生产管理人员、专业技术人员、特种作业人员及其他从业人员，相关人员均符合任职要求。根据《中华人民共和国安全生产法》建立了完善的培训管理制度，建立健全三级培训体系，按照矿级培训抓重点、科队培训抓基础、班组培训抓实践，不断夯实培训基础。充分利用公司和矿内培训资源，做到从业人员安全培训全覆盖、全员持证上岗。

（六）多措并举，推动职业病防治工作

通过培训，树立“安全是企业最大的效益，健康是职工最大的福利”的理念和意识。作业场所减尘降噪，一是通过实现自动化，在运输系统、配电硐室、水泵房、主扇、压风机房等固定场所，取消岗位人员；二是超前考虑，加强掘进工作面除尘风机等设备配套，职业病危害现场防护措施严格实施，提高职业病防治能力。

（七）科技创新，有效解决现场实际问题

矿内各单位每两个月按指标分解计划上报群众创新创效项目，生产办整理审核，并要求创新点突出、效益显著的项目进行修改，2021 年按期上报群众创新创效项目 23 项。

定期对成果进行宣传培训，利用每月技术例会、科技创新工作总结会，对公司获奖“群众创新创效项目”进行学习。并且在矿各区队之间，对于应用成果好、有效解决现场实际问题的项目进行宣传推广。如掘锚一队自制的“延皮带系列装置”，既安全高效又省时省力。通过宣传，在全矿各掘进队使用，受到广大员工好评。

（八）坚持绿色低碳发展

加强生态环境治理，种植樟子松 85000 棵，排矸场恢复治理种植沙棘 29422 株，沙地柏 172500 棵，绿篱 3600 株。完成了排矸场覆土绿化以及进矿道路的绿化，辅助运输车辆实现了“油改电”，有效减少了车辆尾气排放。2021 年全年累计治理土地塌陷 385 hm^2，新增绿化面积 62.58 hm^2，提高了矿区总体生态环境质量。2021 年吨煤生产综合能耗为 3.1 千克标准煤/t，远超井工开采企业吨原煤生产综合能耗准入值。

中国神华能源股份有限公司乌兰木伦煤矿

一、矿井概况

乌兰木伦煤矿位于内蒙古自治区鄂尔多斯市伊金霍洛旗境内，核定生产能力为510万t/a。1988年建矿至今，始终以防范化解安全环保重大风险为主线，以安全生产标准化管理为抓手，健全完善安全生产“双控”管理体系，严格落实安全生产责任，加快智能化矿山建设，全面推进系统治理和精准治理；大力践行“社会主义是干出来的”伟大号召，围绕“六个开新局”，奋力开启“二次创业”新征程，实现了“十四五”良好开局。

二、主要技术经济指标

2021年实现安全生产零伤害，生态环零无事件。煤炭产量完成509.68万t。全员工效提高到31.28t/工，万吨工时率同比下降10.28%。2021年成本完成242.38元/t，比预算节约11.85元/t，实现利润8.21亿元。

三、安全高效矿井建设的主要做法

（一）健全责任体系，全面推进安全管理上一流

深入贯彻落实习近平总书记关于安全生产重要论述和重要指示批示精神，树牢“两个至上”理念，从源头上筑牢安全发展思想根基，坚决做到不安全不生产。持续贯彻落实“01234”管理理念，保持安全生产零伤害的良好态势，逐步实现人员零违章的安全管理目标。加强区队自主管理，强化业务部门监督指导和服务功能，健全跟踪检查指导问效机制，确保各项安排部署贯彻落实到位。

（二）创新驱动，智慧引领，为智能化建设赋能蓄力

全面推进矿鸿操作系统示范矿井建设，发掘矿鸿更多成熟应用场景，提升矿鸿产品整体成熟度，为引领煤炭行业高质量发展和数字化转型，实践出一条科学发展之路。完成创新项目118项，专利6项，核心期刊论文8篇，推广科技创新成果60余项。矿内成立了技术创新攻关小组、机电设备质量攻关小组，从“问题解决型”和“创新型”两大类确定活动课题，解决生

产现场和管理中存在问题，进一步提高设备可靠性。将大数据、云平台、互联网技术引入煤矿，应用了泵送支柱、无基础胶带机等关键技术，通过内蒙古自治区智能化矿山验收。

（三）统筹谋划，合理布局，为安全生产提供技术保障

优化生产组织，积极推广应用新工艺、新技术。做好沿空留巷、自移移变列车、薄喷混凝土、矸石处置等技术的研究与应用，减少巷道掘进量，降低劳动强度，提高资源回收率。综采方面，制定了生产组织保障措施，将综采面推采任务精确到每日、每班，同时采取“日统计周考核月兑现”的方式提高单产水平，掘进方面，根据当月作业情况，科学制定作业计划，逐日分解、跟踪考核，每旬召开进尺分析会针对欠量原因制定补量措施，确保全月计划完成。

（四）拓展发展通道，全面推进人才建设上一流

一是坚持“以内容定方式，以对象定方案”的培训思路。利用“大师工作室”“大讲堂”等载体精准培养人才。鼓励员工自学考取后续学历及各类证书，提高整体素质。合理安排大龄人员岗位，做到人岗匹配。

二是通过“一带一轮一考核”方式对近三年新分大学生进行重点培养。继续组织分批次在不同区队、科室轮岗实习，加速成长成才，重点打造大学生智能化采煤班和电工班，为建设矿鸿示范矿井提供人才保障。

（五）创新经营思路，全面推进效益水平上一流

一是创新“5631”经营管理思路。加强全面预算管控，持续推进内部市场化和全面定额量化，以绩效考核为抓手，全年超额完成各项经营指标。年初坚持内部市场化向纵深推进，从现场管理、激励考核、定额优化等方面改革创新，以全面定额量化管理“达标年”为契机，强化工作量验收考核。

二是减员提效更显著。通过智能化、自动化、信息化等手段，大力开展减员增效活动。通过综采智能化工作面建设，自动拉架和三岗合一稳步推进，实施掘进工作面智能集中控制系统，取消了皮带岗位工，一线区队劳动强度大大降低。运转队对各部胶带机重点部位增加智能视频监控系统，升级各类保护，投入智能调速装置等措施，取消中夜班固定岗位，只保留巡检工。

（六）提高标准效率，全面推进质量管理上一流

一是现场标准进一步提升。修订完善标准化图册，将原先以区队为单元的标准化图册修订成综采类、掘进类、机电运输类、井下通用类、地面通用类五大类，进一步规范了井下所有图牌板尺寸、颜色、标识（logo），统一

电缆吊挂间排距，材料码放标准等，现场标准化水平进一步提升。

二是检修质量进一步提升。结合日常统计数据制定机电考核奖罚制度，在加大日常考核力度的同时，推出正向激励措施，对考核周期中责任范围内无故障、无失爆的区队及个人予以奖励。对已发生的机电故障事故，深入剖析事故原因，有针对性地制定相应的预防措施，切实消除检修作业存在的安全隐患。充分利用云检修、执法记录仪等电子化手段，规范机电设备检修标准化工作，杜绝“零敲碎打”机电事故，提高设备运行可靠性。

三是工程质量进一步提升。树立“工程质量就是安全”的理念，狠抓工程质量动态管控，严格按照制度兑现奖罚。对过断层、过空巷、机头硐室掘进等高风险作业现场盯防，确保现场作业安全、质量达标。

中国神华能源股份有限公司补连塔煤矿

一、矿井概况

补连塔煤矿是国家能源集团（原神华）在神府东胜煤田开发建设的特大型现代化矿井之一，位于内蒙古自治区鄂尔多斯市乌兰木伦镇，行政属于乌兰木伦镇。截至2021年底保有地质储量17.66亿t，剩余可采储量11.70亿t，2015年核定生产能力为2800万t/a。瓦斯等级鉴定显示补连塔煤矿属低瓦斯矿井。

二、主要技术经济指标

补连塔煤矿管理机构健全，并建立了科学、严格、高效的管理机制，矿井采煤工艺全部实现综合机械化采煤，综合机械化程度100%，全年完成原煤产量2471万t，全年完成掘进进尺25706 m，综合单产为2059166 t/(个·月)，原煤工效达92.59 t/工，实现利润599670.86万元。

三、安全高效矿井建设的主要做法

（一）坚持安全绿色发展，安全生产形势稳中向好

（1）隐患查治创新务实。将步行检查、区域承包和五级联动隐患查治相结合，开展大型隐患排查36次，查出隐患3446条，隐患排查运用安全生产责任体系，对地方政府、上级公司查出的问题，逐项进行责任追究。完善隐患分析报告内容，及时将地方政府、两级公司、自查的重大隐患、A类隐患进行深入分析，寻找根本原因，做好隐患排查工作的闭环管理。

（2）深入体系运行管理，落实管控重点。严格现场管理和重点盯防工作，完善责任和制度体系，建立覆盖所有危险源和不安全行为的奖罚实施细则，下发单岗作业人员安全管控措施，通过联合夜查、结对子、互保联保和相关联责任追究等措施，建立“九位一体”的不安全行为管控格局，明确不安全行为职责分工、工作目标和具体任务，完善和细化不安全行为管理制度，落实各级管理人员查处不安全行为的责任，打造严密的安全质量标准化管理防线。

（3）细化考核，落实自保互保责任。区队设立了安全“零伤害”考核基金，以班组为单位进行考核，根据班组员工发生事故类型扣除相应考核基金，形成了“自保、互保、联保”三位一体的安全责任连锁机制，实现了“三违”责任共担、事故责任共担、危险区域作业共同监护，形成了人人都是安全员，安全齐抓共管的良好局面，有效地降低了不安全行为的发生。

（4）推进安全文化的实践融入。与安全生产经营活动相结合，充分发挥班组建设、风险预控管理体系、标准作业流程、安全培训、安全宣传等载体和平台的作用，按照矿井—区队—班组和党委—支部—党员两条文化建设脉路，以核心价值观建设、神东安全文化宣传、神东精神宣讲和子文化建设四个方面为重点，建立以矿井文化、区队文化、班组文化为核心的文化体系，提升矿井文化引领能力，促进和谐发展。

（二）加大安全培训方面的管控力度，从培训上消除问题的发生

（1）抓好日常培训和师资力量建设。每季度分岗位、分工种组织三大规程、危险源管控措施的培训学习，全员参与，全员考试过关；开展“周二学习日”活动，建立了矿领导、业务科室和区队管理人员轮流讲课制度，开展干部、员工互教互学和逐级讲课活动，组织管理人员、技师、技术能手亲自参与各工种、各岗位的实操培训和师带徒活动，全面提升员工技能水平。

（2）建立培训约束考核机制，提高培训质量。按照“教考分离、建立统一题库、制定考核办法”的要求，进行真考、严考，强制性地进行主动学习，研究建立了培训绩效直接评估机制，编制培训大纲，带着问题组织培训，以解决问题结束培训，让员工一目了然地了解和掌握培训重点。

（3）创新警示教育学习培训方法。落实区队在带领员工按培训计划整体推进学习的同时，组织警示教育“回头看”，每周组织一次事故案例学习讨论会，集中观看事故案例专题片，让员工指出视频中的违章细节，说出防范措施和应吸取的教训，在提高学习氛围的同时，达到看见一点想到一面的学习效果。

（三）坚持创新驱动发展，坚持均衡稳产高产，生产组织科学高效

（1）机电管理保障有力。健全完善机电管理制度，改进4项120条考核指标，为基层解决各类问题2000余条。落实机电创优活动奖励。制定了10大类87项固定场所质量标准化验收标准。引进新能源车辆，各类车辆满足辅助运输需求。

（2）智慧矿山建设稳步推进。胶带机无人值守升级改造项目实现生产

岗位减员 76%，初步实现主运系统无人值守运行。建设无人值守综采工作面，工作面生产期间无需作业人员，通过运输顺槽集控中心即可完成生产任务；建成智能掘进工作面，工作面使用大断面快速掘进系统成套装备，同时配置使用集中控制中心，实现了“掘、支、锚、破、运”全机械化平行作业。

（四）坚持提升经营管理水平，助力经营管理优化升级

（1）推进形成市场化运行格局。在公司内部与 11 家专业化服务单位签订了服务结算协议，形成了按量、按单价和服务质量结算的市场管理体系。结合设备、生产接续、地质条件及近几年历史数据，对部门和区队制定费用定额，按月考核，提升了市场化运行质量。

（2）加强成本管控。利用信息化管理系统，解决内部市场化运行中存在的各类问题，重点加强采掘一线材料消耗、矿务工程设计及过程管理、材料回收管理，加大周转材料使用力度，确保完全成本控制在预定范围以内。

（3）强化全面定额量化管理。优化非操作岗位量化改革项目，打破原有分配方式，对所有管理人员按工作量、工作质量进行考核管理。完善劳动定额体系，优化定额制工资，按量、按定额结算，实现多劳多得，提高全员劳动效率。

中国神华能源股份有限公司布尔台煤矿

一、矿井概况

布尔台煤矿隶属国家能源集团中国神华能源股份有限公司神东煤炭集团，井田面积 192.632 km^2，地质储量 33.03 亿 t，可采储量 20.13 亿 t，矿井设计生产能力 2000 万 t/a，服务年限 71.9 a。截至 2021 年 12 月底，矿井剩余地质储量 30.17 亿 t，剩余可采储量 17.87 亿 t，剩余服务年限 63.8 a。矿井采用斜井—平硐—立井综合开拓方式，分区式通风。可采煤层 10 层，现主采煤层为 1-2 上煤、2-2 煤、4-2 上煤，煤质为低灰、低硫、特低磷、中高发热量的不黏结煤，瓦斯绝对涌出量为 30.67 m^3/min，相对涌出量为 0.84 m^3/t，属于低瓦斯矿井。

二、主要技术经济指标

2021 年矿井完成产量 1995.9 万 t，矿井采掘机械化程度 100%，采掘关系正常，矿井采区回采率为 87.1%。原煤工效 73.6 t/工，矿井综合单产 52.8 万 t/(个·月)，全年实现利润 8.84 亿元，完全成本 226.88 元/t。

三、安全高效矿井建设的主要做法

（一）安全环保形势稳定向好

（1）不折不扣压实安全生产责任。按照“三管三必须”要求，持续完善安全生产责任体系，推行安全切块考核强制排名机制，排名结果在评先树优、晋升岗级中充分应用，真正形成了责权利相结合，人人有责、人人尽责的安全生产格局。

（2）坚决有力夯实安全基础。2022 年提取使用安全培训费 396.1 万元，实施项目 39 个，培训 2.5 万人次，全面深化了安全教育培训效果。持续开展“举一反三，汲取事故教训”和“反松劲、反麻痹、反漂浮”安全专项活动，强化全员安全忧患意识。

（二）生产运行水平持续提升

（1）持续优化矿井设计。合理调整工作面宽度，12 煤二盘区规划工作面个数由6个优化为5个，减少了掘进进尺，提高了采掘比；优化了在采（掘）盘区的巷道设计和修订了支护手册，增加了顺槽机头硐室驱动部检修通道，提高检修效率的同时降低了作业风险；优化了主运顺槽宽度和机头硐室抹角尺寸，减少了大跨度巷道，有效降低了顶板管控风险。

（2）突出生产准备超前优势。全面统筹资金、队伍、设备，挖掘自营队伍潜能，2022年全年支护锚索8.1万套，锚杆4.5万套，延伸砼底板路面4.3万米，浇筑硐室3个，浇筑风桥及水仓23座，彻底扭转了回采面矿务工程生产准备滞后的局面。

（三）机电保障能力不断增强

（1）机电管理效能不断提高。组织供电设备、胶带机保护、标准化检修等专项整治活动，全面强化了设备运行薄弱环节；修订原有操作规程29项64处，新增智能化设备操作规程8大类27项，积极开展移动设备安全防护、人员防接近系统、设备保护消缺等专项检查活动，保障了机电设备安全运行。

（2）全面提升辅助运输运行水平。重新规划工业广场人车路线，实现人车分流；分阶段完成车窗限位、雨刮器改造、反光防撞桶安装，行车记录仪、倒车影像、倒车雷达安设等工作，车辆故障率同比降低3.5%，运行效率提升15.6%。

（四）经营管理质效日益凸显

（1）持续优化激励方式。建立以业绩考核为导向的分配机制，通过内部市场化、定额量化、绩效考核、薪酬激励多渠道提升组织效能，充分激发干部职工的主观能动性。

（2）不断深化“三项制度”改革。将经理层任期制和契约化管理向科队延伸，组织与科队正职干部签订岗位聘任协议和年度、任期经营业绩责任书，以“清单式”监督倒逼精准履职，实现人员逆向流动和井下用工“双减”目标，有效盘活了内部人力资源。

（五）创新驱动发展见效成势

（1）着力推动先进技术应用。从采掘工艺、源头设计着手，综采推行“智能化开采+自移设备列车+单轨吊落地液压牵引装置”，实现远程控制、跟机巡视；掘进配套了锚运破及大跨距桥式转载机，创新了“掘锚一体机+锚运破+大跨距桥式转载机+两臂锚杆钻机”协同作业的快速掘进模式，单进水平同比提升73%。

（2）稳定加快智能化建设步伐。锚定高起点设计、高标准建设、高水平管理、高效能运作的“四高”定位，投资1.44亿元用于智能化建设，井下采、掘工作面实现了5G网络全覆盖，综采建成“一中两初”3个智能化工作面；掘进建成“两中四初”6个智能化工作面；主运输、变电所、水泵房、集中瓦斯抽采和注氮等所有固定岗位实现100%无人值守；运输系统全面实现安全、高效、绿色运行；矿压AI预警平台、智能通风系统、区队智能集控室等全面上线，数据驱动进入高质量发展新阶段。

（六）基层基础工作稳步推进

（1）深入推进班组建设工作。全面规划、落实大学生智能化班组建设，分批次创建了11个大学生智能化班组，切实发挥了标杆班组的示范引领作用，高质量承办了公司班组建设现场会，组织编写了班组建设“六部曲”，拍摄了多部安全、奋进微电影，在职工中赢得了良好反响。

（2）扎实推进标准作业流程落地见效。深度应用流程“MCVA”多元化学习模式，累计制作流程视频268部，完成流程图册209项，编制高风险作业流程图册94项，新编《智能化装备岗位标准作业流程及危险源手册》25项，编写《设备故障诊断处理流程及危险源手册》248条，通过直观、生动地流程视频讲解，职工作业工序明显规范，不安全行为大幅减少，矿井安全水平得到有效的提升。

国能亿利能源有限责任公司黄玉川煤矿

一、矿井概况

黄玉川煤矿井田位于鄂尔多斯市准格尔煤田中西部，由神华神东电力公司与内蒙古亿利资源集团公司按照 51∶49 的比例出资建设，设计生产能力为 1000 万 t/a，服务年限 66.2 a，同时配建年洗选原煤 1000 万 t 的选煤厂。矿井井田面积 42.6798 km^2，地质资源储量 15.07 亿 t，可采储量 9.26 亿 t，井田内可采煤层自上而下为 5 层，即 4 号、5 号、$6_{上}$ 号、6 号、9 号煤层，目前开采 4 号煤、$6_{上}$ 号煤。矿井水文地质类型为中等类型，无冲击地压，属低瓦斯矿井。开采煤层均属容易自燃煤层，煤尘有爆炸危险性。采用斜立井混合开拓方式，水平大巷条带式开采（分 4 号、$6_{上}$ 号煤两个水平），其中 4 号煤采用一次采全高综采工艺，$6_{上}$ 号煤采用综采放顶煤工艺。

二、主要技术经济指标

矿井采煤、掘进机械化程度均为 100%。矿井 2022 年商品煤单位成本计划 242.68 元/t，实际 242.04 元/t，计划利润 10.51 亿元，实际 17.11 亿元，完成利润指标。原煤工效 53.35 t/工。煤矿 4 号煤和 $6_{上}$ 号煤采区回采率分别为 85.1%、82.4%。

三、安全高效矿井建设的主要做法

（一）安全生产方面

（1）创新应用积分管理。把积分管理运用到煤矿的安全管理中，形成了安全积分管理新机制。安全积分管理将员工不安全行为进行分数量化，以年度作为考核周期，基准分为 100 分，通过发生不安全行为的减分和对安全有贡献加分等进行积分变化，建立个人安全积分档案，积分情况与员工安全工资、安全奖、风险抵押金等挂钩，并作为无不安全行为人员抽奖、干部提拔晋升、业绩考评、评先评优、劳务工常态化考核、劳务工转正的依据。

（2）加强高风险作业管控。一是做好事前管控，下达月度重点安全管控计划，主要包括当月系统性危险源、高风险作业和其他需要重点管控的项目，并科学制定管控措施。严格实施许可作业，对高风险作业执行措施审批管理制。管控信息共享，各单位每日上报次日高风险作业项目，生产指挥中心梳理汇总后及时通知各级管理人员和安监员。二是做好事中管理，做好现场盯防，跟值班领导及业务分管人员、安监员到岗到位。投入使用高风险作业流程管控系统，实施流程化、表单化管理，每一个环节必须由作业人员、带班领导、安监员确认后方可实施，实现高风险作业管理有序、有痕。

（二）技术创新方面

（1）大坡度俯斜开采技术创新成果与应用实践。$6_{上}$ 号煤层平均煤厚 11.2 m，采用倾斜长壁后退式全部垮落机械化综采放顶煤采煤法。井田内煤层倾角变化大，21 盘区工作面方向煤层最大倾角超过 16°，推进方向最大俯采角度达到 15°，水平构造应力集中，井田被 DF5、DF6、DF13 三条大断层切割。在初期回采中，因回采经验不足，工作面运输机上窜下滑控制困难，出现运输机窜动，大范围倒架，工作面支架支护效果差，经常出现漏顶情况，回风巷受二次采动影响，超前支承压力大，巷道变形严重，给矿井的安全高效回采带来极大困难。基于以上问题，黄玉川煤矿积极探索、勇于实践，形成了一套俯斜采工作面行之有效的管理经验，为矿井安全高效开采提供了借鉴。

（2）二水平顺槽大坡度段掘锚替代综掘掘进工艺获得成功。为降低成本、提高单进水平、降低安全风险，决定在二水平使用掘锚替代综掘施工，在大坡度段采用下坡掘进，充分利用掘锚快速、高效的特性。矿井单进水平从综掘的 200 m/月提高到了目前的 469.2 m/月，是综掘队掘进效率的两倍，可减少掘进工作面 2 个，减少井下作业人员 78 人，安全管理难度大大减低。

（3）回采新自动设备应用。为解决综采工作面传统设备列车存在的频繁铺拆轨道、绞车操作存在重大风险、人员投入多、易发生跑车掉道等问题，引进了自移式设备列车。该设备通过导向推移梁和车体与地面摩擦力的不断变化，通过液压千斤顶的推拉实现设备自移，可以在 10°左右的坡度上行走自如，解决跑车弊病，省去了频繁铺轨和牵引作业，减少作业人员数量和人员劳动强度，使工作面推进循环更加合理完善和安全可靠。

（4）末采自开通道新支护工艺的应用实践。先后在 12402、12403—1、12403—2 综采工作面应用实践末采自开通道工艺，在 12402 综采工作面采用掘锚机自开通道和 12403—1 综采工作面采用传统采煤机自开通道、人工支护的现场实际应用经验的总结提炼的基础上，在自开通道过程中采用 DZ701（MJZ2—320/480G）综采工作面回撤用锚杆钻机作为顶帮锚网索支护的支护设备，探索综采工作面回撤用锚杆钻机在自开通道支护中的实践应用。该项目在12403—2综采工作面末采自开通道过程中成功进行了应用，用时9天完成该工作面末采自开通道工作，和传统自开通道及预开通道相比，即极大保证了安全，又节约了通道支护费用。

（三）智能矿山建设方面

矿井建成精准人员定位系统、智能调度通信系统和4G无线通信系统，完成万兆工业环网升级改造；建成智能化综放工作面，实现远程控制、自主截割和人工干预的工作模式；一个智能化掘进工作面实现胶带机、联运车集中控制，掘锚机远程工程和在线实时监测；主运输系统实现智能调速、自动配煤、视频监控和机器人巡检等，常态化实现远程控制；选煤厂完成调度集控中心改造，投运了智能装车系统、机器人巡检系统、智能图像识别等系统；主通风机房、压风机房、中央水泵房、变电所等固定岗位实现了无人值守；主要风门及调节风窗实现远程控制，矿井洗选、主运输、提升等固定设备温度振动在线监测。

（四）科学管理方面经验成果

（1）创新设计理念，集约化生产。矿井设计为立井千万吨矿井，盘区条带式开采，主要大巷布置在煤层中，与井筒直接相连，简化了巷道布置系统。工作面长度由传统的150 m延长到240~340 m，推进长度也大幅度延长，综采工作面单产显著提高。

（2）以优化企业管控体系为前提，提升科学管理水平。积极打造“战略+运营+财务”型运营模式，充分激发管控活力，提升管理效能。全面实施对标创一流战略。开展创建示范行动，成立7个专题工作组抽调专人负责，制定《创一流工作方案》，全面应用“创一流”成果，发放调查问卷730份，建成5个对标评价模型、设置48项对标指标，完成19篇提升方案，编制成效报告24篇，其中“四位一体”合规管理体系的构建与实施获得全国电力行业管理创新成果奖。

（3）产销深度协同管理模式。煤矿生产经营工作由“生产经营型”向“经营生产型”深度转变，紧跟市场变化调整生产组织，做到“市场需要什么就生产什么”，确立了“保煤质就是保效益”的经营理念，积极拓宽销售渠道，稳定老客户、开发新客户，根据市场需求及时调整洗选工艺，优化产品结构，力求与市场形势“同频共振”，提高区内市场占有率，取得营销创效最大化目标。

国家电投集团内蒙古白音华煤电有限公司露天矿

一、矿井概况

国家电投集团内蒙古白音华煤电有限公司露天矿（以下简称白音华二号矿）位于内蒙古锡林郭勒盟西乌珠穆沁旗白音华工业园区，矿区面积30.1894 km^2，煤炭资源储量9.97亿t，煤种为优质褐煤。2005年7月开工建设，设计生产能力为1500万t/a，设计服务年限49 a。白音华二号矿共有3个煤组，8个煤层，主采煤层为2—1中下煤及3—1煤，平均厚度为14.63 m、14.58 m，煤炭具有低灰、低硫、低磷、高挥发的“三低一高”环保特点，平均发热量为3300大卡。

二、主要经济技术指标

2021年，白音华二号矿员工总数886人，原煤工效达60 t/工，吨煤完全成本164.57元/t。完成煤炭产量1499.95万t，煤炭销量1498.73万t，剥离量9887万m^3，剥采比6.59 m^3/t，回采率96.3%。

2022年，白音华二号矿员工总数709人，原煤生产人员效率55.91 t/工，吨煤完全成本172.87元/t。完成煤炭产量1500万t，煤炭销量1499.10万t，剥离量8017.94万m^3，剥采比5.35 m^3/t，回采率96.3%。

三、安全高效矿井建设的主要做法

（一）优化生产组织，实现降本增效

超前谋划采矿布局，掌握采矿发展规律及动向，生产过程中，不断优化采排位置及运输系统，进而降低运输成本，实现降本增效。一是通过优化内排空间及端帮运输道路，减少自有剥离折返运输，节约运距306 m；二是通过优化工作帮主运输系统布置，减少重车下坡段500 m，减少二次提升41 m；三是减少整个外委施工采场折返坡道布置及排土场布置直进式坡道，较计划运距节约431 m，实现全年总运距较计划节约460 m，总提升较计划节约6 m。

（二）技术先行，完成端帮煤炭资源回收

借鉴内蒙古煤矿设计研究院、辽工大、东北大学等权威院校的多项研究成果，在分析露天矿生产现状和后续矿山工程接续问题的基础上，通过分析边坡工程地质条件，分别从二维、三维角度对边坡进行稳定性评价，并确定内排土场建设发展程序与西端帮开采方案的技术要求，对西端帮开采提出了采取“小开口采煤、内排追踪排土”形式进行开采。获取即将压覆煤炭资源 75 万 t，助力保供的同时落实降本增效工作目标。同时减少了资源浪费，也解决了煤层氧化自燃问题，避免污染环境。

（三）全面推进科技兴安，提升智能化安全管理水平

（1）改造两套堆取料机远程操控，改善作业人员工作环境。采用先进传感器技术、无线网络传输技术及视频传输技术，对穹顶仓及设备实行 360°全方位监控，通过设备状态数据采集和传输，实现堆取料机的远程、安全、稳定操作，有效改善操作人员工作环境，降低操作人员职业健康安全风险，提高企业安全管理水平。

（2）研发露天矿车辆驾驶辅助预警系统，消除车辆驾驶安全隐患。该系统具备疲劳驾驶预警、车辆超速预警、人车验证、前车碰撞报警等十项功能，通过监控大屏、PC 端、手机 APP、车载终端四屏联动，实现生产作业现场车辆全天候、全方位安全监管，提高车辆安全风险防控能力，改变了“人盯人”传统安全管理模式，有效提高安全监管质量和效率。

（3）实现胶带输煤系统机器人智能巡检，降低人员劳动强度。在地面系统胶带机廊道内安装矿用轨道式智能巡检机器人，代替巡检人员完成日常设备状态检查。采用先进图像识别技术实现故障预警，准确、高效完成煤矿设备智能巡检，降低人员劳动强度、保障现场司机人身安全、确保煤矿安全运行。

（4）建设智能化安全管理系统，实现两级管控的安全管理目标。针对生产作业现场重点区域、重要设备、重大风险隐患，通过将各个安全管理子系统融合，提供预测预警、统计分析、跟踪督办、智能监管等功能，最终实现各安全生产经营数据综合管理与分析。

（5）研发 5G+宽体自卸车无人驾驶，实现采煤区域无人驾驶与煤炭破碎系统的联动测试运行。已实现封闭区域无人驾驶车辆安全员工全部下车且白班+四点班连续生产作业，5 个编组 31 台无人驾驶车辆重载平均生产效率达到 1600 t/h，达到传统有人驾驶运输作业生产效率 80%，研究推进成果达到区域内领先水平。

（四）践行绿色发展理念，推动绿色矿山建设

（1）坚持生态优先、绿色发展之路，遵循“边开采、边治理”的原则，制定生态修复总体方案，实施“地形重塑、供水系统、喷淋灌溉、水土保持、土壤改良、植被重建”六大工程，积极开展矿山地质环境治理和生态恢复治理工作，到界排土场治理率达到100%，植被覆盖度达到85%。采取生物措施与工程措施相结合的技术路线，进一步推动南排土场“景观化”、北排土场“自然化”、工业厂区“园林化”。

（2）坚定绿色发展方向不动摇，依据露天煤矿全生命周期发展规律，积极探索可持续发展路径，着力发展排土场分布式光伏，打造“光伏+生态”产业，最终完成由单一煤炭开采产业向多元化生态产业完美转型，打造我国北方高寒地区绿色矿山标杆。

扎鲁特旗扎哈淖尔煤业有限公司

一、矿井概况

扎鲁特旗扎哈淖尔煤业有限公司（简称“扎哈淖尔煤业公司”）是全国首家露天煤矿上市公司内蒙古电投能源股份有限公司在扎鲁特旗境内设立的控股子公司，注册资本10亿元，煤炭生产能力为1800万t/a，光伏发电装机容量2×10^4 kW。公司始建于2005年，2009年下半年开始投入生产试运行，2011年正式生产运行。2015年1800万t年生产能力核定工作通过国家审批。公司所采煤田属霍林河煤田二号露天采区，煤田整体呈东西走向，矿区面积31.36 km^2，累计查明资源储量12.2万t，可采煤层平均总厚度58.95 m，设计开采年限为42 a。所采原煤以褐煤为主，规划期内煤炭加权热值达到3500大卡以上，具有低硫、低磷、高挥发分、高灰熔点“两低两高”的环保特点，为优质工业用煤。

二、主要技术经济指标

公司煤炭生产采用挖掘机—卡车—半固定破碎站—带式输送机-储煤仓半连续工艺及挖掘机—卡车—间断工艺。2021年原煤产量1799.38万t，综合单产29.85万t/(个·月)。北露天煤矿在2021年原煤生产期末人数1455人，原煤工效达54.76 t/工。职工年人均收入达到22.2万元。

三、安全高效矿井建设的主要做法

（一）加强“三基”建设工作

（1）以《安全生产法》《煤矿安全规程》《煤矿生产标准化管理体系基本要求及评分方法》为支撑，保障安全作业。

（2）落实安全管理三体系，形成安全管理合力。以“加强安全业务技能培训”“使用问询函、督办函和进行安全约谈”“加强督办与考核”和“严厉追究管理责任”四项措施为切入点，促进安全管理三体系发挥作用，并且形成有效合力。

（3）风险分级管控与隐患排查治理。组织开展设备、作业、职业健康、环境四类风险辨识评估，科学评定风险等级，明确管控责任，完善风险分级管控体系。结合风险辨识评估结果，组织制定岗位风险清单、隐患排查清单，有效防范生产安全事故。

（二）强化“三外”管理工作

深化“三外”（外包、外委和外协）单位等同管理、强化业主安全生产管理职责、精准管控风险环节、构建承包商安全管理内生机制，有效化解来自“三外”单位的系统性安全风险。

一是探索安全发展新路线。签订五年长期合同，激发承包商单位投入主动性，推动设备新型化、大型化，更换率达 95%，现场作业设备数量从 700 余台减至 500 余台，有效降低运输作业风险。设立二级监管室相互联动，有效实现精准化安全监管。

二是在 GIS 平台及扩展的基础上，有机结合安全管控与生产技术，进一步优化升级具有扎哈煤业特色的智慧矿山综合智能安全生产管控平台，实现激光云台自动巡航、车辆综合安防系统集成等多项智能化技术手段的应用，重点研发违章超速、车距过近等常见违章行为智能识别，通过主动报警、辅助判别、系统联动，全面升级智慧化矿山安全管控模块，实现透彻感知、高度共享、智慧决策。

（三）强化生产管理

（1）立足技术引领，坚持“科学技术是第一生产力”，坚持高效、平衡、合理的原则，坚持以采矿设计为中心，以“设计指导生产，生产优化设计”为指引，强化短期生产计划的实效性，实行专业化管理，保证设计的指导性和时效性。加强各部门管理人员与调度的协调配合，保障生产设备发挥效率，做好设计前的信息收集和设计后技术交底，发扬尺子精神，施工前勤放界，施工中勤校正，施工后勤复核，切实把设计落到生产作业中，打通设计落地的最后一公里，为高质量、高标准完成全年任务奠定坚实的基础。

（2）保量保质，实物量完成与质量标准化两手抓。在实物量完成方面，一是统筹规划，合理构建轮斗、岩破、单斗—卡车三套工艺的生产布局，实现生产能力最大化。二是深挖潜力，求出剥采设备在时空间关系摆布上的最优解，释放主采设备生产能力。在质量标准化工作方面，发扬“钉钉子精神”，从帮齐底平、道路质量等基础工作抓起，实现生产现场面貌大改观。

（3）通过生产技术的挖潜、管理工作的高标准开展，在生产各方面均取得了可喜的成果。根据自治区及通辽市自然资源部门煤炭领域整治的相关政策，对露天矿山后续不再使用的无证排土场进行生态修复还地，扎哈淖尔露天煤矿 2021 年还地 16815. 19 亩，不再办理该地块的建设用地手续，推进了整改进度、节省土地出让金等费用约 135948. 96 万元。通过不断优化各运输系统，取直各主干线绕行区域。同时每季度修改设计，每周开展周计划，完成自有剥离运距节余 310 m，外委剥离运距节余 210 m 的好成绩。

（四）加大科研力度

坚持“降本增效、节能降耗、安全发展”发展原则，开展电铲作业智能引导系统、综合智能安全生产管理平台、数字化智能分析技术在煤炭销售热值搭配中的研究与应用，及轮斗挖掘机驱动单元智能监测系统、智能清扫及巡检系统和智能装车系统升级与应用等项目的研发工作，同时通过员工自主创新，完成 SF31904、BELAZ75131 自卸车轮边减速器试验台的设计制造，科技发展水平得到明显提升。

内蒙古白音华蒙东露天煤业有限公司

一、矿井概况

内蒙古白音华蒙东露天煤业有限公司（简称白音华三号矿），隶属于国家电投内蒙古能源有限公司，主要产品为环保特性突出的老年优质褐煤，地质储量 13.66 亿 t，合规产能 2000 万 t/a，剩余服务年限 35 a。采用半连续工艺与间断工艺，是集煤炭生产、加工、销售为一体的国有大型现代化露天矿，属于我国能源重点发展地区 13 个大型煤炭基地的蒙东基地，同时也被列为国家级重点保供煤矿之一。

二、主要技术经济指标

2021 年实现盈利 48193.2 万元，职工待遇 2021 年人均收入 23.61 万元，原煤产量 1329.5 万 t，原煤销量 1324.6 万 t，剥离量 8102 万 m^3，剥采比 6.09 m^3/t，回采率 96.4%，原煤工效达 147.8 t/工。

2022 年实现盈利 75936.2 万元，职工待遇 2022 年人均收入 26.16 万元，原煤产量 1508 万 t，原煤销量 1505 万 t，剥离量 14063 万 m^3，剥采比 9.33 m^3/t，回采率 96.4%，原煤全员效率 141.9 t/工。

三、安全高效矿井建设的主要做法

（一）生产组织方面

（1）生产实物量指标顺利完成。2022 年面对历史最大的剥离任务，克服作业设备多、密度大、空间不足等问题，采用“三车道、动态调整车铲比、排土场环形排土作业”等方法充分发挥设备效率，保证日剥离能力保持在 60 万 m^3 左右，全年超计划 763 万 m^3、提前 40 天完成全年生产计划。

（2）保供任务圆满收官。在煤破碎系统移设单线作业期间，单月最大破碎能力达 106 万 t，超历史最大破碎能力 28 万 t，成功渡过煤破碎系统单线运行的“瓶颈”期。在条形料场封闭煤炭库存空间压缩期间，通过提高生产环节间联络效率、动态调整库存或破碎站盘煤等措施，确保煤炭库存持续高位运行，顺利完成迎峰度夏、冬季煤炭保供工作。

（3）生产组织效益显著。2022 年实现降本增效约 2.33 亿元。一是通过优化运输系统和排土布局，全年节省运距 195 m，节省运输成本约 3111 万元。二是严格把控现场特殊工程量认证流程，特殊工程认证量同比减少 3.2%，节省费用约 20 万元。三是采出端帮压煤 55.9 万 t，增加利润 1.25 亿元。四是完成弃煤回收 188 万 t，选出精煤 113 万 t，选出率达 60% 以上，产生经济效益 7700 万元。

（二）安全管理方面

（1）突出源头治理。完善责任制考核机制与双重预防机制，修订完善了涵盖 20 个部门 465 个岗位的安全生产责任制，量化考核标准，建立安全生产责任制两级联动考核机制。分类汇总常见隐患 485 项，编制《隐患排查学习指导手册（试行版）》，开展各类检查 681 次，查出并整改隐患 3732 项。

（2）强化科技兴安。投入运行智能化安全管理系统，全年累计纠正风险预警信息约 9.45 万条，有效减少了车辆驾驶人员和现场作业人员的不安全行为，极大提升安全生产作业效率。

（3）夯实安全管理基础。优化三年行动治本攻坚行动项清单 112 项，建立三年行动质效评估表，细化问题隐患和制度措施“两个清单”32 项，圆满完成收官工作并及时总结归纳良好实践，制作发布《践行安全发展理念压实安全生产责任》三年行动纪实专题视频。

（三）技术创新方面

（1）智能化建设项目有序实施。2022 年，累计投入智能化矿山建设资金 1254 万元，完成安全辅助预警系统建设、胶带运输系统无人/少人值守可研、水处理集控中心、电子封条、超限超载源头治理监控系统、员工自主创新、输煤系统智能化消防系统可研、基于输岩胶带应用于输煤系统的新型胶带机五项综保的研发与应用、排土场防火预警监控系统、智慧安监系统等十余个项目的建设工作，智能化矿山建设成果大量产出，辅助安全生产水平大幅提升。

（2）创新驱动成绩显著。2021 年 12 月被评为高新技术企业，在科技成果产出方面获得 12 项知识产权，超额完成创新驱动知识产权指标。同时，积极参与中国设备管理协会、煤炭协会及科技主管机构等组织的项目评奖工作，累计获得 5 项行业级奖励，2 个项成果成功录入自治区科技厅科技成果库。OTW 系统入选中国煤炭工业协会标杆案例，并获评第五届全国设备管理与技术创新成果一等奖，发挥重要的示范引领作用。

（四）绿色环保方面

截至2022年末累计完成排土场生态修复治理面积10652亩，修筑排水沟2.62万m，新到界排土场治理率达100%，植物品种由十几种增加到几十种，增加了物种的多样性和生态多样化，矿区生态系统结构由简单趋向复杂。同时开展露天矿生态修复区土壤重构及生物地化循环速率提升技术与长期定位监测体系研究，更好地为露天矿生态系统恢复提供技术与数据支撑。

（五）科学管理方面

信息化管理与自动化稳步推进。实现了各办公区和生产区的千兆有线网络覆盖。新建了一套采用无线网络的外网办公系统，形成了OA、ERP办公系统，实现了办公数据的集成统一管理。2021年公司智能安全管控平台基本建成并开始投入使用，该系统包含感知、数据传输与互联、优化和反馈等功能，通过统一平台的监管为管理提供保障措施。2022年完成智慧安监系统建设，成功接入西乌旗应急管理局智慧安监平台，为建设“本质安全型矿山”提供了信息化保障。同时，针对生产现场作业指挥调度工作，建设完成生产调度指挥系统，形成了全面自动化的调度指挥系统。

内蒙古电投能源股份有限公司南露天煤矿

一、矿井概况

南露天煤矿隶属于国家电投集团内蒙古能源有限公司，位于内蒙古通辽市霍林郭勒市境内，始建于1976年4月19日，是国家“七五”“八五”重点建设项目，是我国第一个自行设计施工的千万吨级大型露天煤矿。2015年批复核定生产能力为1800万t/a。煤矿位于霍林河煤田的沙尔呼热区，占地面积约35 km^2，可采煤层平均总厚度62.59 m，生产老年褐煤，平均发热值为3195千卡/kg，具有低磷、低硫、高挥发分、高灰熔点的特点，享有绿色燃料的美誉。

二、主要技术经济指标

南露天煤矿分为南、北两个采区，为露天开采，生产工艺采用单斗挖掘机—自卸卡车间断工艺和单斗挖掘机—自卸卡车—半固定破碎机—带式输送机—排土机半连续工艺相结合的综合工艺。2021年煤矿完成煤炭产量1799.95万t，剥离产量7476.14万 m^3，煤炭销售量1799.46万t。2022年，完成煤炭产量1799.99万t，剥离产量6200.11万 m^3，煤炭销售量1799.99万t。

三、安全高效矿井建设的主要做法

（一）生产组织方面

一是组织有力，保供任务圆满完成。优化生产组织，克服雨雪等极端天气的不利影响，减少各生产环节之间存在的制约因素，从设备动用、操作、点检、作业环境、供电保障等方面提升设备运行管理，生产效率有效提高，电铲和自卸车效率同比分别提高7%和15%。针对地面生产系统运行年限长的实际情况，科学组织输煤系统检修，保证系统安全稳定运行，圆满完成了保供任务。

二是管理有力，提质增效成果显著。合理利用小型设备煤岩混合物分选系统，提高薄煤层等复杂区域煤炭回收能力，煤炭资源回采率达到96.3%，较设计提高 6.3%。深化全生产标准化动态达标建设，全面提升现场作业标准，高质量形成 1.5 km 完整工作线 7 条，端帮运输系统 4 条，现场作业条件明显改善。

（二）安全发展方面

一是坚持源头治理，压聚压实主体责任。全年以“隐患排查+专项治理”的方式累计开展检查 681 次，发现及整改 3275 项，制定安全生产工作专项方案 58 项，制定并落实生产行动项 234 项，针对 14 个基层单位及所属承包商开展为期三个月的内外衔接、全岗覆盖的安全生产尽职督查，压实各单位、各承包商主体责任，强短板、补弱项，安全管理水平得到显著提升。

二是坚持刀刃向内，着力筑牢管理基础。全年开展反违章检查 693 次，共查处违章行为 312 人次，罚款金额 18.87 万元，员工违章行为降低 22%。实施“精准培训”工程，全年开展安全培训 336 班次，累计培训员工 17018 人次，全员安全素养得到大幅提升。强化安全基础建设，全年投入安全费用 8999.19 万元。开展装车仓铁路线专项治理，完成了房屋和结构性建筑安全检测及胶带系统自动灭火项目前期调研、设计工作。

三是坚持守正创新，提升安全管控水平。持续推进安全智能监管平台项目建设，不断完善“电子两票”和“爆区自动布防”相关流程标准。加大基层员工安全创新推进力度，采掘部、穿爆部、剥离运行部 QC 成果分别荣获国家级及行业级荣誉奖励，全年共收集员工安全管理合理化建议 144 项，各岗位、各层级对安全管理工作的思考更加深入、思维更加超前、管理更加精细、执行更加到位。

四是坚持生态优先，持续巩固修复成果。高标准完成年度生态修复治理任务，外排土场全部治理完毕，实现到界一处、治理一处的管控目标，治理效果受到了多地政府和外部企业的关注调研，稳固了高寒地区露天矿山生态修复标杆地位。生态修复成果成为第二轮第六批中央环保督察的正面典型，在中央电视台《焦点访谈》节目进行了专题报道，得到社会各界一致好评。

（三）科技创新方面

一是科技项目有序推进。完成投资 4277 万元，开展科技项目 13 项，完成全部招标采购，进入研发研制阶段。承接的集团公司重点任务智慧矿山综合管控平台顺利推进，取得阶段性成果。

二是创新驱动指标超额完成。完成发明专利申请 31 件、授权 3 件，实用新型专利申请 15 件、授权 16 件，发表相关科技论文 3 篇，参与 2 个国家标准编制工作，超额完成年初计划目标。全年获得行业和集团公司科技进步奖各 1 项，协会科技成果奖 2 项，内蒙古公司科技进步奖 3 项。专利授权数量、获奖项目级别均处于内蒙古公司前列。

三是创新成果成功转化。2022 年 11 月，“智慧、无人、绿色、零碳”矿山建设和“百吨级自卸车电能替代项目”分别入选集团公司三新产业标杆项目和创新成果管理库，取得智慧矿山建设里程碑式的突破，为南露天煤矿的高质量发展和智慧矿山建设增添了锐意进取的力量。

（四）科学管理方面

一是合规管理建设再上新台阶。针对高风险环节，以巡察、审计发现的问题为导向，深入开展管理工作自查自纠，强化合规管理。持续做好巡视巡察整改，充分发挥党管干部核心作用，锻造堪当重任的干部队任，高度重视“大监督”体系建设，以高质量监督为高质量发展保护航。

二是倾心打造高素质干部队伍。积极推进高素质人才队伍建设，注重重点院校人才使用，推选 2 名中层到内蒙古公司本部挂职锻炼，提拔 1 名一般管理到中层副职岗位。调整 12 名关键岗位技术人员轮岗锻炼，提升综合管理能力，为打造高素质人才队伍奠定基础。

华能伊敏煤电有限责任公司伊敏露天矿

一、矿井概况

伊敏露天矿是全国第一家大型煤电联营企业——华能伊敏煤电有限责任公司所属的煤炭生产单位，地处呼伦贝尔大草原鄂温克族自治旗伊敏河镇境内。采区面积 42. 35 km^2，总地质储量 23. 11 亿 t，采矿范围内剩余保有资源量 18. 93 亿 t，1976 年 7 月立项开发，1984 年 10 月正式投入生产，水文地质类型为一类三型，采用单斗卡车工艺及连续系统、半连续系统组成的联合开采工艺。2022 年产能核增至 3500 万 t/a，实现了产能突破性增长。

二、主要技术经济指标

2021 年原煤生产人数 504 人，煤炭产量 2889 万 t，职工人均工资 23. 07 万元。2022 年原煤生产人数 558 人，煤炭产量 3500 万 t，职工人均工资 28. 49 万元。

三、安全高效矿井建设的主要做法

（一）生产组织方面

（1）增产保供勇担当。通过调整运行方式，增加外委设备和人员数量，科学配备车铲，半连续系统高效运转，煤炭日生产能力提升至 10 万 t，煤炭产量多次打破日、月、年纪录，2021 年煤炭产量 2889 万 t。2022 年 4 月 15 日核增产能得到批复后，牢牢守住民生用能底线，全力保障党的二十大等重要时段煤炭稳定供应，将自营自卸卡车停车场搬迁至采场，自卸卡车每日有效运行时间增加约 1 小时，煤炭日产量稳定在 10 万 t 以上，全年煤炭产量 3500 万 t，实现当年核增当年达产，单矿产量位居全国第一，是 2022 年全国唯一核增即达产的煤炭企业。

（2）技术管理不断加强。形成以矿调为中心的生产体系，以技术为中心的标准化管理体系，技术管理体系更加顺畅。运用近几年地质和水文勘探成果，编制 2022—2024 年三年规划及 2025 年长远规划。在煤质管理方面，2021 年完成煤炭选采 205 万 t，2022 年完成煤炭选采 266. 77 万 t，回采率高达 97.05%，煤炭资源得到有效利用。

（3）设备状态持续提升。落实机电设备预防性主体责任，建立自卸卡车大修理动态弹性调峰机制，2021 年全年计划性检修为 1742 台次，主体设备完好率为 96.37%。在优化供配电系统布局方面，2021—2022 年将 35 kV 采掘 1 号、5 号环坑线路延伸至采场负荷中心，实现了 35 kV 采掘 2 号、4 号环坑线路互为联络、互为备用，提高了供配电系统可靠性。2022 年引进控制和操作系统更为先进的大型采掘设备，为伊敏露天矿顺利达产提供了强有力的设备保障。

（二）安全管理方面

（1）着力夯实安全基础。完善各岗位安全生产责任制，将责任层层分解落实，确保责任全员覆盖。实施“一岗一标”精准培训，提升员工安全意识和技能水平，大力开展“安全基础夯实年”“文明生产提升年”活动，在重点场所增设抓拍、警戒摄像头，及时掌握人员非法入矿及车辆未经认证通行等情况，拓宽内保技防管理渠道。

（2）推进从业人员素质提升。强化“三项岗位人员”和新上岗员工重点培训质量，确保 100%持证上岗。灵活运用警示教育基地、实操场地，开展创新式、场景式、体验式培训和技能竞赛，实施分层次、分专业、分岗位的精准培训。以“双提升”为着力点，依托华能 e 学、钉钉平台，持续开展安全公开课、安全警示教育。

（3）强化外包安全管理。成立外委剥离管理队，实行 24 小时安全监督和违章积分分级停产机制，有效治理外包剥离作业过程中存在的事故隐患和违章行为。采取“理论+面试”形式，定期开展外包单位“三种人”考试。编制外包旁站监督清单，明确监督检查内容和标准，保障监督工作有的放矢，坚持施工即旁站，工程不停，旁站不撤。

（三）科技创新方面

（1）智能化矿山项目实现新突破。2021 年伊敏露天矿被列为国家、自治区首批智能化示范煤矿，“智能化示范露天矿关键技术研究”入选集团公司“十四五”十大科技示范工程，卡车无人驾驶完成项目既定目标，与 20 立远程遥控电铲构建国内首个无人化工作面，实现安全员下车以及多车编组混编作业，作业效率达 85%，作业成功率为 98.6%，达到国内领先水平。自主攻关完成加压泵站无人值守改造，减少值班人员 7 人。2022 年 6 月通过国家首批智能化示范煤矿验收。5G+智慧矿山项目获得工信部第五届“绽放杯”5G 应用征集大赛智能采矿专题赛一等奖。半连续系统刮板输送机自动调速落地应用。推进无人矿用自卸卡车全工况作业能力提升，完成 4 台 172 吨自卸卡车科技项目合同中约定的第一阶段验收工作。持续构建“矿山一张图”，对车铲、边坡、人员定位等数据进行采集分析。开发自卸卡车数据采集系统、轮胎胎压监测系统、矿山加油计量系统、车辆车速抓拍系统，并在综合业务管控平台集中管理。

（2）科技成果不断涌现。2021 年申报专利 150 项，获得专利授权 92 项。2022 年 PCT 专利受理 10 项、海外专利授权 6 项，国际专利均实现了“零突破”。发明专利受理 129 项、实用新型专利授权 78 项，发布团体标准 6 项，获得省部级以上科技成果 6 项。2022 年实行“揭榜挂帅”激励机制，《矿用自卸车远程管理系统》作为华能集团 19 项职工技术创新成果之一，在首届大国工匠创新交流会上亮相。《EX8000 型电铲手动注油系统改造》等 2 个创新项目获评华能集团优秀职工创新成果。

（四）生态文明建设方面

（1）肩负央企责任，实现生态修复与资源开发双收。伊敏露天矿主动肩负起生态环境保护的主体责任，在经济发展与生态保护的道路上，牢记习近平总书记“两山论”及“三个结合”重要嘱托，坚持“开发中保护，保护中开发”原则，实现生态修复与资源开发的双收及管理提升。2021 年末，累计完成绿化 1616 公顷，绿化率达 100%；2022 年末，累计完成绿化 1750 hm^2，绿化率达 100%。伊敏露天矿不断巩固并保持着国家级绿色矿山典范形象。

（2）高举生态文明旗帜，实现生态修复提档新升级。从 2021 年开始利用三年时间投资 2 亿元开展了伊敏矿区生态修复示范区建设，目前完成了 410 hm^2 的植被恢复区的修复提升、70 hm^2 的伊敏矿区生态修复示范区核心区建设。重现了矿区原始湖泊——伊和诺尔湖，湖泊面积 26 hm^2，水位最深处 4 m，已经吸引鸥鹭、麻鸭等多种野生动物在这里“安家落户”。建成了高质量绿化植被恢复生态区 34 hm^2，内设 2.4 km 沥青道路，7.1 km 塑胶路面，10360 m^2 一处圆形观景平台+两处广场，8200 棵生态景观树木，1200 m^2 明珠馆，接待了 5000 余人周边居民及游客。为动植物提供完美的栖息环境，不断唤醒人类保护环境、爱护生态、珍惜资源的内心本能。伊敏矿区生态修复示范区建设普惠效益显著，获得了政府部门与社会各界的好评，展现了国内一流生态修复标杆形象。

北方魏家峁煤电有限责任公司露天煤矿

一、矿井概况

魏家峁露天煤矿是魏家峁煤电一体化项目的两个子项之一，是中国华能集团北方联合电力所属的国有大型露天煤矿，矿区位于内蒙古鄂尔多斯市准格尔旗东部，行政隶属内蒙古自治区鄂尔多斯市准格尔旗魏家峁镇。魏家峁露天煤矿煤炭储量丰富，资源可靠，地质条件简单，煤质为低硫高热值长焰煤，煤电市场条件良好，开发条件优越。本矿一期设计规模 6 Mt/a，二期规模为 12 Mt/a，配套电厂分别为 2×600 MW 和 6×1000 MW。

二、主要技术经济指标

2022 年魏家峁露天煤矿末原煤生产总人数为 453 人，采掘机械化程度为 100%，全年完成煤炭产量 1060 万 t，完成剥离量 6170 万 m^3，综合单产为 883333 t/(个·月)，原煤工效为 93.59 t/工，实现利润 18.8 亿元。

三、安全高效矿井建设的主要做法

（一）安全管理方面

建立覆盖全员的安全生产责任制，并逐年进行修订完善，配套管理及考核办法，持续推动安全生产现场管理、操作行为、设备设施和作业环境进一步规范；结合实际不断更新修订安全风险辨识评估制度，做到系统、全面、无遗漏，持续更新完善；建立了反“三违”管理制度，并按制度要求开展“三违”行为查处、整改、帮教等活动，生产现场“三违”行为逐年减少，职工反“三违”意识显著提升；建立了安全培训管理制度，每年制定年度安全培训计划并实施，目前安全管理人员证件齐全有限，其他从业人员全员持证上岗。

（二）技术管理方面

（1）采矿方面，2015 年开始采用“数字化露天煤矿开采计算机辅助系统”进行采矿设计，该系统的应用节省了大量的人力资源，工作效率得到明显提升。实现采矿设计平台通过无人机测量系统建立的采剥和排土现状图与计划图航测影像资料进行影像叠加，同步实现采矿设计界线绘制，自动生成采矿设计图和工作面作业计划表，进行短期和长期的设计图绘制。魏家峁露天煤矿按期制定三年滚动生产接续计划、年度、月度、周生产计划，严格按照生产计划组织施工。

（2）地测方面，前期测量采用传统的 GNSS—RTK 测量方式收集外业数据以及人工展点绘制生产现状图的方式，地测采用“数字化露天煤矿开采计算机辅助系统”，2022 年开始采用最新的无人机测量系统，测量由原来线性的 20 m 点间距，提升到每平方米 30 个点密度的海量点云数据，测量精度大幅提升；同时可满足各种地形条件下的矿山地测工作，实现矿区地形图绘制、采剥工程量验收测量、采剥工程平面图绘制、矿山实景三维模型的建立、采矿三维设计、矿区绿化成果展示、边坡巡视等内容。

（3）边坡方面，建矿初始就成立了露天煤矿边坡管理组织机构，制定了边坡管理制度并不断修订。分层级定区域定频次进行日常边坡巡视，定期进行边坡滑坡演练。每年定期开展边坡稳定性分析与评价。2013 年开始引进 GNSS 边坡自动监测点，实现滑坡实时预警，并逐年进行增加数量。目前采坑共布监测线 21 条，监测点 61 个，全部为自动监测点，每 1 小时进行 1 次数据更新。2022 年 12 月引进 S-SARII 便携式边坡雷达一台，实现对未知隐患区域的形变监测、监测雷达自动识别未知隐患区域和无人值守监测。

（三）设备管理方面

自 2012 年 7 月 10 日第一批 TR—100 卡车移交验收以来，陆续引进各大型国产、进口设备。目前魏家峁露天煤矿主要采掘设备有 WK—35 电铲 2 台、EX3600 电动液压挖掘机 2 台，斗容 19 m^3 轮式装载机 1 台；主要运输设备有 220 t、91 t 自卸卡车 26 台；主要钻孔设备有 CDM75 型钻机 2 台、DM45 型钻机 1 台。在辅助生产工作中采用推土机、前装机、平路机等大型工程机械设备，矿山机械化程度达到 100%。租赁设备在逐步大型化高效化，剥离设备从 1.6 m^3、2.8 m 斗容液压挖掘机逐步更新到 4.6 m^3、6.5 m 斗容液压挖掘机，配套的运输设备从载重 45 t 自卸卡车更新到载重 70 t 自卸卡车，设备全部来自三[illegible]、卡特、同力、临工等国内外工程机械行业龙头企业。

同时，定期对各类电气设备、工器具的性能进行检验，定期对各类设备保护装置以及电气设备防爆性能、电气绝缘均进行检查。每年制定设备维修保养计划，定期开展设备检修维护，保证在用主要机电设备台台完好。建矿以来，机电设备“三率”一直符合要求。

（四）科技创新

（1）坚持效率优先、科学优化，促进煤矿持续高效创新发展。在技术创新、科技研发、更新改造等方面每年均有一定的资金投入，积极与煤炭科研院所及煤炭高校沟通合作，及时调研其他煤矿的先进经验，了解领先的技术与做法，结合现场实际讨论应用前景。

（2）鼓励和支持员工在科技创新方面的新思想新想法，成立科技创新工作室，成立 QC 生产小组，提出和实施多项创新成果，并多次获奖。员工积极主动发表科技论文数十篇。

（3）建设了具有万兆骨干、千兆汇聚、百兆到桌面，4G/5G 无线覆盖的“一张网”。以信息化建设为基础，露天矿生产及辅助系统已基本实现远程自动化，“卡车无人驾驶”项目于 2021 年 8 月启动。同步建成了综合管控平台，实现了各项主要业务层面的横向贯通和管理层面的纵向管控。2022 年，集培训引导、VR 体验、安全认知、安全风险体验、技能培训、消防应急体验、安全用电、智慧教室和安全文化九个功能为一体的工安体验馆投入使用。

华能扎赉诺尔煤业有限责任公司灵东煤矿

一、矿井概况

灵东煤矿设计生产能力 500 万 t/a，2007 年 6 月 16 日开工建设，2010 年 3 月 31 日开始试生产，2011 年 8 月 1 日正式投产，2017 年 11 月核定生产能力 650 万 t/a。矿井位于扎赉诺尔煤田中部，行政隶属满洲里市，其地理坐标为东经 117°43′09″~117°48′46″，北纬 49°21′34″~49°26′10″。井田北部边界有滨洲铁路和 301 国道穿过，西距满洲里 29 km，东距海拉尔 160 km，至哈尔滨 908 km。

二、主要技术经济指标

2021 年末原煤生产总人数为 1221 人，全年完成产量 6.49 Mt，完成掘进进尺 6396 m，综合单产为 541663 t/(个·月)，实现利润 35541 万元，职工人均工资年收入 12.1 万元，全年原煤工效达到 16.1 t/工。

2022 年末原煤生产总人数为 1206 人，全年完成产量 5.73 Mt，完成掘进进尺 8018 m，综合单产为 478005 t/(个·月)，实现利润 29500 万元，职工人均工资年收入 14.1 万元，全年原煤工效达到 14.1 t/工。

三、安全高效矿井建设的主要做法

（一）强化责任落实，安全生产形势总体平稳

（1）严格落实安全管理责任。从标准、目标、责任、措施、考核等环节入手，建立完善了安全管理体系，按照国家规定煤矿企业必须建立的管理制度并结合我矿实际情况，修订完善了灵东矿安全生产管理制度，形成了《管理制度汇编》，建立完善了与之相配套的各级领导安全生产责任制、职能部门安全生产责任制，明确了灵东矿所有岗位的安全责任。

（2）严格执行安全隐患检查制度，实行闭环管理。坚持开展安全检查不断线，对各专业查出的隐患由安监部门汇总，在生产调度会上进行通报，并由安监科和专业科室进行跟踪隐患整改情况，直至整改完成，进行闭环管理。建立重大危险源监控制度，每月将对重大危险源的监控和对重大生产安

全隐患的监控与排查治理情况向市安监局上报。

（3）加强技术管理，健全完善技术保障体系。完善了以总工程师为首的技术管理体系，充实了技术管理队伍，建立了矿井安全生产技术保障体系。解决了矿井开拓、巷道布置、采掘部署、生产系统调整和技术规范标准措施的制定以及新技术、新工艺、新设备的推广应用中遇到的重大技术问题。大力推进生产和技术装备的自动化、智能化，降低人员劳动强度，大幅减少各类事故，实现生产过程的安全自动化控制，从而高效推进安全生产。

（二）全面加强党的建设，组织作用得到有效发挥

2022 年矿党委坚持从严治党，以建全组织、严格制度为基础，以党的思想、作风建设为主线，以发挥党委“把方向、管大局、保落实”作用、党支部的战斗堡垒作用和党员的先锋模范作用为主题，不断加强党组织的自身建设，为我矿各项事业发展提供有力的政治、思想和组织保障。

（三）聚焦转型升级，科技环保硕果累累

（1）以科技创新驱动高质量发展为理念。鼓励职工总结经验，积累成果，充分调动职工专利申报热情，积极与专利服务机构沟通，进一步提升专利申报水平和申报数量。重点搭建了产学研用创新体系，围绕灵东煤矿实际需求开展重点、难点及“卡脖子”问题技术攻关，整合优势资源力量，培育自主创新能力，解决制约灵东煤矿发展中面临的重大灾害问题，提高灵东煤矿自动化、智能化水平，促进科技创新与灵东煤矿深度融合，推动灵东煤矿提高技术水平和高质量发展，2022 年度完成了 16 项科技创新项目，已申报专利 28 项，其中完成了 26 项授权实用新型专利，1 项授权发明专利，1 项受理发明专利，1 项受理实用新型专利。科技、科研投入预算 3829. 14 万元，现已完成 4279. 89 万元的归集工作。已完成今年归集任务的 111. 77%。

（2）坚持执行华能公司“三色”理念，把保护环境作为企业的社会责任，严格执行国家环境保护的有关法律法规和相关政策。完成了“灵东矿生活污水处理厂环保设施联动升级改造工程”，并积极推进“灵东矿矿井水回用管道维修工程及生活污水处理厂外排管路维修工程”“灵东矿矿井水深度处理工程”的施工进度。

（四）推进煤矿智能化建设

（1）完成智能化综合管控平台部署及算力中心建设工作。综合管控平台建立了统一的数据服务接口、信息采集标准、数据格式、通信协议，实现数据的统一集中管理，将矿井安全生产、经营管理等子系统集成汇集到一起，实现数据分析和共享。算力中心配备标准化机柜，具备动环监控系统，

GPU、CPU 数据存储满足标准要求。

（2）完善智能化矿井信息基础设施。配置东土 3028 型环网交换机，组建万兆主干环网，网络具备高带宽、高可靠性，网络自愈时间小于 30 ms，满足矿井安全生产各业务子系统采集、传输、处理复杂数据的要求。采用 4G 无线网络覆盖的建设方式，实现对地面工业广场及井下主要运输大巷、采掘工作面等场所 4G 信号覆盖。

（3）建设智能安全管控系统。为调度、安监、瓦检、采掘作业等人员，配备智能单兵装备，具备所处环境瓦斯、一氧化碳等参数的实时采集及精准定位、对讲、调度通信、视频等多项功能，满足安全管控系统相关要求。

华能扎赉诺尔煤业有限责任公司灵泉煤矿

一、矿井概况

灵泉煤矿自1905年沙俄开采至今已有117年的历史，1958年灵泉煤矿正式成立，矿井井田位于扎赉诺尔煤田中部，隶属华能集团扎赉诺尔煤业有限责任公司。井田南北走向4.78 km，东西倾斜宽4.19 km，面积20.02 km^2，开采标高为+530～−400 m。批复矿井生产能力为180万t/a，2011年完成300万t煤炭产业升级改造，2017年11月产能核定增至390万t/a，根据2022年9月2日下发《国家矿山安全监察局综合司关于核定扎赉诺尔煤业有限责任公司灵泉煤矿生产能力的复函》（矿安综函〔2022〕219号）文件，灵泉煤矿产能核增至500万t/a。2022年5月27日完成智能化综采工作面验收，进一步提高矿井的智能化水平，为安全生产打下坚实基础。

灵泉煤矿现开采$Ⅱ_3$煤层，煤种为褐煤，为本区的主要可采煤层，全区发育，可采厚度2.6～24.67 m，平均11.74 m，水文地质类型中等。

矿井通风方式为中央分列式通风，通风方法为抽出式。矿井瓦斯绝对涌出量5.972 m^3/min，相对涌出量0.760 m^3/t，为低瓦斯矿井，无煤与瓦斯突出危险。

二、主要技术经济指标

2021年灵泉煤矿认真贯彻落实各级政府及集团公司各项工作部署，全面实施精细化管理，深化内部改革，创新工作机制，2021年末原煤生产总人数为1124人，全年完成原煤产量371 Mt，全年完成掘进进尺3825 m，综合单产为309930 t/(个・月)，实现利润15800万元，职工人均工资收入11.82万元，综采机械化程度达100%，掘进机械化程度达92%，采区采出率达到80%以上。

2022年末原煤生产总人数为1090人，全年完成原煤产量490 Mt，全年完成掘进进尺3272 m，综合单产为408333 t/(个・月)，实现利润28022万元，职工人均工资收入13.45万元，综采机械化程度达100%，掘进机械化程度达92%，采区采出率达到80%以上。

三、安全高效矿井建设的主要做法

（一）安全管理方面

（1）灵泉煤矿矿井安装有 KJ999X 型煤矿安全监控系统，该系统具备环境监控、瓦斯监控、设备运行监控等功能，安全生产水平得到了显著提升，有效杜绝了事故的发生。

（2）灵泉煤矿加大了煤矿企业的专业化管理，通过整章建制，认真落实安全生产责任制，做到“横向到边、竖向到底”，每个岗位都有责任，主动工作，最大限度地消除管理上的缺陷，杜绝了人的不安全因素，进而改善物的不安全状态，达到安全、生产、高效的目的。

（3）深入解析先进煤矿企业的管理亮点，并结合本矿实际进行了借鉴和应用，灵泉煤矿加强班组建设，编制岗位作业流程，加大了对职工的培训力度，通过强化培训提高了职工队伍的整体素质，为现代化矿井的建设奠定了坚实的基础。

（二）矿井安全质量标准化建设方面

全面按照安全质量标准化标准施工，制定了采掘工程质量、文明生产、煤质管理、辅助运输管理、机电质量标准化、地测防治水等管理制度，通过日常跟踪、月度检查，提升了矿井安全质量标准化管理水平。同时，坚持以“朴素”质量标准化为基准，不搞花架子，为安全质量标准化工作的开展奠定了坚实的基础。

（三）大力实施信息化、自动化、智能化建设

建有安全监测监控系统、电力监测监控系统、主通风机监测监控系统、矿山压力监测系统，对环境因素、设备状态等进行预警监控。工业视频监控系统、人员定位系统、矿井广播系统等加强人员监察、应急管理。

（1）井下应急广播系统安装了一套韶山恒旺电气有限公司生产的煤矿数字网络广播系统，其系统所覆盖的区域内井下人员能够清晰听见应急指令。井上部分：PC 机、网络电话终端及主控站安设在矿调度室；ZB127—Z 型矿用本安型广播主机：在井下区域 11 个地点安设了 11 个广播主机。

（2）4G 无线通信系统实现井上、井下 4G 无线信号全覆盖，在地面安装三台 RRU 天线，井下安装 16 台融合基站，配备矿用本安型智能手机 30 部、矿用本安型高端智能手机 10 部。

（3）视频监控系统是指我矿对井区、生产现场及重要目标、要害部位等区域装设视频信息采集、信息处理、显示和信息存储的综合系统。

井上主要对主井皮带机、副井绞车房、副井井口、主通风机房、压风机房，井下对采掘工作面、机电硐室、水泵房等重要工作场所安装摄像头，通过视频万兆环网上传到数据中心机房，通过硬盘录像机对信息进行采集，再集中在调度室大屏幕显示或上传到公司或自治区，从而达到实时掌握井上、下重要工作地点的动态信息。

（四）生产组织

（1）提高设备开机率和负荷率，提高单产和单进水平。通过优化班前会流程、持续优化采煤机分区段割煤速度、优化机电设备检修流程等措施提高有效作业时间，从而提高设备开机率和负荷率，达到高产高效的目的。

（2）实施全面预算，费用指标按业务分解，分管领导承包，业务部门负责。全面实施预算管理系统，把费用按照生产、机电、“一通三防”等部门进行分解，各部门根据管辖范围制定本部门的管理考核办法并进行考核。

（五）科技创新

始终坚持科学技术是第一生产力的理念，坚持“以人为本、科学管理”的原则，不断加大人力、物力和财力对科技管理的支持力度，大力激发全矿技术人员和广大职工创新活力，发挥个人的聪明才智，激励广大员工大力开展技术创新活动，以“节支、降耗、安全环保、系统优化、资源回收、高产高效”几个环节为突破口，进行创新、改进，增强了矿技术创新能力，提高了经济效益，矿成立以矿长为组长的科级创新领导小组，制定了《灵泉煤矿科技工作管理办法》及奖励政策，充分调动广大职工的积极性。2021 年，灵泉煤矿获得实用新型专利 6 项。

（六）生态文明

（1）加强劳动保护管理，按规定发放劳动保护，每年进行一次健康检查，做到提前预防，降低职业病发病率。

（2）矿井建有矿井水处理系统、生活污水处理系统、环境监测系统，均达到了国家标准。

（3）2021 年灵泉煤矿通过内蒙古自治区绿色矿山验收。

华能扎赉诺尔煤业有限责任公司铁北煤矿

一、矿井概况

铁北煤矿位于内蒙古自治区满洲里市扎赉诺尔矿区东北部，井田走向长5.4 km，倾斜宽4.0 km；面积21.8111 km^2；截至2022年末保有资源储量50580.9 Mt，剩余可采储量14383.11 Mt。1991年8月移交生产，设计生产能力150万t/a，2012年经过产业升级验收后，生产能力为300万t/a。2017年经生产能力核定，由300万t/a增至360万t/a。矿井开拓方式采用斜立井综合开拓方式，矿井通风方式为中央边界式。

二、主要技术经济指标

2021年原煤生产总人数为1255人，采掘机械化程度为100%，全年完成产量359 Mt，完成掘进进尺5903 m，综合单产为299167 t/(个·月)，原煤工效为15.781 t/工，实现利润4344.07万元，职工人均工资收入11.2万元比2020年人均工资9.7万元增加1.5万元。

2022年原煤生产总人数为1188人，采掘机械化程度为100%，全年完成产量356 Mt，完成掘进进尺4317 m，综合单产为296666 t/(个·月)，原煤工效为13.082 t/工，实现利润2490.36万元，职工人均工资收入12.6万元比2021年人均工资11.2万元增加1.4万元。

三、安全高效矿井建设的主要做法

（一）强化安全管理，筑牢发展根基

（1）以“质量提升年”为抓手，在总结123456安全管理法工作经验的基础上，创新“九高三零”安全管理法（一是打造Ⅱ$_3$采区标准化“高质量、高标准、高要求、零盲点”；二是打造安全管理“高水平、高手段、高效率、零失误”；三是打造职工队伍“高素质、高技能、高意识、零侥幸”），全面加强工作质量监管，做到符合标准，严于标准，大力提升作业现场和内业资料的精细化，以质量提升带动安全管理水平提升、业务能力提升、全员素质提升。

（2）深化“一线”管理法，将责任落实到一线，问题解决在一线，困难帮助在一线，安全保障在一线，不断提升工作质量，提高工作效率。严格执行值带班制度，保证井上、下 24 小时有人值班、带班。特殊时段和重点工程期间，执行矿领导双带班，并严格落实井下交接班制度，坚持与职工同上同下，保证了生产安全。

（3）努力打造一支素质硬、作风强、大胆负责的安全管理队伍，为安全生产把好关、看好门、站好岗。一是安检员对排查出的隐患问题逐项说明违反了哪项具体规定要求，进一步提升安检员业务素质；二是针对每班排查出的隐患问题，落实专人每天负责下达整改通知单，严格复查程序，做到谁验收、谁签字、谁负责，对未整改和整改不彻底的隐患问题，每周在早调度会上进行通报，并严格按照管理制度对相关责任人进行追责，进一步提升了各级人员对现场安全工作的重视程度，提高了作业现场的安全管理水平，夯实了安全管理基础。

（4）大力强化安全培训管理工作，严肃“一人一档”“一期一档”管理制度，强化基层培训工作考核监督。全年本矿各类专项培训共计 497 期，培训人数 7131 人次。

（二）大力实施信息化、自动化、智能化建设

积极开展智能化煤矿建设工作，现已建设完成数据中心机房、智能化综采工作面、万兆工业环网、工业视频万兆环网、矿井 4G 无线通信、井下电力监测、智能单兵作业装备、地面压风机无人值守控制、井下泵房集中远程监控、井下智能煤流控制、主井地面装储集中控制、电子秤煤炭计量系统、主通风机在线监测、水文动态监测、矿压在线监测、安全监测监控、人员精准位置监测、束管监测共 18 项智能化项目，并于 2022 年 5 月 27 日顺利通过内蒙古自治区首批智能化综采工作面验收。通过对综采工作面装备自动化升级改造和智能化提升，实现工作面智能化、少人化开采，大大提高了生产效率。在“减人增效”方面，通过无人值守系统、水泵房自动化控制及地面装储系统集中控制改造，共计减少值守人员 24 人。

（三）组织开展重大技术攻关项目研究与技术创新，推进企业安全生产技术进步

2022 年初铁北煤矿召开科技创新表彰大会，奖励了一批优秀科技工作者与专利申请人，激发了全矿职工的创新热情，提高了科技创新的活力。铁北煤矿已完成受理发明专利 9 项，受理实用新型专利 24 项，授权发明专利 1 项，授权实用新型专利 17 项。

（四）持续推进生态治理，响应国家绿色开采政策

（1）对矸石山进行土地平整、挖坑、覆土，并按照园林设计方案进行人工栽植树木、树木支撑、浇水和围墙修砌等工程，栽植各类树木 25321 株，种草和浇水 2.8 hm^2，围墙修砌 251 m，树木支撑 332 株，覆土 8370 m^3。通过开展以上环境治理工作，植被恢复区与周边地貌景观格局相协调。完成了地表裂缝治理、土地整平、矸石山生态恢复、道路维护、施工水文钻孔和第四系监测井、地表变形监测和水土化验监测等治理管护工作，累计完成矿山环境综合治理项目 36 个，治理总面积 363.57 hm^2。

（2）通过矿山地质环境治理恢复工程的实施，使矿区生态环境建设得到明显改善，部分已治理区域已经发现草原鹰、野兔、野鸭等动物，达到煤矿安全生产和保护生态环境双赢的目的，矿山地质环境治理恢复工作已初见成效，为矿山环境治理工作奠定了坚实的基础。

华能扎赉诺尔煤业有限责任公司灵露煤矿

一、矿井概况

灵露煤矿位于满洲里市扎赉诺尔煤田向斜西翼的中部，井田南北走向长3.86 km，东西倾斜宽3.27 km，面积12.35 km^2。井田内有地质资源量为590.5 Mt，可采储量278.3 Mt。矿井于2009年开工建设，2013年进行联合试运转，矿井设计年生产能力为300万t，矿井核定年生产能力390万t。截止2022年末剩余服务年限48.5 a。

井田内煤层赋存稳定，地质构造简单，煤层属中等发热量的优质褐煤。现开采$Ⅱ_{2-1}$煤层，煤层平均厚度14.4 m。矿井采用斜井、集中大巷方式开拓，矿井建有三条井筒，采用中央并列式通风方式，通风方法为抽出式。矿井为低瓦斯矿井，无煤与瓦斯突出危险，矿井水文地质类型中等。

二、主要技术经济指标

2021年末原煤生产总人数为992人，全年完成原煤产量389.9万t，全年完成掘进进尺6256 m，综合单产为324916 t/(个·月)，实现利润1552.87万元，职工人均工资收入12.31万元，综采机械化程度达100%，掘进机械化程度达94%，采区采出率达到80%以上。

2022年末原煤生产总人数为973人，全年完成原煤产量389.6万t，全年完成掘进进尺6750 m，综合单产为317268 t/(个·月)，实现利润4897.42万元，职工人均工资收入14.65万元，综采机械化程度达100%，掘进机械化程度达94%，采区采出率达到80%以上。

三、安全高效矿井建设的主要做法

（一）准确定位，高起点、高标准建设安全高效矿井

灵露煤矿规划、设计初期就结合了当前国内煤矿发展的现状及同等地质条件下采煤、掘进工作面的生产能力，瞄准先进水平，对矿井回采工艺、各生产系统、采煤工作面产状等要素精准定位，据此规划设计，做到高起点、高标准，同步设计、同步建设，一步到位，从而有效实现合法合规建设，合

法合规生产。

（二）坚持以人为本、安全发展，坚定不移地推进了本安体系建设，为安全高效矿井建设奠定坚实的基础

深入贯彻落实国家、自治区安全法律、法规、行业规章、标准和华能集团公司、扎煤公司安全生产工作总体部署，认真落实“红线意识”和“安全为天”的安全理念，以提高本质安全管理体系运行质量为核心，强化责任落实，突出超前预控，安全形势总体平稳发展。

（三）落实安全责任，严格现场管理

全面开展安全隐患排查活动，层层落实安全责任，加大安全治理整治力度，努力消除各类安全隐患。进一步完善全矿各项安全管理制度，管理人员按规章制度进行检查、落实。坚持每月两次的安全质量大检查，对查出的问题落实整改人和整改时间，并认真进行复查。每周开展一项安全专项整治活动，此项活动由矿主管矿长牵头，带领相关专业人员进行检查，提出问题并进行落实整改。在双休日和节假日矿成立上岗检查小组对矿井采、掘、机、运、通、地测防治水各系统进行抽查，班次不定，地点不定进行突击抽查。真正做到了矿、队、班组三级隐患排查，一级抓一级，层层落实。

（四）加强技术管理，健全完善技术保障体系

完善了以总工程师为首的技术管理体系，充实了技术管理队伍，配备了5名副总工程师，各部门配备了分管工程技术人员，建立了矿井安全生产技术保障体系。严格执行“一面一规程、一工程一措施”的管理制度。建立了作业规程和重要措施会审和复审制度，对作业人员进行考试，考试不合格的人员不准下井作业，单项工程措施严格执行“一工程一措施”，每一措施在施工前都要向作业人员进行传达并签字。

（五）强化职工安全培训

坚持请进来、送出去的员工培训方式，重点加强特种作业人员、技术人员、新员工的安全教育培训，生产人员和管理人员均持证上岗。加大现场安全教育培训力度，从现场操作的标准化入手提高生产过程、生产环节的质量水平。采掘工作面严格落实小班自检验收和安全质量班评估，强化动态安全管理。建立了危险源定期辨识制度，培养职工按程序操作的意识，大大提高了风险辨识、防控能力。

（六）推进科技创新，创建智能化矿山

灵露煤矿智能化整体建设分三期实施，现已完成第一期规划建设，已完成4G一体化融合通信系统、束管监测系统、调度指挥中心升级改造、智能

会议系统、采煤机自动化改造工程、综采工作面自动化控制系统、万兆视频环网、中心机房改造、万兆工业环网、智能辅助运输管控系统、矿井智能化供电系统、矿井智能主排水系统、刮板输送机卡断链智能监控系统、智能单兵装备、人员精确定位系统、掘进机智能截割远程控制系统、井上下集中控制系统、火灾抑控系统等 18 项子系统建设工作。升级压风机集中控制系统，车辆检测、皮带检测、煤矸识别等 AI 智能识别系统，地面装储系统集中化自动化升级，掘进工作面矿压监测系统等老旧系统设备及自主改造项目 9 项。

（七）践行“两山”理念，打造绿色矿山

为全面落实绿色矿山建设计划和工作目标，成立了绿色矿山领导小组，制定了绿色矿山考核制度。遵循“保护中开发、开发中保护”的原则，矿井在筹办、建设、生产过程中，按照矿山地质环境恢复治理与土地复垦方案，对采区地面区域进行治理、复垦。优化资源配置，合理利用矿井水资源；矿井水排至灵东矿污水处理厂，处理后的矿井水用于满洲里达赉湖热电有限公司机组循环冷却和矿山植被绿化，为美化矿山、绿化环境做出了贡献。

内蒙古同煤鄂尔多斯矿业投资有限公司

一、矿井概况

内蒙古同煤鄂尔多斯矿业投资有限公司位于内蒙古自治区鄂尔多斯市境内，行政区划隶属东胜区罕台庙镇。具体位置在东胜区政府所在地的西北方向约 13 km，东南距东胜区最近 6. 5 km。开采侏罗系中下统延安组煤层，井田南北长 8. 2 km，东西宽 4. 9 km，面积 35. 74 km^2。

公司于 2008 年 8 月注册成立，由晋能控股山西煤业、鄂尔多斯投资控股集团有限公司和浙江省能源集团有限公司三方股东共同投资组建，出资比例分别为 51%、30% 和 19%，核定矿井生产能力为 500 万 t。矿井采用斜井、立井综合开拓方式，共设两个生产水平。

二、主要技术经济指标

2021 年矿井综合单产 395138 t/(个·月)；中厚煤层采区回采率 80. 28%，厚煤层采区回采率 80. 20%。采掘机械化程度 100%，百万吨死亡率为零，原煤工效为 59. 2 t/工，原煤生产成本 162. 24 元/t，职工年人均收入 12. 49 万元，综采工作面最高月产 43. 3 万 t，最高日产 1. 60 万 t。

三、安全高效矿井建设的主要做法

（一）优化采掘部署，合理安排队组，实现高产高效

每月召开生产衔接会，协调处理生产过程中遇到的棘手问题，加强对矿井的生产规划管理。根据全矿当前生产实际，从衔接、设备、成本、工资等多方面考虑，制定科学合理的开采方案，加强施工队伍和工时利用率管理，组织快速掘进技术攻关，制定工资挂钩考核激励机制，着力提升单产单进水平，不断优化生产布局，完善生产系统，减少开采环节，确保采掘部署高效合理。

（二）积极进行科技创新，推广新技术、新工艺、新装备，优化采掘工艺

（1）紧紧围绕集团公司科技创新工作部署和国企领导干部 20 字标准，严把政治关、品行关、廉洁关。大力培养优秀年轻技术人员，采用“师带

徒”“轮岗实践”和“内培外训”等多种方式提升技术人员的业务水平。同时，学习交流各专业的技术经验总结，并根据生产实际情况，对采煤、掘进、机电、运输、“一通三防”等技术小组进行专业细分管理，聚焦创新目标，实现精准发力。

（2）每季度召开科技创新项目评审会，对矿井科技项目进行评审，根据成果带来的效益大小评定获奖等级，激发了技术人员的创新热情，营造了全员创新的浓厚氛围。2021 年，矿井向集团公司申报科技创新项目 29 项，其中包括《自开通道停采回撤技术在三软煤层工作面的应用研究》《科学正规循环快速推进法在三软煤层工作面的实践与应用》以及《色连矿选煤厂干法选煤技术的实践与应用》等，增强了矿井创新能力，创造了较大的经济社会效益。

（三）强化现场管理，推动高效快速掘进

全面实行契约化管理，建立长效激励约束机制，进一步明确了责任分工、经营目标和奖罚机制，推行采掘队组契约目标责任制，建立具有刚性约束、考核的激励约束机制。出台了《色连矿生产系统政策激励管理办法》和《色连矿快速掘进管理考核管理办法》，重点考核安全、进尺、产量等指标，对照“权、责、利”对等统一原则，逐级传导压力，层层落实责任，进一步激励采掘队组主动作为。对分管采掘党员干部依据契约化管理进行考核，完成契约目标的取得薪酬，兑现奖励；完不成契约目标的，承担相应责任。

（四）倡导节支降耗、实现成本低控

（1）超前组织协调。把综采搬家不停产作为生产衔接“零缝隙”的关键节点，提前召开组织协调会，根据现场实际及时调整、完善设备拆除和安装方案，灵活协调安排，优化组织程序。

（2）紧抓关键环节。优化综采搬家准备的流程和工艺，从设备运输、工序衔接、过程监管、验收考核上下功夫，缩短搬家时间、提高稳装质量，做到安全、快速、优质、低耗，一次试产成功。

（3）首次安全完成 2-2 上 8110 小煤柱工作的回采工作，多回收煤炭资源 3. 05 万 t。

（4）优化了辅助运输方案。从维修保养和检车频次着手，加大无轨胶轮车辆的检车力度。车辆由每月一检变更为每周一检，降低了车辆的待修率，节省了车辆的维修费用。

国能宝清煤电化有限公司朝阳露天煤矿

一、矿井概况

朝阳露天煤矿是国能宝清煤电化有限公司的一个子项目，隶属于国家能源集团，是国家“十一五”规划的十个千万吨级露天煤矿之一。2008 年 10 月批复核准立项，设计产能 1100 万 t/a，服务年限 80 a；2020 年 8 月完成项目综合竣工验收，核定生产能力 1100 万 t/a。井田走向长约 25 km，倾向宽约 6 km，开采境界面积 76. 8 km^2，查明地质储量 8. 71 亿 t，可采储量 7. 8 亿 t，可采煤层 1 层，属 I 类容易自燃煤层，最短自然发火期为 39 天，煤层平均厚度约 12. 22 m，倾角 3°～5°，最大开采深度 155 m，全区平均剥采比 6. 16 m^3/t。

二、主要技术经济指标

2021 年原煤产量完成 540. 9 万 t，生产剥采比 6. 3 m^3/t，原煤期末生产人数 646 人，原煤工效 34. 2 t/工；包机组月平均产量 15. 03 万 t。采煤、剥离机械化程度 100%，年度回采率 95. 1%。；全年实现利润 2958. 75 万元，原煤成本 136. 45 元/t；职工年人均收入 22. 53 万元。

2023 年原煤产量完成 650. 57 万 t，生产剥采比 5. 24 m^3/t，原煤期末生产人数 747 人，原煤生产人员工效 35. 5 t/工；包机组月平均产量 16. 11 万 t。采煤、剥离机械化程度 100%，年度回采率 95. 39%；职工年人均收入 22. 53 万元。煤矿百万吨死亡率为零，截至 2022 年 12 月 31 日已实现连续安全生产 4903 天。

三、安全高效矿井建设的主要做法

（一）生产组织方面

（1）科学制定采剥计划，确保接续正常。合理制定年度采剥计划，按照日保月、月保季、季保年的方式，细化任务节点，按照“冬剥夏采”原则，加大 10 月至次年 5 月份剥采力度，强化施工设备人员组织，推行采剥量日/月完成率考核机制，与月度履约评价挂钩，缩短雨雪天气后的复工时间，做好道路路拱、储备防滑沙、疏通排水沟、积雪淤泥清理等工作，及时组织复工验收，确保第一时间安全复工复产。

（2）优化采剥施工组织，提高生产效率。煤矿剥离覆盖物为软岩，不需进行穿孔和爆破作业，实际作业过程中，按照不同层位岩性进行平盘标高调整和物料掺配，灵活调节采煤与剥离作业设备布置，最大程度上解决了车辆工作面打滑、设备降效等问题，不断优化运输道路及生产组织形式，提高整体生产效率。

（3）科学治水、采煤，保障边坡稳定。一是优化采煤作业方式，积极探索开展了横采拉沟技术，将原有的工作面南北倾向推进，转变为东西走向推进，既保证了边坡稳定，同时还提高了煤质、回采率。二是改变内排土场排弃方向，将顺倾排弃调整为逆倾排弃，克服基底顺倾的不利因素，并开展小段高排弃，增加物料压实度，同时利用 F5 正断层为天然抗滑坝优势，开展回填压脚，保障了非工作帮稳定。三是防治水工作多措并举，加强疏干降水井清淤维护，并安装自动启停系统，提高疏干降水效果。在各平盘坡底挖掘排水沟，调整各平盘流水坡度，施工采场集水坑和排水系统，实现集中排放。

（二）安全发展方面

（1）建立健全双重预防工作机制。一是建立健全《安全风险分级管控制度》《高风险作业管理办法》等管理制度，明确了责任分工和工作要求；二是制定签发了年度安全风险辨识评估报告，为生产计划、作业规程以及安全技术措施等提供安全生产指导；三是建立以矿长为组长、分管矿长为副组长的事故隐患排查治理工作领导小组，每月组织开展事故隐患大排查，对排查出的安全隐患实施分级管理。

（2）强化三基建设。一是建立“四级”安全教育培训机构，配备了电教室，并按专业、按类别分别建立各种培训课件、警示教育视频等资料，由兼职培训教师按照授课计划进行培训讲解，最后联系市煤管局进行培训考试，大大便利了人员培训和上岗作业，提高了培训效果。二是建立承包商约谈机制，定期通报外委队伍安全管理情况，协调落实专业化队伍管理中存在的困难，确保了队伍稳定。三是持续推进流程可视化，持续开展班前会每日一流程、每日一问学习，制作挖掘机装车、自卸卡车装车、自卸卡车交接班等标准作业流程可视化视频 89 个，每日在班前会上循环播放。

（三）技术创新方面

（1）强化科技创新动能。成立了以矿长为组长的科技创新领导小组，

2022 年从“节支、降耗、安全环保、系统优化、资源回收、高产高效”几个环节为突破口，进行创新、改进，增强了技术创新能力。

（2）积极开展科技攻关。一是开展了带式输送机入坑施工，解决雨季采煤作业困难问题，现已完成土建工程 2 号配电室、端帮转载点、102 转载点、地表带式输送机栈桥 96 根桩基施工。二是开展了复杂地质条件下边坡稳定控制技术研究和大型富水软岩露天煤矿综合控制开采技术研究等工作，并获得集团公司科技进步奖二等奖、三等奖各 1 项，获得发明专利 3 项。

（四）智能绿色方面

（1）智能化矿山建设稳步推进。一是完成 66 kV 变电所后台机、智能巡检机器人及地磅房改造等，实现无人值守；二是引进多平台激光雷达测量系统，提高了作业效率和精度；三是输煤系统巡检机器人项目，完成 201/202 带式输送机巡检机器人轨道安装 174 m，摄像头安装 6 台，无线 AP 安装 3 台；四是完成公司智能辅助子系统和地方政府智能化初级验收工作。

（2）生态环保工作有序开展。一是建立健全了环保岗位责任制，严格履行环保职责，矿内停用燃煤供暖锅炉，冬季利用宝清电厂余热供暖，减少大气污染物排放；二是坑内明排水集中排至坑内排水处理间，采用混凝沉淀处理工艺，处理后加压输送至电厂调节水池，发电机组运行期间全部回用。

黑龙江龙煤双鸭山矿业有限责任公司东荣二矿

一、矿井概况

东荣二矿位于黑龙江省双鸭山市集贤县境内，处于三江平原腹地，同三公路在井田中部经过，距离双鸭山市 40 km，核定矿井综合能力为 260 万 t/a。矿井现为低瓦斯矿井，截至年末，地质储量 23364.4 万 t，可回采储量 10351.1 万 t，剩余服务年限为 28.4 a。

二、主要技术经济指标

在 2021 年矿井产量 249.8 万 t，综合单产 122592 t/(个·月)。原煤工效达到 11.814 t/工，综采机械化 100%，综掘机械化达到 15.8%，采区回收率 81.2%，利润完成 79255 万元，人均工资达到 10.3 万元/a。

三、安全高效矿井建设的主要做法

（一）优化采区布局合理集中生产

根据矿井各生产系统能力、生产与准备采区煤层生产能力和储量赋存状况，在具体采区布局上合理集中生产、简化生产系统、最大可能发挥工作面单产能力，形成“三区两面”格局，区内不同开采煤层进行采掘队组摆布调整。东、南两翼生产采区原煤经采区煤仓放货至两翼主运皮带，担负连续化运输原煤任务，所有系统皮带防撕裂、堆煤、沿线急停等保护装置齐全。

（二）生产工艺选择与辅助配套方面

针对近几年主要是以开采中厚及厚煤层为主的情况，选择大功率、高可靠性采煤机组与工作面运输机；工作面生产准备采用专业化队伍，装备液压起吊装置，采煤辅助运输应采用无极绳绞车。在回采巷道掘进工艺上，以适应半煤岩掘进的综掘作业线为主，实现快速掘进；在开拓、准备巷道掘进工艺上，推进以钻装一体机配胶带输送机为主的岩巷快速作业线。

（三）生产系统装备与能力配套方面

系统是保证。矿主、副井提升设备已采用数控技术，实现了全自动运行，其安全可靠性和提升能力得到全面提高；在运输系统中，已实现了皮带连续化运输，电机车运输设备的变频调速和实时监测监控也已改造完毕；在供电系统及装备上，最近几年供电系统进行了大量淘汰设备更新，目前矿井电力系统监控装置已安装完毕，使供电系统更加安全可靠；压风系统主要采用高效安全的螺杆压风机，压风设备实现无人值守；排水系统主要是采用高效节能排水设备和大功率排水设备，减少分段排水，实现自动控制和远程控制，做到泵房定期进行巡检；洗选系统装备改造为跳汰选煤工艺，实现矿井选煤厂自动控制和远程控制，减少岗位人员，提高矿井产品质量。

（四）通风安全保障与防灾减灾方面

（1）合理摆布通风系统，简化通风设施的打筑数量，配备适宜的风量，既能降温改善环境，又不至于造成煤尘飞扬。

（2）发火矿井做好空区气体检测，必要时采取喷洒阻化剂、地面注浆、注氮系统等措施，预防自然发火。

（3）与生产部门携手共同搞好综合防尘，改善机组内外喷雾装置，或引进、改进加压外喷雾，最大限度的控制落煤时的产尘量。

（4）积极搞好煤体注水，既可压裂煤体易于落煤，又可增加煤层含水量，利于消尘。

（五）科技创新促进安全高效矿井建设

近几年在采煤方法改革、井巷掘进与支护等方面取得了明显成效，为进一步实现安全高效开采与可持续发展奠定了基础。同时建立以企业技术中心为主导，各部门广大技术人员为依托的科技创新体系，完善激励机制，落实相关待遇。围绕放顶煤开采、大采高综采过断层、薄煤层机械化等生产技术难题，开展科技攻关、技术开发、技术引进、技术革新和技术改造，提高煤炭生产的科技贡献率。

（六）环境保护和生态文明建设

坚持能源节约与能源开发并举的方针，采取一系列行之有效的节能技术和工艺，加强能源的综合利用，节能降耗取得显著成效。积极推广新技术、新工艺，提高资源回收率，准确核定材料消耗指标，尽量使成本控制在计划指标内；在全矿大兴收旧利废、回收复用的同时努力控制材料消耗，严格按照标准化施工作业，避免返工浪费现象。

黑龙江龙煤双鸭山矿业有限责任公司东荣三矿

一、矿井概况

东荣三矿井田位于集贤煤田东南部，双鸭山市区北部，二九一农场境内，行政区域划分隶属于双鸭山市四方台区。地表无河流；地表标高 66~68 m；松花江历史最高洪水位标高 67.3 m，工业广场井筒标高 68.397 m。地理坐标东经 131°21′~131°29′；北纬 46°51′~46°58′。截至 2022 年末，剩余可采储量 15581.1 万 t，服务年限 53 a。矿井 2000 年 3 月投产，核定生产能力 210 万 t/a。

二、主要技术经济指标

东荣三矿 2022 年末原煤生产总人数 1540 人，全年计划 160 Mt，综合单产为 15 Mt/(个·月)，原煤工效为 7.05 t/工，完成原煤产量 180 Mt，超计划 20 Mt，增幅 12.5%，全年完成掘进进尺 18782 m，综采机械化程度达达 100%，掘进机械化程度达 100%，实现利润 1.86 亿元。职工人均工资 9.2 万元比 2021 年人均工资 8.5 万元增加 0.7 万元。

三、安全高效矿井建设的主要做法

（一）科技创新方面

（1）不断加大人力、物力和财力对科技管理的支持力度，大力激发全矿技术人员和广大职工创新活力，发挥个人的聪明才智，激励广大员工大力开展技术创新活动，以“节支、降耗、安全环保、系统优化、资源回收、高产高效”几个环节为突破口，进行创新、改进，增强了矿技术创新能力，提高了经济效益，矿成立以矿长为组长的科级创新领导小组，制定了《东荣三矿科技创新管理办法》及奖励政策，充分调动广大职工的积极性。

（2）加大新能源方面的科技投入，推进绿色开采、智能化开采、打造高端科研平台。建成了双创中心，涵盖新能源、新技术、煤矸精准识别、惯导等技术领域，形成了具有自主知识产权的同煤专有技术。

（3）强化“一通三防”隐患排查，强化瓦斯防治。通过实施专项综合治理，加大技术攻关，有效遏制了瓦斯、煤层爆炸事故的发生。

（4）从人员、仪器共同监测管控到仪器探测智能系统分析管控，逐步建立从经验化管理到系统化管理，力争在防治水方面取得突破性进展，成果达到领先水平，为集团安全生产提供科技保障。

（二）安全管理方面

（1）全面推行并使用了煤矿本质安全管理信息系统，进行矿井生产安全管理，利用本安管理体系，同时建立和完善了“人、机、物、环”一体的危险源辨识体系，过程管控现场安全，安全生产水平得到了显著提升，有效杜绝了轻伤事故的发生。

（2）认真落实安全生产责任制，东荣三矿加大了煤矿企业的专业化管理，做到“横向到边、竖向到底”，每个岗位都有责任，主动工作，最大限度地消除管理上的缺陷，杜绝了人的不安全因素，进而改善物的不安全状态，实现了“人、机、环、管”全方位的管控，达到安全、生产、高效的目的。

（3）了解先进煤矿企业的管理亮点，并结合本矿实际进行了借鉴和应用，一年来，东荣三矿推行了“班组建设”“岗位标准作业流程”“手指口述”等专项活动，加大了对职工的培训力度，通过强化培训提高了职工队伍的整体素质，为现代化矿井的建设奠定了坚实的基础。

（4）坚持以“朴素”安全生产标准化为基准，全面按照标准化标准施工，矿井标准化建设方面通过日常跟踪、月度检查、季度评比，提升了矿井安全质量标准化管理水平。同时，制定了东荣三矿采掘工程质量、文明生产、煤质管理、辅助运输管理、机电质量标准化、地测防治水等实施方案和评分标准，季度专评，不搞花架子，为安全生产标准化工作的开展奠定了坚实的基础。

（5）积极构建网络学习平台，突破流程学习时间、实现了标准作业流程随时查、随时看、随时学，成功打造流程学习“微课堂”。大力实施信息化、自动化、智能化建设，该矿建有安全监测监控系统、电力监测监控系统、主通风机监测监控系统、矿山压力监测系统、工业视频监控系统、人员定位系统，对环境因素、设备状态等进行预警监控，还建有井下无人值守变电所、集控化高效选煤厂。

（三）生产组织方面

（1）通过优化采煤机分区段割煤速度、优化机电设备检修流程等措施提高有效作业时间，提高设备开机率，提高单产和单进水平。通过优化班前会流程，从而提高设备开机率和负荷率，达到高产高效的目的。

（2）针对地质条件优化及实施目标定额管理，提高生产组织效率。根据循环进度、支护方式的不同，确定不同的分值和单价，工资足额兑现，充分调动区队和员工的劳动积极性，提高组织效率和掘进效率。

（3）“一通三防”、双增双节的费用按照部门进行分解，各部门根据管辖范围制定本部门的管理考核办法并进行考核。实施全面预算，费用指标按业务分解，分管领导承包，业务部门负责。全面实施预算管理系统。

（4）强化班组核算，实现材料管理标准化、推行班组核算系统。材料使用精益化，材料考核公平化；针对消耗材料、回收材料、周转材料、五型绩效考核等，分别制定本区队班组核算管理办法，明确责任人，实现材料核算到班组直至岗位的精益化管理。

黑龙江龙煤双鸭山矿业有限责任公司东保卫煤矿

一、矿井概况

东保卫煤矿位于双鸭山市东 35 km 扁食河下游，属双鸭山煤田，地理坐标东经 131°26′~131°34′，北纬 46°29′~46°32′，全区面积 23.67 km^2。行政区划隶属于双鸭山市宝山区。本区交通便利，有矿区铁路与 501 国道通过矿区。矿井于 1983 年 12 月筹建，1988 年 9 月投产。设计能力 60 万 t/a，核定生产能力 105 万 t/a，为高瓦斯矿井、冲击地压矿井。

二、主要技术经济指标

2021 年原煤生产期末人数为 1159 人，采掘机械化程度为 100%。全年计效产量为 96.8 万 t，完成掘进进尺为 15436 m，采区采出率达到 80% 以上。全年计效工数为 32.2 万个，综合单产为 4.64 万 t/(个·月)，掘进进尺为 154 m/(个·月)，原煤工效为 3.005 t/工。年度利润完成 1.8614 亿元。

三、安全高效矿井建设的主要做法

（一）超前谋划，合理安排，实现高产稳产

针对矿井地质构造复杂、灾害严重等情况，超前谋划，超前治灾，合理安排，科学管理。如综采工作面地质条件差，大力强化施工质量管理；为保证生产接续和超前治灾时间，优化掘进施工工艺，加快了掘进进度；加强机电设备管理，紧抓运输瓶颈环节，实现生产环节顺畅运行；为安全高效奠定了良好的基础。

（二）加强技术创新工作，实现矿井安全高效开采

近年来我矿所回采的工作面均采取“110 工法”切顶自成巷的方式进行沿空留巷，生产过程中优化沿空留巷的支护设计，加打恒阻器，使用巷旁支架，增加支护强度，减少滞后补强单体的使用数量。采取此项工艺不仅解决了采煤工作面接续紧张，也对冲击地压起到了很好的治理，降低了掘进成本

等问题，实现了安全高效回采。

（三）攻克关键技术难题，消除矿井重大安全隐患

（1）瓦斯治理方面。一是完善瓦斯抽采系统。自2017年以来，不断改造瓦斯抽采系统。投用了东翼地面瓦斯抽采泵站，抽采能力由原来的557 m^3/min提高到840 m^3/min。减少管网长度1500 m，原直径250 mm及325 mm管路更换成直径500 mm的管路，大幅度降低了管网阻力。二是不断优化抽采工艺。抽采方法由原来仰角抽采转变为高位抽采，边采边抽向采前预抽转变，单一煤层抽采向综合立体抽采转变。在抽采方式方面，除本煤层、仰角、高位抽采外，相继采用底板钻孔抽采和长钻孔“钻代巷”抽采工艺。三是不断提高施工及验收标准。本煤层钻孔全部采取下筛管及“两堵一注”囊袋式封孔工艺，提高单孔抽采效果。抽采管网逐步上齐导流直插管、在线监测装置。推广使用开口定向仪、测斜仪、视频监控仪等先进设备，提高施工及验收标准。

（2）冲击地压治理方面。东保卫煤矿在冲击地压防治方面，遵循区域先行、局部跟进的防冲原则，在采区初期设计阶段先行采取区域防冲措施。在开拓布局及采掘部署上，合理布置巷道及采掘接续，合理确定开采顺序，避免形成孤岛或半孤岛工作面；具备开采保护层条件的，优先开采保护层；采取“110工法”沿空留巷或留设3~5 m小煤柱布置，减小区段煤柱应力集中；采煤工作面采用长壁综合机械化开采；大巷、石门等巷道布置在岩层中。在监测方面，采用KJ768微震监测系统进行区域监测；采用KJ427矿压在线监测系统、KJ551微震、电磁辐射仪进行局部监测。在卸压治理方面，主要采用煤体大孔径钻孔卸压、顶板断顶爆破卸压等措施。

（四）加大矿井装备投入，实现智能化矿山

2021年东保卫煤矿被列为国家智能化示范矿，一年来东保卫煤矿智能化建设工作紧紧围绕“机械化换人、自动化减人”及“四化”建设要求，大力开展智能化建设、应用和推广，目前已取得初步成效。

东保卫煤矿国家智能化示范项目投入了1.7亿元，其中，国家补助资金约3000万元。项目建设了综合管控平台，可以实现多部门、多专业、多管理层面的数据集中存储、数据共享和融合分析，基于“一张图”管理理念，实现矿井基础地测、通风、机电、生产技术、监测监控、综合自动化、安全管理等业务数据信息与业务协同及安全生产管理的协同调动、一体化管理，为科学决策提供依据。借助企业局域网将原有的各个管理子系统、自动化子系统、监测监控信息子系统进行整合，达到了消除信息“孤岛”、实现信息

共享的目的，进而通过对各种管理控制信息的数据挖掘与分析，创建运营管理信息决策系统平台，提升管理决策效率。2023 年 1 月 30 日，国家智能化示范煤矿验收组综合评定东保卫矿达到 II 类中级智能化示范矿井。

黑龙江龙煤双鸭山矿业有限责任公司集贤煤矿

一、矿井概况

集贤煤矿位于合江煤田西部，面积 42.3 km^2。矿井设计生产能力 120 万 t/a，核定生产能力 180 万 t/a。2022 年末剩余地质储量为 9891 万 t，可采储量为 5472.4 万 t，矿井剩余服务年限为 21 a。实行矿、区、段三级管理。现剩余可采煤层三个，分别为 9 号、16 号、17 号煤层。为冲击地压矿井、突出矿井、水文地质复杂型矿井。

二、主要技术经济指标

2021 年末在册职工 1270 人，采掘机械化程度为 100%，全年完成产量 133 万 t，完成掘进进尺 14016 m，矿井综合单产 79900 t/(个·月)，原煤工效达 7.43 t/工，2021 年利润计划 12185 万元，完成利润 12251 万元。矿井人均年收入为 7.39 万元，比上年度同比增幅为 10.41%。

三、安全高效矿井建设的主要做法

（一）坚持安全发展，强培训、抓落实

（1）抓实安全理念引领。全面贯彻落实习近平总书记关于安全生产重要论述和指示批示精神，坚持把“发展决不能以牺牲人的生命为代价，这是一条不可逾越的红线”贯穿到安全生产始终，坚持用安全生产“零伤害”、风险“可防可控”、瓦斯“可抽可采”、“只有打不到位的支护，没有维护不了的顶板”等先进安全理念引领安全生产。

（2）抓实安全培训工作。定期组织开办综掘机、绞车司机、提升司机、采煤机司机专业技能培训班。组织技术人员深入到现场进行技术指导，不断提升采掘职工对现代化新装备操作、维修、保养熟练程度。每天组织人员分三班对井下现场兑规作业，井上职工集体升入井执旗进行督导检查。对违反规定人员，全矿曝光批评，并严格执行封闭式强制军训。

（3）抓实安全责任落实。严格干部入井带班制度，把重点区域、重点工作面、重点工程、要害岗位、薄弱时间段作为领导干部带班入井巡查重点，全面发挥领导干部现场靠前指挥、监护安全的指导作用。有效发挥“一员两长”现场隐患监督作用，全面排查各类安全隐患，切实堵住安全漏洞，及时发现和制止“三违”行为，以高压严管态势倒逼履职尽责。

（二）超前风险管控，抓规范、提标准

（1）强化双重预防机制建设。按照专业分工要求，各系统每月由主管矿长牵头、专业科室配合，定期组织召开风险分级管控评估会议，落实管控责任和措施，对措施落实情况进行跟踪复查，确保一般隐患现场监督整改、限期隐患监督复查整改、重大隐患停产整改，确保隐患排查全覆盖、闭合整改无遗漏。

（2）强化人员行为规范。组织全员重点学习“三程一标四细则”、设备材料工具“说明书”等内容，扎实开展“大学习、大练兵、大比武”等活动。坚持“打防结合、惩教并重、软硬兼施”的超常规手段和措施，重点抓偏远、抓薄弱、抓异常、抓未遂，把习惯性违章制止在萌芽状态，杜绝习惯性违章产生的根源。

（三）突出“四化”建设，强弱项、补短板

（1）全面推进“数字化”建设。充分利用“三结合”技术研究工作室、矿压研究所、电气创新工作室、综掘机司机维修工作室，重点开展煤岩物理参数测定、瓦斯含量参数检测、冲击地压理论技术研究等前瞻性防灾治灾工作。采煤重点队组Z31队实现集“设备启停一键控制、成组推溜拉架、记忆割煤”等功能为一体的智能化开采；井下中央变电所、井下主排水泵房、压风机硐室、地面矸石提升系统全部实现自动化远程集中控制，无人值守有人巡视。

（2）全面推进装备升级。接续引进采煤装备，升级改造掘进设备，相继应用了人工干预智能综采、极薄煤层开采、“110工法”切顶自成巷、充填开采、地质信息预测预警等一批新设备、新技术、新工艺。2021年11月，矿井投用第二个智能化综采工作面，推进度提高1.5倍，月增产5万t。全年采用“110工法”方式完成沿空留巷596 m，充填自动成巷完成92 m，多回收煤炭4.8万t，节省施工巷道长度688 m，节省掘进巷道时间103天，创效430余万元。

（3）全面推进系统升级。持续加大信息化、物联网应用，建立完善了安全生产综合调度信息平台，充分发挥“三大系统”监测预警作用。为黑龙江省首个实现监测预警“三零”目标的煤矿，矿井甲烷和一氧化碳“零”超限报警、领导带班“零”空岗、单班入井作业人员“零”超限，为推进安全高效矿井建设提供了可靠监测监控系统保证。

（四）严防“矿井灾害”，除风险、保安全

（1）强化矿井瓦斯防治。不断改造和优化通风系统，加强瓦斯抽采和安全监测监控，及时掌握现场瓦斯变化情况。定期更新矿井瓦斯地质图和工作面瓦斯地质图，严格按规定编制瓦斯抽采设计、钻孔施工，始终坚持区域综合防突措施先行、局部综合防突措施补充的原则，按照区域防突措施落实推进年度计划，实现了平安掘进和回采。

（2）强化矿井水治理。组建了专业探放水队伍，建立了地下水文动态监测预警系统。严格执行“预测预报、有疑必探、先探后掘、先治后采”的水害防治十六字方针，认真落实“探、防、堵、疏、排、截、监”七项综合治理和“三专两探一撤”措施，全面实施水害可采区、缓采区、禁采区分区管理。

（3）强化矿井防冲治理。完成了生产区域及采掘工作面冲击危险性评估工作，严格冲击地压预测预报，区域监测采用 KJ768 微震在线监测系统，监测范围覆盖全矿。优化生产布局、合理开采顺序、合理开采方法，避免形成高应力影响区。采用深孔预裂爆破等技术进行弱化顶板冲击地压危险性，积极推广先进技术装备，保证所有采掘作业都能够在区域防冲措施有效区域内进行。

黑龙江龙煤双鸭山矿业有限责任公司双阳煤矿

一、矿井概况

双阳煤矿位于双鸭山市东 75 km，位于双鸭山市宝清县境内，全区面积 29.6925 km^2。行政区隶属于双鸭山市宝山区。本区交通便利，井田北侧 3 km 有依饶公路；西侧有双七公路；矿区铁路直通矿井，并与国铁双—佳线连通。双阳煤矿是 1977 年开始建设，现在核定生产能力 200 万 t/a。矿井采用集中皮带斜井多水平集中大巷分区石门，上、下山开拓方式。通风方式为混合式（中央并列式与边界式），通风方法为抽出式。煤矿为高瓦斯矿井，水文地质类型为极复杂型。

二、主要技术经济指标

2021 年完成原煤产量 133 万 t，单位成本 404.3 元/t，利润 62 万元。原煤工效为 3.524 t/工。矿井百万吨死亡率为零，实现了矿井安全生产。综合单产为 5.38 万 t/(个·月)。全矿总进尺 21137 m，单进 142.11 m。

三、安全高效矿井建设的主要做法

（一）强化技术和现场管理，提高生产效率

一是在灾害治理方面，严格落实“一通三防”和“一探三防”专项技术措施，瓦斯灾害防治方面采取上巷隅角抽放、下巷本层抽放，以及圆班观测水量、增加电缆、水泵及排水管路等一系列措施，通过行之有效的治灾措施，杜绝水、火、瓦斯等重大灾害的发生，实现采面安全生产长周期。二是在机电设备管理方面，严格落实包机制，加强设备维修，提高了开机率。三是技术管理方面，严格按标准化工作面进行设计，达到系统最优、环节最少、效率最高的效果。四是在采面“三机配套”方面，严格按照现场的实际条件进行选取，由技术和生产人员共同到现场勘测，认真研究确定设备选型，并由公司联系生产厂家量身定做采煤装备，保证采面安装即达产。

（二）积极组织生产竞赛，调动员工积极性

矿每月制定生产奖励方案，小班每旬完成竞赛指标且出勤 9 个工，奖励小班员工豆油、洗浴用品等，激发了员工的生产积极性，出勤率达到 95% 以上。

（三）抓好工资合理分配，稳定员工队伍。

以稳步推行内部市场化工作为目标，集体研究确定工资单价，并科学制定以量计资方案，实现工作量日清日结，实现工资分配公平、合理、公开、透明，稳定了员工队伍，发挥了员工工作的主动性。

（四）灌输安全生产标准化理念，提升标准化意识

利用班前会、矿每周安全办公会、每天安全生产达标推进会及干部夜校，向干部、职工讲解安全生产标准化施工意义，强化干部职工标准化意识，干标准活、减少重复工作量，提高工作效率。

（五）推进安全生产标准化实施，提高标准化总体水平

一是坚持召开安全生产达标推进会，每天在收工会后继续召开达标推进会，实现安全生产标准化常态化。段队自查当天现场存在的问题，再由安全监察处、生产技术部、瓦安大队等业务部室进行点评，并对存在的问题提出限期整改要求，落实专人进行整改落实。二是实施月份标准化排名，实行奖头罚尾，主要包括采掘工程量、设备运转环境等，通过奖罚促进安全生产标准化水平的提升，进而有力地保证了矿井的安全发展。

（六）全面落实安全生产责任制

严格贯彻落实安全生产“党政同责、一岗双责、齐抓共管、失职追责”和“管行业必须管安全、管业务必须管安全、管生产经营必须管安全”的要求，各级干部带头深入学习《安全生产责任制》，切实把责任落实到岗位、落实到人员，并制定了安全生产责任制考核办法，用《安全生产责任制》的刚性约束，提高全员抓安全的责任意识。

（七）优化工艺设计，推进技术保障作用

充分利用技术研究工作室工作平台，矿长、各专业线长、各系统工程技术人员及段队长，共同研究采面设计，优化系统，简化环节，为矿井提高单产、单进提供有力保证；超前研究制定灾害治理方案，为释放安全产能打下坚实基础。

上海大屯能源股份有限公司徐庄煤矿

一、矿井概况

上海大屯能源股份有限公司徐庄煤矿位于江苏省徐州市西北大约 72 km 处，井田位于江苏省沛县大屯镇与山东省微山县西平乡境内。矿井始建于 1970 年 10 月，1979 年 12 月投产，矿井原设计能力为 90 万 t/a，服务年限 97 a，1985 年达产。2006 年核定生产能力为 150 万 t/a。2006 年后对部分系统进行了改造，2008 年底对主井提升系统改造后，矿井各系统改造完毕，矿井生产能力进一步提高，2009 年核定生产能力为 185 万 t/a。2020 年由国家矿山安全监察局确认龙东煤矿生产能力 160 万 t/a。

二、主要技术经济指标

2021 年保持国家一级安全质量标准化矿井水平，杜绝了二级以上非伤亡事故和轻伤以上人身事故，未发生较大及以上安全生产事故。2021 年计划产量 160 万 t，完成产量 159. 97 万 t，计划进尺 6000 m，完成进尺 6590 m，计划成本 489. 31 元/t，完成成本 483. 61 元/t，计划利润 3000 万元，完成利润 25474 万元。

三、安全高效矿井建设的主要做法

（一）生产组织方面

（1）强化班中、班后整理。坚持动态达标，抓好现场管理，强力推行班中、班后整理工作，规范职工现场岗位职责，不将问题遗留至下一班。

（2）着重加强跟班队长、班组长对现场的管控能力，杜绝违章管理才能更好地监督规范职工全员的安全行为。提高全员的落实力、执行力，一级对一级负责，按制度规范考核兑现。提高各人员、各工种的履职能力，增强工作的责任心，提高跟班干部、班组长发现问题、解决问题的能力。

（3）强化设备安全运行管理。区队内部细化设备检修考核制度并严格落实，增强了机电维护人员责任意识，设备维护检修包机到人，强化日常设备设施及生产所需工具的维护，对检修人员奖勤罚懒，倒追影响生产的设备事故责任，严格落实考核。

（二）安全发展方面

（1）加强思想教育。通过“九个不断线”活动抓好全员思想教育，即学习教育不断线、安全培训不断线、岗位练兵不断线、党员示范不断线、党员联保不断线、关心帮扶不断线、警示提醒不断线、安全活动不断线、谈心谈话不断线，不断提高安全教育的可用性、可行性和有效性。

（2）将职工行为规范纳入安全生产标准化考核。制定了《徐庄煤矿各级管理人员及科室反“三违”指标考核管理办法》，加强考核，促使职工在现场工作中做到责任清晰、工序到位、行为规范、操作熟练，通过提高人员素质、规范操作行为，使现场安全管理水平得到了很大提高。

（三）技术创新方面

（1）$Ⅱ_1$ 补回风巷设计皮带+耙装机+矸石仓出矸方式更为简单实用，解决了迎头积矸排不出，一次成巷不到底的难题，大大提高了斜巷安全系数。通过优化劳动组织结构，革新掘进工艺，改良出矸系统，采用双循环车场无极出车方式，完善支护参数，改进爆破流程，优化施工工艺等，实现岩巷进尺 90 m 以上。

（2）采煤工作面上下巷均采用单元式支架进行端头和超前支护替代单体支护，总结出“1-2-3-4”循环推移法，针对单元式支架挪移困难，实现了端头单元式支架自移，超前采用气动单轨吊挪移的方式。

（3）$Ⅱ_3$ 下采区建设集中供液系统，这一系统服务 $Ⅱ_3$ 下采区多个工作面使用，该系统的设备将三年不升井。同时在 7431 工作面智能化建设期间，清洁的供液系统能有效减少电液控系统的故障率，在水质过滤、泵箱清洗、管路冲洗、泵站反冲、工作面支架反冲等方面狠下功夫，给供液系统提供了保障。

（4）加强工作面联网质量管理，多年来职工从实践中已经熟练掌握工作面联网工艺，并成为生产流程中一个重要环节，金属网的使用不仅降低了顶板事故的发生，避免顶煤掉落造成空顶，而且有效避免生产期间架间掉落煤矸伤人。

（四）绿色智能方面

（1）通过调度大屏的建设满足了智能化调度指挥中心对矿井安全生产系统、监测监控、工业视频、供排水、压风、主副井提升、皮带集控、运输控制等自动化系统及智能化工作面控制信号等信息的显示需求，调度员通过监控画面实时了解各系统的动态监控信息及相应的图表，达到实时监测和集中调度的目的，提高了远程调度指挥的效率。

（2）通过大屯公司网上办公系统，实现统一办公、统一数据交换、统一身份认证、统一安全，便于数据标准统一和高度集中，为数据分析、统计、挖掘等创造了良好的条件，有利于把各系统的结构化数据（业务网络数据库、个人数据库）和非结构化数据（公文、多媒体资料、分类记录）联系起来，融合矿物资设备、财务预算、煤质运销、内部市场结算等各系统，进而实现煤矿各主要业务系统的数据融合共享、网络互连互通、协同联动控制、智能决策分析。

（3）矿井井上下变电所、泵房及压风机房等固定岗位均已实现无人值守，2021 年减少固定岗位人员 8 人，矿井所有采煤工作面及煤巷掘进工作面均实现了智能化开采。

上海大屯能源股份有限公司龙东煤矿

一、矿井概况

龙东煤矿地处苏鲁交界的微山湖畔，位于江苏省徐州市北偏西约 86 km 处，南距沛县 25 km，距大屯公司 13 km。井田内大部分属于江苏省沛县龙固镇与杨屯镇管辖，小部分属山东省微山县张楼乡管辖。矿井原设计能力为 90 万 t/a，核定生产能力 90 万 t/a。2022 年 12 月中旬矿井回收结束，具备封闭井筒条件。

龙东煤矿有主、副井筒和风井，共三个井筒。采用中央边界式通风方式，由主、副井进风，西风井回风，通风方法为抽出式。开拓方式为立井单水平。矿井目前有一个生产水平：-285 m 水平。

二、主要技术经济指标

2021 年实现了安全无事故、百万吨死亡率为零的安全管理目标。矿井东二采区平均倾角为 20°，为大倾角煤层，回采难度较大，2021 年完成综合单产 9.56 万 t/(个·月)，原煤工效为 6.74 t/工，采区回采率达到 79.90%。2021 年矿井创造利润 5481 万元，职工平均收入为 11.2 万元。

三、安全高效矿井建设的主要做法

（一）坚持严抓细管，安全形势持续稳定

一是不断提高安全管理水平。推行六个从严、把“五关”、四个反思、五个到位等特色做法，开展“三无科队创建”、安全算账活动、手抄安全承诺、安全大讲堂、安全大讨论等特色主题活动。坚持安全确认与临时工作任务单制度，做到不安全不生产，安全管控能力得到全面提升。二是明确全员安全责任。建立健全了“党政同责、一岗双责、齐抓共管、失责追责”的安全生产责任体系，完善安全责任清单制度，明确了各层级安全责任。全面落实安监垂直管理，加强安监队伍建设，推行安监员“星级管理”，提升安监人员业务水平，保障了现场安全监管的独立性和质量。三是不断夯实安全基础管理。修订完善班队长选拔任用标准，落实班队长量化考核，班组自主

管理水平进一步提升。

（二）坚持精益管理，矿井生产组织更加科学高效

按照“精细管理、科学组织、合理布局、统筹调度、服务一线”的原则，均衡有序组织生产。一是独面生产组织更加高效。坚持将产量作为效益的源头，出台激励政策，超前解决制约生产的突出问题，确保了产量任务的完成。各职能科室严抓技术管理，发挥服务职能，深入现场协调指导，为采煤队的生产创造了有利条件。综采队勇担独面生产重任，干部职工上下一心，克服了大倾角开采、过地质构造带、顶板破碎、连续加支架延溜槽、拆支架缩溜槽、工作面甩面等困难，圆满完成生产任务。二是掘进组织更加有力。将完成全年掘进进尺计划作为保障矿井接续的前提条件。掘进队克服运输战线长、人员少、设备多、地质条件复杂、断层多等困难，为完成全年掘进进尺和 2022 年采煤接续做出了积极贡献。三是设备定点检修更加规范。将设备包机责任层层落实到科队、班组、个人，推行设备定点检修，严格检修质量的考核兑现，提高了开机率，降低了故障率。

（三）强化降本措施落实，打赢了降本增效攻坚战

一是严格材料成本的管控。建立了月预算旬预警机制，坚持一旬一分析、一月一考核，全年共核减材料预算 503 万元。加强了材料使用跟踪管理，坚持不定期对井下材料使用、设备维护、备件更换等进行盘点、抽查，发现浪费的严格进行考核。加大回收复用，坚持对回收的旧料进行集中验收，建立台账，减少新材料投入，全年回收材料完成 548 万元，修复完成 518 万元。二是优化生产布局、支护参数降成本。优化东二中部车场、7214 联络巷等巷道断面及支护参数，降低材料消耗，提高掘进效率；跟踪掌握 LF19 级 LF18 断层探巷施工情况，及时调整巷道方向和层位，增加了 7214 工作面储量，最大限度减少了岩巷施工；及时收缩采区，收缩了 7161-2 工作面，及时封闭了周边巷道及西一采区，共封闭巷道约 5200 m，提高矿井有效风量率。三是坚持节能减排，运输科对井底车场、人行车场、东二车场采用集中控制照明，科技环保科加强井下、地面长明灯、长流水等管控措施，减少能源消耗降成本。四是严格煤质管控保效益。加强地质预测预报，合理调整回采层位，强化煤机手管理，严格每班验收管理，加大水源控制等一系列举措，确保综放面原煤质量可控。

（四）简化矿井生产系统，形成一井一面一条生产线

一是强化东二系统管理。综采二队在 7211 综放工作面坚硬顶板、大倾角工作面开采过程中，经历了前所未有的困难，通过采取严格下达精益生产

计划、坚持正规循环、严格班前会召开质量、强化顶板管理、严格设备检修责任落实等举措，先后攻克了顶板破碎、支架歪斜、防灭火管理、防滚矸、防支架溜子下滑、防皮带打滑、溜子断链、边采边加支架、大倾角工作面层位控制等一系列问题，保证了独面生产任务的完成。二是加快了 7211 工作面、7214 工作面掘进进度。掘进一队、掘进五队严格按照计划组织施工，坚持正规循环，科学合理组织生产，每月都超额完成单进任务。

上海大屯能源股份有限公司孔庄煤矿

一、矿井概况

孔庄煤矿隶属于中国中煤能源集团公司，位于江苏省徐州市西北大约80 km处，坐落于江苏省沛县和山东省微山县境内。井田东西走向长13 km，南北宽约3.6 km，面积约44.14 km^2。矿井于1973年10月动工，1977年7月建成投产，设计生产能力为60万t/a。后经改扩建，2015年变更为为180万t/a。2019年6月，根据国家煤矿安全监察局有关文件要求，生产能力核减20%，由180万t/a调整为144万t/a。截至2022年末，矿井7号煤层、8号煤层剩余可采储量约5869.13万t，按照生产能力144万t/a，矿井备用系数1.4估算，孔庄煤矿的剩余服务年限估算为29.1 a。

二、主要技术经济指标

2021年矿井全年原煤产量98.89万t，销售收入48704.73万元，职工人均年收入11.12万元。未发生重伤及以上安全事故，百万吨死亡率为零。全年综合进尺8050 m，矿井综合单产9.89万t/(个·月)，原煤工效5.08 t/工，采煤工作面机械化程度达到100%，掘进工作面机械化程度达到100%。

三、安全高效矿井建设的主要做法

（一）坚持安全发展，慎终如始恪守安全生产底线红线

深入贯彻“安全第一、预防为主、综合治理”的安全生产方针和“以人为本、生命至上”的思想，制定“安全为天、生命至尊，树牢红线、防治结合，四化开采、绿色高效，共建共享、平安幸福”的安全生产理念。全矿以巩固提升一级标准化矿井成果为抓手，按照高于标准，严于标准的工作要求，不断夯实安全基础工作，实现了标准化动态达标，有效促进了安全生产。

（二）强化生产组织，科学布局高效可持续保障效益源头

（1）科学谋划生产接续，制定矿井近期及中长期生产接续规划。持续优化施工队伍、施工工艺，不断提高单进水平，保障矿井生产接续稳定。准

确把握生产条件变化，动态调整生产计划，正规循环组织生产，加强部门沟通协调，抓好生产环节控制和细节管理，努力降低设备事故率，提高开机率。

（2）将“安全第一，积极组织，从容生产，正规循环，松紧适度”作为日常生产协调的指导原则，将“上旬抓主动、中旬抓调整、下旬抓准备”作为月度生产调度的内在把控，把“利用好人员、利用好时间、利用好装备”作为赢得生产主动的关键一招，发挥全系统、各要素的综合作用。完善生产管理考核，坚持“一次做好”要求和“四个一”工作法，开展“降低故障率、提高开机率”活动，落实正规循环率和生产事故率考核，确保原煤生产积极主动，生产后劲可持续。

（三）坚守技术创新，集思广益创新创效促生产

（1）持续推动机制创新、技术创新，以“劳模创新工作室”创建为依托，QC 质量管理为抓手，以生产现场技术创新、岗位创新为重点，借助科技创新平台深入开展合理化建议、技术研究、项目攻关、自主发明、小改小革等活动，逐步将研究形成的理论转化为指导生产实践的工具。

（2）持续开展科技攻关，围绕深部开采所存在的水、火、瓦斯、冲击地压、热害等技术难题，深入探索、研究、分析、论证，积极破解。同时，不断引进新工艺、新设备、新技术，提高矿井的机械化、自动化、信息化、智能化水平。

（3）高度重视技术、技能型人才的培养，完善体现业绩和能力的科学评价机制，通过制度激励约束、差异化管理，增强技术管理人员的危机意识，提高广大技术干部和技能人才的责任心、增加学习动力；选树各专业和关键工种技术带头人，发挥其在团队引领和技术攻关中的核心作用，构建关键技术传承梯队。

（四）奉行绿色发展理念，努力推动智能化矿井建设

制定了矿井智能化建设三年规划，积极推广应用新装备、新技术，通过优化系统、智能化矿井建设、人员组织优化、井下定位系统超员预警等一系列措施，促进作业环境改善、解放优化人力资源、提升矿井管控水平。

7436 工作面建成首个大采高智能化工作面，采煤生产过程实现以采煤机记忆割煤为主，人工远程干预为辅；以液压支架跟随采煤机自动动作为主，人工远程干预为辅；以综采运输设备集中自动化控制为主，就地控制为辅；以综采设备数据监测为主，视频监控为辅，即“以工作面自动控制为主，远程干预控制为辅”的自动化生产模式，实现“自动化作业，有人巡

视”。

（五）狠抓科学管理，从严从实细化责任提高落实力

（1）强化技术基础管理，落实技术管理责任，狠抓设计源头，保证设计方案符合技术规范和规程、专业标准的最新要求，杜绝设计隐患；强化职能部门及技术副总专业指导，发挥关键时刻的技术支撑作用；强化生产现场变化的超前技术管理，抓好现场监督和措施方案落实，不断提高技术方案的控制和纠偏能力；严格落实质量终身制，提高施工单位责任心，保证施工的内在质量。

（2）持续增强现场管控力度，打造安稳作业环境。一是高度重视生产、机电设备系统事故给安全生产带来的巨大影响，积极做好超前预防和过程管控。二是狠抓干部的管理行为和职工作业行为，加大随机检查和突击检查力度，提高违章成本。三是重抓班队长值、带班质量管理，注重实效，确保现场可控、在控。四是细抓隐蔽致灾因素排查，突出抓好安全重点、生产难点、不放心的人、环节、地点、关键工序，重点盯防特殊变化时期，管控住每个细节，切实保障现场安全。

中煤新集能源股份有限公司新集一矿

一、矿井概况

新集一矿位于安徽省淮南市凤台县城西约17 km处，行政区划隶属凤台县新集镇，由煤炭工业部合肥设计研究院1988年8月设计，原设计生产能力90万t/a，1989年12月26日开工建设，1993年7月1日正式投产。现核定生产能力为180万t/a。

井田东西走向长6.85 km，南北宽3.65 km，面积约25 km^2，以气煤和1/3焦煤为主。矿井地质类型为极复杂类型，水文地质类型为中等型，瓦斯等级鉴定为煤与瓦斯突出矿井。截至2022年12月底，矿井开拓煤量1329.6万t，可采期7.4 a；准备煤量1033.3万t，可采期68.9个月；回采煤量49.9万t，可采期4.5个月；“三量”均符合规定的服务期要求。

二、主要技术经济指标

2021、2022年度矿井未发生死亡事故，实现安全生产，百万吨死亡率为零。矿井采煤机械化程度100%，掘进机械化程度达到100%。2021、2022年分别生产原煤166.8万t、188.79万t，其中2021、2022年矿井综合单产分别达12.666万t/(个·月)、16.27万t/(个·月)。2021年度采区动用量127.9万t，采出量108.7万t，采区回采率85.0%。2022年度采区动用量143.4万t，采出量118.8万t，采区回采率82.8%。

三、安全高效矿井建设的主要做法

（一）创新矿井特色安全管理体系

（1）认真贯彻落实上级煤监部门及公司安全生产工作部署，紧紧围绕公司“19450”安全思路目标，以安全生产专项整治三年行动为抓手，持续推进“管理改进、装备升级、素质提升、系统优化”四大工程建设，有效提升了安全自主管理水平。

（2）深化安全双预控体系建设。一是建立了完善的安全风险辨识评估、管控和警示报告机制，科学制定风险辨识程序和方法，按要求开展年度重大风险辨识评估；同时，固化“矿长每月、分管领导每旬、职能科室每天、作业现场每班”的安全风险动态分析管控机制，紧盯系统、环境、设备、人员、工艺变化后的风险状况，矿长每月组织召开重大风险分析会，持续评估、调整风险等级和管控措施，确保安全风险可防可控。二是严格落实“矿长每月、分管领导每旬、职能科室每天”的隐患排查制度，并将重大安全风险管控区域与管控措施的落实作为隐患排查的工作重点；同时坚定“制造隐患有代价”管理，对隐患进行溯源追责、精准问责，着力从根本上消除事故隐患。

（3）扎实开展各类安全活动。一是按照集团和公司统一安排部署，扎实开展了“警示三月行”“安全生产月”“百日安全”等活动，并通过活动的开展将事故警示教育活动推向了常态化，区队通过安全会、班前会实现了警示教育常态化和全员覆盖。

（二）大力开展技术创新，提高安全经济效益

（1）通过开展“三下”采煤可行性技术方案论证，优化 3608（6）采区 360808、360608、360606 工作面设计煤柱线，多回收优质煤炭资源 59 万 t。

（2）持续推广“四新”技术应用及科技成果转化，2022 年完成“四新”成果转化应用项目 16 项，提升安全经济效益。

（三）发挥技术先导作用，提高安全生产效率

（1）建立西区井底车场到 360808 工作面的辅助运输上山，减少辅助运输环节和运输路线 1600 m。

（2）优化 360606 工作面设计，减少系统工程量 270 m，减少准备工期 3 个月；优化 360801 工作面设计，减少系统工程量 300 m，减少准备工期 4 个月；分析 230905 机巷顶板岩性，优化机巷外段及回风联巷施工方案，减少准备工期 1.5 个月。

（3）超前技术分析采掘头面地质资料，严格执行采煤面及掘进面断层超前注浆治理，有效杜绝采煤面顶板漏冒、片帮，提高采掘效率。

（4）坚持生产接续、重大技术、设计等方案技术会商制度，认真开展好重大风险管控、隐患排查等工作，坚持查大系统、防大事故、除大隐患，做到提前制定各相技术措施并认真落实。

（四）稳步推进矿井智能化建设

（1）建成 360808 首个智能化综采工作面，队总人数控制在 110 人内；完成两条智能化掘进线建设，掘进队总人数控制在 50 人以内。

（2）推进固定车间和硐室无人化或少人化常态运行，矿井现有固定车

间硐室 34 个，已接入矿井综合自动平台 33 个，所有重要车间硐室均实现无人值守有人巡视，利用视频监视巡视检查。

（3）调度集控平台常态化应用，每班安排专人做好综合自动化集控平台操作系统的常态化应用工作，实现了视频专网、工业控制专网，工业信息化网络和办公信息化网络独立。

（五）绿色开采及生态文明

（1）矿井掘进工作面全部安装制冷机、除尘风机，为职工营造良好的作业环境。

（2）地面储煤场地全封闭式管理，原矸石山场地堆存的矸石回填至采煤沉陷区并对场地进行平整、覆土、绿化。

（3）矿井配套建设有生活污水处理设施及矿井水处理设施，污水处理后综合利用，剩余部分达标排放。烟气、污水排放口均安装在线监测设备，实时监测污染物排放情况。

（4）为有效解决地面沉降及“三下”压煤问题，目前矿正在探索、调研覆岩离层注浆充填工艺。

中煤新集能源股份有限公司新集二矿

一、矿井概况

新集二矿位于淮南市凤台县城西约 12 km 处，东西走向最长约 6 km，南北倾向最宽约 5 km，面积约 22 km^2。矿井于 1993 年 7 月 1 日动工兴建，1996 年 10 月 1 日正式投产，设计生产能力为 300 万 t/a。2007 年 9 月核定生产能力为 290 万 t/a，2018 年根据煤安监司函办〔2018〕91 号进行生产能力复核，生产能力为 270 万 t/a。矿井配套有设计年入选能力 400 万 t 原煤的选煤厂，装机容量 3000 kW，实际年发电能力 1×10^7 kW · h 的瓦斯电站，并建有装机容量 12 MW 煤泥煤矸石电厂。

二、主要技术经济指标

2021 年生产原煤 269.95 万 t，采煤机械化程度 100%，掘进机械化程度 100%，综采程度 100%、综掘程度 80%。全年矿井综合单产为 20.4545 万 t/(个·月)，原煤工效 10.439 t/工。矿井全年盈利 3.5307 亿元，在岗职工人均工资为 11.61 万元。矿井百万吨死亡率为零。

三、安全高效矿井建设的主要做法

（一）创新矿井特色安全管理体系

（1）坚持“稳中求进”总基调，紧紧围绕公司打牢“保安、提质、创效”基础，全面优化提升，狠抓“七项重点工作”的推进，从思想和行动上严格对照，积极落实到日常工作，推动矿井安全、稳定、高质量发展。

（2）坚持“风险可控，事故可防”的管理理念，建立矿领导、职能科室、基层区队、安监部门“四位一体”管理机制，事故隐患治理做到责任、措施、资金、时限和预案“五落实”，真正做到“把风险挺在隐患前面，把隐患挺在事故前面”。

（二）安全举措多样化，全员安全意识巩固加强

（1）持续推进安全示范班组建设。每月班组建设办公室组织基层区队进行班组建设交流学习，组织“身边人、身边事安全宣讲”班组文化活动，

进一步促进班组创建水平提升。

（2）深入开展安全生产专项整治集中攻坚。以“两个根本”为出发点，制定高质量“两个清单”，深入推进安全大排查工作，聚焦基础性、源头性、制度性突出问题，把专项整治三年行动贯穿矿井安全生产全过程，推动薄弱领域与短板整治走深走实。

（3）强化安全基础管理。持续加大“三违”查处力度，始终保持严反“三违”高压态势。严格执行零星工程申报制度，并加强过程监督，明确责任主体，确保作业现场安全管控到位。加强“四不放心”排查工作，及时跟进安全保障措施，消除安全管理的薄弱环节。分专业开展安全专题活动，进一步提高各专业安全管理水平。

（三）狠抓生产接替，高质发展实现新突破

（1）推广“四新”技术应用，构建智能化开采新模式。引入矿用无机速射复合砂浆和矿用无机充填加固材料，分别在220111机巷掘进和220106风巷小煤柱加固应用，取得了较好的技术经济一体化成果。首次在220102机巷及切眼安装顶板（离层）动态监测系统，实现实时在线监测巷道对离层数据趋于临界值前实现预报、预警功能。首次在230108上底板巷使用掘锚一体机，实现掘、锚、支一体作业，为进一步提高掘进工效创造了条件。对主井装载装煤系统进行改进，增加允许装煤区间，杜绝主井二次装载。

（2）多举措加强煤质管控，实现经济效益最大化。制定煤质管理措施，控制综采工作面采高尺度，严管掘进工作面煤、矸混装，为进一步加强煤质管理提供制度保证。采制化全程视频监控系统建成并投入使用，对采样、制样、化验全程进行视频监控，减少人为因素造成化验数据误差。加强对选煤厂装车稳定率的考核，根据装车要求合理进行配煤装车，确保装车稳定率不低于90%，

（3）优化生产工艺流程，全面提升生产效率。积极探索断层治理新方法，通过采取超前预注浆加固顶板方案，使破碎顶板得到有效管控，220106工作面过地质构造带期间，连续实现4个月产量达到单产突破。2201采区生产较为集中，面临生产、安装和回撤交叉作业、互相制约，通过合理调配作业人员、班次分工和打运方案，提高单轨吊打运效率，确保矿井生产接替顺畅。

（四）发挥技术优势，构建高产高效新格局

（1）加强技术方案优化，发挥科技提质创效潜力。一是科学调整接替方案。从制度、技术、系统、装备、队伍等方面入手，努力提高巷道单进水平，加快围面工程进度，实现210913面6月份回采，220102面5月份贯通，

采掘接续平稳有序。二是优化单项工程设计。优化-750 m 东翼石门，将皮带运输巷与轨道运输巷合一，减少 350 m 连续揭煤巷道，提前 3 年完成该区域开拓工程；优化-650～-750 m 中央运输上山联巷，该联巷既作为 2401 采区上山掘进期间排矸联巷又作为西翼 6 煤底板巷掘进期间排矸联巷，节省 6 煤底板巷 500 m，同时缓解采掘接替紧张局面。三是优化各类钻孔设计。持续开展“以孔代巷”，在 220102 工作面施工大直径定向长钻孔 2700 m，预计节省高抽巷 700 m，节省费用 330 万元；利用瓦斯钻孔、防治水钻孔的施工成果资料尽量优化地质钻孔的施工，在 220102 风巷、220102 底板巷、2106 采区东翼回风上山等巷道利用施工的瓦斯孔兼做部分地质超前探测钻孔，共优化钻孔工程量约 1950 m。

（2）加大科研攻关力度，推进科技成果转化。一是强抓瓦斯治理不放松。在 230106 工作面采取双底板巷施工穿层钻孔预抽煤层瓦斯区域防突措施，优先开采弱突 9 煤层对 8 煤进行保护，开采 8 煤层对 6 煤进行保护；在 2401 采区开展深部突出煤层井上下立体综合防控技术研究，依托地面钻井、结合井下预抽钻孔，形成井上下立体综合防控技术体系。二是坚持水害分类分源分策治理。建立适合矿井水文地质条件的地面超前区域探查治理的评价指标和评价体系，加快 2401 采区地面区域治理工程，预计 2023 年 3 月工程结束，实现二水平 1 煤开采区域实现地面区域治理工程全覆盖，解放 1 煤优质资源/储量 2311 万 t。三是坚定不移地推进智能化建设。稳步淘汰落后设备，完成采掘工作面无极绳绞车停用，柴油机单轨吊目前已安装 11 台；建成 220106 智能化工作面，实现在地面调度中心对综采工作面设备“一键”启停。

（3）落实技术保安措施，强化专业保安能力。一是落实瓦斯综合治理措施。紧扣打钻质量的“牛鼻子”，紧盯打钻安全、质量、效率和效果，构建“一钻孔一工程”精细化管理模式，应用 ZDY120S 型液压钻机施工探查钻孔，分级、动态地采取瓦斯探查强化措施，确保 220106 工作面过冲刷带期间安全。二是坚持 1 煤区域综合防火措施。按照“区域统筹防控、上下立体惰化、多点密集监测、局部精准治理”的防灭火管理体系，重点对 220111 风、机巷进行全断面喷注浆封堵；对上覆及本煤层采空区持续注氮、灌注液态二氧化碳、喷洒防灭火无机材料，及时消除发火隐患。三是加强技术超前管控。深化瓦斯变化管理，建立瓦斯全程监督的管理体系，发现异常及时制定针对性处理措施并严格落实。四是建立了 1 煤组底板灰岩水害防控机制。建立的水害微震监测预警系统实现采前、采中、采后的全时段监测，并且在底板灰岩突水预警方面具有超前性，对矿井安全生产提供了技术保障。

中煤新集刘庄矿业有限公司

一、矿井概况

中煤新集刘庄矿业有限公司位于淮南煤田西部，行政区划属阜阳市，南距颍上县城约 20 km，西至阜阳市约 40 km。2018 年核定生产能力为 1100 万 t/a。矿井采用立井、主要石门、集中大巷、分区开拓的开拓方式，目前为 1 个水平开采，一水平标高为-762 m。东区工业广场内布置主、副、矸石、中央风井，东风井场地布置东回风井。西区工业广场内布置进风井和回风井。

二、主要技术经济指标

2021 年生产原煤 1066.4 万 t，采煤机械化程度 100%，掘进机械化程度 100%，综掘程度 77.9%。全年矿井综合单产为 32.01 万 t/(个・月)，原煤工效 13.29 t/工。矿井全年盈利 26.56 亿元，在岗职工人均工资为 13.34 万元。矿井百万吨死亡率为零。

三、安全高效矿井建设的主要做法

（一）创新矿井特色安全管理体系

（1）系统创建特色安全文化，发挥理念引领作用。坚持“科学规范、本质安全”安全生产基本理念；深化“六确认一管理”安全管理模式，建立“人人岗位自律、风险班组共担、隐患区队自控、安全全员共管”的安全管理运行机制，推动并实现发展和安全的相互促进、协调并进，注重从观念、行为、制度、物态四个维度加强安全文化建设，筑牢“大安全”格局。

（2）狠抓安全体系构建，夯实矿井安全基础。深化双预控体系建设，坚持重大风险源头防范，固化实施重大风险年辨识、季评价、月检查、周分析工作机制；推进安全生产标准化体系建设；全面加强党管安全体系建设，统筹党政工团全员力量抓安全；健全完善安全责任体系，实行“一岗位一清单”管理，按单履责、照单追责。

（3）狠抓四大工程建设，提升安全保障能力。持续优化系统工程建设，完成西区注氮系统扩容，建成监控实验室、防突预警系统，适时对生产接续进行调整，解决“三量”问题；持续推进装备升级，无轨胶轮车成功在井下投用，形成“无轨胶轮车+单轨吊”辅助运输新模式；持续开展素质提升工程，三项岗位人员、从业人员参培率、合格率、持证上岗率均达到百分之百；持续推进管理改进工程，固化实施“六确认一管理”安全管理模式，执行“23358”细节管理，开展安全包保、业务会商。

（二）积极推广“四新”应用，保证矿井提质创效成果

（1）新工艺方面：推广应用“边刷边安、预留支架”安装工艺。工作面平均安装用时约60~70天，工作面安装提效显著。推广深浅孔联合注浆加固工艺，有效解决“沿空掘巷”矿压治理、工作面断层裂隙带围岩破碎及巷道密闭墙跑风、漏气治理问题。推广制浆新工艺。通过建立ZK-60制浆系统，科学配比浆液水土量，实现连续制浆，提高制浆系统能力及制浆质量，满足工作面回采及工作期间防灭火需求。

（2）新技术方面：应用无线核相仪无线传输技术，实现准确核对相序，减少人员操作接触高压电风险，增加了操作人员安全性和供电系统可靠性。

（3）新设备方面：胶带顺槽引进试用EBZ260M-2型双锚掘进机、DWZY1000-1200（A）带式输送机用自移机尾、ESK掘进机远程智能控制系统，改善操作人员作业环境，提高掘进作业安全性和高效性。引进PS7I-J型、JPS7I-L型湿式混凝土喷射机，有效降低喷浆作业环境粉尘浓度，改善职工操作环境。引进MQCY-30/29.5型水仓清挖设备，缩短清淤工期，减少斜巷打运环节，有效降低职工劳动强度，减人提效明显。

（4）新材料使用方面：推广矿用无机速凝喷射复合砂浆，节省人工卸料、拌料等环节，减少操作人员投入，降低材料回弹率，提升喷浆效率明显。

（三）营造良好的技术创新氛围，提高安全生产效率

（1）171105工作面创新采用“六位一体”“快速掘·安一体化”安装工艺，工作面从贯通至联合试运转仅用时2个月，较传统工艺提前近2个多月，形成了一套较为成熟的快速安装新模式。

（2）自主研发“主井提升容器水货报警监测装置”，通过在卸载控制程序中监测装载后箕斗在井筒中悬停时间（时间超过20 min），同时进行语音报警和屏显闪烁信息进行风险提示，待操作人员确认信息后进行手动卸载。

（四）升级采掘机械化装备，提高矿井单产单进水平

（1）在171105工作面完成自动化系统安装，通过工作面操作台的总控

设备，对工作面三机和顺槽供电、泵站等设备监控信息全面集成，实现对工作面各系统的综合自动化控制，实现对工作面设备的远程集中监控和“一键式”开停。

（2）采煤工作面两巷超前维护、煤巷掘进工作面下台阶施工推广应用巷道修复机卧底，大大提高了施工效率，降低职工劳动强度，减少工作面两巷维护人员数量。

（3）采煤工作面顺层钻孔施工推广应用履带式钻机，减少了巷帮钻场工程量。

（五）推动智能化矿山建设，推进企业高质量发展

（1）在智能集控中心布置了综合自动化平台，对“采、掘、机、运、通”等主要生产环节、井下环境安全、人员位置等安全生产实时信息进行综合集成与可视化展示，使生产监控信息互通、资源共享；矿井升级“GIS一张图”系统，实现生产过程地质信息的高效管理和数据共享。

（2）矿井供电、提升、通风、排水、制冷、运输、采煤工作面、选煤厂监控等49个子系统已实现远程集中控制，在地面集控中心安排人员轮值进行常态化集控操作。安全生产可视化系统，实现了主要生产环节和重要工作场所的监控画面全覆盖。利用管控平台，在井上下34个固定车间实现了无人值守、地面远程操控，缩减了60余个岗位，降低了职工劳动强度。

中煤新集阜阳矿业有限公司

一、矿井概况

中煤新集阜阳矿业有限公司位于安徽省阜阳市颍东区与颍上县交界处，西距阜阳市约 30 km，行政区划隶属于颍东区。井田走向长约 7.4 km，倾向宽 3.0~7.3 km，面积约 33.6 km^2。矿井设计生产能力为 5.0 Mt/a，设计服务年限为 60.2 a。矿井采用立井、主要石门、分区开拓的开拓方式，矿井划分为 2 个水平开采，一水平标高为-967 m（采掘活动水平），二水平标高暂定为-1200 m（尚未开拓）。工业广场内布置主、副、中央风井。矿井不断完善安全生产系统，通风、供电、提升、运输、排水、瓦斯抽采等主要系统布局合理，安全可靠。

二、主要技术经济指标

2021 年生产原煤 500 万 t，采煤机械化程度 100%，掘进机械化程度达到 100%，综掘程度 100%。全年矿井综合单产为 23.22 万 t/(个·月)，原煤工效 15.324 t/工。矿井全年盈利 8.79 亿元，在岗职工人均工资为 12.56 万元。矿井百万吨死亡率为零。

三、安全高效矿井建设的主要做法

（一）创新矿井特色安全管理体系

深入贯彻落实安全生产“九字工作方针”和“我的安全我做主”矿井安全管理理念，形成“23458”矿井特色安全细节管理，即：两大抓手（“岗位操作流程”管理和“四不放心”排查与管控）、三个细节管理（大巷行走、平巷掩车、开关上锁）、四不开工（人员不具备不开工、设施不具备不开工、现场施工条件不具备不开工、作业工程不经过安全评估不开工）、五个变化（工艺变化、工序变化、设备变化、设施变化、现场条件变化）、八个重点环节（起吊打运、电气操作、高压部位、转动部位、帮顶管理、辅助运输、各类二次保护、零星工程）。

（二）积极开展技术创新，提高安全经济效益

（1）积极推进“四新”技术应用，引进全液压锚杆钻车、智能巡检机器人、履带钻机、钢丝绳使用情况在线监测装置等先进设备，推广应用双液浆注浆、定向长距离大直径钻孔、单轨吊辅助运输系统、可伸缩带式输送机连续运输系统、机载临时支护等，进一步提高单产单进效率、降低支护成本。

（2）推广应用大直径钻孔抽采工艺代替高抽巷工程，有效节省人力、物力投入，缩短施工工期，降低后期生产准备影响时间，提高安全系数。

（3）创新推行“双液浆”注浆工艺，超前加固并封闭区段小煤柱，有效解决“沿空掘巷”矿压治理问题，并推广应用到巷道密闭墙跑风、漏气的治理，降低修护成本。

（4）推广应用履带式钻机，坚持钻机紧追综掘机，做到“随掘随打”“追机作业”，取消巷帮钻场，降低掘进成本。

（三）充分发挥技术先导作用，提高安全生产效率

（1）矿井在智能集控中心布置了综合自动化平台，对“采、掘、机、运、通”等主要生产环节、井下环境安全、人员位置等安全生产实时信息进行综合集成与可视化展示，使生产监控信息互通、资源共享，消除了煤矿生产的信息孤岛。

（2）深化创新改革举措，实现矿井提质增效。坚持每半年开展“五小”成果评选活动，加大创新成果推广力度，2021 年，口孜东矿获得国家发明专利 0 项，适用新型专利 9 项，在国家级报刊上发表论文 3 篇，获得“五小”成果奖励 28 项，创造效益 955 万元。

（3）综采工作面通过 KJ216B 型和 KJ24 型顶板在线监测系统以智能传感器为传输节点、光缆或通讯电缆进行传输、井下通信基站为网络节点搭建物联网，构建综采工作面矿压监测硬件体系，此系统能够监测综采工作面支架的初撑力、工作面阻力，具有地面计算机动态显示监测数据、记录数据、输出监测曲线等功能。

（四）加大装备自动化系统建设，提高单产水平

在 140502 工作面完成自动化系统安装，通过工作面操作台的总控设备，配置 MG1000/2590-GWD 型电牵引采煤机、ZZ18000/33/72D 型支撑掩护式电液控液压支架、自动配比泵站和采煤工作面智能化控制系统，实现对设备远程集中监控和“一键式”开停，保障了综采工作面安全、高效开采；通过现场的高清摄像头对设备的实时工作状态进行全程监控，达到减人提效的效果；在工作面胶带顺槽受压变形段巷道刷扩中投用卧底机，代替人工刷

扩，大幅降低了职工劳动强度。

（五）建设智能化掘进工作面，提升单进水平

持续推广 CMM2－24 型锚杆锚索钻车、ZCY－120 侧卸式装岩机、DWZY1000/1200（A）带式输送机自移机尾等成熟设备；长距离岩巷推广使用 EBZ260H、260W 岩巷综掘机，引进掘锚一体机、远距离喷浆机等新型多功能掘进和配套设备，实现掘进、支护平行作业。采用皮带机+链板机+矸石窖出矸，配套大功率耙矸机、装岩机、综掘机等机械化出矸设备，形成岩巷连续快速出矸作业线，提高掘进工效。采区上山、工作面两巷等全面推广单轨吊进行物料运输，建立“网络化”运输系统，提高运输效率。优化工作面煤矸分流系统，实现矸石连续运输。掘进工作面全部安装空冷器、除尘风机，为职工营造良好的作业环境。

（六）持续推进生态治理，建设绿色矿山

有序推进采煤沉陷区搬迁安置，积极开展矿山生态环境保护，统筹推进沉陷区治理修复与绿色矿山建设，使环保体制机制更加完善，污染防控更加有力，主要污染物排放量持续减少，资源综合利用成效更加显著，技术研发和治理投入进一步加大，生态环境质量明显提高。2021 年，治理、补偿耕地 3.675 hm^2。

淮南矿业（集团）有限责任公司张集煤矿

一、矿井概况

张集煤矿是国家“九五”重点建设项目、全国煤炭基建管理体制改革试点矿井。矿井设计生产能力为400万t/a，核定生产能力为750万t/a。矿井划分为两个水平，一水平标高为-600 m（其中北区井底标高为-492 m），二水平标高为-820 m（其中东风井井底水平为-970 m，并在-745 m标高设有车场），目前矿井集中于一水平生产，二水平正在进行施工。

二、主要技术经济指标

2021年生产原煤770万t；实现销售收入47.89亿元，实现利润21.79亿元；职工年人均收入15.38万元；矿井综合单产为205812 t/(个·月)；原煤工效为19.91 t/工；矿井安全生产标准化顺利通过国家一级标准化验收。

三、安全高效矿井建设的主要做法

（一）坚持强基固本，安全管控“定力”持续夯实

（1）筑牢安全基础。不断完善安全生产标准化管理体系，建立“13851”安全理念，践行安全承诺，安全管理效果不断提升。

（2）打造精品工程。完成1313（3）工作面等11项品牌工程，创建东二13-1煤层回风巷智能化粉尘防治作业线等20余项精品工程，发挥示范引领作用。创新“随手拍、除陋习”机制，全年收集整改典型问题1084个，地面井下焕然一新。

（3）严格风险管控。突出抓好“一通三防”、顶板、机电运输、防治水等安全管理重点；扎实推进三年行动攻坚和安全大排查工作，深入分析研判，全面排查整改；建立石门揭煤等专项措施“工作票”制度，合并召开月度计划会和风险管控会议，实行重大风险“挂图作战”，强推风险隐患“进”头面，所有风险均管控落实到位。

（4）严查严防“三违”。投入20余万元建立标准化视频监控室，全年

视频筛查 1421 人，占“三违”总数的 40%，处置苗头性风险问题 1890 条，坚持开展“工人三违、干部反省”活动，制作典型三违教育片 95 个，起到较好的警示教育效果。轻微伤事故较 2020 年减少 53. 3%。

（二）坚持源头管控，可持续发展“能力”持续提高

（1）保持生产接续稳定。制定《2021—2025 年采场接替规划》，精心排定年度生产和接替计划。严格执行生产接替超前 3 到 6 个月管控，全年围绕 1313（3）重点工作面，以经济杠杆激励掘开队伍积极性。安全收作 4 个工作面，确保 1152（1）、1313（3）、1415（1）等工作面按期投产。

（2）推进灾害治理工程。东一 1 煤采区地面区域探查治理，完善矿井应急排水系统，超前消除水害威胁。二水平建设全面提速。矿安全改建及二水平延深工程于去年 6 月底通过竣工验收，二、三期工程顺利通过集团公司审查，进入工程施工阶段。“一优三减”有序推进，全年共完成东一 13-1（1）等 4 个采区封闭。

（三）深化改革，经营效益“潜力”持续激发

（1）千方百计保供应。停产检修期间，利用二副井出煤 5. 96 万 t，增加效益 3099 万元。持续实施煤矸分流，1415（3）工作面过断层期间，累计分流 6536 t 矸石。

（2）严控成本增效益。积极开展回收复用、修旧利废管理工作。全年回收材料 24214 万元，比预算增加 86 万元；复用 13568 万元，比预算增加 296 万元；同时强化修旧利废、材料替代，提高废旧物资综合利用，完成修旧额 2036 万元，有效减少新材料的投入。

（3）市场化运行催动力。实施内部市场化，灵活运用工资杠杆，激发全员创效积极性。保卫科利用空余时间从事电缆装卸、划停车线等，创收 26. 2 万元；机电修配中心累计维修矿车 2010 辆，创收 33. 7 万元；后勤小修队积极承接场地硬化、宿舍楼亮化、道路及煤泥堆场维修等项目，创收 243 万元，节省外委费用 418 万元。

（四）坚持转型升级，矿井发展“动力”持续提升

（1）采煤智能化。建成以高清全景摄像技术、UWB 定位装置和液压支架智能协同控制等技术为支撑的 2. 0+版 1313（3）智能化采煤工作面。

（2）辅助运输无绳化。井下 38 台单轨吊投入运行，实现物料运输“网络化”。试用无人驾驶电机车、无人驾驶单轨吊、无轨胶轮车等新设备，成为煤业公司辅助运输新标杆。

（3）打钻集成化。大直径长钻孔“以孔代巷”作业线成功应用，实现

安徽省“以孔代巷”技术新突破。在 1415（3）、1124（3）工作面实施“一孔两消”技术，多回收煤炭资源 34 万 t。

（4）管理数字化。全年共完成调度集控中心、17 个水泵房、33 条主运皮带、17 个变电所及固定设备车间改造，实现“集中控制、无人值守”，减少岗位 110 个。实现井下巡检电子流程化管理，建成智慧门禁、智慧停车场，探索建立智慧食堂、智慧仓储，实现矿区管理数字化、智能化。

（五）坚持守正创新，人才成果“活力”持续迸发

制定《张集煤矿创新工作管理办法》，全年申报“五小”竞赛活动成果 122 项，《深井复杂地层巷道小型盾构机快速掘进关键技术研究与应用》等 3 项创新成果，分获国家、省级以及集团公司创新奖项。开展资深主管、高级主管和主管公开竞聘，18 名专业技术人员走上新的工作岗位。44 名职工获评 W4 以上操作岗位，人才队伍得到进一步充实。建成高标准安全监控实验室和 VR 实训基地，改造地面监控实验实操车间，承办煤业公司采煤机司机、单轨吊司机技能竞赛，在全矿上下掀起比学赶超的学习热潮。

淮南矿业(集团)有限责任公司
张集煤矿二期工程

一、矿井概况

张集煤矿二期工程分为北区和西区。北区有3个井筒，分别为主井、副井和回风井（井底车场标高为-492 m）；西区有2个井筒，为西区混合井和西区回风井（井底车场标高为-483 m）。矿井为前进式开采，采用立井、集中大巷和主要石门的开拓方式，开采水平为-492 m水平，核定生产能力480万t/a。矿井为煤与瓦斯突出矿井，现有主采煤层4层，可采总厚度16.73 m，各主采煤层均为突出煤层，Ⅱ类自燃，自然发火期3~6个月。矿井地质构造复杂程度为中等，水文地质类型为复杂类型。截至2022年底，全矿井保有资源储量163110.8万t，剩余可采储量为84510.4万t。

二、主要经济技术指标

2021年原煤产量488万t，综合单产20.96万t/(个·月)，最高月产达到45.69万t，原煤工效13.12 t/工；2021年煤巷综合单进246.9 m，岩巷综合单进109.3 m；2021年利润17.19亿元，在岗职工人均年收入16万元。2021年3月通过国家一级安全生产标准化管理体系验收。

2022年原煤产量500.96万t，综合单产19.24万t/(个·月)，最高月产达到43.65万t，原煤工效13.14 t/工；2021年煤巷综合单进254.3 m，岩巷综合单进120.7 m；2022年矿井利润333345.51万元，在岗职工人均年收入18.62万元。

三、安全高效矿井建设的主要做法

（一）安全态势持续平稳

始终将安全摆在一切工作的首位，严格落实煤业公司“八位一体”安全防控体系，全年实现“四零”目标。聚焦安全管理重点，修订完善20余项安全管理制度、710余项岗位安全生产责任制，进一步明确各级人员管理职责。发挥视频监管作用，安装固定监控摄像头 1700 余个、移动视频 276 个，视频筛查 2512 人次、占总量的 67.9%，制作“随手拍、除隐患”视频 53 期。

（二）改革创新落地见效

一是加大科研投入与人才培养。兑现技能提升奖励 224.6 万元，支付各类人才补贴 515 万元。科研项目归集经费 2.2 亿元。建成张集创新院，打造创新联盟，全年完成 38 项创新项目，在集团公司第 36 届“五小”创新评比中，张集矿获奖 9 项。

二是推进生产方式转变。建成 1615（3）两个综采示范工作面。采煤工作面两巷巷修机械化、液压系统五级过滤、液压支架电液控、顺槽自移开关列车、转载机开口段红外闭锁、皮带机自动控制洒水降尘装置、云喷雾降尘装置、两巷超前支护支架（沿空、U 型棚支护巷道除外）保持全覆盖。建成 1712A 轨顺煤巷掘进示范面。实现综掘机载临时支护、皮带集中控制、自移机尾、综掘机电子围栏、辅助运输连续化、顶板矿压在线监测系统全覆盖。建成 Φ2.5 m 盾构机作业线。12 月在 1715A 高抽巷创进尺 536 m 的月度新纪录。巷修机械化率 64%；全年实现 2% 的减员目标。1615（3）工作面采用“以孔代巷+顶板走向钻孔”瓦斯治理模式，施工钻孔量 7200 m，取代 1400 m 高抽巷，瓦斯治理效果良好。穿层钻孔已全部实现姿态仪开孔定位。主副井、西风井混合井电机转子已实现温度监测。西风井压风系统已实现地面远程集控。

（三）矿井建设智慧升级

制定智能化矿井达标方案，完成领导驾驶舱、信息化平台、自动化平台、设备全生命周期、智能仓储、智慧园区一二期等 22 项提升优化，实现矿井多板块智慧升级。井下移动视频平台构建完成，2155 个 IVS 视频业务全部上线，矿井工业生产监控稳定运行。推广运输物料“集装箱”管理，实现物料“一站式”服务。试用无人驾驶电机车、无人驾驶单轨吊等无人驾驶设备。2022 年 6 月，顺利通过省级智能化矿山示范矿井验收。

（四）共享和谐绿色矿山

始终坚持“绿色发展”理念和“以人为本”的管理思想，协同推进美好张集建设。完成西风井临时用地土地复垦工程。实现两区灰岩水调用。开展后场标准化整治，顺利通过煤业公司验收，被市县两级环保部门评为环境信用信息诚信单位。加大困难职工帮扶力度，多途径发放各类救助资金。改善“两堂一舍”面貌，改造完成6栋标准化宿舍、2处浴池和3处食堂。设置新能源充电桩，普及刷脸识别装置，实现全矿职工“靠脸吃饭”。建成劳保超市，满足职工个性需求。

淮南矿业（集团）有限责任公司顾桥煤矿

一、矿井概况

顾桥煤矿位于安徽省淮南市凤台县境内，井田南北走向长约 14 km，东西倾斜宽约 7 km，面积 91.8829 km^2，截至 2022 年末保有资源储量 1208.95 Mt，剩余可采储量 722.44 Mt。矿井 2003 年 11 月 1 日开工建设，2007 年 4 月 28 日通过竣工验收正式投产，证照齐全。矿井采用立井、分区开拓、分区通风、集中出煤的开拓方式，初步设计生产能力为 5 Mt/a，2017 年矿井核定生产能力为 9 Mt/a，为煤与瓦斯突出矿井。

二、主要技术经济指标

矿井安全管理实现零死亡、瓦斯零超限、零严重重伤、零重大非死亡事故。全年完成 949.67 万 t，其中回采产量为 898 万 t，工作面平均单产 27.1 万 t/(个·月)，矿井最高月产量达到 85.6 万 t，原煤工效 10.60 t/工。完成掘进进尺 3.6298 万 m，其中煤巷进尺 1.9560 万 m，岩巷进尺 1.6738 万 m。煤巷最高单进 500 m/月，岩巷最高单进 300 m/月，巷道锚杆支护率 99.6%。吨煤生产成本 286.87 元/t，2022 年实现账面利润 23.8 亿元。2022 年在岗人员年平均工资 18.03 万元。

三、安全高效矿井建设的主要做法

（一）强化安全管理

（1）强化领导安全生产责任，各级领导率先垂范，深入贯彻落实党的二十大精神、习近平总书记关于安全生产重要论述和指示批示精神，巩固深化安全会议“第一议题制度”。

（2）牢固树立安全理念，建立了以矿长为安全生产第一责任人，总工程师、各分管副矿长分工负责，各层级管理人员、工程技术人员、岗位操作人员各司其责的安全生产责任体系；建立形成以总工程师为核心，各专业资深主管（副总工程师）分工负责，安全生产技术职能科室协调、指导、监督和管理，基层单位具体落实的技术管理体系。

（3）落实“三管三必须”要求，对照安全生产责任制，强化专业分类分级监管，突出抓实风险管控措施在现场的监督、核查、验证责任落实；提高监管质量，敢管会管、精准有力。

（二）大力实施信息化、自动化、智能化建设

（1）建有综合信息化平台及综合自动化平台，综合信息化平台包括矿井生产技术管理、综合自动化、安全监测、业务办理、大数据分析等一级菜单，建立了基于 GIS 的全息“一张图”，实现了“一处录入、处处共享”的数据资源共享，达到了“一屏尽览、一网打尽、互联互通、信息共享”的要求。综合自动化平台采用超融合技术、虚拟化云技术将我矿独立、分散、局部的各自动化子系统集成，涵盖了矿井机电（抽风、压风、提升、排水、供电、煤流）6 大系统、一通三防（注氮、抽采、局部通风）3 大系统、采掘开修钻、辅助运输等共计 36 个子系统的一体化管理平台，各系统之间实现了功能联动。

（2）无线通信系统采用最新的 WiFi6 技术，通过在井上、下安装多融合基站，实现人员及车辆精准定位、井上下无线通信、IP 广播等功能；同时为管理人员及班队长配备了本安型智能手机，依托 WiFi6 高速通信网络，实现实时语音、视频通话。2021 年联合中国移动建成一套 5G 网络，实现全省首个矿井 5G 场景应用，基于 5G 网络建成 1126（3）5G+2.0 版智能化掘进工作面、1621（3）5G+2.0 版智能化综采工作面，数据通信采用光纤有线通讯为主、5G 无线通信为辅助的工作模式，确保了远控信号的可靠性，实时远程可视化监控，有效降低了控制延时。

（三）优化生产组织

（1）提高设备开机率和负荷率，提高单产和单进水平。通过优化班前会流程、改停工交接班为动态交接班、持续优化采煤机分区段割煤速度、优化机电设备检修流程等措施提高有效作业时间，从而提高设备开机率和负荷率，达到高产高效的目的。

（2）优化及实施目标定额管理，提高生产组织效率。针对地质条件、循环进度、作业方式、服务职能的不同，确定不同的单价及调整系数，量价结合兑现工资，充分调动区队和员工的劳动积极性，提高劳动效率。

（3）实施全面预算管理，费用指标按业务分解，分管领导承包，业务部门负责。全面实施经营绩效考核，将材料费、电费、租赁费、用汽费、四项费用等可控成本费用按定额分解至执行部门，各部门根据管辖范围制定本部门的管理办法，矿按照既定周期进行考核。

（4）推行物资一码通系统。强化班组物资、车辆运输核算，实现物料管理标准化、物料使用精益化、物料考核公平化；针对消耗材料、回收材料、周转材料月度绩效考核，车辆按量、按时结算，明确责任人，实现物料核算到班组直至岗位的精益化管理。

（四）支持科技创新

坚持科学技术是第一生产力的理念，按照“以人为本、科学管理”的原则，成立以矿长为组长的科级创新领导小组，制定了《顾桥煤矿科技创新管理办法》，加大对科技管理的支持力度，激发全矿技术人员和广大职工创新活力。以“节支、降耗、安全环保、系统优化、资源回收、高产高效”几个环节为突破口，进行创新、改进，增强了矿技术创新能力，提高了经济效益。2021—2022 年，顾桥煤矿获得国家发明专利 1 项，实用新型专利 6 项，在国家级报刊上发表论文 3 篇，获得“五小”成果奖励 46 项。

淮南矿业(集团)有限责任公司谢桥煤矿

一、矿井概况

谢桥煤矿隶属于淮河能源（集团）有限责任公司煤业分公司，是该公司主力矿井之一。矿井设计生产能力400万t/a，2012年技改后核定生产能力960万t/a。截至2022年底，矿井保有资源储量51684.9万t，其中探明资源量18998.5万t，剩余可采储量29910.1万t，煤种为气煤，水文地质类型属极复杂类型，属煤与瓦斯突出矿井。矿井采用立井、集中运输大巷、分区石门和上下山开拓方式。正在开采的煤层为13-1、11-2、8、6、4-2煤层，均为Ⅱ级自燃煤层。

二、主要技术经济指标

2021年矿井实现安全生产，全年完成掘进总进尺30474 m，生产原煤910万t，矿井综合单产25.54万t/(个·月)，原煤工效19.74 t/工；原煤生产全部成本370.98元/t；在岗职工人均年收入14.89万元。2022年矿井实现安全生产，全年完成掘进总进尺22868 m，生产原煤795万t（4月、5月受新冠疫情影响，矿井停产）连续两年保持一支年产300万t综采队；矿井综合单产27.83万t/(个·月)，原煤工效20.75 t/工；原煤生产全部成本426.62元/t；在岗职工人均年收入16.26万元。

三、安全高效矿井建设的主要做法

（一）坚持创新引领，不断推进智能化建设

（1）实施矿区辅助运输建设规划。分类实现人流、煤流、矸石流、物流“四流”分离；推进辅助运输升级改造，实现新水平和新采区单轨吊网络化运输，不断改善作业环境、减轻劳动强度、提升安全保障。主井提升系统装备巡检机器人，副井口装载AI智能闭锁系统，实现了“四超”监测，做到了“三个取消”。

（2）大力推进信息化建设，充分整合了矿井安全、生产、经营、党务、业务、事务管理各项业务功能，实现矿井各类数据的集成展示、统一管理，规范业务流程管理，实现“人人网办、一网统办”和“人工跑腿向数字跑腿”的转变。矿井已建成219个电子业务流程，综合自动化44个子系统全部实现集中控制，实现了矿井生产自动化、监控数字化、管控一体化。

（二）重视安全和职业卫生建设，促进矿井安全健康发展

（1）牢固树立“安全事故是可防可控”的理念，不断完善安全管理文件制度，明确年度安全目标；严格落实单位及岗位安全生产责任制，做到管理责任到位；坚持安全隐患定期排查制度，对排查出的重大安全隐患，立即停止作业并采取应急措施；严格执行现场交接班班评估和班中巡查制度，保证安全隐患能及时发现并落实整改；加大对关键工序、关键环节及特殊时段的监管力度。

（2）加强职工作业环境改善和保护工作，积极推广应用防尘降尘等作业场所环境治理新技术、新工艺、新装备，实行煤层注水和粉尘在线监测，推广应用防尘帘，加强个体防护；定期开展职工健康检查，建立职工健康档案，降低职业病发病率。

（三）强化瓦斯治理，保证安全可靠开采

（1）加强预测预报工作，坚定不移的开采薄煤层保护层，处于突出煤层的突出危险区域，没有可供开采或利用现有系统不具备开采条件的，采用“一面四巷”配合网格式穿层钻孔、顶板走向钻孔、顺层钻孔、老塘埋管等方式抽采瓦斯。实施“以孔带巷”技术，瓦斯治理巷道、穿层钻孔量大幅度减少；全面推广应用体系化防喷技术，实现了防喷装置全覆盖。

（2）持续推进打钻生产方式转变，助推矿井瓦斯治理双效提升。坚持“装备、管理、创新”并重，以效率和效益目标为导向，大力推行打钻生产方式转变。在引进全国首批自动定向钻机开展工业性试验后，谢桥矿已成为全国单矿井自动化钻机种类最全及台数最多的矿井。同时狠抓打钻防喷抽采精细化，不断提高打钻抽采质量和效率。

（四）持续革新掘进工艺，助力单进提升

（1）全面推广煤巷锚网支护技术，并引进液压锚杆钻车和履带式钻机等新型设备，掘进期间增加巷道支护强度，避免架棚支护，在局部地段进行全长锚固实验，有效控制采煤工作面回采期间两巷的矿压现象和围岩变形量，为工作面的快速推进、高效开采提供保障。推广沿空小煤柱薄喷工艺，降低了巷道受上阶段采动压力影响，提高了煤炭资源利用率。建立矿压三级预警模式，实现矿压在线监测流程化、信息化。

（2）在岩巷快速掘进方面，建成首台直径4.5 m自主运营盾构机作业

线，首台掘锚一体机作业线，3 条综合机械化作业线，4 条炮掘机械化作业线，2 套湿式混凝土喷射机组，实现了“装、拌、移、喷”一体化。同时积极开展中深孔爆破技术并试验，大断面巷道增加复式掏槽眼和锥形复式掏槽眼，以保证爆破效果，循环进尺由原来的 1.4~1.6 m 增加到 1.9~2.1 m，岩巷单进水平得到了大幅提高。

（五）突出技术指导，释放安全产能

（1）开展综采工作面安全生产标准化和机电管理稳步上台阶活动，规范日常管理，优化现有地质条件、采场布局、采面搭配、人力资源、设备配置等条件，保证工作面稳步有序回采。

（2）抓好工作面过地质构造期间的顶板和支架的管理，采取两巷提前施工钻孔预注浆和面内循环预注浆加固的方法，加固煤壁和断层面，有效地减少了工作面过地质构造带期间的片帮掉顶现象，提前消除顶板管理隐患。建立质量保障体系，形成长效机制，确保质量动态达标，保证工作面持续稳定推进，实现了高产高效。

淮沪煤电有限公司丁集煤矿

一、矿井概况

丁集煤矿地处于淮南市西北，潘谢矿区中部，凤台县境内，阜淮线及矿区铁路专用线经过矿井南部，工业广场紧邻省道凤蒙公路，地理位置优越，交通方便。井田东西长 14.75 km，南北宽 11 km，面积约 95.7 km^2，截至 2022 年末保有资源储量 1212.8 Mt，剩余可采储量 614.76 Mt。该煤矿 2004 年 6 月 28 日开工建设，2007 年 12 月 26 日矿井投产，选煤厂与矿井配套，同期建成，证照齐全。设计生产能力 5 Mt/a，核定生产能力 6 Mt/a，为煤与瓦斯突出矿井，水文地质类型为中等型，地质类型为极复杂型。井田有可采煤层 11 层，平均总厚 22.94 m，分别为 17-2、13-1、11-2、8、7-2、6-2、5-1、4-2、4-1、3、1 煤层。目前正在开采 11-2 煤层和 13-1 煤层。

二、主要技术经济指标

2021 年末原煤生产总人数为 1822 人，采掘机械化程度为 100%，全年完成产量 5.95 Mt，完成掘进进尺 17532 m，综合单产为 251636 t/(个·月)，原煤工效为 12.6 t/工，实现利润 37677.56 万元。

2022 年末原煤生产总人数为 1801 人，采掘机械化程度为 100%，全年完成产量 5.91 Mt，完成掘进进尺 16024 m，综合单产为 245833 t/(个·月)，原煤工效为 12.65 t/工，实现利润 35452.66 万元，职工人均工资收入 16.37 万元，比 2021 年人均工资 15.02 万元增加 1.35 万元。

三、安全高效矿井建设的主要做法

（一）生产组织方面

（1）克服采煤工作面安装投产工期紧、任务重的紧张局面，采用单轨吊整架打运液压支架，中途设置换装站来提高打运能力，从而有效提高工作面安装效率，保障了工作面接替有序，让安全生产更主动，年度内完成了 1242（3）、1462（1）工作面安装，1222（3）、1452（1）工作面拆除。

（2）通过对东二南和西二采区进行设计优化，实行 11-2 和 13-1 煤层采区联合布置，在维持现有系统巷道的情况下多增加了两个生产采区，让采场布局更合理。

（二）安全发展方面

（1）全力推进隐患排查整治。深入推进安全生产专项整治三年治本攻坚，41 条任务清单已见底清零。扎实开展安全隐患大起底大排查大整改“百日行动”，紧扣薄弱地点、重点部位和关键环节开展 1 次全方位的事故隐患大起底大排查大整改，共计排查出问题隐患 34 条，均已整改完毕。

（2）推深做实“工人违章干部反省”。建立班队、科区、口内领导、安全副职、主要领导五级反省机制，推广应用“工人违章　干部反省”电子化业务流程，规范三违信息录入、反省整改、监督检查环节，实现信息录入、干部反省、结果运用全流程管理，确保真改真有效。截至 12 月底，三违发生 3155 人次，与去年同期相比减少 123 人次。

（3）聚力标准化质量提升。全年围绕标准化质量提升，抓好主体工程质量和系统巷道的标准化整治。以高标准完成了井下系统巷道品牌工程、采煤工作面品牌工程、掘进工作面品牌工程、主要硐室品牌工程等 8 项公司下达的品牌工程计划，并通过煤业公司验收。另外，在煤业公司安全生产标准化管理体系考核中，我矿掘进专业，通风专业各荣获 1 次第一名。

（三）技术创新方面

始终坚持科学技术是第一生产力的理念，从“节支、降耗、安全环保、系统优化、资源回收、高产高效”几个环节为突破口，进行创新。在 1452（1）工作面运用“110 工法”，应用“上断下裂切顶留巷技术”，多回收了约 3 万 t 煤炭资源；通过开展多信息融合矿井通风机健康预测研究技术攻关，实现通风机电机的远程监测、智能故障诊断，已通过煤业公司验收，并成功申报国家发明专利；“徐冲大拿工作室”牵头完成的《一种带式输送机的电源电路》被国家知识产权局授予实用新型专利及国家发明专利。

（四）生产方式转变

采煤：在 1452（1）工作面首次应用“上断下裂”切顶留巷技术并顺利收作，留巷效果较好。首个 2.0+智能化采煤工作面 1242（3）顺利投产。掘进：创新采用钻装机台阶法施工西三采区单轨吊换装站，大断面巷道一次性施工到位；在 1242（3）轨顺通过改造自移机尾电液控，实现自移机尾远程操控。巷修：推广巷修机械化，在东三 13-1 回风大巷建立多功能巷道修复机+40Z 刮板机+DSJ 皮带机+电滚筒皮带机+气动单轨吊快速巷修机械化作业线，月单进刷扩由人工施工的 20~25 m/月提升到了 30~40 m/月；在东三

13-1 轨道大巷建立了履带挖掘式装载机+DSJ 皮带机+电滚筒皮带机的快速巷修机械化作业线，岩石底卧底量由 3 m^3/(人・班）提高到 8 m^3/(人・班)，节省人工 60%以上。一通三防：全面取消架柱式钻机（井筒揭煤除外)，履带钻机使用率达到 100%，地面注氮车间建设自动化控制平台，实现了无人值守。机电运输：大力推进单轨吊网络化建设，取消西部斜巷 2.5 m 绞车，安装使用 13 台柴油（蓄电池）单轨吊，建成 6 条单轨吊运输路线，东二南采区实现单轨吊网络化运输，在 1452（1）第一次实现单轨吊连续化运输拆除工作面。

（五）科学管理方面

围绕内部市场化建设，指导基层制订“定额、计量、价格、预算、成本、结算、仲裁”等七项配套制度，重新调整 1358 个工作量价格，让工作任务与实际价格更加匹配，市场化运行更贴合实际。三季度全矿各单位实现线上工资结算分配。同时努力争取政策优惠，取得“2022 年清洁能源发展”专项资金 200 万元；1212（1）运顺软煤定向顺层钻孔“一孔两消”瓦斯治理工程获得 157 万元安全生产专项资金。

淮浙煤电有限责任公司顾北煤矿

一、矿井概况

矿井位于安徽省淮南市凤台县西北约 23 km 处，行政区划隶属顾桥镇。井田南北走向长约 7.5 km，东西倾斜宽 4.5 km 左右，面积为 34 km^2。矿井为煤与瓦斯突出矿井。13-1、11-2 煤层为非突煤层，8、7-2、6-2、1 煤层为突出煤层。主采煤层均为自燃煤层，煤尘均有爆炸性。矿井水文地质类型为复杂型。矿井设计生产能力 400 万 t/a，核定生产能力 400 万 t。矿井采用立井、石门（大巷）开拓方式，工业广场共布置主、副、风三个井筒，采用中央并列式通风方式。矿井共划分两个生产水平，一水平布置在 8 煤层顶板，标高为-648 m；二水平布置在 1 煤层顶板，标高暂定-800 m。目前一水平正在生产，二水平尚未开拓。

二、主要技术经济指标

截至目前，矿井连续安全生产九周年。2021 年完成了产量任务，发热量 4897 大卡。完成进尺 11728 m（其中岩巷 4385 m，煤巷 7343 m）。完成瓦斯抽采量 901.3 万 m^3，钻孔量 36.77 万 m，抽采率 53.39%，瓦斯治理巷道 3380 m。实现收入 43.5 亿元，利润 17.6 亿元。

三、安全高效矿井建设的主要做法

（一）安全管理方面

2022 年以来，严管理、夯基础，安全形势稳定向好，安全管理体制机制不断健全。修订重要制度 60 余项，健全全员安全生产责任制及考核制度；深入开展安全生产专项整治三年行动和安全大检查，制度措施、问题隐患 100% 整改；严格落实双预控机制，重大风险管控方案 100% 落实，杜绝了重大隐患。根据阶段性安全管理重点，明确月度监管主题，常态化循环开展全流程跟班 836 人次。推行井口日常集中视频筛查和月度专业集中视频抽查，视频反“三违”占比 50.4%。

（二）安全生产标准化建设方面

实施超前精准巷修，做到逢修必注，应用沿空小煤柱注浆加固、断层超前治理、切顶卸压护巷等技术治理地压，完成巷道注浆 7590 m、注浆量 11530 t，同比增加 3270 m、4970 t，维修巷道 3450 m，同比减少 1710 m，减少巷道维护量 3560 m，矿井巷道失修率降至 3% 以下。扎实开展辅助运输会战，整治地轨 18600 m、天轨 13200 m，维保各类车辆近 3000 辆/次；开展单轨吊专项会诊，排查整改问题 40 余条，在煤业公司月度轨道整治验收中取得第一名两次。

（三）信息化、自动化、智能化建设方面

（1）积极推进信息化建设。建成信息通讯、工业控制万兆环网和标准化数据中心、调度集控中心，完成井下无线通信系统向采区延伸，实现了井下 WIFI 全覆盖；完善机电六大系统、一通三防三大系统、采掘开修钻等 15 个子系统的综合自动化平台，实现远程集中控制、应急联动、短信预警等功能；升级涵盖领导驾驶舱、GIS 一张图、18 个一级菜单以及 174 个电子业务流程的综合信息化平台，真正实现了“一网打尽、一屏尽览、互联互通、信息共享”。

（2）稳步推进生产方式转变。建成两个智能化 2. 0+综采工作面。煤岩巷综掘建成 13 条全机械化作业线，重点推广掘锚一体机、钻锚一体机、装药封孔一体机等新设备，效率提高 30% 以上。首次在国内煤矿井下巷道实施数码电子雷管爆破，单循环进尺提高到 2. 1 m 以上，炮眼利用率提高至 93. 3%。累计安装天轨 2. 2 万 m，投入单轨吊 19 台，创建了 4 个采区网络化运输线，引进无轨胶轮车 2 台，履带式运输车 10 台，实现了无绳化连续运输。建成全自动化打钻作业示范线，首次应用大直径下向钻孔替代地面瓦斯钻井成套技术。率先在淮南矿区投用智能顺煤流系统，引进巡检机器人替代人工巡检，实现了无人化、自动化。

（四）生产组织方面

（1）快速掘进保接替。全年紧扣“掘进年”这条主线。将两个 A 组煤接替工作面的 4 条巷道作为年度重点工程推进，研究制定进尺考核管理办法和快速掘进激励措施，提高有效进尺时间，最高月进尺达 280 m。在确保 13221 工作面正常掘进的同时，安排 1 支队伍负责沿空侧喷注浆加固；抽出 1 支队伍提前刷扩 14121 工作面支架组装硐室，组织 2 支队伍整治进架路线，两个工作面均提前贯通，实现了切眼、支架组装硐室和进架路线整治同步完工，为攻坚全年生产任务提供了有力保障。

（2）算好节支降耗成本账。加强全面预算，科学分解预算指标，重新核定分配系数和计件单价，“指挥棒”效应更加明显。紧抓材料费、电费、修理费等关键成本要素考核，加大材料回收复用、修旧利废力度，完成自制加工产品产值630万元；回收物资1亿元，复用物资5460万元；处置废旧物资1610 t，处置收入420万元，做到废物利用最大化。依据分时电价机制，制定刚性节电措施，用电峰谷比降至0.67。

（3）算好人力资源效益账。持续深化薪酬改革，按工作量核定井下辅助用工。制定优化人力资源结构三年行动方案，积极推进机构整合，撤销一支掘进队伍，人员补充至掘开口缺员队伍；对绞车队班组进行整合，减少一个班组建制，将原有地面岗位人员进行转岗，实现操检合一；将灯房和便携仪发放室人员进行合并，统一管理。同时，充分利用内部人力资源市场，做到精准减员，全年在岗减员280人，净减员137人，完成净减员指标。

（4）算好内部市场化精细账。安排专人办公，每周召开协调例会，修订了内部市场化管理制度，因地制宜进行考核。完善系统各模块，实现一二三四级市场正式运行。修订三、四级单价4680条，做到班清班结，月清月结，实现线下线上全面结算，内部市场化体系基本建成。在煤业公司内部市场化季度考核中排名稳步提升，三季度取得第一名。

淮南矿业（集团）有限责任公司潘二煤矿

一、矿井概况

矿井位于淮南市境内的中北部边缘，距淮南市中心约25 km。矿井东西走向长约11 km，南北宽1.3~3 km，面积19.6518 km^2。矿井主要开采煤层为1、3、4-1、5-2煤层。为煤与瓦斯突出，地质、水文极复杂矿井。煤层自然发火期1煤为66天，3煤为45天，4煤为62天，其余煤层为3~6个月；煤层自燃倾向等级鉴定除3煤为Ⅰ类，其他煤层均为Ⅱ类，属自燃煤层。

矿井采用立井、集中石门、大巷开拓方式。采用混合式通风方式。矿井划分为两个水平开采，一水平即矿井现生产水平，标高为-530 m；二水平标高为-800 m，目前暂未开拓。矿井采煤方法为走向长壁采煤方法，采煤工艺为综合机械化一次采全高，全部垮落法管理顶板采煤工艺；掘进工艺为综掘和普掘。

二、主要技术经济指标

2021、2022年，矿井均实现了安全年，未发生死亡事故。2021年完成269万t，工作面综合单产9.11万t/(个·月)，矿井最高月产量达到25.81万t。2022年完成290万t，工作面综合单产9.99万t/(个·月)，矿井最高月产量达到29.05万t。2021年完成掘进进尺10349 m，岩巷综掘最高单进为100 m/月，煤巷综掘最高单进为239 m/月。2022年完成掘进进尺14142 m，岩巷综掘最高单进为180 m/月，煤巷综掘最高单进为240 m/月。

三、安全高效矿井建设的主要做法

（一）生产组织方面

（1）超前管控，合理施工。矿井严格按照核定的生产能力安排采场接替，并制定合理的年度及月度计划。对工作面接替实施超前3~6个月管控，统筹安排回采进度、掘进准备、设备准备、一通三防及瓦斯工程、防治水工程、机电运输系统准备、安装拆除七大环节，利用“时间任务横道图”统筹推进工程实施进度，为重点头面的正常生产提供了保障。

（2）优化简化，持续推行“一优三减”。持续开展优化简化工作，科学配置安全生产系统，通风、供电、提升、运输、排水、瓦斯抽采等主要系统布局合理，运行稳定。

①优化生产系统：新增两条回风石门，解决西四采区回风问题。对井下主运皮带机全部升级为永磁驱动，实现无油化。持续构建单轨吊连续运输网络化线路，优化西四采区排矸系统，深入推进“三合一”工程，并将西四A组煤采区作为矿井未来五年的重点规划区，通过回采优质资源，推进矿井生产集约化，逐渐减少采掘头面。

②减生产采区：封闭潘二区西四B组7~8采区、西四C组采区以及潘四东区东翼-400 m采区、东翼-490 m组煤上采区，共计封闭巷道15400 m。

③减入井人员，提供功效：持续推进采掘开修钻生产方式转变。建成综采示范工作面、煤巷掘进示范面、岩巷综掘示范面、岩巷炮掘示范面、巷修机械化示范线和钻孔全部姿态仪开孔定位。减少了用工总数，提高了人均工效。

（二）安全发展方面

（1）建立健全安全生产保障制度及运行机制。建立健全了各级领导、职能机构和岗位人员的安全生产责任制，并完善了安全检查制度、安全目标管理制度、安全隐患排查制度、安全办公会议制度、安全生产考评奖惩制度、伤亡事故的统计报告制度、工伤保险管理制度、劳动保护用品发放与使用制度、煤矿安全生产培训制度、安全技术措施审批制度、设备设施的检查维修制度等安全生产管理制度，建成安全管理制度体系。

（2）“三大防控体系”逐步完善。出台安全+作风严管“双十条”，倒逼各级安全管理责任落实；建立作业任务日备案和敏感信息（调度所+科（区）长）“双查”机制，严控现场重大风险和突出问题，确保隐患整改到位；推行干部“入井写实”制度，落实管理人员安全隐患排查和安全管理责任追溯，进一步提高干部的跟班质量；强化典型案例曝光力度，在加强行业内的安全事故案例警示教育的同时，事故当事人、班队长、科区长通过在两井井口现身说教、电视广播曝光、安全办公会作检查等方式，以身边的事教育身边的人，达到“一人出工伤，全矿受教育”目的。

（三）技术创新方面

（1）建机制，进一步完善创新推进激励和评比表彰机制，对首次成功使用新技术、新装备、新工艺的单位给予5万~10万元奖励；召开创新推进会和技能竞赛，对 55 项“五小”成果，以及 30 名技能竞赛状元、能手及优秀选手进行了表彰奖励。

（2）搭平台，先后组建了梅瑞、汪万华技能大师工作室和杨传清技术创新工作室及创新团队，从制度层面提高领办人待遇，明确目标责任。矿井高技能（创新）人才孵化中心已投入使用。

（3）出成效，相继在采掘工作面应用超前预注浆断层治理和沿空小煤柱注浆加固技术，变过断层为治断层效果显著。积极推进采煤工作面，煤巷、岩巷掘进工作面“六六五”全覆盖，实现综掘机自动断电、远程操控，基本形成掘进机械化施工模式。

（四）智能绿色方面

矿井认真履行社会责任，推广应用绿色开采技术工艺，降低采煤土地塌陷和地下水资源损失，保质保量完成全年资源环境保护任务，积极实施烟尘排放、污水处理、噪声治理、扬尘治理、危化品处理等环保工程，绿化覆盖率超过可绿化区域面积的 82%，矿区环境优美。新建矿井水在线监测监控室、新建规范化外排口、PH、COD、氨氮、水质自动采样器等各种设备基础及配套设施、采暖及配电照明。对雨污管网进行维修改造，同时加强对后场污泥压滤场地环境整洁，实施绿化区域占地 1.12 hm^2。

淮北矿业股份有限公司杨柳煤矿

一、矿井概况

杨柳煤矿为国家智能化矿井、一级安全生产标准化矿井，荣获国家绿色矿山和全国安全文化示范企业称号。井田位于安徽省淮北市濉溪县境内，井田为南北走向、向东倾斜的单斜构造，矿井采用立井、石门开拓方式，2010年12月23日正式竣工投产，证照齐全。截至2021年底，剩余资源储量29340.0万t，可采储量14987.6万t，煤种以1/3焦煤为主。设计生产能力180万t/a，矿井剩余服务年限为60 a，采用一井一面布置，矿井为煤与瓦斯突出矿井。

二、主要技术经济指标

2021年末原煤生产总人数为857人，采煤机械化程度100%，综掘机械化程度92%，全年完成计效产量1.59 Mt，完成掘进进尺8754 m，综合单产为132523 t/(个·月)，原煤工效为7.9 t/工，实现利润40623.7万元，在岗职工人均年收入11.4万元。

三、安全高效矿井建设的主要做法

（一）强推科技创新，驱动矿井高质量发展

全力实施“科技兴矿”的战略，始终把创新工作摆在发展全局的核心位置。紧密结合矿井实际，聚焦矿井发展中的重点、难点，组建科研团队，确立科研项目，集中力量进行课题攻关，着力破解安全生产难题。全年课题攻关结题17项，科研项目立项23项，集团公司科学技术奖获奖14项，“五小”实用技术获奖25项，为矿井安全高效发展做出了杰出贡献。

（二）强推“四化三减”，采掘提效取得新突破

矿井采用一井一面布置，大力推进巷修、安拆机械化，切眼扩安一体化，综采掘智能化；创新“降钻锚注平”支护工艺；研究综采掘安全高效过断层工艺技术；攻克揭煤、破碎带施工等制约掘进提效短板。细化综采、综掘、安拆装备标配，推广应用大坡度和硬岩综掘装备、盾构机、掘锚护一

体机、综掘液压支架、柴油巷修机、液压锚杆钻车、湿式喷浆机、单向架空乘人装置、风动锚索张拉仪等新装备，提高矿井安全保障能力。强推可视化、信息化，实现对作业活动全过程、全时段安全监护。

矿井智能化采煤工作面已构建综采工作面智能化集中监控系统，配备远程数据库故障分析，对设备的故障分析、反馈做到了“精”“准”“快”。智能化掘进工作面实现设备的远程集中控制、运行工况参数监测和故障诊断报警等功能。智能化机电系统实现各设备安全连锁智能化运行，实现无人值守、量多快运、量少减速、节能增效、减人提效。智能化辅助运输系统为矿井构建了一张安全智能、精准高效、紧密连续的辅助运输网络，新系统全面取缔了传统落后的运输模式。智能化通风管理辅助决策系统对风门、风窗的智能调控、远程控制，对风阻、风量等参数进行实时监测、智能分析与解算，三维动态显示矿井通风系统，井下灾变发生时，自动显示或语音提醒井下员工避灾路线。智能注氮系统实现对制氮装置一键启停，具备关键运行参数和状态集中显示功能，实现注氮装置近、远程控制。瓦斯泵站实现一键启停、一键轮换、故障轮换、设备检修等预设自动控制流程，抽采系统智能化。智能化管控系统为各类智能化控制系统、监控系统提供统一的数据交互通道，实现矿井“采、掘、机、运、通”相关的安全生产、监测监控、安全管理等业务和数据与基础地理数据的叠加集成，各安全、生产、经营子系统实现集中操作、集中监控和统一调度。

（三）坚持科学治灾，提升风险防控能力

（1）高举高打治灾害。精准做好“资源、设计、治灾、接替”四个统筹，做实采区、工作面、单项工程精准设计，坚持“一设计一论证，不论证不施工”原则，严格落实瓦斯防治“一面一策”、防治水“一面一策”。

（2）强化风险及应急管理。持续推进矿井安全风险分级管控，严格落实“六项机制”，矿层面每月对风险辨识和管控情况进行分析研究，系统层面每周进行分析，科区层面严格落实班前辨识、班中管控、班后评估三步骤，保证现场风险管控到位。

（四）强化保障，巩固提高，全力推进安全生产标准化创建动态达标

坚持示范引领，实行精准管理，打造精品工程。制定“一面一策、一巷一策”达标创建清单，明确责任人、创建标准、创建时限，按期验收。达标地点长期保持，不达标地点由分管领导、安监处、包保单位、责任单位制定整改措施，限期整改，实现100%达标。

（五）深入开展“工人违章干部反省”活动，全面提升职工素质

深入开展“工人违章干部反省”活动，分管领导每周参与系统的“三违”分析，切实解决工人违章背后的深层次问题。深入开展强力除陋习活动，重点革除干部管理上陋习。创新“三违”整治管理模式，杜绝以罚代管现象，实施正向激励降“三违”。

（六）秉承“安全高效绿色开采”的发展理念，提升生态治理水平

严格遵守国家环境保护法律法规和有关政策，推广应用地面注浆减沉等绿色开采技术工艺，降低采煤土地塌陷和地下水资源损失，提高原煤入选率和瓦斯、煤矸石及煤矿水等利用率。

加强职工作业环境保护，推广应用防尘降尘等作业环境治理新技术、新工艺、新装备，定期开展职工健康检查。矿井绿化面积 73625 m^2，空地绿化率达到 100%，矿井水回用率达到 100%，荣获国家绿色矿山称号。

贵州林华矿业有限公司林华煤矿

一、矿井概况

贵州林华矿业有限公司林华煤矿（以下简称林华煤矿）隶属于国家电投集团贵州金元所属贵州能发电力燃料开发有限公司独资矿井，属国家实施“西电东送”战略黔北电厂的大型配套煤矿，省重点工程。矿井位于贵州省毕节市金沙县。井田面积 21.8 km^2，矿井资源量 16190 万 t，可采储量 9835 万 t。设计能力 150 万 t/a。服务年限 45 a。

矿井可采煤层 3 层，主采 M9 煤层。煤质均为中灰、低硫、低挥发分、高热值无烟煤。矿井为煤与瓦斯突出矿井，煤层自燃倾向性为Ⅲ类不易自燃煤层，煤尘无爆炸危险性，井田构造复杂程度属中等偏简单，水文地质条件为中等。矿井采用斜井+立井综合开拓，单水平（+800 m 水平）上下山开采。矿井划分为 6 个采区，现开采的采区为一采区和二采区，综合机械化开采。

二、主要技术经济指标

2021 年底共有职工 1031 人，职工收入人均 12.13 万元。2021 年完成原煤产量 94.56 万 t，掘进进尺 4800 m，实现营业收入 6.25 亿元，实现利润 2.80 亿元，矿井综合单产 7.89 万 t/(个・月)，原煤工效 7.03 t/工，采掘机械化程度 100%。

三、安全高效矿井建设的主要做法

（一）加强安全管理

每周一由矿长组织各分管领导、生产部室、工区进行全系统、全方面、全覆盖隐患排查，并将隐患分解落实，逐条整改销号，实行“谁签字、谁负责”的验收程序。强力推行反“三违”，管理人员不定时对井下进行查岗，发现“三违”及时进行处罚并停工学习，同时对“三违”人员开展安全思想教育，进行警示发言与写安全保证书，强化职工“自保”“互保”意识。班前会加强对作业现场风险辨识，落实管控措施，加强薄弱人员的排查。严格井下领导带班制度，重点工程由分管领导重点盯守，现场开工前班组长对现场进行安全确认并在安全确认牌签字才允许开工作业。承接集团公司安全文化理念，结合矿井安全管理实践，总结提炼出“任何风险都可以控制、任何违章都可以预防、任何事故都可以避免；安全林华、效益林华、幸福林华；保障职工的合法权益、改善职工生活环境、提升职工幸福指数；推进四化建设、开展达标创建、营造安全环境”四大安全生产理念。

（二）强化“四化”建设

煤矿设有信息化办公室，负责矿井瓦斯监测监控系统、人员定位系统、语音广播系统、视频系统、通信系统及辅助智能化 9 大系统的维护与管理。瓦斯监控系统与广播系统、人员定位系统进行了系统融合，当井下发生瓦斯、一氧化碳异常时，人员定位卡和广播系统能够自动应急响应。视频系统已对矿井上下井口、硐室、施钻地点与瓦斯监控探头等实行实时监控。辅助智能化系统对皮带、压风、通风、瓦斯监控、排水、电力等系统进行了控制，在矿井调度室能够对其系统进行一键启动控制和监测。目前矿井已建成 1 个智能化采面工作面和 2 个智能化掘进工作面。

（三）加强瓦斯治理

积极探索瓦斯治理方案。与科研单位合作，试验采用超高压水力割缝、二氧化碳爆破、水力压裂、定向长钻孔、可控冲击波煤层增透、底板抽采巷穿层钻孔抽采。通过多年实践，探索确定矿井瓦斯治理技术体系，煤巷掘进采取底板穿层钻孔预抽煤巷条带煤层瓦斯的区域瓦斯治理，回采工作面采取本层钻孔预抽回采块段煤层瓦斯+运回两巷高位倾斜钻孔截抽上覆煤层瓦斯+采空区预埋管抽采空区瓦斯的综合瓦斯治理。煤巷掘进单进由原来 60～70 m/月提升到 120～150 m/月，采煤工作面回采实现了瓦斯“零超限”，逐步缓解采掘接续紧张，为释放产能创造了必要条件，提升了矿井效益，促进了矿井高效发展。推进落实贵州省 1 个工作面回采、1 个工作面治理瓦斯、1 个工作面布置掘进工程的小“三区”瓦斯治理格局。

（四）实施科技兴安

一是坚持科技引领，积极开展技术攻关。先后与中煤科工集团重庆煤炭研究院、西安研究院、贵州设计院、贵州煤田地质局等单位开展矿井水害与瓦斯防治技术攻坚。二是加大安全资金投入。强化水害治理，开展矿井水文地质补勘，补打专用排水立井，安装 4 趟 ϕ377 mm 无缝钢管，增加一套强排水系统，在井下主水仓安装 2 台强排潜水泵，单台排水能力 1100 m^3/h、扬程 510 m，实现地面一键启动。供电系统建设三趟回路，进一步提高矿井抗灾能力。三是不断推进设备迭代更新，加大液压支架支撑力，将原ZZ4800/18/38型更换为ZZ7200/18/38，加强了综采工作面支护强度；优化两巷超前支护方式，回风巷采用ZQS28/1600型矿用液压切顶支柱，运输巷采用ZLH2×600/29/41滑移式临时支护装置，实现两巷超前支护机械化作业，替代传统的单体+∏钢支护，提升了两巷超前支护强度，同时降低了端头工劳动强度。

（五）强化绿色开采

矿井建设有污水处理站，矿井水与生活用水经处理后作为井下防尘与消防用水和地面工业用水，循环利用。配套建设洗选厂，对原煤进行洗选加工，洗选后的低热值煤与矸石销售给矸石砖厂。对矸石山进行复垦复绿，矸石山绿化面积达100%。矿井建设有瓦斯发电站，装有35台发电机组，装机容量1.42×10^4 kW·h，利用瓦斯发电余热和循环冷却水对“两堂一舍”进行供暖与供水洗澡，2021年完成瓦斯发电量5.83×10^4 kW·h，节约电费1979.96万元。

云南小龙潭矿务局有限责任公司
小龙潭露天矿

一、矿井概况

小龙潭露天矿位于云南省红河哈尼族彝族自治州开远市境内，隶属云南小龙潭矿务局有限责任公司。小龙潭露天矿始建于1953年，地理坐标为东经103°11′52″，北纬23°48′45″；煤层为单一巨厚煤层，以生产褐煤为主，最大厚度为222.96 m，平均厚度约72 m，开采范围长约1.4 km、宽约1.2 km；地表最高标高为1100 m、最低标高为1055 m，最低开采水平为930 m。

二、主要技术经济指标

2021年小龙潭露天矿原煤生产189.8万t，原煤销售收入2.43亿元，销售成本及税金1.03亿元，实现销售利润1.21亿元；2022年小龙潭露天矿原煤生产237.7万t，原煤销售收入4.04亿元，销售成本及税金1.46亿元，实现销售利润2.16亿元。

三、安全高效矿井建设的主要做法

（一）完善安全管理机制，夯实安全基础

紧紧围绕安全生产标准化工作，不断建立健全安全生产机制，完善生产管理规章制度，夯实安全管理基础。严格按照国家有关规定提取和使用安全生产费用，2021年共计提取安全费用949.05万元，做到专款专用，并建立安全费用管理台账。安全投入项目包含边坡监测和治理、边坡稳定性分析与评价、防排水系统建设及维护、道路安全改造、安全隐患治理、安全装置设施、到界台阶绿化等主要环节和场所。

（二）落实生产现场管理，确保生产安全

小龙潭露天矿被评为二级安全生产标准化煤矿。2021年、2022年无工伤死亡和重伤事故，百万吨死亡率为零，千人重伤率为零，安全生产连续25年无死亡，连续21年无重伤以上事故。

（三）强化生产组织，提高生产效率

1. 生产工艺科学先进

坚持科学发展，依靠科技进步，历经二次扩建和两次技改，已发展成为生产技术先进、全机械化的现代化露天煤矿。煤炭生产和剥离生产均采用单斗液压挖掘机—卡车的间断开采工艺。煤炭生产由露天矿自行完成，剥离生产采取外包方式完成。

2. 采剥工作面安排科学合理

2021 年、2022 年主要对西帮、东帮进行开采，严格按照露天矿设计规范进行设计与施工，采场 950~1080 m 水平，有 18 个工作面，采煤工作面 8 个、剥离工作面 10 个，台阶高度 10 m，最小工作平盘宽度 30 m，采剥平盘符合设计，开采接续正常，开采程序符合规定。

3. 生产组织高效

已有 8 台液压挖掘机从事采煤生产，生产中将所有挖掘机划分为一个包机组，严格按照包机组管理办法等制度进行统一协调，统一安排，确保生产效率充分发挥。2021 年和 2022 年煤炭月平均产量分别为 15.81 万 t/月和 19.81 万 t/月。同时，露天矿狠抓工作面管理及销售管理，采取定期每季度、每月度、每旬对工作面开展检查，保障工作面规范整洁，生产井然有序，煤炭采出率均达到 98% 以上。

（四）建立数字化矿山，促进技术创新

1. 边坡监测系统

对矿区边坡进行卫星遥感监测预警，建立了固定式测斜仪自动监测系统、地面 GPS 自动监测系统、地下水位监测和降雨量监测系统，对露天采场边坡变化情况实施动态监测；运用遥感卫星监测技术监测成果，对出现抬升或沉降区域加设 GPS 监测点或自动全站仪监测点进行复核，进一步圈定形变范围加强监测，为后期边坡管理、采剥设计或治理提供翔实的数据。

2. 网上办公系统

矿山生产局域网投入运行，充分利用“云南省小龙潭矿务局综合管理系统”和“云南省小龙潭矿务局可视化生产交互系统”完善综合信息管理平台，煤矿生产销售、机电设备管理、安全管理、行政办公等工作实现网络化管理，实现了信息的集中监控、集中传输及运用。

（五）持续跟进矿区绿化，建设智慧绿色矿山

小龙潭露天矿一直推动形成绿色生产方式，加快改善生态环境。坚持在发展中保护，在保护中发展，持续推进生态文明建设。始终把土地复垦和生

态建设作为矿产资源开发的重要任务，因地制宜，制订合理的土地复垦与利用规划，使矿区生态水平有利于当地经济发展。截止到 2022 年，小龙潭露天矿分公司矿区土地总绿化面积 8000 余亩，整体绿化面积达到可绿化面积的 90% 以上。

中国神华能源股份有限公司哈拉沟煤矿

一、矿井概况

哈拉沟煤矿位于陕西省神木市大柳塔试验区境内，是神东煤炭集团公司按照“高起点、高技术、高质量、高效率、高效益”五高方针要求，建成的一座千万吨级的特大型现代化安全高效煤矿，是神东煤炭集团公司亿吨矿区的骨干矿井之一。矿井井田面积 72 km^2，剩余可采储量 3.29 亿 t，核定生产能力 1600 万 t/a。

二、主要技术经济指标

2021 年矿井生产规模达到 1564 万 t，原煤工效 105.7t/工，矿井综合单产 62.4 万 t/(个·月)。采掘机械化程度继续保持 100%。采掘关系正常，矿井厚煤层采区采出率达到 76.28%。全年实现利润 67.99 亿元，完全成本 208.44 元/t。截至 2022 年 2 月底，矿井累计安全生产 4500 天。

三、安全高效矿井建设的主要做法

（一）完善安全管理体系，夯实安全一流基础

落实安全生产责任，对安全管理问题实施督办管理，制定有效措施，保证督办事件百分百落实；对安全责任事件实行责任追究机制，倒逼安全生产责任制落地。强化风险隐患治理，2021 年针对辨识评估出的 5 个方面、18 项重大安全风险，编制了矿井安全重大风险清单，分类制定了安全管控措施。常态化开展动态、定期、专项等安全检查，累计排查治理隐患 49456 条、查处纠正 2874 起不安全行为，矿级停工培训 60 人次，“过五关”访谈 121 人次。强化安全基础管理，开展事故警示月活动、《职业病防治法》宣传周活动、不安全行为你来谈等活动，不断提升安全管理水平和全员安全意识。通过线上和自助学习相结合的培训方式，全面提升员工的理论知识和技能水平，全年对内开设安全专题培训班 440 期，累计培训 28143 人次，矿井员工整体安全素养明显提升。

（二）开展精益化管理，提高矿井绩效管理水平

2021 年矿井完成产量 1564 万 t，计划利润 50. 30 亿元，实现利润 67. 99 亿元，超计划完成利润 17. 69 亿元，完全成本 201. 48 元/t，完全成本较年度预算降低了 4614 万元，其中材料费、矿务工程费和电费 3 项费用 15. 02 元/t，成本控制取得了较好的效果，成本考核位居公司第一名。

（三）推行智能化矿山建设，实现矿井减员增效

哈拉沟煤矿共有主运及顺槽带式输送机 9 部，运输长度约 1.6×10^4 m，装机功率 14280 kW，采用变频软启动方式运行。全系统采用上位机远程集中监控、搭建设备健康管理与智能分析系统平台，地面建设了运转队集控室，应用巡检机器人对带式输送机环境数据、设施情况、设备工况实现实时监测及数据上传，有效减轻工作人员的劳动强度。运转队固定岗位 100% 无人值守减员 14 人。

（四）深化科技创新落地，助力矿井安全发展

不断优化工作面布置，回收煤炭资源最大化。针对 22525 工作面回撤通道与大巷间存在的 5.5×10^4 m^2 梯形边角资源无法利用综采回收的问题，矿井认真研究决定将运输巷、回风巷对调，使主回通道至大巷的距离由 126 m 减小至 41 m，同时采取两次缩面工艺最大化回采边角区域资源。通过以上措施多回收煤炭 30 万 t，创造经济价值 1. 05 亿元，同时减少连采机短壁回采掘进 3267 m，减少了巷道掘进费用 1634 万元。将不同煤厚的工作面利用现有系统进行优化设计，将 22 煤三盘区 7 个工作面优化为 3 个工作面，通过该项方案的实施将搬家倒面减少 2 安 4 撤，掘进工程量减少 2921 m，多回收煤炭资源 29. 5 万 t，机头硐室减少 2 个、风桥减少 5 个，合计创造经济效益约 9641 万元。

（五）狠抓环境保护，建设“绿色矿山”

矿井地处毛乌素沙漠边缘地带，矿区生态环境极为脆弱，矿井秉承“产环保煤炭，建生态矿区”的理念，坚持开发与治理并重的原则，不断创新环境保护与生态治理技术，创造性地提出了采前、采中、采后针对性治理的理念，采前大面积治理，增强区域生态保护功能，使生态环境具有一定的抗开采扰动能力；采中创新井下开采技术，减少对生态环境的影响；采后构建持续稳定的区域生态系统，建立和开发可持续利用的生态资源。根据矿区地形地貌与水资源贫乏的特征，结合煤炭开采方式，开创性地构建矿区外围防护圈、周边常绿圈、中心美化圈、生态灌溉管网系统“三圈一水”水土保持生态环境防治模式。

（六）完善系统工程，保障矿井运行安全稳定

为进一步提高矿井通风系统的稳定性，减小矿井通风阻力，矿井通过分析通风阻力测定数据，发现进风阻力占矿井总阻力的45%，进风阻力较大是矿井整体通风负压大的主要原因。由于进风井巷壁破损，部分区域断面缩减严重，决定对进风井井巷进行加固、砌碹，在扩大井筒断面的同时也使进风井巷壁更加规整，减小通风摩擦阻力；取消了进风立井控风设施，使进风立井进风由1500 m^3/min增加至7300 m^3/min，缩短了6209 m的进风距离。

通过该项工程的实施，矿井负压由原来的1.71 kPa降低至1.47 kPa，通风阻力降低14.0%；降低了采空区内外部压差，由1000 Pa降至700 Pa，降低了30.0%。通风负压减小，主要通风机的电流由原来的35 A降低至31 A，可节约电量80 kW·h，每年可节约电费43.45万元。通风负压降低后，采空区内外部压差降低300 Pa，减少了采空区的内外漏风，有利于矿井防灭火管理，矿井通风系统的安全可靠性进一步提高。

陕西国华锦界能源有限责任公司锦界煤矿

一、矿井概况

锦界煤矿位于榆林市神木县境内，地处榆神矿区二期规划区西北部，井田西邻秃尾河，北接神府矿区，南靠锦界开发小区，东与凉水井井田毗邻。井田东西宽 12 km、南北长 12.5 km，井田面积 141.8 km^2，探明地质储量 21.54 亿 t，可采储量 15.78 亿 t。井田煤质优良，具有低灰、低硫、低磷、高挥发分、中高发热量等特点，属于长焰不黏煤，是优质动力、化工和工业用煤。

二、主要技术经济指标

2021 年原煤产量 1871 万 t，掘进进尺 40658 m。采区回收率 90.6%，工作面采出率 96.7%。全年完全成本 92.31 元/t，盈利 59.67 亿元。2021 年原煤工效 102.13 t/工。

2022 年原煤产量 1766 万 t，掘进进尺 29070 m，采区回收率 90.7%，工作面采出率 97%。全年完全成本 113.74 元/t，盈利 53.76 亿元。2022 年原煤工效 64.93 t/工。

三、安全高效矿井建设的主要做法

（一）科学组织，生产保供平稳运行

采掘队伍生产不饱和时安排施工矿务工程，有效缓解了矿务工程紧张局面。超前谋划，统筹安排，安全高效地完成了综采 6 安（含 2 次加面）4 撤、连掘 2 次、综掘 6 次搬家等工作，建成首个“远程供电供液+单轨吊落地+超长距离沿空留巷+工作面智能化视频随动+调斜”“五合一”技术综采工作面，矿井生产组织科学有序。

（二）齐心协力，安全基础全面夯实

开展“零伤害”创建活动取得明显成效。全面开展了“零”不安全行为班组、“零伤害”区队创建，推行“零伤害”业务保安积分排名考核机制，全矿井 18 个区队 53 个班组中的 9 个班组实现“零”不安全行为，52

个班组“零伤害”创建成功，创建成功率达到98%，促进了矿井安全生产，安全风险分级管控有力。

（三）多点发力，重点工作稳步推进

按期完成31301尾排水仓等三盘区开拓工程，增加排水能力2400 m^3/h，31301首采面顺利回采。狠抓31116综采工作面过古冲沟、31411综采工作面过薄基岩及31301回风措施巷顶帮支护等重点区域、特殊时段的安全管理，强化技术指导，编制专项措施，确保了关键环节、重要时段安全生产。科学调整、系统优化巷道设计，5个大断面机头硐室，29070 m巷道实现安全掘进。优化综采超前补强支护与沿空留巷施工工艺，采用单元支架替代“一梁四柱”支护工艺，极大地降低员工劳动强度和工作风险，持续解放和发展了生产力。提交了采矿许可证名称变更申请、安全生产许可证延期办理，编制了锦界煤矿保水采煤方案，取得了锦界煤矿地质环境保护与土地复垦方案备案文件等有关资料，确保了矿井依法合规生产。不断优化通风系统，主要通风机负压降低410 Pa，通过工程化措施和管理手段，基本消除了一通三防重大隐患，全面加强通风设施、防灭火、防尘及监测监控系统管理，保证了矿井系统安全。引进并成功应用了ZYWL-15000DS型定向钻机、ZDY4200LPS型坑道钻机等先进钻探设备，助力安全高效生产。

（四）紧盯重点，建成中级智能矿井

围绕10大类168项智能矿山建设，紧盯项目，倒排工期，142项建设内容全部完成（暂缓实施25项、1项进入文件编审阶段）。综采自动化割煤已成常态，综合自动化率达到85%以上，较2021年提高5%。掘进人员设备接近防护系统、主运系统设备集中润滑及自动注油等项目建设完成，极大地提高了矿井自动化、智能化水平。9月15日，以78.135分的成绩顺利通过了国家能源集团中级智能矿井验收。

（五）严格管理，机电设备可靠运行

围绕安全生产，狠抓设备检修维护保养。紧盯重点检修项目，严格执行标准化检修工单，借助信息化和智能化手段，梳理完善了在用设备日检、保养标准10628条，实现了在线监测点位982个，确保了机电设备检修任务按时完成、关键部位重点管控。相继开展了供电、供排水、主辅运输、吊装、移动设备、缆线整理、危化品、机电标准化检修、盲区死角机电标准提升等12项专项整治活动，查改各类隐患或问题1542条。2022年，全矿故障率为0.021%，较2021年的0.033%降低0.012%，机电设备运行更加可靠。

（六）精益求精，经营管理成效显著

积极开展降本增效，分解落实 122 项成本指标，制定 60 项具体管控措施，在支护参数优化、材料管控、修旧利废等方面深度挖潜。努力提升员工绩效，完善员工绩效考核标准，优化绩效考核指标，加大考核奖罚力度，严格奖罚兑现，提升了绩效考核效果；坚持“三个倾斜”原则，完善以绩效考核为导向的薪酬激励体系，客观公平兑现员工工资，调动各级工作的积极性。持续开展定额量化包干工作，完善涵盖 9 项业务 27 支科队 2617 项劳动定额标准及工作量化标准。通过奖优罚劣，促使各区队、各岗位合理安排工序，主动承揽矿务工程，提高了员工收入水平。

（七）以人为本，人才队伍持续优化

全面实施人才强企战略，为员工成才搭建广阔舞台。推荐提拔 16 名优秀年轻干部走上正副科级管理岗位，选任 8 名关键岗位人员走上技术员管理岗位，做到人尽其才、才尽其用。调整管理干部 16 人次，不断丰富年轻干部的管理经验。坚持理论与实践锻炼相结合，不断提升员工技能水平，2 名员工获得陕西省技术能手称号。

中国神华能源股份有限公司大柳塔煤矿

一、矿井概况

大柳塔煤矿隶属国能神东煤炭集团有限责任公司，地处陕西省神木市大柳塔镇乌兰木伦河畔，井田面积 126.2 km^2。矿井东邻老高川芦家梁煤矿、满来壕煤矿、东川煤矿，西邻活鸡兔煤矿，南邻大海则煤矿，北邻哈拉沟煤矿、苏家壕煤矿和益民煤矿。矿井保有储量 8.45 亿 t，可采储量 4.7 亿 t，核定生产能力 1800 万 t/a，矿井采用“平硐+斜井+立井”联合开拓方式，为低瓦斯矿井。

二、主要技术经济指标

2021 年大柳塔煤矿煤炭产量 1799.08 万 t，掘进进尺 3.1689×10^4 m，矿井生产成本 201.36 元/t，原煤工效 92.77t/工。职工年平均工资 31.22 万元，矿井实现年利润 64.51 亿元。采掘机械化程度达到 100%，采区回采率 82.8%。

三、安全高效矿井建设的主要做法

（一）持续完善品牌建设，不断深化改革效能

大柳塔煤矿结合工作实际制定跟踪督办清单，逐项销号落实推进。创建了“四有四无四帮四带”工作与生产经营工作相融互促品牌，2020 年 5 月以来，累计创造效益约 4170.45 万元，节约成本约 3132.02 万元，为矿井高质量发展注入“基因”。大柳塔煤矿致力于打造特色的矿井文化实践基地，建成了大柳塔煤矿矿史文化展厅，激励广大员工全面推进矿井创新驱动绿色发展开新局。

（二）落实任期制和契约化管理，推行市场化经营机制

积极推进任期制和契约化管理，按照领导班子成员一人一岗差异化原则，对照岗位职责，以领导班子任期考核指标及年度组织绩效考核指标为基础，设置公共指标、个人业绩指标、其他约束性指标三大类指标，并向下延伸覆盖至全部科队长管理岗位，助力管理人员能上能下，进一步激发活力，

调动了广大干部干事创业的积极性、主动性，推动企业高质量发展。

（三）抓好干部队伍建设，提升队伍活力

制定下发了“大柳塔煤矿人才培养五年规划”，明确了人才培养目标，为矿井持续健康发展提供人才保障。通过开展优秀区队长述职演讲、组织技术人员能力测评、大学生专业能力测评等方式，为人才晋升提供科学依据。2021 年累计提拔 26 名科级干部和 19 名技术员。其中 14 名班组长和 5 名大学生提拔为技术员，23 名技术员提拔为副科级，3 名副科级提拔为科队长。

（四）强化全员绩效考核，建立激励和约束机制

制定下发了“大柳塔煤矿绩效考核管理实施办法”，组织编写了全员绩效考核标准，一岗一表覆盖每个岗位，考核关键业绩指标包括安全生产、工作质量、文明生产、技能水平、劳动纪律。2021 年全矿有 3 名员工被评为不称职等级，按规定办理辞退手续。

（五）践行绿色发展理念，推进煤炭生产清洁化水平

深入贯彻落实习近平生态文明思想，秉承“奉献清洁煤炭，引领绿色发展”的光荣使命，坚定践行“两山”理论，坚持开发与治理并重，不断创新治理技术与模式，在黄河上中游生态脆弱区，走出一条主动型绿色发展之路。

（1）先后建立了环境监测长效机制，安装智能在线扬尘监测设备，实时全天候监测；入选了国家绿色矿山名录；创建了“采前防治、采中控制、采后修复与治理”的新模式，累计建设生态经济林 34 km^2，建成全国唯一的采煤沉陷区“国家级水土保持科技示范园”。

（2）依据规模化生产与专业化服务的特点，形成矿井水“三级处理、三类循环、三种利用”的模式与技术，实现全部污（废）水合规处理。2021 年矿井水复用量达到 3.23×10^6 m^3，复用率达到 100%，在减少外排的同时保证了井下废水资源的有效利用，并因此荣获国家科学技术进步二等奖、中国煤炭工业科学技术一等奖等多个奖项。

（六）多措并举综合施策，提升企业管理精细化水平

始终坚持精细化的制度建设，制定了“大柳塔煤矿厉行节约、杜绝浪费管理办法”，规范了办公区用水用电、“两堂一舍”用水用电、工业场区用水用电及井下设备空载运行、材料管理及各类工程管理，2021 年全年累计查处并整改浪费行为 3365 条。

（七）立足数字经济转型，推进能源产业智慧化水平

根据国家、集团公司智能化建设指南，以追求无人化生产为目标，结合

矿井的不同生产地质条件，在智能化开采、安全保障、经营决策和清洁环保4个方面，全面打造万物互联、数据驱动、人机交互、专家决策于一体的全智能化矿井。2020—2022年累计投入智能化专项资金约5.3亿元，其中2020年列智能化专项50项投资1.73亿元；2021—2022年投资3.31亿元，新增综采、掘进、主运、机器人、大数据等11大类70余项智能化项目。

中国神华能源股份有限公司榆家梁煤矿

一、矿井概况

榆家梁煤矿位于陕西省神木市店塔镇，井田内煤层赋存稳定，结构简单，属于平缓单斜构造；煤质优良，属于不黏煤；瓦斯含量低，属于低瓦斯矿井。矿井井田东西长约 8 km、南北宽约 7 km，面积 56.34 km^2，地质储量 5.04 亿 t，可采储量 3.84 亿 t。矿井采用多井筒分煤层联合开拓方式，矿井设计生产能力 1840 万 t/a，2022 年 9 月 26 日国家矿山安全监察局批复，榆家梁煤矿生产能力由 1300 万 t/a 变更为 800 万 t/a，剩余服务年限 5a。

二、主要技术经济指标

2022 年末生产总人数 781 人，采掘机械化程度 100%，全年生产煤炭 719.13 万 t，完成进尺 10383 m，矿井综合单产 307321 t/(个·月)，原煤工效 30.9 t/工，全矿员工平均收入较 2021 年增加 15%；截止到 2022 年 12 月 31 日，矿井安全周期延长至 4472 天，超过 12 周年。

三、安全高效矿井建设的主要做法

（一）生产组织方面

一是深挖潜能高效组织生产。二是加强技术管理和顶板控制。三是严格矿务工程管理，坚持工程质量终身负责制，做好备采面矿务工程准备工作、沿空留巷、探放水、水预裂及充填开采配套工程的过程管理，确保现场施工质量。四是提升机电管理水平，加强预防性检修和标准化检修，强化设备全寿命周期管理和井下重点区域远程视频监控管理，提升机电技术人才综合素质，规范设备操作、点检管理和云检修考核，提高机电设备完好率和开机率，确保设备安全高效运行。五是强化“一通三防”管理，抓好通风系统优化、通风能力核定、反风演习等，重点加强防灭火管理、粉尘防治、无计划停风和监控系统报警等应急处置，推进智能通风项目实施，保障矿井通风系统安全。六是规范辅助运输管理，深入推进辅助运输智能化建设和专项整治行动，强化驾驶员技能培训，规范安全驾驶，全面提升辅助运输管理水平。

（二）安全管理方面

一是强化安全生产理念。二是构建科学系统的安全管理体系。三是提升安全风险管控水平。四是稳固推进“双控”体系建设。持续完善双重预防机制，强化安全风险源头管控，抓好矿井重大风险管控跟踪分析、安全风险再辨识再评估活动，做实四类专项风险评估，抓好“五个特殊”“五级联动”，构建科学的分级管控体系。五是狠抓不安全行为管控。完善不安全行为管理制度，动态优化认定标准、科学设置查处指标、强化安全积分预警，充分运用视频远程监督、全员安全积分管理等手段，推进不安全行为查处与作业行为观察，坚持“一队一策”精准施策，筑牢安全生产防线，提高不安全行为治理效能。六是强化安全管理作风建设。坚持“安全责任不落实就是失职，工作作风不扎实就是渎职”的理念，扎实开展“深严细实”作风整治，全面提升管理人员履职履责效能和服务保障水平。七是强化安全监察效能提升。坚持突出重点、分类精准检查，落实动态检查和“工单制”检查机制，开展安全监察“回头看”，选优配强安全监察队伍，以铁规铁纪铁面铁腕，震慑“三违”、不作为和失职行为。八是加大追责问责力度。严格执行安全结构工资考核、管理人员安全记分、管理人员履职考评、责任追究管理机制，推动安全结果考核向过程考核转变。

（三）技术创新方面

智慧矿山建设是新形势下保证矿井可持续健康发展的必由之路，是实现科学发展、绿色发展的必然选择。坚持发展是第一要务、人才是第一资源、创新是第一动力，深入实施创新驱动发展战略，以“五个着力”推动科技创新转化为矿井生产力。一是着力完善创新管理体系。强化科技创新组织制度保障，全面建设“大国工匠创新工作室”，打造集团一流的大国工匠展厅，发挥科技创新领军人才作用，推进43煤大巷煤柱回收等重点项目落地，与国家核心期刊合作办刊，持续推动产学研协同配合，形成一批高质量科技成果，打造科技创新品牌。二是着力深化创新激励机制改革。健全创新激励约束考核机制，大力推动“揭榜挂帅”“赛马”等制度，加大创新激励力度，设立矿长创新奖励基金，多措并举推进全员创新，推动技术创新成果转化应用。三是着力强化创新人才队伍建设。坚持全过程选育评价管理，在重大课题项目中锻炼人才，重视青年创新人才培养，高标准建设大学生智能化采煤班、智能化运维班和劳模采煤班，培养一批领军人才、工匠人才、技术骨干，打造一支知识型、技术型、创新型人才队伍，为矿井发展注入“活力因子”。四是着力提高智能矿山建设水平。加快推进智能灯柜改造、综采工作面无人化开采技术成熟应用、一体化管控平台优化升级、智能化掘进工作面建设，全面建成高级智能化综采工作面 1 个、中级智能化综采工作面 1 个、中级智能化掘进工作面 1 个，建成 I 类中级智能化示范煤矿。五是着力提升无人化开采技术行业品牌效应。持续优化 43207 工作面截割模板在线编辑、AI 智能识别、自主规划截割，加大工程质量精准控制、起伏段自适应调整、工作面数字孪生分析应用、三维动态展示技术攻关力度，推进无人化开采技术成熟稳定运行，打造薄煤层无人化工作面开采技术行业标杆，形成“无人则安”技术品牌。

中国神华能源股份有限公司石圪台煤矿

一、矿井概况

石圪台煤矿是国家能源神东煤炭集团千万吨生产矿井，位于陕西省神木市北部。矿井生产能力为1200万t/a。井田煤质优良，具有特低灰、特低硫、特低磷、富油（或含油）、低熔灰的特点。煤种为不黏煤和长焰煤，以不黏煤为主，是优质的动力用煤和民用煤。

二、主要技术经济指标

截至2021年末矿井累计安全生产5657天。矿井采掘机械化程度保持100%。采掘关系正常，采区回采率84.4%。2021年完成原煤产量1152.72万t，原煤工效45.84 t/工，矿井综合单产35.71万t/(个·月)。全年实现利润8.21亿元，完全成本204.40元/t。职工人均年收入32.06万元，高于行业平均水平。

三、安全高效矿井建设的主要做法

（一）安全管理方面

（1）压紧压实安全生产责任。建立石圪台煤矿安全生产责任制管理办法，强化安全主体责任落实。秉承“党政同责、一岗双责、失职追责”，按照“管生产必须管安全，管业务必须管安全”“谁分管谁负责”的原则，从“人、机、环、管”四个方面全面落实安全管理责任。安全管理责任涉及27个单位，涵盖300余个工作岗位。

（2）构建安全风险管控和隐患分级管控“双控”机制。按照“属地管理、危险源辨识、风险评估、分级管控”的原则，推行“年度+专项+岗位+区域”安全风险辨识评估模式，全面开展安全风险辨识评估工作，落实五级隐患排查体系，强化逐级监督和责任追究，形成上下协同、齐抓共管的局面。

（3）持续提升安全生产标准化水平。对照《煤矿安全生产标准化管理体系基本要求及评分方法》，进一步细化落实标准化建设工作，认真研究制定达标升级方案，开展示范区队、示范班组创建活动。

（4）强化安全培训，注重实效。矿井设置专门的安全培训机构，配备专业的培训管理人员，建有先进的实操基地，具有自动化、智能化实验室和实操设备，创新培训方式方法。

（5）提升职业卫生管理，牢固树立“以人为本”理念。全面落实现场粉尘、噪声、有毒有害气体防治措施，积极推广有效的设备设施和防治措施，引进粉尘智能监测和自动消除系统及装备，购置设备优先选用低噪声、无污染的设备。统筹做好员工职业健康体检，接触职业病危害的劳动者入职、在岗和离职时的职业健康检查率达到100%。配齐配足个人劳动防护用品，佩戴合格率达到100%。

（二）安全高效生产方面

（1）积极开展精益化管理。矿井树立生产、用工、成本一体化的大经营管理理念，大力开展精益化工作。建立了“精准计划、精准组织、精准验收考核”三精工作机制，从前期规划、过程控制、总结分析3个方面同谋划、同部署、同落实，实现生产经营高度融合，确保各项指标和工作任务按计划完成，达到提质增效降耗的目的。

（2）推广TPM管理。矿井推广TPM全员生产性维护，检修工积极提升自主检修能力，提高检修效率，全面提高了生产系统的运作效率，有效降低了成本。同时，TPM的推广应用转变了员工的思想观念，实现了自主检修，从以前的“要我检修”转变为现在的“我要检修”，设备OEE得到了有效提升。

（3）集中生产，提高系统运行效率。矿井每日由调度室结合各生产区队检修准备情况，确定主运输系统开机时间，做到各生产区队与主运输系统统一开停机，减少系统运输不饱和或空运行造成的浪费。

（4）积极推进智能化建设，矿井主运输系统及采掘队运输系统全部实现了自动化远程控制，一键启停。根据生产需求进行远程操作，提高了生产效率。

（三）绿色开采方面

（1）废气主要是锅炉烟尘，使用国家规定标准的环保型锅炉，经检测锅炉烟尘符合排放标准。

（2）固体废弃物指定地点排放，集中处埋，矸石山边排放边覆土，同时进行了边坡绿化治理。

（3）地面塌陷及裂隙治理。地表形成的裂隙及时进行回填，塌陷破坏的植被、耕地全部进行生态环境恢复治理、土地复垦。

（4）井下排水系统实现清污分排，清水同时作为生产复用水，污水经井下储水采空区沉淀过滤处理后排至地面工业广场污水处理厂，处理达标后优先用于绿化灌溉，减少外排，提高水资源利用率。

（5）矿井高速发展的同时，加大矿区环保投资力度，唱响“环境、素质、责任”三部曲，环保设施齐全到位，运转率100%，完好率100%，各种污染物排放均达到国家标准要求，建成了一座安全高效绿色矿井。

（四）成本管控方面

（1）建章立制，成本管控有章可依。通过完善成本考核制度，明确各个岗位的成本管控职责；完善了成本奖罚依据；规范了材料的领用、使用、回收的全过程管理。

（2）全方位管控，落实责任。矿井持续推进作业成本法，加强作业环节过程管控分析工作，细化成本消耗环节，从细节入手，对成本消耗形成全方位管控。

（3）优化设计、合理组织，源头管控。通过优化矿务工程和巷道支护断面设计，减少支护材料费用和巷道混凝土用量，同时合理组织生产，避免重复搬家施工，做到从源头控制。

陕西德源府谷能源有限公司三道沟煤矿

一、矿井概况

三道沟煤矿位于陕西省榆林市府谷县西北部，是国家能源集团在府谷县境内建设的大型现代化安全高效矿井，属于煤电一体化建设项目配套供煤矿井，是国家规划的陕北能源化工基地重点建设项目，也是国家“西电东送”北线方案的重要组成部分。

二、主要技术经济指标

2021 年完成原煤产量 596.35 万 t，总进尺达到 21166 m，实现利润 10.94 亿元；2021 年 9 月矿井产能由 500 万 t/a 核增至 900 万 t/a，2022 年共完成原煤产量 982.08 万 t，总进尺达到 19866 m，实现利润 22.68 亿元。两年内未发生人身伤害和二级以上非伤亡事故，矿井百万吨死亡率为零，安全生产标准化为国家一级矿井建设标准。

三、安全高效矿井建设的主要做法

（一）坚持安全发展理念，保障煤矿安全运行

始终坚持安全是 1，其他都是 0，安全是干部的政治生命，安全是员工最大的福祉，安全是企业最大的效益，在安全工作上如履薄冰，将安全工作执行到矿井运行的每个细节。

（二）不断优化管理架构，稳步提升管理水平

三道沟煤矿积极优化管理制度，构建科学管理体系，以“科学化、标准化、精细化”为目标，探索三道沟煤矿现代化管理模式。全面落实岗位安全生产标准化，推行标准作业流程应用，规范员工作业行为，完善不安全行为认定和处罚标准，明确不同级别违章人员帮教措施。

（三）紧盯全年生产目标，生产组织高效有序

三道沟煤矿紧盯年度生产任务目标，梳理采掘关系，狠抓“三落实”、确保“三到位”、实现“三保障”。

（1）合理调配采掘队伍，实现采掘接续平稳有序。高标准完成综采工

作面“三安三撤”，做好盘区生产、开拓工作。编制矿井五年规划和全寿命周期采掘接续计划，保证矿井采掘接续衔接科学、平稳有序。

（2）全面落实煤矿取消夜班以改变职工昼夜颠倒作业方式问题，三道沟煤矿组织实行“六七六五”工作制，实现一班检修、两班生产、一班停产。与原“三八制”相比，不仅降低了员工工作强度，而且降低了安全风险，提高了员工幸福指数。

（3）提升基础保障，优化生产工艺。三道沟煤矿利用ERP系统和设备在线检测监控等信息化手段，切实做好设备检修、维护，精准开展预防性检修，定期开展专项检查。通过优化运行模式，合理控制系统运行能耗指标，实现设备故障率低于1%，吨煤电耗不高于7.3 kW·h/t，进一步提升机电设施保障。通过优化末采挂网工艺，创新使用挂绳装置代替传统锚索挂网的方式，锚索施工数量减少80%。利用创新除尘技术，从源头减少粉尘的产生和扩散，降尘效率达到90%以上。合理优化疏放水措施，以垮落范围为靶区进行针对性疏放，避免了采空区积水涌出对安全生产的影响。

（四）提速智能发展转型，科技创新助推升级

三道沟煤矿以“数据采集、自主分析、智能控制”为核心思路，持续开展智能化建设，依托一体化管控平台，建成“调度总控+区队分控+井下集控”三级控制体系，实现了“采、掘、机、运、通”等33个子系统融合集成、智能联控。

（1）不断加快设备更新换代，投运公司首台矿用履带式全自动钻机，更换掘进工作面四臂锚杆机、破碎机及梭车等设备，完成两个综采工作面主要设备智能化升级，优化二部带式输送机功率平衡和带速调节，主要设备均实现升级换挡。

（2）持续加快重点项目推进，粉煤灰固碳与采空区注浆防灭火综合利用项目被列为省市联动重点项目，荣获陕西省科技厅科技攻坚项目补助。不断提升科技创新水平，提升核心竞争力。2021年实现专利获批24项，其中发明专利2项，实用新型专利22项。2022年完成“掘进工作面防尘技术研究”等科技项目验收6个，授权实用新型专利35项。

（五）加强生态环境保护，持续建设绿色矿山

积极贯彻习近平新时代生态文明新思想，以国家和地方生态环境保护法规、标准、政策文件要求为标准，按照国家能源集团“奉献清洁能源、建设美丽中国”的理念，持续推进绿色矿山建设。

（1）引进清洁能源防爆电动车，淘汰无轨胶轮柴油车，推进公司倡导

的“四来四去”项目落地，捕集电厂烟囱 CO_2 与粉煤灰用于井下采空区防灭火，进一步推动资源综合利用。

（2）大力推进采空区生态治理工程，通过采取“矿山地质环境治理+乡村振兴+黄河流域高质量发展”的模式，在采空区塌陷区大力实施“万亩林田产业水土保持示范”工程建设，坚持“宜农则农，宜林则林”的原则，在原采空区治理的基础上种植杜松、油松、樟子松、侧柏、云杉等树木，进一步加强恢复治理。

（3）实施“万亩坡改梯”工程，共平整可供机械化作业的高质量农田4000 亩，为农民提供了充足的耕地资源，按照“顶部绿色种植、中部瓜果蔬菜、底部特色林果、四周林木防护”布局，建设 20 座双模拱棚，7 座暖棚，建成以特色水果为主的采摘园 280 余亩，将绿色发展理念贯穿于矿井开发利用与保护全过程中，促进矿产资源开发与生态环境保护协调发展，实现了矿业经济转型升级与绿色发展。

延安市禾草沟煤业有限公司

一、矿井概况

延安市禾草沟煤业有限公司是延安车村煤业（集团）有限责任公司与中煤陕西榆林能源化工有限公司以均股形式合作建设的集煤炭生产、洗选、销售于一体的大型现代化企业，公司开发禾草沟煤矿。

矿井井田面积 83.7108 km^2，含煤地层为三叠系上统瓦窑堡组，主采煤层由上到下依次为 5 号煤层和 3-2 号煤层。其中 5 号煤层是中厚煤层，大部分可采，平均厚度 2.19 m，平均埋深 328 m；3-2 号煤层是薄煤层，全区可采，平均厚度 1.10 m，平均埋深 377 m。两层煤的平均层间距 49 m，煤层倾角 1°~3°。禾草沟煤矿设计生产能力 3.0 Mt/a，2016 年 1 月矿井产能核定 5.0 Mt/a。全矿井设计服务年限 34.5 a。

二、主要技术经济指标

2022 年原煤产量 500 万 t，完成年度预算进度的 100%；全年总进尺 17723.9 m，完成计划的 101%。煤矿安全生产标准化达标，全年未发生较大及以上安全生产事故，2022 年百万吨死亡率为零。采煤机械化程度为 100%，矿井掘进机械化程度为 100%。矿井综合单产 21.30 万 t/(个・月)。原煤工效 20.49 t/工，单进为 355 m/月。完成利润 337526.33 万元，比计划增加 179688.96 万元；煤矿职工人均年收入 17.76 万元；原煤生产成本计划为 227.49 元/t，实际成本为 217.27 元/t。采区回采率为 82.81%（煤层平均厚度为 2.28 m）。

三、安全高效矿井建设的主要做法

（一）不断优化生产布局，确保矿井安全高效生产

一是根据盘区煤质及地质条件，优化生产布局。为保证矿井原煤煤质稳定和高效生产，将 501 盘区和 502 盘区进行了配采，同时实施 5 号煤层和 3-2 号煤层配采项目，不仅延长了矿井的服务年限，而且将矿井精煤回收率提升了 5.3%，每年为矿井增加经济效益 31959 万元。二是开展了禾草沟煤

矿窄煤柱设计及巷道围岩变形控制技术研究，50112 工作面回风巷保护煤柱由 20 m 优化为 10 m，有效提高了煤炭资源的回收率。2020—2021 年 50112 工作面累计推进 4544. 1 m，多回收原煤 13. 44 万 t，增加经济收入 16209. 95 万元。

（二）坚持采掘并举，进行技术优化，提高单进水平

一是矿井通过开展支护技术理论与应用研究，不断对巷道支护参数进行优化。通过巷道围岩压力分析，对埋深小于 350 m 的回采巷道支护设计进行了优化。2020 年优化巷道长度 8836 m，节约支护成本 91. 36 万元。二是通过开展掘进劳动竞赛、技术比武，提升职工技术水平及生产效率，矿井单进水平较 2019 年提升 8. 35 m/(个·月)。

（三）深入推进节能降耗，促进企业绿色发展

一是非采暖季（5—10 月），使用空压机余热利用系统为职工提供洗浴用水，每天节约天然气 5000 m^3，每年节约天然气 9×10^5 m^3，节约费用 208. 8 万元。二是矿井设有生活水净化站、生活污水处理厂、矿井污水处理厂、除盐车间，通过以上水处理站实现了矿井水循环利用，达到零排放，每年节约用水约 5×10^5 m^3。

（四）加强科研攻关，促进技术保安

一是针对矿井冲刷带以东局部瓦斯富集区回采期间上隅角瓦斯浓度较高的问题，以 50215 工作面为研究和试验对象，通过在回风巷工作面侧每隔 100 m 施工顶板高位抽采钻场，拦截上邻近层向回采工作面采空区涌出的瓦斯，并从裂隙带内抽采采空区瓦斯，共施工 19 个钻场。通过顶板高位钻孔抽采、采空区埋管抽采和工作面合理配风，使 50215 工作面正常回采期间，回风隅角及回风流瓦斯浓度显著降低，控制在 0. 35% 以内，实现了 50215 工作面安全高效回采，形成了低瓦斯矿井局部富集区瓦斯治理技术方案。二是开展了“天神庙下开采建筑物（构筑物）保护研究”。为避免天元寺因工作面采动影响而遭到破坏，对天元寺建筑采用树根桩地基进行加固，有效保障了回采后的建筑安全。

（五）推进建设智能化矿井

建设了 4G 无线通信系统，实现了井上、井下 4G 网络全覆盖，为设备点巡检管理系统、视频上传、精确人员定位、移动办公、智能交通运输信号等提供了强有力的通信支持；建成了 50113 智能化综采工作面，实现了群组设备在集控室一键启动及远程控制、采煤机自主割煤、液压支架自动跟机移架、全工作面高清视频监控等功能，减少了劳动用工，提高了安全生产水

平；井下变电所、水泵房等固定场所实现了无人值守，减少了大量人工成本，极大地提高了安全保障和工作效率。

（六）建设绿色安全型矿井

矿井在已经建成相关设施的基础上，按照绿色矿山的建设标准，结合“禾草沟煤矿绿色矿山建设实施方案”，稳步推进科技创新，落实节约资源、节能减排、保护环境、促进矿区和谐等各项措施，将禾草沟煤矿建设成为国内一流的绿色、安全、高效矿井。2020 年 12 月，矿井通过陕西省自然资源厅评估，入选 2020 年度陕西省绿色矿山创建库。

陕西竹园嘉原矿业有限公司柳巷煤矿

一、矿井概况

柳巷煤矿位于榆林市东北方向直距 25 km 处，行政区划隶属榆林市榆阳区麻黄梁镇。榆（林）—神（木）公路、神（木）—延（安）铁路由井田西北约 10 km 处通过，榆（林）—府（谷）旧公路沿井田东南部边界自南西—北东向通过。榆林市与外界不同等级的公路运输网已经形成，榆林至西安两地间每天还有民航班机往来。该区域交通便利，煤炭外运条件良好。井田含煤地层为中侏罗统延安组，共含煤层 4~12 层，具有对比意义的 7 层，依次为 3 号、4 号、4-1 号、5 号、6 号、8 号、9 号煤层，其中可采煤层 2 层，编号为 3 号、6 号。井田面积 12.70 km^2，地质储量 19342 万 t，可采储量 9356 万 t。“三量”满足生产接续要求，采区采出率达到 77%。矿井正常涌水量为 178 m^3/h，最大涌水量为 231.4 m^3/h。

二、主要技术经济指标

2021 年营业收入总额 15.78 亿元，利润总额 10.11 亿元；原煤产量 213 万 t；采区采出率达到 77%，符合厚煤层采出率规定；商品煤灰分控制在 9.95% 以下，全水分控制在 13.6% 以内，低位发热量达到 24 MJ/kg；全年没有发生轻伤及以上事故，百万吨死亡率为零。

2022 年营业收入总额 13.28 亿元，利润总额 8.3 亿元；原煤产量 189 万 t；采区采出率达到 77%，符合厚煤层采出率规定；商品煤灰分控制在 9.96% 以下，全水分控制在 13.2% 以内，低位发热量达到 24.5 MJ/kg；全年没有发生轻伤及以上事故，百万吨死亡率为零。

三、安全高效矿井建设的主要做法

（一）加大安全高效建设力度

通过安全高效煤矿建设，矿井在安全技术条件、设备自动化和智能化程度等方面得到了显著提升，持续加大自动化设备投入力度，相继开展了采煤工作面、选煤厂、煤流运输系统、井下中央变电所、中央水泵房智能化建设工作，集中带式输送机应用了巡检机器人，盘区变电所无人值守等系统智能化升级改造，提高了工作效率；掘锚一体机顺利投入使用，提升了掘进效率，月进尺由原来的 350 m 提升至 700 m，为煤炭保供提供了良好的设备基础，矿井的本质安全高效程度进一步提升，促进了公司安全高效矿井建设快速发展。

（二）不断完善安全运行机制

实行公司、科室、区队、班组四级管理，制定了煤矿安全生产岗位责任制和各类安全生产管理制度，建立了以总经理为首的安全管理体系和以总工程师为首的技术管理体系，设置了 7 个生产科室（调度室、安全监察科、生产技术科、机电科、地质测量科、通防科、安全培训科）和 5 个生产区队（综采队工区、掘进工区、机运工区、通风工区、探放水队），满足矿井安全生产管理和灾害治理需要，将安全生产责任层层压实，安全责任落实到人。

（三）深度筑牢安全管理基础

累计查处现场隐患与问题 2000 多条，全部按照“五定表”形式下发各责任单位，并安排专人进行全程督导落实，整改率达到 99%，有效防范和遏制了各类事故发生。

（四）推进信息化管理与智能化建设

矿井建设有现代化的生产调度指挥中心，实现了全矿井安全生产信息集中监控、调度、传输，重要信息自动采集处理，对主要生产环节设备进行远程视频监控，实现了主要生产环节自动化运行，同时建设有主运集中控制系统，办公实现了 OA 电脑网上自动化，符合特级安全生产高效矿井条件。安装完成了集中带式输送机巡检机器人，下一步开展智能煤流与巡检机器人融合工作；安装完成了智能煤流项目，实现了集中带式输送机一键启停、运行状态监测、本安操作台控制、抱闸行程状态监测、设备振动温度检测、启停和事故预警及过流、过温等故障监测、异物识别和智能调速等功能；完成了井下中央变电所和主排水无人值守改造，安装完成了掘锚一体机快速掘进机等智能化设备。

（五）强化矿井劳动定员管理

在矿内实行矿、工区、班组三级管理体制，科学合理地组织生产，优化劳动组织，定岗定员，严格控制单班下井人数不超过 200 人，实行“限员挂牌”管理：根据全年安全生产任务指标对各基层工区及部门签订安全生产责任书，各基层工区根据安全生产责任书中的指标对所属班组分解指标逐层落实到个人，制定具体的实施方案，使每个人在各自的岗位上能认真履行岗位职责，符合特级安全生产高效矿井条件。

陕西旬邑青岗坪矿业有限公司

一、矿井概况

陕西旬邑青岗坪矿业有限公司位于陕西省旬邑县东北约 30 km 处，矿井设计可采储量 8380 万 t，设计生产能力 120 万 t/a，矿井服务年限 51.7 a。矿井可采煤层为 4-1 号、4-2 号煤层，主采煤层为 4-2 号煤层，煤层平均厚度 10.26 m。矿井采用走向长壁综合机械化放顶煤采煤法，全部垮落法管理顶板。截止到 2022 年 12 月 31 日，矿井开拓煤量 3192.4 万 t，可采期 26.6 a；准备煤量 3192.4 万 t，可采期 319.2 月，无回采工作面，无回采煤量。

矿井水文地质类型为复杂型，属于高瓦斯矿井。4-1 号煤层、4-2 号煤层均具有煤尘爆炸性。4-1 号、4-2 号煤层自燃倾向性为 I 类，属于容易自燃煤层，4-2 号煤层最短自然发火期为 42 天。4 号煤层具有弱冲击倾向性，4 号煤层顶板岩层具有弱冲击倾向性，4 号煤层底板岩层无冲击倾向性。综合评价 4 号煤层具有弱冲击危险性。未发现地温异常，无热害。

二、主要技术经济指标

2021 年营业收入总额 8 亿元，利润总额 2.43 亿元；原煤产量 129.45 万 t；采区采出率达到 76%，符合厚煤层采出率规定；全年没有发生轻伤及以上事故，百万吨死亡率为零。2022 年营业收入总额 6.26 亿元，利润总额 1.3 亿元；原煤产量 111.83 万 t；采区采出率达到 76%，符合厚煤层采出率规定；全年没有发生轻伤及以上事故，百万吨死亡率为零。

三、安全高效矿井建设的主要做法

（一）生产组织方面

合理安排生产系统预防性检修，提高设备完好率。强化零星作业管理，严格落实“一工程、一措施”制度，严禁超计划、超强度、超时间安排工作，保障生产秩序。高度重视应急管理，强化信息化建设，严抓监测监控，杜绝瓦斯超限。按计划开展了各类应急演练，提高了应急管理水平，增强了灾害应对处置能力。

（二）安全发展方面

一是安全管理制度体系更加健全。依据《安全生产法》等法律法规及行业标准规定，制定了“安全生产责任全过程追溯制度”等安全生产管理制度38项，按照“一岗一清单”修订完善了“安全生产责任制”348项。二是扎实开展安全生产专项整治三年行动攻坚。三是持续强化生产现场安全管理。严把安全技术措施审批，突出抓现场变化后安全作业管理、重点时期薄弱时段安全管理、零星工程安全管理、现场按章规范作业等，“三违”现象、零星事故大幅度减少。四是积极推动安全生产标准化管理体系建设。对标对表抓标准化建设，严抓基础资料整理、工程质量管理、井下标准化建设和现场动态达标，公司被咸阳市煤炭局认定为三级标准化煤矿，二级标准化矿井已通过初验。五是坚持奖罚并举。每季度严格开展全员安全生产责任制考核，累计奖励270人次，发放奖金8.1万元，对安全管理制度落实情况进行严肃考核问责，全年安全罚款10.4万元。

（三）技术创新方面

全年授权实用新型专利13项，受理实用新型专利、发明专利47项，公司获得煤业公司“2021年度专利‘质’‘量’双提升劳动竞赛奖”三等奖。“多构造复杂地质条件下定向长距离钻孔高低位立体式采空区瓦斯抽采技术”等科技项目完成预期目标，“特厚多夹矸煤层瓦斯抽采效果提升技术研究”项目获得中国华能集团有限公司科学技术进步奖三等奖。编制完成了“绿色矿山实施方案”“绿色矿山建设自评估报告”“突发环境事件处理预案”。

（四）智能绿色方面

通过智能化煤矿建设，矿井在安全技术条件、设备自动化程度等方面得到了显著提升，持续加大自动化设备投入力度，相继完成地面101带式输送机及井下煤流系统集控系统智能化改造，实现掘锚作业机械化，完成了一采区集中带式输送机主电机和变频器的更换、余热利用项目剩余管路保温、支路汇接、自动化系统安装，完成了矿井供电系统安全性能升级改造、矿井主要通风机安全性能升级改造项目，完成了42107掘进工作面回风巷、进风巷无极绳绞车安装调试，完成了矿井八大系统矿用设备监察管理系统联网工作及“电子封条”项目，优化整合矿井网络系统，提升矿井网络安全性能。构筑了坚实的安全综合防御系统，进一步提高了综合防御能力，矿井的本质安全高效程度进一步提升，促进了公司安全高效矿井建设的快速发展。

（五）科学管理方面

一是管理机制更加健全。根据自主经营工作实际需要，成立了防冲科、培训中心、探放水队等机构，择优选拔科室、区队管理人员 63 名，充实了各单位安全生产管理和工程技术力量。二是积极推进产能核增。“开采强度评估报告”“生产能力评估报告”编制和专家评审工作已完成，产能核增申请已上报至咸阳市煤炭工业局审查。三是采购管理更加规范化。所有采购项目均按照采购程序，通过华能电子商务平台公开招标和公开询价采购，各业务相关单位密切配合，高质量编制招标文件，提高了采购效率，为物资供应提供了保障，全年完成物资采购 110 项。四是职工队伍素质不断提升。按照“干什么、学什么，缺什么、补什么”的思想，结合矿井生产实际和职工岗位所需扎实开展培训工作，全年完成各类培训 11246 人次，安全生产管理人员、特种作业人员、岗位操作人员持证上岗率达到 100%。

陕西郭家河煤业有限责任公司

一、矿井概况

公司成立于2007年12月，注册资本12亿元，由徐州矿务集团、陕西省煤田地质集团、宝鸡市国资公司3家单位合资组建，股本比例分别为60%、32.5%、7.5%。公司是陕西、江苏两省经济合作重点项目。矿井位于黄陇侏罗纪煤田陕西永陇矿区麟游区，井田面积约94.61 km^2，可采储量4.29亿t，煤层平均厚度11.57 m，煤质为不黏煤，是良好的化工及动力用煤。公司总投资约42亿元，设计规模为500万t/a，服务年限约61 a。矿井采用一井一面设计，井田共划分为5个盘区。

二、主要技术经济指标

2020年煤矿通过国家安全生产标准化管理体系一级矿井验收，2019年以来未发生较大及以上安全生产事故，百万吨死亡率为零。2021年原煤产量415万t，综合进尺11895 m，其中开拓进尺5813 m。煤炭完全成本实际支出85596万元，比计划节支3419万元；全年营业收入17.85亿元，上缴税费2.52亿元，利润7.12亿元（超计划4.12亿元）。2021年，在安全生产十分困难的情况下，人均年收入达到15.86万元，比2020年的14.8万元增长7.2%，实现“五连涨”。

2022年原煤产量500万t，综合进尺9836 m；全年营业收入277519.46万元，上缴税费85181万元，利润118061万元（超计划22061万元）。2022年，在公司十分困难的情况下，人均年收入达到18万元，比2021年的15.86万元增长13.5%，实现“六连涨”。

三、安全高效矿井建设的主要做法

（一）生产组织方面

1. 安全高效组织跳面

2021年初，全矿干部职工拧成一股绳，奋力抢抓跳面进度，仅用时17天完成开切眼掘进、6天完成开切眼扩刷、10天完成设备安装，开切眼扩刷圆班最高速度达到 50 m，较计划提前 24 天恢复生产，跳面速度在地区内、集团内创造了新纪录。

2. 精细化组织采煤

2021 年受跳面及下半年两次掉水影响，全年有效生产时间仅 8 个月。在这 8 个月中，克服 5 月、6 月连续两个月工作面过岩期间恶劣的地质条件，努力追求生产“零事故”，精采细采组织生产，全年生产原煤 415 万 t，在极端困难的条件下最大限度地发挥了矿井产能，保障了效益稳定。

3. 工作面接续平稳过渡

狠抓计划兑现落实，高效组织掘进，其中 2021 年掘进计划完成率达到 137%，提前 7 个月完成年度掘进计划。克服 1310 工作面外段 1200 m 全岩及两道坡度大、温度高、作业地点远等困难，全力以赴组织掘进，1310 工作面走向长度较计划多掘进 750 m，工作面服务年限达到 18 个月。1310 工作面掘进到位后，集中力量治理隐患、完善各大系统，从容有序地完成了工作面安装调试，1310 工作面与 1309 工作面实现了无缝衔接、平稳过渡。

4. 二盘区建设实现历史性跨越

2021 年二盘区 4 条下山齐头并进，按照计划全部贯通，盘区水仓建设、供电系统优化、系统管路安装、地面瓦斯抽放泵站安装等工程全部完工，开拓准备工程全部完工，标志着二盘区生产布局全面打开。经过 5 年多的不懈努力，二盘区建设实现了从无到有、由点到面的历史性跨越，完成了矿井接续建设的重大使命，为矿井长远发展奠定了坚实基础。

（二）技术创新方面

在借鉴周边矿井治水经验的基础上，果断采取施工地面抽水井、井下放水巷等优化加强措施。公司在防治水上形成了以“地面抽水+井下施工放水巷+强化应急撤人管理”为核心的三重防治措施，在瓦斯防治上形成了以“本煤层预抽+上隅角埋管深浅交替抽放+高位裂隙孔抽放”为主的综合治理措施，各项措施的安全性、可行性在工程实践中得到了有效验证，2022 年全年工作面回采过程中未出现出水征兆，瓦斯未发生超限情况。

（三）智能绿色开采方面

公司秉承陕西、江苏两省厚重的传统文化和优势互补的企业文化，以“国际领先、国内一流”的目标，在国内率先提出“生态化、智能化、本质安全型”的建设理念，将郭家河煤矿打造成为一座“产煤不见煤、是矿不像矿”的现代化矿井。

（四）科学管理方面

（1）国企改革与对标一流建设创出新成绩。围绕公司国企改革 3 年行动 4 大领域 80 项具体改革任务，集思广益、群策群力推进，截至 2022 年底改革任务总体完成率达到 100%，集团公司规定的重点改革任务 100% 完成。

（2）先进设备装备助力生产和销售双提效。矿井生产装备先进，辅助运输采用无轨胶轮车，主运输系统采用带式输送机运输。汽车运输快速装运站是国内第一家安装全自动化汽车、火车装运技术，精确定量装车，平均每辆车装车时间小于 60 s。选煤厂年入选能力 500 万 t。

（3）更好选人用人育人推动企业科学发展。企业人才和技术实力雄厚，公司在册职工 1913 人，本科及以上学历 248 人，中级技能以上人员 388 人，具有职称人员 235 人。

（4）应用绿色开采技术保障企业可持续发展。推广应用绿色开采技术工艺，降低采煤土地塌陷和地下水资源损失，吨煤开采综合能耗 18.84 kW·h/t，塌陷土地治理率 100%，煤矸石综合利用率 100%，矿井水利用率 93%。

榆林市榆神煤炭榆树湾煤矿有限公司

一、矿井概况

榆林市榆神煤炭榆树湾煤矿有限公司地处陕西省榆林市榆阳区金鸡滩镇曹家滩村，为陕西榆林能源集团榆神煤电有限公司全资子公司，2012 年 5 月建成投产。2022 年 1 月，生产能力核准为 1200 万 t/a。

井田面积 85.26 km^2，资源储量 17.83 亿 t，剩余服务年限 76.2 a，可采煤层共 5 层，主采的 2-2 号煤层平均厚度 11.79 m。

二、主要技术经济指标

截止到 2022 年末全矿共 840 人，采掘机械化程度 100%，原煤工效超过 100 t/工。2021 年生产原煤 1204 万 t，掘进进尺 23068 m，销售收入 89.83 亿元，利润总额 65.87 亿元。2022 年生产原煤 1206 万 t，掘进进尺 9839 m，销售收入 100.17 亿元，利润总额 71.74 亿元。

三、安全高效矿井建设的主要做法

（一）全面推行党建与安全管理工作深度融合

榆树湾煤矿深入学习习近平总书记关于国有企业党的建设和安全生产重要论述，将安全生产考核项目作为“党委落实从严治党主体责任考核办法”中的关键指标，同时也将党建指标写进了“年度生产经营考核责任书”。对下设的五个生产一线党支部，按照采煤、掘进、运转、筛分等业务工作分类，开展了“一支部一特色、一支部一品牌”创建活动，实现了党建与安全生产相互促进。其中由井下一线党员组成的综采队党支部被评为陕西榆林能源集团“标准化示范党支部”，生产二班被授予“党员突击队”荣誉称号，单班生产水平、工作面文明形象、安全保障能力和班组文化建设等均优于周边矿井水平。

（二）综合施策加强生产组织实现高效生产

1. 提高设备开机率

通过安全精细化管理全面优化规范班前会流程、改停工会议式交接班为动态“菜单式”交接班、优化机电设备检修流程等措施提高有效作业时间，从而提高设备开机率，提高单产水平。

2. 推行目标定额管理

针对工作面地质条件、循环进度、设备完好状态、搬家队伍工程质量等客观因素，合理确定当月延米单价，结合安全考核、文明形象和工程质量等因素动态调整工资，充分调动区队和员工的劳动积极性，提高工作效率。

3. 实行全面预算管理

实施一企一策和重点工作单项考核。公司建立健全了“重点突出、激励有效”的考核体系，将生产材料消耗、管理费用支出、单项重点工作完成情况等细化成具体分值，实行月打分、季评比、年兑现的方式，树立了“人人都是经营者、岗位都是利润源”和“千斤重担千人挑、人人头上有指标”的理念。

（三）多措并举推动节能减排打造绿色矿山

（1）供热热源由燃煤锅炉改为富余蒸汽。2006 年矿区建成了锅炉房，安装了 3 台 8 t 燃煤锅炉。为进一步节能减排，经多次论证，2021 年 7 月，榆树湾煤矿实施了热源改造项目，引入周边甲醇厂富余蒸汽作为矿区热源，2021 年 11 月正式投用，取得了良好的经济效益和环境效益。

（2）生产全流程控制煤尘外逸。一是井上下采用喷雾降尘和密闭防尘外逸相结合；二是为进一步降低煤尘对周边环境的影响，建成总投资 1.2 亿元、可存煤 22 万 t 的全封闭储煤棚；三是投资 354.8 万元建设 4 套监测系统及 4 套厂界智能降尘系统；四是投资 5.6 亿元建设榆树湾铁路专用线工程，采用环保抑尘剂减少运输途中对大气的二次污染。

（3）为更好盘活土地资源，榆树湾煤矿按照“高效利用煤矿采空塌陷土地、以工哺农助推发展、企业农户联结共赢”的发展思路，创新采用了采煤塌陷区开放式治理模式，在采空区开展湖羊养殖项目。

（4）累计投入资金约 3230 万元，对矿区生态环境及景观效果建设进行了统一规划，绿化面积 10.37 hm^2，绿化率超过 36%。特别是 2020 年以来，榆树湾煤矿紧紧围绕榆林市“六区一河一湖和城镇体系”布局，主动投身“塞上森林城”行动，累计投资金额 7547.69 万元。在当地麻黄梁林场、巴拉素镇、芹河镇等地承接并高标准完成绿化面积 72896 亩。2020 年、2021 年被市委市政府评为“造林绿化工作先进单位”。

（四）加强科技创新实施科技兴矿战略

公司成立了科技工作领导小组，设立了科技管理部，配备了专职科技工作人员 2 名，并成立了“科技创新工作室”，陈列职工创新成果，激发全员积极性。2022 年完成科研投入 1739 万元，主要有：“5G 无线通信系统在煤矿智能化建设中的研究与应用”“筛分车间机器人选矸技术研究与应用”“主通风机变频技术改造”“主副斜井井筒水害治理研究应用”，其中“一种在煤矿开采中具有渐进回收功能的巷道支护装置”通过了国家实用型专利发明审批。

（五）厚植智慧底蕴助力高效矿井建设

按照《陕西省煤矿智能化建设指南（试行）》，榆树湾煤矿首先建成了 20116 智能化综采工作面，设备总投入 3.01 亿元，其中智能控制系统投资直接费用 3399 万元。20116 智能化综采工作面实现了以液压支架自动跟机动作为主、人工远程干预为辅的自动化生产模式，做到了无人跟机作业。特别是德国 MARCO 公司 PM32-IFC 综采工作面智能化系统的稳定输出，真正助力 20116 工作面实现了“记忆切割、远程控制、一键启停、少人巡视、智能管理”。相比条件相似的 20114 工作面，直接工作人员减少 7 人，采煤工效大大提升。

榆林市杨伙盘矿业有限公司

一、矿井概况

榆林市杨伙盘矿业有限公司是榆林能源集团煤炭进出口公司所属地方国有煤矿，井田面积 26.9179 km^2，地质储量 3.09 亿 t，核定生产能力 600 万 t/a（新核增后），目前开采上部煤层的 3-1 号煤层。

二、主要技术经济指标

2021 年生产销售原煤 492.96 万 t，全年总进尺 18516 m，实现利润 228186.2 万元，原煤工效 29.5 t/工。采煤机械化程度达到 100%，掘进机械化程度达到 100%。

三、安全高效矿井建设的主要做法

（一）优化配置、合理组织生产

公司安全生产管理体系采用矿级、部室、区队三级管理模式。矿井核定生产能力为 6.0 Mt/a，矿井工作制度为“三八”制，综采工作面作业形式为两班半采煤、半班准备，综采工作面平均日进度为 21.2 m，月循环率为 90%。

（二）坚持以人为本、安全发展，坚定不移地推进本安体系建设，为安全高效矿井建设奠定坚实基础

（1）坚定安全生产目标不动摇：牢固树立“以人为本，生命至上；树牢红线，双重预防；四化引领，科技兴安；共建共享，幸福平安”的安全生产理念，夯实思想基础，顺利实现安全生产目标。建立安全生产长效机制，建设本质安全型矿井，实现矿井长治久安。

（2）坚持“两项措施”抓安全：坚持一工程一措施、一工程一预知、一措施一落实；坚持生产中遇有特殊情况，必须“一停二研三干”。

（3）坚持“五条禁令”保安全：严禁无证或资格证过期入井作业；严禁工程无措施施工；严禁在空顶空帮下作业；严禁在绞车运行时绳道内有人；严禁在中夜班安排零星工程和其他临时工程。

（4）坚持“六个从严”治安全：从严干部作风建设；从严加强现场管理；从严开展专项整治活动；从严规范职工行为；从严安全教育培训；从严落实各项措施制度。

（三）科技创新，信息化、自动化、智能化建设取得新突破

（1）协同融合，智能监管水平持续提升。安全监控系统方面，新增安全监控系统服务器 2 台，加装 2 号变电所交换机 1 台，更换监控主信号线缆。人员及车辆定位系统方面，完成了中央及盘区主辅运大巷定位系统专用电源敷设，改造了人员入井道闸系统，实现了虹膜出入井、酒精检测和编码器联动功能。井上下通信系统方面，全部接入三网融合平台，新增 16 台应急语音广播到辅运大巷和各掘进工作面，实现了矿井主要地点和关键区域的全覆盖。工业视频系统方面，在一、二、三平台和煤场筛分车间加装 60 台摄像机，进一步扩大了矿区监控范围。束管监测系统方面，完成了井下火灾束管监测系统的升级改造，实现了自动监测。自动化建设方面，井下主运二部、301 盘区东翼主运、30116 和 30123 综采工作面 4 台带式输送机实现集中远控。信息化建设方面，重点用能企业能耗在线监测、智慧物联交互追踪系统（IOTT）的安装实施，促进了多系统融合技术服务。智能化建设方面，编写了“智慧矿山”三期建设顶层设计，实现了 30123 综采工作面的智能化绿色开采，同时该项目获得中央预算内专项资金 792 万元、省级配套资金 132 万元，该煤矿是榆林市首家获得专项资金支持的煤矿。

（2）技改挖潜，创新创造能力不断提升。实施完成了 300 m 智能综采工作面安装调试，实现了远程集中供液和远程集中控制。永磁驱动一体化、终端智能化无基础模块化可伸缩带式输送机安装在 30123 工作面带式输送机机头处，缩短终采线，提高采出率。301 盘区工作面增加到 300 m，减少巷道工程量，多回收区段煤柱，可实现整体效益约 4669. 9 万元，间接效益是少施工巷道 6790 m。30121 综采工作面采用采煤机割煤刷帮形成回撤通道，利用采煤机割煤四刀后形成了满足回撤工作面设备需要的通道，节约了末采成本，减少了回采巷道的掘进量，实现了矿井综合效益的最大化。

（四）狠抓强推，生态文明、绿色矿山建设工作持续提升见效

（1）坚持生态优先，绿色矿山建设持续推进。聚焦“双碳”目标任务，全面推进绿色发展转型，不断提升生态环境治理体系和治理能力现代化水平。围绕“绿色矿山”建设，实施生态环境、塌陷治理工程，编写了“2021—2024 年生态环境修复治理设计”，申报进入 2021 年全国绿色矿山名录。安装扬尘在线监测设备，完成厂界噪声和颗粒物无组织排放季度监测，

监测数据均符合环保要求。

（2）坚持建章立制，固废防治力度持续加大。按照“固废一法一条例”要求，制定了“固体废物污染防治管理办法”“突发环境事件应急管理办法”等6项制度，强化了水资源、水环境、水生态系统治理，实施了喷淋和全水化验，实现了各类污染物排放处置全面达标。

（3）坚持多措并举，矿容矿貌整治成效显著。企业文化建设和基础设施建设同步推进，按照时间节点、多点突破、综合整治，形成了矿级领导主抓、各分管领导具体抓，层层抓落实的工作格局。在共建共创共享中提升了企业形象和职工幸福指数。

华亭煤业集团有限责任公司砚北煤矿

一、矿井概况

砚北煤矿位于华亭市城区西北，行政区划隶属华亭市砚峡乡、东华镇及策底镇。井田走向长 1.5~5.6 km，倾斜宽 0.6~3.5 km，面积 12.52 km^2。矿井于 1996 年 12 月 18 日开工建设，1998 年 12 月 31 日带负荷联合试运转。2006 年改扩建后生产能力为 600 万 t/a，2018 年根据国家安全监察部门对冲击地压矿井的相关规定，重新核定生产能力为 480 万 t/a。矿井正常涌水量为 240~270 m^3/h，最大涌水量为 310 m^3/h，水文地质类型为中等型，为低瓦斯矿井。

二、主要技术经济指标

2022 年，砚北煤矿生产原煤 480 万 t，掘进进尺 1900 m，全年实现销售收入 19.79 亿元，实现利润 7.78 亿元。采煤工作面采用走向长壁倾斜分层、综采低位放顶煤采煤法开采，全部垮落法管理顶板；掘进工作面采用综合机械化掘进，锚网索联合支护。

三、安全高效矿井建设的主要做法

（一）奋勇担当，任重实干，安全管理开创新局面

紧盯重点工程及周末、节假日等薄弱环节的安全管控，有效杜绝各种零星事故，确保了矿区安全、和谐、稳定。细化安全生产工作措施，不断加强重大灾害防治管理，认真开展冲击地压、“一通三防”、机电运输、顶板控制等重大灾害防治专项检查，有效防范各类事故的发生。落实“一岗位一清单”的全员考核体系。截至 2022 年底，矿井实现连续安全生产 2400 天以上。

（二）强化现场安全管理，提升矿井安全生产标准化管理水平

矿井始终坚持把安全生产标准化建设作为矿井的一项基础工作，不断完善安全生产标准化工作机制，强化安全生产标准化日常管理工作。坚持把安全生产标准化工作融入各职能科室的专业化管理之中，每周星期五开展分专

业、分区域的安全生产标准化动态检查工作，对查出的问题及时汇总并下发整改通知单。按照“五落实”原则进行整改，并利用安全生产标准化督查、循环往复式检查、下发考核通报等方式，不断强化问题整改力度，形成了以责任为纽带、以刚性考核为手段的保障体系，确保安全生产标准化持续巩固提升。全面开展事故隐患排查治理工作，进一步提升了现场管理水平，促进了矿井标准化全方位动态达标。

（三）高效推进“四化”建设和“一优三减”工作，推动矿井发展迈进新台阶

坚持以全国智能化示范矿井建设为抓手，大力推进“四化”建设和“一优三减”工作，矿井由 2017 年的四个采区同时有采掘生产作业现状，减少为目前的两个采区。到 2022 年 6 月矿井实现“一井一区一面”生产布局，以 $250203_{下}$ 5G+智能化工作面建设为重点，突出示范引领、以点带面，定标准、建体系，全面提升安全生产智能化、标准化管理水平，构建了“一个平台、四个中心，36 个子系统”的煤矿智能化架构，主要建成了矿井安全生产智能调度控制中心，实现了子系统兼容、分区显示、集中控制指挥，投用了多媒体视频会议室，提升了矿井整体形象。不断改进完善固定场所无人值守系统，真正实现了变电所、主要通风机、主排水和压风机等固定场所无人值守，固定岗位作业人员减少 202 人。完成了副斜井提升自动化改造，实现了道岔、挡车门、阻车器及防跑车装置的协同联动控制。应用综采工作面超远距离（3000 m）供电供液系统，实现了综采工作面生产班作业人员由 30 人减至 16 人，矿井由最多时的 3332 人减少为 2750 人，实现了减员、保安、增效。

（四）有序推进生产组织，矿井实现新突破

积极响应上级关于煤炭保供决策部署，详细制定了矿井电煤保供工作方案，通过全面加强机电设备检修维护，狠抓煤质管控，充分释放优质产能，提前 22 天完成全年产量任务，实现了建矿以来首次达产目标，体现了生产主力矿井的政治责任担当，充分发挥了矿井在煤炭保供中的“压舱石”和“顶梁柱”作用。狠抓 $250203_{下}$ 材料巷道快速掘进设备的安装应用，克服了工作面地质条件急剧变化等困难和问题，最高月进尺达到 333 m，确保了矿井正常采掘接续。不断优化施工工艺和支护设计，$250203_{下}$ 工作面开切眼大断面一次成巷实现安全顺利贯通，节约材料费用 34. 6 万元。完成了 1072 进风下山、1050 带式输送机运输巷等巷道维修工程 1522 m，组织实施了零星工程及零散作业 90 余项，有力保障了矿井正常生产组织。

（五）提升科技创新，为矿井提供强有力的技术保障

矿井立足智能化煤矿建设，积极推进基础网络、智能掘进、智能采煤及煤流运输、压风、排水等系统智能化改造，完成了智能化建设项目 31 项，完成了主煤流系统自动化改造，实现了主要带式输送机地面“一键”启停、集中控制；完成了副斜井提升自动化改造，实现了道岔、挡车门、阻车器及防跑车装置的协同联动控制；完成了固定场所无人值守改造，实现了主要通风机、主排水、压风运行参数的连续在线监测、实时传输，减少了现场岗位值守人员 45 人；建成了安全生产智能调度控制中心（调度控制区和多媒体会议区），实现了子系统兼容、分区显示、集中控制指挥，矿井智能化水平稳步提升。科技创新硕果累累，完成各类专利申报 50 余项，受理授权 19 项，实现经济效益 640 万元。在《煤炭工业》等期刊发表学术论文 8 篇，合作研发应用自动摘挂钩及推车机器人等科研项目 7 项，为矿井安全发展提供了强有力的技术保障。

华亭煤业集团有限责任公司陈家沟煤矿

一、矿井概况

陈家沟煤矿隶属于华亭煤业集团有限责任公司，始建于1992年，1997年12月投产，设计生产能力120万t/a，核定生产能力150万t/a。矿井采用斜井+立井混合开拓方式，布置有主、副两条斜井和一条回风立井。井田位于华亭煤田西南部，井田范围内无大的地质构造，为低瓦斯、冲击地压矿井，水文地质类型中等。矿井“三量”及可采期符合国家规定，采掘接续正常，生产均衡稳定。八采区布置1个综放工作面、2个煤巷掘进工作面。

二、主要技术经济指标

2022年，生产原煤150万t，掘进进尺3410 m，销售收入56648.86万元，实现利润16392.73万元。采煤工作面采用近水平综合机械化掘进，锚网索联合支护。

三、安全高效矿井建设的主要做法

（一）全员参与构筑安全生产防护堤坝

创新推进网格化、专业化、可溯化“三化”安全管理体系建设，着力规范班前会流程、大力推行“零三违”班组创建，强化生产现场安全管理。持续强化重大灾害风险管控和精准治理，从人防、物防、技防等层面对矿井安全生产防护设施、重要场所、关键部位视频监控系统等进行排查完善，确保了矿井系统安全。截至2022年底，矿井实现连续安全生产3000天以上。

（二）精细组织全力保障均衡高效生产

着力推进全方位生产组织、全周期设备运维、全过程煤质管控“三全”生产管理体系建设，科学协调处理安全、生产、设备检修质量之间的关系，推行“调度令”制度。在矿井8514工作面自动化设备安装和联合试运转、8511工作面回撤、主井带式输送机输送带更换及扩容改造、8521工作面回风巷及运输巷、开切眼掘进等工程中，动员各级管理人员包保盯守生产现场，协调解决重点难点问题，确保了生产组织高效顺畅。在采掘工作面大力推行“二七二五”和“三七一三”工作制，取消了夜班生产作业。加强机电设备预防性、强制性检修，实施大型固定设备检修档案管理和备品备件计划管理，及时消缺补漏，最大限度地减少非停影响。

（三）坚定不移推进“四化”建设保安

已建成的8个自动化子系统正常投入运行，并在调度室自动化控制中心进行控制，实现了远程控制，达到减员增效的目的。其中4个变电所实现供电自动化控制，具有电量计量、告警、事件记录、定值管理等功能，实现了对整个电力系统的监控；主排水系统实现了在地面自动化集控中心对井下主排水进行控制、监测，实现了单台水泵控制和多台水泵智能优化控制；煤流运输系统实现了矿井主煤流运输带式输送机的远程监控，具备无人值守、快速故障诊断、自动控制、手动控制和视频监控等功能；压风、制氮、瓦斯抽放系统及主要通风机均实现了远程自动控制，实时在线监测，具备各种保护功能。8514自动化综放工作面实现了自动化调度指挥控制中心和井下集控室远程操作，是集一键启停、自动进刀、记忆割煤、自动推溜移架（单架+成组）、自动调直、姿态感知、数据集成、人员识别、惯导找直、视频监控、自动配液、自动预放煤+人工干预放煤为一体的自动化工作面。此外，侧卸式装岩机、电动液压挖掘机、架空乘人装置、单轨吊机车装备、快速掘进装备等一大批提升矿井机械化、自动化水平的装备相继投用，有效提高了系统装备技术水平和劳动效率，为矿井实现“四化”建设奠定了坚实基础。

（四）推动技术革新增强科技创新赋能

成立劳模创新工作室和职工经济技术创新工作室，引导广大工程技术人员开展重大科技项目攻关、科技专利发明申报、“五小”成果发明创造及合理化建议征集等活动，着力解决矿井系统性、全局性、关键性发展瓶颈和难题。2020—2021年完成“深井高应力特厚煤层分层开采小煤柱护巷围岩控制技术研究”“陈家沟煤矿巷道抗震防冲能力评估及其支护优化设计”等重点科技项目及各类科技创新成果共181项，申报《一种煤矿巷道高应力区域锚杆》等专利62件，发表《高应力特厚煤层分层开采围岩控制技术研究》等论文22篇，完成“辅助胶带输送机安装的快速撑带小车”等“五小”成果63项。

（五）大力推动节能环保打造绿色矿山

秉承“绿水青山就是金山银山”的发展理念，认真贯彻落实环保法律法规，加大环保工作力度，不断打造资源节约型、环境友好型绿色生态矿山。采取“分层绿化、梯次种植”的方式，有重点、分层次对排矸场进行综合治理，建成投用了渗滤液池及集排设施。按照“分质处理、分质回用、最大化回用矿井水”原则，实施深度节水控水行动，投用 8514 工作面设备冷却水循环利用系统，减少了电费、污水处理费、水资源费支出。完成中水利用项目，在矿污水处理站增设一趟管路至矿区东门院墙外，为华亭市环卫车辆提供水源，提高了中水回用率。采用混凝沉淀加过滤、MKWS 污水处理控制系统进行污水处理，处理后的水全部用于井下设备冷却、选煤厂降尘、矿区绿化等，有效实现了二次利用。大力开展扬尘治理工作，配备扫地车、洒水车、喷雾炮不定时对道路、选煤厂进行清扫、洒水。通过净化、绿化、美化，处处、时时动态保洁，实施环境整治及绿化、亮化、美化，花园式矿井建设取得显著成效。

华亭煤业集团有限责任公司东峡煤矿

一、矿井概况

东峡煤矿建于1971年10月，经两次技改，核定生产能力由30万t/a提高到150万t/a。矿井煤层平均倾角35°。矿井采用斜井多水平阶段式开拓、区段式准备，大倾角走向长壁倾斜分层综合机械化放顶煤采煤法。矿井采用中央并列式通风方式。矿井涌水量30~40 m^3/h，水文地质类型中等；绝对瓦斯涌出量3.87 m^3/min，属于低瓦斯矿井；6号煤层最短自然发火期21天；保有地质储量5715.2万t，剩余服务年限15 a；安全生产标准化保持一级水平，矿井“三证一照”齐全有效。全矿共设6个生产科室、11个非生产科室、10个基层区队，在岗职工1047人，其中安全生产管理人员135名、工程技术人员97名。

二、主要技术经济指标

2022年，矿井生产原煤150万t，首次实现矿井核定产能的最大释放，掘进总进尺2505 m，完成年计划的111.1%。原煤工效5.036 t/工，实现利润12039.58万元。全年未发生轻伤以上人身事故，安全生产形势整体平稳有序，已连续安全生产2940天以上。

三、安全高效矿井建设的主要做法

（一）安全管理方面

矿井坚持“管理、装备、素质、系统”四并重原则，严格执行安全生产各项法律法规，全面落实全员安全生产责任制，积极推进“一优三减”和“四化”建设，狠抓职工安全技能素质提升，形成了标准化管理体系自主运行、持续改进的内生机制，安全生产标准化管理水平稳步提升。

（二）矿井安全生产标准化建设方面

矿井坚持“管理、装备、素质、系统”四并重原则，严格执行安全生产各项法规制度，全面落实全员安全生产责任制，积极推进“一优三减”和“四化”建设，狠抓职工安全技能素质提升。“新标准”发布以来，主动适应新变化、新要求，积极开展培训学习、贯标对标、整章建制、完善体系、自查自评、等级申报等工作，初步形成了标准化管理体系自主运行、持续改进的内生机制，各生产系统平稳运行，被评为一级安全生产标准化矿井。

（三）信息化、自动化、智能化建设方面

大力实施机械化换人、自动化减人、智能化无人。架空乘人装置、供电、压风、主排等机房硐室全部实现“无人值守”；综放工作面投用电液控支架，建成的1140 V低压远距离供电供液系统最远供电距离达到1543 m，达到国内领先水平；工作面实现自动跟机移架、视频跟机监控功能，刮板输送机、破碎机、带式输送机等设备实现远程集中控制，投用变频一体机，设备自动化程度显著提高；建成万兆工业环网，综放工作面实现全可视化管理，重要岗位、重点区域工业视频实现全覆盖；先后淘汰干式喷浆机、抱轨式斜井人车等高耗能与落后设备5类31台（套），投用的气动单轨吊，有效解决了大倾角开切眼掘进期间物料运输风险高、劳动强度大等问题，履带式挖掘机有效提高巷道起底、扩帮等零星工程施工效能，人员作业风险大幅度降低。

（四）生产组织方面

（1）根据煤层赋存情况，将原水平分段和倾斜分层各一个采面开采合并布置为一个倾斜分层走向长臂综放工作面开采，减少了矿井“头面”数量，有效解决了“上采下掘”的突出问题。

（2）投用了2套架空乘人系统，实现了机械化运输人员。

（3）投入1200余万元，历时16个月安全高效地完成了通风系统改造工程，在主要通风机频率不变的情况下，通风阻力降低900 Pa，风量增加700 m^3。

（4）在保障任务不减、标准不降的前提下，全面取消夜班采煤作业，矿井单班最大入井人数由192人减少至130人左右，夜班单班入井人数减至60人。

（五）科技创新方面

（1）专利指标完成情况：2022年，完成受理实用新型专利20项，受理发明专利12项，授权实用新型专利15项。

（2）科技创新奖项方面：2022年，完成1项科技成果评价。全年推荐申报各类科技进步奖3项，软科学研究报奖2项。推荐申报专利奖5项。

（六）生态文明建设方面

（1）矿井污水处理系统运行正常，在线监测设备监测数据无异常，废水排放符合排放标准；锅炉脱硫除尘系统运行正常，挡风抑尘网、洒水车、喷雾器、扫路车、运煤车辆清洗装置等环保设施投运和完好率均达到100%；翻矸机、转载机无故障，矸石全部填埋，符合固体废弃物排放和处置标准；各机房消音间消音设施完好无损坏，噪声分贝均在规定限值内，厂界噪声达到昼间≤60 dB，夜间≤50 dB 的国标要求；核与辐射防护设施齐全，运行正常，设备操作人员个人剂量计、各类防护用品佩戴规范。

（2）完成老鸦沟排矸场 1-3 号挡矸坝内生态复垦与景观恢复工程，通过种草植树、恢复植被，确保不造成水土流失，绿化选用的是适宜本地气候和土壤环境的苜蓿、刺槐等植物美化矿区环境，植被恢复良好。

华亭煤业集团有限责任公司山寨煤矿

一、矿井概况

山寨煤矿生产二采区、三采区，矿井主采煤层为煤层，厚度 0.02～36.54 m，平均厚度 24.14 m，属厚至特厚煤层。其顶板为薄层状泥岩、砂质泥岩，水平层理发育，含丰富的植物化石碎片，较松软，横向变化小，机械强度及坚固性很差，易风化破碎，遇水可塑，属不稳定顶板。煤层结构简单，煤质优良，煤层属特低灰、特低硫、高挥发分、高热值长焰煤。

二、主要技术经济指标

2022 年度矿井荣获全国煤炭工业特级安全高效矿井荣誉称号；2023 年 1 月顺利通过了一级安全生产标准化管理体系初审验收。2022 年原煤产量 160 万 t，掘进进尺 1950 m，商品煤销售收入 64681.84 万元，利润总额 18316.25 万元。完成专项工程投资 6944.07 万元（含税）。其中：安全工程完成 3055.28 万元，维简工程完成 808.17 万元，更新改造工程完成 3080.62 万元。

三、安全高效矿井建设的主要做法

（一）提高政治站位，靠实管理责任，完善制度体系，形成良制善施的管理格局

认真贯彻学习习近平总书记关于安全生产的重要论述及指示批示精神，深入落实全国、省、市安全生产电视电话会议及华能集团、华能煤业公司、华亭煤业公司关于安全生产工作的指示、批示精神，以保安全、保供应、保稳定“三大要务”为核心，明确了监督考核责任，确保了各项工作安全顺利推进。

（二）突出标本兼治，强化多措并举，大力开展安全生产专项整治活动

严格落实上级部门安全生产工作要求，切实把深入开展安全生产大检查作为强化安全发展观念、推动法规政策落实、提升全员安全素质、靠实安全管理责任、预防生产安全事故的重要举措和有力抓手，组织开展覆盖井上下

全系统各环节安全生产大检查自查自改，对查出的问题严格按照“五落实”原则督促整改。深入开展“三敬畏、反三违”活动，始终保持反“三违”高压态势，强化反“三违”量化考核指标管理，对标“三违”行为进行排查整治，突出发挥跟班队长、班组长及安检员“三位一体”作用。加强零星作业人员、零散岗位及不放心人员等“关键少数”管控，严格按照“四不放过”原则对查出的违章违规行为进行通报处理。

（三）坚持源头管控，不断强化重大灾害精准防治

一是不断加强冲击地压防治。坚持煤（岩）层“零冲击”目标管理，严格落实《防治煤矿冲击地压细则》和上级要求，按照“三强三限”和“一矿一策、一面一策、一段一策”要求，坚持做到精准治理。2022 年累计施工钻屑监测钻孔 2800 孔、大直径卸压钻孔 1014 孔、爆破钻孔 436 孔。矿井未发生 10^4J 及以上能量微震事件和冲击地压显现。二是不断强化“一通三防”管理。坚决贯彻落实“以风定产”方针，强化通风管理，严格风量核算，定期测风，不断优化矿井通风系统，确保通风系统可靠稳定、各作业地点风量符合设计要求。坚持“零超限”目标管理，严格封闭区检查管理，落实采煤工作面回风隅角、初采初放、掘进贯通、掘进工作面及其他区域预防瓦斯积聚措施，坚决杜绝瓦斯超限或积聚现象。三是不断加强水害防治。坚持“零透水”目标管理，严格落实“预测预报、有疑必探、先探后掘、先治后采”的防治水原则及老空积水“四线”管理和“四步”工作法，在 3506 工作面掘进期间施工钻孔 10 孔，有效疏排了采空区积水。四是不断加强顶板控制。严格落实“敲帮问顶”制度，杜绝空帮空顶、支护滞后、锚杆锚索预紧力不足等问题。在回采工作面回风巷安装了超前单元支架，淘汰了单体液压支柱支护。

（四）强化科技引领，大力推进“一优三减”“四化”建设

一是积极引进各类先进设备。在采掘工作面先后投入使用了超前单元支架和配套移架的单轨吊机车、侧卸式装岩机、梭式矿车、井下巷道修复机、凿岩台车、履带式挖掘装载机、矿用液压臂架式履带起吊装置、除尘风机等一系列先进设备，不断推进“机械化换人、自动化减人”。二是大力开展科技创新。围绕“一优三减”、煤矿智能化建设、重大灾害防治等重点课题，依托“互联网+”技术创新工作室，积极开展技术攻关和科技创新。2022 年完成科技项目 10 项，受理发明专利 18 项，授权实用新型专利 24 项，申报市区级、省部级科技创新奖和专利奖 8 项，完成全年专利成果指标任务的 217%。矿井 3506 工作面扩掘安装一体化党员攻关组荣获华能集团 2022 年

度“优秀党员攻关组”荣誉称号。三是全面实施自动化改造。对主煤流运输系统进行智能化改造，实现了煤流运输设备远程集中控制、设备运行参数远程监测等功能，达到减人提效、节能降耗的目标。同时，对主要通风机、压风制氮机、1150 水平主排水系统、井上下变电所、架空乘人装置、轨道运输系统及地面矿灯房进行了集中自动化改造，实现了变电所、水泵房和主要机房硐室无人值守。

（五）坚持绿色开采，注重环境保护，加强职业卫生防护

矿井高度重视环境保护工作，坚持绿色开采，严格执行国家法律法规，对主要污染源固体物煤矸石集中堆放，矸石堆放场地达到国家规定标准；对矸石已倒满区域或长时间不再倒矸石的地方，采用黄土覆盖，种草、种树进行绿化治理。对工业广场设备存放和环境卫生进行了集中整治，栽种多种苗木果树，花园式美丽矿井建设取得显著成效。

华亭煤业集团有限公司马蹄沟煤矿

一、矿井概况

马蹄沟煤矿位于华亭市安口镇，隶属华亭煤业集团有限公司，井田位于安新煤田向斜西北部。井田走向长约 4.07 km，平均倾向长约 0.9 km，面积约 3.67 km^2。井田范围：东西部以主采煤层的隐伏露头为界，北部以可采煤层边界为界，南部以 26 号勘探线为界。马蹄沟煤矿于 1983 年 5 月批准，9 月开工建设，1996 年 11 月建成投产，生产能力为 45 万 t/a。自 2000 年后通过技术改造，2006 年经原省煤炭局发改委〔2006〕192 号文件审批，核定矿井生产能力为 120 万 t/a。矿井为一井一面集约化开采，各安全生产系统和采掘接续正常。截止到 2023 年 2 月 17 日，矿井实现连续安全生产 6879 天。

二、主要技术经济指标

2022 年末矿井原煤生产总人数为 666 人，采掘机械化程度为 100%，全年完成产量 102Mt，综合单产为 106279/(个·月)，原煤工效为 32.82 t/工，实现利润 15609.5 万元，矿井实现了“零事故”目标。

三、安全高效矿井建设的主要做法

（一）坚持文化引领、理念塑形，凝聚矿井安全发展共识

马蹄沟煤矿自成立到 2004 年，先后发生了几起安全生产事故，死伤多人。在吸取了惨痛的教训后，马蹄沟煤矿党政班子“谋定而后动”，提出建设“本质安全型矿井”安全思路，转变了煤矿传统安全管理的思维定式，主动寻找短板，按照有计划、有步骤、深入浅出，由表及里的建设程序，坚持安全制度管理和安全理念引导相结合，形成自我约束、持续改进的安全长效机制，有效预防和控制事故发生，基本实现了员工无违章、设备无故障、系统无缺陷、管理无漏洞，达到人员、机械设备、环境、管理的本质安全。轻微伤以上事故由 2004 年的 12 起下降到 2021 年的 1 起，到 2022 年实现了零事故目标，确保了矿井长周期安全生产。

（二）坚持系统推进、管理升级，提升全员安全素质能力精细化管理的核心是规范化、程序化、标准化

（1）实行“4E6S”模式实现精细化管理。马蹄沟煤矿针对人员素质参差不齐、职责不清、效率低下、作业环境差、安全压力大等问题，开辟新的管理思路，推出实施了“4E6S”作业标准，倡导工作的精、准、细、严，对全矿所有的岗位工种制定了岗位标准。从“干什么”到“怎么干”，再到“干到什么程度”都有详细的标准，要求每一个员工必须了解自己的岗位职责，在岗位上认真、准确、严格地执行标准，自觉对照标准，审视偏差，补缺堵漏，达到人人安全。

（2）“两述一化”规范全员安全行为。马蹄沟煤矿以“4E6S”作业标准为载体，在各工种各岗位作业中实施作业环境“岗位描述”，推行设备操作“手指口述”安全确认；让职工在熟知岗位描述、熟知岗位操作流程及操作标准的基础上，针对预知排查出的危险源、现场作业过程中排查出的危险源以及施工中的重点工序、关键环节、安全重点等，准确地实施“眼看、心想、手指、口述、确认”五步安全确认的标准化管理方法。同时，矿井建立了“‘两述一化’安全确认操作管理办法”和奖惩细则，激励职工在日常工作中认真执行“两述一化”安全确认；积极组织开展“两述一化”观摩比赛，让职工直观地看到、听到“两述一化”工作效果，不断将“两述一化”培训与现场作业紧密结合起来，起到了以点带线的实质性作用，解决了“学归学、干归干”知行脱节的问题，真正实现了由“要我学”向“我要学”的转变，降低了由“三违”和误操作行为造成的安全事故。

（三）坚持科技兴安、技术支撑，提升安全生产技术能力

（1）紧紧围绕华亭煤业公司“四化”建设目标，加大安全资金投入和先进技术装备应用，在工作面回撤安装期间积极应用支架装车平台、多功能机械手、安装叉车等设备，有效解决了综采工作面安装回撤过程中“最后一公里”生拉硬拽的痛点。

（2）根据巷道的不同岩性条件，在综掘工作面投入使用了综掘机和湿式喷浆机，使掘进机械化水平达到80%以上；在信息监控方面投入安装了安全监测监控报警系统，以信息网络与计算机技术为基础，将采、掘、机、运、通等多系统集成一体，形成了具有图形、数据、语音、图像等综合调度信息平台，为生产管理、调度指挥、抢险救灾提供了综合信息支持。

（3）建成使用了安全生产综合管理可视化信息系统，在井下主要工作面、采掘巷道、硐室、车场及地面重要地点安装摄像头，对重点部位实时监

控，实现施工关键环节的重点监管，确保管理人员时刻掌握生产及人员情况。

（4）完成了“井田边界剥蚀难采区综采面优化设计与应用”“两柱掩护式液压支架在三软开采条件下的应用”等重点科技攻关项目 30 余项，“五小”创新 700 多项，配套推行技术成果转化措施。这些技术的普遍应用，减少了井下作业人员的劳动强度，简化了作业环节，提高了整体安全水平。

华亭煤业集团有限责任公司新柏煤矿

一、矿井概况

新柏煤矿位于甘肃省崇信县新窑镇境内，地处安新煤田中部，隶属华亭煤业集团有限责任公司，始建于1993年10月，原为甘肃省崇信县地方煤矿。矿井设计生产能力45万t/a，2003年3月正式入组华亭煤业集团有限责任公司，同期进行120万t/a技术改造，2005年达产。2009年核定生产能力150万t/a。井田南北平均走向长2.68 km，东西平均倾斜宽2.74 km，平均面积7.34 km^2，截止到2022年末保有资源储量147.1 Mt，剩余可采储量59.2 Mt。矿井正常涌水量53 m^3/h，最大涌水量67 m^3/h，水文地质类型为中等型，低瓦斯矿井。

二、主要技术经济指标

2022年原煤产量1.395 Mt，掘进进尺3810 m；矿井采煤机械化程度100%，综掘机械化程度81%，原煤工效11.39 t/工，采区采出率达到78%以上，实现利润19432.5万元。

三、安全高效矿井建设的主要做法

（一）从严从细守红线，建设安全高效矿井

（1）矿井全面构建“党政同责、一岗双责、齐抓共管、失职追责”“三管三必须”的责任体系，坚持“八零”原则，强化对“四个薄弱”管控力度，坚持绩效激励和责任追究同发力，促进矿井安全管理由“人治”向“法治”转变。

（2）健全完善双重预防机制，编制岗位安全风险辨识手册、各岗位工种严禁事项清单，推行“五想五不干”，将安全风险辨识管控向班组、岗位延伸；落实“3+2”安全检查模式，全面开展事故隐患排查治理，推进问题隐患清零。

（3）大力开展安全生产专项整治活动。矿井紧紧围绕集团公司安全生产总体目标，大力开展安全生产专项整治三年行动集中攻坚、百日安全攻坚、“双提升”“三敬畏、反三违”“安全生产月”等专项整治活动，并按照“四定”原则，开展两级安全包保、矿长安全公开课、安全知识竞赛、事故案例警示教育、井口送温暖等安全主题活动，传播安全文化理念，营造安全和谐氛围，讲解安全生产形势，以理念促管理、以文化促稳定、以安全促发展。截止到2022年12月31日，矿井长周期安全生产4360天。

（二）强基树典立标杆，建设一级标准化矿井

坚持“源头严防、过程严管、后果严惩”原则和“严标准、重细节、抓提升”精细化管理要求，建立基础管理和安全生产标准库，形成“四有两对标”的标准化管理体系。邀请专家分专业、分岗位进行标准化管理体系专项培训，以“六化”为核心，推行岗位作业流程化管理，树立典型标杆，以点带面，提升安全生产标准化管理体系水平，努力建设一级标准化矿井。

（三）注重自动化投入，努力建设智能化矿井

注重综合自动化系统建设，已完成综采工作面自动化控制系统、井下煤流运输智能自动化控制系统、井下主排水无人值守自动控制系统、地面原煤及洗选系统集中控制系统、井上下变电所无人值守及远程控制自动化系统、主要通风机无人值守远程自动控制及监测系统、地面压风机无人值守远程自动化控制系统，在智能化安全高效矿井建设方面迈出了一大步。

（四）严控成本增收益，经营管理成效明显

建立月度精细化考核机制，从安全、经营、发展、党建四大方面细化责任机制，深入开展“对标提升提质增效”活动，让精细化考核更加精准。不断加强物资管理，按照“四号定位”“五五摆放”要求，达到“三化”“四勤”“五防”“6S”标准。深入推进废旧物资回收管理，主动变废为宝，2022年全年修旧利废完成248.41万元，完成年计划的118.29%。一年来，公司抢抓机遇增产增效，多措并举节支降本，矿井盈利1.94亿元。

（五）强化“科技”赋能，聚焦创新谋发展

坚持“创新”在矿井高质量发展全局中的核心地位，以“减人、提效、增安”为抓手，积极投用自动化综放工作面、无人值守变电所、自动化煤流系统、自动隔爆装置、自动风门等，持续改善现场作业环境和生产条件，以装备升级提升生产效率。注重技术力量提升，积极开展内外技术交流活动，分批次、分专业安排管理人员和专业技术人员外出考察交流学习。坚持以科技创新培育内生动力，大力推动科技项目投入研发，切实提高项目完成率和转化率，从技术关口推动矿井高质量可持续发展。

2021 年，新柏煤矿获得适用新型专利 18 项，在国家级报刊上发表论文 5 篇，获得“五小”成果奖励 1 项。2022 年，新柏煤矿获得国家发明专利 1 项，适用新型专利 16 项，在国家级报刊上发表论文 12 篇，获得“五小”成果奖励 1 项。

（六）坚持可持续发展，建设绿色矿山

（1）积极响应国家环保政策要求，注重绿色发展战略，制定矿山地质环境保护与土地复垦方案，对矿区沉陷损毁区进行复垦，2021—2022 年累计植入绿植 16200 m^2。

（2）2021 年建设 6.7 万 t 储煤棚 1 个，封闭管理场地原煤，解决了以往煤尘飞扬对环境的污染。矿井水处理系统、生活污水处理系统、选煤水处理系统，均达到国家标准。

（3）2022 年施工矸石山平台和坡道覆盖黄土，新建骨架护坡，修整边坡，对平台和骨架护坡内植入绿植进行绿化，在排矸场地下游渗滤液收集池建立地下水监测井 3 座，安装绿化洒水装置，杜绝了矸石山对环境的污染。

华亭煤业集团有限责任公司大柳煤矿

一、矿井概况

大柳煤矿井田面积 27.88 km^2，地质储量 3.25 亿 t，可采储量 1.82 亿 t，采用立井开拓，设计生产能力 2.40 Mt/a，服务年限 54.5 a，配套建设同等规模选煤厂。为适应高质量发展，革新采煤工艺，积极推进“一优三减”和“四化”建设，矿井于 2018 年 10 月建成了甘肃省首例 6.5 m 大采高一次采全厚自动化工作面，并于 2019 年 2 月 28 日通过投产验收，矿井按照“一井一区一面”模式组织生产。

二、主要技术经济指标

2022 年生产原煤 200.5 万 t，掘进进尺 2752 m，采煤机械化程度 100%，掘进机械化程度 80%，全年实现销售收入 9.91 亿元，实现利润总额 2.81 亿元。全年未发生重伤及以上人身事故和二级以上生产事故，实现“零伤亡”“零超限”“零透水”“零自燃”管理目标，安全管理形势平稳。

三、安全高效矿井建设的主要做法

（一）创新理念，夯实安全发展“根基石”

安全生产是一项系统性工程，依附于生产、生活的方方面面。在安全管理方面：一是坚持“两个至上”不动摇；二是紧抓基础管理不松劲。

（二）统筹规划，谋好生产布局“提效率”

2022 年度经过公司领导正确梳理，认真详细分解月、旬、日生产计划，抢抓煤炭市场持续利好的时机，加强组织，提前完成了全年生产任务计划。高度重视采掘接续工作，科学编制了矿井中长期采掘接续计划，重点加强了 1405 工作面回采期间日常管理，以及 1406 工作面巷道掘进及关联巷道安全贯通的技术指导和技术管理工作，合理调度维修队伍，加大对“三软”特性和采掘动压影响变形巷道维修力度，保障了生产顺畅。强化机电运输管理，补全制度空白 6 项，完善“事前审批、事中监督、事后验收”工作机制，高质量完成了 11 次 356 项检修任务，完成了主副井到期设备更换、线路委外消缺巡检、主要机房无人值守改造、工器具检验等重点工作，有效防范了机电运输事故的发生。不断提高抗灾防治能力，认真借鉴“瓦斯防治八招”，成功应用 KJ24 型矿压监测监控系统和瓦斯稀释器，坚持防治水“十六字”原则，采用束管检测、注浆封堵、喷洒阻化剂、间歇性注氮综合防灭火措施，扎实开展应急演练。着力遏制“两张皮”现象，建立制度措施会审制，加强“三零”作业管理，狠抓现场落实。

（三）绿色发展，治理成效彰显“新活力”

坚持“绿水青山就是金山银山”的发展理念，淘汰落后生产工艺及设备，严格控制排放标准，注重生态建设，对矸石山进行了综合治理及基础设施修理完善。2021 年投资 19.8 万元对脱硫除尘系统进行维护修理，计划继续投资 20 万元对烟气处理设施进行维护修理，保证稳定正常运行。矿井建成封闭式储煤棚，并配置相应设备、设施，并聘请资质单位对矿区内工业广场进行了绿化设计，绿化面积达到 52.5% 以上，通过了省级绿色矿山验收，矿区景色宜人。

（四）守正创新，革故除弊增强“动力源”

坚持“科技保安”战略，在反复论证的基础上，成功引用巷道修复机、侧卸式装载机、液压掘进钻车、吊挂式皮带等新技术、新设备，改善了职工作业环境，提高了工作效率，推动了“四化”建设步伐。加大科技投入，完善科技创新管理制度，建立人才激励机制，调动员工的积极性，获得发明专利 2 项，实用新型专利 4 项。同时，善于借助“外力”，加强与安徽理工大学、太原理工大学及中煤科工的合作，在“三软”煤层开采经验的基础上，深入研究“三软”煤层回采巷道支护技术研究等多项关键技术，“五锚两注双边协同卸压支护技术”的应用及“三软”煤层条件下围岩支护技术难题的有效破解，科技赋安能力彰显。持续做好引进设备的“消化”，对引进的技术、装备、工艺跟踪使用过程，结合使用效果，科学改造优化，使之更符合现场生产需要；积极练好“内功”，加大自主创新推广力度，鼓励把实用性较强、潜在经济效益显著的自主创新成果，强力应用到生产的各个环节，实现矿井技术先进、工艺最优、成本最低，系统本质安全。

（五）科学管理，强化班子合力“聚能量”

不断强化劳动工资管理，使工资分配向苦、脏、累、险岗位倾斜，建立一线职工保勤奖励制度，一线职工收入明显提升；对专业对口人才和非专业人才做到了人岗相适、人尽其才；以职工满意度作为衡量管理人员工作能力和管理水平的重要考核依据，增强了管理人员的履职尽责能力；积极组织开展职工职业技能大赛、电（钳）工技能专项培训、岗位练兵、技术比武等活动，不断提升职工队伍整体素质。

（六）以人为本，和谐矿区建设“显成果”

精准推进“我为职工办实事”13 项举措落实落地，已完成单机唱吧安装、洗衣房改造等 10 项惠民项目，丰富了职工的物质和精神生活。常态化做好疫情防控工作，切实保障职工及家属的健康安全。进一步加强“两堂一舍”及职工超市管理，不断提高职工的幸福感和获得感。全面做好矿（队）务公开、政策解释、扶贫帮困、治安维稳、职工体检等工作，切实维护了职工的合法权益。深入开展企业文化宣贯，多渠道传递正能量、唱响主旋律，不断凝聚矿井发展合力。

华亭煤业集团有限责任公司新窑煤矿

一、矿井概况

新窑煤矿原属于崇信县地方煤矿，始建于1969年，先后进行了15万t/a、45万t/a改扩建，2003年3月入组华亭煤业集团，同期进行了120万t/a技术改造。矿井设计生产能力120万t/a，核定生产能力150万t/a。开拓方式为反斜井单水平上下山开拓，通风方式为中央分列式，矿井生产布局为“一井一面”。

二、主要技术经济指标

2021年，原煤产量80万t，矿井采煤机械化程度100%，掘进机械化程度97%。2021年，矿井安全生产状况良好，实现了零死亡目标。

三、安全高效矿井建设的主要做法

（一）安全形势持续向好

围绕年初确定的“1355”安全生产工作思路，以“时时、事事、人人、处处”的安全理念为抓手，扎实开展“专项整治三年行动”“安全生产大检查”“三敬畏、反三违”等活动，做到“树红线、守底线、强防线”，全面落实各级安全生产主体责任，超前预控各项安全风险，严查现场各类事故隐患，严惩现场各类违章行为，不断夯实安全管理基础，安全生产保持了稳定健康发展的良好势头。

（二）技术管理全面提升

2020年矿井成立了“大断面岩巷快速掘进综合技术的研究与实践”课题研究组，围绕新窑煤矿五采区深部开拓巷道掘进过程中的破岩、支护高效化，装运机械化开展研究。通过对传统岩巷掘进工艺进行改进，探索引进钻装锚机组、梭式矿车等岩巷快速掘进设备，采用钻装锚机组打眼、装岩，带式输送机配套梭式矿车排矸，实现了岩巷掘进钻装运一体化，大幅度提高了凿岩、装岩、排矸效率，改变了传统用矿车提矸的运矸工艺，减少了运输环节，减轻了作业人员劳动强度，提高了巷道施工效率。2021年2月实现了大断面岩巷单月掘进进尺 90 m 的历史最好成绩，创造了新窑煤矿大断面岩巷单进最高纪录。

（三）机电管理更趋完善

一是完成了矿灯房智能充电架安装调试工作。拆除原有普通矿灯充电架，安装智能充电架 10 组，实现了入井职工上下班自行取、存矿灯的超市化矿灯房运行模式。二是 WZP-37/600L 型巷道修复机、MWD2/0.12L 型液压挖掘机等巷道维修机械化设备的投用，提高了巷道维修机械化程度，减轻了作业人员劳动强度，提升了维修效率。三是淘汰了轨道下山、副井筒人员提升所使用的普通抱轨式人车，投用普通卡轨乘人装置。四是拆除了原普通液压翻矸机，更换安装 YFG-1.1/6 型高位翻车机，配备销齿推车机、阻轮式阻车器、弯道补车推车机、液压站及电控系统、视频监控系统等，使地面翻矸系统具有一键自动控制、单机、检修等控制模式，实现推车翻车自动化作业。五是进一步规范了防爆设备的入井管理。

（四）调度组织全面优化

超前谋划，确保产销量、进尺按期完成。根据采掘接续情况和人员现状，及时调整综采工作面的劳动组织，优化掘进工艺，为提高掘进工效，夜班利用煤流运输系统集中运矸，减小轨道提升对掘进进尺的影响。全年组织月度停产检修 8 次，完成了矿井供电线路春检，副井、轨道上山气动卡轨道岔更换，卡轨人车调试运行等 62 项重点工程，为全年各项生产任务的完成奠定了基础。

（五）队伍素质不断提升

一是拓宽人才培养渠道，建立优秀职工晋升、专业技术职务晋级机制，通过专业培训、岗位历练、业绩考核等措施，打好选才、育才、用才“三张牌”，不断壮大青年人才队伍，为企业可持续发展提供强大合力。二是组织广大职工积极开展创新创效活动，以“传帮带”“师带徒”的方式，帮助青年职工提升能力，为企业发展提供人才保障和技术支持。三是狠抓干部队伍作风，公司领导发挥带头作用，严格落实下井带班制度，严格考核科、队级干部下井跟班和调度值守，各专业技术人员积极深入生产一线，及时解决技术和生产管理上的难题。四是开展全员安全教育培训，公司领导亲自授课，开展班组长以上管理人员培训并组织考试，各级管理人员管理能力进一步提升。五是分岗位、分工种开展职业卫生健康培训，全员职业危害防范意识和自我保护能力进一步增强。以应急预案、避险逃生技能、应急装置使用、紧急情况下自救互救等内容为重点开展应急救援专项培训，职工应急处置能力得到全面提升。六是优化配置人力资源。

（六）党建工作保障有力

一是开展党史学习教育。二是提高政治理论水平。三是解难题办实事。始终把“我为职工办实事”作为学习教育的出发点和落脚点，充分听取了职工群众意见建议，结合职代会提案落实情况，梳理完善“我为职工办实事”清单，逐项落实。四是加强干部队伍建设。组织召开了领导班子民主生活会、科队级管理班子和科队级管理人员考核会，对科队级管理人员从德、能、勤、绩、廉五个方面进行了年度考核。始终坚持党管干部和党管人才原则，着力培养选拔忠诚干净担当的高素质干部和适应现代企业发展要求的专业化人才队伍。五是加强基层组织建设。

国网能源哈密煤电有限公司大南湖二矿

一、矿井概况

大南湖二矿隶属国家能源集团国神公司，露天矿位于新疆哈密市西南84 km处。大南湖二矿是国家战略“疆电外送”哈密南—郑州±800 kV特高压直流输电工程的配套电源项目，为国神公司哈密4×660 MW电厂的配套建设项目，生产能力为1000万t/a，项目采用“煤电一体化”管理模式。项目自2013年8月开工建设，于2015年3月投入试生产，累计完成投资12.4亿元。项目主要担负向哈密4×660 MW电厂、大南湖2×300 MW电厂和华电绿洲2×660 MW电厂、甘肃河西走廊和四川白马、达州等部分电厂供煤的重要任务。

二、主要技术经济指标

2021年原煤产量956.7万t；原煤期末生产人数692人，原煤工效43.06 t/工；煤矿百万吨死亡率为零，截至2021年12月31日已实现连续安全生产3062天；全年实现利润36249万元，吨煤成本76.88元/t；职工人均年收入25.6万元。

2022年原煤产量1011.35万t；原煤期末生产人数692人，原煤工效43.06 t/工；煤矿百万吨死亡率为零，截至2022年12月31日已实现连续安全生产3427天；全年实现利润36033万元，吨煤成本96.83元/t；职工人均年收入27.6万元。

三、安全高效矿井建设的主要做法

（一）依法核增，优化生产

2022年4月取得1300万t/a产能核增批复。积极开展采场端帮带式输送机运输系统可行性研究，在端帮布设带式输送机，实现以带式输送机运输替代卡车运输。系统建成投运后原煤综合运距将由3.6 km降低至1.9 km，提升高程减少约80 m，预计每年可节约原煤运输费用1800万元，经济效益明显。

（二）充分发挥煤电一体化优势，保证生产供电供暖稳定可靠

为实现综合能源循环利用，积极发挥煤电一体化优势，严格按照集团公司“三来三去”要求开展煤炭输送、供电及供暖工作，生产生活用电来自花园电厂南侧35/10kV升压站，实现了煤来电去；供暖来自花园电厂锅炉余热，实现了煤来气去，并将花园电厂煤灰输送至采场内排，实现了煤来灰去，稳定的供电为煤炭生产提供了保障。

（三）优化采剥施工组织，提高生产效率

灵活调节采煤与剥离作业，提高采掘设备效率；根据岩性结构，采煤采取硬挖与爆破相结合的方式进行作业，不断优化运输道路及生产组织形式，积极协调解决各个环节对生产造成的影响，提高整体生产效率，降低运营成本。

（四）提高设备开机率，提高产量

建立煤电一体化协调机制，积极协调开展地面生产系统维护保养，优化机电设备检修流程等措施提高有效作业时间。不断总结分析故障原因制定管控措施，从而提高设备开机率和负荷率，达到安全高效的目的。科学合理集中检修、集中生产，满足各受煤电厂用煤需求。

（五）夯实基础，实现安全发展

一是精准施策，强化三基建设。不断创新培训模式，强化风险意识，建立健全规章制度，强化管理。持续推进班组建设和岗位标准作业流程建设。二是严格标准，狠抓落实，全面推进安全生产标准化建设。2022年1月通过自治区二级安全生产标准化现场验收。

（六）大力实施矿山智能化建设

2021年6月委托应急管理部研究中心开展矿智能化矿山规划纲要的编制工作，结合集团智能化矿山建设要求，对矿各环节智能化现状进行了整体评价，并结合国内外智能化矿山建设经验及面临问题，按照智能单元—智能系统—智能大系统逐层建设，确定矿智能化建设的整体构架。将矿智能化建设分为三期，确定了初级、中级及高级智能化的建设规划目标，并结合各具体环节需要确定改造升级计划、所需资金投入。

（七）积极践行绿色环保理念

为改善矿区内环境，露天矿在致力于经济发展的同时，始终注重环境的综合治理和自然生态的恢复，矿区生态环境得到明显改善，矿容、矿貌发生了根本性变化。截止到2021年底，矿区绿化面积已达12 hm^2，种植各类树木15000余棵，灌木3000余棵，绿篱7000 m^2，各类花卉10余种，绿化草

坪 1.8 hm^2，红柳、芦苇试验田 1.5 hm^2。地面生产系统带式输送机全封闭，实现了产煤不见煤。采排场投入足额洒水车对运输道路、工作面进行不间断洒水降尘固化，排土场到界台阶及时采用火烧岩覆盖，减少扬尘。

哈密市和翔工贸有限责任公司巴里坤别斯库都克露天煤矿

一、矿井概况

别斯库都克露天煤矿隶属中煤华利能源控股有限公司下属的哈密市和翔工贸有限责任公司，规划产能 3.0 Mt/a，一期核定产能 2.0 Mt/a。矿区位于巴里坤县城北西方向约 150 km 处，行政区划隶属巴里坤县大红柳峡乡，矿区北西—南东长 0~4.5 km，北东—南西长 0.7~4.5 km，矿区面积 12.139 km^2。露天矿开采境界内地质储量 254.78 Mt，可采煤量 231.03 Mt，年生产能力 2.0 Mt/a，服务年限 107.3 a。2008 年 12 月 18 日开工建设，2011 年 8 月 3 日进行联合试运转。2018 年、2020 年被煤炭工业协会评为“特级安全高效露天煤矿”、2019 年通过“国家安全生产标准化管理体系一级煤矿”验收、2020 年通过新疆维吾尔自治区绿色矿山建设验收。

二、主要技术经济指标

2021 年煤炭产量 199.75 万 t，剥离 1.38096×10^7 m^3，生产剥采比 6.91 m^3/t；计划成本 184.72 元/t，实际完成成本 180.16 元/t，税前利润 99525.82 万元。

2022 年煤炭产量 199.99 万 t，剥离 1.355×10^7 m^3，生产剥采比 6.78 m^3/t；计划成本 237.35 元/t，实际完成成本 246.47 元/t，税前利润 161239.71 万元。

三、安全高效矿井建设的主要做法

（一）生产组织方面

矿井煤层赋存特殊，为倾斜-急倾斜煤层，成本控制难度较大，为此矿井以技术为先导，及时优化运输系统，结合日常管理，加大成本控制力度。一是优化运输系统，协调采坑和排土工作面推进度，及时优化调整出车沟位置及排土场运输系统，减小运距，提高运输效率。二是以合同约定为准则，以年度计划为总体指导，编制月度作业计划，统筹考虑、合理安排排弃位置及运输路线，将运距、提升高度控制在成本预算范围之内，达到降低剥采成本的效果。严格运输路线管理，成本控制分解到每月，一月一分析，确保全年预算可控。

（二）安全发展方面

始终加强安全生产标准化建设，坚持双预控管理，化解安全风险。一是实行安全生产标准化目标管理。二是深入开展风险管控，将安全管理进一步关口前移。三是强化重大风险管控。

（三）技术创新方面

始终坚持应用新成果，加大科技创新力度。引进了 GPS 卡车调度、边坡自动监测、工业电视监控、生产调度、磅房无人值守、疏干排水自动化控制等数字化生产管理系统和 OA 办公系统，生产管理工作简单化、可视化和规范化；引进无人机航测技术，引进了以运距和提升高度为依据的结算模式，严格管控剥采运距、提升高度，确保全年预算可控；建成边坡雷达监测系统，实现全天候不间断监测临滑预警。

（四）智能化、绿色矿山建设方面

引进先进技术，推动矿区智能化绿色建设。一是与北京航空航天大学、北京踏歌智行科技有限公司联合完成了露天矿无人驾驶重载编组试验，取得阶段性成果，成功申报政府科研项目，取得政府项目扶持资金 550 万元。二是有序推进 4G+5G+万兆环网建设项目，解决视频监控系统、可视化系统、综合自动化控制系统等传输物理通道和接入问题，为智能化建设提供通信保障基础。三是积极推动绿色矿山建设，增加矿区绿化面积 $9\times10^4\ m^2$，应用先进技术，加大科技创新投入，2020 年通过新疆维吾尔自治区绿色矿山建设验收。

（五）五、科学管理方面

始终把科学管理应用到露天矿生产的各个环节。一是加强设备管理，提高装备水平和设备完好率。综合考虑生产任务，制定了年度设备更新计划，2021 年以来更新矿卡 150 台、挖掘机 25 台、钻机 20 台，提高了装备水平；加大设备运行监管力度和检查考核力度，对设备的点检、维护、保养进行规范化管理，落实责任制，确保设备良好运行、设备管理工作有序开展，全面保证设备的完好率，2021 年、2022 年设备完好率均达到 90% 以上。二是开展班组建设，由 8 名哈萨克族女职工构成的“雪莲班组”，已成为班组建设的示范点，在公司各班组中形成了“比学赶超”的工作氛围。三是进一步提高煤质管理，开展采煤工作面煤质网格化采样，摸清全坑煤质分布情况，实现分采分装，提高原煤质量；锚定市场需求，开发新产品，根据煤层变化情况，在浅部火烧区风化煤位置分离出具备焦煤特性的 2 号原煤，吨煤售价增加 500 元。

哈密市和翔工贸有限责任公司
巴里坤吉郎德露天煤矿

一、矿井概况

吉郎德露天煤矿（以下简称吉矿）隶属中煤集团旗下中煤华利能源控股有限公司下属的哈密市和翔工贸有限责任公司。吉矿隶属巴里坤西部矿区，行政区划隶属巴里坤县大红柳峡乡，矿区北西—南东平均长 5.7 km，北东—南西平均长 3.1 km，矿区面积 8.198 km^2，于 2017 年 12 月完成安全验收及竣工验收，“两证一照”齐全有效，为正常合法生产煤矿。

二、主要技术经济指标

2021 年煤炭产量 199.88 万 t，剥离 1.59504×10^7 m^3，生产剥采比 7.98 m^3/t；计划成本 205.95 元/t，实际完成成本 198.09 元/t，税前利润 105979.23 万元；职工平均年工资 16.9 万元/人，较 2020 年增加 2.51 万元/人，涨幅 17.44%。

2022 年煤炭产量 201.6 万 t，剥离 2.187×10^7 m^3，生产剥采比 10.85 m^3/t；计划成本 252.87 元/t，实际完成成本 300.43 元/t，税前利润 237566.41 万元；职工平均年工资 18.56 万元/人，较 2021 年增加 1.66 万元/人，涨幅 9.8%。矿井全年实现安全生产，为国家一级安全生产标准化矿井。

三、安全高效矿井建设的主要做法

（一）安全管理方面

（1）完善安全责任体系，有力推动安全责任落实。一是按照“管行业必须管安全、管业务必须管安全、管生产经营必须管安全”的原则，明确各科室及外委单位的安全生产责任。二是扎实推进各类安全活动，以活动为契机，将外委单位人员纳入矿培训计划。三是健全完善会商机制，使业务会商制度化、常态化，定期开展安全技术会商，切实履行分级会商职责，及时解决现场存在的实际问题。

（2）强化标准化管理体系建设，推动双重预防机制建设。一是结合生产实际，进一步健全完善了标准化管理考核机制体系，2020 年 12 月通过国家一级安全生产标准化管理体系验收。二是以“标准化示范点”“亮点工程”创建为抓手，以点带线，以线带面，全面推进安全生产标准化管理体系建设。三是建立风险分级管控和事故隐患排查双重预防管控机制，全力推进双重预控信息化管理体系建设，保证双重预防机制体系运行可靠。

（3）有效管控重大安全风险，隐患排查治理及时到位。一是严格按照“1+4”安全风险辨识评估管理模式，落实管控措施，对重大安全风险逐项落实管控责任单位、责任人和督办单位，并跟踪落实管控措施，实行重点监管。二是以问题为导向，对复工项目、重大安全风险、重点环节、重点部位进行隐患排查和专项治理，严格按“五落实”要求限期完成整改，并进行跟踪督办及验收销号。

（二）生产组织方面

（1）强化产销协调，优化生产组织。一是将年度生产计划按时间分解落实，有效保障了计划的执行，重点工程、重点位置按时推进，保证生产接续。二是对影响生产计划完成的地质、设备、系统等因素进行分析，编制实施方案、技术措施等，技术人员每天现场进行督导落实，有效保障作业计划的执行。

（2）强化技术先行，推进系统优化。一是在月度采矿工程设计中优化运输系统，合理安排排弃位置及运输路线，确保开拓运输系统安全高效运行，发挥设备效率。二是西帮由纵采变横采，按照 18°转角加速缓帮。三是对排土场原有运输系统进行改造施工，增加排土容量。

（3）加强设备管理，保证生产稳定。针对外包单位设备维修力度不够、设备出动率低等问题，为保障设备出动率，制定主要生产设备更新计划，及时更换故障率高、效率低的设备，提高作业效率。

（三）科技创新及信息化、智能化方面

（1）强力推进科技创新体制机制建设。一是成立了科技创新领导小组，设立了科技管理部门，配备了科技管理人员，建立健全了科技领导组织机构。二是科技管理制度进一步完善，上下联动初步建立了科技创新制度体系。三是大力推动“青年创新工作室”建设，“胡栋良创新工作室”获得自治区优秀创新工作室荣誉称号。

（2）坚持问题导向和需求导向，加强科技攻关。全矿技术人员集中优势力量，破解制约煤矿安全、高效的“卡脖子”问题，提升“安全、高效、绿色、智能”发展水平，总结提炼形成的理论知识产权获得了中煤华利公司科技大会创新奖、论文奖、科技进步奖等多项荣誉称号。

（3）加大投入，着力加强信息化、智能化建设。一是建成边坡 GNSS 实时在线监测系统和边坡雷达系统，实现 24 h 不间断监测监控边坡稳定状态和智能报警。二是完成了地磅房、35 kV 变电所、10 kV 电锅炉无人值守系统的建设，矿坑排水系统、生活污水系统建成远程自动控制，实现了减人提效。三是引进无人机航测技术，对采剥工程测量验收工作开展复验。

新疆伊犁犁能煤炭有限公司

一、矿井概况

新疆伊犁犁能煤炭有限公司（以下简称犁能公司）皮里青露天煤矿是由中煤集团新疆能源有限公司控股（占股64.86%）和新疆国发投资有限公司（占股35.14%）共同投资组建的，行政区划隶属伊宁县。

皮里青露天煤矿证照齐全。1995年开工建设，1998年竣工投产，初始建设规模30万t/a，2012年通过自治区改扩建验收至90万t/a，2014年3月经产能核定为150万t/a。露天采场地表境界东西长约1.43 km，南北宽约1.34 km，面积约1.947 km^2，煤层平均可采总厚度36.23 m。截止到2022年底剩余可采储量约1360万t。矿井采用沿煤层走向拉沟、倾向推进的纵向开采方式，采用公路运输开拓，挖掘机—卡车（间断）开采工艺，辅助使用前装机采煤。上部剥离岩土层采用液压挖掘机配合自卸卡车进行装运。

二、主要技术经济指标

2021年实现利润6231.64万元，原煤工效24.00 t/工，采煤机械化程度100%，职工平均工资16.73万元/a。

2022年原煤产量25696.90万元，原煤工效27.62 t/工，采煤机械化程度100%，职工平均工资18.13万元/a。

三、安全高效矿井建设的主要做法

（一）科技驱动发展，坚持问题导向

一是以科技创新为引领，激发员工科技创新活力。建立了“黄永刚、张雪燕劳模和工匠人才创新工作室”，积极推广应用安全生产实用性技术、工艺、装备、管理等科技创新成果。公司下发了“犁能公司科技创新工作管理办法”，2021年科技项目实施投入350万元，科技创新14项，“五小”改革15项，以科技创新助推安全高效矿井建设。二是《一种应急多功能抽水平台移动装置》获得国家知识产权局实用新型专利证书。三是积极开展自治区总工会召开的自治区2021年职工创新活动，“皮里青露天煤矿后山地

质灾害治理方法与研究”等3项科技项目获关键核心技术创造性优秀创新成果奖励。四是持续完善内排设计，2021年实现内排$4.20\times10^6\ m^3$，有效降低生产成本。五是优化施工管理，实施了煤层、矸石免爆强挖$1.15\times10^6\ m^3$，节约钻爆费用约405万元。

（二）加强外委管理，创新管理模式

一是对承包商实行“五统一”（体系建设、生产调度、安全培训、监督检查、考核奖惩）管理。优化煤矿提煤车辆运输秩序，严格煤炭运输公司提煤车辆准入机制，新增了防伪码和安全培训信息二维码识别标志，颁发提煤许可证，持证拉煤。二是每月中、下旬停产1天，集中进行设备检修。同时取消夜班生产、销售，降低了夜间采煤作业安全风险。三是开展商品煤竞价销售，创新销售管理模式，提高销售收入。

（三）采掘机械化方面

一是加快机械设备更新：新购置4台装载机、2台挖掘机、6台运输卡车。二是设备配置无线通信装置，以“五小”改革为抓手，装载设备安装电子称重系统；剥离采用液压挖掘机作业，斗容量为$2.4\sim5\ m^3$，提高了挖装、运输能力。三是穿孔设备采用山特维克DP1100及阿特拉斯T40两台移动式柴油动力钻机进行煤层及岩石穿孔作业。爆破采用混装车进行现场作业，采用混合电子雷管逐孔微差起爆网路，减少了爆破震动强度，采用北斗定位系统跟踪、监控，并与公安民用爆炸物品管理平台系统联网，定位定点后才能起爆，提高了爆破的安全性。四是建设实施智能化带式输送机运输系统，提高了生产效率，加快了装备升级改造，机械化程度达到100%。

（四）信息化与自动化建设方面

一是推进信息化、智能化建设，建立了高空云盘，优化了监控系统，实现了采场全方位实时监控；对讲机更新换代，建立了4G对讲通信网络。二是建立了车辆定位及防碰撞系统，实现车辆定位、防碰撞预警、司机行为分析等功能。三是完善了调度信息一体化监控网络平台、OA办公自动化系统、物资采购等10个系统，实现了信息化系统。

（五）采掘方法及采区采出率方面

一是加强采剥现场管理，严格按剥离、采煤设计进行采剥作业。二是开展自我革新，给单斗挖掘机加工斗齿套挂刮板，煤层出露后，对煤层15~20 cm表皮物进行清刮，保证出露煤炭干净，减少矸石混入，提高煤炭采出率，2021年回收14.75万t炭质泥岩，增加收入988.8万元。三是每年自然资源部门进行储量动态监测与核查，采出率均达到95%以上（其中2021年为

97.02%）。

（六）环境保护和生态文明建设方面

一是公司秉承“边开采，边恢复，边治理”的工作思路，按时交纳排污税，办理了排污许可证。二是排土场播种草籽约200亩，新栽树苗2000棵，完成了灌溉管路敷设，做好绿化保障工作，加快绿色矿山建设。三是完成了坑口锅炉煤改电改造，减少二氧化硫和氮氧化物排放2.86 t/a。四是2021年投资160.91万元在采场西帮北段完成帷幕注浆工程，取得了良好的注浆效果，从根本上减少了河床渗水。通过以上措施，公司践行了“绿水青山就是金山银山”的发展理念，2021年绿化面积达到90%，实现了绿色矿山建设。

中煤能源新疆天山煤电有限责任公司 106 团 煤 矿

一、矿井概况

106 团煤矿位于新疆昌吉州呼图壁县准南煤田白杨河矿区，是 2008 年中煤集团上海大屯能源股份公司与新疆兵团第六师合作成立的。矿井井田面积 9. 5867 km^2，矿井设计可采储量 10249 Mt，生产服务年限 61. 1 a。2019 年矿井竣工投产时的生产能力为 120 万 t，2021 年 11 月初被国家能源保供领导小组确认为第五批能源保供矿井，按 180 万 t/a 组织生产。

二、主要技术经济指标

2021 年保持国家一级安全生产标准化矿井水平，杜绝了二级以上非伤亡事故和轻伤以上人身事故，未发生较大及以上安全生产事故。2021 年原煤产量 119. 85 万 t，综合单产 15. 98 万 t/(个・月)，原煤工效 17. 01 t/工，利润 8279. 54 万元，吨煤生产成本 188. 03 元/t。

三、安全高效矿井建设的主要做法

（一）发挥政治引领作用

全面落实党管安全责任，树牢习近平安全发展理念，坚守“安全是最大的政治，安全是最大的效益，安全是最大的福利”理念，不断增强做好安全工作的思想自觉性和行动自觉性。

（二）发挥党政工团齐抓共管优势

构建了党委书记、总经理负总责，分管领导负责子系统的安全高效机制，落实党员联保互保、职工代表安全巡视、青岗员“零点”行动等制度，逐步形成了管理制度化、工作标准化、信息科技化、行为规范化、保障系统化、设备智能化。

（三）安全生产标准化奠定基础

通过对新标准的宣贯和落实，构建了安全生产标准化精细管理体系，抓好工程质量、正规循环作业及规程、措施在现场的落实兑现，工作精益求精，为安全高效奠定了坚实基础。

（四）系统优化升级提供保障

通过对矿井各子系统的升级改造，系统自动化、智能化综合保障能力不断增强，安全系数得到提高，安全生产效率进一步提升。

（五）生产组织优化激发动力

通过科学管理和工业工程技术知识应用，对作业进行科学分析，形成了一套具有天山煤电特色的采掘作业流程，改变了传统的劳动作业方式，在提高劳动效率的同时，提高了职工收入水平，提高了效率意识。

（六）考核奖惩政策激发活力

坚持效益导向，推进职工薪酬与业务能力和岗位绩效相匹配，做到工资增量向关键岗位、核心岗位、一线岗位倾斜，为安全高效矿井建设增添了活力。

（七）完善新标准化管理体系，安全水平持续提升

树牢“保安全就是保效率、保质量”的理念，把构建精细管理体系作为安全生产标准化管理的重要手段，对制度体系、作业流程、劳动组织、设备管理、施工工艺等方面进行了精细规范，确保工作精益求精。

（八）推进智能化矿山建设，科技保安水平持续提升

（1）1703 工作面智能化开采。通过采用拟人手法，把人的视觉、听觉延伸到工作面，将工人从风险较大的工作面采场解放到相对安全的巷道监控中心，在监控中心对液压支架、采煤机、转载机、开关等综采设备进行远程操控，实现了从人工机械化到人工智能化作业模式的转变，采煤队员工人数下降 43%，劳动生产率提高 50%。

（2）掘锚护一体机投入使用。掘锚护设备在东翼运输大巷投入使用，锚护作业与截割作业实现完全闭锁互不干扰，割煤、支护、锚装连续一体化，零控顶距及时护顶和机械锚装替代了原有的人工前串梁临时支护方式，施工安全得到了根本保障，掘进工效提高了 30%。

（3）完善“6+1”系统建设。先后对安全监控系统、人员定位系统、井下应急广播系统、无线通信系统进行了升级改造，提升了安全监控系统的可靠性、准确性，增强了安全监控系统的安全保障能力。

（4）推进无人值守项目。树立“能用机械、不用人”思想，减少井下用工数量，积极探索利用现代化手段，完成了压风机房无人值守、井下架空乘人装置无人值守、远程供液系统无人值守等改造项目，减少 9 名操作工

人，提高了矿井安全保障系数。

（5）科技升级装备，减少岗位工人。2020 年以来，通过技术和装备改造，采掘工作面带式输送机和刮板输送机进行后台集中控制，减少固定岗位 9 人，实现了“机械化换人、自动化减人”的保安目标。

（九）坚持改革创新，效率水平持续提升

（1）优化工作面出口管理。在 1703 工作面首次推广应用框架式滑移超前支架，通过电液控操作和成组操作功能，实现了一人操作超前支架的功能，提高了人工效率，降低了劳动强度。

（2）升级智能化提升采煤工效。以智能化矿井建设为核心，持续优化生产系统，升级系统自动化程度，重点改善一批系统工程，单产水平明显提升，单班生产作业人员由原来的 22 人减少到 13 人，减少了 40%，回采人工工效提高了 1.95 倍，实现了工作面安全高效生产。

（3）技术改造提升掘进工效。升级改造掘锚一体机，推进锚杆钻机的液压控制操作工艺，不断优化劳动作业人员的工艺流程，持续改进工序衔接过程，同等地质条件下的掘进效率提升 30% 以上。

（4）推进内部市场化管理，提升生产效益。重新进行业务流程优化、岗位价值评价，以定编、定岗、定员、定责“四定”为抓手，以标杆区队建设为突破口，实现安全、质量、效率与职工工资挂钩，提高了职工的积极性和工作效率。

附录　2020—2021年度煤炭工业安全高效矿井（露天）技术经济指标汇总

表1　2020—2021年度煤炭工业安全高效矿井井工矿技术经济指标

序号	省（区）	井工煤矿名称	等级	原煤产量/万t	原煤工效/（t·工$^{-1}$）	综合单产/[t·(个·月)$^{-1}$]	完成利润/万元
1	河北	唐山开滦林西矿业有限公司	特级	142.25	10.710	80452	11878
2		开滦（集团）唐山矿业分公司	特级	95.31	13.100	75724	-7491
3		开滦（集团）有限责任公司钱家营矿业分公司	特级	535.28	15.540	155328	211345
4		开滦（集团）有限责任公司东欢坨矿业分公司	特级	439.17	13.380	150950	35560
5		开滦能源化工股份有限公司范各庄矿业分公司	特级	473.41	16.261	151616	135603.95
6		开滦能源化工股份有限公司吕家坨矿业分公司	特级	327.53	15.960	150552	72262
7		开滦（集团）蔚州矿业有限责任公司单侯矿	特级	180.00	12.000	80681	12257.85
8		兴隆县平安矿业有限公司	一级	32.70	10.721	30490	611.7
9		冀中能源峰峰集团有限公司万年矿	特级	273.00	15.680	122485	9003
10		冀中能源峰峰集团有限公司梧桐庄矿	特级	185.80	8.500	91678	71000
11		冀中能源峰峰集团邯郸宝峰矿业有限公司九龙矿	特级	168.00	7.200	66574	19035
12		冀中能源峰峰集团有限公司羊东矿	特级	115.00	4.830	55485	-12660

表1(续)

序号	省（区）	井工煤矿名称	等级	原煤产量/万t	原煤工效/（t·工$^{-1}$）	综合单产/[t·(个·月)$^{-1}$]	完成利润/万元
13	河北	冀中能源股份有限公司东庞矿东庞井	特级	323.67	8.070	93238	96541
14		冀中能源股份有限公司东庞矿北井	特级	60.64	5.400	47375	13577
15		冀中能源股份有限公司葛泉矿东井	特级	75.50	5.085	40141	612.65
16		冀中能源股份有限公司邢东矿	特级	107.85	8.080	82325	24318
17		冀中能源峰峰集团有限公司辛安矿	一级	115.03	5.634	58300	20112
18		冀中能源峰峰集团有限公司新屯矿	一级	61.10	3.390	42049	—
19		冀中能源峰峰集团有限公司大社矿	一级	103.01	4.855	42412	1064
20		冀中能源峰峰集团有限公司大淑村矿	一级	95.00	3.790	47708	28504
21		冀中能源股份有限公司东庞矿西庞井	一级	36.80	4.080	31341	2905
22		冀中能源股份有限公司葛泉矿	一级	94.90	4.200	28127	17638
23		冀中能源股份有限公司邢台矿	一级	79.02	4.678	33286	20201.78
24		冀中能源股份有限公司章村矿	一级	88.29	3.350	40264	3887
25		冀中能源股份有限公司邯郸云驾岭矿	一级	117.45	8.790	57026	3528
26	山西	中国神华能源股份有限公司保德煤矿	特级	454.84	22.956	428430	35423.39
27		山西鲁能河曲电煤开发有限责任公司上榆泉煤矿	特级	499.54	34.085	416519	51813
28		中煤平朔集团有限公司井工一矿	特级	930.38	68.929	795460	68769
29		山西中煤平朔北岭煤业有限公司	特级	89.84	12.925	79229	25561
30		山西小回沟煤业有限公司	一级	109.37	6.217	97992	1215

表1（续）

序号	省（区）	井工煤矿名称	等级	原煤产量/万t	原煤工效/（t·工$^{-1}$）	综合单产/[t·（个·月）$^{-1}$]	完成利润/万元
31	山西	山西华宁焦煤有限责任公司	特级	293.49	16.800	325286	266525.7
32		中煤华晋集团韩咀煤业有限公司	特级	116.00	12.758	114719	44087
33		中煤昔阳能源有限责任公司白羊岭煤矿	特级	103.41	9.121	78958	39293.93
34		中煤昔阳能源有限责任公司黄岩汇煤矿	特级	71.30	4.700	58152	1812
35		太原华润煤业有限公司原相煤矿	特级	85.13	4.220	65888	13231.76
36		山西兴县华润联盛峁底煤业有限公司	特级	87.12	10.674	81044	22712.5
37		山西兴县华润联盛关家崖煤业有限公司	特级	109.81	10.630	103873	31234
38		山西临县华润联盛黄家沟煤业有限公司	特级	119.85	14.390	107539	45836
39		山西中阳华润联盛苏村煤业有限公司	特级	80.50	7.400	56879	25560.5
40		山西亚美大宁能源有限公司	特级	319.60	19.530	265224	71963
41		山西中煤东坡煤业有限公司	特级	269.89	21.020	235475	64042
42		山西中煤担水沟煤业有限公司	特级	79.69	9.760	78889	21128.87
43		山西中新唐山沟煤业有限责任公司	特级	104.46	10.500	101121	12072.22
44		中煤大同能源有限责任公司塔山煤矿	特级	355.55	25.350	315752	120782
45		山西中新甘庄煤业有限责任公司	一级	80.76	7.080	68435	16766
46		山西朔州山阴金海洋五家沟煤业有限公司	特级	298.00	20.259	268661	21526.68
47		山西朔州山阴金海洋南阳坡煤业有限公司	特级	298.42	18.615	267670	52183.92
48		山西朔州山阴金海洋元宝湾煤业有限公司	特级	88.00	13.063	88761	24606

表1(续)

序号	省（区）	井工煤矿名称	等级	原煤产量/万t	原煤工效/(t·工$^{-1}$)	综合单产/[t·(个·月)$^{-1}$]	完成利润/万元
49	山西	山西朔州山阴金海洋水泉煤业有限公司	特级	88.80	8.521	76981	13953.54
50		山西朔州平鲁区国兴煤业有限公司	特级	179.98	15.034	155537	32385.17
51		山西朔州平鲁区国强煤业有限公司	特级	119.40	12.990	106111	5483
52		山西保利铁新煤业有限公司	特级	117.00	5.986	51059	18987
53		山西保利平山煤业股份有限公司	特级	78.60	4.740	64068	14211
54		山西省中阳荣欣焦化有限公司高家庄煤矿	一级	80.60	8.670	89485	12916
55		山西保利裕丰煤业有限公司	一级	120.00	7.556	72245	51403
56		山西锦兴能源有限公司肖家洼煤矿	特级	899.05	41.110	389198	533096
57		山西石泉煤业有限责任公司	特级	119.86	8.630	98833	37799
58		山西天地王坡煤业有限公司	特级	299.53	10.500	133124	41026
59		大同煤矿集团北辛窑煤业有限公司	特级	167.80	13.700	151078	-1554.02
60		大同煤矿集团马道头煤业有限责任公司	特级	997.80	33.400	415391	301000
61		大同煤矿集团圣厚源煤业有限公司	特级	89.58	11.270	98500	1556
62		大同煤矿集团铁峰煤业有限公司南阳坡煤矿	特级	299.20	17.700	261738	3316.28
63		大同煤矿集团铁峰煤业有限公司增子坊煤矿	特级	118.10	10.400	100181	2539.8
64		大同煤矿集团同地益晟煤业有限公司	特级	59.53	7.600	66244	19849
65		大同煤矿集团同发东周窑煤业有限公司	特级	980.74	23.800	419665	19369.97
66		大同煤矿集团同生安平煤业有限公司	特级	85.60	9.500	67742	1009

表1(续)

序号	省（区）	井工煤矿名称	等级	原煤产量/万t	原煤工效/($t\cdot工^{-1}$)	综合单产/[$t\cdot(个\cdot月)^{-1}$]	完成利润/万元
67	山西	大同煤矿集团同生浩然煤业有限公司	特级	89.00	7.400	76042	2951
68		大同煤矿集团同生精通兴旺煤业有限公司	特级	59.60	8.800	60150	3699
69		大同煤矿集团同生千井煤业有限公司	特级	89.60	11.200	76377	-5810
70		大同煤矿集团同生树儿里煤业有限公司	特级	89.00	11.700	77821	1032.46
71		大同煤矿集团同生同基煤业有限公司	特级	88.50	7.800	69792	7230
72		大同煤矿集团同生峪沟煤业有限公司	特级	82.00	9.500	73643	967
73		大同煤矿集团同朔同盈煤业有限公司	特级	89.90	11.300	81273	4800
74		大同煤矿集团挖金湾虎龙沟煤业有限公司	特级	119.80	13.200	98208	6300
75		大同煤矿集团挖金湾煤业有限责任公司	特级	69.60	8.200	61111	-68087
76		大同煤矿集团王村煤业有限责任公司	特级	99.36	9.500	80662	-69999
77		大同煤矿集团轩岗煤电有限责任公司焦家寨矿	特级	143.60	10.600	118158	17997
78		大同煤矿集团轩岗煤电有限责任公司梨园河矿	特级	164.90	10.700	139158	61658
79		大同煤矿集团轩岗煤电有限责任公司刘家梁煤矿	特级	235.96	17.670	193576	8349
80		大同煤矿集团轩岗煤电有限责任公司麻家梁煤矿	特级	1157.70	37.100	477816	127336.9
81		大同煤矿集团阳方口矿业有限责任公司程家沟煤矿	特级	89.00	7.600	78745	2036
82		大同煤矿集团阳方口矿业有限责任公司石湖煤矿	特级	232.30	13.100	267606	11960
83		大同煤矿集团永定庄煤业有限责任公司	特级	178.90	10.900	144728	-103268.05
84		大同煤业股份有限公司煤峪口矿	特级	238.50	13.400	195139	6850

表1(续)

序号	省（区）	井工煤矿名称	等级	原煤产量/万t	原煤工效/（t·工$^{-1}$）	综合单产/[t·(个·月)$^{-1}$]	完成利润/万元
85	山西	大同煤业股份有限公司四老沟矿	特级	318.00	17.110	263745	-114250
86		大同市姜家湾煤矿	特级	69.50	7.100	62083	165
87		大同市焦煤矿有限责任公司	特级	148.10	10.800	130303	6343.4
88		大同市青磁窑煤矿	特级	119.90	10.200	81416	211
89		晋城蓝焰煤业股份有限公司成庄矿	特级	755.14	14.339	200462	285804
90		晋能控股煤业集团有限公司马脊梁矿	特级	417.70	13.700	176261	83120.45
91		晋能控股煤业集团朔州朔煤王坪煤业有限公司	特级	179.20	11.400	146788	14009
92		晋能控股煤业集团同忻煤矿山西有限公司	特级	1592.54	74.400	688032	366436
93		晋能控股煤业集团有限公司晋华宫矿	特级	339.40	13.700	151862	-27747
94		晋能控股煤业集团有限公司四台矿	特级	174.20	13.200	146007	-71402
95		晋能控股煤业集团有限公司燕子山矿	特级	476.00	17.840	193142	1586
96		晋能控股煤业集团有限公司云岗矿	特级	89.30	7.100	60152	-493
97		晋能控股山西煤业股份有限公司忻州窑矿	特级	59.94	6.160	49654	-38592
98		晋能控股装备制造集团有限公司寺河煤矿东井	特级	486.30	9.900	368622	160190.78
99		晋能控股装备制造集团有限公司寺河煤矿二号井	特级	270.50	13.102	150722	69280
100		晋能控股装备制造集团有限公司寺河煤矿西井	特级	397.90	10.100	296801	131067.22
101		山西大同李家窑煤业有限责任公司	特级	119.50	10.300	101275	20613.91
102		山西河曲晋神磁窑沟煤业有限公司	特级	233.11	25.079	178697	48866.62

表1(续)

序号	省（区）	井工煤矿名称	等级	原煤产量/万t	原煤工效/(t·工$^{-1}$)	综合单产/[t·(个·月)$^{-1}$]	完成利润/万元
103	山西	山西省晋城晋普山煤业有限责任公司	特级	88.86	11.900	103091	758
104		山西晋城沁城煤业有限责任公司	特级	89.80	8.300	76721	24621
105		山西晋煤集团晋圣坡底煤业有限公司	特级	26.50	12.800	61194	-12326.66
106		山西晋煤集团晋圣三沟鑫都煤业有限公司	特级	59.30	8.300	60094	1278
107		山西晋煤集团晋圣松峪煤业有限公司	特级	59.80	7.000	60400	-2876
108		山西晋煤集团晋圣亿欣煤业有限公司	特级	290.50	14.200	220876	25416
109		山西晋煤集团坪上煤业有限公司	特级	89.30	5.050	68281	36027.4
110		山西晋煤集团沁水胡底煤业有限公司	特级	47.59	4.230	39049	6315.42
111		山西晋煤集团沁秀煤业有限公司岳城煤矿	特级	149.08	12.900	116977	74167
112		山西晋煤集团阳城晋圣固隆煤业有限公司	特级	109.50	10.550	101205	36587
113		山西晋煤集团阳城晋圣润东煤业有限公司	特级	88.36	8.700	68528	18500
114		山西晋煤集团翼城晟泰青洼煤业有限公司	特级	57.10	8.100	60502	17147
115		山西晋煤集团泽州天安昌都煤业有限公司	特级	55.50	7.100	60000	-2891
116		山西晋煤集团泽州天安朝阳煤业有限公司	特级	46.80	8.651	64542	848.48
117		山西晋煤集团泽州天安海天煤业有限公司	特级	47.00	7.140	52143	2598
118		山西晋煤集团泽州天安宏祥煤业有限公司	特级	117.30	11.600	100961	18116.72
119		山西晋煤集团泽州天安圣鑫煤业有限公司	特级	45.30	7.090	50884	-2952.4
120		山西晋煤集团泽州天安苇町煤业有限公司	特级	56.60	7.900	51816	7037.1

表1(续)

序号	省（区）	井工煤矿名称	等级	原煤产量/万 t	原煤工效/（t·工$^{-1}$）	综合单产/[t·(个·月)$^{-1}$]	完成利润/万元
121	山西	山西晋煤集团泽州天安盈盛煤业有限公司	特级	58.50	7.300	51020	22517
122		山西晋煤集团长治仙泉煤业有限公司	特级	69.47	7.130	101340	-16473
123		山西晋煤集团赵庄煤业有限责任公司赵庄二号井	特级	117.34	10.600	101066	29806
124		山西晋煤集团赵庄煤业有限责任公司	特级	796.60	15.400	348878	150313
125		山西晋神沙坪煤业有限公司	特级	396.20	23.900	317465	73725.04
126		山西灵石华苑煤业有限公司	特级	84.10	7.300	60303	36884
127		山西潞安集团和顺李阳煤业有限公司	特级	118.20	10.900	93972	20040
128		山西潞安集团和顺一缘煤业有限责任公司	特级	175.80	11.700	142440	20820
129		山西马堡煤业有限公司	特级	150.00	11.640	116313	49818
130		山西煤炭进出口集团左云草垛沟煤业有限公司	特级	54.70	7.500	33077	1761
131		山西煤炭运销集团保安煤业有限公司	特级	116.30	6.300	90636	7620.08
132		山西煤炭运销集团大通煤业有限公司	特级	76.80	11.600	101360	24010
133		山西煤炭运销集团盖州煤业有限公司	特级	89.50	7.300	75201	6517
134		山西煤炭运销集团高山煤业有限公司	特级	45.00	7.530	71013	7051
135		山西煤炭运销集团和尚嘴煤业有限公司	特级	25.90	7.600	48039	600
136		山西煤炭运销集团和顺益德煤业有限公司	特级	89.74	7.200	69107	-12859
137		山西煤炭运销集团黄山煤业有限公司	特级	83.78	10.900	68315	8974.6
138		山西煤炭运销集团晋中紫金煤业有限公司	特级	97.80	10.400	91667	-13766

表1(续)

序号	省（区）	井工煤矿名称	等级	原煤产量/万t	原煤工效/（t·工$^{-1}$）	综合单产/[t·(个·月)$^{-1}$]	完成利润/万元
139	山西	山西煤炭运销集团旧街煤业有限公司	特级	60.00	7.300	53409	8300
140		山西煤炭运销集团口泉煤业有限公司	特级	59.80	8.500	62671	160
141		山西煤炭运销集团莲盛煤业有限公司	特级	89.97	13.200	72474	10962.78
142		山西煤炭运销集团芦子沟煤业有限公司	特级	47.40	6.700	30382	338.5
143		山西煤炭运销集团南河煤业有限公司	特级	59.10	7.400	62911	1589
144		山西煤炭运销集团七一煤业有限公司	特级	86.90	7.300	71154	3350
145		山西煤炭运销集团三元古韩荆宝煤业有限公司	特级	117.80	11.000	97193	65425
146		山西煤炭运销集团三元石窟煤业有限公司	特级	59.85	8.100	60274	10500
147		山西煤炭运销集团三元微子镇煤业有限公司	特级	30.00	7.200	60294	-1877
148		山西煤炭运销集团神农煤业有限公司	特级	58.90	7.100	61486	997
149		山西煤炭运销集团盛泰煤业有限公司	特级	106.30	10.600	101371	13248
150		山西煤炭运销集团石碣峪煤业有限公司	特级	76.53	10.800	63209	689
151		山西煤炭运销集团首阳煤业有限公司	特级	87.26	8.700	71296	3320
152		山西煤炭运销集团寿阳亨元煤业有限公司	特级	59.30	7.200	51099	6201.24
153		山西煤炭运销集团四明山煤业有限公司	特级	103.90	11.100	103425	3029
154		山西煤炭运销集团泰安煤业有限公司	特级	180.00	17.900	141941	12300
155		山西煤炭运销集团泰山隆安煤业有限公司	特级	235.06	20.700	201667	2653.3
156		山西煤炭运销集团炭窑峪煤业有限公司	特级	119.70	13.800	104670	5375.6

表1(续)

序号	省（区）	井工煤矿名称	等级	原煤产量/万 t	原煤工效/（t·工$^{-1}$）	综合单产/[t·(个·月)$^{-1}$]	完成利润/万元
157	山西	山西煤炭运销集团下窑煤业有限公司	特级	23.60	10.921	75641	1911.6
158		山西煤炭运销集团新旺煤业有限公司	特级	60.00	8.490	62439	11676.8
159		山西煤炭运销集团阳城大西煤业有限公司	特级	59.50	7.200	56062	3206.64
160		山西煤炭运销集团阳城惠阳煤业有限公司	特级	59.50	7.160	62500	239
161		山西煤炭运销集团阳城四侯煤业有限公司	特级	89.60	7.200	78277	4348
162		山西煤炭运销集团阳城西河煤业有限公司	特级	59.80	7.300	63079	3236
163		山西煤炭运销集团阳泉二景和谐煤业有限公司	特级	89.80	7.500	72029	15832.64
164		山西煤炭运销集团阳泉上社晋玉煤业有限公司	特级	59.50	7.800	54518	450
165		山西煤炭运销集团野川煤业有限公司	特级	89.90	7.000	78611	33158
166		山西煤炭运销集团盂县恒泰常顺煤业有限公司	特级	89.90	7.200	73477	102
167		山西煤炭运销集团盂县恒泰皇后煤业有限公司	特级	87.90	7.600	79232	12299.8
168		山西煤炭运销集团榆次巍山煤业有限公司	特级	59.38	7.010	74975	1898.5
169		山西煤炭运销集团裕兴煤业有限公司	特级	89.87	7.150	79395	22613
170		山西煤炭运销集团掌石沟煤业有限公司	特级	78.10	7.100	78266	1825.19
171		山西煤炭运销集团左权盘城岭煤业有限公司	特级	50.00	4.300	70370	-7760
172		山西蒲县华胜煤业有限公司	特级	86.40	7.500	81021	2363
173		山西三元福达煤业有限公司	特级	119.90	10.180	114167	57054
174		山西三元煤业股份有限公司	特级	258.70	12.500	211632	161044

表1(续)

序号	省（区）	井工煤矿名称	等级	原煤产量/万t	原煤工效/（t·工$^{-1}$）	综合单产/[t·(个·月)$^{-1}$]	完成利润/万元
175	山西	山西三元煤业股份有限公司下霍煤矿	特级	239.93	14.600	189046	136636
176		山西神州煤业有限责任公司	特级	109.90	10.300	80824	45577.29
177		山西省朔州市小峪煤矿	特级	204.20	11.700	101530	28707
178		山西省阳泉固庄煤业有限责任公司	特级	148.00	11.100	129213	16267
179		山西省阳泉荫营煤业有限责任公司	特级	235.09	10.400	101132	37717
180		山西世德孙家沟煤矿有限公司	特级	119.60	14.519	105125	32305.42
181		山西寿阳潞阳昌泰煤业有限公司	特级	99.80	8.500	86866	10922
182		山西寿阳潞阳麦捷煤业有限公司	特级	149.53	11.290	125116	19299
183		山西寿阳潞阳瑞龙煤业有限公司	特级	59.90	7.674	60604	1214
184		山西寿阳潞阳祥升煤业有限公司	特级	87.90	7.600	68972	5600
185		山西寿阳潞阳长榆河煤业有限公司	特级	89.80	7.500	77817	2800
186		山西王家岭煤业有限公司	特级	399.60	28.600	341667	104700
187		山西新村煤业有限公司	特级	75.95	8.100	64096	14031
188		山西长平煤业有限责任公司	特级	466.50	15.600	173346	13910
189		山西长治郊区三元吉祥煤业有限公司	特级	52.40	9.368	65972	769.6
190		山西长治郊区三元南耀吉安煤业有限公司	特级	59.92	8.284	61517	10488
191		山西长治郊区三元南耀小常煤业有限公司	特级	153.17	11.050	123019	76060
192		山西长治三元晋永泰煤业有限公司	特级	56.10	8.350	60648	3435

表1(续)

序号	省（区）	井工煤矿名称	等级	原煤产量/万t	原煤工效/(t·工$^{-1}$)	综合单产/[t·(个·月)$^{-1}$]	完成利润/万元
193	山西	山西长治王庄煤业有限责任公司	特级	224.80	14.200	189205	112832
194		太原煤气化股份有限公司炉峪口煤矿	特级	77.80	7.241	66070	2750
195		太原煤气化龙泉能源发展有限公司	特级	399.90	13.400	326862	34301
196		太原煤炭气化（集团）有限责任公司东河煤矿	特级	61.90	7.600	64954	35503.86
197		同煤大唐塔山煤矿有限公司	特级	2486.55	50.040	693467	750000
198		同煤大唐塔山煤矿有限公司塔山白洞井	特级	148.10	10.700	125935	-48699
199		昔阳县坪上煤业有限责任公司	特级	130.10	12.447	111201	9030
200		阳泉煤业集团安泽登茂通煤业有限公司	特级	88.90	7.200	77536	98846
201		阳泉煤业集团和顺新大地煤业有限公司	特级	149.78	8.470	122627	37816
202		阳泉煤业集团兴峪煤业有限责任公司	特级	89.90	7.800	76344	27493.28
203		阳泉煤业集团翼城堡子煤业有限公司	特级	88.14	8.800	74275	2855
204		阳泉煤业集团翼城东沟煤业有限公司	特级	89.40	7.200	75549	13425
205		阳泉煤业集团翼城华泓煤业有限公司	特级	86.40	8.200	71105	20567.68
206		阳泉煤业集团翼城山凹煤业有限公司	特级	59.49	9.100	61184	8677
207		阳泉煤业集团翼城上河煤业有限公司	特级	118.52	10.500	107655	24310
208		阳泉煤业集团翼城石丘煤业有限公司	特级	58.80	7.100	61667	18832
209		阳泉煤业集团长沟煤矿有限责任公司	特级	95.80	7.410	87518	20223
210		阳泉市大阳泉煤炭有限责任公司	特级	114.70	8.100	100627	53490.79

表1(续)

序号	省（区）	井工煤矿名称	等级	原煤产量/万t	原煤工效/($t \cdot 工^{-1}$)	综合单产/[$t \cdot (个 \cdot 月)^{-1}$]	完成利润/万元
211	山西	阳泉市上社二景煤炭有限责任公司	特级	89.70	6.400	71245	8862.06
212		阳泉市上社煤炭有限责任公司	特级	203.10	6.700	80061	30364.86
213		阳泉市燕龛煤炭有限责任公司程庄煤矿	特级	240.00	10.600	101961	47880.9
214		晋能控股煤业集团太原煤气化荣康矿	特级	23.28	7.500	76667	22413
215		山西汾西矿业（集团）有限责任公司高阳煤矿	特级	449.20	14.280	190004	4942.8
216		山西汾西矿业（集团）有限责任公司贺西煤矿	特级	278.20	8.820	103841	20112
217		山西汾西矿业（集团）有限责任公司柳湾煤矿	特级	299.60	13.880	153568	31251
218		山西汾西矿业（集团）有限责任公司曙光煤矿	特级	89.90	7.080	71314	4200
219		山西汾西矿业（集团）有限责任公司双柳煤矿	特级	299.80	12.820	237887	120067.4
220		山西汾西矿业集团两渡煤业有限责任公司	特级	119.22	10.100	101093	6792
221		山西汾西矿业集团南关煤业有限责任公司	特级	135.50	10.840	120833	522
222		山西汾西矿业集团水峪煤业有限责任公司	特级	399.20	13.820	209259	91077.72
223		山西汾西矿业集团正新煤焦有限责任公司和善煤矿	特级	159.60	11.020	132552	222.32
224		山西汾西瑞泰正中煤业有限公司	特级	80.00	7.670	72353	33.77
225		山西汾西香源煤业有限责任公司	特级	85.32	7.800	78461	4324
226		山西汾西宜兴煤业有限责任公司	特级	176.18	10.325	136289	26905.12
227		山西汾西正帮煤业有限责任公司	特级	116.74	10.942	101023	120.93
228		山西汾西正佳煤业有限责任公司	特级	68.94	8.560	62957	5064

表1（续）

序号	省（区）	井工煤矿名称	等级	原煤产量/万t	原煤工效/（t·工$^{-1}$）	综合单产/[t·（个·月）$^{-1}$]	完成利润/万元
229	山西	山西汾西正令煤业有限责任公司	特级	85. 20	7. 220	62674	820. 1
230		山西汾西正善煤业有限责任公司	特级	83. 92	8. 199	71404	250. 6
231		山西汾西正旺煤业有限责任公司	特级	117. 56	10. 500	100462	880. 37
232		山西汾西正文煤业有限责任公司	特级	88. 99	7. 500	73368	518
233		山西汾西中兴煤业有限责任公司	特级	149. 96	11. 470	113947	7318
234		山西焦煤集团介休正益煤业有限公司	特级	45. 34	7. 510	60994	101
235		山西煤炭运销集团古县东瑞煤业有限公司	特级	46. 70	5. 470	37016	1073. 4
236		山西煤炭运销集团金辛达煤业有限公司	特级	138. 90	12. 520	112500	84953
237		山西煤炭运销集团蒲县昊兴塬煤业有限公司	特级	119. 24	11. 330	121100	84416. 8
238		山西煤炭运销集团四通煤业有限公司	特级	140. 41	11. 960	113378	51125
239		山西煤炭运销集团同富新煤业有限公司	特级	59. 57	7. 170	64742	7497
240		大同煤矿集团华盛虎峰煤业有限公司	特级	59. 82	7. 423	60656	17326
241		大同煤矿集团华盛万杰煤业有限公司	特级	59. 61	7. 421	66607	7032
242		大同煤矿集团临汾宏大洪崖煤业有限公司	特级	67. 65	6. 015	32356	1080
243		大同煤矿集团临汾宏大隆博煤业有限公司	特级	89. 94	8. 738	77571	11469
244		大同煤矿集团临汾宏大锦程煤业有限公司	一级	30. 75	8. 113	60917	285
245		大同煤矿集团临汾宏大雪坪煤业有限公司	一级	44. 77	5. 158	44123	389. 55
246		霍州煤电集团汾源煤业有限公司	特级	119. 38	10. 466	120146	4121

表1(续)

序号	省（区）	井工煤矿名称	等级	原煤产量/万t	原煤工效/(t·工$^{-1}$)	综合单产/[t·(个·月)$^{-1}$]	完成利润/万元
247	山西	霍州煤电集团河津杜家沟煤业有限责任公司	特级	51.52	7.302	60114	5800
248		霍州煤电集团河津腾晖煤业有限责任公司	特级	119.57	8.557	101454	42309
249		霍州煤电集团洪洞亿隆煤业有限责任公司	特级	59.75	7.386	61326	12831
250		霍州煤电集团晋北煤业有限公司	特级	119.87	10.198	100118	4566
251		霍州煤电集团吕梁山煤电有限公司方山店坪煤矿	特级	255.25	11.465	186517	62673
252		霍州煤电集团吕梁山煤电有限公司方山木瓜煤矿	特级	118.58	10.128	100549	56392
253		霍州煤电集团吕临能化有限公司庞庞塔煤矿	特级	851.87	20.155	383301	76586
254		霍州煤电集团有限责任公司李雅庄煤矿	特级	179.82	8.240	136544	17382
255		霍州煤电集团有限责任公司辛置煤矿	特级	117.91	8.348	94699	12325
256		霍州煤电集团紫晟煤业有限责任公司	特级	77.35	7.113	62922	18436
257		山西汾河焦煤股份有限公司回坡底煤矿	特级	119.74	8.198	100699	12452
258		山西汾河焦煤股份有限公司三交河煤矿	特级	209.97	10.394	103061	44225
259		山西霍宝干河煤矿有限公司	特级	178.45	10.390	123952	15153
260		霍州煤电集团河津薛虎沟煤业有限责任公司	特级	89.86	8.165	86181	14796.4
261		山西焦煤集团岚县正利煤业有限公司	特级	148.58	10.163	131380	45569
262		山西晋煤集团临汾晋牛煤矿投资有限责任公司	特级	146.42	12.228	120133	24292
263		山西潞安集团华亿五一煤业有限公司	特级	87.30	10.499	74066	874
264		山西古交西山义城煤业有限责任公司	特级	45.23	14.088	61394	2886.59

表1(续)

序号	省（区）	井工煤矿名称	等级	原煤产量/万 t	原煤工效/(t·工$^{-1}$)	综合单产/[t·(个·月)$^{-1}$]	完成利润/万元
265	山西	山西古县西山登福康煤业有限公司	特级	67.31	7.103	52500	646
266		山西古县西山鸿兴煤业有限公司	特级	59.30	7.080	56563	7321.94
267		山西洪洞西山光道煤业有限公司	特级	119.11	10.100	115895	6800
268		山西焦煤集团有限责任公司东曲煤矿	特级	359.97	11.727	102651	4594
269		山西焦煤集团有限责任公司杜儿坪煤矿	特级	370.17	12.147	120461	32.66
270		山西焦煤集团有限责任公司官地煤矿	特级	387.56	12.930	135099	2950
271		山西焦煤集团有限责任公司屯兰煤矿	特级	395.86	8.638	172704	31000.87
272		山西临汾西山生辉煤业有限公司	特级	89.80	9.433	72804	30075
273		山西吕梁离石西山晋邦德煤业有限公司	特级	119.99	15.584	103380	42186
274		山西吕梁离石西山亚辰煤业有限公司	特级	59.13	7.298	61574	4716
275		山西煤炭运销集团古交福昌煤业有限公司	特级	58.08	7.648	62720	7462
276		山西煤炭运销集团古交辽源煤业有限公司	特级	54.22	7.655	62150	4100
277		山西煤炭运销集团三聚盛煤业有限公司	特级	75.39	7.160	66132	20549
278		山西西山晋兴能源有限责任公司斜沟煤矿	特级	1499.76	43.828	435294	484268
279		山西西山煤电股份有限公司马兰矿	特级	358.83	9.494	162823	29282
280		山西西山煤电股份有限公司西铭矿	特级	359.83	12.196	124463	2581
281		山西西山煤电股份有限公司西曲矿	特级	331.54	14.760	141825	22963
282		山西西山煤电股份有限公司镇城底矿	特级	166.43	8.719	83582	8904

表1(续)

序号	省（区）	井工煤矿名称	等级	原煤产量/万t	原煤工效/$(t \cdot 工^{-1})$	综合单产/$[t \cdot (个 \cdot 月)^{-1}]$	完成利润/万元
283	山西	山西孝义西山德顺煤业有限公司	特级	59.50	12.353	63097	18178
284		山西阳煤集团南岭煤业有限公司	特级	89.70	10.117	72186	5780
285		华晋焦煤有限责任公司沙曲二号煤矿	特级	195.15	8.100	152234	10901
286		华晋焦煤有限责任公司沙曲一号煤矿	特级	350.58	8.060	138544	26588
287		山西华晋吉宁煤业有限责任公司	特级	286.01	15.340	233316	132987.47
288		山西华晋明珠煤业有限责任公司	特级	90.00	7.680	69416	37992.9
289		山西煤炭运销集团金达煤业有限公司	特级	149.95	10.830	106231	79800
290		山西煤炭运销集团锦瑞煤业有限公司	特级	119.93	10.790	105073	85334
291		山西大平煤业有限公司	特级	152.36	19.400	125945	87021
292		山西霍尔辛赫煤业有限责任公司	特级	396.61	14.800	190036	211803
293		山西凌志达煤业有限公司	特级	175.93	11.618	136202	72000
294		山西煤炭进出口集团左权宏远煤业有限公司	特级	91.59	8.780	78961	660
295		山西煤炭进出口集团鹿台山煤业有限公司	特级	59.50	6.000	58560	11885
296		山西煤炭进出口集团蒲县豹子沟煤业有限公司	特级	87.84	8.888	80343	69057
297		山西煤炭进出口集团蒲县万家庄煤业有限公司	特级	85.00	10.998	82731	-3200
298		山西煤炭进出口集团左云东古城煤业有限公司	特级	89.00	11.550	89827	2290
299		山西煤炭进出口集团左云韩家洼煤业有限公司	特级	98.10	11.130	83370	21984
300		山西煤炭进出口集团左云长春兴煤业有限公司	特级	449.69	35.930	394249	164530

表1(续)

序号	省（区）	井工煤矿名称	等级	原煤产量/万t	原煤工效/$(t\cdot 工^{-1})$	综合单产/$[t\cdot (个\cdot 月)^{-1}]$	完成利润/万元
301	山西	山西铺龙湾煤业有限公司	特级	119.99	14.700	103342	32641
302		山西省长治经坊煤业有限公司	特级	251.28	10.181	130516	95961.59
303		山西潞安环保能源开发股份有限公司王庄煤矿	特级	709.52	17.383	292222	265445
304		山西潞安环保能源开发股份有限公司五阳煤矿	特级	282.21	17.380	267490	48941
305		山西潞安环保能源开发股份有限公司常村煤矿	特级	786.14	12.009	308628	250216.81
306		山西潞安环保能源开发股份有限公司漳村煤矿	特级	398.60	13.087	210333	132550.31
307		山西潞安集团司马煤业有限公司	特级	299.63	14.599	156723	120487
308		山西潞安集团余吾煤业有限责任公司	特级	748.86	17.480	322411	247613.27
309		山西潞安集团潞宁煤业有限责任公司	特级	178.68	10.538	149122	52275.51
310		山西潞安集团潞宁孟家窑煤业有限公司	特级	274.35	13.170	228070	41184.12
311		山西潞安集团东盛煤业有限公司	特级	88.90	7.675	69531	2160
312		山西潞安集团蒲县黑龙关煤业有限公司	特级	89.81	8.550	79266	17232
313		山西潞安集团蒲县隰东煤业有限公司	特级	59.72	7.961	50945	1688
314		山西潞安集团蒲县常兴煤业有限公司	特级	79.07	8.274	74588	1021
315		山西潞安集团蒲县开拓煤业有限公司	特级	82.02	9.690	71154	8429.89
316		山西潞安集团蒲县伊田煤业有限公司	特级	118.86	11.048	105653	34510
317		山西潞安集团蒲县黑龙煤业有限公司	特级	118.73	10.836	105698	8231
318		山西潞安集团蒲县新良友煤业有限公司	特级	59.10	7.484	65821	1205

表1(续)

序号	省（区）	井工煤矿名称	等级	原煤产量/万 t	原煤工效/($t\cdot工^{-1}$)	综合单产/[$t\cdot(个\cdot月)^{-1}$]	完成利润/万元
319	山西	山西潞安集团左权阜生煤业有限公司	特级	105.58	9.070	85453	3204
320		山西潞安矿业（集团）有限责任公司古城煤矿	特级	793.00	18.440	322564	265369.4
321		山西潞安矿业集团慈林山煤业有限公司慈林山煤矿	特级	59.20	8.580	61221	7978
322		山西潞安矿业集团慈林山煤业有限公司夏店煤矿	特级	178.75	12.300	136979	35100
323		山西潞安矿业集团慈林山煤业有限公司李村矿井	特级	296.40	11.709	222569	39750
324		山西潞安集团华润煤业有限公司	特级	58.10	7.907	46895	8200
325		山西潞安郭庄煤业有限责任公司	特级	178.04	10.960	149658	50508
326		山西潞安温庄煤业有限责任公司	特级	119.64	10.332	106376	21036
327		阳泉煤业（集团）有限责任公司五矿贵石沟井	特级	449.63	8.642	127413	34395
328		阳泉煤业（集团）有限责任公司寺家庄矿	特级	391.61	7.997	179663	47784
329		山西潞安矿业（集团）有限责任公司高河煤矿	特级	728.10	17.741	236861	266711
330		山西新元煤炭有限责任公司新元矿	特级	269.80	7.907	111426	59650
331		山西华阳集团新能股份有限公司一矿	特级	849.88	15.688	224738	188203
332		山西华阳集团新能股份有限公司二矿	特级	802.99	16.588	243461	285052
333		山西新景矿煤业有限责任公司	特级	449.17	10.053	128220	75273
334		阳煤集团寿阳开元矿业有限责任公司	特级	247.23	8.292	102371	8645
335		山西宁武榆树坡煤业有限公司	特级	119.96	10.821	100215	41900
336		阳泉煤业（集团）平定东升兴裕煤业有限公司	特级	89.02	7.969	74140	798

表1(续)

序号	省（区）	井工煤矿名称	等级	原煤产量/万t	原煤工效/($t·工^{-1}$)	综合单产/[$t·(个·月)^{-1}$]	完成利润/万元
337	山西	山西平舒煤业有限公司温家庄矿	特级	87.89	7.780	74597	18325
338		阳煤集团寿阳景福煤业有限公司	特级	83.86	7.434	66944	14930
339		山西东辉集团赵家山煤业有限公司	特级	107.50	11.500	88023	24786
340		山西美锦集团东于煤业有限公司	特级	134.94	11.300	80506	14129
341		山西美锦集团锦富煤业有限公司	特级	159.06	13.178	77743	15627.65
342		太原东山东峰煤业有限公司	特级	50.03	7.200	56336	11804.9
343		太原东山李家楼煤业有限公司	特级	56.98	9.060	81202	−2880
344		太原东山五龙煤业有限公司	特级	82.68	7.180	77829	12486.5
345		太原市梗阳实业集团有限公司麦地掌煤矿	特级	119.12	9.150	96392	55117
346		古交煤焦集团平定窑煤业有限公司	一级	57.52	7.000	54002	—
347		大同鹊山高家窑煤业有限责任公司	特级	239.46	15.330	197202	10577.9
348		大同鹊山精煤有限责任公司	特级	109.99	11.200	94624	6357
349		山西大同矿区大北沟煤业有限公司	特级	59.80	15.500	62384	7863.7
350		大同东沟煤业有限责任公司	特级	89.80	8.700	70562	4618
351		大同市吴官屯煤业有限责任公司	特级	89.95	8.260	62083	4080
352		山西怀仁联顺玺达柴沟煤业有限公司	特级	768.31	51.800	690037	298567.7
353		山西怀仁峙峰山煤业有限责任公司	特级	298.00	34.630	259454	35000
354		山西怀仁峙峰山吴家窑煤业有限公司	特级	89.00	15.660	78558	1098

表1(续)

序号	省（区）	井工煤矿名称	等级	原煤产量/万t	原煤工效/($t \cdot 工^{-1}$)	综合单产/[$t \cdot (个 \cdot 月)^{-1}$]	完成利润/万元
355	山西	山西怀仁中能芦子沟何家堡煤业有限责任公司	特级	89.10	15.680	78567	1098
356		山西怀仁中能芦子沟煤业有限责任公司	特级	298.84	12.520	122928	59385
357		山西山阴宝山腰寨煤业有限公司	特级	112.03	17.640	110000	19749
358		山西山阴宝山玉井煤业有限公司	特级	207.34	23.490	176574	22160
359		山西山阴芍药花煤业有限公司	特级	177.92	14.830	150769	21833
360		山西省山阴县华夏煤业有限公司	特级	322.80	28.600	268469	44000
361		山西朔州平鲁区后安煤炭有限公司	特级	497.11	24.530	226979	71954
362		山西朔州平鲁区华美奥冯西煤业有限公司	特级	89.87	12.510	70109	7381
363		山西朔州平鲁区龙矿大恒煤业有限公司	特级	315.00	15.520	150394	41350.74
364		山西朔州平鲁区芦家窑煤矿有限公司	特级	149.40	17.050	130176	9550
365		山西朔州平鲁区森泰煤业有限公司	特级	178.44	14.110	151185	45002
366		山西朔州平鲁区易顺煤业有限公司	特级	178.03	13.710	155491	41839.1
367		山西朔州山阴金海洋台东山煤业有限公司	特级	229.17	21.520	198537	26415
368		山西朔州山阴兰花口前煤业有限公司	特级	89.50	20.770	78333	33367.34
369		山西朔州山阴中煤顺通北祖煤业有限公司	特级	294.42	27.950	259806	145900
370		山西右玉东洼北煤业有限公司	特级	166.89	11.860	166436	22546
371		山西教场坪集团玉岭煤业有限公司	特级	86.16	8.100	77926	16073
372		山西右玉教场坪煤业有限公司	特级	71.40	11.690	103869	6167

表1(续)

序号	省（区）	井工煤矿名称	等级	原煤产量/万t	原煤工效/(t·工$^{-1}$)	综合单产/[t·(个·月)$^{-1}$]	完成利润/万元
373	山西	山西右玉玉龙煤业有限公司	特级	149.90	19.100	133188	9001
374		山西忻州神达望田煤业有限公司	特级	120.00	12.420	103108	31737.45
375		山西忻州神达晋保煤业有限公司	特级	178.68	16.560	104812	44799.34
376		山西忻州神达金山煤业有限公司	特级	89.80	12.956	86667	32167
377		山西忻州神达南岔煤业有限公司	特级	119.82	10.940	107250	16380
378		山西忻州神达栖凤煤业有限公司	特级	85.95	11.991	101594	18509
379		山西忻州神达惠安煤业有限公司	特级	132.08	17.447	119525	20715.8
380		山西忻州神达大桥沟煤业有限公司	特级	82.73	11.500	80041	17360.84
381		山西宁武德盛煤业有限公司	特级	89.60	10.611	80963	18643
382		山西宁武大运华盛老窑沟煤业有限公司	特级	119.98	11.440	104065	18378.61
383		山西宁武大运华盛南沟煤业有限公司	特级	179.62	12.670	150306	53160.51
384		山西宁武大运华盛庄旺煤业有限公司	特级	149.89	11.917	134648	29469.6
385		山西华鹿阳坡泉煤矿有限公司	特级	125.82	11.570	101731	389
386		阳泉煤业集团天安煤矿有限公司	特级	89.95	9.716	76144	8623
387		山西华融龙宫煤业有限责任公司	特级	89.51	15.981	81948	4000
388		山西阳泉盂县石店煤业有限公司	特级	80.58	9.000	67222	502.36
389		山西阳泉盂县跃进煤业有限公司	特级	106.40	12.420	97762	20122.92
390		山西阳泉盂县辰通煤业有限公司	特级	58.93	13.281	48721	17815

表1(续)

序号	省（区）	井工煤矿名称	等级	原煤产量/万t	原煤工效/（t·工$^{-1}$）	综合单产/[t·(个·月)$^{-1}$]	完成利润/万元
391	山西	山西阳泉盂县东坪煤业有限公司	特级	111.10	10.100	100766	15542
392		山西平定古州东升阳胜煤业有限公司	特级	80.50	7.480	69709	7104
393		山西平定古州卫东煤业有限公司	特级	72.35	9.164	55618	2125.24
394		山西阳泉郊区神堂煤业有限公司	特级	86.77	7.820	71747	3288
395		山西南娄集团阳泉盂县大贤煤业有限公司	特级	107.40	10.940	60067	8500
396		山西平定汇能煤业有限公司	特级	135.68	10.300	100959	11179
397		山西圣天宝地清城煤矿有限公司	特级	116.80	11.192	98698	35663
398		山西和顺天池能源有限责任公司	特级	86.30	6.483	79502	1582
399		山西寿阳段王煤业集团有限公司	特级	291.54	14.060	152783	52821.49
400		山西寿阳段王集团平安煤业有限公司	特级	96.50	8.440	89232	33537.35
401		山西寿阳段王集团友众煤业有限公司	特级	98.57	7.970	65047	21828.25
402		山西义棠煤业有限责任公司	特级	193.80	12.600	88714	59148
403		山西介休义棠安益煤业有限公司	特级	93.40	7.680	41681	28965
404		山西灵石红杏旺盛煤业有限公司	特级	87.10	9.190	86484	18620
405		山西灵石红杏广进宝煤业有限公司	特级	53.03	7.520	60962	14693
406		山西灵石红杏鑫鼎泰煤业有限公司	一级	56.00	7.650	47315	10192
407		山西灵石华瀛天星集广煤业有限公司	特级	59.35	7.060	60637	41093.04
408		山西灵石华瀛金泰源煤业有限公司	特级	89.90	7.480	76786	19305

表1(续)

序号	省（区）	井工煤矿名称	等级	原煤产量/万t	原煤工效/(t·工$^{-1}$)	综合单产/[t·(个·月)$^{-1}$]	完成利润/万元
409	山西	山西灵石华瀛孙义煤业有限公司	特级	59.78	7.040	61458	7460
410		山西灵石华瀛荡荡岭煤业有限公司	一级	51.01	7.630	44517	3682
411		山西灵石华瀛天星柏沟煤业有限公司	一级	54.98	8.340	41717	73336.68
412		山西灵石天聚鑫辉源煤业有限公司	特级	81.10	5.930	80823	23299.4
413		山西灵石天聚富源煤业有限公司	一级	51.57	4.634	41240	1260.4
414		山西灵石银源新安发煤业有限公司	特级	58.31	9.720	60868	9142.2
415		山西灵石银源新生煤业有限公司	特级	57.60	7.110	60949	7579
416		山西灵石银源兴庆煤业有限公司	特级	89.20	8.660	97072	20070
417		山西灵石银源安苑煤业有限公司	一级	51.99	6.140	28691	5103.71
418		山西灵石银源华强煤业有限公司	一级	59.14	7.686	56807	3836.1
419		山西灵石昕益旺岭煤业有限公司	特级	139.96	10.080	51424	48425
420		山西省晋中灵石煤矿有限公司	一级	91.11	7.050	38822	1400
421		山西平遥县兴盛佛殿沟煤业有限公司	一级	41.11	6.080	41375	6679.31
422		山西平遥县兴盛煤化有限责任公司温家沟煤矿	一级	111.52	13.670	69843	4874.69
423		山西平遥县兴盛煤化有限责任公司木家庄煤矿	一级	53.57	7.950	40579	3574.78
424		山西兴盛鸿发煤业有限公司	二级	22.30	4.650	30103	850
425		山西平遥县兴盛金众煤业有限公司	二级	31.20	4.010	33488	1494.35
426		山西博大集团寿阳京鲁煤业有限责任公司	特级	175.22	9.600	96852	44315

表1(续)

序号	省（区）	井工煤矿名称	等级	原煤产量/万t	原煤工效/$(t\cdot工^{-1})$	综合单产/$[t\cdot(个\cdot月)^{-1}]$	完成利润/万元
427	山西	山西昔阳丰汇煤业有限责任公司	特级	118.30	7.770	128873	56187
428		山西介休大佛寺煤业有限公司	特级	96.50	7.550	58543	13938.28
429		山西介休鑫峪沟左则沟煤业有限公司	一级	89.50	5.650	42475	23055
430		山西介休大佛寺南窑头煤业有限公司	一级	75.54	4.830	80716	-607.39
431		山西金晖隆泰煤业有限公司	特级	86.53	10.288	74361	16950
432		山西襄矿新庄煤业有限公司	特级	89.88	6.070	72466	17320.75
433		山西襄矿晋平煤业有限公司	特级	239.03	10.605	100134	49865
434		山西襄矿石板沟煤业有限公司	特级	103.40	9.610	85940	539
435		山西沁源梗阳煤业有限公司	特级	89.50	7.131	71337	25904.7
436		山西沁新煤业有限公司新源煤矿	特级	72.65	8.004	80306	31488
437		山西沁新新达煤业有限公司	特级	70.75	7.092	66667	15308
438		山西沁新煤业有限公司沁新煤矿	特级	119.42	8.642	88571	46000
439		山西新升煤业有限公司	特级	120.03	10.716	79868	9537
440		山西新超煤业有限公司	特级	77.83	8.795	63804	12705
441		山西长沁新兴煤业有限公司	特级	64.55	7.562	56596	10053
442		山西通洲集团留神峪煤业有限公司	特级	85.24	7.564	50121	15190
443		山西通洲集团安达煤业有限公司	特级	107.32	9.790	69077	5280
444		山西通洲集团安神煤业有限公司	特级	64.01	8.455	30333	13000

表1(续)

序号	省（区）	井工煤矿名称	等级	原煤产量/万t	原煤工效/$(t \cdot 工^{-1})$	综合单产/$[t \cdot (个 \cdot 月)^{-1}]$	完成利润/万元
445	山西	山西沁源康伟森达源煤业有限公司	特级	109.58	13.591	101753	50121.9
446		山西康伟集团孟子峪煤业有限公司	特级	58.85	8.771	57675	20000
447		山西康伟集团南山煤业有限公司	特级	89.75	9.198	56142	34072.22
448		山西黄土坡鑫运煤业有限公司	特级	89.32	9.661	72044	20444
449		山西黄土坡鑫能煤业有限公司	特级	119.70	11.120	67719	72215.8
450		山西马军峪煤焦有限公司	特级	113.16	10.058	89390	41900
451		山西马军峪曙光煤业有限公司	特级	57.98	7.926	46817	38700
452		山西马军峪常信煤业有限公司	特级	93.55	10.408	52202	50900
453		山西长治联盛首阳山煤业有限公司	特级	82.60	7.545	70170	14054
454		山西长治联盛西掌煤业有限公司	特级	86.29	7.477	67801	9761
455		山西长治联盛太义掌煤业有限公司	特级	86.20	7.814	72760	5328
456		山西长治联盛长虹煤业有限公司	特级	82.53	8.763	75909	7180
457		山西长治羊头岭红旗煤业有限公司	特级	89.30	10.118	76557	19000
458		山西长治羊头岭北峙峪煤业有限公司	特级	81.00	7.470	60659	18500
459		山西长治羊头岭永丰煤业有限公司	特级	80.96	8.703	62019	16240
460		山西长治县雄山煤炭有限公司	特级	114.04	10.409	86102	35742
461		山西长治县雄山煤炭有限公司第五矿	特级	97.51	8.886	82340	36478
462		山西长治县雄山沟里煤业有限公司	特级	97.71	10.676	100776	9950

表1（续）

序号	省（区）	井工煤矿名称	等级	原煤产量/万t	原煤工效/（t·工$^{-1}$）	综合单产/[t·(个·月)$^{-1}$]	完成利润/万元
463	山西	山西长治县雄山常蒋煤业有限公司	特级	59.95	8.647	66053	11782
464		山西王家峪煤业有限公司	特级	122.42	12.262	118750	56755
465		山西阳迦煤业有限公司	特级	131.30	12.531	100589	34489
466		山西下合煤业有限公司	特级	81.56	9.878	79615	20492
467		山西垚志达煤业有限公司	特级	123.70	11.138	98872	56942
468		山西反坡煤业有限责任公司	特级	145.70	11.540	129396	30317
469		山西汾西太岳煤业股份有限公司太岳煤矿	特级	209.82	10.348	172281	154846
470		沁源明鑫煤矿有限公司	特级	59.99	7.969	32333	25280
471		山西长治红山煤业有限公司	特级	119.23	10.432	100806	22350
472		山西长治县振兴煤业有限公司	特级	71.21	8.893	60870	14080
473		长治新建煤业有限公司	特级	119.99	12.127	122591	61834
474		长治县西山煤业有限责任公司	特级	87.87	9.652	68648	32540
475		长治红兴煤业有限公司	特级	115.00	12.160	111538	35067
476		山西华晟荣煤矿有限公司	特级	188.12	14.270	161575	112231
477		山西东庄煤业有限公司	特级	130.74	10.114	110945	16845
478		山西襄垣七一新发煤业有限公司	特级	148.58	10.439	110286	9521
479		山西兰花集团东峰煤矿有限公司	特级	120.00	10.240	100358	44690
480		山西兰花集团莒山煤矿有限公司	一级	67.20	5.211	52636	1267.6

表1(续)

序号	省（区）	井工煤矿名称	等级	原煤产量/万t	原煤工效/（t·工$^{-1}$）	综合单产/[t·(个·月)$^{-1}$]	完成利润/万元
481	山西	山西兰花科技创业股份有限公司伯方煤矿分公司	特级	205.33	11.050	105182	108000
482		山西兰花科技创业股份有限公司大阳煤矿分公司	特级	188.50	11.830	112744	105768
483		山西兰花科技创业股份有限公司唐安煤矿分公司	特级	179.99	10.830	163130	100809
484		山西兰花科技创业股份有限公司望云煤矿分公司	特级	98.17	8.280	90481	17086
485		山西泽州天泰锦辰煤业有限公司	特级	132.00	10.429	101246	11845
486		山西泽州天泰岳南煤业有限公司	特级	104.78	10.530	98109	20000
487		山西泽州天泰坤达煤业有限公司	一级	96.70	5.100	78297	14000
488		山西高平科兴游仙山煤业有限公司	特级	89.99	7.815	68972	31290
489		山西高平科兴南阳煤业有限公司	特级	148.79	8.269	127967	61746
490		山西高平科兴赵庄煤业有限公司	特级	101.88	10.202	60388	13598
491		山西高平科兴新庄煤业有限公司	特级	74.73	7.069	66901	4004.393
492		山西高平科兴米山煤业有限公司	特级	59.96	7.037	60000	16392
493		山西高平科兴平泉煤业有限公司	特级	86.72	8.776	79588	19139
494		山西高平科兴牛山煤业有限公司	特级	112.34	11.147	100509	29000
495		山西高平科兴申家庄煤业有限公司	特级	114.86	10.299	67423	2800
496		山西高平科兴前和煤业有限公司	特级	104.04	10.153	92112	50908
497		山西高平科兴龙顶山煤业有限公司	特级	112.80	10.454	100637	27715
498		山西高平科兴龙马煤业有限公司	特级	76.36	7.210	61215	21025.15

表1(续)

序号	省（区）	井工煤矿名称	等级	原煤产量/万t	原煤工效/($t \cdot 工^{-1}$)	综合单产/[$t \cdot (个 \cdot 月)^{-1}$]	完成利润/万元
499	山西	山西高平科兴云泉煤业有限公司	特级	86.30	7.382	34996	15807
500		山西阳城阳泰集团尹家沟煤业有限公司	特级	59.99	7.930	61011	15404
501		山西阳城阳泰集团西沟煤业有限公司	特级	59.89	7.784	60243	7031
502		山西阳城阳泰集团伏岩煤业有限公司	特级	89.51	6.010	72065	55444
503		山西阳城阳泰集团晶鑫煤业股份有限公司	特级	59.18	7.630	60200	9306
504		山西阳城阳泰集团白沟煤业有限公司	特级	22.95	11.890	40056	3779
505		山西阳城阳泰集团义城煤业有限公司	特级	87.00	7.860	69982	24992
506		山西阳城阳泰集团屯城煤业有限公司	特级	87.52	7.600	67947	55600
507		山西阳城阳泰集团西冯街煤业有限公司	特级	88.97	8.300	73833	11736.3
508		山西阳城阳泰集团小西煤业有限公司	特级	96.00	9.560	83333	2107.39
509		山西阳城阳泰集团竹林山煤业有限公司	特级	119.80	10.400	103839	45256
510		山西阳城阳泰集团宇昌煤业有限公司	一级	16.89	5.352	50764	1260
511		山西阳城皇城相府集团皇联煤业有限公司	特级	99.32	10.080	95369	10748
512		山西阳城皇城相府集团大桥煤业有限公司	特级	59.80	7.590	60779	6040
513		山西阳城皇城相府集团史山煤业有限公司	特级	68.70	7.190	62396	8249
514		山西阳城山城煤业有限公司	特级	59.90	7.240	59365	7641
515		山西陵川崇安苏村煤业有限公司	特级	83.46	7.186	61386	20670
516		山西陵川崇安关岭山煤业有限公司	特级	63.00	7.100	72917	22746

表1(续)

序号	省（区）	井工煤矿名称	等级	原煤产量/万t	原煤工效/($t \cdot 工^{-1}$)	综合单产/[$t \cdot (个 \cdot 月)^{-1}$]	完成利润/万元
517	山西	山西沁和能源集团中村煤业有限公司	特级	89.31	8.170	72579	41610
518		沁和能源集团有限公司永安煤矿	特级	60.98	6.430	52689	50000
519		山西沁和能源集团南凹寺煤业有限公司	特级	58.35	8.900	53866	23229
520		沁和能源集团有限公司永红煤矿	一级	71.94	4.400	56633	46250
521		沁和能源集团有限公司端氏煤矿	特级	94.50	6.240	101526	53400
522		山西沁和能源集团九鑫煤业有限公司	一级	49.18	5.100	40696	4014
523		沁和能源集团有限公司候村煤矿	特级	115.77	8.037	93682	26452.2
524		山西高平青龙同昌煤业有限公司	特级	89.96	7.420	66633	12580
525		山西安鑫煤业有限公司	特级	101.65	5.759	53104	51203
526		山西古县兰花宝欣煤业有限公司	特级	89.98	5.400	68411	38081
527		山西泓翔煤业有限公司	特级	55.60	7.090	56341	51000
528		山西临汾蓝宝煤业有限公司	特级	29.20	8.378	61030	3310
529		山西陆合集团恒泰南庄煤业有限公司	特级	117.04	10.742	104254	6369
530		山西陆合集团基安达煤业有限公司	特级	116.50	10.778	100862	12000
531		山西陆合集团万安煤业有限公司	特级	80.00	11.347	66667	12960
532		山西蒲县蛤蟆沟煤业有限公司	特级	116.50	11.267	110526	239.51
533		山西蒲县宏源集团北峪煤业有限公司	一级	59.78	7.029	52825	28835
534		山西蒲县宏源集团凤凰台煤业有限公司	特级	117.42	10.029	107093	18154.18

表1(续)

序号	省（区）	井工煤矿名称	等级	原煤产量/万t	原煤工效/(t·工$^{-1}$)	综合单产/[t·(个·月)$^{-1}$]	完成利润/万元
535	山西	山西蒲县宏源集团富家凹煤业有限公司	特级	174.99	10.328	149886	51920
536		山西蒲县宏源集团官庄河煤业有限公司	特级	149.96	10.102	143927	18034.71
537		山西乡宁焦煤集团毛则渠煤炭有限公司	特级	89.90	7.463	79860	65258.6
538		山西乡宁焦煤集团申南凹焦煤有限公司	特级	119.98	10.912	100654	33583
539		山西乡宁焦煤集团神角煤业有限公司	特级	82.81	8.107	75098	47905
540		山西乡宁焦煤集团台头煤焦有限责任公司	特级	131.26	11.191	123745	54975
541		山西乡宁焦煤集团通合煤业有限公司	特级	82.20	7.753	74432	15766.6
542		山西乡宁焦煤集团燕家河煤业有限公司	特级	59.87	8.696	60378	12438
543		山西翼城首旺煤业有限责任公司	特级	95.34	10.191	101204	24132
544		山西玉和泰煤业有限公司	特级	91.41	12.106	68855	38988
545		山西安泽玉华煤业有限公司	特级	128.58	9.273	83632	71968
546		山西古县老母坡煤业有限公司	特级	88.84	7.190	71004	53318
547		山西古县金谷煤业有限公司	特级	98.68	7.031	80438	31815
548		安徽省皖北煤电集团临汾天煜恒晋煤业有限责任公司	特级	106.40	9.729	91019	28252
549		安徽省皖北煤电集团临汾天煜恒昇煤业有限责任公司	特级	147.53	11.090	126138	91747
550		山西岚县昌恒煤焦有限公司	特级	89.97	7.400	73553	36600
551		吕梁东义集团煤气化有限公司鑫岩煤矿	特级	240.00	13.300	194167	223700
552		山西吕梁中阳梗阳煤业有限公司	特级	207.73	11.143	100499	151470

表1(续)

序号	省（区）	井工煤矿名称	等级	原煤产量/万t	原煤工效/（t·工$^{-1}$）	综合单产/[t·（个·月）$^{-1}$]	完成利润/万元
553	山西	山西吕梁中阳桃园鑫隆煤业有限公司	特级	128.76	10.160	101582	57373
554		山西中阳桃园容大煤业有限公司	特级	90.00	8.058	60346	39060
555		山西中阳沈家峁煤业有限公司	特级	88.52	7.020	72397	26997
556		山西中阳暖泉煤业有限公司	特级	113.50	10.140	98432	36760
557		山西中阳张子山煤业有限公司	特级	119.38	10.190	82418	33265
558		山西吕梁中阳西合煤业有限公司	特级	90.00	7.090	39187	16700.27
559		山西吕梁中阳付家焉煤业有限公司	特级	94.13	10.130	100893	140332
560		山西吕梁离石贾家沟煤业有限公司	特级	99.01	6.800	91339	19500
561		山西吕梁离石王家庄煤业有限公司	特级	98.75	10.260	100887	60629
562		山西吕梁离石炭窑坪煤业有限公司	特级	120.00	10.390	74783	50526.4
563		山西坤龙煤业有限公司	特级	60.00	9.240	111240	13136.6
564		山西吕梁离石永宁煤业有限公司	特级	94.10	8.870	79130	17808.5
565		山西吕梁离石永聚煤业有限公司	特级	111.50	7.900	92324	80707
566		山西楼俊集团担炭沟煤业有限公司	特级	90.00	9.300	85114	25567.6
567		山西东江煤业集团有限公司	特级	214.66	13.660	173213	106000
568		山西吕梁离石金晖荣泰煤业有限公司	特级	119.26	10.310	100047	18545
569		山西金晖万峰煤矿有限公司	特级	111.88	8.060	84108	21633
570		山西方山金晖瑞隆煤业有限公司	特级	111.88	10.140	100559	6800

表1(续)

序号	省（区）	井工煤矿名称	等级	原煤产量/万t	原煤工效/（t·工$^{-1}$）	综合单产/[t·(个·月)$^{-1}$]	完成利润/万元
571	山西	山西方山金晖凯川煤业有限公司	特级	84.50	10.120	107632	23237.48
572		山西方山汇丰新星煤业有限公司	特级	119.80	11.200	105431	50614
573		山西柳林汇丰兴业曹家山煤业有限公司	特级	89.94	10.800	82068	10950
574		山西柳林汇丰兴业同德焦煤有限公司	特级	119.50	11.100	118083	20432.6
575		山西临县焉头煤业有限公司	特级	92.59	8.640	82781	6837.7
576		山西临县华烨煤业有限公司	特级	99.70	11.240	88033	62488
577		临县胜利煤焦有限责任公司	特级	108.34	10.140	103484	63000
578		临县裕民焦煤有限公司	特级	112.40	9.570	91228	35176
579		山西柳林大庄煤矿有限责任公司	特级	113.37	13.220	100891	41003
580		山西柳林碾焉煤矿有限责任公司	特级	90.52	13.900	72144	30239
581		山西东辉集团邓家庄煤业有限公司	特级	119.90	10.060	90120	57075
582		山西东辉集团西坡煤业有限公司	特级	209.70	10.580	169505	109212
583		山西柳林鑫飞贺昌煤业有限公司	特级	89.94	7.990	79616	25136.67
584		山西柳林鑫飞毛家庄煤业有限公司	特级	149.80	10.530	135412	48385
585		山西柳林鑫飞下山峁煤业有限公司	特级	119.06	10.360	101065	15000
586		山西柳林煤矿有限公司	特级	148.79	10.900	128519	111316
587		山西柳林凌志柳家庄煤业有限公司	特级	114.50	10.450	134975	6507
588		山西柳林凌志兴家沟煤业有限公司	特级	105.38	10.530	102173	2280

表1(续)

序号	省（区）	井工煤矿名称	等级	原煤产量/万t	原煤工效/（t·工$^{-1}$）	综合单产/[t·（个·月）$^{-1}$]	完成利润/万元
589	山西	山西柳林宏盛聚德煤业有限公司	特级	183.61	10.580	150152	41695
590		山西宏盛安泰煤业有限公司	特级	146.08	10.100	133906	25843
591		山西柳林联盛郭家山煤业有限公司	特级	66.47	7.600	61667	41507
592		山西柳林兴无煤矿有限责任公司	特级	175.00	10.500	172479	77347
593		山西柳林金家庄煤业有限公司	特级	167.00	13.584	150228	91614.67
594		山西柳林寨崖底煤业有限公司	特级	159.15	10.440	141931	104436
595		山西离柳焦煤集团有限公司佳峰煤矿	特级	97.29	10.700	85217	7798.2
596		山西离柳焦煤集团有限公司兑镇煤矿	特级	128.70	10.330	107491	3424.94
597		山西离柳焦煤集团有限公司朱家店煤矿	特级	92.30	10.240	86922	4606.66
598		山西离柳焦煤集团有限公司宏岩煤矿	特级	89.20	7.670	76465	4606
599		山西离柳鑫瑞煤业有限公司	特级	119.30	10.500	102593	3823.89
600		山西金地煤焦有限公司赤峪煤矿	特级	211.20	7.070	97623	24143
601		山西曙光船窝煤业有限公司	特级	111.74	11.820	105159	72150
602	内蒙古	中国神华能源股份有限公司上湾煤矿	特级	1596.67	113.339	1012429	554525.27
603		中国神华能源股份有限公司寸草塔煤矿	特级	95.10	24.507	193075	56580.66
604		中国神华能源股份有限公司金烽寸草塔煤矿	特级	448.30	47.400	343997	73300
605		中国神华能源股份有限公司柳塔矿	特级	285.61	37.859	253200	37100
606		中国神华能源股份有限公司乌兰木伦煤矿	特级	509.68	29.100	234236	82100

表1(续)

序号	省（区）	井工煤矿名称	等级	原煤产量/万t	原煤工效/($t\cdot工^{-1}$)	综合单产/[$t\cdot(个\cdot月)^{-1}$]	完成利润/万元
607	内蒙古	中国神华能源股份有限公司补连塔煤矿	一级	2471.00	98.450	939940	599670.86
608		中国神华能源股份有限公司布尔台煤矿	一级	1995.95	78.690	629181	506500
609		国能亿利能源有限责任公司黄玉川煤矿	特级	1080.49	68.520	752500	137547.33
610		内蒙古蒙东能源有限公司敏东一矿	特级	461.39	23.790	396383	3078
611		内蒙古平庄煤业（集团）有限责任公司老公营子煤矿	特级	168.11	10.900	155657	9380
612		内蒙古平庄煤业（集团）有限责任公司六家煤矿	特级	160.77	10.043	144769	—
613		国家能源集团乌海能源有限责任公司老石旦煤矿	特级	142.31	10.960	122998	21203
614		乌海市公乌素煤业有限责任公司	特级	136.48	12.830	129841	1145.03
615		国能乌海能源黄白茨矿业有限责任公司	特级	123.73	16.480	110869	754
616		国能乌海能源五虎山矿业有限责任公司	特级	115.56	15.550	111977	15884.38
617		内蒙古利民煤焦有限责任公司	特级	149.10	10.540	149699	38525
618		内蒙古大雁矿业集团有限责任公司第三煤矿	特级	240.20	11.720	217572	3887.7
619		国能包头能源有限责任公司李家壕煤矿	特级	593.00	24.830	483844	97946
620		国能包头能源有限责任公司万利一矿	特级	968.84	41.960	448135	58066.23
621		国能蒙西煤化工股份有限公司棋盘井煤矿	特级	192.60	15.430	187885	—
622		国能蒙西煤化工股份有限公司棋盘井煤矿（东区）	一级	109.47	17.820	141400	—
623		鄂尔多斯市伊化矿业资源有限责任公司	特级	597.68	28.540	520137	109556.85
624		乌审旗蒙大矿业有限责任公司	特级	789.00	30.500	370427	162782

表1(续)

序号	省（区）	井工煤矿名称	等级	原煤产量/万 t	原煤工效/（t·工$^{-1}$）	综合单产/[t·(个·月)$^{-1}$]	完成利润/万元
625	内蒙古	中天合创能源有限责任公司葫芦素煤矿	特级	799.71	25.870	337677	166503.08
626		中天合创能源有限责任公司门克庆煤矿	特级	799.75	21.020	317396	193829.22
627		准格尔旗荣祥煤焦化有限责任公司山不拉煤矿	特级	118.70	11.178	106000	29999.58
628		内蒙古北联电能源开发有限责任公司高头窑煤矿	特级	846.35	43.350	364669	95781.34
629		华能扎赉诺尔煤业有限责任公司灵东煤矿	特级	650.00	21.200	545068	35541
630		华能扎赉诺尔煤业有限责任公司灵泉煤矿	特级	370.00	16.500	307568	15800
631		华能扎赉诺尔煤业有限责任公司铁北煤矿	特级	359.90	13.900	295455	4344.65
632		华能扎赉诺尔煤业有限责任公司灵露煤矿	特级	389.90	17.010	319218	5260
633		内蒙古蒙泰不连沟煤业有限责任公司	特级	1545.66	50.900	699773	338433
634		鄂尔多斯市昊华精煤有限责任公司高家梁一号矿	特级	764.56	37.490	332028	274000.57
635		准格尔旗云飞矿业有限责任公司串草圪旦煤矿	特级	240.00	20.110	191919	56243
636		准格尔旗宏丰煤炭运销有限责任公司红树梁煤矿	特级	255.00	40.780	205842	—
637		内蒙古准格尔旗特弘煤炭有限公司官板乌素煤矿	特级	200.94	24.250	182037	47580
638		鄂尔多斯市盛鑫煤业有限责任公司	特级	124.64	17.047	113042	20076.7
639		内蒙古同煤鄂尔多斯矿业投资有限公司	特级	494.80	59.200	395068	21425
640		呼伦贝尔蒙西煤业有限公司	特级	170.00	19.700	134354	15328
641		呼伦贝尔呼盛矿业有限责任公司	二级	180.00	23.295	145679	16767
642		内蒙古李家塔煤矿	特级	190.98	28.530	228225	59412.04

表1(续)

序号	省（区）	井工煤矿名称	等级	原煤产量/万t	原煤工效/（t·工$^{-1}$）	综合单产/[t·(个·月)$^{-1}$]	完成利润/万元
643	内蒙古	鄂尔多斯市华兴能源有限责任公司唐家会煤矿	特级	884.62	41.650	733121	142005
644		鄂尔多斯市中北煤化工有限公司色连二号煤矿	特级	862.00	28.700	381481	158007
645		内蒙古银宏能源开发有限公司泊江海子煤矿	特级	384.49	17.600	332630	70200
646		内蒙古昊盛煤业有限公司	一级	318.75	31.170	291245	-73286.96
647		鄂尔多斯市转龙湾煤炭有限公司	特级	1092.00	44.110	482898	277992
648		内蒙古双欣矿业有限公司杨家村煤矿	特级	528.45	32.360	423529	115512
649		内蒙古鄂尔多斯永煤矿业有限公司马泰壕煤矿	特级	698.44	35.200	598741	299081
650		达拉特旗苏家沟煤炭有限责任公司	一级	149.40	14.100	138110	17071
651		内蒙古智能煤炭有限公司麻地梁煤矿	特级	541.99	45.480	546171	81350.23
652		内蒙古伊泰京粤酸刺沟矿业有限责任公司	特级	1800.00	58.720	676658	322795
653		内蒙古伊泰煤炭股份有限公司塔拉壕煤矿	特级	755.00	49.660	313051	123691
654		内蒙古伊泰煤炭股份有限公司宏景塔一矿	特级	333.00	21.550	156780	65577
655		内蒙古伊泰煤炭股份有限公司凯达煤矿	特级	186.40	17.400	141235	54286
656		内蒙古伊泰同达煤炭有限责任公司丁家渠煤矿	一级	109.03	16.960	112140	25664
657		内蒙古伊泰大地煤炭有限公司	特级	216.70	17.100	147345	62023
658		内蒙古伊泰宝山煤炭有限责任公司宝山煤矿	特级	176.47	33.520	73713	48000
659		内蒙古伊泰广联煤化有限责任公司	特级	653.86	17.065	377949	177822.71
660		内蒙古满世煤炭集团罐子沟煤炭有限责任公司	特级	593.00	49.900	525092	86239.25

表1(续)

序号	省（区）	井工煤矿名称	等级	原煤产量/万t	原煤工效/（t·工$^{-1}$）	综合单产/[t·(个·月)$^{-1}$]	完成利润/万元
661	内蒙古	准格尔旗永智煤炭有限公司	特级	145.88	16.650	110109	14129.08
662		内蒙古伊东集团孙家壕煤炭有限责任公司	特级	285.60	51.297	288567	69426.9
663		内蒙古伊东集团忽沙图煤炭有限责任公司	一级	53.10	8.900	50316	9000
664		准格尔旗美日煤炭有限责任公司	特级	108.80	20.820	111623	38966.5
665		内蒙古恒东集团宏亚煤炭有限公司	特级	112.90	21.250	111146	24503
666		鄂尔多斯市乌兰煤炭（集团）有限责任公司温家梁三号煤矿	特级	82.20	15.910	76577	18496
667		鄂尔多斯市乌兰煤炭（集团）有限责任公司石圪台煤矿	一级	70.03	8.000	56293	—
668		鄂尔多斯市乌兰煤炭（集团）有限责任公司温家塔煤矿	特级	268.78	41.090	251745	60474
669		准格尔旗弓家塔宝平湾煤炭有限责任公司	特级	308.25	32.380	264820	140115.00
670		内蒙古汇能集团尔林兔煤炭有限公司	特级	875.90	24.350	245985	380987.01
671		内蒙古汇能煤电集团富民煤炭有限责任公司	特级	130.46	22.560	103666	34995.2
672		内蒙古汇能煤电集团羊市塔煤炭有限责任公司一矿	特级	127.13	20.390	102663	49865
673		伊金霍洛旗东博煤炭有限责任公司	特级	134.80	13.950	111176	47149
674		内蒙古友恒煤炭有限责任公司益民煤矿	特级	125.18	13.930	113015	39452.78
675		内蒙古鄂托克旗昊源煤焦化有限责任公司	二级	51.38	9.100	52467	621
676		内蒙古牙克石五九煤炭（集团）有限责任公司牙星分公司一号井	特级	144.74	12.800	138630	20696
677		五九煤炭（集团）有限责任公司胜利煤矿	一级	125.50	12.920	105496	5000
678		内蒙古蒙泰煤电集团有限公司满来梁煤矿	特级	417.85	25.342	271813	134779.69

表1(续)

序号	省（区）	井工煤矿名称	等级	原煤产量/万t	原煤工效/(t·工$^{-1}$)	综合单产/[t·(个·月)$^{-1}$]	完成利润/万元
679	内蒙古	鄂尔多斯市蒙泰范家村煤业有限责任公司	特级	253.10	28.840	203360	43453
680		内蒙古神东天隆集团股份有限公司霍洛湾煤矿	特级	255.53	19.943	192400	171577.96
681		伊金霍洛旗呼氏煤炭有限责任公司（淖尔壕煤矿）	一级	170.87	10.230	148093	61329
682		鄂尔多斯市巴音孟克纳汇煤炭有限责任公司	特级	300.00	50.710	287242	44176.95
683		内蒙古珠江投资有限公司青春塔煤矿	特级	663.46	35.600	571685	189919
684		准格尔旗神山煤炭有限责任公司敖家沟西梁煤矿	一级	111.00	31.200	95128	9300
685		内蒙古聚祥煤业集团有限公司阳塔煤矿	特级	228.60	23.160	200769	53000
686		伊金霍洛旗振兴煤炭有限责任公司	一级	66.70	8.576	65392	22078
687		鄂托克旗建元煤焦化有限责任公司	特级	123.30	11.090	121528	7625
688		鄂尔多斯市鸿森矿业有限责任公司贾家渠煤矿	一级	59.30	10.140	52463	18379
689		内蒙古赛蒙特尔煤业有限责任公司赛蒙特尔煤矿	特级	314.85	39.530	270390	128197
690		鄂尔多斯市恒泰煤炭有限公司碾盘梁一井	一级	156.00	15.600	135769	12552
691		鄂尔多斯市呼能煤炭集团有限责任公司丁家梁煤矿	一级	110.00	16.060	145198	300
692		内蒙古丹蒙得煤业有限责任公司鑫臻煤矿	特级	445.80	35.270	371493	243023.412
693		鄂尔多斯市广厦煤炭运销有限公司刘家渠煤矿	一级	26.70	4.680	53718	1469
694		鄂尔多斯市庚泰煤炭有限责任公司三星煤矿	一级	55.00	5.720	66425	—
695		内蒙古准格尔旗力量煤业有限公司大饭铺煤矿	特级	535.81	51.590	446322	140900
696		内蒙古兴隆能源集团有限公司黑岱沟煤矿	特级	139.28	22.120	150978	20066.23

表1(续)

序号	省（区）	井工煤矿名称	等级	原煤产量/万t	原煤工效/（t·工$^{-1}$）	综合单产/[t·(个·月)$^{-1}$]	完成利润/万元
697	内蒙古	内蒙古黄陶勒盖煤炭有限责任公司巴彦高勒煤矿	特级	452.60	24.530	184965	186716
698		内蒙古伊东集团宏鑫煤炭有限责任公司	特级	261.00	46.778	111413	—
699		内蒙古伊东集团宏测煤炭有限责任公司	特级	239.80	38.240	212500	66220.8
700		内蒙古伊东煤炭集团窑沟扶贫煤炭有限责任公司	特级	193.77	27.840	161026	5910
701		鄂托克前旗长城六号矿业有限公司	特级	150.42	23.741	142276	44219
702	辽宁	铁法煤业（集团）有限责任公司大平煤矿	特级	404.95	20.672	353626	115907
703		铁法煤业（集团）有限责任公司大兴煤矿	特级	201.00	10.211	98466	-10802
704		铁法煤业（集团）有限责任公司大隆矿	特级	210.00	12.402	91011	2471
705		铁法煤业（集团）有限责任公司小青煤矿	特级	245.00	13.911	115964	1181
706		铁法煤业（集团）有限责任公司小康煤矿	特级	260.00	15.306	227355	28500
707		铁法煤业（集团）有限责任公司晓南矿	特级	210.00	12.650	164894	13063
708		抚顺矿业集团有限责任公司老虎台矿	特级	224.20	7.258	92365	96491
709		沈阳焦煤股份有限公司红阳二矿	一级	120.84	4.310	82993	9067
710		沈阳焦煤股份有限公司蒲河煤矿	一级	135.01	7.432	108300	3763
711		沈阳焦煤股份有限公司林盛煤矿	二级	70.01	2.160	26906	-18945
712		阜新矿业集团恒大煤矿	一级	100.58	4.700	71631	235
713	吉林	珲春矿业（集团）八连城煤业有限公司	一级	202.00	5.006	53232	9847
714		辽源矿业（集团）有限责任公司金宝屯煤矿	一级	164.19	8.888	73985	10869

表1（续）

序号	省（区）	井工煤矿名称	等级	原煤产量/万t	原煤工效/（t·工$^{-1}$）	综合单产/[t·（个·月）$^{-1}$]	完成利润/万元
715	吉林	吉林省龙家堡矿业有限责任公司	一级	95.01	4.744	73636	1285
716	黑龙江	黑龙江龙煤鹤岗矿业有限责任公司峻德煤矿	特级	166.90	6.508	100827	10946
717		黑龙江龙煤鹤岗矿业有限责任公司兴安煤矿	一级	192.50	6.600	84444	16320
718		黑龙江龙煤鹤岗矿业有限责任公司富力煤矿	二级	148.05	2.773	65693	41964
719		黑龙江龙煤鸡西矿业（集团）有限责任公司城山煤矿	特级	189.90	7.021	107390	49031
720		黑龙江龙煤鸡西矿业有限责任公司东山煤矿	特级	209.90	8.119	85008	75678
721		黑龙江龙煤鸡西矿业有限责任公司东海煤矿	一级	119.90	4.945	45436	4542
722		黑龙江龙煤鸡西矿业有限责任公司新发煤矿	一级	89.90	5.100	44504	52998
723		黑龙江龙煤鸡西矿业有限责任公司杏花煤矿	一级	199.90	5.650	76684	16860
724		黑龙江龙煤鸡西矿业有限责任公司平岗煤矿	二级	86.30	3.923	32255	22094
725		黑龙江龙煤七台河矿业有限责任公司新立煤矿	一级	86.70	6.870	43524	11539.1
726		黑龙江龙煤七台河矿业有限责任公司新建煤矿	二级	149.80	2.600	27089	3669.2
727		黑龙江龙煤七台河矿业有限责任公司新兴煤矿	二级	149.70	3.016	43017	2064
728		黑龙江龙煤七台河矿业有限责任公司新铁煤矿	二级	119.80	5.540	34313	10795
729		黑龙江龙煤双鸭山矿业有限责任公司东荣一矿	特级	149.70	13.140	120370	6561
730		黑龙江龙煤双鸭山矿业有限责任公司东荣二矿	特级	244.99	12.552	111481	57236
731		黑龙江龙煤双鸭山矿业有限责任公司东荣三矿	一级	159.80	5.231	65288	2271
732		黑龙江龙煤双鸭山矿业有限责任公司东保卫煤矿	一级	96.80	3.005	46677	18614

表1(续)

序号	省（区）	井工煤矿名称	等级	原煤产量/万t	原煤工效/（t·工$^{-1}$）	综合单产/[t·(个·月)$^{-1}$]	完成利润/万元
733	黑龙江	黑龙江龙煤双鸭山矿业有限责任公司集贤煤矿	一级	133.06	4.459	47974	12251
734		黑龙江龙煤双鸭山矿业有限责任公司双阳煤矿	二级	133.00	3.524	53262	2988
735	江苏	上海大屯能源股份有限公司徐庄煤矿	特级	159.97	12.199	113105	25474
736		上海大屯能源股份有限公司龙东煤矿	特级	63.41	6.740	95494	5481
737		上海大屯能源股份有限公司孔庄煤矿	一级	98.89	5.081	98857	-3512.78
738		江苏徐矿能源股份有限公司张双楼煤矿	特级	187.12	8.380	69996	40727
739	安徽	中煤新集能源股份有限公司新集一矿	特级	166.80	10.401	126658	6582.16
740		中煤新集能源股份有限公司新集二矿	特级	269.95	10.439	196076	6023.58
741		中煤新集刘庄矿业有限公司	特级	1066.40	13.286	320135	160557
742		中煤新集阜阳矿业有限公司	特级	500.00	15.324	232171	42023.74
743		淮南矿业（集团）有限责任公司张集煤矿	特级	770.00	19.910	228212	217864
744		淮南矿业（集团）有限责任公司张集煤矿二期工程	特级	488.00	13.120	201379	171913
745		淮南矿业（集团）有限责任公司顾桥煤矿	特级	922.00	10.270	252729	195000
746		淮南矿业（集团）有限责任公司谢桥煤矿	特级	910.00	19.740	255409	127939
747		淮南矿业（集团）有限责任公司朱集东煤矿	特级	394.00	16.360	156145	36780
748		淮沪煤电有限公司丁集煤矿	特级	595.00	12.600	240271	37678
749		淮浙煤电有限责任公司顾北煤矿	特级	360.00	10.190	184098	22107
750		淮南矿业（集团）有限责任公司潘二煤矿	特级	269.00	7.910	86541	9889

表1(续)

序号	省（区）	井工煤矿名称	等级	原煤产量/万t	原煤工效/(t·工$^{-1}$)	综合单产/[t·(个·月)$^{-1}$]	完成利润/万元
751	安徽	淮北矿业股份有限公司临涣煤矿	特级	193.90	8.494	84632	11746.91
752		淮北矿业股份有限公司许疃煤矿	特级	324.80	8.660	90589	63970
753		淮北矿业股份有限公司孙疃煤矿	特级	202.85	10.210	82940	13311.3
754		淮北矿业股份有限公司朱仙庄煤矿	特级	230.40	7.020	96970	10590
755		淮北青东煤业有限公司	特级	140.30	6.260	79042	1042
756		淮北矿业股份有限公司杨柳煤矿	特级	159.00	7.852	63580	40623.7
757		安徽省亳州煤业有限公司信湖煤矿	特级	107.52	7.550	86735	12626.85
758		淮北矿业股份有限公司袁店一井煤矿	特级	149.50	6.800	83994	10880
759		安徽省亳州煤业有限公司袁店二井	一级	113.89	7.195	69609	10293.35
760		淮北矿业股份有限公司朱庄煤矿	一级	109.70	7.192	50787	-10343
761		淮北矿业股份有限公司芦岭煤矿	一级	173.00	8.120	75878	16769
762		淮北矿业股份有限公司童亭煤矿	一级	117.70	6.873	103422	6976.89
763		淮北矿业股份有限公司桃园煤矿	一级	120.00	3.530	49303	-8830
764		淮北矿业股份有限公司涡北煤矿	一级	69.65	3.690	59082	3166
765		安徽神源煤化工有限公司邹庄煤矿	一级	116.00	3.800	59652	-9210
766		淮北双龙矿业有限责任公司	一级	62.18	4.867	52874	4389
767		安徽恒源煤电股份有限公司任楼煤矿	特级	202.00	7.550	82453	36467.27
768		安徽恒源煤电股份有限公司五沟煤矿	特级	96.01	6.350	38210	28120.59

表1(续)

序号	省（区）	井工煤矿名称	等级	原煤产量/万t	原煤工效/($t \cdot 工^{-1}$)	综合单产/[$t \cdot (个 \cdot 月)^{-1}$]	完成利润/万元
769	安徽	安徽恒源煤电股份有限公司钱营孜煤矿	特级	376.10	14.100	154843	52237
770		安徽恒源煤电股份有限公司煤矿	一级	197.20	7.101	81390	26978.4
771		安徽恒源煤电股份有限公司祁东煤矿	一级	138.90	7.430	57624	11070
772		中安联合煤化有限责任公司朱集西煤矿	一级	269.57	7.200	120014	30302.6
773		宿州煤电（集团）有限公司界沟煤矿	一级	124.80	7.050	56637	11965
774	山东	兖矿能源集团股份有限公司南屯煤矿	特级	199.56	7.371	87477	8400
775		兖矿能源集团股份有限公司兴隆庄煤矿	特级	510.06	16.612	215183	223542
776		兖矿能源集团股份有限公司鲍店煤矿	特级	578.12	17.507	258565	215961.36
777		兖矿能源集团股份有限公司东滩煤矿	特级	702.03	18.634	279594	262387.3
778		兖矿能源集团股份有限公司济宁二号煤矿	特级	295.66	14.813	107802	70255
779		兖矿能源集团股份有限公司济宁三号煤矿	特级	500.72	21.466	159060	190811
780		兖矿能源集团股份有限公司杨村煤矿	特级	106.20	7.493	50942	5050
781		兖煤菏泽能化有限公司赵楼煤矿	特级	320.17	9.455	139254	174331
782		新汶矿业集团有限责任公司翟镇煤矿	一级	120.50	7.587	72507	10093
783		新汶矿业集团有限责任公司孙村煤矿	特级	92.11	4.050	28211	11280
784		新汶矿业集团有限责任公司协庄煤矿	特级	94.76	5.070	64531	12957
785		肥城矿业集团单县能源有限责任公司	特级	70.00	4.212	53283	14054
786		临沂矿业集团菏泽煤电有限公司郭屯煤矿	特级	233.20	6.520	93237	76307

表1(续)

序号	省（区）	井工煤矿名称	等级	原煤产量/万t	原煤工效/$(t\cdot 工^{-1})$	综合单产/$[t\cdot(个\cdot 月)^{-1}]$	完成利润/万元
787	山东	龙口煤电有限公司梁家煤矿	特级	219.92	11.199	101992	13100
788		山东里能鲁西矿业有限公司	特级	87.00	7.090	71839	10086
789		临沂矿业集团菏泽煤电有限公司彭庄煤矿	特级	71.70	7.160	27231	8044
790		山东唐口煤业有限公司	特级	275.91	8.500	131964	117883
791		山东李楼煤业有限公司	一级	186.39	7.292	151981	39869.44
792		山东里能里彦矿业有限公司	一级	72.80	4.090	18006	7277.7
793		山东东山新驿煤矿有限公司	一级	82.61	5.007	64320	1134
794		枣庄矿业（集团）有限责任公司柴里煤矿	特级	206.97	14.000	100672	50171.15
795		枣庄矿业（集团）有限责任公司蒋庄煤矿	特级	235.30	12.390	93769	70803
796		枣庄矿业（集团）有限责任公司田陈煤矿	特级	145.90	6.730	60979	34334
797		枣庄矿业（集团）有限责任公司滨湖煤矿	特级	109.00	10.640	60357	7024
798		枣庄矿业集团高庄煤业有限公司	特级	151.16	6.683	93173	3698
799		山东省三河口矿业有限责任公司	特级	55.79	5.546	41344	14228
800		枣庄矿业（集团）付村煤业有限公司	特级	265.75	10.960	110742	104149
801		枣庄矿业（集团）济宁七五煤业有限公司	特级	93.62	4.610	47338	44587
802		枣庄矿业（集团）济宁岱庄煤业有限公司	一级	43.24	3.820	29790	5596
803		济宁市金桥煤矿	特级	72.53	7.012	61114	52910.02
804		山东济矿鲁能煤电股份有限公司阳城煤矿	特级	161.90	10.030	45037	44918.31

表1(续)

序号	省（区）	井工煤矿名称	等级	原煤产量/万t	原煤工效/（t·工$^{-1}$）	综合单产/[t·(个·月)$^{-1}$]	完成利润/万元
805	山东	济宁矿业集团花园井田资源开发有限公司	一级	43.14	4.547	32216	6880
806		微山金源煤矿	一级	49.30	3.717	30856	17509
807		济宁矿业集团有限公司霄云煤矿	一级	87.53	5.560	52476	25045.55
808		汶上义桥煤矿有限责任公司	一级	73.90	5.230	33830	19365
809		山东济宁运河煤矿有限责任公司	一级	68.80	4.153	27996	6145.64
810		济宁矿业有限公司安居煤矿	二级	110.23	4.190	39982	4938.14
811		滕州市金达煤炭有限责任公司	二级	67.88	3.200	29034	13615
812	河南	中煤河南新能开发有限公司王行庄煤矿	特级	89.61	9.560	79546	24519.13
813		中煤新登郑州煤业有限公司	二级	75.10	5.042	80311	7196.9
814		中煤郑州能源开发有限公司教学三矿	二级	52.79	6.150	51646	5372.6
815		河南龙宇能源股份有限公司陈四楼煤矿	特级	281.67	11.400	137143	38625
816		河南龙宇能源股份有限公司车集煤矿	特级	151.40	6.500	75110	25553
817		河南省正龙煤业有限公司城郊煤矿	特级	283.97	6.445	134149	57536
818		永煤集团股份有限公司新桥煤矿	特级	209.70	11.520	184287	51352
819		永煤集团股份有限公司顺和煤矿	特级	58.90	5.920	58635	7500
820		河南永锦能源有限公司云盖山煤矿一矿	一级	41.64	3.120	38556	10145
821		河南永锦能源有限公司云盖山煤矿二矿	一级	43.40	3.030	36054	10247.86
822		河南永华能源有限公司嵩山煤矿	一级	118.47	7.050	138535	14650.63

表1(续)

序号	省（区）	井工煤矿名称	等级	原煤产量/万t	原煤工效/(t·工$^{-1}$)	综合单产/[t·(个·月)$^{-1}$]	完成利润/万元
823	河南	禹州枣园煤业有限公司	一级	40.07	2.800	37102	8489
824		安阳鑫龙煤业（集团）红岭煤业有限责任公司	一级	74.50	6.040	68539	40247
825		安阳市主焦煤业有限责任公司	一级	38.72	3.400	33590	10529
826		安阳永安贺驼煤矿有限公司	二级	23.70	2.700	21944	1588
827		永城煤电控股集团登封煤业有限公司丰阳煤矿	一级	50.30	2.340	62121	8774
828		河南大有能源股份有限公司耿村煤矿	特级	353.69	11.780	149716	115237.82
829		河南大有能源股份有限公司常村煤矿	特级	155.07	6.550	125377	24530.92
830		河南大有能源股份有限公司千秋煤矿	特级	103.99	6.660	104427	10983.82
831		河南大有能源股份有限公司新安煤矿	一级	122.96	5.200	57840	5084.45
832		河南大有能源股份有限公司石壕煤矿	一级	80.61	5.280	72204	4988
833		洛阳义安矿业有限公司正村煤矿	一级	97.95	8.660	88917	5105
834		义马煤业集团孟津煤矿有限责任公司	一级	105.90	10.800	103824	5192
835		义煤集团新义矿业有限公司	一级	91.01	8.952	80287	4634
836		义煤集团新安县云顶煤业有限公司	一级	61.91	6.000	57480	11471.84
837		义煤集团新安县郁山煤业有限公司	一级	38.21	4.810	31085	786
838		三门峡龙王庄煤业有限责任公司	一级	61.04	4.160	54722	11233.9
839		焦作煤业集团赵固（新乡）能源有限责任公司赵固一矿	特级	284.66	14.070	201397	60852
840		焦作煤业（集团）新乡能源有限公司赵固二矿	特级	166.95	8.280	85033	20554.58

表1（续）

序号	省（区）	井工煤矿名称	等级	原煤产量/万t	原煤工效/（t·工$^{-1}$）	综合单产/[t·（个·月）$^{-1}$]	完成利润/万元
841	河南	河南焦煤能源有限公司九里山矿	特级	88.58	5.020	52023	4369.84
842		河南焦煤能源有限公司古汉山矿	一级	116.50	6.510	67677	9828.11
843		河南焦煤能源有限公司中马村矿	一级	56.50	3.980	49545	1949.6
844		河南宝雨山煤业有限公司宝雨山煤矿	一级	61.73	5.940	53296	1023
845		鹤壁煤电股份有限公司第三煤矿	一级	104.40	6.400	95341	21243
846		鹤壁煤电股份有限公司第八煤矿	一级	80.90	5.100	71268	8793
847		鹤壁煤电股份有限公司第九煤矿	一级	59.99	6.970	57922	656.02
848		鹤壁中泰矿业有限公司	一级	120.00	4.800	67069	12365.23
849		河南平宝煤业有限公司	特级	240.00	7.930	211957	96902
850		平顶山天安煤业股份有限公司六矿	特级	319.09	13.200	102972	15152
851		平顶山天安煤业股份有限公司十一矿	特级	288.00	11.170	83271	67897
852		平顶山天安煤业股份有限公司十二矿	特级	103.90	7.100	83378	36900
853		平顶山天安煤业股份有限公司一矿	一级	319.50	6.870	94711	15411.5
854		平顶山天安煤业股份有限公司二矿	一级	205.30	7.500	60577	30068
855		平顶山天安煤业股份有限公司五矿	一级	180.00	7.003	117023	16874
856		平顶山天安煤业股份有限公司八矿	一级	403.13	10.080	111255	7313.77
857		平顶山天安煤业股份有限公司十矿	一级	241.20	10.080	76533	16500
858		河南平禹煤电有限责任公司一矿	一级	150.00	9.230	130736	6431

表1(续)

序号	省（区）	井工煤矿名称	等级	原煤产量/万t	原煤工效/(t·工$^{-1}$)	综合单产/[t·(个·月)$^{-1}$]	完成利润/万元
859	河南	平顶山市瑞平煤电有限公司张村矿	一级	150.00	7.950	64711	35089
860		平顶山市瑞平煤电有限公司庇山矿	一级	84.80	5.930	68750	14491
861		平顶山天安煤业股份有限公司香山矿	一级	89.30	5.035	75636	658
862		平顶山天安煤业股份有限公司九矿	二级	85.60	4.200	69825	8860
863		平顶山天安煤业股份有限公司朝川矿	二级	101.20	6.800	50000	1100
864		河南省新郑煤电有限责任公司赵家寨煤矿	特级	244.02	13.027	115915	48600
865		郑州煤炭工业（集团）杨河煤业有限公司裴沟煤矿	特级	144.03	10.220	129231	7396.05
866		郑煤集团（河南）白坪煤业有限公司	特级	150.34	10.630	143245	19216
867		郑州煤电股份有限公司超化煤矿	一级	97.03	7.250	82624	6593
868		郑州煤炭工业（集团）有限责任公司大平煤矿	一级	70.07	5.216	61014	4891
869		郑州煤炭工业（集团）有限责任公司芦沟煤矿	一级	54.57	4.685	47280	1888.65
870		河南省许昌新龙矿业有限责任公司	特级	89.70	4.711	75761	26900
871		河南神火兴隆矿业有限责任公司泉店煤矿	特级	177.80	12.773	72544	43017
872		河南神火煤电股份有限公司新庄煤矿	特级	169.30	7.020	68895	44688
873		河南神火煤电股份有限公司薛湖煤矿	特级	103.97	4.290	74977	28292
874		河南神火煤电股份有限公司刘河煤矿	一级	24.70	3.715	31167	1662
875		郑州磴槽企业集团金岭煤业有限公司	一级	75.37	5.250	73486	8355
876		辉县市龙田煤业有限公司程村煤矿	一级	75.30	4.090	61630	20266

表1(续)

序号	省（区）	井工煤矿名称	等级	原煤产量/万 t	原煤工效/（t·工$^{-1}$）	综合单产/[t·(个·月)$^{-1}$]	完成利润/万元
877	河南	河南省济源煤业有限责任公司一矿	二级	64. 30	4. 640	58127	7000
878		河南省济源煤业有限责任公司九矿	二级	29. 60	4. 230	26231	2680
879	四川	四川华蓥山龙滩煤电有限责任公司	一级	135. 72	4. 790	56180	35757
880		华荣能源李子垭煤矿南二井	一级	27. 97	1. 976	24056	6063. 34
881		四川嘉阳集团有限责任公司	一级	96. 31	12. 510	36972	9439
882	贵州	贵州金益煤炭开发有限公司木担坝煤矿	特级	62. 40	7. 100	55333	10500. 04
883		贵州林华矿业有限公司林华煤矿	一级	94. 56	7. 030	94187	28000
884	陕西	中国神华能源股份有限公司哈拉沟煤矿	特级	1564. 20	105. 730	630471	679900
885		陕西国华锦界能源有限责任公司锦界煤矿	特级	1870. 99	102. 130	511905	24348
886		中国神华能源股份有限公司大柳塔煤矿	特级	1799. 08	92. 770	750123	645081. 06
887		中国神华能源股份有限公司活鸡兔煤矿	特级	1402. 60	61. 800	396453	527793. 6
888		中国神华能源股份有限公司榆家梁煤矿	特级	1024. 23	76. 340	373030	245100
889		中国神华能源股份有限公司石圪台煤矿	特级	1152. 72	45. 840	328934	82059. 2
890		陕西德源府谷能源有限公司三道沟煤矿	特级	596. 35	56. 460	251685	109356
891		国能榆林能源有限责任公司郭家湾煤矿分公司	特级	592. 00	33. 430	474143	124038
892		国能榆林能源有限责任公司青龙寺煤矿分公司	特级	325. 90	41. 900	271986	54241
893		延安市禾草沟煤业有限公司	特级	500. 00	25. 861	195278	267997
894		陕西南梁矿业有限公司	特级	296. 70	27. 420	157327	161057

表1(续)

序号	省（区）	井工煤矿名称	等级	原煤产量/万t	原煤工效/$(t\cdot 工^{-1})$	综合单产/$[t\cdot(个\cdot月)^{-1}]$	完成利润/万元
895	陕西	陕西华电榆横煤电有限责任公司小纪汗煤矿	特级	1049.23	27.470	421671	433986
896		神木县隆德矿业有限责任公司	特级	1096.00	43.210	442045	354840.89
897		陕西竹园嘉原矿业有限公司柳巷煤矿	特级	213.00	26.400	184265	101100
898		陕西旬邑青岗坪矿业有限公司	特级	129.00	6.550	107527	24372
899		华能铜川照金煤电有限公司西川煤矿分公司	特级	89.03	7.800	71847	6415.8
900		陕西小保当矿业有限公司一号煤矿	特级	1514.00	76.100	1234065	463916.90
901		陕西小保当矿业有限公司二号煤矿	特级	796.00	63.700	671456	39289.71
902		陕煤集团神木张家峁矿业有限公司	特级	1098.90	78.030	436127	389777.7
903		陕煤集团神木柠条塔矿业有限公司	特级	1979.31	78.210	517159	751900
904		陕煤集团神木红柳林矿业有限公司	特级	1700.00	44.040	458190	862000
905		陕西陕煤曹家滩矿业有限公司	特级	1500.36	75.838	620135	605000
906		陕西陕北矿业韩家湾煤炭有限公司	特级	299.50	21.760	250045	73506
907		陕西煤业化工集团孙家岔龙华矿业有限公司	特级	912.80	58.340	399769	403436.46
908		榆林市榆阳中能袁大滩矿业有限公司	特级	540.00	20.279	230417	95535.56
909		陕西涌鑫矿业有限责任公司沙梁煤矿	特级	113.40	18.270	116129	15559.2
910		陕西涌鑫矿业有限责任公司安山煤矿	特级	345.80	25.710	281787	44282.78
911		陕西陕煤黄陵矿业有限公司一号煤矿	特级	586.90	18.600	217292	29.06
912		陕西黄陵二号煤矿有限公司	特级	782.00	30.440	354337	403169

表1(续)

序号	省（区）	井工煤矿名称	等级	原煤产量/万t	原煤工效/（t·工$^{-1}$）	综合单产/[t·(个·月)$^{-1}$]	完成利润/万元
913	陕西	陕西双龙煤业开发有限责任公司	特级	90.00	8.160	77688	22513.6
914		陕西建新煤化有限责任公司	特级	389.18	15.100	314029	113565
915		陕西煤业集团黄陵建庄矿业有限公司	特级	467.72	18.830	201465	144000
916		陕西彬长大佛寺矿业有限公司	特级	629.00	9.270	254209	78589.15
917		陕西彬长小庄矿业有限公司	特级	485.40	12.400	424283	79200
918		陕西陕煤韩城矿业有限公司桑树坪二号井	特级	89.90	3.930	68024	16261
919		陕西陕煤韩城矿业有限公司象山矿井	特级	238.80	9.030	98776	8922
920		陕西陕煤韩城矿业有限公司下峪口煤矿	一级	128.95	7.150	56389	38599
921		陕西陕煤澄合矿业有限公司董家河煤矿分公司	一级	119.10	4.520	101449	17862.14
922		陕西澄合山阳煤矿有限公司	一级	220.56	8.010	115396	20363.29
923		陕西澄合合阳煤炭开发有限公司	特级	118.81	8.010	89268	10316.57
924		陕西澄合百良旭升煤炭有限责任公司	一级	58.46	4.010	47167	2953.85
925		陕西蒲白西固煤业有限责任公司	一级	64.80	5.110	53866	5355.14
926		陕煤铜川矿业有限公司玉华煤矿	特级	223.11	11.940	182274	39411.09
927		陕煤铜川矿业有限公司下石节煤矿	特级	179.60	11.180	144931	32546
928		陕煤铜川矿业有限公司玉华煤矿柴家沟井	一级	96.40	5.560	76369	15442.73
929		陕西崔家沟能源有限公司	特级	161.00	10.310	132279	32340.24
930		陕西能源凉水井矿业有限责任公司	特级	842.66	24.640	376862	272933

表1(续)

序号	省（区）	井工煤矿名称	等级	原煤产量/万t	原煤工效/(t·工$^{-1}$)	综合单产/[t·(个·月)$^{-1}$]	完成利润/万元
931	陕西	陕西麟北煤业开发有限责任公司	特级	312.40	10.190	261236	17092
932		陕西有色榆林煤业有限公司	特级	799.56	54.000	655069	407889.32
933		陕西延长石油集团横山魏墙煤业有限公司	特级	598.96	38.392	468519	256941
934		陕西未来能源化工有限公司金鸡滩煤矿	特级	1649.20	105.556	648042	706683
935		陕西正通煤业有限责任公司	一级	387.50	10.993	305122	75252.76
936		彬县水帘洞煤炭有限责任公司	特级	125.80	12.030	104881	39185
937		旬邑县中达燕家河煤矿有限公司	特级	155.82	9.939	83273	28725.47
938		陕西金源招贤矿业有限公司	一级	207.00	10.530	196480	53200
939		陕西郭家河煤业有限责任公司	特级	415.07	13.770	433048	71292
940		陕西银河煤业开发有限公司	特级	381.26	60.000	353030	188100
941		榆林市榆神煤炭榆树湾煤矿有限公司	特级	997.00	125.580	841459	658700
942		榆林市杨伙盘矿业有限公司	特级	492.96	29.500	226550	228186.2
943		榆林泰发祥矿业有限公司	特级	239.88	29.130	164911	157473
944		榆林市千树塔矿业投资有限公司	一级	118.00	14.590	94086	52400
945		府谷能源投资集团沙沟岔矿业有限公司	特级	179.90	14.760	161782	42100
946		神木能源集团石窑店矿业有限公司	特级	320.30	19.970	266223	100029.1
947		陕西中太能源投资有限公司朱家峁煤矿	特级	292.10	24.630	168624	121812
948		榆林市榆阳区白鹭煤矿	一级	129.44	21.000	106918	54327

表1(续)

序号	省（区）	井工煤矿名称	等级	原煤产量/万t	原煤工效/(t·工$^{-1}$)	综合单产/[t·(个·月)$^{-1}$]	完成利润/万元
949	陕西	榆林市神树畔矿业投资有限公司	一级	330.00	27.570	289773	182536.9
950		陕西腾晖矿业有限公司双山煤矿	特级	467.00	36.210	415659	216000
951		陕西省榆林市大梁湾煤矿有限公司	特级	172.20	19.870	135638	95766.34
952		陕西恒源投资集团赵家梁煤矿有限责任公司	特级	112.40	14.050	107385	58612
953		神府经济开发区赵家梁煤矿三一煤井	二级	120.40	9.470	50702	89237
954		神府经济开发区海湾煤矿有限公司	特级	241.30	20.976	200358	88600
955		神木狼窝渠矿业有限公司	特级	261.30	17.234	236569	139110
956		陕西黑龙沟矿业有限责任公司	一级	149.40	12.820	122037	54294
957		神木市孙家岔镇海湾村河畔煤矿	一级	163.97	21.300	125442	86725.82
958		神府经济开发区海湾煤矿有限公司三号井	特级	98.12	15.750	81111	60828.6
959		神木市麻家塔乡贺地山红岩煤矿	一级	105.82	18.870	96677	45386.2
960		神木县嘉元煤业集团有限责任公司	特级	271.00	30.47	195333	121000
961		神木市惠宝煤业有限公司	特级	284.58	32.154	244077	104936.2
962		神木大砭窑气化煤有限责任公司	特级	148.60	29.13	121808	71834
963		神木市朝源矿业有限公司	一级	119.30	18.260	109425	39198
964		陕西神木圪柳沟矿业有限公司	一级	118.00	25.390	103475	82226
965		神木市东梁矿业有限公司	特级	88.54	15.370	81137	21875.6
966		神木市大柳塔东川矿业有限公司	特级	208.79	26.560	198476	145098

表1(续)

序号	省（区）	井工煤矿名称	等级	原煤产量/万t	原煤工效/($t·工^{-1}$)	综合单产/[$t·(个·月)^{-1}$]	完成利润/万元
967	陕西	神木市瑶渠煤业有限责任公司	一级	99.20	12.500	73583	38600
968		神木市乌兰色太煤炭有限责任公司	特级	328.70	37.220	151747	149600
969		陕西益东矿业有限责任公司	特级	398.70	35.110	343446	167984.36
970		神木市汇兴矿业有限公司	一级	98.00	23.604	70175	24984
971		神木市三江能源有限公司	特级	222.54	59.160	101606	131683
972		神木市新窑煤业有限公司	特级	162.09	20.336	139139	81041
973		府谷县锦盛煤矿	一级	103.20	18.138	66667	13156
974		府谷县亿源煤矿有限公司	特级	117.50	17.250	104751	27143
975		府谷县中联矿业有限公司	特级	128.68	15.430	72340	58513
976		陕西省府谷县中能亿安矿业有限公司	一级	170.69	19.190	130934	22750
977		府谷县兴胜民煤矿有限公司	一级	156.21	41.030	150962	54600
978		府谷县宝山煤业有限公司	特级	169.00	41.470	164548	44942
979		府谷县万泰明煤矿有限公司	特级	155.69	12.492	138427	70495.6
980		府谷县老高川乡恒益煤矿有限公司	一级	109.00	11.500	61776	53527
981		府谷县煤化工集团亿隆矿业有限公司	特级	128.36	18.660	105936	54938.1
982		府谷县瑞丰煤矿有限公司	特级	350.00	25.126	103087	82600
983		神木市鑫轮矿业有限公司	一级	63.50	9.900	46649	8643.59
984		神府集华王才伙盘矿业有限公司	一级	37.60	9.841	32407	12000

表1(续)

序号	省(区)	井工煤矿名称	等级	原煤产量/万t	原煤工效/($t\cdot工^{-1}$)	综合单产/[$t\cdot(个\cdot月)^{-1}$]	完成利润/万元
985	陕西	神木市孙家岔镇崖窑峁矿业有限公司	一级	60.00	8.530	45348	18550
986		神木县天瑞煤业有限公司	一级	58.00	9.882	49808	42206
987		府谷县普禾煤矿有限公司	特级	120.60	11.369	106915	42628
988		府谷县建新煤矿有限公司	一级	84.44	25.846	89538	56915
989		府谷县通源煤矿有限公司	一级	115.60	18.140	66458	23000
990		陕西省府谷县中汇富能矿业有限公司	一级	60.00	7.720	45920	28759
991		府谷县谊丰煤矿有限公司	一级	122.60	21.300	82653	45215
992		横山县波罗镇山东煤矿	一级	62.94	7.260	50762	14817
993		榆林市常乐堡矿业有限公司	一级	119.72	13.700	98980	54916
994		神木市锟源矿业有限公司	特级	105.13	12.750	55937	39600
995		子长县羊马河矿业有限公司	特级	89.30	22.110	181197	31250
996		陕西富源煤业有限责任公司	特级	149.18	10.130	108806	65579.4
997		延安市华龙煤业有限公司	一级	300.29	17.650	135878	139689.12
998		彬县煤炭有限责任公司下沟煤矿	特级	222.27	11.410	155627	4618.58
999		彬县煤炭有限责任公司蒋家河煤矿	特级	88.88	8.320	66967	11421.5
1000		陕西旬邑县旬东煤业有限责任公司	特级	204.87	13.200	165008	38000
1001		陕西长武亭南煤业有限责任公司	特级	431.60	13.310	204960	118548
1002	甘肃	华亭煤业集团有限责任公司砚北煤矿	特级	480.00	8.313	216157	83143.6

表1(续)

序号	省（区）	井工煤矿名称	等级	原煤产量/万t	原煤工效/（$t \cdot 工^{-1}$）	综合单产/[$t \cdot (个 \cdot 月)^{-1}$]	完成利润/万元
1003	甘肃	华亭煤业集团有限责任公司陈家沟煤矿	特级	150.00	10.190	158443	10517.26
1004		华亭煤业集团有限责任公司东峡煤矿	特级	125.00	10.500	117238	4063.29
1005		华亭煤业集团有限责任公司山寨煤矿	特级	180.00	10.390	173611	20603
1006		华亭煤业集团有限公司马蹄沟煤矿	特级	120.00	12.890	114147	11717.49
1007		华亭煤业集团有限责任公司新柏煤矿	特级	102.00	11.390	110567	4523
1008		华亭煤业集团有限责任公司大柳煤矿	特级	185.00	10.950	169223	16277.7
1009		华亭煤业集团有限责任公司新窑煤矿	一级	80.00	9.020	104206	1247
1010		甘肃万胜矿业有限公司	特级	243.50	41.836	142686	21891.3
1011		窑街煤电集团有限公司金河煤矿	特级	131.90	6.244	105750	40886.03
1012		窑街煤电集团有限公司三矿	一级	181.00	5.791	165751	15964.21
1013		窑街煤电集团天祝煤业有限责任公司	特级	98.92	7.222	78125	31681.1
1014		窑街煤电集团有限公司海石湾煤矿	特级	192.33	10.400	176126	117959.39
1015		甘肃靖远煤电股份有限公司大水头煤矿	特级	225.18	8.318	100861	94473.36
1016		甘肃靖远煤电股份有限公司红会第一煤矿	特级	145.26	7.964	112587	31342
1017		甘肃省平凉市崇信县百贯沟煤业有限公司	特级	59.70	5.190	50136	25900
1018	青海	义马煤业集团青海义海能源有限责任公司大煤沟煤矿	特级	99.00	8.060	88710	14436
1019	宁夏	国家能源集团宁夏煤业有限责任公司羊场湾煤矿	特级	1030.00	15.290	298165	87500
1020		国家能源集团宁夏煤业有限责任公司任家庄煤矿	特级	365.00	15.450	264881	62537

表1(续)

序号	省（区）	井工煤矿名称	等级	原煤产量/万t	原煤工效/（t·工$^{-1}$）	综合单产/[t·(个·月)$^{-1}$]	完成利润/万元
1021	宁夏	国家能源集团宁夏煤业有限责任公司红柳煤矿	特级	786.00	19.341	293393	22955.28
1022		国家能源集团宁夏煤业有限责任公司石槽村煤矿	特级	446.00	13.150	205341	30443.93
1023		国家能源集团宁夏煤业有限责任公司双马一矿	特级	440.00	20.460	188972	18400
1024		国家能源集团宁夏煤业有限责任公司灵新煤矿	特级	413.68	16.930	181201	22135.03
1025		国家能源集团宁夏煤业有限责任公司麦垛山煤矿	特级	442.00	13.260	363682	28051
1026		国家能源集团宁夏煤业有限责任公司金凤煤矿	特级	378.00	13.530	281559	5748.67
1027		国家能源集团宁夏煤业有限责任公司红石湾煤矿有限责任公司	一级	112.90	9.505	113135	13560.13
1028		中国石化长城能源化工（宁夏）有限公司银星二号煤	特级	197.15	14.230	168787	1869
1029		宁夏宝丰能源集团股份有限公司马莲台煤矿	一级	361.46	8.070	138321	—
1030		宁夏宝丰集团红四煤业有限公司	一级	152.50	7.41	142610	—
1031		宁夏宝丰能源集团股份有限公司四股泉煤矿二号井	二级	52.25	3.679	39570	—
1032	新疆	国家能源集团新疆能源有限责任公司乌东煤矿	特级	402.29	21.310	148255	25099
1033		国网能源和丰煤电有限公司沙吉海煤矿	特级	406.00	37.600	328333	227.96
1034		国网能源哈密煤电有限公司大南湖一矿	特级	513.90	47.020	426813	85634
1035		中煤能源新疆天山煤电有限责任公司106团煤矿	特级	119.85	17.009	159800	8279.54
1036		乌苏四棵树煤炭有限责任公司八号井	特级	120.00	12.490	123291	17151
1037		巴里坤银鑫矿业投资有限公司黑眼泉煤矿	特级	115.96	39.189	105076	41365
1038		潞安新疆煤化工（集团）有限公司二矿	特级	172.42	12.490	173650	-5924

表1(续)

序号	省（区）	井工煤矿名称	等级	原煤产量/万 t	原煤工效/(t·工$^{-1}$)	综合单产/[t·(个·月)$^{-1}$]	完成利润/万元
1039	新疆	潞安新疆煤化工集团（有限）公司砂墩子煤矿	特级	298.85	17.400	251773	45500
1040		库车县榆树岭煤矿有限责任公司	特级	119.30	5.000	105046	17525
1041		伊犁永宁煤业化工有限公司潘津工业煤矿	特级	90.00	9.140	77579	3405
1042		库车市科兴煤炭实业有限责任公司榆树泉煤矿	特级	88.30	10.320	75962	40781.67
1043		徐州矿务（集团）新疆天山矿业有限责任公司俄霍布拉克煤矿	特级	780.17	20.560	332903	119760.99
1044		徐矿集团新疆赛尔能源有限责任公司六矿	一级	94.15	6.400	70600	1604.12
1045		新疆库车县夏阔坦矿业开发有限责任公司榆树田煤矿	特级	87.34	7.410	69317	20400

表2　2020—2021年度煤炭工业安全高效矿井露天矿技术经济指标

序号	省（区）	露天煤矿名称	等级	原煤产量/万 t	剥采比	原煤工效/(t·工$^{-1}$)	综合单产/[t·(个·月)$^{-1}$]	完成利润/万元
1	山西	中煤平朔集团有限公司安太堡露天矿	特级	1999.80	4.36	192.947	555500	140542
2		中煤平朔集团有限公司安家岭露天矿	特级	1999.53	5.23	133.019	555425	143650
3		中煤平朔集团有限公司东露天矿	特级	2202.70	7.01	258.030	611861	158245
4		大同煤矿集团忻州同华煤业有限公司	特级	242.22	9.1	21.230	201850	5847.54
5		大同煤矿集团忻州同舟煤业有限公司	特级	89.94	6.8	20.280	120887	—
6		山西煤炭运销集团和顺吕鑫煤业有限公司	特级	51.20	7.52	19.700	142222	2300

表2(续)

序号	省（区）	露天煤矿名称	等级	原煤产量/万 t	剥采比	原煤工效/(t·工$^{-1}$)	综合单产/[t·(个·月)$^{-1}$]	完成利润/万元
7	山西	山西煤炭运销集团猫儿沟煤业有限公司	特级	119.70	5.47	22.500	131250	7015.93
8		山西煤炭进出口集团河曲旧县露天煤业有限公司	特级	703.00	4.42	71.400	585833	171150.45
9		山西忻州神达梁家碛煤业有限公司	特级	297.95	7.56	26.100	314293	62778.47
10		山西忻州神达花沟煤业有限公司	特级	119.13	11.12	26.390	148172	25234
11		山西忻州神达朝凯煤业有限公司	特级	118.79	7.43	21.100	120722	22228.24
12		山西灵石天聚鑫源煤业有限公司	特级	149.76	8	21.000	124800	1890
13		山西华瑞煤业有限公司	特级	298.00	9.8	35.410	292157	63000
14	内蒙古	内蒙古平庄煤业（集团）有限责任公司元宝山露天煤矿	特级	1155.00	1.57	55.110	240625	128632
15		锡林郭勒盟蒙东矿业有限责任公司	特级	1074.81	4.19	56.060	223919	98975.27
16		内蒙古平西白音华煤业有限公司	特级	659.21	5.53	41.270	274671	61185
17		国能宝日希勒能源有限公司宝日希勒露天煤矿	特级	2459.20	3.07	144.577	341556	206516.27
18		内蒙古大雁矿业集团有限责任公司扎尼河露天矿	特级	645.10	8	66.360	215033	44460
19		国能包头能源有限责任公司水泉露天煤矿	一级	121.39	2.78	35.157	101158	660
20		国能包头能源有限责任公司神山露天煤矿	一级	80.58	7.15	30.500	81890	—
21		神华准格尔能源有限责任公司黑岱沟露天煤矿	特级	3393.76	4.41	88.128	707033	125913.39
22		中国神华能源股份有限公司哈尔乌素露天煤矿	特级	3195.66	2.32	132.200	887683	145934.61
23		神华北电胜利能源有限公司胜利一号露天煤矿	特级	2515.91	4.20	102.570	349432	168696.25
24		国家电投集团内蒙古白音华煤电有限公司露天矿	特级	1499.95	6.59	60.000	271141	33984

表2(续)

序号	省（区）	露天煤矿名称	等级	原煤产量/万 t	剥采比	原煤工效/（t·工$^{-1}$）	综合单产/[t·(个·月)$^{-1}$]	完成利润/万元
25	内蒙古	扎鲁特旗扎哈淖尔煤业有限公司	特级	1799. 38	6. 99	54. 760	298108	83095. 84
26		内蒙古白音华蒙东露天煤业有限公司	特级	1329. 59	6. 09	147. 870	221598	48193. 2
27		内蒙古电投能源股份有限公司南露天煤矿	特级	1799. 95	4. 15	41. 810	348828	92659. 65
28		内蒙古电投能源股份有限公司北露天煤矿	特级	998. 89	2. 25	34. 540	208102	74263. 17
29		华能伊敏煤电有限责任公司伊敏露天矿	特级	2889. 48	3. 58	134. 040	617410	121906. 77
30		北方魏家峁煤电有限责任公司露天煤矿	特级	774. 00	5. 33	67. 630	645000	117433
31		内蒙古北联电能源开发有限责任公司锌尖露天煤矿	特级	325. 00	9. 09	22. 700	270833	23894. 64
32		内蒙古宝利煤炭有限公司	特级	136. 77	7. 1	38. 840	135685	13526. 4
33		鄂尔多斯市嘉东煤业有限公司	特级	149. 85	7. 35	39. 761	132846	8417
34		鄂尔多斯市嘉信德煤业有限公司	特级	228. 17	5. 1	24. 220	190142	49810
35		鄂尔多斯市张家梁煤炭有限责任公司	二级	64. 80	7. 3	12. 110	54000	18000
36		准格尔旗金正泰煤炭有限责任公司	特级	167. 20	7. 78	21. 980	154815	12275
37		准格尔旗昶旭煤炭有限责任公司	特级	262. 02	7. 8	25. 630	218350	63402. 94
38		内蒙古满世煤炭集团点石沟煤炭有限责任公司	特级	187. 42	7. 14	27. 710	156183	29505. 55
39		内蒙古伊东集团古城煤炭有限责任公司	特级	362. 80	7. 76	19. 400	151167	79751. 13
40		内蒙古恒东集团汇隆煤炭有限责任公司	特级	293. 00	7. 9	24. 180	244167	58600
41		内蒙古恒东集团恒博煤炭有限责任公司	一级	119. 40	8. 83	16. 430	99500	5970
42		内蒙古恒东集团阳堡渠煤炭有限责任公司	一级	119. 50	8. 65	17. 630	99583	8900

表2(续)

序号	省（区）	露天煤矿名称	等级	原煤产量/万t	剥采比	原煤工效/($t·工^{-1}$)	综合单产/[$t·(个·月)^{-1}$]	完成利润/万元
43	内蒙古	鄂尔多斯市乌兰煤炭（集团）有限责任公司满来梁煤矿	特级	190.85	6	32.412	162287	42941.7
44		鄂尔多斯市乌兰煤炭（集团）有限责任公司荣恒煤矿	特级	203.07	10.59	16.924	169225	45690.66
45		准格尔旗弓家塔布尔洞煤炭有限责任公司	特级	119.85	6.8	38.294	120331	18027.8
46		内蒙古广纳煤业集团利达矿业有限公司	二级	45.10	12.3	23.970	50111	7000
47		内蒙古蒙西煤炭有限责任公司	一级	141.00	6.8	23.830	97917	25206.7
48		内蒙古广汇煤炭有限责任公司	二级	85.00	7.3	9.461	70833	—
49		内蒙古广纳煤业集团久丰矿业有限责任公司	二级	40.30	6.8	15.400	52474	7000
50		鄂尔多斯市蒙泰骆驼山煤业有限责任公司	二级	54.50	8.9	16.850	50463	—
51		内蒙古蒙泰新鑫煤业有限责任公司	一级	98.57	7.8	8.170	82142	21661.8
52		内蒙古神东天隆集团股份有限公司武家塔露天煤矿	特级	386.63	5.31	57.530	328767	192260
53		鄂尔多斯市巴音孟克纳源煤炭有限责任公司	特级	494.13	8.02	34.780	433447	135237
54		鄂尔多斯市巴音孟克煤炭有限责任公司	二级	75.00	13.5	28.540	62500	9238
55		准格尔旗窑沟乡厅子堰煤矿有限责任公司	特级	263.04	3	24.240	219200	26287.58
56		准格尔旗蒙祥煤炭有限责任公司	特级	219.60	6.5	25.940	183000	37055.08
57		鄂尔多斯市宏丰煤炭有限责任公司露天煤矿	特级	501.53	6.25	20.466	464380	126186
58		鄂尔多斯市准格尔旗聚能煤炭集团有限责任公司壕赖梁煤矿	特级	102.39	7.57	19.298	85325	26263.86
59		呼伦贝尔东明矿业有限责任公司东明露天矿	特级	299.20	4.2	24.570	249333	9486.45
60		准格尔旗经纬煤业有限责任公司	一级	180.00	7.68	16.500	150000	8598.4

表2(续)

序号	省（区）	露天煤矿名称	等级	原煤产量/万t	剥采比	原煤工效/($t\cdot$工$^{-1}$)	综合单产/[$t\cdot$(个$\cdot$月)$^{-1}$]	完成利润/万元
61	内蒙古	伊金霍洛旗华能井煤矿有限公司	二级	60.00	6.8	9.550	54348	3900
62		伊金霍洛旗德隆矿业有限公司	二级	60.00	6.92	9.260	54348	3200
63		鄂尔多斯市建能能源有限责任公司泰生煤矿	二级	59.39	14.7	14.370	56241	3391
64		鄂尔多斯市腾远煤炭有限责任公司	一级	239.80	7.52	45.200	99917	30684.86
65		鄂尔多斯市兴盛达煤业有限公司	一级	105.21	10.5	24.930	100776	715
66		鄂尔多斯市永顺煤炭有限责任公司	一级	164.35	9.41	27.080	136958	16132
67		鄂尔多斯市聚鑫龙煤炭有限公司	二级	59.99	8	18.920	55546	680
68		鄂尔多斯市民达煤炭有限责任公司	特级	450.41	7.6	51.190	170610	76214.59
69		鄂尔多斯市振兴煤业有限公司	二级	59.75	9	24.120	54121	765.1
70		内蒙古鄂尔多斯市潮脑梁煤炭有限公司	特级	398.50	9.2	25.902	332083	22400
71		内蒙古亿源煤业有限公司	二级	19.47	6.86	4.215	64900	-1593
72		准格尔旗神山煤炭有限责任公司乌兰哈达煤矿	一级	201.23	9.34	19.390	104807	65208.5
73		内蒙古鸿远煤炭集团有限公司孙三沟煤矿	一级	120.00	10.3	17.038	100000	8380
74		鄂尔多斯市永恒华煤炭运销有限公司前进煤矿	特级	393.17	6.5	44.560	399563	91000
75		内蒙古蒙西矿业有限公司	一级	125.80	8.9	20.500	121899	23643.5
76		鄂尔多斯市大源煤炭有限责任公司	特级	142.60	6.2	32.270	146708	74722
77		准格尔旗云凯煤炭有限责任公司	一级	116.00	7.32	14.640	98639	7623
78		准格尔旗华富煤炭有限责任公司	特级	231.85	6.63	23.780	193208	32286.9

表2(续)

序号	省（区）	露天煤矿名称	等级	原煤产量/万t	剥采比	原煤工效/（t·工$^{-1}$）	综合单产/[t·(个·月)$^{-1}$]	完成利润/万元
79	内蒙古	内蒙古白音华海州露天煤矿有限公司露天矿	特级	499.63	4.53	27.750	208179	20000
80		准格尔旗杨家渠煤炭有限责任公司	一级	53.17	8.9	10.190	110771	2315.6
81		鄂尔多斯市和泰煤炭有限责任公司	特级	277.28	9.36	26.020	128370	58342
82	辽宁	抚顺矿业集团有限责任公司东露天矿	二级	90.00	5.37	11.679	74997	3397
83	云南	云南小龙潭矿务局有限责任公司小龙潭露天矿	特级	189.81	0.76	77.090	158175	13235.81
84		云南小龙潭矿务局有限责任公司布沼坝露天矿	特级	812.37	1.51	75.910	225658	70168.49
85	陕西	国家能源集团陕西神延煤炭有限责任公司西湾露天煤矿	特级	1154.00	6.5	48.543	480833	284328.42
86		榆林市榆阳区方家畔煤业有限责任公司	特级	395.00	7	74.600	329167	237421.64
87		神木市升兴矿业有限公司	一级	121.90	7.92	12.761	101583	79500
88	黑龙江	国能宝清煤电化有限公司朝阳露天煤矿	特级	540.90	6.3	39.000	450750	2958
89	新疆	国网能源哈密煤电有限公司大南湖二矿	特级	956.70	1.7	43.060	159450	36249
90		国能新疆准东能源有限责任公司	特级	2536.56	2.96	62.200	240205	24160.27
91		国能新疆红沙泉能源有限责任公司	特级	1617.00	4.5	69.000	449167	5000.73
92		国能新疆托克逊能源有限责任公司	特级	1186.30	6.43	89.120	284076	129927.93
93		哈密市和翔工贸有限责任公司巴里坤别斯库都克露天煤矿	特级	199.75	6.91	30.599	237798	99525.82
94		哈密市和翔工贸有限责任公司巴里坤吉郎德露天煤矿	特级	199.88	7.98	29.760	166567	105979.23
95		新疆伊犁犁能煤炭有限公司	一级	150.00	3.80	24.000	125000	6231.64
96		潞安新疆煤化工（集团）有限公司露天煤矿	特级	287.20	8	16.970	239333	17265.36

表2(续)

序号	省（区）	露天煤矿名称	等级	原煤产量/万 t	剥采比	原煤工效/（t·工$^{-1}$）	综合单产/[t·(个·月)$^{-1}$]	完成利润/万元
97	新疆	中联润世新疆煤业有限公司	特级	464.72	5.03	73.250	129089	36295.75
98		新疆天池能源有限责任公司南露天煤矿	特级	3476.00	2	45.700	210514	187864.7
99		新疆天池能源有限责任公司将军戈壁二号露天煤矿	特级	1991.00	1.98	53.820	276528	96397.52
100		新疆疆纳矿业有限公司	特级	1553.90	2.5	302.690	323729	121513
101		伊犁庆华能源开发有限公司	特级	324.40	4.81	29.510	270333	17487.73

图书在版编目（CIP）数据

中国煤炭工业安全高效矿井建设年度报告 . 2022：上下册/中国煤炭工业协会编 . --北京：应急管理出版社，2023

ISBN 978-7-5020-9683-0

Ⅰ. ①中…　Ⅱ. ①中…　Ⅲ. ①煤炭工业—研究报告—中国—2022　Ⅳ. ①TD82

中国国家版本馆 CIP 数据核字（2023）第 174156 号

中国煤炭工业安全高效矿井建设年度报告　2022（上下册）

编　　者　中国煤炭工业协会
责任编辑　武鸿儒　尹燕华　杨晓艳
责任校对　孔青青　赵　盼
封面设计　安德馨

出版发行　应急管理出版社（北京市朝阳区芍药居 35 号　100029）
电　　话　010-84657898（总编室）　010-84657880（读者服务部）
网　　址　www. cciph. com. cn
印　　刷　北京盛通印刷股份有限公司
经　　销　全国新华书店

开　　本　710mm×1000mm $^{1}/_{16}$　**印张**　60$^{3}/_{4}$　**字数**　1052 千字
版　　次　2023 年 10 月第 1 版　2023 年 10 月第 1 次印刷
社内编号　20230392　**定价**　388. 00 元

中国煤炭工业协会重大研究项目

中国煤炭工业安全高效矿井建设年度报告(2022)

(上　册)

中国煤炭工业协会　编

应急管理出版社

·北　京·

内 容 提 要

本书是中国煤炭工业协会对2020—2021年度我国煤炭工业安全高效矿井建设工作的总结报告。全书系统分析了2020—2021年度煤炭工业安全高效矿井建设情况，介绍了部分先进煤炭企业和典型煤矿安全高效矿井（露天）创建经验。同时，为更全面地理解报告，进一步把握煤炭工业安全高效矿井建设的发展方向，还对2022年国际国内经济运行和煤炭行业改革发展进行了简介。

本书可供煤炭行业管理部门（协会）及煤矿企事业单位管理和生产技术人员参考阅读。

编　委　会

前　　言

能源安全是关系国家经济社会发展的全局性、战略性问题，建设现代化国家必须有安全可靠的能源供应作保障。我国能源资源禀赋和富煤贫油少气的国情，决定了煤炭是中国能源安全供应的基石。习近平总书记强调："在相当一段时间内，煤作为主体能源是必要的，否则不足以支撑国家现代化。"在未来能源供应体系中，煤炭仍将在较长时期内扮演重要角色，承担我国能源供应安全保障及支撑新能源发展的重要使命，只有不断推进安全绿色开发和清洁低碳利用，做优做强煤炭工业，才能为全面建成社会主义现代化强国提供坚实的能源保障基础。

煤炭工业安全高效矿井（露天）是顺应世界煤炭工业安全高效绿色集约化生产发展趋势，在凝聚我国煤炭行业共识的基础上，在全国所有合法生产煤矿中遴选出的一批安全保障程度高、生态环境治理好、技术装备先进、生产效率走在全国前列的煤矿。从 1993 年命名第一批 12 处高产高效矿井，到 2001 年命名煤矿突破 100 处，再到 2022 年命名 1146 处安全高效煤矿，先后共有 23 批煤矿受到了命名表彰。历年评选出的安全高效矿井（露天），是引领我国煤矿现代化建设的先行军和推动行业高质量发展的主力军，是全国煤矿安全生产的表率、高产高效的标杆、绿色发展的典范。2022 年命名的 1146 处安全高效矿井（露天）中，1144 处煤矿实现了安全生产零死亡，百万吨死亡率为 0.00069。1146 处煤矿 2021 年煤炭产量 29 亿 t，占全国煤炭产量的比率达到 70%，充分发挥了先进产能在能源保供中的中流砥柱作用。在 1146 处安全高效矿井（露天）中，70% 以上的煤矿实现"一井一面"集约化生产，2021 年平均综合单产 16.56 万 t/(个·月)，原煤工效 16.77 t/工，约为大型煤炭企业综合单产和原煤工效的 1.9 倍。1146 处安全高效矿井（露天）2021 年共实现利润 5761 亿元，占规模以上煤炭企业利润总额的 81%，人均年收入达到 11.6 万元，约为行业平均水平的 1.3 倍。这些煤矿在自身提质增效的同时，还有力带动技术装备、智能化建设、绿色开采等行业进步，推动了煤炭工业的转型升级和高质量发展。

为巩固建设成果，保持良好势头，不断提高安全高效矿井（露天）建设整体水平，中国煤炭工业协会决定在命名表彰2020—2021年度煤炭工业安全高效矿井（露天）的工作基础上，组织编写《中国煤炭工业安全高效矿井建设年度报告（2022）》，旨在系统客观地反映我国煤炭工业安全高效矿井（露天）建设情况，总结宣传我国煤炭工业安全高效矿井（露天）建设经验，为煤炭行业企业和全国煤矿提供借鉴，促使更多的煤矿进入煤炭工业安全高效矿井（露天）行列，为加快建成安全高效、绿色低碳的现代煤炭工业体系，实现煤炭工业由大到强的历史跨越做出新的、更大的贡献。

在开展安全高效矿井（露天）评审工作和本书编写过程中，得到了广大会员单位、煤矿和专业工作者的大力支持，在此一并表示衷心的感谢。限于编者水平，本书如有疏漏之处，敬请煤炭行业专家、技术人员和广大读者指正，以便在今后的工作中改进。

编　者

2023年9月

目　录

上　册

下　　册

第一章　2022年国际国内经济运行和煤炭行业改革发展

第一节　2022年世界经济运行的主要特点

2022年，世界经济在经历2021年大反弹后，呈现复苏显著放缓态势。在宏观政策收紧、疫情延宕反复、俄乌冲突升级、极端气候灾害等各种短期因素和长期矛盾交织叠加下，全球通胀持续高烧、大国博弈日趋激化、金融市场动荡加剧、美元指数急速攀升、贸易投资增长乏力，严重拖累世界经济复苏步伐。美欧等主要发达经济体增长势头明显减弱，新兴和发展中经济体由于各国自身经济结构、财政刺激规模、疫情防控政策的不同，走势有所分化，部分经济体陷入能源、粮食或债务困境。

一、世界经济复苏疲软，下行压力持续加大

2021年下半年，世界经济复苏开始呈现动力不足的迹象；进入2022年后，受疫情形势延宕反复和地缘政治冲突升级等超预期因素影响，世界经济复苏疲软，下行压力逐步加大。根据国际货币基金组织（IMF）2023年1月25日发布的《世界经济展望报告》，2022年世界经济增长率预计为3.4%。其中，发达经济体预计将增长2.7%，新兴市场和发展中经济体预计将增长3.9%。

各大国2022年GDP实际增长率较2021年虽有下降，但大部分仍保持回升。世界经济前20国集团GDP只有俄罗斯出现了2.1%的下跌，其余全部正增长，其中印度、西班牙、印度尼西亚、沙特等国还出现了5%以上的较高增速。各国货币汇率、价格因素等引发各国GDP总量在全球份额的波动，美国经济规模达到25.47万亿美元的高位，GDP新增2万多亿美元，约占全球GDP总额的25%。中国GDP总量折合18万亿美元，居于第二位，约占全球GDP总额的18%。居于第三位和第四位的国家仍然是日本和德国，

分别为 4.3 万亿美元和 4.0 万亿美元。

2022 年由于美联储加息，美元强势升值，美元名义增速出现了巨大的增速差，如日本和韩国因本币贬值而出现美元名义增速大幅降低，而同时像印度、巴西等国货币升值，俄罗斯、沙特等国能源溢价等，让这些国家都出现了大幅美元名义上涨，不少国家之间出现了巨大的增速差（表 1-1）。

表 1-1　2022 年世界前 20 国家集团 GDP 规模及增速

序号	国家（地区）	2022 年 GDP/万亿美元	2022 年本币实际增速/%	较 2021 年本币实际增速变化/%	美元名义增速/%
1	美国	25.46	2.1	-3.8	9.2
2	中国	17.99	3.0	-5.4	1.0
3	日本	4.23	1.0	-0.5	-14.4
4	德国	4.07	1.8	-0.8	-3.4
5	印度	3.38	6.7	-1.6	8.6
6	英国	3.07	4.0	-3.4	-3.7
7	法国	2.78	2.5	-4.4	-5.3
8	俄罗斯	2.22	-2.1	-6.8	24.7
9	加拿大	2.14	3.4	-1.2	7.5
10	意大利	2.01	3.7	-2.9	-4.3
11	巴西	1.92	2.9	-1.7	19.3
12	澳大利亚	1.70	3.6	2.1	1.0
13	韩国	1.66	2.6	-1.4	-8.1
14	墨西哥	1.41	3.1	-1.7	9.4
15	西班牙	1.40	5.5	0.4	-1.8
16	印度尼西亚	1.32	5.3	1.6	11.0
17	沙特阿拉伯	1.11	8.7	5.5	32.9
18	荷兰	0.99	4.5	-0.5	-2.5
19	土耳其	0.91	5.6	-5.4	11.1
20	瑞士	0.81	2.1	-1.6	0.6

数据来源：IMF 及各国政府统计公告。

二、全球贸易额创新高，增长速度触顶回落

2022 年全球贸易达到创纪录的 32 万亿美元。货物贸易总额约为 25 万

亿美元，比 2021 年增长约 10%；服务贸易总额约为 7 万亿美元，比 2021 年增长约 15%，这主要得益于 2022 年上半年的强劲增长。推动贸易增长的因素包括全球运输能力提升和货运费用回落。不过，地缘局势紧张、通胀居高不下、多国上调利率以及能源、食品与金属价格高企等因素，也深刻影响全球贸易前景。

2022 年下半年，特别是在 2022 年第四季度，贸易增长一直低于平均水平，与第三季度相比，货物贸易减少了约 2500 亿美元，服务贸易基本保持不变。2022 年第四季度的贸易下滑影响了大多数行业，但运输和公路车辆行业的贸易大幅增长，而农业食品、药品和通信设备的贸易保持不变。2022 年第四季度虽然大多数行业的贸易价值都有所下降，但能源行业的贸易价值大幅上升。2020—2022 年世界货物贸易和服务贸易变化趋势如图 1-1 所示。

国际贸易模式与全球经济绿色低碳转型之间的联系更为紧密，随着各国加大应对气候变化和减排的力度，绿色产业将蓬勃发展。“绿色货物”即“环境友好型货物”贸易成为 2022 年一大亮点，达到创新高的 1.9 万亿美元，较 2021 年增长 1000 亿美元。其中，纯电和混合动力汽车贸易实现 25% 的增长，非塑料包装贸易增幅为 20%。

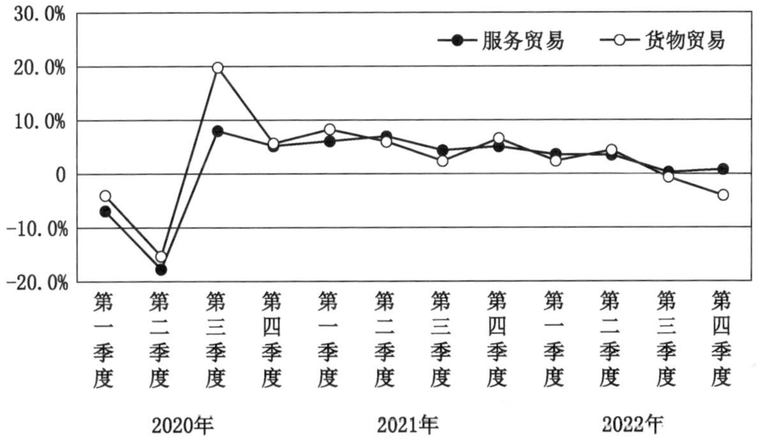

（数据来源：联合国贸发会议数据库）

图 1-1　2020—2022 年世界货物贸易和服务贸易变化趋势

三、资本市场大幅波动，美元指数持续走高

2022 年全球资本市场经历了系统性下跌，并且市场的波动显著加大。

截至 2022 年 10 月底，纳斯达克股票指数报收 11102.45 点，较年初下跌 29.0%，最低值为 10088.83 点；欧元区斯托克 50 股票指数报收 3613.02 点，较年初下跌 15.9%，最低值为 3249.57 点；日经 225 股票指数报收 27105.20 点，较年初下跌 5.9%，最低值为 24681.74 点；上证股票指数报收 2915.93 点，年内下跌 19.9%，最低值为 2863.65 点。2022 年 9 月，全球股票市值较 3 月底的 110 万亿美元减少 24 万亿美元；全球债券市场余额较 3 月底减少 20 万亿美元至 125 万亿美元，为 1946 年以来首个熊市；两者累计至少缩水 44 万亿美元，约占全球 GDP 的一半。

2022 年以来，乌克兰危机等因素导致欧洲经济低迷并且前景不容乐观，欧元等货币走弱，同时受美联储持续紧缩货币支撑，美元指数持续上行。2021 年 1 月美元指数为 90.242，12 月上升至 96.208；2022 年 11 月 2 日进一步上升至 112.06。2022 年初至 11 月底，美元对日元升值超过 20% 至 1∶138.8，美元对欧元升值约 8.7%，美元对人民币升值约 12.5%。

四、大宗商品市场跌宕起伏，交易收益创下历史纪录

截至 2022 年最后一个交易日，全球主要大宗商品价格收于年初价格水平，但都经过了跌宕起伏的一年。突如其来的地缘冲突、全球通胀居高不下、美联储年内实施 7 次加息，都持续扰动着大宗商品价格。原油和天然气在 2022 年仿佛坐上过山车，价格走势可谓一波三折；煤炭在供需格局偏紧之下迎来复苏，煤价年内涨幅高达 150%；黄金在涨至 19 个月高点后受强势美元持续压制；供不应求推动锂价在年内实现两轮暴涨；全球粮食价格一度冲高回落。

2022 年的大宗商品价格出现多次起伏周期，每一个涨跌周期都为交易者创造了分别在上涨和下跌中获取利润的机会。根据 Oliver Wyman 的报告，全球大宗商品交易利润在 2022 年创下纪录，达到创纪录的 1150 亿美元，接近 2018 年交易利润的 3 倍，对比金融危机后到达商品周期高点的 2009 年也几乎翻番。石油和天然气是推动贸易利润增长的主要推手。对比 2021 年，石油交易利润增长 55%，电力、天然气和排放交易利润增长 90%，而液化天然气则由于填补管道天然气不足的原因，利润提升 40%。

五、全球通胀水平持续攀升，物价指数水平屡创新高

受到新冠疫情与乌克兰危机等因素的冲击，全球通胀水平持续攀升。根据 IMF 估计，2022 年全球全年平均通胀率为 8.8%，较 2021 年上涨 4.0 个

百分点，其中发达经济体的通胀率为7.2%，创1983年以来最高水平。新兴市场与发展中经济体的通胀率为9.9%，较2021年上涨4.0个百分点，创2000年以来最高水平。2022年10月全球通胀率达到9.4%，是30年以来的高点，其中发展中国家通胀率14年来首次高达10.1%。

所有发达经济体的平均消费物价指数增长率约为7.2%，美国全年平均消费物价指数增长率约为8.1%，为40年来最高水平。欧元区全年平均消费物价指数增长率约为8.3%，为1992年《欧洲联盟条约》签署以来的最高水平。新兴市场和发展中经济体出现了更为严重的通胀问题。其中，欧洲新兴经济体2022年全年平均消费物价指数增长率高达27.8%，非洲、拉美和中东地区的全年平均消费物价指数增长率均达到14%左右，亚洲新兴经济体物价相对稳定，但全年平均消费物价指数增长率也达到了4.1%，较2021年2.2%的增长率也有显著提升。

六、全球债务水平快速攀升

新冠疫情暴发以来，为抗击疫情和促进经济恢复，大部分国家推出了财政刺激计划和补助措施，各国政府财政赤字显著增加，全球债务水平快速攀升。在经历了2020年和2021年的爆炸性增长后，2022年全球债务名义价值下降了约4万亿美元，总额略低于2021年突破的300万亿美元。随着借贷成本上升，尤其是新兴市场国家借贷成本上升，发达国家推动紧缩政策，整体使得债务总额下降了6万亿美元至200万亿美元。相比之下，发展中国家的债务总额创下了98万亿美元的历史新高，其中俄罗斯、新加坡、印度、墨西哥和越南的债务增幅最大。

与此同时，经济活动更加强劲、通货膨胀更为高企，都削弱了债务水平，全球债务与GDP的比率下降了12个百分点至GDP的338%，为连续第二年下降。发达市场再次推动了全球债务比例的改善，发达市场整体债务比例下降了20个百分点，至390%。与此同时，新兴市场的负债率上升了2个百分点，达到GDP的250%。新兴市场和一些低收入家庭、企业面临着严重的债务压力。

第二节　2022年我国经济运行的主要特点

2022年是党和国家历史上极为重要的一年。党的二十大胜利召开，擘画了全面建设社会主义现代化国家、以中国式现代化全面推进中华民族伟大复兴的宏伟蓝图。面对风高浪急的国际环境和艰巨繁重的国内改革发展稳定任务，在以习近平同志为核心的党中央坚强领导下，各地区各部门坚持以习近平新时代中国特色社会主义思想为指导，按照党中央、国务院决策部署，统筹国内国际两个大局，统筹疫情防控和经济社会发展，统筹发展和安全，坚持稳中求进工作总基调，完整、准确、全面贯彻新发展理念，加快构建新发展格局，着力推动高质量发展，加大宏观调控力度，应对超预期因素冲击，经济保持增长，发展质量稳步提升，创新驱动深入推进，改革开放蹄疾步稳，就业物价总体平稳，粮食安全、能源安全和人民生活得到有效保障，经济社会大局保持稳定，全面建设社会主义现代化国家新征程迈出坚实步伐。

一、综合国力再上新台阶

2022 年，我国经济总量突破 120 万亿元，达到 121 万亿元，这是继 2020 年、2021 年连续突破 100 万亿元、110 万亿元之后，又跃上新的台阶。按年均汇率计算，120 万亿元折合美元约 18 万亿美元，稳居世界第二位。从人均水平来看，2022 年我国人均 GDP 达到了 85698 元，比上年实际增长 3%。按年平均汇率折算，达到 12741 美元，连续两年保持在 1.2 万美元以上。经济总量和人均水平持续提高，意味着我国的综合国力、社会生产力、国际影响力、人民生活水平进一步提升，意味着我国发展基础更牢、发展质量更优、发展动力更为充沛，意味着我国经济韧性强、潜力大、空间广且长期向好的基本面没有改变。2018—2022 年国内生产总值及其增长速度如图 1-2 所示。

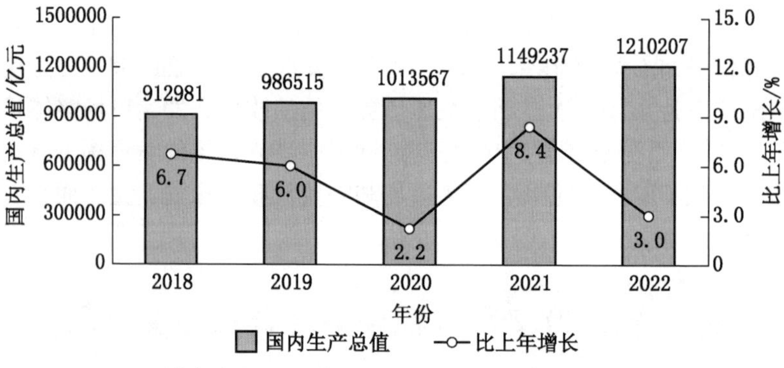

（数据来源：2022 年国民经济和社会发展统计公报）

图 1-2　2018—2022 年国内生产总值及其增长速度

二、产业发展基础夯实

2022 年国内生产总值中，第一产业增加值 88345 亿元，比 2021 年增长 4.1%；第二产业增加值 483164 亿元，增长 3.8%；第三产业增加值 638698 亿元，增长 2.3%。第一产业增加值占国内生产总值比例为 7.3%，第二产业增加值比例为 39.9%，第三产业增加值比例为 52.8%（图 1-3）。

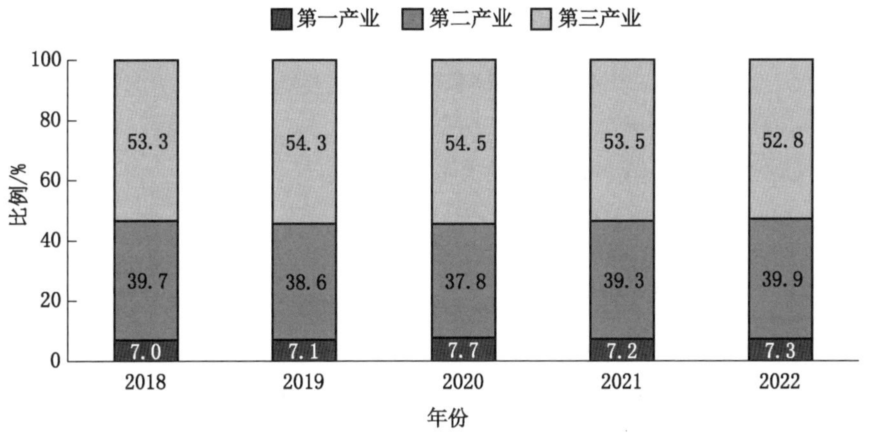

（数据来源：2022 年国民经济和社会发展统计公报）

图 1-3　2018—2022 年三次产业增加值占国内生产总值的比例

全年粮食增产丰收，畜牧业生产稳定增长。全年粮食产量 68653 万 t，比 2021 年增加 368 万 t，实现“十九连丰”。猪牛羊禽肉产量 9227 万 t，比 2021 年增长 3.8%。

工业生产持续发展。全国工业增加值达到 40.2 万亿元，制造业增加值达到 33.5 万亿元，均居世界首位。全年全国规模以上工业增加值比 2021 年增长 3.6%。分三大门类看，采矿业增加值增长 7.3%，制造业增长 3.0%，电力、热力、燃气及水生产和供应业增长 5.0%。高技术制造业、装备制造业增加值分别增长 7.4%、5.6%，增速分别比规模以上工业快 3.8%、2.0%。

服务业保持恢复，现代服务业增势较好。全年服务业增加值同比增长 2.3%（图 1-4）。其中，信息传输、软件和信息技术服务业，金融业增加值分别增长 9.1%、5.6%。

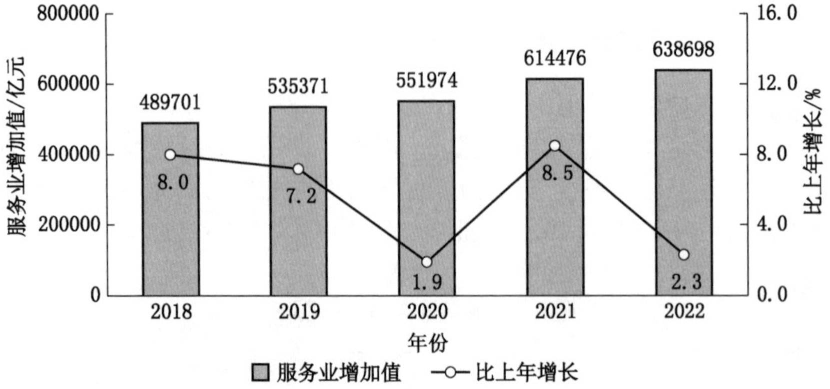

（数据来源：2022 年国民经济和社会发展统计公报）

图 1-4　2018—2022 年服务业增加值及其增长速度

三、内需总量规模继续扩大

尽管遭受疫情反复冲击，全年社会消费品零售总额稳定在 44 万亿元左右，其中实物商品网上零售额达到了 119642 亿元，按可比口径计算，比 2021 年增长 6.2%，占社会消费品零售总额的比例为 27.2%。我国作为全球第二大消费市场和第一大网络零售市场，超大规模市场优势依然明显。

全年全社会固定资产投资 579556 亿元，比 2021 年增长 4.9%。其中，固定资产投资（不含农户）572138 亿元，增长 5.1%。在固定资产投资（不含农户）中，分区域看，东部地区投资增长 3.6%，中部地区投资增长 8.9%，西部地区投资增长 4.7%，东北地区投资增长 1.2%。分产业看，第一产业投资 14293 亿元，比 2021 年增长 0.2%；第二产业投资 184004 亿元，增长 10.3%；第三产业投资 373842 亿元，增长 3.0%（图 1-5）。

四、对外贸易再上新水平

2022 年，在世界经济下行压力加大、全球贸易增长动能趋缓、单边主义和保护主义不断升温的背景下，我国加快推进高水平对外开放，支持企业稳生产稳订单拓市场，外贸外资较快增长。全年货物与服务净出口对国内生产总值（GDP）的增长贡献率达到了 17.1%，拉动 GDP 增长 0.5%。

货物贸易在高基数上实现新突破。全年货物进出口总额 420678 亿元，

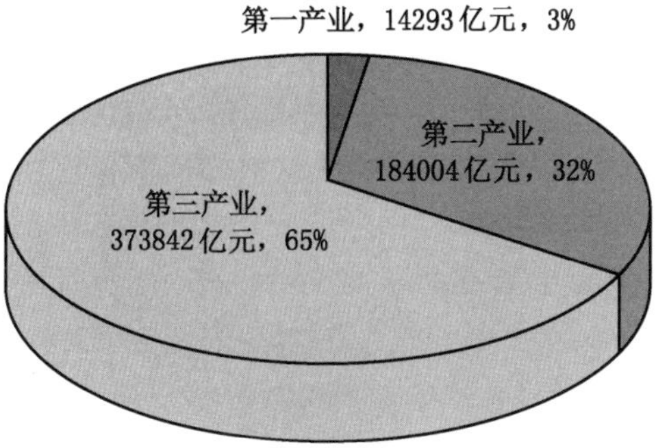

（数据来源：2022年国民经济和社会发展统计公报）

图1-5　2022年三次产业投资占固定资产投资（不含农户）比例

比2021年增长7.7%，连续6年保持世界第一货物贸易国地位。其中，出口239654亿元，增长10.5%；进口181024亿元，增长4.3%。货物进出口顺差58630亿元，比2021年增加15330亿元（图1-6）。外贸主体数量增、活力强。有进出口实绩的外贸企业达59.8万家。其中，民营企业51万家，增加7%，进出口21.4万亿元，占进出口总值的51%（图1-7）。服务贸易稳步增长。全年服务进出口总额59802亿元，比2021年增长12.9%。其中，服务出口28522亿元，增长12.1%；服务进口31279亿元，增长13.5%。服务进出口逆差2757亿元。

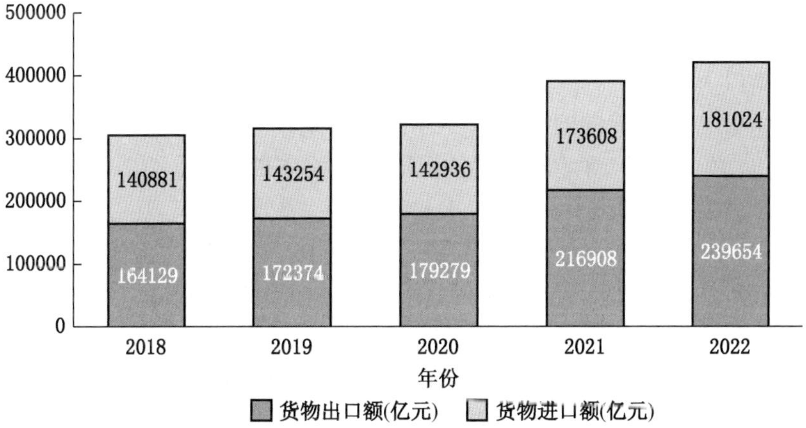

（数据来源：2022年国民经济和社会发展统计公报）

图1-6　2018—2022年货物进出口额

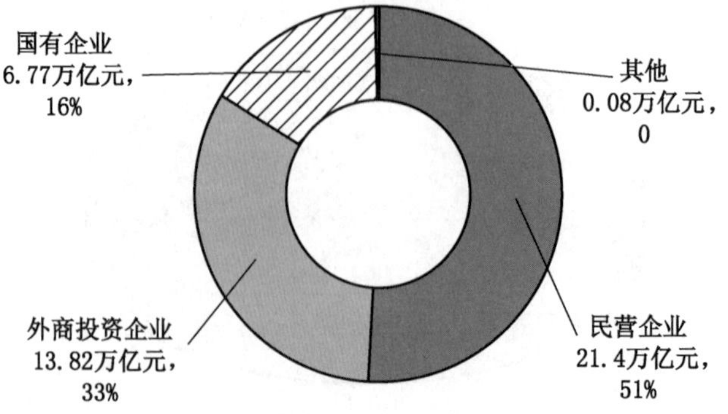

（数据来源：海关总署）

图 1-7　2022 年中国对外贸易企业结构（按贸易总额）

同时，利用外资逆势增长。2022 年，我国实际使用外资 12327 亿元，较 2021 年增长 6.3%，高技术产业使用外资较快增长。2022 年，高技术产业实际使用外资比 2021 年增长 28.3%，占全部使用外资比例为 36.1%。

五、改革创新持续深化

“放管服”改革持续推进，营商环境不断改善，要素市场化配置综合改革试点工作稳步实施，高标准市场体系加快建设，为市场主体发展创造了更加有利的条件。2022 年末，全国登记在册市场主体达到了 1.69 亿户，其中个体工商户 1.14 亿户。创新驱动发展战略深入实施，新动能引领作用日益凸显。2022 年，规模以上高技术制造业增加值比 2021 年增长 7.4%，快于全部规模以上工业 3.8 个百分点；实物商品网上零售额占社会消费品零售总额比例达 27.2%，比 2021 年提高 2.7 个百分点。

坚定实施创新驱动发展战略，发展新动能不断成长。2022 年，全社会研究与试验发展经费（R&D）达 3.1 万亿元，首次突破 3 万亿元，比 2021 年增长 10.4%，连续 7 年保持两位数增长（图 1-8）。2022 年末，我国发明专利有效量达 421.2 万件，位居世界第一。同时，人工智能、大数据、区块链等新兴技术广泛应用，新产业迅速成长。2022 年，规模以上高技术制造业增加值比 2021 年增长 7.4%，高技术产业投资增长 18.9%。

六、就业和市场主体整体稳定

2022 年，全国城镇新增就业 1206 万人，超额完成 1100 万人的年度目

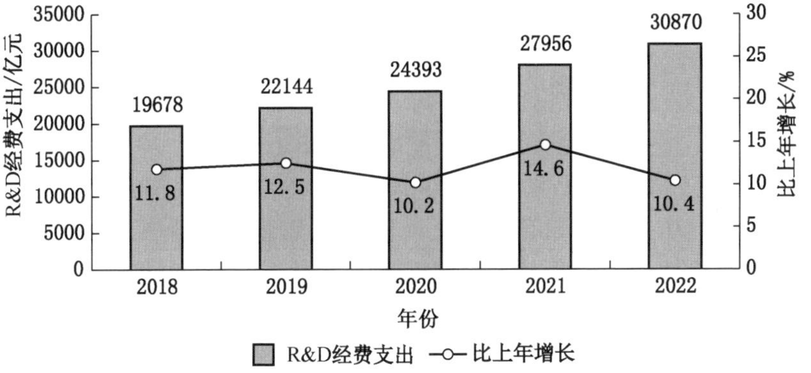

（数据来源：2022 年国民经济和社会发展统计公报）

图 1-8　2018—2022 年研究与试验发展（R&D）经费支出及其增长速度

标任务（图 1-9）。全年全国城镇调查失业率平均值为 5.6%。年末全国城镇调查失业率为 5.5%。农民工等重点群体就业得到有效保障。2022 年，农民工总量 29562 万人，比 2021 年增长 1.1%。

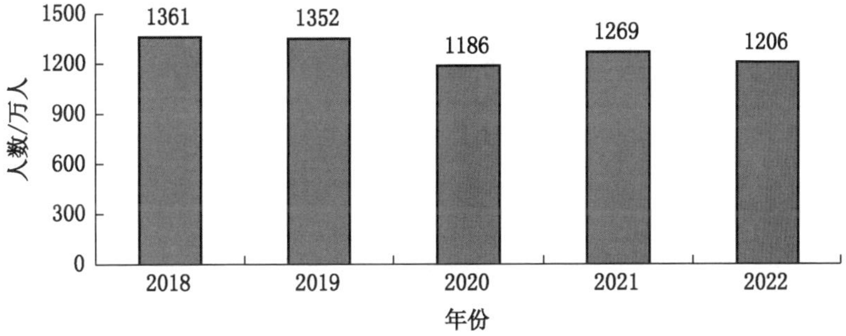

（数据来源：2022 年国民经济和社会发展统计公报）

图 1-9　2018—2022 年城镇新增就业人口人数

有效实施稳健的货币政策，为物价平稳运行奠定坚实基础。同时，持续做好稳产保供，适时开展储备调节，促进产运销衔接，保障了市场价格总体稳定。2022 年，我国居民消费价格指数（CPI）月度涨幅始终低于 3%，全年仅上涨 2.0%，大幅低于美国 8.0%、欧元区 8.4%、英国 9.1% 等发达经济体的涨幅，也明显低于印度、巴西、南非等新兴经济体 6% ~ 10% 的涨幅，

"中国价稳"与"全球通胀"形成极为鲜明的对比。

七、民生福祉持续增进

2022 年，全国居民人均可支配收入 36883 元，比 2021 年实际增长 2.9%，与经济增长基本同步（图 1-10）。政府对居民收入保障加强，全国居民人均转移净收入比 2021 年名义增长 5.5%，快于全部居民收入增速。民生领域投资增加，2022 年社会领域投资比 2021 年增长 10.9%，其中卫生和社会工作投资增长 26.1%，比 2021 年加快 6.6 个百分点。

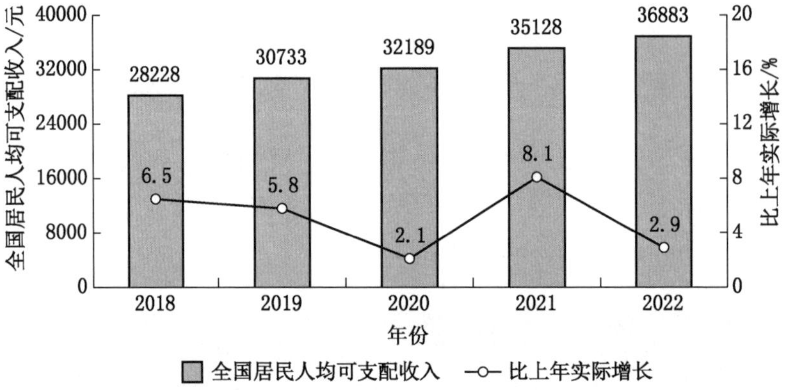

（数据来源：2022 年国民经济和社会发展统计公报）

图 1-10　2018—2022 年全国居民人均可支配收入及其增长速度

社会保障体系不断完善，社会保险覆盖面进一步扩大。年末全国参加城镇职工基本养老保险人数 50349 万人，比 2021 年末增加 2275 万人。参加城乡居民基本养老保险人数 54952 万人，增加 155 万人。低保扩围增效工作扎实推进，社会救助力度加大。2022 年末全国享受城市、农村最低生活保障人数分别为 683 万人、3349 万人，全年临时救助达 1083 万人次，全国居民人均社会救济和补助收入比 2021 年增长 3.8%。

此外，社会事业全面进步。教育普及程度稳步提高。2022 年，九年义务教育巩固率、高中阶段毛入学率分别提高至 95.5%、91.6%。

八、绿色低碳转型稳步推进

2022 年，全国万元国内生产总值能耗比 2021 年下降 0.1%，万元国内生产总值二氧化碳排放下降 0.8%（图 1-11）。同时，非化石能源消费占比不断提升。能源低碳转型持续深入，清洁能源生产较快增长，非化石能源消费占比不断提升。2022 年，天然气、水电、核电、风电、太阳能发电等清洁能源消费量占能源消费总量的 25.9%，上升 0.4 个百分点（图 1-12）；非化石能源消费量占能源消费总量的比例为 17.5%，提高 0.8 个百分点。

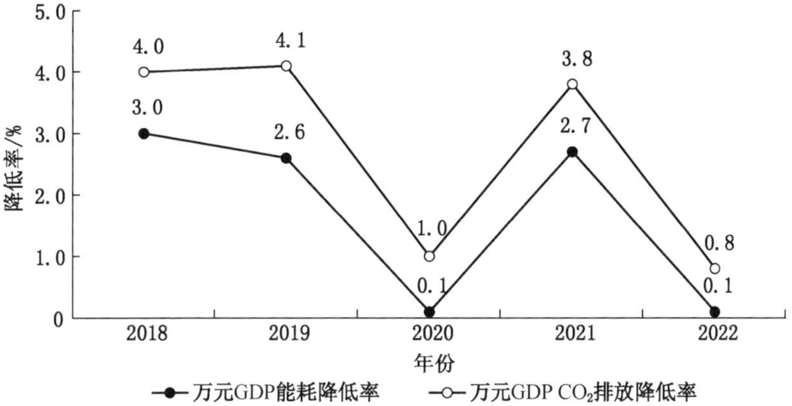

（数据来源：国家统计局）

图 1-11 2018—2022 年万元国内生产总值能耗降低率及 CO_2 排放降低率

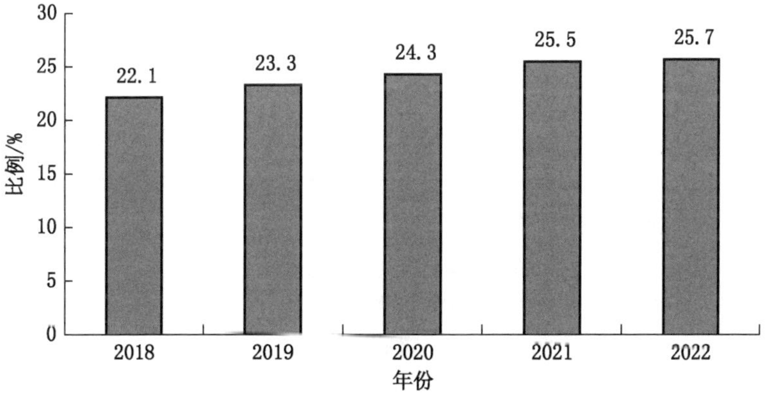

（数据来源：2022 年国民经济和社会发展统计公报）

图 1-12 2018—2022 年清洁能源消费量占能源消费总量的比例

2022 年，全国 339 个地级及以上城市细颗粒物（PM2.5）年平均浓度比2021年下降3.3%。地表水环境继续改善。3641个国家地表水考核断面中，水质优良（Ⅰ~Ⅲ类）断面比例为87.9%，上升3.0个百分点。完成造林面积$3.83\times10^6\ hm^2$，其中人工造林面积$1.20\times10^6\ hm^2$；种草改良面积$3.21\times10^6\ hm^2$，新增水土流失治理面积$6.3\times10^4\ km^2$。

第三节　2022年煤炭行业改革发展和经济运行情况

2022年，在国际地缘政治冲突、气候异常等多重因素叠加影响下，能源危机加剧，全球特别是欧洲煤炭消费反弹，国际煤炭市场价格剧烈波动。我国立足以煤为主的基本国情，充分发挥煤炭兜底保障作用，保供政策贯穿全年并逐步显露实效，煤炭产量持续增长，主要经济技术指标再创新成绩。全国原煤产量完成45.6亿t，创历史新高；煤矿安全生产形势持续向好，百万吨死亡人数降至0.054人；全国规模以上煤炭企业实现营业收入4.02万亿元，利润总额1.02万亿元。煤炭经济运行质量效益实现持续提升。

一、行业改革发展情况

（1）供给体系质量不断提升。通过不断加强基础地质调查和煤炭资源勘查，探明了一批重要煤炭资源战略接续区，推动煤炭资源保有储量实现新增长。截至2021年末，全国煤炭储量达到2078.85亿t，夯实了国家能源安全和产业链供应链安全的基础。煤炭由单一燃料向原料和燃料并重转变加快推进，据不完全统计，2022年，煤制油、煤制气、煤（甲醇）制烯烃、煤制乙二醇产能分别达到931万t、61.25亿m^3、1672万t、1155万t，为保障产业链供应链稳定作出重要贡献，为行业长远发展积蓄了强劲动能。煤炭铁路直达和铁水联运能力持续提升，全国煤炭铁路运量达到26.8亿t以上，煤炭储备体系建设加快推进。

（2）煤炭资源开发布局持续优化。煤炭生产重心加快向晋陕蒙新等资源禀赋好、竞争能力强的开采条件好的地区集中。2022年西部地区煤炭产量23.3亿t，占全国的60.7%，中部地区占全国的33.7%。晋陕蒙新等4省（区）原煤产量36.9亿t，占全国的比重提高到80.9%（图1-13）；山西、内蒙古年原煤产量迈入10亿t级行列。其中，鄂尔多斯、榆林年原煤产量分别由6.39亿t、3.18亿t增加到7.22亿t、5.82亿t，成功迈入5亿t级“俱乐部”，两市原煤产量占全国的比重由24.2%提高到28.6%。山西、蒙西、蒙东、陕北、新疆等绿色转型供应保障基地建设加快推进，“两心引领、四区提升、五极保障、全国支撑”的煤炭生产开发空间布局初步形成。

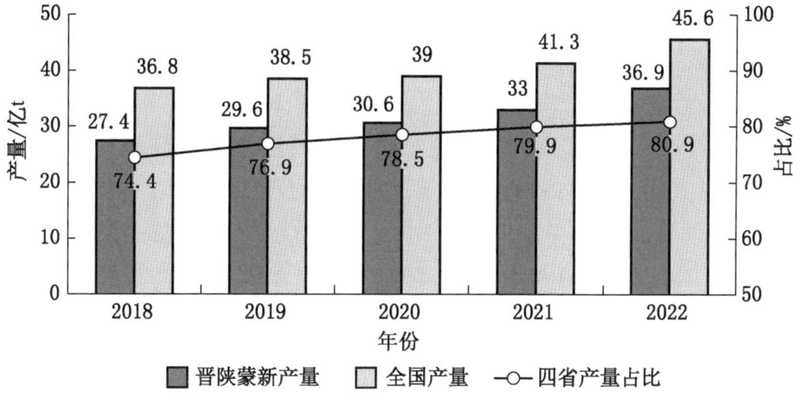

图 1-13　2018—2022 年全国产量、晋陕蒙新四省产量及四省产量占全国的比例

（3）现代产业体系建设取得新进展。煤炭生产结构持续优化升级。截至 2022 年底，全国煤矿数量减少到 4400 处以内、平均单井（矿）产能提高到 120 万 t/a 以上。大型现代化煤矿成为全国煤炭生产的主体。全国建成年产 120 万 t 以上的大型现代化煤矿 1200 处以上，产量占全国的 85% 左右，其中，建成年产千万吨级煤矿 79 处，产能 12.8 亿 t/a。前 8 家大型企业原煤产量 18.55 亿 t，占全国的 47.6%。15 家煤炭企业原煤年产量超过 5000 万 t，原煤产量 26.0 亿 t；其中，7 家企业年产量超过 1 亿 t，原煤产量 20.6 亿 t，占全国的比例达到 45.2%。

新兴产业和生产服务性产业加快发展。新能源、新材料、先进制造、科技环保、现代金融等产业不断培育发展，形成一批新兴产业增长新引擎。人工智能、大数据、机器人等现代信息技术与煤炭开发利用深度融合，煤矿数字化智能化绿色化转型全面提速。截至 2022 年底，建成智能化煤矿 572 处、智能化采掘工作面 1019 处，31 种煤矿机器人在煤矿现场应用。

煤炭企业股份制改制、上市企业培育实现新突破，世界一流煤炭企业建设展现新气象，8 家企业入选创建世界一流专精特新示范企业名单，8 家企业入选国有企业公司治理示范企业名单。大型煤炭企业竞争力加快提升。营业收入超 2000 亿元的龙头骨干企业数量从 2 家增加到 7 家。

（4）科技创新策源功能持续增强。大型煤炭企业研发投入强度达 2%，建成国家及行业级研发平台 149 个，获批国家重大专项及示范项目、国家重点研发计划项目、国家自然科学基金重大研发计划等各类国家重大、重点项目 110 余项。获得中国专利奖 25 项，其中，国家能源集团申报的“一种地下水库坝体及其构筑方法”荣获中国专利金奖。5 家企业 4 个项目获第七届中国工业大奖。据统计，煤炭行业研究生以上学历占比由 2015 年的 1.01% 提升到 2022 的 2% 左右，本科学历占比提升到 11% 左右；高级职称人员占比提升到 2% 以上。人才发展环境更加优化，高层次人才规模持续扩大，人才创新活力全面增强，为行业高质量发展提供了坚强的人才和智力支撑。

（5）煤炭清洁生产水平明显提升。煤炭清洁生产机制不断完善，充填开采、保水开采、煤与瓦斯共采、无煤柱开采等煤炭绿色开采技术得到推广，矿区循环经济稳步发展，资源综合利用水平和效率不断提升。2022 年，原煤入洗率达到 70.6%。矿井水综合利用率、煤矸石综合利用处置率达到 79.3%、73.2%，比 2021 年分别提高 0.4%、2.1%；大型煤矿原煤生产综合能耗、生产电耗分别为 9.7 kgce/t、22 kW · h/t；煤矸石及低热值煤综合利用发电装机达 4.3×10^7 千瓦；土地复垦率达到 57.8% 左右，同比提高 0.3%（图 1-14）。矿区主要污染物排放量明显降低，生态环境修复治理持续推进，促进了矿区资源开发与生态环境协调发展。

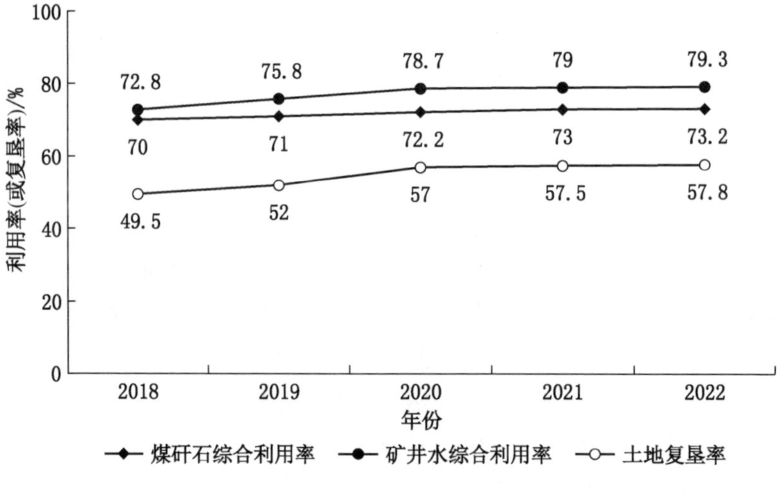

图 1-14　2018—2022 年煤矸石、矿井水综合利用率及土地复垦率

（6）煤炭市场化改革取得实质性进展。全国煤炭市场体制机制不断健全，交易市场体系建设持续深化，煤炭价格指数体系不断完善，煤炭期货市

场不断培育发展，煤炭价格市场化改革逐步深入。由政府和煤炭上下游行业企业共同推动形成的中长期合同制度和“基础价+浮动价”的定价机制成为共识，发挥了维护煤炭经济平稳运行的“压舱石”作用。行业信用体系建设进一步加强，市场交易行为得到规范，煤炭中长期合同签订履约信用数据采集全面开展，为全国煤炭市场保供稳价奠定了政策基础。2022 年电煤中长期合同实际兑现量约 20 亿 t，稳住了电煤供应的基本盘，发挥了维护煤炭经济平稳运行的“压舱石”作用。行业诚信体系建设进一步加强，市场交易行为得到规范。截至 2022 年底，共有 1307 家煤炭行业企业通过信用等级评价，其中，1054 家获得“AAA”级称号。

（7）安全生产形势明显好转。煤矿安全法律法规标准体系进一步完善，企业安全生产主体责任和安全基础管理不断强化，安全红线意识全面增强，安全生产投入长效机制逐步健全，安全生产标准化建设扎实推进，煤矿安全保障水平持续提升，深入开展煤矿安全生产专项整治三年行动、万名矿长谈心对话等活动等，促进煤矿安全生产形势稳定向好。2022 年，全国煤矿事故总量、较大事故量、百万吨死亡率持续下降，煤矿安全生产形势持续稳定向好。2022 年共发生煤矿事故 168 起、死亡 245 人，全国煤矿百万吨死亡率降至 0. 054（图 1-15）。煤矿瓦斯事故起数、死亡人数均同比下降 44%，未发生冲击地压和火灾死亡事故。已连续 6 年未发生特别重大事故。

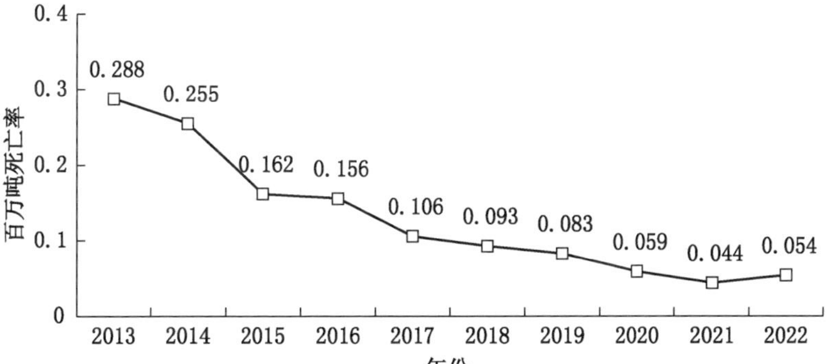

图 1-15　2013—2022 年全国煤矿百万吨死亡率变化情况

二、2022 年煤炭行业经济运行情况及 2023 年市场走势分析

（一）2022 年煤炭经济运行基本情况

（1）煤炭供应。一是国内产量再创历史新高。2022 年全国原煤产量

45.6 亿 t，同比增长 10.5%。二是煤炭进口量减少。全国煤炭进口量 2.93 亿 t，同比下降 9.2%；出口煤炭 400 万 t，同比增长 53.7%；煤炭净进口 2.89 亿 t，同比下降 9.8%（图 1-16）。三是煤炭转运能力提高。全国铁路累计发运煤炭 26.8 亿 t 以上，同比增长 3.9%；其中，电煤发运量 21.8 亿 t，同比增长 8.7%。全国主要港口内贸煤发运量约 7.3 亿 t，同比下降 1.8%（图 1-17）。

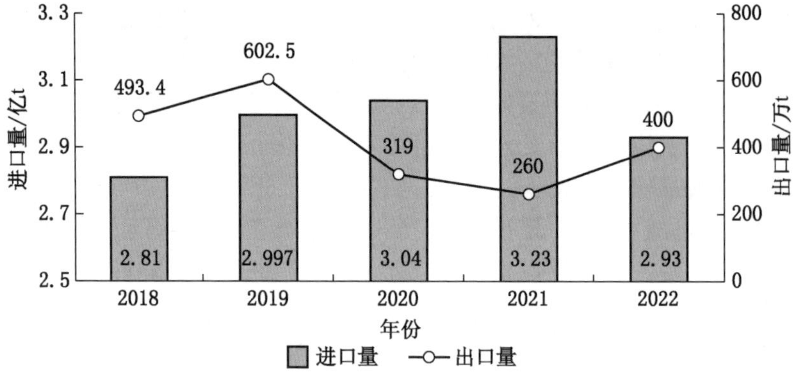

图 1-16　2018—2022 年全国煤炭进出口量变化情况

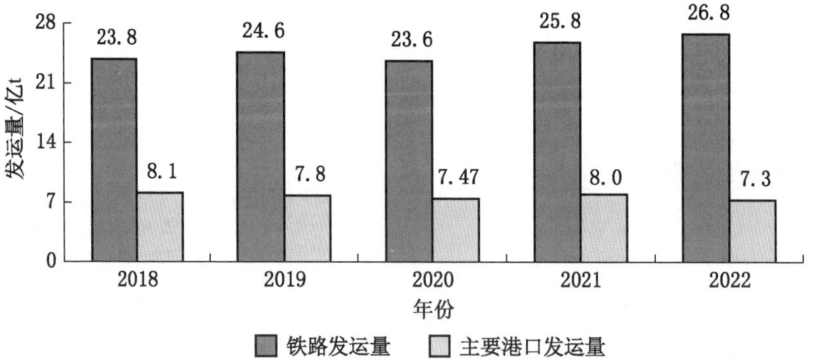

图 1-17　2018—2022 年全国煤炭铁路及主要港口发运量

（2）煤炭库存。截至 2022 年 12 月末，全国煤炭企业存煤 6600 万 t，同比增长 26.6%（图 1-18）；全国主要港口存煤 5530 万 t，同比下降 6.8%，其中，环渤海主要港口存煤 2385 万 t，同比增长 7.5%；全国统调电厂存煤

1.75 亿 t，同比增长 6.0%，6 月以来存煤量持续保持在 1.7 亿 t 以上的历史高位。

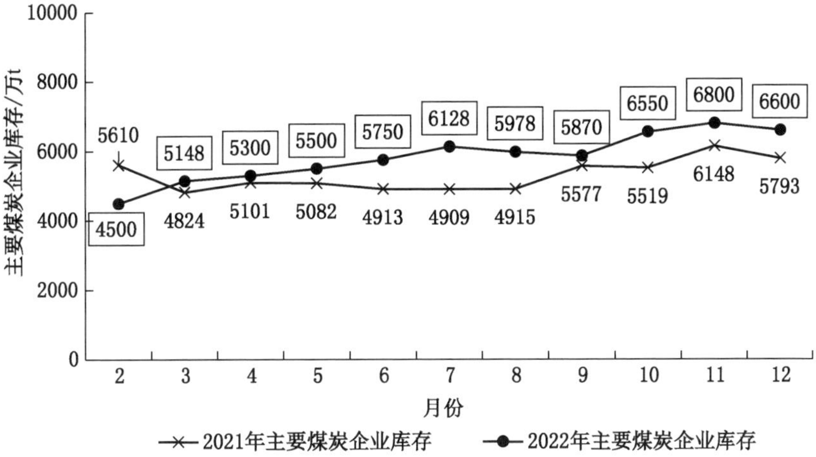

图 1-18　2021—2022 年主要煤炭企业库存变动情况

（3）煤炭价格。一是煤炭中长期合同制度彰显稳价作用。2022 年动力煤中长期合同（5500 大卡下水煤）全年均价为 722 元/t，同比上涨 73 元/t，年内峰谷差在 9 元/t 左右，发挥了煤炭市场的“稳定器”作用（图 1-19）。二是煤炭市场现货价格向合理区间回归。受国际能源价格大涨等多重因素叠加影响，二季度以后价格呈现高位波动态势，年内价格峰谷差达到 900 元/t 左右；10 月以后，随着我国动力煤供需形势逐步改善、煤炭进口快速恢复，动力煤市场价格持续下行，年末北方港口动力煤市场价格较年内高点下降 500 元/t，并继续向合理区间回归。三是炼焦煤价格上涨。山西吕梁部分主焦煤长协合同全年均价 2240 元/t，同比上涨 600 元/t。CCTD 山西焦肥精煤综合售价全年均价 2664 元/t，同比上涨 338 元/t。四是国际煤炭市场价格高位波动。国际主流市场煤炭价格受能源整体供应紧张影响保持高位震荡，澳大利亚、印尼煤炭年均离岸价格分别同比上涨 110% 和 127%。

（4）行业效益。2022 年，全国规模以上煤炭企业营业收入 4.02 万亿元，同比增长 19.5%；利润总额 1.02 万亿元，同比增长 44.3%；应收账款 5320.1 亿元，同比增长 23.1%；资产负债率 60.7%（图 1-20）。前 5 家、前 10 家大型煤炭企业利润占规模以上煤炭企业利润总额的比例分别达到 25.9% 和 33.6%，经济效益进一步向资源条件好的企业集中。初步分析，大

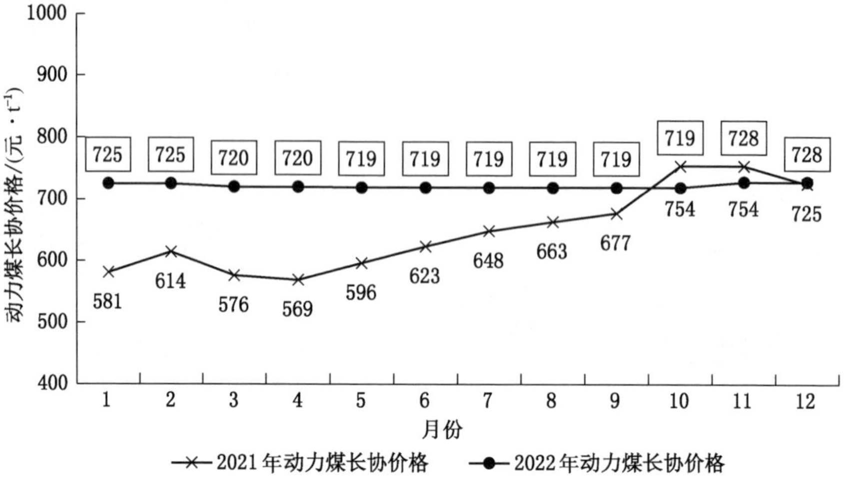

图 1-19　2021—2022 年 CCTD 秦皇岛港动力煤（5500 大卡）长协价格

型企业原煤产量占全国规模以上煤炭企业的 67.4%，利润总额仅占全行业的 41.8%。行业发展不平衡，产业链各环节和煤矿生产区域利润分布不均衡的问题突出。

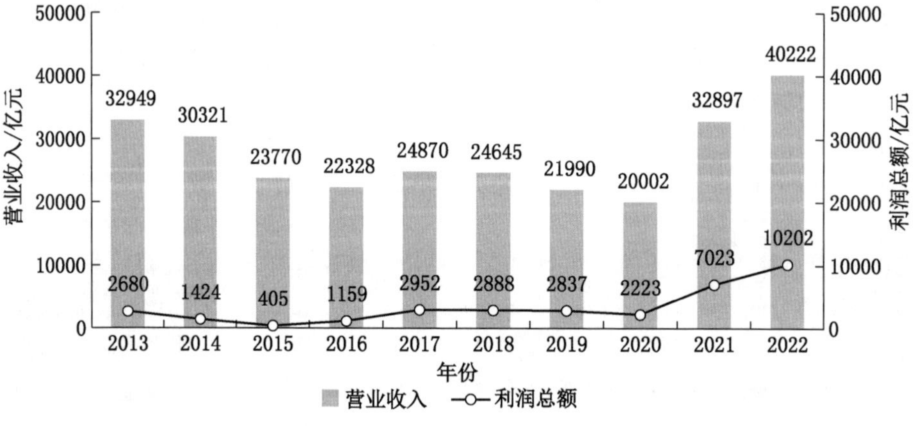

图 1-20　2013—2022 年规模以上煤炭企业营业收入和利润总额情况

（5）固定资产投资。煤炭开采和洗选业固定资产投资累计同比增长 24.4%，其中民间投资同比增长 39.0%（图 1-21）。

（二）2023 年煤炭市场走势分析

从煤炭需求看，中央经济工作会议部署 2023 年经济工作时要求坚持

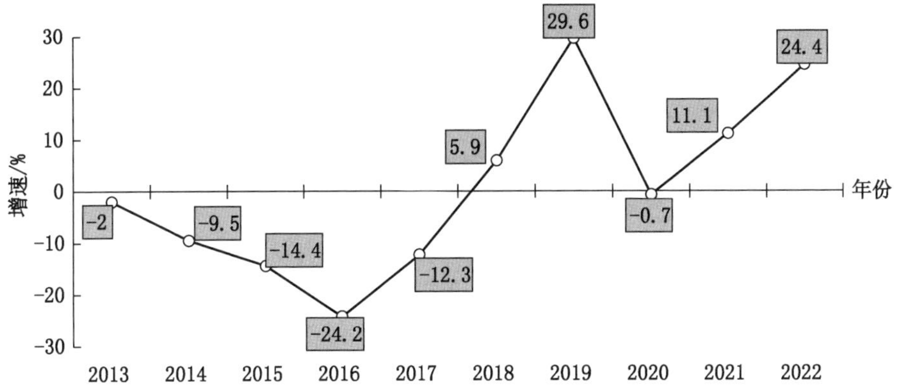

图 1-21　2013—2022 年煤炭开采和洗选业固定资产投资同比增速

“稳字当头、稳中求进”，继续实施积极的财政政策和稳健的货币政策，加大宏观政策调控力度，推动经济运行整体好转，实现质的有效提升和量的合理增长，发挥煤炭主体能源作用，推进煤炭清洁高效利用，将带动国内煤炭消费保持增长。同时，国家推动发展方式绿色转型，加快规划建设新型能源体系，实施新能源和可再生能源替代，钢铁、建材等主要耗煤行业需求或有所减弱。预计 2023 年煤炭需求将保持适度增加。

从煤炭供应看，中央经济工作会议要求加强重要能源、矿产资源国内勘探开发和增储上产，积极扩大能源资源等产品进口。全国能源工作会议要求全力提升能源生产供应保障能力，发挥煤炭兜底保障作用，夯实电力供应保障基础。预计我国将继续释放煤炭先进产能，推进煤矿产能核增和分类处置，推动在产煤矿稳产增产、在建煤矿投产达产，晋陕蒙新黔等煤炭主产区产量继续增加，大型智能化煤矿生产效率提高、生产弹性增强。预计 2023 年我国煤炭产量将保持增长、增幅回落。煤炭进口形势逐步改善，进口煤进一步发挥调节补充国内煤炭市场的积极作用。

综合判断，2023 年全国煤炭供给体系质量提升、供应保障能力增强，煤炭中长期合同覆盖范围扩大，中长期合同履约监管继续加强，市场总体预期稳定向好，煤炭运输保障能力持续提升，预计煤炭市场供需将保持基本平衡态势。但当前国际能源供需形势依然错综复杂，加之受地缘政治冲突、极端天气、水电和新能源出力情况、安全环保约束等不确定因素影响，区域性、时段性、品种性的煤炭供需矛盾依然存在。

第二章　2020—2021年度煤炭工业安全高效矿井建设

第一节　2020—2021年度煤炭工业安全高效矿井综合分析

一、2020—2021年度安全高效煤矿评审工作简述

为完整、准确、全面贯彻新发展理念，认真落实国家能源安全新战略，积极构建清洁低碳、安全高效的能源体系，推动煤矿安全绿色智能化开采和清洁高效低碳集约化利用，促进煤炭工业的高质量发展，中国煤炭工业协会继续开展了2020—2021年度煤炭工业安全高效矿井（露天）申报评审工作。

2022年1月12日，中国煤炭工业协会印发《关于申报2020—2021年度煤炭工业安全高效矿井（露天）的通知》，启动申报工作，有关省（自治区、直辖市）煤炭行业管理部门（协会）和有关中央企业高度重视，积极组织煤矿申报。当年，全国共申报2020—2021年度煤炭工业安全高效矿井（露天）1161处，其中：井工煤矿1060处，露天煤矿101处，分布在河北、山西、内蒙古、辽宁、吉林、黑龙江、江苏、安徽、山东、河南、四川、贵州、云南、陕西、甘肃、青海、宁夏、新疆及新疆兵团等19省（自治区）。

为保证安全高效矿井建设质量，中国煤炭工业协会共组织44个验收组，对9个省份的91处煤矿（其中露天煤矿9处）进行了现场抽查验收。各验收组由企业选拔具有丰富现场经验的采掘、通风、安全、防治水和劳资等专业的专家组成，验收内容主要有各申报煤矿安全生产责任制落实情况、矿井安全生产标准化工作开展情况、矿井是否存在重大安全隐患、安全高效矿井申报表与相关原始基础表数据核实等。

2022年12月2—11日，根据工作进度安排，中国煤炭工业协会对评审验收的安全高效矿井（露天）进行上网公示。2022年12月22日，中国煤

炭工业协会在资料评审、现场验收及公示的基础上，先后发布了《中国煤炭工业协会关于命名2020—2021年度煤炭工业安全高效矿井（露天）的决定》和《关于公布2020—2021年度煤炭工业安全高效集团（矿区）的通知》，对1146处安全高效煤矿和71家安全高效集团进行了公告命名。

1161处申报煤矿有15处被取消等级，6处被降低等级，最终通过评审的安全高效矿井（露天）共计1146处，与2018—2019年度安全高效矿井相比，增加了173处，增长18%。按开采方式划分为井工矿1045处，露天矿101处；按评审级别划分为特级安全高效矿井（露天）925处，行业一级矿井（露天）186处，行业二级矿井35处，分别占80.7%、16.2%、3.1%。

二、2020—2021年度煤炭工业安全高效煤矿总体指标

2021年煤炭工业安全高效矿井（露天）共计生产原煤28.99亿t，占2021年全国原煤生产总量的70.19%，百万吨死亡率0.00069。其中，1045处井工矿共计产量22.7亿t，平均单井产量217.3万t/a，综合单产14.855万t/(个·月)，原煤工效14.129 t/工，百万吨死亡率0.00088，多数矿井实现了一井一面集中生产，平均工作面个数为1.14个，基本达到国际先进水平。101处露天矿共计产量6.28亿t，平均产量621.78万t/a，综合单产27.158万t/(个·月)，原煤工效51.854 t/工，百万吨死亡率为零。2020—2021年度安全高效矿井（露天）主要指标一览表见表2-1。

表2-1　2020—2021年度安全高效矿井（露天）主要指标一览表

项　目	单　位	2020—2021年度
一、主要技术指标		
原煤产量	亿t	28.99
百万吨死亡率	%	0.00069
平均综合单产：井工	万t/(个·月)	14.855
平均综合单产：露天	万t/(个·月)	27.158
平均原煤工效：井工	t/工	14.129
平均原煤工效：露天	t/工	51.854
二、安全高效矿井数量		
总数	处	1146
特级	处	925
一级	处	186
二级	处	35

（一）原煤产量

1146 处安全高效矿井煤矿 2021 年原煤产量约 28.99 亿 t，占 2021 年全国煤炭总产量的 70.19%，与上一轮相比，占比提升超 10 个百分点，如图 2-1 所示。1146 处煤矿核定产能 31.24 亿 t，单井规模约 272.6 万 t/a。共有 64 处煤矿核定产能达到千万 t 以上，其中井工 39 处，露天 25 处，见表 2-2。

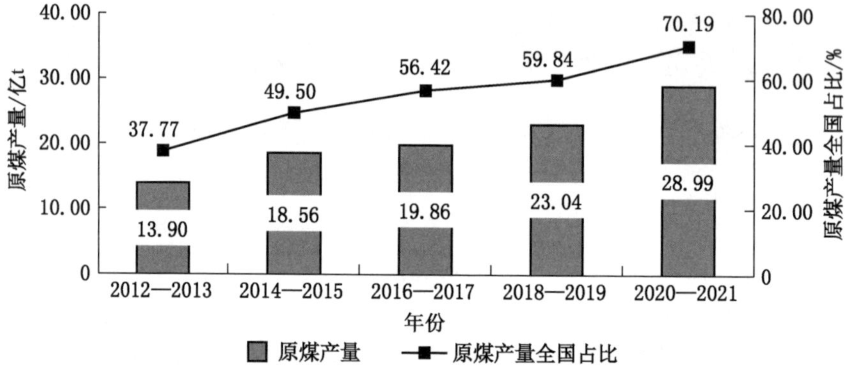

图 2-1　近 5 轮安全高效煤矿产量及占全国比例

表 2-2　2021 年千万吨级安全高效矿井（露天）核定能力及原煤产量

序号	煤　矿　名　称	级别	核定能力/万 t	原煤产量/万 t
	井工煤矿		**53400**	**51059.23**
1	中国神华能源股份有限公司补连塔煤矿	一级	2800	2471.00
2	同煤大唐塔山煤矿有限公司	特级	2500	2486.55
3	中国神华能源股份有限公司布尔台煤矿	一级	2000	1995.95
4	陕煤集团神木柠条塔矿业有限公司	特级	1800	1979.31
5	陕西国华锦界能源有限责任公司锦界煤矿	特级	1800	1870.99
6	内蒙古伊泰京粤酸刺沟矿业有限责任公司	特级	1800	1800.00
7	中国神华能源股份有限公司大柳塔煤矿	特级	1800	1799.08
8	陕西陕煤曹家滩矿业有限公司	特级	1700	1500.36
9	中国神华能源股份有限公司上湾煤矿	特级	1600	1596.67
10	晋能控股煤业集团同忻煤矿山西有限公司	特级	1600	1592.54

表2-2(续)

序号	煤矿名称	级别	核定能力/万t	原煤产量/万t
11	中国神华能源股份有限公司哈拉沟煤矿	特级	1600	1564.20
12	陕煤集团神木红柳林矿业有限公司	特级	1500	1700.00
13	陕西未来能源化工有限公司金鸡滩煤矿	特级	1500	1649.20
14	内蒙古蒙泰不连沟煤业有限责任公司	特级	1500	1545.66
15	陕西小保当矿业有限公司一号煤矿	特级	1500	1514.00
16	山西西山晋兴能源有限责任公司斜沟煤矿	特级	1500	1499.76
17	中国神华能源股份有限公司活鸡兔煤矿	特级	1500	1402.60
18	中国神华能源股份有限公司榆家梁煤矿	特级	1300	1024.23
19	陕西小保当矿业有限公司二号煤矿	特级	1300	796.00
20	大同煤矿集团轩岗煤电有限责任公司麻家梁煤矿	特级	1200	1157.70
21	中国神华能源股份有限公司石圪台煤矿	特级	1200	1152.72
22	国家能源集团宁夏煤业有限责任公司羊场湾煤矿	特级	1200	1030.00
23	中煤新集刘庄矿业有限公司	特级	1100	1066.40
24	内蒙古汇能集团尔林兔煤炭有限公司	特级	1100	875.90
25	陕煤集团神木张家峁矿业有限公司	特级	1000	1098.90
26	神木县隆德矿业有限责任公司	特级	1000	1096.00
27	鄂尔多斯市转龙湾煤炭有限公司	特级	1000	1092.00
28	国能亿利能源有限责任公司黄玉川煤矿	特级	1000	1080.49
29	陕西华电榆横煤电有限责任公司小纪汗煤矿	特级	1000	1049.23
30	大同煤矿集团马道头煤业有限责任公司	特级	1000	997.80
31	榆林市榆神煤炭榆树湾煤矿有限公司	特级	1000	997.00
32	大同煤矿集团同发东周窑煤业有限公司	特级	1000	980.74
33	国能包头能源有限责任公司万利一矿	特级	1000	968.84
34	中煤平朔集团有限公司井工一矿	特级	1000	930.38
35	陕西煤业化工集团孙家岔龙华矿业有限公司	特级	1000	912.80
36	霍州煤电集团吕临能化有限公司庞庞塔煤矿	特级	1000	851.87
37	内蒙古伊泰煤炭股份有限公司塔拉壕煤矿	特级	1000	755.00
38	内蒙古珠江投资有限公司青春塔煤矿	特级	1000	663.46
39	国网能源哈密煤电有限公司大南湖一矿	特级	1000	513.90

表2-2(续)

序号	煤　矿　名　称	级别	核定能力/万t	原煤产量/万t
	露工煤矿		**48500**	**46138.34**
1	中国神华能源股份有限公司哈尔乌素露天煤矿	特级	3500	3195.66
2	国能宝日希勒能源有限公司宝日希勒露天煤矿	特级	3500	2459.20
3	神华准格尔能源有限责任公司黑岱沟露天煤矿	特级	3400	3393.76
4	新疆天池能源有限责任公司南露天煤矿	特级	3000	3476.00
5	神华北电胜利能源有限公司胜利一号露天煤矿	特级	2800	2515.91
6	华能伊敏煤电有限责任公司伊敏露天矿	特级	2700	2889.48
7	中煤平朔集团有限公司东露天矿	特级	2500	2202.70
8	新疆天池能源有限责任公司将军戈壁二号露天煤矿	特级	2500	1991.00
9	国能新疆准东能源有限责任公司	特级	2000	2536.56
10	中煤平朔集团有限公司安太堡露天矿	特级	2000	1999.80
11	中煤平朔集团有限公司安家岭露天矿	特级	2000	1999.53
12	内蒙古白音华蒙东露天煤业有限公司	特级	2000	1329.59
13	内蒙古电投能源股份有限公司南露天煤矿	特级	1800	1799.95
14	扎鲁特旗扎哈淖尔煤业有限公司	特级	1800	1799.38
15	国家电投集团内蒙古白音华煤电有限公司露天矿	特级	1500	1499.95
16	新疆疆纳矿业有限公司	特级	1400	1553.90
17	国家能源集团陕西神延煤炭有限责任公司西湾露天煤矿	特级	1300	1154.00
18	内蒙古平庄煤业（集团）有限责任公司元宝山露天煤矿	特级	1200	1155.00
19	国能宝清煤电化有限公司朝阳露天煤矿	特级	1100	540.90
20	国能新疆红沙泉能源有限责任公司	特级	1000	1617.00
21	国能新疆托克逊能源有限责任公司	特级	1000	1186.30
22	锡林郭勒盟蒙东矿业有限责任公司	特级	1000	1074.81
23	内蒙古电投能源股份有限公司北露天煤矿	特级	1000	998.89
24	国网能源哈密煤电有限公司大南湖二矿	特级	1000	956.70
25	云南小龙潭矿务局有限责任公司布沼坝露天矿	特级	1000	812.37

年产量超过500万t的综采队有66处，超过1000万t的综采队有9处。最高为神华能源股份有限公司补连塔煤矿综采一队，年产量1453万t，其次

是陕西小保当矿业有限公司一号煤矿综采队，年产 1451 万 t；内蒙古伊泰京粤酸刺沟矿业有限公司采煤一队，年产 1314 万 t，见表 2-3。

表 2-3　2021 年年产量超过 1000 万 t 的综采队

序号	煤　矿　名　称	采煤队伍	采煤工艺	年产量/万 t
1	中国神华能源股份有限公司补连塔煤矿	综采一队	综采	1453
2	陕西小保当矿业有限公司一号煤矿	综采队	综采	1451.26
3	内蒙古伊泰京粤酸刺沟矿业有限责任公司	采煤一队	综放	1314.17
4	中国神华能源股份有限公司上湾煤矿	综采一队	综采	1175.6
5	同煤大唐塔山煤矿有限公司	综采二队	综放	1143.25
6	山西西山晋兴能源有限责任公司斜沟煤矿	综采一队	综放	1045.016
7	中国神华能源股份有限公司大柳塔煤矿	综采五队	综采	1023.32
8	陕西未来能源化工有限公司金鸡滩煤矿	综采工区一队	综放	1010.83
9	晋能控股煤业集团同忻煤矿山西有限公司	综采一队	综放	1002

（二）综合单产

1045 处井工矿平均综合单产 14.855 万 t/(个·月)，较上轮提高 0.452 万 t/(个·月)。其中，最高单产为陕西小保当矿业有限公司一号煤矿创造的 123.4 万 t/(个·月)；综合单产超过 50 万 t/(个·月) 的井工矿有 27 个，比上轮增加 5 个，见表 2-4。101 处露天矿平均综合单产为 27.158 万 t/(个·月)，比上轮提高 4.342 万 t/(个·月)，露天矿最高单产是由中国神华能源股份有限公司哈尔乌素露天煤矿创造的 88.768 万 t/(个·月)。综合单产超过 50 万 t/(个·月) 的露天矿有 8 处，比上轮增加 1 处，见表 2-5。

表 2-4　2021 年综合单产超过 50 万 t 的安全高效井工矿

序号	煤　矿　名　称	原煤产量/万 t	综合单产/[t·(个·月)$^{-1}$]
1	陕西小保当矿业有限公司一号煤矿	1514	1234065
2	中国神华能源股份有限公司上湾煤矿	1596.67	1012429
3	中国神华能源股份有限公司补连塔煤矿	2471	939940
4	榆林市榆神煤炭榆树湾煤矿有限公司	997	841459

表2-4(续)

序号	煤矿名称	原煤产量/万t	综合单产/[t·(个·月)$^{-1}$]
5	中煤平朔集团有限公司井工一矿	930.38	795460
6	国能亿利能源有限责任公司黄玉川煤矿	1080.49	752500
7	中国神华能源股份有限公司大柳塔煤矿	1799.08	750123
8	鄂尔多斯市华兴能源有限责任公司唐家会煤矿	884.62	733121
9	内蒙古蒙泰不连沟煤业有限责任公司	1545.66	699773
10	同煤大唐塔山煤矿有限公司	2486.55	693467
11	山西怀仁联顺玺达柴沟煤业有限公司	768.31	690037
12	晋能控股煤业集团同忻煤矿山西有限公司	1592.54	688032
13	内蒙古伊泰京粤酸刺沟矿业有限责任公司	1800	676658
14	陕西小保当矿业有限公司二号煤矿	796	671456
15	陕西有色榆林煤业有限公司	799.56	655069
16	陕西未来能源化工有限公司金鸡滩煤矿	1649.2	648042
17	中国神华能源股份有限公司哈拉沟煤矿	1564.2	630471
18	中国神华能源股份有限公司布尔台煤矿	1995.95	629181
19	陕西陕煤曹家滩矿业有限公司	1500.36	620135
20	内蒙古鄂尔多斯永煤矿业有限公司马泰壕煤矿	698.44	598741
21	内蒙古珠江投资有限公司青春塔煤矿	663.46	571685
22	内蒙古智能煤炭有限公司麻地梁煤矿	541.99	546171
23	华能扎赉诺尔煤业有限责任公司灵东煤矿	650	545068
24	内蒙古满世煤炭集团罐子沟煤炭有限责任公司	593	525092
25	鄂尔多斯市伊化矿业资源有限责任公司	597.68	520137
26	陕煤集团神木柠条塔矿业有限公司	1979.31	517159
27	陕西国华锦界能源有限责任公司锦界煤矿	1870.99	511905

表2-5　2021年综合单产超过50万t的安全高效露天矿

序号	煤矿名称	原煤产量/万t	综合单产/[t·(个·月)$^{-1}$]
1	中国神华能源股份有限公司哈尔乌素露天煤矿	3195.66	887683
2	神华准格尔能源有限责任公司黑岱沟露天煤矿	3393.76	707033

表2-5(续)

序号	煤　矿　名　称	原煤产量/万t	综合单产/[t·(个·月)$^{-1}$]
3	北方魏家峁煤电有限责任公司露天煤矿	774	645000
4	华能伊敏煤电有限责任公司伊敏露天矿	2889.48	617410
5	中煤平朔集团有限公司东露天矿	2202.7	611861
6	山西煤炭进出口集团河曲旧县露天煤业有限公司	703	585833
7	中煤平朔集团有限公司安太堡露天矿	1999.8	555500
8	中煤平朔集团有限公司安家岭露天矿	1999.53	555425

（三）煤巷掘进平均单进

1045处安全高效井工矿平均月进尺达261.27 m/(个·月)，比上轮降低12.9 m/(个·月)。平均单进超过1000 m/(个·月）的煤巷掘进工作面共有22处，见表2-6。其中，最高平均月进尺、最高月进尺和最高平均日进尺均是榆林榆神煤炭榆树湾煤矿有限公司煤矿创造，分别为1935 m/(个·月)、2623 m/(个·月)、70.4 m/(个·日)，其次是陕西国华锦界能源有限责任公司锦界煤矿，平均月进尺1423.3 m/(个·月)。

表2-6　煤巷掘进工作面平均单进超过1000 m/(个·月）矿井

序号	煤矿名称	掘进队伍	平均月进尺/[m·(个·月)$^{-1}$]	最高月进尺/[m·(个·月)$^{-1}$]	最高平均日进尺/[m·(个·日)$^{-1}$]
1	榆林榆神煤炭榆树湾煤矿有限公司	连掘队	1935	2623	70.4
2	陕西国华锦界能源有限责任公司锦界煤矿	连掘三队	1423.3	1675.6	46.79
3	中国神华能源股份有限公司上湾煤矿	连掘队	1340	1660	45
4	陕西陕煤曹家滩矿业有限公司	掘进二队	1320	2020	57
5	陕西陕煤曹家滩矿业有限公司	掘进一队	1309	1496	53
6	陕西未来能源化工有限公司金鸡滩煤矿	连采工区一队	1270	1438	43
7	陕西益东矿业有限责任公司	综掘队	1245	1488	59
8	陕西国华锦界能源有限责任公司锦界煤矿	连掘二队	1231.2	1691	40.48

表2-6（续）

序号	煤矿名称	掘进队伍	平均月进尺/[m·(个·月)$^{-1}$]	最高月进尺/[m·(个·月)$^{-1}$]	最高平均日进尺/[m·(个·日)$^{-1}$]
9	中国神华能源股份有限公司哈拉沟煤矿	连掘一队	1213	1728	52
10	陕西煤业化工集团孙家岔龙华矿业有限公司	综掘一队	1211.2	1778	46.6
11	神木市惠宝煤业有限公司	连采队	1200	1320	50
12	陕西未来能源化工有限公司金鸡滩煤矿	连采工区二队	1174	1378	40
13	中国神华能源股份有限公司活鸡兔煤矿	连掘五队	1167.3	1405.1	42.5
14	内蒙古伊泰广联煤化有限责任公司	掘进队	1167	1873	42.5
15	中国神华能源股份有限公司大柳塔煤矿	连掘三队	1167	1547	42.44
16	陕西陕北矿业韩家湾煤炭有限公司	连采队	1158	1557	40.9
17	陕煤集团神木红柳林矿业有限公司	掘进一队	1150	1200	38.3
18	内蒙古伊泰京粤酸刺沟矿业有限责任公司	掘进队	1136	1553	40.8
19	中国神华能源股份有限公司补连塔煤矿	掘锚三队	1116.08	1411	33.63
20	中国神华能源股份有限公司榆家梁煤矿	连掘一队	1096	1350.2	36
21	陕煤集团神木柠条塔矿业有限公司	掘进一工区	1071.7	1331	36.7
22	中国神华能源股份有限公司活鸡兔煤矿	连掘二队	1005	1226.4	36.5

（四）原煤生产人员效率

1045处井工矿平均原煤工效为14.129 t/工，较上轮提高了0.21 t/工。101处露天矿平均原煤工效达到51.854 t/工，较上轮提高7.346 t/工。共14处煤矿原煤工效超过100 t/工，其中井工矿5处，露天矿9处（表2-7、表2-8）。原煤工效最高的井工矿是榆神煤炭榆树湾煤矿有限公司，达到125.58 t/工，2021年原煤产量997万t；原煤工效最高的露天矿是新疆疆纳矿业有限公司，达到 302.69 t/工。2021 年原煤产量 1553.9 万 t。

表 2-7　原煤工效超过 100 t/工的安全高效井工矿

序号	煤矿名称	原煤产量/万 t	综采/综掘机械化程度/%	原煤生产期末人数/人	原煤工效/($t \cdot 工^{-1}$)
1	榆林市榆神煤炭榆树湾煤矿有限公司	997	100/100	278	125.580
2	中国神华能源股份有限公司上湾煤矿	1596.67	100/100	663	113.339
3	中国神华能源股份有限公司哈拉沟煤矿	1564.2	100/100	671	105.730
4	陕西未来能源化工有限公司金鸡滩煤矿	1649.2	100/100	613	105.556
5	陕西国华锦界能源有限责任公司锦界煤矿	1870.99	100/100	723	102.130

表 2-8　原煤工效超过 100 t/工的安全高效露天矿

序号	煤矿名称	原煤产量/万 t	剥采比/($m^3 \cdot t^{-1}$)	原煤生产期末人数/人	原煤工效/($t \cdot 工^{-1}$)
1	新疆疆纳矿业有限公司	1553.9	2.5	186	302.690
2	中煤平朔集团有限公司东露天矿	2202.7	7.01	326	258.030
3	中煤平朔集团有限公司安太堡露天矿	1999.8	4.36	392	192.950
4	内蒙古白音华蒙东露天煤业有限公司	1329.59	6.09	434	147.870
5	国能宝日希勒能源有限公司宝日希勒露天煤矿	2459.2	3.07	639	144.577
6	华能伊敏煤电有限责任公司伊敏露天矿	2889.48	3.58	900	134.040
7	中煤平朔集团有限公司安家岭露天矿	1999.53	5.23	592	133.019
8	中国神华能源股份有限公司哈尔乌素露天煤矿	3195.66	2.32	1121	132.200
9	神华北电胜利能源有限公司胜利一号露天煤矿	2515.91	4.2	915	102.570

（五）安全状况

1146 处安全高效煤矿中，2021 年共发生死亡事故 2 起，死亡 2 人，百万吨死亡率为 0.00069（事故煤矿均为井工矿）。与 2019 年相比，事故起数和死亡人数分别减少 1 起、1 人。

（六）企业效益

1146 处安全高效煤矿 2021 年共实现利润 5761 亿元，比上轮 2019 年度利润总额增加 3420. 75 亿元，增长约 146%。平均单矿盈利 5. 03 亿元，较 2019 年增长 108%。其中 149 处安全高效煤矿单矿盈利超过 10 亿元，较 2019 年增加 97 处。井工矿中，有 13 处单矿盈利超 50 亿元，陕煤集团神木红柳林矿业有限公司盈利最多，达到 86. 2 亿元，见表 2-9；露天矿单矿盈利超过 20 亿元的仅 3 处，盈利最多的是国家能源集团陕西神延煤炭有限公司西湾露天煤矿，全年盈利 28. 43 亿元，见表 2-10。

表 2-9　2021 年度盈利水平超过 50 亿元安全高效矿井（井工矿）

序号	煤矿名称	原煤产量/万 t	实现利润/亿元	人均收入/万元
1	陕煤集团神木红柳林矿业有限公司	1700	86. 20	20. 06
2	陕煤集团神木柠条塔矿业有限公司	1979. 31	75. 19	22. 59
3	同煤大唐塔山煤矿有限公司	2486. 55	75	16
4	陕西未来能源化工有限公司金鸡滩煤矿	1649. 2	70. 67	26. 94
5	中国神华能源股份有限公司哈拉沟煤矿	1564. 2	67. 99	33. 57
6	榆林榆神煤炭榆树湾煤矿有限公司	997	65. 87	19. 95
7	中国神华能源股份有限公司大柳塔煤矿	1799. 08	64. 51	31. 22
8	陕西陕煤曹家滩矿业有限公司	1500. 36	60. 50	29. 8
9	中国神华能源股份有限公司补连塔煤矿	2471	59. 97	30. 64
10	中国神华能源股份有限公司上湾煤矿	1596. 67	55. 45	30. 37
11	山西锦兴能源有限公司肖家洼煤矿	899. 05	53. 31	18. 19
12	中国神华能源股份有限公司活鸡兔煤矿	1402. 6	52. 78	31. 22
13	中国神华能源股份有限公司布尔台煤矿	1995. 95	50. 65	28. 15

表 2-10　2021 年度盈利水平超过 20 亿元安全高效矿井（露天矿）

序号	煤矿名称	原煤产量/万 t	实现利润/亿元	人均收入/万元
1	国家能源集团陕西神延煤炭有限公司西湾露天煤矿	1154	28. 43	27. 89
2	榆阳区方家畔煤业有限责任公司	395	23. 74	13. 95
3	国能宝日希勒能源有限公司	2459. 2	20. 65	24. 43

1146 处安全高效煤矿 2021 年人均收入 11.6 万元，比 2019 年增加 1.73 万元。其中，1045 处井工煤矿人均收入达到 11.42 万元，101 处露天煤矿达到 13.5 万元。共有 175 处煤矿年人均收入超过 15 万，66 处煤矿年人均收入超过 20 万元。

第二节　2020—2021 年度安全高效矿井具体指标分析

一、2020—2021 年度安全高效矿井（露天）所属地区分布

2020—2021 年度，1146 处安全高效煤矿从分布区域看，分布在 19 个省（区），如图 2-2 所示。其中山西、内蒙古、陕西、河南、山东、安徽等 6 个省（区）达标煤矿数量均超过 30 处，山西省高达 589 处，占安全高效煤矿总数的 51.4%，其次是内蒙古 168 处。山西、安徽、江苏、河北、河南等省安全高效煤矿数量占本省正常生产煤矿数量的 60% 以上。江西、广西、湖北、湖南 4 个产煤省份未申报安全高效煤矿，云南、贵州安全高效煤矿占本省正常生产煤矿数量的比例不足 5%。

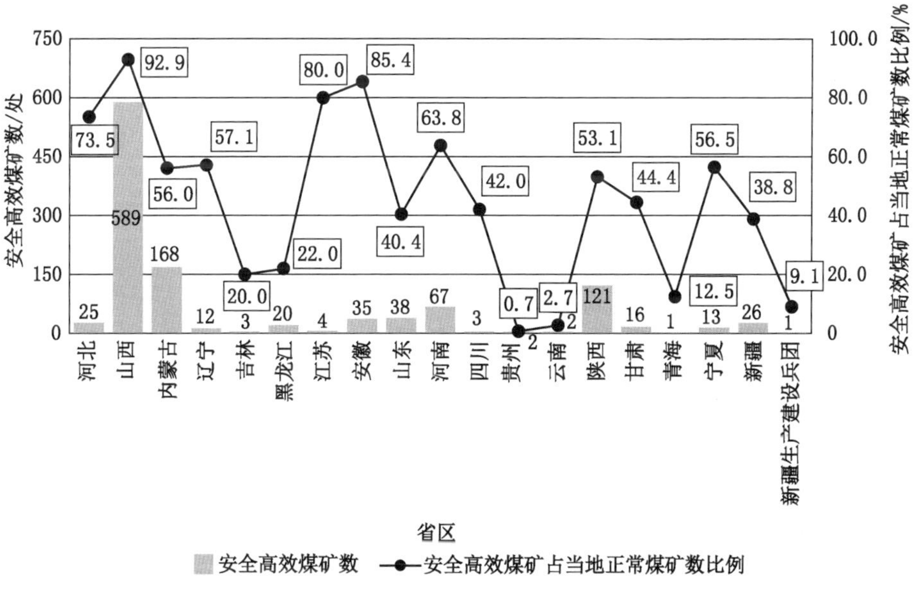

图 2-2　2020—2021 年度安全高效矿井（露天）地区分布图

2020—2021 年度，安全高效矿井（露天）地区分布见表 2-11，其中特级煤矿主要分布在山西、内蒙古、陕西、河南、山东、安徽等 6 省区的大型煤炭基地。

表 2-11　2020—2021 年度安全高效矿井（露天）地区分布

序号	省份	安全高效矿井数量/处				占全国比例/%
		总数	特级	一级	二级	
合计		1146	925	186	35	100
1	河北	25	15	10	0	2.67
2	山西	589	562	25	2	50.98
3	内蒙古	168	122	32	14	17.78
4	辽宁	12	7	3	2	1.03
5	吉林	3	0	3	0	0.31
6	黑龙江	20	6	8	6	1.44
7	江苏	4	3	1	0	0.51
8	安徽	35	23	12	0	3.19
9	山东	38	26	10	2	4.32
10	河南	67	23	37	7	6.58
11	四川	3	0	3	0	0.21
12	贵州	2	1	1	0	0.41
13	云南	2	2	0	0	0.31
14	陕西	121	86	34	1	6.58
15	甘肃	16	14	2	0	1.03
16	青海	1	1	0	0	0.21
17	宁夏	13	9	3	1	1.23
18	新疆	26	24	2	0	1.13
19	新疆生产建设兵团	1	1	0	0	0.10

1146 处安全高效矿井（露天）核定生产能力合计 31.24 亿 t，2021 年煤炭产量约 28.99 亿 t。其中产量最多的省份是山西，约 9.92 亿 t，占全部安全高效矿井（露天）产量的 34.2%；山西、内蒙古、陕西 3 个省份安全高效矿井（露天）2021 年原煤产量约 22.52 亿 t，占全部安全高效矿井（露天）产量的 77.7%，占 2021 年全国煤炭产量的 54.53%；山西、内蒙古、

陕西、新疆、安徽、山东、河南、宁夏8个省（区）安全高效矿井（露天）产量突破5000万t，如图2-3所示。

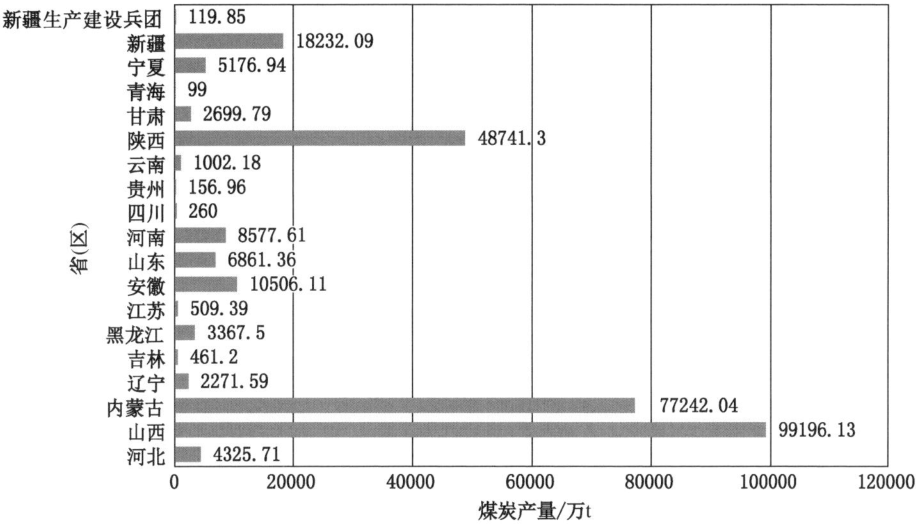

图2-3 2021年安全高效矿井（露天）煤炭产量按地区分布

二、2020—2021年度安全高效矿井（露天）所属企业分布

从企业类型看，省属国有煤炭企业申报积极，安全高效矿井数量较多，占2020—2021年度安全高效矿井总数的49.74%。中央企业、国有重点和地方国有煤矿取得的安全高效矿井（露天）等级80%以上为特级，二级安全高效矿井占比很少。1146处安全高效矿井中民营煤矿331处，占总数的28.9%，但取得的安全高效等级相对偏低，35处二级安全高效矿井中，民营煤矿18处，占比51.43%，见表2-12、图2-4。

表2-12 2020—2021年度安全高效矿井（露天）所属企业类型分布

企业类型	安全高效矿井		特级		一级		二级	
	数量/处	占比/%	特级/处	占比/%	一级/处	占比/%	二级/处	占比/%
中央企业	148	12.91	132	14.27	14	7.53	2	5.71
省属国有	570	49.74	465	50.27	92	49.46	13	37.14
地方国有	97	8.46	86	9.30	9	4.84	2	5.71
民营煤矿	331	28.88	242	26.16	71	38.17	18	51.43

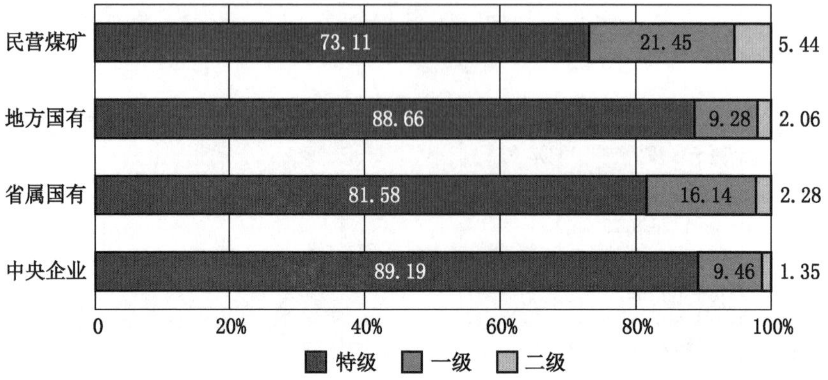

图 2-4　不同所有制性质煤矿企业安全高效矿井等级分布情况

2020—2021 年度安全高效煤矿数量超过 20 处的煤矿企业集团共有 10 家，均为中央企业或省属国有企业。10 家煤矿企业集团共有 556 处煤矿达到安全高效矿井，占全国安全高效煤矿总数的 48.52%，其中特级 479 处，一级 67 处，二级 10 处。晋能集团共有安全高效煤矿 164 处，为各企业安全高效煤矿数量之最，其次为国家能源集团 54 处，山西焦煤 89 处，见表 2-13。

表 2-13　2020—2021 年度安全高效矿井（露天）所属企业类型分布

序号	企业集团（简称）	安全高效矿井数量/处	安全高效矿井数量占总数比例/%	安全高效矿井/处		
				特级	一级	二级
1	晋能控股	164	14.31	52	0	3
2	山西焦煤	89	7.77	50	3	1
3	国家能源	60	5.24	48	2	1
4	中煤集团	52	4.54	33	10	3
5	河南能源	42	3.66	45	1	0
6	山东能源	40	3.49	15	19	2
7	冀中能源	32	2.79	25	10	1
8	陕煤集团	29	2.53	17	12	1
9	潞安集团	28	2.44	28	0	0
10	龙煤集团	20	1.75	25	0	0

第三节　2020—2021 年度安全高效矿井分级分析

一、特级安全高效矿井（露天）

2020—2021 年度，特级安全高效煤矿共有 925 处，其中井工矿 854 处，露天矿 71 处。按所属地区分，主要分布在山西（562 处）、内蒙古（122 处）、陕西（86 处）、新疆（24 处）、山东（26 处）、河南（23 处）、安徽（23）处等省区（表 2-11）。

（一）生产技术指标

925 处特级安全高效煤矿原煤产量 26.23 亿 t，占当年全国原煤生产总量的 63.51%，占全部安全高效矿井（露天）生产总量的 90.48%。其中，854 处特级安全高效井工矿核定生产能力 217562 万 t，平均规模 255 万 t/a，生产原煤 202507.19 万 t，平均产量 237 万 t/a；71 处特级安全高效露天矿核定生产能力 62510 万 t，平均规模 880 万 t/a，生产原煤 59753.06 万 t，平均产量 841.59 万 t/a。925 处特级煤矿 2021 年均实现安全生产，百万吨死亡率为零。

854 处特级井工矿平均单产 16.420 万 t/(个·月)，原煤工效 15.543 t/工，采煤机械化程度 99.9%。其中，生产规模最大的井工煤矿为同煤大唐塔山煤矿有限公司，核定生产能力 2500 万 t，2021 年全年原煤产量 2486.55 万 t，矿井综合单产达到 69.347 万 t/(个·月)，原煤工效达到 50.040 t/工，采煤机械化程度 100%。该矿为一井三面生产模式，其中综采一队 2021 年产煤 660.86 万 t，综采二队年产煤 1143.25 万 t，采三队年产煤 642.44 万 t，综采设备为引进的 EKF SL500 采煤机、国产 ZF15000/27.5/42 液压支架、DBT PF6/1142（前）和 PF6/1342（后）刮板输送机。

71 处特级露天矿平均单产 30.362 万 t/(个·月)，原煤工效 57.759 t/工，开采最大剥采比 11.12∶1，最小剥采比 1.51∶1，平均剥采比 5.92∶1；最大煤层平均厚度 76.84 m。其中，国能宝日希勒能源有限公司、中国神华能源股份有限公司哈尔乌素露天煤矿核定生产能力均为 3500 万 t，为我国规模最大的安全高效露天煤矿。国能宝希勒能源有限公司 2021 年原煤产量 2459.2 万 t，该矿剥离采用单斗挖掘机—自卸卡车间断工艺，煤炭开采为单斗挖掘机—自卸卡车—半固定破碎站—带式输送机半连续工艺，煤层平均厚度 22 m，剥采比 3.07∶1，原煤工效 144.58 t/工，实现利润 20.65 亿元。中国神华能源股份有限公司哈尔乌素露天煤矿 2021 年原煤产量 3195.66 万 t。该矿剥离采用单斗—卡车开采工艺，煤层开采采用单斗—卡车—地面半固定破碎站—带式输送机的半连续工艺。煤层平均厚度 33 m，剥采比 2.32：1，原煤工效 132.2 t/工，实现利润 14.59 亿元。

（二）经济效益

925 处特级安全高效矿井中 899 处煤矿实现盈利，共盈利 5298.5 亿元，平均每矿盈利 5.73 亿元。其中，陕煤集团神木红柳林矿业有限公司盈利 86.2 亿元，位居特级安全高效矿井第一。925 处特级安全高效矿井 2021 年人均年收入达到 11.98 万元。

二、一级安全高效矿井（露天）

2020—2021 年度，一级安全高效煤矿共有 186 处，其中井工矿 169 处，露天矿 17 处，主要分布在山西、内蒙古、河南、河北、陕西、山东、安徽等省（区）。

（一）生产技术指标

186 处煤炭工业一级安全高效煤矿原煤生产量为 2.49 亿 t，占当年全国原煤生产总量的 6%，占全部安全高效煤矿原煤生产总量的 8.6%。其中，169 处一级安全高效井工矿核定生产能力 26657 万 t，平均规模 157.74 万 t/a，生产原煤 22650.71 万 t，平均产量 134.03 万 t/a。17 处一级安全高效露天矿核定生产能力 2420 万 t，平均规模 142.35 万 t/a，生产原煤 2257.9 万 t，平均产量 132.82 万 t/a。

169 处一级安全高效井工矿平均单产 9.008 万 t/(个·月)，原煤工效 8.776 t/工，采煤机械化程度 99.78%，死亡事故 2 起 2 人，百万吨死亡率为 0.0088。其中，中国神华能源股份有限公司补连塔煤矿原煤产量最高，2021 年产量达到 1223 万 t。

17 处一级安全高效露天矿平均单产 10.612 万 t/(个·月)，原煤工效 19.242 t/工，平均剥采比 7.86：1，百万吨死亡率为零。其中，鄂尔多斯市腾远煤炭有限责任公司原煤产量最高，产量为 239.8 万 t。

（二）经济效益

186 处一级安全高效煤矿中 180 处煤矿实现盈利，共盈利 434.38 亿元，平均每矿盈利 2.33 亿元。其中，中国神华能源股份有限公司补连塔煤矿盈利 59.97 亿元，经济效益名列煤炭工业一级安全高效矿井第一。186 处一级安全高效矿井 2021 年人均年收入达到 10.24 万元。

三、二级安全高效矿井（露天）

二级安全高效煤矿共有 35 处，其中井工矿 22 处，露天矿 13 处。主要分布在内蒙古、河南、黑龙江等省（区）。

（一）生产技术指标

35 处二级安全高效煤矿原煤产量 0.27 亿 t，占全国原煤生产总量的 0.65%，占全部安全高效煤矿原煤生产总量的 0.93%。22 处二级安全高效井工矿核定生产能力 2323 万 t，平均规模 105.59 万 t/a，生产原煤 1924.59 万 t，平均产量 87.48 万 t/a。13 处二级安全高效露天矿核定生产能力 900 万 t，平均规模 69.23 万 t/a，生产原煤 773.3 万 t，平均产量 59.48 万 t/a。

22 处二级安全高效井工矿平均综合单产 4.467 万 t/(个·月)，原煤工效 4.158 t/工，采煤机械化程度 99.5%，百万吨死亡率为零。其中，呼伦贝尔呼盛矿业有限责任公司原煤产量最高，2021 年产量为 180 万 t。

13 处二级安全高效露天矿平均综合单产 5.816 万 t/(个·月)，原煤工效 13.126 t/工，平均剥采比 8.75∶1，百万吨死亡率为零（表 2-14）。其中，抚顺矿业集团有限责任公司东露天矿原煤产量最高，2021 年产量为 90 万 t。

（二）经济效益

在 35 处二级安全高效煤矿中，有 33 处煤矿实现盈利，共盈利 28.09 亿元，平均每矿盈利 0.8 亿元。其中，神府经济开发区赵家梁煤矿三一煤井盈利 8.9 亿元，名列煤炭工业二级安全高效矿井第一。35 处二级安全高效矿井 2021 年人均年收入达到 8.79 万元。

2020—2021 年度安全高效矿井（露天）分级指标统计表见表 2-14。

表 2-14　2020—2021 年度安全高效矿井（露天）分级指标统计表

类别	井工煤矿			露天煤矿		
	平均工作面个数/个	平均综合单产/[万 t·(个·月)$^{-1}$]	原煤工效/(t·工$^{-1}$)	平均剥采比	平均综合单产/[万 t·(个·月)$^{-1}$]	原煤工效/(t·工$^{-1}$)
特级	1.13	16.42	15.543	5.92	30.392	57.759
一级	1.18	9.008	8.776	7.86	10.612	19.242
二级	1.5	4.467	4.158	8.75	5.816	13.126

第四节　2020—2021 年度安全高效矿井规模分析

2021 年 1146 处煤炭工业安全高效煤矿核定生产能力 31. 24 亿 t，平均核定生产能力 272. 5 万 t/a，共计生产原煤 28. 99 亿 t。其中，1045 处井工矿共计产量 22. 71 亿 t，平均产量 217 万 t/a。101 处露天矿共计产量 6. 28 亿 t，平均产量 621. 6 万 t/a。1146 处安全高效煤矿平均综合单产 16. 560 万 t/(个·月)，原煤工效 16. 772 t/工。

一、特大型煤矿

1146 处煤矿中，生产能力 300 万 t/a 及以上煤矿共 283 处，占安全高效煤矿总数的 24. 69%，其中生产能力 500 万 t/a 及以上的煤矿 83 处，生产能力 1000 万 t/a 及以上的煤矿 64 处。283 处特大型煤矿 2021 年原煤产量 19. 1 亿 t，占本轮安全高效矿井（露天）产量的 65. 88%。

283 处特大型安全高效煤矿中，271 处为特级安全高效煤矿，占比 95. 8%，其余 12 处为一级安全高效煤矿。283 处特大型安全高效矿井（露天）平均综合单产 29. 934 万 t/(个·月)，原煤工效 28 t/工，其综合单产和原煤工效分别为 1146 处安全高效煤矿平均单产和工效的 1. 8 倍和 1. 67 倍。其中 64 处 1000 万 t/a 及以上的安全高效煤矿平均综合单产高达 41. 631 万 t/(个·月)，原煤工效达到 59. 422 t/工，分别是本轮安全高效煤矿平均水平的 2. 5 倍和 3. 54 倍（表 2-15）。

表 2-15　2020—2021 年度特大型安全高效矿井（露天）指标统计表

生产规模 (A)/t	安全高效矿井总数/处	安全高效矿井数量/特/一/二/处	核定产能/万 t	2021 年产量/万 t	平均综合单产/[万 t·(个·月)$^{-1}$]	平均原煤工效/(t·工$^{-1}$)
3≤A＜500	136	127/9/0	48395	43832. 24	18. 151	15. 083
500≤A＜1000	83	82/1/0	54990	49952. 65	30. 056	21. 918
1000≤A	64	62/2/0	101400	97197. 57	41. 631	59. 422
合计：300≤A	283	271/12/0	204785	190982. 46	29. 934	28. 000

二、大型煤矿

1146 处安全高效煤矿中，生产能力在 120 万 t/a（含）与 300 万 t/a

（不含）之间煤矿共 476 处，占安全高效煤矿总数的 41.54%。476 处大型煤矿 2021 年原煤产量 7.06 亿 t，占本轮安全高效矿井（露天）产量的 24.4%。

476 处大型安全高效煤矿中，373 处为特级，占比 78.4%，其余 92 处为一级，11 处为二级。476 处大型安全高效矿井（露天）平均综合单产 10.529 万 t/(个·月)，原煤工效 10.658 t/工，其综合单产和原煤工效约为 1146 处安全高效煤矿平均单产和工效的 63.58% 和 63.55%。

三、中型煤矿

1146 处安全高效煤矿中，生产能力在 30 万 t/a（不含）与 120 万 t/a（不含）之间煤矿共 384 处，占安全高效矿井总数的 33.5%。384 处中型煤矿 2021 年原煤产量 2.82 亿 t，占本轮安全高效煤矿总产量的 9.72%。

384 处中型安全高效煤矿中，281 处为特级，占比 73.2%，其余 81 处为一级，22 处为二级。其中，生产能力 60 万 t 以下煤矿无特级安全高效煤矿。384 处中型安全高效煤矿平均综合单产 6.618 万 t/(个·月)，原煤工效 7.378 t/工，其综合单产和原煤工效约为 1146 处安全高效煤矿平均单产和工效的 39.96% 和 44%（表 2-16）。

表 2-16　2020—2021 年度中型安全高效矿井（露天）指标统计表

生产规模 (A)/t	安全高效矿井总数/处	安全高效矿井数量特/一/二/处	核定产能/(万 t·a^{-1})	2021 年产量/万 t	平均综合单产/[万 t·(个·月)$^{-1}$]	平均原煤工效/(t·工$^{-1}$)
$30<A<60$	10	0/10/0	462	393.2	3.292	3.856
$60 \leq A<120$	374	281/71/22	29867	27815	6.243	7.474
合计：$30<A<120$	384	281/81/22	30329	28208.2	6.618	7.378

四、小型煤矿

1146 处安全高效矿井（露天）中，生产能力在 30 万 t/a（含）以下的煤矿仅 3 处，其中一级 1 处，二级 2 处。其平均综合单产 2.406 万 t/(个·月)，原煤工效 2.713 t/工。2020—2021 年度不同规模安全高效矿井（露天）指标统计表见 2-17。

表 2-17　2020—2021 年度不同规模安全高效矿井（露天）指标统计表

生产规模 (A)/t	安全高效矿井总数/处	安全高效矿井数量特/一/二/处	核定产能/（万 t・a^{-1}）	2021 年产量/万 t	平均综合单产/[万 t・（个・月）$^{-1}$]	平均原煤工效/（t・工$^{-1}$）
$A \leqslant 30$	3	0/1/2	90	81.27	2.406	2.713
$30 < A < 60$	10	0/10/0	462	393.2	3.292	3.856
$60 \leqslant A < 120$	374	281/71/22	29867	27815	6.243	7.474
$120 \leqslant A < 300$	476	373/92/11	77168	70594.83	10.535	10.681
$300 \leqslant A < 500$	136	127/9/0	48395	43832.24	18.151	15.083
$500 \leqslant A < 1000$	83	82/1/0	54990	49952.65	30.056	21.918
$1000 \leqslant A$	64	62/2/0	101400	97197.57	41.631	59.422

第五节　2020—2021 年度安全高效矿井开采技术条件分析

2021 年，1045 处安全高效井工矿平均采煤工作面共 1197.44 个，101 处露天煤矿平均包机组工作面共 192.65 个，煤层情况既有超薄煤层也有特厚煤层，既有近水平煤层也有急倾斜煤层，地质条件既有构造简单也有极复杂的。这些煤矿依靠科技进步、管理创新，因地制宜地大力发展机械化、自动化和智能化，提质增产、降本提效，实现了安全、高效、绿色、智能化开采。

一、煤层条件

2021 年 1045 处安全高效井工煤矿年度内合计采煤工作面 1461 个，其中薄煤层工作面 103 个（占比 7%），中厚煤层工作面 546 个（占比 37.4%），厚煤层工作面 812 个（占比 55.6%），如图 2-5 所示。

厚煤层工作面中，内蒙古伊泰京粤酸刺沟矿业有限责任公司平均月产最高，达到 129.6 万 t/(个・月)，该矿在平均厚度 19.5 m 的工作面，采用 MG650/1620-WD 型采煤机、SGZ1200/2×1000 型刮板运输机和 ZF21000/25/45 液压支架，最高月产 129.8 万 t/(个・月)。中厚煤层工作面中，陕西小保当矿业有限公司二号煤矿平均月产最高，达到 67.146 万 t/(个・月)，该矿在平均厚度 2.45 m 的工作面，采用 MG610/1490-WD 型采煤机，配以 SGZ1100/3×1400 型刮板运输机和 ZY16000 液压支架，最高月产 88.03 万 t/(个・月)。薄煤层工作面中，府谷县万泰明煤矿有限公司平均月产最高，

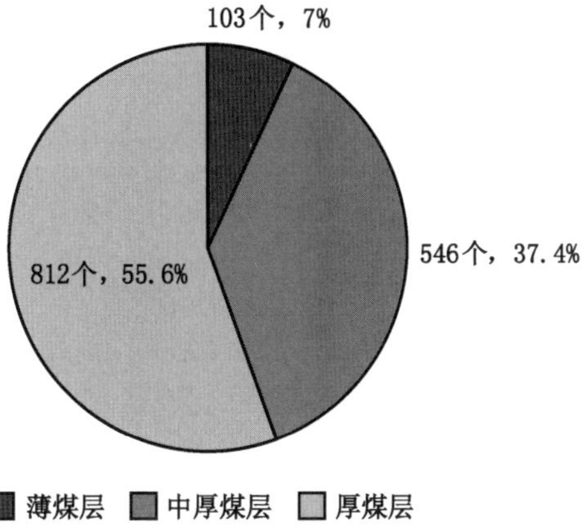

图 2-5　安全高效井工煤矿 2021 年回采工作面煤层厚度情况

达到 13.843 万 t/(个·月)，该矿在平均厚度 1.3 m 的工作面，采用 MG2×200/890-WD 型采煤机，配以 SGZ800/2×400 型刮板运输机和 ZY6800/09/18 液压支架，最高月产可达 13.9 万 t/(个·月)。

1461 个采煤工作面中，煤层倾角为近水平的工作面有 1039 个（占比 71.1%），缓倾斜煤层工作面 364 个（占比 24.9%），倾斜煤层工作面 54 个（占比 3.7%），急倾斜煤层工作面 4 个（占比 0.3%）。其中，急倾斜煤层工作面单产最高的是国家能源集团新疆能源有限责任公司乌东煤矿创造的 15.39 t/(个·月)。倾斜煤层工作面单产最高的是霍州煤电集团吕临能化有限公司庞庞塔煤矿创造的 50.713 t/(个·月)。倾斜煤层中，共 2 个薄煤层工作面，其中龙煤七台河矿业有限公司新兴煤矿采用高档普采工艺，工作面单产最高达到 3.156 万 t/(个·月)。2021 年采煤工作面煤层倾角情况如图 2-6 所示。

多数采煤队采煤工作面煤层赋存条件较好，其中大多数为厚煤层或中厚煤层，煤层倾角多为近水平或缓倾斜，但是也有少数采煤队在倾斜煤层和急倾斜煤层的工作面年产超过百万吨，见表 2-18。霍州煤电集团吕临能化有限公司庞庞塔煤矿综采一队在煤层平均倾角 25°、最大倾角 28°，煤层平均厚度 11.5 m、最大厚度 13.1 m 条件下，采用综放开采工艺，全年生产原煤 547.7 万 t，创造了 2021 年倾斜煤层工作面最高生产纪录。

二、主要灾害

1045 处安全高效井工矿中，煤与瓦斯突出矿井 151 处，占安全高效矿井

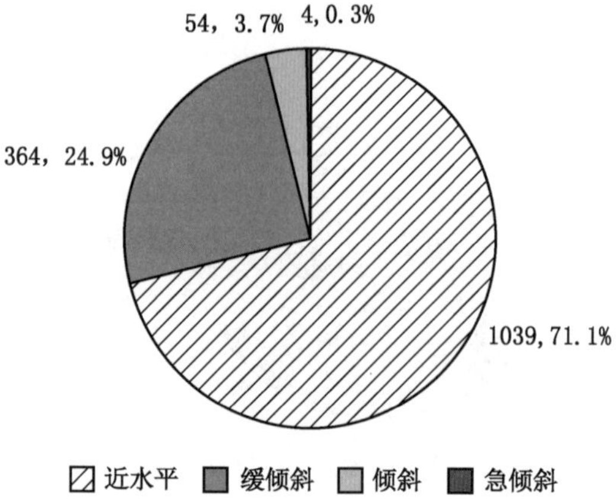

图 2-6　安全高效井工煤矿 2021 年采煤工作面煤层倾角情况

表 2-18　2021 年安全高效矿井大倾角开采百万吨采煤队

序号	采煤队伍	采煤工艺	煤层平均厚度/m	煤层平均倾角/(°)	工作面年产量/万 t
1	霍州煤电集团吕临能化有限公司庞庞塔煤矿综采一队	综放	11.5	25	547.70
2	国家能源集团新疆能源有限责任公司乌东煤矿综采三队	综放	48.87	83	184.71
3	窑街煤电集团有限公司三矿综采队	综放	27.4	45	181.00
4	国家能源集团新疆能源有限责任公司乌东煤矿综采二队	综放	48.87	87	159.41
5	宁夏宝丰能源集团股份有限公司马莲台煤矿综采二队	综采	1.8	26	153.61
6	河南平禹煤电有限责任公司一矿综采队	综放	9.5	28	147.00
7	鄂托克前旗长城六号矿业有限公司综采队	综采	2.7	26.3	140.00
8	黑龙江龙煤鹤岗矿业有限责任公司富力煤矿综采二队	综放	9.6	30	130.84
9	华亭煤业集团有限责任公司东峡煤矿综采队	综放	9.8	33	120.99
10	霍州煤电集团汾源煤业有限公司综放队	综采	10.12	30	115.34
11	黑龙江龙煤鹤岗矿业有限责任公司兴安煤矿综采一队	综放	11.2	26	104.70
12	上海大屯能源股份有限公司徐庄煤矿采煤一队	综放	4.89	25.7	104.43
13	山东济矿鲁能煤电股份有限公司阳城煤矿综采一区	综放	7.5	27	101.65

（露天）总数的 13.2%，2021 年原煤产量 2.84 亿 t，其中，特级 93 处，一级 51 处，二级 7 处；高瓦斯矿井 243 处，占安全高效矿井（露天）总数的 21.2%，2021 年原煤产量 4.97 亿 t，其中，特级 218 处，一级 23 处，二级 2 处。

1045 处井工矿中，冲击地压矿井 95 处，占安全高效矿井（露天）总数的 8.29%，2021 年原煤产量 2.91 亿 t，其中，特级 73 处，一级 18 处，二级 4 处。

1045 处井工矿中，水文地质条件极复杂矿井 22 处，占安全高效矿井（露天）总数的 1.92%，2021 年原煤产量 0.57 亿 t，其中，特级 10 处，一级 11 处，二级 1 处；水文地质条件复杂矿井 93 处，占安全高效矿井（露天）总数的 8.12%，2021 年原煤产量 3.42 亿 t，其中，特级 65 处，一级 27 处，二级 1 处。

1045 处井工矿中，3 处煤矿为煤与瓦斯突出、冲击地压、水文地质条件复杂矿井；11 处煤矿为高瓦斯、冲击地压、水文地质条件极复杂/复杂矿井，见表 2-19。

表 2-19　2021 年度不同灾害安全高效矿井指标统计表

灾害类型	数量（特/一/二）/处	2019 年产量/亿 t	综合单产/[万 t·(个·月)$^{-1}$]	原煤工效/(t·工$^{-1}$)
煤与瓦斯突出	93/51/7	2.84	10.083	7.885
高瓦斯	218/23/2	4.97	13.766	12.244
水文地质极复杂	10/11/1	0.57	12.991	11.000
水文地质复杂	65/27/1	3.42	19.895	16.432
冲击地压	73/18/4	2.91	16.757	12.923

三、开采工艺

从开采工艺上看，1045 处安全高效井工矿涵盖了我国煤矿常用的较为先进的采煤工艺，有综采一次采全高，也有综采放顶煤和分层综采，有刨煤机综采，也有高档普采和炮采。1045 处安全高效井工矿中，729 处煤矿实行一井一面的生产模式，占安全高效井工煤矿数量的 69.8%。1461 个采煤工作面中，高档普采工作面 8 个，连采工作面 6 个，综采工作面 1447 个，其中 497 个综采工作面采用放顶煤工艺。中国神华能源股份有限公司补连塔煤矿综采一队采取一次性采全高全部垮落法回采，工作面年产量 1453 万 t，最高月产达 1133.9 万 t/(个·月)。内蒙古伊泰京粤酸刺沟矿业有限责任公司采煤一队采用综采放顶煤工艺，工作面年产量 1314 万 t，最高月产达 129.78 万 t/(个·月)。

101 处露天煤矿开采有 69 处采用间断式开采工艺，主要采用单斗—卡车间断式开采工艺，部分采用单斗—汽车工艺。28 处煤矿采用半连续工艺，4 处煤矿采用综合开采工艺。国能新疆托克逊能源有限责任公司黑山露天煤矿采用单斗—卡车间断式开采工艺，2021 年产量 1186.3 万 t，原煤生产效率 89. 12 t/工，为间断开采工艺中年产量和原煤工效最高的煤矿。神华准格尔能源有限责任公司黑岱沟露天煤矿 2021 年产量 3393. 76，为半连续开采工艺中产量最高的露天矿。新疆疆纳矿业有限公司为半连续开采工艺中原煤生产效率最高的煤矿，达到 302. 69 t/工。新疆天池能源有限责任公司南露天煤矿 2021 年产量 3476 万 t，为综合开采产量最高的露天矿。

四、设备配套

2020—2021 年度安全高效井工矿共 1461 个采煤工作面，其中采用全套国产设备的采煤工作面达到 1343 个，产量约 15. 59 亿 t；部分采用引进国外设备的采煤工作面有 116 个，产量合计约 5. 67 亿 t；全套引进国外设备的采煤工作面有 3 个，产量合计为 0. 11 亿 t。

（一）采用全套国产设备的采煤工作面

全套使用国产设备的工作面共 1343 个，产量前 10 名的工作面装备配套见表 2-20。其中，年产量最高的采煤队是内蒙古伊泰京粤酸刺沟矿业有限责任公司采煤一队，年产量 1314. 17 万 t，月平均产量 129. 6 万 t/(个・月)；其次为陕西小保当矿业有限公司二号煤矿综采一队，年产量 765. 46 万 t，月平均产量 67. 15 万 t/(个・月)。

（二）引进部分国外设备，配以部分国产设备的采煤工作面

共有 116 个采煤工作面使用国外和国产设备相结合的方式生产。其中 3 个工作面支架采用国外设备；115 个工作面采用进口采煤机，使用进口采煤机的采煤工作面中有 68 个采用德国艾柯夫（EKF）采煤机，46 个采用久益（JOY）采煤机，另有 1 个采煤工作面采用德博特（DBT）采煤机；17 个工作面选用进口刮板运输机，主要厂商是久益（JOY）和用德博特（DBT）。

116 个引进部分国外设备的采煤工作面中，有 8 个工作面年产量超过千万吨，见表 2-21。中国神华能源股份有限公司补连塔煤矿综采一队使用 EKF SL1000 型采煤机，配 ZYG18000/32/70D 型国产液压支架和天明 3×1600 型刮板运输机，工作面年产量达到 1453 万 t，平均月产量 121. 11 万 t/(个・月)。

（三）全套引进国外设备的采煤工作面

2020—2021 年度安全高效井工矿中有 2 个采煤工作面全部采用引进的国外综采设备。其中，陕西有色榆林煤业有限公司综采工作面，全套采用久益（JOY）的 RS198 液压支架、LWS733 采煤机和 AFC3×1000 刮板运输机，工作面年产量 762. 5 万 t，平均月产量 65. 5 万 t/(个・月)，见表 2-22。

表 2-20　2021 年安全高效矿井采用全套国产设备的采煤工作面（产量前 10 名）

序号	采煤队名称	采煤工艺	地质条件		工作面产量			工作面设备		
			煤层平均厚度/m	煤层平均倾角/(°)	年产量/万 t	平均月产量/[t·(个·月)$^{-1}$]	最高月产量/[t·(个·月)$^{-1}$]	液压支架型号	采煤机型号	刮板输送机型号
1	内蒙古伊泰京粤酸刺沟矿业有限责任公司采煤一队	综放	19. 5	2	1314. 17	1296000	1297855	ZF21000/25/45	MG650/1620-WD	SGZ1000/2×1000 SGZ1200/2×1600
2	陕西小保当矿业有限公司二号煤矿综采一队	综采	2. 45	2	765. 46	671456	880300	ZY16000/224	MG610/1490-WD	SGZ1100/3×1400
3	山西怀仁联顺玺达柴沟煤业有限公司综采队	综放	12. 5	3	745. 24	690037	712536	ZF13000/22/35	MG550/1360-WD	SGZ1000/1200
4	陕西能源凉水井矿业有限责任公司综采一队	综采	3. 37	1	703. 39	586156	639698	ZY12000/20/40D	MG900/2400-WD	SGZ1000/3000
5	陕西陕煤曹家滩矿业有限公司综采一队	综采	10	2	663. 66	576094	637500	ZFY21000/34/63D/141	MG1000/2550-GWD	SGZ1250/2×2000

表2-20(续)

序号	采煤队名称	采煤工艺	地质条件		工作面产量			工作面设备		
			煤层平均厚度/m	煤层平均倾角/(°)	年产量/万t	平均月产量/[t·(个·月)$^{-1}$]	最高月产量/[t·(个·月)$^{-1}$]	液压支架型号	采煤机型号	刮板输送机型号
6	华能扎赉诺尔煤业有限责任公司灵东煤矿综采队	综放	24	3	641	545068	595000	ZF15000/25/40D	MG620/1660-WD	SGZ1000/2×1200
7	内蒙古珠江投资有限公司青春塔煤矿综采队	综放	15.88	5	638	571685	803380	ZF21000/25/45	MG750/1940-WD	SGB1000/2×1000 SGB1200/2×1000
8	内蒙古满世煤炭集团罐子沟煤炭有限责任公司综放队	综放	15.5	3	573.4	525092	531000	ZFY8600/25/42	MG650/1605-3.3WD	SGZ900/2×525 SGZ1000/2×700
9	鄂尔多斯市伊化矿业资源有限责任公司综采一队	综采	5.67	3	567.99	520137	566113	ZY13600/28.5/62.5D	MG1000/2550-GWD	SGZ1250/3×1000
10	陕西延长石油集团横山魏墙煤业有限公司魏墙煤业综采队	综采	3.07	0.47	556.6	468519	518396	ZY10000/20/38D/175	MG900/2400-WD	SGZ1000/3×1000

表 2-21　2021 年安全高效矿井国产设备和进口设备相结合的采煤工作面（产量前 10 名）

序号	采煤队名称	采煤工艺	地质条件		工作面产量			工作面设备		
			煤层平均厚度/m	煤层平均倾角/(°)	年产量/万 t	平均月产量/[t·(个·月)$^{-1}$]	最高月产量/[t·(个·月)$^{-1}$]	液压支架型号	采煤机型号	刮板输送机型号
1	中国神华能源股份有限公司补连塔煤矿综采一队	综采	6.57	0.29	1453	1211143	1339021	ZYG18000/32/70D	EKF SL1000	天明 3×1600
2	陕西小保当矿业有限公司一号煤矿综采队	综采	6.1	1	1451.26	1234065	1352526	ZY20000/34/70D	EKF SL1000	SGZ1400
3	中国神华能源股份有限公司上湾煤矿综采一队	综采	6.4	1	1175.6	979669	1185892	ZY18000/32/70D	JOY 7LS8/LWS762	SGZ1388/3×1600
4	同煤大唐塔山煤矿有限公司综采二队	综放	15.76	2	1143.25	972151	1042385	ZF17000/27.5/42D	EKF SL500	DBT PF6/1142 DBT PF6/1542
5	山西西山晋兴能源有限责任公司斜沟煤矿综采一队	综放	14.53	7.9	1045.016	870847	1092418	ZF15000/26/40	JOY MA7LS6	DBT PF6/1142 DBT PF6/1342
6	中国神华能源股份有限公司大柳塔煤矿综采五队	综采	7	1	1023.32	852767	1051952	ZY21000/33.5/70D	EKF SL1000/6770	DBT 3×1600
7	陕西未来能源化工有限公司金鸡滩煤矿综采工区一队	综放	9.4	1	1010.83	842358	1060655	ZFY21000/35.5/70D	JOY 7LS7	SGZ1400/5000
8	晋能控股煤业集团同忻煤矿山西有限公司综采一队	综放	20.14	1.5	1002	888302	900592	ZF15000/27.5/42	EKF SL500	JOY JTAFC1050

表2-21(续)

序号	采煤队名称	采煤工艺	地质条件		工作面产量			工作面设备		
			煤层平均厚度/m	煤层平均倾角/(°)	年产量/万t	平均月产量/[t·(个·月)$^{-1}$]	最高月产量/[t·(个·月)$^{-1}$]	液压支架型号	采煤机型号	刮板输送机型号
9	榆林市榆神煤炭榆树湾煤矿有限公司综采队	综采	11.76	1.5	932	841459	961015	ZY15000/29.5/63D	EKF SL1000	SGZ1250/4800
10	中煤平朔集团有限公司井工一矿综采队	综放	13.5	5	916.37	795460	895930	ZFY12000/23/40D ZFP11000/23/40D	EKF SL750	SGZ1000/2000 SGZ1200/2400

表2-22　2021年煤炭工业安全高效矿井全部采用进口设备的采煤工作面

序号	采煤队名称	采煤工艺	地质条件		工作面产量			工作面设备		
			煤层平均厚度/m	煤层平均倾角/(°)	年产量/万t	平均月产量/[t·(个·月)$^{-1}$]	最高月产量/[t·(个·月)$^{-1}$]	液压支架型号	采煤机型号	刮板输送机型号
1	山西亚美大宁能源有限公司综采队	综采	4.5	5	295.99	265224	332447	DBT2550/5500-2×3926-1750	JOY 7LS6C	DBT LA-0530PF4
2	陕西有色榆林煤业有限公司综采队	综采	8.5	0.5	762.5	655069	682897	JOY RS198/175	JOY LWS733	JOY AFC3×1000

第三章　煤炭企业推进安全高效矿井建设经验介绍

对标世界一流　探索管理创新 打造安全高效绿色智能煤炭生产典范

——国能神东煤炭集团有限责任公司

国能神东煤炭集团有限责任公司（以下简称“神东公司”）坚持以习近平新时代中国特色社会主义思想为指导，全面贯彻落实习近平总书记关于安全生产的重要论述和指示批示精神，统筹安全与发展，树立新发展理念，构建新发展格局，稳步推进矿区安全高效矿井建设，企业持续保持了安全、高效、稳定发展态势。

一、公司概况

神东公司是国家能源集团核心煤炭生产企业，地处晋、陕、蒙三省区能源富集区，主要负责国家能源集团在神府东胜煤田骨干矿井和山西保德煤矿以及配套项目生产运营。公司开建以来创出多项国内第一、世界一流业绩：率先建成全国第一个年产 1000 万 t、1200 万 t、1400 万 t 综采队，第一个年产 1500 万 t、2000 万 t、2500 万 t 矿井；相继创新了第一个 300 m、360 m、400 m 加长工作面；率先建成全世界第一个 5.5 m、6.3 m、7 m、8 m、8.8 m 大采高重型工作面；率先建成国内首个亿吨级、2 亿吨级煤炭生产基地；率先建成全世界采矿行业较大的企业级 5G 专网。

二、安全高效矿井（露天）建设情况

2022 年，神东公司被评为 2020—2021 年度煤炭工业安全高效集团（矿区），所属 14 处生产矿井全部被命名为安全高效矿井（露天），其中特级 12 处，一级 2 处。公司原煤生产效率最高 150 t/工（补连塔煤矿），直接工效

最高 1170 t/工（上湾煤矿）。单面单日最大产量 6.55 万 t，单月最大产量 150.6 万 t，企业主要指标达到国内一流、世界领先水平。

三、主要工作做法及建设经验

（一）坚持安全发展，构建现代化安全管理体系

（1）健全安全组织保障体系。充分发挥党委“把方向、管大局、保落实”的作用，把党的领导贯穿于安全生产全过程。将学习贯彻习近平总书记关于安全生产重要论述和指示批示精神，作为各级党委理论学习中心组、各支部“三会一课”的重要内容，作为安全生产工作“第一要务”、各级安委会“第一议题”和各类安全培训的“第一课”。健全党委安全生产议事机制，定期研究决策安全生产重大事项。

（2）完善安全生产责任体系。建立“自上而下、对号入座、职责明晰”的全员安全生产责任体系，修订完善 1108 项安全责任和工作标准，确定 1702 项追责情形，实现安全管理网格化全覆盖。按季度和年度开展单位安全责任考核，领导班子安全责任考核结果按 5% 权重纳入季度考核。建立安全生产责任全过程追溯制度，构建“严监管、强执行”的追责体系。

（3）推行安全风险预控管理。将“双重”预防机制与安全生产标准化融合，构建要素完备、全员参与、过程控制、运行高效的管理体系。自主开发应用的信息管理系统，集成风险分级管控、事故隐患排查治理等 130 项管理功能，纳入评审标准 17453 条、危险源及管控标准 62519 条，实现了安全生产全要素信息化管理。通过系统自动进行数据统计、分析，总结倾向性、趋势性、规律性问题，明确管控重点和方向，有效提升科学化安全管理水平。

（4）突出高风险作业安全管理。把高风险作业作为安全管理重点，出台高风险作业管理制度，明确高风险作业的认定、计划、许可、盯防等全过程管理要求，认定高风险作业情形 265 项，公司级监管 28 项、二级单位监管 241 项。应用高风险作业管理系统，逐级报送报高风险作业项目，分级分类落实现场监督盯防人员，严格执行领导到岗到位重点盯防管控措施。

（5）狠抓人员不安全行为治理。井下所有重点场所实现视频监控全覆盖，对人员不安全行为进行全方位监管。建立矿领导、科室、区队“三级”监屏机制，对高风险、高频次、重大风险等级不安全行为进行清查、倒查。根据公司历年事故、标准作业流程、新工艺、新设备应用等情况，将不安全行为认定标准从 696 条增加到 1387 条。开展专项整治，建立周统计、分析、

通报机制，现场查处的不安全行为同比下降 29.3%。

（6）实施全员安全积分管理。出台安全积分管理制度，明确积分周期、方式、考核、结果应用以及监督检查等要求。在安全管理信息系统中开发“安全积分”模块，实现精准考核统计。全员安全积分以年为考核周期，按“积分越高、奖励越高”的原则，对年度内安全积分高于基准分的以奖励为主，引导员工履职尽责，激励员工规范作业，营造“我要安全、我会安全、我能安全”的氛围。

（二）深入开展“黄河流域生态保护和高质量发展”重大国家战略——创建神东先行示范区

（1）坚定大政方针是根本。以党和国家生态建设大政方针为指引，以国家和地方各项法律法规为准则，坚持“开发与治理并重”的原则，大力开展源头污染防治与整体风沙治理工作；坚持“绿水青山就是金山银山”的理念，统筹“山水林田湖草”系统治理，建成了大柳塔沙棘基地、哈拉沟生态示范基地、布尔台绿色产业基地等一批新型绿色产业。

（2）坚决攻坚克难是关键。在“先治后采、治大采小、采治协同、以治保采，以采促治”的“五治五采”生态理念的基础上，创新“三期三圈”生态环境防治模式与技术，从时空防治角度破解脆弱生态环境与大规模煤炭开采的矛盾；创新“五项协调”生态环境协同模式与技术，从资源环境要素角度破解生态保护与生产发展的矛盾；创新“六位一体”生态环境发展模式与技术，从系统治理角度解决矿山生态保护与高质量发展的重大课题。

（3）坚持示范引领是重点。先后建成了巴图塔沙柳林基地、上湾红石圈小流域全国水土保持生态建设示范工程、大柳塔国家级水土保持科技示范园、哈拉沟国家级水土保持生态文明工程等具有里程碑意义的示范工程，引领着不同阶段生态治理，展现了黄河流域生态保护和经济发展的巨大变化。

（三）理念创新、技术创新，持续安全、高效、高质量发展

根据矿井地质条件，采用斜硐式开拓，条带式布局，简化生产系统，将工作面长度延长到 240～450 m，走向长度 3000～6000 m；采用大断面、多通道的巷道布置方式，降低通风阻力；采用快速掘进、综合机械化开采相结合的高效生产方式，形成了具有神东特色的“五高”“四化”新型集约化千万吨矿井群的安全高效生产模式。

（1）积极推进关键采掘技术革新。攻克 8.8 m 世界最大采高综采工作面开采难题，“8.8 m 超大采高综采工作面关键技术与装备”被列入《矿产资源节约和综合利用先进适用技术目录（2022 版）》；研发应用薄煤层开采

成套装备，建成国内首个薄煤层等高采煤机无人工作面，采用该工艺累计开采煤炭300余万吨，为无人综采工作面建设奠定良好基础；首次采用盾构工艺完成长距离斜井施工，为埋深300 m以下的煤矿采用斜井开拓提供可靠的施工技术与工艺保障。

（2）不断丰富顶板灾害治理手段。坚持“支护装备高端化、矿压治理数字化”发展，研发26000 kN大阻力工作面液压支架和22500 kN超前支护液压支架，提高综采工作面顶板安全性。建立矿压研究重点实验室，开发应用矿压大数据智能分析预警系统，对矿压灾害进行实时预警监测。应用泵送支柱支护过大断面空巷群技术，解决顶板治理难题。研发应用煤矿定向长钻孔裸眼分段压裂成套装备，累计治理区域超过480万 m^2。超前采取井下水力压裂和地面深孔爆破解危等综合措施，有效解决覆应力集中煤柱影响回采问题。

（3）全面构建沿空留巷成套技术体系。编制《神东沿空留巷中长期规划》和《神东矿区无煤柱开采技术标准》，建成覆盖不同采高、不同地质条件类型的沿空留巷工作面，研发沿空留巷单元支架、门型支架及搬运车等成套留巷设备，形成具有神东特色的沿空留巷技术体系。近三年，累计在6矿18面留巷34013 m，减少巷道掘进40816 m，单班作业人数减少60%以上，减头面、减人员效果明显。创出4.2 m厚煤层工作面18 m/天（2.5万t）、418 m/月（111.2万t）的留巷纪录和5190 m的单面留巷最高水平，实现采高4.5 m以下工作面的全面推广。

（4）扎实推进“一优三减”工作。综合考虑矿井生产系统现状、煤层赋存条件、设备配套等因素，积极优化采掘接续，有效解决煤层压茬问题。统筹生产布局、一通三防和采掘接续，分系统、分类别、分时段优化矿井生产系统，消除系统存在的功能、质量和断面冗余。2022年以来，累计封闭巷道149.5 km，减少通风设施1516道，减少用风16800 m^3/min，实现了降“压”减“漏”增“安”。

（5）实施远程供电供液和单轨吊落地。在16个工作面实施远程供电供液，在优化系统的同时改善了综采工作面巷道作业环境，减少噪声对作业人员的危害。在16个工作面实现单轨吊落地，避免了登高、起吊、单轨吊和缆线掉落等安全风险，从源头上消除了高风险作业带来的安全隐患。上湾矿22105工作面7 m大采高实施远程供电供液，远距离供液4200 m、供电2500 m，实现单轨吊落地和移变列车自移，达到了行业领先水平。

（四）加快智能化建设，打造智能化示范矿井

（1）提升综采智能化水平。建成29个自动化综采工作面，平均自动化率81.9%，7个工作面自动化率达到95%以上。6个2.8 m以下采高工作面实现常态化3人作业。榆家梁矿43207工作面实现无人化生产，实现地面常态化远程启停设备、干预采煤机及支架运行。建成上湾矿8.8 m超大采高智能综采工作面，打造世界单井单面产量最高、效率最高的16 Mt/a特级安全高效矿井。

（2）推广应用快速掘进系统。采用“掘锚机+锚运破一体机+大跨距桥式转载机+机器人群”协同作业模式，实现掘进全流程智能“机器人化”作业，掘进工作面移动设备由5台减少为2台，有效减少移动设备伤人风险。快速掘进系统已在神东8个工作面应用，补连塔煤矿掘锚二队采用国内采高最大的掘锚一体机，掘进效率提升了35%，单进水平达到1540 m，有效保障了掘进作业安全。

（3）推行无人化巡检新模式。制定主运带式输送机无人值守基本标准，采用无线传输在线点检系统取代人工设备点检，实现对主运输系统电机、减速器、滚筒等关键部件温度、振动的实时监测，发生异常自动报警、停机。公司各矿井134部主运输带式输送机全部实现无人值守，固定岗位转岗460人。推行“一人一机一车一盘区”无人巡检新模式，机电、运转夜班人员减少37.6%。

（4）推广应用各类机器人。研发应用5大类195台机器人，打造机器人替代人、机器人群协同作业的安全高效模式。研发危险气体自动巡检、应急侦查、火灾监测等15台机器人，实现危险作业机器人化。研发应用密闭掏槽、智能钻孔、水仓清淤等44台作业机器人，30种重体力作业中有19种被机器人替代，逐步将作业人员从危险环境、复杂条件、繁重劳动中解放出来。

（5）研发应用智能化保安技术。聚焦“移动设备和辅助运输”两大安全管理难点，在所有掘进队181台移动设备上，自主研发应用防人员接近安全预警技术，实现井下移动设备周边危险区域人员闯入报警。在井下运人车辆逐步推广应用驾驶员行为监测及主动刹车技术，实现对驾驶员疲劳、接打电话、不系安全带等不良驾驶行为的在线监测，车辆自动减速制动或紧急制动。井下所有运人车辆均安装倒车影像和倒车雷达。

夯实安全基础　发挥煤电一体化优势　推动企业安全高效绿色可持续发展

——国家能源集团国源电力有限公司

一、公司概况

国家能源集团国源电力有限公司前身是隶属于国家电网公司的国网能源开发有限公司，主营煤矿与电厂一体化开发建设，2012 年 4 月从国家电网公司成建制重组并入原神华集团。2012 年 12 月，与原神华集团所属神华神东电力有限公司进行管理整合，实行“一个平台、两个公司、一体化运营”的管理模式。公司作为中国最早深耕煤电一体化运营的专业化公司之一，始终秉持敢想、敢闯、敢为天下先的精神，产业及项目分布于新疆、内蒙古、陕西、山西、黑龙江、四川、宁夏、山东等 9 个省（区），管理运营煤电一体化项目 8 个，拥有特大型煤矿 9 个（7 个井工煤矿，2 个露天煤矿），产能 7900 万 t/a，其中千万级煤矿 4 个；装机容量 1.5963×10^7 kW，其中火电 1.5074×10^7 kW，风电 62.9 万千瓦，光伏 2.6×10^5 kW，是国家能源集团独具特色跨区域煤电一体专业化管理公司，也是国内煤电一体化规模最大的专业化公司。

二、安全高效矿井（露天）建设情况

所属生产煤矿全被命名为“2020—2021 年度煤炭工业特级安全高效煤矿”，公司被评为“煤炭工业安全高效集团”，2022 年，公司煤炭产业实现利润 54.8 亿元，单产 48.11 万 t/(个·月)，单进 464.13 m/(个·月)，全员工效 51.8 t/工，生产效率指标达到集团内部先进水平。

三、主要工作做法及建设经验

近年来，公司始终坚持以习近平新时代中国特色社会主义思想为指导，全面贯彻党的二十大以及中央经济工作会议精神，坚持党建领航和高质量发展主题，深入落实国家安全高效矿井建设总体要求，聚焦“煤电联营专业化公司”定位，坚定走“安全、高效、绿色、低碳、智能”高质量发展之路，积极践行新发展理论，不断优化产业布局、生产组织和设备配置，加大技术创新投入，提高生产工作效率，科学组织，严格管理，实现了矿井安全形势总体平稳发展和生产经营持续高效运行。

（一）夯实安全基础，强化体系管控，建设安全型矿山

公司正确把握和处理安全与生产、安全与效益、安全与发展的关系，超前科学规划，全面完成专项整治三年行动各项任务，推进9项治本攻坚任务闭环，完成135项重点工程治理，整改247项“两个清单”问题隐患，制定283项制度措施，持续巩固安全生产专项整治成果。

一是基层干部职工安全思想得到强化。通过认真学习习近平总书记关于安全生产重要论述和指示批示精神以及考察宁夏煤业、榆林化工重要讲话内容，国务院安委会“十五条硬措施”，安全思想深入到每位员工内心，安全意识明显增强，安全生产责任层层压紧压实彰显新担当。

二是基础管理持续有序推进。落实“三个必须”和各级责任体系，完成了煤炭产业全部9640名员工的安全岗位责任制修编及签订；推进安全教育培训标准化建设，编制各类培训教材1267项，视频专题学习覆盖9325人；充实驻矿安全督察组防冲、露天等专业人员，实现所有煤矿专业全覆盖现场督察；清退井下外委队伍及人员，不断加强安全保障能力。

（二）勇担能源保供重任，强化过程管控，建设高效型矿山

面对能源供应紧张局面，煤炭产业上下同欲，主动作为，严格落实党中央、国务院、集团党组和公司党委决策部署，发扬煤炭人吃苦耐劳的精神，勇于担当保供重任，坚持吨煤必争，提高煤炭产量，4座煤矿列入国家保供煤矿名单，深挖增产潜能，推动优质产能释放，发挥能源保供“稳定器”和“压舱石”作用。同步进行产能核增和增产提效，积极协调国家矿山安全监察局产能核增，深挖增产潜能，推动优质产能释放。强化计划管理提高煤炭产量。合理安排煤矿生产接续计划，强化生产经营指标管控，努力提高单进水平，通过调整不同工作面的生产组织、利用电厂用煤淡季合理调整搬家倒面时间等手段，有效降低生产影响。公司煤炭产量连续7年增长，2022年产量达到“十三五”初期的2.5倍。

一是发挥一体化优势，实现稳产稳供。充分发挥煤电一体化优势，根据电厂电量和煤炭销售计划，三道沟煤矿协调联动支援集团内单位用煤16.5万t；敏东一矿强化厂矿协调，形成产量保发电、发电顾产量的一体化运营

机制；大南湖二矿高热值煤紧急驰援入蜀，保障四川省最强高温、最大范围缺煤缺电极限考验期间电煤供应。

二是强化生产经营管控，提升效益指标。2022 年，公司煤炭产业实现利润 54.8 亿元，单产 48.11 万 t/(个·月)，单进 464.13 m/(个·月)，全员工效 51.8 t/工，生产效率指标均达到集团内部先进水平。推进煤电一体“三来三去”，煤电一体化项目煤矿实现电厂直供电，直供电量占比 66.5%，电耗 6.4 kW·h/t,较计划低 0.9 kW·h/t;同比降低 0.15 kW·h/t。

（三）推进科技兴安，强化技术应用，建设科技创新型矿山

公司充分发挥煤电一体化优势，做好煤电“有机结合、互利共赢”这篇文章，驱动科技动能释放，科技水平不断提升。

一是创建企业技术标准体系。完成《煤矿粉尘浓度测定技术规范》等 11 项粉尘防治企业规范，构建集团首个矿井粉尘防治标准体系库，全面推进公司煤矿粉尘综合治理。

二是有序推动科技项目实施。82 项科技项目完成 27 项，6 项成果进行了成果鉴定。敏东一矿采掘工作面突水危险源探测和防治关键技术获中国安全生产协会科技进步一等奖。黄玉川洗煤厂粉尘防治关键技术研究获中国职业安全健康协会科技进步一等奖。

三是煤矿智能化建设成绩突出。按照智能化建设“五个 100%”目标，积极推进煤矿智能化建设。6 座井工煤矿完成了智能化“五个 100%”建设目标，3 座煤矿 11 个子系统通过了集团智能化验收；2 座煤矿通过省级智能化煤矿验收，4 座煤矿作为智能化示范煤矿典型案例入选 2022 年《中国煤矿智能化发展报告》。

四是推进设备更新换代。根据煤矿智能化建设需求，结合采掘设备接续配套计划，2020—2022 年更新采煤设备 17 台套，掘锚一体机（掘锚机）8 台，锚杆机（锚杆钻车）8 台，大幅提升了生产效率。

（四）推进绿色生产，实施生态治理，建设环境友好型矿山

公司积极组织开展煤矿国家绿色矿山达标工作，按照国家和集团绿色矿山建设标准和规范，紧紧围绕依法办矿、规范管理、资源综合利用、技术创新、节能减排、环境保护、土地复垦等 9 个方面，不断加大资金投入，加快推动重点项目建设。公司 8 座生产煤矿中，有 4 座为国家级绿色矿山、2 座为省级绿色矿山，2 座已达到省级绿色矿山验收条件。通过对煤矿采空区和排土场等区域的生态修复治理，以及绿色矿山建设，有效改善了生态环境，践行了企业应有的责任和担当，为公司绿色可持续发展奠定坚实基础。推进

碳排放和节能管理工作。组织节能、碳排放知识培训，切实提高公司煤炭板块节能、碳减排管控水平，完成公司各煤矿环境监测系统内节能、碳排放、回采率等板块的审核工作，助力煤矿绿色低碳高质量发展。

稳中提质　改革创新　转型升级
打造高质量发展新引擎

——中煤集团山西有限公司

一、公司概况

中煤集团山西有限公司是中国中煤能源集团有限公司的全资二级子公司，于 2022 年 8 月在山西省太原市成立，由原中煤晋中能源化工有限责任公司更名而来。公司主营业务包括煤炭、焦炭及煤化工产品的生产、加工、投资和贸易业务，具有“煤焦化电贸”完整的产业链。公司下辖联盛公司、昔阳公司、大宁公司、古交公司 4 家煤炭生产区域公司，目前共有 9 座生产煤矿，具备 1810 万 t/a 煤炭产能。

公司坚持“稳中提质、改革创新、转型升级”的总基调，强化安全生产，狠抓管理提升，推动改革创新，在生产经营、环保治理、专项改革、安全高效矿井建设等重点工作上不断发力，实现企业高质量发展。

二、主要工作做法及建设经验

（一）加强安全生产管理，保持了安全生产无事故记录

公司坚守“人民至上、生命至上”遵旨，培育“守规矩”安全文化，严格落实安全治本举措，有效应对各项安全挑战，全面强化安全体系建设，持续提升安全保障能力，安全形势保持稳定，多年以来实现了“零死亡”目标，保持安全生产无事故记录。

一是持续健全安全生产体系。公司坚持“三管三必须”，从严落实业务保安责任，层层签订《安全目标责任书》，严格落实安全生产“一票否决制”，构建了一级抓一级、一级对一级负责的安全生产责任体系。严格执行“月度安全考核、季度标准化、年度安全目标、专项安全活动”四项考核，将安全指标纳入月度绩效考核，所属企业安全结构工资占工资总额的 35%，充分体现安全就是效益的管理理念。深入推行安全生产标准化体系建设，目

前公司 9 座生产矿井有 7 座保持或达到国家一级标准，另外两座矿井正在申报一级标准化矿井验收。

二是持续推进双重预防机制建设。各企业和矿厂编制了年度风险辨识评估报告，并进行动态修编，对年度辨识确认的各级安全风险作了公示公告，明确管控责任，落实管控措施，强化动态管理，确保风险可控。进一步加强隐患治理力度，整改率达到 100%。

三是持续加强重点区域管控。强化现场关键环节管控，大宁煤矿实施松软煤层和构造破碎带预注浆加固治理，化解了地质异常带顶板管理安全风险；峁底煤矿加强三采区老空水治理，严格落实防治水“三专二探一撤”措施。不断加强环境治理工作，主动作为、统筹应对，通过细化过程管控、加大环保投入、完善基础设施等有力措施，杜绝了突发环境事件和环保舆情事件的发生。

（二）煤炭生产保持高产稳产，生产效率实现逐步提高

2020—2022 年，公司克服了煤矿生产地质条件复杂、疫情反复爆发等不利因素，强化统筹调度、科学均衡组织生产，保持煤炭生产的高产稳产。公司致力于打造一流安全高效煤炭企业，多措并举，在装备水平提升、生产技术保障、智能化矿井建设、优化绩效考核等方面持续发力，实现生产效率的逐年提升，增加了公司高质量发展能力。

一是科学高效组织生产。推进矿井均衡生产。综合分析制约各矿生产因素，强化问题有效整改，促进长期稳定生产。强化组织协调，提高工作效率，实现了生产无缝衔接。加强机电运输管理。积极推进主要设备三年更新计划，装备水平明显提升；扎实开展设备预防性检修和维护，机电设备事故率逐年降低。提高劳动生产效率。开展安全高效矿井建设，加大激励力度，员工积极性明显提升，2021—2022 年，矿井单进水平、回采、掘进工效同比提高 8%。

二是持续加强技术管理。持续优化各矿井采掘布局，强化关键环节管理，实现采掘接续合理、“三量”平衡。变过断层为治断层，积极研究超前注浆构造治理新工艺，大宁、白羊岭、黄家沟等煤矿构造破碎带治理成效显著。强化“一通三防”管理。大宁煤矿通风系统优化基本完成，黄岩汇及白羊岭煤矿掘进工作面应用大功率智能局扇解决了远距离供风问题；原相煤矿积极推进通风系统改造、“以岩保煤”底板巷穿层预抽，实现瓦斯治理从局部到区域的转变，瓦斯抽采量从 500 万 m^3/a 提高到 1700 万 m^3/a，抽采率提升至 60% 以上。强化防治水管理。严格落实物探先行、长探加短探跟

进的综合探查措施，2022 年累计疏放老空水 50 余万 m^3；完成了联盛公司矿井地面补勘及三维地震和电法物探，查清地质水文情况，为矿井安全生产提供了技术支持。

三是纵深推进智能建设。以“无人则安、科技强安、装备保安”为指引，加快煤矿智能化项目建设，提升本质安全水平。制定《煤矿智能化建设规划方案》《智能化项目建设进度时序表》，逐项明确项目建设内容、进度安排、责任人，保障各项任务如期完成。大宁煤矿 307、黄岩汇煤矿 15117、白羊岭煤矿 15111 综采工作面及大宁煤矿西大六、黄家沟、苏村、关家崖、车家庄、峁底煤矿掘进工作面已完成智能化建设，并通过市能源局验收。原相煤矿智能化掘进工作面进入试运行阶段。井下主要固定岗位无人值守改造已按计划完成。

（三）突出重点，狠抓落实，改革创新加速推进

公司建立“月汇总、季综合、半年报、年总结”工作机制，扎实推进国企改革三年行动，精心编写“十四五”规划，扎实推进科技创新工作，不断提升公司创新能力。

一是稳步推进国企改革三年行动。将改革行动作为重大政治任务，逐条对照任务要求，全面铺开各项改革工作。推进经理层成员任期制和契约化管理，组织各基层单位签订经营业绩责任书及任期经营业绩责任书。持续优化组织绩效考核体系，按照全面化设计原则，覆盖从组织到个人每个绩效单元，形成一套在企业管理中行之有效的全员绩效考核体系。

二是科学编制“十四五”规划。公司立足“山西一体化”区域发展战略，精心编制公司“十四五”发展规划，明确 2021—2035 年发展路径，提出“整合扩张、强基提质，转型升级、产业优化，协同发展、全面提效”阶段性目标，积极构建以煤炭产业为基石，以煤基清洁高效转化利用产业为支撑，以煤下伴生资源、新能源等新兴产业为重要增长极的多产业协同发展新格局。

三是持续提升科技创新能力。新技术应用方面，大宁煤矿矸石不升井绿色开采项目已进入实施阶段，为公司践行绿色开采提供参考、样板；黄家沟煤矿切顶卸压沿空留巷“110”工法技术实施成功，有效提升巷道利用率和煤炭回收率；昔阳公司 ZRZ 系列架座式乳化液钻机、井下移动式全封闭油脂库等 7 项实用新型专利获得国家授权；白羊岭煤矿应用高压水射流扩孔增透技术，探索出“短钻孔注水+短钻孔抽采”快速抽采工艺，提高了瓦斯抽采量。

三、下一步工作计划

（一）加快推进智能化建设

制定和完善公司智能化矿井建设设计，分步实施智能化采掘装备应用，辅助运输一体化，井下供电、压风、排水、皮带运输系统及架空乘人装置智能化改造等项目，助力提升安全保障能力，达到降低职工劳动强度、改善作业环境、减人提效之目的，使公司迈上“无人则安、科技强安、装备保安”的新台阶。

（二）加大瓦斯治理力度

积极开展瓦斯抽采技术研究及先进技术的推广应用，针对低透气性煤层，推广应用煤层增透技术，分别进行 CO_2 预裂爆破增透和水力造穴增透试验，增加煤层透气性、提高煤层瓦斯抽采量、减少瓦斯预抽时间，提高瓦斯抽采率。

安全高效　科学发展　和谐共赢
争当能源革命排头兵

——中煤平朔集团有限公司

一、公司概况

中煤平朔集团有限公司（以下简称“中煤平朔集团”）是中国中煤能源集团有限公司旗下的核心企业，是我国重要的动力煤生产基地，是全国14个亿吨级煤炭基地之一。公司组建于1982年，经过40a的发展建设，现有3座年产能力2000万t以上的特大型露天矿、5座井工矿、6座配套洗煤厂、4条总运输能力1亿t的铁路专用线、7座总装机容量6.73×10^6的参控股发电厂以及1个设计年产30万t合成氨、58万t硝酸铵、15万t稀硝酸的煤化工企业。

矿区位于山西省朔州市平鲁区境内，属宁武煤田北端，井田面积178.4 km^2。矿区主要含煤地层为石炭系太原组，主采4号、9号、11号煤层。地表至4号煤覆盖层厚度100 m左右，4号煤厚度平均9.9 m，4~9号煤夹岩厚度平均35 m，9号煤厚度平均13.28 m，9~11号煤厚度夹岩5~10 m，11号煤厚度平均4.2 m。

二、主要生产系统及装备情况

露天矿穿爆、采装、运输、排土各工序机械化程度为100%。剥离采用单斗电铲—卡车间断工艺，采煤采用单斗—卡车—破碎机—带式输送机半连续工艺。目前采装设备主要设备有斗容为25~35 m^3的P&H2800XPB电铲、斗容为55.8 m^3的P&H4100XPC电铲以及太重产的斗容为55 m^3的WK-55，运输主要由载重154~195 t的170D、685E、789、730E卡车以及载重290 t的930E卡车完成。

井工矿采用综采放顶煤回采和综掘施工工艺，机械化程度100%。回采工作面配备德国艾柯夫SL750型采煤机，前部刮板输送机、后部刮板输送机、转载机、工作面液压支架和超前支架均采用国产设备。综掘机选用三一重工的综掘机，探放水采用履带式全液压坑道钻机，主运运输选用带式运输机运输原煤，辅助运输采用无轨防爆胶轮车运输。

三、安全高效矿井（露天）建设情况

集团2021年生产原煤8262万t，实现销售收入387亿元，利润总额56亿元，缴纳税费61.36亿元。全员劳动生产率178万元/人，处于行业领先水平。公司所属安太堡矿、安家岭矿、东露天矿、井工一矿、北岭煤业和小回沟煤业被评为2020—2021年度煤炭工业安全高效矿井（露天）。

四、主要工作做法及建设经验

（一）强化安全基础建设，提高安全生产保障水平

深入学习贯彻习近平生态文明思想和关于安全生产的重要论述，坚持“两个至上”，持续夯实安全基础。

一是坚决扛起责任，确保全面落实到位。安全“零死亡”、环保“零事件”既是目标，也是底线。树牢“任何事故都是可以避免的，任何违章都是可以杜绝的，零死亡是完全可以实现”安全理念，培育“守规矩”为核心理念的安全文化，各职能部门切实履行业务职责，监管部门动真碰硬、揭短亮丑、按章追责，各单位加强自主管理，精准落实管控措施，筑牢安全环保防线。

二是坚持强基固本，持续提升保障能力。狠抓安全标准化达标，生产煤矿一级、二级标准化达标率实现100%。狠抓“双预控”体系建设，加大风险管控力度，从根本上杜绝重大隐患。狠抓现场安全管理，对重点部位、关键环节、特殊时段严防死守，重拳出击整治“三违”。

三是坚持突出重点，巩固深化专项整治。高标准完成安全生产专项整治三年行动，推进露天矿边坡、穿爆、道路交通和井工矿瓦斯、水害、顶板、冲击地压等重大灾害防治，地面板块突出特殊作业、特种设备、重点区域专项整治。

四是把严格监管贯穿安全管控全过程。从严落实责任，确保各单位各层级安全责任落实到位；从严过程管控，提升风险预警预判水平；从严考核问责，以铁面无私的问责追责促进全员履职尽责。

（二）加大组织原煤生产，全力推动降本增效

树牢公司上下“一盘棋”思想，坚持系统优先、布局合理、均衡生产，

深度挖掘产运销协同效应，做到科学组织、全力稳产，高效统筹、全力保供，服务大局、全力稳价，有效增加供给能力。

全年共开展技术优化降本增效项目 75 项，节约费用 1. 97 亿元。优化露天矿开采程序及运输系统，降低运输费用 7200 万元；露天矿合理运用陡帮、端帮采煤工艺，累计多回收原煤 156 万 t。露天柴油单耗同比降低 11. 27%，节约柴油 2. 03 万 t，柴油单耗连续多年实现下降；轮胎单耗同比降低 7. 5%，节约成本 1800 万元；炸药单耗同比降低 1. 4%。井工矿电耗同比降低 10%、皮带消耗同比降低 30%。

（三）推进科技创新工作，提升安全生产效率

扎实推进科技创新工作，2021 年科技投入 12. 05 亿元，研发投入强度 3. 0%，完成集团考核指标 108%，处于行业先进水平。召开公司科技工作大会，完善科技成果奖励办法和科技项目管理办法，推动科技创新工作再上新台阶。

一是全面推进智能化矿山建设。建成东露天矿国家级智能化示范煤矿，完成卡车调度系统应急指挥功能模块开发、爆破远程监控及预警系统等 17 个子项目建设，初步实现矿区“一张图、一张网、一平台、一中心”。井工三矿 39204 智能化工作面被评定为中级智能化工作面；采掘工作面实现矿压远程实时动态监测，智能化综采工作面实现综采设备连续安全、高效运行。牵头编制完成了国内首个《智能化露天煤矿建设规范》，对露天矿智能化建设具有示范引领作用。

二是重点攻关技术改造项目。利用预裂控制爆破技术和端帮时效性原理，解决露天矿陡帮开采片帮。建立瓦斯灾害预警系统，实现瓦斯抽采及预抽动态达标。推进露天矿粉尘污染形成机理与综合控制技术研究。开展露天矿卡车油耗项目研究和应用，推动生产成本和废气排放双降低。

三是提升技术体系和保障能力。开展月度、季度、年度安全风险辨识评估，强化技术风险管控，从源头和根本上防范事故的发生。四是创新体制机制。大力倡导创新文化、弘扬创新精神，使创新创效成为全体职工的价值追求。2021 年申报专利 12 项，其中实用新型专利 11 项，发明专利 1 项，完成集团考核指标 150%。获中国职业安全健康协会科学技术奖一等奖 1 项，煤炭工业协会科学技术奖二等奖 1 项。

（四）强化生态环保意识，树立绿色发展理念

全面落实空气质量保障工作要求，合理调控生产和污染防治措施，主要大气污染物达到减排目标。推进矿区污水处理提标及减排工程，污废水回用

率达 96. 5%，初步实现“区域调配、减清增复”目标。大力推进矿区生态修复和复垦绿化，全年露天排土到界 5177 亩（1 亩 = 666. 6 m^2），完成复垦复绿 10135 亩，矿区绿化 1000 亩，完成塌陷区复垦治理 850 亩。坚持“生态优先、绿色发展”，高标准推动绿色矿山建设，构建有示范推广性的“山水林田湖草”生态修复及重建体系示范工程，建设成为了天更蓝、水更清、山更绿、景更美的全国生态文明示范矿区。

五、下一步创建规划

根据公司打造煤—电—化—新能源—综合服务循环经济示范基地和动力煤保供核心区的发展定位，结合生产实际，中煤平朔集团下一步将严格按照“安全高效矿井”目标任务精心组织、严密管理，大力推广使用新技术，提高装备水平，继续深化开展安全生产标准化工作，有利于推动安全高效矿井（露天）稳步前进，实现 8 座矿井均达到特级安全高效矿井水平。

站在新一轮技术革命和产业变革的潮头，面对传统能源和新能源优化组合的窗口，中煤平朔集团将以习近平新时代中国特色社会主义思想为指引，全面贯彻落实党的二十大精神，坚持党的全面领导，坚持稳中求进工作总基调，完整、准确、全面贯彻新发展理念，贯彻落实中煤集团工作部署，全面践行“存量提效、增量转型”发展思路，聚焦守规矩、稳增长、增效益、强管理、破瓶颈、重实效、优结构，高质量抓好安全环保、生产组织、经营管控、改革攻坚、战略引领、创新驱动、队伍建设等工作，争当能源革命排头兵，建设世界一流企业。

坚持系统提升　紧抓重点环节
持续推进安全高效矿井和安全高效集团建设

——中煤华利能源控股有限公司

一、公司概况

中煤华利能源控股有限公司（以下简称“中煤华利公司”）成立于2006年，原为中国保利集团公司从事煤炭和有色金属资源开发的主要平台，2017年5月按照国务院国资委涉煤央企整合重组总体部署，由中国保利集团公司整体划转中国中煤能源集团有限公司，主要从事煤炭生产、洗选加工及贸易物流等业务。煤炭资源主要分布在山西和新疆，山西区域煤种为主焦煤和无烟煤，新疆区域煤种为特低灰、特低硫、特低磷、高发热量的优质长焰煤。贸易业务有2家煤炭贸易公司和1家集“淘煤网”和“煤炭信息交易网”为一体的电子商务平台。

二、安全高效矿井（露天）建设情况

中煤华利公司拥有生产煤矿7座，其中5座井工煤矿采煤和掘进机械化程度均达到100%，2座露天煤矿采装、运输、排土等机械化程度均达到100%。公司综合单产单进水平、原煤生产人员效率、年度人均工资水平逐年稳定提升，劳动定员管理、采区采出率、信息化、自动化、智能化以及生态文明等方面均符合煤炭工业安全高效矿井建设标准。2021年原煤产量实际完成800.58万t，掘进进尺实际完成24633 m，剥离量实际完成5049.6万m^3，均完成或超额完成年度计划指标，7座生产煤矿均评定或保持一级、二级安全生产标准化体系矿井水平，实现了安全平稳生产。

所属煤矿2018—2019年度申报煤炭工业安全高效矿井6座，评定为安全高效矿井6座，其中特级安全高效矿井2座、一级安全高效矿井4座；2020—2021年度申报煤炭工业安全高效矿井6座，评定为安全高效矿井6座，其中特级安全高效矿井4座、一级安全高效矿井2座。中煤华利公司在

2018—2019 年度和 2020—2021 年度连续两个年度被评定为安全高效集团，公司安全高效矿井和安全高效集团创建工作取得了显著成效。

三、主要工作做法及建设经验

中煤华利公司全面贯彻习近平新时代发展理念和国家能源安全新战略，积极推动煤矿企业安全、高效、绿色、智能化发展。始终坚持把安全高效矿井建设作为矿井高质量发展的主要抓手，制定了国企改革、“双优双提”建设三年行动规划并紧抓落地，紧紧围绕中煤集团公司“存量提效、增量转型”战略，坚持系统提升，紧抓重点环节提质提效，稳步实施公司“三步走”发展战略 3 个阶段的工作目标，持续推进安全高效矿井和安全高效矿区建设。

（一）扎实开展安全生产标准化建设，夯实安全基础

认真落实“严、细、盯、实、商”工作要求，扎实推进各生产煤矿安全生产标准化建设，通过对标学习，进行示范引领，推动标准化整体水平提升。组织两批专业技术和管理人员到山东兖矿集团、内蒙古永顺煤矿现场学习，借鉴安全管理、标准化建设和智能化矿山建设先进管理经验。在裕丰煤矿、平山煤矿分别召开安全生产标准化建设现场推进会，全面带动安全生产标准化达标。

2021 年度，铁新煤矿、裕丰煤矿、别斯库都克煤矿、吉郎德煤矿 4 个煤矿保持了国家一级安全生产标准化标准。各煤矿安全生产标准化总体水平得到提升，煤矿安全基础得到进一步加强，为全面开展安全高效矿井建设提供安全保障。

（二）加快装备提档升级，提升装备水平

一是加大装备改造投入，持续推进采掘设备更新。2020—2021 年公司投入超过 1.2 亿元购置更新 5 套综采、综掘设备，投入 1735 万元建设物料集中配送系统和“智慧矿山”卡车调度、防撞系统。各井工煤矿完成了辅运系统无极绳绞车化，安装无极绳绞车 26 部、淘汰小绞车 116 部。二是强化装备保障，持续强化各生产系统装备的运行和检修，提升设备开机率，减少设备事故影响，保障矿井稳定生产。各煤矿健全了大型设备档案，坚持机电设备“四检制”作业。三是各矿基本建成固定场所集中控制和无人值守，减少固定岗位人员 93 人。各煤矿装备水平的提档升级，为矿山推进自动化、智能化建设提供了坚实保障，为安全高效矿井建设创造了良好条件。

（三）科学优化生产布局，提升系统保障能力

一是科学合理优化生产布局，保障煤矿生产接续平衡。铁新煤矿优化2号煤、9号煤配采系统，合理布置开拓掘进优化通风系统、抓好生产接续。高家庄煤矿及时调整接替规划，明确了瓦斯三区联动治理路线，加强邻近层抽采，优化抽采系统，强化措施现场落实，确保综采工作面顺利回采。别斯库都克煤矿和吉郎德煤矿两露天煤矿优化采剥设计，加强剥离作业，释放两矿露天煤量168万t以上，保证了生产接续；优化运煤公路和排土方案，节省运距，增加排土场容量、减少土地压占。二是努力提升生产组织水平。统一思想、达成共识、上下齐心，努力克服各煤矿地质条件复杂多变、政策停产限产次数多、有效生产天数少、工作面安装回撤频繁等诸多不利因素，有效把控关键生产环节，快速高效地安装回撤工作面。三是进一步提高单产单进水平。通过工作面现场写实、严抓班组现场管理，坚持正规循环作业，进一步提升各煤矿单产单进水平。裕丰煤矿调整工作面布置，减少构造影响，进一步提高生产效率，工作面单产水平达到10.34万t/月、单进水平达到403 m/月。高家庄煤矿优化采掘参数，强化现场管理，创下了单产10.68万t/月、单进238 m/月的纪录。各煤矿生产组织能力持续提升，单产单进水平得到进一步提高，确保了全面推进安全高效矿井建设。

（四）多措并举降本提效，切实增加企业效益

各生产煤矿积极行动，主动作为，积极开展降本增效各项工作举措。一是技术创新提效降本。两年来各单位创新创效活动有序开展，成立青年创新工作室6个，完成“五小”创新成果71项，取得效益933万元。二是提高设备物资管理效率。2021年设备材料集中采购率达95%，节约采购资金1995万元，降低采购成本6%。三是认真执行全面预算管理。公司本级从整体上严控计划外支出，对计划外项目和单项超5%以上项目严格履行审批手续，预算管控明显提升。严格控制成本，各项降本增效措施的顺利实施，使得成本与计划相比均有明显下降，2021年实现利润29.45亿元。

四、下一步创建规划

中煤华利公司下一步将牢固树立安全发展理念，坚持系统、装备、素质、管理四并重原则，以煤炭工业安全高效矿井创建为主线，从安全生产、技术保障、科技创新、经济效益等方面加大工作力度，进一步提高安全高效矿井的建设质量，打造国内一流的“三型四化”稀缺原料煤供应商，力争2022—2023年度7座生产煤矿全部达到煤炭工业特级安全高效矿井标准，中煤华利公司保持煤炭工业安全高效集团标准，为公司实现高质量发展奠定坚实基础。

夯实安全　改革创新　科学管理
创建安全高效绿色健康创新可持续煤炭集团

——中煤集团山西华昱能源有限公司

一、公司概况

中煤集团山西华昱能源有限公司地处朔州市山阴县境内，前身为山西金海洋能源集团，于2009年8月28日由中煤集团对山西金海洋能源集团有限公司进行增资扩股，重新组建而成。公司总资产190亿元，在册职工2636人，产业涉及煤炭、电力、冶化、建材、房地产业、酒店服务业及现代农业等多个领域。

截止到2022年底，华昱公司拥有五家沟、南阳坡、元宝湾、水泉和国兴、国强等6座生产矿井，分布于山西省朔州市山阴县和平鲁区两地。6座煤矿均被煤炭工业协会命名为2020—2021年度特级安全高效矿井；中煤华昱公司被认定为2020—2021年度安全高效集团。

二、安全高效矿井（露天）建设情况

2020—2021年，华昱公司以安全高效矿井建设为主线，抓实安全基础，提高矿井安全保障能力，优化生产布局和劳动组织，提升单产单进水平和矿井生产效率，各矿均高质量完成了各项安全生产指标。

（1）五家沟、南阳坡、元宝湾、水泉、国兴、国强等6座煤矿均杜绝了二级以上非伤亡事故和轻伤以上人身事故，顺利实现全年安全生产。

（2）6座生产矿井采掘机械化程度均达到100%。

（3）各矿井生产系统均布局合理，采掘接续正常。

（4）五家沟、南阳坡、元宝湾、水泉、国兴、国强等6座煤矿综合单产水平分别为26.866万t/(个·月)、26.767万t/(个·月)、8.876万t/(个·月)、7.698万t/(个·月)、15.554万t/(个·月)、10.611万t/(个·月)。

（5）五家沟、南阳坡、元宝湾、水泉、国兴、国强等6座煤矿矿井原煤生产人员效率分别为20.259 t/工、18.615 t/工、13.063 t/工、8.521 t/工、15.034 t/工、12.990 t/工。

（6）五家沟、南阳坡、元宝湾、水泉、国兴、国强6座煤矿现采煤层均为厚煤层，采区回采率分别为81%、82%、85%、87%、75%、85%。

（7）各矿井经济效益、劳动定员、生态文明等各项指标均达到了安全高效矿井标准要求。

三、主要工作做法及建设经验

近年来，中煤华昱公司坚持以习近平新时代中国特色社会主义思想为指导，始终深入贯彻落实国家安全高效矿井建设总体要求，围绕“六型华昱”（安全、高效、绿色、健康、创新、可持续）发展思路，夯实安全基础，推进改革创新，优化生产布局，加强组织管理，提高生产效率，实现了企业安全形势总体平稳发展和生产经营持续高效运行。

（一）健全安全管控体系，强化隐患排查治理，夯实安全基础，建设本质安全型矿井

1. 完善管理制度，开展技术会商，构建矿井安全保障体系

公司组织生产技术、通风、地测、机电、安监等职能部室对《华昱公司回采技术管理制度》《探放水施工效果评价办法》《“一通三防”常见问题及防控措施》《机电设备管理制度》和《生产安全红线规定（修订）》等65项安全生产技术管理制度进行修订和完善，构建起了纵向专业管理、横向协调管理、基层基础管理的矿井安全管控体系，并通过强化制度落实，形成了职责明确、按制度办事、靠制度管人、用制度规范行为的良好机制，构建出了科学化、规范化和制度化的管理格局。同时公司制定了重大技术业务会商制度，公司、煤矿层面均成立相应的业务会商管理机构，积极开展安全生产技术方面重大业务会商。2021年，公司针对各矿生产实际及现场变化共开展重大业务会商30余次，及时有效地解决了生产难题，保证了矿井安全生产。

2. 狠抓灾害治理，消除安全隐患，提升矿井安全保障能力

华昱公司各矿均为资源整合矿井，整合前小窑采用房柱式方式开采，现各矿采掘活动区域均不同程度存在采空区，既造成了煤炭资源的极大浪费，也给矿井生产带来了极大的安全隐患。华昱公司为了有效治理采空区悬顶、积水、积气等安全隐患，尽可能回收煤炭资源，与煤炭科学总院、中国矿业

大学、华北科技学院等科研院所合作，开展了采空区安全复采技术攻关，采取老空（老巷）探测、有害气体排放、积水疏排等措施对安全隐患进行排查治理，并根据老空老巷不同形态，有针对性地开展老巷支护或老空（老巷）充填。2021 年，公司各煤矿累计治理采空区面积约 5.9 万 m^2，实测老空老巷 8330 m，排放老空积水约 52 万 m^3，充填采空区（老巷）空间 23 万 m^3，共解放煤炭资源 550 万 t，安全复采煤炭资源 330 万 t。通过对采空区（老巷）灾害进行治理，彻底消除了安全隐患，创造了可观的经济效益和社会效益。

（二）优化生产布局，改革工作模式，推进智能化建设，打造高产高效矿井

1. 优化矿井生产布局，大力推行集约化生产

根据中煤集团建设安全高效矿井工作要求，结合华昱公司实际情况，科学编制优化煤炭生产布局方案，实施减面、减头、减人等综合措施，着力在优化生产组织、提高生产效率、降低生产成本上下功夫，大力推行“一井一面两头”高效生产组织模式，减少采掘工作面个数，实现生产系统和各种资源的最佳配置，努力提高煤炭生产效率和经济效益。目前，公司五家沟、南阳坡、元宝湾、水泉、国兴、国强 6 座煤矿均只布置 1 个正规综放工作面，由 1 个综采队生产即可完成矿井全年煤炭生产计划。

2. 全面推行“取消夜班”工作模式，提升职工生活质量

华昱公司坚持以人为本，高度关注职工安全生产和健康生活，在元宝湾、水泉、国兴、国强 4 座自营煤矿全面推行“取消夜班”工作模式，改变了煤矿井下员工“一天三班倒、24 小时连轴转”的传统作业模式，降低了职工劳动强度，使职工作息规律回归自然，有更好的精力专注于工作。取消夜班后，各矿通过加强设备检修、优化生产组织、推行正规循环作业等保证措施，均仅需中班一个班生产就能完成月度生产计划，真正做到了“减班不减产、减人不减量”，实现了减人提效的目标。

3. 加大设备投入和技术创新力度，积极推进矿井智能化建设，为建成安全高效矿井创造条件

一是各矿综采工作面全部实行远距离供电和地面集中供液，减少了不安全因素，提高了工作效率。目前华昱公司煤矿全部实现远距离供电供液，将移变及开关等设备放置在工作面外部，实现了集中供电、供液，增加了供电、供液系统的可靠性，取消移挪开关列车重复作业工序，消除了斜巷运输带来的安全隐患。另外，6 座煤矿均在地面建设了地面集中供配液站，集中

供配液站配液使用超滤纯净水，且实现了乳化液自动添加功能，保证了乳化液配液质量，将地面配好的乳化液通过专用管路输往井下工作面，减少了乳化液使用漏洞，降低了液压支架的故障率，在提高生产效率的同时也降低了生产成本。

二是各矿固定岗位均实现了无人值守和远程控制，综采工作面顺槽超前支护改用护巷架支护。目前华昱公司各矿井下中央变电所、水泵房、压风机房、主扇、主运输系统、防火救灾自动风门等固定岗位均实现了无人值守和远程控制，提高了系统的可靠性和自动化程度，减少了岗位人员配置。山阴区域的五家沟、南阳坡、元宝湾、水泉等 4 座煤矿综采工作面两顺槽超前支护全部由传统的单体柱+金属铰接顶梁支护改为超前护巷架（组）支护，超前段的支护安全保障有了质的提升，同时也降低了工人的劳动强度，提高了超前支护效率。

三是加大投入力度，提高技术装备水平，积极推进智能化工作面建设。目前，华昱公司已建成 3 个智能化回采工作面（水泉矿 49104 面、五家沟矿 15303 面、元宝湾矿 36108 面）和 1 个智能化掘进工作面（元宝湾矿 9 煤辅运巷延伸），其他煤矿的智能化工作面建设也开始进入实施阶段。智能化工作面建设，提升了采掘自动化水平，提高了生产效率，减少了作业人数，同时也保障了矿井生产安全。

（三）做好资源循环利用，实现煤炭绿色开采

华昱公司在做好煤炭主业的同时，大力开展资源综合利用新技术的研发应用，大力发展煤矸石电厂、硅锰合金、水泥建材等循环经济产业链，努力打造固体废弃物零排放示范园区。先后建成了 2×50 MW、2×300 MW 和 2×350 MW3 座煤矸石电厂，总装机容量达 1400 MW，年可发电约 7×10^9 kW·h，年消化利用煤矸石约 230 万 t，年自消低热值煤约 500 万 t，发电产生的余热还可为当地解决 450 万 m^2 的城镇供热问题；建成年产 1 亿块煤矸石烧结砖厂，年消化利用煤矸石约 25 万 t；建成年产 5 万 t 硅锰合金厂、年产 130 万 t 干法水泥厂、年供水能力 1000 万 t 黄河供水公司。煤、电、冶、建材、资源综合利用的循环经济产业链，真正做到了“三废”的资源化、效益化与环保化，实现了经济效益和社会效益双丰收。

夯实安全基础　激发创新活力　提升质量效益　打造高标准安全高效集团

——上海大屯能源股份有限公司

一、公司概况

上海大屯能源股份有限公司为中煤股份公司控股子公司，主要从事煤炭生产贸易、洗选加工、煤矿建设、坑口发电、铝加工、铁路运输、机械制造、职业技术培训以及相关工程技术服务等。煤炭主要品种为1/3焦煤、气煤和肥煤，是优质炼焦煤和动力煤。本部拥有3对煤炭生产矿井和1个选煤中心、4座选煤厂，经技术改造升级实现煤炭产品全入选；外部拥有1对生产矿井、1对技改矿井。

二、安全高效矿井（露天）建设情况

公司历来重视安全高效矿井（露天）建设工作，所属煤矿多年保持安全高效矿井荣誉称号。2022年，公司被评为2020—2021年度煤炭工业安全高效集团（矿区），所属4对生产煤矿均被命名为煤炭工业安全高效矿井，其中徐庄矿、龙东矿和106矿为特级，孔庄矿为一级。

三、主要工作做法及建设经验

（一）坚持将安全生产作为各项工作的根本前提，安全形势总体稳定

公司上下深入贯彻习近平总书记关于安全生产重要论述精神，坚决执行国家、省、市和公司关于安全生产的各项部署要求，坚持安全“五零”目标、“六严”管理不动摇，举一反三落实针对性安全保障措施，安全形势总体平稳。

（1）进一步明确安全责任。狠抓全员安全责任落实，以执行岗位安全责任清单为标准，以落实制度措施为根本，以严考核为手段，狠抓干部履职、业务保安、安全监管、自主管理、党管安全5个层级的安全责任落实，

提高安全工作执行力。

（2）深化安全生产专项整治。着力于规范职工行为、缓解安全生产矛盾，防范零打碎敲事故，深化打击“三违”、风险隐患、基层管理、安全素质、技术保安5个专项整治，破解制约安全的难点问题。

（3）推进安全基础提档升级。坚持对标先进补短板、抓整改、促提升，全面推进安全生产标准化管理体系建设、新班组建设、智能化建设3项提档升级，推动深化标准化固安、新班组保安、智能化促安。

（4）开展煤矿重大灾害治理。贯彻《煤矿安全规程》，有序开展煤矿冲击地压、顶板管理、水害防治、瓦斯防治、防灭火、煤尘防治、机电运输7个专项治理活动，确保安全生产。

（5）进一步强化安全基础管理。通过开展标准化对标提升工作，实施标准化专项工程199项，孔庄、徐庄和106煤矿保持了国家一级标准化水平。

（二）坚持将生产作为效益的源头，把能源保供作为政治任务，较好完成各项生产任务

（1）生产组织积极主动。针对106矿703工作面调面，姚桥矿7263工作面、孔庄7303、7436工作面过断层，龙东矿7211工作面坚硬顶板回采等复杂生产条件，积极主动分析解决问题，抓住完成产量任务的“牛鼻子”，实行“一面一策”，保证了各项任务的完成。

（2）强化技术管理，有效解决生产突出问题。2021年，公司成立了工作组，“一矿一策、一面一策”制定工作方案，每周召开两次安全生产调度会，召开多次现场工作会，及时协调解决顶板破碎、接续紧张、一线人员不足等制约生产安全的突出问题。

（3）严格控制原煤质量。加强煤质现场管理，落实各项煤质保证措施，严格选煤过程管理，做好产运销协调工作，促进产销平衡。

（4）能源保供工作取得实效。全面落实党中央、国务院能源保供部署，成立了工作领导组和6个专业工作组，明确了“四个确保”工作目标，建立了日报告、周调度机制，制定工作方案和安全专项保障措施，实施了增产激励政策，层层压实责任，完成了年度能源保供任务。

（三）坚持科技创新能力提升，以科技提升生产力

（1）不断加强产学研合作。加强与科研院所合作，积极引进新材料、新装备、新技术，做好科技创新工作，加快创新成果转化。

（2）持续提升科技创新能力。印发了技术中心科技创新能力提升方案

和“双创”示范基地建设实施方案，成立了“一室两院八所一中心”研发机构。加大重点课题研究力度，2个项目通过了中煤集团的专家验收，4项课题通过中国煤炭工业协会鉴定。

（3）加快推进智能化建设，以科技提高生产力。按照“减少人员、提高效率、保障安全”的原则，完善修订了3年规划方案，建立了“月调度、月平衡、月通报、月检查”制度，加快推进智能化企业建设。建成了5个采煤智能化工作面、7个掘进智能化工作面，实现了冲击地压头面和新建头面智能化开采的全覆盖，智能化建设项目完成率达到85%，姚桥煤矿顺利通过江苏省智能化示范矿井验收。在姚桥煤矿、徐庄煤矿试点推广煤矸智能分选机器人，完全代替人工作业，煤矸分选效率提高60%以上。

（四）统筹谋划生产接续，保障矿井平稳接续

2021年生产条件极其复杂，特别是外部环保因素和内部防冲、探放水、顶板等因素对矿井接续造成了极大的影响，公司积极根据领导要求采取应对措施，保证矿井的生产接续平稳有序。

（1）根据现有生产系统，超前谋划矿井长远接续。公司分别于2021年3月和6月组织对本部四矿生产组织进行了两次现场调研，根据生现有生产系统，超前谋划矿井生产布局和开拓准备方向，保证矿井长远接续。

（2）听取各矿生产接续汇报，超前谋划分析生产任务。通过分析工作面生产条件，制定了保障措施，协商解决影响生产、接续的突出问题。

（3）加强开拓、重点及综合进尺管理，确保采区接续正常。根据公司矿井2021年生产接续计划，采取月度重点关注、季度考核的方法，认真编排月度、季度掘进计划，科学组织、均衡生产，强化掘进工程施工管控，严格项目考核，确保采区接续正常。

（五）多措并举，努力提高单产单进水平

（1）完善管理制度和考核办法，督促单产单进水平提高。根据2021年公司单产单进考核管理办法、2021年公司平均单进考核管理办法，按照重点工作管理要求，开展周报表和月度工作小结，及时报送监管单位。通过与矿井单位交流沟通，认真分析生产过程中存在的问题及不足，督促指导各矿努力提高掘进单进水平。

（2）强化顶板管理，减少顶板因素对生产的影响。印发了公司2021年度顶板管理指导意见，对全面顶板管理进行了整体规划，进一步完善了顶板管理与考核制度。召开顶板管理专业会，分析解决制约顶板安全的因素，树立正确的顶板管理思想，抓好生产条件的超前研判，强化设计源头、技术支

撑，强化规程措施、技术方案的现场落实。开展顶板管理专项整治活动，进一步强化顶板管理，针对工作面过断层、过厚夹矸层等特殊生产条件，采取重点头面盯防、现场跟班、驻矿盯守等方式，进一步强化现场顶板安全管控，减少顶板事故对生产的影响。

（3）优化劳动组织，提高劳动效率。通过优化一线人员配置，坚持正规循环，提高工作效率。实行现场交接班制度，提高工时利用率。强化设备日常检修与维护，减少机电事故率，提高设备开机率。强化生产组织协调等，保证平稳有序生产，以稳产促高产。

（4）进一步提高复杂条件下的单进水平。召开了掘进工作会，加大单产单进考核力度，实行精准激励，公司单进同比增加 5.3 m/(个·月)，本部矿井均超额完成掘进进尺年度预算任务。

（5）薪酬分配导向更加精准，激励单产单进提高。全面推进市场化管理，实行精准考核政策，坚持分配向一线岗位、贡献大的单位倾斜，地面、井下辅助、采掘单位分配比例已达到 1∶1.6∶2.4。

踔厉奋发提效率 笃行不怠抓落实
推动“存量提效、增量转型”高质量发展

——中煤新集能源股份有限公司

一、公司概况

中煤新集能源股份有限公司是以煤炭采选为主、煤电并举的国家大型一档企业，横跨淮南、阜阳、亳州三市，井田面积为 1092 km^2，煤炭储量 101 亿 t，现有 5 对生产矿井，核定生产能力 2350 万 t/a。

二、安全高效矿井（露天）建设情况

中煤新集公司 2016—2017 年度申报安全高效矿井 3 座，均被评定为特级；2018—2019 年度申报安全高效矿井 3 座，均被评定为特级；2020—2021 年度申报安全高效矿井 4 座，均被评定为特级，且中煤新集公司被评定为安全高效集团。目前，中煤新集 5 对生产矿井综采机械化程度达到 100%，综掘机械化程度达到 79. 4%。

2020—2021 年度中煤新集公司安全高效矿井建设各项指标稳步提升，工伤事故由 2015 年的 177 起降至 2021 年的 34 起，下降了 80. 7%；全员工效提高 8. 0%，原煤工效提高 6. 3%；原煤产量由 1881. 2 万 t 提升至 2158. 4 万 t，增长了 14. 7%；商品煤产量由 1628. 5 万 t 提升至 1807. 7 万 t，增长了 11. 0%；综合单产由 24. 79 万 t/(个·月）提升至 25. 33 万 t/(个·月)，增长了 2. 2%；综合单进由 163. 1 m/(个·月）提升至 164. 0 m/(个·月)，增长了 0. 6%；在岗职工收入由 10. 71 万元增至 13. 13 万元，增长了 22. 6%。

三、主要工作做法及建设经验

（一）创新安全管理模式理念，夯实安全基础

一是创新“19450”安全思路目标举措，安全效果显著。2022 年工伤事故下降了 6 起，同比下降了 18%，安全投入达 9. 1 亿元。二是持续抓好重大

灾害治理。科学分析矿井地质条件和隐蔽致灾因素，坚持重大灾害系统治理、超前治理。板集煤矿坚持水害分源分策治理，落实探、防、堵、疏、排、截、监等水害综合防治措施，110504 工作面实现国内首次近距离强富水基岩顶板无底隔复杂条件下安全回采。三是创新实施“三纵三横”网格化安全管理模式。纵向加强党建引领支持保障、加大安全垂直管理力度、加强专业安全包保强度；横向开展安保型矿（厂）、安保型区队（车间）、安保型班组创建，构建形成“党政同责、一岗双责、齐抓共管、失职追责”的安全责任体系。四是大力推进安全生产标准化建设。不断健全标准化管理机制，坚持以点、线、面、体为抓手，分阶段推进实施标准化建设工作。五是全面推进人的行为规范管理。进一步明确安监员、测气员、验收员和跟班队长、班长工作职责，充分调动“三员两长”主观能动性。狠抓“三违”综合治理，构建职工不敢、不能、不想、不会“三违”的长效机制。培育形成“按规矩办事”的行为习惯和“守规矩”的安全文化，让职工逐步养成“上标准岗、干标准活”的好习惯，有效防范人为操作失误。六是持续强化现场安全管理。公司领导带头深入基层调查研究，从面上帮助基层抓安全；各基层专业干部深入现场“写实”，从点和线上排查安全风险和隐患。

（二）推进实施精细精益管理，推动提质增效

坚持“一切服务生产”的工作理念，优化生产布局，科学统筹组织生产。2022 年完成商品煤产量 1841.9 万 t，实现提质增效。一是定期梳理矿井生产接续现状。按照规划十年、细排五年、精排三年的思路，“主次配合、薄厚搭配”的原则，动态调整采掘接续方案，做到矿井按月动态分析、公司季度梳理调整。二是改革生产劳动组织。合理利用假期安排矿井大修，增加矿井实际生产天数；灵活调动安撤专业化队伍，各矿井相互调剂使用；实施内部市场化，对采、掘、开、修队伍及人员采取动态化管理，动态调剂人员，达到人员与效率的最佳组合。三是加速推进煤矿智能化建设。以智能化建设为抓手，推进矿井装备升级，实现装备提效、增安、少人目的。2022 年建成 10 个智能化综采工作面和 11 个智能化掘进头，154 个固定车间硐室实现地面集控，123 个实现无人值守，全年通过智能化建设和应用减人 386 人。刘庄煤矿高标准通过国家首批中级智能化示范矿井验收，处于全国同类建设条件示范矿井前列，位居集团公司和安徽省已验收智能化示范矿井首位；板集煤矿通过安徽省智能化煤矿验收。四是创新差异化弹性激励考核机制。为提升价值创造能力，巩固“保安、提质、创效”成果，创新实施差异化弹性激励考核，分保底薪酬、共享薪酬和激励薪酬 3 个层次，优化实施

“金牌队长”“台阶奖励”“智能化减人”等专项考核激励政策，确保工资增量向关键岗位、核心岗位、一线岗位和业绩突出者倾斜。五是建设煤矸分流系统，提升源头煤质。在采区建立矸石仓，在采煤工作面建立煤矸分流系统，在掘进工作面建立矸石窖，严格做到煤矸分采、分装、分运，尽最大限度减少原煤生产过程中矸石的混入，全面加强煤炭生产、洗选加工、化验及装车配煤等全过程管控，实现提质增效。六是建设绿色低碳矿区。按“增煤减岩”原则持续进行设计优化，每年减少矿渣排放量约 11 万 t。通过引用矿井乏风、空压机余热、燃气锅炉替代燃煤供暖供气，通过新集一、二电厂烟气超低排放改造，每年减少燃煤量 3.7 万 t，减少排放二氧化硫 520 t、氮氧化物 650 t。

（三）加大科技创新科研攻关，提高技术保障

近年来共实施科技攻关 52 项，获得煤炭工业协会科学技术奖 5 项、安徽省科学技术奖 1 项、中煤集团科技进步奖 7 项；评出优秀“双创”项目 40 多项，“五小”成果近 300 项，获得专利 50 多件，每年实现降本增效约 2 亿元。一是完善技术管理体系建设。建立以公司总工程师为核心的科技创新体系，不断规范和提升科技创新管理水平；健全科技奖励机制，释放创新活力；鼓励支持自主创新，形成自主知识产权的关键核心技术，推动公司技术进步。二是加强关键技术科研攻关。持续做好深井围岩控制、深部瓦斯治理、井下热害治理、1 煤组安全高效开采等科技攻关，推进科研攻关项目落实，解决生产技术难题。2022 年研发投入强度达 3.31%，4 项煤矿科技创新成果获省部级奖励。三是加强科研项目成果转化应用。重点围绕科研成果、专利成果、“五小”成果等建立科技成果库，实现资源共享；推进科研项目成果转化及推广应用，对取得显著成效的创新成果给予重点激励，提高科研项目成果转化及推广应用比例。

四、下一步建设规划

（一）目标

（1）新集一矿、新集二矿、刘庄煤矿持续保持特级安全高效矿井标准。

（2）新投产板集煤矿 2022—2023 年度力争达到特级安全高效矿井标准。

（二）主要工作

（1）牵稳安全管理“牛鼻子”，确保安全形势稳定。一要提高安全思想认识，牢固树立“零死亡”的理念。二要推进重大灾害治理。科学制定重

大灾害治理政策，实现“一矿一策、一面一策”。三要持续加强标准化管理体系建设。2023 年底公司所属矿井全部通过国家一级安全生产标准化管理体系验收。四要增强现场安全管控能力。找准矿井薄弱环节，紧盯现场安全管理。

（2）抓住煤炭生产“关键点”，推动生产提质增效。一要抓生产布局优化。逐步解决“战场”大、“战线”长的问题。二要抓系统优化。持续开展“一优三减”。三要抓生产接续。强化重点围面工程安撤节点的考核。四要抓单产单进水平提升。严格单产单进台阶指标考核兑现。五要抓产品质量提升。加大煤质管控力度，实施煤质动态管理。六要抓煤矿智能化建设。2023 年要建成 11 个智能化综采工作面、12 个智能化掘进工作面。

（3）激活改革创新“动力源”，增强发展动力活力。深入推进技术创新，加强深井围岩控制、深部瓦斯治理、1 煤组安全高效开采等重大问题科技攻关，解决矿井安全生产“卡脖子”技术难题，增强核心竞争力。

聚焦“安全　高效　绿色”打造“三色三强三优”能源企业

——华能煤业有限公司

一、公司概况

华能煤业有限公司（以下简称“华能煤业”）成立于2011年，由中国华能集团有限公司（以下简称“华能集团”）按照二级产业公司直接管理，与华能集团煤炭事业部、煤化工管理办公室实行“三块牌子、一套人马”管理方式。华能煤业管理华亭煤业公司、扎赉诺尔煤业公司、陕西矿业分公司、庆阳煤电公司、滇东矿业分公司、华能煤炭技术公司等6家单位。华能煤业拥有煤炭保有资源量178亿t，生产、试生产煤矿20处，煤炭产能5580万t/a；基建矿井2处，煤炭产能1100万t/a。

2022年，华能煤业主要经济运行指标全线飘红，产量、销量、利润等10项指标创成立以来新高，在华能集团考核中创纪录排名第五，被评为先进企业。其中，煤炭产量增幅7.5%，销量增幅8%，营业收入增幅32.3%，利润总额增加54.4%，EVA增幅16.7%，归母利增幅48.7%。

二、安全高效矿井（露天）建设情况

华能煤业2012—2013年度申报安全高效矿井12座，评定为安全高效矿井的12座（特级10座）；2014—2015年度申报安全高效矿井13座，评定为安全高效矿井的13座（特级11座）；2016—2017年度申报安全高效矿井14座，评定为安全高效矿井的14座（特级14座）；2018—2019年度申报安全高效矿井13座，评定为安全高效矿井的13座（特级12座）；2020—2021年度申报安全高效矿井15座，评定为安全高效矿井的15座（特级14座）。目前，华能煤业所有生产矿井采煤工艺全部实现综合机械化采煤，综采机械化程度达到100%，综掘机械化程度达到100%，单产单进水平显著提高，劳动效率大幅提升，高质量发展取得重要进展。

三、主要工作做法及建设经验

近年来，华能煤业大力开展“一优三减”，加快煤矿智能化建设，积极推动新工艺、新装备应用于生产一线，不断提升煤矿安全基础，持续推进安全生产向本质安全迈进，煤矿安全高效生产水平显著提升。

（一）推动安全管理再提升

（1）夯实安全基础。坚持“两个至上”，把实现“零死亡”作为最坚定的信念，坚持“三管三必须”原则，把责任落实贯穿于决策层、管理层和执行层，全力抓好安全生产工作。19 处煤矿实现“零死亡”，9 处煤矿实现“零伤害”，“安全生产提升年”活动和安全专项整治三年行动圆满收官，10 处煤矿安全生产超过 3000 d，马蹄沟煤矿安全生产突破 6850 d，入选全国煤炭行业 50 个安全生产标杆案例。

（2）强化重大灾害超前治理。成立煤矿重大灾害治理项目部和安全生产专家办公室，充分发挥项目部、专家组技术引领作用，加强技术攻关，认真开展风险隐患专项排查整治，加快巷道支护改革，扎实做好隐蔽致灾因素普查，完善冲击地压监测预警、防范治理、安全防护等措施，健全瓦斯“零超限”目标管理体系，落实防治水“四步工作法”，坚决防范灾害耦合叠加风险。

（3）加强零星工作和外包工程管理。强化零星工作全流程管控，坚决执行“一工程、一措施”和无措施不开工，推进“三零”作业规范化、标准化、流程化，严厉整治“三违”行为。按照“四个统一”要求，将外包和整体托管单位纳入公司安全生产“一体化”管理，健全协调沟通机制，补强补齐专业技术人员，妥善解决现场问题，严肃指标考核。

（二）推动煤炭产能再提升

（1）全力推进矿井达产。牢固树立达产意识，科学安排生产计划，落实设备包机制，强化计划执行和月度考核力度，提前谋划生产接续，合理调配采掘接续时间，最大限度释放产能，华能煤业煤炭产量首次突破 4000 万 t/a 大关。核桃峪煤矿正式投产，顺利转为自主生产经营，刘园子煤矿复产出煤，雨汪一井实现联合试运转，缓解煤炭需求紧张状况。

（2）积极推进“一优三减”。“一矿一策”开展生产系统优化，应用大走向、大采宽、大储量“三大”工作面布置方式，引进快速掘进装备工艺，提升采掘能力和效率，实施西川煤矿二采区优化设计、新柏煤矿扩能改造、灵泉煤矿生产系统完善、核桃峪煤矿“一井两面”达产等项目，马蹄沟、东峡等矿井取消夜班采掘，陈家沟、山寨、青岗坪等矿井取消夜班采煤，保证“生产不减，接续正常”，减少用工，实现矿井安全高效生产。

（3）持续推进产能核增。自2021年四季度以来，华能煤业在国家有关主管部门和华能集团的指导下，压实基层煤矿主体责任和企业管理责任，认真梳理矿井生产条件，推进先进产能核增，实现华能集团核增1930万t/a，煤炭产能达到11380万t/a。全力推进铧尖、魏家峁、灵东、柳巷等煤矿核增产能，力争2023年再核增1240万t/a以上。

（三）推动科技环保再提升

（1）脚踏实地推进创新。坚持以科技创新为第一动力，完善科技创新体制机制，印发“十四五”科技创新发展规划，健全科技投入、绩效考核、知识产权、人才培养等一系列管理制度，不断加大研发投入强度、知识产权考核权重。组建院士专家委员会，成立煤炭技术公司，推进“1394”平台体系建设，为基层煤矿提供技术服务，解决卡脖子难题。多元化拓宽科技成果流转渠道，持续提升科技创新扩散能力，近年来取得了15项省部级奖励。

（2）坚决杜绝环保风险。不断完善环保管理机制，印发生态环境保护“十四五”专项规划，加强环保人员培训，严肃环保指标考核。深化污染防治攻坚实施，统筹推进清洁供暖，科学制定矸石利用方案，提高矿井水综合利用率，超前谋划瓦斯利用，确保污染物合规处置、达标排放。践行“两山”理论，推进绿色矿山建设，建成2处国家级绿色矿山、3处省级绿色矿山，促进生态、经济和社会效益协同发展。

（3）加快智慧矿区建设。根据自身特点，广泛与科研院所开展交流和合作，学习借鉴先进理念和经验，制定煤矿智能化建设顶层规划，按照“五统一”原则，分层次、分阶段、分重点逐步推进煤矿智能化建设。目前，建成自动化工作面18处、无人值守固定场所115处、智能煤流系统15处、远距离供电供液17处、快速掘进装备11处，砚北煤矿通过国家首批智能化示范煤矿验收，扎煤公司4处煤矿通过自治区智能化煤矿（工作面）验收，加快新庄智能化标杆煤矿建设。

（四）推动人才建设再提升

（1）完善配套制度激励。推行“军令状”“揭榜挂帅”“赛马”机制，统筹安排人才干部交流任职和交叉挂职，根据各煤矿的灾害程度、管理难度、区位特点和贡献能力，合理优化绩效考核、薪酬水平、分配体系，做到减人不减资或少减资，收入分配与贡献挂钩、向一线岗位倾斜，引导人员向井下生产一线流动，将制度要求变为行动自觉，不断提高全员劳动生产率，进一步改善队伍结构。

（2）加强人才队伍建设。通过智能本安矿井建设提升安全保障能力，提升企业效益和职工收入，改变公司形象吸引人才。通过完善技术和技能双通道发展体系建设，加大内外培训力度培育高素质专业化的技术、技能人才，提升全员素质。针对机电、智能化、灾害防治人才短缺的实际，实施专项人才培养和培训计划，增加人才储备。针对地面富余人员，采取针对性的培训来承担系统内的地面生产和服务项目，发挥每一个人的创造价值的能力。

煤炭作为我国基础能源，其主体地位和兜底保障作用短期内不会改变，加快建设安全高效、绿色智能、可持续发展的煤炭企业刻不容缓。下一步，华能煤业将认真学习贯彻党的二十大精神，坚持问题导向，找差距、补短板，着力解决影响和制约公司煤矿安全高效建设的问题，全面推进煤矿智能化建设，大力实施创新驱动发展战略，不断提升煤矿安全高效水平，勇当华能集团领跑中国电力、争创世界一流主力军排头兵，全力打造行业一流煤炭企业。

管理创新固根本　科技引领破难题
全力打造安全绿色高效现代化能源企业

——华亭煤业集团有限责任公司

一、公司概况

华亭煤业集团公司位于国家14个大型煤炭基地之一黄陇基地，矿区总面积134 km^2，开发煤田范围包括华亭、安新、赤城3个煤田，现有可采煤炭储量10.08亿t，公司现有10座生产矿井，核定产能2040万t/a，年产甲醇60万t，年产20万t的聚丙烯项目即将投产。

2022年，公司坚持以高质量发展为着眼，以“三个三”总体战略为引领，以管理创新和科技进步为抓手，守正创新、攻坚克难、砥砺奋进，安全生产基础不断夯实，主要指标超额完成，重点难题逐项破解，煤炭新资源获取、新能源项目落地、效益产值提升、电煤协同保供等重点工作取得了一系列历史性、标志性、突破性成效，原煤产量完成1777万t，同比增加12万t；完成甲醇产量57.2万t，营业收入增幅21.7%，利润增幅61%，工业总产值增幅17.6%，“百亿华煤”的梦想变成现实。

二、安全高效矿井（露天）建设情况

华亭煤业集团公司2020—2021年度申报安全高效矿井8座，被评定为安全高效矿井特级的7座，一级的1座。目前，华亭煤业集团公司所有生产矿井采煤工艺全部实现综合机械化采煤，综采机械化程度达到100%，综掘机械化程度达到85%，单产单进水平全面提升，劳动效率大幅提升，发展转型成效明显。

三、主要工作做法及建设经验

（一）突出安全生产管理，着力强化基础建设

认真学习贯彻习近平总书记关于安全生产重要论述和指示批示精神，秉

承“两个至上”，关口前移到基层，重心下移到现场，抓基层、基础和职工技能提升建设，强基固本，抓“三零”作业，严工作流程，抓教育培训，促全员技能提升，安全管理不断增强，马蹄沟煤矿连续安全生产突破6850 d，清能煤化工公司达到4400 d，新柏煤矿达到4300 d，新窑煤矿、陈家沟煤矿突破3000 d，东峡煤矿、砚北煤矿达到2000 d，山寨煤矿、大柳煤矿先后突破1000 d。深入推进专项整治三年行动，制定完善24项管理制度，有效治理1649条系统性、突出性问题。着力强化风险防控，严格落实“一通三防”、冲击地压、隐蔽致灾因素等重大灾害防治38项措施。系统开展危化品、环保设施、外包工程等领域专项排查整治，全面推进风险隐患双重预防体系建设，有效遏制了重大灾害事故发生。践行“人人、事事、时时、处处”抓安全理念，积极开展安全包保、系统检查、专项检查，通过查制度建设、查系统设计、查标准执行、查现场操作、查人员培训、查责任落实，全力打造本质安全型企业，本质安全华煤建设迈上新台阶。

（二）突出智能化建设，积极推进系统优化

积极响应煤矿智能化建设的新思路、新要求、新趋势，按照“统筹安排、试点先行、以点带面、全面推进”的工作思路，坚持以科技创新为根本动力，立足实际，科学规划，大力引进装备、工艺，全面提升矿井自动化、信息化、智能化水平。砚北煤矿国家级智能化示范矿井通过预验收；华亭煤矿实现主要设备和系统远程集中控制；公司建成7个自动化工作面，9对矿井综采工作面实现远距离供电供液，62处固定场所完成无人值守改造，10对矿井50路“电子封条”建成联网；全国首套智能化综采工作面培训系统建成投用；开展了提升运输系统自动摘挂钩与推车机器人、5G无线通信系统、人员精确定位系统等示范应用。

（三）突出科技创新，着力破解制约公司高质量发展的难题

秉承科学技术是第一生产力的原则，全年研发投入2.1亿元，申报专利368项，受理实用新型专利290项、授权123项，受理发明专利78项、授权4项，科技成果折算数101.75项。关键技术攻关成效明显，《巨厚煤层冲击地压矿井群智能化建设关键技术及成套装备技术研究》获得华能集团公司审查立项。制约安全发展的重大难题有序推进。赤城煤矿攻克57°急倾斜工作面转弯俯采技术难题，东峡根治矿井通风能力不足问题，山寨大倾角开切眼成功应用自移式综掘机，开创国内先例，砚北成功应用快速安装工艺，提前30 d完成$250203_{下}$工作面安装，制约安全生产的现实难题得到破解。评审奖励职工“五小”成果111项、发明创造90项，9项获得煤业公司众创

项目，8项在中国职工技术协会、华能集团获奖，群众性指挥得到广泛发挥，制约技术创新不足的问题得到化解。

（四）突出重大灾害治理，着力提升安全保障能力

牢固树立“防大风险、除大隐患、遏大事故”的思想，坚持“一矿一策、一面一策”，严格落实“一规程四细则”，围绕“零冲击”目标，开展冲击地压防治专项整治，从生产布局、监测预警、措施治理、效果检验、安全防护、机构设置、制度执行等方面完善落实措施，实现区域治理和局部治理有机融合，加快推进巷道支护改革和远距离供电供液技术应用，不断强化防冲装备配备和“三限三强”管理，砚北煤矿等建立多参量冲击地压监测预警平台。围绕瓦斯“零超限”目标，将低瓦斯矿井当成高瓦斯矿井进行管理，严格通风瓦斯日分析制度和推进瓦斯防治体系建设，落实“两停、一撤、六查”制度，并根据通风及瓦斯涌出变化规律超前研判防治重点区域，做到超前精准防治。围绕“零发火”目标，合理测定划分采空区自然发火“三带”，科学确定自然发火标志性气体临界值，做到预测、预报和预控。华亭煤矿、砚北煤矿等8对矿井完成束管监测系统升级改造和火灾防治系统的安装应用，实现采空区、密闭、存在发火风险的区域实时在线监控。围绕“零透水”目标，落实老空水防治“四步工作法”、“三专两探一撤”措施，强化水患区域“四线”“两探”管理，在华亭煤田推进无人机倾斜摄影测量系统试点建设，建成水文地质动态监测系统，采用电磁法等对上覆含水层进行探测，对部分矿井防治水装备更新换代，对探放水设备实行全生命周期管理，最大程度上降低矿井水害威胁。

（五）突出安全生产警示建设，着力增强安全发展活力

积极开展安全生产标准化管理体系达标创建，陈家沟煤矿、东峡煤矿、山寨煤矿、大柳煤矿通过国家矿山安全监察局一级标准化标准体系考核，马蹄沟煤矿、新窑煤矿保持一级安全生产标准化等级，砚北煤矿、华亭煤矿、新柏煤矿定级为二级标准化矿井，赤城煤矿通过三级定级。全面梳理公司安全生产制度，修订完善18项管理制度、6项管理标准，建立“五职”矿长履职考核和五个“关键人”逢查必考机制，制定机电运输22条“红线”标准，发布执行了包括“一通三防”、防冲、防治水、地质管理、安全行为规范、机电设备管理、调度应急、网络管理在内的67项专业技术标准及36项安全培训标准，总结提炼“人人、事事、时时、处处”、机电运输“互学互检”“三零”作业安全管理等长效机制，基本构成覆盖各岗位、各环节、全时段、全过程的标准制度体系。以安全培训“走过场”专项整治、“双提

升”“三教育一培训”“学法规、抓落实、强管理”活动、“三敬畏、反三违”“逢查必考、逢查必问”为抓手，开展同期事故警示教育、全员事故警示教育反思和安全宣传教育“五进”、每日一题、每周一考等活动，全员学习《矿山安全生产“行刑衔接”法律规定及警示案例汇编》，完成安全教育培训5.8万人次。积极备战华能煤炭产业、全国煤炭行业职工技能竞赛，选拔抽调7个专业80名选手、13名技术指导脱产集训，以点带面，激励引导职工向高、精、尖方向发展，全力打造华能煤炭产业技术人才基地。开展“五环杯”安全专项劳动竞赛，组建15个创新工作室联盟，全面激发职工创新活力。强力推进“零三违”班组创建，制定《班组安全管理规范》，大力推行“人人都是班组长”“五讲五抓”“六个三”班组安全管理法，深化班组互保联保和班前安全确认、班中安全监护、班后安全评估工作机制，全面提升班组凝聚力和战斗力。

团结奋进　实干笃行
加快建设具有区域竞争力的综合能源企业

——扎赉诺尔煤业有限责任公司

一、公司概况

扎赉诺尔煤田位于呼伦贝尔市西北部，地跨满洲里市和新巴尔虎左旗，其开发主体扎赉诺尔煤业有限责任公司（简称“扎煤公司”）位于内蒙古满洲里市境内，西距满洲里市区 24 km，东距海拉尔市 160 km，南临中国第五大淡水湖——呼伦湖，北距中俄边境 20 km。扎赉诺尔矿区自 1902 年开采，距今已有 120 a 开采历史。扎煤公司为国有独资公司，其前身为扎赉诺尔矿务局，原为中直 94 家大型煤炭企业之一，1999 年改制为扎赉诺尔煤业有限责任公司，2007 年归属华能集团。

扎赉诺尔煤田南北平均长 38 km，东西平均宽 21.11 km，为低瓦斯煤田。赋存的煤炭资源以褐煤为主，深部为长焰煤，煤田地质构造简单，煤层发育稳定，倾角小，适宜大型机械化开采。褐煤发热量为 14654～17585 kJ/kg，长焰煤发热量高达 20934 kJ/kg。“扎赉红煤”是公司的主导产品，属特低硫、特低磷、低灰分、高热值优质环保型褐煤，不仅是理想的发电燃料，而且极具深度转化和综合利用潜力，主要市场为内蒙古东部和东北三省。

扎煤公司现有 4 座生产煤矿，核定生产能力 1900 万 t/a，其中灵东煤矿 650 万 t/a，灵泉煤矿 500 万 t/a，铁北煤矿 360 万 t/a，灵露煤矿 390 万 t/a。各矿均实现了一矿一井一面的生产格局，采用走向长壁后退式综采放顶煤开采。

二、安全高效矿井（露天）建设情况

扎煤公司 4 座矿井连续多年被评定为安全高效特级矿井，扎煤公司连续 2 次被评定为安全高效集团。

公司 2022 年煤炭产量完成 1811 万 t，同比增产 40 万 t；煤炭销量完成

1809 万 t，同比增销 48 万 t；掘进进尺完成 22357 m，超计划 5293 m。总收入完成 51.28 亿元，同比增加 12.97 亿元；利润 12.54 亿元，同比增盈 9.50 亿元；经济增加值完成 10.01 亿元，同比增加 8.69 亿元。完成灵泉矿 110 万 t/a 产能核增；灵东矿 150 万 t/a 产能核增通过现场验收；成立新能源公司，8 MW 分散式风电项目取得入网批复。

三、主要工作做法及建设经验

（一）抓基础、强管理，安全保障能力实现新提升

（1）安全基础不断夯实。围绕“两个根本”，制定完善治本攻坚工作方案，完成“两个清单”109 项重点任务整改，安全专项整治三年行动圆满收官。加强岗位标准作业流程推广应用，完善安全包保责任体系，全员保安意识不断提升。深化“精品工程”创建考核，铁北矿和灵露矿通过国家一级安全生产标准化矿井初验，4 座矿井达到安全高效特级标准，动态达标水平显著提高。铁北矿安全生产突破 4100 d。公司连续两次荣获煤炭行业“安全高效集团”称号。

（2）现场管理成效明显。坚持把工作现场作为安全管理的重点，持续下沉管理重心，落实包保组、矿井、区队、班组“四位一体”盯防机制。以“安全生产提升年”行动为抓手，广泛开展“反思、讨论、排查、整治”活动，完成 12 轮安全生产大检查、102 次动态抽查和 198 次安全包保督导，2187 项问题隐患“清零销号”。强化重大灾害防治，抓好灵东矿顶板水、铁北矿过断层动态管控，完成灵露矿地表水危害风险评估。突出抓好工作面安装回撤、零星工程现场动态管控，确保了重点工程、特殊区域、关键岗位安全风险可控再控。

（3）企业保持和谐稳定。以开展党的二十大安全保障行动为契机，压实各级政治责任，强化安全提级管理，抓好全员安全思想、形势任务、案例警示教育，用最高标准、最强组织、最实举措，保证信访、舆情、网络安全等各项工作措施落实到位，“一站式家服务”入选国资委“我为群众办实事”典型案例，保障了公司在全国两会、党的二十大等特殊时期的政治和形象安全。强化常态化疫情防控，完成全员疫苗接种，全力应对 9 轮突发疫情，精准实施半封闭生产和弹性办公措施。因时因势优化调整防控举措，有效统筹新形势下的安全生产和疫情防控，保证了矿井正常生产，企业正常运行。

（二）增产量、稳供给，能源保供彰显新担当

（1）煤炭生产再创新高。紧紧抓住产量这个全年工作的核心任务，努

力克服长周期高强度生产带来的一系列困难，优化生产组织，严肃月度考核，强化设备检修，合理安排采掘接续，提前 106 d 完成全年进米任务，煤炭产量连续七年稳定提升。灵东矿多措并举抓好工作面涌水治理，完成主井提升系统瓶颈环节改造，全力保证正常生产外运。灵泉矿不停产完成 1300 m 七采小强力皮带巷扩翻，创出日产 1.7 万 t 最好成绩，实现核增后达产目标。铁北矿合理调整工作面层位，努力降低夹矸影响，稳定液压支架状态，刷新日产、月产纪录。灵露矿以“智”为擎，创出单进 805 m 历史最好成绩，提前 10 d 完成工作面自主安装，保持了稳产高产水平。机电总厂高质高效完成 565 台（套）液压支架检修，承揽铁北矿和灵露矿带式输送机、架空乘人装置等设备安装回撤。

（2）拓销保供树立形象。以保障国家能源安全为己任，坚决扛起煤炭保供政治责任，集中一切力量增产增供，力保“非常时期”日产 5 万 t，圆满完成党的二十大等特殊时段保供任务。严格落实国家长协定价政策要求，保证当地居民、农牧民平价购煤、平安过冬，为区域市场“保量、稳价”发挥了积极作用。全力克服部分时段煤质下降不利影响，协调用户需求、铁路运力和各矿生产实际关系，及时调整营销策略，完成 45 万 t 可调节库存发运，开发非热非电和低热值用户 28 家，销量再创历史新高，实现了保供、创效“双丰收”。

（三）强管理、深挖潜，经营业绩实现新跨越

（1）管理水平持续提升。深化开展“七个专项治理”，梳理制定 6 项负面清单，23 项提质增效、降杠杆减负债措施落实落地。完善重大、重要风险监管机制，“三点一线”管理模式全面形成。完成 6 个领域的 123 项管理制度“立、改、废”，建立非日常经营业务清单，执行销号集约化管理，全面推进依法合规管理。

（2）经营质量持续改善。聚焦“两增一控三提高”目标，利润总额和净利润同比均增长 312.50%，营收利润率同比提高 16.51 个百分点，全员劳动生产率同比增加 17.19 万元/人，研发投入强度提高到 3.23%，提前 3 a 完成“十四五”产值目标，实现经济效益最佳年。资产负债率降至 79.52%，达 15 a 历史低点，开创良性健康发展新局面。

（四）抓改革、促发展，产业布局迈出新步伐

（1）企业改革不断深化。优化公司治理体系，完成董事会建设，充分发挥“定战略、作决策、防风险”作用。细化经理层经营业绩考核目标，持续推进任期制契约化管理。发挥薪酬激励导向作用，争取集团调整收入专

项资金，持续向井下岗位倾斜分配比例，引导职工向采掘一线流动。深化机构改革，优化职能管理，组建专业化安装回撤队伍，高质量完成57项重点改革举措，国企改革三年行动实现圆满收官。

（2）煤炭主业扩能升级。以产能核增为突破口，全力提升企业发展规模，灵东矿主井提升系统改造一次性重载试车成功，灵泉矿主运皮带具备更新安装条件，公司总产能达到1900万t。灵泉矿新建回风立井工程完成初步设计，获得煤业公司立项批复；煤炭运输栈桥及路企直通完成可研报告编制，各生产系统持续完善、效率不断提高。

（3）产业布局获得进展。积极构建绿色低碳、多能互补现代能源体系，参与推动2×350000千瓦热电联产项目有效落地，配合完成前期可研，落实燃料配送和疏干水来源。褐煤制备碳化硅、原位地下气化技术研究等8个煤炭转化项目获得集团立项。借助清能院技术优势，联合成立新能源公司，大力开展8 MW分散式风电项目建设，实现了当年规划、当年核准、当年开工建设，迈出产业结构调整的关键一步。

（五）抓创新、强攻关，低碳发展开创新局面

（1）智能化建设取得突破。聚焦“四型”矿井建设目标，加大智能化建设投入，完成生产系统完善项目编制与上报，推进装备有序更新。井下4G无线通信实现全覆盖，完成4座变电所无人值守改造，42项矿井智能、生产辅助、信息化系统实现集中控制，减少固定岗位用工94人，公司“一矿三面”顺利通过内蒙古自治区现场验收，灵露矿成为煤业公司系统内“智能先行者”。

（2）科技创新力度加大。完成专利授权184项，完成率达到215%。2个省级科研课题、10个众创项目通过结题验收。完成自治区英才创业团队申报，取得高新技术企业奖补资金。加强新技术新装备应用，各矿井下人员定位系统实现“米级”定位；灵东矿、灵泉矿、铁北矿单轨吊成功应用，辅助运输系统进一步优化，职工劳动强度大幅降低；灵露矿采用侧卸式装岩机开拉门，提前15 d施工到位，工作效率有效提高。

（3）绿色发展稳步推进。着眼技术和设备节能，细化能耗“双控”指标，在线监测系统通过自治区验收，总量同比降低12.8%。抢抓政策机遇，加大“跑办”力度，取得自然资源部“三区三线”划定成果文件，保护区压覆铁北矿资源问题取得重大进展。践行“两山”发展理念，加强矿山生态恢复和环境保护，铁北矿井水实现内部回用，完成灵东水处理系统升级改造，做到了环保“零违规、零事件”。

严抓细管　创新发展
打造高标准安全高效矿井

——冀中能源股份有限公司

一、公司概况

冀中能源股份有限公司为上市公司，隶属于冀中能源集团公司，位于河北省邢台市，现下属3个矿区：邢台矿区、山西寿阳矿区、内蒙古矿区，共拥有14对矿井和两座露天矿。邢台矿区本部所属五矿八井全部申报中国煤炭工业协会安全高效矿井，同时申报安全高效矿区。其中特级安全高效矿井4座，分别是东庞矿、邢东矿、东庞矿北井、葛泉矿东井；行业一级安全高效矿井4座，分别是邢台矿、葛泉矿本部、章村矿、东庞矿西庞井。

邢台矿区各矿均位于新华夏系第二沉降带（华北平原沉降带）西部，矿区内褶曲、断层发育，地质构造非常复杂。矿区主采煤层有1、2、5、9共4个煤层，矿井回采工艺实现高机械化、多样化。特别是随着开采水平的不断延伸，采掘战场开始出现高地压、高瓦斯、承压开采增加的局面，生产组织难度不断加大。

经过几十年的工艺创新与改进，各矿全部实现了综合机械化开采。按照各矿不同的煤层赋存特点，已发展成为6.5 m高架综采、中厚煤层综采、薄煤综采、高位综采放顶煤、低位综采放顶煤、采后矸石充填、高水充填等多种综合机械化回采工艺并存的形式，2021年公司大力推广了智能化采煤工作面，现东庞、邢东、葛泉、章村各建成1个智能化少人参与工作面。

二、主要工作做法

一是领导重视、层层发动、科学谋划、严格要求。公司非常重视安全高效矿井建设工作，每年年初公司主要领导亲自组织专门会议安排部署，下发安全高效矿井建设管理及考核办法，成立安全高效矿井领导小组，定期组织相关部室对各矿进行验收，年终对达到要求的矿井进行奖励。

二是以高质量发展为中心，通过高标准的质量标准化带动安全高效矿井创建工作整体提高。鼓励各矿提升质量标准化升级工作，今年公司本部共有4个矿（井）通过国家安全质量标准化一级矿井验收，其他矿井全部达到二级标准。质量标准化等级升格，为安全高效矿井的创建打下了坚实的基础。

三是以高效区队创建带动安全高效矿井的创建。为使创建活动带动公司安全生产整体工作，股份公司另外组织了安全高效创水平区队创建活动，平均每季均有20支采掘队伍达到规划目标，受到公司奖励。

四是严格把关，认真考核。从生产、安全等八部室抽调专业人员定期从生产、技术、通风、成本、功效、煤质等不同专业角度对参赛矿井和参赛区队半年一考核，年终总评，安全高效区队一季一考核，一季一奖励，高效矿井年终兑现奖励数额。

为调动各矿参与安全高效矿井建设的积极性，公司对在安全高效矿井建设中做出贡献的区队与职能科室也进行了大力度的奖励。在公司政策激励下，各矿对安全高效矿井建设热情高涨，在生产管理中不断推陈出新，单产、单进及工效大幅提高。

通过以上措施，邢台矿区所属五矿八井全部达到中国煤炭工业协会安全高效矿井要求，安全高效矿井占矿井总数100%。

三、安全高效矿井（露天）建设经验

2020—2021年度股份公司安全高效矿井建设取得了优异的成绩。东庞矿、邢东矿、东庞矿北井、葛泉矿东井保持了特级安全高效矿井，邢台矿、葛泉矿本部、章村矿、东庞矿西庞井保持了行业一级水平，按属地上报原则，内蒙古公司三矿、段王公司三矿通过内蒙古当地煤管部门上报安全高效矿井并申报安全高效集团“（矿区）”。通过创水平区队和高效矿井建设，公司矿井平均工效较以往提高5%以上，创建效果十分显著。

（1）通过新技术推广和体制机制创新，有力地推动了“机械化换人、自动化减人”工作的开展，实现了减人提效。

一是智能化采掘工作面的推广应用、支护装备升级和泵站、后路运输运输系统的装备升级。从2008年开始，在章村矿率先实现电液控操作后，东庞矿随后进行了推广应用。近年来，公司又把智能化采掘头面的推广应用作为重点，现在，东庞、邢东、葛泉、章村各建成1个智能化少人参与工作面、公司回采工作面全部实现了电液控操作。智能化工作面与电液控操作省时、高效、安全系数高，是矿井实现安全高效的重要发展方向。2020—2021

年，公司大力推广两巷自移式端头支架和皮带机尾、转载机自移装置，大大提高了工作面的自动化操作水平；多矿乳化液泵升级为自动化无人值守泵站，装备升级，减少了乳化液管路跑冒滴漏的现象，随着工作面的回采逐步外移，取消了泵站工、提高了工效；后路运输引进了先进的电子技术、PLC技术、自动化技术、通信技术、抗干扰技术，实现分级式远程监控和管理，集中控制和可视化操作，形成了无人值守、有人巡视的自动化后路运输系统。

二是卧底机的投入及推广。近几年，公司各矿随着开采水平不断延伸，采深不断加大，后路巷道变形越来越严重，巷道扩卧用工量大，为提高工效，公司在断面允许的巷道推广了卧底机，实现了巷道卧底、装煤（矸）自动化，减少2/3的施工人员，大大提高了工作效率。

三是勇于探索、不断推陈出新。科技项目层出不穷，在采煤、地测、通风、运输、洗选等专业均有所建树。如智能化采煤工作面推广应用，深部水平锚杆支护技术研究，千米钻机配合瓦斯抽采技术优化及应用效果研究等。板预裂技术改变矿压结构的推广应用，缩小了护巷煤柱，有效控制了采动引起的巷道变形，解放了大量呆滞资源，保证了采区大巷的服务期限与使用效果。

（2）“三优三减”取得新进展。各矿全部实现一井一水平或一井两水平、一井一面或一井两面集中生产，减少采掘头面9个，减少作业人员412人。

（3）重大难题取得新突破。利用定向钻探等先进技术，精确探查治理大断层，解放优质焦煤资源440万t。东庞矿“定向顺层钻孔区域消突”试验成果通过专家鉴定，为取消底抽巷提供了科学依据。全公司28项创新成果获省市级以上科技进步奖，11个创新项目取得国家实用新型专利，两家单位被评为“国家级高新技术企业”。

（4）继续大力推广区域治理和承压开采工作面底板治理工作，提高了水害预防能力。近年随着矿井开采水平延伸，9号煤（承压开采的下组煤）产量不断增加，为保证安全生产，公司发展了以地面区域超前治理、地面多分枝定向钻探、径向射流造孔三位一体的“综合治理、主动防御”的区域治理技术，并对所有承压开采的工作面进行煤层底板区域注浆改造，并安装了先进的水文动态监测预警系统，有效地避免了承压开采带来的水害威胁。

（5）安全态势平稳有序。出台瓦斯及一氧化碳零超限目标管理办法，新增两处矿井瓦斯抽采系统，加大段王矿瓦斯抽采力度，建成投用友众矿回风井，杜绝了瓦斯灾害事故。加快地面区域治理进度，疏放老空积水 20.4 万 m^3，消除了水害威胁。扎实推进安全专项整治三年攻坚行动，全面取消井下劳务派遣工，推行机电运输系统双控管理体系，打造 23 个采掘精品工程，管控 378 项重大风险预警信息，实现了安全年。

（6）全面推进绿色矿山建设。公司一直认真贯彻国家生态文明建设理念，高标准推进，严要求落实，坚决守住环保底线。近年来一直坚持规范管理，强化环保设施设备规范操作、稳定运行，保证污染物达标排放。坚持源头整治，重点推进电厂深度治理、矸石山生态恢复、收尘抑尘等改造工程，坚决消除环保管理硬伤。提倡资源循环利用，推广矸石充填、高水充填等绿色开采技术，攻关煤矿“三废转化”循环利用技术，实施节能改造降低能源消耗，不断提升绿色矿山建设水平。

集智蓄力　科技兴企　团结奋进　集约高效 开创绿色安全高效能源企业

——冀中能源峰峰集团有限公司

一、公司概况

冀中能源峰峰集团已有140多年开采历史。1949年9月成立峰峰矿务局，1977年跻身全国十大千万吨局。1998年由原煤炭部划归河北省管理。2003年7月改制为峰峰集团有限公司，2008年6月与金能集团强强联合，组建冀中能源集团有限责任公司，成为其规模最大子公司。现已发展成为以煤为主、多元发展的国有现代化能源化工集团，是中国优质焦煤和动力煤重要生产基地，主导产品冶炼焦精煤为国家保护性稀缺煤种，被誉为“工业精粉”。

冀中能源峰峰集团位于河北省邯郸市，现下属本部7对矿井及外埠5对矿井，分别为九龙矿、羊东矿、大社矿、辛安矿、新屯矿、牛儿庄矿、孙庄矿、新疆拜城矿、天顺矿、山西大远矿、内蒙古油房渠矿、陕西彬长火石咀矿。经过几十年的工艺创新，冀中能源峰峰集团实现了采掘机械化、自动化、智能化、信息化革新。按照各矿井不同的地质条件和煤层赋存情况，开创了包括薄煤综采、放顶煤开采、大倾角开采、综合机械化掘进生产线等先进采掘工艺，实现了柔膜切顶泄压沿空留巷工程、堆喷式切顶泄压沿空留巷工程、关键层充填技术等工程技术实践。

二、安全高效矿井（露天）建设情况

峰峰矿区本部共5对矿井申报中国煤炭工业协会安全高效矿井。其中，特级安全高效矿井2座，分别是九龙矿（保持）、羊东矿（保持）；行业一级安全高效矿井3座，分别是大社矿（保持）、辛安矿（保持）、新屯矿（保持）。

三、主要工作做法

（1）以“创新年”为契机，用好科技“第一动力”。九龙矿地面水射流径向水平破煤瓦斯治理技术试验成功，井下局部治理向地面区域治理转变。局部通风机应急后备电源破解停风停电瓦斯超限难题。覆岩隔离注浆、“双错布置”回采等工艺技术成功应用，助力找煤增量，主业内涵发展实现质的提升。

（2）坚持均衡生产、不搞突击、安全高效，科学组织生产，大力找煤增量，开展“先锋杯”劳动竞赛，实现稳产目标。羊东矿、九龙矿等主力矿井稳产增产。深化“一优三减”，采掘工作面同比减少 10 组，“一井一面”“一井两面”生产格局全部形成。

（3）推行“安全高效、降本促效、提质增效、科技创效、减人提效”，深化作业成本管理，全年增收节支 3.9 亿元，原煤制造成本比预算降低 5 元/t。

（4）大精煤战略深度实施。深挖煤种优势，科学精细配煤，动态调整产品结构。改造储装运系统，启动孙庄洗煤厂，大社矿资源全部入洗。严格“商品煤”考核，大社矿、羊东矿建成 TDS 智能选矸系统，煤质在线自动检测普遍推广。

（5）坚持“高起点、高标准、严要求”，把煤矿安全流程管理纳入岗位操作标准，安全生产标准化管理体系进一步完善。实施最差采掘工作面、机电硐室评选，督导落后单位对标提升。强力推进明责包片，实施季度考核验收，安全生产标准化巩固了既有成效。九龙矿以“严管+帮扶，严查+督导，评比+对标，提升+创新”为抓手，督导落后专业、落后区科、落后线路和地区实现了持续改进。

四、安全高效矿井（露天）建设经验

（1）提高四化程度，实现智能矿山。峰峰集团一直以机械化为基础，以自动化为主导，以信息化为支撑，以智能化为方向指导各矿四化建设。根据各矿不同的生产条件，因地制宜规划四化建设方向，截至 2023 年 1 月底，本部 7 对矿井已经全部接入完善了工业视频井下网络，各矿掘进机械化已达到 100%，九龙矿、羊东矿、辛安矿均在打造无人自动化智能回采工作面，峰峰集团内部也在适应新形势的基础上，打造生产调度中心、经营调度管理中心、精煤研发中心大力推进智慧化矿山的建设工作。

（2）优化采掘大系统，实现矿井优化布置。2022 年以来分别对九龙矿、羊东矿、大社矿、牛儿庄矿、孙庄矿进行深度诊断剖析，从大巷运输到小巷管理，从设计优化到劳动组织，剖析至每一部设备、每一个用工，从返修次数和巷道条件上将无用的系统巷道能甩则甩，减少系统维护用工。其中，羊东矿优化采区系统，合并采区，在满足排水量的情况下减少水平泵房；大社矿在采完 921105 工作面后甩掉 11 盘区，甩掉系统巷道近 2000 m；牛儿庄矿新掘安全斜井，不但将原水平大巷及老巷甩掉，还能将煤柱回收，延长矿井寿命 10 a 左右。

（3）致力打造智能化采煤工作面。九龙矿 1502 工作面、辛安矿 11212-2 工作面通过配备支架电液控系统，皮带实现可视化集中控制，乳化液泵站做到无人值守、自动配比及自动高压反冲洗，实现智能化设备全面升级。通过工作面 360°高清摄像头，工作面无线通信全覆盖，实现井下集控中心对工作面三机设备的实时监控及一键启停。这些实现了减岗提效，实现了本质上无人则安。

（4）成功打造岩巷快速作业线。在九龙矿首次应用 EBZ-280 型大功率岩巷掘进机进行岩巷掘进，该装备全部实现割、装、运机械化操作，减少了迎头作业人员，实现减人提效，提高劳动效率和作业安全系数；后路使用 KCG-450D 干式除尘器，降低巷道浮尘，改善职工作业环境；通过优化掘进层位和支护参数，解决迎头水、淤泥等问题，实现月进 160 m 以上，打造出一条真正意义上的岩巷机械化掘进作业线，实现了岩巷快速掘进。

（5）应用智能化矿山调度指挥系统。智能调度指挥系统以无线网络为基础，实现短视频发送、视频调度、机车前方障碍物甄别报警、卡口监控、车辆智能识别和周期性统计等功能。该系统的成功应用，创造了可观的安全效益，解决煤矿所有信息化系统传输通路问题，减少各系统敷设传输线路数量，并使各系统改变传统的信息孤岛形式，为将来建立统一的信息化平台打下良好的网络基础。

（6）全面推进绿色矿山建设。公司一直认真贯彻落实国家绿色矿山建设理念，高标准推进绿色矿山建设，严格落实要求，坚决守住环保底线要求。近年来规范各矿井管理，强化各类环保设施的排查和检修，确保各类设施稳定运行；针对影响环保的隐患，要求限期排查整改，源头治理，推进各矿厂废水治理；兴建生产、生活污水处理厂，实现矸石山绿化亮化，保证了“绿水青山才是金山银山”井下开采积极推广矸石充填和关键层粉煤灰充填技术，实现矸石山逐步缩减，不断提升了绿色矿山建设水平。

（7）坚持“区域防突措施先行、局部防突措施补充”，定期会审重点地区的瓦斯治理方案，落实两个“四位一体”综合防突措施。完善防治水技术保障体系，成立区域治理管理中心，规范地面区域治理、钻探及注浆管理，助力冀中能源高质量稳定生产。

提质增效　做实做优
高质量发展　高效率运行
开创安全高效煤矿建设的新局面

——晋能控股集团有限公司

一、公司概况

晋能控股集团于2020年10月30日正式挂牌成立，是经山西省委、省政府批准，由原同煤集团、晋煤集团和晋能集团联合重组，同步整合潞安化工集团、华阳新材料集团、山西焦煤集团部分煤矿、电厂和装备制造厂，以及转制改企后的中国（太原）煤炭交易中心而成的省管重要骨干企业。晋能控股集团资产总额1.1万亿，从业人员50万人，现有煤矿228座，煤炭产能4.47亿t，煤炭产量占全省的1/3，位居全国第二；在运电力装机2.290×10^{7} kW，占全省的近1/5，发电量占到全省的近1/3；在运清洁能源（包括风光新能源、瓦斯发电）装机约5.0×10^{6} kW，占全省的1/10；年供热量1.01×10^{8} GJ，供热面积达到2.7亿m^2，占全省供热面积的1/3。2022年在世界500强排名第163位，在中国煤炭企业50强排名第3位。

二、安全高效矿井（露天）建设情况

集团公司共有151处煤矿被命名为“2020—2021年度煤炭工业安全高效矿井（露天）”，且均为行业特级。被命名煤矿的数量居全国首位，占公司当年正常生产煤矿数量的95%，占全国安全高效煤矿总数的13.2%。151处安全高效煤矿涉及产能2.8亿t，2021年产量2.65亿t。公司被评为“2020—2021年度煤炭工业安全高效集团（矿区）”。

三、主要工作做法及建设经验

（一）明确标准，为安全高效奠定基础

集团公司上下高度重视安全高效矿井申报工作，积极组织相关人员对

《煤炭工业安全高效矿井（露天）标准及评审办法》贯彻学习，并要求各申报煤矿对照建设标准逐条逐项自查自评，认真准备申报材料，努力做到贯标、对标、达标。

（二）健全体系，为安全高效做好支撑

集团公司专门召开专题会议对安全高效煤矿建设达标工作进行研究、部署、安排，建立齐抓共管的工作体系。集团公司成立了由分管领导为组长的工作领导组，具体负责编制安全高效矿井的管理实施办法，对安全高效煤矿建设进行规划、监督。各涉煤二级公司作为落实安全高效矿井建设的管理主体，成立了以二级公司一把手为组长的组织机构，制定安全高效创建工作规划和具体实施办法。各申报煤矿作为建设安全高效矿井的实施主体，成立了以煤矿矿长为组长的组织机构，具体负责安全高效矿井申报达标的工作。各级单位齐抓共管，形成了包含规划、建设、申报、达标各环节的闭环管理，确保安全高效矿井建设工作顺利开展。

（三）科学规划，为安全高效夯实阵地

集团公司根据每座煤矿的实际，突出重点、合理定位，制定了切实可行的建设规划和实施方案，对符合申报条件的煤矿做到全部规划申报，把安全高效创建工作做深、做严、做细、做实、做全，不断提高安全高效矿井的申报和达标比例。同时选取集团公司安全高效建设水平较高的煤矿作为典型，按照“典型引路、以点带面、循序渐进、整体推进”的工作思路，要求各所属煤矿要向的高标准煤矿看齐，从各方面学习先进，整治不足，做到薄弱环节有突破，优势环节有巩固，领先环节有创新，使点的经验与面的进步产生共鸣，从而全面带动安全高效矿井创建工作更上新台阶。

（四）做实基础，为安全高效提供保障

（1）夯实安全基础。牢记习近平总书记关于安全生产的谆谆教诲，全面贯彻落实中央和省委安全生产重大决策部署，统筹兼顾，突出安全是发展的底线，是一切工作的基础的重点。以扎实“推进三基”工作为基础，梯次推进基层管理、基础工作、基本素质“三基”建设，把管理下沉到一线、把责任压实到基层、把标准落实到现场，提升全员安全素质。健全组织、责任、制度、技术、管理、监督“六大体系”，推进安全体系和能力现代化。

（2）夯实管理基础。要求所属各煤矿严格对照《煤炭工业安全高效矿井（露天）标准及评审办法》，从安全生产、机械化程度、信息化与自动化、采掘（采剥）方法和生产系统、综合单产、原煤生产人员效率、经济效益、劳动定员管理、采区回采率、生态文明等10个方面认真准备申报材料，做好资料管理工作。现场管理方面，所属各煤矿从区队、班组建设入手，通过培训稳步提升广大干部职工的业务素质，积极推行“策划、实施、检查、改进”的动态循环模式，着重抓好一通三防、地测防治水、顶板、机电、运输等重点环节，加强班评估验收环节管理，坚决防止走形式、走过场、做表面文章，逐步完善建设机制，为达到安全高效煤矿标准提供有力的保障。

（五）提升效率，为安全高效找到重点

（1）大力推进“绿色开采”，助力“碳达峰碳中和”目标。紧紧围绕“碳达峰碳中和”目标，积极响应“围绕国家资源型经济转型发展示范区、全国能源革命综合改革试点先行区、黄河流域生态保护和高质量发展重要试验区建设，促进煤炭资源开发向绿色开采方式转变，构建煤炭清洁生产的长效机制，奋力推进我省煤炭绿色开采”的工作要求，坚持“以发展绿色低碳能源为关键、以推动治理体系变革为保障、以构建技术创新体系为支撑、以落实重点工程进度为抓手”，全面推动矿井绿色开采，明确总体工作目标和具体工作任务。结合大同、晋城、忻州等矿区煤炭赋存、瓦斯赋存、顶板岩性、地下水分布等特点，因地制宜推广充填开采、矸石返井、保水开采、煤与瓦斯共采、瓦斯综合利用等技术，持续开展绿色开采工艺、技术、装备科技攻关，加大固废利用和矸石山及井下水治理力度，逐步形成以成庄矿为代表的煤与瓦斯共采技术体系、以三元矿为试点的充填开采减沉技术体系、以寺河二号井为代表的离层区超前注浆加固减沉技术体系、以同忻矿为代表的超前切顶卸压小（无）煤柱开采技术体系等。目前集团公司已有20座煤矿被列入国家绿色矿山名录，下一步将继续大力推动煤炭资源开发向绿色开采方式转变，提升晋能控股集团绿色开采创新能力。

（2）建设智能化矿山，提高煤矿开采效率。推动煤炭产业和数字技术一体化融合发展，加快技术改造升级，推动集团所属煤矿5G与人员精确定位系统升级、选煤厂智能化改造及地质安全保障系统的推广使用项目，加快集团所属煤矿智能化建设，推动煤炭信息产业集群发展，形成完整领先的煤炭数字化产业链。目前已建成塔山矿、同忻矿、石港矿、王庄矿、寺河矿5座省级智能化煤矿，智能化采掘面已建成101个（综采面35个，掘进头66个）。

在推进智能化矿山项目建设中，同忻矿以开展智慧矿山建设、实现科技减人为目标，智能矿山建设总计开展25个项目，以少用人、低成本、高效率为建设目标，围绕矿山智能综合管控平台，开发多个大集控系统、无人值守系统。整体项目建成后，可实现全矿井“管、控、营”一体化，依靠大数据分析为矿井提供最优用工决策支持，依靠对前沿科技的不断应用，实现减人提效。三元矿立足矿井现状，建设“全国中型示范矿井”，创新使用了5G 700M网络应用、综采面全景视频拼接、数据治理服务、主运AI视频分析、煤矿鸿蒙操作系统、现场作业管理平台、5G单兵装备、多场景协同调度指挥平台、电子围栏等11项内容。王庄矿升级改造完成标准化安全指挥中心，装备完成由华为提供技术的数据中心机房，改造完成了一套总带宽达10万兆工业级环网骨干网络，地面配置1台吞吐量512T的核心交换机；井下布置6台带宽4万兆隔爆兼本安型交换机，地面重要生产车间万兆交换网络结点全覆盖，实现井上下互联互通。无线通信依托井下工业环网系统、矿用本安型无线WIFI 6基站构成井下无线网络，实现井下主要大巷及各采掘工作面巷道的WIFI 6信号全覆盖，为智能化矿山建设数据传输展示奠定坚实基础。

（3）根据山西省南、中、北地区煤矿特点，分类推广实施三种模式的充填开采技术，提升资源回收率。

一是南部地区采场覆岩注浆充填开采技术模式。晋城地区寺河二号井通过开展覆岩离层区注浆控制地面沉陷的理论研究和现场工业性试验，实现了采煤工作面覆岩离层注浆充填开采，有效控制了地表下沉。

二是中部地区采场粉煤灰胶体注浆充填开采技术模式。吕梁地区神州矿通过注浆充填开采技术应用研究，采取高充填浓度胶结体开采，每年利用粉煤灰约10万t，累计多产原煤24万t，共增加工业产值2.1亿元，实现了区域环境的有效保护，减少地表塌陷和对地表建（构）筑物的影响。

三是北部地区河床下膏体与矸石充填开采技术模式。大同云冈矿8402工作面位于十里河河床南部，地表区域存在姜家湾变电站、污水处理厂以及居民生活区。矿井建成矸石破碎、矸石返井、矸石充填、膏体充填等系统，实现了“三下”压煤安全回采，提高资源回采率，减少矸石污染等多重影响。

下一步晋能控股集团将立足新起点、开启新征程、奋进新时代，继续推动思想再解放、观念再更新、措施再加强、落实再提速，坚定信心，齐心协力、踔厉奋发、勇毅前行，咬定建设安全高效煤矿目标不放松，持续推进安全高效集团建设再深化、再发展、再突破，为建设世界一流现代化综合能源企业集团而不懈奋斗，开创晋能控股集团安全高效煤矿建设的新局面！

党建引领　数智赋能　创新实干 打造现代化煤炭产业集团

——西山煤电（集团）有限责任公司

一、集团概况

西山煤电（集团）有限责任公司是山西焦煤集团子公司，主要产业涉及煤炭、电力、焦炭化工、建筑建材、物流贸易等领域。煤炭主要开采西山、河东、霍西三大煤田，资源总量 92 亿 t，煤种有焦煤、肥煤、1/3 焦煤、气煤、瘦煤、贫瘦煤等，其中焦煤、肥煤为世界稀缺资源，被誉为“世界瑰宝”。现有 36 座矿井（含接收晋能控股集团划转的 17 座矿井），产能 6925 万 t/a。选煤厂 9 座，洗选能力 3960 万 t/a，电力总装机 4.59×10^6 kW，建材产能 430 万 t/a。2021 年，企业生产原煤 5070 万 t，精煤 2016 万 t，焦炭 483 万 t，发电 2.14×10^{10} kW·h，实现销售收入 630 亿元，利润 39.5 亿元。截至 2021 年末，企业在册职工人数 6.4 万。

二、安全高效矿井（露天）建设情况

西山煤电公司以打造现代化煤炭产业为目标，聚焦煤炭主业做强做优，大力推进煤矿安全、高效、绿色、智能化建设。2022 年，公司被评为“2020—2021 年度煤炭工业安全高效集团”，所属 23 处正常生产煤矿中 21 处被命名为“2020—2021 年度煤炭工业安全高效矿井”。目前已建成智能化矿井 2 座，智能化综采工作面 13 个，智能化掘进面 19 个。斜沟矿入选首批国家智能化示范煤矿建设名单。屯兰矿大采高智能化工作面成套关键技术应用、斜沟矿智能化工作面技术应用入选 2021 年煤炭行业标杆案例。

三、主要工作做法及建设经验

近年来，西山煤电严抓安全生产管理，积极创新引进新技术和新工艺，取得了显著成绩。

（一）党建统领，幸福指数节节攀升

充分发挥党的领导核心和政治核心作用，深入开展党史学习教育，力促党建工作与中心工作深度融合。高度重视干部作风建设，反对“庸虚散躲”，争做“两保”干部，清廉国企建设走深走实。优化薪酬分配结构，向井下职工、艰苦岗位倾斜，惠及基层职工 5.9 万人、井下职工 2.5 万人；在岗职工人均收入再创新高，劳模先进奖励大幅上调，兑现了“以奋斗者为本”的承诺。扎实推进“我为群众办实事”，246 项民生项目落地见效。大力改善作业环境，220 个井下作业点粉尘得到治理，7 矿近万米辅运连续化改造投运。完成“两堂一舍”达标改造 29 项。高质量、高水平、高规格协办“山西焦煤杯”第十届全国煤炭行业职业技能竞赛，包揽个人、团体全部金奖。坚持疫情防控常态化，关口前移化解信访积案，确保矿区和谐稳定。“三融三化三联三创”党建工作模式获中国煤炭工业协会充分肯定。

（二）实干保安，安全形势稳中向好

集中攻坚安全生产专项整治三年行动，严格“双预控”管理，强力推进重大事故隐患“双清零”，安全保障能力显著增强。精准把脉科学问诊，开展煤矿分级分类监管，全覆盖、差异化、清单式检查，各领域、各板块平稳发展。强力推进动态达标，大打安全生产标准化翻身仗，8 座矿井达国家一级水平，8 座选煤厂率先通过全省首批一级达标验收。全面推广杜邦安全管理体系，建立行为治理十项制度，千人负伤率同比下降 18.8%。落实“三真”管理，开展安全“体检”，16 座划转矿井有序纳入管理体系。编制防灭火、防治水综合治理“教科书”，逐步建立事故防范体系。

（三）数智赋能，高效生产持续进步

持续推进“一优三减”，建成超百万吨工作面 7 个，14 座矿井实现“一井一面”，累计减少采区 19 个、队组 14 支，单产同比提高 3.94%；建成智能化综采面 13 个、掘进面 19 个。马兰矿智能化快掘盾构机创造了岩巷施工 4241 m 的年度纪录，达行业领先；屯兰矿大采高智能化工作面成套关键技术应用入选行业标杆案例；斜沟矿综采一队原煤产量突破 1000 万 t，达焦煤领先；西铭矿掘进三队月单进突破 390 m，达公司领先水平；官地矿 12 d140 套支架快速回撤再创新纪录。科研投入连续三年 20% 增长，全年获省部级奖项 15 项，发明专利 8 项，制定国家标准 2 项，滑移支架、锚杆钻车、大孔径顶板走向长钻孔、远距离定向探放水等一批先进装备技术落地见效。

（四）管理致胜，经济效益借力摸高

实施精煤战略，效益为先，调整调入洗结构，太原选煤厂增效 4200 万元；规范洗煤代加工模式，德顺精煤产率增加 12.2%，增效 4958 万元；紧盯市场调结构，调整新增煤炭品种 37 个，增效 6.8 亿元；优化销售策略，采洗运销协同联动，公路煤销售增效 5 亿元。开展对标世界一流管理提升行动，差异化管控，契约化管理，军令状考核，全年完成利润 39.5 亿元，创近十年最好水平。推行精益管理，全员、全过程、全方位成本管控，马兰矿、斜沟矿、杜儿坪矿试点作业成本定额管理，公司吨煤完全成本控制在考核指标以内，创近年最低水平。坚持“控规模、调结构”，融资规模、融资成本“双下降”，节约融资成本 1.57 亿元。坚持清控并举，清收内部欠款 7.08 亿元，“两金”压降 14.63 亿元，盘活闲置资产 2.48 亿元。材料、配件、设备节约采购成本 4590 万元。深入开展向全方位监督要效益，实现 3.43 亿元。妥善办理涉诉案件，避免或挽回经济损失 7.5 亿元。8 户企业扭亏减亏，5 户企业完成止损挽损任务。工程审计覆盖率 100%。非增值性收入同比压缩近 159 亿元，贸易脱虚转实成效显著。

（五）靶向破题，改革变革活力初显

全力推动国企改革三年行动，全级次开展“找差距、提标准、务实干、达领先”活动，申报领先项目 409 项，评选行业领先 3 项、全省领先 10 项。“六定”改革稳步推进，总部机构减少 46%，机关中层管理人员减少 65%，公司中层干部减少 20%，干部平均年龄下降 5 岁，“80 后”干部翻了两番。600 名管理人员参加焦煤素质能力提升行动，3003 名基层干部参加轮训，选拔 724 名井下高校毕业生重点培养，22 名青年干部挂职锻炼，人才队伍素质明显提升。对外创收，承揽托管，转岗分流 6133 人。企业瘦身健体，压减法人 8 户，3 户混改试点持续推进，两所医院改制取得关键批复。修订制度 375 份，废止文件 94 份，制度建设与企业管理高效匹配。

山西焦煤西山煤电公司将坚持以习近平新时代中国特色社会主义思想为指导，全面贯彻落实习近平总书记考察调研山西重要指示精神，认真落实省委、省政府总体思路和要求，紧紧围绕山西焦煤“三个三年三步走”战略规划，以“安全、绿色”为基础，以“智能、创新”为两翼，以“高效”为目标，建设生态靓丽、宜居幸福的温馨家园，在全方位推动高质量发展中向全省一流迈进，为山西焦煤打造具有全球竞争力的世界一流炼焦煤企业贡献力量，努力为山西省高质量发展做出更大贡献。

立足新发展阶段　贯彻新发展理念
融入新发展格局　传承奋斗者精神

——山西汾西矿业（集团）有限责任公司

一、公司概况

山西汾西矿业（集团）有限责任公司是山西焦煤集团所属的五大煤炭子公司之一。现已发展成为一个以煤炭生产加工为主，集煤炭、电力、建筑建材、机械修造、民爆化工、物流贸易等多种产业门类为一体的特大型国有煤炭企业。先后被中国煤炭工业协会授予“全国煤炭工业节能减排先进企业”，被中华环保联合会和中国煤炭加工利用协会联合授予“中华环境友好企业”称号，并获得“全国五一劳动奖状”“山西省功勋企业”“山西省优秀企业”“全国煤炭工业思想政治工作先进集体”“山西焦煤安全生产模范单位称号”等荣誉。

公司煤炭资源丰富，主打产品为主焦煤、肥煤和瘦煤。煤炭保有储量55.54亿t，可采储量29.3亿t。现有生产矿井25座，产能3970万t/a；选煤厂18座，洗选能力4890万t/a。

二、安全高效矿井（露天）建设情况

2018—2019年度山西汾西矿业（集团）有限责任公司18座生产矿井中16座矿井被中国煤炭工业协会命名为特级安全高效矿井（特级16座，占比89%）；2020—2021年度中25座生产矿井全部被中国煤炭工业协会命名为特级安全高效矿井（特级25座，占比100%）。全年各项生产指标总体完成较好。经营指标全部完成，煤炭生产指标中原煤产量、精煤产量、掘进总进尺、开拓进尺、瓦斯抽采进尺、抽采量均超额完成。营业收入、利润指标全部完成计划任务。集团公司25座生产矿井采煤工艺全部实现综合机械化采煤，综采机械化程度达到100%；综掘机械化程度达到95%，全年综合单产、综合单进水平稳步提升，安全生产稳中向好，改革变革纵深推进，经营

管理更趋精益，民生福祉不断改善，向高质量改革发展迈出了新征程。

三、主要工作做法及建设经验

（一）全面开展“一优三减”工作

截至目前，集团公司25座生产矿井中，形成“一井一面”格局的生产矿井共计18座，占比72%；形成“一井两面”格局的生产矿井共计7座，占比28%。其中生产系统优化升级改造计划38项，完成48项，完成计划的126%；采区优化2个，完成2个，完成计划的100%；大工作面构建2个，完成2个，完成计划的100%；减少采区2个，完成2个，完成计划的100%；减少队组2个，完成2个，完成计划的100%；减人员160人，完成211人，完成计划的132%；升级改造项目计划32项，完成40项，完成计划的125%。

（二）大力推进智能化工作面建设

集团公司持续向自动化、数字化、网络化、智能化方向迈进，推动数字全域赋能，推动采掘生产智能化、机电设备自动化、信息传输网络化建设。截至目前建设完成5个智能化综采工作面并通过验收；建设完成16个智能化掘进工作面并通过验收。

（三）加大“四新”技术研发及应用

推广应用“110工法”、高压水预裂切顶卸压、巷修机、全岩联巷开口、“硬岩掘进机或钻装机+远距离喷浆机”、大功率采煤机、长距离工作面掘进机无功补偿、无极绳牵引普轨卡轨车等新技术、新工艺、新装备。研究应用TBM工艺装备和钢管混凝土支护等新技术、新工艺、新装备、新材料，全局普及应用扭矩倍增器、高强度锚杆、高强度低松弛预应力锚索及配套支护产品，不断提升效率效能。通过综合施策，加快数智建设“硬投入”，实现核心竞争力“硬提升”，全面提高矿井安全操作系数和工作效率。

截至目前，集团公司共有7座矿井使用水力压裂切顶卸压技术；12座矿井34个工作面实施注浆锚杆锚索技术；3座矿井先后建成7个薄煤层智能化工作面；6座矿井8个综采工作面应用“110工法”；6座矿井9个采掘工作面使用深孔预裂爆破技术；14座矿井22个工作面使用远距离集中供液技术；8座矿井15个工作面使用远距离喷浆机；2座矿井使用水力切割退锚机技术；25座矿井全部使用扭矩倍增器。

（四）推行“绿色、安全、高效”开采技术

积极响应山西焦煤集团新发展战略，通过新技术、新工艺大幅提高资源

回收率，加强新技术的推广研究，实施科技兴企战略，积极引进采掘新技术、新工艺、新装备、新材料，加大科研专项攻关，同时积极摸索绿色开采技术。截至目前，集团公司共有 5 座矿井 5 个工作面推广应用“110 工法”无煤柱切顶卸压开采技术；1 座矿井先后 3 个工作面应用“小煤柱”开采技术；根据集团公司总体战略规划，下一步将继续规划建设 6 个无煤柱开采工作面，4 个小煤柱开采工作面，2 个充填开采工作面，保证矿井“四量”平衡，杜绝采掘接替紧张带来的风险。

（五）强化顶板管理，歼灭顶板隐患

制定了《汾西矿业集团公司顶板管理实施方案》《山焦汾西采掘工程质量验收表及填表要求》《汾西矿业集团顶板管理专项整治考核办法》《汾西矿业集团公司巷修进尺考核办法》等规范性文件和考核文件，不断督促矿井完善顶板管理制度，加大管理和考核力度，有效提升顶板管理水平。截至目前，集团公司所属 25 座生产矿井顶板管理呈现良好态势，未发生任何顶板事故。下一步将深入贯彻落实两级集团公司关于顶板管理相关制度要求和文件精神，持续加强现场督导，确保实现全年顶板安全管理。

（六）重视顶板培训，强化安全教育

集团公司以线下、线上等方式多次邀请资深专家、行业教师等对各矿井单位生产矿长、生产技术部门负责人及采掘技术员进行“顶板管理”专题培训；分批次组织矿井单位相关安全生产管理人员参加山西省强化煤矿顶板安全管理培训班、煤矿顶板安全技术与管理培训等相关顶板培训。

（七）试点建设“矿山压力可视化分析与评价专家系统”

深入贯彻落实《山西焦煤集团关于加强 2022 年安全生产工作的决定》（山西焦煤发〔2022〕1 号）文件精神，进一步巩固集团公司矿压在线监测建设成果，充分发挥矿压在线监测系统的管理效能，为各矿井的安全生产奠定扎实基础，开展“矿山压力可视化分析与评价专家系统”建设。目前共有 4 座矿井已经完成建设并投入使用。

（八）深入推进“矿压在线监测系统”工作

集团公司 25 座生产矿井，共计 28 个采煤工作面全部实现顶板在线监测，覆盖率 100%；62 个纯锚支护巷道全部实现顶板在线监测，覆盖率 100%。集团公司实现了矿压监测全过程管理。

（九）建设安全高效队伍，实现企业安全高效生产

成立集团公司专业化安撤队伍，累计对 15 个工作面进行安装、回撤作业；成立 20 支专业化运料队，负责全矿的物料运输及装、卸，进一步提高

了矿井生产效率及运输安全；成立 19 支专业化综采掘开设备检修队，负责采掘开工作面设备（包括辅助运输设备）的检修、维护保养和更换等工作；成立 8 支专业化巷维队，负责服务矿井开拓巷道及工作面巷道的维修及部分零星工程等。

重点打造了 7 支安全高效采煤队，其中 200 万 t/a 的安全高效采煤队 6 支，150 万 t/a 的安全高效采煤队 1 支；打造了 5 支 4000 m/a 的安全高效掘进队；均完成了年度生产指标。

（十）重点建设一批示范“标杆矿井”

根据集团公司“标杆矿井”建设工作总体部署，结合生产实际，继续深化标杆内涵水平，重点在“装备优、用人少、效率高、效益好、安全由保障”等方面下功夫，不断提高矿井核心竞争力及对标一流管理工作。截至目前，集团公司共建设完成水峪、双柳、贺西、金辛达 4 座焦煤标杆矿井并获得焦煤集团命名批复；另建设完成东瑞、昊兴塬 2 座汾西标杆矿井。

全面深化改革　苦练“五大”内功
推进提质增效　奋力谱写全方位推动
高质量发展华阳新篇章

——华阳新材料科技集团有限公司

一、公司概况

华阳新材料科技集团有限公司（简称“华阳集团”），是勇担“在转型发展上率先蹚出一条新路”历史使命，由世界500强企业——阳煤集团整体更名而来的高科技新材料产业集团，2020年10月，正式揭牌，是山西省属四大煤炭集团之一，拥有华阳新能源股份公司和华阳新材料股份公司两个上市公司。

华阳集团坚持传统煤炭产业改造提升和新兴产业发展壮大并重，优化国有资本布局，以“双碳”战略为引领，锚定山西省国有企业深化改革提质增效提出的4句话、32字要求，坚持立足煤、做强煤、延伸煤、超越煤，做大做强传统煤炭产业，做强做优钠离子电池全产业链、高端碳纤维、PBAT可降解塑料等新能源新材料产业，全方位推动企业高质量发展。

二、安全高效建设情况

2021年所属8座生产矿井实现安全无事故，所有生产矿井采煤工艺实现综合机械化采煤，采煤机械化程度达到100%，掘进机械化程度99.6%。煤矿供电、提升、运输、通风、排水、压风、瓦斯抽采等生产系统布局合理运行稳定，主要设备实施安全监控、自动化运行和可视化，固定岗位具备无人值守功能，建成29个智能化采掘工作面，全公司建立了OA网上办公系统，文件、请销假、学习培训等业务可手机和电脑同步开展。生产矿井综合单产14.7万t/(个·月)，生产矿井正规头面综合单进207.6 m/(个·月)，全面突破行业“生存线”。原煤生产人员效率11.74 t/工。职工收入稳步提升达到 10.6 万元。

三、安全高效矿井建设的主要做法及经验

（一）坚持安全为基，不断提升安全管理能力

构建“166”安全管理体系，牢固树立“从零开始、向零奋斗”安全理念，抓好重大灾害治理、安全生产标准化、全员素质提升、短板管理、变化管理、三年行动巩固提升“六个抓手”，实现制度执行力、关键技术、办矿境界、安全管理能力、基层班组安全管理、专业领域安全工作“六个新提升”。坚持管理、装备、素质、系统并重原则，深化源头治理、系统治理、综合治理，精准整治安全隐患，精细管控安全风险，全面落实全员安全生产责任制，推进安全治理体系和治理能力现代化。

（二）坚持装备提升，推进矿井高产高效建设

煤矿生产，机电先行，秉持“抓住机电就是煤”理念，加大装备投入。采煤方面，综放面全部推广两柱式电液控支架，大采高面全面推广大工作阻力重型装备，高产高效面顺槽推广带宽 1.4 m 皮带，提高系统匹配能力，常态化日产破万吨，同时为提高两巷支护强度，端头、超前支架应上尽上，最大程度取消单体液压支柱。开掘方面，煤巷推广掘锚护一体机、液压锚杆钻车等，大断面岩巷推广全断面硬岩快速掘进机，小断面岩巷推广盾构机，推动单进水平大幅提升，一矿使用 EQS3000 全断面掘进机后，最高日进 51 m、月进 641 m，日进、月进分别创全国井下同类岩巷掘进纪录和集团公司岩巷掘进纪录。主煤流运输方面，井下全部实现带式输送机连续运输，辅助运输推广无轨胶轮车、单轨吊、无极绳连续牵引车，实现物料运输连续化、高效化。

（三）坚持数智引领，打造信息化新高地

一是强力推进 5G 智能化建设。骨干煤矿全面推进工业互联网建设，建设的 56 个智能化采掘工作面中，新景公司“一采一掘”成为首个通过山西省智能化验收的工作面，一矿 81405 高抽巷被评为山西省唯一一个高级智能化掘进工作面。

二是积极开展视频监控反“三违”。在井下主要硐室、采掘工作面、拆安工作面、巷修、钻孔施工、重要机电设备检修等作业地点安设视频监控，适时了解掌握井下人员作业状态，杜绝“三违”。

三是创新搭建“数智支撑”平台。全面推动煤炭产业与 5G、大数据、区块链等新一代信息技术深度融合，煤炭生产系统全部纳入“技术一张图、

管理一张网”，大力建设 ERP 企业资源、安全生产运营、一站式、电子合同签约 4 个运营管理平台，打造“纪检监察网”“13710”督查督办两个监督平台，搭建云计算一个支撑平台，成立运维和数据两个中心，实现信息化与日常工作高度融合。

（四）坚持科技创新，破解煤炭生产技术难题

一是组建工作专班攻关难点痛点。集团公司明确顶层设计，加强组织领导，组建单进攻坚、高产高效、高效拆安、千米钻机应用、机电设备标准化“五个工作专班”，计划利用 2～3 a 的时间，通过对主要系统环节改造、关键技术攻关、生产工序优化、队伍素质提升等，力争大型骨干矿井实现高产高效。

二是开展特殊地质条件技术研究。一通三防方面，不断创新“8+3”华阳瓦斯治理模式，全面落实两个“四位一体”综合防突措施，严格落实“一钻一视频”，推动抽采达标，强化“六项重点管控”。地测防治水方面，依托国家重点研发计划课题“隐蔽致灾体多方法综合探测智能识别及工程示范”，积极推进地测工程，为矿井、采区及工作面提供地质保障。顶板管理方面，在采空侧动压巷道开展“卸-支-注”综合治理、爆破预裂切顶、超高强柔性锚杆与矿物基注材支护、长水平孔区域水力压裂卸压等技术研究，解决强采动巷道变形严重难题。

三是产学研一体化开展技术研发。“高瓦斯矿井智能开采安全技术集成与示范”项目完成终验。2021 年完成省级、行业级以上科学技术奖 49 项，完成科技鉴定成果 34 项，5 项成果达到国际领先水平，4 项成果达到国际先进水平，“基于盾构机的煤矿深埋长距离岩巷快速成巷成套技术研究及应用”获得山西省科技进步一等奖，为煤炭安全高效生产提供理论支撑。

（五）强化成本管控，实现煤炭生产提质增效

开展“0+5”降本增效工作，生产系统加强排矸治理，降低采掘运消耗等十项管控；机电系统强化煤矿电力、材料、配件、修理 4 项成本管控，开展设备节能诊断、改造，有计划更新淘汰高耗能落后机电设备；通风和技术系统全面优化巷道及钻孔布置；洗选系统强化介耗管理、修旧利废、避峰用电等环节管控；经营系统重点关注计划、供应、金融、财务、税收五项指标，实现降本增效。

（六）重视人才建设，为煤炭安全高效生产保驾护航

全面开展人才“引、用、育”，强化优秀高校毕业生培养锻炼，采掘开队组高校毕业生队长（书记）配备比例达到 50%；扎实推动职工素质建设

工程营造爱岗敬业、技能成才的良好氛围，全员参与“现场大培训、岗位大练兵”，参赛队伍荣获第 21 届全国技能示范赛团体第一名、“山西焦煤杯”全国技能大赛团体第二名、“焦煤霍州杯”省能源行业职工技能大赛团体第二名，12 名选手在“国赛”中获奖，13 名选手在“省赛”中获奖。

（七）积极探索绿色开采，美化矿区生态环境

公司坚持“绿水青山就是金山银山”的理念，统筹安全、发展、环境的关系，积极探索煤炭产业转型升级。严格落实“排矸管控”措施和地面矸石山治理，推进煤矸石发电、探索盾构机及配套充填系统施工工艺，条带式巷道充填开采等，有效减少固废污染。在有条件的煤矿推进小煤柱、无煤柱开采，最大程度回收煤炭资源。持续研究煤与瓦斯共采、煤层气发电、煤层气制金刚石、乏风利用等技术，实现煤炭资源清洁利用，打造花园式矿山。

打造安全高效矿井　践行绿色发展目标

——山西忻州神达能源集团有限公司

一、公司概况

山西忻州神达能源集团有限公司（以下简称“神达集团”）是忻州市政府于2009年6月批准成立的地方国有大型煤炭企业，现有分布在宁武、原平、河曲和保德4县市境内的13个控股煤业公司和7个直属子公司。2013年以来，神达集团严格履行国有企业保安全、保稳定、保运行、促增长的重大政治、经济和社会责任，始终坚持“依法办企、从严治企、实干兴企、人才强企、创新活企、转型蹚路”的管理理念，全力做好安全生产经营等各项工作，连续9 a实现了安全生产零目标、信访稳定零上访、环境保护零污染、标准化矿井建设全完成、绿色矿山全达标，连续5 a（2017年至2021年）跨入全省综合百强企业，连续3 a（2019年至2021年）上榜中国煤炭企业50强名单，位居2020年、2021年全国煤炭产量超千万吨煤炭企业第34位、27位。神达集团现有省工信厅认定的集团公司、晋保煤业两个省级企业技术中心，市工信局认定的金山、栖凤煤业两个市级企业技术中心。

二、安全高效矿井（露天）建设情况

2018年集团所属6座煤矿被中国煤炭工业协会评为2016—2017年度安全高效矿井，其中晋保煤业、望田煤业、大桥沟煤业、花沟煤业、栖凤煤业被评为特级安全高效矿井。2020年集团被中国煤炭工业协会评为2018—2019年度安全高效集团，所属11座煤矿均被评为特级安全高效矿井。2022年集团被中国煤炭工业协会评为2020—2021年度安全高效集团，所属控股的栖凤、大桥沟、晋保、望田、金山、梁家碛、花沟、朝凯、南岔煤业9座生产矿井成功被评为特级安全高效矿井。

三、主要工作做法及建设经验

（一）重视效率，安全第一，持续实现安全生产

集团自2009年6月成立以来至今，未发生较大以上安全事故，生产过程中严格执行煤炭行业标准，精细管理，规范作业，坚持“安全第一，预防为主，综合治理”的安全生产方针，始终把安全放在高于一切、重于一切、先于一切的地位，安全形势平稳，连续9 a实现了安全生产零目标。

（二）加快安全高效和一级安全生产标准化矿井建设

确保新建矿井按照高效和一级标准化水平标准进行建设的同时，对生产矿井进行标准化水平升级和向安全高效煤矿转变。现所属煤业公司9座生产矿井，有4座（梁家碛、金山、晋保、望田煤业）达一级安全生产标准化，有5座（大桥沟、栖凤、朝凯、南岔、花沟煤业）达到二级安全生产标准化。

（三）不断提升安全风险防控能力

持续优化各项安全管理制度，建立重大隐患管控两个责任清单、煤矿重大事故隐患排查判定标准、“四违”举报重奖重罚等管理办法，开展重大灾害治理，严格落实双预控制度，把控风险、治隐患作为预防安全事故的重要抓手，分专业开展系统整治，强化安全变化环节风险的辨识及管控，强化事故隐患的排查整改，强化机关干部的驻矿检查和现场服务。2021年累计驻矿4254人次，入井889人次，排查隐患8228条，整改闭合8215条；安全检查等合计处罚351.08万元，确保安全责任落实到人。

（四）不断提高安全管理水平

针对各环节、各系统的安全突出问题，紧扣“六严禁三严格”，全面落实“六个一”安全管理举措，常态化开展专家安全体检，深入推进安全“专项整治三年行动”，大力整治“五假五超三瞒三不”和“三违”行为，开展重大灾害治理工作，解决了一批思想认识、机制建设、装备能力等制约安全生产的深层次、系统性问题。不断加大安全费用投入，累计提取1.5亿元，投入1.16亿元。

（五）强化劳动用工管理和安全教育培训，提升全员安全素质

借助“链工宝”安全培训平台，线上和线下、日常和专项培训相结合，分层级、分批次组织稳岗教育培训，常态化开展中层管理人员周六、员工周五培训，以及五大类管理人员等专项培训，2021年累计培训357次、1.75万人次，将培训、考试和绩效工资相挂钩，以考促学、以奖罚促学。全集团

教育培训费投入 782.49 万元，教育培训设施投入 1764.8 万元。集团公司所属的安全技术培训公司申报成功了全省安全生产考试点、市 2021 年度第一批职业技能评价颁证机构、省 2021 年度首批职业技能等级认定社会培训评价企业，组织各类培训 129 期 18263 人次，考试通过率 95% 以上；组织职业技能等级认定取证 16 期 1373 人、特种作业人员培训取证 6 期 284 人次。推进煤矿用工从业人员专业学历提升 743 人。各矿严格落实“每日一题、每周一案”和月底停产检修集中培训制度，职工培训率达 100%。

通过技能培训实现人人持证上岗。深入落实省、市政府“人人持证、技能社会”建设等要求，严格落实煤矿从业人员岗前培训和持证上岗管理，经培训合格发放上岗证 6548 人次。变招工为招生，促进校企办学、产教融合，与潞安职业技术学院、市高级技工学校合作培养技能人才 258 名。开展“师带徒”、岗位练兵、地测防治和瓦检员等技术比武活动，不断提升员工技能水平。

（六）坚守环境生态红线，高质量推进绿色发展

2021 年坚持厚植生态优势，强化标本兼治，以铁腕之势打好环境保护攻坚战、持久战，实现了文明绿色新进展。

全面贯彻落实中央、省、市各项环保法律政策规定，坚持生态优先、保护优先、治改双驱、减排增绿，算好生态环境保护“四本账”（长远账、五年账、当年账、眼前账），对生态环境问题“零容忍”，加大生态环境损害责任追究力度，累计投入环保资金 8578.87 万元，加强绿化复垦、采煤塌陷地治理和污染防治。共完成复垦绿化 11943.93 亩（1 亩 = 666.6 m^2），沉陷区治理 2033.21 亩，栽种油松、杨柳、槐树、果树等 14.31 万株，恢复植被播种苜蓿、柠条等 77326.2 m^2，主要污染物达标排放。2 矿建成国家级绿色矿山，3 矿建成省级绿色矿山，6 矿建成市级绿色矿山。

全力保障全市水环境安全。坚持依法治企，从规范管理、改革创新、增收节支、队伍建设、促进生产经营、践行绿色低碳等方面同时发力，促进已接管污水处理厂排水系统的专业化运营和专业化管理。全年共处理污水 5572.98 万 m^3，同比增加 349.74 万 m^3，主要出水指标达标率 100%；生产供应再生水 691.32 m^3、同比提升 39 m^3，降耗节支 711.22 万元，实现了安全可靠高效运行和环保达标。

（七）强化矿井数智提质，高质量推动优化升级

科技兴安兴企是提升企业安全生产管理水平的治本之策，秉持“最实用技术、最优化投入、最大化效益”的原则，引进先进技术与智能化装备，

大力实施智能化运输、供电、排水和通风集控系统的建设，加快5G智能化矿山建设，4G入井全覆盖。

推进先进技术新装备应用和技术创新。井工矿全面推广使用矿用钻孔成像轨迹检测装置和锚杆无损检测，瞬变电磁物探装备完成更新换代，6矿从芬兰引入了最先进的煤自燃束管智能化监测系统，大桥沟、金山煤业水力压裂弱化顶板项目、南岔煤业高水材料填充综采工作面空巷，安全成效显著。

推进信息化矿井建设。2021年累计投入6105.57万元，完成集团调度和10矿二级等保机房改造及网络安全定级备案，2矿（晋保、南岔）信息化建设达到了“一级标准”，晋保成为忻州市首座井下5G无线通信矿井，4矿（梁家碛、晋保、南岔、栖凤）实现地面5G信号全覆盖，各矿工业视频等全部改造完成。

推进重点项目建设。累计投入12.78亿元，大桥沟中组煤建设项目、晋保水平延深及配采项目均正式竣工投产，南岔煤层配采及配套洗煤厂项目进入了联合试运转，晋保建成全市首个6.8 m大采高支架，为实现厚煤层高效、高安全、高资源回收率集约化生产奠定了坚实基础。

通过加快矿山装备智能化、信息化建设，推进科技创新，实现了在线监测、无人值守、集控操作和减员提效，增强了高质量发展的新动能，为矿井高质量建设凝聚起强大合力和提供技术支撑的保障。

安全高效矿井建设任重而道远，神达集团继续坚持“从零开始，向零奋斗”的安全理念，锐意改革，勇于创新，咬定目标不动摇，攻坚克难不松劲，勠力同心，为建设安全高效集团而奋斗。

稳中精进　提质升级　生态环保　安全高效
强力推动安全高效发展再上新台阶

——淮北矿业（集团）有限责任公司

一、公司概况

淮北矿业集团始建于1958年，1998年由原直属煤炭部企业转为直属安徽省企业，现已发展成为以煤电、化工、现代服务为主导产业的大型能源化工集团。集团资产超1000亿元，年营收近800亿元，拥有淮北矿业、华塑股份2家沪市主板上市公司，生产矿井17对，在建矿井1对，化工企业4家，在岗员工5万人；电力总装机规模2.0×10^{6} kW，年产原煤2200万t、焦炭440万t、甲醇40万t、聚氯乙烯64万t；位列2021年中国企业500强第315位、煤炭企业50强第13位。

矿区保有煤炭储量85亿t，煤种优势极为突出，肥煤、焦煤、瘦煤等稀缺煤种占总储量的85%以上，年产冶炼精煤1000万t以上，是华东地区煤种最齐全的冶炼精煤生产基地。

60年来，淮北矿业集团累计生产原煤9亿多吨，上缴利税500多亿元，为国家经济建设和能源安全做出了重要贡献。淮北矿业集团曾先后荣获全国先进基层党组织、中国企业最佳形象“AAA”级企业、全国煤炭工业优秀企业、全国“五一劳动奖状”、全国煤炭工业科技创新先进企业、全国企业文化建设优秀单位、中华环境友好能源企业、国家首批矿产资源综合利用示范基地、安徽省循环经济示范企业等多项荣誉称号和奖励。

二、安全高效矿井（露天）建设情况

淮北矿业横跨淮北、宿州、亳州、滁州4个地市，地质条件非常复杂，地质灾害异常严重，水、火、瓦斯、顶板、地压、地温一应俱全。近年来通过不懈努力，安全高效矿井建设取得显著成效，淮北矿业生产经营各项指标大幅攀升，安全效果明显提升，生产发展质量稳步提高。2021年原煤产量

完成 29 Mt，同比增加 1.3 Mt，增幅 4.4%，2020—2021 年度建成 16 对煤炭行业级安全高效矿井，其中行业特级 8 对，行业一级 8 对。

三、主要工作做法及建设经验

淮北矿业集团公司认真学习贯彻落实习近平新时代中国特色社会主义思想，以“四化三减”为抓手，以提升“双效”为目标，优化生产布局、推进集约化生产，强化技术管理和安全质量标准化创建，进一步提高采掘装备水平及管理水平，大力推进开采主导工艺技术创新，有效促进矿区采掘机械化程度和单产单进水平稳步提高，为安全高效矿井建设奠定基础，最终实现快速迈入质量时代伟大目标。

（一）高度重视，严细组织，安全高效矿井建设落到实处

多年来，淮北矿业一直将安全高效矿井建设作为矿井发展的根本出路和最终目标，用安全高效矿井建设这一思路引领各项工作的开展。公司高度重视，保障规划实施。制定安全高效矿井建设中长期规划及年度实施计划，定期分析实施过程中存在的问题与不足，制定整改措施，明确工作方向，保障规划实施。制定考核办法，严格验收考核。实行季度验收考核兑现，确保分阶段目标的实现。集团公司 17 对生产矿井中，11 对矿井通过国家一级安全生产标准化矿井验收。

（二）依靠科技进步，实施工艺改革，开采技术水平显著提高

实施采掘工艺改革，逐步形成适合矿区复杂地质条件的综采掘技术管理体系。淮北矿区煤层赋存极不稳定，地质构造复杂，开采技术条件差，制约影响因素多，是国内外开采难度较大矿区之一。近几年来，淮北矿业针对实际开采条件，一直致力于开展科研攻关，大力推广应用新工艺、新技术、新设备、新材料，积极研究探索复杂地质条件下采掘综合机械化发展之路，并取得了较好应用效果，实现了淮北矿业综采（放）工作面装备标配体系，先后完成复杂地质条件下中厚煤层综采、较薄煤层综采、大采高综采；“三软”特厚煤层综放开采、近距离煤层联合综放开采；大倾角、大角度仰俯采条件综采等研究项目，并取得应用成功。建立健全了适合矿区实际的综掘技术装备体系，煤巷综掘机械化程度到达 100%，岩巷综掘机械化程度达到 90%，掘进后运系统全部实现连续化。截至目前，已建成智能化工作面 39 个，为复杂地质条件综采智能化开采工艺提供经验，逐步实现采煤工艺从机械化向自动化智能化的转变，年度实现智能化工作面覆盖率不低于 65%、所有综采面液压支架使用电液控的目标。

（三）优化设计，简化系统，生产集约化程度明显提高

一是优化系统设计，充分发挥生产能力。完善和改造矿井通风、提升、运输、供电、排水等各个环节，提高矿井综合生产能力，达到生产系统和采区生产能力相匹配的目的，杜绝出现“短板”现象，充分发挥矿井生产能力。

二是减少生产环节，提高集约化程度。打破原有的采区划分，加大采区和工作面长度，增加采区储量和服务年限，减少矿井采掘工作面个数，实现生产布局的合理优化，最终实现一矿一面目标。与 2013 年相比，全公司生产矿井个数由 23 对减少到 18 对，采煤队伍由 54 支减少到 31 支，综采单产由 7.7 万 t/(月・面) 提高到 10.3 万 t/(月・面)，实现了矿井集约高效生产。

（四）加大资金投入，优化采掘装备配套，提升装备等级

淮北矿业始终以提高装备水平为核心，加大机械化装备投入和科研攻关力度，优化装备选型配套，不断提高装备适应性和可靠性，实现了采掘装备系列化、掘进后运连续化、信息控制集成化，为集团公司采掘机械化发展及集约化生产奠定了坚实基础。近年来在煤炭市场极度严峻的情况下，仍未减少对设备的投入和改造升级，工作面“三机”功率逐年提升，综采工作面全部使用端头和超前支护支架，攻克了大倾角、大角度仰俯采综采“三机”配套难题，实现了安全高效回采。

（五）创新安全管理理念，突出安全文化引导，矿区安全管理水平迈上新台阶

近几年来，集团公司以“54321”为核心内容的安全生产体系建设为统领，努力从深层次破解制约矿区安全发展的难题。该体系主要由安全支撑体系、保障体系、防控体系、操作体系和目标体系等 5 个子体系共 15 项要素构成。5 个子体系及 15 项要素各有侧重、各有特点，互为条件、互相促进。通过全面推进安全生产体系建设，强化了安全管理基础，安全环境不断改善，安全生产保障能力日趋增强，促进了矿区安全生产形势的稳定发展。

四、下一步创建规划

（一）坚持以人为本，坚守安全底线

严格落实重大灾害治理规划，扎实做好人、财、物保障，斤两不欠抓好治灾工程实施，确保灾害治得住、治得好。牢固树立“培训不到位是最大的安全隐患”的理念，强推岗位操作培训，确保必知必会、人人过关，夯

实安全根基。

（二）坚持技术支撑，增强地质保障

大力推进煤炭生产主导技术进步，让智能开采、盾构施工成为矿区生产及生产准备的主导方向。地质工作是生产及生产准备的基础工作、前提性工作，近年集团公司大力推行精准地质保障，强化超前探查，精准推演分析，持续强化治灾超前，治灾与接替统筹，为安全高效开采提供有力技术支撑和保障。

（三）坚持装备升级，持续创新提效

采掘装备向重型化、高效能、智能化方向升级发展，投入力度越大，应用效果越好。综采面“三机”装备能力大幅提升，对复杂条件的适应性不断增强；盾构机作为“大国重器”，在大倾角上山、底抽巷软岩等复杂条件成功应用，单进取得创新突破，为矿区开拓准备闯出一条新路途、新模式；“掘锚护”一体化标配模式、巷修机械化标配模式已在矿区形成风景。

坚持“科技是第一生产力，创新是第一驱动力”，依托项目载体，坚持以我为主，产学研联合，大力推进工艺技术改革创新，依靠工艺技术的突破，带来安全技术经济一体化综合效益。

（四）坚持绿色共享，推进生态环保

在安全高效创建的过程中，淮北矿业集团将坚持以习近平新时代中国特色社会主义思想为指导，深入学习宣传贯彻党的二十大精神，坚持从源头实施，统筹兼顾资源回收与环境保护，实现绿色开采。拿出攻坚克难、拼搏奋进的豪迈干劲，践行高效务实、主动作为的过硬作风，抢抓新机遇、再赋新动能、焕发新活力，强力推动淮北矿业集团高质量发展再上新台阶。

奋力创新　巩固提升
持续推进生产方式转变　建设安全高效矿区

——淮河能源控股集团淮矿煤业分公司

一、公司概况

淮矿煤业分公司于2018年11月组建，2019年2月2日正式揭牌，为淮河能源控股集团的产业发展中心、利润创造中心和运营管控中心。现有现代化大型矿井8对、专业化公司5个及救护大队、西淝河堤坝工程管理部、资源管理中心等16家二级单位。淮河能源授权煤业公司全面管理所辖16家二级单位的安全、生产、技术、经营，以及专项资金。

目前存续张集、顾桥、谢桥、潘二、潘三、丁集、顾北、朱集东矿等8对生产矿井，均分布在淮河以北区域，核定生产能力5490万t，矿井地质储量79.3亿t，可采储量39.8亿t。

煤业公司上下深入贯彻集团公司各项决策部署，统筹安全生产、经营管理、改革创新等各项工作，齐心协力、勇挑重担、锐意进取，完成全年目标任务，充分展现了煤业风貌、煤业力量和煤业担当，有力地保障了企业发展健康可持续、职工利益稳定可持续。

二、安全高效矿井（露天）建设情况

淮河能源集团煤业公司（2019年前淮南矿业集团）2006—2007年度被评为煤炭工业安全高效矿井4座（特级4座）；2008—2009年度被评为煤炭工业安全高效矿井6座（特级3座）；2010—2011年度被评为煤炭工业安全高效矿井6座（特级6座）；2012—2013年度被评为煤炭工业安全高效矿井8座（特级8座）；2014—2015年度被评为煤炭工业安全高效矿井8座（特级8座）；2016—2017年度被评为煤炭工业安全高效矿井6座（特级5座）；2018—2019年度被评为煤炭工业安全高效矿井8座（特级7座）；2020—2021年度被评为煤炭工业安全高效矿井8座（特级8座）。淮河能源集团煤业公司所有矿井全部实现综合机械化采煤，综采机械化程度达到100%，煤巷机械化程度达到100%，单产单进水平显著增长，劳动效率大幅提升。

三、主要工作做法及建设经验

（一）树理念、建体系，夯实安全基础

牢固树立“一切事故都是可以避免的”“瓦斯水害不治，矿无宁日”的安全发展理念，细化并严格落实淮河能源集团“抓三基、反三违、严问责，注重事前预防和过程控制”的安全管理思路不动摇。

着力构建公司安全三大防控体系，筑牢安全根基。一是突出安全风险敏感信息分级管控和隐患排查治理，着力构建较大及以上事故防控体系；二是针对关键环节调度管控，着力构建零星事故防控体系；三是抓三基、反三违，着力强化安全基础支撑体系。

（二）抓要害、严责任，严防较大以上事故发生

（1）瓦斯治理。坚持区域措施先行，局部措施补充。通过开采保护层和打钻抽采将突出危险煤层转变为无突出危险煤层、将煤层由高瓦斯状态降低至低瓦斯状态进行安全开采，在根治瓦斯上下功夫，努力实现打钻抽采精细化、抽采计量自动化、打钻装备履带化、钻孔验收视频化，不断探索地面区域治理瓦斯新路子，推进矿区瓦斯治理工作再上新台阶。

（2）水害治理。灰岩水害治理坚持由局部治理向区域治理、由井下治理向井上下结合治理、由措施防范向工程治理的转变；坚持奥灰水与太灰水同治，以探查垂向导水构造为重点，区域超前探查治理与太灰水疏水降压相结合。老空水治理推广使用定向长钻孔远距离超前探放。

（3）防火管理。矿区主要可采煤层自燃倾向性均自燃煤层，始终坚持“预防为主、早期预警、因地制宜、综合治理”和“严管理、重预防、强技术、逢抽必监、逢漏必注、设施齐全、统筹防火与瓦斯治理”的原则，有效防范了矿井火灾事故的发生。

（4）提升系统。每年开展机电运输系统评估工作，从专家库中抽取人员，组成专家组逐矿评估。结合信息化，建设主提升机、供电、主通风机故障推送系统，确保提升、供电、主通风机等关键系统发生故障预警，及时推送到人，采取措施，防止事态扩大。规范检修工作，固定检修时间，制定检查清单、维保计划、巡检清单，将检修工作、项目细化到每天。

（5）强化责任落实。坚持“党政同责、一岗双责、齐抓共管、失职追责”，压紧压实安全生产责任。做到安全责任、安全投入、安全培训、基础

管理、应急救援“五到位”。建立安全述职述责制度，实施一级管一级，按照“主管负责、分管尽责、协管有责”要求，切实履行安全生产主体责任。强化责任追究，执行重大事项和安全事故报告制度，杜绝迟报、瞒报；坚决打击安全管理数据造假，加大安全举报核查力度，做到严查快处，对安全事故单位责任人、工作不在状态的管理人员进行约谈，以严问责倒逼严管理。

（三）强化事前管控，确保生产接续保持稳定

（1）创新接替超前管控。每年滚动修编五年规划，矿井子规划以精煤生产、瓦斯水害、机电运输、人力资源等 8 项专项规划。对所有接替面巷道掘进、一通三防工程、设备配套、安装拆除、系统保障等 5 大环节实施 3~6 个月超前管控，每月召开生产接续保障会议，对采场接替、安拆接替、设备接替进行梳理、平衡，对重点接替工作进行分级管控，重点调度。

（2）主动治理断层。出台《断层破碎带综合治理暂行规定》，在治理断层的过程中不断总结，制定了《采掘工作面断层破碎带及岩巷揭煤、沿空小煤柱注浆加固技术标准》，每月对采掘工作面断层破碎带情况进行超前 3 个月管控，实现断层构造带从“被动探查”到“主动治理”的转变。片帮、掉顶事故大幅下降。

（3）精准“四量”考核。制订《矿井采掘接续保障管理办法》，“四量”管理实行指标月度分析、节点工期分类管控、后劲成本滚动考核，矿区开拓煤量、准备煤量、回采煤量符合规程规定，安全煤量满足生产需要。

（4）应用 $FLAC^{3D}$ 数值模拟技术。公司巷道以锚网支护为主，为保证支护参数的科学性、可靠性和安全性，改变以往以工程类比法为主的支护设计手段，编制下发了《$FLAC^{3D}$ 数值模拟应用管理规定》，大力推行 $FLAC^{3D}$ 数值模拟软件利用，通过数值模拟确定初始支护参数，结合矿压观测验证进行优化修正，确定合理的支护方案，优化了巷道支护。

（四）积极转变生产方式，提高生产效率

按照“自动化、信息化、机械化、智能化”四化融合要求，走“机械化换人、自动化减人”之路，实现“少人则安、无人则安”。公司致力于生产方式转变，加快推进采掘开修钻、机电运输等主导工艺装备升级及技术革新，生产效率全面提升。制订《煤业公司 2022—2024 年生产方式转变实施方案》，以点带面，稳步实施。公司生产主导装备全面提升。

（五）大力推进信息化建设，提升安全生产管理

顾桥、张集矿高分通过国家级、省级智能化示范煤矿验收。潘集选煤厂实现精煤洗选全流程智能控制。智能通风、智能抽采、智能仓储等一系列智

能化方案投入应用，26 个信息化项目全面上线运行。

（六）科技创新成果丰硕

坚持务实创新，攻关“十大创新”项目，全力破解制约安全、效益、效率的“卡脖子”问题。应用切顶护巷、切顶留巷技术，多回收原煤资源，减少巷道压力；岩巷炮掘装药封孔迎脸防护一体机投入试用；首创下向穿层钻孔自动化钻机作业线，实现上向、顺层、下向全类型自动化作业模式；“三合一”辅助运输物料配送系统开创行业先例；顾桥矿在复杂地质条件下率先实现采煤机自动截割三角煤功能，ϕ3.5 m 盾构机小曲率半径拐弯施工成功；单轨吊无人驾驶技术取得点的突破，实现精准定位、实时监控、远程驾驶。全年实施科研项目 274 项，授权专利 116 项，其中发明专利 12 项。获省部级科学技术进步奖 3 项，获煤炭行业科技进步奖 10 项；顾桥矿庞士宝、张集矿李忠敬、顾北矿邵桐龄获评全国首批首席技师，潘二矿梅瑞入选全国能源化学地质系统“大国工匠”。

（七）持续推进矿区生态治理

坚持绿色发展，协同推进沉陷治理、污染防治和节能减排。投入 9700 万元完成 36 项生态修复工程和潘一矿采煤沉陷区生态修复任务，治理面积 5028 亩。盘活存量土地 145 亩。顾桥、顾北、张集矿产能核增工程环境影响报告书顺利通过省生态环境厅审查，生产能力变化与环保管理要求不一致历史遗留问题整改有序推进。

坚持安全第一　实施科技兴煤
全面提升安全高效矿井建设水平

——安徽省皖北煤电集团有限责任公司

一、公司概况

皖北煤电集团是安徽省属 13 户国有大中型企业集团之一，经过 30 多年的发展，企业规模和实力显著提升，主要产业地跨全国七省十五市，发展成为产物贸一体化、跨区域经营的综合性企业集团，主营业务煤炭、电力、化工和物流贸易，拥有恒源煤电 1 家上市公司。

集团公司拥有生产矿井 11 对，核定产能 2875 万 t。其中，省内有钱营孜、任楼、五沟、恒源、祁东、朱集西 6 对煤矿，省外有麻地梁、昌恒、恒昇、恒晋、招贤 5 对煤矿。矿井灾害类型多样，冲击地压矿井 1 对，突出矿井 4 对，高瓦斯矿井 2 对，自然发火矿井 10 对。

二、安全高效矿井（露天）建设情况

皖北煤电集团省内 6 对煤矿全部被命名为“煤炭工业 2020—2021 年度安全高效矿井”，其中钱营孜煤矿、任楼煤矿、五沟煤矿 3 对矿井为特级安全高效矿井，恒源煤矿、祁东煤矿、朱集西煤矿 3 对矿井为一级安全高效矿井。公司被评为 2020—2021 年度安全高效集团（矿区）。

三、主要工作做法及建设经验

通过多年努力，集团公司安全高效矿井建设取得一定成效，消灭了重大及以上事故。恒晋煤业已安全生产 12 周年，五沟煤矿安全生产 9 周年。任楼煤矿、祁东煤矿、五沟煤矿、朱集西煤矿均创建为国家一级安全生产标准化矿井。其主要做法和经验如下：

（一）安全基础管理建设

（1）有效管控重大风险。聚焦重大安全风险隐患，落实月度分析评估

机制，构建突出敏感信息日分析机制，严格执行重大灾害治理“一矿一策、一面一策”，依托国家煤矿水害防治工程技术研究中心、通防检测检验中心，强化灾害超前探测、预警和治理，重大风险管控能力不断提升。

（2）不断夯实安全基础。扎实推进安全生产专项整治三年行动，不断完善超前治理断层、精准过断层、防突管理、装备升级等，开展安全大排查，实施安全整治集中攻坚，推进瓦斯抽采提效、采掘超前精准探查等重点任务，加强班队长队伍建设，构建安全培训平台，开展视频反“三违”等，安全管理基础持续加强。

（3）有力推进灾害治理达标。创新实施了地面抽排离层水技术、地面水平井压裂排采瓦斯技术、定向钻孔“以孔代巷”抽采技术、地面L型长孔注浆技术等进行超前区域治理，并取得较大技术突破，有效推进重大灾害治理保障能力的提升。

（4）充分利用视频监控监管。持续推进“透明矿山”建设，按照“五个可视化、五个全覆盖”配齐、管好、用足视频监控系统。创新开展“远程+”监督检查，利用视频监控核查安监员、瓦检员、跟带班人员等“关键人”的现场履职情况，盯住关键环节。推进视频反“三违”常态化，实施领导干部带头视频反“三违”机制。

（二）顶板管理模式创新

（1）优化采掘空间部署。一是优化矿井生产布局，推进“一优三减”，合理规划采场活动，避免生产过度集中、采掘应力相互叠加。二是优化采区布置，避开褶区、大断层、应力集中区布置主要巷道，提高巷道支护稳定性。三是优化工作面收作线布置，采煤工作面临近采区主要大巷前，超前实施切顶卸压技术。四是优化巷道层位，超前探查、分析巷道施工层位的岩性，提前避开泥岩层位，将主要大巷布置在坚硬岩层中。

（2）强化产学研用结合。积极与中煤科工开采研究院、中国矿业大学、安徽理工大学、华北科技学院等合作，开展了“110”工法无煤柱沿空留巷支护、采煤工作面两巷超前锚索主动式支护、极近距离煤层下伏巷道锚杆支护、深井高水平应力巷道协调控制技术等研究及矿压在线监测和支护装备研究，提升支护安全和支护效率。

（3）创新围岩治理技术。根据所属矿井地质条件、构造类型、开采深度、地应力分布、开采技术条件等不断创新6项围岩支护和治理技术。一是“双向聚能拉张爆破切缝+恒阻大变形锚索支护+超前单元支架支护+超后挡矸桁架支护”切顶卸压技术；二是极近距离煤层采空区下联合支护技术；

三是采煤工作面实施（注浆）锚索主动超前支护新技术；四是采煤工作面切顶卸压弱化顶板技术；五是全长锚注及超前注浆加固技术；六是采掘工作面断层精准治理技术。

（4）推动支护成果转化。系统总结了公司近年来的支护技术创新和安全管理体系，严格施工质量过程控制，落实支护质量终身制，推动了顶板管理水平再上新台阶。创新实施的支护项目，先后荣获省部级科学技术奖10余项。

（5）推行支护差异化管理。根据巷道性质、用途、服务年限以及地压状况、岩性、层位等因素，按照“技术可行，安全可靠，经济合理”原则制定巷道差异化支护技术标准，分别确定巷道的断面、支护形式、支护参数，特殊地段编制专项补强支护设计。

（6）升级完善装备配套。一是升级支护装备，提升支护强度。不断提升综采支架工作阻力，科学选择支架型号，推广应用单元式支架替代单体，应用液压支架回撤三角区支架替代传统挑棚支护。二是提升机械化水平。引进EBZ318等大功率硬岩掘进机，掘锚护一体机、液压锚杆钻车，与厂家合作研发了单轨吊液压锚杆钻车。三是推广在线监测，加强矿压监控。矿压监测大数据综合平台，已覆盖井下16个采煤工作面、61条掘修巷道，除部分开拓准备岩巷外，实现了在线监测系统全覆盖。

（三）水害防治体系创新

（1）树牢先进理念，提高全员意识。牢固树立“水害事故可防可控”的理念，坚持区域治理、超前预防，“水害治理不达标不开采”。构建“全员培训、装备升级、科技创新、科学管理”的防治水工作格局，实现由被动防治向主动预防转变。

（2）发挥平台作用，强化超前防治。依托集团公司组建的国家煤矿水害防治工程技术研究中心，加大科技攻关，强化重大灾害超前治理。一是全面实施底板岩溶高承压水区域治理，积极推广地面顺层定向钻进技术，实施煤层底板太原组薄层灰岩超前探查与高压注浆改造，工程治理时间提前到采区设计前。二是研发应用离层水的“抽、排、泄、裂、支、控”技术，解决了鄂尔多斯盆地彬长矿区招贤、崔木煤矿顶板离层水害突水、压架、淹面这一难题。三是实施新区地面超前探查技术，在任楼、祁东煤矿创新采用地面定向水平孔超前探查技术，消除了井下新区超前探查中安全风险高、掩护距离短，影响连续掘进的困扰。四是试验了松散砂层注浆改造。在五沟煤矿开展工作面上覆“四含”可注性研究，创新实施了松散砂层（四含）注浆改造技术。该项技术将水文地质条件相似的工作面防砂煤柱进一步缩小为防塌煤柱，多回收煤炭资源 150 万 t，实现了保水开采。

（四）瓦斯治理体系创新

（1）地面压裂水平井与煤层气液化分离清洁能源开发利用。在祁东煤矿Ⅱ三采区 7_1 煤层开展了碎软煤层顶板分段压裂水平井预抽瓦斯工程技术实践研究。该研究项目施工的地面水平井一期工程（一组 3 口井）为国内首次“W 型”水平分段压裂井组。井组自 2019 年 11 月排采以来累计排采瓦斯 210 万 m^3，单日最大排采量达 6170 m^3，目前稳产在 2000 m^3/日以上，既实现了对规划区域内强突出煤层超前进行地面治理目的，也为皖北矿区高瓦斯压力突出煤层地面区域治理提供了科学依据和良好示范。

（2）软煤层顶板梳状定向钻孔预抽+拦截抽采成套工艺技术。在祁东煤矿四采区开展近距离煤层群的煤层顶板瓦斯治理定向钻孔抽采技术试验，形成了顶板长定向梳状钻孔钻完孔、钢筛管护孔及长距离密闭保压取芯精准测定煤层瓦斯含量成套技术，为近距离突出煤层群的超前探查、瓦斯基础参数测定、邻近煤层瓦斯预抽和邻近层采动卸压拦截抽采提供了理论支撑。

（3）突出煤层“一孔两消”瓦斯抽采技术。在祁东煤矿 6_3 煤层开展了软煤层定向长钻孔瓦斯抽采技术试验，完成了顺煤层复合钻进、气动泡沫排查、精确导向、前进式开分支、成孔后下筛管护壁等工艺技术应用。顺煤层定向孔深达到 301 m，且实现了全孔下护孔筛管。

（五）四化建设发展进程

（1）装备升级。2021 年累计配备 10 套智能化工作面装备和 10 套电液控工作面装备，智能化工作面覆盖率达 50%。掘修方面，建成 48 条掘修机械化作业线，其中先进引领 5 条、标准作业线 37 条、修护机械化作业线 6 条。

（2）智能化建设实现突破。麻地梁煤矿先行先试、行业领跑，创下了投产即达产、当年核增 300 万 t 产能的骄人业绩，为集团公司乃至全国智能化建设提供了宝贵的“麻地梁经验”。2021 年钱营孜煤矿初步建成安徽省省级智能化示范矿井，集团公司建成生产调度集成平台一期，省内所有矿井建成万兆工业环网、工业视频系统、统一的智能集成控制平台、煤矿大数据及云服务系统等。

（六）技能人才素质提升

（1）大力推进“三支队伍”建设。发挥劳模（技师）创新工作室、“五小科技”竞赛作用，取得创新成果 377 项；开展技术职称评聘，放宽艰苦单位申报条件，探索操作工进入专业技术岗位。

（2）大力推进精尖人才成长。举办青工技术比武，参加煤炭行业职业技能竞赛，2020 年再次获得团体一等奖，3 人荣获“全国技术能手”称号。

（3）开展综合素质提升。开展中层以上管理人员综合素质提升工程，与清华大学合作举办 7 期培训班，选送 87 名优秀青年赴高校进行主体专业培训。

（七）生态环境责任落实

牢固树立“绿水青山就是金山银山”的发展理念，积极致力推进绿色矿山建设。开展了突出生态环境问题大排查、大起底的专项行动，推进煤场、煤泥堆场密闭项目，并全面消灭矸石山；完成了任楼煤矿矿井水提标改造工程，并启动了土壤污染治理前期工作，践行了创新、协调、绿色、开放、共享的新发展理念。

创建安全高效标杆煤矿 打造高质量发展样板企业

——陕西榆林能源集团有限公司

一、公司概况

陕西榆林能源集团有限公司（简称“榆能集团”）是经陕西省人民政府批准、榆林市人民政府出资成立的国有独资企业。榆能集团形成了煤炭产销、热电联产、现代化工、物流贸易、清洁能源、新兴产业等产业板块，在中国能源企业500强居第120位、中国煤炭企业50强居第26位。

二、安全高效矿井（露天）建设情况

榆能集团目前生产煤矿3家，分别为陕西银河煤业开发有限公司（400万t/a）、榆林榆神煤炭榆树湾煤矿有限公司（1200万t/a）、榆林杨伙盘矿业有限公司（500万t/a）。3家煤矿均被评为2020—2021年度中国煤炭工业安全高效矿井（特级），这也是3家煤矿连续三次获得“特级安全高效矿井”称号。

三、主要工作做法及建设经验

（一）大力推动建设环保达标煤矿

榆能集团以持续巩固建设绿色矿山为总目标，打造生态文明矿区，促进环境保护、土地复垦与资源开发的综合利用，进一步提升了矿区生态文明水平，目前集团所属煤矿均荣获“绿色矿山”称号。集团所属煤矿实现煤矿疏干水综合利用零排放，同时通过新建和改建，完成原煤生产封闭储存100%。榆树湾煤矿环保储煤棚储煤抑尘效果明显、可操作性高，非常有推广价值和借鉴意义，作为典型实例，曾多次迎接生态环境部、陕西省生态环境厅的参观观摩。环保储煤棚储煤可以进一步降低煤尘对周边生态环境影响，特别是对下风向的区域影响。

（二）以智能化建设推动高质量发展

实施新一代信息技术与煤炭产业深度融合，优化顶层设计，因矿施策，快速推动煤矿智能化建设。集团公司所属 3 家生产煤矿，榆树湾、杨伙盘、银河已分别建成智能化工作面 1 个，同时又加大煤矿智能化技术资金投入、人才投入和政策支持力度，全面推进煤矿智能化建设，先后完成煤矿 AI 人工智能视频分析系统、机电设备在线监测与故障诊断系统、虚拟化系统、数据中心等多业务信息化建设工作。杨伙盘煤矿智能综采工作面实现了远程集中供液和远程集中控制，永磁驱动一体化、终端智能化无基础模块化可伸缩带式输送机安装在 30302 工作面皮带机头，缩短停采线，提高回采率。30301 综采工作面采用采煤机割煤刷帮形成的回撤通道新工艺，利用采煤机割煤四刀后形成的满足回撤工作面设备需要的通道，大大节约末采成本，减少了回采巷道的掘进量，实现了矿井综合效益的最大化。

（三）加大科研投入，鼓励开展科研工作

鼓励煤矿结合生产实际提出解决制约煤矿安全高效的生产课题，成立攻坚小组，攻克难题。榆树湾煤矿研究采动下不同尺寸区段煤柱（孤岛及预采预掘工作面）失稳特征及回采巷道变形破坏特征，总结巷道失稳影响因素及失稳机制，给出榆树湾煤矿合理的区段煤柱留设尺寸。通过研究榆树湾煤矿孤岛工作面、当前回采工作面及区段煤柱尺寸优化后的预采预掘工作面 3 种条件下顶板的垮冒规律，建立适用于榆树湾煤矿煤柱尺寸确定及回采巷道支护方案优化的科学技术体系，给出了 3 种条件下工作面端头最佳的退锚时机，制定相应的施工工艺及安全措施，为解决综采工作面悬板大退锚难提供了一种简便的科学途径。杨伙盘煤矿开展了“基于多元耦合监测技术的顶板水管理及预测预警研究”科研项目，对煤矿采掘过程中顶板涌水形成机理及时空演化特征进行分析研究，分析监测结果并明确了研究区水文地质结构类型，构建了研究区地质模型、采动变形模型、水动力场模型、单因素实时预警模型和多因素耦合实时预警模型。该项目结果具有先进性及示范性，对其他类似矿井的应用推广具有借鉴意义。

（四）加强煤矿班组建设工作，积极推广“五型”班组

提升班组管理水平，创建“安全型、管理型、效益型、创新型、和谐型”五型班组，坚持把班组建设纳入抓基层、强基础管理大格局中去谋划和部署。通过构建机制、搭建平台、丰富载体、突出重点等手段，重点抓基础管理、安全管理、生产管理、对标与节能管理、教育培训管理、民主管理等工作；建立“五型”班组考评细则，按时组织进行班组检查考评；强化

班组教育培训管理，积极组织开展岗位安全技术操作培训、现场和技能培训，培养技术能手，积极开展一专多能培训、岗位练兵和技术比武活动，不断增强员工的专业技能水平与创新能力。

（五）推行全面预算管理，加强吨煤成本考核

集团公司 2020 年年末通过全面预算工作下达了 2021 年各煤矿吨煤生产成本考核标准，降本增效，节支挖潜，全面提升企业经营效益。集团公司为持续抓好成本管控工作，切实在处置闲置物资、自主维修、自主改造、修旧利废、技术创新方面多措并举，落实精细管理促进降低吨煤成本，吨煤成本实现了持续下降。2021 年，陕西银河煤业开发有限公司吨煤成本 236.86 元、榆林杨伙盘矿业有限公司吨煤成本 227.75 元、榆林榆神煤炭榆树湾煤矿有限公司吨煤成本 185.63 元。

四、下一步创建规划

在继续优化推行之前的建设经验基础上，同时同步推动煤矿精细化管理，加快智能化建设，加强安全监管，加强行业对标，多措并举、降本增效，为进一步提升企业安全高效生产水平而奋斗。

（一）推动煤矿精细化管理，助力企业安全高效生产

引导煤矿企业准确把握实施精细化管理的目标、路径，强化顶层设计，坚持安全先行，抓好基层基础，保证要素落地，在煤矿管理各环节建立起一套科学、合理、规范、高效的管理标准和运营体系，确保现场安全生产有保障、职工职业素质有提升、生产生活环境有改善、企业基础管理上台阶，为企业安全高效生产注入新动力。

（二）加快煤矿智能化建设，减人提效促高质量发展

通过构建智能化技术保障体系，以智能化矿井建设为抓手，对标学习国内大型煤矿智能化建设经验，优化顶层设计，保障煤矿智能化建设投入，加快推动所属煤矿智能化建设进度，建立多层次的安全管控体系，实现安全管控闭环管理，建成减人提效安全高效运营机制，推动实现本质安全型矿井建设的目标，为企业安全高效生产提供强大的科技支撑。

（三）加强安全监督，为煤矿安全高效生产保驾护航

通过分析法律法规、行业标准要求和企业管理要求明确安全监督标准，达到依法依规的安全监管；通过制定安全检查计划、监督工作标准，实现安全监督不缺项；依托安全信息化建设，推动风险分级管控和隐患排查治理双重预防机制常态化运转，同时实现安全生产标准化建设动态达标，为企业安

全生产提供强有力的监督保障。

（四）加强行业对标，降本增效保供应

通过调研区域煤矿企业和对标行业安全高效矿井建设优秀企业，强弱项、补短板。通过进一步提升企业劳动效率和智能化水平，优化采掘设备选型等改善作业环节，防范采掘接续紧张，提升作业效率，大幅降低企业安全生产未遂事件的发生率。通过优化集团内资源调配，发挥煤电一体化优势，强化政治自觉和责任担当，按照“强责任、保安全、抓落实”的工作方针，以高度的政治责任感抓好保供稳价工作，保障能源供应。

拓展思路　创新举措　提升管理 实现安全高效健康发展

——山西东辉能源集团有限公司

一、公司概况

山西东辉能源集团有限公司共有 3 座煤矿，其中邓家庄煤矿核定生产能力 120 万 t/a，西坡煤矿核定生产能力 210 万 t/a，赵家山煤矿为兼并重组煤矿，设计生产能力 120 万 t/a，2019 年矿井通过重组整合项目竣工验收后，2020 年实现达产。邓家庄、西坡煤矿自建矿以来一直开采山西组煤层，而两矿井均全井田赋存有太原组煤炭资源。目前两矿太原组煤炭资源矿权正待省政府批准。待批复后，邓家庄、西坡煤矿将启动矿井改扩建，按所掌握地质资料和设计规范要求，西坡煤矿改扩建后生产规模可达到 400 万 t/a，邓家庄煤矿改扩建后生产规模达到 180 万 t/a。赵家山煤矿保持 120 万 t。利用洗选出的中煤，再购置高硫、高发热量配煤 100 万 t，将使东辉集团煤炭产品销售达到 800 万 t，煤矿产值、效益在十四五期间将比十三五均实现翻番。

二、安全高效矿井（露天）建设情况

集团 3 座煤矿采煤机械化程度均为 100%，掘进机械化程度达到 90% 以上，矿井原煤工效均达到 10 t/工左右。3 座煤矿近年来一直保持安全、无重伤事故。西坡煤矿和邓家庄煤矿 2022 年被评为一级安全生产标准化煤矿。3 处煤矿均被命名为“2020—2021 年度煤炭工业安全高效特级矿井”。

三、主要工作做法及建设经验

（一）减少资源浪费提高煤矿综合效益与开拓开采优化

（1）积极探索并实施回采工作面采用沿空掘巷。由于各煤矿均向深部延伸，采场矿压增加，不采取措施区段煤柱将会加宽。在实施窄煤柱（8 m）的基础上，在回采过程中坚持多项监测，逐步掌握本矿地质、矿压情况，为

向无煤柱（沿空留巷）或井田深部窄煤柱开采积累了资料及经验。

（2）减少巷道受开采动压影响、减少巷道维护量是提高生产率、降低生产成本的重要手段。已在西坡开采5203工作面实施切顶卸压，效果较好，也为采取水力切顶、爆破切顶提供经验。

（3）矿井投产后，在对矿井地质条件更好掌握的同时，以往设计、批复也会有需要优化的部分。在赵家山一采区接替二采区时，对开拓大巷布置、采区划分、采区巷道布置等进行了优化，减少了大量的巷道工程。

（二）坚持煤矿安全“三并重”，落实管理、装备、培训各项工作

（1）东辉集团多年来坚持以1号文件部署年度煤矿安全管理工作，从各矿采、掘工作面及系统装备，分析区域地质条件，制定危害安全生产的防治措施。从计划、资金、设备、措施等分阶段落实到巷道施工、设备安装、系统调试、采掘生产等实处。

（2）强化灾害治理，把握重点，科学防治。突出以瓦斯治理、水害防治为重点，强化机电运输管理，严格执行顶板管理制度。

（3）东辉集团各煤矿以东辉集团主体组织管理团队，煤矿生产及安全管理托管给专业队伍。托管单位的到矿各级管理技术人员、各岗位工作员工的学历、专业技术职称、特殊岗位资质等必须符合国家行业监管要求。

各岗位人员上岗前必须经过培训、考核，合格后才准予上岗。各采掘工作面及重要生产系统节假日后必须经过复工复产验收后才准予生产。相关管理、特殊岗位人员还需要参加必要的学习和培训。

（4）煤矿投产后，随着技术进步和监管要求、条件变化，需不间断地进行开拓、开采及系统优化，推动技术进步应用、设备更新换代、管理制度修编、人员岗位调整等工作，使煤矿生产指标、安全保障等方面在行业内均属先进行列。目前西坡、邓家庄均为一级安全生产标准化煤矿，赵家山为二级安全生产标准化煤矿。

（三）强化岗位责任，奖罚并重

（1）落实主要安全责任人年度安全职责并签订责任书，安全责任分解到各级管理人员。自2021年1月1日施行《煤矿重大事故隐患判别标准》后，以此作为考核各级管理人员的依据，连续几年杜绝了15个方面煤矿重大事故。基本实现了年度安全管理工作目标：杜绝二级以上非伤亡事故，减少一般非伤亡事故；杜绝重伤以上人身事故，减少轻伤事故；实现“管理零漏洞、操作零失误、安全零事故”的“三零”目标。

（2）深化煤矿安全专项整治三年行动推动治本攻坚以来，基本实现了

采掘、机电、运输、通风、安全监控及紧急避险、地面洗选等系统等安全运转，未出现重大安全隐患，未出现重大安全事故。

（3）自 2022 年 4 月国务院安委会制定部署安全生产十五条措施、进一步强化安全生产责任落实、解决防范遏制重特大事故以来，加强集团内部监管、考核力度。由集团安全监管、检查小分队，对集团内各矿井下和地面作业场所的作业过程工程质量、是否违章作业等监督、检查。对出现安全隐患、未达到管理制度和工程质量标准的事项提出考核（罚款），并在集团内部通报。对违章作业员工再进行专业培训，要求学习观看警示教育等。凡受到考核的事项均涉及各级相关管理人员。在不间断的考核（重罚款）之后，以强化灾害治理为抓手，把握重点，科学防治，规范使用安全资金，依靠科技支撑和职业健康安全管理，推进安全高效现代化矿井建设，全面提升本质安全型矿井建设水平，收效较好，基本实现了集团所属煤矿安全、稳定、健康发展。

（四）积极推进煤矿智能化、信息化矿井建设

根据山西省能源局关于公布《山西省 2021 年度煤矿智能化建设采掘工作面名单》的通知（晋能源煤技发〔2021〕40 号）等文件精神，邓家庄煤矿 2022 年达到一级信息化标准矿井，实现 1 个智能化掘进工作面试运行，完成 1 个智能化综采面建设。西坡煤矿 2022 年达到一级信息化标准矿井，完成 1 个智能化掘进工作面验收，完成 1 个智能化综采工作面及 5G 通信技术的建设。赵家山煤矿 2022 年完成 1 个智能化综采面验收，2 个智能化掘进工作面验收。

（五）安全管理工作要求和安全保障措施

（1）牢固树立安全发展理念，讲政治、讲大局，持续提高对安全生产重要性的认识，强化自觉和责任担当。所属各公司一把手必须亲自安排、部署安全生产和疫情防控工作。落实企业安全生产主体责任，严格落实《全省重点行业领域生产经营单位主要负责人安全生产履职尽责承诺制度》，督促主要负责人签订和落实《安全生产承诺书》。

（2）坚持把安全生产摆到更加重要的位置，提高认识，强化责任追究，在落实上下功夫，实施全员、全过程、全方位的安全生产考核，全面强化安全管理的执行力。夯实基础工作，进一步完善煤矿风险分级管控、隐患排查治理、安全质量达标“三位一体”安全生产标准化管理体系，全力构建安全风险分级管控和隐患排查治理双重预防机制，把风险控制在隐患形成之前，把隐患消灭在事故前面，实现关口前移、源头治理，全面提升煤矿安全

基础管理水平。

（3）加强安全生产全过程管理，全方位提升安全管理水平。突出现场的安全管理，增强预测防控能力。严格落实各级管理人员下井、查隐患、反“三违”规定，强化矿领导下井带班和管理人员巡查。深化安全应急管理，加强应急预案、应急救援知识培训，定期开展应急演练，提高员工事故预防、应急避险和自救互救能力。严格落实地面施工、安装、维修、设备设施（包括特种设备）运行等安全管理制度。

第四章　2020—2021年度煤炭工业安全高效矿井建设经验

冀中能源峰峰集团邯郸宝峰矿业有限公司九龙矿

一、矿井概况

冀中能源峰峰集团邯郸宝峰矿业有限公司九龙矿（以下简称“九龙矿”）隶属于冀中能源峰峰集团，位于河北省邯郸市的西南部，井田南北走向8 km，东西倾斜2.5 km，面积约20.3 km^2。1979年11月26日开始建井，1991年4月29日投入生产，已生产32年。

矿井主要开采2号、4号煤，均属Ⅲ类不易自燃煤层，煤尘均有爆炸性，煤类以焦煤和肥煤为主。北翼以焦煤为主，南翼以肥煤为主。矿井属于煤与瓦斯突出矿井，地面建有高、低负压永久瓦斯抽采系统，以穿层钻孔抽采为主；矿井正常涌水量13.0 m^3/min，地质类型为极复杂型，水文地质类型为复杂型；矿井采用立井单水平南北翼上下山开拓方式，采煤方法为走向长壁采煤法，主采工艺为综采及综放。

二、主要技术经济指标完成情况

2021年原煤生产人员效率7.2 t/工。2021年实现利润19035万元，利润113.3元/t。2022年实现利润24743万元，吨煤利润224.5元/t。2021年矿井原煤产量完成168万t，其中143.7万回采产量，平均工作面个数1.8个，综合单产6.65万t/(个·月)。2022年原煤产量完成160.8万t，其中131.8万回采产量，平均工作面个数1.8个。矿井综合单产6.1万t/(个·月)。

三、安全高效矿井建设的主要做法

（一）巩固提升安全生产标准化建设成果

2020年11月，九龙矿通过了国家一级安全生产标准化管理体系矿井验收。2021 年，深入落实“管理、装备、素质、系统”四并重原则，严格把安全风险分级管控、事故隐患排查治理和安全生产标准化相结合的“三位一体”工作机制，始终贯穿于生产管理全过程。以“拓展延伸、规范朴素、动态覆盖、提质升级”为主旨，按照“条线打造、部室督导、整体推进”的总体要求，坚持“先达标后生产，先干好再干快”“做事必对，一次做好”“达标和亮点共同推进”，抓好岗位源头达标，规范区队、班组、岗位三级管控，实现各层级全员、全时段、全过程动态达标，形成自主运行、对标提升、帮扶督导、持续改进的内生机制，全面推进安全生产标准化样板矿、品牌矿建设，巩固安全生产标准化管理体系一级矿井水平。

（二）加强绿色和谐生态建设

1. 推进绿色开采技术工艺，提高原煤入洗率

九龙矿 2021 年原煤产量 168 万 t，入洗原煤 168 万 t，原煤入洗率达到 100%。

2. 矿井工业广场绿化

九龙矿工业广场总面积 40.32 万 m^2，绿化面积 92000 m^2，厂区绿化面积达到可绿化面积 100%，工业广场绿化率为 22.8%。

3. 严格控制煤矸石、污水、废气排放

通过不断优化生产工艺，减少煤矸石的产生量，减少煤炭资源的浪费。加大矸石山绿化治理的力度，通过绿化治理及升级改造、增绿补绿、亮化等综合治理工程，绿化面积达 70000 m^2，矸石山绿化面积达到 90% 以上。

（三）大力推进技术创新，提高管理水平

1. 打造首个智能化采煤工作面

2021 年九龙矿致力打造 1502 智能化采煤工作面。该工作面通过配备支架电液控系统，皮带实现可视化集中控制，乳化液泵站做到无人值守、自动配比及自动高压反冲洗，实现智能化设备全面升级。通过工作面 360° 高清摄像头，工作面无线通信全覆盖，实现井下集控中心对工作面三机设备的实时监控及一键启停，并可将数据传输至井上智能监控中心，实现对井下现场的实时对接。

2. 建设九龙矿首个智能化掘进工作面并稳定推进

在 152 下 32 上顺槽掘进工作面、15242 上顺槽掘进工作面通过应用 EBZ160M-2 型掘锚护一体机掘进装备，皮带运输可视化集中控制系统，配备综掘机人员接近识别报警装置、掘进前头视频监控、小巷运输视频监控、顶板矿压动态监测系统、巷道修复机、履带式搬运车等安全保障设施设备，

实现掘、锚、运一体化作业，成功建设智能化掘进工作面，提升智能化水平，实现减人提效和安全高效掘进。

3. 成功打造岩巷机掘作业线

在 15249N 顶抽巷首次应用 EBZ-280 型大功率岩巷掘进机岩巷掘进，该装备全部实现割、装、运机械化操作，减少了迎头作业人员，实现减人提效，提高劳动效率和作业安全系数；后路使用 KCG-450D 干式除尘器，降低巷道浮尘，改善职工作业环境；通过优化掘进层位和支护参数，解决迎头水、淤泥等问题，打造出一条真正意义上的岩巷机械化掘进作业线，实现月进 160 m 以上。

4. 地面水射流径向水平破煤瓦斯治理技术

2021 年，九龙矿超前谋划，在地面野庄村附近，借鉴现有煤层气地面开发经验，在河北省首创采用地面水射流径向水平破煤瓦斯治理技术，对北三采区进行瓦斯抽采，消除工作面突出危险。利用地面打钻水射流压裂、地面抽采技术，使煤层瓦斯均质化，降低瓦斯突出风险，解决了矿井 2 号煤层瓦斯治理难题。

5. 超高压水力割缝卸压增透技术

在 15249N 工作面回采区域实施穿层钻孔超高压水力割缝卸压增透技术，工作压力可达 100 MPa，可实现煤层的安全快速卸压增透。该技术实施后有利于改善煤层中的瓦斯流动条件，同时使煤体得到充分卸压，从而提高煤层的透气性，提升瓦斯抽采效果。钻孔瓦斯抽采浓度提升 1.6 倍，瓦斯抽采纯量提升 3.79 倍，抽采达标时间比普通钻孔缩短 73.6%。

6. 矿井 4G 智能化矿山调度指挥系统

依托 4G 无线网络，实现各类通信、短视频发送、视频调度、机车前方障碍物甄别报警、卡口监控、车辆智能识别和周期性统计等功能，解决了煤矿所有信息化系统传输通路问题，减少各系统敷设传输线路数量，并使各系统改变传统的信息孤岛形式，为将来建立统一的信息化平台打下良好的网络基础。

7. 供电云平台系统在九龙矿的应用

本项目基于九龙矿供电系统情况，通过 Web 网页全面实现煤矿地面及井下所有供配电系统供电绘图、供电设计、供电计算、整定保护及供电设计报告生成等功能，能计算煤矿供电参数、保护整定供电参数。云平台供电系统使用后，通过对矿井供电系统各项数据分析，能精确做出三段式保护计算，提高了上下级配合，降低停电事故影响范围，提高机电整体标准化水平。

8. 现代化智能矿山集中控制系统的建设与应用

九龙矿集中控制系统利用工业万兆以太环网搭建的智能化信息传输网络平台，使井下各系统智能化设备实现地面集中控制。通过对通信中心核心机房升级改造、调度指挥中心升级改造、回采专业集控室建设、开掘专业集控室升级改造、主运皮带集控室建设和机电专业监控室升级改造，从而实现信息安全高速传输、后路运输集中管理、固定岗位减人提效、安全生产全程监控。九龙矿建成 3 个智能化回采工作面，南三采区建成了矿井首个智能化集中供液硐室；152 下 40、152 下 47 上下顺槽掘进工作面打造了“掘锚护一体机+电子安全围栏+集控运输系统+单轨吊”的高效智能掘进系统；皮带运输系统全部实现了地面集中控制；中央泵房、斜下山泵房实现无人值守；架空乘人装置实现了地面控制；综合管控平台实现了地面统一指挥。

冀中能源股份有限公司东庞矿东庞井

一、矿井概况

东庞矿地处冀南平原，位于河北省内丘县西南约 10 km，东毗京广铁路、京深高速公路，交通便利，是冀中能源集团冀中股份公司的大型现代化主力矿井。矿井于 1983 年 12 月 26 日建成投产，原设计生产能力为 180 万 t，2018 年核定生产能力为 390 万 t，同时附有配套入洗能力 450 万 t 的全重介工艺洗煤厂。矿井为煤（岩）与瓦斯突出矿井，煤尘具有爆炸性或爆炸危险性，煤层具有自然发火倾向，属二类自燃。矿井水文地质类型综合分类结果为中等型。矿井开拓方式为立井、暗斜井开拓，采煤方法为单一厚煤层一次采全高走（倾）向长壁后退式全部垮落法的综合机械化采煤。矿井通风方式为混合式，主要通风机工作方法为抽出式。

二、主要技术经济指标完成情况

全年自产原煤 323.67 万 t，巷道掘进进尺 10251 m，矿井综合单产 10.3 万 t/(个·月)，原煤生产人员效率达到 8.07 t/工，利润水平完成 9.65 亿元，职工年人均收入 9.54 万元。

三、安全高效矿井建设的主要做法

2021 年，东庞井高举“科技兴企”旗帜，着力破解生存发展难题，开启了智能化建设新征程；坚守“依法办矿”底线，沉着应对各类风险挑战，塑造了安全生产新形象；确立“顺市调量”战略，全力抢抓煤价高位有利时机，创造了生产经营新业绩；践行“崇尚人和”理念，坚持企业发展惠及职工，激发了改革发展新动力。以生产创水平为抓手，加大生产调度指挥力度，扎实推进安全高效矿井和安全生产标准化建设，各项指标均达到安全高效矿井的要求。

（一）坚持依法合规办矿，技术与管理并重，安全形势持续巩固好转

（1）全力破解入井限员难题。在以智能化建设助推减人提效的基础上，狠抓劳动定额，科学论证灾害治理人员，确保了入井人数和区域作业人数全

部符合规程要求。

（2）积极推进安全重点工作。紧盯大事、要事，在全省率先引进风动螺杆马达定向钻机，开展煤巷掘进定向钻进区域消突试验，顺利通过专家论证，开创了国内先河，为取消底板岩巷提供了科学可靠的技术支撑，消除了制约矿井生存发展的最大障碍，更为突出矿井区域消突开辟了一条新路径。应用风动风机、应急风机，破解局部通风机双停期间迎头供风难题。全面取消井下劳务用工，狠抓压煤村庄搬迁新址建设，加快东庞井通风系统改造，推进奥灰区域治理，安全重点工作进展卓有成效。

（3）狠抓各级安全责任落实。以双控为抓手，建立现场班前会制度，矿领导每天通报带班情况，提高了管理实效。实施“清单式”检查，做到了精准全面。强化跟班人员职能，将收入的40%用于安全考核，压实了现场安全责任。加大风险抵押金兑现比例，激发了全员保安积极性。细化安全管理单元，规范行走路线，消除了管理盲区。推行动态联保互保，丰富了安全管理手段。

（4）以标杆意识推动安全生产标准化提档升级。坚持“内强素质、外树形象”，在公司三季度验收中，15个专业获得第一。树牢“开口即达标、开口即精品”理念，全年创建7个精品工程，占公司的1/3。年内通过河北省一级安全生产标准化验收。

（5）持续强化职工培训教育。每周安全办公会观看事故案例警示教育片，强化了职工安全意识。修订值班、带班、应急处置等重点环节的内容及流程，实现了务实高效。560名钻探工开展技术比武，243名区管考取电工证，3000余人次参加专项培训，提升了岗位操作技能。开展自动化工作面及液压钻车等四新培训，确保了新装备尽快发挥效能。

（二）坚持科技引领，加快装备升级换代，开采水平更加集约高效

（1）克服多断层、厚夹矸、大倾角等困难，在强化现场管理的基础上，成功创建了全省首个厚煤层自动化工作面、国内首个6.5 m高架自动化工作面。随着6201薄煤层自动化工作面的顺利建成，东庞井将历史性地全部实现自动化开采，成功掌握了从薄煤层到厚煤层再到特厚煤层的自动化开采技术，走在了全国前列。

（2）创新应用门式、单列式、侧向支撑式超前液压支架，巷道支护强度显著提升，工作面整体用工减少40%，破解了两巷整修人员比工作面人员还多的不良现象，真正实现了“一个头面、一支队伍”，根治了困扰多年的工作面两巷超前治理难题。

（3）引进智能化掘进机，应用液压锚杆钻车，开展掘进巷道全锚索支护工艺试验，用工减少40%，效率提高60%，强度增加15%，工程质量和掘进效率实现同步提升，成功闯出了一条煤巷快速掘进新路径。

（4）改进扩安一体化工艺，在定员减少55%的情况下，工期缩短30天；“反向扩帮”更是全国首创，多回收煤炭7000多吨；扣除搬家外委费用，净收益204万元，实现了整体搬家工艺的二次革命。

（三）坚持顺市调量，内控外销协同发力，经营能力得到显著提升

（1）全面强化成本管控。严格材料管控，杜绝借料，确保成本真实；严格考核奖惩，扭转“大水漫灌”现象；清理闲置物资，回笼资金422万元。

（2）深化经营分析。高度关注可控费用及洗选过程、电厂运营等，强调追本溯源，及时预警纠偏，煤泥灰分指标提高5%，煤泥产率降低2%，实现了资源效益最大化。深入研判电厂运行现状，摸清经济运行参数，标煤耗同比降低13g/(kW·h)。清收工人村及内丘供热欠款1000余万元，经营状况逐步改善。

（3）充分利用国家优惠政策。争取税费减免2250万元，归集研发费用近7000万元。

（4）灵活调整营销策略，拓宽销售渠道。开辟山东、山西等新用户，扩大了销售半径。利用“焦煤在线”平台，开展36场线上竞卖，溢价900余万元。提前谋划6号煤销路，与澳森钢铁达成长期合作意向。

（5）优化产品结构，紧跟市场走势，持续加大高效益煤种销售比例，确保了资源效益最大化。

（6）创新销售模式，调控用户群体，长协用户“稳量”、保销路，单月铁路销量18.4万t，创出近7年来新高；市场用户“溢价”、增收益，全年电煤市场户结算单价较长协户平均单价提高73元/t，增收700余万元，做到了稳定长协份额与增加产品效益的统筹兼顾。

四、坚持以人为本，持续改善民生，和谐矿区创建成果丰硕

（1）着力增加职工收入，全年人均收入同比增加12.7%；全面聘任各级技能人才、给予技能津贴。

（2）积极改善工作条件，实施洗煤厂主厂房降温除湿改造工程，有效改善了职工作业环境；更换单身宿舍被褥，开展职工健康体检，增设矿区停车位，进一步提升了职工生活质量。

（3）加大环保治理力度，紧盯电厂达标排放、水电公司污水处理、煤场及道路防尘等重点环节，在设施运行和日常管理上持续发力，最大限度化解环保风险。坚持地面环境综合治理不断线，整改隐患500余条，巩固提升了矿区环境。

冀中能源股份有限公司东庞矿北井

一、矿井概况

东庞矿北井位于河北省内丘县大孟镇，隶属冀中股份有限公司，2007年12月28日正式投产，设计生产能力45万t/a，2014年核定生产能力为90万t/a。北井为东庞矿井田的一部分，开采范围位于东庞矿井田西部，走向长度5.9 km，倾向长度2.2 km，整体似菱形，面积4.5 km^2。矿井剩余储量839.9万t。主采煤层为9号煤，煤种类型为气肥煤。

矿井为低瓦斯矿井，9号煤层自燃倾向等级为Ⅱ，属于自燃煤层，9号煤尘具有爆炸性；水文地质条件为极复杂型，地质类型为极复杂型。矿井采用中央并列式通风方式。矿井开拓方式为立井单水平下山开采，采煤方法为走向长壁综采放顶采煤。采煤机械化程度为100%，掘进机械化程度95%。

二、主要技术经济指标完成情况

2021年，全年生产原煤60.6412万t，掘进进尺完成3493 m，矿井综合单产4.73万t/(个·月)，原煤生产人员效率达到5.4 t/工，利润水平完成13577万元，职工人均年收入9.54万元。

三、安全高效矿井建设的主要做法

（一）安全管理方面

2017年底，以90.04分通过国家局安全质量标准化一级矿井验收。2017年度被中国煤炭工业协会评为安全高效特级矿井。2021年，在公司四个季度安全生产质量标准化验收过程中全部达到一级矿井水平。进一步完全面开展安全隐患检查，通过开展分级管控、分专业周循环排查、小分队等活动狠抓安全管理，矿井实现安全生产。

（二）技术管理创新方面

（1）实施综放支架电液控升级改造。支架电液控制系统的应用在减人提效方面效果突出。通过“成组操作”，在一个支架控制器上实现5个支架的同步操作，极大地提高操作效率。系统自动补压功能及时自动把支架初撑力补足 24 MPa，与普通片阀操作相比，每个生产班至少减少 2 名支架工和 1 名检修工。放煤键盘独立设置，操作灵便，能有效控制碴块进入煤流，同时保证顶煤放净，大大提高顶煤回收率。电液控制系统的架间信号线替代了架间高压管，减少了材料投入，人员进出后溜子检修便利。

（2）大力实施综放工作面装备升级改造，确保安全回采。高度重视工作面支护装备升级改造，在原有端头简易放煤架基础上，创新研制了 ZT6400/18/32 型端头支架，并应用在综放工作面，替代传统上下端头采用单体交接顶梁支护方式。其优点为：①克服了传统的巷道端头隅角单体支护密集、回柱放顶危险、顶煤回收率低等弊端，大大减轻了劳动强度，减少了人为因素造成的顶板事故，提高煤炭回收率。②大大缩短了工作面循环作业时间，提高了开机率，提高了工作面生产效率，为实现安全高效采煤工作面奠定了基础。③减少了人员投入，提高了工效。可减少隅角支护单体 20 根、减少站号工一半工作面量，按“四、六”计算每天减少用工 6 人。④放顶煤回采工作面下端头液压支架，其转载机中心线与端头支架中心线重合布置，起到下隅角安全支护防止压住转载机和有效回收煤炭作用。在隅角顶煤回收方面，按每推进 1 m 回收煤炭 15 t，2021 年投入使用推进距离 460 m 计算，共回收隅角顶煤约 7000 t，经济效益显著。

（3）综放工作面初采顶板深孔预裂技术优化，提高回采率。放顶煤工作面初采过程中顶板厚度大，致密坚硬，回采过程中顶板不易垮落，易形成大面积悬顶，初采顶板整体性强冒放性差，顶煤放出难，易形成大面积悬顶的问题。通过采用在每两架支架间的顶板位置各施工打眼放炮预先欲裂技术，使顶板及时垮落。与其他地质条件相同的工作面相比，提前回收顶煤，提高煤炭回收率。

（4）优化综放工作面机尾调采续架技术，确保安全高效生产。9209 回采后期，工作面逐渐变长，在 30 m 范围内，总共需要延长 8 台支架。因受机尾后溜子机尾电机、减速机影响，通常续架为先延长后溜槽—续架—延长前溜槽，优化工艺流程，改为续架—延长后溜槽—延长前溜槽，在插续机尾架时，根据机尾支架的运行轨迹适当调整待续支架位置，先就位支架，用支架来加强三角区域的支护，再进行延长后溜子和前溜子的工序。利用支架自身采用“自拉自”的方式，就位支架，杜绝了绞车拖拽的使用，大大提高了安全系数。

9209 工作面初采机头超前机尾 34 m，面对调采、巷道顶板压力大、工作面水大等实际困难，优化设计，创新放顶煤调采工艺，加大调采比例，以机尾∶机头＝4∶1的比例推进，适时调整机头机尾推进速度，人为干预，机尾滞后调采，加大支架调整力度，每班刀刀调整支架，保证支架支护迎山有力，实现了安全稳定、调采不掉产。

（5）进一步优化掘进打钻协调问题，提高单进水平。按照钻探设计要求，在迎头施工钻场处施工钻窝加大钻场空间，同时满足两台钻施工，提高施工速度。由调度室负责严格控制搬钻机、钻探施工、撤钻机等环节，确保在规定时间节点内完成钻探施工。采取轨道巷与皮带巷交替掘进打钻、迎头掘进与后路打钻交替施工方式，解决掘进与打钻冲突问题，实现快速高效掘进。

（6）科学合理组织协调，确保采掘接替。针对安装拆除频繁、运输线长设备多、人员紧张、工期紧实际情况，为确保安全高效快速完成安装拆除，采取措施为：调度室制定出安装工期计划，安排由带班领导及职能科室管理人员现场跟班解决当班出现安装的问题；安装过程中每天调度室组织安装相关单位召开安装协调会，解决当天问题，计划下班任务。由于组织协调严密、安全检查到位，施工环节多点平行作业等，实现安装拆除期间全部按计划完工、安全无事故，原煤生产不断档、不减产。2021年共安装拆除5次，共计安拆283架。

（三）降本增效方面

（1）支架不升坑，井下检修循环使用。根据北井工作面接替时间短，支架解体升坑运大矿检修再拉回问题，采取支架不升坑在井下检修，选定9203辅助轨道巷为支架检修存放点，由综放队派支架工排查立柱、千斤顶、管路、销子、电液控系统等易损坏部件并建立排查台账，按问题销号处理，通过此方式达到工作面安装完即可正常回采标准。为安装节省时间，实现了节支降耗。2021年井下检修支架共260架，经济效果显著。

（2）加强物料管理，减少费用投入。按照材料回收制度规定分类确定回收率考核，同时充分利用井下分拣中心，将回采工作面回收物料经过分拣、修复后分类集中存放，作为备用物料在井下周转使用。这样做可以有效避免回收物料由于零散存放造成积压、锈蚀、丢失，减少回收物料升入井次数，回收物料快速周转使用效果显著。

（3）加强支护材料计划审核、到货验收管理。通过要求每月初采掘单位将下月计划所需支护材料提前报调度室、供应站，调度室根据进尺数审核支护材料数量进行核算，供应站根据审核后物料计划准备物料。支护材料到矿后由调度室、供应站联合验收物料数量，通过此措施提高支护物料数量供应精确性，杜绝材料浪费，实现节支降耗。

冀中能源股份有限公司葛泉矿东井

一、矿井概况

葛泉矿东井位于葛泉井田南翼，2003 年为试采葛泉浅部下组煤（带压开采），将葛泉矿东井设计生产能力确定为 30 万 t，属于独立小型矿井，2007 年 2 月 8 日投产。2014 年进行生产能力核定，生产能力变为 90 万 t/a。

葛泉矿东井现采 7 号煤、9 号煤。其中 7 号煤平均煤厚 1.0 m，为薄煤层；首采区 9 号煤平均煤厚 5.5 m，为厚煤层。东二采区 8 号、9 号煤煤层合并，平均煤厚 6.5 m。矿井为水文、地质极复杂型矿井，无冲击地压危险。矿井采用双立井开拓，通风方式为中央并列抽出式，采煤方法为走向长壁综合机械化采煤，单一煤层一次采全高，顶板管理为全部垮落法。

二、主要技术经济指标完成情况

矿井劳动组织形式为“四六”作业制，三班生产，一班检修。有两个综采队，两个掘进队。矿井采煤机械化程度均达到 100%。掘进机械化程度 96%，综掘机械化程度 62.1%。2021 年，葛泉矿东井原煤产量 75.5 万 t，掘进总进尺 3754.1 m。综合单产达到 6.1 万 t/(个·月)，原煤工效 7.03 t/工。全年实现安全生产，完成利润 612.65 万元。

三、安全高效矿井建设的主要做法

（一）持之以恒抓好质量标准化动态达标，夯实安全高效煤矿建设根基

始终坚持以安全质量标准化建设为基础，大搞精品工程创建和保持工作，开展全员隐患排查及施工现场安全评估、安全放心区队创建等活动，保证隐患排查制度与决策系统良性运作。坚决杜绝各类重特大灾害事故发生。强化职能部室业务保安责任，保证措施完善，责任明确，管理到位，实现超前防范，杜绝了水、火、瓦斯、顶板等重大灾害事故。

零星事故防范方面，狠抓习惯性“三违”，深入开展拉网式专项整治、全员隐患排查和施工现场安全评估活动，实行了重点区域矿领导现场跟班、矿领导包队制和全矿管理人员带班制度，加大现场检查力度，对入井前三名

的区管及班组长进行考核奖励，重点抽查干部上岗、违章指挥、违章作业、重点工程、薄弱环节和安全质量标准化达标情况，全员、全方位地开展安全监督检查活动，动态发现和解决问题。同时，安全管理逐渐向人性化、亲情化倾斜，探索和研究人性化、亲情化的安全管理模式，打造具有葛泉特色的安全生产理念。

（二）以优化生产工艺为抓手，精心组织生产，实现安全高效矿井建设

首先，优化放顶煤回采工艺，着重两巷顶煤回收，不断提高工作面煤炭回收率，并减少工作面回采期间矸石量，控制原煤灰分，降低工作面矸石运输、洗选等费用，极大地提高了经济效益。

其次，不断应用、优化各项工艺，保证矿井正常生产。如积极应用桁架支护工艺，对复合岩溶顶板和近冲积层顶板支护技术进行优化改进，应用桁架锚网梁支护巷道，在保证支护质量的同时，降低了职工劳动强度；优化锚网梁支护工艺，通过锚索施工在锚杆眼内替换一根锚杆，达到节省支护材料目的，为矿井稳产增效创造良好条件。

除此之外，攻克了工作面对接、续架、调采、撤架、过断层等技术难关，不断完善复杂条件下放顶煤综采工艺，保证了矿井的稳产高产。

（三）以倡导鼓励科技创新为手段，技术支撑助推安全高效矿井建设

1. 以技术手段消除矿井重大安全隐患

地测防治水方面，采用地面区域治理、三维地震、直流电法仪、底板超前钻探等综合手段，全面排查水害威胁；精查冲积层煤柱尺寸，解放煤炭资源。

瓦斯治理方面，优化矿井通风系统，确保通风系统的稳定与畅通；制定有效措施，加强重点地区的瓦斯管理，及时制定严密的瓦斯管理措施并严格执行，杜绝瓦斯事故。

粉尘防治方面，加强综合防尘及安全监控技术创新，推广应用新设备，改善矿井作业环境。在掘进工作面增设加压泵、安装附壁风筒、防尘水中加入降尘液、实行超前煤体注水后，除尘率达到 94%，极大地改善了作业环境。

2. 以装备投入保障矿井生产能力

根据生产实际需求，不断加大采掘装备的投入与旧设备更新力度，不断提高矿井机械化、现代化、智能化水平。

对 1271 工作面三机设备、运煤设备及自动化配套设备进行 SAM 型自动化控制系统改造，将多种技术（如控制、无线、视频、通信、液压等）应

用于综采工作面，通过工作面高速以太网将各系统数据传输到监控中心，可在监控中心对设备进行远程操控，最终实现在工作面顺槽监控中心对综采设备集中自动化控制，确保各设备协调、连续、高效、安全运行，最终实现了1271薄煤层综采工作面自动化开采。

东井皮带集控系统已经实现了对井下6条主要运输皮带及一部给煤机远程控制，达到了集中控制的目的，有效缩减了井下皮带机头机尾固定岗位人员，缩短了皮带空转的电能损耗，改善了职工的作业环境，降低了职工劳动强度，大大提升了葛泉矿东井智能化管理水平。

（四）以提质增效、节支降耗为指导，利用效益提升保证安全高效矿井建设

针对不利的市场形势，通过狠抓生产各环节的精细管理降低生产成本，围绕科学发展观念，深入贯彻“提质增效”精神，以全面预算管理为中心，不断优化产品结构，狠抓成本控制，管理水平稳步提升。以基层单位为试点，积极推进了区队全面预算管理制度和市场模拟运行，以点带面，循序渐进，不仅有效提升了广大职工的成本观念和效益意识，而且使基层单位的全面预算管理在规范化、制度化上向前迈进了一大步，为超额完成效益目标奠定了基础。同时紧跟市场行情，动态调整煤炭售价，加大地销力度，增加贫煤的入洗量，实现了有限资源的效益最大化，有力地保障了经济形势不乐观、市场低迷情况下的企业效益。

（五）以发展环保、绿色矿山为方向，整体推进稳定安全高效矿井建设

葛泉矿积极响应国家政策，加强环保投入，大力推进节能减排工作。通过修改和完善各项管理制度，加强能源的日常管理，举办节能知识答题赛等活动，提高职工的节能意识，进一步推动节能减排工作的顺利开展，实现向勤俭节约、绿色低碳、文明健康的方向转变。

为保证现用环保设施安全、经济、稳定运行，污染物达标排放，组织不定期现场巡回检查，将发现问题及时安排处理，保证了矿井水处理厂、生活污水处理厂、洗煤厂闭路循环系统，煤场洒水降尘系统，采暖锅炉烟气处理设施等的完好率达到100%，运转率达到100%，污染物排放达标。此外加强宣传工作，“6·5”世界环境日当天充分利用矿内网，电子屏滚动播放了“践行绿色生活”意义及环保知识和新环保法等内容，进一步提高了职工节能意识。

冀中能源股份有限公司邢东矿

一、矿井概况

邢东矿隶属冀中能源集团冀中能源股份有限公司。该矿于 2001 年 11 月 18 日正式投产，通过环节改造，依靠技术进步，采用新技术、新工艺、新装备，形成一井一面的生产布局。矿井初步设计核定生产能力为 60 万 t/a，通过技术改造后 2009 年核定生产能力为 125 万 t/a。

邢东矿位于邢台市东北 4 km，井田面积约 14.5 km^2。井田范围内地质结构按断层、褶皱的复杂程度分，地质类型划分为复杂型。矿井主要水源为顶板砂岩水及下石盒子组砂岩水，水文地质类型为复杂型；属低瓦斯矿井，煤尘具有爆炸危险性，煤层自然发火倾向为Ⅱ类自燃。矿井采用厚煤层一次采全高走（倾）向长壁后退式采后矸石充填、超高水充填的综采机械化采煤方法。

二、主要技术经济指标完成情况

2021 年，全年生产原煤 107.85 万 t，掘进总进尺完成 7018.5 m，矿井综合单产 10.1 万 t/(个·月)，原煤生产人员效率达到 7.08 t/工，完成销售收入 88489.17 万元，实现利润 24318 万元，职工人均年收入 9.82 万元。

三、安全高效矿井建设的主要做法

（一）突出安全重心，确保安全生产

1. 固本强基，夯实安全管理基础

将标准化建设作为安全之基、生产之本、一把手工程，将标准化与基层领导的绩效考核结合起来，从源头抓好标准化建设。同时坚持“手指口述”确认法，规范职工操作行为，牢牢掌握安全生产主动权。坚持全面、系统、全方位推进安全生产标准化建设，硬件软件同步抓，科学制定标准，严细考核验收，保持动态达标，注重内外对标，比学赶超，实现了安全生产标准化全面升级。

2. 增强安全责任意识

严格执行好领导入井带班制度，认真执行“三三三一”结构工资制度，把安全业绩与各级领导的票子、帽子、位子紧密联系在一起。对发生的各类事故，严格执行“四不放过”原则，从重、从快、从严处理，绝不心慈手软，姑息迁就。全面推进素质提升工程，大力开展班组创先争优活动、职工技能大赛和岗位描述活动，强化班组长评先选优激励机制，制定了专门的井下班组长考核管理办法，将安全、质量责任切实落实到班组一线，强化班组长的管理和考核。

3. 突出重点，提高事故防范能力

邢东矿资源埋藏深、地压大，在“防治水”“一通三防”“顶板、机电、运输”管理上，一刻不放松。防治水管理严格落实各项制度措施，坚持先探后掘。通风管理，及时调整系统，高标准、高质量完成主扇更换，同时施工专用回风巷，彻底扭转供风紧张的局面，提高“一通三防”管理水平。充分利用调度室信息平台，完善安全监测监控、人员定位、压风自救、供水施救、通信联络系统，调研设计紧急避险救生舱、避难硐，依靠科技进步提升矿井本质安全程度。持续优化生产系统布局，优化设计，减少废巷工程，设计巷道一次成型，减少二次施工。

（二）加强成本控制，提高精细化管理水平

按照全面预算管理要求，完善预算管控系统，加强各单位、各条线的成本控制。优先保证安全、生产、重点工程和职工工资福利。成本倒算，根据经营指标，责任分解，以压缩从紧的原则，加大年度费用考核力度，严格执行节奖超罚规定。费用支出方面，强化预算管理，压缩预算外费用。物资供应方面，保证采购质量，降低采购成本，控制储备资金。生产运行方面，提倡细节管控，严控维修费用，严控电耗费用。

（三）加大创新力度，实现科技创新新突破

2010 年，该矿与中国矿业大学及郑州四维机电设备制造有限公司合作研发了充填开采所需的设备——超高水充填开采分体式液压支架。2012 年 9 月第一个超高水充填工作面 1126 工作面回采完毕，工作面累计进尺 413 m，累计出煤 21.5 万 t，累计充填高水材料 99608 m^3，每吨煤炭利润约 340 元，可创造利润 7310 万元。2013 年年初通过对超高水充填支架进行一系列优化改进，于 5 月投入 1128 工作面使用，每月产量稳步提升，尤其在 8 月，创出了月回采 5.1 万 t、充填 2.6 万 m^3 的历史最高纪录，达到年充填回采 60 万 t 水平。之后又应用了一体式充填回采支架，在 11212 工作面首次使用，相比分体式支架节省了上网这道工序，在节约成本的同时还能适应较为复杂的地质结构，回采过程遇到了超过 5 m 的大断层，除了偶尔防片帮注浆外没有采取什么特殊措施便顺利通过。除高水充填外，于 2011 年研究并实施了综合机械化矸石充填工作面开采技术。经过调整系统、优化设计，将井下跳汰洗煤系统与工作面矸石充填技术有效整合，实现了煤流中矸石的洗选和充填。2021 年先后建成了国内首个智能化矸石充填工作面、服务于区域性矸石处置的地面充填站及投料系统，矸石充填能力提升至月产 6 万 t，实现了矸石充填规模化生产，不仅处理了本矿矸石，还消减了周边矿井的矸石。

自 2011 年 2 月开始实施充填开采至今，邢东矿已完成 9 个高水充填工作面和 5 个矸石充填工作面的回采，高水充填回采煤量共计 275. 9 万 t，充填高水 120. 8 万 m^3；矸石充填回采煤量共计 83. 1 万 t，充填矸石 77. 33 万 t。

（四）坚持建设绿色矿山和节能减排同步进行的工作思路

邢东矿地处市区，建矿之初就确立了安全高效、生态文明可持续发展理念，充分考虑对环境的影响，全面优化工艺，没有洗煤厂、锅炉房、电厂及工人村，原煤输送、储存、装车全封闭，矸石全部井下回填，树立了出煤不见煤、不见矸石山的矿山新形象。历年来不断加大投资力度，实现了矿区污水、噪声、扬尘等污染源全面治理。

实现水资源循环利用率 100%，大幅降低了工业新取水量。创新煤炭的储运方式，提升上井的煤炭，经封闭式皮带走廊直接入仓，仓下直接装车。实现出风井除尘降噪，有效降低出风口煤尘及噪声污染。打造地源热泵系统，与传统水冷中央空调机组+燃油锅炉相比更加低碳环保。打造花园式矿山，系统设计了矿区内道路绿化、防水林带、卫生防护林带等工程。全矿绿化面积达 50% 以上，绿化覆盖率（可绿化面积）达到 100%。建成了一个集小桥流水、亭阁走廊、假山喷泉等于一体的占地约 37400 m^2 的生态文化园，绿叶相生、文化浓厚，古今相融，形成了矿区独特的游园景观，受到了社会各界的高度称赞，被誉为“花园式矿山”。该矿先后荣获“全国绿化先进集体”“全国节能减排先进单位”“全国环境友好单位”和“河北省园林式单位”等称号。2013 年，邢东矿被国家能源局煤炭司和中国能源报社授予“中国最美矿山”荣誉称号，展现了企业风采，树立了良好形象，成为了冀中能源集团、冀中能源股份有限公司乃至省市的对外“窗口”单位。

冀中能源峰峰集团有限公司辛安矿

一、矿井概况

辛安矿位于峰峰矿区南部，距冀中能源峰峰集团总部约 50 km。矿井于 1970 年开工建设，1971 年 10 月 1 日投产。设计生产能力 0.30 Mt/a，1976 年达到设计生产能力。辛安矿区于 1985 年开始动工延深。2010 年，技改后矿井核定生产能力为 1.20 Mt/a。2014 年矿井生产能力核增到 1.50 Mt/a。

矿井开拓方式为斜、立井多水平两翼上下山开拓方式。辛安矿地质类型划分为极复杂型。矿井为高瓦斯矿井，水文地质类型为极复杂型。矿井现开采 2 号煤层，采用走向长壁后退式采煤法，综采放顶煤回采工艺。

二、主要技术经济指标完成情况

2021 年矿井原煤产量为 115.03 万 t，报告期内计效工数 203190 工，原煤工效 5.66 t/工，矿井回采产量 115.03 万 t，工作面平均个数 1.52 个，综合单产为 6.99 万 t/(月 · 个)。全矿采煤机械化程度 100%，掘进机械化程度 70%，综采程度 100%，综掘机械化程度 70%，矿井采区回收率达到 87%，工作面回采率达到 98%，矿井全年杜绝了轻伤及二级以上非伤亡事故，实现安全生产无事故，百万吨工亡率为零。

三、安全高效矿井建设的主要做法

（一）技术创新方面

（1）应用“堆喷混凝土”沿空留巷技术。在 11212-2 煤柱工作面运料巷成功实施该技术，采用超前切顶卸压+补强锚索+堆喷巷旁墙体联合支护，在采空区及留巷巷道内构建一道混凝土墙体，堆喷沿空留巷巷旁墙体，发挥隔离采空区和支撑巷道顶板的作用。应用该技术施工快速高效、成本低廉。

（2）井口车场自动调运系统。在提升机控制和智能信号、操车控制的基础上，将提升机、信号系统、操车系统集于一体，搭建信息融合、相互闭锁、安全可靠、高效节能、协同作业的副井提升运输综合自动化系统。通过集中控制系统实现井口车场推车调运，采用绞车牵引和人力强迫推车的运输方式替代原有的普通轨道运输。该系统能够满足现阶段生产、环保等需求，有效减少了人工操作发生磕手碰脚等安全事故，降低了职工劳动强度，提高了职工幸福指数。

（3）高瓦斯采煤工作面本煤层钻孔一孔多用技术。本煤层钻孔一孔多用瓦斯抽采技术就是利用采掘前后本煤层钻孔，采用煤层注水泵压裂技术，让煤层顶板和下部煤层内弱面裂隙重启、原生裂隙张开，相邻裂隙自由沟通，使煤层瓦斯提前卸压；随采煤工作面推进本煤层钻孔失效后，继续采用煤层注水泵进行煤层注水，降低生产期间煤尘。该技术为今后采煤工作面瓦斯治理提供了可靠的技术支撑。

（4）研究村庄下厚煤层无煤柱协调开采房屋变形规律。采用多种“空-地”观测方法，对村庄典型房屋进行三维建模，结合实测分析和物理模型试验，对村庄下厚煤层无煤柱协调开采房屋变形规律进行研究。

（5）矸石资源利用循环系统配套装备关键技术。辛安矿与属地政府合作申报大型固体废弃物综合利用基地。集中收集产生的煤矸石，在山地荒沟内进行复垦还田综合利用。将原有的电机车、绞车运输矸石的方式，改造为带式输送机运输至排矸场、汽车装载运输至荒沟还田的工程。这样做既治理了矸石污染环境，改善了周边环境质量，又解决了现有卸矸空间不足的问题。

（6）工作面切眼摸顶掘进、摸底安装回收三角煤。工作面切眼采用“摸顶掘进+培顶卧底”方式实现一次摸底安装工艺。在11212-2综放工作面掘进期间，掘成巷道后切眼进行卧底培顶，将切眼卧到巷道底板上，顶上使用锚索吊挂板梁圆木培顶，在切眼安装期间实现摸底安装，减少了综放工作面安装后下载摸底的工序，同时回收了工作面下载期间损失的三角煤。经过初步计算，通过该方式可以多回收精煤3300 t，实现创效330余万元。

（二）绿色智能发展方面

（1）兴建矿井水处理厂。对生活污水厂现有处理系统升级改造，加装液位仪4台，溶氧仪6台，PLC自动化控制系统1套，实现了生活污水厂各处理系统联动控制，可视化操作。该厂日处理水能力为5000 m^3/d，矿井水处理达标后，再全部循环用于井上浇花、农田灌溉，达到了国家对节能减排和环境保护的要求。

（2）矿井工业广场绿化。进一步完善和升级厂区绿化美化工作，矿厂区占地面积13.9 hm^2，其中绿地面积5.08 hm^2，绿地率达36.5%，绿化覆盖率达45.6%。

（3）煤场、砂石料场、矸石装运系统密闭棚化。煤棚建筑面积4800 m^2，内设自动旋转喷淋装置、雾炮；砂石料棚建筑面积300 m^2，内设自动旋转喷淋装置。对输送皮带进行密闭，矸石转运系统设置密闭皮带走廊，矸石装运棚内设置喷淋装置、雾炮。

（4）扬尘治理。根据全厂各处粉尘产生情况，分别设置集气罩对粉尘进行收集，配套4台布袋除尘器进行处理，含尘废气经处理后分别通过4根15 m排气筒排放。在厂区安装智能雾炮13台，七参数监测设备2台，八参数监测设备1台，对无组织颗粒物进行抑尘和监测。

（5）煤矸石复垦造田项目。创新提出利用煤矸石进行农田复垦的煤矸石处置新思路，推动煤矸石综合利用，同时使荒沟得到生态整治，有效增加项目区的耕地或林地面积，提高了土地利用率和产出率，具有良好的社会效益、经济效益和环境效益，项目荣获河北省煤炭协会“科技创新三等奖”。

（三）科学管理方面

（1）办公信息化、自动化与智能化。运行的软件系统主要有矿内办公平台、生产调度管理、安全信息管理、OA协同办公、人员定位和考勤、瓦斯监控、重要场所视频监控、视频会议等系统。运用信息化网络，实现了各类应用管理系统向各基层管理岗位和生产值班室的延伸，实现了日清日结、内部市场化结算等精细化管理、生产和安全管理、矿务和党建公开等信息在各联网电脑和各单位值班室电子显示屏上的全方位展示。

（2）井下有瓦斯监控系统、人员定位系统、水文监测系统、视频监控系统、电网监测系统、皮带运输集中控制系统等，地面有皮带和营选集中控制系统、抽压风机运行监测系统、网络视频监控系统等。这些系统均实现了数据自动采集和传输，有些还通过工控和信息技术实现了远程集中控制，或通过上位机、服务器接入了矿信息网络平台，为保障矿井高产高效地安全生产发挥了重要作用。

（3）矿井劳动定员化管理。设立劳动工资部，负责全矿劳动定员管理，建立健全了劳动定员管理制度，科学合理组织生产，严格按照集团公司规定的岗位定员，优化劳动组织，提高劳动效率。特别对原煤生产人员进行了优化配置，合理安排了采煤工、开掘工、机电工、运输工、通风工等专业工种，做到了专业对口，均衡协调。对各工种尤其是专业技术岗位职工全部进行了安全技术和规程措施的培训，持证上岗率达到100%，并严格技能培训，职工业务技能水平显著增强，为提高原煤生产效率打下较好的队伍基础。

冀中能源峰峰集团有限公司新屯矿

一、矿井概况

冀中能源峰峰集团新屯矿地处河北省邯郸市峰峰矿区大社镇，于1958年开始建井，原为大淑村勘探区小屯井田，设计生产能力0.45 Mt/a。1982年独立成矿，核定生产能力0.35 Mt/a。1989年进行改扩建工程，1995年基本完工，生产能力提高到0.60 Mt/a。2020年核增后产能为0.80 Mt/a。

新屯矿井田为斜井多水平开拓方式，暗斜井石门延深。矿井由4个斜井筒（主井、副井、老副井和回风井）和1个立井通往井下。工作面采用倾斜长壁采煤法，回采过程中大煤采用轻型放顶煤采煤法，薄煤采用综合机械化采煤法。矿井通风方式为中央边界式，主要通风机工作方法为抽出式，目前有4个进风井和1个回风井。矿井为煤与瓦斯突出矿井，现采2号煤层为突出煤层。煤层为III类不易自燃煤层，煤尘均具有爆炸性。

二、主要技术经济指标完成情况

2021年全矿实现安全生产无事故，百万吨工亡率为零。全矿采煤机械化程度100%，掘进装载机械化程度100%，综掘机械化51%。2号煤层采用放顶煤采煤法，采区回收率83%以上。2021年有两组回采工作面生产，采2号煤层，回采产量55万t，工作面平均个数1.09个，回采综合单产为42048.9 t/(个·月)。全矿生产原煤61.1万t，总进尺完成9800 m，原煤工效3.39 t/工，利润实现收支平衡，职工收入稳步提升。

三、安全高效矿井建设的主要做法

新屯矿以“无人则安”为安全理念，紧紧围绕“一优三减”“机械化换人、自动化减人”，大力推广“四新”应用，采取多种措施，开展多种活动加强职工身心健康管理工作，多措并举推动矿井科技创新，科学、安全、绿色和可持续发展。

（一）应用矸石山绞车智能化无人值守技术

为减少绞车司机岗位工，实现企业的高效、减人、自动化，对地面矸石山绞车房安装绞车智能化自动控制系统、斜坡人防装置、绞车闸瓦在线监测装置、矸石山斜坡全方位监控设备。通过安装绞车的自动化控制系统，提高了绞车的自动化水平，实现了绞车的自动化无人值守运行。

（二）主要运输皮带系统地面远程集中控制应用

为了达到机械化减人、自动化换人目标，对皮带集中控制系统升级改造，重新安装、铺设一套新的皮带机集控系统。通过实现皮带系统的集中控制化改造，从-600 m 地区一直到地面圆筒仓运输线路，全线实现了主运皮带机系统的远程集控化，实现了机械化换人、自动化减人的目标。同时，应承了主皮带运输系统的高效、安全、经济、绿色发展的管理理念，提高了全矿主要皮带运输系统的自动化管理水平，降低了用人成本，提高了安全和经济效益。

（三）东风井机房局域网集中群控制系统应用

为响应集团公司减人提效的方针，根据东风井实际地理情况，将瓦斯电厂和抽放泵操作系统进行合并。将瓦斯电厂监控、抽放泵、压风机、主要通风机和变电所等操作系统整合到新的集控室，形成了东风井特有的设备控制自动化、生产调度指挥自动化的综合信息管理系统。将 4 个集中控制室合并在一起，操作工岗位和维修工岗位进行融合再重新分配，可减少 12 名岗位人员，对设备的安全运行实现动态化管理，第一时间发现设备运行的潜在隐患，并及时处理。

（四）架空乘人装置自动化无人值守运行改造

针对架空乘人装置的集中控制系统出现了线路老化、间断运行不稳定、传感器间断工作失效等现象，为保障矿井的安全生产，对架空乘人装置的自动化控制系统进行升级改造，实现自动化运行，提高提升能力。架空乘人装置通过人体红外传感器实现自动启停，当无人乘坐时，系统具有延时停车功能。

（五）矿用电子秤的使用

为确保工作面顺利推进，能够实时掌握了解、监控输煤皮带的实时数据，直观反映皮带机开停状态、带速、流量等生产设备信息，更加有效的指挥生产，14276 工作面 2 台皮带处安装使用电子秤系统，能够于井上实时监控当班生产运行情况，为准确把控工作面推进奠定了基础。

（六）可视化远程集中控制系统在综采工作面的应用

14276 工作面采用可视化远程集中控制系统在综采工作面的应用，对工作面被控设备进行“集控”“就地”“检修”“点动”控制。集中控制系统能对工作面设备运行情况进行实时监测监控，同时具有完善的语音报警功能，对设备启停、设备状态、沿线闭锁、六大传感器等实现报警保护，实现运输系统高效运行，提高了工作效率，降低了职工的工作量和劳动强度。

（七）掘进工作面无轨化运输的应用

由新屯矿结合山东浩吉矿业装备有限公司在14269运料道掘进工作面试用BCLCX5Z矿用履带式搬运车进行辅助运输，该矿用履带式搬运车的使用为河北省首创，在集团公司各部门的指导下，经过施工现场实际使用，并不断进行优化改进，实现了掘进辅助运输系统由有轨运输向无轨运输划时代的变革，取得了安全与效益双提高。

（八）坚持绿色发展，打造生态矿山

严格按照《中共中央国务院关于全面加强生态环境保护坚决打好污染防治攻坚战的意见》，坚决打赢蓝天保卫战，着力打好碧水保卫战，扎实推进净土保卫战，采取了以下措施：对矸石山全面苫盖，并植树绿化；对煤场进行棚化，并安装了8台大功率除尘器，有效降低了矿井扬尘；在地面安装了雨污分离系统，井下安装了超磁分离污水处理系统，有效地对矿井废水净化，矿井污水达到零排放；加强绿色矿山建设，矿井大力植树绿化，植被覆盖率达到可绿化区域面积的63%，矿井环境优美。

冀中能源峰峰集团有限公司大社矿

一、矿井概况

大社矿前身是薛村矿，2013 年 11 月，挂牌成立大社矿，隶属于冀中能源峰峰集团。矿井位于峰峰煤田东北部，地处鼓山东麓。区内有公路与主干道相通，向北 22.5 km 到邯郸市与 107 国道和京深高速公路相接，向北 15 km 与 309 国道相连。有运煤专用铁路通达该矿，经马头站与京广线接轨。该矿交通四通八达，十分便利。

大社矿采用立井多水平、暗斜井石门延深，水平集中大巷、上下山分区开拓方式。矿井开采划分+30 m、−120 m、−280 m 共 3 个水平。目前生产主要集中在三水平，现有 2 个生产采区。回采工作面采用走向长壁采煤法，回采工艺为综采，工作面采用国产 ZF3200/16/24BZ 型、ZF5200/16/28 型支架采煤，采区上下山均实现带式输送机运输。矿井为煤与瓦斯突出矿井。

二、主要技术经济指标完成情况

2021 年，矿井原煤产量计划 101.5 万 t，实际完成 103.01 万 t。总进尺计划 13000 m，实际完成 13302 m，超计划 302 m。矿井平均工作面个数 1.79 个，综合单产为 42400 t/(个・月)，原煤工效达到 4.855 t/工。全矿采煤机械化程度 100%，掘进机械化程度 100%，采区回收率 93% 以上。全年未发生工亡事故，百万吨工亡率为 0。原煤成本 581.99 元/t，利润实际完成 1064 万元。

2022 年，矿井原煤产量计划 92 万 t，实际完成 93 万 t。矿井平均工作面个数 1.62 个，综合单产为 42438 t/(个・月)，原煤工效达到 4.87 t/工。全矿采煤机械化程度 100%，掘进机械化程度 100%，采区回收率 93% 以上。全年未发生工亡事故，百万吨工亡率为 0。原煤成本 561.12 元/t，利润实际完成 699.65 万元。人均工资年收入达到 91023 元，同比增幅 10%。

三、安全高效矿井建设的主要做法

（1）优化生产系统改造，充分利用原巷道生产系统，尽量少掘巷道。

通过优化对比 92610 工作面设计，利用原 94610 工作面石门，共减少石门工程量 80 多米；利用原 94610 集中出煤巷，少掘半煤巷 400 m；减少作业场所的布置，节省资金 248 万元。同时，减少用工 9590 个，减少电耗、水耗、设备损耗及材料的投入。921102 工作面优化结束运输路线。921102 工作面结束出设备、支架，运输路线长，且巷道变形量大，整修任务严峻，为保证工作面在规定时间内完成结束任务，矿管技人员积极寻求新的办法，研究了该工作面周围相关巷道的布置情况，提出了整修推过的运料巷石门。该方案的实施，缩短了 400 m 接替运输长度，同时减少了后路 4 部绞车设备接替运输，有利于工作面按时完成结束任务，减少了人力物力的投入。

（2）对 92610 采煤工作面推采方案进行了优化。92610 工作面面长 157 m，煤厚平均 6 m，现将停采线外移至揭煤点，停采线平均外移 26 m，增加原煤采出量 2. 6 万 t，产生经济效益 1300 万元。

（3）优化工作面结束方案，使用锚杆固定铺网上绳使用的钢丝绳，有效地控制铺网上绳效果，提高铺网上绳效率；使用局部通风机的方式进行出支架，即随着支架的移出及时放顶，实现了出支架后无坑木支护顶板，同时使用通风机供风出支架，有效保证回撤工作面供风风量。

（4）92610 工作面运料巷采用超前支护无点柱支护设计，原巷道端头高度一般为 2. 2 m，使用中空注浆锚索、门式支架、支架增高帽联合支护后，采煤高度为 4. 5 m，巷道宽度为 4. 5 m，每推进 1 m，可增加原煤产量 16 t，端头过渡段可增加原煤产量 18 t，每推进 1 m，合计可多回收原煤 34 t，共多回收原煤 6800 t，减少了维修工、放顶工、端头支护工用工，减少了单体液压点柱成本维修损坏费用，合计可产生经济效益 426. 8 万元。

（5）921102 采煤工作面在峰峰集团首次使用覆岩离层注浆充填开采技术，解决了工作面开采对地表破坏的问题，大大减小了工作面开采对地表建筑物的破坏，工作面结束后地表变形较小，地表及建筑物沉降量小，多数房屋破坏只有一级，少数二级破坏。该技术为今后的三下开采提供了新的思路，缓解了采掘衔接紧张的形势。

（6）92606 外工作面使用双错支护设计。大社矿积极推广使用新工艺、新设备，在 92606 外工作面使用端头及过渡支架，根据安装新型设备需求，对工作面切眼进行了改造，结合设备及工作面实际，研究制定了双错支护设计。该设计实施效果良好，多回收原煤 4800 t，创效 240 余万元。

（7）井筒修复加固技术。采用槽钢井圈混凝土复合井壁结构形式结合壁厚注浆，在井壁上开切卸压槽卸载井壁竖向变形等技术手段，保证了工作面开采期间东副井的正常运行，首次在峰峰集团取得了成功，回收煤炭资源29 万 t，为以后工业广场煤柱的开采提供了宝贵经验。

（8）创新使用液压旋转道岔。在参考有关矿车轨道转盘设计的基础上，自行设计制作液压旋转道岔设备，通过液压动力，转动矿车轨道转盘转换方向，实现液压控制道岔旋转，提高运输的效率和安全性。

（9）在石门揭煤掘进期间，通过技术攻关，成功应用了迎头超前支护锚杆技术。锚杆有效的打设布置能有效控制并加固（支护）了巷道迎头前方长度 2.2 m、高度 0.55～0.6 m 范围的顶板及围岩。该技术的成功应用，为大社矿及集团公司在石门揭煤防止片帮、防止流煤引起的瓦斯超限等方面提供了新的技术手段。

（10）引进使用 TDS 改造工作，拆除了斗提机、脱水筛、煤泥分级旋流器、水池、云配转载胶带机；新增 1 台原煤分级筛、1 台振动布料器、1 台智能干选机、1 台矸石滚轴筛；对干选车间和精煤卸载点胶带机栈桥进行改造；新建了精煤卸载点以及矸石转载点胶带机栈桥，投入运行后可保证矿井生产的 13～50 mm 粒度原煤全部入洗。

（11）大力推广履带钻车的使用。根据履带钻车扭矩大、移动方便等优点，全矿各掘进头履带钻车跟头走，尤其在 92624 两巷施工顺层钻孔，不仅能施工长钻孔，而且单班进尺由 50 m 提高至 80 m 以上，为全矿瓦斯治理工作节省了大量的人力、物力。

（12）新型瓦斯风动排放器在 92703 底工作面试验成功。92703 底工作面上隅角瓦斯一直是瓦斯治理的难点，通过使用新型瓦斯风动排放器治理上隅角瓦斯，可将上隅角瓦斯引流至运料巷，有效地防止了上隅角瓦斯积聚。

冀中能源股份有限公司东庞矿西庞井

一、矿井概况

东庞矿西庞井位于河北省邢台市内丘县大孟村镇胡里村西北 0.7 km 处，东距内丘县城 15 km，东南距邢台市 25 km。设计能力 30 万 t/a，核定生产能力定为 40 万 t/a。矿井采用分区式通风，通风方式为中央边界式，主井、副井进风，风井回风，通风方法为机械抽出式。矿井现主采煤层为 9 号煤层，采用走向长壁式采煤方法，综采放顶煤工艺，顶板管理方法为全部垮落法。矿井开拓方式为立井单水平开拓，有主井、副井、风井 3 个井筒。截至 2021 年底，矿井地质储量 4293.3 万 t，可采储量 1053.7 万 t。矿井为低瓦斯矿井，开采的 9 号煤层煤尘具有爆炸危险性。煤层自燃倾向性为Ⅱ类，属自燃煤层。水文地质类型为极复杂型。

二、主要技术经济指标完成情况

2021 年矿井生产原煤 36.8 万 t，巷道掘进进尺 2872 m，矿井综合单产 3.134 万 t/(个・月)，原煤生产人员效率达到 4.08 t/工，利润水平完成 2905 万元，人均工资 9.46 万元。

三、安全高效矿井建设的主要做法

（一）强化安全管理

通过开展分级管控、分专业周循环排查、小分队等活动，狠抓安全管理，实现安全生产。狠抓现场安全，对重点工程及薄弱环节进行现场跟班，定期开展全矿井范围内的隐患排查，为安全生产提供了有力保障。

（二）生产管理创新

（1）综采工作面针对回收的支护材料（梯形梁、槽钢等），设计制造梯形梁、槽钢修复机。综采工作面回采期间两巷槽钢、梯型梁回收量大，大多受巷道压力影响变形，码放时占用巷道空间大，都需要上井修复，且装车往往超长超高，运输时存在很大安全隐患，且费工费时。回收后经修复可达到再利用的条件，可用于矿压显现不明显，无冲击地压等风险的巷道的支护。

这项举措提高了材料循环利用率，减少了区队井上装料及入井运输时间，节约人力、物力资源。

（2）加装掘进机电缆自行拖拽装置。掘进机电源电缆以前需将 90 m 的电源电缆盘成圈放置于掘进机盖之上。掘进机运作时，需有专人戴绝缘手套看护，即沿掘进机前进方向用“S”钩吊挂于顶板之上，后退时则取下，产生诸多隐患：如绝缘手套是否完好有效，电缆码放过高可能被顶板锚索划破，过少又制约掘进进度，另外，看护人员站在高处，划脸、扎身情况也有发生，费力且不安全。技术小组经过多次论证实践后，根据综采割煤机“拖缆架”结构，自行加工一套与带式输送机机尾配套的“拖缆架”。将电源电缆码放于带式输送机机尾之上，并取合适长度电缆连接掘进机电控箱与电源电缆。由此段电缆自动伸缩完成生产循环，实现无人看守，自动拖拽。

（三）现场管理创新

（1）全员发动，充分发挥集体作战优势。每位区管做到责任明确，井下现场化整为零，分片包干，以标准化动态达标为主线，以打造标准化特色亮点为目标，强化责任落实、责任追究，提高管理人员责任制落实的精准度，形成其主动作为的工作态度。

（2）井下所有设备、材料及工具全部实行定码编号，定人管理，一目了然，设立设备、材料及工具存放交接区，严格落实现场交接班制度，为实现降本增效创造了条件。

（四）管理制度创新

（1）建立工作量化考核体系。设立了安全、职工学习参会、出勤、劳动纪律等积分和小改小革创新加分制度，以此提高职工的自我管控能力，营造不甘落后的竞争局面，促使职工养成遵章守纪、主动安全的良好习惯。

（2）建立职工小改小革激励机制。2021 年西庞井综放队产生 4 项技术管理创新管理成果（槽钢、梯形梁修复机，风压加油，采煤机电路优化，支架管路优化等）。

（五）成本管理创新

（1）严格用工管理。以班组为单位严格控制用工，月初队长会把一个月的工作进行预判和安排，班长按照工作量大小的时间节点安排好出勤和轮休，严控出勤，杜绝活少出勤高的不良现象，做到按需出勤，确保出勤均衡，为区队实现连续的稳产高产提供保障。

（2）抓好材料消耗管理。坚持多措并举、统筹兼顾、包机到人、浪费重罚的原则。对低值易耗品由班长和跟班区管现场把关；价值高的零配件实行定点存放，包机人员交接建账管理；油脂消耗从消灭漏油抓起，采用后期设计的风压加油法进行放油操作，避免浪费；材料存放箱遍布各个工作场所，杜绝了材料乱扔乱放、丢失浪费的现象。

（3）修旧利废效益显著。回收的螺丝、道钉、地滚等在井下由泵站司机负责修复保养，做到直接复用，节省环节，效益斐然。

（六）推进智能化建设

（1）电液控支架系统可实现成组程序自动控制，包括成组自动移架、成组自动推溜，支架自动补液。支架可实现邻架/隔架电控的手动电控操作及邻架自动操作，实现本架电磁阀按钮的手动操作。系统通过对采煤机位置及运行方向的识别，可以实现工作面液压支架跟随采煤机作业的自动化控制功能，跟机自动移架，自动推溜控制。系统具备初撑力自动保持功能，补偿初撑力可调（不超过泵压）；具有带压移架功能与采煤机配合进行全自动化的双向、单向割煤功能。系统对立柱的工作压力、采煤机的位置、方向进行监测的功能，能够在井下主控计算机上显示并能够接入井上下数据传输系统。电液控制系统具备抗干扰能力，不允许有误动作。电控系统连接器的插接可靠，有较好的抗砸、抗挤、抗拉能力，插接灵活。

（2）掘进机后路控制系统由井下集中控制中心、就地控制分站和视频监控系统组成。该系统减少就地控制存在的事故隐患，解决各设备之间相互脱节、无法充分发挥效率的问题。缺点是实现就地无人操作，仅设巡检人员。该系统采用分布式控制，信息共享，实现提高生产运输效率、减人提效的目的。系统具有自诊断功能，报警时具有语音、图像显示等功能；系统结构合理，为以后运输系统的升级留有充裕的扩展容量。该系统与皮带集控、视频监控相结合，实现可视化管理，实现设备逆煤流启动、顺煤流停车的启停顺序，确保安全运行。

（七）开展“一优三减”、减人提效工作

西庞井合理优化了生产组织和生产系统工作，采用一采两掘的生产布局。在工作面运输系统及采区延深过程中，优减了煤炭运输系统：9302 工作面在皮带巷原计划铺设两部运输系统，经调研研究决定采用一部 DSJ100/80/2×160 运输皮带，简化了运输系统的同时也满足了运输要求；采区延深时采用一条集中主运输线，减少了运输设备。北翼皮带巷原有两部皮带运输，后更换为一部 2×160 永磁滚筒驱动，变频调速，减少了设备维修、维护费用，节省电力约 3/4，减少了皮带损耗。

冀中能源股份有限公司葛泉矿

一、矿井概况

葛泉矿隶属于冀中能源股份有限公司，于1983年12月破土动工，1989年10月投产，原设计能力60万t/a，后经技改，2008年矿井的最新核定能力为95万t/a。同时，矿井建有一座重介洗煤厂，2009年经过扩能改建，实现煤炭全部入洗。

井田共有可采与局部可采煤层6层，总厚12.84 m，自上而下分别为山西组2号煤、$2_{下}$煤及太原组的5号、7号、8号、9号煤层，煤种为1/3焦煤、焦煤、瘦煤、贫煤、无烟煤等。葛泉矿本部现采2号煤、$2_{下}$煤、5号煤，其中2号煤平均煤厚3 m，为中厚煤层；$2_{下}$煤煤厚0.7~3.0 m；5号煤煤厚1.6 m，有薄煤层和中厚煤层开采。采用双立井开拓方式，通风方式为中央并列抽出式，开采方式为单一水平布置上下山开采，水平标高-190 m。采煤方法为走向长壁综合机械化采煤，单一煤层一次采全高，顶板管理为全部垮落法。

二、主要技术经济指标完成情况

葛泉井属水文、地质复杂型矿井，13504工作面里段倾角在26°左右。矿井2021年原煤产量94.9万t，掘进总进尺6165.7 m，综合单产达到4.12万t/(个·月)，原煤工效5.25 t/工。矿井采煤机械化程度达到100%。掘进机械化程度98%，综掘机械化程度74.5%。回采工作面平均煤厚都属于中厚，采区回收率为86.5%。全年实现安全生产，完成利润17638万元，人均工资8.55万元。

三、安全高效矿井建设的主要做法

（一）持之以恒抓好安全生产标准化动态达标，夯实安全高效煤矿建设根基

（1）坚持以安全生产标准化建设为基础，大搞精品工程创建和保持工作，融合安全风险分级管控、隐患排查治理双重预防性机制的“三位一体”

安全生产标准化体系。全员牢记“心里装着风险，眼里查着隐患，手里做着标准”的要求，全面推行安全风险分级管控，强化隐患排查治理，推进事故预防工作科学化、信息化、标准化，提升安全生产整体预控能力，实现了把风险控制在隐患形成之前、把隐患消灭在事故之前，坚决遏制重特大事故。建立运行煤矿安全生产标准化信息管理系统，按照要求将辨识出的风险和排查出的隐患及时录入信息平台，实现信息化系统管理，并为领导决策提供支持。同时，对存在重大安全风险可能引发重特大事故的重点区域、重点部位，推广应用先进设施设备，强化技术管控安全措施，全面提高矿井安全防范能力。

（2）下发了《葛泉矿深化风险管控和隐患排查双重预防机制》文件，领导层重点“抓大隐患、防大事故”，率先树立安全风险意识，严格执行安全风险分级管控机制。职能科室、基层区队将重点放在防范零星事故方面，积极开展事故隐患排查治理工作，双重预防机制初见成效，矿井安全保障能力持续提高。

（二）以优化生产工艺为抓手，精心组织生产实现安全高效煤矿建设

（1）结合自身经验，优化薄煤层回采工艺，减少工作面回采期间矸石量，控制原煤灰分，降低工作面矸石运输、洗选等费用，有效降低成本投入。

（2）不断应用、优化各项工艺，保证矿井正常生产。如积极应用桁架支护工艺，对复合岩溶顶板和近冲积层顶板支护技术进行优化改进，应用桁架锚网梁支护巷道，在保证支护质量的同时，降低了职工劳动强度；优化13504 工作面双向大倾角开采工艺，采用面内单体压溜、支架带压移架，确保施工安全，保证了矿井的稳产高产。

（三）以倡导鼓励科技创新为手段，技术支撑助推安全高效煤矿建设

（1）以技术手段消除矿井重大安全隐患。加强技术创新，在下组煤防治水、防灭火、瓦斯防治管理等方面做足功夫，消除隐患，确保安全。

地测防治水方面，采用三维地震、直流电法仪、底板超前钻探等综合手段，全面排查水害威胁；精查冲积层煤柱尺寸，解放煤炭资源。

瓦斯治理方面，优化矿井通风系统，确保通风系统的稳定与畅通；制定有效措施，加强南翼重点地区的瓦斯管理，及时制定严密的瓦斯管理措施并严格执行，杜绝瓦斯事故。

粉尘防治方面，加强综合防尘及安全监控技术创新，推广应用新设备，改善矿井作业环境。在掘进工作面增设加压泵、安装附壁风筒、防尘水中加

入降尘液、实行超前煤体注水后，除尘率达到94%，极大地改善了作业环境。

（2）以装备投入保障矿井生产能力。根据生产实际需求，不断加大采掘装备的投入与旧设备更新力度，不断提高矿井机械化、现代化、智能化水平。

在132下03上、132下03外工作面使用薄煤层电液控支架，实现顺序推溜、成组移架、带压移架和立柱压力补偿等控制功能，极大地提高了工作效率；创新使用高压配电柜欠压保保试验装置，提高了操作安全可靠性；架空乘人装置使用8级电机，省去了变频器的调速环节，提高了设备运转的安全性和可靠性。

（四）以提质增效节支降耗为指导，效益提升保证安全高效煤矿建设

以基层单位为试点，积极推进了区队全面预算管理制度和市场模拟运行，以点带面，循序渐进，不仅有效提升了广大职工的成本观念和效益意识，而且使基层单位的全面预算管理在规范化、制度化上向前迈进了一大步，为超额完成效益目标奠定了基础。同时紧跟市场行情，动态调整煤炭售价，加大地销力度，增加无烟煤的入洗量，形成了“井下分采分运，井上分装分储，分别轮洗加工”的生产格局，实现了有限资源的效益最大化。

（五）以发展环保、绿色矿山为方向，整体推进稳定安全高效煤矿建设

积极响应国家政策，加强环保投入，大力推进节能减排工作，通过修改和完善各项管理制度，加强能源的日常管理，举办节能知识答题赛等活动，提高职工的节能意识，进一步推动节能减排工作的顺利开展，实现向勤俭节约、绿色低碳、文明健康的方向转变。

为保证现用环保设施安全、经济、稳定运行，污染物达标排放，不定期组织现场巡回检查，发现问题及时安排处理，保证了矿井水处理厂、生活污水处理厂、洗煤厂的闭路循环系统，煤场洒水降尘系统，采暖锅炉烟气处理设施等系统设施的完好率达100%，运转率达100%，污染物达标排放。并对矸石山进行防尘网全覆盖，铺设防尘喷雾管路，植树绿化项目也已列入规划中。此外加强宣传工作，6月5日世界环境日当天充分利用矿内网，电子屏滚动播放了“践行绿色生活”意义及环保知识和新环保法等内容，进一步提高了职工节能意识。

冀中能源股份有限公司邢台矿

一、矿井基本情况

邢台矿本部于1961年11月筹建，1968年10月投产，设计生产能力为90万t/a，2014年核定生产能力为210万t/a，2017年10月部分去产能后，现矿井核定生产能力为80万t/a。矿井为低瓦斯矿井，通风方式为两进三回混合式。采用中央立井开拓，分东西两翼开采，开采水平的布置为阶段岩石集中大巷和采区石门式，共分两个水平开采（即-320水平和-450水平），水平之间的联系方式为两条暗斜井。

邢台矿主采2号和5号煤层，开采煤种主要为1/3焦煤、气肥煤。2号煤层为稳定可采厚煤层，平均煤厚6.2 m。5号煤层为较稳定可采中厚煤层，平均煤厚1.47 m。截至2022年2月底，邢台矿“三量”剩余：开拓煤量627.7万t，可采期7.8 a；准备煤量143.5万t，可采期21.7个月；回采煤量45.7万t，可采期8.5个月。

二、主要技术经济指标完成情况

2021年矿井原煤产量79.02万t，实现利润20201.78万元；矿井综合单产33145 t/(个·月)，原煤生产人员效率4.678 t/工；安全生产标准化为二级，当年杜绝了二级及以上非伤亡事故；矿井采煤机械化程度达到100%，掘进机械化程度达到79.49%；矿井采区回采率为86.86%。原煤入洗率达到100%。劳动定员和绿色开采情况均符合规定要求。

三、安全高效矿井建设的主要做法

（一）狠抓基础管理，严格落实安全责任，确保安全形势持续稳定

（1）安全生产标准化提档升级。顺利通过了二级标准化验收，保持了一级水平，先后创建了25305、51121、25307三项“精品工程”，其中51121是公司第一个沿空留巷精品工作面。

（2）安全管理举措不断丰富。每季度组织安管人员考试，职能科室联合评审规程措施，开展工伤事故“案例展、巡回讲”，每周进行安全警示教

育、对单班入井人数和区域作业人数严格管控，结合全员素质提升、金牌班组创建、夺旗争星活动等一系列举措，有效夯实了安全基础管理。

（3）重大事故有效防范。制定针对性措施，严格现场管理，先后实现了51121、7722、7620、25305、西井9100上山掘进等多个头面和地区的水、火、瓦斯、顶板、运输安全。

（4）科技保安作用彰显。推进“双控”平台管理，引进安装井下移动式瓦斯抽放系统，设计带式输送机保护装置试验平台，安装无极绳牵引车联动防跑车装置，成熟运用沿空留巷顶板深孔预裂卸压技术，进一步提升了矿井安全水平。通过各项安全举措的有力执行，矿井已连续安全生产2000多天。

（二）精心谋划战场，提升生产效率，原煤生产实现稳产高产

（1）统筹安排生产接替，优化采掘布局，保障矿井长远规划。认真组织编制各年度生产计划及五年生产规划，合理优化采掘布局，确保矿井正常生产接替。根据生产安排，超前谋划规划期内生产战场摆布，优化生产接替，对涉及的工作面和采区认真摸排，针对可能影响未来规划的F12、F15断层治理工作、西井和本部联合开采相关工作、25200采区和9500采区的施工设计、25300采区沿空留巷体系的建立等重点工作，提前入手，通盘布局，确保储量的准确性及设计方案的可行性，保证矿井生产接替正常和持续稳定高效长远发展。

（2）完善沿空留巷体系，优化沿空留巷设计，降低万吨掘进率。沿空留巷无煤柱开采，不仅对生产矿井进行技术改造、缓和采掘关系和延长矿井寿命具有重要意义，而且也是使煤炭企业改善安全条件和技术经济指标，增产、增盈减亏的主要途径之一。继51119工作面首次成功采用沿空留巷新技术以来，2021年，先后在25300采区的25303工作面、25305工作面实现成功留巷929 m，有效缓解了接替紧张局面。

（3）高效组织矿井检修、提升工作面安装效率，为矿井高效生产提供保障。经过精密筹划，细心组织，把原计划需要6 d的矿井大检修压缩到4天半完成，抢抓一切时间保生产。同时，严把设备入井关、移交关，现场协调到位，确保衔接高效，真正做到了“交面即上产”，51121工作面在水患影响下，提前8 d安装完成并交面，25305、7609工作面分别比计划提前3 d、6 d完成安装任务，为后期工作面的连续生产提供了保障。

（三）提质增量并用，洗选销综合创效，大力推进精煤战略

（1）坚持“煤质是设计出来”的理念，精细管理，提高煤炭回收率，

保证煤质。按照“少出煤，出好煤”的原则，提升煤质，优化战场布置，提高5号煤占比，合理布局2号煤战场，实现均衡生产，调整配洗，实现矿井煤产品结构转变，提高了煤炭售价。同时，针对目前主采5号煤煤层厚度小、产状及地质条件复杂等情况，为持续提高原煤质量，提高煤炭回收率，做好煤质管理，组织制定《邢台矿煤质管理办法》：在工作面回采期间，根据断层及煤厚严格控制采高、层位，加强监管力度，尽可能减少工作面破岩量。同时，坚持每周五下午组织相关科室和各回采单位召开煤质分析会，根据每周工作面现场情况及时研究、调整工作面回采状态，并制定措施督促生产单位落实。通过全过程加强煤质管理，实现原煤增产的同时，回收率提高了7个百分点。

（2）持续提升洗选工艺水平。对筛分破碎、粗煤泥分选、浮选等关键环节进行完善，提高了产品质量，减少了“带煤”损失，商品煤合格率达到99.56%。对煤泥输送环节进行改造，单月干燥煤泥稳定在1万t以上，全年增收200多万元。

（3）努力拓宽销售渠道。利用5号煤的指标优势，成功开发出肥精煤新品种，综合售价、各项指标均优于1/3焦煤，全年销售30多万吨，创效8000万元以上。启动“喷吹煤”项目，发挥仓储、运力优势，向“经营型”模式进一步迈进。

（四）强化内部管控，增收节支并重，经济运营水平得到提升

（1）加强成本管控。以全面预算管理为总纲，修订完善《综合绩效管理办法》等多项管理制度，强化成本费用控制，减少非生产性支出，各项费用指标均控制在合理范围。

（2）坚持内部挖潜。对井下主材回收复用，减少主材投入费用1300多万元。关停生活污水处理厂，每年节约运行费用150多万元。通过盘活闲置物资、减少长库龄物资，使库存总额较年初降低50多万元。

（3）推进外部创收。将邢北场地和设备出租，每年收回租赁费用20多万元。与信都区体育局签订协议，每年收回体育馆租赁费用40多万元。将处理后的矿井水销售至兴泰电厂，全年创收70多万元。同时利用生活污水处理厂原有中水管道，加大矿井中水销售，进一步实现创收。

（4）多举措创效。建成冀中能源股份公司首家全流程电子分评标室，通过推行电子招标程序，节省资金130多万元。矿区成功接入市政自来水，通过加强用水管理，每年节约资金250多万元，既减少了矿井水资源使用，又让职工群众用上了“直饮水”。协调组织研发费用立项、查新和归集工

作，减免所得税450多万元。启动向邢东矿拉运矸石项目，节约排矸费用150多万元，在满足环保要求的同时，也实现了与邢东矿的合作共赢。

（五）加强信息化、自动化、智能化建设，为矿井高效生产提供保障

（1）西井通风机不停风倒机技术的应用，实现了倒机过程中的持续不间断供风。

（2）邢台矿坑木场变电所6 kV高压开关柜实现远控，在矿35 kV变电所值班员可以实现停送电，坑木场变电所无人值守。

（3）继续推进支架电液控制系统的应用。2021年先后在51121、25303、25305工作面推广使用电液控制系统，实现薄煤综采工作面液压支架的电液控制和成组自动移架、成组自动推溜、成组自动喷雾功能，减轻职工劳动强度，提高工作面安全系数，实现薄煤层综采工作面自动化减人和高产高效。电液控支架投入使用后，根据各个综采工作面回采跟踪，每班节省支架共2人次，同时大大地加快了工作面推进速度，为5号煤工作面实现安全高效生产提供了有效保障。

（4）应用大采区集中供液系统，在采区建立集中泵站，实现了“一泵多面”供液，有效减少工作面劳动用工。

（5）建立带式输送机集中控制系统，在井上设有集控室实现远距离可视化控制。

（6）引入防灭火注氮系统和井下移动式瓦斯抽放系统，提高了矿井防灭火和瓦斯防治管理的技术水平，为矿井安全高效生产提供保障。

冀中能源股份有限公司章村矿

一、矿井概况

章村矿隶属于冀中能源股份有限公司，始建于1922年，是邢台矿区开采历史最长的矿井。现生产的章村矿四井始建于1969年，设计能力30万t/a，现核定生产能力90万t/a。配套建有一座年入洗能力为120万t的国内首家高变质程度无烟煤重介洗煤厂。

章村矿为低瓦斯矿井，水文地质类型为复杂型。矿井目前生产在-200水平4226采区和4231采区开采，为“一井一面（一采一备）”生产模式。矿井采用主、副斜井，行人斜井，回风立井混合式开拓。矿井通风方式为中央分列抽出式，主、副、行人斜井进风，立风井回风。采用薄煤（沿空留巷）一次采全高走（倾）向长壁后退式全部跨落法的综采机械化采煤。

二、主要技术经济指标完成情况

2021年，矿井原煤产量完成88.29万t；掘进总进尺6046 m（含沿空留巷进尺1527 m）；矿井综合单产为4.02万t/(个·月)。原煤生产人员效率达到3.35 t/工。完成销售收入44805.5万元，实现利润3887万元（不含电厂），职工人均年收入7.7万元。矿井全年杜绝了二级及以上非伤亡和工亡事故，连续10 a实现安全生产。

三、安全高效矿井建设的主要做法

（一）强化安全管理，实现安全生产

（1）始终坚持“安全第一、预防为主、综合治理”的安全生产方针，严格落实安全生产主体责任，以“双控”机制和安全生产标准化体系建设为主线，以煤矿安全集中整治工作为抓手，突出做好水、火、瓦斯、煤尘和顶板管理等重大事故防范，进一步细化安全生产基础管理工作，实现了全员培训，从业人员100%持证上岗，有力地保证了矿井安全生产形势持续稳定。

（2）为保持稳定的安全生产形势，结合矿井实际情况，突出抓好了疫情、“两会”、节假日期间的安全管理，深入开展了煤矿安全集中整治、“安全生产专项整治三年行动”“安全生产月”等多项行之有效的安全活动，组织了“雨季三防”“一通三防”、顶板、机电运输、带式输送机等专项检查活动，制定了活动规划和实施方案，明确了各级主体责任，逐级抓好落实。

（3）严格按照安全投入费用提取和使用管理制度足额提取安全费用，并不断加大安全投入。2021 年全矿实际提取安全费用 2207. 17 万元，实际使用 2300. 18 万元，主要用于矿井巷道整修、顶板管理、生产系统改造、一通三防、机电运输、防治水等方面，切实改善了安全生产条件，保障了矿井生产持续稳定。

（二）创建精品工程，加大重点工程督导力度，确保生产任务顺利完成

（1）根据矿井安全生产标准化管理体系创建目标要求，研究制定了《安全生产标准化管理体系考核办法》文件，成立了以矿长为组长的领导组，对八大项十五个专业进行了具体分工，明确了工作步骤和考核奖惩办法。同时突出重点，狠抓关键，创建精品工程，提高标准化现有水平，研究制定了《章村矿创建“精品工程”考核验收管理办法》。2021 年 11 月，井下爆破材料库顺利通过公司精品工程验收，为建设安全高效矿井奠定了坚实基础。

（2）对重点、难点问题加大督导调度力度。针对 $2_{下}$ 2608 工作面过断层、薄煤带，$2_{下}$ 3101 工作面有水、过断层和 $2_{下}$ 3100 工作面过断层的实际情况，抽调精兵强将对特殊情况下生产进行现场督导、协调，组织安、技、调等主要科室副科级以上人员跟班，及时解决各项生产难题，保证了工作面的安全生产。同时大力开展劳动竞赛，根据实际制定了争创目标，尤其是综采二队在 $2_{下}$ 3101 工作面生产期间，综采预备队在 $2_{下}$ 2608 面仰采过断层期间，在 5 月搬家至配巷的不利情况下，通过调节生产、优化劳动组织等措施手段，充分发挥了薄煤自动化工作面和高产高效队的作用，由综采二队承担起主要产量。在 5 月 $2_{下}$ 3101 工作面进入大坡度仰采段后，重点加强了顶板管理，确保了安全生产，为全矿实现生产任务目标打下了坚实基础。

（三）大力推广应用“四化”建设，实现安全高效目标

（1）2021 年章村矿先后在 $2_{下}$ 3101 和 $2_{下}$ 3100 工作面建成人工干预下的少人自动化工作面，并达到了预期目标。自动化工作面和 110 工法沿空留巷技术的成功应用，极大地提高了生产效率。2021 年，综采二队人均工效 18. 81 t/工（含留巷），在 2020 年提高 17% 的基础上再次提高了 13. 38%，确保了全矿产量的持续稳定。通过采用 110 工法，工作面之间不留设护巷煤

柱多回收商品煤 29610 t，增收 1539.7 万元。同时实现了机械化沿空留巷，留巷每米用工减少到 4 个左右，效益显著。自动化工作面实施以来，生产组织由原来的三班出煤减少为两班出煤，取消了夜班生产，在不增加人员的情况下改为夜班进行沿空留巷作业，为实现安全高效目标提供了有力保障。

（2）井下机电设备实现了集中控制。井下-350 泵房完成了无底阀自动灌泵装置，可实现就地控制、集中控制、远程控制以及监测功能，大大降低职工的劳动强度。主要大巷 6 部运煤皮带，全部实现集中控制，并在井上设置了集控室，实现了集控操作人员和值班人员对皮带运行情况的实时监控，在皮带沿线每 100 m 安装语音通讯箱，实现沿线通讯功能，便于集控操作人员与巡检人员间沟通，及时处理运行中出现的问题。空压机房、156 排水点、24 泵房、24 变电所经过系统改造，已实现无人值守，进一步减少了辅助人员。

（四）深入推进，全面提升，绿色和谐矿井建设成效显著

在集团及公司的领导下，紧紧围绕绿色和谐矿井建设计划，积极推进电厂深度减排、矿井水处理改造及矸石山、储煤场、洗煤厂抑尘等环保项目实施，强化责任，加强环保设施运行管理，提高运行质量，确保污染物稳定达标排放，取得了丰硕成果。

（1）矸石综合利用率达到 92.52%。

（2）矿井水处理系统运行正常，处理后的矿井水作为洗煤厂、电厂生产工艺补水，职工宿舍、办公楼冲厕用水以及煤场降尘、矿区喷淋绿化用水，部分回用为农业灌溉，矿井水利用率达 81.35%。

（3）矸石山非作业面全部苫盖，建设了蓄水池，架设了喷淋系统，2021 年对矸石山扬尘进行进一步治理，包括修建集水沟、集水池及防渗、蓄水池及防渗，建设周边绿化带，缩小工作面设计及治理等，绿化率达 80% 以上。

中国神华能源股份有限公司保德煤矿

一、矿井概况

保德煤矿隶属中国神华能源股份有限公司，地处山西省保德县境内，煤系为石炭二叠纪煤。井田南北走向长为 14.0 km，东西倾向宽度为 5.7 km，井田面积为 55.898 km^2，截至 2021 年 12 月 31 日，矿井累计查明资源储量 128550 万 t，其中剩余保有资源储量 89353.6 万 t，矿井设计生产能力 500 万 t/a，设计服务年限 90 a。矿井一期 500 万 t 改扩建工程于 2003 年 6 月达产，二期项目于 2003 年 9 月 1 日开工，2004 年 9 月 10 日建成并投入试生产，2006 年底达产。

由于历史原因，矿井曾先后用名“孙家沟井”“康家滩煤矿”“桥头煤矿”等。2005 年 5 月，中国神华能源股份有限公司上市，该矿正式更名为“中国神华能源股份有限公司保德煤矿”。

二、主要技术经济指标完成情况

2021 年，以建设世界一流示范矿井为目标，以高质量发展为主题，以科技创新为抓手，以智能化建设为主线，一手抓疫情防控，一手抓安全生产经营，初步建成了 1 个智能化放顶煤工作面，各项工作稳步推进，达到了全年预期目标。截至 2021 年 12 月 31 日，安全生产达 5575 d，风险预控管理体系运行连续 12 a 保持集团公司一级。全年生产煤量 454.84 万 t，完成第一个旋转调斜工作面回采任务，比正常回采多回收三角煤 23 万 t，避免了煤炭资源浪费，同时也为矿井创收近 1 亿元。全年掘进进尺 4101 m，机电设备故障率 0.85%，同比降低 0.47%，辅助运输安全行驶 196 万 km，瓦斯抽采全年累计施工预抽钻孔 17.2 万 m，抽放瓦斯 3124 万 m^3，利用瓦斯 2605 万 m^3，瓦斯发电量 4.971×10^7kW·h，瓦斯利用率 83%。2021 年完全成本 234.62 元/t，比预算 256.96 元/t 下降 22.34 元/t。

三、安全高效矿井建设的主要做法

（一）强化责任落实，凝心聚力，筑牢安全生产防线

持续推进“党建”与“安全”双向融合，走深走实“员工关怀日”“支部走访关怀”“员工思想动态座谈会”等活动；持续健全安全责任体系，形成365项安全生产责任清单，以追责倒逼工作落实，增强了全员安全生产责任意识和担当意识；持续强化风险预控管理，将体系运行、安全生产责任落实、职业卫生管理全部纳入月度安全绩效考核，对各项安全管理形成激励约束机制；持续深化隐患排查治理，每月开展1次全员隐患大排查，有效提升了隐患排查治理水平；持续加强员工行为管控，每月对不安全行为发生情况和员工作业行为观察情况进行分析总结，制定改进措施，提出阶段性管控措施并落实，规范员工作业行为；持续提升安全生产标准化水平，通过每日检查、每日通报、每日反馈等有效措施，矿井安全生产标准化水平得到明显提升。

（二）科学组织生产，合理部署，生产工作有序推进

提前规划81308综放工作面末采和81309综放工作面初采工作，81309综放工作面将首次使用2.05 m宽两柱掩护式支架，做好周密设计和准备，确保搬家倒面和新工艺投用顺利进行；进一步完善矿井支护体系，按照《煤矿巷道锚杆支护技术规范》，新修订6项支护设计，确保掘锚工作面安全生产和高效掘进；开展巷道体检工作，针对部分服务年限较长的巷道进行了全面的隐患排查，拍照建档，分段分类按照轻重缓急进行治理；深化推广岗位标准作业流程，修订、编制了《2021年保德煤矿岗位标准作业流程管理办法》及《2021年保德煤矿岗位标准作业流程及风险管控手册》等学习手册，拍摄“综采工作面末采（铺柔性网）贯通标准作业流程”视频7项，新编制流程23条，岗位标准作业流程考核取得了公司综合排名第一的好成绩。

（三）细化成本管理，加强管控，提升经营管理水平

多措并举强化成本管控，科学制定增盈措施，树立全员过紧日子的思想，加大预算执行情况的考核兑现力度，加强成本管理的事中控制，双增双节成效显著：提质增收增加收入3743万元，节支降耗完成5226万元，修旧利废完成产值1920万元，储备物资减少2168万元，材料、车辆、班中餐、办公费等4项成本节余329万元。员工收入大幅提升，比2020年同期同口径增幅15.88%。

（四）强化机电管理，创新创效，增强业务保安能力

（1）业务保安方面。一是常态化开展机电隐患排查，全年共计检查 656 条问题，做到及时整改及时销号。二是提升辅助运输车辆管理水平，为所有在用车辆加装二次护杆。三是明确禁焊区域，禁止非必要电气焊作业，严格审批流程，加强现场作业管理。四是完善吊装作业和移动设备管理制度，制定《保德煤矿起吊、装卸、拉拽作业管理办法》《保德煤矿装载机等移动设备管理制度》。五是开展电气设备零失爆活动，以“人人都是防爆员，齐抓共管零失爆”为理念，做到人人懂标准、全员抓完好、实现零失爆。

（2）设备运行方面。一是更新优化采掘进系统设备，使设备在智能化、配套性、安全性等方面得到大幅度提升。二是开槽机器人投入使用，实现了远程遥控操作，保证作业人员安全，工效提升 5 倍，较之前作业方式单班可减少 2 人，达到了减人提效的效果。三是神东公司首套管缆伸缩装置投入使用，大大提高管缆自动化水平和安全水平。四是优化主运输系统，81312 掘进顺槽带式输送机共计减少 1100 m，减少装机功率 640 kW；81309 工作面运输系统由 6 部带式输送机优化成 4 部带式输送机。

（五）持续完善平台，营造氛围，科技创新硕果累累

根据矿井生产实际和队伍配置，重新修订、下发了《保德煤矿 2021 年度科技创新管理办法》和 2021 年度科技创新工作指标，并编制了《保德煤矿科技创新工作室制度》，将科技创新工作层层分解、步步落实，结合科技创新季度例会，保证了科技成果的时效性、创新性和共享性。2021 年，保德煤矿不断加大发明创造、小改小革激励措施，共撰写科技论文 30 篇，提报专利 5 项，获的实用新型专利 5 项，完成创新创效 175 项，超额完成公司创新创效考核要求。此外智能化建设和一流示范矿井建设也卓有成效。初步建成公司首个智能化放顶煤工作面，已实现工作面单班自动割煤、跟机拉架、自主推溜等功能，集控中心可一键启停生产系统、设备运行数据实时监控。同时以清洁化、精细化、一体化、智慧化为路径，以一流的安全、质量、效益、技术、人才、品牌和党建为标准，多维度推进一流示范矿井建设，完成指标 40 项，形成亮点工作 19 项。

（六）狠抓现场管理，强基固本，确保系统可靠稳定

2021 年，矿按照两级公司的统一部署安排，进一步优化通风系统，矿井总风量减少 2500 m^3/min，枣林主要通风机负压由 2450 Pa 降至 1780 Pa，刘家堰主要通风机负压由 2100 Pa 降至 1110 Pa，监控系统优化精减传感器 46 台，矿井瓦斯涌出量降低 10%，每年节约电费 500 万元以上，安全和经

济效益显著。进一步加强瓦斯防治，通过优化抽采钻孔设计，简化抽采系统，全年完成瓦斯抽采钻孔 17.2 万 m，完成瓦斯抽采量 3124 万 m^3，达到了应抽尽抽目的。

进一步加强防灭火和防尘管理，2021 年，对 81308 综放工作面和 81309 综放工作面注浆 4 万 m^3，目前 81308 采空区无乙烯乙炔等自然发火指标性气体，全年敷设防尘管路 9600 m，安装隔爆水棚 30 组，安装自动隔爆装置 8 处，目前矿井在用喷雾 101 处，系统煤尘得到有效降低。

山西鲁能河曲电煤开发有限责任公司上榆泉煤矿

一、矿井概况

上榆泉煤矿位于山西省忻州市河曲县境内，井田东西宽 3.2～8.2 km，南北长 1.8～6.0 km，面积约 29.8 km^2，截至 2019 年末保有资源储量 89890.23 万 t，剩余可采储量 58934.69 万 t。该煤矿 2003 年破土动工，2005 年 5 月联合试运转，2006 年 7 月通过整体竣工验收，证照齐全。矿井采用主副平硐+回风斜井综合开拓方式，矿井初步设计生产能力为 300 万 t/a，现核定生产能力 500 万 t/a，为低瓦斯矿井。

二、主要技术经济指标完成情况

2021 年末原煤生产总人数为 607 人，采掘机械化程度为 100%，全年完成产量 499.54 万 t，完成掘进进尺 7553 m，综合单产为 41.65 万 t/(个·月)，原煤工效为 34.085 t/工，实现利润 51813 万元，职工人均收入 21.7 万元，比 2020 年的 19.4 万元增加了 2.3 万元。截至 2021 年 12 月 31 日安全生产实现了 4459 d，连续 10 次被中国煤炭协会评为“特级安全高效矿井”。

三、安全高效矿井建设的主要做法

（一）安全管理方面

（1）全面推行并使用了煤矿本质安全管理信息系统，利用本安管理体系，进行矿井生产安全管理，同时建立和完善了“人、机、物、环”一体的危险源辨识体系，员工随身携带辨识卡片，过程管控现场安全，安全生产水平得到了显著提升，有效杜绝了轻伤事故的发生。

（2）加大专业化管理，通过整章建制，认真落实安全生产责任制，做到横到边、深到底，每个岗位都有责任，主动工作，最大限度地消除管理上的缺陷，杜绝了人的不安全因素，进而改善物的不安全状态，实现了人、机、环、管全方位的管控，达到安全生产、高效的目的。

（3）借鉴其他煤矿企业的管理亮点，推行了“班组建设”“岗位标准作业流程”“手指口述”等专项活动，加大了职工的培训力度，通过强化培训提高了职工队伍的整体素质，为现代化矿井的建设奠定了坚实的基础。

（二）矿井安全质量标准化建设方面

全面按照安全质量标准化标准施工，制定了上榆泉煤矿采掘工程质量、文明生产、煤质管理、辅助运输管理、机电质量标准化、地测防治水等 10 项专项实施方案和评分标准，通过日常跟踪、月度检查、季度评比方式，提升了矿井安全质量标准化管理水平。同时，坚持以质量标准化为基准，季度专评，不搞花架子，为安全质量标准化工作的开展奠定了坚实的基础，2017 年 9 月我矿被评为煤矿安全生产标准化一级矿井。

（三）智能化矿山建设

2021 年 2 月，实现“一键启停、一键切换、自动切换、一键反风、故障自动切换”主通风机自动切换；提高通风系统的抗灾能力，实现风流应急短路功能，实现自动风门远程控制。2021 年 8 月，升级采煤机牵引块、电控箱、截割电机，将控制、通信、视频、电液、传感等多种技术应用于综采工作面生产之中，实现工作面开采的智能化；2021 年 9 月，基于 UWB 技术，通过厘米级精确定位、远距离覆盖、数据建模，实现煤矿井下人车物高精度实时定位管理和超前预警管理的新一代智能矿山精确定位系统；2021 年 10 月，主斜井带式输送机和中央变电所巡检机器人安装调试，主运输系统无人值守升级改造，初步实现井下固定岗位无人值守；2021 年 12 月，对井下掘锚机同步运输系统自动化升级改造，含人员接近报警装置系统的安装、调试，实现运输设备自适应调速、掘支运设备可视化远程操控、设备在线监测等功能。

2022 年，掘锚机自主掘进协同作业+远程监控智能化系统升级改造，实现高级智能掘进工作面；对采煤机、液压支架、三机改造，全面提升主采工作面智能化水平；购置巡检机器人，实现地面变电所岗位无人化。

规划到 2023 年，全面推广煤矿机器人应用，结合国神公司地质测量与灾害预警系统科研方案，统筹完成智能通风和灾防精准预警系统建设；2025 年，针对现场存在的问题，及时掌握新技术研究、应用进展，发掘现场实用场景，综合推进移动互联（5G）、物联网、云计算（边缘计算）、大数据、智能传感、AI 图像识别、AI 机器人在煤矿智能化建设进程中的深度应用。

（四）生产组织

（1）提高设备开机率和负荷率，提高单产和单进水平。通过优化班前会流程、改停工交接班为动态交接班、持续优化采煤机分区段割煤速度、优化机电设备检修流程等措施提高有效作业时间，从而提高设备开机率和负荷率，达到高产高效的目的。

（2）优化及实施目标定额管理，提高生产组织效率。针对地质条件、循环进度、支护方式的不同，确定不同的分值和单价，工资足额兑现，充分调动区队和员工的劳动积极性，提高组织效率和掘进效率。

（3）实施全面预算，费用指标按业务分解，分管领导承包，业务部门负责。全面实施预算管理系统，把费用按照生产、机电、“一通三防”、双增双节、七项费等用按照部门进行分解，各部门根据管辖范围制定本部门的管理考核办法并进行考核。

推行班组核算系统。强化班组核算，实现材料管理标准化、材料使用精益化、材料考核公平化；针对消耗材料、回收材料、周转材料、五型绩效考核等，分别制定本区队班组核算管理办法，明确责任人，实现材料核算到班组直至岗位的精益化管理。

（五）科技创新

始终坚持科学技术是第一生产力的理念，坚持“以人为本、科学管理”的原则，不断加大人力、物力和财力对科技管理的支持力度，激发全矿技术人员和广大职工创新活力，发挥个人的聪明才智，激励广大职工开展技术创新活动，从“节支、降耗、安全环保、系统优化、资源回收、高产高效”几个环节为突破口，进行创新、改进，增强了技术创新能力，提高了经济效益，我矿成立以矿长为组长的科技创新领导小组，制定了上榆泉煤矿科技创新管理办法及奖励政策，充分调动广大职工的积极性。2021 年我矿获得国家发明专利 2 项，适用新型专利 5 项，在国家级报刊上发表论文 21 篇，获得“五小”成果奖励 48 项，创造效益 1200 多万元。

（六）绿色矿山建设

制定土地复垦与矿山环境恢复治理管理办法、危险废物污染防治管理办法等管理制度，开展环境风险排查与评估，完善生态环境预控管理体系。完成矿井水 2 号处理装置和地面 17 台除尘风机更新改造，不仅提高了矿井水处理能力和质量，还提升了除尘效率，实现了达标排放；强化矸石分层排放规范化处置、沙塔西沟排矸场局部自燃灭火治理，消除环保隐患；加强危险废物收集、贮存、转移、处置规范化管理，共转移废油桶 243 个，废油脂 10.01 t；积极推进塌陷区复垦治理，完成南翼 1003 工作面塌陷区、1004 工作面塌陷区复垦治理，共复垦治理塌陷区约 1.03×10^6 m^2；完成桃儿咀骨干坝防护工程施工和西石沟二期排矸场水保绿化工程。根据《绿色矿山建设规范》编制绿色矿山建设年度实施方案，根据方案要求将年度建设任务落实到各单位各部门，实行月度绩效考核，顺利通过国家级绿色矿山现场复核。

中煤平朔集团有限公司安太堡露天矿

一、矿井概况

安太堡露天矿是中煤平朔集团有限公司所属的特大型露天矿，是国家“七五”期间重点煤炭建设项目，也是改革开放初期全国煤炭系统引进外资、设备、技术、管理的最大中外合作经营企业，总投资6.49亿美元，设计年产原煤1533万t，设计服务年限90 a。露天矿于1982年开始筹备，经过三年准备，于1985年7月1日正式开工，经过26个月的建设，于1987年9月1日正式投产，当前核定生产能力2000万t/a。

安太堡露天矿地处朔州市境内，矿区面积24.0319 km^2，主采煤层为4号、9号、11号，赋存稳定，平均厚度达30 m，埋藏浅，地质结构简单，开采条件良好。多年来，安太堡露天矿实现安全生产无事故、原煤生产效率高，连续多年被评为全国特级安全高效露天矿，是我国露天采煤先进水平的代表。

安太堡矿采用露天开采方式，剥离工艺是单斗—卡车间断式开采工艺，采煤工艺为单斗—卡车—破碎站—带式输送机联合运输（半连续式）工艺。采掘机械化程度100%，主要设备从国外引进，达到世界先进水平，节能降耗管理工作完善且措施得力有效，采出率达95%以上。

二、主要技术经济指标完成情况

2021年原煤产量1935万t，剥离量8720万 m^3，剥采比4.51 m^3/t，单位原煤完全成本72.64元/t；2022年原煤产量1313万t，剥离量5839 m^3，剥采比4.45 m^3/t，单位原煤完全成本79.71元/t。安太堡露天矿采用现代化的机械设备、先进的管理制度，通过提高职工的归属感、责任感达到高产高效目标。实行“四班三倒”的作业方式，员工效率不断提升。2021年原煤工效达到185.07 t/工，2022年原煤工效达到145 t/工。

2021年，安太堡露天矿动用储量2045.88万t，采出量1999.84万t，损失量46.04万t，整体回采率97.75%。2022年，安太堡露天矿动用储量1344.38 t，采出量约1313.71万t，损失量30.67万t，整体采出率为

97.7%。

2021 年 11 月创单月采煤量最高纪录，达 187 万 t；12 月创单月剥离量最高纪录，达 9.35×10^6 m^3；2022 年 1 月创单月采煤量最高纪录 165 万 t；2 月创单月剥离量最高纪录 4.92×10^6 m^3。

三、安全高效矿井建设的主要做法

（一）加快推进智能化建设

安太堡露天矿的信息化、智能化管理依托中煤平朔集团公司的信息系统平台，在通信、生产系统信息化建设等各方面基础设施完善、应用成熟。同时结合自身情况，建设了以下智能化、信息化项目，用于提升自身的管理水平。

1. 卡车智能调度系统

该系统综合运用了计算机技术、现代通信技术、全球卫星定位（GPS）技术和最优化技术等先进手段，通过对露天矿设备的位置、状态、物料等信息的采集，形成集智能调度、生产回放、计量统计、故障上报于一体的智能化管理系统。

2. 边坡监测系统

安太堡矿有健全、可靠的边坡监测系统，为进一步提高监测水平，引进智能化边坡监测雷达对边坡实施 24 h 监控、预警、预报工作，确保生产安全有序进行。

3. 车辆防碰撞系统

卡车、工具车以及新增设备都安装了防碰撞系统，通过卫星精准定位，在设备相遇之前及时给予提示与警告，降低了碰撞事故的发生概率，达到矿山的高效、安全生产。

4. 安全风险预控管理体系

煤矿安全风险预控管理信息系统是基于浏览器/服务器模式的、减少其安全管理运行成本的、综合化、集成化信息平台。该系统从技术手段上加强企业的安全监管力度，实现了预防为主的目标，为煤矿改进安全管理并确保实现安全目标提供了先进、可靠的管理手段。

2022 年，为把煤矿建设成中级智能化矿山，我矿新增建设了 8 个智能化项目，分别为数据中心项目、管控一体化平台项目、110 kV 变电站无人值守项目、供水智能控制项目、排水泵站无人值守项目、露天煤矿爆破智能化设计项目、采场爆破远程监控及预警系统、电铲电量监控功能开发。这些项目的建成将有效提升安太堡矿的智能化管理水平。

（二）加大环保复垦力度

矿区原煤全部入洗，煤泥全部回收，矿坑积水经处理后用于矿区生产建设或生态用水，废水实现零排放。通过不懈努力，实现采煤与治理的同步进行，把安太堡矿建设成了集生产、旅游为一体的大型矿山。

2022 年，安太堡露天矿克服复垦区域与采场运距远、高差大、黄土来源紧张的难题，完成了南寺沟排土场区域的覆土工作，全年完成土地复垦 6.14×10^{5} m^{2}。

（三）坚持创新发展

2022 年，受矿坑转向等因素影响，主要采剥区域从矿坑东侧向西北方向转移，但西侧内排土场仍为主要排土空间。在保证土场稳定性的前提下，安太堡露天矿通过设计优化增加了西侧内排土场的内排空间，避免从东帮绕行，预计综合节省运距 0.6 km。与此同时在西侧内排土场形成系列运输系统，满足后续的排土需要。经过全年的排弃，西部内排土场总排弃量 4×10^{7} m^{3}，排土运距控制在 3 km 左右。预计产生效益 2000 余万元。

2022 年，在安太堡露天矿开创性地引进了端帮采煤机回收端帮煤的工艺。全年共计回收端帮煤资源约 30 万 t，按照煤炭时价估算，创造效益约 9000 万元。

2022 年，安太堡露天矿根据公司地测中心圈定的薄煤层可采范围，通过采取现场标定范围、钻机超前钻探、分层穿爆、分层采掘、小型设备选采等措施尽最大努力回收薄煤层资源，全年共计回收薄煤层 5.77 万 t。同时，安太堡露天矿注意采掘矿坑内的其他伴生有益资源，2022 年回收高岭岩约 7000 m^{3}，以上资源的回收都创造了可观的经济效益。

安太堡露天矿在我国现代化高产高效矿井的建设和生产中做了许多有益的探索和实践，也取得了一定的成绩。接下来将进一步促进高产高效矿井建设，正确处理环境与发展、长期与短期的关系，形成系统完善的矿区经济和建设的总体规划，创建高标准的国家安全高产高效露天矿。

中煤平朔集团有限公司安家岭露天矿

一、矿井概况

安家岭露天矿是中煤平朔集团有限公司下属的主要煤炭生产单位，是国家“九五”期间重点煤炭建设项目，中国第一座自行勘探、自行设计、自行施工安装、自行经营管理的特大型现代化露天煤矿，中国煤炭建设史上第一项实现“投资减半、产量翻番”的典范。

建矿以来，安家岭露天矿先后荣获全国特级高产高效矿井、全国煤炭系统模范职工小家、全国煤炭系统文明煤矿、全国企业文化建设优秀单位奖、全国煤炭工业双十佳煤矿、山西省十佳安全煤矿、山西省科技创新双十佳煤矿等多项省部级殊荣。

二、主要技术经济指标完成情况

2021 年，安家岭露天矿实际生产原煤 1999.53 万 t，完成剥离量 10459.72×10^4 m^3，剥采比 5.23 m^3/t。2022 年实际生产原煤 19.4075 Mt，完成剥离量 12262.98 万 m^3，剥采比 6.32 m^3/t。采装、运输、排土机械化程度已达到 100%，采装设备主要设备有 P&H2800XPB 电铲、WK-55 电铲以及 P&H4100XPC 电铲，运输主要由 789C、730E、EH3500 及 930E 卡车完成。

安家岭露天矿实行“四班三倒”作业方式，通过不断优化采矿设计、强化现场生产组织、大力开展安全生产标准化工作，使设备效率得到充分发挥，实现了露天矿高效生产。2021 年，采煤设备包机组平均产量为 555425 t/(个·月)；2022 年采煤设备包机组平均产量为 539097 t/(个·月)。2021 年安家岭露天矿原煤工效为 133.02 t/工，2022 年为 131.32 t/工。

三、安全高效矿井建设的主要做法

（一）科学合理组织生产

安家岭矿露天矿的开拓方式为公路开拓，采用多出入沟和端帮半固定坑线及工作面移动坑线、内排土场半固定道路相结合的方式。经过十几年的建设，安家岭矿已经形成了完备的采运排系统。剥离物采用单斗挖掘机采装，自卸卡车运输，经由设在工作面的移动坑线和端帮的固定坑线运至内排土场。采煤采用单斗挖掘机采装，自卸卡车运输，经由设在工作面的移动坑线和端帮的固定坑线运至地面破碎站，破碎后经带式输送机运至选煤厂。

（二）筑牢安全发展根基

安家岭露天矿以创建安保型企业为主线，以安全质量标准化工作为基础，注重职工安全培训教育、扎实开展隐患排查与整改、推进“五型”班组建设，安全文化深入人心，真正落实了安全促生产理念。从建矿至2022年末，未发生任何人员死亡及重伤以上事故。

（三）以信息化与智能化助力安全高效发展

1. 卡车智能调度系统

该系统综合运用了计算机技术、现代通信技术、全球卫星定位（GPS）技术和最优化技术等先进手段，主要是通过对露天矿设备的位置、状态、物料等信息的采集，实现对卡车、电铲等设备运行的实时跟踪与显示，形成集智能调度、生产回放、计量统计、故障上报于一体的智能化管理系统。

2. 边坡监测系统

安家岭露天矿建设了健全、可靠的边坡监测系统，主要由边坡固定位移监测网和边坡雷达实时监控监测两部分构成。通过在采掘场、排土场到界帮坡和地表设立固定的位移监测网（监测线间距100~200 m、观测点间距30~50 m），配备高精度GPS测量仪/全站仪定期测量边坡位移及位移速度。同时，已有一台边坡监测雷达投入使用，实现对北端帮24 h监控、预警、预报工作，确保安全生产有序进行。

3. 车辆防碰撞系统

2012年以来，安家岭露天矿陆续给卡车、工具车以及新增设备安装了防碰撞系统，通过卫星精准定位，能够在矿山设备相遇之前及时给予提示与警告，降低了大型设备刮碰事故的发生概率，保障了人员以及设备的安全，实现了矿坑运输安全。

4. 安全风险预控管理系统

安家岭露天矿安全风险预控管理信息系统是基于浏览器/服务器模式的、减少其安全管理运行成本的、综合化、集成化信息平台。该系统通过梳理并优化煤矿安全生产管理的业务流程，为煤矿建立快捷、全面的安全信息收集、分析、处理机制，以安全管理规划、安全状况分析、安全问题的及时预警为入口，从技术手段上加强企业的安全监管力度，实现了预防为主的目标，为煤矿改进安全管理并确保实现安全目标提供了先进、可靠的管理手段。

安家岭露天矿一直致力于智能化建设工作，提高露天矿的信息化管理水平。目前正在建设排水泵站无人值守系统以及采场爆破远程监控及危险预警系统等，逐步增加智能化建设内容，建成智能化露天矿山。

（四）以创新驱动高质量发展

（1）通过优化设备布局加快中部桥替换速度、加大东北部各平盘推进力度、加强杂煤回收管理、加油站移设以及首采区南部并帮非常规措施，增加了矿坑露煤量，且释放了内排空间，缩短了卡车运距。通过调整优化采运排系统、合理规划物料流向、充分发挥自营设备效率及排定重点区域采剥进度时间节点，使各生产队组加快重点位置采剥进度，并要求相关部门严格按照时间节点进行考核，保证现场生产接续为保供打下了坚实基础。

（2）相邻矿区协调排土及运输系统优化。通过规划在安太堡矿与安家岭矿之间实施协调排土方案、优化运输系统，将东帮工作面移动坑线优先布置在矿坑东北角区域，并逐步向下延伸，确保物料直线运输。通过实施协调排土，缩短运距 0.8 km、降低高差 60 m。

（3）开展背斜倾角较大区域伪倾斜+端帮支撑排土，通过改变排土工作线方向、端帮斜排提供支撑力及局部麻面爆破等措施，在矿坑北部背斜倾角较大区域进行单台阶排土，增加内排空间，运距缩短约 1.7 km。

（4）通过技术管控加强薄煤层回收。根据圈定的薄煤层可采范围，通过现场标定、钻机超前钻探、分层穿爆、分层采掘、小型设备选采等措施保障回收质量，同时制定了薄煤层专项考核细则、加大奖罚力度，极大地提高了原煤回收率。

（五）践行生态文明，绘就绿色矿山

安家岭露天矿不断加强环境保护工作。通过复用采场疏干污水，采用水车洒水、绿化喷灌系统、喷淋、喷雾降尘装置等抑制扬尘，每台钻机均配备了干式捕捉除尘装置。采用灌注三相泡沫、注水、注浆、细水雾灭火和黄土覆盖等措施，对矿坑复采小煤窑冒烟区域进行综合治理。

经过多年来的不懈努力，矿区绿化率达到 95% 以上，到界排土场复垦率 100%，昔日寸草不生的矿区已变得绿树成荫、生机盎然。其“采、运、排、复垦”一条龙作业法，广泛应用于露天矿复垦治理工作，被原煤炭部、国土资源部、国家环保局列为示范工程，多次获得山西省及国家有关部委表彰，为全国矿山复垦工作提供了宝贵经验。

中煤平朔集团有限公司东露天矿

一、矿井概况

东露天矿是国家煤炭工业“十一五”规划重点建设项目，于2009年元月开始施工建设，2016年12月通过国家能源局竣工验收。矿田勘探面积48.73 km^2，剥离采用单斗电铲-卡车间断工艺，采煤采用单斗-卡车-破碎机-带式输送机半连续工艺。2018年我矿被评为“一级安全生产标准化煤矿”。煤种以气煤、长烟煤为主，主要开采煤层为4号、9号、11号煤层，总厚度33.36 m。

二、主要技术经济指标完成情况

2021年生产原煤2202万t，完成剥离量 15.441×10^7 m^3，剥采比7.01 m^3/t；2022年生产原煤2460万t，完成剥离量 14.673×10^7 m^3，剥采比5.96 m^3/t。2022年采煤设备包机组平均产量达到683333 t/(个·月)，原煤工效达到285 t/工，处于高水平状态。东露天矿积极落实降本增效措施，2021年柴油单耗0.526 kg/m^3，轮胎单耗3.145条/Mm^3，电力单耗0.499 kW·h/m^3；2022年柴油单耗0.489 kg/m^3，轮胎单耗2.852条/Mm^3，电力单耗0.52 kW·h/m^3。

三、安全高效矿井建设的主要做法

（一）坚持安全生产

1. 加强采空区治理

形成完善的采空区治理方案，采用三维地震物探、长短结合钻探和三维激光扫描技术，查明采空区面积、形状、顶板厚度等数据，建立采空区数据库与三维地质模型，分析计算东上覆岩体稳定性；采用以三相泡沫、高倍阻化泡沫为主，辅助注水、注浆技术、帷幕填充技术等手段对火区进行治理；采空区爆破采用5 m×5 m矩形布孔，20 m以上采空区采用分段装药技术，环形起爆网络连接工艺；利用数理统计和工程实测方法对爆破效果进行对比分析；年治理采空区面积约 5.6×10^5 m^2，爆破塌陷采空区45次。

2. 强化边坡管理

采用合成孔径边坡雷达、测量机器人、GNSS 地表位移监测技术，保障边坡稳定安全。合成孔径边坡雷达可获得 4 km 监测范围内径向距离 0.1 mm 的监测精度，24 h 不间断获取数据，自动分析形成位移量、变形速率、加速度等图表资料，具有多种方式报警功能。测量机器人监测系统可对监测点自动搜索、跟踪、识别和精确照准目标，配合专门研发的系统控制和数据分析软件，24 h 自动分析监测数据。GNSS 地表位移系统监测精度可以达到毫米级，安装运输灵活，可及时优化监测范围。

3. 加强安全基础管理

大力开展安全专项活动，对各项安全制度进行了重新梳理修订完善，使安全基础管理资料始终能够与现场紧密结合，强化安全教育培训，强化现场安全重点管控，做好现场重点区域安全管理，对查出的隐患及时整改，补齐了安全管理中的短板，实现了“零伤害”的目标。在标准化工作坚持动态达标的前提下，重点抓内在质量提升、作业环境达标、基础资料完善等工作，安全生产标准化水平稳步提升。

（二）坚持绿色发展

1. 不断加强环境保护工作

通过落实矿坑环保治理措施，通过采场复用水降尘、矿区洒水、矿区道路绿化、破碎站及输送机设置喷淋和喷雾装置、钻机配备干式捕捉除尘装置等措施有效降低了矿内灰尘。采用灌注三相泡沫、注水、注浆、细水雾灭火和黄土覆盖等防灭火措施，对矿坑着火冒烟区域进行综合治理，避免排放煤层燃烧产生的大气污染物。

2. 加大复垦还地力度

制定专项复垦设计，详细安排外包每月覆土位置，严格进行考核，保证复垦工程位置；将复垦作为重点工程列入月度生产计划中，每月计划讨论会上，对上月复垦完成情况进行通报，对下月复垦工进行详细安排；采取外包排土+自营大型设备整理方式，严格按照复垦标准组织到界平盘排弃，保证复垦质量，覆土必须用黄绵土，平盘整体平坦，排弃厚度不小于 3 m，到 2022 年累计完成复垦面积 9.33×10^6 m^2，对排土未到界区域采取洒草籽的方式进行临时复绿，固化表土平盘，减少裸露面积。

（三）优化生产组织

1. 加大边角煤回收，提高煤炭回收率

采取“分层分采、倾斜划分台阶”方式对薄煤层开采，全年共计回收薄煤层 101 万 t；加强采空区火煤处理，减少原煤损失 10 万 t；通过开展边坡时效性研究，在保证靠界采掘过程中边坡处于稳定状态的前提下，调整原靠界工作帮参数，提高端帮帮坡角，回收端帮压煤，年回收端帮煤 30 万 t；加强生产组织，对 4 煤底板赋存的高岭土快速回采，全年开采 15 万 t。

2. 打造紧凑型矿山，有效控制卡车运距

通过 4-9 煤组合台阶开采、煤层顶板三角台阶合并、中部搭桥替代端帮道路、11 煤快速倒堆开采、内排土场局部高段排土、优化端帮破碎口移设步距等措施，及时调整设备布局，合理安排采剥关系，打造紧凑型矿山，内排土场整体帮坡角达到 17°，卡车运距控制在 2.2 km，采场和排土场均衡推进，排土运距缩短 200 m，节省运输成本 2000 余万元。

3. 合理调整排土规划，释放排土空间

改移采北、杏榆线路，释放北帮出入沟排土空间 8×10^6 m^3；优化内排土场北部排弃方案，东侧 1430 复垦区域加高至 1450 平盘，释放空间 5.75×10^6 m^3；利用内排土场基底稳定优势，结合排弃物料岩体力学性质，实施局部高段排土方案，增加内排土空间 4.5×10^6 m^3。

4. 实施北帮临时扩帮工程

将前期北帮 1320 以下预留 30 m 的平盘临时并段，每两个台阶留设 1 条运输道路，形成 1290、1260、4 煤底板运输道路，其余平盘临时性靠界，只留保安平盘宽度，提前出露北部 4 煤 260 万 t，增加内排空间 1.5×10^7 m^3。

（五）加快智能化建设

2020 年 11 月入选国家首批智能化示范建设煤矿，先后投资 6352 万元，完成钻机无人值守、卡车无人驾驶、排水泵站无人值守、爆破远程监控及预警系统等智能化项目 17 项，创造了 2 项国内第一。2021 年 6 月卡车无人驾驶在国内率先实现了“采-运-排”全流程常态化编组运行，2021 年 12 月钻机无人值守实现了国内首台钻机远程操控。

1. 钻机无人值守

开创了国内智能化建设的“全国首例”，全国露天矿第一次把煤矿工人从危险复杂的环境中解放出来，坐在整洁、干净、安全的操控台位，高效完成作业。据统计，无人驾驶钻机故障率下降 50% 以上，维修成本 1.26 元/m（远低于人工驾驶钻机 3.65 元/m 的维修成本），单班作业效率已达到人工驾驶的平均水平。下一步将在 1 人操作多台钻机以及一键自动化作业上探索实践，实现无人值守自动控制，为全国露天矿提供东露天矿可行性方案。

2. 卡车无人驾驶系统

目前已经完成 1 台电铲、7 台卡车及 13 台辅助设备技术改造及调试，实现了 5 台卡车编组化运行，成为国内首个在作业现场常态化编组运行的示范项目。下一步将进行卡车安全员下车及 C、A 班无人驾驶测试，打造可复制、可推广的卡车无人驾驶东露天矿样板。

3. 排水泵站无人值守系统

推动了从“人工干预”到“智能启停”的技术革新，当班调度员在平台即可一键操控，泵站根据水位变化自动启停，现场减员 8 人，真正实现了“智能化无人”。

4. 爆破远程监控及预警系统

实现了国内首个露天矿爆破警戒作业和热成像的融合应用，开创了热成像技术在露天矿领域应用的先河，在爆破安全警戒上改变传统的人员巡检，实现爆破区域关键环节和现场工况的实时监视，爆破作业启用无人机巡视，爆破作业安全性大幅提升。

中煤平朔集团有限公司井工一矿

一、矿井概况

井工一矿井田位于安家岭露天矿的南侧，行政区划隶属山西省朔州市平鲁区。井田面积 18.0192 km^2，矿井保有资源量 44554 万 t，可采储量 21578 万 t。矿井核定生产能力 10 Mt/a，主要可采煤层为石炭系上统太原组 4 号、9 号煤层。其中，4 号煤平均厚度 11.5 m；9 号煤平均厚度 13.4 m，煤层赋存稳定，构造简单。

矿井先后获得“全国特级安全高效矿井”“全国双十佳煤矿”“全国煤炭工业科技进步先进矿井”“全国安全文化建设示范企业”“全国煤炭工业信息化建设先进单位”“全国煤炭工业信息化先进单位”“山西省五一劳动奖状”“山西省现代化矿井”等多项国家级、省部级和中煤集团授予的荣誉。

矿井采用斜井开拓方式，主、副井均为斜井，进风井、回风井为立井。在 9 号煤层布置主水平，4 号煤层设辅助水平。回风井用于回风兼作安全出口。采煤工作面采用大巷条带式布置。综采放顶煤回采工艺，煤巷掘进采用综掘工艺。2022 年井工一矿采掘配置为“一采三掘”，9 号煤布置一个采煤工作面两个掘进工作面，4 号煤布置一个掘进工作面，采掘机械化程度均为 100%。

二、主要技术经济指标完成情况

2021 年井工一矿生产原煤 930.38 万 t，掘进进尺 5367 m。原煤产量日产最高纪录为 4.4 万 t，月产最高纪录为 90.7 万 t，掘进进尺日进尺最高纪录 24 m，掘进进尺月进尺最高纪录 556 m。原煤生产期末人数为 543 人，全年计效工数 134978 工，原煤工效 68.93 t/工。全年矿井回采产量 916 万 t，矿井平均工作面个数 0.96 个，矿井综合单产为 79.92 万 t/(个·月)。实际完成利润 68769 万元，比计划增加 18769 万元。职工年人均收入 16.9 万元。

2022 年井工一矿生产原煤 854.09 万 t，掘进进尺 5075 m。原煤产量日产最高纪录为 4.3 万 t，月产最高纪录为 95 万 t，掘进进尺日进尺最高纪录

24 m，掘进进尺月进尺最高纪录 580.6 m。原煤生产期末人数为 614 人，全年计效工数 167718 工，原煤工效 50.92 t/工。全年矿井回采产量 841 万 t，矿井平均工作面个数 0.86 个，矿井综合单产为 77.93 万 t/(个·月)。实际完成利润 78564 万元，比计划增加 28564 万元。职工年人均收入 20.54 万元。

三、安全高效矿井建设的主要做法

（一）强化重点时段、关键环节的安全管控

在工作面安装、拆除期间，成立安装回撤工作专班，专职盯防现场安全措施落实情况，加强现场安全管理工作指导，严禁盲目作业。加强重点时段安全管理，制定了春节、元宵、五一、国庆和党的二十大等期间安全生产保障措施，开展了重点时段安全大检查，在雨季、冬季分别开展了“雨季三防”“冬季三防”专项检查工作，确保了现场安全生产；制定实施“零点行动”活动方案，每周不定期在中、夜班对井下进行突击检查，严惩不安全行为。强化工作面风险管控及交接班管理，梳理了各采掘工作面风险、隐患排查清单，开展持表检查，各生产队组跟班队长、安监员当班持风险隐患排查表开展风险、隐患检查；强化交接班管理，修订实施“采掘工作面现场安全管理、工程验收实施办法”，组织当班与接班跟班副队长、班组长从工程质量管理情况、文明生产情况、安全管理情况、当班工作完成情况等方面进行自查和验收。

（二）致力安全高效矿井信息化、自动化、智能化建设

多年来，井工一矿一直致力于安全高效矿井建设，在自动化、信息化建设方面都做了大量的工作，结合自身的基础建设和平朔公司整体信息化规划，井工一矿的建设规划大致分三个层面，分别为基础设施层、综合自动化层（PCS）及生产执行层（MES）。

基础设施层建成调度指挥中心、千兆工业以太环网、工业电视监视系统、通信联络系统、千兆工业以太环网、无线网络等。

综合自动化层建设了综采工作面监控、掘进工作面监控、主运输监控系统、主排水监控系统、主通风监控系统等。

生产执行层建设了 MES 系统、三维矿井、矿井辅助设计系统、煤矿作业规程管理系统、设备综合管理系统、办公自动化系统、门户网站等。

井工一矿智能化矿山建设的思路：依托矿井现有通信基础设施和信息化系统，按智能化矿山建设要求及评价指标体系进行总体设计，将物联网、云

计算、大数据、人工智能、自动控制、智能装备、新一代5G通信技术等与煤炭开采技术进行深度融合，形成全面感知、实时互联、数据驱动、智能决策、自主学习、协同控制的完整煤矿智能系统，实现矿井地质勘探、采掘、运通、安全保障、生产经营管理等全过程安全高效智能运行的现代化煤矿。

2022年已建成19113智能化综采工作面及19114主运巷智能化掘进工作面。智能化矿井建设已完成如下工作：①信息基础设施方面，有线主干网络已形成带宽10000 MB/s的井下环网和带宽1000 MB/s的地面环网，调度通信已形成4G无线通信（包含语音和视频）、有线电话和应急广播融合的云调度平台；②综采系统方面，已成熟应用了支架电液控系统。“煤机智能化改造”项目已经完成，待新装综采工作面时入井调试成功即可投入使用；③主运输系统方面，实现了主运系统远程集中控制，并完成主井自动巡检机器人和落料点固定值守机器人的安装、调试；④安全管控方面，已建成矿压监测系统，实现了对矿压监测点的实时数据采集，具有综采工作面及工作面巷道的预测预警功能；⑤安全监控系统、水文监测系统在井工一矿已成熟应用，为瓦斯灾害、水害的防治提供了有效支持；⑥综合保障方面，建成了综合自动化平台，实现了通风系统、排水系统、压风系统、供电系统的综合管控和联动；⑦已完成UWB精确人员定位系统的建设并投入使用，关键防尘位置应用水汽两用自动喷雾装置。

（三）践行生态文明开采

矿井水直接进入污水处理厂进行处理，净化后作为地面生活用水和井下防尘，综合利用率为100%，工业广场和风井场地噪声均达标，煤矸石储存符合标准，综合利用率为100%。

排查地表采空区塌陷情况，及时采取针对性措施进行恢复治理，截止到2022年底，已针对工作面塌陷稳定区域进行复垦治理，累计复垦2860亩。塌陷土地治理率为100%。实行清洁生产，健全环境管理制度。

山西中煤平朔北岭煤业有限公司

一、矿井概况

山西中煤平朔北岭煤业有限公司井田面积为2.0168 km^2，矿井生产规模为90万t/a，批准开采4号煤层，煤层厚度6.50～12.26 m，平均厚度为10.01 m，含夹矸0～2层，夹矸厚度在0.3 m以下，结构简单，倾角一般3°～4°。瓦斯等级鉴定为低瓦斯矿井，4号煤层有煤尘爆炸性，煤的自燃倾向性为Ⅱ类，属自燃煤层，最短自然发火期为83 d。

矿井采用中央并列式通风系统，机械抽出式通风方式，副斜井、主斜井及管道斜井进风，回风斜井回风。矿井以单一水平开采井田内4号煤层，采用倾斜长壁后退式采煤方法，综采放顶煤采煤工艺，全部垮落法管理顶板。

二、主要技术经济指标完成情况

2021年矿井生产计划90万t，实际完成原煤产量89.84万t，原煤生产期末人数282人，原煤工效率达12.93 t/工，盈利1.58亿元；全年对两个综放工作面进行回采，采煤机械化程度100%，矿井综合单产达79229 t/(个·月)；全年吨煤成本计划215.36元，实际成本189.45元；职工年人均收入18.33万元。

2022年矿井生产计划90万t，实际完成原煤产量89.69万t，原煤生产期末人数238人，原煤工效达15.57 t/工，盈利3亿元，较上年增加1.42亿元；全年对一个综放工作面进行回采，采煤机械化程度100%，矿井综合单产达87931 t/(个·月)；全年吨煤成本计划190.59元，实际成本129.58元，较上年减少59.87亿元；职工年人均收入22.07万元，较上年增长3.74万元。

三、安全高效矿井建设的主要做法

（一）生产组织方面

（1）加强采煤工作面质量控制和安全管理，严格执行安全规程、作业规程、操作规程，严格落实顶板管理等各项安全技术措施，现场监督跟班到位，确保安全回采。着力夯实安全生产基础工作，严格落实岗位安全生产责任制，干标准活、上标准岗，以安全生产标准化一级矿井为目标。

（2）从生产组织管理上，加强生产计划安排的科学性、合理性、超前性，减少生产计划安排的随意性、孤立性，加强生产计划的落实。严格落实领导干部值班、带班、现场跟班制度，严格执行班中“三汇报”和现场交接班制度，充分发挥跟班、带班人员的现场指挥协调作用。

（3）加强生产组织考核，制定产量考核奖罚制度，将每月的产量计划与原煤生产、带式输送机运输、原煤外运等有关的人员与产量挂钩，完成的要加大奖励，完不成的要进行分析并处罚。全矿上下都要积极改变工作作风，树立生产无小事的责任观念，将工作重点放在消除原煤生产影响上，合理安排综采工作面生产组织，确保产量提升。

（4）从职工队伍建设上，通过科学调整劳动组织，合理优化劳动力配置，向集团公司申请补充一线作业人员，梳理清退占岗不在岗的人员，及时为采煤一线补充新鲜血液。落实好科室保区队、井下保一线，工资向采煤一线倾斜，向采煤队组苦、脏、累岗位倾斜等措施，保证采煤一线人员工资收入，提高劳动生产效率，进而激发职工的提效潜力。采煤队组要制订好保勤措施，保证正常出勤，鼓励采煤一线人员多出勤，减少人员对生产的影响。要加强队组班子建设的考核，充分调动现场管理人员、班组长安全生产的积极性和主动性，提高职工队伍的整体战斗力。

（二）安全发展方面

严格执行煤炭行业标准，坚持深入贯彻执行政府及集团公司安全工作指示，严格落实隐患排查治理和安全风险管控等工作，扎实推进安全生产责任体系建设基础工作，进行精细化管理、规范作业，保障安全生产形势平稳发展。从生产现场管理上，重点以煤矿安全生产标准化管理体系基本要求为抓手，构建安全风险分级管控和事故隐患排查治理双重预防性工作机制，回采工作面煤层自燃和煤尘爆炸等重大安全风险管控措施必须落实到位，切实落实好隐患排查整改工作，把安全生产隐患消灭在萌芽状态。矿井开工建设以来，连续 11 年未发生过较大及以上安全生产事故，百万吨死亡率为零。

（三）技术创新方面

深入贯彻落实科技创新发展规划总体要求，进一步完善科技创新工作体系，不断推进矿井智能化、信息化和数字化建设，将科技创新工作投入作为安全生产技术保障的核心。全年始终坚持科学技术是第一生产力的理念，坚持“以人为本、科学管理”的原则，不断加大科技创新投入力度，大力激发广大职工科技创新的积极性。全年主要以节支降耗、系统优化和安全监测为突破口，进行装备升级、改进，有效提升了矿井科技装备水平，促进了矿井的安全高效发展。

（四）智能绿色和科学管理方面

1. 矿山生态环境治理方面

严格执行国家环境保护的相关法律法规，对工业场地及运煤主要道路等均进行了绿化设计，先后对矿区不断进行绿化建设，目前绿化率达到可绿化区域面积的 85% 以上，同时购置专用洒水车辆，对工业场地及主要运煤道路进行洒水防尘管理；在井下采煤工作面向前推进过程中，对井田上部主要采煤沉陷区、裂缝施行“边开采，边复垦”措施，持续性的进行生态恢复治理，2022 年全年治理率高达 100%。

2. 环境保护方面

采用 31 台超低温空气源热泵取代燃煤锅炉为工业场地供暖，实现了污染物零排放；井下生产污水及工业场地污水，主要通过排水系统进入污水处理站，净化处理合格后用作井上下防尘洒水和绿化使用，实现了污水零排放。

3. 科学管理方面

（1）在职业病防治上，在采掘工作面安装防尘设施，粉尘浓度得到了有效控制，在掘进工作面安装除尘风机，采掘设施设备安装了大量喷雾装置并设置了抑尘网等，这些举措有效控制了作业环境的粉尘浓度，直接降低了职业病发病率，同时公司每年按时组织全体员工进行健康体检和职业病体检，2022 年职业健康检查率达 100%。

（2）在运输系统改造上，针对主运系统运输能力倒挂和地面运输系统能力不足的现实情况，先后通过建设智能干选系统，增加筒仓储煤能力。加快推进二煤场场地改造及桥梁拓宽等工程，加强汽车运输管理及原煤外运协调力度，保证地面运输能力与井下工作面生产能力相匹配，最大限度地保障连续稳定生产。

（3）在机电设备管理上，把加强设备管理作为保证原煤产量的重要手段，采取设备包机制、加大检修力度和保障设备备品备件供应等多项措施确保设备正常运转，提高了开机率，减少了设备故障对生产的影响。

山西小回沟煤业有限公司

一、矿井概况

山西小回沟煤业有限公司成立于2010年，是中煤平朔集团有限公司全资子公司，是集原煤开采、煤炭洗选为一体的大型企业。矿井项目位于山西省太原市清徐县境内，矿井设计能力3.0 Mt/a，属于高瓦斯矿井，煤类以贫瘦煤和贫煤为主，项目建设配套3.0 Mt/a选煤厂。

矿井生产规模3.0 Mt/a；批准开采03号、2号、5号、6号、8号、9号煤层，矿井保有储量469.07 Mt，工业储量458.75 Mt，设计可采储量265.87 Mt，设计服务年限63.3 a；矿井采用斜井开拓方式，走向长壁后退式采煤法，综合机械化一次采全厚回采工艺。

二、主要技术经济指标完成情况

2021年矿井原煤生产期末人数669人，全年完成产量143.37万t；完成掘进进尺6751.4 m。矿井综合单产97992 t/(个·月)。全年吨煤成本250.36元。综合机械化程度达100%，掘进机械化程度达100%，全年采区采出率达81.63%。公司职工平均年收入20.72万元。

2022年矿井原煤生产期末人数666人，全年完成产量152.46万t；完成掘进进尺7033 m。矿井综合单产109345 t/(个·月)。全年吨煤成本251.93元。综合机械化程度达100%，掘进机械化程度达100%，全年采区采出率达82%。公司职工平均年收入22.94万元。

三、安全高效矿井建设的主要做法

（一）持续推进安全生产

在安全生产管理方面，我矿坚持深入贯彻政府及集团公司安全工作会议精神，深化安全生产标准化建设，强化安全生产责任落实、应急管理、隐患排查治理和安全风险管控等工作，扎实推进制度及体系建设、教育培训、应急救援等基础工作。

在安全生产标准化方面，结合公司实际，制定了安全生产标准化达标规划和实施方案以及各专业评分标准方法，通过日常跟踪、月度检查、考核评比，按照动态和静态相结合的考评方式，推行复验机制，提高验收质量，促进动态达标、全面达标，并于2021年11月顺利通过国家一级安全生产标准化验收。

（二）加强组织领导，落实安全主体责任，为建设安全高效矿井提供组织保障

（1）切实加强组织领导。高度重视安全高效矿井建设工作，积极进行科学规划，按照“高境界、高起点、高标准”的要求，坚持领导重视、目标引领、正向激励、措施保障等工作策略，有效促进安全高效矿井建设工作的全面开展。

（2）坚持安全发展理念。始终坚持“安全第一、预防为主”的方针，严格做到“四个必须”，即不管经济如何发展，安全理念必须坚持；不管企业如何改革，安全工作必须加强；不管效益如何波动，安全投入必须保证；不管体制如何变化，安全制度必须落实。

（3）完善安全责任体系。突出公司各管理人员的主体地位和安全责任主体地位，强化集团公司指导、协调和监督作用。建立以总工程师为首的技术保障机制，构建三级管理体系，有效保证了安全责任的落实。

（4）强化安全基础管理。坚持“查大系统、治大隐患、防大事故”，突出“‘一通三防’、防治水、顶板管理、机电运输”等安全管理重点，有效强化了安全管理工作的基础。

（5）创新安全管理机制。坚持用市场经济的手段抓安全，实行安全风险抵押、工资月结算等制度，深入开展了“手指口述”“一岗双责”等管理创新，有力调动了抓好安全工作的主动性和自觉性。

（三）明确管控重点，突出重大灾害治理，为建设安全高效矿井打下扎实基础

（1）在“一通三防”方面。紧紧抓住采掘布局、通风系统、瓦斯治理、安全监控等重点环节。高度重视瓦斯治理，有效杜绝了瓦斯事故。实施精细化管理、无尘化作业，粉尘等职业危害得到有效控制。

（2）在防治水方面。建立健全防治水管理制度，明确防治水岗位职责，采用物探和钻探相结合的综合探测方法，对矿井水文地质情况进行探查，有效保障了矿井安全生产。

（四）大力推进信息化、自动化与智能化建设

根据“装备现代化、生产自动化、管理信息化”的要求，已建成矿井

计算机管理信息系统、矿井综合集成平台、综合矿井安全生产监控平台（包含工业电视、人员位置管理系统、产量监控系统等25个子系统）、矿井通信系统、矿井指挥中心及数据中心等信息化平台。全力实现地面空压机房、主要通风机机房、井下变电所、中央水泵房及采区泵房无人值守。在调度室的电脑显示屏上，可以监控无人值守区域的运行情况，电力操控员可以对无人值守区域进行远程监测、控制、网络通信等综合监控。

工作面液压支架采用天玛电液控制系统，以整体式主阀作为关键执行机构，以控制器为核心控制单元，能够满足不同类型工作面的应用需求，提供手动、邻架、成组及全工作面自动化等不同操作等级的使用方式，在实现液压支架控制的同时，降低支架操作工人的劳动强度，提高工作面自动化水平。通过远距离供电供液技术解决了因设备列车过长带来的拉移困难、列车维护工作量大、复杂巷道适应能力差等问题。

（五）依靠科技大胆创新，强化技术引领优势

高度重视技术管理，通过井下探放水钻孔、瓦斯预抽钻孔、本煤层钻孔施工，探查掘进前方及工作面内煤层赋存及地质构造情况，保证工作面前方预测预报，实现以优掘保优采。通过在综采工作面采取“回采与巷充”相结合技术措施，实现“分采分运”“精采细采”的开采路径；通过采取将“双U”改“单U”长短高位钻孔相结合的瓦斯治理措施，改善瓦斯治理效果。坚持技术优化与技术创新相结合、科技创新与科学发展相结合，开展技术装备升级，全力推行5G智能化建设，实现少人、无人操作状态。

（六）筑牢成本经营意识，降本减亏效果显著

编制了降本减亏实施方案，积极宣贯降本减亏的重要性和必要性，引导全员树立过紧日子的思想，要求各部门队组节约日常消耗，将节约意识融入员工日常行为。通过采取优化巷道设计、错峰用电、调拨闲置物资、修旧利废、减少外委等措施，累计降低成本费用2169.3万元。

（七）加强生态文明建设，打造绿色美丽矿山

根据矿井最大涌水量，建成300 m^3/h 的矿井水处理地面车间。矿井涌水经排水管路排到地面，经矿井水处理车间采用“预沉+混合+絮凝+沉淀+过滤+消毒”处理工艺处理后排至生产消防水池暂存后全部回收用于井下生产，形成了井下采掘工作面→主水仓→排水管路→沉淀调节池→矿井水处理车间→生产消防水池→消防洒水管路→井下采掘工作面的闭路循环系统，实现矿井涌水无外排。

先后对采掘工作面粉尘浓度进行了有效控制，主要在掘进工作面安装除尘风机，采掘工作面增加喷雾数量，并设置抑尘网等，有效降低了作业环境粉尘浓度，有效降低职业病发病率。公司每年按时组织全体员工进行健康体检和职业病体检，2021 年职业健康检查率达 100%。

山西华宁焦煤有限责任公司

一、矿井概况

山西华宁焦煤有限责任公司位于山西省乡宁县西坡镇，井田面积 24.8145 km^2，地质储量 333 Mt，可采储量 254 Mt。目前主采 2 号煤层，核定生产能力 300 万 t/a，地质储量 18 Mt，可采储量 12 Mt，服务年限 31.9 a。2 号煤层厚度 2.89～8.50 m，平均厚度 6.11 m，煤层赋存稳定，属近水平煤层，煤种为瘦煤，属优质炼焦配煤。本井田北侧为山西中煤华晋能源有限责任公司王家岭矿，南侧为山西乡宁焦煤集团毛则渠煤炭有限公司，西侧为山西华晋韩咀煤业有限公司，东南侧为山西乡宁焦煤集团东沟煤业有限公司。

矿井采用斜井开拓；通风方式为中央分列式，通风方法为机械抽出式；供电系统为双回路供电；矿井水文地质类型为中等；煤层赋存稳定，属近水平煤层；2 号煤尘具有爆炸性；2 号煤自燃倾向性为自燃；属高瓦斯矿井；主运输采用阻燃型带式输送机，辅助运输采用无轨胶轮车；煤种主要为瘦煤，属优质配焦煤。

井田内 2 号煤层共划分 4 个盘区，盘区接续顺序为一盘区→二盘区→四盘区→三盘区。目前生产区域在一盘区，一盘区位于井田中部，为双翼盘区。共布置 1 个采煤工作面，2 个综掘工作面，2 个开拓工作面。回采工作面采用单一走向长壁后退式采煤方法，综合机械化一次采全高采煤工艺，掘进工作面全部为综掘。

二、主要技术经济指标完成情况

2022 年煤矿安全生产标准化达标，全年实现安全生产无事故。全年完成原煤产量 304.26 万 t；原煤入洗量 279.85 万 t，其中，精煤产量 208.69 万 t；营业收入 48.16 亿元，同比增加 9.69 亿元，增长 25.19%；利润总额 34.53 亿元，净利润 26.05 亿元。资产总额较年初增加 25.12 亿元，增长 44.7%；工业增加值较上年同期增加 10.07 亿元，增长 26.37%；总资产报酬率达 50.21%，净资产收益率达 55.32%。经营业绩再创历史新高，公司总体呈现持续向好的发展态势。

三、安全高效矿井建设的主要做法

（一）统筹协调保证正常生产

（1）2019 年 3 月首次配套、安装成智能化大采高工作面，主要选用 MG900/2290-GWD 型采煤机、ZY18000/31/63D 型支架、两巷超前支架选用 ZQH2×3400/24/34 型移式超前支架、SGZ1200/3×855 型刮板输送机、SZZ1350/700 型转载机、SAC 型支架电液控制系统等。采煤方法由放顶煤采煤法变更为一次采全高采煤法。工作面采出率由最初的 93% 提高到 95%，劳动效率明显提升。

（2）采煤工艺由放顶煤开采变为智能化一次采全高，从设备上实现了质的提升。2021 年 9 月，第二个智能化一次采全高工作面回采时，综采队劳动组织由“三八制”调整为“四六制”，取消大夜班，周六日双休，功效提升 47%，员工幸福指数得到很大提高。

（3）加强采掘接续计划和劳动组织管理，持续提升采掘设备的先进水平，2022 年 9 月各队组全部实现“四六制”，夜班不生产，实现周末双休，标志着全矿进入“四六制”，夜班不生产，周末双休时代。

（二）安全生产持续稳定发展

（1）牢固树立“生命至上、安全第一”的安全发展理念，坚持精准施策、标本兼治、重在治本的原则，以深化安全生产标准化和推进程序化作业为抓手，以防控重大风险、消除重大隐患为目标，以防治水、瓦斯治理、顶板管理为重中之重，促进公司持续保持安全高效发展态势。一是完善安全责任体系，按照“党政同责、一岗双责、齐抓共管、失职追责”的原则，健全完善从主要负责人到一线岗位人员责任到人、职责到位、全面覆盖的安全生产责任制。二是完善安全生产管理制度，做到凡事有人负责、凡事有章可循、凡事有人监督、凡事有据可查。

（2）深化双重预防机制建设。建立“年辨识、月研判、周分析”的安全风险管控机制，加强高风险作业现场管控，明确现场作业时专人专盯。结合安全检查实施清单，立足查大系统、控大风险、治大灾害、除大隐患、防大事故，巩固安全生产专项整治三年行动成果，建立问题隐患和制度措施“两个清单”，制定措施、明确责任人、实施挂牌督办，确保问题清单清零销号、制度措施清单落地见效。

（三）科技创新能力持续增强

（1）坚定不移实施创新强企发展战略，认真落实“十四五”科技发展规划，按照集团公司发展思路和规划目标，稳步推进科技创新及智能化项目实施。完成了“一次采全高综采工作面矿压显现及区段煤柱合理参数研究与应用”科技研发项目验收，优化了煤柱尺寸，提高了煤炭资源回收率。

（2）推动职工创新工作室深入开展，营造氛围、弘扬创新、表彰先进，充分调动职工主观能动性，激发科技创新活力和技术学习热情，开展了劳模上讲堂、名师带徒、季度考核等多项活动。

（3）推进重点方向智能化技术取得突破，推进智能化采煤工作面功能应用实效和常态化运行，着力实现综采工作面精确定位、惯导找直、支架防碰撞、链条自动张紧等新技术的应用成效，实现主要生产环节的少人、无人化目标；推动主井皮带智能机器人替代人工巡检，主要通风机机房、压风机房、排水泵房、变电室等固定场所智能化设备升级更新，通过持续探索应用机器人替代井下危险岗位和固定岗位巡检技术，实现减人提效、安全生产的管理目标。

中煤华晋集团韩咀煤业有限公司

一、矿井概况

韩咀煤业有限公司隶属中煤华晋集团，位于山西省临汾市乡宁县西坡镇西家沟村，井田面积为 25.2245 km^2，批准开采 2～10 号煤层，设计可采储量为 124.12 Mt，设计能力 1.2 Mt/a，服务年限为 73.9 a，矿井于 2016 年 6 月正式投产。

矿井属低瓦斯矿井，地质类型中等，水文地质类型中等。井田共划分为 6 个盘区，目前生产盘区为一盘区；准备盘区为二盘区，正在开拓施工主要大巷工程。现开采 2 号煤层，平均厚度 5.7 m；煤层属自燃煤层，煤尘具有爆炸性。

二、主要技术经济指标

2021 年原煤产量 116 万 t，掘进进尺 4368 m，综合单产 11.5 万 t/(个·月)，原煤工效 12.758 t/工，采掘机械化程度均为 100%，采区采出率 78.3%（厚煤层）。2021 年完成成本 343 元/t，低于计划成本 356 元/t，实现利润总额 44087 万元，是计划的 9 倍，职工平均年收入 16.88 万元，同比增长 17.96%。

三、安全高效矿井建设的主要做法

韩咀公司作为小窑整合矿井，煤层破坏较为严重，老窑采空区较多，制约采掘作业、智能化建设。但韩咀公司积极探索，克服困难，稳步提高煤炭资源回采率，形成了一套成熟、安全的在上分层破坏区下采掘作业经验。从优化完善矿井各大系统、提高矿井智能化开采水平，建设本质安全型矿井出发，对矿井配套生产各系统进行了合理调整、优化完善，提高了矿井安全生产装备水平，夯实了矿井安全基础，有力推动了安全高效矿井的建设工作。

（一）精细组织部署，采掘生产有序衔接

（1）如期安装 32106 工作面并进行回采，保障了年度生产任务，32106 工作面扩刷期间，优化支护工艺，在架棚巷道首次采用抬梁+锚索的支护方

式保障了大断面顶板安全。

（2）32103 工作面提前 4 个月形成，保障了矿井采掘接续正常，掘进期间 32103 工作面出水量达到 63.5 m^3/h，探放水作业给正常掘进造成极大困难，通过优化劳动组织，采用 32103 辅运巷、32103 开切眼交替掘进的作业方式，减少了探放水对掘进的影响；32103 开切眼施工期间，煤层倾角达 14°，为保障后续工作面顺利安装和回采，及时召开现场会，合理调整开切眼坡度，采用锚索+W 形钢带，控制局部超高，确保顶底板平整。

（3）二盘区作为一盘区接续盘区，开拓工程按照时间节点稳步进行，二盘区三条大巷已完成岩巷施工全部进入煤巷，二盘区临时配电点、临时水仓相继完成矿务工程并投入运行，二盘区通风系统也已完成调整，为采掘接续创造良好条件。

（二）狠抓安全管理，风险防控措施落实到位

（1）双预控管理方面。坚持固定岗位无隐患、一般风险专业控、动态风险班组抓、操作风险个人防的“四级”管控措施。日常通过岗位、系统、区域风险辨识与管控，构建“点—线—面”安全风险管控模式，做到了班前危险预知、岗位风险预控，确保各项管控落实到位。

（2）地测防治水方面。始终将水害防治作为重点工作，2021 年掘进工作面共施工探放水 72 次，钻孔 1141 个，进尺 70000 m；回采工作面共计施工钻孔 496 个，进尺 46000 m；掘进工作面平均每掘进 1 m 约施工钻探进尺 17.8 m，极大地提高了掘进工作面的施工安全。全年累计疏放老空水 4.03×10^6 m^3，有效消除了水害对正常生产秩序的威胁。

（3）“一通三防”方面。一是优化通风系统，实现风量动态管理，累计完成了 32103 工作面贯通、二盘区 1 号联络巷贯通、32105 主运回风联巷贯通等通风系统调整工作。二是深化瓦斯防治措施，完成了 7 次有计划揭露老空工作。三是加强综合防尘管理，改善井下作业环境在采煤工作面安装架间喷雾系统，在掘进工作面运用抽压联合除尘技术。四是加强防灭火工作，安装一套 GSJ-7 型束管监测系统，完成了束管监测系统的升级改造。

（4）顶板管理方面。一是强化顶板管理手段，编制顶板管理手册，形成了一套适合矿井实际的顶板管理经验。二是高风险作业环节重点管理，在 32106 工作面安装、32101 工作面拆除期间进行现场盯防，确保现场施工与顶板安全。三是对 32103 辅运巷矿压显现段重点治理，与中国矿大合作开展“迎采迎掘”项目，合理确定了 32103 辅运巷停复掘时间及矿压监测方案，累计注浆 450 t，打设注浆孔 620 个，内窥孔 20 个，治理成果显著。四是调

整采煤工艺，采用底刀通过、少降快移、带压擦顶等方式，确保了采煤面顶板的安全可控。

（5）机电运输方面。一是进一步强化井下采掘巷道无轨胶轮车运输管理，完成了采掘巷道警示红灯、声光报警装置等辅助运输设施的安装工作。二是规划实施了防爆检查专员管理模式，完善了重大事故隐患追责问责机制，并每月组织开展一次专项检查。三是首次实施三级并行的试验方法，安全高效完成了井上下236台（套）设备的年度预防性试验和性能测试工作。四是积极推进设备更新改造，引进了永磁电滚筒带式输送机、电动隔离式馈电开关、岩巷掘进机等新型、先进设备，在安全和节能层面收获了较大成效。

（三）加快智能化建设，打造绿色矿山

（1）加快推进智能化矿井建设。开展井下供电系统和排水系统的智能化改造、主运输系统的智能化升级，建成智慧矿山企业平台、云数据容灾备份中心平台。32103综采工作面引进智能采煤机、液压支架电液控系统、高端集成供液泵站系统，实现采煤作业的自动化控制以及远程遥控，统筹建设综采工作面支护系统、运输系统、综合保障系统。在32105辅运巷打造智能化掘进工作面，实现巷道掘进全机械自动化作业，掘进机可视化远程控制，掘进速度满足矿井采掘接替要求，达到智能化减人效果。

（2）积极推进矿压综合监测集成平台项目。在开拓大巷安装线测力计，在地面客户端软件上可实时查看顶板离层、矿压状况，同时兼容现有采煤工作面顶板监测系统，构建出顶板综合监测一张图平台，实现远程监控、自动报警、分析预测顶板来压规律等特定功能。

（3）建设综合智能调度中心，健全调度指挥功能。将矿井目前闲散的采、掘、机、运、通等远程集中控制、监控平台转移到调度室。在调度室操作人员通过相应的权限即可对全矿井生产的主要环节设备进行实时监测、监视和控制，实现全矿井的数据采集、生产调度、决策指挥的信息化、科学化，为矿井安全生产、有效预防和及时处理各种突发事故提供有效手段。

（4）加强生态文明建设，打造绿色矿山。一是建章立制，成立了环保办公室，制定环境保护管理制度，明确责任分工。二是加大环保政策宣贯，组织全员环保培训4次，利用环保讲座、有奖竞答等方式进行环保宣传，组织各部门对环保政策进行宣贯学习，提升了职工环保意识。三是建设环保设施，设置危废暂存间，处理全矿危险废物。四是开展环保改造，完成了矿井水处理站升级改造及环评报告，持续推进项目竣工验收、在线监测设备安装工作，确保矿井水达标。

（四）引进先进装备，加强技术创新

（1）引进 EBZ-318 岩巷综掘机，二盘区辅运大巷施工工艺由炮掘改为综掘，减少生产影响，从原来炮掘单进 50 m/月提高至 60 m/月以上，最高单进水平达 83 m。

（2）智能化改造掘进机，对 32105 辅运巷 EBZ-220H 进行智能化改造，使其具备掘进工作面远程传输数据和远程可视化控制功能，减轻掘进工作面劳动强度，人工工效提高 5% 以上。

（3）研发新型架棚巷道支护设备，推进“顶煤局部破坏区回采两巷超前支护研究与应用”科研项目，研制顶煤局部破坏条件下回采超前支护新型连体自移式超前支架。

（4）成立“董全生创新工作室”，培养一大批矿山工匠、创新型人才，2021 年申报“五小”创新 90 余项，2022 年申报“五小”创新 65 项。

（五）科学化管理，对标世界一流企业

对标国家电力投资集团公司、华为、京东等世界 500 强标杆企业，以“优化管理机制，深化制度改革，强化制度管理”为工作要求，从战略管理、组织管理、生产运营、生产技术、财务、科技、信息化、安全管理、风险管理等 10 个重点领域提升企业管理水平，全面完善制度和现场管理体系，推动全面实现精细化管理，构建与现代企业发展相匹配的基础管理体系，进一步提升发展软实力。

为促进管理精细化，提升管理能力，强化执行力，提升风险管控能力，确保完成各项任务指标，韩咀公司按照战略决策层面、生产组织层面、生产辅助层面、支持保障层面、监督评价层面五个层面、17 个子维度，对近 5 年在用 216 个制度进行梳理，根据生产经营实际情况优化出 100 余条管理流程，确保各项工作规范有序，所有人员按照制度、流程办事。

中煤昔阳能源有限责任公司白羊岭煤矿

一、矿井概况

中煤昔阳能源有限责任公司白羊岭煤矿位于昔阳县城南约 13 km，杜庄至下庄一带，行政区划属大寨镇管辖。井田面积 12.482 km^2，设计生产能力 90 万 t/a，核定生产能力 1.5 Mt/a，开采 6 号、9 号、15 号煤层，属高瓦斯矿井，煤尘无爆炸危险性，煤层自燃倾向性为Ⅲ级（不易自燃），矿井水文地质类型中等，无高温热害、冲击地压危害。

矿井先后获得“山西省安全文化建设示范企业”、“山西省现代化矿井”、中国煤炭建设行业“太阳杯”工程奖、“2018—2019 年度安全高效特级矿井”、“国家级安全文化建设示范企业”、“一级安全生产标准化矿井”等荣誉称号。

二、主要技术经济指标完成情况

矿井采掘配置为“一采四掘”，综采工作面采用一次采全高综采工艺，掘进工作面采用综掘工艺，采掘机械化程度均为 100%。2022 年矿井安全生产状况良好，杜绝了重伤及以上事故，原煤产量 1.0665 Mt，掘进总进尺 5234.6 m，原煤工效达到 9.41 t/工，原煤吨煤成本 609.23 元。

三、安全高效矿井建设的主要做法

（一）推进绿色开采和高效利用

（1）坚持“绿色发展”的要求，以“开发矿区资源，发展循环经济，保障企业可持续发展”为宗旨，建设了矿井水处理站、生活水处理站，对矿井的废水 100%进行处理复用；建设了瓦斯发电厂，安装 2 MW×8 台发电机组进行发电，并配 8 台 1.2 MW 余热锅炉对矿井进行供热。同时，有效控制了生产过程中的污染物排放以及对生态环境的影响，各类污染物均能达标排放。

（2）加强瓦斯防治与利用，变废为宝。持续推进“两巷三孔、区域为主、局部补强、以用促抽”综合立体瓦斯防治体系；落实“密钻孔、大孔径、高负压、大管径、下套管、严密封、分源抽、立体抽、精计量、重评估”和瓦斯治理“一矿一策、一面一策”现场治理理念，配合加密钻孔、分源抽采、高压注水、高压水射流增透和下筛管等补强技术措施，实现生产期间全过程煤层瓦斯抽采。通过瓦斯综合措施的实施，真正实现了瓦斯“零超限”和煤层“零突出”目标管理。安装两台 10 t 的瓦斯燃气锅炉，替代燃煤锅炉进行冬季取暖，减少了烟尘、二氧化硫的排放，节约了煤炭资源。

（二）强化创新创效、提升安全保障

白羊岭煤矿先后成立 6 个创新工作室，开展“五小”竞赛、“金点子”合理化建议等活动，在 50 余项的优秀项目成果中，其中有 7 项实用新型专利获得了国家知识产权局授权，对矿井技术进步、降本增效等方面具有重要的现实意义。

ZRZ 系列架座式乳化液钻机获得国家级专利，是一部结合矿山巷道特定条件，新设计开发的大扭矩架座式外跨轨道、全乳化液推进、进给的新型钻机。该钻机使用乳化液为动力源，具有结构简单、适应性强、操作安全可靠、质量轻，搬运方便等特点，是井下快打快抽、短孔排放施工的高效设备。使用此钻机之前，每台钻机用工 4 人，且存在施工钻孔质量深度不够、时间长、安全系数差等问题；使用此钻机后，每台钻机可节省用工 1 人，约 220 元，综采工作面每天施工钻孔需 3 台钻机，全年节省成本 23.76 万元。

井下移动式全封闭油脂库获得国家级专利，在油桶上安装放油阀门，将油桶安放在移动式自动倾斜的油桶架上，整个取油过程方便且能有效防止油脂漏洒。该油脂库内设油桶架 2～4 个，能使各种类油脂分类存放，减少了不同油脂掺杂的可能性；采用全封闭的制造，不受粉尘等外界不良环境因素的影响，提高了油脂存放的安全系数，整个油脂库运输方便快捷，适用于井下复杂的现场环境。之前，现场油脂管理掘进专用油脂硐室，掘进一个成本约为 2 万元，每 500 m 掘进一硐室，现使用移动式全封闭油脂库，方便省力，将油抽改为了截止阀，解决了人力抽油，目前制作一台仅需 4000 元，每年节约油脂管理资金 42 万元。

自制单轨吊吊车装置，实现了从车场直达到采掘工作面连续、不转载运输，用人少、效率高，特别是安全性高。原装置只能运输固定物件，无法直接运输各种不规则的设备及车辆，存在转移环节复杂、用时多、安全隐患大等问题，严重限制了单轨吊的使用范围。针对这一缺点，利用井筒罐笼替换的跑道自制单轨吊吊车装置，提高了运输效率，降低了劳动强度，节省了时间和人力。购置一套这样的吊车装置需 3 万元，自行加工仅需 0. 2 万元，自制两套，节约 5. 6 万元。

（三）以智能化建设赋能高质量发展

一是积极引进单轨吊、防爆履带运输车、巷道修复机、清仓机、管路安装车、单轨吊轨道安装车等先进设备，减少了人工投入，提高了安全性。二是煤流运输实现地面集中操控，人员巡回检查，既减少了人工差错与干预，又达到了安全高效的目的。三是空压机房、主井绞车房、主排水系统、主要通风机等实现无人值守，减少了作业人员数量，降低了劳动程度，达到了减员增效的目的。

通过安全高效矿井的建设，不仅优化了劳动组织，提升了采掘能力，而且全面确保了矿井的安全生产工作，在今后的工作中，矿井将继续以安全高效矿井建设标准为先导，不断提升安全生产能力，打造具有自身特色的安全高效矿井。

中煤昔阳能源有限责任公司黄岩汇煤矿

一、矿井概况

黄岩汇煤矿位于沁水煤田东部边缘，面积 15.0495 km^2，矿井采用斜井单水平开拓，核定生产能力为 0.9 Mt/a。井田范围批准开采 8～15 号煤层，现主采 15 号煤层，开采标高+893～+485 m。矿井为煤与瓦斯突出矿井，煤尘无爆炸危险性，自燃倾向性为不易自燃，无冲击地压，矿井地质类型属极复杂，水文地质类型属中等。主通风方式为中央并列式，采煤工作面采用走向长壁一次采全高采煤法，全部垮落法管理顶板，掘进工作面采用综掘工艺掘进，锚网索支护。矿井主采煤层 15 号煤层赋存于太原组底部 K2 灰岩之下 17 m 左右，全区稳定可采煤层。

二、主要技术经济指标完成情况

2022 年矿井的安全生产状况良好，杜绝了重伤及以上事故。全年完成原煤产量 81 t，掘进总进尺 4148.2 m。矿井原煤工效为 4.9 t/工，综合单产达到 74861 t/(个・月)。原煤吨煤成本控制在 700.46 元，实现利润 2805 万元。职工人均年收入 10.6 万元/人。

三、安全高效矿井建设的主要做法

（一）不断强化安全管理，全力保障安全生产

（1）建立健全“一岗双责”安全责任体系。一是健全“横向到边”的安全责任体系，逐级健全完善党组织、行政、技术、安全、人资、工团协管安全六大责任体系。二是完善“纵向到底”的安全层级管控体系，构建“一级抓一级、一级对一级负责”安全生产责任链。三是压实安全责任，落实“谁主管谁负责、谁的业务谁负责、谁的区域谁负责”的责任理念。四是实施层层安全包保，严格落实包保责任，着力推动被包保单位责任落实。

（2）扎实推进安全生产标准化提升。一是制定下发“黄岩汇煤矿安全生产标准化达标规划及验收考核办法”，逐级分解目标和任务，层层制定措施，全面贯彻落实；深入开展示范工程竞赛活动，打造具有本矿特色的标准

化亮点工程，以点带面全面推广。二是坚持“走出去、引进来”，有计划、分批次组织人员到中煤新集公司、中煤大同塔山煤矿、山东蒋庄煤矿、大屯龙东煤矿等单位对标学习，不断提升标准化管理水平。

（3）采取有效措施狠反“三违”。一是实行“三违”积分考核，倒逼职工自我约束。职工发生“三违”，季度内积分达12分的，执行过“五关”程序。二是执行联保责任追究，各队组作业人员现场签订“动态联保协议书”，小组内发生“三违”，追究小组其他成员联保责任。三是开展无“三违”班组创建活动。每月对无“三违”班组，按照一线班组人均500元、二线班组人均200元的标准进行奖励，进一步减少各类“三违”的发生。

（二）持续优化改进采掘工艺

（1）优化掘进支护。15106工作面外段和中国矿大合作优化支护设计，15106工作面采用“一次掘两排”工艺，结合围岩条件优化间排距，增加巷道循环进尺，巷道单进水平大幅提升，其中，15106轨顺由185 m/月提升至242 m/月。

（2）优化综采超前支护。15117综采工作面带式输送机布置四台滑移式超前支架，单架支撑高度（最低/最高）为3000~4300 mm，单架支撑宽度为4400 mm，单架支护长度为10217 mm，初撑力为15192 kN（压力为31.5 MPa），工作阻力为16800 kN（压力为35 MPa），支护强度为105.336 kPa/m^2，替代了以往人工打设单体进行超前支护作业的工艺，提高了采出效率，并保证超前支护强度，提高了操作安全性。

（三）强化机电运输管理，升级改进供电系统

（1）坚持强化机电运输现场管理。对全矿井上下各岗点实行拉网式检查，提高设备管理水平。全年杜绝了电气失爆，大型固定设备完好率达到100%，设备综合完好率达到99.6%，设备待修率0.78%，机电事故率0.74%。

（2）投入使用低压无功补偿装置。掘进工作面供电距离由1000 m增加到1500 m，解决了远距离供电电压降低、设备难以启动等问题。

（3）完成主井电控系统升级改造。安装一套ASCS-7型带式输送机变频控制系统，与原有变频系统配合使用，实现主井带式输送机双变频控制功能。

（四）积极推进科技创新工作，推进矿井高质量发展

（1）推广应用沿空留小煤柱布置工作面方式。15117工作面沿空留小煤柱布置工作面，工作面区段煤柱由原先的30 m缩短至6~8 m。提高了回采煤量，延长了矿井服务年限，每个小煤柱工作面回采实现直接经济产值9600万元。

（2）回风隅角瓦斯治理优化。优化高低位钻孔终孔在裂隙带布置位置，通过对比分析抽采效果，最终确定终孔合理位置，抽采量大幅提高，瓦斯抽放量比以往提高20%～25%。

（3）空压机余热利用。结合实际，在不改变空压机原有工作状态的前提下合理利用空压机余热，解决了因燃煤锅炉停用导致的供暖不足问题，目前已节约燃气锅炉设备购置资金约20万元，201～204带式输送机走廊和澡堂的2021年供暖用气成本约8万元。

（4）开展“五小”创新。2021年“海明”创新工作室33项，评选出优秀“五小”成果一等奖1项，二等奖2项，三等奖3项，优秀奖5项，荣获晋中市第八届“五小”竞赛活动二等奖2项，三等奖2项。2021年各类五小成果的推广共创造经济效益400余万元。

（五）积极推进智能化建设

（1）智能化煤矿信息基础设施建设情况。2019年11月建设完成万兆工业环网，地面和井下独立成环，其中地面环网为千兆；井下中央变电所、采区变电所和带式输送机大巷的带式输送机机头为数据集中点，安设万兆交换机，各联络巷接入点为千兆交换机，实现了多个系统的实地入网，为各系统的数据传输搭建了一条信息快车道，为矿井的智能化建设提供了坚实的网络基础。

（2）综合管控平台建设情况。于2021年4月开始建设矿井综合管控平台，2022年3月完成建设。现已完成水处理、主运输带式输送机、通风、洗煤厂排矸集控、锅炉、供电、矿压在线监测、排水、万兆环网监控、地面瓦斯抽采、钻孔流量在线监测等13个子系统的接入工作，能够实现在矿调度指挥中心监测接入系统的相关数据。

（3）智能化综采工作面建设情况。智能化综采工作面建设项目初步设计由中煤西安设计工程有限公司编制，由山西科达自控股份有限公司承建。2021年11月中旬开始建设，2021年12月20日主体工程基本建设完成。15117综采工作面建立2个核心控制系统、10个系统组成部分，以井下集控中心为主、地面分控中心为辅的自动集控系统，通过工作面安装的照明系统、网络系统、视频系统、井下集控中心及地面分控中心，将采煤机、液压支架、刮板输送机、转载机、破碎机、带式输送机、泵站等设备接入进行集中控制。目前已具备工作面一键启停自动化记忆割煤、液压支架自动跟机控制、工作面可视化管理、采煤机、液压支架、运输三机联动控制等功能。2022年7月，晋中市能源局评定达到初级智能化综采工作面建设标准。

太原华润煤业有限公司原相煤矿

一、矿井概况

太原华润煤业有限公司原相煤矿位于山西省古交市原相村以东，距古交市区约 14 km，矿井井田面积 18. 25 km^2，截至 2022 年底矿井保有地质储量 237 Mt，可采储量 143 Mt，设计生产能力 0. 9 Mt/a，剩余服务年限 105 a。矿井属于煤与瓦斯突出矿井。矿井采用斜井开拓，主、副井为斜井开拓，回风井为立井开拓。目前矿井开采一水平一采区 02 号、2 号煤层，02 号煤层属于自燃煤层，2 号煤层属于不易自燃煤层。02 号煤层平均煤厚 1. 69 m，2 号煤层平均厚 1. 78 m，02 号煤、2 号煤层间距平均为 7. 3 m。

二、主要技术经济指标完成情况

矿井自 2015 年投产至今，未发生一般及以上安全生产责任事故，2021 年综合进尺完成 3500 m，产量完成 851300 t，全年实现利润 13231. 76 万元，成本较计划减少了 38. 89 元/t。矿井人均年收入为 11. 56 万元。

2022 年累计完成综合进尺 5200 m，产量完成 892200 t，全年实现利润 50183. 72 万元，吨煤成本较计划减少了 39. 95 元。矿井人均年收入为 11. 35 万元。

三、安全高效矿井建设的主要做法

（一）安全发展方面

（1）加大安全投入，强化矿井安全基础。重点完成了沿空留巷、底抽巷施工工艺的优化；安装了最新的顶板在线矿压监测系统；开展了水泥辅助无机材料加固围岩的技术研究及试验；引进了 ZYL-2300D 定向钻机、优化了封孔工艺，开启了瓦斯治理的新模式；更新了井上下各种安全警示标志和牌板；足额配备了职工劳动保护用品；加强安全培训教育，变招工为招生，足额提取安全费用。

（2）注意安全文化宣传，提高职工自主保安意识。完善了安全文化长廊，既美观大方，又内容丰富，不但有安全警言警句，而且有安全小常识，使职工在上下班途中，随时都能感受到安全教育的氛围，使广大职工既消除了疲劳，又受到了教育。

（3）加大瓦斯和顶板的治理力度，杜绝事故的发生。认真落实“先抽后采、监测监控、以风定产”的十二字方针，坚持“风量足、断面够、系统顺、设施牢”的原则，严格瓦斯检查和巡回检测制度，严格矿井测风和风量调配制度，确保各个工作面、各用风地点风量供给满足规定要求，加强对局部通风机的管理，每天对双风机进行自动切换试验，同时强化了对安全监控系统的管理，做到所有传感器调校及时、感应灵敏。

（4）加强技术管理。优化井下工作面支护设计，加强过地质构造技术措施管理。同时对井下在用的采区巷道、硐室、各采掘工作面顶板进行专项检查，对应力集中区域顶板和特殊条件、特殊时期、特殊地点的顶板进行重点管控。重点加强掘进巷道开口、贯通、过构造、老空、应力集中带和采煤工作面初采初放、收尾、过断层等特殊条件下的顶板管理。

（5）加大安全培训力度，规范职工操作行为。坚持“管理、装备、培训”并重的原则，积极推行全员安全培训，重点做好新工人和转岗职工的培训。分批次对在岗职工尤其是各级管理人员、特殊工种人员进行安全强化培训，必须持证上岗。

（二）技术创新方面

建立以总工程师为首的技术管理体系，重大技术问题必须由总工程师负责解决。大力推进技术装备的自动化、智能化，减少用人数量，降低人员劳动强度，同时提高工艺运转和技术装备运行故障检测准确性和实时性，增强对设备故障的预控能力，实现生产过程的安全自动化控制，实现安全高效生产。

（1）回采工作面安装顶板在线矿压监测新系统。每台液压支架均安设数显在线压力表，在设备列车上安装传输分站与隔爆稳压电源，真实反映工作面支架阻力的实际情况，通过数据分析来压规律，大大减少人力投入，实时监测采煤工作面的支架状态，结合巷道围岩观测、顶板离层观测，综合分析工作面顶板来压情况，保证了顶板控制的可靠性和安全性。

（2）优化沿空留巷施工工艺。根据矿采掘计划部署，02108 采煤工作面轨道巷、02111-1 采煤工作面带式输送机运输巷、21109 智能化综采工作面轨道巷采用沿空留巷工艺，由于工作面地质条件复杂，通过与郑煤矿机合作，定制 ZZ9000/16/32D 型档杆支架 2 架和 ZZ9000/16/32D 型过度支架 3

架，最大限度支护顶板面积，确保沿空留巷顶板安全。

（3）水泥注浆加固巷道。矿井埋深大、矿压大，同时近年来采、掘接续紧张，工作面布置集中，巷道变形严重，导致巷道反复维护，维护成本增加明显。2021 年先后对永久避难硐室、21107 带式输送机输送巷运输绕道、中央水泵房通道等地点进行水泥注浆加固试验，通过水泥注浆二次加固底板，底鼓变形量明显降低，围岩变形量控制在 10% 左右。通过学习华润大宁煤矿的经验，采取水泥+AJG 添加剂进行水泥注浆加固。该技术已在 02108 外开切眼实施完成，并取得明显效果。

（三）绿色智能发展方面

（1）智能化综采工作面。21109 智能化综采工作面设备及智能化配套系统已全部完成安装，实现了井上、下远程集控，进入试运行阶段。

（2）智能化掘进工作面。02110 带式输送机运输巷智能化掘进工作面设备及智能化配套系统已安装到位，正在进行智能化系统部分的调试工作。02113 瓦斯治理巷智能化掘进工作面设备及智能化配套系统已全部安装到位，实现了井上、下远程集控，进入试运行阶段。

（3）固定场所无人值守。空压机、主排水泵、带式输送机运输、架空乘人装置、供电系统已全部完成安装、调试工作，实现了地面远程集控，进入试运行阶段。

（4）智能化信息基础建设。信息基础建设项目包含调度室改造、数据中心机房建设（含动力机房）、万兆环网建设，主要工程已全部建设完成，进入设备调试阶段。

（四）科学管理方面

（1）02111-1 工作面瓦斯治理项目。02111-1 工作面初采期间瓦斯异常，为确保工作面安全生产，经公司及矿管理团队召开专题研究会议，制定多项瓦斯治理措施：一是编制 02111-1 工作面瓦斯治理安全技术措施及补充安全技术措施，每个生产班派专人盯守，监督措施执行情况；二是“一进两回”通风系统调整为“两进一回”通风系统；三是在 02111-1 外开切眼施工顶板裂隙带钻孔及瓦斯拦截钻孔的情况下，继续在工作面巷道钻场内补充施工本煤层瓦斯治理钻孔，治理本煤层泄压瓦斯；四是加强沿空留巷模墙抽采及堵漏工作。

（2）ZYL-2300D 定向钻机施工项目。引入 ZYL-2300D 定向钻机，积极探索定向钻机施工本煤层和顶板裂隙带钻孔施工工艺，全力突破瓦斯区域治理上的技术瓶颈。

（3）封孔工艺改变。钻孔封孔工艺由“两堵一注”改为“三堵两注”，通过采用三囊袋两套注浆管路和一套排水装置使抽采钻孔单孔实现分段带压注浆，实现对封孔袋100%的压实充填，从而提高钻孔封孔质量，单孔瓦斯抽采浓度提升20%以上。

山西兴县华润联盛峁底煤业有限公司

一、矿井概况

山西兴县华润联盛峁底煤业有限公司是由兴县乔家沟煤业有限公司、山西兴杭隆矿业有限公司、山西冠盛煤业有限公司、山西兴县王家崖煤业有限公司4个煤矿兼并重组而成。矿井于2011年2月10日正式开工建设，于2015年8月10日完成了煤炭生产要素公示，现为证照齐全的生产矿井。

矿井位于吕梁市兴县城东南5 km处，行政区划属山西省兴县奥家湾乡管辖，属吕梁市直管煤矿。井田面积为5.5105 km^2，批准开采的煤层为6~13号煤，现采煤层为13号煤，矿井地质资源储量为5765万t，矿井设计可采储量为3271万t。矿井生产能力90万t/a，服务年限26 a。

二、主要技术经济指标完成情况

2021年末原煤生产总人数为311人，采掘机械化程度100%，全年完成原煤产量82.82万t，完成掘进进尺2991 m，综合单产为81049 t/(个·月)，原煤工效为10.15 t/工，实现利润22712.5万元，职工年人均收入9.163万元。

三、安全高效矿井建设的主要做法

（一）创建安全高效矿井的主要做法

（1）优化采掘布局，合理集中生产。坚持一人多能，增产不增人、不断提高单产单进水平，通过合理优化采掘布局，大大缩短采面接替，降低生产投资，以产量大、效益高的新型集约化道路，实现矿井降本增效的目的。

（2）增加安全投入，加强责任落实。除正常安全投入外，对关键区域和重要环节，投入专项安全资金予以保证，提升系统整体保障能力；健全“六大避险系统”，形成预防和避险的“双保险”。同时按照“分级管理、逐级负责”的原则，明确了矿、科队、班组的安全职责范围，矿以抓重点为中心、科队以抓常态为中心、班组以抓现场为中心，形成了全方位、全过程的监管体系，有效提升了安全监督效果。

（3）重点部位重点防范。根据矿井实际，全面加强防治水、顶板、“一通三防”、机电运输等重点环节的管控，加大隐患排查治理力度。一是完善了防治水管理制度、台账和图纸等资料，配备先进的探水钻机，并通过技术研究、分析，对特殊区域，制定了防治水专项措施，确保井下水害得到有效防控。二是杜绝瓦斯超限，严格落实“通风可靠、抽采达标、监控有效、管理到位”十六字体系方针，在采掘前优先考虑形成完善的通风系统，杜绝串联通风和系统不独立等现象，有效预防瓦斯事故发生。三是预防顶板事故。进一步完善矿压监测系统，实现全矿井下无死角防控，并严格实施矿压观测、“敲帮问顶”和前探支护等措施，加大了过地质构造、巷道贯通等特殊时段的现场顶板管理，尤其在针对受临近采煤工作面动压影响的采掘工作面，科学的选择支护方式、参数，防止了巷道围岩变形、顶板垮落。

（4）严格执行领导带班下井制度。矿领导和所有管理干部全部参与井下带班、值班，加大了作业现场巡视力度，并对安全监管重点和生产关键环节进行现场盯防，取得了较好的成效。全年共计查出安全问题及隐患 1370 条，员工不安全行为 256 起，有效预防了事故发生。

（5）严格规范个人行为。通过制定各岗位操作红线和严格的监管制度，各岗位员工作业流程得到了有效规范，降低了“三违”发生率。开展以“查隐患为手段、促整改为重点、防事故为目标”的隐患排查治理活动，推广应用隐患排查治理闭合预警系统，实现了隐患自动提醒、动态跟踪、闭环管理，形成了隐患排查治理工作常态化、制度化、科学化和规范化。

（6）降低设备故障率。根据实际情况制定了相应的机电设备包保制度，责任到人、考核到人，建立起机电设备台账，完善了“一机一档”设备资料档案，同时加大了对机电设备巡查和巡检力度，大大降低了设备故障率，提高了设备开机效率，保证了产量的完成。

（二）安全高效矿井建设取得的成果

（1）安全生产。矿井自 2011 年开工建设以来，未发生一般及以上安全事故，生产过程中严格执行煤炭行业标准，精细管理，规范作业，安全生产形势平稳，连续 10 年零伤亡。

（2）信息化管理与自动化。矿井建有安全生产信息调度平台，全矿井安全生产信息实现集中调度、监控、传输，对主要生产环节设备进行远程监控，实现了主要生产环节自动化运行，煤矿办公实现了 OA 电脑网上自动化。

（3）矿井劳动定员管理。全矿在册职工 484 人，原煤生产人员 311 人，设立了以煤矿“六长”为主的安全生产管理机构，下设“四个中心”，分别是以机电科、机电队、运输队、带式输送机队为主的机运中心，以地测科、探水队为主的水害防治中心，以通风科、通风队为主的瓦斯防治中心和以调度室、信息监控中心为主的安全调度指挥中心，另有生产科、技术科、安监科、质标办 4 个安全生产职能科室，其中，安监科是专职的安全管理部门。地面及井下均采用“三八制”作业。劳动用工实现了“五个百分之百”，三项岗位人员全部持证上岗，建立了完善的劳动定员管理制度，科学合理地组织生产，劳动效率明显提高。

（4）科技创新。矿井聚焦“存量提效、增量转型”发展战略需要，紧扣“安全、高效、绿色、智能”主攻方向，增强科技研发实力，促进技术创新进步。根据矿井实际现状和需求，结合当前新形势、新要求和矿井自身经验做法，积极与科研机构、高等院校等卓越单位进行合作，建立矿自己的科技创新团队，培养科技创新人才，进一步建设完善矿井创新工作室，调动广大员工创新的积极性，促进矿井安全经济高效可持续发展，从“五小”成果、科技创新、管理创新、节能降耗等多方面组织开展矿井科技创新工作，积极引进、消化、吸收当前煤炭行业中的先进技术，在峁底煤矿进行推广应用。2021 年，矿井获得实用新型创新专利 2 项，发表论文 5 项，获得创新成果奖励 10 项。

（5）环境保护和生态文明建设。在建设生产过程中严格执行国家环境保护的相关法律法规，矿区绿化达 40%，建设了一座 480 m^3/d 的生活污水处理站、一座 4000 m^3/d 的矿井水处理站等环保设施，持有合法有效的排污许可证，对采煤沉陷区、裂缝进行生态恢复治理，将筛选出的煤矸石转运到合作砖厂进行制砖，煤矸石利用率达 100%。

（6）职工职业环境保护。根据国家职业病防治法的要求，实施以无尘化作业为重点的职业危害防治，严格落实煤矿职业安全卫生个体防护用品配备标准，定期开展职工健康体检，粉尘等职业危害得到了有效控制。

山西兴县华润联盛关家崖煤业有限公司

一、矿井概况

关家崖煤矿位于兴县城东北 6 km 处的白家梁、麦地山、关家崖村一带，行政区划属于蔚汾镇管辖，2009 年由原兴县关家崖煤矿、山西兴县麦地山煤业有限公司、山西兴县裕乐煤业有限公司、山西兴县刘家梁煤业有限公司 4 个矿井和夹缝资源整合而成。矿井井田面积 6.9735 km^2，现采 13 号煤层，矿井核定生产能力 120 万 t/a，为低瓦斯矿井。煤层自燃倾向性为Ⅱ类，属于自燃煤层，煤尘具有爆炸性。矿井水文地质类型为中等。

二、主要技术经济指标完成情况

2021 年我矿严格成本管理，计划成本 246 元/t，实际成本 231 元/t，保证规定投入，超额完成计划利润指标。矿井综合单产为 10.3873 万 t/(个·月)，原煤工效 10.63 t/工，职工人均年收入为 9.26 万元。2021 年 2 月国家矿山安全监察局公布关家崖煤矿为安全生产标准化管理体系一级矿井。

三、安全高效矿井建设的主要做法

（一）创建安全高效矿井的主要做法

2021 年，以安全高效为目标，以“基础管理精细化，技术装备现代化，人员培训制度化”为要求，做到管理无漏洞、设备无故障、系统无缺陷、人员无“三违”、安全无事故，同时深入开展岗位达标、专业达标、企业达标的活动，重点抓安全，进一步加强质量标准化矿井建设，实现了安全高效。

（1）加大安全投入，夯实安全基础。足额配备了职工劳动保护用品；加强安全培训教育，变招工为招生，和华润联盛职工培训中心联合开办了两期采煤、机电培训班。注意安全文化宣传，提高职工自主保安意识，加大瓦斯和水的治理力度，杜绝自然灾害，加大安全培训力度，规范职工操作行为，在全矿各个岗位和工种推行了“手指口述”和“人人都是安全员”活动，使职工通过眼看、手指、心想、口述等程序化的作业方式，熟练掌握本岗位的操作要领，进一步规范了职工操作行为，为我矿的安全生产打下了良好的软件基础。

（2）狠抓安全生产标准化建设，巩固企业发展基础。通过狠抓工程质量，强化奖惩机制，落实责任追究制度，做到“精细化管理、军事化行动、标准化作业、规范化操作”，使我矿的质量标准化水平不断提高。

（3）加强技术管理工作，增强装备技术新内涵。建立以总工程师为首的技术管理体系，矿井开拓、巷道布置、采掘部署、生产系统调整和技术规范标准措施的制定以及新技术、新工艺、新设备的推广应用等重大技术问题必须由总工程师负责解决。大力推进生产工艺和技术装备的自动化、智能化，大大减少用人数量，降低人员劳动强度，大幅减少各类事故，同时提高工艺运转和技术装备运行故障检测的准确性和实时性，增强对设备故障的预控能力，实现生产过程的安全自动化控制，从而高效推进安全生产。同时，树立安全生产也是效益的思想，加大技术改造力度，提高安全生产保障能力。

（4）推进“三化”管理，不断提高经济效益。照公司推行的“精益化”的管理要求，不断通过流程再造和规范运作，夯实基础管理，优化资源配置，使企业内部各项管理不断加强。一年来，精益化管理深入人心，并不断得到深化、细化和延伸，降低了成本费用，提高了劳动效率，强化了管理，转变了观念，形成较为全面系统的管理网络，涵盖了各项管理和过程控制，成为各项工作的主要抓手。

（5）加强企业文明建设，打造平安和谐矿区。在企业经济效益不断提高，文明创建不断升级的同时，本着“和谐共赢”的原则，不断推进企业文明建设，加大生活福利设施投入，努力打造和谐文明矿区。矿党政领导班子坚持民主集中制原则，规范集体领导和个人分工负责制度，坚持重大决策、干部任免、重大项目安排、大额度资金使用的集体研究制度。领导班子建设的加强，从政治、思想、组织、作风上为搞好安全生产提供了保证。

（二）安全高效矿井建设取得的成果

（1）安全生产。矿井自 2011 年开工建设至今，未发生一般及以上安全事故，生产过程中严格执行煤炭行业标准，精细管理，规范作业，安全生产形势平稳。

（2）采掘机械化程度。矿井实现了综合机械化采煤，采煤机械化程度达 100%；所有煤巷及半煤岩巷掘进工作面采用掘进机割煤装煤，刮板输送机、带式输送机运输，实现了机械化掘进，掘进机械化程度达 100%。

（3）经济效益。矿井自正式投产后，安全生产设施一步投资到位，运行平稳正常，无安全生产机械事故，2021 年度实现利润 31234 万元，矿井人均年收入达 9.26 万元。

（4）信息化管理与自动化。矿井建有安全生产信息调度平台，全矿井安全生产信息实现集中调度、监控、传输，对主要生产环节设备进行远程监控，实现了主要生产环节自动化运行，煤矿办公实现了 OA 电脑网上自动化。

（5）矿井劳动定员管理。地面及井下均采用“三八制”作业。劳动用工实现了“五个百分之百”，三项岗位人员全部持证上岗，建立了完善的劳动定员管理制度，科学合理组织生产，劳动效率明显提高。

（6）环境保护和生态文明建设。严格执行国家环境保护的相关法律法规，矿区绿化率达 25%，建设了一座 480 m^3/d 的生活污水处理站、一座 1200 m^3/d 的矿井水处理站等环保设施，持有合法有效的排污许可证，对采煤沉陷区、裂缝进行生态恢复治理，将筛选出的煤矸石转运到合作砖厂进行制砖，煤矸石利用率达 100%。

（7）职工职业环境保护。矿井根据国家职业病防治法的要求，实施以无尘化作业为重点的职业危害防治，严格落实煤矿职业安全卫生个体防护用品配备标准，定期开展职工健康体检，粉尘等职业危害得到有效控制。

山西临县华润联盛黄家沟煤业有限公司

一、矿井概况

山西临县华润联盛黄家沟煤业有限公司位于山西省吕梁地区临县湍水头镇黄家沟村，井田面积 7.3922 km^2，开采标高+1050～+790 m。井田内保有资源/储量 6508.7 万 t，设计可采资源/储量 3472.3 万 t，设计生产能力为 120 万 t/a，设计服务年限为 22 a，矿井为低瓦斯矿井，地质构造简单，水文地质类型为中等，现采煤层自燃倾向性为Ⅱ级，煤尘具有爆炸性，为正常生产矿井，各系统运行情况正常。

二、主要技术经济指标

2021 年百万吨死亡率为零，杜绝了重伤及二级以上非伤事故，月均千人负伤率为零，安全标准化保持了一级水平，采煤工作面工程质量达到优级。全年完成原煤产量 119.85 万 t，矿井综合单产达到 10.75 万 t/(个·月)，原煤工效达到 12.41 t/工；最高单进 339 m/月，掘进进尺 7200 m，各项指标继续创出新高，达到了行业特级水平。采掘关系正常，实现了有序衔接。矿井三量符合规程要求，采区采出率达到 83%，采煤机械化程度 100%，综掘机械化程度达到 94%。全年实现利润 45836 万元。

三、安全高效矿井建设的主要做法

（一）推进“提质降本增效”管理理念，不断提高经济效益

（1）降低成本费用。各部门把生产经营过程中所发生的各类费用变为自己的收入进行管理，超支就要减少收入，节约则增加收入，如材料费用支出减少，工资就会按一定比例增加。通过这种激励机制，让每个职工树立起“成本就是工资，工资就是成本”的意识，自觉节支降耗降成本，效益观念、市场观念得到了进一步巩固。

（2）提高劳动效率。科学合理定员劳动岗位，实行“增人不增资，减人不减薪”，促使各单位、岗位自发地合理安排工作，优化劳动力资源配置。

（3）加强自我管理。各单位自主权扩大后，管理从传统的以生产为中心转变为以效益为中心，干部职工的收入靠自我管理，势必提高单位、班组的自主、自理能力。不仅改变了“等、靠、要”的思想，而且反过来监督矿里分配制度落实和材料配件供应质量。

（二）提升职工素质，为安全生产打好软件基础

（1）积极推行全员安全培训。利用节假日开办培训班，对全矿管技人员进行培训、素质提升。坚持把安全文化、亲情教育、氛围教育等融入日常的安全管理工作中，在全矿各个岗位和工种推行了安全风险辨识预防和安全操作流程挂牌管理，职工通过边看边学的方式，熟练掌握本岗位的操作要领，规范操作行为，为安全生产打下了良好基础。

（2）制定了各工种岗位生产标准化责任制。2021 年在 22801、8102、8103 等工作面实行了挂牌管理，并根据标准化的要求严格考核，落实到每个责任人，与其负责的工程质量挂钩，用经济手段促进生产标准化达标竞争意识的增强。“以质量保安全，以达标保生产”已成为基层管理人员的共识。

（三）以“双高”矿井建设为目标，继续推进生产能力保障工程

（1）在设计上，通过加长工作面倾斜长度，提高割煤效率。在设计中优先考虑简化生产系统，减少运输巷道长度，提高运输效率。在新的区域通过加长工作面走向长度，减少工作面倒安装次数。

（2）调整工艺工序，合理采用施工方法，提高生产效率。根据生产条件，回采工作面两巷采用采后回撤拱形支架的施工方法，达到降本增效的目的。

（3）加强旧设备维护，多购买质量好的设备，并推行同一区域配备同一型号设备，备足备用配件，降低检修时间。加强机修车间的管理，保证设备的检修质量，收集采煤机和液压支架使用和维护过程中存在的问题，有针对性的解决问题。

（4）抓好机电检修班的检修质量，检修班要求区队必须根据实际情况制定班检修计划，区科技术员跟班进行现场落实，确保设备开机率；同时根据区队实际情况做好配件计划，并提前准备到位，将故障检修时间降至最低。

（5）优化运输系统。井下各运煤系统全部实现带式输送机化运输，带式输送机运输系统安装视频、变频和自动控制装置。

（四）强化技术管理，推进科技创新

（1）北采区东翼回风巷使用联排式液压支架代替传统式临时支护，支架安装调试后每班掘进水平可提升至4.5 m/班，单月可提升60 m。同时在顶板破碎的巷道使用联排式液压支架有效减少了工作面迎头的空顶时间，降低了职工劳动强度及安全风险，有利于加强现场的顶板管控。

（2）在北采区东翼回风巷使用防爆柴油机履带运输车（WCL3Y），能实现自动装卸和运输功能，能解决狭窄巷道、巷道底板起鼓、泥泞巷道的运输任务，可直接将支护材料、设备运输到工作面迎头，同时可减少轨道的铺设，极大地降低了作业人员人工运料的劳动强度，同时提高了掘进效率。

（五）优化劳动组织，科学劳动定员

由企管科、人力资源科牵头定期对井下作业人员的配置进行精确核算，积极推行“限员挂牌”制度，优化企业劳动组织，提高劳动效率。加大了原煤工效管控，严格按照矿井综合分析类比和系统环节进行定岗定员，对关键岗位人员进行胜任度考核，优胜劣汰。同时将原煤效率指标分解到每个月并及时对完成情况进行总结和分析，通过劳动定员，努力挖潜，实现了人力资源价值的最大化。

（六）机械化换人、自动化减人，提高安全保障能力

全面实施煤（岩）巷掘进机械自动化、综采工作面机械自动化，大力推进“机械化换人、自动化减人”的科技强矿战略，矿井采掘机械化率均达到100%，实现了煤（岩）巷掘进机械自动化、综采工作面机械自动化，全过程的机械化生产既减少了井下作业人员又优化了生产系统，为提升矿井经济效益、确保安全生产持续稳定奠定了坚实基础。

（七）加强薪酬管理，提升员工福利待遇

为调动员工积极性，年度内持续完善职工薪酬体系管理，秉持按劳分配、按技分配的原则并与市场接轨。一是及时调节内部分配，切实做到员工工资收入和企业发展同步增长，劳动报酬与劳动生产率同步增长，有效缓解了物价和消费水平上涨给员工带来的生活压力。二是努力提高员工福利待遇。按照国家规定为员工正常缴纳各种保险，让员工深切感受到企业归属感和自豪感。

（八）保护生态环境，废水合理利用

（1）水处理站污水处理能力为155 m^3/h，采用调节、混凝、沉淀、过滤、陶瓷膜超滤深度处理、消毒的处理工艺，处理后水质可达地表水三类标

准，是目前吕梁市规模最大、工艺最先进、处理效果最好的矿井水处理站之一。

（2）建立了环保制度，增强管理依据，本着“谁排放、谁负责，谁污染、谁负责，预防为主、积极治理”的原则，强化矿属各部门环境治理责任，为完成全矿环境治理目标任务保驾护航。

山西中阳华润联盛苏村煤业有限公司

一、矿井概况

山西中阳华润联盛苏村煤业有限公司矿井位于山西省吕梁市中阳县金罗镇庄上村附近，由山西照阳煤业有限公司、中阳县张子山庄上村七头山煤矿、山西鑫明煤业有限公司三个煤矿兼并重组而成，主体企业是山西华润联盛能源投资有限公司。矿井整合后井田南北长 3.35 km，东西宽约 3.18 km，井田面积为 6.1001 km^2，开采标高+1130～+778 m，批采 4～10 号煤层（现开采 6 号、10 号煤层）。矿井生产能力为 90 万 t/a。

矿井采矿许可证、安全生产许可证、营业执照等证照和手续齐全有效。矿井安全生产管理机构健全、人员配备充足。

二、主要技术经济指标完成情况

2021 年生产原煤产量 92.43 万 t，完成进尺 5280 m。当年未发生重伤及以上人身伤亡事故和二级非伤亡事故，百万吨死亡率为零。职工人均年收入 8.74 万元，同比增长 9%。全年完成利润 2.56 亿元，完成年度计划（1.07 亿元）的 238.56%。

矿井采煤和掘进机械化程度均达 100%；矿井采区采出率 10 号煤（厚煤层）为 78.3%、6 号煤（中厚煤层）为 85.4%。2021 年累计回采产量 83.97 万 t，其中，10206 工作面生产原煤 71.03 万 t、6206 工作面生产原煤 12.94 万 t，平均工作面个数为 1.06，矿井综合单产为 66014 t/(个·月)，原煤工效 8.5 t/工。

三、安全高效矿井建设的主要做法

（一）不断夯实安全基础

严格落实隐患排查治理制度，坚持“旬检查，月验收”，隐患整改闭合管理，把隐患消灭在萌芽状态，年度内未发生轻伤以上安全事故。矿井构建了培训机制，推行安全强制培训，将培训教育、培训效果纳入安全生产标准化考核范畴。推行全员考试，以考试促进培训，考试情况与奖惩挂钩。对各类“三违”人员组织停班学习；特殊工种要与上级培训机构协调组织培训。矿井强化了安全文化建设，利用安全文化长廊等形式，加强安全文化宣传，使职工随时随地都能感受到强烈的安全文化氛围，让“安全发展”的理念入耳入脑入心。

（二）提高信息化与自动化应水平

在调度、生产、经营管理等方面实现了计算机网络化管理，信息的集中监控、集中传输及运用，主要生产环节自动化运行。矿井安全生产监测监控系统、产量监控系统及华润煤业安健环系统（EHS）、生产运营指挥系统、物资采购系统（MM）、运销系统（TSM）等均正常使用，为安全生产提供可靠的保证，规范了业务管理流程，提高了办公效率。

（三）优化劳动组织，科学劳动定员

矿井建立了劳动定员管理制度，科学合理定员劳动岗位，做到了科学合理组织生产，由企管科、人力资源科牵头定期对井下作业人员的配置进行精确核算，积极推行“限员挂牌”制度，优化企业劳动组织，提高劳动效率。加大了原煤工效管控，严格按照矿井综合分析类比和系统环节进行定岗定员，对关键岗位人员进行胜任度考核，优胜劣汰。同时将原煤效率指标分解到每个月并及时对原煤完成情况进行总结和分析，通过劳动定员，努力挖潜，实现了人力资源价值最大化。

（四）机械化换人、自动化减人，提高安全保障能力

全面实施煤（岩）巷掘进机械自动化、综采工作面机械自动化，大力推进“机械化换人、自动化减人”的战略，矿井采掘机械化率均达到100%，实现了煤（岩）巷掘进机械自动化、综采工作面机械自动化，全过程的机械化生产既减少了井下作业人员又优化了生产系统，大大降低了人工成本，年度原煤生产人员最高仅为431人，为提升矿井经济效益和确保安全生产持续稳定奠定了坚实基础。

（五）严格管理，积极投入，进一步创收增效

2021年度，矿井制定了各项经济指标和考核制度，严格管控成本管理，通过持续推动自修自制、回收复用、修旧利废等工作，节约材料费用约278余万元。在煤质管理方面，持续加大了煤质考核力度，在采掘工作面过断层构造带时严格执行分装分运，确保煤质达到目标值。根据实际情况对洗煤厂制定了考核指标，提高精煤回收率，增加效益。同时严格按规定对各类专项资金及时投入使用，有力保障了安全生产、特种作业培训、职业卫生、环保工作的正常开展，使经营工作更趋科学化、精细化和规范化。

（六）加强薪酬管理，提升员工福利待遇

持续完善职工薪酬体系管理，秉持按劳分配、按技分配的原则并与市场接轨，一是及时调节内部分配，切实做到员工工资收入和企业发展同步增长，劳动报酬与劳动生产率同步增长，有效缓解了物价和消费水平上涨给员工带来的生活压力，2021 年职工人均收入 8.74 万元，同比增长 9%。二是努力提高员工福利待遇。正常缴纳各种保险，逢年过节发放慰问品，切实提高员工的归属感和自豪感。

（七）严格工作面回采管理，增加原煤回收率

严格各采煤工作面回采率管理，对顶煤、底煤、浮煤的不合理丢失严格进行管控，地测科及生产科人员经常深入现场进行监督，了解和掌握工作面放顶煤及顶、底煤施工时的控制情况并做好记录，对现场违反规定的给予处罚。2021 年度内，二采区 10 号煤北翼 10206 采煤工作面采出率到 90% 左右，6 号煤北翼 6206 采煤工作面采出率均达到 92% 左右。

（八）优化布局，大力推进集约化生产

一是从优化设计着手，增加了综采工作面的采长和走向长度，10206 综采工作面的面长由设计时的 138 m 增加到 160 m，走向长度由设计时的 856 m 增加到 950 m，并进一步改进装备选型和配套设施，实现了工作面布置的集约化生产模式，不仅增加了工作面的可采储量，减少了工作面的搬家次数，又为回采工作面使用高效设备、提高生产能力创造了条件。二是对二采区 10 号煤北翼采煤工作面进行合理布置，既优化了生产运输系统，减少了作业人员，又增加了集中安全管理的优越性。

（九）保护生态环境，废水合理利用

矿井建有一座综合污水处理站，生活水处理能力为 25 m^3/h，处理工艺为一体化生化处理系统—过滤处理系统—曝气生物滤池—超滤处理系统，生活污水处理后出水水质可达《地表水环境质量标准》（GB3838—2002）“Ⅲ类标准，处理后的水主要用于场区绿化、地面洒水降尘、洗煤厂洗煤用水；矿井水处理能力为 40 m^3/h，处理工艺为絮凝沉淀—一体化过滤净水处理—消毒回用，处理后的水全部回用于井下消防降尘用水和洗煤厂洗煤用水，不做外排。在矿工业广场内设有雨水收集池一座，容量为 500 m^3，用于初期雨水收集，防止含污染物较高的初期雨水对河流造成污染，收集的雨水经回抽污水厂处理后回用于矿区范围内道路、场区运煤线洒水降尘作业，可有效消除场区及周围道路扬尘，改善矿区空气质量。

山西亚美大宁能源有限公司

一、矿井概况

山西亚美大宁能源有限公司位于山西省晋城市阳城县北约 16 km 处，井田面积 38.8225 km^2，设计能力 400 万 t/a。矿井采用单水平斜井开拓方式，现开采 3 号煤层，标高+360~+620 m，平均厚度 4.74 m，为煤与瓦斯突出矿井。

矿井现布置一个长壁综采工作面（205 综采工作面），采煤方法为综合机械化一次采全高走向长壁开采，工作面采出率不低于 95%。2 个连掘工作面、2 个综掘工作面和 2 个开拓工作面，掘进支护方式为锚网索联合支护。采掘机械化程度均达到 100%。矿井开拓煤量、准备煤量、回采煤量、抽采煤量均符合国家有关规定，采掘接续正常。

二、主要技术经济指标完成情况

2022 年公司杜绝了重伤及以上事故，百万吨死亡率为零。采掘机械化程度均为 100%。全年完成原煤产量 383.45 万 t，掘进总进尺达到 7816.83 m。原煤工效 18.01 t/工，综合单产达到 27.26 万 t/(个・月)。原煤吨煤成本为 336.16 元，全年实现利润 11.7 亿元。职工年人均收入 13.1 万元/人。

三、安全高效矿井建设的主要做法

（一）完成二、三采区通风系统优化，关闭白沟回风井

原通风系统由 3 台主要通风机联合运转，通风系统复杂，经过研究论证，制定“二、三采区通风系统优化方案”，经过 9 个月的努力，完成了西大 7 和 2603 局部巷道扩刷改造，将白沟回风井主要通风机负担的 205 综采工作面和 206 备用工作面，改为由中央回风立井负担。封闭二采区南部辅助回风巷，停运白沟风井主要通风机。矿井由三台主要通风机联合运行改为两台主要通风机运行，封闭 5676 m 巷道密闭 120 道，矿井总风量由 40000 m^3/min 降至 35000 m^3/min，矿井总风量减少 5000 m^3/min，主要通风机运行效率更高，矿井通风系统更加简单经济，合理可靠。

（二）使用“先抽后启”工艺，启封密闭排放瓦斯

盲巷启封排放瓦斯一直是煤矿管理的重点环节，封闭区域长期不通风，有毒有害气体聚积浓度高，属高风险作业。大宁煤矿采用“先抽后启”新工艺启封密闭排放瓦斯。封闭巷道前，在密闭位置布置一趟 6 m 长 ϕ377 进气管，利用工作面布置的抽采管路作为出气管，与密闭外瓦斯抽采系统连接，并安设阀门。启封密闭前，打开进气管和出气管阀门，利用瓦斯抽采管路将封闭区域高浓度瓦斯抽至 1% 以下方可进行启封密闭排放瓦斯作业。该工艺应用在盲巷启封、反风演习恢复临时停风区及过空巷等作业，减少影响生产时间，消除了风险隐患，提升了工作效率。

（三）采空区抽采能力提升及系统优化

采煤工作面初采段采用了低位孔、中位孔、顶板高位孔和闭墙双埋管的立体交叉分层位抽采方式，同时随着山坪瓦斯泵站改扩建工程完成及并网投入运行，采空区抽采系统由原来两台 2BEC72 型瓦斯泵并联抽采提升为 1 台 2BEC87 型瓦斯泵独立抽采，采空区瓦斯抽采能力较以往提升了 50% 左右，有效缓解通风压力，工作面初采期间瓦斯得到有效控制，同时为综采工作面实现“U 型通风”提供了保障。

（四）顶板高位钻孔大直径工艺试验效果明显

完成了大功率 ZYWL-13000DS 型定向钻机购置，并在二采区辅助运输巷-09 顶板穿层钻场展开了 ϕ193 mm 钻孔的施工工艺试验，通过抽采参数分析对比，顶板穿层钻孔由 ϕ108 mm 孔径扩展到 ϕ193 mm 后，单孔标况瓦斯抽采量提升至原来的 3~4 倍，因此每个钻场只需施工 3~4 个孔就可达到原来 12 个 ϕ108 mm 钻孔的抽采量。顶板高位钻孔大直径工艺试验成功为下一步全面推行提供理论科学依据。

（五）加大瓦斯综合利用、建设绿色环保矿山

公司建有南山地面瓦斯抽采泵站和山坪地面瓦斯抽采泵站，地面建有瓦斯储气柜两座，有效容积均为 12000 m^3。公司的瓦斯抽采和综合利用水平居行业前列，瓦斯抽采采用地面和井下同时进行的立体高效方式。公司对瓦斯进行了综合利用，主要用于瓦斯发电（兰花电厂装机容量为 35 MW）和矿区内的采暖锅炉、洗浴锅炉、井筒热风炉、中央空调、职工餐厅等。真正做到了“挖煤不用煤”，有效降减少了温室气体及粉尘排放。

（六）加速推进绿色开采，煤矸置换方案落地

结合自身“矸石产量多，边角煤柱多”的现状，将消矸充填与边角煤柱开采相结合，提出“掘巷充填、煤矸置换”方案。经过巷道掘进、设备

基础浇筑、兑运、安装、调试、试运行，2022 年 8 月，亚美大宁矸石不升井绿色开采项目正式投入运行，已连续充填了 3 条巷道，长度约 285 m，实现净利润 390. 1 万元，达到了以矸换煤充填开采的目的。煤矸置换不仅保护了地表生态环境，节约了土地复垦的经济成本，还提高了煤炭资源回收率，有效延长了矿井服务年限。

山西朔州山阴金海洋五家沟煤业有限公司

一、矿井概况

山西朔州山阴金海洋五家沟煤业有限公司所属主体企业为中煤集团山西华昱能源有限公司。矿井采用斜井开拓，布置有主斜井、进风排水斜井、胶轮车副斜井、回风立井、回风斜井 5 个井筒，矿井布置一个采煤工作面和两个掘进工作面。采煤工作面采用综采放顶煤工艺，顶板管理方式为全部垮落法。五家沟煤业为一级安全生产标准化矿井。

二、主要技术经济指标完成情况

五家沟矿认真贯彻落实各级政府及集团公司各项工作部署，全面实施精细化管理，深化内部改革，创新工作机制，全年完成原煤产量 298 Mt，全年完成掘进进尺 4328 m，矿井综合单产 268658 t/(个・月)，原煤工效 20. 259 t/工，综采机械化程度达到 100%，掘进机械化程度达到 100%，采区采出率达到 81% 以上。

三、安全高效矿井建设的主要做法

（一）加大投入力度，全面构建管理保障体系

修订完善了矿井管理制度，逐步建立了与矿井安全生产相配套的管理机制，通过安排部署、学习自查、整改提高、检查总结，狠抓制度完善、内部机制调整、岗位责任制落实，构建起了纵向专业管理、横向协调管理、基层基础管理的矿井保障体系。通过强化制度落实，形成了职责明确、按制度办事、靠制度管人、用制度规范行为的良好机制，构建出了科学化、规范化和制度化的管理格局。

（二）狠抓责任落实，夯实安全基础

严格执行安全奖惩考核制度，每班根据干部职工安全履职尽责情况，严格兑现奖惩。加大“三违”查处力度，对查出的“三违”人员进行升级处理，大力营造狠反“三违”的浓厚氛围。

（三）加强科技创新工作，提升矿井科技水平

通过开展科技创新活动，充分调动广大技术人员的创新积极性，发挥广大职工的聪明才智，建立了创新工作室并取得了一定的成果。

（1）加强科技成果转化。联合科研机构及院校实施科研项目 4 项，分别为“华昱矿区坚硬顶板治理关键技术研究与应用”“华昱矿区水资源综合利用开发技术研究”“大跨度密集不规则老窑采空区安全复采关键技术研究”和“多层不连续厚砂岩矿压显现及垮落规律研究”，上述科研项目均顺利实现了成果转化，提高了矿井的开采效率和安全性，并为提升矿井的智能化开采水平提供了技术支撑。

（2）全功能综采带式输送机机头缩减改造。通过对原 115 m 带式输送机机头部分进行改造，在确保带式输送机各项保护齐全、功能齐全的前提下，将带式输送机机头缩短至 30 m，满足综采工作面满负荷生产需要的同时，有效增加了回采长度，提高了煤炭资源回收率，应用前景广泛，同时本技术的应用，还为工作面长度设计和带式输送机机头位置设计提供新思路。

（3）综采锚杆强力收取器的研发，安全高效。综采锚杆强力收取器创新点在于在工作面生产过程中，可以在不停煤机、输送机的前提下，靠收取器自动收取锚杆。设备采用风能，简单可靠，避免了人为操作风险，在煤机前行脱离危险环境下再调整收取器的工作状态，操作简便，故障率低，效率高，保障工作人员安全，减少了人员工作强度。

（4）主要通风机防爆盖限位改造。市面上的防爆盖出厂时只配备锁紧压板 8 副，反风时通过锁紧压板来压紧防爆盖。由于矿井主要通风机房与防爆盖通常有一段距离，主要通风机司机通常为女性职工，在矿井出现紧急状况需要进行反风时，很难立即组织人员在 10 min 内逐块地操作锁紧压板压紧防爆盖，同时操作风机实现风流反转。因此，如何快速操作锁紧压板压紧防爆盖便成为快速实现反风的关键。通过调研分析，根据矿井现场条件设计开发了一套电控液压防爆盖快速锁紧装置。安装此设备前，反风最少需要 2 名工人配合操作，安装后只需 1 人操作，每年可以节省 6 万元左右人工成本。该装置成本低，易于施工，反风效果显著，在发生事故、应急抢险方面节省了宝贵的时间，可减少人员伤亡和设备损伤。

（5）安装远程集控系统，高效减人。五家沟矿完成了中央水泵房、B 区采区水泵房远程集控系统安装并能正常使用；完成了水文地质监测系统安装并能正常使用；完成了风机房远程集控系统安装并能正常使用；完成了电力监控系统远程分合闸系统安装并能正常使用；完成了空压机监控系统安装并能正常使用；完成了远程风门控制系统安装并能正产使用；完成了主运输集中监控系统安装并能正常使用。

（四）加强生态文明建设

多年来，我矿一直重视环境保护工作，严格执行了国家法律法规和有关规定，通过对矿区范围内宜林地绿化、工业场地的绿化，更好地维持了生态系统的平衡，减少了水土流失，改善了空气环境；通过沉陷裂缝区生态恢复治理植被恢复，矸石场和取土场同时也得到了治理，提高了矿区周围土地的利用率，减缓了矿区的水土流失；通过对运煤、运矸道路、厂区进场道路、场内道路的硬化、绿化，运煤输送带走廊两侧绿化，改善了矿区的整体面貌，降低了工业场地、场外道路和采掘场的水土流失。

（五）积极推进智能化建设

五家沟煤业坚持“科技兴安，机械化换人，自动化减人”理念，积极推进智能化建设和减人提效工作。截至2021年底，已完成智能通风系统、智能供电与排水系统、空压机监控系统、电力监控系统、主运输系统自动化集中控制系统、远程风门控制系统、水文动态监控系统等7个智能化远程控制系统的建设，可实现对各系统运行数据的在线监测、设备状态的故障检测和远程操控，有效提升了矿井自动化、智能化建设水平，实现了固定车间无人值守。

按照山西省能源局关于公布《山西省2021年度煤矿智能化建设采掘工作面名单》及朔州市能源局下发的关于《2021年度全市深入推进煤矿智能化建设工作方案》的要求，积极推进智能化采掘工作面建设，通过掘进工作面远程集控平台努力实现掘进工作面远程集中控制，同时实现综采工作面智能化、少人化开采，经多次调研及厂家技术人员现场论证，现已确定采掘工作面智能化设备厂家并签订技术协议，智能化综采工作面项目总投资金额4750万元，智能化综掘工作面项目总投资800万元，已在2022年10月完成智能化综采工作面的调试运行，达到减人提效的目的。

山西朔州山阴金海洋南阳坡煤业有限公司

一、矿井概况

南阳坡煤业有限公司位于山阴县马营乡山峡村北，行政区域划属马营乡管辖。公司所属主体企业为中煤集团山西华昱能源有限公司。

矿井井田面积为 3.9714 km^2，批准开采 3~9 号煤，主要可采煤层为 3 号、4 号、6 号、9 号煤层，其中，3 号、4 号煤已开采完毕并已封闭，现开采 6 号煤层。矿井正常涌水量为 12 m^3/h，最大涌水量为 18 m^3/h，水文地质类型为中等型，为低瓦斯矿井。

矿井采用斜井开拓方式，布置有主斜井、胶轮车副斜井、进风排水井、回风立井 4 个井筒。矿井通风方式为中央分列式，通风方法为机械抽出式，三进一回。井下辅助运输采用无轨胶轮车；矿井各大系统运行可靠。

二、主要技术经济指标完成情况

2021 年南阳坡煤业认真贯彻落实各级政府及集团公司各项工作部署，全面实施精细化管理，深化内部改革，创新工作机制，全年完成产量 298.42 万 t，完成掘进进尺 4014.8 m，矿井综合单产为 267671 t/(个・月)，原煤工效为 18.62 t/工，职业健康检查率 100%，危害因素检测达标率 100%，煤矸石综合利用率 100%，矿井水利用率 100%。

三、安全高效矿井建设的主要做法

近年来，南阳坡煤业深入贯彻落实安全高效矿井建设总体要求，不断探索企业安全高效发展的管理机制，实现了矿井安全形势总体平稳发展、生产经营持续高效运行。

（一）加强组织领导，落实安全主体责任，为建设安全高效矿井提供组织保障

深入落实科学发展观，正确把握和处理安全与生产、安全与效益、安全与发展的关系，百万吨死亡率连续多年保持为零，从建成至今未发生重伤及以上事故，矿井连续多年实现了安全运转。

切实加强组织领导，高度重视安全高效矿井建设工作，积极进行科学规划，按照“高境界、高起点、高标准”的要求，坚持领导重视、目标引领、正向激励、措施保障等工作策略，促进了安全高效矿井建设工作的全面开展。

矿井“安全避险六大系统”已达到运行可靠、设施完善、管理到位、运转有效的要求。安全生产创中煤集团华昱公司最好水平，先后获得全国煤炭行业“太阳杯”荣誉称号、2016—2017 年度特级安全高效矿井及一级安全生产标准化矿井、2018—2019 年度特级安全高效矿井及一级安全生产标准化矿井。

（二）加大资金投入，提高装备技术水平，实现智能化操作，为建设安全高效矿井创造前提条件

南阳坡煤业不断提高采煤装备水平，加大装备投入和自主技术创新，积极抓好掘进机械化工作。推广应用了先进的综掘装备，掘进队配备的 QBZ-200 型掘进机在大断面煤巷月进超过 257 m，达到了区域内先进水平。

扎实推进数字化矿山建设，按照“创建一流信息化矿井”的目标，建成了井下工业以太环网及矿井综合自动化平台，完善了煤炭生产、设备运行、安全监测监控等网络体系，实现了全方位的监测监控。

南阳坡煤业不断引进新技术、新工艺、新装备，加速矿井从机械化向自动化、信息化、智能化转变，助力矿井安全生产，目前已完成中央水泵房智能化控制系统、主通风智能监控系统、电力智能监控系统、压风智能监控系统、水文自动监测系统、风门自动控制系统、主运智能运输监控系统等 7 项智能化改造项目，成功实现减人 12 人，在 2021 年智能化改造中已减少岗位工 12 人，降低了设备的故障率，大幅提高了各大系统运行的可靠性，为我矿安全生产夯下坚实的基础，正在进行的综掘工作面智能化操作项目也在稳步推进中。

（三）优化矿井生产布局，提高原煤生产效率

根据南阳坡煤业采掘接续情况优化矿井生产布局，矿井生产保持一井一面，提高了万吨掘进率，达到了一井一面安全高效矿井的基本条件。

同时矿井对一线区队及管理人员实行科学组织、强化管理。一是加强日常设备保养、维修力度，从而更好地发挥了综采设备高产、高效的性能。二是分解生产任务，将生产任务落实到班组和个人，极大地增强了职工的责任意识。三是加强管理，将暴露的问题从根源进行解决，杜绝再次发生。

（四）实施科技兴矿战略，优化开采工艺及设计，坚持资源节约，为建

设安全高效矿井提供技术支撑

在生产过程中积极超前探测井下断层参数，留设合理的防隔水煤柱，优化工作面布置设计，对地面采空区收集回采过程中的岩层移动数据，计算塌陷角，为地面建筑留设合理的保护煤柱，减少资源浪费提供了可靠依据。

不断改进工艺提高生产效率，以系统安全、设计优化、工艺创新、支护改革为重点，优化开拓布局和生产系统，创新驱动支撑优势明显。全员创新创效活动蓬勃开展。强化设备管理，推行设备生命周期管理和设备点检制，建立了设备管理及计划检修机制，保障了设备安全。

（五）坚持开展职业病防治工作，保障职工身心健康

南阳坡煤业严格按照上级部门和国家安全生产标准化管理办法的要求，建立健全各项职业病管理制度，明确职责，加强《职业病危害防治法》和《作业场所职业病危害防治规范》的宣传，注重个体劳动保护，对作业场所监督监测，按期对从业人员进行健康体检等，把改善作业环境、强化员工职业健康作为工作重点，有效地保障了劳动者的健康，维护了广大职工的权益。

（六）持续推进生态治理，响应国家绿色开采政策

应国家环保政策要求，南阳坡煤业淘汰落后生产工艺及设备，严格控制排放标准，注重生态建设，聘请符合资质的设计单位对矿区内工业广场进行了绿化设计，绿化面积达到50%以上，矿区景色宜人。

井下工作面强制放顶由过去的火工品爆破更换为二氧化碳致裂切顶，该爆破方式不产生冲击波、明火、热源和因化学反应而产生各种有毒有害气体，安全性能高。

矿井原煤运输全部采用封闭式带式输送机走廊，从主井一直运至公司洗煤厂，全程无撒落及扬尘，环保卫生。地表沉陷及裂缝区及时进行回填，确保安全的同时保证环境不受影响。矿井生产产生的矸石全部输至公司统一建设的矸石场，经矸石分层、压实、覆土、绿化等程序，全过程绿色环保。

山西朔州山阴金海洋元宝湾煤业有限公司

一、矿井概况

山西朔州山阴金海洋元宝湾煤业有限公司属于资源整合矿井，由原元宝湾矿和上漫沟煤矿及部分公共井田整合而成。井田面积 5.1591 km^2，批准开采 3^{-1}～11 号煤层，生产能力 90 万 t/a。矿井属低瓦斯矿井，水文地质类型为中等。

矿井采用斜井开拓，井田内划分为一个水平开采，布置在 9 号煤层中，标高为+1417 m，用于各煤层开采。通风方式为中央分列式，通风方法为机械抽出式，两进一回，即主、副斜井进风，回风斜井回风。两回路电源引自南阳坡 35 kV 变电站 10 kV 不同母线段，两回线路同时工作分列运行。井下煤炭运输采用带式输送机，辅助运输采用无轨胶轮车。

二、主要技术经济指标完成情况

2021 年，元宝湾煤业始终将思想和行动统一到国家的发展大局，全力以赴落实安全责任、消除事故隐患、筑牢安全防线，实现安全生产标准化达标，全年百万吨死亡率为零。2021 年产量 88 万 t，进尺 4100 m。综合单产 88762 t/(个·月)，原煤工效 13.063 t/工，采区采出率 85.35%。采掘机械化程度均达到 100%。职业健康检查率 100%。

三、安全高效矿井建设的主要做法

（一）体制保障方面

1. 优化组织机构、提升人员素质

矿井部门设置精简且高效，能够满足矿井安全生产要求。本着外部招聘吸引和内部挖潜、培训并重的原则，专业人员数量和质量上有较大提高，丰富职员的从业经历，提升个人的技术水平和从业责任心。进一步完善并简化相关的工作流程，提高办事效率，处理问题特别是解决安全生产问题能力和效率有了较大提高。同时高效简洁的流程指引，自觉遵守制度越来越深入人心，安全理念深入每位职工心中。

2. 层层压实责任，夯实安全责任

一是管理人员和专业技术人员充分发挥管理职责，在管理现场能够发现问题、提出问题、分析问题、解决问题，及时消除管理中的缺陷、堵塞漏洞、减少失误，使安全管理真正具有了预防性和针对性。二是严格落实双预控机制。建立健全了安全风险辨识、安全风险评估、风险分级管控、事故隐患排查、事故隐患治理与验收、教育培训、运行考核、奖励处罚等工作制度。加强安全风险分级管控，提升矿井安全风险防控能力，严格按照“1+4”安全风险辨识评估要求开展各类安全风险辨识评估工作。三是落实日常检查制度，加强日常井下、地面生产的安全监督检查，积极维护正常的安全生产秩序。对“三违”人员进行会议通报、亮相台公开亮相，多角度促进职工安全操作。四是完善安全生产事故应急救援预案，建立健全了机构、队伍，配备了应急救援物资，有效提高了矿井防灾、抗灾能力。

3. 加强组织，着力提高矿领导班子执行力

按照公司加强矿领导班子建设的指导思想和工作要求，强化矿班子思想建设、组织建设、作风建设，坚持落实中心组学习制度、矿领导包队制度、矿领导参加班前会制度、党政联席会议制度、矿领导跟值班制度、安全隐患排查制度六项制度。以实现矿井“零缺陷、零漏洞、零违章、零事故”为目标，着手创建动态安全管理模式，坚持从细节抓起、从源头防范、在管理中创新、在落实中整改，保证了矿井安全平稳发展。

（二）生产组织方面

1. 强化生产组织管理

一是采煤队努力克服生产条件变化造成的不利因素，精心组织、加强管理，完成原煤生产任务。掘进队严格按照矿下达的指标，突出掘进工作重点和难点，努力提高掘进工时利用率和工效，克服任务紧、条件差等困难，完成全年掘进任务。二是机运队通过狠抓基础工作，不断完善机电系统、落实包片包点责任、加大日常检修力度、强化包机人员培训学习、主抓运输重点工作，保证机电运输系统的正常运行。三是各生产辅助队组加强协调，积极配合生产工作，强化服务意识，加大服务力度，为矿井原煤生产和安全发展做出贡献。

2. 强化日常基础管理

一是严格按照《作业规程》规定，坚持正规循环作业，加强工作面支护质量与顶板动态监测，确保工作面的安全生产。各队组结合标准化、安全结构工资考核办法，提高标准、严格施工，杜绝不合格工程。按照管理部门

要求不断加强矿压观测，及时采取措施加强支护，杜绝顶板事故发生。二是提高机电运输管理标准，加强小电气设备、机电运输、日常检查等管理工作，进一步加强机电运输基础性工作。三是各队组按照矿统一安排部署，结合百日安全、安全生产标准化等活动，不断加强基础管理，认真开展“一通三防”、顶板管理、机电运输、地测防治水等基础工作，推进矿井安全高效平稳发展。

3. 确保系统稳定可靠

优化系统布局，力求规范、简单、环节少。一是抓好设计环节，做到设计合理，布局简洁。二是抓好现场生产采掘布局设计，现场采掘布局力求简化，巷道能直则直，能平则平，尽量减少弯曲起伏。三是抓好通风系统管理，风量要充足，要与矿井设计生产能力相匹配；通风系统要合理，尽量缩短通风路线和减少通风阻力；通风设施安设建造要规范合理。四是抓好提升运输系统设计，做到设备少、用人少，尽量减少不必要的周转环节。五是抓好供电和排水系统，供电排水系统要做到可靠稳定。

4. 取消夜班、减员增效

长期以来，煤矿生产一直延续着“一天三班倒、24 小时连轴转”的传统作业模式，其中，夜班生产相对于其他班次生产安全管控相对薄弱，很多事故发生在这一时段。为了减轻职工劳动强度，增强职工在矿山工作的幸福感、成就感，让职工的作息回归到自然状态，从 2019 年 1 月起，在朔州地区率先取消夜班，这一做法为公司高质量发展做出了积极探索，也在“改革创新、奋发有为”的道路上迈出坚实一步。2021 年 10 月 20 日 39105 工作面单班产量达 7365 t，创造本矿日产原煤最高纪录。

5. 加强矿区绿化、亮化及土地复垦治理，打造绿色矿井

矿区工业场地绿化率大于 15%，生活区及行政办公区绿化率大于 25%。工业场地、生活及办公区域整洁卫生，物料分类码放整齐，地面硬化，排水通畅，道路交通秩序井然，路标和指示牌齐全。按照绿色矿山建设要求，2021 年元宝湾矿对地面塌陷破坏土地治理达到 100%。通过土地复垦，以较小的经济代价获得了较大的经济效益，破坏的土地得到了恢复和利用，绝大部分用于耕植和绿化，对生态环境起到了恢复和美化作用。

山西朔州山阴金海洋水泉煤业有限公司

一、矿井概况

山西朔州山阴金海洋水泉煤业有限公司（以下简称“水泉矿”）位于山西省山阴县玉井镇东庄村西，行政区划属玉井镇管辖，矿井隶属中煤集团山西华昱能源有限公司（原中煤集团山西金海洋能源有限公司）。矿井井田面积 9.5298 km^2，批准开采 4~9 号煤层。矿井工业储量 10117 万 t，设计储量 8962 万 t，设计可采储量 6063 万 t，矿井设计生产能力 0.90 Mt/a，服务年限为 48.1 a。

矿井开拓方式为斜井开拓，布置有主斜井、胶轮车副斜井、回风斜井 3 个井筒，单水平开采；矿井通风方式为中央并列式，通风方法为机械抽出式；井下煤炭运输采用带式输送机；井下辅助运输采用无轨胶轮车。矿井证件齐全有效，各大系统运行可靠。

二、主要技术经济指标完成情况

矿井煤炭产量 88.8 万 t。矿井掘进进尺 3823 m。采煤机械化程度达到 100%，掘进机械化程度达到 100%。矿井全年百万吨死亡率为零。原煤工效 8.521 t/工。矿井实现利润 13953.54 万元。矿井采掘衔接正常，“三量”符合规定要求，采区采出率达到 86.6%，矿井为二级安全生产标准化矿井。

三、安全高效矿井建设的主要做法

（一）对标提升，管理革新，完善健全长效管理考核机制，狠抓责任落实

对标学习国内、外煤矿企业先进管理模式，修改完善各项管理考核制度，包括岗位责任制、安全生产责任制、管理考核制度等。重点对矿井突出问题和薄弱环节相关管理考核制度进行修订，细化、量化各项考核制度，严格落实执行，加大奖惩兑现力度。狠抓责任落实，通过强化制度落实，形成了职责明确、按制度办事、靠制度管人、用制度规范行为的良好机制，构建出了科学化、规范化和制度化的管理格局。

强化领导责任，层层抓好组织实施。科学、合理地进行内部机制调整，落实岗位责任制，构建起纵向专业管理、横向协调管理、基层基础管理的管理体系。严格执行“一工程一措施”制度，做到“有工程就有措施，有措施就有责任，有责任就有落实”。

（二）加强双预控管理，做好风险辨识评估，持续开展“三提升”“三整治”“三治理”活动，强化隐患排查治理，实现超前防范，不断提升矿井管理水平，夯实安全基础

对全矿各地点、各岗位、各环节进行风险辨识，对辨识出的所有风险进行安全评估，根据风险评估结果，对所有风险进行挂号管理，责任到人、落实到人。

“三提升”即不断提升安全生产标准化达标率，不断提升从业人员素质，不断提升矿区环境卫生水平。

“三整治”即辅助运输整治，文明生产整治，入井秩序整治。

“三治理”即“一通三防”、顶板管控、地测防治水3个安全专项治理。

进一步加大隐患排查和整改力度，突出抓好对顶板、“一通三防”、防治水等方面的管理。对特殊地段、特殊时段采取现场跟班指导、监督，保证了特殊地段的安全施工。强化闭合整改，确保问题整改率达到100%。认真落实区队、班组和岗位三级隐患排查制度，加大对现场人和物的隐患排查，严查职工的不规范、不安全行为，严查设备设施环节的不安全因素，切实做到排查严密、整改及时。

（三）加强科技创新工作，提升矿井科技水平；以“增收、节支、堵漏”为抓手，持续深入开展提质增效活动

积极开展科技创新活动，调动广大技术人员的创新积极性，群策群力，充分发挥专业化优势，开展技术诊断、安全评估、自动化研究和信息化成果应用、标准化管理体系建设等工作，加大科技创新力度，实施科技兴矿，为安全生产提供技术支撑。

（1）增收方面。一是科学、合理地组织以提升产量为主，合理协调、组织生产；加强掘进进尺管理工作，为下一步采掘接续提供保障。二是奖励职工积极提出合理化建议，经审议、采纳的建议积极推广应用。

（2）节支方面。一是加强材料管理，做好材料消耗、库存盘点及考核工作，杜绝材料浪费。二是抓好零星工程管理，从设计方面组织各专业部室进行超前规划、会审，减少零星工程施工量；杜绝无计划施工现象；抓好工程质量管理，杜绝工程返工现象。三是把好矿务工程验收、签证关，所有矿

务工程必须做到联系单、验收单、签证单“三对口”，杜绝虚报工程量、重复签现象。

（3）堵漏方面。根据生产过程中发现的问题，逐步改进、完善。

（四）立足于“安全、绿色、高效、智能”的建设理念，打造智能化矿井，实现减人、增安、提产、高效的目的

（1）建设完成自动化千兆、安全监测千兆、工业视频万兆环网+5G 无线通信网网络中心，通过合理的划分网络，形成矿井数据传输信息高速公路，确保各项数据的稳定传输。

（2）建设完成综合自动化管控平台，对主要通风机、压风机、排水系统、主运输系统、提升系统、供电系统、供水系统、智能综采以及其他辅助安全生产、监测系统等 28 个子系统集成管控。实现实时数据展示、历史数据查询、预警报警、三维数据可视化、数据传输通断状态监控、基于 GIS 平台的多专业数据联动分析功能、大数据统计分析、业务协同和一体化服务管理平台与调度通信系统融合、远程控制等功能。建设移动端，随时随地监测矿井各项数据、办公及生产调度，提高安全生产管理效率。

（3）建设完成超融合数据中心和网络安全防火墙，采用“云管平台+超融合架构+云容灾”方案，实现了计算资源、存储资源、安全资源、容灾资源的池化转型，为智能化矿山提供安全稳定的运行环境；网络信息安全防护达到等保 2.0 二级标准。

（4）建设完成 49104 智能化综采工作面，以可靠的电液控系统、三机智能通信系统、泵站控制系统、采煤机记忆截割控制系统为基础，以设备姿态监测系统、安全监测监控系统和工作面视频系统为保障、工业总线网络为通道、大数据分析和处理为依据、高端集控设备为平台，主动感知、自动分析、智能处理。实现地面集控，“一键启停”，工作面巷道带式输送机、转载机、破碎机、自移带式输送机机尾和工作面设备同步实现地面、井下一键操作顺序起动、单独起动，工作面全运行区域实现多机自动化协同正规循环作业及工作面与工作面巷道设备设施联采联动。

（5）建设完成输送带运输、排水、供电、压风、通风的自动化中心和安全监控、人员定位、应急广播、工业视频的监控中心，同时完成调度指挥中心建设。

（6）完成矿井轻量化 5G 核心网的建设，5G 核心网全部下沉到矿区，提高数据传输的安全性和可靠性。实现智能化综采工作面、中央变电所泵房覆盖，实现 5G+摄像仪高清回传，5G+无人机巡检等功能。

山西朔州平鲁区国兴煤业有限公司

一、矿井概况

山西朔州平鲁区国兴煤业有限公司位于朔州市平鲁区下面高乡境内，行政区划属下面高乡管辖。公司所属主体企业为中煤集团山西华昱能源有限公司。

矿井井田面积为 5.9882 km^2 批准开采 2~11 号煤层，主要可采煤层为 4 号、9 号、11 号煤层，其中，4 号煤层大部分已开采完毕，现开采 9 号煤层。矿井水文地质类型为中等型，为低瓦斯矿井。

矿井采用斜井开拓方式，布置有主斜井、副斜井和回风斜井 3 个井筒。矿井在 9 号煤层中布置一个主水平开拓整个井田。

二、主要技术经济指标完成情况

认真贯彻落实各级政府及集团公司各项工作部署，全面实施精细化管理，深化内部改革，创新工作机制。2021 年完成原煤产量 1.79 Mt，2022 年完成原煤产量 1.8 Mt，2021 年完成掘进进尺 5049 m，2022 年完成掘进进尺 5268 m。综采机械化程度达到 100%，掘进机械化程度达 100%，采区采出率达到 75% 以上。

三、安全高效矿井建设的主要做法

（一）健全矿井管理制度，构建安全高效管理体系

根据公司现有情况通过起草安排、学习自查、整改提高、检查总结四个阶段，重新修订了矿井管理制度，建立了与矿井安全生产相配套的管理机制，真正构建起了纵向专业管理、横向协调管理矿井安全保障体系。并通过强化制度落实，形成了职责明确、按制度办事、靠制度管人、用制度规范行为的良好机制，构建出了科学化、规范化和制度化的管理格局

（二）多举措提高矿领导班子领导力

通过强化矿班子思想建设、组织建设、作风建设，着力打造矿班子队伍。通过矿班子坚持落实 3 个制度（重点隐患汇报制度、安全生产工作书

面汇报制度、贯彻落实上级政策制度），狠抓 4 个责任落实（中心组学习制度、矿领导包队制度、矿领导跟值班制度、安全隐患排查制度），使矿井达到“零缺陷、零漏洞、零事故”的目标。通过着手创建动态安全管理模式，从细节抓起、从源头防范、在管理中创新、在落实中整改，实现矿井的安全平稳发展。

（三）严格落实“双预控”机制

编制了“2021 年安全风险辨识评估报告”，对地面、井下的各个系统、生产环节、操作岗位进行了风险辨识、风险评价及等级划分。对重大风险执行挂牌督办，明确管控责任人与管控部门，强化了隐患排查和治理工作。由矿长每月组织，由分管领导分专业督察，做到风险有效把控，隐患及时排查。每旬以顶板、水害、“一通三防”、机电运输专业为重点，对井上下各地点进行细化，全方位不留死角的检查，制定各项隐患的治理时间节点及质量要求，对问题整改情况及时跟踪，做到有检查、有督促、有整改三位一体。同时加强管理层责任落实，细化分工，包头包面，一岗双责，重在落实管生产必须管安全、管技术必须管安全、管机电必须管安全的责任理念。严格执行安全奖惩考核制度，每班根据干部职工安全履职尽责情况，严格兑现奖惩。加大“三违”查处力度，对查出的“三违”人员进行升级处理，大力营造狠反“三违”的浓厚氛围。

（四）强化生产组织管理

一是努力克服生产条件变化造成的不利因素，精心组织、加强管理，完成原煤生产任务。掘进队严格按照矿下达的指标，突出掘进工作重点和难点，努力提高掘进工时利用率和工效，克服任务紧、条件差等困难，大力运用快速掘进技术，完成全年掘进任务。二是机运队通过狠抓基础工作，结合“机电专项检修”“机电运输治乱专项整治”等活动，不断完善机电系统、落实包片包点责任、加大日常检修力度、强化包机人员培训学习、主抓运输重点工作，保证机电运输系统的正常运行。三是通防工作结合巷道断面、通风阻力等及时调整通风系统、加强通风设施的维护和更换，严格落实防灭火和防尘措施，强化基础管理工作，确保通防专业、安全运行。

（五）强化日常基础管理

一是严格按照《作业规程》规定，坚持正规循环作业，加强工作面支护质量与顶板动态监测，确保工作面安全生产。掘进工作根据地质变化调整优化支护参数，保证锚网索支护的工程质量和掘进面的安全施工。各队组结合标准化、安全结构工资考核办法，提高标准、严格施工，杜绝不合格工程。按照管理部门要求不断加强矿压观测，及时采取措施加强支护，杜绝顶板事故发生。二是提高机电运输管理标准，加强电气设备、机电运输、日常检查等管理工作，进一步加强机电运输基础性工作。三是各队组按照矿统一安排部署，结合百日安全、安全生产标准化等工作，不断加强基础管理，认真开展“一通三防”、顶板管理、机电运输、地测防治水等基础工作，推进矿井安全高效平稳发展。

（六）确保系统稳定可靠

第一，抓好设计环节，做到设计要合理，布局要简洁，采面布置要正规，系统要合理。第二，抓好通风系统，要保证风量与矿井设计生产能力相匹配，要按照风流特性设计通风线路，尽量缩短通风路线，减少通风阻力，抓好通风设施管理，通风设施安设建造要规范合理。第三，抓好提升运输系统设计，提运系统要简单流畅，做到设备少、用人少，尽量减少不必要的周转环节。第四，抓好供电和排水系统，供电排水系统要做到可靠稳定。

（七）“取消夜班、减员增效”

长期以来，煤矿生产一直延续着“一天三班倒、24 小时连轴转”的传统作业模式。为了减轻职工劳动强度、增强职工在矿山工作的幸福感、成就感，试点推广“取消夜班”做法。国兴矿积极响应上级要求，统一思想，成立了领导小组，制定了切实可行的方案，制定了井下采掘工作面全部实行取消夜班方案，一班检修一班生产，顺利完成矿井的生产任务。这一做法为公司高质量发展做出了积极探索，也在“改革创新、奋发有为”的道路上迈出了坚实一步。

（八）绿色矿井建设

严格执行国家法律法规和有关规定，通过对矿区范围的绿化、工业场地的绿化，更好地维持了生态系统的平衡，减少了水土的流失，改善了空气质量；通过沉陷裂缝区生态恢复治理植被恢复、矸石场和取土场的治理，提高了矿区周围土地的利用率，减缓了矿区的水土流失；通过对运煤、运矸道路、厂区进场道路、场内道路的硬化、绿化，运煤输送带走廊两侧的绿化，历史遗留矿坑的治理，改善了矿区的整体面貌，降低了工业场地、场外道路和采掘场的水土流失。

山西朔州平鲁区国强煤业有限公司

一、矿井概况

山西朔州平鲁区国强煤业有限公司所属主体企业为中煤集团山西华昱能源有限公司，行政区划属平鲁区陶村乡管辖。井田南北长 2.80 km，东西宽 1.47 km，面积 4.1151 km^2，设计生产能力 120 万 t/a。矿井剩余可采储量 5123.9 万 t，剩余服务年限为 30.5 a，主要可采煤层 4^{-1} 号、9 号、11 号煤层，目前开采 4^{-1} 号煤层，4^{-1} 号煤层平均厚度 7.64 m，属全区稳定可采煤层。

矿井采用斜井开拓，布置有主斜井、副斜井、回风斜井 3 个井筒，矿井设置一个主水平开拓开采整个井田。矿井布置一个采煤工作面和两个掘进工作面。采煤工作面采用综采放顶煤工艺，顶板管理方式为全部垮落法。

二、主要技术经济指标完成情况

矿井煤炭产量 119.4 万 t，掘进进尺 6200 m。采煤机械化程度达到 100%，掘进机械化程度达到 100%。矿井全年百万吨死亡率为零。原煤工效 12.99 t/工。矿井实现利润 5483 万元。计划成本为 126.42 元/t，实际成本为 115.15 元/t。矿井采掘衔接正常，“三量”符合规定要求，采区采出率达到 75%。

三、安全高效矿井建设的主要做法

（一）矿井安全保障方面

1. 优化组织机构、提升人员素质

部门设置精简且高效，能够满足矿井安全生产要求；本着外部招聘吸引和内部挖潜、培训并重的原则，专业人员在数量和质量上有较大提高，丰富职员的从业经历，提升个人的技术水平和从业责任心；进一步完善并简化相关工作流程，提高办事效率，处理问题特别是解决安全生产问题能力和效率有了较大提高；同时高效简捷的流程指引，让安全理念深入每个职工心中。

2. 落实责任，充分发挥各方管理职责

一是管理人员和专业技术人员充分发挥管理职责，在管理现场能够发现问题、提出问题、分析问题、解决问题，及时消除管理中的缺陷，堵塞漏洞，减少失误，使安全管理真正具有了预防性和针对性。二是不断健全安全监督检查体系，落实安全工作目标，层层落实安全检查监督职责，严格追究不落实行为，对事故和责任人严格追究责任，做到不安全不生产。三是紧紧围绕“治理隐患、遏制事故、保障安全”的主题，对照“三项行动”内容，严格落实各级管理人员的责任，狠抓隐患排查治理，着力抓好隐患治理责任、措施、资金、时限、预案“五落实”，全力排查整改安全隐患，杜绝重大隐患事故。四是落实日常检查制度，加强日常井下、地面生产的安全监督检查，积极维护正常的安全生产秩序。五是完善安全生产事故应急救援预案，建立健全了机构、队伍，配备了应急救援物资，有效提高了矿井防灾、抗灾能力。

3. 加强组织，着力提高矿领导班子执行力

强化矿班子思想建设、组织建设、作风建设，着力打造钢班子队伍。矿班子坚持落实 3 个制度（重点隐患汇报制度、安全生产工作书面汇报制度、贯彻落实上级政策制度），狠抓 6 个责任落实（中心组学习制度、矿领导包队制度、矿领导参加班前会制度、党政联席会议制度、矿领导跟值班制度、安全隐患排查制度），以实现矿井“零缺陷、零漏洞、零违章、零事故”为目标，着手创建动态安全管理模式，坚持从细节抓起、从源头防范、在管理中创新、在落实中整改，保证了矿井安全平稳发展。

4. 严格落实“双预控”机制

由矿长每月组织，由分管领导分专业督查，做到风险有效把控，隐患及时排查。每旬以顶板、水害、“一通三防”、机电运输专业为重点，对井上下各地点进行全方位不留死角的检查，制定各项隐患的治理时间节点及质量标准，对问题整改情况及时跟踪，根据“三位一体”方针做到有检查、有督促、有整改。同时加强管理层责任落实，细化分工，包头包面，一岗双责，重在落实管生产必须管安全、管技术必须管安全、管机电必须管安全的责任理念。

（二）矿井高效生产方面

1. 强化生产组织管理

一是努力克服生产条件变化造成的不利因素，精心组织、加强管理，完成原煤生产任务。掘进队严格按照矿下达的指标，突出掘进工作重点和难

点，努力提高掘进工时利用率和工效，克服任务紧、条件差等困难，大力运用快速掘进技术完成全年掘进任务。二是机运队通过狠抓基础工作，结合“机电专项检修”“机电运输治乱专项整治”等活动，不断完善机电系统、落实包片包点责任、加大日常检修力度、强化包机人员培训学习、主抓运输重点工作，保证机电运输系统的正常运行。三是通防工作结合巷道断面、通风阻力等及时调整通风系统、加强通风设施的维护和更换，严格落实防灭火和防尘措施，强化基础管理工作，确保通防专业的安全运行。四是各生产辅助队组加强协调，积极配合生产工作，强化服务意识，加大服务力度，为矿井原煤生产和安全发展做出贡献。

2. 强化日常基础管理

一是严格按照《作业规程》规定，坚持正规循环作业，加强工作面支护质量与顶板动态监测，确保工作面的安全生产。掘进工作根据地质变化调整优化支护参数，保证锚网索支护的工程质量和掘进面的安全施工。各队组结合标准化、安全结构工资考核办法，提高标准、严格施工，杜绝不合格工程。按照管理部门要求不断加强矿压观测，及时采取措施加强支护，杜绝顶板事故发生。二是提高机电运输管理标准，加强小电气设备、机电运输、日常检查等管理工作，进一步加强机电运输基础性工作。三是各队组按照统一安排部署，结合百日安全、安全生产标准化等工作，不断加强基础管理，认真开展“一通三防”、顶板管理、机电运输、地测防治水等基础工作，推进矿井安全高效平稳发展。

3. 确保系统稳定可靠

优化系统布局，力求规范、简单、环节少、直观性好。第一，抓好设计环节，做到设计要合理、布局要简洁。第二，抓好现场生产采掘布局设计，现场采掘布局力求简化，巷道能直则直、能平则平，尽量减少弯曲起伏。采面布置要正规，系统要合理。第三，抓好通风系统，一是要保证风量充足，与矿井设计生产能力相匹配。二是通风系统要合理，要按照风流特性设计通风线路，尽量缩短通风路线和减少通风阻力。三是要抓好通风设施管理，通风设施安设建造要规范合理，通风设施宜少不宜多，多了不仅管理困难而且风流不稳定。四是要抓好提升运输系统设计，提运系统要简单流畅，做到设备少、用人少，尽量减少不必要的周转环节。五是要抓好供电和排水系统，供电排水系统要做到可靠稳定。

4. “取消夜班、减员增效”

为了减轻职工劳动强度、增强职工在矿山工作的幸福感、成就感，让职工的作息回归到自然状态，取消了夜班生产。从 2020 年 8 月起，井下采掘工作面全部实行取消夜班方案，一班检修一班生产，2021 年 3 月 15 日 64103 工作面单班产量达 5600 t，刷新本矿单日（单班）煤炭生产纪录。

山西保利铁新煤业有限公司

一、矿井概况

山西保利铁新煤业有限公司位于霍西煤田北部灵石县两渡镇太西村—闫家山村—新庄一带，是中煤华利能源控股有限公司的子公司，核定生产能力120 万 t/a。井田面积 10.349 km^2，许可开采 2 号、9 号煤层，煤层平均厚度分别为 1.25 m 和 1.28 m，属薄煤层，煤种为焦煤。矿井开拓方式为斜井开拓，中央分列抽出式通风方式，低瓦斯矿井，水文地质条件中等。

二、主要技术经济指标完成情况

原煤产量完成 108 万 t，其中，回采煤量 94.77 万 t，综合进尺完成8006 m。采掘机械化程度 100%。利润总额完成 50739.33 万元。职工年人均收入 20.74 万元。全年实现安全生产。

三、安全高效矿井建设的主要做法

（一）安全管理方面

（1）推行安全层级及纵横网格化管理工作流程，纵向执行，横向监管，明晰各层级责权，层层有责、层层尽责、失职追责，职权利相匹配，同时从严考核履职不到位的部门。

（2）制定年轻干部课题机制，围绕安全生产难题编制课题，让年轻干部深入一线开展调查研究，把课题研究成果作为检验年轻干部能力的重要途径。2022 年开展了关于降低回采工作面刮板输送机运行负荷的课题研究及应用、潮料砂浆快速喷砼探索应用、无极绳转弯等 12 项课题研究与应用。

（3）完善安全生产责任包（联）保制度，细化包（联）保范围，制定包（联）保任务，同时实行奖罚联合捆绑考核，全面提升各部门安全管理积极性。

（4）适时修正掘进支护材料规格及支护参数，增大锚杆直径、缩小锚杆间排距、加强网片强度，提升支护质量。修订“井巷工程质量管理办法”，强化掘进巷道施工质量，每旬开展井巷工程质量验收，确保顶板支护可靠。更新配置高精度长距离瞬变电磁仪，井下超前探查钻机全部升级为履带式钻车，提高了钻探效率。

（二）标准化建设方面

（1）做好思想引导，把标准挺在干活之前，做到物见本色。横向监管科室制定工作标准，同时进行过程的指导和纠偏，施工单位做到纵向执行，知行合一。未达到标准的工程不予验收。

（2）典型引领。着重帮助采煤一区、掘进二区标准化建设，树立信心，先后召开现场会 12 次。

（3）推进安全生产达标创建工程和项目建设，全年通过创建达标工程 6 项、项目 25 项。

（三）智能化建设方面

（1）完成调度指挥中心改造，实现矿井数据中心机房、调度控制中心标准化建设提档升级。

（2）完善集中控制，实现通风系统、排水系统、供电系统、主运输等系统远程集控。

（3）推进信息化建设，完成统一通信系统、煤矿防治水管理信息系统、煤矿风险预警与防控系统、煤矿探放水视频智能分析等系统建设，达到矿井信息化二级标准。

（4）推进智能化采掘工作面建设，完成了 9230 回风巷智能化综掘工作面的验收。

（四）经营管理方面

（1）推进预算管理，采用年初分解月度考核的方式，各项指标与各部门工资进行挂钩，成本管控与各级人员实现联动。

（2）所有材料、配件坚持有旧用旧、优先使用修复品的原则。

（3）以科技创新推动降本增效，完成“五小”科技创新成果 23 项。

（4）强化销售管理，提升煤质指标，实现稀缺煤种经济效益；产品流向逐步延伸，客户需求增加，同时实行 24 h 装车发运，赢得客户信赖；提升市场思维，采用小单多拍阳光竞价销售方式。

（5）推行差异化薪酬考核，加持生产力释放，工资向生产一线脏、苦、累、险岗位倾斜。一线、二线、三线比例达到 1∶1.5∶2.2，收入水平大幅增长，同时为职工增加企业年金缴纳数额，社会福利全面优化提升，职工群众的归属感、幸福感、自豪感得到了全面加强。

（五）后勤服务方面

（1）为井下职工配备保温水壶和专用防尘口罩，重点岗位人员发放防砸胶靴。

（2）对厂区道路铺设沥青路面，改善群众出行环境。粉刷了外墙，美化了工厂环境。

（3）提升“两堂一舍”建设。改造澡堂基础设施，增设智能储物柜，食堂推行平价超市，宿舍建立职工活动室和阅览室。

山西保利平山煤业股份有限公司

一、矿井概况

平山公司位于沁水县郑村镇后河村，2009 年 9 月 16 日山西省煤矿企业兼并重组整合工作领导组以“晋煤重组办发〔2009〕38 号”文批准为单独保留矿井，2010 年 10 月 10 日开工建设，2015 年 8 月 28 日投产转为生产矿井，2017 年 5 月由保利集团划转至中煤集团。

矿井井田面积为 4.3947 km^2，批准开采 3 号、9 号、15 号煤层，全井田累计剩余资源储量 4981.5 万 t，剩余可采储量 3255 万 t，服务年限为 24.1 a。矿井现开采 3 号煤层，平均厚度 5.22 m，开拓水平+390 m，矿井地质构造简单，水文地质类型为中等，煤层自燃倾向性为不易自燃，煤尘无爆炸性，属煤与瓦斯突出矿井。

二、主要技术经济指标完成情况

平山公司以“观念创新、制度创新和管理创新”为思路，严格管理，注重落实，矿井安全生产业绩持续向好。2021 年公司实现安全生产，原煤产量 78.6 万 t。矿井综合单产 64041 t/(个·月)，最高月产 82038 t/(个·月)，平均月进尺 250 m/(个·月)，原煤工效 4.74 t/工。原煤完全成本为 607 元/t，完成销售收入 74174 万元，实现利润 14222.2 万元。

三、安全高效矿井建设的主要做法

2021—2022 年度平山公司紧紧围绕“抓质量、保安全、提管理、增效益”的安全生产理念，以“正规循环、动态达标、文明施工、一次成巷”十六字方针为工作原则，在全体干部员工的共同努力下，安全生产标准化、安全高效建设、单产单进水平稳步提升。

（一）落实安全生产责任制，狠抓安全管理，确保矿井安全高效生产

（1）认真贯彻落实有关安全生产方针、政策，建立安全生产长效机制，从标准、目标、责任、措施、考核等环节入手，完善安全生产责任制管理体系，制订“安全生产责任制考核管理办法”，夯实安全生产基础。矿井

2021—2022 年度实现“零”事故及百万吨死亡率为零的目标。

（2）严格执行值、带班管理制度，实现关口前移，做好应急值守，紧盯井下现场薄弱环节；规范班前会“七步”法召开流程，矿领导、包保领导按规定参加班前会；同时开展警示教育活动、区队班组之间互查互检活动、狠抓“三违”活动，提升职工安全自保、互保意识；开展班组、区队、亲情三级帮教，将典型“低老坏”现象编制成册发放学习等举措，有效整治“三违”和“低老坏”现象。

（3）强化隐患排查与治理，杜绝各类重大事故的发生。通过不断完善隐患排查治理制度与责任追究制度，加大安全监督检查力度，重点分析管理薄弱环节，对各类隐患实行分级管理。矿井 2021—2022 年度实现危险因素检测达标率 100% 目标。

（4）加大安全培训力度，规范职工操作行为。坚持“管理、装备、素质、系统”并重的原则，落实好华利公司“十百千”素质提升工程计划，实行由矿领导、职能科室、技师等按照讲课计划定期进行授课，开展专项培训及技术比武；持续实施岗位作业流程标准化培训和井下现场纠偏指导，规范职工作业行为。矿井 2021—2022 年度实现培训合格率达 100% 目标。

（二）坚持安全生产标准化建设，不断提高现场管理水平

坚持达标目标责任考核及采掘头面标准化排名考核；按照一面一策制定标准化推进方案；实行标准化创建项目周承诺、标准化现场会月召开、标准化示范工程项目季度创建制度；修订完善标准化牌板及井下现场施工标准图册、编制标准化简报等，全面提升现场标准化管理水平。

（三）实施精细管理，不断探索煤矿管理新模式

（1）推广流程优化、提升精细化管理水平；拓展、强化、巩固扁平化管理机制，大力推行煤矿管理新模式，完善生产一、二线管理体系建设，完成安、技、调、地等单位的业务流程优化。

（2）不断优化采掘设计、布局，实现抽掘采接替平衡；积极做好矿井生产接替的调整工作，使采掘接替更具准确性与可操作性，确保矿井持续稳产、高效。

（3）科技是第一生产力，公司积极推行综掘机械化，引进岩巷综掘机，并进行装备升级智能化改造，2021—2022 年度均达成采掘机械化程度 100% 目标。通过工艺、工序、设备、人员等优化，矿井生产劳动效率提升 8%，综合单进提升 10%~20%，综合单产提升 23%，采区回收率提升 2%；生产指标均得到新突破。

（4）积极推进矿井巷道修复、矿压治理、智能化改造等技术攻关工程，采用沿空掘巷、切顶护巷、采空区小煤柱低压注浆加固、中空注浆锚索等先进技术，制定技术攻关实施方案，成立技术攻关小组，制定专项考核管理规定，加大科研投入力度，建设以万兆环网、数据中心、调度控制中心等为基础的智能化管理平台和综合控制平台，形成一套适合平山公司技术攻关研究体系。

（5）针对公司煤与瓦斯突出特性，提出“完善系统、超前治理、密封提浓”的特有瓦斯治理新模式，采取施工穿层钻孔预抽条带煤层瓦斯、沿空掘巷、大直径高位定向钻孔抽采顶板裂隙带瓦斯、上隅角插管抽采等治理方法，解决制约煤与瓦斯突出矿井发展的瓶颈问题。

（6）严格控制成本，实现降本增效；构建完善的内部市场化体系，坚持月度经济运营分析制度落实、考核，提高矿井经营管理质量。严格按照生产经营计划、设备购置计划、专项资金使用计划等结合考虑采购周期，编制物资采购计划。

（7）坚守制度，交旧领新。根据中煤集团公司“盘活资产、减少投资”的精神和合理利用闲置物资的要求，公司积极盘点原材料闲置物资并在编制采购计划时优先使用可调剂物资。并将废旧、报废物资及时变现处理，深入现场进行查看、估重、拍照，掌握准确的废旧物资信息，为其后续线上公开招标处置等工作奠定良好基础。

（四）提高集约化生产经营水平，努力实现稳产高效

（1）狠抓生产管理，产量上台阶。强化经营管理，推进成本精细化管理，进一步完善经济责任考核办法，切实做好煤炭营销工作，牢固树立“以质量求生存”的理念，提高煤炭产品质量，提升企业的核心竞争力。

（2）加强用工制度改革，完善后备人才建设，把优秀班队长、技术尖子纳入科区级后备干部队伍。坚持区别激励的原则，加大收入分配制度改革，职工收入均不低于煤炭行业及山西省煤矿平均工资水平。

2021—2022 年度公司在实现安全生产的同时，持续推动矿井技术创新和技术改造工作，使矿井逐步向安全高效型矿井方向发展。在今后的安全高效矿井建设工作中，公司将不断提升企业的综合实力，发掘新方法、新技术、新工艺并推广应运，努力推进矿井的智能化、数字化、信息化和自动化，实现转型跨越式发展。

山西省中阳荣欣焦化有限公司高家庄煤矿

一、矿井概况

山西省中阳荣欣焦化有限公司高家庄煤矿井田位于河东煤田中段，柳林矿区南部，井田距中阳县城西约 20 km，北距柳林县城 20 km，隶属中煤华利能源控股有限公司，矿井公告生产能力为 1.2 Mt/a，服务年限为 51.7 a。井田面积 39.9791km²，地质储量 2.9 亿 t，可采储量 185 Mt。矿井属高瓦斯矿井，现采煤层为 3 号煤层，自燃倾向性等级Ⅱ类，具有爆炸性，地质构造类型为简单；水文地质类型为中等。

二、主要技术经济指标完成情况

2021 年实际完成原煤产量 80.6 万 t，实际完成进尺 5105 m，矿井安全生产标准化达二级标准，矿井全年百万吨死亡率为零，无人身事故及二级以上非伤亡事故发生；完成利润 12916 万元。实际成本为 553.81 元/t，职工年人均工资 14.89 万元。

2022 年实际完成原煤产量 100.68 万 t，实际完成进尺 5006 m，矿井安全生产标准化达二级标准矿井全年百万吨死亡率为零，无人身事故及二级以上非伤亡事故发生；全年实现税前利润 25500 万元，实际成本为 573.45 元/t，矿井人均工资 17.17 万元/a。

三、安全高效矿井建设的主要做法

（一）生产组织方面

1. 高效组织生产

矿井以正规循环作业、工时工效利用、安装回撤为突破口，通过联络巷开口、拐弯的强化组织、人员组织调配，安全生产激励制度，组织安全高效生产，紧密衔接各个环节，增加平行作业点，实现了生产组织的高效紧密。

2. 优化劳动组织

最初劳动组织采用“三八”工作制，早班 6 小时检修、2 小时生产，中、夜班各 8 小时生产；取消夜班生产后，过渡为“二九一六”工作制，早、中班 9 小时生产，夜班 6 小时检修；现在全面取消夜班高风险作业，做到了减时不减量、减人不减效，最终形成“五七七五”工作制，早班 5 h 检修，中、小夜班 7 h 生产，大夜班 5 h 停止作业。

3. 提高生产效率

通过网络纵横管理织密三级精细化现场管控，有效杜绝因检查而停产带来的外围影响，保障设备开机率，采掘工作面通过日常跟踪与改进，强化主要设备配件质量，不断更新采掘装备，优化主运系统运行节点，狠抓制约生产因素，综采设备开机率提升至 95%，掘进设备开机率提升至 97%；生产影响明显降低，通过制定考核办法，强化专业责任追究，更新主要采掘设备，制定检修周期与预警，全年有效生产事故率逐年降低。

4. 回撤优化提效

在工作面安装上，通过运输系统标准安设，专业盯守协调运输环节，现场安装标准实时管控，实现“安装即达标、达标即达产”；在工作面回撤上，通过回撤通道优化，规范运输系统、加密交接环节及平行作业，实现安全高效回撤。

（二）安全发展方面

1. 创新安全管理模式，清晰安全职责

推行“纵横”网格化安全管理，安监系统重点查处人的不安全行为，专业重点查处事故隐患，杜绝人的不安全行为和物的不安全状态同时、同地出现，有效防范各类安全事故。

2. 不断完善奖惩制度

安全绩效工资占工资总额 30%，标准化工作占 20% 的基础上，同时制定了奖励与安全挂钩考核管理办法，各类全矿性奖励与当月工伤事故、涉险事故、非伤亡事故等进行挂钩考核，形成了各级互保联保、互相监督的保安全氛围。

3. 开展安全警示教育

每周一定为“安全活动日”，各区队从近 10 年以来全矿发生的各类事故中选取典型事故案例，开展警示教育，深刻剖析事故原因，增强警示教育活动的影响力和渗透力，切实提高干部职工的自我防范意识。

4. 持续加强现场安全管控力度

狠反“三违”，活动期间“三违”行为一律加倍处罚，严重违章连带考核单位负责人处罚；强化红线管理，一经触碰坚决停头、停面，并严格按制度对责任人进行责任追究；推行隐患回购，各级管理人员对主要事故隐患进行回购，充分激发了各级负责人隐患排查治理的积极性、主动性。

（三）技术创新方面

1. 建规立制点燃科技创新引擎

完善各项制度，建立了以总工程师为组长的科技创新领导组，成员包括各专业副总工程师、各部负责人，全面负责组织科技创新项目的征集、立项、验收和评审等工作，形成了总工程师牵头、专业副总工程师监管、主管责任部室具体落实协调的科技创新三级运行模式。

2. 目标引领，强化思路拓宽

为了更好地保障科技创新工作的开展，推动科技创新大众化，明确了技术创新项目资金的使用流程，解决科技创新项目实施所需的材料、仪器、设备等，对科技创新体系执行中遇到的新问题、新情况，由矿办牵头，组织相关单位积极对标兄弟矿井，学习先进成熟的管理经验，及时完善相关流程，解决了项目实施的后顾之忧。

3. 发挥正向激励作用，激发职工创新创效的活力

通过“一事一奖”奖励机制，激发创新创效的能力，即每月由科技创新管理工作组对合理化建议视其效益及对安全的贡献给予 50~200 元/次奖励、每季度由科技创新管理工作组对职工“五小”成果进行一次评审，优秀成果给予奖励。对职工将研究成果撰写成论文的，除报销论文版面费外，按发表论文刊物的级别分别给予作者不同的奖励。进一步激发广大员工投身科技创新的热情，让科技创新人员有更多的获得感。

4. 科技创新成为推动矿井高质量发展的主引擎

（1）“基于 3 号煤安全高效开采的近距离煤层群矿井采掘接续保障技术”得以应用。2 号煤与 3 号煤平均间距 3 m，层间距最薄处仅有 0.8 m，上部 2 号煤已采空，下部 3 号煤的开采面临在采空区下或煤柱集中应力下掘进并维护回采巷道的难题，针对 2 号煤与 3 号煤极近距离的现状，通过合理的巷道布置、巷道分段支护优化设计、提升装备水平、材料的回收复用，使巷道单进由 100 m/月提升至 220 m/月，月产量突破 12 万 t，截至 2021 年底，节约材料成本 3999.75 万元，增加回采煤量 1.752 万 t。

（2）“新型全密封减压打钻瓦斯防喷预控系统的研究及应用报告”得以应用。自 2020 年 9 月开始应用新型全密封减压打钻瓦斯防喷预控系统至今，未发生 1 次传感器超限报警。在此期间发生了多次大型喷孔，该系统均能及时将瓦斯抽入防喷预控系统内，杜绝了回风流瓦斯超限现象。

（3）“近距离薄煤层群定向长钻孔瓦斯综合治理技术得以应用”。截至

2021 年底，东翼大巷累计施工定向钻孔约 47800 m；每年瓦斯利用量 6×10^6 m^3，为矿井直接创造效益 156 万元；定向长钻孔“一孔多用”避免了单独施工地质钻孔，节约费用 30 万元；避免了因打钻超限造成矿井停产整改，止损金额 800 万元；定向钻机配套循环水利用的使用，每年节约水处理费用 104 万元。减少了 250 km 普通穿层、顺层钻孔施工，节约 750 万元，共创造收益 2008 万元，净收益 1626 万元。

山西保利裕丰煤业有限公司

一、矿井概况

山西保利裕丰煤业有限公司（以下简称“裕丰公司”）于2011年11月3日开始建设，2015年3月31日获得安全生产许可证，转为生产矿井。投产以来，裕丰公司在省、市行业部门和上级公司的正确指导下，严格执行有关安全生产的法律法规，全面落实上级安全工作会议精神，按照中煤华利公司“两突破、两提升”工作要求，以“四大体系建设”为引领，以执行力建设为抓手，不断强化安全基础管理。2022年度裕丰公司在安全管理、稳产高效、经济效益等方面均取得了优异成绩，实现了安全高效目标。

二、主要技术经济指标完成情况

自2018年以来，裕丰公司通过多项达产创新举措的实施应用，圆满完成各年度安全生产任务。其中，在2022年，煤炭产量计划120万t，完成132万t，产量完成率110%；进尺计划7000 m，完成8666 m，完成率123.8%。

三、安全高效矿井建设的主要做法

裕丰公司以“四大体系建设”作为企业建设的发展目标，统领全矿各项工作，即建设团结务实的党建体系、建设扎实可靠的安全体系、建设创新高效的生产体系、建设科学精细的经营体系。狠抓安全生产基础管理，以安全促生产；坚持正规循环作业，优化劳动组织，做到减人提效，精干高效；严格过程管控，狠抓薄弱、关键环节；健全安全责任体系，完善管理制度，实现了矿井安全高效生产。

（一）狠抓安全生产基础管理，以安全促生产

（1）裕丰公司持续开展专业达标整治活动，坚持“简洁、规范、实用、可靠”的安全生产标准化建设原则，重点在工程质量、人的作业行为、安全设施、作业环境等进行标准化管理。

（2）强化风险管控和安全隐患闭合管理。对矿井采掘范围内存在的风

险源进行辨识、评估，针对各项风险内容分级、分类、分专业制定了针对性预防治理措施及管理台账，在作业地点悬挂了风险点警示牌；按照专业周上岗、矿井旬排查的方式，规范隐患汇报、整改、闭合流程管理。

（3）保证安全投入，通过足额提取使用安全费用，不断加大安全投入，为矿井安全生产提供保障。

（二）坚持正规循环作业，优化劳动组织

（1）坚持正规循环，实现稳产高效。裕丰公司坚持推行“不抢进度、不赶工期、稳字当头”的生产原则，根据各工作面条件，科学合理地制定正规循环作业图表，由调度指挥中心根据各工作面的循环作业图表及生产计划进行生产调度。各道工序必须保质保量按时完成，严抓设备检修质量，保障开机率，为正规循环打下基础。通过培养复合工种，一人多技，缩减专人专岗，提高劳动工效。

（2）督促区队提升自主管理能力，合理分解生产任务。每月初由总经理主持召开安全生产办公会，确定各项生产考核指标、激励政策，任务下达后区队进行分解。区队制定计划，分解到班组。严格小班任务完成率，从而确保了整体月度目标任务的完成。

（3）按照“优化、精干、高效”的原则，科学合理地进行定编、定岗、定员，强化劳动力管理，优化劳动组织。充实采掘一线，精干井下辅助，整合和精简各类管辅人员，提高工作效率，确保劳动组织和劳动力安排合理高效，切实做到减人提效，精干高效。

（4）提升装备自动化水平，实现减人提效。矿井先后建设了井下主运输远程集中控制系统、地面生产系统远程集中控制系统、压风机集中控制系统及主排水泵集中控制系统。通过集中控制系统的建设，减少岗位工 25 人。同时矿井供暖方式由燃煤锅炉改为蓄热电锅炉，减少岗位工 15 人。通过提升装备自动化水平，实现减人提效。

（三）严格过程管控，狠抓薄弱、关键环节

（1）强化公司高管及职能科室履职尽责的意识，加强作业现场安全管控，在工作面初采初放、安装回撤等关键时段、薄弱环节安排矿级领导、专业科室干部蹲守盯靠，发挥职能在一线、解决问题在现场。

（2）贯彻落实安全生产责任包保制度，公司高管及生产职能科室分别对生产、辅助区队进行包保，在对区队强化监管的同时，切实帮助基层解决实际问题。

（3）加大工程质量过程管控力度。在提高小班单产单进水平的同时，以小班验收为抓手，强化工程质量过程管理，综采工作面实行三班划区段管理，掘进工作面实行锚杆（索）编号管理，做到责任到人，目标明确。生产技术科每天安排专人到各采、掘地点进行督促巡查，并通过采掘专业上岗、月度工程质量验收等方式进行检查考核。

（四）奖优罚劣，严格考核

（1）严格生产经营考核制度，建立奖惩追责机制。通过奖惩机制努力提高各采掘区队完成任务的责任意识，对长期完不成任务的区队干部一律进行追责。

（2）以安全稳产创效益，保证工资收入，稳定职工队伍。坚持分配“公开、公平、公正”的原则，制定下发了“生产经营指标分解及经营考核管理办法”，每月召开经营分析会，对生产经营指标完成情况进行分解考核。实行全员绩效工资与产量、进尺挂钩，使广大干部职工体验到了生产成果全员共享的喜悦，焕发了工作热情。

（3）树典型，立标杆。以打造动态达标、安全高效示范工作面为目标，树立综采区等典型单位。以公司安全高效现场会为契机，先进单位总结经验，落后单位查找不足，达到了以点带面的良好效果。

（五）优化生产系统

（1）主运系统。一是永磁皮带的投用，提高了运输能力、降低了系统故障率。二是根据现场条件选用带式输送机假机头，消除飘带隐患，提高运输连续性，减少了岗位工。三是建成使用储煤棚，减少销售对生产的影响。

（2）辅运系统。一是改造副井提升机房，提高大件设备运输能力和效率。二是设计三采区北翼联巷，优化采煤面运输，提高三采区车场存车及运输能力。

（3）通风系统。设计施工北回风立井，变更矿井通风方式，提高矿井通风能力。

（4）采区接续。设计开采一采区边角煤块段，完成采区过渡、缓解采掘接续压力，确保年度回采煤量。

（六）优化劳动组织

（1）复合工种培养。培养一人多技，缩减专人专岗，提高劳动工效。

（2）取消夜班作业。一是将“三八制”作业改为“三六制”作业，取消夜班作业，提高安全系数。二是通过盯班写实、优化工艺，提高掘进工作面单进水平，将小班进尺能力提升 25%，实现减时不减产。

（3）错峰生产。一是两采煤工作面错峰生产，缓解主运系统压力。二是为主运系统创造分时段分区域检修时间，确保主运系统维护到位。

（七）提升装备水平

（1）无极绳运输普及，逐步取消小绞车运输。一是在具备无极绳绞车运输条件的区域，全部实现无极绳绞车覆盖，逐步取消小绞车运输。二是持续推广使用智能物料配送系统，提高辅运系统运输能力。

（2）综掘设备。引进硬岩掘进机，提升掘进工作面机械化水平、降低劳动强度，逐步取消炮掘工艺，提高进尺水平。

（3）智能化矿井建设。一是建成矿井万兆环网，打好智能化建设网络基础，积极推进智能化采煤、掘进工作面建设。二是主运系统、架空乘人装置引入远程集中控制系统，实现智能化减人目标、系统运行状态实时监控、运输效率大幅提高。

（八）提升管理水平

（1）技术管理。一是建立快速掘进课题研究项目，进一步保证矿井“三量”平衡，缓解采掘接续紧张问题。二是建立特殊地质条件高效开采课题研究项目，确保在不同地质条件下，回采工作面稳产达产。三是提高创新设计能力，通过优化掘进工作面支护设计、困难条件掘进工艺，确保不同地质条件下，掘进工作面稳步进尺。

（2）薪酬机制。一是建立“123”工资机制，发挥经济杠杆对安全生产的推动作用。二是明确工资发放日期并严格执行，建立公司与职工的信任关系，提高职工获得感。

（3）安全管理。一是推行区队制度化建设，提高区队合规管理能力。二是发挥正向激励机制作用，开展“安全高效班组”评选活动，提高班组自主管理意识。三是建立隐患治理联动机制，采取安全员巡查、专业口督查、队组自查等举措，提高现场隐患治理水平。

（4）后勤保障。一是修建职工活动中心，丰富职工业余活动，提升职工凝聚力。二是改造职工澡堂，增设烘干衣柜，洗衣房 24 h 值班，确保职工工装干燥、干净。三是改善职工住宿条件，提高职工幸福感。

大同煤矿集团北辛窑煤业有限公司

一、矿井概况

北辛窑煤业有限公司位于山西省忻州市宁武县阳方口镇及朔州市朔城区窑子头乡交界处，行政区划属宁武县阳方口镇及朔州市朔城区窑子头乡，井田东西宽 11.09 km，南北长 12.59 km，面积 53.2986 km^2。矿井核定生产能力为 400 万 t/a，现开采 2 号、5 号、6 号层。开拓方式为斜井-立井混合开拓，通风方式为中央并列式通风，为低瓦斯矿井，水文地质类型为中等类型，主运输为带式输送机运输，辅助运输大巷为无轨胶轮车运输。

二、主要技术经济指标完成情况

全年实现安全生产，完成原煤产量 171.8912 万 t，掘进总进尺 6500 m，研发投入完成 1588.38 万元。

三、安全高效建设的主要做法

（一）落实企业安全生产主体责任，筑牢安全生产防线

1. 压实各层级安全包保责任

不断改进安全工作纪律作风，提升安全工作执行力，实行矿领导分组包保井下所有采掘工作面，业务科室包保安全生产系统，区队跟班干部每班包保井下当班作业班组，班组长包保员工，确保员工上标准岗、干标准活，严格执行“四位一体”开工检查，坚决杜绝“三违”行为，坚决做到不安全、不生产。

2. 强化安全培训，提升全员安全素质

一是安全培训工作严格按照上级有关规定，完善安全培训机构，制定了年度培训计划，并按计划组织安排各级人员进行强培强训，共举办了 146 期培训班，共培训人员 2621 人次，大力促进了矿井安全生产。二是开展“学标准、懂标准、用标准”培训活动，按照“统一标准、强制培训、分级管理、教考分离、考核发证”的原则，加强煤矿“三大规程”以及行业技术

规范培训，建立“以考促学、动态抽考、逢检必考”的培训机制。三是狠抓关键岗位培训。把班组长和区队跟班干部列为重点，进行专门培训，副总工以上矿领导亲自讲课，以案说教，从安全意识、作风素质和履职尽责上，真正让班组长和跟班干部发挥作用。

3. 狠抓“三违”，促进矿井安全生产

认真开展汲取事故教训、反“三违”防事故活动，结合公司实际制定反“三违”防事故活动方案，从公司领导层、职能科室副科级以上干部、区队副科级以上干部、专职安监工均设有指标，同时对“三违”人员进行上报、核查、通报、考核、帮教、回访全流程闭环管理，真正起到教育、警示员工的目的，进一步规范员工岗位操作规范，提升员工素质，形成了全员不敢违章、不能违章、不想违章良好风尚。

（二）强化组织管理，实现稳产高效

1. 合理人员、薪酬分配管理机制

不断发现和完善薪酬分配管理与实际生产劳动中存在的问题，以企业生产效益和职工切身利益为根本，合理薪酬分配管理机制，从专业的角度科学分析，以精准的数据作为支撑，为企业施策提供有效支撑。通过不断调整薪酬分配管理机制调动广大职工工作的积极性，逐步提高生产效率。完善了矿井职工考勤管理制度，严格岗位责任制，实现企业生产效率最大化、劳动定员最小化，薪酬分配稳步提升，实现全年奋斗目标。

2. 优化运输系统、放顶煤管理

一是完成原煤仓系统改造，提升装车效率，确保原煤外运畅通。二是针对出井煤矸石增加电动筛，实现煤矸分离。三是充分发挥生产职能部门联动作用，加强综采工作面放顶煤工作日常考核、管理，及时跟踪工作主煤层厚度变化，提高顶煤回收率，确保放顶煤效果。

3. 积极借鉴、推广成熟的平行作业模式（如扫底-准备支护材料、施工钻孔-准备支护材料等），提高单班作业效率

一是通过创先争优等方法建立矿内部标杆队伍，高水平要求标杆队伍的标准化和单进水平，其他队伍要对标学习标杆队伍的平行作业模式和现场生产组织。二是实行多钻平行作业，断面超过 18 m^2 的掘进巷道均要求顶板支护平行作业钻机不少于 2 台，帮部平行作业支护钻机不少于 2 台；普掘巷道断面小于 18 m^2 的，平行作业凿岩机不得少于 2 台。待新进队伍熟悉工艺操作和岩性地质条件后逐步增加平行作业凿岩机数量，达到 4 台同时打眼。三是由矿掘进办负责，通过针对性盯班和日常巡查，每日通报平行作业组织差

的队伍，并在作业会上给出整改意见。四是把施工队组的支护、打眼熟练工重新分配到技术相对较差的队组进行整班帮带，传授较为成熟的工艺工序和操作经验，切实提升了工作效率。

（三）合理采掘部署，优化巷道、系统设计

（1）矿领导召开专题研讨会，针对 2 号煤层 2、3、4 和 4-1 采区制定了详细的生产衔接计划及年度矿井生产经营建议计划。为避免矿井超头面生产，采用分区通风的方式重新对矿井 2 号煤层采区进行了划分。

（2）优化了 2 号煤层 4-1 采区水仓、水泵房施工图设计和 8405、8406 开切眼巷布置、工作面巷道支护设计及 8407、8408 工作面设计。其中，8407 工作面优化后可采长度增加 100 m，多回采煤量 10 万 t；8408 工作面优化后确保各生产系统科学合理；回采巷道支护设计优化后，节约成本 106.48 万元，多掘进巷道 540 m。

（四）提质增效，实现矿井优质管理

推进契约化精益管理，落实集团 30 条经营措施、契约化指标、“降、减、提”任务，制定出台了契约化管理办法、“降、减、提”实施办法等制度，严格指标任务月度统计分析、综合评价、考核兑现，圆满完成了集团下达的各项指标任务。

（五）强化科技创新管理，实现矿井绿色、智能化开采

全年科技研发投入累计完成 1588.38 万元，技术投入累计完成 770 万元，全年累计完成 2358.38 万元，有序推进不可利用矸石返井试点项目、2406 带式输送机巷道永磁自驱无基础可伸缩带式输送机应用项目及 8406 智能化工作面设备投入使用。其中：

（1）不可利用矸石返井项目已完成施工，该项目通过混凝土泵和注浆泵对 2 号煤层 1 采区 8103、8102 工作面进行采空区冒落带、裂缝带进行充填。开展不可利用矸石地面返井工程是山西省打造煤炭绿色开发利用基地，实现煤炭行业高质量发展的现实需要。减少了煤矸石占用大量土地造成的固体污染；减少雨水溶解煤矸石中的可溶物造成的水资源污染；避免矸石山自燃产生大量含 SO_2 气体严重污染大气。开展不可利用矸石全部返井试点示范工程建设，促使新建煤矿矸石地面无存留，有效杜绝矸石地面堆放引发的系列生态环保问题，最大限度减少煤炭开采对生态环境的扰动，实现行业高质量发展。

（2）2406 带式输送机巷道永磁自驱无基础可伸缩带式输送机及 8406 智能化综采工作面设备已完成安装工程。无基础带式输送机的引进减少了传统

带式输送机基础施工工程量，缩短了设备安装工期；8406 智能化综采工作面设备的引进，使综采工作面生产电气设备更加智能简便，矿压管理井上下数字化自动检测，与原综采设备相比在电气设备、矿压管理方面实现了综采工作面智能化开采。

大同煤矿集团马道头煤业有限责任公司

一、矿井概况

马道头煤业有限责任公司隶属晋能控股煤业集团，位于大同煤田西部，大同市左云县境内，距大同市区 45 km，西距左云县城 15 km，行政区划隶属大同市左云县管辖。

矿井井田面积 130.5781 km^2，水文地质类型为中等，现采石炭系 5（3-5）号煤层，煤层平均厚度 11.85 m，煤层倾角平均 2.5°，设计可采储量 1111.20 Mt，设计生产能力为 10.00 Mt/a，服务年限为 74.1 a。采用斜井开拓方式，通风方式为机械抽出式。矿井瓦斯等级为低瓦斯，煤层自燃倾向性为自燃，Ⅱ类，煤尘具有爆炸性。

二、主要技术经济指标完成情况

2021 年矿井原煤产量 997.8 万 t；矿井综合单产为 415298 t/(个·月)；掘进进尺为 8805 m；采煤机械化程度为 100%，掘进装载机械化程度为 100%，全年实现安全生产，百万吨死亡率为零；原煤工效为 33.4 t/工，原煤生产期末人数为 1573 人，原煤生产实际工日为 298449 工日；实现利润 3.01 亿元；年人均收入 14.39 万元。

三、安全高效矿井建设的主要做法

（一）严格安全责任落实

（1）健全各类安全管理制度，重点出台了《现场监管人员十二项权利与义务》《马道头煤业公司执行〈晋能控股集团汲取煤矿事故教训特别规定〉方案及管理考核办法》等 20 余项安全管理制度，完善了安全风险分级管控机制，构建了大安全管理体系。

（2）强化“网格化”包保管理，创造符合本矿实际的“矿领导包盘区、业务部门包工作面、区队长包班组”的包保管理模式。

（3）强化超前调度、变化调度、重点调度“三个调度”管理职能，做到科学调度、精准指挥。

（4）完成队伍整顿“五统一”，即办公区域统一、劳保用品统一、资料管理统一、管理制度统一、安全培训统一。

（5）成立了安监调度，加强了安监工、瓦检工的现场监管作用，突出了事故隐患排查与治理，全年组织各类隐患排查133次，共查出隐患问题6091条，构建了闭环安全管理体系。

（6）强化事故警示教育，加强安全培训。全年共举办各类安全培训48期，累计培训人数6000余人次。

（二）强化安全基础建设

（1）加强安全生产标准化管理体系建设，通过二级标准化管理体系考核定级。

（2）打造了北四盘区精品盘区，明确了掘进巷道“七条线”管理，以点带面提升了矿井标准化水平。

（三）生产组织成效突出

（1）推进完善小煤柱布置，提高回采率。根据矿井目前开拓情况及中长期采掘衔接安排，慎重规划采掘顺序，通过盘区间和盘区内的跳采，除构造复杂区域，全矿井工作面整体实现小煤柱布置。

（2）共用巷道、减少井巷工程。矿井实现小煤柱工作面后，新掘进工作面可使用原有工作面回风联巷及辅运联巷，8102工作面使用2101工作面巷道原有辅运联巷作为5102工作面巷道系统巷，节约矿井井巷工程量150 m，预计节约资金180万元。

（3）推广新装备、新工艺，实现安全高效生产。积极采用水压致裂、二氧化碳致裂，削弱上覆岩层储存的高应力，破坏基本顶完整性，使其充分提前垮落，达到弱化矿压显现的目的，保证顶煤回收及回采安全。

（4）不断优化停采工艺，实现快停快撤。8106工作面总计停采耗时11天，创公司历史最短停采用时记录。本次停采抽调本矿专业掘进队伍进行停采支护，打眼效率约为1 m/min，停采期间风水专供以保障15台钻机同时作业，第二、四、六排钢梁施工时间由原2天一排降至1天一排，第七、八、九、十、十一排钢带施工时间由原1天一排降至12小时一排。

（四）狠抓“一通三防”管理

开展了以“一通三防”为重点的技改工作，引进了激光火情监测装置，安装了气水两相喷雾装置，选用了可移动式隔爆水棚。研究总结出了一套适合石炭二叠系小煤柱掘进工作面的防灭火掘进方案。

（五）科技创新提质增效

（1）首创主系统大型煤水分离装置，解决了汛期地面运输系统欻煤问题。

（2）积极探索绿色开采先进工艺，实施矸石返井工业性试验和区域注浆治理。

（3）应用新型煤泥清理机，实现了煤泥的自清理，每班煤泥清理工缩减了 80%，减少生产成本约 100 万元/a。

（4）建立了综采工作面水质管理体系，推广试用自清洗综合供水净化站，使工业用水的硬度降低到 200 mg/L，延长了设备的使用寿命。

（5）推广应用千米定向钻机，保障探掘分离，实现精准探测，掘进效率提升 7.7%。

（6）成立了创效工作室，积极推进全员创新，全年共完成 58 项小改小革创新项目。

（六）防污染、复生态，环境综合治理成效显著

（1）积极与县乡合作，签订“煤矸石运输、综合治理、利用合作框架协议”，历时 80 d，修建了 4.3 km 排矸道路，彻底解决了矸石排放问题。

（2）建设美丽矿山公园，开展引水供电、防灭火注浆、黄土覆盖及植被绿化种植一系列工程，累计覆土 490000 m^2，绿化 470000 m^2，种植 30 余种植物共计 20 余万株。

（3）积极推进生活污水处理厂、矿井水处理厂扩容改造工作，矿井水处理厂处理能力增加到 14500 m^3/d，外排水质达到《地表水环境质量标准》（GB3838—2002）中的Ⅲ类标准。

（4）持续推进周期性的河道清淤工程，保证河道水质。

（5）完成了二风井乏风余热供热工程，每年减少燃煤 3700 余吨。

（七）跟党走、转作风，党建工作得到全面加强

1. 不断强化组织建设

进一步健全完善党建工作责任制，形成了党委牵头、相关部门齐抓共管的党建工作机制。与各党支部签订党建目标责任书，持续完善党政一体化考核指标，对各党支部进行动态考核。按照“四同步、四对接”原则，对基层党组织进行了重新划分，使生产经营发展到哪里、党支部的战斗堡垒作用就发挥到哪里。按照“一支部一特色”思路，以“五型”党支部建设为目标，打造出综采一队、运销站等 5 个精品党支部。

2. 完善党建制度体系

制定了“第一议题”制度、党建考核等 18 项制度，使各项工作有据可

循、有章可考。完善“三重一大”议事程序，加强对物资采购、公务用车、招投标等环节的管理，切实以制度管权管事管人，实现了制度强企。全面构建“868+N”监督体系，以常态化、清单化的政治监督推动全面从严治党走向深入。

3. 构建立体宣传格局

按照“外树形象、内聚人心”的思路，进一步加强宣传队伍建设，全年累计在人民网、山西日报等主流媒体上发表 211 篇文章，制作展现企业风貌的短视频、微电影、迷你剧 31 个，企业的软实力、美誉度大幅提升。

4. 高度重视民生工作

大力开展了员工象棋、羽毛球、篮球、电子竞技等各项比赛，极大地丰富了员工的业余文化生活。为伤病困难员工发放慰问金 8.95 万元，“金秋助学”活动资助 29 名大学生共计 10.5 万元。丰富了食堂菜谱，修缮了员工浴室，安装了电动吊篮，新增车位 300 余个，全面改善了工作和生活环境，切实增强了员工的幸福感、归属感、荣誉感。

大同煤矿集团圣厚源煤业有限公司

一、矿井概述

圣厚源煤业有限公司井田位于朔州市平鲁区下面高乡冯家岭、韩佐沟村一带，西距平鲁城区约 20 km，开采宁武煤田北部平朔矿区石炭系煤层，井田南北长 2.3 km，东西宽 2.0 km，面积 4.5968 km^2。

二、主要技术经济指标完成情况

2021 年矿井全年零事故，安全生产标准化得分居集团公司前列。矿井产量计划 90 万 t，2021 年实际完成 89.58 万 t，矿井综合单产 98497 t/(个·月)；掘进进尺完成 2010 m。采煤机械化程度 100%、掘进机械化程度 100%；原煤生产期末人数 376 人，原煤工效 11.26 t/工。

三、安全高效矿井建设的主要做法

（一）优化生产布局，合理采掘部署，实现均衡生产

2021 年，矿领导组织技术力量对全矿的生产发展进行了多次规划，在充分分析采掘设备性能的基础上，发挥技术人员的聪明才智，科学地调整了采掘部署，不但兼顾眼前，而且注重长远，充分发挥矿领导班子的整体统筹效应。矿主要领导抓大事、定目标、出对策、勤安排，建立行之有效的规范管理制度，扎实工作，狠抓各项任务的落实。全矿上下统一思想，充分发挥干部员工队伍的整体凝聚效应，使全矿上下心往一起想，劲往一处使，圆满地完成了计划产量。

根据采区战场条件、生产系统能力，以及地质条件、设备能力、环节因素等情况，合理采掘部署，严格控制工作面个数、下井人员数量，提高单产、单井水平，实现了精采细采，创建安全高效和安全生产标准化动态达标工作面，有效预防了超能力生产、超强度开采，为矿井的长治久安、本质安全生产打下了坚实的基础。

（二）积极进行科技创新，推广新技术、新工艺、新装备，优化采掘工艺

开采方法为综合机械化长壁后退式顶板全部跨落法采煤。采煤机械化程度均达到100%，回采工作面使用电牵引采煤机，破、装、运煤实现连续作业，顶板支护采用液压支架，超前支护采用带帽单体液压支柱支护，有效控制了顶板，工作面安装了矿压观测系统、瓦斯监测系统。

针对综采工作面出现的地质、机电、采煤工艺上的问题，积极探索应用新技术、新工艺。如厚煤层放顶煤工作面坚硬顶板放顶技术、顶煤注水弱化及顶板顶煤高压水预裂技术、低位放顶煤工作面超前应力的控制技术等，这些成果的应用极大地促进了综采工作面的安全高效生产。

采用综合机械化掘进，钻、装、运一体化，根据地质条件、巷道断面不同，进行合理设计，采用锚杆、锚索、金属网/塑网、钢带等联合支护方式。同时对运输的关键部位进行合理优化，有力保证了采、掘、运工作的安全进行。

（三）加强“一通三防”管理，优化灾害预防系统、提高防控能力

开采的4-1号煤层有自燃发火倾向性，煤层自然发火期预计为3个月。防止煤层自燃的重点是放顶工作面采空区防火，采取措施主要是工作面随采随向采空区喷洒阻化剂防火。严格按要求在工作面回采结束后45 d内对工作面采空区进行封闭。定期安排专人对采空区密闭墙前的气体进行取样化验，安装束管监测线，实现从地面对采空区气体的取样化验。在地面建立灌浆系统，从地面向采空区灌充黄土防火。

煤尘具有爆炸性。矿井采用静压供水方式，水源由500 t净化站，经主井自压到井底，经集中运输巷到达4号煤层采区用水地点。按照巡回图表对井巷进行煤尘冲洗，共冲洗巷道290 km，大大减少了煤尘堆积。为井下进、回风巷及采掘工作面和带式输送机运输转载点安装净化水幕和喷雾洒水装置，有效抑止了煤尘飞扬。为采掘工作面作业人员按时发放防尘口罩，加强个体防护，减少职业病发生。

（四）加大设备管理力度，充分发挥设备效能

狠抓机电设备的管理，发挥机电部门的作用，对设备的管理责任到人，并制定了严格的奖惩制度，除定期检查设备完好情况外，还不定期抽查，保证了设备的正常高效运转。

（五）安全工作警钟长鸣，常抓不懈

进一步强化现场管理，强化班组长管理，强化安全监督检查，强化安全责任制的落实，明确各级干部盯班上岗制度，推广“就近管理”“班组全程管理”“安全程序化管理”，树立“居安思安、居安想安、居安干安、居安

紧安”的安全理念，深入推进双基建设和零事故现场、零事故环境创建活动，加大安全生产隐患排查治理，大力推进安全生产标准化和“精品工程”建设；安全管理强化培训教育到位，安全制度措施到位，安全检查考核到位；进一步完善矿井安全生产的各项规章制度，确保安全生产上新台阶。

（六）注重人员培训，提高员工素质

分别对班组长、区队长进行脱产培训和军事化训练，对所有特种作业人员进行了培（复）训，并通过岗位练兵技术比武活动，增强安全意识，提高个人业务水平和安全素质。

（七）依靠科技，不断引进新技术、新设备，新工艺

对采掘设备进行了更新换代和大修维护，积极推进六大系统建设和完善，矿井单产单井水平稳步提升，为全矿的安全生产注入了活力。大力实施人才战略，奖励科技工作突出人才。大力实施科技投入战略，在井下安装了人员定位跟踪系统，引进信息管理系统。

（八）搞好矿井信息化建设

在全矿范围实现局域网联网办公，实现经营管理的高效运作。安装了监测监控系统，对井下各作业地点的气体进行监测。安装人员定位系统，在地面调度室设置中心站，井下大巷及采区设置分站，站点由局域网线路、数据接口装置及监控软件等设备组成，实现了对入井人员的实时跟踪定位、目标监测查询、人员安全保障及统计考勤等功能。对调度监控系统不断改进，实现了对井下采、掘、运地点的实时监控、及时调度，提高了生产效率。

（九）倡导节支降耗、实现成本低控

（1）加强生产过程中材料、配件管理，进一步完善了材料、配件的采购、发放制度，严格执行大型材料和非生产用料审批制度。推行区队班组成本核算管理制度，对区队严格执行材料、配件费用承包，按月考核兑现，与工资挂钩，降低了生产过程中大型材料的投入。

（2）加强搬家准备过程中的费用管理，对综采搬家准备实现单独核算、预算控制，降低了准备过程中的投入。

（3）严格回收复用、自制自修管理，加强生产区队的回收考核管理，执行回收、自修制度。

（4）加强费用收取管理，出台管理办法，控制差旅费、招待费等各项支出，加强财务预测预报管理，严格财务预计审核，提高资金营运效益。

大同煤矿集团同地益晟煤业有限公司

一、矿井概况

大同煤矿集团同地益晟煤业有限公司为兼并重组整合矿井，位于大同市左云县店湾镇西南，距左云县城 14 km，隶属大同市左云县店湾镇管辖，井田东西长 3.9 km，南北宽 2.0 km，开采侏罗系 3～13 号煤层，生产规模 60 万 t/a，井田面积 6.0568 km^2，开采深度 1510～1200 m。

井田可采煤层和局部可采煤层 11 层，分别是 2 号、3 号、7 号、8 号、9 号、10^{-1} 号、10^{-2} 号、11^{-2} 号、11^{-3} 号、13^{-1} 号、13^{-2} 号，可采煤层平均总厚 13.88 m，可采煤层含煤系数 6.3%。现采煤层为侏罗系 13 号层，截至 2021 年底矿井地质储量 4050 万 t，可采储量 1487 万 t。全矿井采用“三进一回”（主、副井，猴车斜井，回风井）通风系统，通风方式为抽出式，方法为中央分列式。

二、主要技术经济指标完成情况

2021 年原煤产量计划 58 万 t，完成 59.5352 万 t。掘进进尺计划 2000 m，完成 2000 m。利润计划 1.6 亿元，完成 1.9849 亿元。原煤成本计划 350 元/t，完成 316 元/t。职工年人均收 8.7 万元。

2022 年原煤产量计划 58 万 t，完成 59.62 万 t。掘进进尺计划 2000 m，完成 2100 m。利润计划 16000 万元，完成 19891 万元。原煤成本计划 350 元/t，完成 316 元/t。职工年人均收入 8.82 万元。

三、安全高效矿井建设的主要做法

（一）生产组织方面

2022 年益晟煤业在新一届领导班子带领下，攻坚克难，全年稳装两个工作面，撤退一个工作面。科学组织生产，每月组织召开专题生产例会，对矿井生产情况进行全面安排，细化劳动生产组织，保证队伍、设备的协调，制定出台产量日考核、月考核等制度，强化了生产组织，全年完成产量 59.62 万 t，进尺 2100 m，超额完成全年生产任务指标，产量创历史新高。

（二）安全发展方面

我矿正在开采侏罗系煤层，该煤层地质构造多，2022年，矿领导组织技术力量对全矿的生产发展进行了多次规划，在充分分析采掘设备性能的基础上，发挥技术人员的聪明才智，科学地调整了采掘部署，不但兼顾眼前，而且注重长远。充分发挥矿领导班子的整体统统筹效应。矿主要领导抓大事、定目标、出对策、勤安排，建立行之有效的规范管理制度，扎实工作，狠抓各项任务的落实。全矿上下统一思想，充分发挥干部员工队伍的整体凝聚效应。使全矿上下心往一起想，劲往一处使，圆满地完成了产量和进尺任务。

根据各盘区战场条件、各盘区生产系统能力，以及地质条件、设备能力、环节因素等情况，合理采掘部署，严格控制工作面个数、下井人员数量，提高单产、单井水平，实现了精采细采，创建安全高效和安全生产标准化动态达标工作面，有效防止了超能力生产、超强度开采，为矿井的长治久安、本质安全生产打下了坚实的基础。

（三）技术创新方面

按照集团要求，通过向先进矿井学习，结合矿井实际情况，采取了综采悬板密集孔切顶卸压措施，提升了安全生产保障。

（四）科学管理方面

（1）对照标准化要求进一步提升煤矿安全生产标准化建设的重要性和必要性，从标准化达标框架构建开始，到如何将隐患排查、风险管控、通风、地测、机电、运输、采掘、调度等各项专业标准化完善等，进行深层的学习探讨。交流中对照标准化专家解读这本书中提出的检查要求，找出本单位本部门对检查及达标的考核不足。一是全面落实本单位机构建设。二是完善管理制度，以制度落实管理，以制度规范行为。三是日常管理建立台账档案，做到有痕迹、有落实。四是强调标准化亮点、明确可视化、菜单式管理模式，如何管理有依据，如何处理有措施。五是提升业务技能，加强专业队伍和班组建设。

（2）根据公司下达的生产指标，确定生产成本指标，层层分解，责任到人，指标上墙，班班进行成本核算，定期召开经营分析会，掌握各单位成本指标完成情况，奖罚分明。

（3）加强生产过程中材料、配件管理，进一步完善材料、配件的采购、发放制度，严格大型材料和非生产用料审批制度。推行区队班组长成本核算管理制度，对区队严格执行材料、配件费用承包，按月考核兑现，与工资挂钩，降低了生产过程中大型材料的投入。

（4）细化习惯性“三违”和严重“三违”相关内容，对各级安全管理人员进行量化考核。通过强化落实安全主体责任，保证各级领导安全生产责任担当，认真落实每一次的安全检查工作，提升公司安全生产全面工作，保障各系统安全运行正常。

（5）各部门时刻绷紧安全生产这根弦，汲取事故教训，在安全生产工作中履职尽责，强化问题导向、底线思维，坚决杜绝各类安全生产隐患。突出重点难点，坚决防范各类生产安全事故发生。摸清安全风险和事故隐患，集中排查治理，有效管控各类安全风险。

大同煤矿集团同发东周窑煤业有限公司

一、矿井概况

同发东周窑煤业有限公司是大同煤矿集团公司与广州珠江电力燃料有限公司、大同鹊山精煤有限责任公司按照6∶3∶1股比共同投资建设，项目包括设计年产1000万t的矿井、年入洗能力为1000万t的选煤厂和配套铁路专用线技术改造工程。矿井位于山西省左云县东，井田东西长15.8 km，南北宽14.4 km，面积101.4129 km^2。

井田内地质储量为139000万t，设计可采储量88000万t，设计服务年限为63 a，煤种为长焰煤。井田地质构造属简单类型，水文地质类型为中等，井田内山4号煤层局部可采，5号煤层全区可采，8-1号、8-2号煤层稳定可采；煤的自燃倾向性为自燃，均具有煤尘爆炸危险性；矿井瓦斯等级为低瓦斯矿井。

矿井开拓方式采用斜、立井混合多水平开拓，现矿井布置有4个井筒，即主斜井、副斜井、副立井、中央回风立井。井下设两个主水平和一个辅助水平。一水平标高+859 m，主采C5号层；二水平标高+835 m，主采8号层；辅助水平标高+920 m，主采4号层。

二、主要技术经济指标完成情况

2021年矿井原煤产量980.74万t，原煤工效23.8 t/工，矿井综合单产为41.97万t/(个·月)。利润计划15984万元，实际完成19369.97万元；成本计划152.2元/t，实际完成152.09元/t。

三、安全高效矿井建设的主要做法

（一）安全管理成效显著

通过强化风险预控，动态达标，抓基层、打基础、练基本功，有力地推动了三基建设。分系统、有重点、全方位完善基础设施，以点带面推动了精品工程建设，安全基础得到深度夯实。抓源头、强规范、重达标，全面推行双体系建设。强化领导干部带班下井制度，严格执行“四个一”巡回检查制度，实现了作业现场 24 h 全覆盖强力监管；加强安、瓦检工两支队伍建设，组建了安、瓦检小分队，实施 24 h 不间断巡视检查。定标准、抓整改、严考核，狠抓采、掘、机、运、通、地测防治水、调度指挥等各系统的精细化管理，标准化基础进一步夯实。通过对工作面不间断注氮、采空区强制放顶，有效预防了火灾的发生。实施水压预裂，将基本顶初次来压步距由原来的 90 m 左右缩短为 45 m，解决了工作面初采期间瓦斯超限问题，安全继续保持良好的发展态势。

（二）进一步优化生产布局，紧盯盘区衔接、工作面衔接和掘进衔接

一盘区和二盘区两个盘区目前已实现了跳采，二保一格局基本形成；优化放煤工序与工艺，强化循环产量监管考核，采出率达到 95% 以上。在井下煤流系统增加了适时产量均衡自动控制系统，实现了电机负荷平均分配、煤量大小自动调节，保证了主运输系统的均衡平稳运行，提高了煤流系统的开机率。推广“无定期不停产检修”模式，流程再造全面完成，矿井实现了提质增效。

（三）经营管理成效显著

严把预算、成本、节支降耗、煤质增收、科技创效五大关。推行全面预算管理，办公费、差旅费、业务招待费等可控费用同比下将 30%。合理缩减工程项目，严格控制工程造价。加大回收复用和修旧利废考核力度，加大力度对材料回收、复用进行管理考核。加大自修复用力度，自修综采设备一套，机电设备 280 多台。加强用电管理，严格执行“避峰用电”和“峰段检修”制，节约节省电费。加强物资计划、审批、发放、使用等环节的跟踪管理。合理介质配比，优化洗选工艺，有效提高精煤产率。

（四）科技创新成绩斐然

不断加大技术攻关力度，进一步完善创新激励机制，创新创效能力不断提升。一是成立了“永安创新工作室”，上报集团公司科研成果 38 项，16 项获奖。二是加快信息化建设，完成了人员定位、入井考勤、矿灯领用管理 3 个系统的整合优化，真正实现入井考勤、人员定位和汇总统计信息自动控制；人员定位、通信系统、应急广播系统实现了井下全覆盖，提升了矿井数字化建设水平。三是实施科技创效，优化巷道支护方案，一个工作面节支约 1342 万元；通过对系统巷设计优化，实现不同时期“一巷多用”，工作面巷道前期作为工作面的巷道，待工作面密闭后，又可继续作为系统巷，根据同发东周窑矿井地质条件充分利用各类巷道，取得了很好的经济效益。

（五）坚持清洁发展，企业实现了向“低碳环保型”转变

同发东周窑矿特厚煤层放顶煤开采技术达到世界领先水平，井下使用的采煤机、运输机、主要通风机、电气设备、主水泵、支架、主运输带式输送机等全部是国内和世界上最先进的设备，这就使得资源回收率大大提高。另外，优化放顶煤技术，严格执行“少推多放”，创造性地提出了“多轮间隔放煤和补放煤”相结合的开采工艺，大大提高了煤炭回收率，使工作面采出率达到了95%，为企业创造了可观的经济效益。接下来公司将继续加大环保方面的管理和资金投入力度，重点完成以下工作：完成供热改造工程项目，彻底淘汰燃煤锅炉；洗煤厂建设煤棚，彻底解决原煤、煤泥露天堆放的环保问题；完成矿井污水处理厂和生活污水处理厂提标改造工程，同时取得排污口论证报告，确保矿井各类污水达标排放。

（六）强基固本，凝心聚力，实现党建引领能力提升

（1）以理论学习为引领，坚持创新理论武装头脑。深入学习宣传贯彻党的二十大精神以及习近平总书记视察山西重要讲话等重要指示，融会贯通，作为指导工作的坚实基础。

（2）以组织建设为重点，着力打造坚强战斗堡垒。加强党建品牌创建。创新“党建+”模式，积极开展“党建+安全”“党建+生产”等活动，促进党建工作与业务工作深度融合；拓展“支部引领岗”“党员先锋岗”等形式，努力锻造高素质的技能型党员队伍。

（3）以作风建设为抓手，加强清廉国企建设。不折不扣落实中央八项规定精神，深入学习贯彻中央、省委和控股集团党委、煤业集团党委部署要求，持之以恒纠治“四风”。配合上级部门开展好常规巡察、专项巡察和机动式巡察。定期梳理、实时更新政治监督任务清单，强化日常监督载体，健全完善问题线索移交反馈机制，及时发现并纠治政治偏差及苗头性问题。

大同煤矿集团同生安平煤业有限公司

一、矿井概况

大同煤矿集团同生安平煤业有限公司位于朔州市山阴县马营村东，由原山西山阴安平煤业有限公司、山西山阴东湾沟煤业有限公司及新增区兼并重组整合而成，矿井设计生产能力 90 万 t/a，核定能力 90 万 t/a。井田面积 10.7013 km^2 可采煤层 7 层，分别为 3^{-1} 号、3^{-2} 号、4^{-1} 号、4^{-2} 号、5^{-1} 号、5^{-2} 号、8 号。其中 3^{-1} 号、3^{-2} 号、4^{-1} 号、4^{-2} 号四层煤大面积已采空或蹬空，现开采 5^{-1} 号煤层。矿井现采用斜井开拓，4 个井筒。采用中央分列式，机械抽出式通风方法。

二、主要技术经济指标完成情况

2021 年矿井原煤产量 85.6 万 t，其中，回采煤量 75.6 万 t，掘进煤量 10 万 t。2021 年矿井未发生人身伤亡事故，百万吨死亡率为零。全年实现利润 1009 万元，吨煤成本 150 元。矿井采煤机械化程度 100%，掘进装载机械化程度 100%，全年掘进总进尺 5000 m，其中，综掘进尺 5000 m，综掘程度 100%。

三、安全高效矿井建设的主要做法

（一）生产组织方面

（1）狠抓安全生产标准化工作，现场管理水平得到进一步提升。通过更新改造设备，提升了标准化管理水平。井下供电系统进一步完善。通风设施更加完善，矿井通风系统进一步优化。地测防治水工作管理水平得到进一步提高。

（2）以技术为依托，精心组织生产，各项技术措施、设计编制工作准确到位，确保了全年生产指标的完成。每月组织各生产职能科室、采掘区队对在用采掘作业规程、安全技术措施进行复审；重新编制了 2021 年采掘各类安全管理制度；按照集团公司新版作业规程编制指南，重新编制、完善了在用及后续的采掘作业规程；编制并上报了矿井能力定位情况；多次组织召开专题会分析生产衔接中存在的问题，合理布局采掘工作面，合理安排采掘队组，确保了采掘正常接替。

（二）安全发展方面

1. 强化“安全红线”意识，狠抓隐患排查治理，全面夯实了安全管理根基，安全综合管理工作进一步提升，完成了安全生产“零”目标

（1）突出安全风险分级管控和隐患排查治理。建立了安全风险分级管控和隐患排查治理双重预防机制及考核办法，与安全绩效工资挂钩考核，全面强化了安全风险自辨自控和隐患自查自治；进一步健全了隐患排查治理体系。做到：①各专业委员会、业务分管领导、业务分管部门根据工作范围，按照生产工序、过程、设备运行状态、环境管理、人员操作、行为规范等编制隐患排查清单，明确排查的事项、内容，将责任逐一分解落实；②建立完善区队、班组班班安全排查工作机制；③各专业委员会组织业务科室对各自的生产系统、安全系统进行隐患自查，按照“系统抓、抓系统”的原则，进行排查治理；④强化隐患闭合留痕管理，对安全隐患责成专人进行实时管控，实现隐患排查、分类、建档、整改、验收、销号、考核的闭合管理，做到“条条隐患有管理、处处隐患有闭合”，全面提升了隐患排查治理的管理水平。

（2）突出人员行为管控。根据集团公司《强化员工行为规范管理办法》，结合各专业特点，制定了《安平煤业公司强化员工行为规范管理办法》，建立了规范的“岗位双述”执行标准，出台人员安全行为管理办法，规范岗前准入，强化行为管控，制定了严厉的“三违”行为考核办法，对严重“三违”行为进行严格的考核处罚。

2. 突出班组安全建设

一是加强了对班组长的专题培训，使他们既懂业务、会管理，又有责任心、有一定的组织协调能力，管理水平进一步提高。二是加强了班组应急救援演练，遇到险情时，班组长要第一时间做决策和指挥停产撤人。三是加强了现场安全管理和监督检查，及时排查发现作业场所和各环节的安全隐患，切实做到不安全不生产。四是完善了“自保、互保、联保”安全包保链锁机制，对发生“三违”行为的，班组长、跟班干部连带处罚。

3. 完善应急机制，加强应急管理，着力提升突发事件综合救援能力

（1）严格落实《生产安全事故应急预案管理办法》规定，积极组织开展了各层面、各专业应急演练，检验应急响应功能，评价应急组织能力和相互协调能力。

（2）加强应急救援演练培训，重点加大了井下水、火、瓦斯、顶板事故和地面空间受限区域、建筑物坍塌等事故被困人员自救、互救知识培训，切实提高了员工应急避险和自救互救能力。

（3）突出抓好带班领导、跟班干部、班组长，以及安监、瓦检等特殊工种人员的应急能力提升，提高了防灾抗灾应变能力和快速响应处置能力。

（4）加强地面生产单位的应急管理，做好应急仓库和应急物资的储备管理，做到应储尽储，确保应急救援工作处于常备状态。

（5）建立了灾害性天气预警和预防机制，落实极端天气停产撤人制度。

安全发展方面除了以上 3 种做法外，还有加强专项整治工作，坚决遏制重特大事故，杜绝零敲碎打事故。

（三）技术创新方面

5^{-1} 号煤层 8105 工作面顶板水预裂技术研究与应用。安平矿在煤矿开采中，通常采用全部垮落法管理工作面采空区顶板，但是由于矿井顶板岩石具有强度高、节理裂隙不发育、厚度大、整体性强、自承能力强等特点，采空区顶板无法随工作面推进及时垮落，开采后大面积悬露在采空区，短期内不垮落；一旦垮落，一次垮落的面积大、高度大，会伴有强烈的周期性来压，并且造成工作面初次来压步距较大，可达 40~50 m，有的甚至上百米，来压时有明显的动力现象，常造成支护设备损坏、危及人身安全等恶性事故。针对坚硬顶板垮落的问题，从 2022 年开始，矿方与中国矿业大学以及北京天地科技公司进行合作，针对坚硬顶板利用水力压裂技术，通过钻孔压裂段预制裂缝，控制水力压裂裂纹扩展方向，对坚硬顶板进行压裂和软化，削弱顶板的强度和整体性，使采空区顶板能够分层分次垮落，缩短初次来压和周期来压步距，达到减小或消除坚硬难垮顶板对工作面回采危害的目的。

（四）智能绿色和科学管理方面

2022 年 1 月建成万兆工业环网，已接入排水自动化系统，接下来计划接入空压机无人值守系统、主提升无人值守系统、主通风机无人系统等，配备的井下交换机光电口配置充足，满足井下子系统接入使用，同时为后期智能化工作面预留千兆接口。

大同煤矿集团同生精通兴旺煤业有限公司

一、矿井概况

大同煤矿同生精通兴旺煤业有限公司位于大同市云冈区兴旺庄村东，行政区划属大同市云冈区云冈镇。矿井走向长度 1700 m，倾向 830 m，井田面积 1.4144 km^2，批准开采 9 号、12^{-2} 号、14^{-2} 号、15 号煤层，批准生产能力 60 万 t/a，现采 15 号煤层，其余各层位均已采空。截至 2021 年矿井剩余地质储量 1406.3 万 t，可采储量 732.7 万 t，可布面储量 176.6 万 t，服务年限 2.9 a。

矿井瓦斯等级鉴定为低瓦斯矿井，煤尘有爆炸性，煤层自燃倾向性为Ⅱ级。矿井煤层水文地质类型为中等。矿井开拓方式为斜井开拓，共 3 个井筒。矿井通风方式为中央并列式，通风方法为抽出式。采煤方法为走向长壁后退式综合机械化采煤，全部垮落法管理顶板，采煤工艺为综采放顶煤。

二、主要技术经济指标完成情况

2021 年矿井原煤产量 59.6 万 t，其中，回采煤量 56.3 万 t，掘进煤量 3.3 万 t。2021 年矿井未发生人身伤亡事故，百万吨死亡率为零。全年实现利润 3699 万元，吨煤成本 249 元。矿井采煤机械化程度 100%，掘进机械化程度 100%，全年掘进总进尺 2300 m，其中，综掘进尺 2075 m，综掘程度 90%。全年回采工作面平均数为 0.78 个，矿井综合单产为 60149 t/(个·月)，原煤工效 8.8 t/工。

三、安全高效矿井建设的主要做法

（一）安全管理方面

（1）始终坚持在标准化、常态化和精细化上下功夫，促进了安全生产标准化工作的不断深入。

（2）始终坚持“安全生产责任制和岗位流程标准化”及班组建设管理体系，切实做到“一岗双责、权责对等、岗责对应”。全年岗前事故征兆、避灾路线及自救器日常动态抽查合格率达 97% 以上。

（3）始终坚持全面强化隐患闭合留痕管理，实现隐患排查、分类、建档、整改、验收、销号、考核闭合管理，隐患排查治理管理水平得到全面提升。

（4）始终坚持严厉打击“三违”现象，取得了同类“三违”不再出现、习惯性“三违”大幅减少的良好成效，有效遏制了因现场安全管理不到位造成的各类“三违”现象，全年“三违”罚款共计 41150 元。

（二）技术管理方面

（1）本着“早动手、早安排”的原则，组织编制了矿井 2022 年度生产计划和三年规划，为后续采掘安排提供了有力指导，确定了下一步开拓方向，并编制了 12 号煤层扩区开采设计，为实现年产效益最大化并延长矿井服务年限做足了准备工作。

（2）加强了生产技术管理基础工作，严把作业规程的“三化”“十环节”，确保了规程措施的针对性、科学性和可操作性。坚持规程措施会审制度和复审制度，全年共组织会审采掘作业规程 3 本、安全技术措施 60 本；对规程在执行中存在的与作业现场不符的工艺、工序、措施及时进行了修订，对不严格按照规程施工等问题及时进行整改。

（3）加强了设计管理工作，做到安全可靠、技术可行、经济合理。由于 8105 工作面设备服役年限长、设备工况差，需要出井大修，8107 工作面更换使用新设备，需要从地面装车运至工作面稳装。受副斜井高度限制，支架要分为顶梁、底座、立柱三部分，分别装车运输至工作面组装。8105 工作面支架需平躺装车出井，使用手拉葫芦、回柱绞车组装支架稳定性差、安全系数低、组装慢。组装支架采用油缸进行组装，将油缸固定在顶板上，用操作阀控制油缸统一起吊，安全系数高、组装快、安全有保障，可以避免手拉葫芦、回柱绞车稳定性差造成的伤人事故和安全隐患，预防了事故的发生。通过合理地使用油缸起吊，组装支架速度快，提高了效率，降低了工人的劳动强度，为 8107 工作面稳装、8105 工作面撤退提供安全技术保障。

（4）提高顶煤回收率。根据顶煤厚度不同，优化放顶煤工艺，经过现场论证采用“多轮间隔放煤”工艺，严格执行“见矸关窗”，保证顶煤回收率达到要求，真正做到精采细放。

（5）狠抓现场工程质量、支护质量管理关。加大现场顶板支护质量监管及考核力度，进行不定时现场抽查，实现了支护检查百分之百，做到当日检查、当日考核、当日整改。

（6）紧盯地质构造变化，及时调整有力措施。针对现采煤层赋存条件及顶底板岩性，在 8105 工作面头巷超前区域施工密集孔对顶板卸压，实现了对邻面的超前卸压，回采期间配合退锚的方式保证了端头处始终维持零悬板，提前切断了压力传导，同时在相邻的 8107 工作面、5107 工作面巷道掘进期间，在顶、角、帮施工了补强锚索，顶帮增加了锚索梁补强支护，以最小的投资为减少后期巷道维护、安全把控及正常回采提供了保障。可以避免顶板冒顶、大面积来压等动压显现造成的工作面巷道严重变形，同时避免了工作面顶板难维护等问题，降低了事故发生的概率。通过合理的切顶卸压、补强支护，巷现变形明显减弱，降低了后期对顶板的管理，提高了生产效率，降低了工人的劳动强度，减少巷道后期补强支护、人工投入费用合计 157.7 万元，为安全、快速推进回采提供了安全技术保障。

（三）机电设备管理方面

（1）完善了机电管理体制和各项管理制度，重新审批编制了《机电管理制度》《机电管理各岗位责任制》《机电管理各岗位操作规程》等制度，机电管理制度体系日趋齐全和完善。

（2）对地面配电室进行了改造，确保了地面配电点供电可靠；对梳理出的 58 项实际可用的项目进行了提升整治，现场管理工作达标提升效果明显；井下接地极全部摸排到位，对接地极棒埋设不足的 5 处全部重新埋设，对照要求更换变电所内接地极连接线鼻子 20 个，设备列车重新制作接地极板，做到接地系统标准化全面提升。

（3）对地面防雷、防汛、防洪设施进行了全面细致的检查。实测接地电阻值全部处理合格；地面变电所 949、917 线路架空线沿线避雷器全部更换；地面电气设备春季预防性试验全部合格；防雷装置和防雷接地电阻春季检测全部到位；中央水泵房主、副水仓及沉淀池雨季前的清掏按时完成，保障了矿井排水系统在雨季的安全运行。

（4）相继开展了“井下防爆大排查”“主排水系统专项整治”“地面供配电系统涉事故隐患排查”“主要通风机、局部通风机无计划停电停风专项整治”“主煤流系统带式输送机保护专项整治”等活动，确保了矿井各个环节机电系统的可靠运行。

（四）“一通三防”管理方面

（1）“一通三防”系统更加优化。顺利完成 8107 工作面贯通、进支架的系统调整及均压系统设施的构筑工作；完成了 8105 工作面的采后封闭、各盘区密闭墙加固及通风设施维护工作；按时完成 12 号煤层 303 盘区系统巷启封、12 号煤层通风设施构筑工作。全年累计构筑密闭墙 24 道、风门 17 道。

（2）瓦斯防治工作更到位。矿井虽为低瓦斯矿井，但按高瓦斯矿井进行管理，进一步加强了瓦斯监控系统和瓦检工日常管理，做到人机结合，避免出现管控盲区。每天对井下瓦斯数据进行分析，及时掌握井下气体变化。全年未发生因系统管控不到位造成的瓦斯超限事故。

（3）综合防尘工作更突出。根据就近管理原则，将防尘设施采取区队划分管理模式，综合防尘的管理纳入正规化管理轨道，开创综合防尘齐抓共管的新局面。累计冲洗巷道 286 km，真正做到矿井无死角、无盲区、全覆盖。

（五）经营管理方面

（1）积极推广了 ERP 物资管理系统建设，客户关系管理、采购管理、供应链管理、财务管理等方面的工作效率明显改观，矿井物资管理水平明显提升。

（2）进一步完善了“物资修旧利废和回收复用办法”，全年回收复用管路设施、电缆、工具等材料物资 465.01 万元，修旧利废 66.31 万元，资产盘活 144.52 万元，减少了部分材料物资的再投入。

（3）相继制定了《经营目标管理办法》《契约化目标考核办法》及《经营绩效管理考核办法》，“降、减、提”工作得到稳步推进，除去因收入增加引起的税金及附加税金增加因素，成本控制在合理的范围内，完成了地煤公司的考核指标。

大同煤矿集团同生树儿里煤业有限公司

一、矿井概况

大同煤矿集团树儿里煤业有限公司位于大同市左云县境内小京庄乡树儿里村南 0.5 km，距大同市城区西南 87 km，行政区划隶属左云县小京庄乡管辖。公司为晋能控股煤业集团地煤公司下属煤炭企业，属单独保留矿井，2012 年 1 月开工建设，2014 年 12 月通过矿井验收，并于 2015 年 2 月完成生产能力要素信息公告，正式投入生产转为生产矿井。

井田面积 1.2131 km^2，东西长 2.020 km，南北宽 0.673 km，周边与马道头煤业井田相邻，无小窑破坏区。批准开采石炭系 3 号煤层，煤层最大厚度 12.5 m、最小厚度 9.88 m，平均厚度 11.2 m，煤层倾角 4°～7°。矿井保有储量 2433 万 t，截至 2022 年底，可采储量 361 万 t。矿井生产能力 90 万 t/a，属低瓦斯矿井。矿井发火等级Ⅱ级，容易自燃，水文地质类型中等。

矿井开拓方式为斜井开拓，共布置 3 个井筒。主斜井倾角 25°，净断面 17.32 m^2，斜长 501.2 m；副斜井倾角 25°，净断面 13.08 m^2，井筒斜长 390 m；回风井倾角 30°，净断面 10 m^2，斜长 331.2 m。

二、主要技术经济指标完成情况

2021 年原煤产量计划 88 万 t，完成 89 万 t。掘进进尺计划 2800 m，完成 2900 m。利润计划 1000 万元，完成 1032.46 万元。吨煤成本计划 180.24 元，完成 178.29 元。职工人均年收入 8.82 万元。

2022 年原煤产量计划 88 万 t，完成 89 万 t。掘进进尺计划 1500 m，完成 1518 m。利润计划 1100 万元，完成 1100.52 万元。吨煤成本计划 160.31 元，完成 159.45 元。职工年人均收入 8.91 万元。

三、安全高效矿井建设的主要做法

（一）优化生产布局，合理采掘部署，实现均衡生产

矿井现开采石炭纪煤层，地质构造复杂，2022 年，矿领导组织技术力量对全矿的生产发展进行了多次规划，在充分分析采掘设备性能的基础上，

科学地调整了采掘部署，不但兼顾眼前，而且注重长远。充分发挥矿领导班子的整体统筹效应。矿主要领导抓大事、定目标、出对策、勤安排，建立行之有效的规范管理制度，扎实工作，狠抓各项任务的落实。全矿上下统一思想，充分发挥干部及员工队伍的整体凝聚效应。

每月组织召开专题例会，对矿井生产情况进行全面安排，细化劳动生产组织，保证队伍、设备的协调。制定出台产量日考核、月考核等制度，强化了生产组织。全年完成产量 89 万 t，进尺 1518 m，超额完成全年生产任务指标，取得了产量创历史新高的好成绩。

根据各盘区战场条件、各盘区生产系统能力、地质条件、设备能力、环节因素等情况，合理采掘部署，严格控制工作面个数、下井人员数量，提高单产、单井水平，实现了精采细采，创建安全高效和安全生产标准化动态达标工作面，有效防止了超能力生产、超强度开采，为矿井的长治久安、本质安全生产打下了坚实的基础。

（二）积极进行科技创新，推广新技术、新工艺、新装备，优化采掘工艺

树儿里煤业开采方法为综合机械化长壁后退式顶板全部垮落法采煤。煤矿已经完全实现了综合机械化采煤，采煤机械化程度均达到 100%，回采工作面采煤机全部使用电牵引采煤机，破、装、运煤实现连续作业，顶板支护采用液压支架，超前支护采用带帽单体液压支柱支护，有效控制了顶板，工作面安装了矿压观测系统、瓦斯监测系统。

认真研究地质条件、设备能力、环节因素等情况，合理采掘部署，严格控制工作面个数，提高单产、单进水平，实现了精采细采，积极创建安全高效和安全质量标准化动态达标工作面。

通过向先进矿井学习，结合我矿实际情况，开展了综采放顶煤采出率提升和外因致裂顶板措施研究，采取间隔多轮放煤的方法，粗放、精放、细放三步走，提升了顶煤回收率，回收率由 93% 提升到 95% 以上，多出原煤 3.5 万 t，提升了矿井效益。

针对综采工作面出现的地质、机电、采煤工艺上的问题，积极探索应用新技术、新工艺，如综放工作面顶煤注水弱化及顶板水压致裂技术、煤层低位放顶煤工作面停采应用柔性网等，这些成果的应用极大地促进了综采工作面的安全高效生产。

（三）加强“一通三防”管理，优化灾害预防系统、提高防控能力

加强一通三防人员素质管理，对综采防灭火采用三种方式进行综合管

理，制定矿井全年灾害预防体系，提高了防控能力。

（四）加大设备管理力度，充分发挥设备效能

面对生产困难，顾全大局，迎难而上，狠抓机电设备的管理。发挥机电部门的作用，对设备的管理责任到人，并制定了严格的奖惩制度，除定期检查设备完好情况外，还不定期抽查，保证了设备的正常高效运转。

（五）安全工作警钟长鸣，常抓不懈

始终坚持安全第一，生产第二，把安全工作作为全矿重点工作来抓，强化“煤矿安全生产标准化管理体系”建设，夯实安全生产基础。进一步强化现场管理，强化班组长管理，强化安全监督检查，强化安全责任制落实，明确各级干部盯班上岗制度，推广“区域管理”“班组全程管理”“安全程序化管理”，树立“居安思安、居安想安、居安干安、居安紧安”的安全理念，紧紧围绕员工安全准入、职工素质提升、防范化解重大安全风险、推动班组安全建设、涉事故隐患排查治理、安全生产专项整治三年行动等开展工作，有效预防了各类生产安全事故的发生，确保安全生产上新台阶。

（六）注重人员培训，提高员工素质

企业的发展与人的发展是分不开的，我矿一直注重培训工作，把培训工作放在重要位置。建成一流培训中心启用，分别对班组长、区队长进行脱产培训，对所有特种作业人员进行了培（复）训，在全矿开展了“人人都是安全员、人人都是通风员”的强化培训，并通过岗位练兵技术比武活动，增强安全意识，提高个人业务水平和安全素质。

（七）依靠科技，不断引进新技术、新设备，新工艺

不断在科技投入上下功夫，对采掘设备进行了更新换代和大修维护，积极推进六大系统建设和完善，科技成果获得集团公司多项奖励，矿井单产单井水平稳步提升，为全矿的生产注入了活力。

大同煤矿集团同生同基煤业有限公司

一、矿井概况

同基煤业有限公司位于宁武县薛家洼乡黄草圪坨村附近，隶属晋能控股煤业集团轩岗煤电有限责任公司。井田面积 7.6805 km^2，生产规模为 90 万 t/a，批准开采 2 号、5 号及 6 号煤层。截至 2021 年底，矿井剩余工业储量 5778.1 万 t，可采储量 4116.9 万 t，剩余可布面储量 1006.6 万 t，剩余服务年限 10.8 a。煤种以气煤（QM）为主。

矿井属低瓦斯矿井，2 号、5 号煤层具有爆炸危险性，煤层自燃倾向等级均为Ⅱ级，为自燃煤层。矿井水文地质类型划分为中等，井田地质构造中等。2 号、5 号煤层均采用综采放顶煤工艺，工作面采空区顶板采用自然垮落法管理顶板。

二、主要技术经济指标完成情况

2021 年矿井原煤产量 88.5 万 t，其中，回采煤量 80.4 万 t，掘进煤量 8.1 万 t。2021 年矿井未发生人身伤亡事故，百万吨死亡率为零。2021 年全年实现利润 7230 万元，吨煤成本 354 元。矿井采煤机械化程度 100%，掘进装载机械化程度 100%，全年掘进总进尺 5452 m，其中，综掘进尺 4927 m，综掘程度 90%。矿井综合单产为 69750 t/(个·月)，原煤工效为 7.8 t/工。2021 年度职业健康检查率 100%，危害因素检查达标率 100%，吨煤开采综合能耗 14.56 kW·h/t，塌陷土地治理率 100%，矿井水利用率 100%。

三、安全高效矿井建设的主要做法

（1）强化“安全红线”意识，狠抓隐患排查治理，全面夯实了安全管理根基，安全综合管理工作进一步提升，完成了安全生产“零”事故的目标。

（2）认真贯彻落实习近平总书记关于安全生产重要论述和重要指示精神，牢固树立“人民至上、生命至上”的理念，严格落实全国矿山安全防范视频会议精神，按照党中央、国务院、省委、省政府有关安全生产指令、文件精神和决策部署，深入开展“三零”单位创建，强化“四铁”要求，立足矿井实际，突出重点，紧盯薄弱环节，强化专项整治。切实加强重点环节安全管理，深化隐患排查治理工作，加大对矿井顶板管理、“一通三防”、机电管理、地质防治水、辅助运输等隐患排查的治理力度。对检查中发现的问题和隐患，积极督促整改，着力管控安全风险，根治事故隐患，压实安全责任，夯实安全管理基础，提高安全工作执行力。全力以赴狠抓安全生产各项工作，实现了安全生产无事故，矿井的安全管理水平进一步提高。

（3）狠抓工作作风，安全管理力度不断加强。严格落实安全生产责任制，矿长坚持每日亲自主持调度晨会、安全生产碰头会，明确当日安全工作重点，安排干部盯在关键环节、重点都位。严格矿领导值守、值班、带班、干部跟班上岗和中夜班查岗，落实各级主体责任，强化中夜班生产现场安全管理，切实强化现场关键点、薄弱点、重要部位的安全监管力度，切实消除管理时空盲区。狠抓区队干部跟班下井，严格落实“五亲自、五必须”，铁腕管治区队干部跟班上岗。矿各级干部的工作作风有了明显的转变，安全责任得到了进一步落实，安全行为得到了有效管控，安全管理力度不断得到提升。

（4）严格责任落实，强化制度执行，安全规章制度得到有效落实。进一步完善了各项安全管理制度和措施，坚持“不安全不生产、隐患不消除不生产、措施不落实不生产”原则，紧把安全关，强抓执行力。矿领导坚持深入现场，靠前指挥，认真落实岗位职责和安全生产责任制，分专业负责，强化检查，认真考核，奖罚兑现；指导基层队组全面建立安全管理责任体系，严格执行各类安全事故责任追究办法、隐患定价考核，营造安全的高压态势，促使各级干部做到了发现问题在现场，解决问题在当下，增强了安全管理的针对性和实效性，有效减少了“三违”现象的发生。

（5）完善管理制度和基础资料，日常工作的痕迹化和归档管理明显进步，进一步夯实了安全生产管理基础。针对同基煤业公司作为资源整合矿井安全管理制度不够健全、安全管理体系不尽完善的现状，新制定和重新修订完善了《安全管理制度》《安全生产责任制》《各工种操作规程》《安全生产标准化管理制度》《生产安全事故应急预案》，编制了《隐患排查年度计划》《安全风险分级管控年度评估报告》等，为矿井安全管理走向规范化、制度化奠定了基础。

（6）以现场管理为重点，提高安全系数。认真贯彻执行水害防治、机电设备管理、顶板管理、火工品管理等规定，严格岗位作业标准，规范职工作业行为，确保各项制度、措施落实到现场，落实到每位作业人员。所有作业场所和地点，必须有作业规程和安全技术措施，无规程措施不准施工，作业人员必须熟悉并严格执行。不同工种、不同岗位、不同单位交叉作业时，明确工作范围和职责。对零散作业和单独岗位人员要加大定时或不定时巡回检查次数。停送电等特殊作业时必须严格按办理票证的程序，制定安全措施，并有专人现场监护。通过强化动态管理，全面提高了生产各环节的安全系数。

（7）深入开展安全警示教育活动，进一步营造安全氛围，举一反三，深刻汲取事故教训。充分利用早晨会、下午作业会、区队班前会和集中观看等多种方式，分批次组织干部、员工观看事故警示教育片。深刻汲取全国、特别是集团公司近几年发生的较大以上事故教训，警钟长鸣，把防范化解重大风险作为安全生产工作的重中之重。全面开展风险辨识、隐患排查、行为管控，真正从技术上、管理上找出问题。强化安全警示教育宣传活动，进一步营造安全警示氛围，扎实推进安全生产宣传教育活动，形成强大的宣传声势，营造浓厚的舆论氛围。

（8）积极组织开展员工安全教育培训工作，不断提高员工遵章守纪的自觉性，进一步提高了全员安全素质。针对职工业务素质和文化程度参差不齐、安全意识普遍较低且受利益驱动流动性大、给安全工作带来了很大的困难等特点，有针对性地调整培训方案，强化培训。组织各级安全生产管理人员、区队长、班组长参加了集团公司统一组织的培训，加强自救互救培训教育，积极组织自救器实操培训和安全避险应急培训，确保井下每名员工熟知发生不同灾变的应急避灾路线和措施，让员工真正熟悉各类事故发生征兆、避灾路线、逃生技能，提高员工自保、互保、联保能力。

（9）扎实开展安全生产专项整治三年行动和“三零”单位创建工作。三年行动是安全生产工作的主要任务，也是防范重大生产安全事故的有效抓手。按照集团公司、轩煤公司工作安排，我矿迅速启动矿井专项整治三年行动，成立了以董事长为组长的同基煤业公司安全生产专项整治三年行动工作专班，分步实施、责任到人，层层抓好组织实施，确保了各阶段工作目标按期限完成，行动深入见效。

大同煤矿集团同生峪沟煤业有限公司

一、矿井概况

大同煤矿集团同生峪沟煤业有限公司为2009年山西省煤炭企业兼并重组煤矿，由原山西朔州峪沟煤业有限公司、朔州银丰煤业有限公司和其他资源整合而成。峪沟煤业矿井位于朔州市朔城区沙塄河乡上石碣峪村南500 m处，井田北与同煤浙能麻家梁矿相邻，西为晋能石碣峪煤矿，南为煤层露头线，东为关闭的银丰煤矿。矿区面积6.6477 km^2，批准开采4～11号煤层。截至2021年末，矿井剩余工业储量12486万t，可采储量6585.5万t，矿井核定生产能力90万t/a，服务年限42 a。矿井为低瓦斯矿井，水文地质类型中等，煤尘均有爆炸性，煤炭自然发火类型为Ⅱ类。矿井采用斜井开拓，共有3个井筒，分别为主斜井、副斜井、回风斜井。采煤方法为走向长壁后退式综合机械化采煤，自然垮落法管理顶板，采煤工艺为综采放顶煤。

二、主要技术经济指标完成情况

2021年矿井原煤产量82万t，其中，回采煤量76万t，掘进煤量6万t。2021年矿井未发生人身伤亡事故，百万吨死亡率为零。2021年全年实现利润967万元，吨煤成本150元。矿井采煤机械化程度100%，掘进装载机械化程度100%，全年掘进总进尺3500 m，其中，综掘进尺3500 m，综掘程度100%。矿井为厚煤层开采，采区采出率达75%。

全年共1个综采队生产，全年工作面平均数为1个，工作面年产量为76万t，矿井综合单产为63359 t/(个·月)。2021年期末原煤生产人数为470人，计效产量820313 t，累计计效工数86103个，原煤工效9.5 t/工。

三、安全高效矿井建设的主要做法

（一）安全工作警钟长鸣，常抓不懈

始终坚持安全第一、生产第二，把安全工作作为全矿重点工作来抓，进一步强化现场管理，强化班组长管理，强化安全监督检查，强化安全责任制的落实，明确各级干部盯班上岗制度，推广“就近管理”“班组全程管理”

“安全程序化管理”，树立“居安思安、居安想安、居安干安、居安紧安”的安全理念，进一步引申“人人都是通风员”到岗位到现场，深入推进双基建设和零事故现场、零事故环境创建活动，加大安全生产隐患排查治理，大力推进安全质量标准化和“精品工程”建设，狠抓“八项整治”；安全管理强化培训教育到位，安全制度措施到位，安全检查考核到位；进一步完善矿井安全生产的各项规章制度，确保安全生产上新台阶。

（二）始终保持高压态势，全年无涉险事故

（1）严肃责任追究，严格落实集团公司“生产安全事故责任追究办法”，变“宽、松、软”为“严、紧、硬”，对违反规定的责任单位和人员，对照“四不放过”规定，一律予以严处，绝不姑息，有效杜绝了因现场安全管理不到位造成的各类“三违”现象，保障了矿井的安全生产。

（2）严格处罚落实，对违反上级公司以及矿井安全一号文件、二号文件、三号文件相关处罚规定的责任单位和相关责任人员，一律“零容忍”，坚决从严、从重处罚。

（三）始终狠抓安全生产责任制，安全生产责任、考核达标

为了进一步加强责任落实，年初重新梳理了全矿现有部门、岗位及工种，制定了《2021 年峪沟煤业安全生产岗位责任制》，明确了各级负责人、各部门、各岗位在安全生产过程中所担负的责任及应履行的义务，对于未执行或违法职责的单位及个人都将按照“2019 年峪沟煤业安全管理制度”进行严格考核，各级负责人、各部门、各岗位均能够严格按照安全生产责任制的责任和标准开展各项工作。

（四）注重人员培训，提高员工素质

企业的发展与人的因素是分不开的，我矿一直注重矿上的培训工作，把培训工作放在重要地位，分别对班组长、区队长进行培训，对所有特种作业人员进行了培（复）训，在全矿开展了人人都是安全员、人人都是通风员的强化培训，并通过集团公司组织的技术比武活动，增强安全意识，提高个人业务水平和安全素质。

（五）始终坚持安全生产标准化动态考核，标准达到集团公司内部规划等级

以安全生产标准化为基础，强化现场管理，做到突出“一个重点”、坚持“两个原则”、做到“三个并重”、落实“四个到位”、实现“五个转变”，按照“典型引路，以点带面，循序渐进，整体推进”的工作方法，强力推进安全质量由“静态精品”向“流程精品”转变，促进安全生产标准

化工作的不断深入。积极推行实施标准化作业流程，使各岗位员工“上标准化岗、干标准化活”，把安全生产标准化工作融入日常安全管理的各个环节，落实到全过程。煤矿安全生产标准化达到二级标准。

（六）技术管理基础更夯实，设计布局更优化

（1）严把作业规程的“三化十环节”，确保了规程措施的针对性、科学性和可操作性。对规程在执行中存在的与作业现场不符的工艺、工序、措施及时进行了修订，对不严格按照规程施工等问题及时进行了整改。

（2）加强了设计管理工作，做到安全可靠、技术可行、经济合理。根据煤矿大倾角煤层特点，对巷道布置设计方案进行优化，减少了通风工程，降低了工人劳动强度。

（3）狠抓现场工程质量、支护质量管理关，确保了安全生产。建立了矿井顶板及巷道压力情况的巡回检查机制，完善巡回检查台账，对死角、盲区和边远地带的顶板现场管理进行了职责划分，做到了台账资料清晰、现场职责明确；加大了现场顶板支护质量监管及考核力度，实现了支护检查百分之百，做到当日检查、当日考核、当日整改。

（4）紧盯地质构造变化，及时调整有力措施。在回采工作面过破碎区期间，提前编制了专项安全技术措施，采取对工作面煤壁加注马丽散的方式加固顶煤及煤壁，同时采用浅截深、降低采高、超前移架、追机移架等方式，安全通过了工作面压力区及破碎区，确保了回采工作面安全生产。

大同煤矿集团忻州同华煤业有限公司

一、矿井概况

大同煤矿集团忻州同华煤业有限公司隶属大同煤矿集团轩岗煤电有限责任公司，由大同煤矿集团忻州有限公司控股51%，伟华控股有限公司持股49%，由原五台县窑头煤矿寨里井、窑头煤矿瓦窑坪坑和五台县西头煤矿三座井工矿于2009年9月整合而成，是一座露天煤矿。整合后矿田面积9.8362 km^2，矿田生产能力为60万t/a，批准开采4~12号煤层，煤层平均厚度8.86 m，开采方式为露天开采。2011年2月23日取得开工报告，2012年6月换发长期采矿许可证，有效期为2012年6月19日至2022年6月19日。2012年8月29日进入联合试运转，2013年7月23日通过建设项目综合竣工验收，2014年1月28日取得了煤炭生产许可证，为证照齐全的生产矿井。矿井建设初期设计规模60万t/a，后经省煤炭厅两次批准提能升级改造，现核定生产能力为260万t/a。开采方式为露天开采，采用单斗—卡车间断工艺。

二、主要技术经济指标完成情况

2021年完成原煤产量242.22万t，未发生较大以上安全事故，百万吨死亡率为零。采煤机械化程度和掘进机械化程度均达100%，原煤工效为21.23 t/工。全年利润完成5847.54万元，职工年人均收入8.9万元。

2022年完成原煤产量268万t，未发生较大以上安全事故，百万吨死亡率为零。采煤机械化程度和掘进机械化程度均达100%，原煤工效23.49 t/工。全年利润完成7089万元，职工年人均收入9.1万元。

三、安全高效矿井建设的主要做法

（一）安全生产方面

矿井在2021年未发生较大以上安全事故，生产过程中严格执行煤炭行业标准，精细管理，规范作业，安全生产形势平稳，进行安全生产责任制的学习和安全责任教育，明确安全生产责任制的内容，各级领导互包联保，切实做好分管范围的安全工作。

一是健全安全管理制度，同时制定安全生产标准化、事故处理、安全风险预控、安全目标考核等安全管理流程。公司严格执行相关安全管理制度，按照要求，进一步明确了各级管理人员职责，规范了员工行为，真正做到了有章可循、有据可依，为公司的安全发展提供了有力保障。

二是不断强化制度建设，逐步形成制度健全、管理有效、落实有力、监督到位的长效机制。对需要完善的制度进行修补、补充完善，对完全不能适应企业改革发展需要的制度和缺失的制度，组织修改或制定。

三是安全生产标准化建设。矿井始终把安全生产标准化工作视为煤矿企业的基础工程、效益工程，强化现场安全生产标准化建设工作，完善安全生产标准化工作考评机制，根据《山西省煤矿安全生产标准化》考核评级办法规定，经专家组进行安全生产标准化验收，达省二级标准，从自评到集团公司评定，严格按照《煤矿安全生产标准化基本要求及评分办法》对煤矿安全生产工作进行评定。

四是强化露天矿边坡的治理工作。着力强化了自然灾害治理、“雨季三防”工作。在雨季到来前，对采场边坡、首采区复垦区域、1 号及 2 号外排土场的排水系统进行优化治理，清理和重新修筑排水渠 3000 余米，确保在汛期来临前形成了完整的排水系统；雨季期间，坚持边坡监测，采取地面位移监测和人工监控相结合的边坡监测方法，在采场、排土场布置监测线和监测点，雨前、雨后收集监测数据，进行边坡稳定性分析，及时掌握边坡动态，确保安全度汛。

（二）生态环境恢复方面

同华煤业积极落实地质环境、生态环境治理有关规定，采取有力措施，深入推进土地复垦、地质环境恢复、生态环境治理工作。对排土场、矿山道路覆土造地、恢复植被。

一是扎实推进土地复垦。全年共复垦土地 2100 余亩，累计复垦土地 $7.33\times10^6\ m^2$，已通过国土部门验收 $5.31\times10^6\ m^2$，新增耕地 4000 余亩。

二是积极组织矿区绿化。在 1145 运煤通道两侧种植油松 750 余株，移种柳树 130 余株；沿 1100 平台—1165 平台种植苜蓿 377 亩，撒草籽 216 kg；磁窑新村道路两侧移种柳树 300 余株。

三是强化了洒水降尘。水车队每天对铁厂—智家庄桥线路、白家庄政府—西头新村线路洒水 4 次，因时制宜、合理组织洒水控制道路扬尘，加大现场巡查监管力度，发现问题现场处理，严格控制运输道路扬尘。夏季对关卡洗轮机进行维修保养，更换喷头 20 余个，注水 100 余方。冬季对洗轮机蓄水池进行清理放水，对洗轮机淤泥进行清理，保障洗轮机来年正常运行。

四是提升大气污染防治力度。按照省厅《2020—2021 年全省开展蓝天保卫战决战冬季大排查大整治大提升专项行动》文件要求，严格落实我公司大气污染防治工作，结合公司实际制定整改治理方案，对煤场、队组生活区、道路机械设备、外运车辆、洗煤厂、修理厂、作业现场实施具体专项整改与日常督查有效结合，认真落实整改工作，按时完成相关项目并及时反馈。

（三）经营管理方面

坚定不移地落实公司“大营销”策略，落实“降本、增收、止血、堵漏”的经营举措，强化经营管控，奋力完成轩煤公司下达的经营目标任务。

一是着力推进营销“一体化”。坚持从煤质、煤价、合同、结算等方面与轩煤运销总公司“大营销”对接，融入轩煤营销一体化管理，及时完成合同发送、款项核实、提货接收等工作，有力推动了“五统一”工作顺利开展。

二是全面落实经营管理措施。紧紧围绕轩煤公司下达的经营指标，坚持“降本、增效、止血、堵漏”，严格财务内控制度，严控资金使用，严格执行“三重一大”议事制度，有效防范经营风险，及时上缴了税费、资源价款、管理费、养老金等。

三是有效加强资金使用效率。严格执行资金计划，各类资金支付必须按计划列支，严格审批程序，合理压减库存物品，降低储备资金占用，严格控制项目资金使用，确保资金专款专用，杜绝项目超支和浪费。

四是严格规范招投标管理。严格按照招投标各项制度规定，对不具备招标条件的项目坚决不予审批，符合规定的严格按集团公司和轩煤公司招标规定程序执行。

大同煤矿集团忻州同舟煤业有限公司

一、矿井概述

大同煤矿集团忻州同舟煤业有限公司由原大同煤矿集团（现晋能控股集团）主体控股，占股51%，山西通嘉投资有限公司参股，占股49%。公司由原保德县宜和煤化有限责任公司煤矿、保德县富宏矿业责任有限公司煤矿、保德县长坤煤业有限公司煤矿及三矿的东南部、西部扩区兼并重组整合而成，整合后的生产能力为90万t/a，批准开采10号、11号、13号煤层，开采方式为露天开采。

2011年9月开始建矿，2013年12月进入联合试运转，2014年底通过联合试运转验收，2015年4月2日取得安全生产许可证转为正式生产煤矿。证载生产能力核定90万t。

二、主要技术经济指标完成情况

2021年计划生产原煤90万t，剥离岩土612万m^3，实际完成原煤产量89.94万t，剥离岩土630万m^3，全年投入总人工44352工日，原煤工效20.28 t/工；同舟煤业一个采剥场作业，受气象影响严重，降雨降雪及大风恶劣天气均停工停产，年作业天数220 d左右，工作面单产折合后为120887 t/(个·月)。销售原煤89万t，销售总收入28035万元。员工年人均收入10.5万元。

三、安全高效矿井建设的主要做法

（一）安全管理方面

1. 安全工作警钟长鸣，常抓不懈

进一步强化现场管理，强化班组建设，强化安全监督检查，强化安全责任制的落实，明确各级干部带班、跟班制度，推广就近管理、班组全程管理、安全程序化管理，进一步引申“人人都是安全员”到岗位到现场，深入推进双基建设和零事故现场、零事故环境创建活动，加大安全生产隐患排查治理，大力推进安全生产标准化、加强安全风险分级管控，三管齐下，实现安全生产零事故的目标。狠抓“集中整治”，不回避问题，积聚力量在短时间内整改问题，杜绝红线隐患、重复隐患长期得不到整治。进一步完善矿井安全生产的各项规章制度，确保安全生产上新台阶。

2. 狠抓安全工作，杜绝管理失误，指导矿井安全生产

年初科学组织编制年度采剥作业计划，在组织全年的生产任务中始终以计划为主线，贯穿安全生产组织全过程，积极引导矿井生产组织在一个良性循环的基础上发展，实现了精采细采，确保了矿井可持续保护性发展。

3. 始终把边坡管理工作放在首位，杜绝重大事故的发生

首先，在设计上严格遵循初步设计规定的台阶技术参数数值。其次，每次设计时依据现场实际情况采用两种方法进行边坡稳定性的计算，只有当边坡安全系统 K 值符合《露天煤矿设计规范》要求的数值才动手绘图。第三，在施工过程中严格按设计台阶参数进行采剥作业和排土作业。第四，加强边坡监测和巡查，在内外排土场、采剥场等边坡线上布置人工和 GNSS 自动监测系统并定期（实时自动）进行检测，稍有异动立即报警做出响应，每周对矿田内所有边坡进行一次全面全方位人工巡查。

4. 特殊地段制定特殊措施

矿田范围内的采空区和火区给安全生产工作带来诸多隐患，由于征地原因有时形成孤立的钉子户山体，在采剥过程中因追求短期的效益，采用陡帮剥离作业，出现帮坡角接近或超过设计值等现象。如遇这些特殊情况、特殊地段，生产技术部门会通过查阅图纸资料、实地走访调查、现场蹲点观察、测绘记录的方式收集一手资料，然后听取施工人员的想法，征求队组管理人员的意见，针对性地编制特殊安全技术措施来指导安全作业。

5. 注重人员培训，提高员工素质

近年来分别对班组长、区队长进行脱产培训和军事化训练，脱产培训 6 期次，对所有特种作业人员进行了培（复）训，在全矿开展了人人都是安全员的强化培训，并通过岗位练兵技术比武活动，增强安全意识，提高个人业务水平和安全素质。加强安全管理培训教育，不仅有全员培训，还有各专业各部门内部培训，形成要培训促进安全、要安全必须培训的良性循环。

（二）生产组织方面

1. 优化生产布局，合理采掘部署，实现均衡生产

组织技术力量对全矿的生产发展进行多次规划，在充分分析采剥设备性能的基础上，发挥技术人员的聪明才智，科学地调整了采剥部署，不但兼顾眼前，而且注重长远。充分发挥矿领导班子的整体统统筹效应，矿主要领导抓大事、定目标、出对策、勤安排，建立行之有效的规范管理制度，扎实工

作，狠抓各项任务的落实。全矿上下统一思想，充分发挥干部、员工队伍的整体凝聚效应。

2. 积极进行科技创新，推广新技术、新工艺、新装备，优化采剥工艺

由于前期搬迁工作不及时，在采剥场形成孤岛岩煤体，压覆煤量约 30 万 t。经研究讨论采用单台阶单平盘逐层向下剥离的方法剥离孤岛岩煤体，成功回收该处煤炭资源。2021 年采用高陡边帮剥采并及时排土压帮回填的方法处理到界边坡 500 多米，少剥离岩土约 140 万 m^3；采用采剥场与排土场中间搭桥的方法运输剥离岩土，缩短运距 1200 m。这两种方法大大降低了剥离工程量，加快了循环速度，提高了煤炭回收率。

3. 加大设备管理力度，充分发挥设备效能

面对生产困难条件，充分发挥机电部门的作用，对设备的管理责任到人，并制定了严格的奖惩制度，除定期检查设备完好情况外，还不定期抽查，保证了设备的正常高效运转。2021 年创建矿以来的最好年产水平。

4. 倡导节支降耗、实现成本低控

（1）根据公司下达的利润指标，确定各部门月度成本指标，再由各部门层层分解，责任到人，指标上墙，班班进行成本核算，矿定期召开成本分析会，掌握各部门成本指标完成情况，奖罚分明。

（2）加强生产过程中材料、配件管理，进一步完善材料、配件的采购、发放制度，严格大型材料和非生产用料审批制度。推行区队班组长成本核算管理制度，对区队严格执行材料、配件费用承包，按月考核兑现，与工资挂钩，降低了生产过程中大型材料的投入。

（3）加强了搬家准备过程中的费用管理，对综采搬家准备实现单独核算、预算控制，降低了准备过程中的投入。

（4）严格回收复用、自制自修管理，加强了生产区队的回收考核管理。材料科、机电科及单位分别在井上、井下设立了修理组，执行回收、自修制度。

（5）加强费用收取管理。出台管理办法，控制差旅费、招待费等各项支出，并加强财务预测预报管理，严格财务预计审核，提高资金营运效益。

（三）生态文明方面

高度重视前期复垦区域的水土保持、地质环境、生态环境恢复治理工作，组织人员制定实施方案、限定恢复时限、落实责任划分。经过两年多不断的植被治理，在内外排土场排土平盘平面恢复耕地约 2.94 km^2；在排土场固定台阶坡面种植油松、侧柏、沙达旺、紫花苜蓿等，面积约 2.0 km^2；在主运输走廊道路两侧及生活区种植垂柳、草坪等，面积约 0.8 km^2。

大同煤矿集团轩岗煤电有限责任公司焦家寨煤矿

一、矿井概况

焦家寨煤矿隶属晋能控股集团轩岗煤电有限责任公司，设计生产能力 1.5 Mt/a，核定生产能力 1.5 Mt/a，服务年限为 53.3 a。矿井瓦斯等级鉴定为高瓦斯，水文地质类型为复杂，矿区主要可采煤层 2 号煤和 5 号煤煤尘，均有爆炸性，属自燃煤层，五大灾害（水、火、瓦斯、煤尘、顶板）俱全。截至 2021 年底，矿井保有储量 25870.4 万 t，可采储量 7995.9 万 t。

焦家寨矿采用主斜副立开拓方式，现有 3 个进风井、3 个回风井。全矿井下现有 1 个综采队、2 个掘进队、6 个辅助区队，有 221 采区、521 采区两个生产采区，通风方法为抽出式，通风方式为分区式，通风网络为复杂并联通风网。现生产的 22115 回采工作面由综采一队采用走向长壁综合机械化低位放顶煤采煤法回采。22118 进风巷由机掘队采用 EBZ-135 型掘进机掘进。

二、主要技术经济指标完成情况

2021 年矿井产量完成 143.6 万 t；2021 年原煤生产成本计划 297 元/t，实际完成 294 元/吨；利润计划 16946 万元，实际完成 17997 万元；2021 年人均收入 86348 元，同比增长 10.5%；原煤工效 10.6 t/工。全年杜绝了人身伤亡事故和重大非伤亡事故，百万吨死亡率为零。

三、安全高效矿井建设的主要做法

2021 年矿井以晋能控股集团“创新、绿色、卓越、高效”“人人都是安全员”的安全理念，建设“平安和谐，高效发展”的煤矿企业，以“一通三防”为重点，以质量标准化为基础，以强化职工培训为手段，及时解决安全生产过程中的重大隐患和突出问题，实现安全生产。同时，在科技创新方面取得积极进展，2020-2021 年完成科技创新和技术革新成果共 8 项，技改项目4个，获得公司科技进步奖2个、技术革新奖2个，申请专利项目1个，其中，三软煤层锚网索联合支护工艺、多轮顺序放煤回收法、工作面末采铺网喂钢丝绳新工艺、221采区延伸巷层位变更等取得了良好的应用效果。主要工作做法有：

一是重新补充完善了各项安全管理制度，同时结合本单位实际，重新修订了安全生产责任制，增强了可操作性和考核性，进一步明确了各级管理人员的安全责任，健全了安全管理体系，按照轩煤公司下达的安全控制指标，矿与各单位签订了安全目标责任书，实现了安全风险抵押，严格执行矿科领导中夜班查岗和重点区域、环节现场矿领导带班指挥制度，加大了对队干部跟班上岗的考核力度，保证了各项工作的有序开展，推进了全矿安全工作的稳定发展，实现了全年的安全生产。

二是把安全生产隐患排查治理工作作为安全工作的重要内容和预防事故的有效手段，开展了重大安全隐患排查治理，每周一进行一次安全大检查，对查出的问题、安全隐患及时做出了“三定”处理，对于上级公司检查出的问题，召开专题会进行安排部署，并跟踪落实解决。强化以“一通三防”为重点的安全知识培训，加强了通风知识和安全理念的灌输，使广大员工真正认识到安全生产的重要意义。加强监督检查，严格责任追究和查处力度，做到安全监督、检查工作三个前移：监督检查工作的立足点前移，从事后查处转到事前防范；监督检查关口前移，建立健全安全生产责任制，从加强安全生产管理的基础入手，在源头上把好安全关；防范事故的重心前移，切实加强现场管理力度。对通风系统不合理、瓦斯监控设施不完善、现场管理不按操作规程作业的当场处理。

三是先后对主井电控系统、地面压风机、副井乘人罐笼、主井提升信号箱、主井绞车超温报警装置、强力带式输送机及井下带式输送机综合保护等进行改造和完善。完善和改造了瓦斯监测监控系统，购置了各类传感器、便携式报警仪等。进一步完善了矿井的隔爆设施，购置了探放水钻机，完善了局部通风机消音器、对旋式风机的双风机双电源自动切换装置、自动喷雾装置和高压专供线路。对5号煤号因煤层酥软顶板易塌落的顶板管理进行技术革新。采取了采空区注氮防灭火和粉煤灰灌浆封闭采空区等措施。

四是矿井各采区均采用分区通风，采、掘工作面，以及采区变电所等均为独立通风。采煤工作面采用全风压通风，通风方式为U形。掘进工作面采用压入式局部通风机供风。掘进工作面均采用“三专”供电，安装了双风机双电源自动切换装置，实现了风电、瓦斯电闭锁。

五是在瓦斯防治方面，严格执行“巡回检查”“一炮三检”和“三人连锁爆破”制度，瓦斯检查人员无空班漏检、虚报瞒报现象。排放瓦斯严格按制度执行。为进一步治理22115工作面瓦斯，探索研究2号煤层综放面瓦斯治理的新方法，经过公司研究决定采用“以孔代巷”瓦斯治理技术，抽采采空区高浓度瓦斯，以降低回风流和上隅角处的瓦斯浓度。

六是矿井建有一个消防水仓，并按规定安装了井下消防管路。对回采结束的工作面进行及时封闭，并积极开展自然发火预测预报工作，对已封闭的采空区密闭及回采工作面上隅角定期取样分析化验。对采煤工作面，安装了CO传感器，并由瓦斯检查员每班检查上隅角等处的CO浓度、温度情况。

七是2020年8月完成了监测监控系统的升级改造工作。监控系统型号为KJ—86N。井上设有中心站1台、微机3台。井下安装有电源扩展器17台、瓦斯传感器35台、CO传感器4台、风速传感器3台、温度传感器7台、负压传感器2台、馈电传感器14台、开停传感器22台、风门开关传感器13台、断电器18台。矿井内各采区采掘工作面安装有甲烷传感器、断电器，实现了风、瓦电闭锁。瓦斯传感器悬挂正确、显示准确、断电灵敏可靠。该系统运行正常，做到了实时监测监控。电钳工、采煤机司机、班组长、队干部、矿领导配备了便携式瓦斯报警仪，充分发挥了治理瓦斯“三道防线”的作用。

八是建有一套完整的综合防尘系统，并制定了行之有效的防尘措施和管理制度。全矿现有防尘管路28000余米。供水水源稳定充足，井下2号回风斜井上部静压水仓容积400 m^3，能满足矿井安全生产需要。在井下所有转载点均安装了喷雾装置；采掘巷道安装了净化风流水幕；岩巷钻眼采用湿式钻眼；采煤机、掘进机均安装了内外喷雾装置；综采支架完善了架间喷雾；装药使用了水炮泥，爆破前后洒水灭尘；按循环图表定期冲洗巷道煤尘；主要巷道安装了隔爆水槽；所有接尘员工均采取了个体防尘措施。上述措施均取得了良好的效果。

大同煤矿集团轩岗煤电有限责任公司 刘家梁煤矿

一、矿井概况

刘家梁煤矿为晋能控股煤业集团公司轩岗煤电有限责任公司下属煤矿，矿井位于山西省原平市西北轩岗镇西南，核定生产能力为240万t/a。

矿井开拓方式为立井单水平（+965 m水平）开拓，采煤方法为走向长壁式综放开采，自然垮落法管理顶板。矿井回采煤层主要为2号煤层，井田内布置一个生产采区即221采区，一个收缩采区即513采区。

全井田现有5个井筒，其中，进风井3个（主立井、副立井、西风井），回风井2个（3号回风立井、中央回风斜井），总进风风量为12916 m^3/min，总回风风量为13514 m^3/min。矿井属于高瓦斯矿井，Ⅱ类自燃煤层，奥灰水静压水位标高+1145 m，属于带压开采。

二、主要技术经济指标完成情况

全年完成原煤生产235.96万t，完成掘进进尺7600 m，采煤机械化程度100%，掘进机械化程度86%，矿井综合单产193576 t/(个·月)，百万吨死亡率为零，全年实现安全生产。

三、安全高效矿井建设的主要做法

2021年刘家梁煤矿秉持“创新、绿色、卓越、高效”的发展理念，以开采方式科学化、资源利用高效化、生产工艺环保化、矿山环境生态化为基本要求，走出一条绿色、高效、可持续发展之路，确保实现经济、生产和社会效率的共赢。

（一）安全理念深入人心，大安全格局逐步完善

以构建安全管理大格局为引领，强化“红线”意识，加大隐患排查治理，严格各项制度落实，全面推进安全工作制度化、规范化，做到了“六个更加”。

（1）制度建设更加完善。先后制定了《刘家梁矿管理人员巡回检查制度》《刘家梁矿准入（出）管理制度》《刘家梁矿“三违”管理制度》《刘家梁矿自保、互保、联保制度》等 12 项安全管理制度，推进安全体系建设。

（2）安全培训更加实效。继续深入开展“岗位描述”“手指口述”安全工作；建立安全宣教时时开展、安全培训月月考核工作法；开展应知应会月度培训考试，强化安全基础知识掌握；举办集团公司技术比武和安全警示教育月活动。2021 年度累计举办各类培训班 83 期，培训 2310 人/次。

（3）现场监管更加得力。对 6 条开口巷道进行安全准入验收；划分现场监管职责，制定监管方法以及具体考核办法，有效解决了现场管理薄弱问题；对掘进工作面支护质量、喷浆、联网、通信设施、火工品管理及综采工作面两端头超前支护等重点项目严格监管，提升现场管理水平。

（4）责任体系更加健全。以“知责、履责”活动为安全责任体系建设切入点，强化生产安全事故“党政同责，一岗双责”责任追究制度；每周一组织开展隐患排查治理，对发现的问题，实施定价考核和闭合管理，有效整改各类隐患，达到环境无隐患，治理全闭合。

（5）应急救援体系更加夯实。强化应急预案演练，全矿进行了遇水、瓦斯、顶板事故应急救援预案演练。

（二）攻关创新，技术提升

以创新驱动为引领，以工艺流程再造和管理流程再造为主要内容，加大工作力度，强化组织领导，组建专业团队，丰富工作内容，制定工作计划，大力推进技术创新、制度创新和机制创新。

（1）完善工作机制，加强自主创新。一是积极开展厚煤层综放工作面掘巷技术适用性研究。二是启用地面瓦斯抽放泵站，利用底抽巷预抽瓦斯。三是工作面采用高位斜交、煤层顺层、上隅角抽放瓦斯。四是建立健全技术人才及团队管理制度，对全矿工程技术人员实行每季一查、半年一考、年终一评，通过理论考试、工作量考评等奖优罚劣，有效提高技术团队的工作积极性和学习主动性。

（2）加快信息化建设，增强科技实力。正在建立综合调度监控平台，完成矿井人员定位系统、煤质管理系统、运销管理系统、预算管理系统的平台建设及上线试运行工作。

2020—2021 年共完成科技创新和技术革新成果 5 项，其中，“以孔待巷”瓦斯治理技术、三软煤层锚网索联合支护工艺、多轮顺序放煤回收法、工作面末采铺网喂钢丝绳新工艺等取得了良好的应用效果。

（三）经营工作效益显著，管理水平大大提升

2021年，刘家梁矿转变经营观念，健全经营机制，规范运作流程，圆满完成了各项指标任务。

（1）靠煤质增收。一是管住源头，以工作面的探顶孔为指导，严格执行多轮顺序放煤，做到精放、细放。二是强化对拣矸的考核，减少原煤含矸，提升原煤产出率，降低矸灰分；矿报商品煤平均热量为4466大卡，同比发热量损耗减少21大卡。

（2）靠增收节支、修旧利废降低成本。

（四）和谐稳定，企业软实力提升

作风转变扎实有效。严格落实中央“八项规定”和集团公司“十项规定”，做到一以贯之强执行，持之以恒抓落实；简化接待程序，不打欢迎词，不搞迎来送往，减少陪同人员，不摆放鲜花、烟、水果等接待物品，客饭全部改为自助餐。严格领导人员入井带班制度，规划了行走线路，切实做到带班、值班记录规范，隐患排查全覆盖、重实效，全矿上下形成了良好的工作作风。

党的建设全面加强。全矿党员干部“学党章、学法规”，深入开展群众路线教育实践活动，班子成员与基层单位建立联系点，组织两轮专题调研，召开座谈会12次，调研走访600多人次，共征集意见建议36条。领导班子成员认真撰写对照检查材料，召开了高质量的专题民主生活会，全年共发展党员6名；保证了各项决策的制度化、规范化；完成了井下零星工程管理和外委队组用工治理两个重点监察任务，进一步规范了工程管理程序。

大同煤矿集团阳方口矿业有限责任公司
程家沟煤矿

一、矿井概况

程家沟煤矿是阳方口矿业公司的一个生产矿井，为国有独资企业，始建于1969年，1981年投产，原生产能力为30万t/a，2008年6月开始进行矿井改扩建，由30万t/a提升为90万t/a，2014年改扩建工程全部完成，并通过省厅验收，投入正常生产。井田面积为4.3875 km^2，主采石炭纪2号、5号煤层。矿井各种证件齐全有效。

井田采用斜井开拓方式，矿井共有3条井筒（2条进风斜井和1条回风斜井），分别为主斜井、材料斜井和回风斜井。矿井通风方式为中央分列式，通风方法为机械抽出式。回风斜井安装有2台矿用防爆对旋轴流式通风机，担负全矿井的通风任务，矿井总进风量为7600 m^3/min。掘进工作面采用局部通风机压入式通风。

矿井现开采水平标高为+1110 m，开采石炭系2号、5号煤层，井田内煤层赋存比较稳定，煤层产状较为平缓，倾角在3°～8°，煤层厚度变化不大，2号煤层平均厚度5.33 m，5号煤层平均厚度12.86 m。矿井属低瓦斯矿井，矿井水文地质条件为中等，不存在带压开采，各生产系统完善可靠。

二、主要技术经济指标完成情况

2021年，程家沟煤矿认真贯彻落实集团公司各项工作部署，全面实施精细化管理，深化内部改革，创新工作机制，各项经营指标圆满完成。全年完成原煤产量89万t，完成掘进进尺3.5 km。原煤期末生产人数491人，原煤工效7.6 t/工；职工年人均收入8.5万元。综采机械化程度100%，掘进机械化程度100%，采区回收率86%。全年实现安全生产，百万吨死亡率为零。

三、安全高效矿井建设的主要做法

（一）生产组织方面

矿井采煤方法为走向长壁式，采用综采放顶煤工艺开采，全部垮落法管理顶板。根据生产需要，设有1个综采队、2个掘进队，另有1个钻探队、1个安监站、1个通风队、1个准备队、3个带式输送机队、1个运输队、1个监控队、1个排水队、1个电工队、1个机修队和1个机电队，另外设调度、生产技术、安监、机电、通风、地质、信息监控中心、运输等业务科室。

（二）科学管理方面

1. “一通三防”

按照通风系统合理、稳定、可靠的原则，采用中央分列式通风方式，实现了“两进一回”通风系统，即两条斜井（主斜井、材料斜井）进风和回风斜井回风。采掘工作面通风系统独立，掘进工作面实现了“三专两闭锁”“双风机双电源”自动切换。采掘作业地点风量、风速满足安全生产要求。不存在无风、微风区域；瓦斯管理严格执行瓦斯日常管理制度和检查制度，矿井配备专职瓦检员28人，实行“一班三检”制度。矿井安全监控系统运行正常，能实时监测采掘工作面气体情况，瓦斯超限能按规定断电、撤人。矿井配备监测监控工16人，定期对井下监测监控设备进行调校。

按规定对煤层自然发火等级进行了鉴定，鉴定结果为Ⅱ级，并且制定了矿井综合防灭火措施，采空区能及时封闭，采煤工作面有综合防灭火（注氮、喷洒阻化剂）等措施。综合防尘措施能够落实到位，粉尘浓度不超标。

2. 排水系统

（1）矿井主排水系统：有完善的排水系统，材料副井井底中央水泵房安设有MD155-30×8型矿用高级耐磨泵3台，额定排水能力为155 m^3/h，额定扬程为240 m，电机功率为185 kW。主排水管路3趟，为直径15 cm的钢管。

（2）工作面防排水系统：工作面均布置有临时水仓，并按规定安设有排水管路及水泵，排水设备完善，数量充足，排水系统完善可靠。

3. 地测防治水

矿井防治水领导机构健全，并设立有地测科，配备专业防治水技术人员2人，同时组建了一支21人的专职探放水队伍，并对探放水作业人员进行特殊工种培训，做到人人持证上岗。同时，井下配备有ZYJ-270 / 170型钻机8台，ZLJ-350型钻机1台，ZDY-1250型钻机1台，完全满足了矿井探放水工作要求。坚持“预测预报、有掘必探、先探后掘、先治后采”的探放水原则，针对各工作面的水害特性，编制合理的探放水设计及安全技术措施，并严格落实。在探水过程中，严格执行“有掘必探，探掘分离”制度，对于各类探水钻孔严格设计、严格施工、严格考核验收，验收不合格不得进行采掘作业。对地质条件比较复杂的工作面严格执行“物探先行、化探跟进、钻探验证”的探水工作程序，确保了安全生产。

4. 机电运输

机电设备、器材、仪器、仪表、防护用品均符合国家安全标准，均取得了“煤矿矿用产品安全标志”，不存在国家明令禁止或者淘汰的提升运输设备，提升运输系统各类安全保护和信号装置齐全可靠。钢丝绳按有关规定检测检验，及时进行更换。井下电气设备完好，不存在失爆。矿井采用“双回路”供电，安全可靠。主井提升采用 DTC—100/50/2×315 型大倾角强力带式输送机。地面上运带式输送机为 DTC—100/50/1×55 型，井下运输大巷及工作面巷道采用 DSJ1000/63/2×160 型带式输送机和 DSJ-1000/63/2×125 带式输送机，运输条件良好，运输能力达到设计能力。

5. 辅助运输

材料副井采用 JK-2/30X 绞车运送物料。井下轨道大巷安装有一台 JWB110BJ 型无极绳绞车，采区轨道巷安装有 14 部绞车（55 kW 2 部、37 kW 3 部、25 kW 9 部、）进行材料运输。14 部绞车全部编码授权管理，声光语音信号灵敏、可靠、齐全，“一坡三挡”齐全有效。包机责任到人，小绞车司机培训合格，持证上岗，确保运料作业安全。

（三）技术创新方面

煤矿安全管理工作任重道远，要想做好煤矿安全生产管理工作，首先要牢固树立“安全第一”的思想，坚持走科学办矿的思路，以科技创新为指导，打造煤矿企业本质安全型为理念，做到求真务实的工作作风，认真履行自己的神圣使命，抓好井下现场管理，与职工同甘苦共患难，做好一线隐患排查和治理工作，把事故隐患消灭在萌芽状态。

（1）从源头抓起，做好职工安全业务技能培训工作，培养树立以“安全为大”的思想，严禁任何人违章指挥，违章作业，违反劳动纪律。抓好以老带新及传帮带工作，确保职工队伍素质整体提高。

（2）提高安全装备水平。要想实现安全装备一体化，必须从安全装备更新换代找出路，只有从更新观念入手，才能提高安全管理水平。安全监测监控不断更新换代，发挥各种探测仪器仪表该有的作用，有利于安全生产。

（3）精诚团结。企业安全生产工作管理的好坏，关键是是否有一支和谐、有凝聚力的团队，必须尊重他人意见，提高辨别是非的能力，视职工为兄弟，与同事为亲人，不摆官架子，要有求真务实精神，树立良好的形象，才能在群众中有威望。

（4）抓好工程质量管理。工程质量是安全生产的基础工作，要严把工程质量验收关，对不合格工程必须推倒重来，直至工程合格为止，为职工创造一个良好的生产环境。

大同煤业股份有限公司煤峪口矿

一、矿井概况

煤峪口矿井田位于大同煤田东南翼的东北端，井田面积 5. 18 km^2，北、西与同忻矿相邻，南与永定庄煤业公司相邻，东为煤层露头。距大同市西南方直线距离 14 km，与煤业公司总部相距 2. 5 km，国家红色教育旅游基地大同煤矿“万人坑”遗址就坐落在涌秀生态园旁。

二、主要技术经济指标完成情况

2021 年，煤峪口煤矿认真贯彻落实集团公司各项工作部署，全面实施精细化管理，深化内部改革，创新工作机制，各项经营指标超额完成。全年完成原煤产量 236 万 t，完成掘进进尺 6030 m。原煤生产期末人数 676 人，原煤工效 13. 4 t/工；年人均收入 9. 4 万元，同比增长 14. 6%。采煤机械化程度达 100%，掘进机械化程度 93%。掘进队组最高月进尺 341 m，最高日进尺 13 m。

三、安全高效矿井建设的主要做法

（一）强力推进生产技术精细化管理，切实做到高产高效

（1）严格落实“安全、检修、标准化、生产”作业流程，加强综采工作面机电设备检修，严禁设备带病作业。

（2）在综采工作面现场标准化动态达标。一是严格落实支架初撑力考核管理，对初撑力不达标实行“零容忍”，有效提高了支架的管理水平。二是强化工作面现场工程质量管控，杜绝工作面“窜头、窜尾”，实现煤壁直、刮板输送机直、支柱直，液压支架架间隙、错茬均控制在规定范围内。三是组织抓好工作面两巷道文明管理，实行综采队组分人包保制度。

（3）强化综采工作面稳装、初采、末采、撤退四个阶段管理，尤其是搬家过程中，积极引进机械化快速回撤、安装设备，取代传统的绞车回撤、安装，缩短安装工期，减少人工投入，保证施工安全，实现工作面快速搬家。

（4）8101工作面智能化工作面打造。通过建立采煤系统、支护系统、运输系统、综合保障系统的智能化管理模式，现已达到初级智能化工作面建设水平，实现在监控中心进行远程监控、协同控制、井下监控中心一键启停。

（二）强力推进精细化管理，实现本安型矿井

（1）深入推进“三个层次”安全管理职责体系建设。针对实际情况，坚持系统安全管理由矿长主抓、系统专抓、部门细抓，充分发挥系统专业技术职能部门的作用；区域安全管理由生产副矿长主抓、各分管矿领导专抓、责任主体细抓，做到职责清楚、区域划分明确、不留盲区死角；个人安全行为管控由安全副矿长主抓、安监系统专抓、主体责任单位书记细抓，确保全员、全方位、全过程的安全责任落实，形成了层层对安全负责、上层对下层考核的安全管理模式。

（2）强化生产队组管理人员、班组长业务素质能力及安全管理水平培训，做到安全培训“三化”，即安全宣讲常态化、岗位培训常态化、素质考试常态化，将安全生产贯穿到区队每个员工。

（3）严格落实安全生产管理“五个三”运行机制，转变“三大作风”，执行中层管理干部、区队长下井跟班制度，杜绝不跟班、假跟班。

（4）突出常态化建设，夯实安全素质基本功。深入开展了“一个季度一个会战、一个月一个主题”活动，安全生产月活动，“打非治违”、百日煤矿安全集中整治专项行动，做到了安全活动常态化。

（5）不断完善劳动定员制度，深化工资分配制度改革，充分调动员工的生产积极性。煤峪口矿在原有矿井劳动定员制度基础上，不断完善，科学合理组织生产，提高正规循环完成率，优化矿井劳动组织，提高效率，调高效益，并在工资分配上实施多劳多得制度，充分调动广大员工的工作积极性，为安全高产高效矿井打下良好基础。

（三）依靠科技进步，加强现场安全管理，提高采掘工作面单产单进，实现增产增收

（1）通过水压致裂、两巷施工切顶孔及巷道内深孔爆破等多重卸压手段，大大缩短了工作面基本顶初次垮落步距及周期来压步距，避免了大面积空顶的隐患，确保了工作面安全生产，同时也为临近面掘进、回采提供良好的应力条件。

（2）优化放煤工艺，实施综采工作面“多轮间隔效益放煤（粗放、细放、精放）”，实行少推多放，“精采、细采、效益开采”，工作面煤炭回收

率大幅提升，由原每米煤量 3318 t 提升至 3645 t，采出率由原来的 88% 提升至 90%，实现效益最大化，延长了矿井的服务年限。

（3）优化综放工作面停采工艺，当工作面煤壁回采至距终采线 17 m 时开始铺设聚酯纤维网护顶，采用“聚酯纤维柔性网+锚索+工字钢”+“锚杆+钢带”+组合锚索组合支护方式，保证工作面顶板完整性，避免停采期间顶板伤人事故。

（4）优化生产布局和采区设计，优化西部盘区巷道布置，由南北布置调整为东西布置。一是通过平行构造方向布置能最大限度避开地质构造对工作面开采的影响。二是可增加工作面可采走向长度，工作面布置由原先 8 个减至 6 个，增加工作面回采时间，延长临空稳定期，同时减少两次搬家。三是可减少开拓工程量 1000 余米。

（5）根据 8101 工作面回采经验，优化 8102 工作面顶部回风巷长度，由原设计 1100 m 减少为 250 m，减少回采巷道工程量 900 m 以上，降低了万吨巷道消耗率，同时调整了顶抽巷断面尺寸，有效节约了开采成本。

（6）利用井下现有排水系统，从 2102 巷向上覆 900 大巷精准定向施工疏放水钻孔，将 900 大巷涌水通过疏水钻孔引至 2102 巷，再排至地面沉淀池和污水处理厂。排除因 8102、8104 工作面回采后导水裂缝带与 900 大巷导通，造成涌水四处蔓延的隐患。

大同煤业股份有限公司四老沟矿

一、矿井概况

四老沟矿位于大同市西南约 30 km 处，井田呈不规则多边形，东西长约 7.2 km，南北宽约 4.5 km，总面积 17.0247 km^2。截至 2022 年 8 月底，矿井可采储量 15198.67 万 t、可布面储量 5848.7 万 t。按核定生产能力 320 万 t/a 核算，矿井剩余服务年限为 32 a。

二、主要技术经济指标完成情况

2021 年度，计划商品煤量 231 万 t，实际完成 256 万 t。掘进总进尺计划 8000 m，实际完成 8060 m。吨煤成本计划 615.42 元，实际 625.7 元，比计划增加 10.28 元。全年完成煤炭销量 253.29 万 t。

2022 年度，计划商品煤量 200 万 t，实际完成 262 万 t。掘进总进尺计划 8500 m，实际完成 8530 m。吨煤成本全年计划 752.44 元，前三季度实际控制在 666.64 元，同比同期增加 51.2 元。全年吨煤成本预计控制在 688.77 元，比计划降低 63.67 元。同比增加 63.07 元。全年完成煤炭销量 262 万 t。

三、安全高效矿井建设的主要做法

（一）强化主体责任，实现安全常态化管理

1. 坚持现场隐患排查与治理

建立并细化完善了安全生产隐患排查治理长效机制，明确了隐患整治验收销号制度。制定了从矿长到员工自上而下的隐患排查责任体系，严格落实矿长每月一次全覆盖大检查，分管副矿长每旬一次专业系统大检查，各职能部门、区队每周开展隐患大排查活动。三年来，全矿累计开展各类安全大检查活动 180 余次，排查各类安全隐患近 4000 条，现场整改 2780 条，“三定”整改 1234 条，一般隐患整改率为 100%。

2. 扎实开展风险预判与管控

按照年度重大风险辨识报告和重大安全风险管控制度相关要求，严格落实矿领导带班制度，加强现场安全风险辨识及风险管控措施的检查落实。针

对辨识出的重大风险，全部制定了管控措施，实现了矿井重大风险精准辨识评估、方案制定科学合理、管理措施落实有效。

3. 大力整治“十假”现象与行为

对照集团公司“十假”行为，分系统制定了整治“十假”行为管理制度和四老沟矿三违管理制度，与月度考核挂钩，加大整治，有效杜绝了“假三违”“假检查”“假考核”等造假行为。企业重组以来，各职能部门累计查处个人违章3600人次、集体违章32次，处罚个人“三违”近108万元、集体罚款28.8万元，所有“三违”考核均记录在案。按照“五过关一承诺”，对“违章”责任者都进行了帮教。

4. 有力推进三年专项整治活动

集中攻坚阶段，全年针对14个重点，确立了17个矿井安全生产攻关项目，制定了13项各专业专项整治方案、91项整改措施清单。专项整治5个清单、动态更新问题226条，所有问题全部整改完成并销号；巩固提升阶段，对15个大项31个小项的整治任务，按月推进，逐项落实。已于2022年9月底全部整改落实到位。

5. 全面推行网络化安全包保

按照“点、格、网、系”层次，科学合理布局。建立了以矿长为系、副矿长为网、职能部门为格、各生产区队为点的安全包保责任制，形成了逐级层层包保、关联考核问责的安全管理格局。真正做到了风险管控无死角、隐患排查无遗漏、责任落实无盲区。

6. “徒步工作法”执行能力显著提高

推行的“徒步工作法”，有力提高了领导干部下井带班质量。矿领导带班下井率先执行，各区队、职能科室干部带头践行，下井排查隐患不坐车，徒步巡大巷、走死角、查边远盲区，力戒形式主义、官僚主义，领导干部下井质量明显提升，隐患排查治理能力明显加大，现场管理水平明显提高。

（二）狠抓项目落地，重点工程高质量推进

（1）C3-5号层东延主运1700 m，2022年5月已到位；东延回风1594 m，2022年6月已到位；东延辅运314 m，2022年7月已到位；东延主回联巷75 m，2022年5月已到位。

（2）建成了地面矿井水处理厂和井下水库工程并投入使用。在管理运营上，比较集团公司周边矿井5个同类型项目中，达到了管理最好、经济效益最优，成为标准化示范管理区新亮点。

（3）集中供热2021年3月施工，当年10月10日实现试运行，10月20

日正式交付使用，实现了下至白洞、上至雁崖冬季的全面供暖。

（4）环保项目先后完成了“中水回用工程、排矸道路扬尘治理、井下水库及井下水处理”等环保重点工程，完成了南羊路燃烧锅炉淘汰工程。完成了西山矸石山治理工程。完成了矿井延深项目竣工环保报告的编制和评审工作，已进入公示期。

（三）优化采掘衔接，提升了矿井先进产能

1. 优化衔接部署

一是科学合理开拓布局，实施了东延三条盘区巷道 3-5 号的开拓工程。二是根据矿井地质情况优化衔接，对北翼 C3-5 号层 8108、8104 工作面，与南翼 8119 工作面进行了调配开拓，保证了衔接有序。

2. 优化支护工艺

在 8103 面停采工艺上，顶板支护首次采用尼龙网配合 6 分钢丝绳，获得了良好效果，一举攻克了顶板周期来压、顶煤破碎、搬家难度大的问题。在 8116 工作面首次采用深孔爆破预裂，结合提前退锚技术，有效减缓了工作面周期来压强度大、煤壁片帮、切顶线前移等问题。

（四）坚持节支降耗，降本增效成效显著

1. 技术攻关提效增效

通过多种技术攻关，单进水平提升了 10%，顶煤回收率提高了 2%。

2. 多措并举降本增效

按照煤业集团“降本、增收、止血、堵漏”措施，细化量化指标、制定分解责任清单，强化考核兑现。

（1）加大回收复用。回收各类材料 2163.64 万元，复用各类器材减少成本投入 1645 万元。

（2）提高修旧利废。修理煤机设备 132 件、乳化液泵及液箱 26 台，修复各类规格电机 83 台、回柱车 29 台，加工机械配件 22048 件，节约资金 4961 万元。

（3）通过清仓利库盘活资产 159 万元。

（4）协调选煤厂优化洗选工艺，在入洗原煤仓煤流系统增设了手选拣矸输送带流程，加大煤流系统拣矸除杂，依靠煤质实现增收 201 万元。

（5）通过优化巷道设计，压缩了西部辅运巷 300 m、西部回风大巷 500 m，压缩西部二部带式输送机机头硐室等工程，减少维简资金 1990.02 万元。

大同市姜家湾煤矿

一、矿井概况

大同市姜家湾煤矿隶属晋能控股地煤公司，企业性质为国有煤矿，生产规模 90 万 t/a。开采煤种是不粘、低灰、中硫的优质动力煤。矿井采用斜井单水平多煤层联合开拓方式，共有 4 个井筒，全部为斜井，分别为带式输送机主斜井、行人斜井、材料斜井、郭家坡回风斜井。现开采水平为+1050 m 水平。矿井属低瓦斯矿井，采用对角式通风方式，机械抽出式通风方法。行人斜井、带式输送机斜井、材料斜井为进风井，郭家坡风井为回风斜井。井下布置综采工作面采用 Y 形负压通风，掘进工作面采用局部通风机压入式通风。

二、主要技术经济指标完成情况

2021 年度，矿井实际产量为 69.5 万 t，综合单产为 62064 t/(个・月)，采、掘机械化程度分别为 100% 和 95%，百万吨死亡率为零，原煤工效 7.1 t/工，利润完成 165 万元，职工年人均收入达 8.1 万元。矿井地质条件中等、煤层赋存稳定、无煤（岩）与瓦斯（二氧化碳）突出、无冲击地压、无高温热害等灾害，职业健康检查率 98%，危害因素检测达标率 98%，吨煤开采综合能耗 41 kW・h，塌陷土地治理率 100%，煤矸石综合利用率为零（卖原煤，无矸石），矿井水利用率 100%，矿井为低瓦斯矿井，无抽采瓦斯。

三、安全高效矿井建设的主要做法

1. 强化隐患治理考核制度

为进一步落实安全生产主体责任，牢固树立“系统安全、区域安全、个人行为安全”责任意识，提高安全生产执行力，切实管控安全风险，消灭事故隐患，全面创建“零事故”现场，矿井完善各级职能部门和各岗位安全生产责任制以及考核奖惩保障措施，并进一步完善安全隐患排查治理机制，将以前出了事故再追查变为事前隐患追责，对相关责任人实施精准考核问责，营造安全高压态势，切实推进各级安全生产主体责任落地落实。

2. 建立“网格式”安全包保管理体系

为延伸和拓展安全管理体系，实现对井下盘区、工作面全方位、全覆盖、全过程、全天候安全包保无缝隙，矿井以各盘区、工作面及班组、岗位为对象，建立了“网格式”安全包保管理体系，层层压实责任，推动全矿安全工作关口前移。从矿领导到部门区队，分地点分专业包保，要求相关包保责任人每周至少去包保点检查隐患一次，去包保区队讲安全一次，形成了全矿各级干部认真履责、各岗位员工认真工作的良好局面，做到了风险管控无盲点、隐患排查无遗漏、安全管理无缝隙，实现安全全覆盖精准管理。

3. 注重安全文化宣传，提高职工安全意识

为提高职工的安全意识，营造良好的安全氛围，使职工在平时工作中潜移默化受到安全教育。矿井先后完善了井上下安全文化牌板、标语，既有安全警言警句，又有安全小常识，广播站在职工在上下班途中播放安全知识和上级政策，使职工随时都能感受到良好的学习氛围。

4. 加大安全培训力度，规范职工操作行为

按照集团公司的要求，矿井积极推行全员安全培训。按计划分批次对全矿在岗职工尤其是各级管理人员、特殊工种人员进行安全强化培训。坚持把安全知识、操作流程、岗位职责等融入日常的安全管理工作中去，使职工通过培训学习，熟练掌握本岗位的操作要领，进一步规范了职工操作行为，杜绝违章指挥、违章作业和单凭“经验”干事的行为。

5. 坚持节约资源，优化生产布局

科学优化矿井生产布局，采用适合不同煤层的开采工艺和生产布局，综合井下地质条件和上覆层情况以及围岩压力，适当留设小煤柱甚至不留煤柱（沿空留巷布置），确保各综采面采出率不低于95%，减少了资源浪费。

6. 持续深入推进煤矿安全生产标准化管理体系达标创建

认真落实“系统思维、把握大局、严肃认真、注重细节”总要求，真正解决当前制约标准化达标创建的难点堵点问题。一是落实各层级责任，将责任落实到底并严格考核问责。二是每月根据标准化工作得分，严格执行激励机制，让考核“动刀子，长牙齿”。三是组织多种形式的现场交流活动，取长补短。四是加强培训学习，由培训中心牵头，各矿领导及业务主管部门定期对基层干部和作业员工讲授本专业标准化达标创建知识及解读标准化。通过一系列举措，全面提升安全生产管理水平和动态达标水平。

7. 打造企业特色，树立矿井新形象

为给职工创造一个优美的办公和生活环境，煤矿对矿区面貌进行了整体

改造，对办公楼外墙重新粉刷，楼前广场与主干道铺设沥青路面，路两侧进行了绿化，办公楼外墙及矿区路两侧铺设串灯，美化了矿山环境，成为矿井亮丽的风景。

四、2021 年取得的成果和存在的问题

在矿领导的正确领导和上级部门的支持下，矿井有序组织生产，鼓励干部职工心往一处想、劲儿往一处使，上下团结一心。经过大家的共同努力，2021 年 4 月 7 号煤层 8514 综采工作面月产 63118 t，创当年矿综采月产最好成绩，2021 年 10 月 7 号煤层 2520 巷月进尺 287 m，创造当年矿掘进最高月进尺。

现存在的主要问题是矿井部分设备使用年限较长，易发生故障，需加强维护和检修力度，同时矿井信息化、自动化与智能化设备配备不足。

尽管矿井在安全高效煤矿建设上做了一些工作，取得了一定成效，但我们也清醒地认识到工作中还存在着不足，与上级领导的要求还有一定差距。我们将继续提高思想认识，把安全高效煤矿建设作为一项持之以恒的系统工程，常抓不懈，并发扬与时俱进、开拓创新的精神，真抓实干，不断进取，努力开创姜家湾煤矿安全高效工作的新局面。

大同市焦煤矿有限责任公司

一、矿井概况

大同市焦煤矿有限责任公司隶属晋能控股地煤公司，企业性质为国有煤矿，1970 开始建设，1979 年正式投产。大同市焦煤矿有限责任公司一矿位于大同煤田东南部边缘，地处怀仁市云中镇石井村和何家堡乡悟道村一带，行政区划属怀仁市云中镇管辖。批准开采 2 号、4 号、5 号、8 号、9 号煤层，核定生产能力 150 万 t/a，矿区面积为 4.399 km^2。矿井采用平硐开拓，全矿井共布置有 3 个井筒，分别为主平硐、清凉寺进风斜井和王下庄回风斜井。现开采水平为+1050 m 水平。

二、主要技术经济指标完成情况

2021 年度，矿井实际产量为 148.1 万 t，综合单产为 130342 t/(个·月)，采、掘机械化程度均为100%，百万吨死亡率为零，原煤工效为 10.8 t/工，利润完成 6343.4 万元，职工年人均收入达 9.6 万元。矿井地质条件中等、煤层赋存稳定、无煤（岩）与瓦斯（二氧化碳）突出、无冲击地压、无高温热害等灾害。职业健康检查率 98%，危害因素检测达标率 97%。吨煤开采综合能耗 15 kW·h，塌陷土地治理率 100%，煤矸石综合利用率为零（卖原煤，无矸石），矿井水利用率 100%。矿井为低瓦斯矿井，无抽采瓦斯。

三、安全高效矿井建设的主要做法

2021 年，煤矿以安全高效为目标，“基础管理精细化，技术装备现代化，人员培训制度化”为要求，做到管理无漏洞、设备无故障、系统无缺陷、人员无“三违”、安全无事故，同时深入开展岗位达标、专业达标、企业达标的活动，重点抓安全，进一步加强质量标准化矿井建设，实现了安全高效。

（一）加强领导，落实安全主体责任，为建设安全高效矿井提供保障

正确把握和处理安全与生产、安全与效益、安全与发展的关系，百万屯

死亡率连续多年保持先进水平。高度重视安全高效矿井建设工作。积极进行科学规划，按照“高境界、高起点、高标准”的要求，坚特领导重视、目标引领、正向激励、措施保障等工作策路，促进了安全高效矿井建设工作的全面开展。

（二）坚持安全发展，不断夯实安全基础

（1）坚持安全发展理念。始终坚持“安全第一、预防为主”的方针，严格做到“四个必须”，即不管经济如何发展，安全理念必须坚持；不管企业如何改革，安全工作必须加强；不管效益如何波动，安全投入必须保证；不管体制如何变化，安全制度必须落实。

（2）加大安全投入，务实安全基础。重点完成了单体液压支柱、墩柱、液压支架的补充、更换和维修，更新了井上下各种安全警示标志和牌板；足额配备了职工劳动保护用品；加强安全培训教育。

（3）完善安全责任体系。突出矿井各管理人员主体地位和安全责任主体地位，强化集团公司指导、协调和监督作用。建立以总工程师为首的技术保障机制，有效保证了安全责任的落实。严格落实副总以上矿领导下井带班制度。坚持风险预控和“三级”隐患排查。

（4）强化安全基础管理。坚持“查大系统、治大隐患、防大事故”，突出“一通三防”、防治水、顶板管理、机电运输等安全管理，重点强化了安全工作的基础。严格遵守风险预控，加强现场管理。始终把安全生产标准化作为基础工程、生命工程、有效工程来抓，充分发挥安全生产标准化的基础保障作用，在认真总结经验教训的基础上，不断摸索，提出改进措施，奠定了安全生产标准化工作的基础。通过开展“查短板、抓提升”活动、“安全生产标准化年”活动、“四个专项整治”活动和环境创建等活动，不断提高安全生产标准化水平。

（5）创新安全管理机制。坚持用市场经济的手段抓安全，实行安全风险抵押金、工资月结算等制度，深入开展了“手指口述”“一岗双责”等管理创新，有力地调动了抓好安全工作的主动性和自觉性。

（三）加强技术管理工作

建立以总工程师为首的技术管理体系，矿井开拓、巷道布置、采掘部署、生产系统调整和技术规范标准措施的制定，以及新技术、新工艺、新设备的推广应用等重大技术问题必须由总工程师负责解决。同时，树立安全生产也是效益的思想，加大技术改造力度，提高安全生产保障能力。

（四）加大资金投入，提高装备技术水平，为建设安全高效矿井创造前

提条件

（1）不断提高采煤装备水平。不断加大装备投入和自主技术创新，极大提高了生产效率及安全保障程度。

（2）积极抓好掘进机械化工作。推广应用了大功率综掘机、全岩掘进作业线等先进的综掘装备。更新掘进机设备，提高单进水平，单进水平突破300 m。

（3）建设智能化掘进工作面，使用掘锚一体机，降低工人劳动强度。

（4）科学合理优化采掘布置，集中采掘作业点，优化安全生产系统，提高管理效率，提升矿井单产。

（5）综采工作面在高压铁塔下首次回采，由北京天地科技股份有限公司进行科学论证，矿井根据论证结合实际制定井下5号煤层8501工作面铁塔下开采方案，并对铁塔基建进行加固，5号煤层8501工作面安全顺利回采完毕，上覆铁塔基本无变化，取得了较大成功。

（6）5号煤层8501工作面停采首次采用柔性网进行支护，减少停采支护时间，减少搬家时间，增加了有效生产天数。

大同市青磁窑煤矿

一、矿井概况

大同市青磁窑煤矿始建于 1957 年，1963 年正式投产，矿井核定生产能力为 120 万 t/a。矿井位于大同市区西 12 km，井田南北长约 4. 5 km，东西宽约 2. 2 km，面积 10. 8851 km^2。矿井开拓方式为立井、斜井混合开拓，采用走向长壁后退式综合机械化采煤方法，井田内 2^{-2} 号、3 号、7^{-1} 号、11 号、12 号、14 号煤层稳定，厚度变化小，为可采煤层，其中，2^{-2} 号、3 号、7 号煤层已开采完毕，现开采 11 号煤层。煤质为低硫、低灰、发热量高的优质动力煤。

二、主要技术经济指标完成情况

2021 年度矿井实际产量为 119. 9 万 t，完成掘进进尺 7068 m，综合单产为 81416 t/(个・月)；采煤机械化程度 100%，掘进机械化程度 82%；百万吨死亡率为零，原煤工效率 10. 2 t/工，利润完成 211 万元，职工年人均收入达 7. 9 万元，实现了安全高效生产。

三、安全高效矿井建设的主要做法

（一）严格制度落实、狠抓考核管控

加强安全生产管理制度建设，狠抓制度落实。严格执行省、市、集团公司规定的安全生产管理规章制度，加大隐患排查整改力度。坚持以危险源辨识为基础，以实现安全生产“零事故”为目标，以风险分级管控为核心，严格落实现场管理标准及措施，制定和完善了企业内部的经济政策，从生产组织、安全管理、安全培训等方面加大考核激励力度，执行重奖重罚的安全绩效工资考核办法，促进生产组织积极性，确保完成全年各项生产指标。

（二）加强安全生产标准化建设

对照“山西省煤矿安全质量标准化基本要求及评分方法”，定期组织召开安全质量标准化培训，结合矿井实际情况，细化、量化、深化考核内容，进一步明确责任划分。按照新标准定期组织各专业进行标准化大检查，确保

生产各环节始终处于受控状态。

（三）积极引进新装备、新材料、新技术

（1）推广应用薄煤层综采工作面支架电液控技术。液压支架的移架速度是制约工作面生产的主要因素之一，使用液压支架电液控制系统是实现工作面高产高效最有效的途径。电液控制支架工作过程可自动循环，在顶板完好情况下多架同时移架、同时推刮板输送机，加快了移架速度，满足了采煤机快速截割的要求，增加了产量，提高了经济效益。

（2）在11号煤层2618掘进工作面采用了EBZ-260B型掘进机，月度掘进进尺312 m，创造了当年矿井月度掘进进尺最好成绩，提高了掘进效率。通过优化巷道支护设计，对不同断面掘进巷道因地制宜，设计不同的支护方案，在确保安全的前提下，合理确定支护排距，节省了支护时间，降低了材料成本。

（3）积极推广小煤柱开采技术，提高了资源回收率，减少了停产搬家次数，降低了生产成本。11号煤层8608工作面应用小煤柱开采技术，将留设的煤柱由15 m缩减为5 m，增加了工作面的长度，减少了煤柱留设损失和巷道掘进量。

（四）全面预算，严控成本，实现企业效益最大化

深入落实集团公司提出的“降、减、提”经营管理措施，通过推行契约化管理、强化成本管控，全面开展预算管理、规范合同签订、狠抓修旧利废、回收复用等工作，进一步提高了企业的经营管理水平。

（1）全面推行契约化管理。通过上下沟通，反复协商，明确了各级领导干部的契约内容，从领导班子到队组班组，逐级签约。全年共签订契约51份，其中，矿长与分管领导签订8份，分管领导与职能部门负责人和区队长签订17份，区队长与班组长签订42份。

（2）做好全面预算管理。认真执行好年度五项费用计划，合理安排资金使用，在保证安全生产必要投入的前提下，严格控制非生产性费用的支出。

（3）进一步细化合同管理。做好询比价工作，争取采购成本下降10%~15%，从招投标上做到节约开支。

（4）狠抓成本管控。一要继续加强材配计划、领用和使用的考核力度，加强成本控制，进一步节支降耗。二要加强材配的现场跟踪管理，规范使用，严格奖罚，杜绝浪费；三要强化可控费用的管理，严格按计划核实登记报销。

（5）开展好修旧利废、节支降耗活动。充分利用内部人员进行自修，同时，要提高废旧物资的利用率，减少非必要材料投入，降低生产成本。

（五）深严细实抓管理，安全形势稳定

认真贯彻落实集团公司一系列安全生产指示精神和安全工作部署，全面强化安全管理，健全安全管理机制，明确岗位职责，狠抓“三违”管理和安全隐患排查治理。上至矿领导，下至普通员工，逐级签订安全承诺，逐级分解任务落实责任，使安全生产理念深入人心。严抓现场管理，深入开展“安全生产专项整治三年行动”“安全生产活动月”和“周安全生产活动日”，分专业对重要地点、薄弱环节进行全面排查治理。

（六）科学引领、健康发展、开创安全高效矿井建设新局面

重点围绕队伍建设、技术装备、安全防护、制度建设等人机环管方面，优选合理先进指标，量化分析，有针对性地进行对标，对查找出来的差距与不足狠抓整改。从提高机械化程度入手，坚持采用新技术、新设备，在保证矿井生产能力的基础上提高矿井安全系数。在技术改造上舍得投资，不使用淘汰的技术和设备，在采掘运等设备选择上，采用技术成熟、安全性能好、适合本矿地质条件的设备，使矿井各个生产环节运转协调，产量、进尺、安全、效益都能得以保障。通过科学的管理，引领煤矿安全健康可持续发展，推动安全高效矿井建设水平更上一层楼。

晋城蓝焰煤业股份有限公司成庄矿

一、矿井概况

晋城蓝焰煤业股份有限公司成庄矿是国家“七五”重点建设项目，年设计生产能力400万t。1989年12月20日开工建设，1997年9月19日投产，2000年达到设计生产能力。经过不断的技术升级改造，2021年矿井核定生产能力为800万t。2021年原煤产量达到了755.1万t。

成庄矿位于山西省晋城市泽州县境内，井田内地质构造较复杂，煤质优良，其中可采煤层3层，3号煤为主要开采煤层，平均厚度6.24 m，可采储量342 Mt。具有热稳定性好、发热量高、机械强度大、低灰、低硫、低挥发分等特性，是化工、冶金、建材、发电、民用的优质原料和燃料，素有“香煤”和“兰花炭”的美誉。

矿井采用斜井石门开拓方式，现主要生产盘区包括四、五盘区，综合机械化开采。矿井主要采煤方法为走向长壁综采放顶煤和大采高采煤，巷道掘进主要采用EBZ160型综掘机、CMM2-15型锚杆钻车，支护方式以锚杆锚索支护为主，辅以其他支护方式。成庄矿作为高瓦斯矿井，矿井建有合理的通风系统、抽采系统和监测监控系统，能够满足安全生产需要。矿井瓦斯绝对涌出量为398.66 m^3/min，相对瓦斯涌出量为36.02 m^3/t。

二、主要技术经济指标完成情况

一年来，在生产任务极为繁重、安全形势异常严峻的情况下实现了稳产高产，坚持高质量发展，积极主动作为，勇于担当尽责，谱写了矿井安全发展、创新发展、和谐发展的新篇章。全年完成原煤产量755.1万t，掘进总进尺22388 m，原煤工效14.3 t/工，百万吨死亡率为零。

三、安全高效矿井建设的主要做法

1. 夯基固本，持续提升矿井高质量发展根基

面对新冠肺炎疫情影响，成庄矿深化秉持“干一辈子煤矿、抓一辈子安全”理念，持续加强《安全生产法》《刑法修正案（十一）》《煤矿重大

事故隐患判定标准》等法律法规培训学习，常态化开展安全警示教育，深入推进安全生产专项整治三年行动集中攻坚，开展“一季一整治、一月一重点”活动，加强“三基”管理，夯实安全基础，从根本上消除隐患、从根本上解决问题，持续强化矿井安全保障能力；推进“双重”预防机制运行，坚持由事后追责向事前预控转变，超前辨识防控风险，超前排查治理隐患，切实把安全风险管控挺在隐患前面，把隐患排查治理挺在事故前面，现场安全生产环境进一步优化，矿井事故风险防范能力持续提升；加强安检队伍专项整治，强化特殊时期安全管控，严格执行安全生产“一票否决”，对责任事故、重大隐患和违章行为严格追责问责，确保各级安全责任落实到位，矿井安全生产保持了平稳有序的良好发展态势。

2. 系统建设，持续完善矿井安全稳定发展根基

在四、五盘区井下设立设备集中备件点，优化物料、人员运输路线，新增胶轮车运输路线 7105 m，在大坡段安装胶轮车失速安全保护装置，运输作业更加安全高效。投用 5103 巷二部带式输送机、十五南翼带式输送机，完成南翼二部、四部带式输送机换带，主运保障能力不断增强。对白沙井底泵房、南翼水源井排水系统进行调整，对北翼泄水巷、十五一盘区水泵房管路进行改造，井下排水系统优化步伐持续加快。

3. 技改扩能，持续深挖矿井安全高效发展根基

采用三棱螺旋槽定向钻具，解决了煤体破碎区域定向钻孔成孔困难，消除抽采盲区。应用迈步自移式带式输送机机尾，减少了环节工序，促进了掘进提效。改进带式输送机，实现底输送带运料，物料运输更加方便快捷。在 4314 大采高面应用 ZY15000 型支架，为提高资源回收率提供了强力支撑。

4. 高效组织，持续优化矿井有序生产发展根基

面对安全生产紧平衡的不利条件，狠抓超前抽采，科学布置采掘头面，保持了良好的衔接秩序。面对外运路线受阻造成产量、外运吃紧的严峻挑战，统筹调整外运路线、生产头面、生产节奏和煤炭品种，按时完成了各项生产任务。

5. 科学施策，持续深挖矿井潜能提升续航能力

精细划分环节指标，精准制定落实措施，深入推进“降减提”工作。完善全面预算管理办法、材料配件管理办法，提升预算管控水平。推行成本“正算账”管理，做精做细成本数据收集，实现成本控制由单一结果考核向源头管理和过程管控转变。重新规范废旧物资回收、再利用和处置流程，将废旧物资现场管理首次纳入审计监督，提高了废旧物资利用率。

6. 管理提效，持续提升矿井精益管理水平

全面推行契约化管理，从矿领导至基层区队层层签订契约，实现了契约指标全覆盖，增强了各级人员执行力。制定成庄矿经营考核评价管理办法，重构矿井经营考核体系。对机构的职责进行调整，完善专业管理制度，梳理业务流程，夯实管理基础。开展“对标一流”管理提升，转化吸收先进做法，提升管理质量。开发办公财产管理、工作计划管理、设备巡检管理等多个系统，提升精益管理水平。

7. 智能建设，提升矿井现代化水平

完善1号、2号风井区域集控项目，完成4号风井智能化改造，4个风井区域集控系统全面投入正式运行。稳步推进智能化采掘工作面建设，综掘集中控制系统覆盖5个掘进队组6条巷道，43252巷智能化掘进项目通过山西省能源局验收，工作面实现掘进机自适应截割、设备远程启停、后配套集中控制和机尾自移等功能，创造了行业先进水平；4314智能化采面也通过市能源局验收，工作面除具有一键启停、自动割煤、自动跟机拉架等传统智能化采面功能外，新增了采煤机惯导系统、液压支架姿态监测、三机智能联动等功能，打造了具有矿井特色的智能化采面。

8. 创新领航，增强矿井发展动力

围绕矿井发展难题，实行项目专人负责制，制定考核评价办法，对应开发“重点项目工作动态信息系统”，随时跟进工作动态，年度重点项目完成率同比提升40%，在全矿上下形成了攻坚克难、聚力发展的示范带动效应。改变创新成果评审频次，变“一年一评”为“半年一评”，持续调动全员创新激情。全年获得国家知识产权局授权专利21项，“成庄矿煤与瓦斯共采绿色开采技术运用”项目入选2021年煤炭行业标杆案例，“综采工作面开关平台自移工艺及设备的研究”等3项成果获得中国煤炭工业协会科学技术三等奖，“技能人员积分制考评管理的实践与应用”获山西省煤炭企业管理现代化创新优秀成果特等奖。

晋能控股煤业集团同忻煤矿山西有限公司

一、矿井概述

同忻煤矿是晋能控股煤业集团建成的千万吨级安全高效矿井，矿井位于大同市西南约 20 km，大同煤田北东部。矿井主要可采煤层为石炭系 3-5 号煤层，设计可采储量为 583.6 Mt。日工作制度采用“四六”制，每天四班作业，其中，三班生产，一班准备。矿井设计生产能力为 1000 万 t/a，核定生产能力为 1600 万 t/a。

矿井水文地质为中等类型。煤层具爆炸性，属易燃煤层，为高瓦斯矿井，无煤与瓦斯突出。

二、主要技术经济指标完成情况

2021 年同忻矿全年生产原煤 1592.54 万 t，完成掘进进尺 26010 m，采煤、掘进机械化程度均达 100%，原煤工效为 74.4 t/工。全年百万吨死亡率为零，千人负伤率实现了低控。全年吨煤成本完成 236 元，实现利润 366436 万元。

三、安全高效矿井建设的主要做法

（一）优化采掘布置和劳动组织

（1）同忻煤矿现有在册职工 1192 人，井下有 3 个综采放顶煤工作面、9 个综掘工作面，采掘配备合理。采煤工作面采用单一走向长壁后退式综合机械化低位放顶煤开采的采煤方法，采高为 3.9 m，放煤高度平均 11 m，采放比为 1∶3，按一刀一放的正规循环作业，放煤步距为 0.8 m，采用自然垮落法管理采空区顶板，采煤机械化程度达到 100%。

（2）建立专业化队伍。同忻煤矿抽调精兵强将，成立了综采服务队，专门为各综采队提供支持，以往综采队需要有专人负责维护工作面两巷的标准化，现在由服务队统一管理，统筹安排，按照各工作面的实际需要，合理安排服务人员的岗位类别及人数，充分发挥每位员工的专业特长和技能，人员分配实现了精准化和合理化，真正达到了按需分配的目的，通过此举，进一步减少了综采面的作业人数，防止出现人员无序化分配，做到了工作面无闲人。例如，将综采面头尾端头超前处的退锚工、单体支护工及浮煤清理工进行岗位合并，大幅减少了人员数量，真正实现了人尽其职。

（二）全面推进智能化建设

（1）开展智慧矿山建设，实现科技减人，同忻煤矿智能矿山建设总计开展25个项目，以少用人、低成本、高效率为建设目标，围绕矿山智能综合管控平台，开发多个大集控系统、无人值守系统。整体项目建成后，可实现全矿井“管、控、营”一体化，依靠大数据分析为矿井提供最优用工决策支持。科技减人子系统主要包括智能主煤流系统、智能通风系统、智能排水系统、智能供电系统、瓦斯抽放管网监测监控系统、智能洗选系统、捡矸机器人、主井巡检机器人、无人机巡检机器人。同步推进的试验项目还包括掘进工作面远程无线智能控制、智能综采工作面等。依靠对前沿科技的不断应用，实现减人提效。

（2）通过不断升级、优化智能化生产操作系统，将以前一个生产班作业的20名采煤工降至8名，资源回收率提升5%，工作面回采率达92%。全面升级矿井智能调度控制平台，建立矿井“大数据”采集和分析中心，通过电脑终端生成的图表随时查看井下安全生产、设备实时运行状况、煤流系统、人员位置以及巷道内瓦斯和一氧化碳浓度等数据，为下达指令提供依据，实现了安全生产的“双保险”。

（3）掘进工作面采用EBZ-200掘进机组进行割煤、装煤，采用可伸缩带式输送机运煤，利用局部通风机供风，巷道全部沿煤层布置，采用锚网索联合支护，掘进机械化程度达到100%。

（三）精简机构，高效管理

实行大部制，将那些职能相近的部门、业务范围趋同的事项相对集中，由一个部门统一管理，最大限度地避免部门间的职能交叉、重叠管理，由此可减轻基层区队工作负担，又能明确部门职责范围，有利于提高工作效率，降低经营成本。同忻煤矿的职能部室数量已由最初的16家精简至9家，部门精简合并后可有效提高人员工作效率，一人兼顾多项相近工作，既有利于工作开展，又避免了以往部门间因交叉管理带来的推诿扯皮情况的发生。实行大部制后，职能部门下井作业人数明显减少，一人可身兼数职，同时完成多专业的工作内容，有效减少了井下作业人数。

山西大同李家窑煤业有限责任公司

一、矿井概况

山西大同李家窑煤业有限责任公司由晋能控股集团大同有限公司控股，矿井位于大同市左云县城东南 26 km 处的小京庄乡李家窑村南，行政区划隶属左云县小京庄乡，井田面积 14.0586 km^2，批准开采煤层为 17 号、18 号、22^{-1} 号、22 号、25^{-1} 号煤层，许可开采煤层 22 号，煤种为气煤和长焰煤，属低瓦斯矿井，煤尘具有爆炸性，煤层自燃倾向性为Ⅱ级，水文地质类型为中等。核定生产能力为 1.20 Mt/a，2022 年 1 月产能核增至 1.80 Mt/a，并取得批复。矿井保有储量 19087.29 万 t，可采储量 7978.29 万 t，服务年限 31.6 a。矿井采用斜井开拓，中央分列式通风方式，支护方式为锚杆、锚索、钢带联合支护。

二、主要技术经济指标完成情况

2021 年全年原煤产量 119.5 万 t，掘进总进尺 6864 m，回采采煤机械化程度 100%，掘进机械化程度 99%；原煤工效 10.3 t/工，百万吨死亡率为零；采掘接续正常，采区采出率 76.57%。

2022 年全年原煤产量 146.9 万 t，掘进总进尺 6651 m；回采采煤机械化程度 100%，掘进机械化程度 99%；原煤工效 12.59 t/工；原煤百万吨死亡率为零；采掘接续正常，采区采出率 77.11%。

三、安全高效矿井建设的主要做法

（一）生产组织方面

（1）优化采掘设计，保障采掘接续，提高单产单进。将以往工作面设计倾向长度 150 m，变为 200 m，优化后的采掘设计，既减少了成本投入，提升了经济效益，又减少了井巷工程量，降低了井巷工程施工费用，增加了综采工作面回采时长，减少了综采工作面搬家倒面次数，而且保证了采掘接续。

（2）优化运输环节。优化了井下辅助运输系统，由调度绞车运输变更为无轨胶轮车运输，同时对井下辅助运输巷进行了扩刷，满足辅助运输胶轮化的要求。减少了运输系统环节，提高了运输能力及效率，同时改善了运输条件，人员配置上得到了精减，也降低了员工劳动强度。

（二）安全生产方面

（1）在矿井的生产过程中，通过加强矿领导带班，区队长、安监员跟踪作业，强化了现场管理，制定了重点环节、特殊作业等专职领导现场盯守指挥规定，有效管控了高风险作业环节带来的安全风险。

（2）在矿井安全生产标准化管理体系建设方面，重点工作是推行精益化管理，注重安全生产全过程的每个环节、每道工序，从严从细分解指标，明确责任，规范现场操作行为，真正做到了“上标准岗、干标准活”，全方位提升了矿井安全生产标准化管理体系建设水平，具备了井工矿井一级安全生产标准化管理体系建设标准。

（3）隐患排查，不留死角。建立隐患排查治理长效机制，进一步强化领导带值班与现场安全督查力度，强化安全隐患超前防控治理，抓实对隐患排查治理的闭合管理。高频次地组织安全检查与隐患排查活动，做到全覆盖、细排查、严整改。加强隐患排查治理力度，制定了安全包保责任制，分专业、分系统、分区域及分头面划分了包保责任人，由主要负责人亲自牵头组织开展隐患大排查活动，针对定期检查、日常巡视检查、矿领导带班检查存在的问题及时进行了落实整改，并安排专职部门进行跟踪复查，确保隐患整改取得实效，同时也保证了安全包保责任制的落实执行，有效控制了事故隐患造成的安全风险。

（4）重拳出击，狠抓“三违”管理。严格落实安全监督管理责任，重拳出击整治“三违”顽症。2022 年结合实际，制定并细化了“三违”管理办法和“三违”标准，明确了“三违”种类，根据不同时期出现的新情况、新问题，及时制定有效的防范措施，持续跟踪落实、服务指导。强化管控和监督，培养员工“快、准、细、严、实”的工作作风。组织安全监察和值班干部查岗，对“三违”行为实行“零容忍”的态度，保持了对“三违”行为打击的高压态势。

（三）绿色发展方面

矿井污水处理站和生活污水处理站提标改造工程已完成，改造后的矿井污水处理站，增加了活性炭过滤器和 UF 超滤设施，生活污水处理站增加了调节池容量，新建了 MBR 膜池，实现了矿井水再利用。按照《山西省水污染防治 2018 年行动计划》要求，改造后的矿井污水处理站出水水质符合

《地表水环境质量标准》（GB3838—2002）Ⅲ类要求，满足正常排放要求，生活污水处理站出水水质达到《地表水环境质量标准》（GB3838—2002）Ⅴ类要求。

（四）技术创新方面

（1）完善了科技创新管理体系，大力实施技术创新工程，通过加强技术管理，优化工作面设计，对各系统进行了改造，提升了企业技术成果转化能力和自主创新能力。

（2）掘进工作面对超前支护方式进行了改善，将以往的前探梁临时支护方式改为掘进机机载前探梁，减少了员工的劳动强度，不仅提高了安全保障，而且使掘进工作面机械化程度有所提升。

山西河曲晋神磁窑沟煤业有限公司

一、矿井概况

山西河曲晋神磁窑沟煤业有限公司隶属山西省晋神能源有限公司，位于山西省河曲县城东南方向，直线距离 18 km。矿井井田范围内可采煤层为 10^{-1} 号、10^{-2} 号、11 号、13 号。矿井设计储量为 18616 万 t，截至 2021 年底剩余可采储量为 7690.36 万 t，服务年限 22.88 a，矿井核定生产能力为 240 万 t/a。井田地层总体产状平缓呈单斜构造，井田地质构造简单，水文地质类型为中等类型，自燃倾向性为自燃，煤尘具有爆炸性，为低瓦斯矿井。

矿井开拓方式为综合开拓，副平硐、主斜井进风，回风斜井回风。分两个水平开采，第一水平标高+923.894 m，开采 10^{-2} 号、11 号煤层；第二水平标高+890.0 m，开采 13 号煤层。现一水平已基本开采完毕（仅剩村庄压煤），正在开采二水平 13 号煤层。

二、主要经济技术指标完成情况

2021 年全年实现安全生产，百万吨死亡率为零，为一级安全生产标准化矿井。全年完成原煤产量 233.11 万 t，掘进总进尺 10608 m。原煤生产期末人数 333 人，原煤工效 25.1 t/工，矿井综合单产达 178695 t/(个·月)。2021 年实现利润 48866.62 万元，职工年人均收入 21 万元。矿井采掘关系正常，三个“煤量”符合规定，采区采出率达 78%。采煤机械化程度 100%，掘进机械化程度 100%。

2022 年全年实现安全生产，百万吨死亡率为零，为一级安全生产标准化矿井。全年完成原煤产量 238.62 万 t，掘进总进尺 5406 m。原煤生产期末人数 363 人，原煤工效 25.5 t/工，矿井综合单产达 178695 t/(个·月)。2021 年实现利润 49980.23 万元，职工年人均收入 22 万元。矿井采掘关系正常，三个“煤量”符合规定，采区采出率达 79%。采煤机械化程度 100%，掘进机械化程度 100%。

三、安全高效矿井建设的主要做法

（一）安全生产成果保持良好

公司2018年3月通过国家一级安全生产标准化矿井验收；2018—2019年度被评名为行业特级安全高效矿井；2021年开拓延深通过山西省煤炭工程质量监督中心站验收，质量得到保证；截至2022年12月31日，已实现连续安全生产无事故5185天。

1. 各级认真落实安全生产责任制

进行安全生产责任制的学习和安全责任教育，明确安全生产责任制的内容，做到“谁主管，谁负责；谁生产，谁负责；谁操作，谁负责”使全体职工充分认识到“安全生产，人人有责”。各级领导分片包干，切实做好分管范围内的安全工作；基层管理人员靠前指挥，时刻盯在作业现场，对关键作业环节严格把关，正确处理安全与生产的关系，坚决做到“不安全不生产”。各级安全监察人员每天深入现场进行安全检查；群监员及时报告安全隐患，形成了人人管安全的良好氛围。

2. 加强安全检查和隐患排查力度

进一步加大现场安全检查力度，管理人员经常深入现场，及时发现并解决现场中存在的问题。对发现的问题均按“五定原则”及时进行了处理。加大了反“三违”力度，对于习惯性违章作业和违反劳动纪律的职工严厉查处。

3. 重视职工安全教育培训工作

组织全员进行了安全管理知识和安全技术操作规程的学习培训工作，同时利用“周五安全活动日”组织全矿职工观看事故案例警示教育片，使职工掌握本岗位危险源的风险管理标准，熟知本岗位安全操作规程，真正做到规范化作业。严格执行职工的转岗培训、新职工三级安全教育培训以及外委施工单位人员的安全培训工作。通过这些培训，提高了职工的整体素质，夯实了基础安全工作。

4. 积极开展开展安全月活动

通过安全月开展职工技能竞赛，安全知识问答，给予先进职工奖金及荣誉，号召全矿学习，提高了职工工作积极性。

5. 搞好安全生产标准化建设

始终把安全生产标准化工作视为煤矿企业的形象工程、生命工程、效益工程和基础工程，从地面到井下，从后勤到生产严格标准化建设，现场达到整齐、整洁、规范，形成了“要安全，先达标，向标准化要效益，向标准化要安全”的理念，通过人、机、环、管的和谐统一，最终实现管理上无漏洞、设备无故障、系统无缺陷、人员无违章和安全零事故的本质安全型矿井。

6. 安全管理严抓不懈

在矿井的生产过程中，通过加强矿领导带班，安监员跟踪作业现场管理，对重点环节、关键部位设专人盯守，对生产作业过程中查出的隐患实行跟踪销号，从而实现安全管理不留死角，作业现场动态安全达标。

（二）科技创新取得新成绩

为了解决生产难题和技术攻关，公司于 2015 年 5 月创建技能大师工作室，推动公司设备改造和技术创新的同时，承担起技术攻关、成果转化的重任，对公司在实际生产过程中存在的重点、难点、关键点进行立项，充分发挥大师在总结创新成果、创新工艺技术、新产品试制研发等各个方面的核心带头作用，工作室为公司创造经济效益、提升效率做出了突出贡献。同时，工作室的成立也推动了大师带徒授技的“传、帮、带”作用，为企业技能人才的培养和技术创新提供了技术交流的平台，技术人员和技术骨干的学习力、创造力和战斗力不断提高。

2015 年以来荣获集团公司和晋神公司科技创新奖 120 余项。十三五期间共计获得“五小”改革奖共计 32 项，其中，2018—2019 年 21 项、2020 年 11 项；科技应用奖共计 3 项，其中，2018—2019 年 1 项、2020 年 2 项；专利发明共计 4 项；其中，2018 年 2 项、2020 年 2 项。

（三）绿色智能开采成效明显

围绕依法办矿、矿区环境、资源开发与资源综合利用、节能减排、科技创新与数字化矿山、企业管理与企业形象等方面开展绿色矿山创建，已基本建成一座“资源利用集约化、开发方式科学化、企业管理规范化、生产工艺环保化、矿山环境生态化”的绿色矿山，并通过了国家绿色矿山创建的验收。矿山建成了水文监测系统、无轨胶轮车通信定位系统、机电设备档案管理系统、GIS 地理地质系统，实现了中央水泵房、中央变电所、主要通风机房的无人值守。2020 年 10 月被忻州市能源局评定为信息化二级标准矿井。

在节能环保方面，煤矿井下污水及生活污水达标处理后，通过中水回用系统，回用于地面洗煤厂、井下生产系统及地面草坪绿化，达到节能、减排、环保、降本、增效的目的，助推企业可持续发展。同时矿区投资建成了利用太阳能、空气能的热水热源设施，通过矿井乏风热源回收+工业场地余热回收+电辅热综合利用技术供热取暖，消除了传统燃煤锅炉产生的烟尘、二氧化硫、氮氧化物等污染物，实现了“煤矿产煤不烧煤，取暖供热不冒烟”。

山西省晋城晋普山煤业有限责任公司

一、矿井概况

晋普山煤业位于沁水煤田南部，始建于 1968 年，1975 年 7 月投产。批准开采标高+870~620 m，井田面积 27.3913 km^2，剩余可采储量约 6263 万 t，批采煤层为 3 号、9 号、15 号。矿井开拓方式为平硐开拓，现有主平硐、副平硐、排矸立井、1 号回风斜井、3 号回风立井共 5 个井筒。采煤方法为走向长壁采煤法，所有煤层均不带压。矿井通风方式为混合式，通风方法为机械抽出式，生产规模 130 万 t/a。矿井为高瓦斯矿井，水文地质类型均为中等，无冲击地压。

二、主要技术经济指标完成情况

2022 年累计生产原煤 109.9 万 t，百万吨死亡率为零，原煤生产人员效率 6.9 t/工，综合单产达到 61023 t/(个·月)，采区回收率达到 83%，采煤机械化程度达到 100%，掘进装载机械化程度达到 100%；掘进进尺 8996 m；实现利润 2566 万元；职工年人均收入 8.8 万元；为国家二级安全生产标准化矿井。

三、安全高效矿井建设的主要做法

（一）以安全生产标准化建设为基础，深化安全高效矿井建设

以安全生产标准化矿井建设为主线，加强日常管理，从构建长效机制、优化劳动组织等多方面入手，促进安全高效生产。具体措施如下：

1. 构建长效机制，扎实安全基础

公司通过制定安全高效矿井建设工作的总体规划目标，成立以总经理、党委书记为组长，副总经理为副组长的领导组，以职能部门为主体进行监督管理，基层队组具体实施，形成了“矿领导督导，职能部门监管，基层区队具体实施”的长效管理机制，加强隐患排查治理的同时，强化了全体职工的风险管控意识。

2. 树牢安全思想，激发安全内生动力

从干部职工思想认识入手，通过积极了解和借鉴兄弟单位抓质量、保安全、促发展的先进经验、优秀思想，宣传安全高效矿井的重要意义和作用，同时强化干部职工对安全工作的深刻认识，增强全体干部职工搞好安全高效矿井工作的责任感和使命感。全年组织宣传活动 2 次，进行安全知识抽考 25 次。

3. 积极引入新工艺，提高生产效率

2022 年公司第一个无煤柱布置回采工作面正式回采完成，无煤柱开采项目实施后，90103 工作面提高了经济效益 519. 6 万元。无煤柱工作面的实施，降低了万吨掘进率，有效缓解了矿井采掘接替紧张的情况，提高了采区采出率，实现了无煤柱连续开采。

4. 优化组织结构，挖潜增效具体化

公司通过深化机构改革，合理机构设置和人员定编，坚持精简、效能协调运转的原则，推动减人提效工作的持续进行。开展“主辅结合”的生产模式，合理调配人员，均衡组织生产，保证了矿井产量。结合实际生产情况，适时轮岗轮休，有效提高了生产工效。掘进方面，坚持顾全局、抓关键原则，合理配置力量，优化施工组织，找准制约掘进效率的支护、出矸等关键环节，逐个击破，最大限度地发挥效能，保证了生产接续良好循环。

5. 深入推进标准化建设

围绕打造一级安全生产标准化矿井的要求，狠抓工程质量、支护质量和员工操作规范，突出过程管控和质量提升，采取创新项目推广、基础设施整治、文明现场推进和考核奖罚并重等方法，推进动态达标。强化标准化考核，对照新的煤矿安全质量标准化标准，开展了达标创建活动，从工程质量、安全、进尺等方面严格考核，通过月检查、月验收、月考核，促进标准化提升。

（二）强化机运管理，保障生产能力

强化机电设备检修，确保主通风、主提升、主供电等大系统安全可靠。进一步加强井下供电系统和防爆电气设备的日常维护管理工作。严格落实对主要通风机、主绞车、主带输送机等大型固定设备和特种设备的检测校验工作取得的经验。

（三）加强成本管控，提高盈利水平

以全面预算管理为主要手段，在成本管理上，紧紧围绕降本增效，简化成本管控项目，把精力充分放在可控成本的管控上，瞄准利润、狠抓可控成本的分项管理，为适应市场需求，提高原煤洗选率，优化了公司产品结构，同时拓宽销售渠道，提高了公司销售收入及盈利水平，促进了公司利润指标的完成。

（四）强化信息化及自动化建设

积极响应国家“四化”建设要求，准确定位需求，明确改进目标，有序推进信息、自动化建设，并通过地面集控室动态显示图及工业视频监控，能直观显示出设备的运行状况；通过升级安装工作视频监控，完成了变电所、水泵房、煤仓、地面筛分车间等重点区域的网络摄像仪，有效提高了生产效率及设备的安全性、可靠性；根据地方政府对信息系统数据上传的文件要求，通过安装煤矿事故风险分析平台，使安全监测监控、人员位置监测、产量监控、可视化调度系统数据成功汇接，完成了安全监测监控系统、人员位置监测系统等数据的上传。此外，还完成了主要通风机在线监测系统升级改造，实现了远程监控，从而提高了主要通风机各项数据实时监测水平。

（五）坚持绿色开采

1. 噪声污染防治

为降低主要通风机机房、空压机房、机修车间等场所产生的噪声对环境的影响，公司将高噪声设备布置在离生活办公区较远的地方，并采用绿化带、修建降噪房等措施进一步降低噪声影响。

2. 废气污染防治

为降低废气污染物对周边环境的影响，在筛分车间、洗煤车间安装了布袋除尘器，有效收集原煤转运、破碎、筛分过程中产生的煤尘。为降低扬尘危害，矿井修建了封闭物料库，实现了所有物料封闭存储，在原煤库、精煤库内安装了喷雾炮，用于降低落煤、装车时产生的扬尘。为降低道路扬尘危害，使用吸尘车、洒水车每天对场区内外道路进行吸尘、洒水，有效减少道路扬尘。同时，要求运煤、运矸车辆限速行驶、苫盖篷布、通过洗车平台清洗等措施降低车辆行驶带起的扬尘。

3. 矿区绿化工作

为做好矿区环境绿化美化工作，每年定期对场区内的花池、绿化带进行修复，在黄土裸露区域、护坡播撒草籽，对枯死的花草进行更换。

（六）建设特色企业文化

公司一直把企业文化建设作为“塑形铸魂、凝心聚力”的生命工程来抓，坚持不断丰富内涵，不断创新形式，形成具有公司特色的企业文化体系。注重细节暖人心，在井口为职工送夏季解暑汤、缝补衣物、送平安果。定期组织爬山、篮球赛、技术比武、井口知识竞答等文化活动，丰富了职工的业余生活。通过文化引领增强了职工凝聚力与归属感，为安全生产注入了不竭的动力。

山西晋城沁城煤业有限责任公司

一、矿井概况

山西晋城沁城煤业有限责任公司隶属晋能控股煤业集团太原煤气化公司。公司2005年7月开工建设，2012年9月联合试运转，2013年12月通过山西省竣工验收。矿井于2014年1月投产。井田面积为18.835 km^2，设计生产能力90万t/a。煤种为无烟煤，井田范围内可采煤层共3层，分别为2号、3号、15号煤层。

主采2号煤层，截至2021年12月末，全矿保有储量14811万t，可采储量7397万t，服务年限58.7 a；2号煤层保有储量8347万t，可采储量3965万t；3号煤层保有储量292万t；15号煤保有储量6172万t，可采储量3432.8万t。201盘区保有储量1234.12万t，可采储量971万t（201盘区可采储量按无煤柱设计可增加123万t）。

二、主要技术经济指标完成情况

2021年，公司坚持“安全第一、预防为主、综合治理”的安全生产方针，不断深化安全高效矿井建设，全面落实安全主体责任，构建安全生产长效机制，确保实现矿井安全生产，煤矿安全生产达标，未发生安全生产事故，百万吨死亡率为零。公司现有1支综采队，2021年原煤产量89.8万t，其中，回采煤量84.7万t，掘进煤量5.1万t，采煤机械化程度达到100%，综采机械化程度达到100%。

公司2021年度原煤生产人数为427人，原煤工效率为8.27 t/工。2021年度矿井生产时间358 d，20106工作面生产时间330 d，共产出原煤84.7万t。综合单产76721 t/(个·月)。全年实现利润总额24621万元，比年度计划（12727万元）增盈11894万元；生产成本492.32元/t，比年度计划（499.42元/t）减少7.1元/t；2021年公司职工平均收入为12.2万元。

三、安全高效矿井建设的主要做法

（一）技术改造方面

矿井为煤与瓦斯突出矿井，移交前主要侧重于服务监狱系统，因此前期设计和建设基础设施比较薄弱。风量、提升、带压开采无抗灾排水系统，矿井供电系统老化等问题严重制约矿井的发展，矿井采取大量技改措施。

（二）“降、减、提”方面

（1）提量增效完成情况：通过合理组织生产、提高工作效率、调整商品煤结构等方法提高原煤产量，从 6 月开始，累计创效 4828.28 万元。

（2）减员增效完成情况：从 6 月开始，按照职工退休政策和离岗休养政策，退休 11 人、离岗休养 12 人。通过精简岗位、合理安置收编人员等方式，解除劳动合同 13 人。共计减员 36 人，节约成本 34.02 万元。

（3）降本增效完成情况：通过降低采购成本、回收复用、修旧利废，以及盘活闲置材料配件和降低管理费用支出等措施，节约成本 175.67 万元。

（三）对标一流方面

按照集团公司关于对标一流工作的具体安排，公司对标行业一流先进单位，进一步提升企业经营管理水平和管理效率。

1. 组织机构、人才管理和队伍建设方面对标龙泉煤矿

全面对标龙泉煤矿，完善队伍建设和管理的先进机制，公司狠抓队伍建设，积极推进人才工作机制创新，重点引进急缺人才，大力培养实用人才，努力建设一支数量充足、素质优良、结构合理的人才队伍。积极组织培训，增加参训人员管理知识储备，提升管理水平。

2. 生产管理和开采技术方面对标塔山煤矿和三元煤矿

积极优化巷道支护设计，确定合理高效的支护方案，从而提高矿井单进水平。积极联系科研院校针对井下实施无煤柱开采技术进行了调研论证，为公司以后实施无煤柱开采提供技术支撑。加强现场管理，优化施工工艺，严抓工程治理，切实提高回收率。

（四）综合防突体系工作建设方面

围绕“瓦斯事故是可防可控”的理念，以瓦斯抽采系统保障、瓦斯抽采工程效果和瓦斯治理人才培养为抓手，实现了矿井全年无瓦斯超限、无煤层突出的目标，矿井综合防突体系逐渐完善。

1. 抓瓦斯抽采系统保障

围绕“系统思维”管理要求，通过投运井下移动泵站系统，提升了矿井抽采系统能力，实现了综采工作面上隅角瓦斯不超限；通过调整地面永久卸压抽采系统，提高了抽采泵备用安全系数，实现了卸压抽采系统运行经济合理；通过优化地面永久抽采系统，提升了矿井抽采瓦斯利用量，实现了钻

孔孔口负压 30 kPa 以上，矿井日抽采瓦斯利用量 42000 m^3 以上。

2. 抓瓦斯抽采工程效果

围绕“井下瓦斯抽采精细化”管理要求，通过“瓦斯钻孔施工、抽采日分析会”，及时解决瓦斯钻孔施工和抽采存在的难点，实现了矿井定向钻机日最高施工进尺 1056 m，单孔瓦斯抽采浓度 85%，预抽系统管道内瓦斯浓度 18%，超额完成了全年瓦斯抽采进尺和抽采量。

3. 抓瓦斯治理人才培养

围绕“培训是员工最大的福利”“人才是企业发展最牢固的基石”要求，通过常规业务培训和井下实操，实现了全员防突知识掌握和技能水平提高；通过案例分析研讨，达到了各类管理技术人员的制度标准掌握和预判处置能力提升；通过技术会诊交流，取得了矿井两个“四位一体”综合防突管理水平提升。

山西晋煤集团晋圣坡底煤业有限公司

一、矿井概况

坡底煤业有限公司是晋能控股集团晋圣公司下属生产矿井之一，生产能力 60 万 t/a。井田面积 7.4151 km^2，批准开采 3 号、9 号、15 号煤层，现开采 3 号煤层，平均煤厚 6.16 m，属于低瓦斯矿井，3 号煤层自燃倾向性等级为Ⅲ类不易自燃煤层，煤尘无爆炸性，矿井水文地质类型属中等。

矿井采用斜立井综合开拓方式，布置有主斜井、副立井、回风立井 3 个井筒。采用长壁后退式综合机械化采煤法，综采放顶煤、全部自然垮落法管理顶板。掘进采用综掘工艺，顶板支护为锚网索+钢筋托梁联合支护。

二、主要技术经济指标完成情况

2021 年，矿井生产死亡事故为零，千人重伤率为零，重大非伤事故为零。全年完成原煤产量 10.28 万 t，原煤销量完成 9.55 万 t，完成进尺 2453 m。年度利润总额计划-5991 万元，实际完成-12309.06 万元；生产成本计划 649.55 元/t，实际完成 479.58 元/t。

2022 年，矿井生产死亡事故为零，千人重伤率为零，重大非伤事故为零。全年完成原煤产量 10.2 万 t，原煤销量完成 10.88 万 t，完成进尺 1984 m。年度利润总额计划-16273 万元，实际完成-22683.8 万元；生产成本计划 985.93 元/t，实际完成 927.69 元/t。

三、安全高效矿井建设的主要做法

（一）生产组织方面

1. 加强生产组织管理

合理制定月度作业计划，积极协调组织生产，制定掘进进尺竞赛、提高掘进进尺奖励等一系列办法，激励掘进队组挖掘潜力，提高掘进进尺和单进水平；完善相关管理制度，加强掘进进尺考核；提高掘进队伍领导干部思想认识，强化班组劳动组织，把“掘进进尺就是煤量”的认知执行到班组每个成员；加强跟班干部跟班质量，加强现场管理，合理组织生产，以工程质量达标、安全无隐患、狠抓工序管理，提升单进水平。

2. 加强劳动作业人员培训

班前会强化施工工序交底，让每个干部、职工掌握掘进施工工序，抓好工序管理，控制工序作业时间；通过“老带新、师带徒”等手段提高年轻职工操作水平，提高作业熟练度，缩短工序作业时间，提高单进水平。

3. 加强运输管理和设备检修

成立专业的辅助运输队伍，服务掘进队组运输支护材料及设备，减少运输环节，增长掘进开机时间；合理组织安排，在巷道掘进时铺设轨道、安装绞车，保证轨道铺到工作面 50 m 内，提高运输效率，减少人工运料时间；加强机电设备的检修、维护和保养，将机电设备对掘进的影响降到最低。

4. 加强地质预测预报

通过物探、钻探、化探等手段，强化地质预测预报工作，掌握地质资料，合理制定月度计划；合理优化探放水设计，减少探放水钻孔，减少影响时间。

5. 优化工序管理，提高单进水平

（1）架棚巷道施工方面。优化施工工艺，缩短每道工序的施工时间。原施工工序为综掘机从巷道上部进刀，将巷道割至设计断面后，进行“敲帮问顶”、临时支护、永久支护。采用综掘机从巷道上部进刀，将巷道上部煤体割至具备上梁条件后，先对顶板进行上梁支护，然后再割底煤和扩刷巷道的方法进行改进，原方法割煤后巷道断面大、巷道高、人工抬梁上梁效率低，改进后缩短了架棚支护时间。

（2）大倾角巷道锚网索施工方面。3106 回风巷掘进施工坡度大，巷道平均坡度 25°，最大坡度达 30°。在机组割煤后退机支护制约单进水平，为此在巷道中施工绞车硐室、安装回柱绞车，配合机组倒机，加快机组倒机速度，减少机组倒机影响时间；更换防滑输送带，提高工作面出煤速度。通过以上办法缩短工序时间，提高掘进单进水平。

6. 积极规划布置掘进“热备工作面”

在工作面遇探放水、机电故障、搬家倒面等影响掘进的情况下，到接替工作面进行施工作业，实现掘进不断线，保障了有效的掘进进尺。

（二）安全发展方面

1. 组织各部室修订全矿制度

围绕集团公司、晋圣公司安全发展决策部署，以实用为前提重新对《顶板管理办法》《安全管理制度汇编》《安全生产责任制》《重大风险管控方案》《安全风险责任体系及管理制度》《安全绩效考核办法》《吹哨人管理制度》等生产、安全管理方面制度进行了修订、汇编。

2. 实行“网格化”精益管理

督促各部门、各级负责人落实安全责任，以“点、线、格、网”四级安全包保为重点，制定“网格化”安全包保管理实施细则，开展工作部署，明确包保职责、包保范围、包保要求以及网格化包保现场各专业检查重点内容，通过一周一检查、一周一汇报、一周一推进，逐步提升各级管理人员履职尽责工作，推动安全管理工作持续提升。

3. 强化风险评估与管控

2022 年各级管理人员共辨识、评估各类风险 77 条，其中，重大风险 5 条，较大风险 12 条，一般风险 34 条，低风险 26 条。为确保风险管控有效，针对性对每条风险制定了管控措施。以“周五活动日”“安全生产风险隐患大排查、大整治、大提升活动”、月度全覆盖安全大排查以及矿领导带班检查等方式对重大风险管控措施执行情况进行重点排查，保障各类风险管控措施执行到位，所有风险处于受控状态。

（三）技术创新方面

（1）完成“3106 运输巷‘zhck4 物探异常区’专项定向钻机验证”技术革新。为解决 3106 运输巷工作面过小窑破坏区顶板破碎支护困难等问题，通过采取密闭注浆措施，预先充填采空区，加固煤（岩）体，使 3106 运输巷顺利通过小窑破坏区，为后续掘进工作面过小窑破坏区及过构造顶板管控积累了宝贵经验。

（2）为提高掘进单进水平，积极探索优化掘进工作面支护设计，掘进工作面“锚网索”支护由原来“锚杆间排距 800 mm×800 mm”，优化为“间排距 800 mm×1000 mm”，在保证巷道支护效果不变的情况下，支护材料消耗减少，节约了支护材料，提升了掘进效率，实现了“降本增效”的目标。

（四）智能绿色方面

（1）矿井水处理站设计能力为 50 m^3/h（1000 m^3/d），采用调节—混凝—沉淀—过滤—超滤的处理工艺。设备运行正常，各项运行记录完善。生活水处理设计能力为 10 m^3/h（240 m^3/d），采用预处理+改进增强型生物处理技术，生活废水经由生活水处理站处理后，全部回用不外排。生活水处理站设备运行正常。

（2）运煤道路实施了植物和工程防护措施，并做临时围挡和遮盖，制定了详细的生态补偿方案。

（3）在储煤棚门口位置增设了一台 TSP 无组织颗粒物在线监测系统，设备运行正常；带式输送机转载点收尘装置设备运行正常；完成矿区内所有非道路移动机械编码登记、悬挂环保标牌等工作并实现了达标排放，消除了冒黑烟现象。

（4）加强污染物达标排放或合法处置管理力度，降低“红黄黑牌”风险；企业污染治理设施操作人员、化验人员等上岗持证率达 100%。

山西晋煤集团晋圣三沟鑫都煤业有限公司

一、矿井概况

晋圣三沟鑫都煤业有限公司隶属晋能控股煤业集团晋城煤炭事业部晋圣矿业投资有限公司。井田位于沁水县龙港镇可陶河村、杏峪村一带，行政区划隶属沁水县龙港镇管辖。矿井生产能力 60 万 t/a，井田面积为 5.3645 km^2，煤种为无烟煤，批准开采 2～15 号煤层。矿井采用平硐开拓方式，中央并列式通风方法，矿井为低瓦斯矿井，煤尘无爆炸危险性，15 号煤层为自燃煤层。井田水文地质类型为中等。2021 年 9 月通过了二级安全生产标准化矿井验收。

二、主要技术经济指标完成情况

2021 年计划产煤 60 万 t，计划进尺 4166 m，2021 年实际完成原煤产量 59.3 万 t，掘进进尺 4620 m，超计划完成产量进尺任务。全年完成营业收入 27349 万元，同比增幅 263.54%；利润完成 1278 万元，同比由负转正；人均收入 9.9 万元，同比增幅 20%；全年实现安全生产零死亡，保持了安全生产长周期。2022 年计划产煤 60 万 t，计划进尺 4240 m，2021 年实际完成原煤产量 59.8 万 t，掘进进尺 4240 m，超计划完成产量进尺任务。全年完成营业收入 32010 万元，同比增幅 17%；利润完成 13709 万元，同比增幅 1072%；全员劳动生产率达到 37.03 万元/(人·年)，同比增幅 185.07%；人均收入完成 12 万元，同比增幅 21%；全年实现安全生产“零”死亡，保持了安全生产长周期。

三、安全高效矿井建设的主要做法

（一）安全生产方面

1. 从严压实安全主体责任

严格落实安全生产主体责任，各单位认真分析研判安全风险，准确把握、精准应对。严格落实“想安全、控风险、治隐患、盯变化”责任，紧盯干部安全履职和员工安全行为，严格按照“系统思维，把握大局，严肃认真，注重细节”工作要求，增强政治站位，进一步提高思想认识，深刻领悟安全是前提和保障，做到安全生产主体责任不会变的责任意识，形成“人人头上有指标，安全生产共肩挑”的管理格局，围绕“五落实”确保“五到位”。一是要落实“党政同责”要求，进一步建立健全党政同责、齐抓共管、失职追责、共同担责的安全生产责任体系。二是要严格贯彻法律法规、行业标准和技术规范，落实《山西省关于落实煤矿企业安全生产主体责任的实施意见》《全省重点行业领域生产经营单位主要负责人安全生产履职尽责承诺制度》《煤矿安全监察专员制度》要求，依法依规落实主体责任，实现安全管理“五到位”。

2. 从严压实业务保安责任

各单位履行管专业、管系统职责，对安全生产承担业务保安责任，要紧紧围绕全年安全生产目标，认真研究制定分管专业年度重点工作，分解任务、落实责任，明晰工作职责，理顺业务流程，立足于超前管理、超前防范，加强业务协调和技术研究，强化专业管理制度、技术规范标准学习。针对安全生产中出现的新情况、专业管控难点和薄弱环节，深入现场进行业务指导、技术服务，加强对分管业务的监督，发挥好业务把关和技术指导作用，做到责任明确、重点突出、管控到位。研究制定分管专业年度安全工作安排，对照上级规章制度，结合业务重点和薄弱环节，制定管理制度，明确专业标准，完善工作流程，使现场执行更具有指导性和操作性。

（二）技术创新方面

1. 优化主、辅运系统

2021 年主要对主运系统进行了优化，主运系统经过改造后采用集控装置，主要大巷带式输送机可在集控室进行启动，减少了带式输送机间接启动时间，各带式输送机岗位安装了监控系统，减少了岗位人员，提高了生产效率。

2022 年对井下辅运系统进行了优化，矿井辅运系统主要为轨道运输，利用无极绳进行运输，为了保证矿井安全高效发展，在运输线路及无极绳梭车上加装了在线监控系统，有效保证了安全运输，减少了运输事故的发生。

2. 化回采系统优

矿井采掘安排为 1 采 2 掘，2022 年矿井综采工作面分别采用了小煤柱、无煤柱两种技术，XV1302 工作面采用了小煤柱开采技术，XV2301 综采工作面采用了沿空巷无煤柱开采技术，两种回采技术实施效果均较好。

2021 年井下回采工作面采用小煤柱开采，由原先的 15 m 煤柱缩短为

7 m 小煤柱，多回收了 8 m 煤柱，提高了资源的回收率。2022 年回采工作面采用了切顶卸压沿空留巷无煤柱开采技术，较小煤柱多回收 8 m 煤柱。2022 年矿井利用无煤柱、小煤柱开采多回收煤量近 3 万 t，节省巷道掘进量近 900 m，有效保证了采掘衔接正常接替，在掘工作面均为机掘工作面，单进水平达到了 300 m/月。2022 年，小煤柱工作面多回收 1 万 t 煤量，无煤柱工作面多回收 2 万 t 煤量。

3. 矿压监测系统改造

综采工作面支架安装了在线监测系统，可通过地面监测系统实时监控，取代了原先人员下井采集数据工序，节约了劳动成本，提高了工作效率。

4. 防灭火系统提升

2022 年矿井完成进行注氮系统安装，矿井采用注氮和喷洒阻化剂相结合的综合防灭火措施，同时建立矿井火灾监测监控系统，预防矿井火灾发生，提升了矿井防灭火管理。

通过对井下主、辅运系统，工作面回采系统，矿压监测系统、水文动态监控改造，缩减了岗位人员，合理利用在岗人员，提高了劳动效率。

山西晋煤集团晋圣松峪煤业有限公司

一、矿井概况

晋圣松峪煤业有限公司（以下简称“松峪煤业”）成立于2011年4月15日，隶属晋能控股集团晋圣矿业投资有限公司。矿井位于晋城市沁水县中村镇松峪村北一带，井田面积7.1818 km^2，煤种为无烟煤，批准开采煤层为2~15号煤层，可采煤层有2层，为2号、15号煤层。2号煤层平均厚度1.85 m，15号煤层平均厚度2.63 m。矿井设计/核定生产能力为60万t/a。矿井采用斜井开拓方式，中央分列式通风方法，矿井为低瓦斯矿井。2号煤层自燃等级为Ⅲ类，属不易自燃煤层；15号煤层自燃等级为Ⅱ类，属自燃煤层。2号、15号煤尘均无爆炸性，井田水文地质类型为中等类型。

矿井2号、15号煤工作面均采用长壁综采一次采全高采煤法，全部垮落法管理顶板。矿井通风方式为中央分列式，通风方法为机械抽出式。矿井共有3条进回风斜井，其中，主斜井、副斜井为进风井，回风斜井为回风井。

二、主要技术经济指标完成情况

2021年矿井完成产量59.86万t，掘进总进尺3546 m。矿井实现综合单产60400 t/(个·月)，原煤工效7.04 t/工，吨煤开采综合能耗15.26 kW·h；2021年严格成本管理，完成利润-2874万元，职工人均收入8.7万元，高于行业平均水平和本省煤矿平均水平。

2022年矿井完成产量54.9万t，掘进总进尺2974 m。矿井实现综合单产55000 t/(个·月)，原煤工效11.07 t/工，吨煤开采综合能耗14.37 kW·h；2022年严格成本管理，完成利润-10994.96万元，职工人均收入10.18万元。

三、安全高效矿井建设的主要做法

（一）安全生产标准化达标方面

1. 强化宣传引导

在全矿范围内树立“标准化工作就是矿井的基础工作，只有基础工作干扎实，矿井才能持续良性发展”的理念，成立以矿长为组长，其他矿领导为副组长，科室、队组管理人员为成员的标准化管理领导小组，在全矿范围内形成齐抓共管标准化的工作风气。形成全员学贯标准化的工作氛围，在全矿范围内大力开展“学标准、懂标准、用标准”培训学习，从领导到员工，一级培训一级，确保所有员工都能上标准岗、干标准活，促进煤矿安全平稳发展。

2. 加强监督管理，形成常态化检查机制，以问题为导向，促进矿井标准化工作的提升

大力开展基础整治工作，每月由各个专业科室制订本月整治项目，每周由安全科牵头，各个专业科室进行监督检查，确保整治一项、达标一项，从细微处不断提升标准化工作。通过制定文明生产整治文件，定目标、定时间、定标准，将井下各巷道、头面、水仓划分到具队组，形成队组具体包保现场、科室包保队组的模式，开展常态化检查，促进井下标准化工作的不断提升。

3. 加强矿井基层管理，从基础方面提升矿井标准化工作提升

以岗位为基础，不断推进岗位流程标准化建设，做到人人按岗位流程作业，进一步规范公司井下作业行为，夯实煤矿安全管理基础。以班组为基本，大力开展班组建设，大力发展基层班组在标准化工作中的作用，形成班班标准化达标，充分发挥班组长在标准化工作中的重要作用，进一步提高了班组标准化水平。加强了跟班干部及班组长、安检工对现场的监督检查，确保了标准化工作达标。

（二）矿井自动化、信息化建设方面

1. 安全监控系统

装备了 KJ340X 煤矿安全监控系统，实现了矿、县、市、省四级联网。按照《煤矿安全监控系统及检测仪器使用管理规范》的要求，配置传输接口 1 台、打印机 1 台、不间断电源 1 台。系统主干线沿主斜井和副斜井井筒分别引至井下分站。中心站配备录音电话。

2. 产量监控系统

装备了 KJ219 产量监控系统，该系统由秤体、传输分站、视频监控、远程数据上传控制服务器终端组成。系统监控主机设置在调度室，主斜井带式输送机安装实时监控设备，可有限监测矿井产量任务，该系统定期由专业技术人员进行调校，能及时、有效、准确反映矿井产量情况。

3. 通信联络系统

装备了 KTJ-115 型矿用程控通信交换机，行政、调度合一。另外，矿井还装备了 KT154 型矿井无线移动通信系统和 KTK125 型煤矿井下安全语音

广播系统。

4. 工业显示大屏系统

工业电视系统控制后台、大屏安装在矿调度室，后台由解码器、存储系统组成，显示大屏可显示矿井井下各主要地点的监控视频图像。

（四）绿色开采方面

1. 废水污染防治

矿井水处理站安装有高效齐全的水处理设施及配套设备，建有调节池、清水池、污泥池，矿井井下水从井下排上来后直接送至矿井水处理站处理，采用混凝、沉淀、过滤、消毒的处理工艺，处理能力为20 m^3/h，处理后的水达到地表Ⅲ类水标准，主要用于用于井上下洒水降尘。生活污水处理站安装有高效齐全的污水处理装置及配套设备，建有初沉池、污泥池、清水池各一处，食堂、澡堂、办公楼及宿舍等生活废水通过管道汇集到生活污水处理站，采用地埋式一体化设备出水进入消毒池，利用二氧化氯发生器现场制备二氧化氯，对废水进行消毒处理，处理能力20 m^3/h，处理后的水达到地表Ⅲ类水标准，全部用于地面消尘、绿化。

2. 固体废弃物处理

矿井掘进矸石灰分高，发热量低，量少，主要用于充填荒沟、充填沉陷区等。矿井水处理站污泥主要成分是煤泥，全部掺入末煤产品销售；生活污水处理站污泥主要成分是有机物质，可改善表土养分，主要将其用绿化施肥。生活垃圾成交由当地环卫统一处理。

3. 大气污染防治措施

（1）废气污染防治。生活及矿井冬季取暖采用电磁锅炉、燃气锅炉，有效减少了大气污染。

（2）煤粉尘污染防治。在工业场地内建设全封闭输送带栈桥和全封闭储煤棚，使煤炭场内输送在封闭环境中完成，减少输送过程中煤尘逸散造成的污染环境。此外，设计输送带转载处设置喷雾进行洒水降尘。全封闭储煤棚安装有全断面洒水喷雾设施，满足清洁生产的要求。场区内扬尘主要为运煤汽车产生的道路扬尘。首先，控制运煤汽车装载量，严禁超载，加盖篷布，对进出场运煤汽车全部加盖封闭，对车轮进行清洗。其次，对运输道路路面进行修整，出现损坏及时修复，定期洒水清扫，减少道路表面粉尘。

再次，在运输道路两侧植树绿化，选用适宜当地生长且对有害气体抗吸性及滞留力强的树种，如松柏、国槐、垂柳等，既可减少粉尘污染，又可绿化美化环境。

山西晋煤集团晋圣亿欣煤业有限公司

一、矿井概况

晋圣亿欣煤业有限公司是兼并重组整合煤矿，2016 年 10 月 31 日投产，矿井核定生产能力为 300 万 t/a，井田面积 31.3645 km^2，井田含煤 13 层，煤层总厚度为 5.18 m，含煤系数 4.40%。其中，2 号、15 号为可采煤层，可采煤层总厚约 3.70 m。矿井水文地质类型划分为中等。

矿井通风方式为混合式，通风方法为机械抽出式。矿井瓦斯鉴定结果为低瓦斯矿井，采掘工作面均按规定配足风量来稀释瓦斯；15 号煤层自燃倾向性为Ⅱ类，属自燃煤层；煤尘无爆炸性。2 号煤层自燃倾向性等级为Ⅲ级，性质为不易自燃，煤尘无爆炸性。

二、主要技术经济指标完成情况

2021 年完成原煤产量 290.47 万 t，全年掘进总进尺完成 17107 m，实现利润 25416 万元。原煤工效 14.20 t/工。杜绝了重伤及重伤以上事故。塌陷土地治理率为 100%，煤矸石综合利用率为 100%，矿井水利用率为 100%，严格执行有关环保文件精神，未发生破坏环境事故。

三、安全高效矿井建设的主要做法

（一）网格化筑牢安全防线

认真贯彻落实“系统思维，把握大局，严肃认真，注重细节”总要求，进一步健全完善矿井大安全管理系统，延伸和拓展安全管理体系，明确和细化“点、线、格”安全包保重点，规范工作流程，推进主体责任落实和安全管理制度落实，推动“网格化”安全精益管理实际落地，筑牢安全防线。

1. “格”

（1）定位：突出管“格”，格段安全自治，严格执行抓安全 11 条重点，强化想安全、布置处理重大隐患和涉事故隐患、组织处理变化作业的责任落实，建立专业把关、层级负责、岗责对应的安全包保责任体系，推动全员安全责任落实。

（2）定人：董事长及生产系统班子成员、副总工程师、董事长助理为一级安全网格负责人。

（3）包保范围：①矿领导包盘区，每周要对包保盘区所有作业点及边远地带、盲区死角，从技术、管理、行为以及措施落实上开展全覆盖排查；②安全监察专员包高风险作业，下井带班期间对爆破、排放瓦斯、巷道贯通、动火作业、火区封闭和启封、过地质构造、探放水等高风险作业关键环节实施安全包保，现场盯防，严格井下交接班，坚决杜绝空岗、脱岗。

2. “线”

（1）定位：突出管“线”，强化系统保安，严格落实安全生产1号令，以及“五个十严禁”等规定，严厉打击隐患排查治理“十假”行为，建立专业把关、岗责对应的安全包保责任体系，推动业务保安责任落实。

（2）定人：生产调度部、安全管理部、通风管理部、机电管理部、地质测量部正职、副职、技术主管为二级安全网格责任人。

（3）包保范围：业务部室正职、副职、技术主管包工作面。每周对所包保采、掘作业地点规程措施落实、设备设施、工艺工序以及员工安全行为开展不少于1次的精细化排查。

3. “点”

（1）定位：突出管“点”，以点带面、关联辐射，切实管住作业区域易诱发事故的人为细节和管理、设施不被重视的因素，抓好每一个环节节点、时间节点、岗位地点的安全责任落实，消除安全管理时空盲区和环节盲点。

（2）定人：区队正职、副职、技术员、班组长、安检工、瓦检工、验收员等为三级安全网格负责人。

（3）包保范围：区队正职、副职、技术员、班组长、安检工、瓦检工、验收员等，以每班为周期，对作业区域开展安全包保工作。

（二）标准化管理由点破面，紧抓现场

1. 精准激励推进标准化建设

为推进安全管理部全体人员都参与到标准化整治工作中，鼓励当班安检工对当班头面沿途发现的标准化问题进行排查，经当班跟班干部签字确认，后交标准化办公室。当月标准化办公室按个人查问题条款数量进行奖励。通过精准激励井下现场安检工，促进区队现场标准化问题及时发现、及时整改，大大提高了井下现场标准化建设。

2. 督查促进标准化高质量建设

设置标准化督导组，每旬对业务部室和区队的标准化开展情况进行督导，每旬至少完成1次对井下所有工作地点的全覆盖检查，并最终形成对各个业务部室专业及各作业区队的旬度打分。督导组成员每旬报送至标准化办公室的分数要有考核依据（带“三定表”和打分明细）。标准化办公室每个月将所有部室及每个区队的三次分数进行汇总平均后作为专业部室和作业区队当月的督导得分。

3. 区队互检，推进标准化对标建设

每月组织井下所有区队进行交叉互检，每月各个区队的互检得分作为区队当月的标准化互检最终得分。区队互检时，原则上由相同或者相近专业的区队进行互检，通过区队互检的方式，让相同或相近专业的区队互相学习，互相发现问题，推进现场标准化对标建设。

4. 细节整治，促进标准化水平提升

为了促进标准化水平提升，制定出工作面现场文明生产专项整治情况检查表，将生产材料码放、生产牌板悬挂、掘进巷道成型、综合防尘、管线吊挂等逐项列入其中，并将检查标准罗列入内，大大提升了标准化检查的效率，同时，不断更新检查的内容，先从表面、简单的标准化问题进行整改，再由浅入深进行系统整治，通过细节整治，促进了标准化水平提升。

（三）加大培训力度，推进人员素质建设

1. 专业技术人员培训“接地气”

为提高培训实用性，结合各区队、部室实际工作内容和井上下现场情况，制定每周的培训内容。同时，设置好课前问题，让专业技术人员带着问题听课。另外，还专门设置了课后互动问题奖品，教师提问的问题就是课程的内容，大大提高了培训人员的积极性。

2. 事故警示教育“现身说法”

将事故警示教育作为提升员工安全基本素质的重要手段。完善事故案例警示教育活动机制，及时发布事故警示信息，定期组织员工观看事故警示教育片，观看的同时以小组为单位进行讨论，思考如果发生该类事故时该如何处理，进行“现身说法”。促进全员深刻吸取教训，开展安全反思，强化全员安全意识。

3. 严格把关，确保关键岗位培训到位

亿欣煤业对关键岗位的职工培训严把关，确保培训到位，针对井下关键作业岗位，不定期抽问各关键岗位的人员，同时，将各岗位作业内容流程化、清单化，制作岗位流程规范牌板，直接悬挂在井下作业现场，确保各岗位作业规范化、标准化。

山西晋煤集团坪上煤业有限公司

一、矿井概况

坪上煤业有限公司位于晋城市沁水县端氏镇，紧邻沁河，环境优美，井田范围内有侯月铁路、润端公路，交通运输十分便利，矿井地质构造简单，煤质优良，批准开采3~15号煤层，井田面积为9.4222 km^2，设计服务年限22 a，为高瓦斯突出矿井。井田内3号煤层共获得各类资源量71.16 Mt，矿井工业储量为70.13 Mt，矿井设计储量为39.11 Mt，矿井设计可采储量为27.73 Mt。矿井核定生产能力为90万t/a。

矿井现开采3号煤层，3号煤层按照东翼一盘区和西翼的二盘区划分，采用走向长壁后退式综合机械化采煤法。矿井采用斜井开拓方式，全井田共布置4个井筒，分别是运输主斜井、运料副斜井、行人斜井、回风立井。矿井采用中央并列式通风方式。

二、主要技术经济指标完成情况

2021年生产原煤89.32万t，掘进进尺总量6572 m，瓦斯抽放量1.25×10^8 m^3；瓦斯抽放进尺514491 m；销售收入8.15亿元，实现利润3.60亿元，人均收入13.6万元；原煤工效5.05 t/工；百万吨死亡率为零。

三、安全高效矿井建设的主要做法

（一）组织机构再优化

根据“六定”工作要求，矿井重新对组织机构进行科学优化。综合办公室按职能优化调整为人力资源部、行政办公室、经营考核部、后勤服务中心、生产服务中心5个管理部室；将生产调度部按业务职能划分调度指挥部、生产技术部、地质测量部3个生产业务部门；取消了机构设置，分别成立了通风队、设施队、防突队、监测监控队、探放水队5个独立队组。通过矿井机构优化调整，实现了“专业的部门管专业的事、专业的队伍干专业活”的目标，提高了工作效率，推进了矿井的高产高效建设。

（二）狠抓标准化工作

1. 健全机构完善制度

建立了“一把手”抓安全生产标准化工作的责任体系，传递压力，落实责任，全面推动标准化工作有效开展。以建立“双重预防性工作机制”和“质量标准化”三位一体工作体系为抓手，形成了以“公司领导督导，专业部室监管，基层区队自主管理”的标准化层级工作体系。制定了安全生产标准化创一流的中长期目标和提升方案，修订完善了岗位操作标准，强化岗位标准的落实，提升了岗位达标水平，真正实现了安全生产标准化岗位达标、动态达标、本质达标。

2. 深入开展标准化培训

将安全生产标准化培训纳入矿井全年培训计划，采取了领导亲自上讲台授课方式，从上到下、层层推进、逐级引领，分批次组织干部职工进行学习，促使员工主动学习标准、掌握标准、执行标准。在提升职工理论素养后促进了职工操作水平的提升，实现在高效的同时高标达标的目标。

（三）夯基固本强安全

积极推行“网格化”安全包保管理，通过“周五安全活动日”组织全覆盖大检查，加强边远区域日常巡查，加强隐患整改和考核力度，确保现场安全；强化基础工作，分 7 个专业下发精细化清单 314 条，精准指导现场工作；深入开展“领导干部上讲台”“下沉一级结对子”活动。推行数字化管理，保证职工易执行、验收人员好验收、管理人员易把控。

（四）瓦斯抽采保安全

积极探索瓦斯治理新方法、新途径，狠抓瓦斯抽采环节管控，采用“顺层条带钻孔+顶板梳状钻孔”工艺，全方位、立体式对掘进工作面进行消突，确保各掘进工作面安全掘进；规范打钻现场施工工序，从钻机开工验收、钻孔封孔注浆、退钻进尺验收等环节进行有效规范，真正将“真打钻、打真钻”落实到位。打钻质量和进尺到位是保证瓦斯抽采的先决条件，配合抽采管路日常巡查和实施监控确保瓦斯抽采效果，以及回采和掘进工作的安全高效推进。

（五）科技创新提效率

通过制度的优化，明确奖励分配，保证参与创新的职工可以得到丰厚的奖励。2021 年全矿共计完成论文 4 篇，实用型专利 5 项，矿井井上下实用科技创新 75 项。在这些创新成果的帮助下顺利完成全年 89.32 万 t 的原煤生产任务，取得了销售收入 8.15 亿元、利润 3.60 亿元、百万吨死亡率为零的可喜成果。

（六）提高单进水平

1. 优化掘进头面生产组织

受瓦斯因素制约，我矿上层掘进头面每掘进 7 m 需进行 3~4 h 的防突作业，对有序生产冲击较大，因此，公司组织专业人员深刻剖析生产组织过程，将“三八制”作业变更为“四八制”，将检修时间分成两个时段，并利用检修时间完成防突作业，提升了掘进效率。

2. 优化支护设计

定期对顶板岩性进行探测结合“该强则增强、需弱则减弱”的顶板管理原则，调整顶部锚索位置，降低顶部锚杆数量，每掘进一排减少支护锚杆 1 根，每日可减少支护用时 1 小时，大幅度提升单进水平。

3. 以孔代巷，减少横川施工数量

根据瓦斯治理要求结合现场情况合理实施“以孔代巷”优化瓦斯治理工艺；通过上述优化，2309（上）工作面比原计划提前 85 d 圈定，实现坪上煤业首次突出煤层长距离掘进 530 m 一次性贯通。

（七）提升人员素质

大力实施“一册、一库、一训、一考”，全年共组织培训 82 期，全年新增高级工 5 人、技师 13 人，现有高级工 526 名、技师 25 名。通过开展岗位技能竞赛活动，搭建员工成长平台，我矿职工在岗位技能竞赛活动中分别获得国家级技能大赛一等奖和省级第四名的好成绩。

（八）提升职工幸福指数

全力开展“我为群众办实事”实践活动，领导班子与普通党员每人领办一件实事，完成了修缮职工澡堂、为全矿职工发放凉席、安装智慧书柜、整合室内文娱活动场所、开设二楼自助餐厅、建设新能源汽车充电桩等 92 件实事，切实解决了职工关心的难点热点问题。举办“我把春天献给党”主题摄影展、“永远跟党走”音乐朗诵会、“学百年党史行青春使命”徒步行等活动，丰富职工业余文化生活，进一步提升职工幸福感。

山西晋煤集团沁秀煤业有限公司岳城煤矿

一、矿井概况

沁秀煤业有限公司岳城煤矿（以下简称“岳城煤矿”）于 2003 年开工建设，设计生产能力 90 万 t/a，2009 年投产，后期通过系统改造和优化，在 2011 年设计生产能力及核定生产能力均提升为 150 万 t/a。井田面积 13.806 km^2，采用斜井开拓，井田内有可采煤层两层，为 3 号和 15 号煤层，可采煤层总厚度 9.64 m，现采 3 号煤层，平均厚度 6.13 m，可采储量 3219.7 万 t；15 号煤尚处于基建阶段，正在施工首采面工作面巷道及工作面巷道横川。

二、主要经济技术指标完成情况

2021 年度原煤产量 149.58 万 t，掘进进尺 13520 m，原煤工效 8.36 t/工，百万吨死亡率为零，实现利润 74167 万元。2022 年度原煤产量 149.14 万 t，掘进进尺 11343.6 m，原煤工效 8.35 t/工，百万吨死亡率为零，实现利润 46158.79 万元。

三、安全高效矿井建设的主要做法

（一）强统筹、抓重点，高效率生产组织

严格遵循“有计划、按比例、可持续”原则，牢固树立“抽采为源、进尺为泉、产量为本”理念，遵循“掘进为抽采服务、抽采为掘进保障”思路，合理组织、高效生产，实现了衔接有序、三量平衡。

1. 突出空间抽放

围绕“三个空间”瓦斯治理思路，创新运用“地面采动井抽放、采空区抽放、穿层钻孔抽放”三元抽放模式，缓解了瓦斯“瓶颈”。积极开展 U 形通风系统试验工作，综合运用高抽钻孔、大孔径高位钻孔、倾向中位钻孔和穿透孔等瓦斯治理方式，不断提高抽采效率，连续七年抽采量破亿立方米。

2. 注重采掘衔接

按照“年、季、月、周、日、班”层级组织模式，树牢“抓生产就是抓准备”理念，一手抓准备、一手推安装，为生产组织创造最大富余系数，实现了采掘头面无缝对接，创建并实现了“百万吨综采队、五千米综掘队和亿方抽采队”的建设目标，单产水平较 2020 年提升 5%，单进水平较 2020 年提升 10%。

3. 推进创新建设

综采工作面积极推广柔性网末采施工工艺，提高末采效率。并成功在 2302（上）工作面、1310（下）工作面、1311（下）工作面进行应用，较原施工工艺末采工期平均节省 4 d，施工效率提升 40% 左右。

4. 持续优化工艺

（1）优化支护设计，减少支护时间。优化 3 号煤二盘区巷道支护设计，调整顶部锚索位置代替锚杆支护，减少顶部锚杆支护数量，实现每掘进一排减少支护锚杆 1 根，每日可减少支护用时 2 h，日进尺由 9 m 稳步提升至 10 m，掘进效率提升 11% 左右。

（2）调整施工方案，降低施工难度。矿井 2303（上）工作面巷道 23032 巷为顶板巷道，23034 巷为底板巷道，巷道间距 19 m，落差 3 mm，联络横川坡度为 7°58′。及时调整 23034 巷施工方案，由沿煤层底板掘进变更为沿煤层底板以上 1 m 掘进，从而降低两巷落差，将联络横川坡度降至 3°43′，单个横川施工工期由原 7 个班缩减至 5 个班，横川掘进效率提升 28%。

（3）优化施工工艺，减少施工环节。瓦斯抽放钻场外宽为 7 ~ 8 m，机掘施工期间需分次成巷，效率较低。因此，对钻场施工工艺进行优化，正巷掘进时将钻场第一排同步掘出，有效减少了单独施工时间，单个钻场施工工期由 4 个班降至 3 个班。

（4）优化生产组织，提高掘进效率。受瓦斯因素制约，上层掘进工作面生产期间需进行防突检测作业，对正常生产造成较大影响。因此，通过调研分析、合理组织等措施，将“三八制”作业方式变更为“四八制”，将检修时间分为两个时段，并利用检修时间完成防突作业，从而提升掘进效率，日进尺由 10 m 提升至 12 m。

（二）强执行、抓落实，高标准现场管控

1. 突出主体安全

深入践行安全发展理念，全面落实各级安全会议精神，完善安全管理制度，明确安全管理责任，突出风险管控重点，强化隐患排查治理。

2. 突出专业安全

（1）瓦斯治理方面。围绕瓦斯“突管更能突围”目标，严格落实两个“四位一体”防突措施，持续提升矿井“突围”能力，做到了“两个指标”可控。

（2）“一通三防”方面。树立“人人都是通风员”理念，坚持“井上下联合抽采”瓦斯治理模式，做到瓦斯“不积聚、不突出、不误报、不超限”。

（3）顶板管理方面。坚持主动支护，严格落实“煤帮准入制”，制定完善顶板包保巡查体系，做到顶板“不失修、不空顶、不冒顶”。

（4）地测防治水方面。坚持“无水害不等于无水患”理念，构建“七位一体”水害防治工作体系，做到“不漏探、不盲进、不透水”。

（5）辅助运输方面。严格执行“行人不行车、行车不行人、不作业”规定，认真落实“五不一确保”和“掉道汇报监管制”等措施，全力构建“无极绳绞车为主、小绞车受控”的运输系统，做到辅运作业“不掉道、不翻车、不跑车”。

（6）薄弱环节方面。牢固树立“规程措施是第一保险、现场监督是双保险、持续提高是最保险”理念，全力抓好重点工程、变化条件、零星工程、边远散单等薄弱环节管理，做到“不漏管、不脱管、不失控”。

3. 突出机制安全

（1）构建安全系统工程体系。通过系统安全分析、安全评价、安全决策和事故控制，实现系统安全保障矿井安全。

（2）健全安全生产责任体系。按照“有岗必有责、有责必追责、失职必问责”要求，做到安全投入到位、安全培训到位、基础管理到位、应急救援到位。

（3）完善安全诚信体系。利用安全信息管理平台，健全安全诚信考核机制，倡导和推进安全诚信建设，做到有令必行、有禁必止、规范作业。

4. 突出服务安全

（1）引申安全文化建设。开展安全理念进区队、进班组、进头面活动，将安全文化渗透到制度建设、管理机制和职工行为规范过程中。

（2）狠抓干部作风转变。强化全员履职尽责意识，做到“领导带头干，服务到现场”。

（3）推进安全综合管理。牢固树立大安全意识，坚持党政工团齐抓共管，构建全员、全过程、全方位的管理格局。

（三）强预算、抓管控，高水平经营管理

1. 突出预算刚性

树立“管业务必须管预算”理念，构建“专业自治、区队自主、班组自控、岗位自律”四层预算框架，充分体现预算管理的科学性、严肃性和权威性。

2. 强化成本管控

认真践行“人人都是预算员，岗位就是利润源”理念，遵循“有计划、有落实、有结果、有评价”原则，突出抓好“能加工不投入、能自用不弃用、能自修不委外”三项工作。

3. 注重多元创效

全员树立“人人为成本而算、个个为效益而干”理念，围绕“节支提升、资源提升、块率提升、气量提升、管理提升”重心，大力开展创新创造、小改小革等工作，全年共完成创新项目 165 项，特别是创新试验“构筑隔离墙沿空留巷”项目，为无煤柱开采技术提供了有力支撑，累计创新提效 624.2 万元。

山西晋煤集团阳城晋圣固隆煤业有限公司

一、矿井概况

固隆煤业有限公司是晋能控股集团晋圣公司下属生产矿井之一，生产能力 120 万 t/a。井田面积 13.0311 km^2，批准开采 3 号、15 号煤层，现开采 3 号煤层，平均煤厚 3.95 m，属于低瓦斯矿井，3 号煤层自燃倾向性等级为Ⅲ类不易自燃煤层，煤尘无爆炸性，矿井水文地质类型属中等。

矿井开拓方式为斜井开拓，工业广场范围内布置主斜井、副斜井和回风立井 3 个井筒。矿井采用长壁后退式综合机械化采煤法，综采放顶煤、全部自然垮落法管理顶板。掘进采用综掘工艺，顶板支护为锚网索+钢筋托梁联合支护。

二、主要技术经济指标完成情况

2021 年矿井生产死亡事故为零，千人重伤率为零、重大非伤事故为零。全年完成原煤产量 109.45 万 t，原煤销量完成 109.45 万 t，完成进尺 5178 m。全年利润总额计划 12891 万元，实际完成 36587.38 万元；生产成本计划 275.70 元/t，实际完成 248 元/t。

2022 年矿井生产死亡事故为零，千人重伤率为零、重大非伤事故为零。2022 年完成原煤产量 112.5 万 t，原煤销量完成 112.5 万 t，完成进尺 5323 m。全年利润总额计划 31500 万元，实际完成 42128.60 万元；生产成本计划 421.45 元/t，实际完成 414.9 元/t。

三、安全高效矿井建设的主要做法

（一）生产组织方面

根据巷道断面尺寸合理安排平行作业支护钻机或凿岩机数量，提高平行作业系数。合理安排工序衔接，减少杂冗时间的浪费。交接班期间，安全检查时同步完成材料、工器具倒运工作；机组截割时，同步完成编码等准备工作；顶板支护与上半部帮支护平行作业，下半部帮支护根据围岩条件进行预留、跟进补打；检修班在检修期间，同步完成铺底、延伸管路、清理浮煤、标准化建设等辅助工作。

积极规划布置掘进“热备工作面”，在工作面遇探放水、机电故障、搬家倒面等影响掘进的情况下，到接替工作面进行施工作业，实现掘进不断线，有效保障了掘进进尺。

装备两套综放工作面设备，在综放工作面搬家倒面期间，到备用工作面进行施工作业，实现生产不断线，有效保障了生产效率。

（二）安全发展方面

围绕集团公司、晋圣公司安全发展决策部署，紧扣“安全、效益、效率”三大核心，重新对《安全管理制度汇编》《安全生产责任制》等安全管理制度进行了修订、汇编，积极探索自主管理模式。明确“三违”标准，认真梳理出 32 个岗位、工种“三违”标准，制定了 600 余份岗位工种“三违”卡片，有效提升了员工“三违”防范意识。强化安检工队伍建设，制定“安检工工分分配制度”及实施细则，每日五题学习，每周召开安检工例会，每月闭环考试，切实强化安检队伍管理。

积极推行“干部上讲台、培训到基层”的授课方式，学标准、用标准、懂标准。采取“走出去、请进来”的学习模式，邀请兄弟单位专家到矿指导。按照“专业管理流程化，制度建设规范化，岗位操作标准化，现场管理精细化”的原则，下大力气推动现场管理工作。每月由矿领导带队开展一次自查自纠活动，各专业对照标准，逐条逐项查找不足，安全工作稳步向前推进。

（三）技术创新方面

与河南理工大学展开合作，开展了黄泥互层顶板专项支护设计、1309 过空巷矿压控制及支护技术研究以及小、无煤柱技术评价及 15 号煤衔接优化等项目，从技术上保障了安全生产，尤其是特殊生产条件下的支护等生产重点环节。自主完成三一盘区 1310 采煤工作面设计；完成三三盘区设计，一定程度上缓解了矿井生产衔接紧张的情况；牵头调整 1310 出煤系统设计，通过设计优化，减少了 1310 出煤设备及岗位人员数量，大大提升了生产效率。

为解决 1301 工作面煤壁松软、片帮、顶板漏矸等问题，防止工作面片帮范围扩大，通过采取注浆措施，预先加固煤岩体，使 1301 工作面恢复正常生产，为后续工作面过构造顶板管控积累了宝贵经验。

为提高掘进单进水平，积极探索改进掘进工作面支护设计，掘进工作面帮部支护由原来“锚杆+钢筋托梁”优化为“单体锚杆+W 钢带托盘”，循环支护时间从 3 个小时减少到 2.5 小时，既保证了支护强度，又提升了掘进效率。

（四）智能绿色方面

矿井已完成万兆工业环网建设项目，于 2022 年 5 月建设完毕并投入使用，结束了矿井以往数据单一的传输方式，打通了井上下数据互通不便利的瓶颈，为智能化建设奠定了基础；于 2022 年 6 月完成了中央变电所无人化值守项目的安装投运，实现了供电系统集中管理，完成了电力数据采集、运行状态监视、远程集中控制；于 2022 年 6 月完成了中央水泵房无人化值守项目的安装投运，实现了水泵远程集中控制、无人自动运行功能，并根据排水需求自动选择节能排水方式。

2023 年度还计划建设完成智能化掘进工作面、主运带式输送机集控系统、空压机无人值守系统、5G 无线通信系统等智能化建设项目。

（五）科学管理方面

为进一步提升矿井管理水平，2022 年组织开展了管理创新活动，动员广大干部、职工在机制、标准、方法等管理方面进行创新，涵盖制度创新、管理流程创新、劳动组织创新、服务创新、文化创新，精简工艺流程以提高劳动效率、改变劳动组织以减少成本、引入智能化机械化信息化以减少人力、梳理重复环节或设备以减少过度投入，节约能源资源或促进环境保护工作等方面内容。2022 年度收集各项管理创新项目，通过评审的项目 8 项，其中，4 个项目获得优秀。通过开展管理创新活动，提升科学管理水平，提高矿井安全生产效率。

山西晋煤集团阳城晋圣润东煤业有限公司

一、矿井概况

晋圣润东煤业有限公司井田位于晋城市阳城县城东北约 10 km 处，行政区划隶属阳城县润城镇管辖。阳城晋圣润东煤业有限公司由六座矿井兼并重组整合而成，矿井井田面积 9. 1057 km^2，批准开采 3 号、9 号、15 号煤层，水文地质类型为中等，为高瓦斯矿井。3 号煤层、9 号煤层为Ⅲ级不易自燃煤层，15 号煤为Ⅱ级自燃煤层。煤尘均无爆炸性。矿井设计生产能力 90 万 t/a，矿井保有储量 10202. 07 万 t，可采储量 3492 万 t，剩余服务年限 28 年。其中，3 号煤层保有储量 5397. 47 万 t，可采储量 448. 7 万 t；9 号煤层保有储量 1554. 6 万 t，可采储量 969. 6 万 t；15 号煤层保有储量 3250 万 t，可采储量 2073. 7 万 t。

二、主要技术经济指标完成情况

2021 年原煤产量完成 88. 36 万 t。全年掘进总进尺完成 6. 2 km。实现利润 18500 万元。原煤生产人员效率达到 8. 7 t/工。2022 年原煤产量完成 89. 76 万 t。全年掘进总进尺完成 5. 8 km。实现利润 23000 万元。原煤工效达到 8. 5 t/工。2021 年、2022 年，均未发生人身事故和二级以上非伤亡事故，矿井百万吨死亡率为零，实现了安全生产，安全生产标准化达国家级二级标准。

三、安全高效矿井建设的主要做法

（一）实施小煤柱开采，开启矿井绿色开采发展格局

2021 年煤矿采用了小煤柱沿空掘巷的小煤柱开采技术和工艺。通过和太原理工大学合作确定小煤柱合理留设尺寸，综合运用高预应力加粗锚索强力支护、缩小锚杆索间排距等关键技术，实现了 6 m 小煤柱沿空掘巷，应用于 3 号煤层。1305 上分层工作面为我矿首个小煤柱工作面，煤层厚度 6. 29 m。小煤柱巷道为 1209 巷，原煤柱尺寸 15 m，现设计煤柱尺寸 6 m，设计长度 455 m，巷道断面 4. 2 m×2. 75 m。该工作面于 2021 年 6—8 月进行

开采试验，与原 15 m 大煤柱相比多回收资源 18000 t。

通过不断强化科技攻关，引进先进经验和配套装备，分类型研究、分阶段实施，以点带面，逐步建立了“技术可复制、经验可推广”的开采技术体系，形成了我矿“一面一策”的小（无）煤柱绿色开采发展格局。

（二）加大安全培训力度，规范职工操作行为

坚持“管理、装备、培训”并重的原则，积极推行全员安全培训，利用“矿校云”“企业 OA”等企业内部培训 APP，按照培训大纲制定培训计划，落实培训责任，重点做好新工人和转岗职工的培训工作。分批次对全矿在岗职工尤其是各级管理人员、特殊工种人员全部进行安全强化培训，必须持证上岗。坚持把安全文化、亲情教育、氛围教育等融入日常的安全管理工作中，在全矿各个岗位和工种推行了“手指口述”和“人人都是安全员”活动，使职工通过眼看、手指、心想、口述等程序化的作业方式，熟练掌握本岗位的操作要领，进一步规范了职工操作行为。另外，通过“学习成长”手机 APP 培训考试系统，强化安全教育培训工作，为安全教育培训打下了良好的软件基础。

（三）狠抓安全生产标准化建设，巩固企业发展基础

1. 强化奖惩机制

建立安全生产标准化奖惩机制，在各单位开展达标竞赛活动，每月对各单位的工程质量进行评比，把安全生产标准化作为“安全奖罚办法”“安全风险个人抵押办法”的重要考核指标，直接与安全奖惩挂钩，实行重奖重罚。通过这些机制，增强了职工的安全生产标准化意识，提高了广大干部职工搞好安全生产标准化的积极性。

2. 落实责任追究制度

为增强安全生产标准化责任意识，公司制定了各工种岗位安全生产标准化责任制，对各地点的设备及责任区进行挂牌管理，使所有设备及责任区都能明确找到责任人，并根据标准化的标准严格考核，落实到每个责任人，用经济手段促进安全生产标准化达标竞争意识的增强。以前一些干部职工存在标准化影响生产的旧思想，通过一年来狠抓安全生产标准化建设，原煤产量逐月攀升。事实证明，标准化建设不但没有影响生产，反而使原煤产量有了显著提高。“以质量保安全，以达标保生产”已成为基层管理人员的共识。

（四）加强技术管理工作，增强装备技术新内涵

公司建立以总工程师为首的技术管理体系，在矿井开拓、巷道布置、采掘部署、生产系统调整和技术规范标准措施的制定以及新技术、新工艺、新

设备的推广应用等重大技术问题必须由总工程师会同相关领导，牵头组织各生产业务部室负责解决。

大力推进生产工艺和技术装备的自动化、智能化，先后安装完成井下中央水仓自动化排水系统、中央变电所安装无人值守系统、主运带式输送机在线监测系统。新技术、新装备的不断投入和应用，大大减少了用人数量，降低了人员劳动强度，大幅减少各类事故数量，同时提高了工艺运转和技术装备运行故障检测的准确性和实时性，增强了对设备故障的预控能力，实现了生产过程的安全自动化控制，从而高效推进安全生产。同时，树立安全生产也是效益的思想，加大技术改造力度，提高安全生产保障能力。

（五）推进“三基”建设工作，不断提高经济效益

按照集团公司推行的“基层、基础、基本功”的建设要求，长抓不懈，持续深入推进“三基”建设工作，夯实基础管理，优化资源配置，使企业内部各项管理不断加强，经济效益逐年提高。一年来，“三基”管理深入人心，并不断得到深化、细化和延伸，形成较为全面系统的管理网络，涵盖了各项管理和过程控制，成为各项工作的主抓手。

首先，对全矿井自上而下人员情况、机构、岗位设置进行全覆盖摸查，结合目前整体工作运转情况，明确机构设置，优化工作流程，合并优化岗位，同时，实行分工负责制，对工作实现了细分细化。其次，以专项整治三年行动为契机，以标准化建设为核心，创新开展矿井基础重塑工作，针对机电、生产、通风等方面内容，各业务部室、基层队组按照要求，在现场标准化管理、素质培训、制度落实等方面积极开展基础工作重塑项目建设、完善、落实工作，坚持做到每月有重点、有推广、有复查，确保基础重塑工作整治一项、达标一项、固化一项，不断提升基础管理水平。此外，狠抓井下现场质量标准化工作，确保支架初撑力达标、支护达标、工作面“三平一直两畅通”，消除系统“红线”隐患，以工程高质量推进力促生产各系统高质量运行。

山西晋煤集团泽州天安昌都煤业有限公司

一、矿井概况

泽州天安昌都煤业有限公司，隶属晋能控股集团泽州天安煤业有限公司。矿井位于山西省晋城市泽州县境内，沁水煤田南部，由 3 座煤矿兼并重组整合而成。井田面积 9.7347 km^2，批准开采 3 号、9 号、15 号煤层，矿井生产能力 60 万 t/a，为低瓦斯、煤层不易自燃、煤尘无爆炸性、水文地质类型中等矿井。

全井田以一个主水平和一个辅助水平分别开采井田内 15 号煤层和 9 号煤层，主水平标高为+680 m，辅助水平标高+705 m，两水平之间通过暗斜井联络。在采 9 号层、15 号煤层正在组织接替盘区巷道布置。

二、主要技术经济指标完成情况

2021 年底原煤产量完成 55.5 万 t，掘进进尺完成 5012 m（巷道维护 1352 m）；原煤工效率实际完成 7.1 t/工；采煤机械化程度达到 100%，掘进机械化程度达到 100%；矿井在岗人员年平均工资 9.22 万元；矿井年初利润契约化指标-5257 万元，实际完成利润 2891 万元；矿井采掘衔接正常，“三量”符合规定要求，开采程序符合规定；矿井全年百万吨死亡率为零，且无重伤及二级以上非伤亡事故发生。

2022 年底原煤产量完成 59.8 万 t，掘进进尺完成 5424 m；原煤工效实际完成 7.1 t/工；采煤机械化程度达到 100%，掘进机械化程度达到 100%；矿井在岗人均工资 10.22 万元/a；矿井年初利润契约化指标 1622 万元，实际完成利润 3641 万元；矿井采掘衔接正常，“三量”符合规定要求，开采程序符合规定；矿井全年百万吨死亡率为零，且无重伤及二级以上非伤亡事故发生。

三、安全高效矿井建设的主要做法

（一）加大“一通三防”管理，确保生产安全

一是强化瓦斯检查管理。配齐瓦检员且持证上岗，强化瓦检员巡查通风

设施，杜绝空班、漏检或假检、虚报等行为。二是加强废弃巷道管理。已形成的与采面有关联的废弃巷道、硐室，必须提前查明探清，制定专项治理措施。三是抓好重要作业过程管控。加强启封密闭、瓦斯排放、盲巷贯通等重要作业过程管控，排放瓦斯要坚决杜绝“一风吹”，严禁在风筒供风不到位的情况下盲目进入。四是严格井下防灭火管理。井下各个电气设备点配齐灭火设施，定期巡查，严防火灾事故的发生。

（二）强化防治水管理，确保采掘施工安全

一是加强探放水管理。严格执行“预测预报、有疑必探、先探后掘、先治后采”原则，严格落实“三专两探一撤”措施，杜绝不探、假探、不按设计探、假验收、作假资料等现象，确保“不透水”。二是强化预测预报管理。坚持物探先行，钻探验证，探明查清影响安全生产的地质因素，做到地质透明、预报准确、指导有效，严格回采工作面对空巷、构造、采空区的探测管理，严禁无计划揭露。三是严格落实“查清、探明、放净、验准”四步工作法。采掘面必须开展精细化评价，全面分析各类水害因素，杜绝评价论证不严细、探放治理不彻底，造成顶水采掘或水淹工作面的失控行为。四是全面实行“钻机定向化、钻孔轨迹化”。按照集团公司要求严格落实“一钻一视频”；配备钻孔轨迹测量仪，提高钻探及放水效率，减少无效进尺；正常区域的探放水钻孔，同一施工地点、施工目的钻孔抽检不少于1/3，特殊区域探放水钻孔做到“一孔一轨迹”。五是建立灾害性天气预警和预防机制。密切关注灾害性天气的预报预警信息，及时掌握可能危及煤矿安全生产的暴雨洪水灾害信息，严格落实重大险情停产撤人规定，确保安全度汛。

（三）规范顶板管理，确保采掘矿压数据真实可靠，指导安全生产

一是抓好顶板安全源头治理。全面掌握煤岩层赋存情况、地质构造、顶底板岩性和矿压显现规律、顶板离层位移情况，科学验证和优化支护方式及参数，合理编制采掘工程支护设计。二是强化综采工作面初采、末采、撤架期间以及过空巷、构造区等异常条件下的顶板管理，编制科学有效的专项安全技术措施并贯彻执行。三是加强支护质量全过程监管和验收，重点抓好淋水大、应力集中区等异常区域的可锚性检测，制定针对性管控措施，以优良的工程质量保证顶板安全。四是强化矿压监测管理。完善矿压监测机构，建立监督考核机制，规范监测、科学分析、指导实践。五是抓好切顶卸压无煤柱开采技术安全管理，严格按照设计工序施工，确保超前预裂切顶效果，落实动压区补强、架后挡矸施工质量，加强沿空留巷顶板监测，持续改进完善

施工工艺。

（四）加强机电设备完好性检查及保养、维护，确保机电各系统运行正常

一是抓好大型设备、特种设备、提升运输系统管理。做好检测检验和维护保养，掌握设备运行动态，超前诊断风险、排除事故隐患。二是加强机电设备管理。强化日常检修，储备易损备件，严禁设备无保护、甩保护，整定不合理运行，确保不停电、不失爆、不失控。三是强化监控系统管理。加强系统维护，定期设备调校，强化值机人员培训，管控系统测点变更、设备检修、试验等重点过程监管，执行双确认制度，保证系统运行准确可靠，确保“不误报”。四是抓好液压支架专项整治。做好支架安装、使用、维护、检修基础工作，保证设备完好、初撑力达标。五是严格搬家倒面管理。严格安全准入，强化验收考核，确保系统完善、设备完好、人员完备、搬家安全。六是要落实区域管理责任，督促队组做好设备日常维护和预防性检修，杜绝拼设备、野蛮操作，提高设备使用效率。

（五）加强员工培训力度，提高职工安全素质

为认真贯彻落实晋能控股集团相关文件要求，矿井年度内职工培训工作坚持“安全第一、预防为主、综合治理”的安全生产方针，以提高职工安全素质、规范职工培训秩序、保证培训质量、增强职工安全意识为目标组织培训，有力保障了矿井安全工作健康稳定发展。

（六）大力实施技术创新

矿井科学实施了“110”工法无煤柱开采工艺，严格按无煤柱设计组织施工，留巷巷道顶板整体下沉量控制在40~230 mm，截至2022年8月底，9号煤层无煤柱工作面均已圆满完成开采，提高了资源采出率，且巷道复用阶段表面移近量在允许范围，15号煤层无煤柱工作面正在严格按设计组织巷道布置。

山西晋煤集团泽州天安海天煤业有限公司

一、矿井概况

天安海天煤业有限公司位于晋城市西南约 23 km 的川底乡郭庄村，所在行政区划属泽州县川底乡管辖，隶属山西晋城无烟煤矿业集团有限责任公司下属的山西晋煤集团天安煤业有限公司。矿井生产规模为 0. 60 Mt/a。现开采煤层为 3 号煤层。

矿井地质储量 4209. 4 万 t，煤种为无烟煤，煤层倾角 3°~8°，设计服务年限 17 a，剩余服务年限 10 a。井田构造简单，可采煤层为 3 号煤层，平均煤厚 6. 40 m，煤层稳定，属高瓦斯矿井。煤尘无爆炸性；自燃倾向性等级为Ⅲ级，属不易自燃煤层。3 号煤层水文地质条件属中等类型。矿井采用分层走向长壁式采煤，全部垮落法管理顶板，配两个综掘工作面。

二、主要技术经济指标完成情况

矿井自 2009 年资源整合至今，未发生较大以上安全事故，生产过程中严格执行煤炭行业标准，精细管理，规范作业，安全生产形势平稳。矿井回采工作面采用采煤机割煤，刮板输送机、带式输送机运输，实现了综合机械化采煤，采煤机械化程度达 100%；所有煤巷及半煤岩巷掘进工作面采用掘进机割煤装煤，刮板输送机、带式输送机运输，人工清理浮煤，实现了机械化掘进，掘进机械化程度达 94%。矿井采掘接续正常，开拓、准备、回采煤量符合规定，各生产系统安排合理。3 号煤层为厚煤层，采区回采率为 78%。

矿井正式投产后，安全生产设施一步投资到位，运行平稳正常，无安全生产机械事故，2021 年度实现产量 47 万 t，利润 2598 万元，原煤工效 7. 14 t/工；2022 年度实现产量 41 万 t，利润 17787 万元，原煤工效 7. 10 t/工。

三、安全高效矿井建设的主要做法

（一）搞好安全生产标准化建设

矿井始终把安全生产标准化工作视为煤矿企业的形象工程、生命工程、效益工程和基础工程，从地面到井下，从后勤到生产严格标准化建设，现场达到整齐、整洁、规范，形成了“要安全，先达标，向标准化要效益，向标准化要安全”的理念，通过人、机、环、管的和谐统一，最终实现管理上无漏洞、设备无故障、系统无缺陷、人员无违章和安全零事故的本质安全型矿井。

（二）安全管理严抓不懈

1. 完善管理机制、提升治理效能

一是加强安全制度体系建设。贯彻落实有关法律规定及上级公司的各项要求，持续建立完善各项安全管理制度，清晰定位分级管理，建立责任清单，强化监督问效和制度执行。二是加强“双重预防”体系建设。务实推进安全风险管控和事故隐患排查治理，重点抓好异常信息分析研判、安全风险辨识、管控措施制定和岗位落实工作，健全安全检查和安全隐患排查整改、统计分析及报告制度，持续开展重复反弹隐患整治和隐患“清零”活动。

2. 严格考核追究，强化制度落实

一是强化安全责任追究。凡存在重大安全风险辨识管控不到位、重大隐患排查整改不认真、重大灾害治理措施落实不到位、强令违章冒险作业的要追责到人，同时倒查领导层、管理层、技术层、执行层的管理责任，做到事前事后“双追责”。对完不成年度安全“双零”目标的单位，评先评优实行“一票否决”。二是强化安全绩效考核。在坚持月考核、月兑现不变的基础上，持续深入、持续优化，强化对责任制落实、重大灾害治理、“双重预防”体系运行及突出问题、典型事件等安全管理效果的考核。三是建好用好安全激励机制。实施安全生产标准化动态考核机制，对采掘工作面持续保持动态达标的给予重奖，出现管理滑坡的给予重罚。

3. 坚持超前预防，强化灾害预防

一是加强顶板防治。坚持“区域先行、局部跟进、分区管理、分类防治”的治理原则，科学优化生产布局合理规划采掘顺序。严格落实并执行顶板管理制度，确保顶板事故“零”目标的实现。二是加强煤尘综合治理。坚决践行“超前预防”的原则，抓实“超前研判、稳步推进、加强通风和降尘”措施，对有煤尘爆炸风险、隐患的做到早发现、早管控、早治理，将事故隐患消灭在萌芽状态。三是加强水害防治。严格落实“预测预报、有疑必探、先探后掘、先治后采”的防治水原则和“探、防、堵、疏、排、截、监”的综合措施，推进防治水工程精细化管理，强化水害治理工程效果检验和评价。

（三）科学劳动定员

地面及井下均采用“三八制”作业。劳动用工实现了“五个百分之百”，三项岗位人员全部持证上岗，建立了完善的劳动定员管理制度，科学合理地组织生产，劳动效率明显提高。

（四）抓好降本增效工作

（1）对标管理，采掘头面、班组内部之间对标。在生产任务、人工工效、材料费、出勤率、安全质量和千分制执行六个方面进行对标，寻找差距，分析原因，制定改进措施。

（2）精益生产。主要通过设计优化、“一站式”运输、正向激励、快速掘进、精细化采煤、科技创新、强化煤质管控等方面增加经济效益。

（3）精益能耗管理。主要通过层层分解用电指标，严抓制度考核；优化系统，确保峰谷平占比利益最大化；抓好无功补偿，提高供电质量；合理调度，提高设备满载率等方面降低能耗。

山西晋煤集团泽州天安宏祥煤业有限公司

一、矿井概况

山西晋煤集团泽州天安宏祥煤业有限公司是的一座资源整合矿井。批准开采 3~15 号煤层，其中，3 号煤层已经枯竭，主采 9 号、15 号煤层。井田面积为 11.5929 km^2。9 号、15 号煤层设计资源/储量合计为 44.01 Mt，设计可采储量 28.74 Mt，设计生产能力 1.20 Mt/a。矿井服务年限为 17.1 a。2011 年 2 月 25 日开工建设，2018 年 1 月 30 日竣工验收，2018 年 6 月由基建矿井正式转为生产矿井。2020 年 1 月矿井 9 号、15 号煤层配采项目开工建设，2021 年 9 月进入联合试运转，2021 年底通过项目综合验收。

矿井采用斜、立井混合开拓，中央并列式通风方式，共布置主斜井、副立井、回风立井 3 个井筒。设计 2 个开采水平，主水平在 15 号煤层，标高为+687 m，辅助水平在 9 号煤层，标高为+800 m。全井田共划分为 2 个采区，9 号煤层和 15 号煤层各 1 个采区，上下重叠布置。矿井为低瓦斯矿井，水文地质类型为中等，地质构造类型为简单。9 号煤层自燃倾向性等级为Ⅲ类，属不易自燃煤层，15 号煤层自燃倾向性等级为Ⅱ类，属自燃煤层。9 号煤层和 15 号煤均无煤尘爆炸危险性。开采 9 号和 15 号煤层，15 号煤层配采工程于 2021 年 9 月 17 日开始进行联合试运转，试运转期限为 6 个月。证载能力为 1.20 Mt/a，为证照齐全的生产矿井。

二、主要技术经济指标完成情况

2021 年原煤产量累计完成 117.38 万 t，同比增加 56.7 万 t，增幅 93.44%。商品煤销量累计完成 117.38 万 t，同比增加 56.35 万 t，增幅 92.33%。综合售价 417.86 元/t，销售收入累计完成 49048.41 万元，利润总额累计 18116.72 万元，同比增加 28015.61 万元，增幅 283.02%。吨煤完全成本 263.53 元，同比减少 110.87 元。

三、安全高效矿井建设的主要做法

（一）掘进方面

（1）进一步优化巷道设计和支护设计，通过缩小巷道断面、改进锚杆锚索间排距和布置方式，提高单进水平。全面推广应用无煤柱开采技术，提高掘进效率，缓解采掘衔接紧张问题。加强与专业机构的合作，做好地质构造的超前探测和预测预报，提前采取应对措施，提高掘进效率。

（2）采用先进适用的辅助运输装备，解决掘进材料运输问题和巷道开口、拐弯抹角工程的出煤问题，提高掘进效率。

（3）2021年购置3台SQ-80/75B型无极绳连续牵引车。所有巷道掘进过程中采用无极绳绞车运输，解决掘进运料问题，提高运输效率，保证运输安全。

（4）改进掘进临时支护方式，对现有掘进机加装机载式临时支护装置，提高支护效率。

（5）合理安排工序衔接，减少杂冗时间的浪费。交接班期间，安全检查时同步完成材料、工器具倒运工作；机组截割时，同步完成联网、编码等准备工作；顶板支护与上半部帮支护平行作业，下半部帮支护根据围岩条件进行预留、跟进补打；检修班在检修期间，同步完成铺底、延伸管路、清理浮煤、标准化建设等辅助工作。

（6）科学优化工艺工序，实现最大限度平行作业。根据巷道断面尺寸合理安排平行作业支护钻机或凿岩机数量，提高平行作业系数。顶板支护平行作业钻机不少于2台，帮部平行作业支护钻机不少于2台；普掘巷道断面小于18 m^2 的，平行作业凿岩机不得少于3台；断面大于18 m^2 的，人工搭建操作平台，实现4~6台凿岩机平行作业。

（二）采煤方面

（1）采煤机割煤过程中，在保证安全的前提下，控制好牵引速度，力求提高块率。采煤工作面禁止随意割顶、割底，在保证设备通过的前提下严格控制采高。

（2）生产过程中工作面如遇特殊地质条件，顶板破碎，随采随落时，必须保证支架接顶严实，支护有效，防止漏顶、冒顶事故发生。

（3）在各转载点根据现场条件加设缓冲装置并保持完好有效，以减少块率损失，同时适当提高破碎机锤头距转载机刮板的高度。

（4）回采工作面生产过程中工作面遇特殊地质条件、顶板破碎、随采随落、冒顶或煤层厚度不够，都必须制定保证煤质的相应措施。

（5）正常情况下，工作面各转载点装置、采煤机内外喷雾、减速机、电机冷却水等用水设备和地点必须做到先开水后开机，停机后及时停水，并根据出煤量和煤的湿度控制好喷雾大小。严禁刮板输送机的冷却水进入煤流。

（6）工作面有淋水的区段，要用防水设施将水导流至刮板输送机后侧流入老空；工作面输送带巷顶板淋水量大的区段，要搭设防水设施防止水淋到带式输送机上。

（三）智能化工作面建设

15103 智能化综采工作面设备与晋能控股装备制造集团有限公司金鼎公司、上海创立煤机有限公司及郑煤机合作，根据煤矿现有综采工作面建设情况以及对系统建设的需求，以高端耐用型设备为基础，以智能监控系统为手段实现工作面智能化开采。

（1）采煤机智能化：通过采煤环境的智能感知，由采煤装备自动、独立完成煤炭开采的作业过程。采煤机实现记忆截割、就地、远程控制、自主定位、故障诊断等功能。

（2）液压支架智能化：液压支架应配备电液控系统，实现全工作面跟机自动化、姿态自主感知及支架远程控制功能。

（3）三机设备监控智能化：工作面各设备实现集中、就地和远程控制，采煤机、液压支架、工作面刮板输送机、转载机、破碎机等设备实现协同控制，主要生产流程实现“一键”启停。刮板输送机应具备运行状态监测、负荷检测、故障诊断功能，实现与工作面控制系统的通信和协同控制。

（4）带式输送机及控制系统智能化：带式输送机应实现集中控制和无人值守，具备驱动部工况监测、自动调速等功能，各类保护实现自动监测及数据上传。

（5）供液系统智能化：供液系统具备恒压供液、乳化液自动配比、流量自动控制、状态监测功能，实现高压自动反冲洗、自动配比补液等功能。

（6）工作面语音通信控制系统智能化：语音通信控制系统主要由本安型控制器、本安型电源箱、急停闭锁开关、组合扩音电话、多功能智能终端、带式输送机保护等设备组成，实现工作面各设备的启停控制。

（7）工作面视频监控系统智能化：提供对工作面开采现场、关键设备运行状况的视频辅助监测。

（8）工作面人员定位系统通过在支架上配备定位标签，通过人员定位卡，识别人员在液压支架的位置，达到自动跟机时自动动作闭锁，实现人员安全保护。

山西晋煤集团泽州天安圣鑫煤业有限公司

一、矿井概况

山西晋煤集团泽州天安圣鑫煤业有限公司为山西晋煤集团泽州天安煤业有限公司下属的资源整合矿井，批准矿井生产能力 90 万 t/a。矿井位于山西省泽州县巴公镇境内，井田面积为 3.0486 km^2，批准开采 3～15 号煤层，设计可采储量 1252.95 万 t，设计服务年限 10 a。开采 3 号煤层，矿井水文地质类型为中等，煤尘无爆炸性，3 号煤层的自燃倾向性等级为Ⅲ级，属不易自燃煤层，瓦斯等级为高瓦斯矿井。

矿井采用斜井开拓方式，共布置 3 个井筒，分别为主斜井、副斜井和回风立井。矿井通风方式为中央并列式，通风方法为机械抽出式。地面建立了一座瓦斯抽采泵站，高负压和低负压两套系统进行抽采。采煤工艺为综采放顶煤，采用全部垮落法管理顶板。综采工作面布置 MG160/380-WDK 采煤机割煤，支护选用 ZF4800/18/30 综采放顶煤支架。掘进现采用 EBZ160 和 EBZ132 掘进机掘进。

二、主要技术经济指标完成情况

2022 年完成原煤产量 50.2 万 t，完成掘进总进尺 4387 m，实现经营利润 3721.3 万元，原煤工效达到 7.2 t/工，人均收入 10.13 万元。全年实现了安全生产，百万吨死亡率为零。

三、安全高效矿井建设的主要做法

（一）搞好安全生产标准化建设

矿井始终把安全生产标准化工作视为煤矿企业的形象工程、生命工程、效益工程和基础工程，从地面到井下，从后勤到生产严格标准化建设，现场达到整齐、整洁、规范，形成了“要安全，先达标，向标准化要效益，向标准化要安全”的理念，通过人、机、环、管的和谐统一，最终实现管理上无漏洞、设备无故障、系统无缺陷、人员无违章和安全零事故的本质安全型矿井。

（二）以“三基”为基础安全管理严抓不懈

（1）矿井制定了“三基”工作细则，以抓“基层、基础、基本功”加强安全生产源头治理的根本方法和手段，重点把“管理”和“培训”工作作为主攻方向。在矿井的生产过程中，通过加强矿领导带班，安检员跟踪作业现场管理，对重点环节、关键部位设专人盯守，在生产作业过程中查出的隐患实行跟踪销号，从而实现安全管理不留死角，作业现场动态安全达标。通过建立培训体系，提高了整体员工素质，做到了“上标准岗、干标准活”的目的。

（2）突出瓦斯治理工程。始终坚持煤矿瓦斯治理“先抽后采、监测监控、以风定产”的十二字方针，持续完善“通风可靠、抽采达标、监控有效、管理到位”的瓦斯综合治理工作体系，强化过程管控，在采区和工作面设计时，坚持以矿井瓦斯地质资料的详细数据分析为基础，坚持瓦斯治理工程优先的原则，严格落实责任，推动“一通三防”安全生产标准化持续改进，促进矿井“一通三防”各项工作安全、稳定发展。

（3）强化班组建设。按照“岗位自律、班组自保、区队自治、专业自控”的自主安全管理模式，狠抓班组建设，严格执行开工前“四位一体”安全检查，开展了质量好、现场管理好、团结协作好、技术素质好、经济效益好和思想品质好的“六好”班组评选、对标、推广活动，真正做到选好用好班组长，进一步提升了班组安全管理水平，有效提升了员工素质。

（三）强化成本管控、全员降本提效

牢固树立“省下的就是赚下的”成本理念，大力推行小改小革、节支降耗活动。通过井口维修、自主检修、材料回收复用等措施，减少材料浪费，降低了生产成本。按照集团公司和天安公司“关于开展补量降本增效保利润工作实施方案”要求，持续做好降本增效保利润工作。

（四）加强教育培训、规范劳动用工

（1）安全培训教育是为了给安全保驾护航，提高员工安全意识和安全技能，是减少“三违”的重要手段，以提升员工自保、互保意识。

（2）通过深入队组时刻掌握员工思想动态，进行思想帮教、解决员工思想包袱和后顾之忧，让员工高高兴兴上班、安安全全回家。

山西晋煤集团泽州天安盈盛煤业有限公司

一、矿井概况

晋能控股集团天安盈盛煤业有限公司位于晋城市泽州县上小河村，距晋城市约 23 km，所在行政区划属泽州县川底镇管辖，所属主体企业为晋能控股集团下属的山西晋煤集团天安煤业有限公司。矿井地质储量 1629.2 万 t，煤种为无烟煤，煤层倾角 2°～6°，设计服务年限 4.9 a，剩余服务年限 3 a。矿井生产规模为 0.60 Mt/a。现开采煤层为 15 号煤层。

矿井开采的 15 号煤层，平均煤厚 2.62 m，煤层稳定。矿井属高瓦斯矿井。15 号煤层自燃倾向性等级为Ⅱ级，属自燃煤层，煤层无爆炸性。井田内构造类型简单，水文地质条件属中等类型。批准开采煤层均不存在带压开采，也无冲击倾向性。矿井设一个主水平开采全井田。采用分层走向长壁式采煤，全部垮落法管理顶板，配两个综掘工作面。

二、主要技术经济指标完成情况

矿井自 2009 年资源整合以来，未发生较大以上安全事故，生产过程中严格执行煤炭行业标准，精细管理，规范作业，安全生产形势平稳。矿井采煤机械化程度达 100%，掘进机械化程度达 98%。开采 15 号煤层为中厚煤层，采区采出率为 83%。

矿井自正式投产后，安全生产设施一步投资到位，运行平稳正常，无安全生产机械事故，2021 年度实现产量 63.5 万 t，利润 22270 万元，原煤工效 7.3 t/工；2022 年度实现产量 64.7 万 t，利润 32354 万元，原煤工效 7.32 t/工。

三、安全高效矿井建设的主要做法

（一）多措并举，做好保障工作，保证生产正常

由于综采工作面液压支架为复用大修后的支架，设备运行不正常，直接影响工作面安全生产。在设备搬家期间，对工作面支架阀组全部进行更换，补充培养支架日常维修人员，租用了新的采煤机和工作面刮板输送机，保证

三机配套合理，有效降低了设备事故影响，提高了设备开机率。

15 号煤层瓦斯含量高，瓦斯抽放的时间和抽放效果直接影响了掘进任务的完成。加大了瓦斯抽放管理，成立了专门的瓦斯抽放队伍，配备管理人员和专业抽放人员，增加了 2 台履带式抽放钻机，提高了瓦斯抽放钻孔的施工效率，增加了抽放钻孔长度，减少了瓦斯抽放时间。同时布置 3 个掘进头面，2 个正常掘进，1 个抽放，交替掘进，最大限度降低掘进影响。狠抓瓦斯抽采精细化管理，购置了履带式抽采钻机，提高对抽采钻孔的施工进度，改进抽采系统的设备设施，保证抽采效果，有效地保证了矿井的正常采掘接续。

（二）超前谋划，加强员工技术培训，促进防治水工作顺利进行

受晋城地区强降雨天气影响，矿井涌水量突然增大，极大地威胁矿井安全生产，为治理水害提前筹划，将备用水泵及时准备在现场，加大排水系统的改造，安全顺利地度过汛期，保证了矿井的安全生产。为了提高员工的防治水意识，促进防治水工作的顺利进行，制定了“盈盛煤业 2021 年地测专业人员素质提升培训计划”，结合《煤矿防治水细则》《煤矿地质规定》等规定制度，每月一主题，一周一培训，一月一考试，使得全矿职工能够更进一步地掌握工作方法，提高个人技能。

（三）深入推进标准化建设，争取标准化动态达标

为持续深入推进安全生产标准化管理体系达标创建，真正解决当前制约标准化进步的难点、堵点问题，全面提升安全生产管理水平和动态达标水平，制定了安全生产标准化达标创建考核管理规定等制度。将“网格化”与标准化紧密绑定，各级“网格化”包保责任人既要包保安全又要包保标准化达标创建；通过标准化区域划分，做到定人、定岗、定职责、定标准，采取部室检查、队组自查、标准化培训等多种方式对安全生产标准化工作进行整治，做到人人上标准岗、干标准活；推行标准化亮点工程激励奖励机制，使各部室、队组学习有榜样，争先有目标。通过采取各种措施，层层压实了各级人员的标准化责任，调动了广大职工参与标准化创建的积极性，提高了职工的标准化意识。

（四）优化运煤系统，保证正常生产

一直以来 15 号煤层的出煤系统是通过在主井底安装的一部电滚筒输送带运煤。随着 9 号煤层的全部回采结束，开采任务将全部转移到 15 号煤层，面对综采和掘进的同时出煤，带式输送机无法满足生产需求，为保证出煤系统运行正常，从 15 号煤层带式输送机输送大巷开口施工上仓斜巷与 9 号煤

仓上口贯通，并加装一部 DTL80/40/110 型固定带式输送机，2022 年又对地面栈桥带式输送机和上仓斜巷带式输送机进行了升级改造，有效缓解了 15 号煤层的运煤问题。

（五）主排水系统升级改造，提升矿井抗灾能力

自 2021 年 7 月以来，伴随着强降雨天气的来临，为解决井下涌水量增大的问题，将主排水系统进行了改造，将中央水泵房安装的 3 台 MD85-45×6 型多级耐磨离心泵更换为 3 台 MD155-30×9 型多级耐磨离心泵。系统升级改造后总排水量由原来的 255 m^3/h 提升为 465 m^3/h，有效提高了矿井预防水害的能力。

山西晋神沙坪煤业有限公司

一、矿井概况

山西晋神沙坪煤业有限公司位于河曲县城南约32 km处，行政区划隶属河曲县巡镇镇、旧县乡、沙坪乡管辖。井田东西宽约5.3 km，南北长约5.4 km，井田面积22.59 km^2。截至2021年12月底，矿井保有地质储量576 Mt，矿井剩余可采储量312 Mt，2021年矿井生产能力核定为8.0 Mt/a，公告能力4.0 Mt/a。全矿井的服务年限为55.4 a。

矿井水文地质类型中等，正常涌水量100 m^3/h，最大涌水量110 m^3/h。瓦斯绝对涌出量4.64 m^3/min，相对涌出量0.5 m^3/t，为低瓦斯矿井。煤层自燃倾向性等级均为Ⅱ类，属自燃煤层，煤尘具有爆炸危险性。

二、主要技术经济指标完成情况

2021—2022年度实现一级安全生产标准化达标，采煤机械化程度100%，掘进机械化程度100%，百万吨死亡率为零。2021年完成产量396.2万t，2022年完成产量398万t。2021全年完成掘进进尺13409 m，2021全年完成掘进进尺17521 m。2021年原煤生产期末人数810人，原煤工效23.9 t/工，实现利润73725.04万元，职工人均年收入14.02万元，同比增长6%。2022年原煤生产期末人数810人，原煤工效24.6 t/工，实现利润73725.04万元，职工人均年收入15.94万元，同比增长0.12%。2021年矿井综合单产达31.7万t/(个·月)；2022年矿井综合单产达32万t/(个·月)。塌陷土地治理率100%，矿井水利用率70%，持有合法有效的排污许可证明；绿化覆盖率达到可绿化区域面积的60%以上，纳入全国绿色矿山名录。

三、安全高效矿井建设的主要做法

（一）安全生产方面

1. 强化安全理念引领

将“生命至上，安全第一”“上班平平安安，下班高高兴兴”“沙坪是沙坪人的沙坪，当好沙坪安全的主人”三条安全理念以及想到、知道、做到、管到“四到”落实措施深入贯彻到全矿每一位职工，在生产作业全过程实践和应用“四到”，保证所有业务流程和操作规程经过深思熟虑，不漏掉一个环节，不忽视一个程序，将被动安全变为主动安全。

2. 健全安全生产责任体系

一是制定下发“主要负责人安全生产责任制实施办法”，落实主要负责人安全生产责任制。同时对全矿各类岗位职责进行了重新修订完善。二是制定本矿安全生产“网格化”管理办法，将全矿细化为 15 个巷长安全管理区域，共划分 15 个格，由 43 名网格管理专人巡回管理。在包保区域设置了高标准安全责任“网格化”岗位 32 个，做到了井上井下全覆盖。三是认真执行矿领导带班制度、视频班前会制度。四是严格落实全员安全生产责任，制定下发全员安全生产责任制考核方案。

3. 完善安全生产管理体系

一是重新修订安全生产管理制度，重点完善安全生产委员会制度、安全风险评估辨识和分级管控工作制度、安全设施设备管理制度、地面生产安全管理办法、有限空间作业管理审批制度等 7 项制度。二是开展支护工技术比武、瓦检员和测风员、电钳工技术比武活动，通过技术比武，带动培养一支素质高、业务精、能力强的技术队伍。三是组织开展网格式、掘进管理制度、雨季三防、事故隐患排查治理、快速掘进、质检员等专项培训。四是开展以“上标准岗，干标准活”为重点的行为规范活动，积极推进标准化硐室、标准化运输线、标准化工作面等“精品工程”的创建活动，以点带面，创建标准化的生产作业环境。

4. 强化安全生产预防控制体系

一是通过积极开展安全风险辨识、专项安全风险辨识评估，认真落实管控措施并对落实情况进行排查及抽查考核，将考核结果纳入安全绩效考核。二是在井口等职工密集出入地点将重大安全风险、管控责任人和主要管控措施进行公示，同时按照一岗一册要求编制岗位安全风险告知手册并下发各区队，要求严格落实岗位管控措施，并在辨识出新的安全风险时，及时对手册进行更新告知。三是建立矿长安全承诺制度，将年度安全生产目标纳入安全承诺书和安全责任书，以及通过建立安全绩效考核机制管理办法、生产安全事故责任追究办法和安全生产问责制度等考核管理制度确保安全承诺制度落实。

5. 持续加强环保治理力度

一是环保治理工程列入专项，为环保工作提供资金保障。二是将矿井

“三废”治理、矿山地质环境恢复等作为一级标准化建设、考核内容。三是积极推进国三排放标准无轨胶轮车更新改造工作。

（二）生产组织方面

1. 优化采掘科学组织

沙坪煤业坚持“干当前、想长远”，从优化部署上做文章，从精采细采上挖潜力，合理确定下水平中下组煤采掘衔接方案，排定了矿井近期、中期、长期衔接计划，为科学组织生产、稳定采掘生产大局提供了可靠的技术依据。

2. 大力推进技术创新工作

科技创新项目评选出科技创新成果 47 项，分别是科技应用奖 2 项，技术标准奖 3 项，专利发明奖 7 项，优秀论文 8 篇，“五小”改革奖 27 项。同时针对我矿的采掘技术难题，与太原理工大学、中国矿业大学、辽宁工程技术大学进行合作，开展了“放顶煤工艺优化”“9203 综采工作面无煤柱设计”等相关技术研究项目。“以科技促发展，以科技提效益”的理念，将我矿的技术创新工作做得更好，为沙坪煤业可持续发展提供有力保障。

3. 完善煤质管控过程

在回采过程中根据地质条件变化及时调整采高，减少割矸。在放煤过程中严格执行“应放尽放、见矸关窗”规定，避免矸石混入原煤。通过停机停水、低洼处增设排水泵等措施，降低原煤水分。在生产过程中安排专人清理杂物，避免杂物混入原煤。定期开展割顶、割底、杂物、水分等方面的检查考核，严格奖罚，从源头上加强煤质管控。综放工作面顶煤回收率均达到 90% 以上。

4. 强化机电管理保证开机率

全年开展机电运输隐患排查活动，每周至少 1 次，开展专项全覆盖隐患排查，每月至少 2 次，超前摸排设备运行情况，强化设备管理，保证设备正常运行。

5. 智能化矿井建设初显成效

积极推进智能化工作面建设，在我矿 13103、13102 综放工作面建设有设备单机远程启动、工作面配套设备远程一键启停、远程视频监控、工作面压力在线监测、远程数据监测等功能并已投用，为下一步智能化、安全高效建设夯实了基础。

山西灵石华苑煤业有限公司

一、矿井概况

山西灵石华苑煤业有限公司位于晋中市灵石县两渡镇圪台村，井田面积为5.9033 km^2，9号、10号煤层现为主采煤层，9号、10号煤层工作面联合开采，外错垂直布置；截至2021年12月，资源保有储量3053.7万t，为中等矿井水文地质类型，属低瓦斯矿井，矿井于2013年7月23日竣工验收，核定生产能力90万t/a，2018年11月被认定为一级安全生产标准化煤矿。

二、主要技术经济指标完成情况

2021年末原煤生产人数为512人，原煤工效为7.3 t/工，采煤机械化程度达到100%，掘进机械化程度86.76%，完成全年产量84.06万t，完成掘进进尺4042 m，综合单产为60303 t/(个·月)，全年实现利润总额36884万元，生产成本337元/t；全年安全无事故。公司职工平均收入为0.85万元，比2020年职工平均收入0.75万元增长0.1万元。9号煤层采区采出率达到92%，10号煤层采区采出率达到82%。

三、安全高效矿井建设的主要做法

（一）以安全生产标准化建设为基础，深化安全高效矿井建设

1. 构建长效机制，扎实安全基础

通过制定安全高效矿井建设工作的总体规划目标，成立以总经理、党委书记为组长，副总经理为副组长的领导组，以职能部门为主体进行监督管理，基层队组具体实施，形成了“矿领导督导，职能部门监管，基层区队具体实施”的长效管理机制，加强隐患排查治理的同时，强化了全体职工的风险管控意识。全年组织标准化验收自检12次，集团公司验收4次，晋能控股集团验收2次。

2. 树牢安全思想，激发安全内生动力

从干部职工思想认识上入手，通过积极了解和借鉴兄弟单位抓质量、保安全、促发展的先进经验、优秀思想，宣传安全高效矿井的重要意义和作

用，同时强化干部职工对安全工作的深刻认识，增强全体干部职工搞好建设安全高效矿井工作的责任感和使命感。全年组织宣传活动 3 次，进行安全知识抽考 38 次。

3. 积极引入新工艺，提高生产效率

2021 年我公司第一个小煤柱布置回采工作面正式回采，小煤柱开采项目实施后，9 号煤层工作面多采煤柱 20.7 m，10 号煤层多采煤柱 28 m。多回收原煤的同时有效提升了回采效率。此外，引入水压预裂、锚注支护等新技术，有效提高了小煤柱工作面巷道帮顶的支护强度，缓解了小煤柱工作面的巷道压力，改善了作业环境，提升了经济效益。

4. 优化组织结构，挖潜增效具体化

公司通过深化机构改革，合理机构设置和人员定编，坚持精简、效能协调运转的原则，推动减人提效工作持续进行。开展“主辅结合”的生产模式，合理调配人员，均衡组织生产，保证了矿井产量的稳定。结合实际生产情况，适时轮岗轮休，有效提高了生产工效。掘进方面，坚持顾全局、抓关键原则，合理配置力量，优化施工组织，找准制约掘进效率的支护、出矸等关键环节，逐个击破，最大限度地发挥效能，最高日进达 21 m，保证了生产接续良好循环。

5. 坚持修旧利废，成本节约日常化

公司以技能大师工作室为核心，通过宣传引导、制定举措、考核激励、监督检查等手段，将回收出的托辊、工字钢、刮板等进行修旧加工，对故障的机电设备进行检查修复，保证再次投入生产进行有效运作。公司废旧材料利用率达到 80% 以上，累计节约费用 600 多万元。有效降低了原煤成本。

（二）注重队伍建设，不断提高素质

实施人才储备和培养战略，在做好引进的同时，变招工为招生，从煤炭大中专院校招聘了大量应届毕业生。创建星级技能大师工作室，建立专门的培训教室和培训队伍，制定了培训计划，配备了专职管理培训人员，聘请副总工程师为指导老师，定期组织专业培训。实行教考分离和重点培训，做到逢训必考，员工考试成绩与职务和工资挂钩，确保培训质量和效果。全年共组织培训 91 期。

（三）坚持走绿色发展道路

在矿井建设、生产经营上始终坚持“高起点、高标准、高要求、高目标”的四高理念，项目建设得到了优良评价，实现“首年投产即达产”的业绩，在生产经营过程中，积极承担社会责任，重视企地合作和环境保护。

公司完善了矿井水及生活污水处理站，矿井水经处理站净化处理后，循环用于井下生产、地面生产使用及洗煤企业生产使用，实现矿井水的零排放。原煤洗选率达到100%，矸石运至矸石场，矸石安全处置率为100%，通过在工业区、生活区、井口护坡铺设草坪、种植灌木及树苗，绿化覆盖率可达到绿化区域的100%。公司2014年荣获“国家级绿色矿山”称号。

（四）强化信息化及自动化建设

积极响应国家“四化”建设要求，准确定位需求，明确改进目标，有序推进信息、自动化建设，全年来建成了井上、下主运输带式输送机、中央变电所、采区变电所以及中央水泵房、二采水泵房集中控制系统，并通过地面集控室动态显示图及工业视频监控，直观地显示出设备的运行状况，并可快速、有效地对现场设备实行监控和操作，实现了无人值守功能。通过升级安装工作视频监控，完成了变电所、水泵房、煤仓、地面筛分车间、行人斜井等重点区域的网络摄像仪，有效提高了生产效率及设备的安全性、可靠性。根据地方政府对信息系统数据上传的文件要求，通过安装煤矿事故风险分析平台，使安全监测监控、人员位置监测、产量监控、可视化调度系统数据成功汇接，完成了安全监测监控系统、人员位置监测系统等数据的上传。此外，还完成了主要通风机在线监测系统升级改造，实现了远程监控，从而提高了主要通风机各项数据的实时监测水平。

（五）建设特色企业文化

坚持把企业文化建设作为“塑形铸魂、凝心聚力”的生命工程来抓，坚持不断丰富内涵，不断创新形式，形成特色的企业文化体系，大力弘扬“忠厚吃苦、敬业奉献、开拓创新、卓越至上”的山西煤炭精神，精心提炼了“坚韧不拔、吃苦耐劳、默默无闻、勇于奉献”的华苑骆驼精神，以“仁爱、关怀”为切入点，高标准配套完善了职工住宿、食堂、超市、洗衣房、文体活动室、图书阅览室、篮球场、羽毛球场等服务保障功能。注重细节暖人心，在井口为职工送夏季解暑汤、缝补衣物、送“平安果”、开设井口餐厅，让职工处处感受到企业的温暖。定期组织爬山、篮球赛、技术比武、井口知识竞答等文化活动，丰富了职工的业余生活。通过文化引领，增强职工凝聚力与归属感，为安全生产注入不竭的动力。

山西潞安集团和顺一缘煤业有限责任公司

一、矿井概况

一缘煤业有限责任公司位于和顺县西，义兴镇凤台村北，为资源整合矿井，整合后的矿区面积为 5.6898 km^2，生产能力为 90 万 t/a。2013 年核定后生产能力为 180 万 t/a。截至 2021 年 12 月底，3 号煤层剩余保有储量 876.4 万 t，8 号煤层剩余保有储量 237 万 t，15 号煤层剩余保有储量为 534 万 t。井田剩余可采储量为 1117 万 t，剩余服务年限为 6.2 a。其中，15 号煤层剩余可采储量为 400 万 t，剩余服务年限为 2.3 a。

二、主要技术经济指标完成情况

2021 年共组织生产 330 d，其中，综采队全年生产天数为 320 d。井下采煤、掘进机械化程度均达到 100%；掘进进尺完成 6684 m，原煤产量实际完成 175.8 万 t；矿井综合单产 142413 t/(个·月)，原煤工效 11.7 t/工；矿井全年百万吨死亡率为零，且无重伤及二级以上非伤亡事故发生；计划成本 341 元/t，实际完成 326 元/t，实际完成利润 20820 万元；职工年均收入 8.96 万元，同比增长 6.5%。

三、安全高效矿井建设的主要做法

（一）加强安全生产工作

1. 全面推行“三个百分之百”“三个全覆盖、安全资格证记分模式”安全管理，矿井实现安全生产无事故

“三个百分之百”即岗标作业标准应知应会达到百分之百、“手指口述”工作应用达到百分之百、“白国周班组管理法”推广达到百分之百。通过“三个百分之百”的推广应用，进一步提高了广大员工的安全意识，岗位更加规范化，进一步增强了团队的凝聚力、战斗力。

“三个全覆盖”即人人都是瓦斯员、人人都是防突员、人人都是防水员。通过此项活动的开展使员工进一步增强了危险源的辨识，有效遏制了重特大事故的发生。

从人性化管理的目的出发，对职工不安全行为实行“安全资格证记分模式”管理，即引用道路安全管理中的驾驶证扣分模式，对职工入井采用记分准入。

2. 狠抓瓦斯、水、火、顶板、煤尘管理，杜绝重大事故发生

在 150112 工作面回采期间，通风部加强了通风管理，确保工作面风量配备满足要求，并安排专职瓦检员负责上隅角瓦斯检查，发现异常及时处理，确保了 150112 工作面顺利回采。

火灾隐患管理方面，严格执行消防管理相关制度，并按照规定定期组织火灾事故演练，实现 2021 年全年无火灾事故发生。顶板管理方面，严格按照《煤矿安全规程》《作业规程》进行采掘工作面顶板管理，实现全年无掘进、回采工作面顶板事故。

3. 夯基础，抓关键，推动安全质量标准化向纵深发展

（1）强化矿、科、队三级安全质量标准化组织机构，成立安全生产标准化领导组，领导组下设安全生产标准化办公室，各专业科室、基层队组成立安全生产标准化管理组。

（2）完善安全生产标准化标准体系建设。一是推行科、队创新项目考核。二是科、队每月必须有 1 项以上标准化提升项目，三是加大标准化创新项目的推广应用。

（3）完善非正规作业标准化管理。各专业完善非正规作业的作业标准和要求，加大对非正规作业的安全生产标准化检查和考核力度，把非正规性作业重点纳入安全生产标准化管理，消灭标准化管理的盲区和死角。

（二）强化采掘工作面工程质量管理

（1）强化源头管理，在设计、巷道支护、装备配套选型、原材料等源头上加大控制力度。在巷道支护设计中充分分析利用好矿压监测数据，优化设计，提高支护质量；装备配套选型上充分考虑现场条件，优化组合，实现效率最大化；原材料源头控制上，重点抓好支护材料质量抽检工作，杜绝不合格材料入井。

（2）加强工程质量、顶板管理，在掘进工作面建立八条高压线管理。即临时支护、锚杆（索）预紧力、锚杆间排距、锚固力、联网质量、巷道中腰线、锚杆角度、巷道成型。

（3）掘进工作面推行“四位一体”工程质量验收制度，即跟班安全员、瓦检员、队干、验收员共同验收现场支护工程质量，合格后方可进行下一步作业。要求管理人员入井动态抽检锚网支护工程质量，保证施工现场工程质

量动态达标。

（三）提高运输保障能力

（1）采用卡轨车+单轨吊运输系统，保证生产衔接顺利完成，确保工作面回撤、安装及日常运输安全。

（2）采用封车器绑车方式进行绑车，既能保证绑车材料的重复使用，又节省了钢丝绳的消耗及捆绑后的强度，人员操作也简单、安全。

（四）集约高效、降本增效

1. 减人提效，降低成本

对具有管理和服务职能的岗位统一按一专多能、身兼数职的配员进行核定，保证一线充足、二线满员、三线严紧，统筹考虑富余岗位人员的精简。

2. 从支护设计继续优化中要效益

（1）将锚网支护间排距根据巷道顶帮围岩情况在保证安全可靠的基础上适度调整为1.2 m，并加强巷道成型管理，杜绝补打锚杆（索）的现象。

（2）从设计源头严格控制，在新掘巷道采煤帮采用玻璃钢锚杆支护代替原来的螺纹钢锚杆支护，极大地控制了材料成本。

（3）收废利旧，对采煤工作面两巷的锚索托盘、锁具、锚杆托盘进行回收再利用，节约了材料成本。

3. 从生产组织中提高生产效率

（1）降低机电故障率：狠抓队组检修工作，保证检修时间，不定时去各单位检查检修情况，查阅记录，加大考核力度；发生生产事故时，立即组织针对性强、经验丰富的老工人第一时间到现场指挥处理；发生机电事故时，要立即安排有经验和技术好、业务精的人员最快到达现场，减少事故处理时间。

（2）提高正规循环率。加强队伍管理，监督各队组从日常检修、培训入手，抓职工的思想意识，提高大家的工作积极性。抓好矿井各科门和队组的相互协调，为队组提供帮助，千方百计解决生产中遇到的实际困难和问题；提供正规有序的作业氛围，并根据实际情况制定严格的奖励和惩罚制度并认真执行。

4. 强化回采工作面错机头尾期间的管理

着重提升错机头尾期间的安全系数，减少错刀时间等，在联网、上大板等环节进行创新。机头尾联网由1×10 m变更为1×8 m，减少端头尾上大板的数量及方式，由半圆代替大板或取消上大板、逼帮板上大板等创新措施，有效缩短了错机头尾时间。

5. 加强地质构造区域煤质管理

加强矿井煤质管理，综采工作面遇构造实行“分割、分运”措施，同时主运环节实行“分存、分运”保证煤质的措施。实行综采工作面安全员现场全程监管放煤与科室人员动态抽查放煤情况相结合的方式保证煤质与回收管理达标。

山西煤炭运销集团保安煤业有限公司

一、矿井概况

保安煤业有限公司隶属晋能控股集团，原名为阳泉市保安煤矿，为单独保留矿井，重组整合主体企业为山西煤炭运销集团阳泉郊区有限公司。2013年6月完成矿井“六证”，正式转为生产矿井。井田面积14.3236 km^2，主采沁水煤田8号、9号、15号煤层，地质储量19364万t，可采储量9657.2万t，设计能力150万t/a，核定生产能力为120万t/a，现开采15号煤层，属煤与瓦斯突出矿井，水文地质类型为中等，截至2021年底，剩余地质储量18201.57万t，可采储量8690.53万t，服务年限51.7 a。

二、主要技术经济指标完成情况

2021年原煤产量116.3万t，掘进总进尺6639 m，商品煤销量117.07万t，综合售价712.15元/t，营业总收入达到80039.36万元，利润总额完成7620.08万元。全年瓦斯抽放量完成6360.68万m^3，原煤工效为6.3 t/工，完成计划的105%；采区回收率为83.1%。全年实现安全生产，为一级安全生产标准化矿井。

三、安全高效矿井建设的主要做法

（一）安全生产标准化提升方面

在一级标准化的基础上利用对标学习的机会，取长补短进一步完善了安全生产标准化管理体系，每月初定期召开标准化推进会，及时掌握各专业推进情况，月末“上尺上线”量化考核，对表对标检查验收，确保了标准化工作稳步推进。通过推动实行标准化亮点工程，重点对井下各地点共有物资进行了统一标准管理，各掘进工作面巷道成型质量、支护质量有了很大提高，实现并保持了支护“成排成行”，管线吊挂平直，各作业地点基础管理长期保持在一级水平，做到了动态达标，进一步提升了矿井标准化管理水平。

（二）瓦斯治理方面

1. 瓦斯钻孔高效提浓成套技术

针对15号煤层赋存条件及煤层透气性参数等因素，对井下本煤层钻孔采用“两堵一注”囊袋式注浆封孔、钻孔全程护孔筛管、标准化联管接抽模式等技术。通过采用瓦斯钻孔高效提浓成套技术，单孔初抽瓦斯浓度在80%以上，纯量为0.11~0.32 m^3/min；接抽30 d时，瓦斯抽采浓度下降约6.2%，纯量为0.09 m^3/min；接抽60 d时，单孔浓度下降10.5%，纯量为0.08 m^3/min。经过三个月抽采，支管浓度在35%以上，百孔抽采纯量提高到4 m^3/min，是以往的3倍。

（1）“两堵一注”囊袋式注浆封孔：利用注浆泵先对封孔器两头的囊袋充入浆液，待两端囊袋膨胀充实后，再对中间密封段充入浆液并进行高压注浆（1.5~2 MPa），在高压下封闭中间段并强行进入煤层裂隙，彻底密封瓦斯泄漏通道，封孔长度为12 m。

（2）松软突出煤层钻孔快速全程护孔筛管技术。针对现开采15号煤存在矿压大、抽采钻孔煤渣多、易塌孔，抽采效果差等现象，采用人工下直径32 mm×1.5 m的全程护孔筛管技术，有效避免了因钻孔塌孔造成无瓦斯抽采通道的弊病。

（3）抽采钻孔标准化联管接抽模式。为提高本煤层瓦斯抽采浓度，减少管路连接环节的漏气，便于放水、除渣等管理，采用单元汇流管与抽采支管连接，每个单孔与汇流管相连的标准化联管接抽模式。

2. 底抽巷穿层钻孔煤层增透技术

为了提高煤层透气性，增加底抽巷穿层钻孔瓦斯预抽效果及煤巷条带区域消突效果，通过与相关院所合作，了解底抽巷穿层钻孔增透新技术、新工艺、新设备，结合自身条件研究分析，在底抽巷开展超高压水力割链增透技术试验。15112底抽巷施工40个割缝钻孔，共割缝110刀，累计出煤85.15 t，最高割缝压力80~90 MPa，单孔平均出煤量2.13 t，单刀平均出煤量0.77 t。

（1）15112底抽巷割缝单孔最高抽采浓度65.8%，最低抽采浓度34.2%。单孔割缝初抽平均浓度为48.4%，同比未割缝前浓度（平均40.2%）提高8.2%；15112底抽巷支管平均抽采纯量为5.25 m^3/min，同比未割缝前平均抽采纯量（平均4.41 m^3/min）提高了0.84 m^3/min。

（2）15112底抽巷实施水力割缝增透技术后，15112回风巷掘进期间工作面甲烷浓度明显下降，经计算，较未割缝前工作面甲烷浓度整体下降0.34%，回风流甲烷浓度整体下降0.40%。

（3）水力割缝缝槽在地应力的作用下，周围煤体产生空间移动，扩大了缝槽卸压、排瓦斯范围。在高压旋转水射流的切割、冲击作用下，钻孔周围一部分煤体被高压水击落冲走，形成扁平缝槽空间，增加了煤体中的裂隙，可大大改善煤层中瓦斯的流动状态，为瓦斯排放创造有利条件，改变了煤体的原始应力和裂隙状况，削弱或消除突出的动力，起到防突作用，提高了透气性和瓦斯释放能力。

（三）自动化、信息化、智能化方面

积极推进智能化建设。在一个综采和两个掘进工作面开展智能化建设。另外，主要通风机在线监测已安装使用，空压机集中控制和主井提升机无人值守正在安装，井下主运皮带集中控制系统，井下变电所电力监控及防越级跳闸系统，采区水泵房、主水泵房智能化改造，矿用5G无线通信系统已完成。主要的大型设备均安装了温度与振动监测。

（四）矿压治理方面

与科研院所合作开展巷道支护优化设计。通过开展顶板岩性结构窥视、巷道围岩松动圈测试、锚固力试验、地质力学测试等工作，根据巷道支护“三高一低”的原则，采取了提高巷道支护构件强度、加大支护预紧力等手段达到了支护的高强度、高刚度、高可靠性，同时，在保证巷道主动支护效果的前提下，减少单位面积内支护数量，最大限度地保证了巷道围岩的完整性，充分发挥了巷道主动支护的效果。

（五）环保方面

1. 矸石治理方面

矸石治理采用“由下到上，分层碾压”，每层厚度不超过2 m，达到堆积厚度后对平台和坡面夯实，夯实后覆盖厚黄土并压实，再排上一层矸石。排矸范围坡面按高宽比不大于2.0进行排放，然后对坡面整平，整平过程中需要对回填的部分进行夯实，中部用平台把坡面分成阶梯式。矸石排放达到设计2~3 m高程后，坡面和平台废弃部分及时碾压，覆盖厚黄土，进行植被恢复。2021年矸石治理29.6万t，治理面积28001.4 m^2。

2. 大气治理方面

从井下提煤至洗煤厂，洗选过程中使用封闭式带式输送机走廊，并装有喷雾装置；洗选的块炭和末煤分装在封闭式精煤仓和末煤仓；外运装车采用仓底地埋式地磅，不产生煤炭落地污；厂区散装物料全部进行苫盖；厂区道路采用吸尘车清扫，洒水车量进行洒水。

3. 绿化方面

对厂区道路边坡和停车场边坡进行修缮、绿化治理，绿化面积4022 m^2。

山西煤炭运销集团盖州煤业有限公司

一、矿井概况

山西煤炭运销集团盖州煤业有限公司（以下简称“盖州煤业”）位于高平市米山镇司家庄村附近，属兼并重组资源整合矿井，设计生产能力90万t/a，井田面积16.2329 km^2，批准开采3号、9号、15号3个煤层。截至2022年底，矿井剩余可采储量为4980万t，剩余服务年限为42 a。水文地质类型中等，正常涌水量为5 m^3/h，最大涌水量15 m^3/h；地质条件属简单型；低瓦斯矿井，9号煤自然发火等级Ⅲ级，属不易自燃煤层，煤尘不具爆炸性。矿井采用斜井开拓方式，9号、15号为可采煤层，集中联合布置。现单一开采9号煤层，煤种为高发热量、低灰、中低硫优质无烟煤。

二、主要技术经济指标完成情况

2021年，原煤产量89.5万t，掘进总进尺5830 m，原煤工效为7.3 t/工，矿井综合单产达到75200 t/(个·月)。吨煤成本228元，完成利润6517万元，吨煤开采综合能耗9.4 kW·h，采区回收率为87%，全年实现安全生产。

三、安全高效矿井建设的主要做法

（一）创新驱动，点燃科技强安新引擎

为提高资源回收率、降低万吨掘进率，积极推广应用“切顶卸压自成巷无煤柱开采技术”，在聚能管选型、切顶钻车研发、巷旁挡矸支护改进、架后临时支护优化等方面进行了一系列的技术创新。截至2022年底，已在8个工作面累计成功留巷9400 m，多回收优质无烟煤40.9万t，资源回收率提高近10%，解决了煤炭企业长期面临的“顶板安全、资源回收和成巷成本”瓶颈问题，并在多个煤炭企业推广应用，取得了明显的经济、社会效益。

（二）践行“零伤害”理念，安全文化建设独树一帜

以“零伤害”理念为引领，深化自保、互保、联保工作机制，提出和

实施“我的安全我负责，工友安全我有责，全矿安全我尽责”的“三保”动态管理法。完成了井口安全文化长廊亮化工程，将安全文化在每一次上下井路上内化于职工心中。“入井人员井口答题系统”和“矿校云”手机 APP 学习软件的运用，职工可以通过入井答题和手机学习、考试、模拟练习等方式对日常学习情况进行效果检验。日互帮、周互学、月互考，充分发挥了“点对点、一对一、结对子”安全培训的时效性、针对性、现场性，组成“结对子”305 对，参加人数累计 688 人，为创建安全文化示范矿井打下了坚实的基础。向全矿家属发放“亲情告知书”、邀请家属来矿参观，了解职工的工作、生活环境，家企联动保安全。

（三）严守环保红线，实现绿色发展

严格落实政府及上级公司相关要求，各环保设施运行正常，已经实现矿井水深度处理，完成燃气锅炉更换，改造了空压机余热利用系统，煤炭、煤矸石运输采用封闭通廊密闭输送方式，并采取洒水、喷淋、苫盖等综合措施进行抑尘，自主研发布袋除尘与生产系统联动的自动控制系统，危废、固废做到规范化处理，矸石山分层覆土密闭压实，绿化造林。未发生环境突发事件，实现了环保污染事件“零发生”，环保检查“零处罚”。

（四）设备智能化升级，减人增效

2022 年 11 月，盖州煤业 9109 智能化综采工作面投入使用，将职工从单一、枯燥、繁重的体力劳动中解脱出来，人身安全得到保障。同时，回采工效大大提高，达到了减人增效的目的。此外，安装电力监控系统，预防越级跳闸，提高了供电系统安全可靠性，矿井地面 10 kV 变电所、井下中央变电所、采区变电所实现了“无人值守、有人巡视”。设备智能化升级后，主副水仓、采区水仓实现自动排水、空压机房实现永磁变频、主要通风机实现故障自动变频一键切换。无轨胶轮车失速报警、破碎机开盖熄火保护装置，以及带式输送机转弯、可调节式防跑偏保护、风水联动式清扫、可调式压带轮、缓冲降噪等装置的小改小革，现场应用后，省时省工，提高了生产效率。

山西煤炭运销集团和尚嘴煤业有限公司

一、矿井概况

山西煤炭运销集团和尚嘴煤业有限公司是由原大同市云冈区峰子涧和尚嘴煤矿等4座煤矿整合而成，于2011年3月正式开工建设，2014年12月完成竣工验收。井田位于大同市云冈区高山镇峰子涧村，井田面积7.4901 km^2。井田批准开采侏罗系2~14号煤层，现采煤层为侏罗系14^{-2}号煤层，平均煤厚2.5 m，属不黏煤。矿井设计生产能力60万t/a，矿井正常涌水量为22 m^3/h，属低瓦斯矿井，煤尘具有爆炸性，煤层自燃倾向性为容易自燃，无煤与瓦斯突出危险性。截至2022年底，保有地质储量2531.3万t，可采储量1154.4万t，矿井剩余服务年限16 a。

矿井采用斜井单水平开拓，走向长壁后退式采煤法，综合机械化采煤工艺，实现了一矿、一井、一面、一条运输线来保证矿井的生产能力。回采劳动组织为“两采一准”，掘进劳动组织为“三八制”。

二、主要技术经济指标完成情况

2021年生产原煤25.9万t，掘进进尺5521 m。完成利润600万元。百万吨死亡率为零，原煤工效7.6 t/工。最高月产40072 t/(个·月)，矿井综合单产60839 t/(个·月)。最高月进尺250 m，采区回采率87%。职工年人均工资9.6万元。

三、安全高效矿井建设的主要做法

（一）科学组织生产

设立了以煤矿“六长”为主的安全生产管理机构，下设以地测科、探水队为主的水害防治中心，以通风科为主的瓦斯防治中心和以调度室、信息监控中心为主的安全调度指挥中心，另有生产技术科、安监科2个安全生产职能科室，其中，安监科是专职的安全管理部门。地面及井下均采用“三八制”作业。建立了完善的劳动定员管理制度，科学合理地组织了生产，劳动效率明显提高。

（二）坚持安全发展

矿井自2011年开工建设至今，未发生较大以上安全事故，生产过程中严格执行煤炭行业标准，精细管理，规范作业，安全生产形势平稳，连续12年零伤亡。

1. 各级认真落实安全生产责任制

进行安全生产责任制的学习和安全责任教育，明确安全生产责任制的内容，做到“谁主管，谁负责；谁生产，谁负责；谁操作，谁负责”，使全体职工充分认识到“安全生产，人人有责”。各级领导分片包干，切实做好分管范围内的安全工作；基层管理人员靠前指挥，时刻盯紧作业现场，对关键作业环节严格把关，正确处理安全与生产的关系，坚决做到“不安全不生产”。各级安全监察人员每天深入现场进行安全检查；群监员及时报告安全隐患，形成了人人管安全的良好氛围。

2. 加强安全检查和隐患排查力度

进一步加大现场安全检查力度，管理人员经常深入现场，及时发现并解决现场中存在的问题。周四定期开展安全检查主题活动，分专业进行检查，对发现的问题均按“五定原则”及时进行了处理。加大了反“三违”力度，对于习惯性违章作业和违反劳动纪律的职工严厉查处。

3. 重视职工安全教育培训工作

组织全员进行作业规程、安全规程和安全技术操作规程的学习培训工作，由矿领导监考，采用闭卷形式进行了考试，对考试不合格者，进行了重新培训，并组织缺考人员和考试不合格者进行补考，培训合格率达100%。同时对管理人员进行了《安全生产法》《安全生产责任制》的学习和考试，进一步提高了管理人员的管理水平。积极组织、合理安排，对采煤机司机、掘进机司机、电钳工、安监、瓦检等特种作业人员进行了操作资格证、新办证和复审的安全培训。严格执行职工的转岗培训、新职工安全教育培训工作。通过这些培训，提高了职工的整体素质，夯实了基础安全工作。

4. 开展安全活动，把职工绩效和工资挂钩

经常性地开展职工技能竞赛，安全知识问答，安全操作规程的执行能力竞赛，给予先进职工奖金及荣誉，号召全矿学习，提高职工工作积极性。

（三）大力推进科技创新

煤矿安全监控系统、通信系统随着作业地点和工作面的延伸不断变化，线缆吊挂、延伸、拆除、保存成为监控系统中一项重要工作，监控线缆如果保护不好，容易造成线缆损坏，不仅浪费材料，而且严重影响系统的正常运

行。按照线缆吊挂的思路，设计出了电话线绕线盘，解决了工作面线缆挂钩不到位和工作面电话线富余线路吊挂不整齐的问题，简单易操作，使用效果良好，在集团公司机电系统 165 项细节管理中得到认可并在全集团进行推广。

（四）不断加强环境建设

2020 年对原有燃煤锅炉进行了改造，将原来燃煤蒸汽锅炉改为醇基燃料蒸汽锅炉和空气能热源泵进行取暖，改造完成后，既保证了我矿生产、生活需求，又大大降低了对环境的影响，节约了成本。

根据环境保护要求建设了储煤棚。井下原煤经筛分后进入储煤仓，筛分后的块煤落地后在煤场露天堆存，产生扬尘对周边环境造成污染。储煤棚于 2022 年立项建设，对块煤场地进行封闭、除尘建设，建筑面积 750 m^2。

建设轮胎清洗装置，在主井地磅房旁建设一座规范化的轮胎清洗装置，用于运煤车辆出场前清洗轮胎及车身，加强原煤转运全过程管理，减少煤尘对环境的污染。

山西煤炭运销集团和顺吕鑫煤业有限公司

一、矿井概况

山西煤炭运销集团和顺吕鑫煤业有限公司露天煤矿位于和顺县城东北约14 km，行政区划隶属和顺县李阳镇管辖。山西煤炭运销集团晋中有限公司占股51%、自然人占股49%。矿井2011年11月开工建设，2013年8月5日通过竣工验收，转为正式生产矿井。

井田面积11.4385 km^2，矿区南北长约5.85 km，东西宽约3.34 km，开采方式为露天开采，采用单斗—卡车工艺。批准开采8~15号煤层，主采15号煤层，煤层平均厚度为5.5 m，煤种为贫煤，核定生产能力200万t/a。

二、主要技术经济指标完成情况

2021年末原煤生产总人数为263人，采掘机械化程度为100%，开采方式为露天开采，全年完成产量51.2万t，采出率高达95%，原煤工效为19.7 t/工，实现利润2300万元，职工年人均工资收入达9.56万元，比2020年人均工资8.23万元增加了1.33万元。

三、安全高效矿井建设的主要做法

（一）安全管理方面

对原有的制度进行全面梳理和修订并贯彻执行，实现以制度管理人、以制度约束人。强化隐患排查和闭环监督管理，认真落实隐患排查治理责任，严格执行“吕鑫煤业事故隐患排查治理管理办法”，组织开展好隐患排查治理工作，实行各专业的隐患排查内容持表检查，严格按照“资金、责任、措施、时间、预案”五落实原则，完成隐患整改，实现闭环管理。按时开展安全培训教育，制订安全培训工作计划，依据培训计划根据生产实际，分等级分层次进行安全培训、应急知识全员培训、应急预案及灾防处理技能培训、职业危害及职业健康专项培训、岗位标准化培训，消防安全知识培训等。

（二）生产组织方面

（1）提高设备机械开机率和负荷率，提高单产和单进水平。通过优化班前会流程、持续优化采剥流程、优化机电设备检修流程等措施提高有效作业时间，从而提高设备开机率和负荷率，达到高产高效的目的。

（2）优化及实施目标定额管理，提高生产组织效率。通过优化生产组织流程，工资绩效目标阶梯化以及足额兑现，充分调动区队和员工的劳动积极性，提高了组织效率和掘进效率。

（3）及时更新设备，引进 3.5 m^3 斗容徐工 XE900D 大型液压反铲配 42 t 自卸卡车，增加了挖运量，提高了剥离能力。

（三）生产工艺方面

采用振动锤破碎代替穿爆工作，剥离物为灰黄、土色亚砂土及粉沙质土，局部含钙质结核，二叠系砂岩及深灰、灰黑色砂纸泥岩、泥岩。煤层中间夹杂着薄煤层。薄煤层在设计时，设计为不可回收，但在实际生产中对 200 mm 以上夹层煤进行了全部回收。为了提高生产效率，提高煤炭回收率，公司探索出一条不进行穿爆的采矿经验，采煤时遇到坚硬岩石，不能直接采装的含有钙质结核的砂质泥岩、砂岩等利用振动锤破碎的方法进行破碎，安全且高效。

（四）劳动定员和职工素质方面

公司牢固树立“安全第一，预防为主”的安全管理理念，全面确保安全生产顺利进行。我矿实现了劳动定员的制度化、规范化，制订了劳动定员管理办法。在招收员工时，立足于提高职工队伍素质有选择性地进行选择，素质高的优先、劳动能力强、精神面貌好的优先。

（五）环境保护和生态恢复治理方面

不断加强环境保护工作，每年定期开展职工健康检查，所有员工佩戴防尘口罩，严格遵守国家环境保护法律法规和有关政策，持有合法有效的排污许可证。矿内的道路降尘主要采用水车降尘的方法，有洒水车 30 余台。

同时，按照国家规定，大力推进复垦绿化、重新造田工作，绿化覆盖率达到可绿化区域的 92%。工业场地设置了地面排水沟，同时植树种草设置防护带，工业广场绿化系数达到 75% 以上，矿区生态环境明显改善。通过不懈努力，实现了采煤与环境保护、生态文明建设的和谐发展。

山西煤炭运销集团和顺益德煤业有限公司

一、矿井概况

山西煤炭运销集团和顺益德煤业有限公司位于晋中市和顺县喂马乡上元村，所属主体企业为晋能控股集团晋中公司。矿井 2010 年兼并重组后的井田面积为 4.881 km^2，批准开采 3～15 号煤层，矿井设计只开采 15 号煤层，煤层平均厚度 5.52 m，煤种为贫瘦煤，矿井地质储量 3080 万 t，可采储量 2158 万 t，服务年限 17.1 a。截至 2021 年底 15 号煤层剩余工业储量 1727.4 万 t，可布面储量 1227 万 t，可采储量 1079 万 t，服务年限 12 a。矿井水文地质类型中等，无承压水影响。矿井为低瓦斯矿井，15 号煤层煤尘有爆炸性。

矿井采用斜井开拓，工业广场内分别布置主斜井、副斜井、回风斜井 3 个井筒。全井田划分两个采区，分别为 1501 采区和 1502 采区。1501 采区布置 1 个 150103 综采工作面，采煤工艺为综采放顶煤，其面倾向长 200 m。1502 采区布置 3 个综掘工作面，采掘比为 1∶3。

二、主要技术经济指标完成情况

2021 年益德煤业认真贯彻落实各级政府及集团公司各项工作部署，全面实施精细化管理，深化内部改革，创新工作机制，全年安全生产零事故，完成原煤产量 89.74 万 t，平均效率 7.2 t/工。完成掘进进尺 3200 m，钻探进尺 24350 m，综采机械化程度达 100%，掘进机械化程度达 100%，采区采出率达到 80% 以上。

三、安全高效矿井建设的主要做法

通过优化采区布置推行小煤柱开采设计施工以及落实单轮间隔顺序放顶煤回采工艺等举措，使我矿采掘布置更加合理，采掘衔接趋于宽松，安全生产管理更加成熟，安全生产标准化动态达标工作明显提高，产能提升工作稳步推进。

（一）采区设计优化

根据井田探测的地质构造情况，结合井下巷探、钻探成果，委托山西安煤矿业设计院对矿井采区进行优化。经过采区优化设计，促使我矿采区布置更加合理，为形成超长工作面奠定基础，使采掘衔接更加宽松。

（二）推行小煤柱设计施工

于2020年完成150109面8 m小煤柱设计，并在12月底开始施工，截至2022年1月底该工作面全线贯通，形成独立通风系统。150109面通过实施小煤柱（由原20 m煤柱减少到8 m），预计多回收煤炭13.4万t，增加产值6700万元，取得了良好的经济效益。同时通过实施小煤柱，进一步掌握厚煤层巷道围岩支护设计和小煤柱巷道顶板管理的规律和要点，为推进安全高效矿井探索管理经验。

（三）推行放煤工艺优化

150103综采工作面，按照集团和晋阳事业部要求推行单轮间隔分组顺序放煤工艺后，使回采面放顶煤回收率提高2%左右，整体工作面回收率达到95%，极大地提升了工作面采出煤量和经济效益。

（四）过构造采用震动炮

150103回采面潜伏有多个陷落柱，并且陷落柱的范围大，同时伴随有断层存在。受陷落柱和断层范围大，揭露岩石硬度等因素影响，致使工作面采煤机无法正常推采，极大影响工作面的推采进度和原煤产量。因此采取放震动炮的方式对构造进行松动后再截割，以减少采煤机截齿和摇臂的损坏。同时加快工作面的推进速度，为完成保供煤任务和年度计划创造了条件。

（五）采掘管理和动态达标

根据集团和地方政府采掘动态达标要求，在全矿开展全方位的标准化动态达标工作。通过专项整顿、网格化管理、三年专项行动等举措，使我矿的安全生产管理标准化工作有了质的转变。推行作业现场标准化管理、标准化作业、流程化控制，严格规范作业人员的安全行为，严把工程质量关，做到上标准岗、干标准活、交标准班，安全生产标准化动态达标工作有了显著提高。

（六）优化生产组织

为进一步增强安全工作的责任感、紧迫感，狠抓安全管理责任落实，强化现场基础管理和现场执行力。一是严格实行绩效考核，考核落实到班组。具体将每月的产量计划实行队伍分解和班组分解，实行班班考核，对同工作面原煤生产、沿线运输、主井提升和地面筛选等有关的所有人员与当班产量挂钩，完成当班计划的进行奖励，完不成的进行原因分析并处罚。二是通过合理优化劳动力配置，科学调整劳动组织，实行保勤奖激发职工的提效潜力。三是落实好科室保区队、井下保一线，工资向采煤一线倾斜、向采煤队苦、脏、累岗位倾斜等措施，提高劳动生产效率。

山西煤炭运销集团旧街煤业有限公司

一、矿井概况

旧街煤业有限公司地处山西省阳泉市郊区旧街乡测石村，井田面积 1.5036 km^2，批准开采 3 号、8 号、9 号煤层，3 号、8 号煤层已采完，现开采 9 号煤层，矿井核定生产能力为 60 万 t/a。截至 2021 年 12 月底，矿井保有地质储量为 310.78 万 t，可采储量为 13.6 万 t，剩余服务年限为 0.23 a。公司产品主要为低硫、中灰、高发热量优质无烟煤和块炭。

二、主要技术经济指标完成情况

2021 年完成煤炭产量 60 万 t，掘进进尺 1653 m，实现利润 8300 万元，原煤工效 7.3 t/工，矿井综合单产 5.34 万 t，采煤机械化程度达到 100%，百万吨死亡率为零，职工人均收入达到 8.44 万元。

三、安全高效矿井建设的主要做法

（一）加强教育培训，筑牢安全防线

一是有计划、分阶段、重实效地组织开展各类安全教育培训，做到培训合格率、持证上岗率 100%。二是不断提升教学质量，强化培训效果，注重直观教学，充分利用多媒体电教设备，增强学员学习的积极性，不断提升职工素质。三是以常规培训为基础，针对安全隐患、“三违”、工伤、非计划误时等，开展针对性培训，紧密结合当前生产环境、生产任务，及时调整更新培训内容。四是加强教师队伍业务素质的提升，在抓好理论教学的基础上更多地侧重井下一线的现场教学，在实践中巩固和提升教学质量。五是充分利用互联网技术和信息化手段，大力实施“互联网+安全培训”计划，通过安全“微课堂”、“微信群”、手机 APP 等方式，鼓励员工自主学习。

（二）加强标化建设，做实基础安全

一是完善安全生产标准化责任体系，分系统、分专业、分区域、分队组从严从细排定年度计划、制定措施，严格考评验收，对标奖惩。二是结合实际科学确定月度重点、亮点工程，并辐射带动其他工程及专业的达标。三是

加大安全投入，积极引进新技术，重点打造综采工作面精品工程，狠抓关键岗位、关键人员达标，提升职工的精神面貌及队组安全管理水平。四是持之以恒加强 6S 标准化管理，进一步强化考核机制，强化职工行为规范。

（三）加强预控管理，做好超前防范

一是高标准组织好年度风险辨识，明确重大安全风险清单，突出对重点工程、薄弱环节的安全监管，严格做到“一工程一措施”，强化责任落实及考核监督，确保安全风险管控人人有责、安全风险辨识评估技术人人都会。二是组织好隐患排查治理，科学分析人、机、环、管的隐患规律，推进隐患排查治理的可视化、格式化、网络化、精准化。三是深入开展安全自保互保联保的考核管理，提升安全意识，规范操作行为，重点抓好一般岗位、作业班组等基层一线现场的事故隐患排查治理，积极开展自查自纠，保障施工作业安全。四是不断强化综合性安全生产大检查及专项检查，对于重大安全隐患责任人、触及红线人员及生产安全事故责任人严肃问责，抓好薄弱环节和敏感时段的安全监管，持续开展“反三违”活动，保持反“三违”的高压态势。

（四）加强现场管理，严格带班下井

1. 瓦斯治理方面

牢固树立“瓦斯超限就是事故”“一个钻孔就是一项工程”“瓦斯治理抽采先行”等瓦斯防治理念，以构建“通风可靠、抽采达标、监控有效、管理到位”十六字工作体系为总目标，以回采工作面瓦斯抽采、矿井通风设施管理、采掘工作面巷道高冒区管理等为重点，全面提升“一通三防”管理、技术、装备水平，杜绝通风瓦斯事故发生。

2. 机电运输方面

持续开展矿井运输专项整治，进一步提升运输管理水平，不断完善设备综合管理体系，提升机电技术力量，加强对提升装置、运输设备的日常检查、维护，降低设备故障率，提高设备开机率，切实做到包机责任到人、检修到位、质量过关，确保设备的安全性、可靠性，争创机电安装和检修精品工程。

3. 顶板管理方面

严把技术管理、工程质量、现场管理关口，严格落实“一面一策”，强化采煤工作面煤壁区、上下端头、超前支护段以及掘进工作面开口、巷道交叉等地点的顶板管理和支护质量，定期观察、分析矿压数据，准确掌握顶板情况，切实保障井下作业安全。

4. 防治水方面

严格按照探放水原则，及时收集采空区及周边矿井水文资料，充分掌握井田地质、水文地质条件，做到预测预报及时、准确，杜绝水害事故的发生，掘进工作面严格按照“探 90 米掘 60 米”的探放水设计执行，认真落实“四单五签字”安全确认移交制度，加强探水钻孔及瓦斯钻孔施工的监督管控，所有探水钻孔施工过程或退杆过程均有视频监控。

（五）加强地面监管，提升保障能力

一是强化季节性安全管理，充分认识防汛、防雷、防冻、防火、防排水等工作的重要性，明确责任，制定完善的防范措施及预案，定期开展全覆盖的隐患排查，发现问题，及时处理，真正做到防患于未然。二是认真做好地面瓦斯区域、建筑施工、高空作业、设备检修、压力容器、特种设备、受限空间作业等方面的安全管理和事故隐患排查，制定好相应事故应急预案，超前防范各类事故的发生。三是进一步明确各地点的消防安全责任，相关业务部门每周进行全面的隐患排查。

（六）加强应急救援，提升防灾能力

一是按照“平时抓预防”“关键看应急”的原则，认真组织各项应急演练，强化自救互救实操训练，熟悉应急预案和避灾路线，不断提高应急响应自救互救能力。二是完善应急救援物资储备，定期做好应急物资的检查、维护、更新，确保遇险时能及时开展救援工作。三是加强兼职救护队伍的日常训练，提高队伍处置灾害的应变能力。

（七）加强资金监管，保障安全投入

严格按照安全费用管理制度、标准提取和使用安全费用，定期对使用情况进行审核验收。优先保障安全设施建设及维护、事故隐患排查治理、安全风险管控措施落实、安全教育培训、职业病防治等，确保足额提取、科学使用。

（八）加强危害防治，做好健康保护

一是继续强化职业危害防治日常管理，积极开展职业危害因素辨识评价，最大限度减少尘肺病及噪声聋等职业病发病人数，杜绝急性职业危害事故的发生。二是加大宣传教育，充分利用公示栏、牌板、标语、微信等舆论工具，大力宣传《职业病防治法》和相关知识，提高全体职工职业病防治意识和职业卫生水平。三是做好职业卫生体检并及时告知，妥善安置职业禁忌证人员，切实做好职业病患者治疗康复工作。四是强化噪音、粉尘防治工作，在职业病危害重点区域悬挂警示牌、告知牌、公告牌，定期开展职业病危害因素检测，加强综合防尘，重点抓好煤层注水和喷雾效果管理，最大限度降低职业危害。

山西煤炭运销集团莲盛煤业有限公司

一、矿井概况

莲盛煤业有限公司位于山西省朔州市平鲁区，井田面积 1.727 km^2，批准开采深度 1460～980 m，批准开采 4～11 号煤层。矿井地质类型简单，水文地质类型中等，矿井正常涌水量为 12.7 m^3/h，最大涌水量为 31.6 m^3/h。矿井绝对瓦斯涌出 0.89 m^3/min，相对涌出量为 0.49 m^3/t，鉴定为低瓦斯矿井。煤层自燃倾向等级Ⅱ级，属自燃煤层。根据山西省煤炭工业厅综合测试中心检验结果，4 号煤层煤尘具有爆炸性。矿井证载能力为 90 万 t/a，是证照齐全合法有效的生产矿井。

矿井采用斜井、立井综合开拓方式，采煤方法为后退式走向长壁采煤法，采煤工艺为综采放顶煤，采用全部垮落法管理顶板。矿井通风方式为中央分列式，主斜井、副立井进风，回风立井回风，通风方法为机械抽出式。

二、主要技术经济指标完成情况

2021 年煤炭产量 89.97 万 t，煤炭销售量 89.34 万 t；全年掘进进尺完成 4067 m；完成营业收入 39305.39 万元，实现利润 10962.78 万元；资产负债率：74.15%；总资产报酬率 8.56%。全年实现了安全生产。

三、安全高效矿井建设的主要做法

（一）“一通三防”方面

1. 简化、优化通风系统

对 9 号煤层二采区三条大巷进行封闭，构筑了三道永久密闭，消除 9 号煤层二采区 4 号皮轨联巷角联通风的不合理现象。

2. 采空区塌陷治理

针对 4 号、9 号煤层采空区塌陷造成地面裂隙增多，为了防止通过地面裂隙向采空区导入氧气，造成采空区自燃，对地面裂隙进行充填治理，共充填治理裂隙范围约 68000 m^2。综采工作面严格按设计进行阻化剂喷洒，全年共计喷洒阻化剂 124 t。

3. 新增防灭火系统

于2021年11月安装完成2套QTD1500/97地面注氮系统，截至12月底共计注氮约82万m^3。通过对工作面采空区实施注氮，4106综采工作面上隅角一氧化碳气体处于明显下降趋势，解决了多年来防灭火措施不可靠的问题。

（二）优化采掘工艺，提高劳动效率

1. 提高综采工作面“四个阶段”管理水平

9202综采工作面停采用时10 d，较集团规定22 d提前12 d；撤退用时20 d，较集团规定33 d提前13 d；4106工作面稳装用时19 d，较集团规定32 d提前13 d。

2. 提升标准化管理水平

按照集团公司标准化管理理念，通过矿领导制定严格考核办法、队组内容严格管控落实，综采工作面标准化管理实现动态达标，得到上级领导高度肯定。

3. 掘进工作面临时支护实现机载前探梁

矿井原来使用的临时支护方式为滑移式前探梁，自2021年11月起，两台掘进机全部实现机载前探梁，克服了以往穿管前探梁和支柱加横梁低效率的临时支护方式，使超前支护更加安全、可靠、易于操作。

4. 采出率和掘进单进水平提升

通过放顶煤工艺优化、终采线优化、切顶卸压技术应用，实现多回收煤炭资源17.99万t。通过对掘进工序的细致研究、施工组织的合理安排、工资制度的精准考核，2021年度单进水平突破345.6 m，单月单队最高掘进米数高达388 m。

（三）提升机电管理水平，供电保障有力夯实

（1）主斜井绞车变频改造2021年1月完成主斜井绞车变频改造。改造后的变频调速系统，不仅电能消耗每小时降低了87 kW·h，更实现了主斜井绞车提升运输的无级调速功能，使运输速度平稳过渡，为我矿辅助运输安全运行奠定了扎实基础。

（2）2021年1月，我矿特种设备全部通过检验并取得使用登记证，切实筑牢了我矿特种设备的安全运行防御墙。

（3）2021年3月，4号轨道大巷安装3组气动挡车栏，和5组气动道岔，真正创造出“行车不行人”的先决条件。

（4）2021年5月，主斜井带式输送机安装钢丝绳芯在线检测系统和6套抓捕器，两者配合不仅能及时反映该带式输送机的安全状况还提供了断带

保护。

（5）2021 年 6 月，安装一套供水增压系统，实现无人操作、自动控制，解决了井下采掘作业点标高不断增加、水压不能满足生产需求、制约机掘队作业的难题。

（6）2021 年 11 月，井下安装一部双齿辊破碎机。杜绝了煤、矸卡堵漏煤眼及撕带事故的发生，使主运系统降低了事故率、提高了开机率，保障主运系统安全运行。

（四）优化升级监控系统

（1）实现安全监控系统安装应急联动功能，与人员定位、应急广播、通信系统互联互通。煤矿安全监控系统在瓦斯超限、断电等需立即撤人的紧急情况下，可自动与人员定位、应急广播、通信等系统应急联动，发出瓦斯超限、瓦斯突出预警、火灾预警等一系列信息。根据危险等级控制矿井断电，通过井下应急广播系统通知危险区域人员撤离，通过人员定位双向通信功能，直接通知危险区域人员撤离，该系统功能提升了矿井安全系数，为作业人员提供了安全保障。

（2）升级部分分站及传感器软件版本，解决了一氧化碳调校出现数据失真的问题。安全监控系统更加完善，安全监控系统为矿井作业人员及设备提供了更加全面严格的安全保障。

（3）对安全监控系统进行自评并出具自评估报告，评估出系统的利与弊，通过监控中心内部人员讨论及与厂家交流，将系统优化至最佳。

（五）改造矿区设施环境

（1）积极响应国家及集团公司消防安全政策，为了及时消除安全隐患，确保莲盛煤矿地面消防安全，2021 年对莲盛煤矿所有区域泡沫彩钢房进行整改，更换为 A 级阻燃彩钢板。同时对职工食堂进行重新修建、装修，进一步提升饭菜质量与标准，让广大职工更加安全、干净、温馨地享受回家的感觉。对干部职工澡堂进行改造装修，现已改造成干净、舒适、温馨的现代化澡堂。

（2）为了加强企业精神文明建设，进一步体现集团公司“五个一”理念，激发干部职工自豪感、荣誉感，对莲盛煤矿联合楼区域进行了文化、亮化装饰。

（3）为了丰富职工业余生活，增强职工归属感、幸福感，营造“以企为家”的良好氛围，将队组交班室后面原综采队材料库房翻新改造作为职工活动室，同时购置活动健身器材，丰富了工人的业余生活。

山西煤炭运销集团芦子沟煤业有限公司

一、矿井概况

山西煤炭运销集团芦子沟煤业有限公司是由原山西芦子沟煤业有限公司、保德县永兴煤业有限公司及保德豫皖煤业有限公司整合而成。井田面积 12.3072 km^2。批准开采 8 号、10 号、11 号、13 号煤层，矿井地质储量 119.02 Mt，可采储量 70.94 Mt，设计生产能力 0.9 Mt/a，服务年限 56.3 a。井田地质构造简单，井田内 10 号、11 号、13 号煤层均具有煤尘爆炸危险性，10 号、11 号、13 号煤层自燃倾向性均为Ⅱ类，均属自燃煤层；水文地质类型划分为中等；瓦斯等级为低瓦斯矿井；井田属地温、地压正常区。截至 2022 年底剩余可采储量 6866 Mt，可布面储量 5460 Mt，剩余服务年限 55 a。

二、主要经济技术指标完成情况

2021 年芦子沟煤矿实际产出原煤 47.4 万 t（含掘进煤量），由于矿井配套选煤厂未建成，所有商品煤全部以原煤形式销售。全年完成利润 338.5 万元。2021 年共有 2 支掘进队伍，配备 3 台 EBZ-200 型掘进机，全年累计完成进尺 5843 m。矿井综合单产 40936 t/(个・月)，原煤工效 6.7 t/工，安全事故死亡人数为零，百万吨死亡率为零。

2022 年全年实际生产原煤 92.3 万 t，实际完成进尺 7550 m；全年完成利润 8990 万元。矿井综合单产 81872 t/(个・月)，原煤工效 7.5 t/工，安全事故死亡人数为零，百万吨死亡率为零。

三、安全高效矿井建设的主要做法

（一）生产技术与管理方面

（1）抓好生产环节，发挥调度指挥中心的职能作用，减少环节影响，加强设备检查，做好设备设施综合保护，减少机械事故，统筹安排检修时间，把影响时间降到最短。

（2）注重提升运输，抓好主井提升运输管理、环节改造，加快提运速度，提高生产能力。

（3）正确运用锚喷支护，掌握新工艺、新技术，提高锚喷支护的速度和水平，加快开拓速度，缓解采掘接替，促进高产、高效。

（4）抓好人员管理，根据生产条件的变化，合理安排生产人员，努力提高生产率和全员效益，充分利用分配政策调动一线、二线生产人员的积极性。

（5）加强技术管理，针对性地制定并严格执行操作规程、作业计划、施工措施，强化现场管理，规范作业行为。

（6）做到现场把关，针对工作面倾角大、顶底板差、挺眼，初放期间的特殊条件，领导、管理人员、技术人员跟班到点、现场指导，做到咬住、盯死、看严，确保 24 h 不失控并安全无事故。

（二）安全发展方面

认真落实两级公司及政府管理部门安全决策部署，全面落实安全生产责任制，严格防范安全事故发生，扎实开展安全生产专项整治三年行动、“大排查、大整治、大提升”活动、“安全生产月”活动、“一月一整治、一季一重点”、“抓三违、抓作风、抓纪律”、“网格化”安全包保、安全监察专员、全覆盖安全大检查、各类“顶板、机电、防治水、辅助运输”等专项检查、开展安全警示教育培训等重要活动，健全完善隐患排查治理机制，持续提升风险管控水平和安全保障能力。

树牢“两个至上”理念，矿负责人组织各科室区队负责人及分管领导召开贯彻落实专题会，逐条逐项对会议精神进行安排部署，制定责任清单和落实方案，由安全监管部门定期对贯彻落实情况进行跟踪督查和通报考核，保证会议精神中的每一项安全工作要求落实到位。

（三）技术创新方面

科技是第一生产力，是实现科学发展、又好又快发展的原动力。做好科技工作是顺应发展规律、抢抓发展机遇的必然要求。注重自主创新、加快创新型企业建设步伐；注重服务安全生产、加大科技成果向现实生产力转化；注重加强科技体系建设，科研经费投入逐年加大，矿井建设发展的质量与效益实现了双丰收，科技进步和创新成为我矿经济持续快速增长的引擎。

13101 工作面支护再优化设计项目，为 13 号煤层首个工作面采取的针对性研究，该项目的开展为 13 号煤层其他工作面的支护设计提供了理论支持。11202 工作面支护优化设计项目的开展为现场施工提供了良好的理论支撑，在保证安全的情况下节约了成本。11201 工作面开切眼及带式输送机巷道切顶卸压项目，为芦子沟煤矿首次在放顶煤工作面采用的新技术，为日后其他工作面的开采提供了宝贵经验，极大地提高了 11201 综放工作面放顶煤回收率。

（四）智能绿色发展方面

1. 整章建制，完善制度建设

制定下发了生态环境安全专项整治三年行动计划实施方案、药品管理制度、冬奥会特殊时期环境保护工作措施、危险废物等安全专项整治三年行动实施方案、生态环境保护综合管理考核办法、芦子沟煤矿生态环境保护“网格化”管理实施方案等规章制度，明确了环保责任，构建了科学有效、切实可行的环保考核评价体系，确保企业绿色发展。

2. 制定重点工作目标及责任分解清单

将 7 项环保重点工作任务进行清单化管理，月初任务分解、期间跟踪推进、月末考核通报，确保重点工作任务有序推进，芦子沟煤矿全年未发生重大环境污染事件。绿色矿山创建项目已通过县级初验，预计年底通过绿色矿山市级验收。

3. “三废”治理

矿燃煤锅炉已经全部取缔，实现清洁供暖供热；本年度矿井污水处理量为 557300 m^3，达标外排水量 306500 m^3，生活污水处理量总计 62300 m^3，全部回用，不外排；矸石累计处置量为零；累计暂存危险废物 3. 75 t，累计转移处置 2. 5 t。

4. 环保设施

2023 年将环保设施维护作为重点工作。本年度完成生活无污水处理站提标改造、矿进水处理站维修维护 2 次、生活在线监测站建设以及设备安装，实现水、气、固、危等污染物达标排治。

山西煤炭运销集团猫儿沟煤业有限公司

一、矿井概况

猫儿沟业有限公司位于山西省忻州市河曲县东南约 47 km 的旧县乡沙万村，矿田南北最长 2.930 km，东西最宽 3.030 km，面积为 5.6182 km^2，批准开采 8 号、9 号、11 号、12 号、13 号五层煤，核定生产能力 120 万 t/a，保有储量为 15618 万 t，可采储量为 7962 万 t，矿井设计生产能力 120 万 t/a。

矿田位于山西河东煤田北部，总体为单斜构造，地质构造简单，属一类。煤层煤类单一，为长焰煤，层位厚度稳定。矿井水文地质属中等类型，属低瓦斯矿井，煤层自燃等级为Ⅱ级，煤尘有爆炸性。矿田主要含煤地层为二叠系下统山西组和石炭系上统太原组，煤层平均总厚 29.65 m。开采方式为露天开采，平均剥采比为 5.48 m^3/t，露天开采工艺为单斗—卡车间断工艺。

二、主要技术经济指标完成情况

2021 年完成剥离总量 654.76 万 m^3，矿坑生产原煤 119.7 万 t，剥采比 5.47 m^3/t，吨煤成本为 104.53 元；全年未发生任何伤亡事故。全年平均原煤工效 22.5 t/工，10 月原煤工效 25.9 t/工创年度最高纪录，综合单产 13.13 万 t/(个・月)，全年平均采出率达到 92%，员工年人均收入达到 12.56 万元。

三、安全高效矿井建设的主要做法

为全面推进矿井安全高效发展，我公司坚持“创新、绿色、卓越、高效”的发展理念，以科学技术为指导，以质量提升为核心，以现场落实为抓手，以考核验收为手段，全力推进煤矿安全高效发展。

（一）股东双方协作交流，共同推进煤矿发展

加强与股东合作方的交流，依法维护股东双方的合法权益，达成共识，统一思想，携手共进，合作共赢，合力维护公司安全环保生产经营稳定秩序，逐步推动公司可持续高质量发展。

（二）严格岗位责任落实，层层推进各项工作有序开展

公司“一把手”带头，把更多的精力和心思放在“四带头”上抓指导、抓推进、抓把关、抓落实，严格落实岗位责任，形成了一层抓一层，层层推进的局面，公司全员一心，共创美好未来。

（三）提升全员业务素质，共同维护矿井安全生产

加强全员业务素质提升，重点针对生产管理部门人员，与国内一流露天煤矿科研院校签订长期合作协议，在科研院校设立猫儿沟煤矿培训基地，将猫儿沟煤矿作为科研院校的试验基地，双方合作共赢，推动露天煤矿行业快速发展，为猫儿沟煤矿“全员懂露天、全员懂管理”奠定坚实基础，提升所有煤矿职工的技术、安全力量，推动矿井步入安全高效行列。

（四）解放思想、强化创新，为公司高质量发展提供动力

为加强与国内一流院校交流合作，学习先进思想、先进技术、先进工艺，激发公司青年员工创新意识，解决公司安全、环保、生产、经营各类难题，群策群力，为公司可持续高质量发展提供强大动力。

与太原理工大学合作研究的强制对流超导热管矸石山灭火和保湿、结板抑尘剂防尘降尘正在积极推进，可以有效防治露天煤矿所面临的重要环境影响问题，为我国露天煤矿环保、高效发展贡献一分力量。

（五）狠抓安全、环保，确保公司稳定发展

坚持“安全是基础、环保是前提”的生产理念，加大安全、环保宣传力度，全力推进矿井安全生产标准化建设，坚持不安全、不环保就不生产的原则，降低了生产作业场所安全、环保风险，保障了矿井生产稳定运行。

（六）抓好班组管理，加强日常检查、考核

加大安全、环保宣传力度，全力推进矿井安全生产标准化建设，坚持不安全、不环保就不生产的原则，降低生产作业场所安全、环保风险，重点夯实基层管理工作，加强日常检查、考核力度，持续开展安全绩效考核和风险抵押考核工作，促使班组管理实现“严过程、严制度、严问责”。

山西煤炭运销集团南河煤业有限公司

一、矿井概况

南河煤业有限公司位于高平市三甲镇南河村东侧，设计生产能力 0.9 Mt/a，现采 15 号煤层。2010 年 11 月开工建设，2012 年 1 月进入联合试运转，2013 年 8 月转为生产矿井。2017 年 8 月产能置换核定生产能力 0.6 Mt/a。2018 年、2020 年和 2022 年连续被中国煤炭工业协会评选为煤炭工业特级安全高效矿井。2019 年度被山西省煤炭学会授予“创新双十佳煤矿”荣誉称号。

二、2021 年主要技术经济指标

全年完成原煤产量 59.1 万 t，完成掘进进尺 2700 m，利润总额 1589 万元，吨煤生产成本 219 元，人均年收入 8.4 万元。

三、安全高效矿井建设的主要做法

（一）加强成本管控，细化经营管理

与 2020 年同期相比，2021 年矿生产成本、完全成本均大幅下降。按照晋能控股集团“创新、绿色、卓越、高效”的企业发展理念，深化成本管控，在物资采购、用电耗能、节能减排、回收复用、修旧利废等方面进一步细化。安全绩效和经营绩效考核进一步完善，充分依托集团公司统一销售平台，超前谋划，主动出击，圆满完成了年度煤炭销售工作。

（二）完善监管体系，层层落实责任

（1）矿安委会办公室牵头，完善安全责任体系，实现了“一级抓一级，层层有落实”目的，修订完善安全责任制、岗位责任制等规章制度，明确责任，各司其职，做到安全工作“事事有人管，件件有落实，科队有包保，责任无缝隙”。

（2）安监科牵头，完善安全监管体系，实现了“监管有效、层级负责、群防群治、杜绝盲区”的目的。

（3）培训科牵头，完善教育培训体系，实现了“培训合格、持证上岗、提升素质、培养能手”的目的。

（4）质标办牵头，完善监督考核体系，实现了“目标管理、考核规范、层层落实、奖罚兑现”的目的。

（三）规范应急管理，健全应急体制

建立兼职救护队，牢固树立“招之即来、来之能战、战之必胜”意识，定期参加专业培训，提高应急保障能力，完善应急救援体系，实现了“健全机制、立足防范、提升能力、把控到位”的目的。

（四）围绕“三基”夯实基础

1. 基层建设

（1）安全管理的重心在现场，核心是班组。

（2）每旬由安监科组织一次班组长专题会议，会议通报班组长的工作优点和不足之处，同时进行安监员、班组长双向评价，对连续三次被评为不合格的班组长责令连队予以更换，被评为不称职的安监员也要进行调换。

（3）认真落实“选好班长、用好员工、管好过程、严格考核”班组管理办法，安监科每月以各班组安全生产状况、班评估表、月度“三违”报表、质量标准化考核汇总表评选月度先进班组，进行奖励，以先进带后进，整体推进班组建设。

2. 基础管理

（1）落实班前“三个十分钟”安全教育活动，即业务学习十分钟，安全宣讲十分钟，任务安排十分钟。

（2）班中做到“一提醒两汇报”。生产过程中，提醒各工种注意事项，纠正各工种操作缺陷。“两汇报”就是班中、班后在井下用电话向调度中心汇报运行情况。

（3）提升问题控制力。安监科负责生产管理人员每周“预测问题、发现问题、解决问题”三个能力的考核工作，生产管理人员在地面检查或入井检查时必须在干部上岗记录表上签字，在井口群众工作站填写当天的检查问题，对走马观花、应付检查次数而不能提出问题的管理人员，月底在安全奖中进行考核。

3. 提升基本功

以班组为单位，在做好班前会安全学习外，每个班后，班组长都要组织召开班后点评会，认真总结和点评本班员工操作技能达标情况；每周二安全学习会，各单位要组织全员学习法律法规、规章制度、三大规程，通过学习，提高全员的安全意识、基本素养。

（五）深入开展风险管控、隐患治理工作

推进“一岗三述”，持续做好安全风险分级管控和事故隐患排查治理工作，围绕“人、机、环、管”四个方面进行风险评估，岗位职工熟悉风险管控措施，重大隐患排查治理、全矿安全管理工作规范有序。

（六）抓好现场安全管理

1. 加强顶板管理

生产连队严格执行支护前和工作过程中严格执行“敲帮问顶”制度，严格按作业规程支护设计参数作业，保证支护质量。遇顶板破碎、地质构造等情况，现场管理人员及时上报，专业科室制定出合理的技术措施后严格执行。

2. 防治水管理

地测防治水科负责地表水体巡查，及时更新井上下对照图。雨季期间，对矿井周边煤矿、废旧老窑、井田范围地表认真排查，发现隐患及时上报处理，防止雨季地表水经地表裂缝或废旧老窑灌入井下。采掘工作面强化三线管理和防治水措施，做到一钻探一设计、一设计一施工、一施工一验证，做到钻探留痕。

3. 强化“一通三防”管理

通风科认真落实通风、瓦斯管理规定，优化巷道布置，保证通风系统稳定、可靠，保证各工作面独立通风质量。对地质构造区出现的局部瓦斯异常情况，及时制定出切实有效的通风方案。

4. 加强机电设备管理

机电管理人员树立“保养重于维修”的理念，加强作业人员操作达标管理，进一步提升业务素质。时刻抓好供电系统安全。大型设备和特种设备管理严格做到了管理制度、技术资料、操作规程、人员培训、检查维护五个到位。

5. 严格落实现场交接班制度

明确交接班内容，相关交接记录填写规范，同时加大考核力度，提高了交接班质量。

（七）足额提取安全费用，严格落实

坚持安全投入不降低，项目建设不减少，设立专用账户，专款专用，严格按照要求保障安全费用足额提取，优先使用，各分管领导把控项目流程控制审批关，保障投入到位，保证企业安全生产。

（八）加强地面安全管理

建立、健全了地面安全检查考核机制，加大了对地面现场的隐患排查及问题整改考核力度。各分管领导、单位负责人重点对生产场所设备隐患、有毒有害化学危险品、易燃易爆物品、压力容器、压力管道、安全设施等重点部位进行检查，查出问题立即督促整改。针对举办的各类活动，按照“谁主管、谁负责安全”的原则，牵头部门认真组织，专人负责。

（九）群策群力抓安全，明确责任促生产

全矿党政工团各级管理人员以落实安全生产责任制为红线，切实做到“党政同责、一岗双责、人人有责、失职追责”，完善安全生产责任制，规范岗位责任制，明确领导干部职责范围，时刻牢记安全责任，做到了“管生产必须管安全、管经营必须管安全、管业务必须管安全”。

山西煤炭运销集团七一煤业有限公司

一、矿井概况

山西煤炭运销集团七一煤业有限公司由原高平市七一煤矿及新增区兼并重组整合而成，属单独保留矿井。矿井于 2011 年 5 月 20 日正式开工建设，2014 年 3 月 24 日联合试运转，2016 年 5 月 19 日正式投产。

矿井地质构造简单，煤层平均厚度 1.65 m，平均倾角 4.5°，赋存稳定简单，地质类型和水文地质类型皆为中等；现采 9 号煤层为不易自燃煤层，煤尘无爆炸危险性；矿井为低瓦斯矿井，无地热、冲击地压等灾害。矿井保有储量 5145 万 t，可采储量 2473.22 万 t，剩余服务年限 19 a。

二、主要技术经济指标完成情况

原煤产量完成 86.9 万 t，掘进进尺完成 4600 m。原煤成本计划 189 元/t，实际为 172 元/t，下降 9%，全年完成利润 3350 万元，矿井原煤工效 7.3 t/工，上浮 4%；采区采出率为 86%。

三、安全高效矿井建设的主要做法

（一）精细技术管理、加快安全高效建设

优化采区设计、实现采掘接替平衡。针对断层构造地质条件复杂、储量小、安装拆除频繁、接替紧张等现状，从优化设计入手，加强工作面管理。为提高煤炭资源回收率，减少巷道掘进工程量，降低工人劳动强度积极做好矿井生产接替的调整工作，使采场接替更具准确性与可操作性，确保矿井持续稳产、高效。

（二）推广流程优化、提升精细化管理水平

（1）拓展、强化、巩固扁平化管理机制，大力推行管理新模式，完善了生产一、二线管理体系建设，完成了安、技、调、地等单位的业务流程优化。

（2）严格控制成本，实现降本增效，构建完善的内部市场化体系，坚持月度经济运营分析制度和差异化管理，提高矿井经营管理质量。从技术、消耗、采购、投入四个方面降低成本。加强采区地质资料的勘查、收集、整

理，力求准确细致，杜绝废巷，控制无效进尺，提高资源回收率；严格控制材料消耗，加强定额管理，实施井下大型材料网络定置化管理，做到能够实时反映大型材料储存状态，通过及时反馈，及时调整，减少积压，提高材料使用效率。

（三）加强本质安全型环境的建设，突出抓好安全质量标准化建设

以高标准、严要求，坚持“静态高标准、动态不走样”，强化动态检查，促进我矿质量标准化水平的不断提高。通过标杆引领、典型示范，积极开展“标杆区队”“示范工程”等创建活动，努力实现安全无隐患，工程质量达标准。对日常施工过程、安全设施、生产环境等可能存在事故隐患的关键环节进行认真细致的预排查、预分析，明确责任，实行“隐患闭合”和“责任无缝隙”管理，走出“轻视事前管理，注重事后处理”的旧路，构筑安全闭合管理模式。

（四）开展煤矿“一优三减”工作，进一步加强煤矿生产技术管理水平

1. 优化生产组织管理

坚持正规循环作业，执行岗位标准化作业流程，严格控制加班加点；优化调整设备检修、巷道维护、工作面安装回撤、工作面首采及末采等作业时间，避免在同一工作面地点安排检修班与生产班平行或交叉作业；避免在同一区域安排多个单位、多头作业；错时安排调研、参观、检查等非生产活动，避免个别时段尤其是上午时段人员集中入井。

2. 减少井下交接班人员

完善井下作业人员交接班制度，除了矿级带班人员、班组长、安全检查工和瓦斯检查工等关键岗位人员外，其余人员应尽量错时交接班，避免井下人员集中到某一时段集中交接班。

3. 逐步减少井下作业岗位和管理岗位

通过加强培训，实施“一岗多能”，提高职工劳动技能和薪酬待遇，同时整合职能相近的管理机构，实施扁平化管理，减少管理环节，降低人员数量。

（五）多举措促进产量稳定增长

1. 综采方面

及时更换采煤机滚筒，更换刮板大链，解决综采工作面经常断链等机械故障棘手问题，缩短割单刀煤时间，极大地提高了生产效率，有效解决了9号煤达产达效问题。

2. 掘进方面

积极主动寻求快速掘进方案，在确保安全的前提下，优化支护参数，组

织探讨施工工序，通过一系列的调整完善，降低了掘进成本，增加了掘进工效，确保了煤矿采掘衔接的正常进行。

3. 采用小煤柱开采

通过科学验证、优化部署，制定完善了留设小煤柱的基本规范，明确了留设条件、留设尺寸和留设方法，将工作面煤柱由原来设计逐步缩小，对小煤柱邻空巷道支护方案进一步优化。一方面可以避开应力集中区域，便于工作面顶板管理；另一方面可以提高资源回收率，增加矿井效益。

4. 加强自动化建设

地面空压机房实现无人值守，系统可实现在线实时监测设备轴温、电机温度、排气温度及压力、储气罐温度及压力、供电设备的现有状态，实现超温报警停机、自动排污、空压机定期自动倒机等功能，设备安装之后系统一直运行正常。

（六）持续改进

1. 以建章立制、完善标准、落实责任为依托，推进安全高效矿井建设

进一步制定完善了安全生产标准化考核奖惩办法、“三违”管理制度、煤矿安全生产标准化基本要求及评分办法、安全绩效考核办法、自保互保联保管理办法和“双预控”体系建设；从严规范了全矿干部职工的业务保安和员工操作行为，做到了事事有标准、处处有规范。避免了因制度落实不到位，人员操作行为不规范造成的各类事故发生，为安全工作提供了有效保障。

2. 吸取煤矿事故教训，推进安全高效矿井建设

每年开展 1 次综合应急演练、至少 5 次专项应急演练和 2 次现场处置演练，演练形式有桌面演练，有实战演练。积极与地方政府保持联系，不断加强企地联动，开展应急预案演练。预案演练活动做到有计划、有检查、有讲评、有总结、有考评，进一步提高了各科、队处置突发事件的综合能力。

3. 持续推进节能降耗工作，实现企业效益最大化

（1）完善管理体系。进一步明确相关部门职责与分工，形成管理、监督、考核、奖励的完整管理体系，用制度推进节能降耗工作。

（2）加强现场日常管理。建立相应的节能标准和制度，规范员工行为，加强各项消耗的日常检查，及时分析整改日常生产中出现的不合理现象。

（3）细化内容明确责任，将指标分解到各单位，并明确量化，如机电科建立健全定额管理制度，对主要设备制定不同的台账，进行分级管理和控制，加大消耗考核力度，确保节能降耗的实现。

山西煤炭运销集团盛泰煤业有限公司

一、矿井概况

山西煤炭运销集团盛泰煤业有限公司位于高平市陈区镇，井田面积 14.5541 km^2，批准开采 3～15 号煤层。矿井地质储量 11148 万 t，可采储量 5966 万 t。其中，3 号煤层地质储量 3189 万 t，可采储量 1340 万 t；15 号煤层地质储量 7959 万 t，可采储量 4624 万 t）。设计生产能力 120 万 t/a，服务年限 35.5 a。矿井为低瓦斯矿井。煤层煤尘有爆炸性。煤层自燃倾向性为Ⅱ类，属自燃煤层。

二、主要技术经济指标完成情况

2021 年，矿井原煤产量完成 106 万 t，掘进进尺完成 4043 m，原煤生产成本计划 300 元/t，实际为 285 元/t；原煤工效 10.6 t/工。采煤机械化程度 100%，掘进机械化程度 100%。营业收入完成 132482.89 万元，实现利润 53737.61 万元。

2022 年，矿井原煤产量完成 110 万 t，掘进进尺完成 6088 m，原煤生产成本计划 300 元/t，实际为 279 元/t；原煤工效 10.84 t/工。采煤机械化程度 100%，掘进机械化程度 100%。营业收入完成 101185.95 万元，实现利润 21892.82 万元。

三、安全高效矿井建设的主要做法

（一）强化安全管理

1. 以建章立制、完善标准、落实责任为依托，推进安全生产关口前移

进一步制定完善了安全生产标准化考核奖惩办法、“三违”管理制度、煤矿安全生产标准化基本要求及评分办法、安全绩效考核办法、自保互保联保管理办法和“双预控”体系建设；从严规范了全矿干部职工的业务保安和员工操作行为，做到了事事有标准、处处有规范。

2. 强化风险管控

结合实际制定了盛泰煤矿安全风险评估流程和安全风险等级划分图，并

根据要求对全矿各系统、各环节、各岗位进行了危险源辨识，并按照红、橙、黄、蓝四级辨识要求进行了分级，形成了四色矩阵图。按照风险评价方法和分级管控措施工作，形成了矿长、副矿长、科队长、班组长、员工五级管控体系。

3. 狠抓“三违”、规范安全行为

通过“反三违”活动来保证安全生产，对“三违”人员以票子、帽子、面子的惩处方式开展“反三违”专项活动。一是按照我矿“三违”处罚条例进行严格处罚。二是以调离岗位的形式对“三违”人员进行惩处。三是以井口公示和“三违”学习班的形式。四是以自保、互保、联保考核办法进行考核，对查处“三违”人员通过和安全绩效考核、自保互保联保考核相结合，从基础上加强了对“三违”工作的管控，有效提高了广大干部职工对“三违”工作的认识和自主保安意识。

4. 加强安全教育培训工作、全面提升安全素质和技能水平

一是专项培训工作：紧紧围绕“人本安全、培训教育、素质提升”工作，为加强职工的专业水平和安全素养，同时对采掘、机电运输、通风、防治水、职业卫生、应急救援、矿山救护等专业开展了专项培训。二是开展多样化培训形式：通过观看事故案例警示教育片，远程教育网、“干部上讲台、培训到现场”、班前班后教育、安全文化、技术比武等活动，从精神层面、理论水平、实践操作等方面全面提升广大干部职工的整体安全观念和技能水平。

（二）积极推进智能化建设

积极践行“机械化换人、自动化减人、智能化无人”绿色智慧矿山建设理念，以装备升级带动生产系统和劳动组织优化，促进矿井高质量发展。矿内主要通风机房已实现中央变电所、中央水泵房、采区变电所、采区水泵房 35 kV 变电站、空压机房的无人值守及自动化改造。智能化掘进工作面已完成设备安装工作，智能化采煤工作面正在积极推进。

（三）坚持绿色开采，提高资源回收率

积极开展无煤柱开采工艺研究，现 15213 运输巷高水材料巷旁充填沿空留巷技术方案已通过评审，项目实施后可以少掘进一条巷道，多回收 20 m 煤柱资源，提高了矿井服务年限。下一步将积极探索充填开采工艺研究工作，实现煤矸石就地转化，为“三下”采煤提供技术支撑。

（四）优化开拓方式，合理集中生产

坚持“一井一面”的生产格局，通过调整开拓部署，综采工作面巷道

推进长度为 2620 m，提升了综采工作面服务年限，减少了搬家倒面次数，为实现高产高效矿井夯实了基础。使用高强聚酯纤维网末采工艺，极大地提高了末采上网效率，降低了工人劳动强度。使用无轨胶轮车进行搬家倒面工作，实现了安全高效搬家。